新版
動物進化形態学

倉谷 滋 ――[著]

東京大学出版会

Evolutionary Morphology :
Bauplan and Embryonic Development of Vertebrates
(New Edition)
Shigeru KURATANI
University of Tokyo Press, 2017
ISBN 978-4-13-060198-6

はじめに

　『動物進化形態学』旧版を上梓したのが2004年、その前年には脱稿していたので、それから本書の改訂・執筆をはじめた2015年の時点で、すでに12年もの年月が経っていたことになる。その間、内外から報告された脊索動物、脊椎動物についての古生物学的、進化発生学的、ゲノム科学的知見は膨大で、執筆当時を振り返るにいまや隔世の感がある。扱うべき学説も多く、それに伴い旧版の内容もすっかり古くなってしまった。そればかりか、旧版において問われた仮説や、当時受け入れられていた通念のなかには、すでに棄却されたものさえある。たとえば、多くの化石や、その詳細な観察手法の発展により、絶滅した脊椎動物種の解剖学的知見が増大した。また、近年の分子系統学的知見の集積によって円口類の単系統性がほぼ揺るぎないものとなり、ヌタウナギの進化系統的位置が確定し、それとともに「有頭動物」の名も不要となった。円口類の発生研究や、実験室内で入手可能となったヌタウナギ胚の研究は、古生物学的な新しい知見とも相まって、顔面形成や脊柱の獲得など、脊椎動物の初期進化についての理解を刷新するに至った。特筆すべきは過去数年にピークを迎えたギボシムシや環形動物その他の、無脊椎動物の発生研究であり、それは（本書においては詳述していないが）脊索動物の外群の形質状態について新知見をもたらし、背腹軸の反転を代表とする、重要な進化イベントの生じた系統的位置について重要な示唆を与えたのみならず、形態学者にとって長年の謎であった脊索の起源についても新たな疑問をもたらしつつある。進化発生学（Evolutionary Developmental Biology：いわゆるEvoDevo）の、分野としての発展や多様化も特筆すべき変化といえよう。

　上のような状況にあって、旧版の改訂ならびに新情報の補充を行う必要性を強く感じた。もとより比較形態学は、必ずしも明瞭に体系化された分野ではない。教科書の構成の仕方には大きく、動物の分類群、もしくは系統ごとに記述する方法と、形態要素や器官系ごとにテーマを分け、それぞれについて進化的な序列に従って記述を進めるという系統解剖学的方法に大別できるが、これらもまた完璧に区別できるものではなく、多かれ少なかれその折衷として成立している著書が多い。とりわけ器官系ごとに記述するやり方は、動物の形態の複合的性質や（骨格と筋、神経との対応関係に見るような）発生学的背景を見失う

ことにもつながり、形態を比較する途を自ら捨ててしまいかねない。分野の体系化が可能となった時点で、その扱う現象は理解し尽くされたか、さもなければ研究者の認識を自然現象に対して無理やり押しつけることにつながる。かように旧態依然とした自然哲学の轍を自ら踏まないために、むやみな体系化や、それ自体無味乾燥な編集作業などにはできるだけ血道をあげぬほうがよい。さらに、時代とともにその内容が変化してゆくとなると、最初からフォーマットなど定めるのではなく、過去の既述は進化形態学研究の歴史の一里塚としておき、一定期間ののちに追加項目をまとめて増刊するというやり方が有効でありうるとも考えた。加えて、今回の改訂と同時執筆した『分節幻想——動物のボディプランの起源をめぐる科学思想史』（工作舎刊）は内容が一部重複するものの、この新版で取り上げることのできなかったトピックを収録したので、併読を薦めたいと思う。

　旧版の晦渋さに関してはつとに定評のあるところであり、通読することの困難さが指摘されることが少なからずあった。それはひとえに私の能力の限界と認めるが、さりとて私は本書において上の傾向をことさら改めようとは思わなかった。それは、比較形態学や比較発生学の懊悩に迫ろうとする際に必ずゆきあたる不可避のものであり、他分野についてもそれはおそらく変わるところはない。同様の例としては、1970年代に岩波書店より出版されたA・ポルトマン著の『脊椎動物比較形態学』（島崎三郎訳）を思い出す。日本語で書かれた比較形態学書としては、いまでも最上の一冊であると思う。が、出版当時はやはり通読困難な書として有名であった。が、その原題、『*Einführung* in die vergleichende Morphologie der Wirbeltiere』の示すごとく、これは本来入門書なのである。つまり、小説のように通読するのではなく、むしろ必要に応じて部分を繰り返して読み、専門的概念をひとつひとつ覚えてゆく必要がある。加うるに動物形態学の基礎に関しては、すでに定評のある分かりやすい教科書が内外より多数出版されている。さらに、基礎医学の分野としての人体発生学や人体解剖学、加えて組織学は、比較動物形態学者、古脊椎動物学者が一度は学ぶに値する重要かつ、緻密に体系立てられた教義であり、それらの基礎を通過したのちに、比較発生学、比較形態学に挑戦することが本来的には望ましい。これを通じてこそ、種々の形態学用語の海に溺れることなくそれらを自家薬籠中のものとし、自らの研究に役立てることができるであろう。その過程で参照することの適わない専門的事項について、それらの記述・解説がある程度難解となるのはどうしても避けられず、とりわけ形態学的パターンの把握においては、

字面を目で追うだけでは何ともならず、どうしても経験を通じて慣れることが必要な事項もあるのだとも了承されたい。かくして、本書は前著に増して記述が微に入り細を穿ち、量も増大し、引用文献の数も倍化した。これをどう使うかは読者各人の個性にゆだねたい。

　繰り返すように本書は典型的な教科書ではなく、応用問題を提示してそれを解こうという性格のものであり、両者をともに用いることによって全貌をつかむことができるように書かれている。しかも、取り上げた題材は、脊椎動物の形態学において長らく問題とされてきたものばかりである（ただし、対鰭と四肢は除く）。そして、いたずらに形式や体系にこだわることなく、さまざまな事項間の関連を強調し、体系を崩してまでも考察と発見の過程をなぞることを重視して書き進めた。ちなみに「体系」とは、本来的に機能を鑑みて知性が計算ずくで設計することにより作られた目的論的、人工的なものをいい、およそ進化的に成立した複雑かつ多岐にわたる事象を記述する方法として適切なものではないと、私は常に考える（すなわち、進化の果てに得られたパターンは、本来的にシステム・エンジニアリングの発想では読み解けない）。結果として本書は執筆としてよりもむしろ、必要に応じて異なった事項の間を横断する、気ままな講義のスタイル、もしくは論文執筆に近い方法でできあがっていると、私は作業を通じてしばしば感じたものである。これを活用し、動物の形態進化の洞察に役立てていただければ、それこそ私の望外とするところである。

2015 年
神戸にて　筆者記す

目　　次

はじめに……………………………………………………………………………… i

第1章　脊椎動物の基本形態——バウプランと形態発生的拘束 ………… 1
　1.1　脊椎動物とは ……………………………………………………………… 1
　　　（1）分類　1　　（2）類縁性　3　　（3）化石と無顎類　4
　1.2　脊椎動物のボディプラン ……………………………………………… 11
　　　（1）バウプラン　14　　（2）バウプランと相同性　15
　　　（3）バウプランと系統　20
　1.3　第1章のまとめ ………………………………………………………… 25

第2章　原型と相同性 ………………………………………………………… 26
　2.1　ゲーテの椎骨説と原型 ………………………………………………… 27
　　　（1）メタメリズムとメタモルフォーゼ　29　　（2）イデア　30
　2.2　オーウェンの原動物 …………………………………………………… 32
　　　（1）原動物　32　　（2）進化との齟齬　34
　　　（3）バウプランと原動物　35
　2.3　発生学とのつながり …………………………………………………… 36
　　　（1）ファイロタイプ認識にまつわる問題　37
　　　（2）ファイロタイプ・原型・バウプラン　40
　　　（3）ファイロタイプ成立の機構——先験論からの決別　42
　2.4　反復説 …………………………………………………………………… 44
　　　（1）フォン＝ベーア　45　　（2）ヘッケル　48
　　　（3）ヘテロクロニーとファイロタイプ——ヘッケル的効果とは　54
　　　【分子発生学と反復説】　61
　2.5　第2章のまとめ ………………………………………………………… 62

第3章　グッドリッチの遺産——分節的ボディプランの起源 …………… 64

3.1 椎骨説の発展——比較発生学時代前夜……………………………………… 65
　　（1）胚と形態　66　　（2）ゲーゲンバウアー　69
　　（3）原型論再び　71
3.2 サメの発生学と頭腔 …………………………………………………………… 72
　　（1）バルフォー　72　　（2）ヴァン＝ヴィージェ　74
3.3 中胚葉分節（筋節）に依拠した一元的分節性——ゲーテ的頭部とは
　　 ……………………………………………………………………………………… 78
　　（1）プラット小胞の謎　78　　（2）グッドリッチ　79
　　（3）観念と発生学　84
3.4 板鰓類崇拝と頭部分節説 ……………………………………………………… 86
3.5 第3章のまとめ ………………………………………………………………… 88

第4章　解剖学的形態学——胚に由来する形態 ……………………………… 90
4.1 咽頭胚以前——神経胚に見る脊椎動物ボディプランの起源 ……… 90
　　（1）形態　92　　（2）相同性の起源——誘導作用　94
　　（3）神経胚における組織細胞間相互作用　96
4.2 咽頭胚と咽頭弓 ………………………………………………………………… 98
　　（1）咽頭弓の構造　98
　　（2）咽頭弓にまつわるパターニング機構　101
4.3 第4の胚葉はあるのか？——神経堤細胞 ………………………………… 102
　　（1）発生学的記号論　104　　（2）神経堤の形態発生学　107
　　（3）与えられるパターン　111　　（4）進化と発生機構　112
　　（5）骨格の起源と神経堤　118　　（6）外骨格と内骨格　119
　　（7）神経堤細胞と脊椎動物の初期進化　121
4.4 末梢神経とそれをパターンする胚環境 …………………………………… 124
　　（1）脊髄神経と体節パターン　125　　（2）分節パターンの進化　129
4.5 頭部形態を反映するパターン——脳神経 ………………………………… 133
　　（1）外眼筋神経群と外眼筋（主として現生顎口類における）　137
　　（2）各論　138　　（3）神経管の形態学と菱脳の構成　142
　　（4）鰓弓神経群の支配する咽頭と鰓　144
　　（5）鰓弓系の命名について　147　　（6）鰓の進化　149

　　　　（7）鰓弓神経群と咽頭弓の形態　*151*
　　　　（8）鰓弓神経の形態学と発生学　*152*
　　　　（9）特殊な鰓弓神経——三叉神経　*158*
　　　　（10）三叉神経枝の形態と発生　*161*　　（11）古生物学的解釈　*165*
　4.6　もうひとつの頭部分節性——ニューロメリズム……………………*167*
　　　　（1）ロンボメア　*167*　　（2）r3/5 問題　*172*
　　　　（3）ロンボメアと頭部分節性　*174*
　　　　（4）コンパートメントと頭部分節性　*175*
　　　　（5）神経分節から多角形モデルへ　*180*
　　　　（6）プロソメア、ニューロン、ホメオボックス遺伝子　*183*
　　　　（7）神経系の進化と頭部と体幹という問題——ナメクジウオとの比較　*187*
　4.7　咽頭胚から見た筋形態の発生と進化……………………………………*193*
　　　　（1）軸上系と軸下系　*194*
　　　　（2）頭部の筋系　*197*
　　　　（3）頭部形態を模倣する体幹要素——僧帽筋群と副神経　*198*
　　　　（4）筋の形態形成と結合組織　*202*
　4.8　僧帽筋の起源と進化………………………………………………………*204*
　　　　（1）背景　*204*　　（2）僧帽筋の比較発生学　*209*
　　　　（3）副神経と僧帽筋　*211*　　（4）脊髄神経としての副神経？　*212*
　4.9　体幹から頭部へ移行した構造……………………………………………*216*
　　　　（1）鰓下筋系と舌下神経　*216*
　　　　（2）メダカの突然変異体と筋肉系に見る脊椎動物バウプランの進化　*223*
　4.10　横隔膜の起源……………………………………………………………*226*
　　　　（1）比較形態　*226*　　（2）発生過程　*227*
　　　　（3）体腔中隔の起源　*228*
　　　　（4）移動性の筋芽細胞——Migratory Muscle Precursor（MMP）Cells　*229*
　　　　（5）横隔神経　*230*　　（6）骨格系から見た横隔膜　*231*
　　　　（7）腕神経叢のシフトとその重複　*232*
　4.11　第 4 章のまとめ…………………………………………………………*234*

第 5 章　形態パターン生成の発生学的基盤——骨格形態の進化………*237*
　5.1　頭蓋の一次構築プランとその吟味………………………………………*237*

　　　　（1）基本区分　238　　（2）頭蓋一次構築プランの歴史的位置　243
5.2　椎骨と脊柱 ··· 245
　　　　（1）基本型　245　　（2）後頭骨　248
　　　　（3）ベイトソンとホメオティック突然変異　253
　　　　（4）Hox 遺伝子群　255　　（5）Hox コード　262
　　　　（6）脊柱の進化　264　　（7）現代によみがえるオーウェンの業績　270
　　　　（8）椎式の進化の実際　275　　（9）頭部への同化　284
5.3　神経頭蓋 ·· 287
　　　　（1）神経頭蓋は椎骨か？　287　　（2）脳褶曲がもたらす複雑さ　296
5.4　鰓のかたち——鰓弓骨格系 ··· 297
　　　　（1）基本型　298　　（2）顎はデフォルトか？　304
　　　　（3）デフォルト・パターニング　306
　　　　（4）鰓弓骨格の分節的特異化　308
　　　　（5）ノーデンの実験　309　　（6）*Hoxa2* の機能欠失　311
　　　　（7）揺らぐ Hox コード　314　　（8）クーリーの発見　315
　　　　（9）形態的同一性とは何か　317
　　　　(10)　動物種特異的形態パターンの進化と発生　319
5.5　取り残された要素 ··· 321
　　　　（1）梁軟骨と索前頭蓋　322　　（2）哺乳類の蝶形骨　325
5.6　内臓性と体性、細胞系譜の二元性は存在するか
　　　　——胚葉説、比較形態学との折り合い ··· 329
　　　　（1）発生的起源の二元論　330　　（2）頭蓋の最前端　330
　　　　（3）頭蓋の発生環境　333　　（4）細胞系譜は交換可能か　334
　　　　（5）組織間相互作用と胚葉説　335
　　　　（6）頭蓋と「脊椎動物らしさ」について　337
5.7　第 5 章のまとめ ··· 339

第 6 章　骨格系の分類と進化的新規性 ··· 341

6.1　骨と骨化の分類 ·· 341
　　　　（1）比較形態学的考察——外骨格と内骨格　342
　　　　（2）組織発生学的考察——軟骨内骨化と膜内骨化　345
　　　　（3）発生と細胞系譜——中胚葉か神経堤か　348　　（4）皮骨頭蓋　349

　　　　（5）間頭頂骨の謎　357　　（6）展望——複雑なパターンを越えて　358
6.2　極軟骨の謎——頭蓋の組成の再考と Dlx 発現 ……………………………360
6.3　肩帯について ……………………………………………………………………363
6.4　体幹の変容——鍵革新の作用例としてのカメの甲の進化 ………………365
　　　　（1）甲羅の起源——外骨格か内骨格か　367
　　　　（2）カメと Hox コード——どの椎骨が背甲に取り込まれるのか　369
　　　　（3）カメに類似のパターンをもつ爬虫類　371
　　　　（4）カメの背甲と肩帯　372　　（5）甲稜と羊膜類の胚形態　373
　　　　（6）甲稜の機能　375　　（7）カメの進化における筋と骨格　376
　　　　（8）化石記録　378　　（9）腹甲の謎　380
　　　　（10）「折れ込み説（folding theory）」によるカメの理解　381
6.5　第6章のまとめ ………………………………………………………………383

第7章　発生生物学と頭部進化——頭部分節性の再登場 ……………385

7.1　頭部中胚葉と体節 ……………………………………………………………385
　　　　（1）頭部に体節を見いだすべきか　386　　（2）頭部ソミトメア　389
　　　　（3）中胚葉の位置的特異化　391　　（4）分節遺伝子　392
　　　　（5）幻の分節　393　　（6）頭腔　394
　　　　（7）羊膜類外眼筋の発生——索前板　396　　（8）羊膜類の頭腔　399
7.2　体節分節性と鰓弓分節性——形態発生的拘束とは？ ……………………401
　　　　（1）形態的概念としての「繰り返し」　401
　　　　（2）拘束としての分節　402
　　　　（3）頭部分節性表出の機構　403
7.3　二重分節セオリー ……………………………………………………………405
　　　　（1）ホヤか？　ナメクジウオか？　406
　　　　（2）頭部中胚葉成立の謎　409
7.4　脊椎動物の起源？ ……………………………………………………………410
　　　　（1）さまざまな起源論　410　　（2）「起源」の意味　414
7.5　胚のかたちと進化 ……………………………………………………………415
7.6　第7章のまとめ ………………………………………………………………417

第8章　発生拘束とその解除——相同性と進化的新規形態 ……………419

8.1　耳小骨の起源⋯⋯⋯⋯⋯⋯⋯⋯⋯⋯⋯⋯⋯⋯⋯⋯⋯⋯⋯⋯⋯⋯⋯⋯⋯ 420
　　　（1）ことの起こり　420　　（2）進化的経緯　425
　　　（3）哺乳類様爬虫類　427　　（4）異端　429
　　　（5）形態進化の要因　431　　（6）顔面神経と舌骨弓　433
　　　（7）新しいパターンの進化と残された謎　435
　　　（8）揺らぐ相同性　436
　8.2　中耳問題のその後⋯⋯⋯⋯⋯⋯⋯⋯⋯⋯⋯⋯⋯⋯⋯⋯⋯⋯⋯⋯⋯⋯ 439
　　　〈コラム：比較形態学体験〉　447
　8.3　進化的新機軸⋯⋯⋯⋯⋯⋯⋯⋯⋯⋯⋯⋯⋯⋯⋯⋯⋯⋯⋯⋯⋯⋯⋯⋯ 448
　8.4　第8章のまとめ⋯⋯⋯⋯⋯⋯⋯⋯⋯⋯⋯⋯⋯⋯⋯⋯⋯⋯⋯⋯⋯⋯⋯ 452

第9章　脊椎動物の進化——形態的変容のパターンとプロセス⋯⋯⋯⋯⋯ 453
　9.1　汎脊椎動物的バウプランの獲得⋯⋯⋯⋯⋯⋯⋯⋯⋯⋯⋯⋯⋯⋯⋯ 453
　　　（1）必要条件　453　　（2）神経堤細胞の獲得　454
　　　（3）その他の付加的パターン　456
　9.2　頭部形態の胚発生——脊索動物から脊椎動物、顎口類へ⋯⋯⋯⋯ 457
　　　（1）汎脊椎動物的バウプラン　457
　　　（2）現生顎口類特異的バウプラン　462
　9.3　無顎類——あるいは脊椎動物の失われた原始形質⋯⋯⋯⋯⋯⋯⋯ 466
　　　（1）縁膜　466　　（2）内柱　468　　（3）円口類の舌　469
　9.4　第9章のまとめ⋯⋯⋯⋯⋯⋯⋯⋯⋯⋯⋯⋯⋯⋯⋯⋯⋯⋯⋯⋯⋯⋯⋯ 471

第10章　円口類の進化形態学⋯⋯⋯⋯⋯⋯⋯⋯⋯⋯⋯⋯⋯⋯⋯⋯⋯⋯⋯⋯ 472
　10.1　系統——円口類と無顎類と顎口類⋯⋯⋯⋯⋯⋯⋯⋯⋯⋯⋯⋯⋯⋯ 473
　　　（1）ヤツメウナギの構造の概説　477
　　　（2）ヌタウナギの構造の概説　479
　　　（3）円口類の初期進化と化石　480
　10.2　円口類に見る原始形質とその発生⋯⋯⋯⋯⋯⋯⋯⋯⋯⋯⋯⋯⋯⋯ 486
　10.3　顎骨弓と顎の進化⋯⋯⋯⋯⋯⋯⋯⋯⋯⋯⋯⋯⋯⋯⋯⋯⋯⋯⋯⋯⋯ 488
　　　（1）顎の進化を探る発生生物学的研究　488
　　　（2）咽頭の背腹パターニング機構　490
　　　（3）円口類の内臓骨格とDlx遺伝子群　492

目　次　xi

　　　（4）顎の比較形態学　494　　（5）進化シナリオの実際　496
　　　（6）アンモシーテス幼生の口器形態——顎の進化の理解に向けて　500
　　　（7）アンモシーテスの顎骨弓——円口類の梁軟骨問題　505
　　　（8）組織細胞間相互作用と顎をパターンする遺伝子　513
　　　（9）円口類口器パターニングにおける相互作用　518
　　　（10）ヘテロトピー説　520　　（11）三叉神経枝の進化と上顎　522
　　　（12）鼻プラコードと下垂体　527
　10.4　化石から見た顎の獲得 ……………………………………………… 531
　　　（1）シュウユウ-ガレアスピス類　531　　（2）ロムンディーナ　533
　10.5　円口類の筋肉系 ………………………………………………………… 536
　　　（1）体幹筋　536　　（2）鰓下筋についての考察　539
　　　（3）外眼筋の発生と進化　543
　10.6　ヌタウナギ類特異的な諸形質——有頭動物説と円口類説 ……… 546
　　　（1）ヌタウナギ類の発生　550　　（2）ヌタウナギと脊柱の進化　556
　　　（3）神経堤、プラコードと脊椎動物の初期進化　560
　　　（4）下垂体の起源　563　　（5）ヌタウナギ胚頭部の発生　565
　　　（6）汎円口類パターンとは　568　　（7）頭部の進化　574
　　　（8）ヌタウナギの神経系　578
　　　（9）直接発生、間接発生、ヘテロクロニー　582
　　　（10）円口類軟骨頭蓋の比較　584
　　　（11）パレオスポンディルスの謎　590
　　　〈コラム：化石の2不思議〉　591
　10.7　脊椎動物の初期進化シナリオ ……………………………………… 593
　10.8　第10章のまとめ ……………………………………………………… 597

第11章　発生拘束と相同性——概念 ………………………………………… 598
　11.1　拘束の認識 …………………………………………………………… 600
　　　（1）形態形成的拘束　600　　（2）構造的拘束　600
　　　（3）モジュール性（モジュラリティ）　604
　11.2　発生に関わる遺伝子レベルでの各種の拘束 ……………………… 606
　　　（1）遺伝子制御ネットワーク、あるいは機能的カセットとしての拘束　607
　　　（2）遺伝子発現パターン、あるいはゲノム構造としての拘束　609

　　　　（3）遺伝子重複に続く、あるいはそれに先立つ拘束　*611*
　　　　（4）エピジェネシスの罠　*614*
　11.3　胚発生に関わる形態パターンの拘束 …………………………………*617*
　　　　（1）組織間相互作用　*617*　　（2）サイズ・アロメトリー　*617*
　　　　（3）ファイロタイプ、再び　*619*　　（4）発生負荷　*620*
　　　　（5）発生負荷にまつわる謎　*622*　　（6）負荷と進化　*623*
　　　　（7）拘束をもたらしうるその他の要因——行動と生理　*624*
　11.4　解剖学的相同性と発生拘束 ……………………………………………*625*
　　　　（1）オーウェン　*625*　　（2）ゲーゲンバウアー　*626*
　　　　（3）相同性の認識と拘束の構造　*628*
　11.5　形態発生の進化 ……………………………………………………………*630*
　　　　（1）個体発生と系統発生　*631*
　　　　（2）安定なパターン、不安定なパターン　*633*
　　　　（3）パターンとプロセス　*634*
　11.6　第11章のまとめ ……………………………………………………………*635*

第12章　発生拘束——統合 ……………………………………………………………*637*
　12.1　確認事項——概念 …………………………………………………………*638*
　12.2　反復を考える ………………………………………………………………*639*
　　　　（1）プロセスとパターン　*639*　　（2）個体発生と系統発生　*641*
　12.3　反復を可能にする進化機構 ………………………………………………*645*
　　　　（1）二次ルールとしての相互作用の可能性　*646*
　　　　（2）非反復的進化——クジラの歯　*648*　　（3）階層性と反復　*651*
　　　　（4）カナリゼーション——進化生物学と発生生物学の統合へ向けて　*653*
　12.4　第12章のまとめ ……………………………………………………………*656*

おわりに …………………………………………………………………………………*657*
引用文献 …………………………………………………………………………………*663*
索　　引 …………………………………………………………………………………*737*

第1章　脊椎動物の基本形態
―― バウプランと形態発生的拘束

> 1830年9月2日月曜日。七月革命が勃発したというニュースが今日ヴァイマルへ届き、すべてが興奮の坩堝へ投げ込まれた。私は、午後のあいだにゲーテのところへ行った。「さて、」と彼は私に向かっていった、「君はこの大事件についてどう思うかい？　火山は爆発した。すべては火中にある。もはや非公開で談判するようなときではないよ！」
> 「恐るべき出来事です！」と私は答えた、「しかし、情勢はよく知られているとおりですし、ああ言う内閣では、これまでの王家を追放して、事を収めるより他に手はないでしょう。」
> 「どうもとんちんかんだ、君」とゲーテは答えた、「私が話しているのは、あんな連中のことじゃないよ。私が問題にしているのは全然別のことだ。私は、アカデミーで公然と持ち上がった学問にとって重要な意義のある、キュヴィエとジョフロワ・ド・サンチレールのあいだの論争のことを言っているのだよ！」
> ――エッカーマン『ゲーテとの対話』、山下肇訳 (1969)

1.1　脊椎動物とは

「脊椎動物 (vertebrates)」とは、われわれに最もなじみの深い、かつ、われわれ自身をも含む「背骨をもった動物」群である。それが骨であろうが軟骨であろうが、椎骨 (vertebrae) の繰り返しよりなる脊柱 (vertebral column) を備えることが、この動物群を定義する共有派生形質 (synapomorphy) とされる。このグループには一般に、無顎類、軟骨魚類、条鰭類、両生類、爬虫類、哺乳類などの分類群 (タクサ) が含められ、それらを「共通性をもちながらもそれぞれ異なり、かつ、形態的まとまりを伴った集合」としてわれわれは認識している。が、各グループがどのような進化的起源をもち、どのような系統関係にあるのか、まだいくつかの問題が残っている (図1-1)。それを明らかにするうえでは、各動物群の形態発生学的な変異がとりわけ重要である。なぜなら、形態に関するあらゆる進化的変異・多様性は発生プログラムの変更というかたちで記述できるはずであり、しかもそれは連続的な時間のうえで生起したものだからである。その変化の内容を、形態学的、発生学的に吟味しようというのが、本書の主要な狙いである。

(1) 分類

分類学的に脊椎動物は、それより大きなカテゴリーである、「脊索動物 (chordates)」に含められる (図1-1B)。これは「脊索 (notochord：体の中央、やや背側を前後に走る索状構造) をもつこと」によってくくられたタクソンであ

2　第1章　脊椎動物の基本形態——バウプランと形態発生的拘束

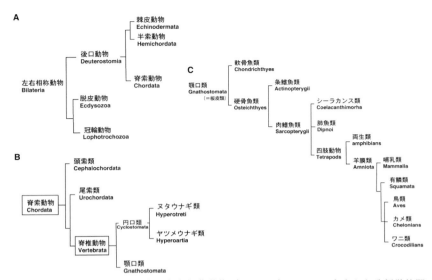

図 1-1　動物の進化。A：現生の左右相称動物（bilateria）について大まかな分類学的関係を示す。B：脊索動物の系統。本書で大きく扱うタクサを四角で囲った。現在では分子系統学的解析から、ナメクジウオ（頭索類）よりも、ホヤの仲間（尾索類）のほうが脊椎動物に近縁とされる。が、それはボディプランの類似度とは関係はない。C：現生顎口類の系統。二叉分岐においては、片方が系統的に他方の内群のひとつにすぎないことが多い。たとえば、四肢動物の祖先が両生類と羊膜類を同時に生み出したというわけではなく、多くの両生類的動物のなかから羊膜類の祖先が出現したというのが真相。鳥類は爬虫類（正確には双弓類）のなかの一群として扱っている。動物系統樹についての充実したサイトとしては、http://tolweb.org/tree/phylogeny.html があるので参照のこと。これは教科書的レベルにおける生物系統樹についての最新の理解と網羅的な文献リストが添えられ、議論の出発点としてきわめて有用なものである。

り、必ずしも背骨をもつものばかりとは限らない。「一生のうちのある時点で脊索はもつが、背骨はない」という動物には、ナメクジウオ（頭索類：cephalochordates、頭部にまで脊索が伸びているの意）とホヤ（尾索類：urochordates、脊索が尾部に限局しているの意）があり、これら両者をまとめて「原索動物（protochordates）」と呼ぶ。このまとまりは特定のグレード、もしくはバウプランを表現するので、しばしば本書でも用いることになる。これに関し、円口類に属するヌタウナギもまた、「脊索はあっても脊椎をもたない動物」とされていたが、その尾部に椎骨要素と同等の骨格が現れることがいまでは知られている（Ota *et al.*, 2011；詳細は第8章）。

脊椎動物は、原始的な脊索動物のいずれかから分岐、派生してきたのには違いなく、つい最近まで、ナメクジウオが脊椎動物の姉妹群（sister group）にあたると考えられていた（この問題については、Jefferies, 1986；Wada and Satoh, 1994；Halanych, 1995 を参照）。それはもっぱら、これら2者に見る一般的体制の類似性によるところが大きい。が、分子系統学的にはむしろ、ホヤの仲間が脊椎動物の姉妹群に相当することがいまでは分かっている。また、ホヤやナメクジウオは当初、退化した脊椎動物であろうとも考えられていた（Hubrecht, 1883；とりわけ、ヤツメウナギの幼生、アンモシーテスが退化したのがナメクジウオだという考えについては、Delage and Hérouard, 1898 を見よ；Gregory, 1933；Gee, 1996 に要約）。ホヤ類における系統特異的なボディプランの変更は明らかであり、さらに脊椎動物の祖先的状態を知るための対象として、ナメクジウオは現在でも重要な動物であり続けている。

（2）類縁性

脊索動物はさらに、「半索動物（hemichordates：ギボシムシの仲間）」ならびに、「棘皮動物（echinoderms）」と類縁性をもつ（図1-1）。これら2グループは単系統群（歩帯動物：Ambulacraria）をなし（かつては、珍渦虫――Xenoturbella――を含める場合もあった）、脊索動物の姉妹群に相当するらしい。この姉妹群をあわせたもの（脊索動物、半索動物、棘皮動物）が「後口動物（deuterostomes）」である。これは、初期発生過程において形成される原口（blastopore）が、昆虫やゴカイのように「口」になるのではなく、肛門、もしくはその近辺に落ち着くという事実による。あるいは、後口動物の口は明らかに進化上新しく二次的に得られたものであり、それはこのグループのなかの動物群が、与えられたボディプランのうえで、どこにどのように口を開くか、それに伴ってどのような背腹軸を作り出してゆくかという試行錯誤の歴史を示している。この文脈において原索動物と歩帯動物は、形態学の歴史のなかで常に興味深い問題を提示してきた（この問題については後述）。

後口動物に相対する大きな無脊椎動物のグループが「前口動物（protostomes）」である。最近の分子進化的知見によれば、前口動物はさらに、節足動物や線虫など、脱皮をする「脱皮動物（Ecdysozoa）」と、環形動物や軟体動物など、その生活史にトロコフォア幼生型を共有する「トロコフォア動物（Lophotorochozoa）」から構成される（Aguinaldo et al., 1997）。後口動物は、いわばこれらの「外群」に相当することになる。

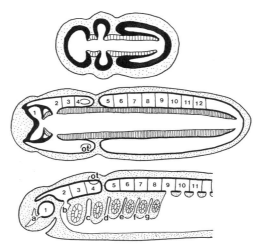

図1-2 ディプリュールラ幼生と体節の発生。ヴァン=ヴィージェによる頭部分節理論ではディプリュールラ型幼生（上）の3体腔のそれぞれが、脊椎動物（中、下）の各領域の中胚葉をもたらしたと解釈されている。a-g、内臓弓；ot、耳胞；1-12、体節。（van Wijhe, 1906より改変）

　後口動物には、「ディプリュールラ（dipleurula）型」の幼生をもつという、もうひとつの共通点がありそうである（図1-1A、図1-2）。というのも、原腸からくびれ出た中胚葉が、前後に並ぶ3対の体腔（body cavities）を構成するというパターンが、少なくとも棘皮動物と半索動物には共通して見られ、脊索動物にもそれとよく似たパターンがもともと存在していたのではないかと想像されるからである。この考え方は、脊椎動物のボディプランの起源について重要なヒントを与えている（第6章に詳述）。さらに、このような3体腔型の幼生型は前口動物のなかにも多く見られる。とりわけ、マスターマン（Masterman, 1898）がアクチノトロカ幼生に見いだし、レマーネ（Remane）が発展させた体腔進化をめぐる研究史は、脊椎動物の頭部の理解に重要である（倉谷、2016を参照）。

（3）化石と無顎類

　化石資料のなかに、脊椎動物の進化的祖先について語ってくれるものは必ずしも多くはない。少ないなかでも最も有名なのが、カンブリア紀の動物相を豊富にとどめているバージェス頁岩から発見された「ピカイア（*Pikaia*）」（図1-

1.1 脊椎動物とは　5

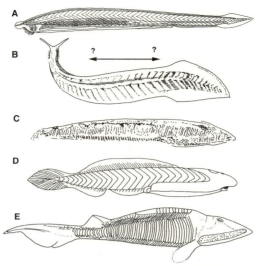

図 1-3　ナメクジウオ（A）。脊索動物に属し、以前は脊椎動物の姉妹群と見なされていた動物。脊索は体の前端に達し、分節的筋節が全長にわたって存在する。カンブリア紀のピカイアの復元図（B）と化石（C）。脊索や筋節らしきものが同定され、現生のナメクジウオとの近縁性が示唆されている。しかし、一説によれば、この動物の復元は前後が逆になっている可能性があり、右側を前とすると、D に模式的に描いた脊椎動物の仮想的祖先（Holmgren and Stensiö, 1936）に類似する。この逆方向の復元は、古生代の骨甲類（E）にもよく似る。これは、脊椎動物の頭部に、体幹と同じ分節が見られないという考えに立つ仮説である。(Janvier, 1996 より改変。ピカイアの動物の復元資料については、http://www.gs-rc.org/muse/musej.htm を参照。ユンナノズーンの動物の復元資料については、http://www.gs-rc.org/muse/musej.htm や http://www1.plala.or.jp/yossie/ikimono/confer/saiko.htm、http://www.museum.fm/3d/room2/txt_html/3-DBurgess3.htm などを参照)

3B、C）であろう（Walcott, 1911 ; Insom et al., 1995；ならびにモリス、1997；Hall, 1998 も参照）。この動物は分節からなる前後に長い体軸をもち、おそらくは脊索さえもっていたのではないかといわれる。が、そこには明瞭に発達した脳や感覚器官は見いだせない。そのため、現生のナメクジウオとの類縁性が指摘されている。この動物に関してはまだ充分に観察が進んでおらず、報告されていない標本も多い。

　同様に脊椎動物との類縁性が指摘された化石として、ユンナノズーン（*Yunnanozoon*；Chen et al., 1995；Shu et al., 1996a）や *Cathaymyrus diadexus*（Shu et al.,

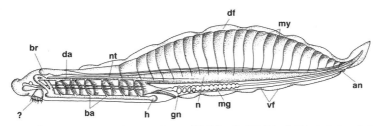

図 1-4 ハイクエラ *Haikouella lanceolata* の復元図。半索動物に分類されるか、あるいは、ヤツメウナギのアンモシーテス幼生との形態的類似性が強調されることがある。an、肛門；ba、鰓弓；br、脳；da、背側大動脈；df、背鰭；gn、生殖巣；h、心臓；mg、中腸；my、筋節；n、脊索；nt、神経管；vf、腹側鰭；?、不明の構造。(Chen *et al.* 1999 より改変)

1996b）が報告された。が、前者については実は半索動物ではなかったかという見解もある（Shu *et al.*, 1996b）。これらの動物は実際、脊椎動物として必要ないくつかの形質を欠く。真に脊椎動物の系統に発した可能性をもつ、興味深い化石として、ハイクエラ（*Haikouella*）が知られる（図 1-4；Chen *et al.*, 1999；興味深い総説は Holland and Chen, 2001）。というのも、この動物には明らかな脳を備えた頭部と口器、そしておそらくは感覚器があり、その全体的形状がヤツメウナギ類のアンモシーテス幼生に酷似するのである（http://www.palaeos.com/Vertebrates/Units/010Chordata/010.200.html#Haikouella 参照；過去10年の間に、円口類に属するヤツメウナギ類とヌタウナギ類の個体発生過程が精力的に研究され、両者の形態学的共通性が従来考えられていたよりも大きいことが分かってきた：Oisi *et al.*, 2013a, b；従来の状況については Dean, 1898；Wicht and Tusch, 1998 を）。つまり、ハイクエラ化石の解釈は、初期の脊椎動物の進化史に新たな光明を与える可能性がある。一方で、この動物における脊索は明瞭ではなく、ユンナノズーン同様、半索動物ではなかったかという考えもある。

　明らかに脊椎動物に違いないという化石が、澄江（チェンジャン）の初期カンブリア紀の地層から2グループ発見されている（*Myllokunmingia* ならびに *Haikouichthys*；Shu *et al.*, 1996b, 1999, 2003）。その動物には明らかに鰓があり、分化した頭部を備えている。しかも、形態学的解析によると、これらはそれぞれヤツメウナギ類（*Haikouichthys*）とヌタウナギ類（*Myllokunmingia*）に近縁であるというが、その見解が円口類の体系統性と整合性があるのかどうかは分からない。また、これらが化石化の状況が異なる同一種、もしくは類似の動物で

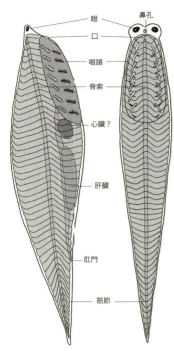

図 1-5 Morris and Caron によって記載されたカンブリア紀の原始的な脊椎動物、*Metaspriggina*。（Morris and Caron, 2014 より改変）

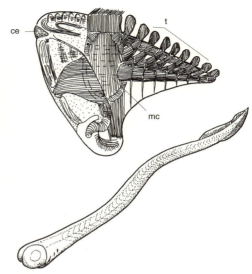

図 1-6 脊椎動物との類縁性が考えられる動物化石。上：シルル紀のアイニクトズーン・ロガネンセ *Ainiktozoon loganense*。本文では紹介していないが、この動物については、ホヤ幼生との類似性が強調されてきた。が、これは複眼をもっていた可能性がある。ce、複眼？；mc、粘液カプセル；t、尾部。下：コノドント *Clydagnathus*。（Janvier, 1996 より改変。福田、1996 も参照。アイニクトズーンに関する原著論文は、Ritchie, 1985 を参照）

はなかったかという説もある。これら 2 種よりも、さらに現生の脊椎動物の共通祖先に近いと目されているものとして、バージェス頁岩より見いだされている *Metaspriggina* がある（図 1-5）。この動物は頭部前端近くまで並んだ筋節と、籠状の軟骨性の鰓弓骨格をもち、紛れもなく脊椎動物の一種であるという（Morris and Caron, 2014）。とりわけ鰓弓骨格のどれをとっても形態的に分化したものがないため、顎の鰓弓由来説を彷彿とさせるが、そのような進化シナリオは疑問視されている。

さらに、昔から古生代の示準化石として用いられてきた「コノドント（conodonts）」が、実は原始的な脊椎動物であったという可能性が 1990 年代に示唆され、現在ではほぼ定説となっている（図 1-6；Gabbott *et al.*, 1995；Donoghue *et al.*, 2000 ; Murdock *et al.*, 2013)。その理由のひとつとして、歯に似た硬組織をもつことがあり、そのことは神経堤の関与を示唆するのである。そもそもコノドントを最初に記載したのは、のちにフォン＝ベーアが「胚葉説（germ layer theory）」（後述）を提唱する礎となった、ニワトリ胚の発生記載をなしたことで知られるヴュルツブルグの比較発生学者、パンダー（Christian H. Pander, 1794-1865）である。コノドントが脊椎動物であるとすれば、それは顎口類、円口類とどのような系統関係にあるのか、まだ謎は多く残っている（最近では、円口類の近くに置かれることが多い。コノドントの系統的位置、脊椎動物との関係については、Donoghue, 2001 ; Purnell, 1995, 2001a, b、ならびにそれらの引用文献を見よ：http://www.le.ac.uk/geology/map2/abstractsetc/cavhet.html も参照。わが国でも猪郷による『古生物コノドント——四億年を刻む化石』（猪郷、1979）が刊行されている。コノドントの正体についてのさまざまな学説をまとめた、当時にあって実に貴重な書籍である。さらに福田（1996）は、コノドントに関し過去になされたさまざまな復元の試みをまとめている）。

　古生物の系統解析には常に限界がつきまとい、分子系統との間に矛盾を生むことが多い。形質状態のサンプリングに問題があることはいうまでもない。本書で述べてゆくように、1つ2つと数えることができる形質は、その行為を正当化するに足る「モジュール性」（後述）を伴うか、もしくは他の器官と発生学的、遺伝的に乖離している必要があり、そうでなければ形質のそれぞれは進化的にも発生的にも連関している可能性を考えねばならない。その極端な例については第7章で扱う「哺乳類の形質進化の発生的基盤」、第8章で扱う「顎の進化」、第9章で述べる「相同性と拘束の階層的関係」に関連して解説する。さらに、脊椎動物であることを保証する形質としては本来、咽頭、体幹、鰭などが個体としてどのように統合されているかという点も考慮されねばならない。それがそもそも、「ボディプラン」、「バウプラン」といわれる概念の骨子であり（後述）、しかも脊椎動物の進化という問題は、特定の形質状態の出現時期を問うものではなく、バウプランの起源を問いかけるものなのである。しかし、たしかにそれは明瞭な形質状態としての記述が難しい。結果、現実の分岐的解析においては、グローバルな「型の一致」や「システムの統合」のあり方を抽出しないまま表記可能な形質のみを選ぶことにより、限られたデータのなかにいたずらにホモプラジー（他人のそら似）を取り込む可能性が伴う。これは、今後の課題のひとつである。本書の目的は、進化的変化の序列を示唆する論理と発生機構の変遷を、さまざまな現象の理解を通じて紡いでゆくことにある。

既述のように、「明瞭な頭部をもつ」ことが脊椎動物の重要な形質である。「頭部とは何か」という最終的問題はさておき（それは、本書のなかで徐々に定義してゆく）、そもそも頭部と背骨（椎骨）は同時に現れたのだろうか。脊椎動物は脊柱の存在によって定義されるが、「頭部はあるが背骨はない」といった状況があったと以前は考えられていた。というのも、現生の無顎類の一グループであるヌタウナギには、軟骨性のものも含め、生涯背骨が現れることはないと理解されていたのである。つまり、このようなシナリオにおいては、ヌタウナギ類は脊椎動物の外群とされていた（Janvier, 1981, 1996, 2001；Maisey, 1986；Forey and Janvier, 1993；Colbert et al., 2001；図1-7上）。ヌタウナギ類は、ヤツメウナギ類と顎をもった顎口類（gnathostomes）をあわせたものという意味での「脊椎動物」の姉妹群として扱われることが多かった。つまり形式的には、ヌタウナギ類は無脊椎動物に分類される。そして、脊椎動物とヌタウナギ類からなる有頭動物（craniates）というグループが立てられた（有頭動物説：Craniata theory；Janvier, 1981；Forey, 1984）。いうまでもなくその内容は従来の「脊椎動物」と等しいが、後者のカテゴリーはヌタウナギ類を含まず、ヤツメウナギ類と顎口類のみからなる（「脊椎動物」と「有頭動物」の語源については後述）。しかし、分子系統学的解析が進み、加えて古典的な比較形態学的考察もかえりみられ、顎口類を外群として、「ヤツメウナギ類とヌタウナギ類」が姉妹群をなすという円口類説（Cyclostome theory；図1-7下）が盛り返しはじめた（第8章；Mallatt and Sullivan, 1998；Kuraku et al., 1999；Janvier, 2001；Mallatt, 2001；Furlong and Holland, 2002；要約はKuratani et al., 2002を）。顎口類、ヤツメウナギ類、ヌタウナギ類の系統関係に関する、いわゆる典型的な「3者問題」がここに露見したわけだが、これは脊椎動物の成立過程とそれに基づくグループの定義に関わる重要な問題でもである。上に述べたように、ヌタウナギ類における脊柱の不在は二次的な消失によるものである可能性が大きく、成体の尾部にはその残存物が見られる（Ota et al., 2011；後述）。一方、ハイクエラには明瞭な頭部がある一方で、かつ背骨が存在したようには見えない。これをもとに考えると（そして、ハイクエラがたしかに脊椎動物の系統に属するものと仮定すると）、脊椎動物の初期の進化過程において、頭部らしき構造は背骨に先立って現れたという経緯があったらしい。円口類やハイクエラの評価にかかわらず、脊椎動物のボディプランにおいて脊柱よりも（脊索動物に共有される）筋節のほうが一次的だという考えは伝統的であり、19世紀の終わりから20世紀初頭にかけて、ドイツ比較発生学・比較形態学の領域ではしばしば「脊椎動物（Wirbeltie-

10　第1章　脊椎動物の基本形態——バウプランと形態発生的拘束

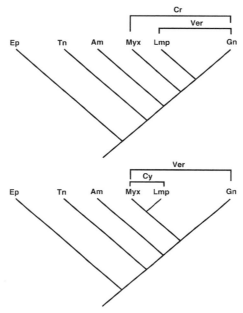

図 1-7　有頭動物説（Craniata theory）と円口類説（Cyclostome theory）。これら両者の系統樹ではナメクジウオ（Am；amphioxus）のほうがホヤ（Tn；tunicates）よりも脊椎動物（Ver；vertebrates）に近いところで分岐したと仮定されている。上の系統樹では顎口類（Gn；gnathostomes）の姉妹群にヤツメウナギ類（Lmp；lampreys）が置かれ、これら両者が脊椎動物を構成する。その外群に相当するメクラウナギ類（Myx；myxinoids）を含めた系統群が有頭動物（Cr；craniates）と呼ばれる。本書で採用する下に示した仮説では、ヤツメウナギ類とメクラウナギ類が姉妹群をなし、円口類（Cy；cyclostomes）という系統群が復活している。これに顎口類を加えたグループが本書でいう脊椎動物である。Ep は半索動物。

ren）」のかわりに、「有頭動物（Kranioten）」の呼称が用いられた（円口類の章を参照）。

　以下の記述では円口類説をとり、ヌタウナギ類を含めたものとして、「脊椎動物（vertebrates）」の語を使用する。が、ここに（かつてのように）ナメクジウオやホヤまで含めることはしない。つまり、「背骨の有無」という形質状態には拘泥せず、さりとて有頭動物というグループも認めず、かわりに円口類という単系統群を認める。結果、現生種を扱う限りにおいて、円口類と無顎類は同義となる（「有頭動物」と「脊椎動物」の用法については、第10章を；他に

Gee, 1996 も参照)。が、化石まで含めると、顎口類のステムグループとして多くの無顎類を見ないわけにはゆかない (第10章)。

1.2 脊椎動物のボディプラン

脊椎動物の基本形態とはどのようなものだろうか。以下に、脊椎動物のかたちを解説する一般的教科書的な記述を繰り返し、それを吟味してみよう。典型的には、この動物群は前後に伸びる体軸をもち、基本的には左右対称であり、前極には明瞭に発達した頭部がある (図 1-8)。ここには中枢神経系の発達した脳と呼ばれる部分と、それを納める頭蓋 (cranium)、摂食のための器官 (口器、もしくは口と、それに付随する骨格、筋肉系)、感覚器官の集中が見られる。このような形態的特殊化としてもたらされた「頭部」は、脊椎動物に限ってはいない。前後軸を伴う動物が、運動性、摂食、感覚、全身統御の高度化に伴い、いわゆる「頭」を作り出すという現象 (これを頭化 : cephalization という) は、節足動物、軟体動物や環形動物にも見ることができ、その背景には祖先的に共有された、特定の発生機構が存在する。

発生学的にも、頭部のパターン形成には、体幹には見られない独特の現象やパターンが見られる。のちに見るように、進化的パターン、発生的パターンから見た場合、節足動物と脊椎動物における頭部成立の理解にはきわめて似た側面がある。すなわち、本来体幹の要素であったものが二次的に特殊化し、機能的に統合したものと捉えることができる (詳細は、倉谷、2016 を参照)。したがって、このような頭部を形態学的に描写するのはきわめて難しい。動物のボディプランや進化を考察するうえで、しばしば頭部形態を形式的に捉えること、そしてその評価が問題となることが多いのはまさにその理由による。

脊椎動物の体幹は、もっぱら分節的な素材よりなる。すなわち、基本的には椎骨の連なりからなる中空の脊柱が背側で神経管を納め (脊柱管は前方で頭蓋腔に連なる)、その両側では、やはり分節的な素材である筋節 (myotomes) が相前後して並び、体壁を覆う。消化管 (digestive tract) は、体の腹側を前後に伸びる一本の管である。これは、体の腹側に位置する。それは、口 (mouth) にはじまり、口腔 (oral cavity)、咽頭 (pharynx)、食道 (esophagus) を経て、位置特異的に分化した中腸 (midgut)、後腸 (hindgut) へと連なり、肛門 (anus) あるいは総排泄孔 (cloaca) に終わる (図 1-7 ; 脊椎動物の一般的構築については、Romer and Parsons, 1977 ; Young, 1981 を見よ)。

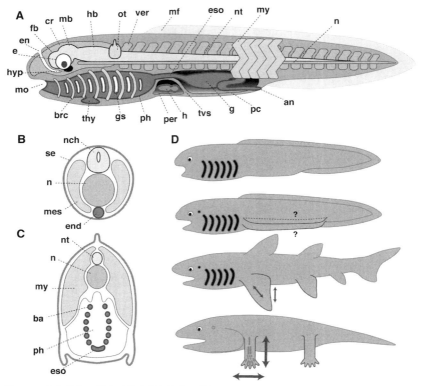

図 1-8 脊椎動物の基本形態と階層的相同性。A：一般化した脊椎動物の体。そのバウプランについて特別の主張をしているわけではなく、無顎類を含めた多くの脊椎動物の共通項を選び出してある。明瞭な頭蓋をもつことに注意。B：脊索動物の断面。背側から神経管、脊索、内胚葉が並ぶ。C：ナメクジウオの断面。D：同じ脊椎動物であっても、特定のグループにしか適用できない相同性があり、オーウェンやゲーゲンバウアーはそれを不完全特殊相同と呼んだ。ここではその典型的な例として、対鰭と四肢の進化を示した。2段目に現れる体側襞は1対あったのか、2対だったのか不明。そこから成立した2対の対鰭が四肢となるが、四肢動物へと至るその系統進化の過程で、遠近軸の方向性や前後軸上での形態の分化が明瞭になってゆく。このように新しく追加し、冠グループに共有されたパターンは、原始的な動物に見いだすことはできない。an、肛門；ba、鰓弓；brc、鰓弓骨格；cr、頭蓋；e、眼；en、外鼻孔；end、内胚葉；es、内柱；eso、食道；fb、前脳；g、腸管；gs、鰓裂；h、心臓；hb、菱脳；hyp、下垂体；mb、中脳；mes、中胚葉；mf、正中鰭；mo、口；my、筋節；n、脊索；nch、神経索；nt、神経管；ot、内耳；pc、腹膜腔；ph、咽頭；se、表皮外胚葉；thy、甲状腺；tvs、横中隔；ver、椎骨。

1.2 脊椎動物のボディプラン　*13*

　加えて、多くの脊椎動物には四肢（limbs）、もしくは対鰭（paired fins）が存在する（図 1-8）。そして対鰭には、それを支えるための支持構造、つまり肩帯（pectral girdle）と腰帯（pelvic girdle）が発達し、それが陸上脊椎動物の四肢にまで受け継がれている。したがって、脊椎動物の一般的形態を記述しようとすれば、四肢の形態より、鰭がそもそもどのように獲得され、それ以前はどうであったかが問題となる。

　鰭には対をなすものばかりではなく、尾鰭、背鰭、尻鰭のように、正中に無対で生ずるものもあり（正中鰭：median fins）、進化的には後者がより原始的であるとされる。幾人かの比較形態学者はかつて、体軸に沿って連続的に伸び出した「襞＝lateral folds」が祖先的動物に存在し、それが場所に応じて消失したり、あるいは複雑に伸び出して発達したりすることによって、いま見るような魚類の鰭のセット、さらには、その対鰭から進化した四肢が生じたのではないかと考えた（体側襞由来説：lateral fin fold theory；Goodrich, 1930a；Jarvik, 1980；その現代的解釈による「Competency stripes theory」については、Yonei-Tamura *et al.*, 2008 を）。ただし、古生物学・比較解剖学的には、この学説と矛盾する知見もいくつか得られている。たとえば、この体側襞が実は 2 列あり、胸鰭、腹鰭がそれぞれ別のものからできたという可能性もある。少なくとも化石記録では、胸鰭の獲得が腹鰭に先んじたことが示唆される（これは 2 対の対鰭の系列相同性を疑問視し、体側襞由来説を否定する考え方）。また当初は、対鰭が鰓弓の重複と移動によってもたらされたとするゲーゲンバウアーの「鰓弓由来説」という考えもあった。これは、いまではほぼ完璧に否定されているが、咽頭と肩帯の関係を、頸の成立の一環として理解する必要はある（これら対鰭の進化的起源に関する発生学的解釈については、Nuño de la Rosa *et al.*, 2014 を参照；板皮類の化石の解析に基づく最新の理解では、肩帯はまず、原始的な顎口類［＝無顎類］の頭甲の一部として発し、のちに二次的に遊離することにより可動性の肩帯が独立し、頭部と肩帯の間に二次的に頸が生じたとする；頸の伸長と肩帯の成立については、Nagashima *et al.*, 2016 を；後述）。

　「脊椎動物の最も一般的な形態」を記述する作業の難しさは、上に述べたような、進化的変化のパターンにある。すなわち、「頭部とは何か」という問題と同様、鰭に、連続的な膜として記述すれば充分なのか、現生脊椎動物内のほとんどのタクサにおいて対鰭が 2 対であり、この数が進化的に変わらなかったように見えるのはなぜなのか。さらにあるいは、それが本来恣意的な選択にすぎなかったのか、などなど……。つまり、四肢動物や総鰭魚類の対鰭には近位

から遠位にかけて一定の骨格要素が見られ、相同性を確立できるが、このようなパターンは条鰭類には見られない。そこで、このような遠近のパターンを二次的なものとして棄却し、せめて2対の対鰭をもつことを共通の形質として見ようとしても、化石魚類のなかには2対以上の対鰭、あるいはそれに似た突起をもつものが現れる。この「2対」は系統的進化のうえで二次的に固定した形質であるらしい。それは5本の指（pentadactyly）についても同様である。さらに、対鰭が連続的な体側襞に由来したとしても、その襞をもっていない化石種も見つかっている。すると、そもそも鰭をもたないということが、脊椎動物の原始的形質なのか。つまり、特定のタクサ内部では完璧に相同関係が記述できるが、上位タクサを見るにつれ、比較できるパターンが減少してゆくのである。この問題は、かつてオーウェンやゲーゲンバウアーといった比較形態学者たちによって「不完全特殊相同性」として認識されたものに相当する（Gegenbaur, 1898；第9章）。より最近になって、タウツは、同様の問題を相同性の「深度」と表現している（Tautz, 1998）。しかし、この種の「不完全性」こそが実は、形態の進化パターンの本来の姿なのである。

（1）バウプラン

ここで考察すべきが、ウッジャー（Joseph Henry Woodger, 1894-1981）によって提唱された、「バウプラン：Baupläne」という概念である。これは「特定のタクソンの一般化、観念化された、原型的ボディプラン」を指す（Woodger, 1945；Eldridge, 1989）。つまり、扱っているタクソンの形態を網羅的、総合的に表現する形式的概念の集合体である（バウプランの誕生の経緯についてはHall、1998を見よ；Hall, 1998）。

動物の体を作っている部分の相関、形態学的つながり方を分類し記述することにより、扱っている特定のタクソンに共通する統一的形態パターンを過不足なく形式化できる。たとえば哺乳類であれば、中軸骨格（axial skeleton）を一定の形態をもった一定数の椎骨の並びとして記述し、そこに肩帯と腰帯を付随させ、上肢には上腕骨、尺骨と橈骨、手根骨、中手骨、指骨を、下肢には大腿骨、脛骨と腓骨、足根骨、中足骨、指骨を置き、頭蓋には歯骨という、ただひとつの骨からなる下顎骨と、中耳には3耳小骨と専門的に鼓膜を張る鼓骨が見られ、特に有胎盤類では基本歯式3：1：4：3、最大数44本の歯をもち……といったように、形式的に表現できる（哺乳類の形質の起源については、Young, 1975；Kermack and Kermack, 1984）。これまで述べてきた脊椎動物のボディプラ

ンは、脊椎動物全般について妥協的に表現した、「コンセンサス形態」としての「脊椎動物のバウプラン」である（ただし、「コンセンサス」は「原始性」とは断じて異なる）。しかし、ここには哺乳類のバウプラン構成要素のうち、派生的なもののほとんどは適用できず、「両生類だけにしか存在しない形質」、あるいは「羊膜類にしか見られない形質」のようなものも含められていない。逆に、特定のタクサのバウプランは、そのタクサを含むより上位のタクサのバウプランをすべて含む。バウプランは常にタクソン特異的なのである。バウプランがタクサを指定するのであるからそれは当然である。したがって各バウプランはタクサの階層の上で「入れ子式」に関係しあっており、多くの場合、それはある程度動物の系統関係をいくぶんなりとも根拠としたタクサの自然分類学的配置と同じ関係を示している（図1-9B）。つまり、魚類の対鰭のうえに新しい分節や極性ができることで、四肢動物の四肢ができ、5本の指が設定され、哺乳類の特定のタクサでそれは二次的に数を減少し固定する。このように、「脊椎動物のバウプラン」のうえに、「硬骨魚類のバウプラン」なり、「四肢動物のバウプラン」を定義でき、さらに、「四肢動物のバウプラン」のうえに「両生類のバウプラン」や「羊膜類のバウプラン」が定義可能となる。バウプランの階層それぞれにおいて、それぞれのレベルの「相同性のセット」が発見でき、その範囲内では完璧な形態学的比較、つまり「完全特殊相同性」の記述が可能となるのである（Gegenbaur, 1898）。

（2）バウプランと相同性

　ゲーゲンバウアーに率いられたヨーロッパの比較形態学者たちは、相同性に適用の限界があることに気がついていたが、上のようなバウプランにも通ずる相同性の概念整備やその適用によって、形態的意味での相同性をいたずらに拡張する危険を冒さずにすむことになった。つまるところバウプランの概念は、タクサ特異的な何らかの発生拘束を記述し、その系統的構造を示し、個体発生におけるパターン形成イベントの経時的序列、すなわち総じて「反復（recapitulation）」と呼ばれがちなあの傾向をも取り込む可能性がある。とりわけ、ヴェレスによって問われたような、発生上に出現する表現型のすべてを取り込んだバウプランの概念は重要である（Verraes, 1981）。いうまでもなく、胚発生におけるファイロティピック段階（後述）は、門レベルのタクサのバウプランを具体化したものと考えられている。したがってバウプランは、発生の基本的パターンや、特定の胚発生段階にタクサ特異的に生ずる発生機構と密接に関わ

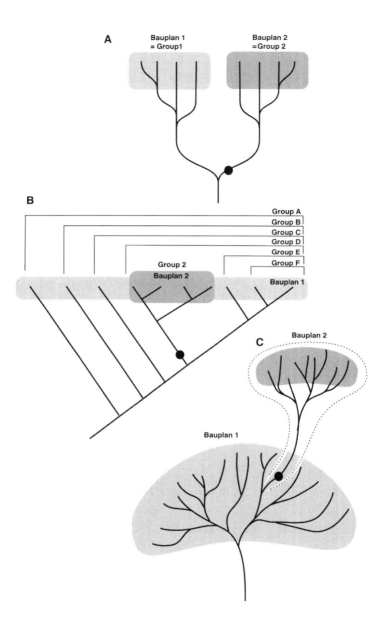

図 1-9 バウプランと系統関係。バウプランとは、特定の生物グループの形態的特徴やパターンを形式的に記述したもの（左右相称性、脊索の存在、鰓孔の存在など）である。このような表記の延長に、動物の形態学的認識が存在するが、分類学的な動物形態と動物の系統関係は、必ずしも整合的ではなく、その形式的取り扱いに関する方針は対立している。着色した部分は、バウプランの広がり、●は、そのバウプランを成立させることにつながった鍵革新の系統的発生位置を示す。鍵革新の発生は、必ずしも新しいバウプランの成立と同義ではない。A：古典的には、対立する異なったバウプラン（Bauplan 1, Bauplan 2）が、異なった動物群（Group 1, Group 2）を指定し、それが古い分岐によって生じたと考えられた。B：分岐分類学的認識。正確な系統解析によって、対立するバウプランがそれぞれ対等な単系統群をなしえず（姉妹群同士にはならず）、特定のバウプランで認識される 1 グループが、他のグループの内群として生じていることが明らかになる。前者を単系統群としてしまうと、残る動物群が不完全な側系統群となる（それを認めようという立場もある）。クジラと偶蹄類、トリと恐竜などが、このような関係を示す。この、分岐分類学的考え方で認めることのできるグループは、ひとつの幹でくくることのできるさまざまな単系統群（Group A-F）だけであり、理想的には、このような系統的入れ子関係に対応するバウプランが認識できればよいことになる。言い換えれば、バウプランはある意味しだいに複雑化する共有派生形質の集合体ということになり、それは多くの場合適切な表現だが、それであらゆるバウプランが記述できるわけではない。また、Bauplan 2 によって定義されるグループ、Group 2 を、Group E の姉妹群にすることはできるが、たとえば Group A から Group 2 を除いたグループ、つまり、Bauplan 1 の分布に対応する単系統的動物群は定義できない。C：本書における認識。実際のバウプランの進化過程を視覚化したもの。新しいバウプランは、古いバウプランのうえに生じた鍵革新をもとに成立し、しかも、系統的には入れ子関係を認めることはできるが、できあがった 2 つのバウプランの内容には、明確な入れ子関係が常に認められるわけではなく、別のものとして認識される（偶蹄類とクジラ類の例でいえば、偶蹄類のバウプランを考えるとき、クジラの存在を考える必要はまったくない）。ただし、それは B の認識と徹底的に対立するものでもなく、たとえば Bauplan 1（偶蹄類）と Bauplan 2（クジラ）両者を包含する、「哺乳類のバウプラン」は存在する。つまりここでは、バウプランの分布は伝統的分類学におけるタクサの分布、グレードの分布と等しく、分類群を定義できるかどうかは、特定のバウプランをもたらす発生拘束を記述できるかどうかにかかっている。「タクサ」とはいわば、「発生拘束の別名」なのである。比較形態学や比較発生学は、このような認識において初めて成立するものであり、ヘッケルの系統樹も、B よりは C に近い。

らざるをえない。本書においては、タクサを規定する発生拘束の表出したパターンを示すものとしてこの概念を用いる。必ずしも網羅的、包括的なものではないが、下に脊索動物についてその例を示す。これはすでにシェーファーが示した、階層的な脊椎動物の理解の方針とよく似たものとなっている（Schaeffer, 1987）。

脊索動物のバウプランは：
①左右相称性、前後に伸びる体軸
②背側に、もともとは上皮性の神経管
③神経管の腹側に脊索（少なくとも生活史の一時期において）
④その下に内胚葉性の消化管
⑤両側に中胚葉性体腔と、おそらくは分節的に生じた筋節
⑥孔の開いた咽頭
⑦内柱（ただし、円口類のヌタウナギには発見されていない）

からなり、脊椎動物のバウプランは上記の①〜⑦に加え：
⑧神経堤とその由来物（知覚神経節、鰓弓骨格系含む）
⑨プラコードとその由来物（感覚器、側線系、ならびに知覚神経節含む）
⑩無対鰭
⑪椎骨（保留）
⑫部分的なグループにおいて二次的に体側襞もしくは対鰭（不明）
⑬ある程度の頭化（保留）
⑭非分節的頭部中胚葉と、そこから由来する外眼筋、神経頭蓋

を含む。ここから以降、内柱はヤツメウナギのアンモシーテス幼生を除いて甲状腺としてしか見られなくなる。現生顎口類（定義上、化石無顎類や板皮類は含まない。ただし、以下の形質状態は板皮類にも見られる）のバウプランは上記の①-⑭に加え：
⑮梁軟骨（本書内容参照）
⑯顎骨弓のみからなる口器（本書内容参照）
⑰有対の鼻プラコード（本書内容参照）
⑱交感神経幹
⑲舌筋をはじめとする鰓下筋系と鰓下神経系（本書内容参照）
⑳僧帽筋群と副神経（本書内容参照）
㉑後頭骨
㉒2セットの対鰭

などをもつことになる。これらの形質がどのような経緯で生じたのか、そしてどのような系統分類学的認識が妥当であるのかについては後述する。

この後、四肢動物→羊膜類→哺乳類→食肉類、のようにカテゴリーを狭め、それに応じてバウプランのさらなる精密化を図ることができる。本書で解説する形態学は、もっぱら上の22項目に関わるものである。そして、その多くが、発生過程において特徴的なパターンを伴って現れる形質であることに気づく。こうした形質の出現の序列やパターンから、脊椎動物の起源に肉薄しようとしたのが、19世紀末期に起源する比較発生学（Evolutionary Embryology）であった（第3章）。たしかに、脊椎動物の起源を形態学的、発生学的根拠から突き詰めようとするならば、必然的に上のような形式化（formulation）を試みたのちに、その成立のシナリオを、時間的経過として復元し、考察するほかはない。その試みのなかで、以前の比較形態学者たちは形質状態のポラリティと発生時間上現れるイベントの序列を同一視しがちであった（反復説）。まず注意すべきは、上のような形質の追加が、それぞれのグループの起源にあって必ずしも一挙に成立したものではなく、さりとてそれぞれが独立したものでもなく、発生学的に連関したモジュールをなす場合もある。

上のようにすれば、脊椎動物の比較的初期の進化で生じた形質として「2対の対鰭」をもつことを特定のタクサに対して加えることができるだろう。むろん、このようにして表現されたバウプランは、それがあてはまるすべての動物にとって適切なものとなるだろうが、「すべての脊椎動物」を適切に表現するものとはならない。では、バウプランの入れ子構造は、系統学的解析の方法や理念と逐一整合的なものなのか。そしてバウプランとは、分岐体系学的図式のなかでの特定のグループを定義する一連の共有派生形質の集合体と同義なのか。

その可能性はある。しかし、そうでない可能性もある。というのは、特定のバウプランで記述できるグループの内部のあるものが逸脱した形態進化を経、新たなバウプランで表現することのできるタクソンの創始者（founder）ともなりうるからである。たとえば、恐竜の系統のあるものから生まれ出た鳥類は、恐竜のものとは異なるバウプランで記述されることになる。以前は、（トリ以外の）恐竜とトリは2つの別のグループとして認識され、比較形態学的にはこれでも一向にかまわないが、系統的にはトリが恐竜の一員であることが分かっている。これと同じ関係が、偶蹄類と、そこから生じてきたことが最近判明したクジラ類の間にも見られる。以下に述べるのは、かつての比較発生学ではほとんど問題とされなかった、分岐関係とバウプランの齟齬についてである。そ

して、重要なのは、分岐順序の理解そのものが、進化的形態の変容を促した発生プロセスやパターンの変化の理解とは異なるということである。

（3）バウプランと系統

かつて、クジラの進化系統的由来は動物学の謎であった。もっぱら古生物学や比較骨学の研究によって、食肉性のメソニクスという化石種に近いところに置かれていたが、最近レトロポゾンの挿入を指標にした解析により、クジラがカバと姉妹群をなすことが分かった（Shimamura *et al.*, 1997；Nikaido *et al.*, 1999）。ゲノムのなかを動き回る遺伝子、レトロポゾンは、ある位置に挿入されるとそののちそこから動くことはない。したがって、この遺伝子の多型の入り込まない条件、言い換えればクジラの進化にあって、このレトロポゾンが祖先的動物の集団内に固定した状態があったという仮定のもとでは、「あるかないか」という違いで、系統の入れ子関係を明らかにできる。つまり、「偶蹄類のすべて」には共有されないが、「カバ」と「クジラのすべて」に共通する共有派生的なレトロポゾンが確認され、これらの動物が偶蹄類の成立ののちに共通の祖先をもっていたことが分かったのである。この発見は比較動物学者の間に大きな物議を醸したが、そののち、解剖学的、生理学的にも、クジラと偶蹄類の類似性は追認されるようになった。つまり、クジラ類は系統的には偶蹄類の内群（in-group）なのである。

上のような関係が見られるとき、たとえば「クジラ類」というタクソンを認めることによって、過去の偶蹄類というタクソンはいわゆる「側系統群（paraphyletic group）」となる。そこで、後者をタクソンとして認めない分岐学的立場がある。が、バウプランの分布を眺めることによって、この分岐体系学的に純粋な取り組み方が、形態学的・進化分類学的にはやっかいな状況をもたらしうる。クジラ類は、偶蹄類の形態的あり方から逸脱することによって水中生活、運動に適応した独特のバウプランを獲得し、いうまでもなくそのこと自体がクジラ類ののちの隆盛の根拠となった。その過程でクジラ類は偶蹄類の多くが共有する形質を、単に変形させただけではなく、明らかに失ってしまっている。そして、残された「従来の偶蹄類」のバウプランが、このようなクジラ類の存在によって無効になるわけではない（図1-9C）。

ここで重要なのは、単に側系統群を原始形質でくくって名前をつけることではない。むしろ、原始形質によって定義されるグレードが、進化イベントの序列について重要な理解をもたらすという認識が重要なのである（その実例につ

いては、Oisi *et al.*, 2013a を)。言い換えるなら、進化発生学的研究対象として、クジラの形態パターンが進化する前の比較対象として、非クジラ的偶蹄類を用いることができる。クジラ類はひょっとしたら存在しなかったかもしれない動物群であり、それがいなかったら特定できていたバウプランをもった単系統的グループ（すなわち偶蹄類）が、形式的にクジラ類の存在によって無効化されてよいわけにはない。すなわち、従来の偶蹄類のバウプランは進化形態学的に確固とした、何らかの実体を示さなければならない。もしクジラ類が存在しなかったなら形式化できたであろう偶蹄類のバウプランは、つまるところ分類学者が実際に、「クジラ類抜きに」記述してきたものと同一である。そして、後者のバウプランは過去におけるのと同様、しばしば特定の共有派生形質のセットによって認識されてきた。ここに、分岐分類学と進化分類学（伝統的分類学）の齟齬の原因がある。

　多かれ少なかれバウプランを意識した手続きとして、派生形質に依拠したグルーピング（apomorphy-based definitions ; Carroll, 1997）を行う限り、あらゆる単系統群は今後の進化的状況によって常に側系統群に成り下がる可能性を秘めることになる。何らかの単系統群の内群として、ひとつの系統が新しいバウプランを獲得することが多いからこそ、その新しいパターン（派生形質）を特定的にもたらした要因を「鍵革新」として後づけ的に認識するのである。したがって鍵革新に、それが見つかる限り常に共有派生形質であり、分岐点依存的に定義された（node-dependent な）グループを一見、派生的な形質状態の共有によって定義された（synapomorphy-dependent な）グループとして読み替えるための都合のよい signature となる。しかし、鍵革新がそのグループの一部に存在することによって、現在認識されているグループのバウプランが無効化するわけではない。実際にクジラ類を派生しても、偶蹄類として認識されてきた動物の一般性は変わらない。逆に鍵革新を指標としてクジラを定義しても、それはわれわれが認識する典型的なクジラのバウプランを表現しえない。

　クジラは「クジラがいなかったころの偶蹄類のバウプラン」を下敷きにして進化的には成立しているが、そこに見られる流線型の体、後肢の退化、背鰭の獲得、外鼻孔や気道の位置のシフトなどの派生的パターンは、明らかに他の偶蹄類にはない新規のパターンとして成立しており、鍵革新はもはや古典的偶蹄類のもつ特徴の1亜型であっても、現生クジラ類の解剖学的特徴を表現しえない。つまり、バウプランは必ずしも系統関係に対応した分布を示さない（図1-9C）。そもそも、クジラ類の共有形質の要のひとつは、特定の遺伝子座に発見

されたレトロポゾンだったわけだが、それは形態発生上、特定のバウプランを定義づける要因とはなってはおらず、その獲得がクジラのバウプランを約束するわけではないのである。むしろ、ここで擁護すべきクジラのバウプランは、系統分類学的に「グレード（grade）」と呼ばれているものに相当する。

　上の争点は分岐分類学と伝統的分類学の対立図式そのものである（Romer, 1966による「垂直（vertical）」ならびに「水平（horizontal）」の分類）。あるいは、分類検索表と系統解析の方法が整合的でないのも同じ理由に由来する（これら両者の立場についてはつとに議論となるところだが、その理論的背景を教えるまとまった著作としては馬渡、1994；三中、1997；直海、2002などを参照）。分岐順序の確定という目的にあっては、分析的手法として分岐学が適切であり、共有派生形質をプロットした系統樹を作り上げることも理にかなう（分子データによる最近の系統樹の改訂についてはGee, 2000を参照）。分岐点に依拠したグルーピング（node-based definition）は正確な単系統群を定義し、ときとして適切な鍵革新（key innovations）の所在をわれわれに教えてくれる。が、形態的特徴の集合体からなる動物の表記についてはマイアやシンプソンの唱道する伝統的な進化分類学が妥当となる（たとえば、Simpson, 1961）。ただし何らかのかたちでバウプランか、もしくはそれをもたらすことになる制約（たとえば、アロメトリーやエピジェネティック発生機構のような。後述）のようなものをもちこむことでしか、伝統的分類学を分析的に正当化する理由は見つけられない（Schlichting and Pigliucci, 1998；Hall, 1998）。言い換えれば、「タクサ（分類群）」とは、その構成メンバーの形態形成システムをある一定の範囲に抑え込んでいる何らかの「発生拘束（developmental constraints）」の別名なのである（この種の議論の歴史的概説と考察については、Carroll, 1997；Rosenberg, 2001を参照）。そして、発生拘束の成立と、その変化、形態形成におけるその役割というかたちで形態進化を読み解いてゆこうというのが本書の立場となる。本来メイナード＝スミスらによって提唱されたこの「発生拘束」という概念は、発生を通じて進化の方向性に何らかの制約が与えられている状態を指す（Maynard-Smith *et al.*, 1985）。拘束にどのようなタイプのものが考えられ、それらがどのような機構のもとに効力を発揮し、さらに何に対して制約を与えるのか、それが常に中心的な議論となる。

　特定の単系統群の内群として派生し、適応放散した大きな新しい単系統群は、新しい明瞭なバウプランを指定する。新しいバウプランはその成立の経緯として（進化的、発生学的成立の場面において）残された側系統群の確固としたバウ

1.2 脊椎動物のボディプラン

プランのうえに紛れもなく定立しながら、そののちそれは単に新しい形質を付加したようなものではなく、形態学的に後者とは明らかに別のものとして、ときには対立するものとして認識される場合がある。重要なのは、バウプランに明瞭な違いが見られる「恐竜と鳥類」、あるいは「クジラと偶蹄類」という「グループ対」が、それらの祖先的系統の最初に分岐したものではないが、にもかかわらず、これらに見るようにバウプランが単系統群の内部で抜本的に変化しうるということである。そしてそれは、多かれ少なかれ発生拘束の解除や、相同性の喪失というかたちで成就する。およそ、大きなタクソンが独特の形態的統一性をもって適応放散している場合、これと同じ状況にはしばしば遭遇せざるをえない。言い換えれば、進化的新規形質は、それを生み出した系統群の成立直後ではなく、その進化的放散のただなかから出現する。あるいは、形態学的認識のうえで対立するバウプランは、必ずしも歴史的に最初に分岐しているわけではない。つまり、発生拘束の分布は系統的分岐の序列とは必ずしもかみ合わない（図1-9）。

したがってまた、バウプランを構成する項目は必ずしも特定の単系統群を定義したり、分岐の順序を明らかにする共有派生形質と同じにはならない。そして部分的にはこれとほぼ同じ理由で、生物の分類検索に用いられるキーは、系統学的共有派生形質の一覧表とは異なったものにならざるをえない。図1-9Cに明らかなように、単系統的に派生的な動物群を設定しようとすると、それを生み出した古い動物群のもつひとまとまりのバウプラン、もしくはわれわれの形態学的認識に切れ込みを入れてしまう。しばしば冠グループ（crown group）と基幹グループ（stem group）の間に認められる悩ましい関係がそれである。

哺乳類の成立を、進化的・分岐分類学的に定義しようとすれば、単弓類から真獣類へ至る系統のうえで分岐点依存的に設定することのできるさまざまな恣意的単系統群のどれをも形式的に「哺乳類」と呼んでかまわないわけだが、それを広くとればとるほど「哺乳類的」表徴はそれを生み出した鍵革新と同レベル、あるいはそれ以下のものに成り下がる（図1-10；Thomson, 1988）。同様のことは四肢の進化についても、クジラの進化についても認められる。クジラをもたらした鍵革新を系統の深いところに求めれば求めるほど、その祖先は古典的偶蹄類とまったく変わらないものと映ってゆくだろう。逆に、単系統性にこだわるということは、その定義上、恣意的であれ共有派生形質を定義し重視することであり、それはバウプラン成立要因の認識とは必ずしも関係がないのである。たしかにこのようにして定義できる分類群は、放散を通じて新しい冠グ

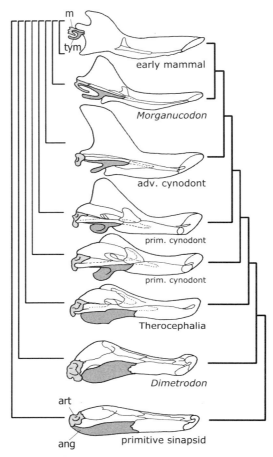

図 1-10 哺乳類の進化。中央に描かれたのは、下顎骨左半分を右内側から見たもの。上より：初期哺乳類；モルガヌコドン；進歩的キノドン類；原始的キノドン類 2 種；獣頭類；ディメトロドン；そして原始的単弓類。このうち、ディメトロドンの全身骨格は、図 5-19 に示してある。着色した角骨（ang）と関節骨（art）が、系統上徐々に変形し、哺乳類における鼓骨（tym）とツチ骨（m）に変貌してゆくことに注意。相同性が保たれたまま、機能が徐々に変化する、このような進化過程においては、「どこから先が哺乳類と呼べるか」という線引きが事実上不可能になる。この進化的経緯、進化発生学的考察については、第 7 章で詳述。右側に示したのは想定される系統樹。左側には、分岐分類群の系列。形式的にはどのグループをも、「哺乳類」として定義できたはずである。が、その範囲を広くとればとるほど、哺乳類独自の中耳や顎は、爬虫類的段階の形態パターンとして記述せざるをえなくなる。（Kardong, 1998；Allin, 1975 より改変）

ループのバウプランを生み出すことになった鍵革新を共有するのだろう。しかし、鍵革新は新しいバウプランそれ自体とは異なっている（Galis, 2001）。また多くの場合、この分類群のなかには問題のバウプランを共有しないメンバーが多数含まれているはずだ（顎口類の基幹に無顎類が多く含まれるように……）。新しいバウプランが成立する経緯として、祖先に鍵革新が生ずることは必須であっても、新しいバウプランを作ることなくそのまま残存している鍵革新は、祖先的グループのなかに生じた奇妙な形質のひとつとしてしか見られない。比較形態学的方法はしたがって、分岐分類学に与することもあれば、伝統的分類学を指向することもある。この一連の議論において必要となる認識は、階層的構造をもった形態学的「相同性（homology）」と「原型（archetype）」という概念である。それらの認識の方法、形式化の問題が、分類手法のそもそもの混乱と同質のものを含んでいたのである。

1.3　第1章のまとめ

1. 脊椎動物は、そのバウプランによって、後生動物のなかの特定の系統に位置づけられ、その形態プランの一部を原索動物と共有する。分子進化学や、古生物学の新しい発見は、脊椎動物の成立の歴史を明らかにしつつあるが、それはただちに脊椎動物の起源をわれわれに教えてくれるようなものではなく、また、その進化の要因も謎に包まれている。

2. 脊椎動物の大きなグループである顎口類は、無顎類のある系統から発したとおぼしい。現生のヤツメウナギ類とヌタウナギ類がともに円口類をなし、顎口類の姉妹群に置かれることが明らかになった（円口類説の復活）。

3. バウプランとは、特定の動物群に共通して見られる形態のあり方を形式的に記述したものであり、特定の分類群に付随する「グレード」と同等のものである。バウプランは階層をなし、ランクの低いタクサのバウプランは、ランクの高いタクサのそれに包摂される。この階層性は、相同性の不完全性と同じ構造をなしている。

4. バウプランの階層性は、必ずしも単系統群の分岐順序に従った系統的入れ子関係と合致しない。バウプランはむしろ、共通の発生拘束より現れてくる一般相同性と特殊相同性のセットであり、発生拘束のセットは、分類群を定義する機構的要因であるという可能性がある。

第 2 章　原型と相同性

> 私の方法のすべては導出（Ableitung）に基づくことに気がついた。私は含蓄のある一点が、そこから多くのものが導きだされてくるような一点が発見されるまで探求をやめることがない。
> ゲーテ『自然と象徴』、高橋義人・前田富士男訳（1982）

　前章において、バウプランの概念について解説したのは、進化上変化する形態を認識するために、従来の比較形態学の教義や、分岐体系学の方針や目的と一線を画する必要があるためである。バウプランはタクサの進化に対応したボディプランの変容と、不完全相同性を意識した動物形態の形式化そのものを指す。このことは個別の解説を進めてゆくにつれて明瞭となってゆく。対して、ボディプランはより一般的で広い概念であり、しばしば門や亜門といった大きな分類群を対象とする。本書の方針に対立する具体的な例を挙げるのであれば、まず「原型論」が思い浮かぶ。原型の概念は形態学の歴史の黎明に得られ、それ自体、発見のための方法としてはきわめて有用ではあったが、進化的枠組みのなかでは不適切なものであった。それはさまざまな動物の形質を記述することに成功してきたばかりか、比較言語学を通じて構造論を生み出し、人類学や記号論、果ては心理学にまで影響したが、進化生物学においてはむしろ陥穽となり、今日ではもはや顧みられなくなっている（比較形態学の構造論的性格の確認には、丸山、1981；田中、1993；Lévi-Strauss, 1958；比較発生・形態学と言語学の直接的関係については、風間、1978, 1993 などを参照。そこには、ダーウィンやヘッケルの思想が、生物学以外の分野に進出した足跡を見いだせる）。

　本書の目的のひとつは、脊椎動物のボディプランの起源と、その今日的意義を解説することである（頭部分節論の詳細については倉谷、2016 に譲る）。頭部分節性は、形態学に本来付随していたその先験論的性格をあらわにし、進化発生学は、分節性をもたらす系統的、発生機構的背景を実証的に明らかにすることを目論む。ここには、ヘッケルのそれに代表される反復説が大きな伏線として

控えている。さらに、進化発生学研究は、分節性の相同性が、左右相称動物の起源や、その系統的分岐、ボディプランの多様化にも関わる、深遠な重要性をはらんでいたことをも暴露した。つまり、以前は前口動物に見る分節性と、脊索動物のそれがまったく異なった起源のものであると思われていたものが、ジョフロワの再来とともに、再び現実的な生物学の問題として浮上したのである。が、古い問題がよみがえるときには、その当時の学者たちを誤謬へと導いた陥穽もまた同時によみがえる。そのひとつの踏み絵が反復説であり、あるいはまた原型論なのである。さらに、これまでに提出された体節や軸性の起源に関するさまざまな仮説のうち、明らかに誤りであるもの、再考の余地があるものがようやく弁別されはじめた。単に多くある仮説のうちのどれを選ぶかということではなく、むしろこのような吟味を通し、異なったテーマにおける一見無縁の仮説同士がいかに現在のデータと結びつき、整合性を見せるのかが明らかになるであろう。本章はいわば、進化形態学に通底する比較形態学的テーマを浮き彫りにすることを目的としている。

2.1　ゲーテの椎骨説と原型

　原型思想と頭部分節説を解説する最初にあたって、ゲーテ（Johann Wolfgang von Goethe, 1749-1832）ほど格好の人物はいない。彼は19世紀を通じ、ドイツ文学のみならず、ドイツ科学を象徴する人物であった（Richards, 1992）。自然の示す形態の妙に惹かれたこの詩人は、偶然若い偶蹄類の白骨死体を見、その頭蓋の縫合線が閉じておらず、骨要素がその場で遊離していたため、「哺乳類の頭蓋が、変形した椎骨の連なりにすぎないのではないか」と思いついた（図2-1；要約はDepew and Olsson, 2008；Horder *et al.*, 2010）。彼によれば、ここで得られた原型は、そこからあらゆる具体的な頭蓋のかたちを導出できるがゆえに、具体的なかたちとして図示はできないという。ほぼ同時期にオーケン（Lorenz Oken, 1779-1851）も同様の理解に達し、「われわれヒトの体は背骨にすぎない」と述べた。そして、オーケンがまずこの説を世に広め、続いて他の形態学者たちがこれを広く唱道した（頭蓋椎骨説：vertebral theory；Goethe, 1790, 1820、ゲーテ、1807；Oken, 1807；形態学的要約・総説はDe Beer, 1937；Jollie, 1977；ゲーテ形態学の総合的解説については、高橋、1988）。

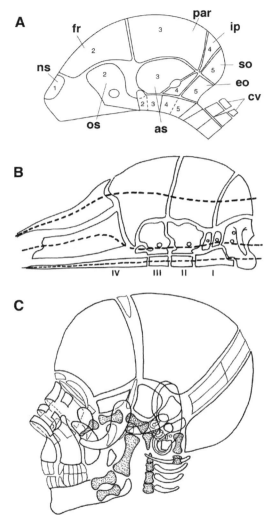

図 2-1 頭蓋椎骨説。A は、ゲーテの考案したモデルを視覚化したもの。椎骨と同等の 5 つの分節が想定されている。B はオーケン、C はカールスによる仮説。ローマ数字が頭部椎骨の番号を示す。as、翼蝶形骨；cv、頸椎；eo、外後頭骨；fr、前頭骨；ip、間頭頂骨；ns、鼻骨；os、眼窩蝶形骨；par、頭頂骨；so、上後頭骨。(Janvier, 1996；ゲーテ、1807 より改変)

(1) メタメリズムとメタモルフォーゼ

　このように、脊椎動物の形態的構築ならびに変容と、それをのちに進化的発生プログラムや胚形態の変化として理解するための研究や議論のすべては、まず比較骨学〈Comparative Osteology〉の問題としてはじまった。ゲーテのアイデアを画期的といえる根拠は、何よりもその構造論的な思考の方法にある。ゲーテは、還元論的・分析的な方法に基づいて骨格の組織、細胞学的、あるいは物質的組成に分け入ったのではなく、むしろ形態的まとまりをもった要素と要素の関係の仕方に注目し、それを分析の対象とした。彼が、「モルフォロギー（Morphologie、すなわち形態学）」の語と概念を創始したのは、以下に見るような脱中心化した認識論的立場を明らかにしてのことである（問題の変遷の経緯は、Oken, 1807；Rathke, 1832；Owen, 1848；Huxley, 1858；Gegenbaur, 1887；De Beer, 1937 を見よ；観念的形態学が、科学的議論として変貌する際の経緯と意義、進化思想との関わりについては、倉谷、2016 を参照）。

　「頭蓋椎骨説」に先立ち、彼はすでに「原植物：Urpflantz」のアイデアを世に問うていた（ゲーテ、1807）。これは、「植物の花が葉の変形（メタモルフォーゼ）である」という考えである。しかもこのアイデアは、発生遺伝学的にかなり正しいことが証明されている（第 5 章）。理論の構築として、これら 2 つの学説は基本的に同じかたちをもっている。すなわち、単純な繰り返し構造が生物体の基本構造をなし、その繰り返し構造が局所的に変形して特別の機能をもった領域が作られるという点がそれである。ゲーテの形態学は、要素の「繰り返しと変形」を伴った「原型的パターンの認識」に基礎を置いており、それゆえに、現在の発生生物学と進化生物学の両者へと直接につながってゆく論理と可能性をすでに胚胎していたのである。

　このふたりの学者による形式化は、もっぱら頭蓋の皮骨要素を対象にし、のちにオーウェンが解剖学的分析を駆使して辿り着いた「原動物」における骨要素の配列法にも似たものであった。これら形態学理論に共通するのは、進化的過程としてではなく形態学的認識として、どのように一般型の把握にゆき着くかを目的としていたということであり、それは決して祖先形態の復元を目指してはいなかった。この点で、ゲーテからオーウェンに至る原型論は、ハクスレーによる「共有原始形質の集合としての原型」とはかなり性質を異にする。下に見るように、ハクスレーの原型は明らかに進化論的時代を反映した進化論的産物である。ただ一点、ゲーテが植物の原型に相当するものが「この世に実在

する」と主張したとき、彼は植物の多様性を間接的に、認識論的な布置変換（＝メタモルフォーゼ）としてではなく、何らかの実態に即した変形の現象を仮定し、同時に変形の起点としてあったはずの原始的なパターンに言及していたことになる。これを一種の進化論と見るかどうかについては意見の分かれるところだが、ここでは、比較骨学としてはじまった先験論的形態学の典型ともいえる頭蓋椎骨説が、多分に構造論的認識論としてあったという理解にとどめる。

（2）イデア

　上のような理想化は、本来脊椎動物を脊椎動物たらしめるいくつかの派生的な特徴を削除することによって可能になる。たとえば、現生顎口類の多くの系統は、本来の神経頭蓋の後端に、椎骨に由来した後頭骨を付加させているが（第5章、Hox コードと椎骨形態に関する考察を参照）、理想化されたパターンにおいては、後頭骨という形態的同一性や、形態的特異化の果てに分化した特徴はおおむねぎ取られてしまう。つまり、脊椎動物の祖先における頭化のイベントや、いくつかの構造が頭部へ二次的に同化されたことによって生じたあらゆる新しい付加的形質（特殊性や形態的分化）が排除され、かたちの一次的フォーマットのみがそこに残る。

　上にバウプランの階層的構造を考えたように、進化上いくつかの際立った形態的パターニングのプログラムが順次付加し、それらが複雑に統合、構造化してきたと想像すると、このような形式化のなかで脊椎動物の範疇を飛び越えてしまう危険性が常につきまとう。あるいは逆に、あらゆる新規形質の由来を説明するため、原型が形質の前駆体や、派生物を導く原始的パターンをすべて完備していることが要請される。実際の進化においては、進化的新規形質や派生形質といわれるものはしばしば、祖先的前駆体を伴わずに出現することがあり、祖先にすべての形質の雛形を期待することはもとよりできない。つまり、ある種の派生形質が現れる際に、パターンの系列のうえではそれらがあたかも「無から有が生ずる」ように見える。たとえば、魚類の対鰭やクジラ類の背鰭がよい例である。メタモルフォーゼ（変形）を通じてすべての多様性を導きうる源としての「原型」は、常に新しいパターンを導出できなくてはならず、ありとあらゆる派生形質の前駆体をその構築要素として含まざるをえない。

　このように「変形を通じてすべてを導くことができるパターン」として原型を創案しようとする限り、動物の祖先の系譜のうえにかつて存在しえなかったような、仮想的で非現実的な祖先を創り出してしまう。実際それは、ジョフロ

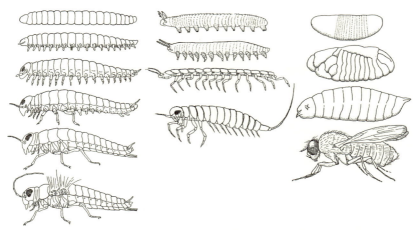

図 2-2 形態的系列の認識。左：仮想的分節動物より導き出される、昆虫の成立過程、中：実際の比較形態学・古生物学的な昆虫の祖先「的」動物の系列、ならびに、右：ショウジョウバエに見る発生過程を示す。どれも、単純なパターンから複雑に分化した体制へと移行する過程を示すが、その内容はそれぞれまったく異なったものである。左は原型論、観念論的形態学の認識方法であり、現実の動物の姿を原型から導き出す脳内の過程を視覚化したもので、いかなる現実のプロセスをも代表することはない。これは個体発生でもなければ、進化でもない。中列は、必ずしも直接の祖先-子孫関係にはない、異なった動物を結合したもの。やはり実際の進化過程ではない。上から、カンブリア紀の *Aysheaia*、現生のカギムシ（有爪類）、現生のムカデ（多足類）、ならびに石炭紀の昆虫、モヌラ類。現在では、昆虫の姉妹群はむしろ、甲殻類であると考えられている。右は、ハエ1個体の発生の時間系列であり、進化過程についての情報をこれだけから得ることはまったくできない。（左：Snodgrass, 1993 より改変；中：Clark, 1973 より改変）

ワ（Étienne Geoffroy Saint-Hilaire, 1772-1844）や、次に述べるオーウェンが行ったことである（Hall, 1998）。そして、観念（原型）と現実（ありうべき共通祖先）の違いが最も問題となるのが、この点においてである。あるいはまた、観念はしばしば手がかりを得るためには有用なアナロジーとなりうるが、それがそのまま現実の形態発生プログラムや、実際に過去に生じた具体的な進化過程を示すわけではない（図2-2）。いうまでもなく、原型論は進化とは無縁のところにある認識論の産物である。少なくとも、比較することで表出するわれわれの原型的認識の方法が、そのまま何らかの真理を指し示すという仮説に積極的な根拠はない（自明の根拠はないが、経験則としてそれが系統推定の方法論に作用することはありうる）。むしろ観念が、相同性決定を整合的にするために有用な作業

仮説をもたらしうることが重要なのである。

ゲーテの盟友であったシラー（Friedrich Schiller）が看破したように、ゲーテの原植物や原動物は実在の何かではなく、頭のなかのイデア（理念）でしかなかった（Richards, 1992）。しかし、ゲーテ本人はそれに相当する存在が地球のどこかにいると信じていた。おそらく、進化論なき自然学的考察のうちに、祖先的生物に相当するものを、ゲーテは感覚的に求めていたのだろう。ところが、ゲーテの思想を引き継ぎ、さらに高度に発達した還元主義的・機械論的生物学のただなかで、それと知ったうえで原型を提示してしまった学者が19世紀半ばに現れた。それが上に述べたリチャード・オーウェン（Richard Owen, 1804-1892）なのである。

2.2　オーウェンの原動物

（1）原動物

オーウェンは当時の英国にあって大陸の観念論的哲学の影響を最も色濃く受けていた学者のひとりである。比較骨学の大家であった彼は、すべての脊椎動物を導出するため、ありとあらゆる動物の骨格要素を純化したかたちでモデルに取り入れた。いきおい彼の原型的脊椎動物、すなわち原動物は、原始形質と派生形質をともに取り込んだ、きわめて複雑な怪物めいたものになってしまった（図2-3）。

少なくとも原動物の形状は、脊椎動物の比較的近縁な外群とされるナメクジウオとは似ても似つかない。何しろそれは、硬骨魚のみならず、爬虫類も、トリも、哺乳類の骨格系をも直接導き出されるように設計されていたため、そこにはたとえば鳥類の肋骨にしか現れない鉤状突起も描かれ、縦に2つ並んだ背鰭は哺乳類にも現れ、それらが両方とも現れたものがフタコブラクダのコブ、前のものだけが用いられているのがバイソンのコブだと説明された（Owen, 1848）。むろん、そのような進化プロセスが可能であったはずはない。が、一方でこの模式図は、「相同と相似」の概念を説明するために便利ではあった。それが、1848年に彼が著した、『*On the Archetype and Homologies of the Vertebrate Skeleton*』に示された原動物のそもそもの目的であった。1866年の『*On the Anatomy of Vertebrates*』では観念的トーンは静まり、方法論的マニュアルの一環として用いられているにすぎない。

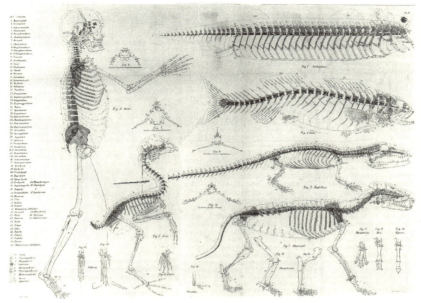

図 2-3 オーウェンによる原動物。オーウェンはあらゆる脊椎動物（もっぱら四肢動物）を導くことのできる原脊椎動物を考案した。これは、比較によって認識のなかに立ち現れる、一般化された脊椎動物の表象である。この動物は、すべて椎骨の連なりでできた骨格系をもち、ゲーテ同様、頭骨も椎骨の集まりでできていると考えられた。肋骨にはすべて鉤状突起（トリに独特）をもつばかりか、鰓の骨格もまた、肋骨の変形したものとされていた。(Hall, 1994 より）

　また彼は、当時にあって分類学的入れ子関係をよく熟知していた形態学者のひとりであった (Hall, 1994, 1998)。オーウェンは進化論を認めなかったが、彼自身、この原動物が現実の祖先-子孫関係と相容れないことを知っていた可能性はある。というのもこの原動物は、当時の動物学界のみならず、彼自身にとっても悩みのたねであったのだ (Panchen, 1994)。あるいは、このようなモデル化は、分類関係は認めても系統的進化は認めないという立場にあったからこそできた芸当であった。それには、当時のハクスレーら、進化論擁護派との確執が背景となっている。いずれにせよ、構造論的な形態学的認識が、プロセスとしての系統進化や、階層的バウプランの方法とどれほど無縁のものか、この例が如実に語っている。

（2）進化との齟齬

　脊椎動物の共通祖先を想像するとき、それは多かれ少なかれ単純な形態パターンをもった動物だったろうと19世紀の進化論擁護派は考えた。それに対し、純粋形態学的立場においては、原動物があらゆる動物の形態を、変形プロセスだけで導き出すために、その各々の動物の特徴に相当する要素を初めからすべて備えていなければならない。実際の動物の形態を知れば知るほど、この原動物という「形態総合カタログ」に、形態学的に個別に認識できる、すべての要素を書き込まずにはおれなくなる。事実、これは現代の進化発生学者が、脊椎動物に見る多くの形態学的表徴の前駆体や、それに対応する遺伝子発現領域を、無脊椎動物の胚のなかに見いだそうとする試みにも似る。生物学者や形態学者は跳躍を嫌う。何もないところから新しいものは生まれないという、（必ずしも正しくはない）確信があるからこそ、われわれは相同性にこだわり、新しい形質の前駆体を胚のなかに見いだそうとするのである。

　オーウェンの悩んだ原型思想は、形態的相同性の性質とも深く関わっている。形態的相同性（morphological homology）とは、異なった生物の間に存在する同一の器官同士の対応関係をいう。対して、類似の機能のゆえに見かけ上よく似た形態が、系統とは無関係に成立する場合を「相似（analogy）」というが、現在ではランケスター（Lankester, 1870）の概念をとり、「ホモプラジー（homoplasy）」の語をあてることが多い（Wake, 2003）。このような比較形態学の基礎を最初に樹立し、原型の存在を「型の統一（unity of type）」というかたちで記述しようとしたのが、ジョフロワであった（型の統一と動物界をめぐるジョフロワとキュヴィエの対立については、Hall, 1998 ; Appel, 1987 ; Le Guyader, 1998 を参照）。しかし、オーウェンが意固地に生きた19世紀後半、系統的進化過程が明らかになるにつれ、原型を指向することの空しさが強調されはじめた。

　この問題には、形質進化の「ポラリティ（polarity：形質状態が原始的なのか派生的なのかの別、あるいは形質の変化の方向性）」や、相同性の階層的性質（あるいは相同性の深度）、そして何より新規形質が獲得される具体的な進化機構が関わる。ここに見る比較形態学の理念と進化的新規形質の齟齬、基本構造の布置変換で多様性を記述しようとする試みと、それをはるかに逸脱した進化現象の矛盾、が特殊相同性、つまり、異なった動物間における形態要素の同一性を求めうる限界として観察者の目に見えている。およそ注意深い形態学者は、みな誰でも同じ問題にゆきあたり、そこで悩むことになる。このころのオーウェ

ンはダーウィンやハクスレーと激しく敵対し、フランスの先達、キュヴィエ (Georges Cuvier: 1769-1832) と同様、「種は不変である」と考えていた (これについては、Bowler, 1984 を参照)。オーウェンが試みた思考実験は、進化の方向性や、系統進化のプロセスや、そこから導かれる祖先の形状を求めるためのものではなく、むしろ、あらゆる動物がいまでも原型を内的に備えていることを例証するためのものだった。だからこそ、原動物には、比較すべきすべての解剖学的形態要素が同じ順序で配列しているはずだと考えられたのである。ならば、多くの動物の形態的組成をひとまとめにして原型を定義するしかなくなる。結果として彼の原動物は、派生的形質と原始形質をすべて含む複雑なものとならざるをえなかった。それもまた観念であり、いかなる実在の進化的、発生的時間にも属していないものであった。

(3) バウプランと原動物

　理屈からすれば、それぞれ異なったバウプランをもつ動物を比べることによって導き出される認識論的イデアは、「脊椎動物全体のバウプラン (前章)」の記述となるはずである。同時に、それが祖先の形態に似るというなら、それはさながら原始形質だけでできあがったようなものであるべきだろう。実際、それは軟体動物の原型を探し求めたハクスレーのアイデアだった。比較形態学的にも進化形態学的にもそれが健全な方法である。しかしオーウェンの原動物においては、分類学的入れ子関係を意識しながらも、形質の進化的ポラリティとは関係のない比較の方法が模索されている。

　一方、ゲーテによる古典的な原型は、「脊椎動物全体のバウプラン」と多少とも近い内容をもちうる。なぜならゲーテは比較できる派生的要素をすべて統合したのではなく、むしろそれを排除し、「そこから"派生的"なパターンを導出できるような深層的共通パターン」を考えていたからだ。それは、具体的な原動物のイメージを提示しなかったからこそ可能となったのかもしれない。いずれにせよ、かの自然科学者の発する言葉の各々は、何かにつけてそれに対応するところの具体的生物学的現象をつかんでいる (高橋、1988)。

　たとえば、ゲーテによれば、「生物のかたちは、内的な力と外的な力の相克によって成立する」という。ここでいう「外的な力」とは、生息環境や生活様式、食性などと呼応した外的適応によってもたらされ、アザラシやクジラ類が水中生活に適応して、流線型を獲得するに至った要因を指す。「内的な力」については、ゲーテはこれを「ウルクラフト：Urkraft」と呼び、「どのような形

態的変容を経験しても、どうしても踏み外すわけにはゆかない形態のパターン」としてそれが認識可能と考えた（ゲーテ、1807）。つまり、「ウルクラフト」という内的要因が、何らかの原型の形態形成的由来なのである（内的・外的かたちの対比については Portmann, 1960 も参照）。われわれが現在理解している進化や形態形成の機構と照らし合わせるたび、あの時代にあって、自然のなかに何かを幻視していたゲーテの視線に妙な親しさを覚える。そのゆく先にわれわれはファイロタイプや、それをもたらした安定化淘汰など、何らかの進化機構を求めてゆくことになる。

2.3　発生学とのつながり

　特定のタクサにしか現れない派生形質、もしくは二次的に成立した新しいパターンを取り込むことに執心したオーウェンはともかく、逆に原始形質に重要性を置く方向へのベクトルを図らずももっていたゲーテの原型が、脊椎動物や、それに準ずるタクサに共通したバウプラン、あるいはグラウンドプラン（ground plan）を示す可能性は大きい。ただし、それが原始性ではなく、多数決のコンセンサスを示してしまう可能性もつきまとう。現生の顎口類に見るように、進化の果てに派生形質が大勢を占めることも多いのである。しかしバウプランが発生拘束の形態学的なレベルでの表出であるなら、あるタクソンに限って原型的と目されるパターンが、同時にそのグループにとって祖先的であることも大いに違いない。そして上に述べたように、そのような一般的形態パターンの集合は、現在受け入れられがちな、異なった動物胚に一時期現れる共通形態、すなわち「ファイロタイプ：phylotypes」にも通ずる。

　「ファイロタイプ」とは、あらゆるタクサが個体発生の一時期経過する、それが属する上位タクソン（具体的には「動物門」）に共通する胚形態パターンを指す（図 2-4；Duboule, 1994；Raff, 1996；Tautz and Schmidt, 1999；Slack, 2003）。さまざまな幼生型に見るように、各種動物の特別の生活史戦略によって、それが二次的に大きく変形を受けている場合はあるが、どの脊椎動物であっても、同様なセットの胚構造からなる類似性の高い発生ステージを、ある幅をもって指定することはできる。そのとき胚は、各動物群に共通に見られる、最も基本的な器官原基の配置、未分化な原基単位の分節的配列を示し、のちの発生の方向を確実に定義づけている。つまり、ボディプランが成立するのが「ファイロタイプ期（phylotypic stages）」なのである。当然、動物門に付随した、グローバ

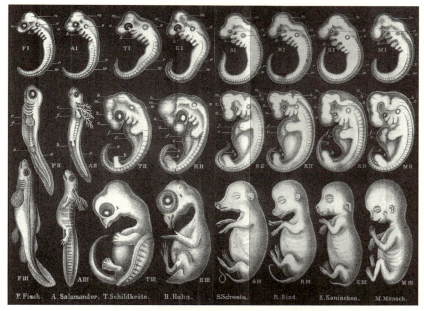

図 2-4 咽頭胚とファイロタイプ。さまざまな脊椎動物の発生過程の形態は、最上段に示した咽頭胚期において互いに最もよく似る。(Haeckel, 1874 より)

ル、かつ、門に独特の形態的相同性（あるいはそのセット）の表出する根拠が見つかるのもこの発生段階である。昆虫では「胚帯期 (germ band stage)」に、脊椎動物（脊索動物）では「咽頭胚期 (pharyngula stage)」にファイロティピック胚形態が現れるといわれる。環形動物においても、トロコフォア幼生とは別に、同様の形態学的発生段階が存在するという。とりわけ脊椎動物の咽頭胚を特徴づけるのは、咽頭弓や体節のような分節的原基列の存在である。

(1) ファイロタイプ認識にまつわる問題

　脊椎動物の咽頭胚が具体的形態としてどこまで類似するかについては、各種の反論や批判がある (Richardson *et al.*, 1997, 1998 とその引用文献を参照)。それは「かたちの類似性」以上に時間的発生経過における類似性についての問題をも含む。というのも、動物胚によって特定の胚形態パターンが表出するステージに差があり、「どの動物胚をとっても、同じパターンが見られる」という理想的な状況が、必ずしも実現しないからだ。

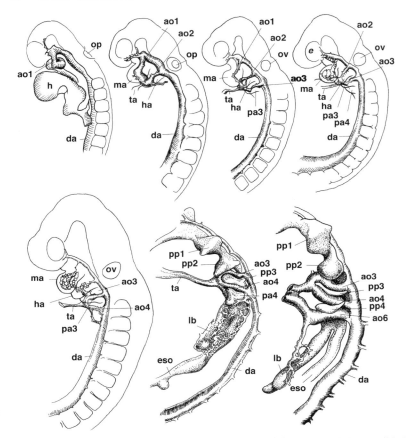

図 2-5 哺乳類胎児の動脈弓の発生過程。上段左から、19 体節期、26 体節期、28 体節期、30 体節期、下段左、36 体節期ブタ胎児に加え、下段右と中、相当する後続ステージのヒト胚より。(Congdon, 1922 ; Heuser, 1923 より改変)

　典型的な例を挙げれば、羊膜類における鰓弓動脈系がある（図2-5）。ファイロタイプが先験論的文脈のなかで示唆するのは、「すべての咽頭弓に動脈弓が付随した理想的な繰り返しパターン」である（図2-6）。しかし、哺乳類や鳥類の咽頭胚には、すべての動脈弓が同時に存在しているような時期はない。比較発生学や、人体発生学のテキストで確認できるように、のちの内頸動脈をもたらすことになる第3動脈弓が現れようとするころ、第1咽頭弓の動脈弓はすでに消失しはじめている（図2-5）。したがって咽頭胚は、発生の特定の時期を指

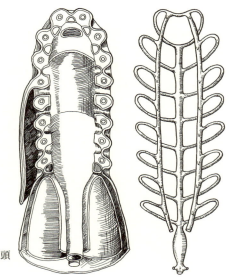

図 2-6 理想化された咽頭、もしくは咽頭弓列。(Bjerring, 1977 より改変)

すこともあれば、各咽頭弓に同じ基本構造が現れる発生段階がそれぞれ異なっているにもかかわらず、「咽頭とはそもそもこのように発生するものだ」とか、「あらゆる体節が、同じ基本的分化過程を経る」などと表現されるように、統一的発生様式を再構成して初めて得ることのできるような「咽頭胚認識」がありうる。つまりこの胚形態は、「哺乳類や鳥類の統一的な形態的発生プラン」のように、一種、「共時的(静的)なパターン」として、概念的、抽象的に認識されるのである(このような、ファイロタイプ認識と発生のタイムテーブルについての最近の議論は、Jeffery *et al.*, 2002 を参照)。

発生生物学的、実験発生学的には、後者のような統一的認識が方法論的に重要となるだろう。というのも、いわゆる「咽頭弓の発生プログラム」や、「体節の発生的特異化」という理解の方針においては、特定のひとつの咽頭弓や体節という発生単位が、隣の要素と同じものであるという認識に立って初めて実験の立案が可能となるからだ。このような「見立て」によって、発生要素同士の異所的な移植実験が許容されるのである。本書においても、このような発生様式の認識は重要なものとなる。が、実際には存在しない「すべての咽頭弓が未分化な状態ですべて揃った完璧な状態」を想定する行為は、実は観念的パターンを積極的に認めることにも通じ、そのゆき着くところ再び原型論が待ちか

まえている。原型論はつまるところ、(それを現代の生物学に即して扱おうとする限り)何らかの発生機構に言及せずしては意味をもちえず、それはファイロタイプにしても同様なのである。

　一方で、全体的な胚形態パターンの類似性が、発生過程のうちある時間幅をもって認識される傾向にあるという、「現実の類型的表現」としての咽頭胚認識もありうる。それが現実の形態に即したものであるにもかかわらず、その類似性の内容を的確に表現することは実は静的パターンの記述よりはるかに難しい。リチャードソンら (Richardson *et al.*, 1997, 1998) が指摘したのも同じ問題であり、進化的に発生のタイムテーブルが変化する「ヘテロクロニー (異時性；後述)」の定量化が困難であることもまたここに起因する。本書は、概念の細分化は避ける方針で臨むが、本来このような「咽頭胚段階」、「ファイロティピック段階」を「動的過程中に現れる特定の一過性のパターン」として、上に示した「静的・認識論的パターン」から明瞭に区別すべきであろう。こと進化発生学的理解の方針にあっては、最も保守的で拘束されたパターンとしてのファイロタイプが特定の発生段階に成立する機構を、実際の個体発生における分子細胞生物学的ダイナミズムや集団遺伝学的過程に求めてゆくべきなのである。

(2) ファイロタイプ・原型・バウプラン

　ファイロティピック段階においては、同じグループに属する各種動物メンバーの胚形態が互いによく似る。ゲーテは胚形態を対象としなかったのだから、彼のいう原型がそのままファイロタイプを示すわけもない。が、彼の形態学の根幹が「繰り返しと変形」であったことを思い出せば、昆虫や脊椎動物、はたまた植物の形態形成の基本的原理や実際の発生機構と、原型、もしくは「ウルクラフト」が同じ内容をはらんでいることは明らかである。事実、彼が原型によって提示したものは、具体的な存在としての骨格単位ではなく、個体のなかにおけるそれら構造単位の「形態的位置関係・結合の仕方や順序」であった。ゲーテが観察や考察の対象としたものは、実のところ脊椎動物咽頭胚においてすでに現れ、そこからの直接の帰結として、成体にまでもちこまれる形態パターンばかりである。

　たとえば、咽頭胚の椎骨原基 (もしくは体節中胚葉) の分節的配置は、そのまま椎骨の分節的繰り返しパターン (メタメリズム) に受け継がれる。同じことは「変形 (メタモルフォーゼ)」についてもいうことができる。個体発生中、分節原基のひとつひとつが具体的形状を獲得する背景には、Hox 遺伝子群 (細

胞に位置価を教え、形態的特異化の上流にあるマスター制御遺伝子：後述）の整然とした入れ子状の発現パターンが控えている。それら遺伝子が分節原基に発現し、形態学的なパターンを獲得した状態を Hox コードと呼ぶが（後述）、このコードが明瞭に分節原基に発現するのもまた、このファイロタイプ段階においてなのである（Duboule, 1994）。いわば動的現象としての発生過程にあって、「あらゆる形態を導き出すことのできる一次パターン」に相当するものが、名実ともにファイロタイプなのである。

　おそらく現在、構造論的認識としての原型論に最も近い研究は、進化形態学や比較形態学ではなく、むしろ形態の比較を通じて導き出される「形態形成や形態変化の法則」の探求であり、それは現在のわれわれの分子遺伝学的、遺伝学的な発生理解や認識の仕方にこそ合致する。そもそも、ショウジョウバエにおいて最初にホメオティックセレクター遺伝子群の存在が示されたのは、表現型の振る舞いや分布の仕方から認識できる特定の遺伝子座としてであった（Lewis, 1978）。ならば、原型的認識と実際の発生機構はなぜそこまで一致しなければならないのか。遺伝学も遺伝子も、発生学すら知らなかったゲーテがある程度のところまで真相に肉薄できたのであれば、本書でわれわれが扱う脊椎動物という形態発生システムの挙動や変容それ自体に、観察者の知覚を特定の一点に収束させずにはおかない、何らかの特定的機構があるといわねばならない。さらに、それもまた紛れもなく進化の産物であると同時に、なおかつ、進化と形態形成の変異や方向性をある一定の幅に抑えてゆくような性質を備えたものなのだろうと考えなくてはならない（つまりは、それが拘束と呼ばれるものなのである）。言い換えれば、イデアを無意味と否定するのは簡単だが、そうした時点で、イデアをかつて観察者に認識させた背景となる現象の所在、そしてそれを成立させた明確な進化機構に言及せざるをえない。前章に紹介した発生拘束の概念もここに関係し、ファイロタイプの成立要因も拘束の所在の証明や、その成立の要因を特定する方針でこれに臨まなければならない。

　拘束の進化的変容のうち、脊椎動物の成立とともに現れた発生拘束のセット、つまりバウプランの発生学的要因が、咽頭胚やファイロタイプのなかに認識できる形態的発生パターンである。発生拘束を与える要因がすでにきわめて大がかりな発生システムを基盤とし、しかもそのファイロタイプの複雑さのゆえに、脊椎動物は個別の脳神経に共通名を与えることができるほど、きわめてコンパクトな形態学的まとまりをなす動物集団となっている。つまり、基本的な形態的相同性が明瞭で確固としている。どの動物であれ、少なくともそれが脊椎動

物であるという限りにおいて、そこに見る一連の器官を同定することに何の不都合もない（その同じ理由で、オーウェンはジョフロワの「型の一致」を拒絶している）。その典型的な例を、哺乳類の耳小骨の進化と発生において目の当たりにすることになる（後述）。そのような現実があるからこそ原型論は生まれ、比較形態学、比較発生学という分野があるレベルの整合性をもって、実に2世紀以上もの間学問分野として成立できた。言い換えれば、それら学問分野が可能であるほどに、動物の形態進化と形態発生は何らかの特定の機構的背景を伴って、保守的なパターンに落ち着くようになったはずなのであり、形態学的相同性が何らかの進化的必然性をもって成立した経緯がたしかにあったと、積極的に考えるべきなのである。

（3）ファイロタイプ成立の機構——先験論からの決別

　進化上安定的に成立してきたファイロタイプと、それに基づいた形態発生、形態進化という現象は本来、発生現象を射程に置いた進化機構のレベルで読み解いてゆかねばならない。実際に現在では、「どこか、雲の上を漂っているようなプラトン的イデア」としてではなく、個体発生上の機構の必然としてファイロタイプをもたらす要因が模索されている（Sander, 1983；Elinson, 1987；Raff, 1996）。

　たとえば、動物のファイロタイプは、胚発生における「器官発生期（organogenetic stage）」に相当し、それは発生のはじまりでもなく、終わりでもなく、それらの中間に現れる（図2-7）。ラフ（Raff, 1996）によれば、初期発生はのちの体軸の方向性や胚葉の成立が生ずる重要な時期であり、そこでは大局的な細胞間の相互作用（global interactions）が生じているが、そのシステムは比較的単純であり、相互作用それ自体が少数であり、その理由でもって変更も可能である。また、後期発生においては、発生モジュール（後述）の増加に伴い、多数の相互作用が生じているが、それらはみな局所的なものにとどまり（local interactions）、そのうちいくつかを変更しても、全体的な形態パターンに変化が及ぶことはない。

　一方、その中間に生ずる器官発生期においては、大局的な相互作用が多数生じている（図2-7）。このようなシステムにおいては、どれかひとつの相互作用の変化がシステム全体の変更につながりかねない。そのような変更によって生じた形態パターンは、のちの胚発生を大きく変更するだろうし、その結果として個体発生自体が破綻するか（内部淘汰：internal selection；Arthur, 1997）、たと

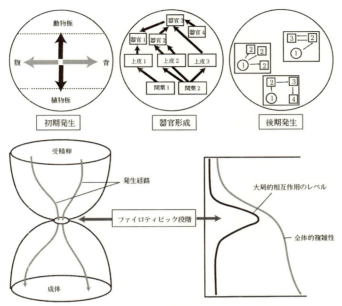

図 2-7 ファイロティピック段階の成立を示す模式図。上：各発生ステージにおけるエピジェネティック相互作用のあり方。動物の初期発生では、大局的な相互作用が少数生じ、その重要性とは裏腹に、発生プログラムが変形するチャンスは大きい。同様に、後期発生においては、モジュールがいくつも成立し、局所的な相互作用が多数生じているだけであって、その個々を変形するのは簡単である。系全体に影響を与えずに、独自に変化できるのが、「モジュール」である。しかし、両者の中間に置かれている器官発生段階（これが、脊椎動物では咽頭胚期に相当する）では大局的な相互作用が多数生じ、このようなネットワークはいったん成立したが最後、変化させるのは非常に難しい。一種の拘束（第9章）がそこに成立してしまうのである。下：このように、全体的な複雑性が増してゆく個体発生過程において、大局的相互作用が最も複雑に絡み合う時期においては、特定のタクサに含まれる各動物種の胚形態が互いに最もよく似ることになる。それは、この発生段階が発生拘束となる祖先的系統から放散した結果とも見ることができる。このような胚形態が「ファイロタイプ（phylotype）」として認識される発生のパターンであり、これが現れる発生時期を「ファイロティピック段階（phylotypic stage）」と称する。各種の動物において、発生経路はさまざまに変化し、ひとつのゲノム型は潜在的にさまざまな発生経路を内包する反応規準をもちうるが、ファイロティピック段階においては、上に述べた理由からそれが収束せずにはおれない。ファイロタイプはまた、フォン=ベーア（von Baer, 1828）によって動物門の原型的パターンを具現するものとしても認識された。したがって、ファイロタイプはいわば、観念論的形態学をもたらし、成立させた現象ともいえるのである。（Raff, 1996 より改変）

えそれが全うできたとしても、できあがった形態は本来のバウプランに納まらず、原型的パターンは瓦解する。このような個体発生の性質は、必然的に器官発生時の胚形態を保守的なものにするような淘汰のもとにあり、このような内部淘汰や安定化淘汰の帰結としてファイロタイプは成立したと考えられる。その意味で、ファイロタイプは、ただ単に受動的に祖先から受け継いだ基本型であるという以上に、進化的に獲得され、積極的に安定化することによって、「胚発生の途中に」成立した何かだと説明される（Sander, 1983）。この考えは、初期発生パターンの一次的重要性を認めていたゴルトシュミット（Goldschmidt, 1940）やド=ビア（De Beer, 1930）の見解とは明確に異なる。おそらく、発生過程を純粋に機械論的、決定論的プロセスとして見る立場も、いくつかの局面でファイロタイプ認識と対立することになる。

「動物の形態形成パターンをある変異のうちに拘束する」という発生学的意味合いにおいては、ゲーテの原型や、内的力、ウルクラフトとファイロタイプのもつ意味はほぼ等しい。脊椎動物のバウプラン成立要因を理解する鍵もそのなかにある。しかし、「この世に原型というイデアが存在する」とか、もしくは構造主義の教えるように、「理由もなく一挙に定立する不変のパターンがある」という無根拠な考えと、そのパターンが「胚というシステムの性質、ならびに進化の必然的帰結として積極的に選び出されてきた」という仮説には大きな隔たりがある。むろん本書も含め、進化発生学は後者の立場に立つ。むしろ今後は、なぜそれが可能であったのか、個体発生パターンが進化過程においてどのような意味をもち、それがどのように系統発生過程を導いてゆくのかを理解してゆかなければならず、それが進化発生学の課題のひとつでもある。上に紹介したような、ファイロタイプに由来した「形態学——モルフォロギー」は、単に終わってしまった過去の学問分野であると見るべきなのではなく、本来の生物進化のパターン、形態進化のパターンや性質がわれわれ観察者に対してもたらした、一種の認識的、進化的「現象」として受け止めるべき、まだその正体が理解されていない重々しい現実なのである。

2.4　反復説

バウプラン、系統学、そして原型とファイロタイプを統合的に発生学と進化生物学の文脈で語ろうというのであれば、ここで「反復説（recapitulation theoiries）」について述べないわけにはゆかない。それがそもそも進化発生学の当

初の動機となっている。とはいえ、「発生過程が進化過程を繰り返す」という、このアナロジーが正しいわけではない。上に見たように、進化が発生の反復によって進行するのであれば、胚発生過程の初期段階においてこそ、各動物の胚形態は著しい類似性を示し、胚の初期段階であればあるほど、遠く隔たった動物胚の間に、類似性が見いだされるようになるはずである。ところが、実際にはそうではない（反復説の成立とその変遷の歴史、その内容の吟味を詳細に語ろうとすると、それだけで優に1冊かそれ以上の本が書けてしまう。ここではきわめて簡潔な歴史的レビューと、現代的な反復説の意義、ならびにその考察を加えるにとどめる：詳しくは、Shumway, 1932; Meyer, 1935; Oppenheimer, 1959; Gould, 1977; Bowler, 1984; Humphries, 1988; Richards, 1992; Hall, 1998; Irie and Kuratani, 2011; Irie *et al.*, 2014; Onai *et al.*, 2014 などを参照）。

そもそもその出自において反復説は、個体発生と系統発生を対比させるものではなかった。メッケル（Johann Friedrich Meckel：1781-1833）、ティーデマン（Friedrich Tiedemann：1781-1861）などによる初期の反復説（並行法則と呼ばれる；八杉、1984）は、ヒトの胚原基の発生過程と、現在生きている階段式の生物における諸器官の序列、つまり、自然の階梯のように、虫から、魚、両生類、爬虫類を経、ヒトに至り、いずれは神へとゆき着くべき系列とが対応し、さらにそれが二次的に、地層の古いものから新しいものへ向かうにつれて現れる化石のレパートリーの変化（つまりは進化「段階」）と平行関係をもつとされた（「ヒトの心臓の発生は、魚類や爬虫類の成体における心臓に似た段階を経る」というように）。つまり、このころの反復説はきわめてナイーヴなグレード的進化観に立脚していた。このような認識の背後には「存在の大いなる連鎖」に象徴される神学的自然観があることはいうまでもなく、そして上の3つの変化の現象をともに司るひとつの大きな力が働いていると信じられていた。これが当時の大陸を支配していた観念論哲学であった。

（1）フォン=ベーア

進化生物学上、真に有意義な最初の反復説（あるいはその否定）は、ケーニヒスベルグ大教授であったフォン=ベーア（Karl Ernst von Baer：1792-1876）による。彼は、さまざまな動物の個体発生過程を比較し、脊椎動物胚における諸器官の発生過程が、必ずしも上に述べたような「動物の成体や、そのなかの臓器の系列」を反復しないことを明らかにした。この意味で、彼本人は発生が動物の系列を反復しないと思っていた。実際、現在フォン=ベーアの反復説とし

46　第2章　原型と相同性

図 2-8　フォン=ベーアの反復説。フォン=ベーア本人は反復説を否定したつもりであったが、現在のタクサの階層構造から見れば、彼の理論は立派な反復説である。すなわち動物の胚は、彼が見いだした法則によれば、それが属するランクの高いタクソンの特徴をまず現し、次にひとつ低いランクのタクソンの表徴が続く。このようにして時系列上にタクサのヒエラルキー構造が現出するというのがフォン=ベーアの反復説の骨子である。このヒエラルキーは、本書において拘束の階層的性格と呼んでいるものによく似ている。また彼はキュヴィエのように、動物門ごとに独立した別の形態プランがあると信じていた。ここでの「関節動物」とは、現在の節足動物と環形動物を加えたものに等しい。ただしこれは適切な分類群ではない。

て知られる考えは、もともと並行法則に対する攻撃として表明されたのであり（von Baer, 1828）、ここで否定されたのは上に述べた自然学的反復説である。とはいえ、フォン=ベーアもまた、当時の神学的自然観のなかに生きていた。それは、細胞説もまだなく、脊椎動物胚に咽頭弓が現れることが分かったかどうかという時代である。実際、彼は、自然哲学のなかでの自分の位置について居心地の悪さを覚えつつも、のちにはダーウィンの学説を脅威と感じていた。つまり、彼は系統進化過程と発生過程を結びつけたわけではなかった。

　フォン=ベーアによれば、脊椎動物の胚は個体発生中、「下等な」脊椎動物の成体から、「高等な」脊椎動物の成体へと、順次かたちを変えてゆくわけではない。そもそも、そのような一元的な階層は設定できない。そうではなくむしろ、一般的な特徴からはじまり、徐々に特異的な形質が追加する。動物「門」の諸特徴が現れ、「綱」の特徴がそれに引き続き、「目」、「科」が順次明らかになってゆくように……彼にとって発生とは、ヒトへ向かう上昇の過程ではなく、（のちのヘッケルに見るのと同様）「分化の過程」であった（図 2-8 ; Bowler, 1984）。彼はまた、脊椎動物の胚には発生の途中に、どの動物のものを見ても互いに形態がきわめてよく似る時期があることも指摘した。これが上述したファイロタ

イプにほぼ相当するのである。

　フォン=ベーアにとって、キュヴィエの立てた4大動物群（基本型、あるいは「枝分かれ」——enbranchements：軟体動物、脊椎動物、関節動物、ならびに、放射動物に分類されていた）には、それぞれ独自の「原型的形態（フォン=ベーア自身の語で Haupttypen, Haptformen——主型）」とでもいうものがあり、それらは決して互いに関係づけることはできない。つまり、ジョフロワの考えたような「統一的な型」は存在せず、変形によってそれらを結びつけることを可能にするような中間的存在もない。各動物門のイデア的パターンが如実にかたちとなって現れるのは、胚発生の「途中」であり、たとえば脊椎動物ではそれが初期咽頭胚だという（その進化的成立の論理については上述）。そして、動物の形態的特徴のなかでも上のような原型的なかたちは、その動物が属するタクソンの根本的特徴であるため、発生上明らかになるのが最も早く、続いてより狭い下位のタクソンの共通の特徴が現れ、順次引き続いて絞り込みが生じ、最終的に種の特徴が現れると考えられた（図2-8；von Baer, 1828）。これは、すでに見たバウプランの階層的構造、もしくは分類群の絞り込みと同じものである。最初に成立する胚のパターン、神経胚から咽頭胚にかけての形態からは、それがどの動物のものなのかしばしば見分けがつかない。とりわけ羊膜類の胚を比べると、標本のラベルを貼り忘れたときなど、特に動物の同定は不可能になると彼はいささか誇張して書いている（von Baer, 1828：第4章冒頭の引用を参照）。

　フォン=ベーアによるもうひとつの形態発生学的教義は、形態学的相同性の発生学的根拠、つまり「胚葉説（germ layer theory）」である（図2-9）。形態学的に相同とされる構造は発生学的・機構的根拠をもち、それは常に同じ胚葉からなるというのがその考え方である（それは現在忘れ去られつつあるが、その是非については第4章、ならびに第6章で考察する）。以上から分かるように、現代的な意味での系統発生を考えたとき、フォン=ベーアによる発生の原則が、今日的な意味での典型的な反復説の基盤となっていることが分かる。ただしこれは系統的序列というより、バウプランの序列というほうが適切である。とはいえ、それを議論するに耐えるほど、19世紀前半の分類学は正確ではなく（Gee, 1996）、さまざまな動物の発生過程の記述も不完全だった。そもそも、それをしっかりと記述しようというのが、フォン=ベーアのこの著作の目的だった。

　フォン=ベーアの形式的記述は、原型論や比較形態学の基盤である相同性の理論を取り込んでいる。この時点で、比較形態学や原型論はすでに比較発生学的視点なくしては成立しえないものになっていた。フォン=ベーアの教義に触

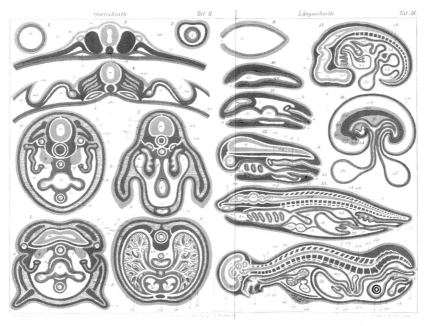

図 2-9 胚葉説。同じ胚葉より由来したと考えられる器官、構造が、発生の各段階において同じ色で示されている。相同性の発生学的根拠についての、最初の理論化である。(Haeckel, 1874 より)

れ、それを理解していたオーウェンは、フォン=ベーアの統一的理解の試みと同じことを比較骨学・比較形態学においてなそうとしていたのである（前述）。そして、この両者に共通するのは、さまざまな動物のかたちを定める共通の深層的パターンがあり、それが保存されたまま段階的に分化したものが多様性だという考えである。

（2）ヘッケル

古今東西、最も熱心に進化論ならびに反復説の普及に努めた学者がヘッケル（図 2-10）である（19 世紀から 20 世紀にかけての欧米におけるヘッケルの影響については、徳田、1957；Gould, 1977；Nyhart, 1995 を見よ）。ヘッケルはダーウィン進化論（向上するグレードの連鎖ではなく、分岐の繰り返しとしての進化）に影響を受け、フォン=ベーアの考えをさらに推し進め、あらためて「反復説」として

2.4 反復説

図 2-10 エルンスト・ヘッケル、1834-1919。

壮大な比較形態学的進化発生学理論を展開した（生物発生原則、英：biogenetic law；独：Biogenetische Grundgesetze；Haeckel, 1874, 1875, 1877, 1891；ヘッケルの思想的背景、彼の生きた当時のドイツ社会については徳田、1970 を参照）。

　ヘッケルをヘッケルたらしめているのは、何をおいてもダーウィン（Charles Darwin, 1809-1882）の『種の起源』からの影響である（Ernst Haeckel の科学者としての人生については、Richards, 2008 を；当時英国においてすら、進化論の受容は『種の起源』よりもむしろ、ヘッケルによる著作を通じての場合のほうが多かった）。事実、進化的視点を排除すれば、ヘッケルとフォン=ベーアの理解は非常に近いものとなる。すなわち、フォン=ベーアがタクサの階層的入れ子関係と発生段階の間に平行性を見いだし、「発生原則（von Baer's Law of Embryology）」を世に問うたのに対し、ヘッケルは同じ現象を説明するうえで、動物が進化系統樹に沿って分岐してゆく様と発生過程の間に並行性があると述べたのである。唯物論的科学者として出発したヘッケルであったが、観念論から進化論へという時代の狭間に生息し、しかもこの移行を推し進めていた彼は、同時に観念論的傾向も強く、最終的に一元論哲学として完成された彼の反復説は、科学史上、きわめて奇異な存在となっており、そのために、それぞれの時代において異なった側面から批判される。むろん、ここではフォン=ベーアの法則とともに、進化発生学的にそれを吟味しなければならない。

　ヘッケルによれば、動物は巨大な樹木になぞらえることができるような、枝

分かれの繰り返しとしての系統的進化の歴史をもち、階段を登ることではなく、分岐により新しい動物群が生まれる（図 2-11）。ヘッケルの『人類創成史』に掲載されたこの図は事実上、初めて具体的に描かれ、発表された動物系統樹のひとつである。このような系統の歴史と同じものを、フォン=ベーアは静的な分類関係における「バウプランの入れ子状態」として認識したのであった。フォン=ベーアの伝統分類学的発想を分岐学的、経時的進化関係の連鎖として捉え直したヘッケルは、この点で間違いなく進化論の時代に生息した学者であった。そして彼は、動物の個体発生過程が、この進化系統的樹木の枝分かれと同じ順序で分岐する（互いに乖離してゆく）と考えた（図 2-12）。

　ヘッケルにとって個体発生とは、系統発生によって規定されるものであった——すなわち、「系統発生が個体発生を創る」のである（のちに Garstang が「個体発生が系統発生を結果してゆく」と述べたのは、これを受けたもの）。ヘッケルによれば、進化は基本的には枝の「末梢」において「付加」する新たな発生過程によるものであり、さらに付加した過程を含めて全体の発生時間が「圧縮」されることによって、新しい動物種の発生過程が成立する。圧縮しないと、進化するにつれ発生時間は際限なく長いものにならざるをえないと考えられた（ヘッケル以前には、高等動物は高等であるだけ大きな「力」をもち、その分、後期発生を駆動する能力があるため、複雑高度な体制を作り出すことができると説明されがちであった）。

> *Die Ontogenesis ist die kurze und schnelle Rekapitulation der Phylogenesis, bedingt durch die physiologischen Funktionen der Vererbung (Fortpflanzung) und Anpassung (Ernährung).*
>
> Haeckel, 1866

　これが、ヘッケルによる反復説の理論的枠組み（theoretical framework）の核となっている考え方である。この形式的理解が分岐体系学の教義と相性がよいのは当然である。枝分かれの各々は、動物群（単系統群）が成立する瞬間であり、発生過程はそれを繰り返す。発生過程の後期に発生経路が分岐するたびに、個体発生はその終末に新しい独自の発生段階を付加することにより、新しい動物群を代表するような新しい形質（共有派生形質）を付加してゆくと考えられる。つまり、進化的に新しい（派生的な）形質であるほど、個体発生の後期に現れるとされる。この考えでは、形質状態のポラリティと個体発生の経時的序列が一致すると仮定されている。

　先に注意を促したように、もしバウプランの階層的入れ子関係と系統分岐関

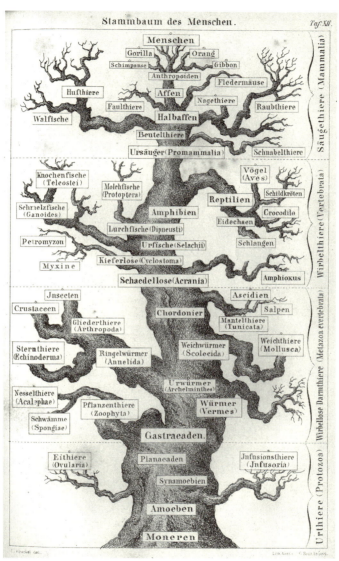

図 2-11 ヘッケルの系統樹。これは動物の進化過程を「枝分かれ」として視覚化した、最初のもののひとつである。が、中心に置かれた主幹上に動物の「グレード」を配し、ヒト (Menschen) を最上位に位置づける伝統はいまだ守っている。(Haeckel, 1874 より)

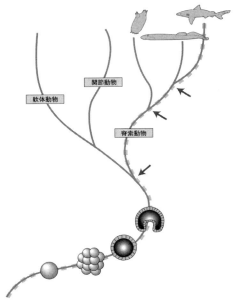

図 2-12　ヘッケルの反復説。発生過程が系統分類的関係をなぞるというところでは、フォン=ベーアのセオリーとよく似ているが、ヘッケルの反復説は後者よりもはるかに連続的なものである。しかも、系統樹の根幹においては各動物門は幹を同じくしている。動物門の系統関係については、ヘッケルの認識が正しいが、その進化系統的背景が、ファイロタイプ以前の発生段階の系列に反映されるという考えは、現在は認められてはいない。この図では、顎口類へ至る系統と発生経路が太い破線で描かれている。発生経路は祖先の進化の歴史を繰り返し、系統の枝分かれに相当する発生プロセスの分岐があり（矢印）、その分岐の結果として顎口類の形態パターンが得られると、ここでは考えられている。

係が同じものなのであれば、ヘッケルとフォン=ベーアの学説はまったく同じものになる。われわれはいまそれらが異なった形式化の方針によって導かれる互いに相容れない概念であることを知っているが（第1章）、その違いが認識されていなかった19世紀、ヘッケルは実際に自説の基本的構造をフォン=ベーアのものとほとんど同じものと見なしていた。むしろ違いがあるとすれば、それは発生過程が祖先の発生プロセスを明瞭に反復するというアイデアと、原型に対する捉え方である。フォン=ベーアがディスクリートで、互いに独立したものとして捉えていた各動物門の「型（type）」も、ヘッケルによれば、進化の根幹での共通の祖先において、おそらくより単純な胚のかたちをもった動物に帰着する（単系統説）。この相違点が、一般には「漏斗型モデル」と「砂時計モデル」の違いとして強調されるのである（図2-13）。現在でも、後生動物は系統的に単一起源をもつと考えられるので、この点においてはヘッケルのモデルが真実に近い（が、相同性や、ボディプランの多様性の認識については必ずしもそうではない）。そこでヘッケルが考えたのは、原型的な胚形態以前に系統的な類縁関係を示す段階があるということだった。つまり、多細胞動物の胚発生初期に現れる胞胚や原腸胚は、実際の遠い祖先の形態が再現したものとみなし

2.4 反復説

（ガストレア説：Gastrea theory）、その仮想的祖先動物に「ブラステア」、「ガストレア」などの名を与えたのである（Haeckel, 1874, 1875；解説は Hall, 1998）。いまでもこれらの名称は、胚発生段階を示すものとして用いられている（注）。

以上のように、反復説は人間の認識の方法のうちに、ナイーヴな「なぞらえ」としてまず現れ、それが科学的観察によって打ち破られたのち、あらためて進化生物学的な理論化を経てよみがえり、いま、われわれのさまざまな批判や興味の対象となっている。しかし、実際に反復説が、進化と発生パターンと動物形態をどこまでどのように統合可能なのか、そこにわれわれの認識や解析の方法をどのように注入できるか評価するためには、上に見たように歴史を振り返り、そのうえで現代の生物学的バックグラウンドにおいて新たな理論的概念構築を試みる必要がある。現在でも「反復」に言及するとき、19世紀的意味でか、あるいはそれに先立つ「神学的感性」に大きく依存した自然学的アナロジーを指しているのかすら不明なことが多い。あるいは第1章と関連して上に考えたように、比較発生学を基盤とした同様の発達段階にある生物学理論として類似していても、ファイロタイプの存在や、発生パターンの序列と自然分類群の入れ子関係の一致を強調するフォン＝ベーアの説と、発生機構のデフォルトを反復的分岐過程だとし、ある意味で18世紀的レベルに近い反復パターンを見ようとしたヘッケルの視点もまた、大きな違いを示しているのである。ここで再びわれわれは、不完全特殊相同性のジレンマの根元に触れることになる。そして、実験発生学的データの集積や、分子レベルでの考察が可能になった比較発生学の進歩によって、何かとフォン＝ベーアに寄り添いがちな昨今の

注：実際にヘッケルが自身の反復説を用いて進化過程を説明したことはあまりない。その少ない例のひとつは真核生物における受精である。ヘッケルの弟子にあたる細胞発生学者ヘルトヴィッヒ（Oskar Hertwig）は、受精という現象を卵子と精子の核の合一であることを見抜いていたが、ヘッケルはむしろ細胞質とともに核の物質がアマルガム状態になりそのなかから新たな接合核が再構成されると考えた。このような過程がないと、原核生物から真核生物（モネラからプロチスタ）への進化が反復されないと考えられたからなのであった。いずれにせよ、核内の遺伝情報がもっぱら発生に用いられると考えたヘッケルは実際のところ優れて細胞生物学的な背景を色濃くもった学者であり、一般に考えられているような比較発生学を本領とする古典的な学者像とはかけ離れている。いまひとつの反復例は、ガストレア説とも深く関係する脊椎動物の進化である。最終章においても触れるように、ヘッケルにとってナメクジウオは最も単純な体制を示す脊椎動物の原始型であったが、その原腸胚の形状が刺胞動物の解剖学的構造と同一であることを述べ、ここから一挙に脊椎動物が進化したのだと考えた。グレード的進化観に影響された当時の比較動物学者は、刺胞動物と脊椎動物の間にさまざまな動物門を挿入することによって進化過程を復元しようとしたが、現在の分子系統学的知見はむしろヘッケルの推察に軍配を上げている。

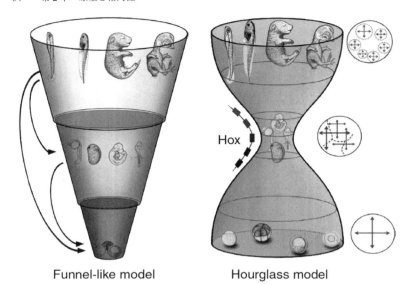

図 2-13　「漏斗型モデル」（左）と「砂時計モデル」（右）の対比。(Irie and Kuratani, 2011 より)

進化発生学の認識とは異なり、20世紀中ごろまでの発生学、さらには1970年代のグールド（Gould, 1977）の著書すら、ヘッケル理論の延長だったといって過言ではない。反復をめぐるわれわれの評価はいまでも揺らいでいるのである。

（3）ヘテロクロニーとファイロタイプ──ヘッケル的効果とは

「ヘッケル的効果」とは、「遠く隔たった動物であっても、初期発生にまで遡れば、似たところが見つかるだろう」という楽観的な発想をもたらしがちな、多くの観察者自身のうちに共通して存在する特定の思考のバイアスを指す（筆者による造語）。あるいは、そのバイアスを導いた比較発生学的な傾向と呼んでもよいだろう。それは、胚葉説の謳うような、「相同な形質は相同な胚葉から発する」という、必ずしも全面的には間違っていない考えや、集団遺伝学における「ハーディ=ワインベルグの法則」のように、充分な経験則に基づくこともなく、理想化されたモデルを設定し、そして推論の方向性を無根拠に与えられている状態にも似る。われわれは、決して純粋無垢な目で観察できるわけではなく、常に無根拠な思い込みにとらわれている。実際、メッケルらによる

2.4 反復説

　18世紀末以来の古典的な反復説も、同じ思考のバイアスによるものであった。比較発生学者のド=ビア（Sir Gavin Rylands De Beer）がかつて語ったように、「発生と進化という、ともに単純から複雑へと変化する経時的プロセスに、平行性を見いだすのはごく自然」なことなのである。しかし、だからといって、このような無根拠な仮説に、何らかの確固とした原理が働いているということにはならない。

　ヘッケルは、動物の発生プロセスにおいては「反復が基本型」であるが、さまざまな例外がそこに二次的に導入されたと考えた。たとえば、羊膜は脊椎動物の進化の歴史においてもかなり後期になって初めて現れたものだが、実際の羊膜類胚の発生プロセスにおいてはきわめて早期に成立する。このような例外としての「発生のタイムテーブルの変更」に対し、ヘッケルは「ヘテロクロニー（異時性：heterochrony）」の概念をあてた。ヘッケルに続くさまざまな比較発生学者は、このヘテロクロニーにさまざまなタイプを認め、単純な反復以外のさまざまなプロセスが、進化的変化の原動力になったと考えた（Gould, 1977 を参照）。そのうち、最も有名なのがゼヴェルツォッフによる「アルシャラクシス論」であり（Sewertzoff, 1931）、これは発生過程のどこに変更が加えられるかにより、どのようなボディプラン進化が可能となるかを説いたものである（詳細は、倉谷、2016 を参照）。加えて、ド=ビアによるヘテロクロニーの分類は彼の名著といわれる『胚と祖先——*Embryos and Ancestors*』（De Beer, 1958）のなかで詳細に解説された（図 2-14；ヘテロクロニーにまつわる方法論的問題点と考察については、Hall, 1998；Schlichting and Pigliucci, 1998 に要約；ヘテロクロニーの現代的扱いについては Roth *et al.*, 1993；Richardson, 1995；Schlosser and Roth, 1995, 1997a, b；Schlosser, 2001；MacDonald and Hall, 2001；Zeldich, 2001；Sánchez-Villagra, 2002, Jeffery *et al.*, 2002 などを参照）。

　ド=ビアによれば、ヘテロクロニーのなかには、①胚発生での変更として：
1．変形発生（Caenogenesis）：発生後期の過程や成体の形態を変更することなく、幼型や初期発生のプログラムを変更すること
2．逸脱（Deviation）：胚発生期のプログラム変更により、それ以降の成体への発生過程が不可逆的に変形を被ること
3．ネオテニー（Paedogenesis or Neoteny）：成体において、生殖器官に比べ他の発生段階が祖先型に比べて遅延すること（図 2-14、図 2-15）

があり、②発生後期の変更として：
4．退縮（Reduction）：祖先型の成体、もしくは幼若世代において現れて

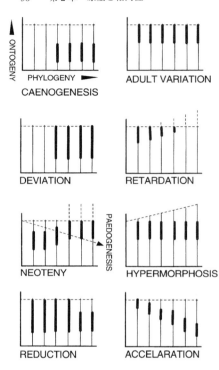

図 2-14 ド=ビアによるヘテロクロニーの分類。縦軸には個体発生過程、横軸には進化的系列が示される。太い線で示したのは、進化的に新しく加わった変化を示す。個々のパターンの説明については本文を参照のこと。(De Beer, 1958 より改変)

いた形質が発生の途中にしか現れなくなり、結果として痕跡的となること（図 2-16）

があり、さらに③祖先の成体の形質に関わるものとして：

5．成体変異（Adult variation）：祖先の成体において、個体発生の最後の相に現れた形質が子孫に引き継がれること
6．遅延（Retardation）：祖先の成体において、個体発生の最後の相に現れた形質が、発生の遅延により消失、あるいは痕跡的になってしまうもの
7．過形成（Hypermorphosis）：祖先の成体段階を飛び越して、新たな成体を作る発生過程が付加されるもの
8．加速（Acceleration）：発生過程の加速のため、祖先の形質が現れる時期が早まり、ときとして成体となる以前に消失してしまうもの

が数えられる。これらは一部内容的に重複するが、比較発生学的に観察される

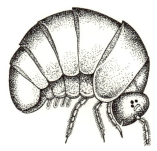

図 2-15 ネオテニー。ド=ビアがネオテニーの実例として示したヤスデの幼生。ヤスデの個体発生過程においては3対の歩脚だけが発達した段階があるが、これが形態パターンとして昆虫に類似すると考えられた。つまり、昆虫は多足類の祖先がネオテニー的に進化することで成立したと考えられたのである。分子データに基づく最近の知見では、昆虫の姉妹群にはむしろ甲殻類が置かれる。また現在では、節足動物の付属肢の進化的消長の背景にあるとおぼしき、ホメオボックス遺伝子の機能の変化についての知見が多く得られている。このような新しい実験的研究に加え、新しい分子進化的な系統解析の進歩がこの分野にどのような貢献を果たしてゆくか、きわめて興味あるところである。(De Beer, 1958 より改変)

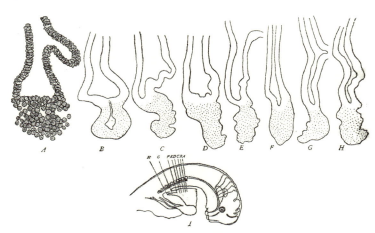

図 2-16 退縮の例。円口類（ヤツメウナギ）の甲状腺は内柱が変化して生ずるが、直接発生を行うヌタウナギの甲状腺は、内柱の段階を経ずに発生するという。ただし、ヤツメウナギにおいて内柱が新たに獲得された可能性も、まだ排除できてはいない。(Stockard, 1906 より)

例外的な事例をほとんど網羅している。ちなみに上のカテゴリーのうち、「成体変異」に引き続き「圧縮」が生ずれば、子孫の発生プロセスが常に系統進化の歴史を反復することになる。つまり、この形式的分類も「ヘッケル効果」から逃れていない。

　上に引いたド=ビアに限らず、ヘテロクロニーを進化の原動力と捉える見解のすべては、反復説に異議を唱え、それを批判しながらも、「反復」が本来の発生プロセスのあるべき姿だと見なしている。しかし、「反復が発生プロセスのデフォルトである」というこの仮説は、少なくともいまの生物学的理解の時点では自明のものではない。また、反復がデフォルトでなく、かつ、発生過程が反復するように見えることがあるのなら、その機構が特定的に説明されねばならない。また、発生プロセスと遺伝子発現制御の点からこれを考えるなら、いかなる動物も発生プロセスのほとんどすべてにわたってそれ独自のゲノムにサポートされた個体発生過程を営むのであり、そのプロセスが順次、

無顎類の発生プログラム（あるいは遺伝子制御）
↓
硬骨魚類独自の発生プログラム（あるいは遺伝子制御）
↓
四肢動物独自の発生プログラム（あるいは遺伝子制御）
↓
羊膜類独自の発生プログラム（あるいは遺伝子制御）
↓
哺乳類独自の発生プログラム（あるいは遺伝子制御）

を発動してゆくなどということは考えにくい。が、

左右相称動物に共通の遺伝子制御
↓
後口動物に共通の遺伝子制御
↓
脊索動物に共通の遺伝子制御
↓
脊椎動物に共通の遺伝子制御
↓
顎口類に共通の遺伝子制御
↓

2.4 反復説

硬骨魚類に共通の遺伝子制御
↓
四肢動物独自に共通の遺伝子制御
↓
羊膜類に共通の遺伝子制御
↓
哺乳類に共通の遺伝子制御

が順次発動する傾向がありうるかどうかについては、まだ可能性としては肯定も否定できない。たとえばDNA修飾や遺伝子のエピジェネティック制御機構について盛んに研究されている現在、上のような発生パターンを構築できるようなゲノムがあるとすれば、それは新しく獲得された派生的なエンハンサーであればあるほど、発生の後期に活性化される傾向が強いこと、もしくは、進化的に新しくもたらされたエンハンサーのうち、後期の活性化するものが保存されやすいことが具体的事実として示されねばならない（発生パターンの系統的序列に関しては後述）。少なくとも、系統分岐の各地点で、その先の枝にいるすべての動物群のボディプランに影響を与えるような変化が発生プロセスに加えられるにしろ、それが常にもとの発生プロセスの末端に付加しなければならないという自明の原理もいまのところ存在しない（後述）。

先にファイロタイプについての議論で示したように、あらゆる発生段階は進化的淘汰の対象となりうるものであり、安定的、保守的パターンが成立すべき論理は、胚の複雑性や、細胞、組織同士の相互作用のあり方、さらには機能的統合にかかっている（第4章を参照）。そしてその結果として、器官形成期にファイロタイプが成立する。導入された変化が、ファイロタイプを勝手に変更しないような圧力が内部的にかかることはあっても、変化を後期発生の末端に押しやるべき積極的な理由は、少なくともわれわれのいま知っている進化生物学や発生生物学の理論のなかにはない。事実、フォン=ベーア以来すでに幾度も指摘したように、発生プロセスやパターンの大きな変化は、神経胚期以前の発生過程にも充分に導入されている。これは例外と捉えるべきことなのか、あるいは反復しているように見えることが例外なのか、この問題の難しさはわれわれ自身の認識にも由来している。

このように、動物の形態変化とその背景にあるはずの発生プロセス、発生パターンの変化を見つめるとき、それをファイロタイプやバウプランなど、ある種のパターンの定立を基準として扱い、「フォン=ベーアに帰れ」のスローガン

の通りに、胚のかたちを含めた表現型と、そのバリエーションの成立に内部淘汰や安定化淘汰などのメカニズムを見いだすか、つまり、われわれに何らかの原型を認識させることになった発生的、進化的機構を問う方針と、分岐的進化のなかに原型を解消し、ヘッケル的に「反復という正当化されえないまま理想化されたプロセス」を基準に置き、終末付加と圧縮、あるいはヘテロクロニー的変化で進化を記述しようという、19世紀後半から20世紀1970年代にかけての進化形態学を支配しがちであった、どちらかというと無味乾燥な方針の間には大きな隔たりがある（Gould, 1977；Northcutt, 1990 も見よ）。重要なことだが、「なぜ、（想像力をたくましくすれば）、動物の発生は、あたかも進化を繰り返しているように見えるのか、あるいはそのような認識上の効果をもたらすのか」に対し、発生と形態の進化がそのようなパターンを示しがちな機構的理由を提示する可能性をもつのは、むしろ前者の視点に立った機構的、進化的視点であり、決して反復をデフォルトとする後者の立場ではない。しかも、上の2つの視点は同じ土俵のうえでの概念の対立ですらない。先に主張したように、反復的に進行する発生プロセスを擁護する自明の理論は存在しないが、少なくとも200年にわたる比較形態学を成立させたファイロタイプやバウプランと、その背後にあって相同性を生み出してきたはずの、何らかの発生拘束の存在を仮定することにはまっとうな根拠がある。

　いまのところ、現代の進化発生が模索すべき発生と進化の関係と、フォン＝ベーアの仮説の最大の争点は、はたしてわれわれが比較発生学的に、あるいは、分子的形態形成プログラムの制御の序列として見ようとしている「バウプランの入れ子関係（第1章）」が、彼の考えたように、順次個体発生上に現れ出るという必然の傾向があるかどうかという一点に尽きる。ようやくここに、比較形態学の柱である、原型と反復の絡み合いの姿を見ることができる。本書で考察する大きなテーマのひとつは、形態学を成立させたこれら認識スタイルの背後に潜む、進化的・発生学的要因である。それは人間の観念の所産ではなく、必然的に進化と発生があるパターンをとらざるをえず、それは深層的でも根源的でもなく、進化的プロセスの結果として二次的に成立する。以下では、具体的に脊椎動物の頭部形態を比較形態学的、比較発生学的に眺め、さらにそれを機構的レベルで理解することを目指し（分子発生学と実験発生学）、それを通じて発生拘束とバウプランの実体を探り、さらには形態の進化のメカニズムにメスを入れてゆく。

【分子発生学と反復説】

　反復説は、脊椎動物の「頭部問題」とも深い関係をもつ。頭部分節性において問われたのが何であったのか、それが充分に吟味されないままに、比較発生学は脊椎動物胚の頭部中胚葉に分節を見いだす試みを長く続けすぎたと私は見ている。そして、系統分類学的な動物群の関係の認識と、進化と発生に見る並行性の認識を武器にしつつ、常に「祖先か、ボディプランか」の狭間にあってその誕生より終始一貫して原型論的観念論から逃れることができなかった比較形態学の、最も偉大な徒花が頭部分節問題であった。そしてこの研究の歴史において頭部問題の懊悩に最も科学方法論的に肉薄した最初がのちに述べるハクスレーであった（倉谷、2016 参照）。では、実際の生物学的検証として耐えうる方法論は反復理論なのだろうか、それともタクサの入れ子パターンや分類学的モルフォタイプ（morphotype）を発生のなかに見いだそうとする砂時計モデルなのだろうか。

　現在まで、脊椎動物において進化と発生の関係を何とか形式化しようとした試み（比較トランスクリプトーム解析）は何度か行われてきたが、その主たる方針は多かれ少なかれ、遺伝子発現プロファイルに基づいて動物種間の胚発生の比較を行おうというものである。これを行うためにはゲノム情報が必要になり（したがって、比較対象は主として実験モデル動物が中心となる）、しかも比較の客観性をもたせるために、一種の動物のすべての発生ステージを他の動物種のすべてのステージと網羅的に比較するための膨大な計算が必要となる。むろん、胚の発生パターンやバウプラン、モルフォタイプといった概念を、遺伝子発現プロファイルで「測る」ことができるという自明の論理はなく、発生機構的裏付けもない。これについて、1994 年にドゥニ・ドゥブール（Denis Duboule）が、ファイロタイプにおいて Hox コードが明瞭となることを指摘し、発生制御遺伝子のなかの、当時はマスターコントロール遺伝子と呼ばれていたもののいくつかが、動物の基本的体制を作り上げるまさにそのときに機能していることに注意を喚起したが、このように分子発生学的に規定されたファイロタイプはむしろ、われわれの形態学的理解と遺伝子の機能の間をつなぐ、一種記号論的な発生学的センスの整合性を謳ったものでしかなかったように思われる。言い換えるなら、純粋に客観的にこれがファイロタイプであると、特定の発生段階の所在を検出するだけの方法論があるのか、いわゆるツールキット遺伝子群を認め、それらが予想された機能を果たす瞬間がファイロタイプに相当し、しかもそれがたしかに内部淘汰の産物として成立していることを実際に示すこと

ができるのか、あるいは、ヘッケル的反復を検出できるのか。こういったことのそれぞれについて、まだ概念的構築は整備されてはいない。

現在までのところ、比較発生学的にファイロタイプとして認識されてきた比較可能な発生段階において、複数の動物種の遺伝子発現プロファイルが最も高い類似性を示し、発生と進化の関係が反復的な「漏斗型モデル」より「砂時計モデル」によく合致するということは認められている（Irie and Kuratani, 2011）。この発生段階はたしかに初期咽頭胚に相当し、Hox 遺伝子群をはじめ、多くのツールキット遺伝子が領域特異的な発現を示す時期でもある。さらに、明瞭に分節した傍軸中胚葉、すなわち体節列は耳の後ろ（後耳領域：postotic region）にしか存在せず、対して頭部中胚葉は体節と明瞭に表現型の異なった無分節の間葉細胞集団として存在している。このような胚を見て、「脊椎動物頭部中胚葉に分節はない」と観察者がいうとき、その者は分類学の意義を認め、分類群の定義と発生拘束とが、発生機構を介して事実上等価であることを認めているのである。

2.5　第 2 章のまとめ

1．原型とは、ある高次タクソンに含まれるあらゆる動物種を導出できるような、認識論的な表徴であり、必ずしも現実の祖先形態を反映することはない。原型から個別的動物形態を導き出す変化過程も、現実の進化過程や個体発生過程と同じものではなく、観念と現実の形態とを結びつける脳内過程にすぎない。形態学を創始したゲーテによる動物（脊椎動物）の原型は、分節繰り返し性（メタメリズム）とその変形（メタモルフォーゼ）の認識を重視した。

2．原型は、特定のタクソンの一般相同性や、「型の統一」を示しうる。が、オーウェンの原動物は完全特殊相同性に拘泥し、あらゆる動物形態を導き出しうる形態集合とされ、一般相同性も、祖先の形態も示さない。

3．観察者に原型を認識させた要因として、動物門に共有された胚形態、つまりファイロタイプが考えられる。これは、胚発生の器官形成期において、多数のグローバルな相互作用を安定化させるべく成立した胚の形態パターンである。ファイロタイプが進化的に成立する機構こそが解明されねばならない。

4．反復説は、先験論的哲学のうえにファイロタイプや進化論、比較形態学が統

合された結果、生まれてきたドグマである。しかし、それをアプリオリに仮定するに足る根拠はいまのところ見つからない。フォン=ベーアは原型が成立するファイロティピック段階ののちに、しだいに低次レベルのタクサのバウプランが表出するとしたものであり、入れ子式の自然分類体系と発生段階に平行関係が見いだされるとした。ヘッケルは、系統分岐と同様に発生経路が道を変え、すべての後生動物に共通する形態パターンを初期発生過程に見いだした。

5．反復説的ルールに反すると見える現象に、ヘテロクロニーの概念があてられてきた。これには複数のタイプが分類され、デフォルトとしての反復を基調とし、あらゆる発生過程を記述できるようにされた。が、これらの概念もまた、反復説的先験論のうちにあるといわねばならない。

6．進化と発生の新しい統合にあっては、フォン=ベーア的な認識をあらためて概念的に組み直し、そのような認識論的効果をもたらす背景にある進化的発生機構の変化の中身を、バウプランの階層的構造とその成立機構の点から解き明かす必要がある。

第3章　グッドリッチの遺産
——分節的ボディプランの起源

> The study of segmentation is comparable to the study of the Apocalypse. That way leads to madness.
>
> A. S. Romer（Thomson, 1993 に引用）

　原型思想は「動物の一般的、本来的形態形成プランを知る」という、現在のファイロタイプ認識に通ずる目的をもつと同時に、現在では脊椎動物の起源や進化的変形の過程など、真に系統進化的な問題とも関わる可能性をも孕んでいた。古い理論は常に新しい理論の土台であり、それは考えねばならない難問の在処を指し示す。バウプランの視点から、祖先形質とファイロティピック段階に現れる形質との関連が考察されたのも同様である。一般的形態プランが原始形質と同義であれば、いうまでもなくそれは脊椎動物の祖先的状態とそれが成立した経緯、さらにはそれが個体発生パターンとして連綿と保存されてきた理由を指し示すことになる。このことが真に意識されはじめたのは、脊椎動物頭部の分節論が個体発生に及んだときのことである。

　ゲーテやオーケン以来、脊椎動物頭部に椎骨要素がいくつ含まれるのかをめぐって論争があった。これは、頭部の形態学的形式化をめぐる議論でもある。このような各論的問題は、土俵が比較発生学に移ってのちも、ほとんど同じかたちで繰り返されることになった。が、同時に還元主義と構造主義がともに開花し、あらゆる自然科学の基礎が築かれた19世紀後半、研究者たちはすでに、明瞭に発生機構と、その進化的変遷を問題としはじめていた。

　頭部分節論は、ダーウィンの自然淘汰説、ヘッケルの反復説を横目で見ながら、具体的な現象を精緻に観察することにより、現実にどのような形質がいつ現れるのか、原型的パターンがいったいどのような機構で生ずるのかを求め続け、そして脊椎動物の祖先の姿に思いを馳せた。しばしば忘れがちなのは、理論の背景にどのような発見の歴史があり、新たな謎を解明するにあたってどの

ような時代的影響が働き、そしてその解決が時代の哲学にどのように反映されたのかという、歴史ダイナミズムである。頭部問題は、いうまでもなく生物進化・発生理論の発展の歴史のなかで常に中心的位置を占め、それは21世紀の進化発生研究にも大きく影響を与え続けている。

3.1　椎骨説の発展——比較発生学時代前夜

　もっぱら「ダーウィンのブルドッグ」として有名な、ハクスレー（Thomas Henry Huxley, 1825-1895）は、英国を代表する比較解剖学者であり、頭蓋椎骨説の教義のうち「共有される形態プラン」という考えを積極的に支持していた。つまり、ゲーテやジョフロワの求めた原型を否定していたわけではなかった。が、彼自身に胚のなかに分節原基を見いだすことができず、結果、公に対して開かれた講座「The Croonian Lecture」において、分節的頭蓋という見方を否定した（Huxley, 1858, 1864；Vogt, 1842；このときのハクスレーの議論を支えた科学的背景については後述）。実のところこれは形態学に対してではなく、彼の論敵であった反進化論者、オーウェンと、オーウェンが唱道した「原動物（archetype）理論」に対する攻撃であった。「（オーウェンの）原動物など、現代科学の精神に真っ向から対立するものでしかない」と、ハクスレーは激昂して書き残している。オーウェンが自然淘汰説に背を向けたのも、この熾烈な戦いの延長でのことであった。これによって先験論的形態学は、形式的にはいったん惨敗した。

　一方で、発生学的に突き詰めれば、脊椎動物（現生顎口類）の頭蓋後部（後頭骨）が椎骨様の素材からできることが明らかになっていった。ハクスレーもこれに気づき、発生学的な頭部分節論を自ら標榜しはじめた。こうして頭部問題はしだいに土俵を発生学へと移したが、それは以前からドイツにおいてすでに、ラトケ（Rathke）、フォン=ベーア、ライヘルト（Reichert）といった比較発生学者たちによってすでに実践されていたことであった。いずれにせよ、頭部分節論は、フォン=ベーアに胚胎し、バルフォー（後述）によって概念的に整備され発展した比較発生学、つまり進化を復元し、祖先動物を指し示すことを明瞭な目的とした方法論に従うことになった。この19世紀末期から20世紀初頭にかけての比較発生学は、現代の進化発生学に先立つものとして特に「Evolutionary Embryology」と呼称される（Hall, 1998）。発生パターンと進化を結合し、脊椎動物の形態発生学的起源を問う基本姿勢はこのとき確立し、そ

の研究にまつわるあらゆる問題もこのとき浮上したのである。

（1）胚と形態

　頭部問題において、胚のかたちに求められていたものはそもそも何だったのか。ハクスレーの科学的方法論を正当化する進化発生学的論拠とは何であろうか。ひとつの可能性は、フォン=ベーアが胚発生に見た「原型的形態」を胚形態が示すことであり、それはいまでいう動物門、あるいは亜門に相当する動物群のモルフォタイプとなるような形象でもあった。フォン=ベーアは、咽頭胚期に認められる原型の表出段階以前に遡っても、門と門をつなぐような、より根源的なパターンはないと述べ、それをもってキュヴィエによる「枝分かれ」の独立性の根拠とした（が、フォン=ベーアは実際のところ、すべての動物門をまとめ上げるような共通パターンが存在する可能性も捨てきれなかった）。いずれ、この砂時計モデルの「くびれ」に相当する部分に立ち現れる共通パターンのみが分類群の基本構築パターンを示すわけだから、これより早い発生段階（それはより変異の大きいものとなる）にその分類群をもたらした祖先の姿を求めるという方針は最初からありえない。むしろ、ある種の内部安定化淘汰によってもたらされたとおぼしい胚の原型が、その動物門を定義する形質（taxon-defining traits）の集合体、すなわちモルフォタイプなのである。

　モルフォタイプの構成要素には古い形質もあれば、新しい形質もあり、その総体によって特定の動物群の一般形態を定義する。それは、オーウェンの提示した原動物が、共有派生形質と共有原始形質の混合となり、（加えて固有派生形質をも非節約的に包摂しようとしたために）複雑な怪物めいた様相を呈するのにも似る。そして、ここで見いだされる原型的段階、すなわち「ファイロティピック段階」に「頭部分節が見られない」といえば、その形質がその動物群を定義することになる。言い換えれば、たとえ祖先的動物がかつて頭部に分節をもっていたとしても、そこから派生した脊椎動物が、「二次的に頭部分節を失った」という共有派生形質によって定義されているのなら、脊椎動物はあくまで頭部分節をもたないことによって脊椎動物たりえている——その祖先において当該形質状態がどのような状態にあったかは問題ではない——のである。いわば、「昆虫は、それが6本の付属肢をもつゆえに昆虫と呼ばれる」のであり、その祖先の節足動物が何本の足をもっていたかは、とりあえずは昆虫のモルフォタイプと無関係であるように。同様に、咽頭胚期において頭部中胚葉に明瞭な分節が存在せず、そのことによって頭部神経堤細胞が体幹とは異なったパタ

ンで移動・分布し、明らかに脊髄神経とは別の形態パターンをもった脳神経へと発生するため、それが典型的な脊椎動物として認識することができ、そのような脊椎動物の形態を表現しようとする限りにおいて、脊椎動物の祖先がどうであったかは問題ではなく（祖先に分節性があったからこその無分節性なのではなく）、脊椎動物においていま現実に、頭部中胚葉に分節はないのである。ここには形質状態というよりも、祖先のパターンを個体発生過程のなかで棄却してやっと成立する新規形質（evolutionary novelty）を重視する指向性を見て取ることができる。

　上のことは、（分岐系統ではなく、階層的分類学と相性のよい）「発生の砂時計モデル」を考えると分かりやすい。特定のボディプランは砂時計のくびれにおいて実現するが、そこへ至る発生経路は潜在的に放散でき、多様化する可能性がそこに示されている（例：ギボシムシ胚の体腔発生；後述）。したがって、胚頭部の上皮性体腔が（板鰓類に見るように）裂体腔的に間葉から形成されようが、腸体腔として最初から上皮構造を維持しつつ発生しようが、咽頭胚のパターンが最終的にできあがりさえすれば関所は通過できる（＝進化的に許容される）のであり、それ以前の発生過程は本来的に進化的起源を示唆しない、あるいは「くびれ」において成立するパターンを一意に予測できないという了解がその含意としてある。ここで「くびれ」は、それ以降の形態パターン（臓器や骨格要素の相対的位置関係）や、進化の方向性（相同性の保存）を決定する発生拘束の源泉として機能しており、個体発生過程のなかでここだけが、いわば形態パターンが明らかとなる地点だと考えるのである（発生拘束の帰結として脊椎動物の頭部分節を考察した例としては、Kuratani, 2003a, 2008b を参照）。

　一方で、（ハクスレー自身がそうしたように）もし漏斗状のヘッケル的「反復」に従うなら、より早い発生段階にはそれだけより原始的な祖先の発生プランが反映されているだろうと期待される。頭部分節をめぐる比較発生学的研究では、必ずしもハクスレーの試みたような漸進的進化段階の復元を発生過程に求めることは多くはなかったがしかし、この方針の探求は遡及的に原始形質を求める傾向を生む。すなわち、頭腔や頭部ソミトメアや、それに類する痕跡的分節、もしくは一過性の上皮構造や遺伝子発現パターン（分節形成に関わる *Notch/delta, hairy* etc. の発現は頭部分節に否定的であったが；要約は Horder *et al.*, 2010）、果てはそこに何も検出されずとも、潜在的に祖先的分節が隠れているという仮説を最後まで固守し、架空の祖先的パターンに活路を見いだそうとする。ここでは、根源的パターンはときとして祖先的パターンと混同され（上に見たように、

原型論を捨てたわれわれにはそうするより方途はないが）、「派生形質としての無分節の頭部」を認めてなお、「原始形質としてかつては分節していた頭部」を胚に見ようと試みる。しかし、そこで主張される分節性はもはや脊椎動物としてのそれではなく、より高次のタクサ、つまり脊索動物か、あるいはさらにそれを由来した祖先的系統のボディプランなのである。この論法が手強いのは、現代でも祖先形質を失った派生的動物を、それ以外のメンバーとひとくくりにする分類が日常的に行われているからだ。すなわち、四肢を失ったヘビやアシナシイモリを四肢動物と呼んだり、鰓を失って久しい羊膜類を硬骨魚の一群に加えるなどのように……したがって、「脊椎動物とは、中胚葉性頭部分節を潜在的にもつ脊索動物のうち、その分節が二次的に不明瞭になったのちに放散した特殊な存在だ」といえば、それは否定できない。ここで、「したがって、脊椎動物の頭部は本来的に（祖先的に）分節している」と述べるか、あるいは「頭部に分節をもたないからこそ、その共有された派生的形質でもってそれを脊椎動物と呼ぶ」という2つの言明は、似ているようで正反対の指向性を示している。

　典型的には、原始形質にこだわるあまり脊椎動物の基本体制を分節的中胚葉の単純な連なりとした、グッドリッチ（Goodrich, 1909）のモデルに前者を見ることができ（本章で後述）、それは事実上、脊椎動物ではなく、ナメクジウオのボディプランをこそ表現したものというほうがより適切である。このような理解を指向する背景に、ゲーテ以来の自然哲学が影響していることはいまや明らかで、この詩人が「ヒツジの頭蓋は潜在的に背骨だ」というとき、個体発生的に「椎骨原基と同じものが、頭部では発生上変化して頭蓋を作る」という含みと、認識論的分類学（あるいは現代的には進化）の文脈で、「ここに見る頭蓋は背骨ではないが、実は本来的には背骨だった」という含みが同時にそこにある。ハクスレーが論破したように、第1の含意は正しくはない。では、第2のそれはというと、フォン=ベーアの方法論ではこれに対処できない。なぜならその含みは、比較発生学的に砂時計の「くびれ」に相当する発生拘束が、祖先においては頭部の分節を構成要素として含んでいた可能性を指摘し、そうすることでいまは存在しない、祖先動物の発生過程に言及しているからだ。つまりこれは、拘束された基本形態自体が（進化的に）変化（メタモルフォーゼ）することを述べている。ヘッケルの反復説に則れば、そのような祖先的段階は初期胚に見いだされるはずだが、フォン=ベーアの砂時計において「くびれ」は分類群の形態学的定義を示すのであるから、発生拘束の祖先型は不可知にとどまるし

かない——体系（原型）をなす要因が歴史的経緯ではない以上、祖先的段階の胚形態については推論も論駁もできない——のである（したがってフォン=ベーア的には、「そのような前段階の拘束をもった動物は、まだ脊椎動物ではないのだからここでは考慮できない」というしかない）。フォン=ベーアの比較発生学が優れて構造論的であるからこそ、無根拠に与えられた構造それ自体の根拠や成立過程を問うことはできないという意味である。しかし、それを越えて進化のなかに相同性が生み出される様を何とか突き止めようとするのが、進化発生学である。進化的新規形質の獲得においては、常にこれと同質の問題がつきまとう。その説明原理に適応的意義（究極要因）をもちだしても何も得るところはない。

（2）ゲーゲンバウアー

観念的形態学から比較発生学へ、観念論から進化論への速やかな移行の背景には、19世紀後半、ドイツの動物学者たちが精密な解剖学的分析から頭蓋分節説に再度取り組み、骨学のみならず、あらゆる器官系を形態学的に統合し、論理的な補強がなされていたことが伏線となっている。こうして形態学は、先験論から解剖学的解析へと前進したのである（Neal and Rand, 1946）。それを推進した中心的人物は、ドイツ比較動物学・解剖学の大御所にしてヘッケル（ゲーゲンバウアーの8歳年下）の上司、かつ盟友でもあったゲーゲンバウアー（Carl Gegenbaur：1826-1903；図3-1）であった。

イェナ大解剖学教授フシュケ（Huschke）の後任を務めるため、学究的雰囲気が色濃く漂うイェナの地に赴き、1865年から1873年にかけて、ゲーゲンバ

図3-1 カール・ゲーゲンバウアー。

ウアーがダーウィン進化論の強烈な影響のもと、彼がヘッケルとともに取り組んだ比較研究は、新たな進化論的アイデアの注入により、新たに再生した形態学研究を通じ、各動物門に通底する形態的グラウンドプランを明らかにしようという試みだった（Gegenbaur, 1871, 1872）。一方、同じこの地で発生学に傾倒したヘッケルは、あの生物発生原則（第2章）を生み出すことになる。ちなみにヘッケルが、「幹」を意味するギリシャ語から派生した「phylum」を「動物門」の意に用いはじめたのもこのころのことである。ゲーゲンバウアーがハイデルベルクへ赴任する1873年までのこの研究がなければ、Evolutionary Embryologyの誕生は確実に遅れていただろう。もっとも、これによって反復説という徒花が生まれたとする、主として英米の評論家による歪んだ見方もある。

　板鰓類が脊椎動物の最も一般的な形態プランを代表し、その頭部の解剖学的構築、とりわけ末梢神経系の形態に、頭部と体幹を通じて共通の分節的基盤を見いだそうという方針を明瞭なかたちで示したのがそもそもゲーゲンバウアーであった。この影響がのちに「板鰓類崇拝（Elasmobranch worship）」と呼ばれる比較発生学の趨勢を生み出してゆく。サメの体においては、単純な繰り返しパターンが筋節と鰓に見られる。それらを支配する末梢神経は、体幹における脊髄神経（筋節を支配）と、鰓を支配する脳神経からなり、これらはともに、同じ単純な繰り返しパターンから派生した一連の分節的神経と考えられた。脊椎動物の共通祖先は、現在の板鰓類よりもはるかに多くの鰓をもっていたはずで、その姿をいまに至るまで保持しているのがナメクジウオだとも想像された。このような推論を可能にするためには、どの神経がどの構造を支配し、それが隣の神経、ならびにそれが支配する構造と形態的にどのような関係にあるのかが明確に認識されなければならない。1分節において、神経と筋、あるいは骨格が特定の位置関係を示すのであれば、内容的にそれと同じものは隣の分節にも見つかるだろう。つまり、比較による繰り返し構造の発見は、祖先的パターンを理解するための、一種の実験なのである。

　解剖生理学者、ヨハネス・ミュラー（Johannes Müller）や、ケリカー（Albert von Kölliker）の薫陶を受けていたゲーゲンバウアーは、脊椎動物のみならず、とりわけ海産無脊椎動物の形態や発生にも深い造詣があり、個々の形態から、その背景に潜む共通パターンを抽出する作業に卓越していた。実際、彼はボディプラン理解の要である「系列相同（serial homology：系列相同性はHomodynamie）」の提唱者となった（同様のアイデアをすでにオーウェンも得ている：第1章、第9章ならびに最終章）。ゲーゲンバウアーの形態学思想は、彼の著し

た比較解剖学書、『*Vergleichende Anatomie der Wirbeltihiere mit Berücksichtung der Wirbellosen*』（Gegenbaur, 1898）に総合的に解説されている。ゲーゲンバウアーの系列相同性は、彼の同時代人、さらにはそれ以降の比較形態学的考察と分析の方向に大きな影響を及ぼし、事実上この概念なくしてのちのドイツ比較形態学は成立できなかった。つまり、系列相同物を発見し、骨格のみならず、筋、神経など、あらゆる形態要素を前後軸に沿って並べ、すべての器官系の同能関係を図示してみせることが、その目的なのであった。そして、比較形態学・比較発生学の金字塔とも謳われる「哺乳類の耳小骨問題」の解明において、この方法は最も大きな成功を収めることとなった（20世紀にまで浸透したゲーゲンバウアー式形態学の影響については、Nyhart, 1995 ; Mitgutsch, 2003 を参照）。

（3）原型論再び

　動物形態の形式的理解は、胚発生に見るパターン形成の認識と密接につながる。たとえば、成体において形態的に分化した構造であっても、発生過程では原基本来の分節的配列パターンが明らかとなることがある。脊柱や頭蓋の一部、骨格筋をもたらす体節や、各種の複雑な頭部構造、器官を生み出す咽頭弓などがそのような原基であり、それらはファイロタイプに相当する咽頭胚に現れ、その重要な特徴と見なされる。つまり、分化する前の発生プランを明らかにすることにより、オーウェンやゲーゲンバウアーが問題とした、系列相同性の発生的根拠が浮き彫りになるのである。解剖学的解析においては、分節プランの理解の仕方に研究者ごとの違いが見られたが、どのような形態学的解釈が妥当なのか、ときとして発生パターンが判定してくれる。

　ファイロティピック段階は胚形態に認識できる原型であり（あるいは、フォン＝ベーアにとっては、原型が胚に表出したものがファイロタイプであり）、それは脊椎動物のバウプランを代表し、他の動物群のバウプランと似たものを見つけ出すうえで、まさに鍵となる発生ステージだった。擬似系統学的な認識のうちに、比較発生学は発生パターンの形態学的理解を通じて、脊椎動物の祖先探しを究極の命題としていった。それを可能にしたのは、すでに紹介したフォン＝ベーアやヘッケルの反復説的考察と原型論であり、ハクスレーの頭部研究もその範疇にある。

　原型という形式的パターンの比較でもって脊椎動物の祖先を同定しようという試みは、いうなればバウプランとバウプランの比較である。したがって、

「脊椎動物のバウプラン」を構成する脊索、分節性、鰓弓などの要素は、ギボシムシやホヤ、ナメクジウオとの近縁性を示すと同時に、節足動物や環形動物をも候補として選ぶことが多かった（第6章）。しかしいまや、動物形態学は正しい進化的系統関係の認識とともになければならなかった。比較発生・比較系統学がともに発達するしかなかった当時から、バウプランと分岐的分類が齟齬をきたす現在に至るまで、この問題は打開できているわけではない。

3.2 サメの発生学と頭腔

　イデアの追究であった頭蓋椎骨説が、系統進化の思想を得てバウプランの入れ子関係を予感し、脊椎動物の起源を明らかにするという目的を伴った比較発生学の営みのなかで、脊椎動物と、原索動物や節足動物、環形動物との比較で浮かび上がるのは、頭部という、高度に複雑化した脊椎動物独自の構造だった。この頭部分節性をめぐる議論の第2ラウンドとでもいうべき比較発生学黄金時代の主役となったのは、サメやエイなど板鰓類の咽頭胚であった（他に、Vogt, 1842；Götte, 1900 も参照）。

　ある程度のサイズをもち、広範な間葉を発生させ、何よりも咽頭胚期において上皮構造が明瞭に発生する板鰓類ほどバウプラン認識にとって都合のよい動物はいない。それが、この動物を比較発生学の檜舞台に押し上げた。この「板鰓類崇拝」の傾向は疑いもなくゲーゲンバウアー、ならびにその影響を深く受け、問題の頭部体節原基をこの世に知らしめた発生学者のバルフォーなど、脊椎動物の頭部構築の理解における分節論者（segmentationists、あるいは segmentalists）たちによる研究にはじまる（Gee, 1996）。その起源は、観念的形態学にそもそもの端を発している。しかも、板鰓類の胚には他の動物に見られない興味深い中胚葉構造が現れる。それが、頭部において体節の等価物（＝系列相同物）と見なされた「頭腔」なのである。

（1）バルフォー

　30代初めに登山の最中転落死しなかったら、間違いなく世界最高の比較発生学者として歴史にその名を轟かせていたであろう、英国のフランシス・バルフォー（Francis Balfour：1851-1882）は、19世紀末期にあってフォン＝ベーアの正統派の後継者と目されていた学者であり、サメの個体発生を初めて詳細に記述した学者でもある。当時できたばかりの、イタリアはナポリの臨海実験所

（脊椎動物の環形動物起源説の提唱者として知られる Anton Dohrn が主宰。正式名称は「アントン・ドールン動物学研究所」）におけるその研究は、1876 年から 1878 年にかけての『*Journal of Anatomy and Physiology*』に分割掲載され、そこに膨大なページを割いた（Balfour, 1878）。この研究においてバルフォーの指導にあたったドールンは、かつてヘッケルの弟子であった（本書において特に重要なのは、バルフォーの研究のうちサメの咽頭胚期における記述である。バルフォーの業績の集大成については Foster and Sedgwick, 1885 を、進化形態学におけるバルフォーの業績の意義については Hall, 2000 を、ナポリ臨海実験所の歴史や、Dohrn については、中埜ほか、1999 を参照）。

のちに見てゆくように、ニワトリやマウスなど実験に用いられるモデル脊椎動物の胚頭部には体節、すなわち前後に分節した中胚葉成分が存在しない。したがって、椎骨に相当するようないかなる成分も個体発生上現れないように見える。しかし、骨格原基こそ分節しないものの、発生のある時期には分節的なパターンが存在するのではないかという可能性はそのころからすでに見られていた。バルフォーはサメの胚頭部に分節的な上皮性体腔を発見し、そこに頭部分節性を見たのである（図 3-2）。それは一見「咽頭弓と」規則的に対応するかに見える 3 対の中胚葉性の袋である。これが「頭腔（head cavities ; Kopfhöhle）」と呼ばれ、現在でもときおり進化発生学者たちを悩ませている謎の中胚葉構造なのである（図 3-2；Kuratani *et al.*, 2000；Kuratani, 2003a；Adachi and Kuratani, 2012；Adachi *et al.*, 2012 に要約；第 6 章に詳述）。バルフォーはいう：

> 私の発見した頭腔と神経原基の配列の仕方は、上の（頭部分節性の——筆者注）問題について、新しい光明を投げかけているようだ。したがってこれらの構造が指し示している結論について、いまここでただちに述べるのがよいと思われる。見るべき分節は 3 セット存在するのである。私はその発生運命をすでに記載し、それぞれが明らかな分節的配置をとっていることを発見した。それらはすなわち、
> 1　脳神経（訳注：ここでは鰓弓神経群を指す）
> 2　咽頭裂
> 3　頭腔
>
> である。
>
> Balfour, 1878

バルフォーは頭腔を、「鰓の並び」を反映するものと見ていた。そしてかつてオーウェンが考えたように、それを体節や椎骨のリズムの延長として考えよ

74　第3章　グッドリッチの遺産——分節的ボディプランの起源

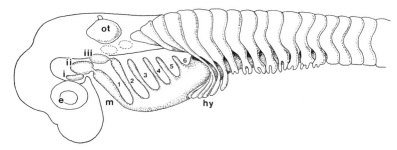

図 3-2　板鰓類の咽頭胚と頭腔。サメ胚の中胚葉を示す。体幹においては筋節が並び、その前のもの（hy）は腹側へ湾曲し、後の鰓下筋系を分化しつつある。それに後続する筋節の腹側部は、胸鰭へと侵入してゆく筋素材を示し、二叉分岐している。頭部では、中胚葉は明確な分節性を示さないが、前方には3つの上皮性体腔の膨らみがあり、前から顎前腔（ⅰ）、顎骨腔（ⅱ）、舌骨腔（ⅲ）と呼称される。これらの名称は、この構造が腹側で咽頭弓中胚葉へと移行することに由来する。さらに、咽頭弓内の中胚葉上皮は心膜腔へと連続する。このような中胚葉の構成は、部分的に羊膜類胚にも受け継がれているものである。古典的な頭部分節仮説では、上の頭腔が、体節の延長として頭部において分節している（体節と等価な）中胚葉の単位であると考えられた。e、眼；hy、鰓下筋原基；ⅰ、顎前腔；ⅱ、顎骨腔；ⅲ、舌骨腔；m、口；ot、耳胞；1-6、咽頭嚢。(Romer and Parsons, 1977 より改変)

うとした。形態要素の系列相同性を発見し、証明することは、その器官の発生原基の分節性を示すことと同義である。頭部中胚葉に分節的な構造を発見することは、脊椎動物のバウプランの定義そのものと同じぐらいの重みがある。

(2) ヴァン=ヴィージェ

　頭腔をめぐる分節研究は、いかにして頭部を体幹と比較するかという、形式化の模索であった。それはゲーゲンバウアー以来の命題であり、それが本格的になったのは、オランダ人のヴァン=ヴィージェによる解釈を得てからのことである（van Wijhe, 1882a）。頭腔は、左右に対をなす上皮性体腔であり、それらは腹側で咽頭弓中胚葉へと連なる。そもそも中胚葉は体腔として生ずるのであるから、体壁ごと咽頭嚢によって分断された咽頭弓中の中胚葉上皮は咽頭弓管というチューブをなし、さらに腹側でそれは心膜腔（pericardium）へと通ずる（図3-2、図3-5：ヤツメウナギの胚発生では、中胚葉がこのようなパターンを示す段階はない）。ヴァン=ヴィージェにより、頭腔はこの一連の体腔のなかでも咽頭弓背側、神経管の両側、すなわち傍軸部において膨らんだ部分としてあら

ためて厳密に定義された。これらは相前後する3つの袋として現れ、バルフォーにならい、前から顎前腔（premandibular cavity）、顎骨腔（mandibular cavity）、舌骨腔（hyoid cavity）と呼ばれ、その後方に耳胞（otic vesicle）が発生する。また、顎前腔の腹側に咽頭弓は存在しない。これら3体腔が耳前体節（preotic somites）と認識されてゆくことになる（Adachi and Kuratani, 2012; Adachi *et al.*, 2012；第6章）。

組織発生学的な観察に基づく限り、これら頭腔のそれぞれは外眼筋（extrinsic eye muscles）、すなわち眼球を動かす筋群のサブセットを分化する。顎口類には典型的に2つの斜筋（oblique muscles）と4つの直筋（rectus muscles）からなる計6つの外眼筋があるが（図3-3）、そのうち上斜筋（superior oblique muscle）は滑車神経（trochlear nerve）という脳神経により、外直筋（lateral rectus muscle）は外転神経（abducens nerve）により、残る4つの筋は動眼神経（oculomotor nerve）により支配される。興味深いことに、筋が完璧に分化する以前より、サメの頭腔のそれぞれは前から順に動眼神経、滑車神経、外転神経の末端と接舷し、それぞれが分化することになる外眼筋と支配神経が形態的に対応している（図3-4）。ヴァン＝ヴィージェが頭腔に見いだした系列相同性はこのような外眼筋原基としてのパターンであり、それがバルフォーとは一線を画するのである（表3-1）。

ヴァン＝ヴィージェが明らかにした頭腔と外眼筋神経のパターンは、体幹における体節（筋節：myotomes）と脊髄神経（spinal nerves）の間に見られる関係に似る。つまり、体幹においては筋節ひとつにつき1組の脊髄神経セット（背根と腹根）が対応する。しかも、体幹の中胚葉性体腔のうち内側部は、いわゆる体節として体性筋（somitic muscles）を分化し、その外側には中間中胚葉（intermediate mesoderm）を介して側板中胚葉（外側中胚葉：lateral mesoderm）が発生し、後者は臓性（visceral）の平滑筋を分化する。背腹に分極したこの形態的関係は、頭部における頭腔と咽頭弓管のなす関係に類似する（それは遺伝子発現によっても確認できる。Adachi *et al.*, 2012を参照）。すなわち、頭部では外側中胚葉成分もまた咽頭弓の発生により分節単位に分割され、内側背側に生ずる頭腔は体幹における体節と同じ位置を占め、脊髄神経の腹根に似た外眼筋神経群（後述）と形態的対応を示す。しかも、上に述べたようにこの図式では、頭部体節であるところの頭腔と、その腹側に発生する咽頭弓が、同一のリズムを刻むとされる。それは、頭腔のそれぞれに咽頭弓と同じか、もしくはそれに関係した名称が与えられていることによく現れている。つまり、頭部には体幹

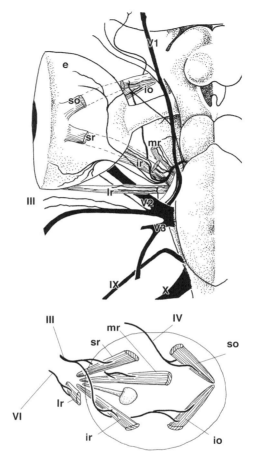

図 3-3　外眼筋。上：成体の板鰓類の頭部左側を解剖し、外眼筋を膨出、背側より見たもの。眼球を動かす外眼筋群の立体的構造が分かる。下：右側の外眼筋とその神経支配パターンを模式的に側方から描いたもの。眼球は後方から伸びる4つの直筋と、前方からの2つの斜筋によって動かされる。これらのうち、上斜筋は滑車神経によって、外直筋は外転神経によって、残る4つの筋は動眼神経によって支配される。このような形態ならびに神経支配の基本パターンは顎口類に特異的なもので、動物群ごとに現れるわずかの分化を除けば、ほとんど形態的変異はない。ところが無顎類においては、これと異なったパターンが現れることが知られている。e、眼；Ⅲ、動眼神経；io、下斜筋；ir、下直筋；Ⅳ、滑車神経；Ⅸ、舌咽神経；lr、外直筋；mr、内直筋；so、上斜筋；sr、上直筋；Ⅵ、外転神経；V1、眼神経；V2、上顎神経；V3、下顎神経；Ⅹ、迷走神経。(Young, 1981；Neal and Rand, 1946 より改変)

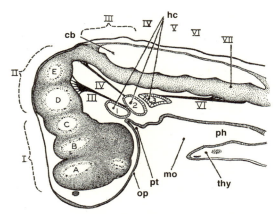

図 3-4 サメの頭腔と外眼筋神経。A-E、前脳の分節；cb、小脳；hc、頭腔（1. 顎前腔；2. 顎骨腔；3. 舌骨腔）；mo、口；op、眼窩；ph、咽頭；pt、下垂体；thy、甲状腺；ローマ数字は、神経分節ならびに脳神経を示す。（Neal and Rand, 1946 より）

表 3-1 van Wijhe（1882a）による頭部分節要素の対応関係。

頭部筋をもたらす仮説的筋節	筋節に由来する筋（＝体性筋）	神経腹根（＝体性神経群）	頭部分節	内臓弓体腔	囲心腔、内臓弓体腔より生ずる筋（＝鰓弓筋）	神経背根（＝鰓弓神経群）
1（顎前腔）	4つの外眼筋	動眼神経（Ⅲ）	1	1	?	Ⅴ1
2（顎骨腔）	上斜筋	滑車神経（Ⅳ）	2	1（顎骨弓内の体腔）		Ⅴ2＋3
3（舌骨腔）	外直筋	外転神経（Ⅵ）	3	2（舌骨弓内の体腔）		Ⅶ＋Ⅷ
4	なし	—	4		舌骨下筋群を除く鰓弓筋系	
5	なし	—	5	3（第1鰓弓内の体腔、以下同様）		Ⅸ
6	きわめて痕跡的	不明	6	4		
7	舌筋	舌下神経（Ⅻ）	7	5		Ⅹ
8			8	6		
9			9	囲心腔から分化してこない		

と同じリズムを刻む分節繰り返し性が傍軸領域にあり、それは臓性部では頭部においてのみ鰓として、体節に同期した分節性を示すと考えられた（表3-1；同様な議論として、van Wijhe, 1882a, b; Hoffmann, 1897; Neal, 1898a, b; Sewertzoff, 1899; Braus, 1899; Koltzoff, 1899; Ziegler, 1908; De Beer, 1937を参照。ちなみに頭腔、もしくは外眼筋原基と、咽頭弓中胚葉の密接な位置関係は、硬骨魚や羊膜類でもきわめて明瞭である；後述。サメ頭部形態の発生に関する最新の知見は、Gilland, 1992; Kuratani and Horigome, 2000を参照）。

3.3　中胚葉分節（筋節）に依拠した一元的分節性 ——ゲーテ的頭部とは

もちろん胚発生に依拠した研究においても、頭部にいったいいくつの分節が存在するのかについて論争があった。その問題の焦点は、
①顎前腔の前にはいかなる分節も存在しないのか
②内耳の前には合計いくつの分節があるのか
③耳の後ろではいくつの分節が頭部に参入したのか
であった。分節数が問題となるからには、頭部のさまざまな構造がどの分節に属するのかということも無視できない。脊椎動物の分節性が問題となっていたころ、節足動物（特に昆虫）の頭部分節性も重要な形態学のテーマであった。興味深いことに、これら両者の問題に同時に携わっていた研究者が皆無であったにもかかわらず、その争点はほとんど同じだった（昆虫の進化と頭部分節性の研究の歴史については、Snodgrass, 1993；安藤・小林, 1996; Forty and Thomas, 1998; Rasnitsyn and Quicke, 2002、とりわけ分子発生学的に詳細に解説したものとしては、Heming, 2003などを参照）。

（1）プラット小胞の謎

問題②は常に論争のたねであった。サメのような明瞭な頭腔をもたないタクサのみならず、板鰓類の初期胚における中胚葉分節数についてもさまざまな混乱があった（Ahlborn, 1884; Rabl, 1889, 1892; Dohrn, 1890a, b; Oppel, 1890; Killian, 1891; Platt, 1891a, b, 1894; Goronowitsch, 1892; Sedgwick, 1892などを見よ。たとえばRabl, 1892は耳より前の領域に3体節しか見つけることができなかったが、Dohrn, 1890a, bは12から15もの頭部体節を記載した）。頭腔は腸体腔として発するのではなく、間葉中に発した上皮性のcystsが二次的に合一してできる。それは板

鰓類だけではなく、羊膜類においても確かめられている（Kundrát *et al.*, 2009；Adachi and Kuratani, 2012；Adachi *et al.*, 2012 を参照。発生学的頭部分節性の評論的概説については Bowler, 1996 を参照）。板鰓類においては問題①に関しても、深刻な問題が浮上した。というのも、顎前腔の前に上皮性体腔が現れる板鰓類（*Squalus acanthias* など）が数種存在するのである。これを、発見者の名にちなんで「プラットの小胞（Platt's vesicle）」と呼ぶ（Platt, 1891a, b）。

いまから思えば信じられないことだが、当時米国では、「女性が教授職に就くなどもってのほか」という風潮があった。それが、ドイツでの大発見を引っさげ、カリフォルニア州モントレーへと帰ってきた若きジュリア・プラット（Julia Platt）を待ち受けていた運命であった。しかし頭部分節問題が存続する限り、彼女の名が比較形態学者の記憶から消え去ることはないだろう。プラットの小胞は眼球の腹面に発し、常に対をなすが、顎前腔のように脊索前端の前でブリッジを形成することはない。したがって頭部に見られる最前端の中胚葉としては、相変わらず顎前腔が最前要素としての体面を保ち、そのため、この小胞の存在が分節番号や相同性の混乱を引き起こすことはなかった。またこの小胞は、他の頭腔が外眼筋を分化するのと同様、下斜筋を分化するため（図3-5）、これが間違いなく組織学的に頭腔に似たものであることは分かる（下斜筋は他の動物では顎前腔、もしくは索前板に由来し、のちに動眼神経によって支配される）。このような理由でプラット小胞を顎前腔の二次的成長と見る向きもあり、むしろ形態学的な広がりからすれば、顎骨腔の一部として見るべきとの見解もあった（Wedin, 1949b；Adachi and Kuratani, 2012）。さらに、軸形成期における中胚葉の分布からすれば、この位置にはそもそも中胚葉の存在は期待できない（第6章）。また、この分節を認めるとなると、頭部分節性における中胚葉成分と脳神経や咽頭弓との対応もうまくいかなくなる。はたしてこの構造は何を意味しているのか？　いまの言葉でいえば、プラット小胞が固有派生形質か原始形質かによって、脊椎動物頭部の分節プランが大きく変わると考えられたのである（最近の研究と考察については Jarvik, 1980；Gilland, 1992；Horder *et al.*, 1993；Janvier, 1996；Holland, 2000 を参照）。

（2）グッドリッチ

最近までプラットの小胞について明確な理解は得られてはいなかった（詳細は倉谷、2016 を参照）。それどころか頭部中胚葉に本来的に分節性はないとさえ考えられている現在、頭腔の存在そのものについても明確な解釈があるわけで

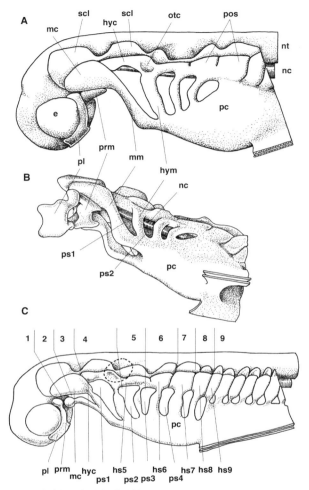

図 3-5 プラットの小胞と頭部中胚葉分節。ここに示したサメの胚は、頭腔が明瞭な上皮構造となる前の段階にある。A の側面図では、前からプラットの小胞 (pl)、顎前腔 (prm)、顎骨腔 (mc)、舌骨腔 (hyc) が並び、それらが後方の体節 (pos) に連続していることが分かる。頭部中胚葉の内側部が、ジャーヴィックのいうところの頭部硬節 (scl) に分化している。これは神経頭蓋を分化すると考えられている。B はプラットの小胞の形態を斜め下方から見たもの。咽頭弓中胚葉と心膜腔の形態的関係に注意。心膜腔はさらに後方の腹膜腔へと連なる。C は模式的に分節的構築を示したもの。ここでは、咽頭弓とジャーヴィックのいう「体節（番号、ならびに hs5-9 で示す）」が同じリズムで繰り返すとされ、顎骨弓の前には 2 つの「咽頭弓」が仮定されている。つまり、プラッ

3.3 中胚葉分節（筋節）に依拠した一元的分節性――ゲーテ的頭部とは

トの小胞、ならびに、顎前腔に対応するところの咽頭弓がひとつずつ、祖先的な動物に存在したと考えられたのである。これらを加え、理想的には硬節と筋節を分化する体節の系列相同物が9個、頭部の形態形成に用いられていると想定された。e、眼；hs5-9、ジャーヴィックによる頭部体節；hyc、舌骨腔；mc、顎骨腔；mm、顎骨中胚葉；nc、脊索；nt、神経管；otc、耳胞による陥凹；pc、心膜腔；pl、プラットの小胞；pos、後耳体節；prm、顎前腔；ps1-4、咽頭裂；scl、ジャーヴィックによるところの「硬節」。(Jarvik, 1980 より改変)

はない。しかし20世紀初頭の比較発生学においては、原始的な脊椎動物のひとつであり、かつ、上皮性の構造が明瞭に発生するサメの咽頭胚は、脊椎動物の根本的な形態形成プランを素直に反映していると考えられ、脊椎動物の形態学的解釈における一種の規範（＝形態学のパラダイム）として機能していた。のちに示してゆくように、サメに先立つはるか以前に分岐したことが明らかなヤツメウナギ類の胚形態さえ、サメの形態パターンと整合的になるようにきわめて強いバイアスのかかった記述がなされていたのである（Koltzoff, 1901）。

以下に、英国が生んだ稀代の動物学・比較発生学者、グッドリッチ（Edwin S. Goodrich, 1868-1946）が提出した頭部分節性の模式図（図 3-6）を吟味する。ナメクジウオの分子発生学と、比較ゲノム学で有名な、オクスフォード大のピーター・ホランド（Peter W. H. Holland）教授の数代前、まさに同じ椅子に座っていたのがこのグッドリッチであり（ホランドはこのポストを得る数年前、グッドリッチの頭部分節理論と、現代の分子発生学的頭部形態の理論を整合的に和解させる試みを行っている；Holland, 2000）、彼は当時にあって「ナメクジウオは退化した脊椎動物だ」という通説に対し、それが原始的特徴をもった原索動物であるという現在の理解にも通ずる学説を表明していた。

頭部形態の形式化をあまりに堅固に行うと、それは特定のタクサの特定の発生段階にしか通用しないものとなる。グッドリッチはそれまでの頭部分節理論を総合し、本来の脊椎動物がもっていたと考えられる頭部の分節的形態プランを図示してみせた。これはいわば、「この模式図が間違っているならば、頭部分節性自体が誤謬だ」という性質のものである（Jefferies, 1986）。グッドリッチの図説はきわめて複雑な形態的印象を与える（図 3-6；Goodrich, 1930a）。しかし、これをいくつかの解剖学的要素に分割すれば、その基本方針を抽出することができる。つまり彼は、頭腔を体節、もしくは筋節と等価のものと見、鰓弓中胚葉を側板中胚葉の分断されたものと見なすことにより、脊椎動物の頭部を体幹と同等の分節の並びとし、そして、その各々が位置特異的なやり方で特殊

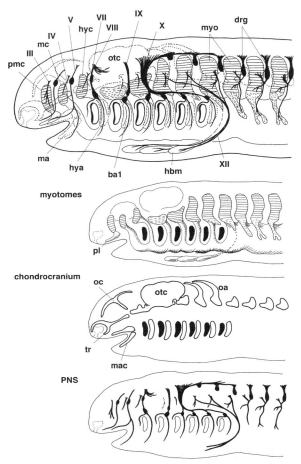

図 3-6 グッドリッチによる頭部分節性。板鰓類の胚発生をもとに描かれた脊椎動物の分節的理解である。ここには筋節（myo、頭腔を含む）、末梢神経、体腔、軟骨頭蓋など、あらゆる形態要素がひしめき合っているが、これらを筋節（myotomes）、軟骨頭蓋（chondrocranium）、末梢神経（PNS＝peripheral nervous system）の別に「分解」すれば、やはり中胚葉の分節構造に依拠した分節パターンを見て取ることができる。系列相同的に筋節に相当する構造は横線で、筋節より移動する素材は破線で、外側中胚葉、もしくは、側板由来の体腔と比較できるものは曲線で陰影をつけてある。ここに仮定されている頭部体節は、図 3-5 に示したものよりひとつ少ない。というのも、ここではプラットの小胞（pl）が独立した分節を示すのではなく、顎前腔（pmc）の所属する分節の一部だと理解されているからである。しかし、それではなぜプラットの小胞が外眼筋を分

3.3 中胚葉分節（筋節）に依拠した一元的分節性――ゲーテ的頭部とは

化するのかが理解できない。舌骨腔（hyc）由来の筋を支配するのは外転神経。また、内耳（otc）の拡大によって、本来、舌骨腔の後ろにあるという頭部体節は消失してしまっている。それを支配していたという脳神経は、外転神経と舌下神経の間に一時的に発生する小根に相当するのだろうか。この分節模式図は、19世紀末の頭部分節性の一応の結論として席巻し、いまに至るまで頭部の形態学的理解に大きな影響を及ぼしている。新しい進化発生学は、この仮説、とりわけ頭腔の形態発生学的意義を吟味することからはじめるべきだろう（その考察については第6章）。後頭部の筋節より由来する鰓下筋系（hbm）と、それを支配する舌下神経（XII）の形状に注意。ba1、第1鰓弓；drg、脊髄神経節；hbm、鰓下筋；hya、舌骨弓；hyc、舌骨腔；ma、顎骨弓；mac、顎骨弓骨格；mc、顎骨腔；myo、筋節；oa、後頭弓；oc、眼窩軟骨；otc、耳殻；pl、プラットの小胞；pmc、顎前腔；tr、梁軟骨；I-XII、脳神経。(Goodrich, 1930a より改変)

化したものとして理解しようとしたのである。謎の存在であったプラットの小胞は、グッドリッチによれば、かつて存在したであろう「顎の前のもうひとつの仮想的な鰓（いわゆる顎前弓：premandibular arch）」の中胚葉要素であり、傍軸要素（paraxial element）としての顎前腔に付随する外側要素、つまり咽頭弓中胚葉のひとつを示すとされた（しかしこのように考えると、なぜプラットの小胞から相変わらず外眼筋のひとつが分化するのかが説明できなくなる）。

　この図の末梢神経要素は、中胚葉のうち神経管の外側にあって体節に相当し、骨格筋を由来する体性部（somatic part）と、より腹側にあって、体幹部では無分節の体壁、ならびに消化管の周りの平滑筋を、頭部において鰓のなかに分断され鰓弓筋をもたらす臓性部（visceral part）の二元性を強調するために描かれている。鰓弓系も、咽頭を前腸と見なす立場からは臓性と形容できる。体性部（somata）と臓性部（viscera）を区別するこの方針は、ヴァン＝ヴィージェのものに近い。

　本来、頸部の体節と脊髄神経に由来しながら、二次的に舌筋と舌下神経を分化する要素は、その最終的位置（＝咽頭底：pharyngeal floor）とは裏腹に体性の要素群である。したがって、臓性の形態領域である咽頭を後方腹側から迂回して口腔底に達するしかない。このように、体性部と臓性部が頭部ではともに同じリズムで分節を刻み、体性部が体の全長にわたって頭腔ならびに体節として分節しているという図式がこの分節理論の根本であり、バルフォーやヴァン＝ヴィージェと同様、その発想の根幹は中胚葉要素のパターンであった。そして、そのような形式化の発端はそもそもゲーテ、オーウェンによる原型論だった。

　グッドリッチの時代、多少ともバウプランを意識した比較発生学によって模

索されたのは、ある意味「統一的な型」であった。その一方で、別の比較形態学者たちは相変わらず、環形動物や節足動物を脊椎動物に結びつけようとしていた（第6章）。ガスケル（Gaskell：後述）に代表される彼らの議論は広範に及び、ときとして精緻を極めたが、とても現実的な学説とは思えないことも多かった（Gee, 1996）。たしかに現在のわれわれの目から見れば、グッドリッチがまとめ上げた比較発生学のほうがはるかに現実的で、正しい形態学の道を歩んできたように見える。が、当時の英国動物学の背景にあって頭部分節問題は、それより数十年前のオーウェンと同様の、「時代の徒花」と見なされていたらしい。

（3）観念と発生学

「分節繰り返し性」という概念に本来、発生機構学的な論理は存在しない（第6章）。それは純粋に形態学的な概念であり、「認識される分節単位のそれぞれのなかには、二次的に消失したというのでなければ本来的にあらゆる器官要素が揃って存在している」ような状態を指す。たとえば多くの無脊椎動物に見るように、ひとつの分節には隣の分節に見るのと同様の脈管系、神経節、生殖巣、腺、筋などが見られ、ときおりそれらのいくつかが変形したり、消失したりする。したがって脊椎動物のなかでも、頭腔が最も明瞭に現れる板鰓類が規範として考えられたのは当然のなりゆきであった。一方で、円口類胚には頭腔に類するものは見いだせない（後述；Evolutionary Embryology 時代の前半、ヤツメウナギのアンモシーテス幼生は、それ自体が独立した成体であり、さらにそれが二次的に退化したものがナメクジウオだと考えられていた）。結果、サメの頭腔は頭部の体節として広く受け入れられた。

では、グッドリッチ理論は、脊椎動物のファイロタイプと同じものだろうか？　階層的バウプランの視点からは、これがそうともいえない。たしかに比較発生学的原型論は咽頭胚をおもな観察の対象とし、そのかたちを作っている法則にもときおり言及する。そして、ほとんどの脊椎動物種に現れる形態的要素（骨格や、脳神経の1本1本まで）を統一的に配列することに成功している。そうして、脊椎動物のバウプランと見なすべき形態要素が簡潔に描かれている。ゲーテやオーウェンが達することのできなかった、比較発生学に根ざした非常に精密で美しい形態学的理解である。が、のちに明らかになってゆくように、これは同時に脊椎動物の形態パターンをいかにしてか、それ以外の原始的状態に還元しようという試みでもある。

3.3 中胚葉分節（筋節）に依拠した一元的分節性——ゲーテ的頭部とは

グッドリッチをはじめとする頭部中胚葉分節論者たちにとって、頭腔とは頭部において現れた体節にほかならず、鰓の存在を別にすれば、体幹と同じ要素の特殊化によって頭部が作られていると説明される。頭部にのみ発生する外眼筋は、体幹に見られる骨格筋が特殊化したものであり、とりたてて特別なものではなくなる。このような理解は、実のところナメクジウオを思わせるような体幹の一元的パターンへと頭部形態を還元してゆく試みであり、結果として脊椎動物の頭部は、「頭部以前の何か」にならざるをえない。すなわち、このような形式化の成功と同時に、脊椎動物は脊椎動物以前の存在に「成り下がる」。いわば頭部分節説は、不可避的に頭部の存在を否定してしまう。

ゲーテやオーウェンの観念論と、グッドリッチのそれが相通ずるのは上の点においてであり、このような比較の末に到達するのは、脊椎動物をはるかに遡った、（脊椎動物ではない）何らかの祖先的動物のバウプランか、さもなければかつて存在したことすらない架空のバウプランになりかねない。いまでも問題になっている頭腔の正体、頭部や体幹に現れる分節的リズムの表出の機構、それが後期発生においてどのように解剖学的形態となって現れてくるかという特異化の機構に何らかの方法で言及しない限り、頭部形態と脊椎動物の起源を進化発生学の俎上に載せることはできそうもない。

頭部形態をめぐる形態学的考察の第2ラウンドは、上に紹介したグッドリッチの理解をもってひとたびは収束した。これは歴史の結節点であると同時に、形態学の成長の証でもあり、18世紀末から20世紀にかけて残された問題がここに凝集している。事実、実験発生学と分子生物学を得てのちの頭部形態研究からすれば、グッドリッチの模式図は決して問題の解決ではなく、むしろ新たな問題の出発点だった（現代発生学・形態学的なその見直しについては、Northcutt, 1993；Janvier, 1996；Holland, 2000による論評がある。本書では、この模式図を徹底的に検証してゆく）。

頭部分節理論に対する研究者の情熱と衝動は、まるで何かの疫病でもあるかのごとくに世紀の変わり目ごとによみがえり、そのたびに原型論のもたらす高熱にうなされる。すでに1980年代からはじまっているこの第3ラウンド（進化発生学）は、遺伝学、細胞生物学、実験発生学、分子生物学、そして何よりもダーウィンの自然選択説を含む進化生物学という20世紀の収穫をすべて取り込んでいる（頭部分節理論の歴史的経緯についての別の区分けは、Neal and Rand, 1946を参照）。むろん、これらなくして成立していた比較形態学のレベルにとどまっていては先へ進むことはできないだろう。これらのツールを手にし

たわれわれの形態発生学的理解はまず、グッドリッチを越えるところからはじめなければならない。

3.4 板鰓類崇拝と頭部分節説

比較発生学・比較解剖学における頭部分節理論は板鰓類の胚発生を中心に展開した。ジーの指摘するこの「板鰓類崇拝（elasmobranch worship）」には、少なくとも2つの異なった背景がある（Gee, 1996）。ひとつは、一般によく認識されているようにゲーゲンバウアーが鰓弓列を主体として構築した頭部分節論であり、これがのちの比較発生学的研究に大きな影響を与えることになった。すなわち、脊椎動物成体の頭部形態において最も顕著に現れている繰り返し構造は鰓弓系（内臓弓派生物）であり、顎を構成する顎骨弓から呼吸用の鰓まで、系列相同物が前後に並び、そこに鰓弓神経系と一括される脳神経群が分布し、さらにそれが仮想的な椎骨要素と同じリズムで並んでいると考えられたのであった。そしてこれが、胚のなかに観察されるべき対象であると、比較発生学者たちは考えるようになった。この方向を推し進めた研究者のひとりがゼヴェルツォッフ（Sewertzoff）であり、彼は口の開く方向に咽頭の前後軸の前極を見、そこにいくつかの顎前弓を認めた。この理解は本書で認めている考えではない（円口類と顎の進化を参照）。

板鰓類崇拝を強化したもうひとつの要因は、まさにバルフォーによってサメの咽頭胚の頭部に見いだされ、体節の系列相同物と見なされた「頭腔」であり、歴史的にはこれが比較発生学的頭部研究の先鞭となった。バルフォーによる頭腔はヴァン=ヴィージェによる解剖学的純化と定式化を経、それが傍軸中胚葉に対応する体性（somatic）中胚葉要素を示すと再定義され、頭部の分節は椎骨に直接比較できる体性傍軸部と、むしろ体壁や消化管に近い性質をもつ臓性外側（鰓弓）部に分けられ、これらの要素がいくつ存在し、そして背側のどの分節が腹側のどれと対応するのか、あるいはしないのか、等の問題に答えるべく頭部形態の形式化をめぐる戦いが行われた。これに従った多くの分節論者たちは、ひとつの頭部体節にひとつの鰓弓が付随すると考え、そこに背根と腹根をもつ分節的神経が分布するとした。いうまでもなく、ここでは体幹における脊髄神経と、それが支配する骨格筋、自律神経が支配する内臓、が理想的な規範として用いられている。つまり、頭部分節説とは、「体幹をデフォルトとする思考」なのである。いずれにせよ、とりわけ咽頭胚期において、鰓弓列と頭腔

3.4 板鰓類崇拝と頭部分節説

がこれほどまでに理想化された形態を伴って現れてくる動物は板鰓類以外にはなく、現実に円口類のほうがより初期に分岐したことを知ってなお、比較発生学者は板鰓類胚の形態に規範を見ることを止められなかった。典型的な例としては、ヤツメウナギ胚の形態に板鰓類の形式化をあてはめようとしたコルツォッフの例が知られる（Koltzoff, 1901）。このように、ちょうどマウスが分子遺伝学的技術とともに脊椎動物の発生生物学を盛り立てたように、当時は板鰓類が比較形態学において頭部理論の牽引役となっていたのである。

比較発生学において思考の核となっていたものは、フォン=ベーアによる胚の原型だけではなかった。すでにいくつかの論評があるように、胚の形態、とりわけ咽頭胚のそれに頭部の基本構築プランを見いだしたバルフォーからヴァン=ヴィージェを経てグッドリッチへ至る系譜は、きわめて静的な深層的パターンを胚発生過程から抽出しようとしてきた。その結果、咽頭胚期のどのステージを原型として捉えるかについて、常に恣意性がつきまとう。たしかに咽頭胚期は、あらゆる動物において保存される基本的な器官の位置関係が成立する時期だが、すべての構造について位置関係が保たれるわけではない。とりわけ、体節と後耳咽頭弓の位置関係が後期発生過程で激しく変化することについては多くの動物について記載されている。さらに、頭部中胚葉に見られる上皮性体腔やその前駆体となる小胞の分布も刻一刻と変化する。したがって、「一般的な胚形態」とか「頭部発生の原初的プラン」といわれるものは、動的な発生プロセスのなかから切り取られ、抽出された、かなり恣意性を含む人為的な認識の産物なのである。ここに、先験論的形態学の残滓を見るのはたやすい。むしろ、発生のなかにプロセスとパターンを見分け、進化的に保存されるさまざまな発生拘束の働き方を理解することのほうが重要ではるかに難しい。

上のことは、反復と一括して呼ばれる進化と発生の間の関係の理解が、比較発生学的分節理論にどのように影響し、キールマイヤー、メッケルからフォン=ベーアを経、ヘッケルへと至る生物学としての反復思想の純化プロセスが誰の分節理論のどこに現れているかを見ることで明らかになるはずだが、それを包括的に語るだけの余力は私にはない。しかし、咽頭胚のある瞬間に明瞭なパターンを伴って現れる頭腔にフォン=ベーアのボトルネック的（原型論的）「くびれ」を見いだす傾向は、上に見た板鰓類指向の比較発生学者の方針に明らかであり、そうであるからにはヘッケルが考えたように、頭腔の初期発生過程にこそ、より奥深い頭部形態形成の秘密が隠されていると考える学者もいた。頭部にきわめて多くの「初期分節」を見いだした比較発生学者たちは、いわばパ

ターンよりプロセスに重きを置く、ヘッケル的バイアスのもとにあったと見られるが、それもまた、板鰓類や羊膜類の頭部中胚葉が見せる、独特の上皮化過程のなせる業であった。いずれにせよ、グッドリッチやヴァン=ヴィージェによる頭部分節が、一過性の構造でしかないことをこれらの研究はよく物語っている。

上のような比較形態学者の系列には、非分節論者のフロリープ（Froriep）も含めることができようが、ここに見るのは必ずしも、無数の小胞が並んだ初期状態を、より祖先的な動物のボディプランに求めようという姿勢ではなく、むしろこれは「原型をもたらす、より原型的なプランの探求」という性格のものである。たとえばドールンは、一列に並んだ小胞のどれが融合してヴァン=ヴィージェ的頭腔になるかを示すが（Dohrn, 1890a, b）、キリアン（Killian）は、ひとつの頭腔はさらにいくつかの小胞に由来するという「分節性の繰り込み」を問うている（詳細と考察は倉谷、2016を参照）。

3.5 第3章のまとめ

1. 19世紀の半ば以降、脊椎動物の頭部分節説は詳細な解剖学的・比較発生学的分析の俎上にあった。その研究は当初ドイツを中心とし、もっぱら「系列相同」の発見をもって研究の方針とし、その目標は、異なったタクサ間でバウプランとバウプランを比較することにより、脊椎動物の進化的由来を知ることにあった。

2. バウプランの比較の結果、環形動物、節足動物のような前口動物群に脊椎動物の祖先を求める傾向があった一方で、脊索や鰓弓系の重視は脊索動物というタクソンの認識にもつながっていった。

3. 頭部分節説はしばしば明確な進化的由来を示さぬまま、原型的なプランの提示に拘泥することもあった。その際もっぱら問題となったのは、頭部に含まれる中胚葉分節の数と、その他の構造をも含めた系列相同パターン（分節の割り当て）であった。

4. 頭部分節理論の主役は神経ではなく、中胚葉性の体腔（＝頭腔）であった。この構造は、板鰓類咽頭胚において最も明瞭に見ることができ、外眼筋神経と1：1の形態的対応関係を示した。このため頭腔は体幹における体節と同一視さ

れた。

5．板鰓類の咽頭胚は、最も一般的な脊椎動物の形態プランを示すものとして祭り上げられ（板鰓類崇拝）、グッドリッチの有名な頭部分節理論へと結実した。この形態プランは20世紀の発生学と形態学に大きな影響を及ぼした。

6．頭部分節性は、脊椎動物のバウプランの発生学的認識の基盤でもあり、ファイロタイプとバウプランを直接に結びつける認識の産物でもあった。進化発生学的にはしたがって、グッドリッチによる模式図の発生生物学的吟味が必須となる。

第4章　解剖学的形態学
──胚に由来する形態

> 哺乳類、鳥類、トカゲ、そしてヘビの胚は、とりわけその発生の初期において、各部の発生様式からも、全体の姿からも互いによく似ている。そのため、それぞれの胚を大きさでしか区別する他はないほどである。私はアルコールに漬け、ラベルを貼り忘れた胚を2つもっているが、それが上のどのグループに属するものであるのか、まったくもってわからないのである。それはトカゲかもしれず、あるいは小さな鳥のものかもしれず、はたまた若い哺乳類のものであるかもしれない。なにしろこれらの動物の頭部も体幹も、大変よく似た方法で発生してくるのである。肢芽はまだない。しかしそれが仮にあったとしてもいったい何の役に立ったであろうか？　トカゲと哺乳類の手足、鳥の翼と足、ましてやヒトの手足であろうと、それらはまったく同じ基本的なプランからできあがってくるのだから。
>
> フォン＝ベーア（Singer, 1989 より引用）

　成体の形態比較を通じて原型的共通性が認識される発生学的要因として、ファイロタイプという保守的な咽頭胚パターンが控えているのであれば、ボディプランの分析は、個体発生における咽頭胚の成立機構の解析と理解よりはじめるべきだろう。以下では、脊椎動物に共通するファイロティピックな形態パターンと、個体発生過程における、その変貌を理解するのに必要な形態学的記述を進める。この作業においては同時に、脊椎動物の原始的ボディプランと、それが変形し分化することによって生ずる解剖学的パターンが、タクサごとのバウプランとどのように関わるかを見てゆく。

4.1　咽頭胚以前
──神経胚に見る脊椎動物ボディプランの起源

　脊椎動物の発生過程において、すでに神経胚期に成立する形態要素がいくつかある。たとえば、パンダー（Pander）が神経胚期に認め、フォン＝ベーアが広く世に知らしめたように、外胚葉（ectoderm）、中胚葉（mesoderm）、内胚葉（endoderm）という3つの胚葉が区別できる（図1-8、図4-1、図4-2）。外胚葉は脊索の背側で肥厚し、神経板（neural plate）となり、自ら巻き上がってのちに神経管を形成する。加えて中胚葉上皮性の体腔は、胚体に体壁（body wall）を作り出す。事実上、脊椎動物胚に初めて安定な形態的パターンが生ずるのがこの時期である。

　ファイロタイプ同様、神経胚もまた因果連鎖的・階層的な発生イベントのな

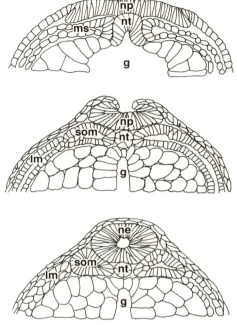

図 4-1 神経胚。イモリの神経胚発生過程を示す。g、原腸；ms、中胚葉；ne、神経管；np、神経板；nt、脊索。(Hertwig, 1906 より改変)

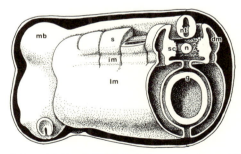

図 4-2 胚葉構成の基本。両生類の前咽頭胚を体幹レベルにおいて割断した模式図。体の正中を背側から腹側へ向けて、神経管（nt）、脊索（n）、および内胚葉上皮からなる消化管（g）が並ぶ。この両側にある1対の上皮性の袋（＝体腔）が中胚葉であり、それは背側から分節的な体節中胚葉、中間中胚葉（im）、外側中胚葉（lm）に分割される。体節は背外側に皮筋節（dm）、内腹側に中軸骨格の原基となる硬節（sc）をもたらす。(Goodrich, 1930a より改変)

かで概念的に定義されるにすぎないが、このときの形態パターンの成立は、発生学者に決定的な認識の変化を与えている。というのも、これよりのちの形態形成運動においては、「どの胚葉から何が生ずるか」という問題意識で胚が吟味され、これ以前では胚の基本的極性の獲得に加え、「原腸胚や胞胚のどの部分からどの胚葉が生ずるか」がもっぱら問題とされるのである（図 2-9 ; Hall, 1998）。つまり、形態形成運動の経過にあって、明らかに神経胚には形態認識上の特別の地位が与えられている。同時に、このような理解の方針それ自体が、目的論的、記号論的に構築された発生学の本質を語っていることに意識的でなければならない。胚に付与された発生学的意義は、本来恣意的なものなのである（後述）。

受精卵中に局在する細胞質因子の分布と、それより由来する特定の誘導現象に従って形態形成運動が進行し、神経胚パターンを作り出してしてゆく過程が原腸陥入と神経誘導過程ということになる。それらは必ずしも恣意的に選び出された段階ではなく、細胞質の分配から見たとき、広範な移動能を示す一部の細胞群（血球系に加え、神経堤細胞や一部の筋芽細胞、ならびに血管内皮細胞の前駆体など）を除いては、神経胚以降、本質的な位置関係の変化が見られなくなる（すなわち多くの細胞が、位置的に特異化される）。したがって、脊椎動物のボディプランを構成する諸構造の相対的位置関係の基盤はこのとき与えられ、発生運命予定地図の作製を目的とした多くの実験において選び出された胚段階が、この神経胚であることも偶然ではない。

(1) 形態

神経胚においては、体節中胚葉（somites）の分節化はまだ充分に進んでおらず、咽頭弓（pharyngeal arches）や感覚器（sensory organs）の原基も現れていない。とはいえ、脊椎動物に限らず、脊索動物全体に相通ずる本質的な器官の位置関係が神経胚に成立することは注目に値する。すなわち、正中線上を背側から神経管、脊索、内胚葉（消化管）が並び、その両脇に中胚葉が位置する。この位置関係はホヤ幼生の尾部、ナメクジウオと脊椎動物の体軸のほぼ全域に共通に見られ、ある意味、脊椎動物の発生過程において、「脊索」動物としての発生学的基盤が成立していると認識されている（図 1-7、図 4-3）。いわば、脊椎動物のボディプラン構成要素のなかには、明瞭に発生の早い要素群がある。それら要素がより原始的かどうか、そして、個体発生上におけるバウプラン要素の出現の序列が、系統分岐に従って階層性をなすバウプランの多様化や複雑

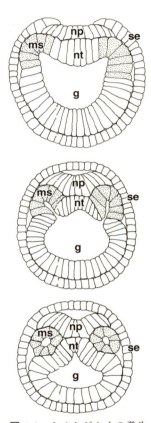

図 4-3 ナメクジウオの発生過程における胚葉形成。g、原腸；ms、中胚葉；np、神経板；nt、脊索；se、表皮外胚葉。(Hatschek, 1881 より改変)

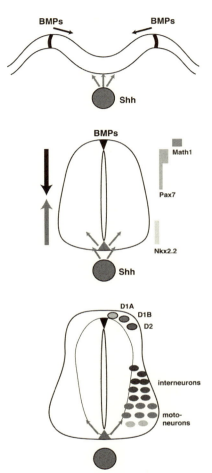

図 4-4 神経管のパターニング。マウスにおける神経外胚葉から脊髄への分化過程で生ずる背腹パターニングを模式化したもの。背側から由来する成長因子 BMP と、腹側からの Shh が神経管に対して極性を与え、領域特異的な遺伝子発現（*Nkx2.2, Pax7, Math1*）パターンを獲得し、領域特異的なニューロン型を分化してゆく様を説明する。(Joyner, 2002 より改変)

化と平行かどうかという問題は、それ自体、反復説の評価と等価である。

3胚葉に見いだすべき比較形態学的意義については、すでに言及した（フォン=ベーアの胚葉説；図2-8）。神経胚以降に現れる原基や、さらに成体に至って最終的に形成される器官の相同性が胚葉の同一性に逐一還元できるという仮説は、現在では認められていない。これは、細胞型の相同性が、発生上の細胞系譜の分岐過程に依存するかどうかという問題に通ずる。これについて現在の発生生物学的視点からは、少なくとも考察するに足る重要な点がいくつか認識されている。そのうちのひとつは、のちの発生段階において成立する多くの細胞型の成立に先立ち、最も基本的な細胞系譜の分離が胚葉成立時に生じているということである。

正常発生においては、特定の細胞型は常に特定の胚葉に由来する。20世紀中盤において胚葉説が疑問視されたとき、多くの動物群における生殖細胞が由来する胚葉に違いがあること（ヘッケルのヘテロトピーの例）や、神経外胚葉だけではなく、神経堤（第4章に解説）や外胚葉プラコードからも神経細胞が生ずること、さらに骨格組織が中胚葉と神経堤の両者に起源をもつことなどが指摘された（De Beer, 1958を見よ）。しかしそれ以降、脊椎動物の範疇においては、同じ器官や組織が、動物間を通じて同じ細胞系譜を辿る例も数多く確認された。これは進化発生学的視野に立った実験発生学では半ば当然とされ、むしろこの法則に従わない例（頭蓋冠に見る皮骨要素の起源など）が不可解といわれる。また、脊椎動物、もしくは脊索動物というタクソンの範疇において、細胞型の決定や分化の機構が、細胞系譜の分離と位置依存的な誘導的相互作用に依拠して行われることを考えると、胚葉説にはまだ評価すべき点が残っている。言い換えれば、神経胚を導く原腸陥入過程の重要性を認め、さらにそれによって確立した「位置関係に基づく誘導作用」と、それによってもたらされる細胞系譜の画一的な振る舞いを知りつつ、同時に胚葉説をためらいなく葬り去るのは、矛盾した行為なのである。

（2）相同性の起源——誘導作用

形態的相同性の性質について、神経胚や胚葉説と関連づけて考察すべきことは多い。なぜなら、のちの形態パターンの発生の基礎となる多くの組織間相互作用を可能にする最も重要な組織の位置関係が、このとき成立するからである。このような形態パターンを約束するような、初期発生過程における細胞の運動様式を保守的にするべき進化的論理（第10章）がそこにあることは容易に想

像できる。それを示すひとつのよく知られた例は、神経管とそれを取り巻く胚環境の位置関係を基盤とした誘導作用である（図4-4）。

　神経管の腹側に存在する脊索は拡散因子の分泌を通じ、神経上皮に対し腹側の極性を与える。これと拮抗するシグナルをもたらすのは、背側に位置する表皮外胚葉である。互いに拮抗する背腹のシグナルが、神経管に背腹の別をもたらしてゆく。このような誘導現象によって、神経管のなかの解剖学的、機能的分化、とりわけ機能的に分化・分極したニューロン群の配置が成立する。これに類似した組織間相互作用は、すでにナメクジウオにも存在する（第1章；ナメクジウオ神経管における床板については Lacalli and Kelly, 2002；ホヤ神経索については Meinertzhagen et al., 2004 とその引用文献を参照；ホヤでは脊索の一部に *Hh* 遺伝子が発現するが、dorsal organizer がないという説もある）。

　いまひとつの例は、中胚葉の分化に関わる組織間の位置関係である（図4-5、図4-6）。中胚葉は筋や結合組織、血球、骨格系など、さまざまな間葉系の細胞型をもたらすが、これらの細胞分化に先立つ過程として、傍軸中胚葉（paraxial mesoderm)、中間中胚葉（intermediate mesoderm）、外側中胚葉（lateral plate あるいは lateral mesoderm）への領域的特異化が生ずる。脊椎動物の体幹部では、傍軸中胚葉は体節（somites）として分節し、前後方向に繰り返して並ぶ。体節は正中からの因子によって誘導されるが、これはオーガナイザーの機能に認められるように、外側・腹側から由来するシグナルを抑制する性質のものである（Tonegawa et al., 1997；Tonegawa and Takahashi, 1998）。つまり中胚葉の内外の分化は、それと同じ方向において機能している拮抗的シグナルの産物ということができる。

　重要なのは、初期の胚構造それ自体のなかに分化のポテンシャルは存在していても、どの細胞にそれを引き起こすかという内的情報（＝細胞自律的プログラム）があるわけではなく、胚環境における位置関係の成立によって、それが実現することである。このような、胚発生過程のなかでの特定の局面を境界条件として二次的に進行し、胚体中の構造の三次元的位置関係が形態パターニングにとって決定的な重要性をもつような誘導現象は、過去しばしば、「エピジェネティック相互作用（epigenetic interaction）」、あるいは、「エピジェネティック誘導現象（epigenetic induction）」と称された（Hall, 1998）。ここにおける「エピジェネティック」の語は、ゲノムに書き込まれた明確な情報が単に展開するという前成説的発生ではなく、パターンが二次的に生成してゆく、形態発生現象の後成説的な側面を強調するが、混乱を防ぐために旧版に用いたこれら

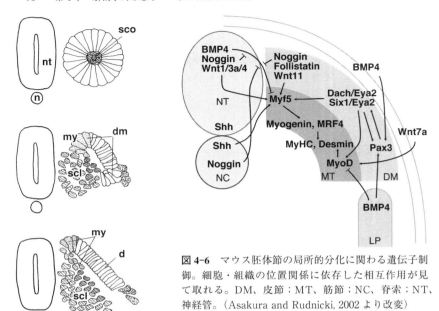

図 4-6 マウス胚体節の局所的分化に関わる遺伝子制御。細胞・組織の位置関係に依存した相互作用が見て取れる。DM、皮節；MT、筋節；NC、脊索；NT、神経管。（Asakura and Rudnicki, 2002 より改変）

図 4-5 羊膜類体節の分化過程。発生当初は内部にパターンをもたない体節が、しだいに局所的に分化し、硬節、皮節、筋節をもたらしてゆくことを示した。体節腔（somitocoel）のなかには、core cells と呼ばれる細胞群があり、分化にあって硬節の形成に参与、とりわけ肋骨の形成に至る。d、皮節；dm、皮筋節；my、筋節；n、脊索；nt、神経管；scl、硬節；sco、体節腔中の core cells。

の語は本書では用いない（注）。これらの語は、胚形態と発生プログラムを概念的に分離することの困難さを明らかにし、それによってその時々の胚形態パターンを自らのうちに繰り込み成立する発生機構の性質を物語る。いうなれば、発生機構それ自体も発生プロセスのなかで生成してゆくのである。

（3）神経胚における組織細胞間相互作用

　羊膜類や真骨魚類（ゼブラフィッシュ）の胚においてよく研究されているように、脊椎動物の傍軸中胚葉（体節）では、最初から各細胞がどの組織に分化するか決められているのではなく、胚のなかでの位置によって何を分化するかが決まる。たとえば、羊膜類の体節内腹側部は脊索近傍に位置し、脊索に由来

するシグナルにより特異的に脱上皮化して硬節（sclerotome）となり、のちに骨格組織を分化する（図4-5；Christ et al., 2004）。このシグナルは同時に、体節からの筋分化を抑制するようにも働く（ゼブラフィッシュでは脊索からのShhシグナルが、中軸近傍のadaxial cellsと呼ばれる筋肉細胞を誘導する）。同様に、皮筋節（dermomyotome；体幹筋と真皮を分化）の特異化も、神経管や表皮外胚葉との位置関係を基盤として成立する。興味深いことに、神経胚以降の発生段階においては、上と同じ胚構造や、同じ遺伝子セットによって構成された分子システムが、細胞・組織分化へ向けた別の文脈で用いられる。あるいは、同じ分子が同じ構造に作用しても、発生段階により、異なった結果に帰結する。これは、動物の形態形成においてしばしば認められる（概念的考察としては、Shigetani et al., 2000を参照）。

　以上、脊椎動物の体軸を横断することによって認められる胚葉、組織構造の配置は、脊索動物のバウプランの根本をなし、確実に脊椎動物にも受け継がれ、さらに脊椎動物にしかないような派生的なバウプランを構築する基盤としても用いられる（ホヤでは体節が二次的に失われたとされる）。その配置を保守的なパターンに抑え込んでいる（拘束している）主たる要因は、この位置関係に完璧に依存した誘導的機構と、さらにそれによって成立する形態パターンの複雑化、ならびに、機能的な統合に由来する発生負荷である（後述）。体幹の横断面に現れるこのパターンが、本書において紹介する発生的拘束の最初の例となる。ここに示した神経管、体節中胚葉の誘導的特異化機構の理解、とりわけ、脊椎動物の基本パターニングにおける脊索の機能についての理解は、1990年代以来の発生生物学の最も重要な成果のひとつであった。

注：誤解を招きやすいので、ここで解説しておかねばならない。「エピジェネティックス（epigenetics）」の現代的な解釈は、「DNA配列の変化によらず、遺伝子機能の変化が個体や細胞の世代を越えて伝わってゆく現象」である（Wu and Morris, 2001）。これは「後成説（エピジェネシス；epigenesis）」と似た響きをもつが、語源的には異なる概念である（Hall, 1983, 1998；Henikoff and Matzke, 1997；Müller and Olsson, 2003）。とはいえ、発生現象の理解にこの概念を用いたウォディントン（Waddington, 1939）以来、たしかに「epigenetics」は、後成説と類似する意味合いを帯びがちで、とりわけ米国において、進化発生学的文脈での組織間相互作用とほぼ同等の意味で用いられることが多く（Hall, 1983, 1998；Newman and Müller, 2001）、それが近年まで混乱をもたらしていた。基本的に「エピジェネティック相互作用」は単に「組織・細胞間相互作用」と呼ぶことができる。いずれにせよ、進化発生学的に形態形成の仕組みを読み解いてゆく場合には、形態形成の背後にある機構の存在を明確にするのが好ましい。

4.2 咽頭胚と咽頭弓

　脊椎動物のファイロタイプを最も色濃く特徴づけるのが咽頭弓である（図4-7）。咽頭弓の出現は咽頭胚の成立を導き、それによって胚発生期にひとつのターニングポイントをもたらすが、そこには咽頭弓に関わるさまざまな相互作用や細胞群の存在が背景となる。前章でグッドリッチの模式図に見たように、前後に相並ぶ系列相同物（serial homologues）としての咽頭弓の理解は、頭部分節性の重要なポイントであると同時に、事実上、頭部を頭部たらしめているものでもあり、それは魚類の鰓と同等のものでもある（呼吸用の鰓と咽頭弓の相違については後述）。咽頭弓は「魚類の時代の名残をとどめる」といわれるように、伝統的な比較発生学では、個体発生が系統進化を繰り返す根拠として扱われることが多かった。

　脊椎動物には前後軸を走る腸管（gut；消化管：digestive tract）があり、その前方には大きく膨れた咽頭（pharynx）がある（図1-8、図2-6、図4-7、図4-8）。咽頭には前後に並ぶ孔（鰓孔）が開き、これを内臓裂（visceral slits；visceral clefts）、または（とりわけ胚において）咽頭裂（pharyngeal slits）と呼ぶ。そして、裂と裂の間にできた支柱状の構造を内臓弓（visceral arches）、もしくはとりわけ胚においては咽頭弓（pharyngeal arches：主として発生学的に用いられる名称）と呼ぶ。これらがどのような進化的形態変化を経、どのような構造を作り出してゆくかについては、のちに明らかにしてゆく。発生上咽頭弓が変形するというだけではなく、その存在自体が、脊椎動物の形態形成過程において重要な境界条件となってゆくのである。

（1）咽頭弓の構造

　発生装置としての咽頭弓について、基本的事項を以下に解説する。体幹においては、中胚葉は外側、腹側で体腔（body cavity）を形成し、腸管を包み込む。外側中胚葉上皮のうち、この腸管壁に接した部分は内臓中胚葉（visceral mesoderm）と呼ばれ、腸管の平滑筋（smooth muscle）をもたらす。一方、体側中胚葉（somatic mesoderm）は体腔外側壁を形成する。体幹に見られるこのような基本的形態構築は、頭部に共通して見られるわけではない。なぜなら頭部では咽頭内胚葉から咽頭嚢（pharyngeal pouches）というポケット状の膨らみが突出し、中胚葉を突き破り、外胚葉と接し、外界へと通ずる咽頭裂が発生する結果、そこにできていた体腔が一部消失するからである（図4-7；図4-2と比べ

4.2 咽頭胚と咽頭弓　99

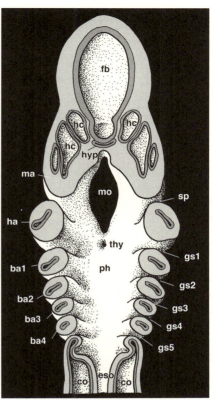

図 4-7 サメ咽頭胚。後期咽頭胚の咽頭を水平断にし、背側から見たもの。体腔上皮ならびに神経上皮を強調して描いた。板鰓類の咽頭は、脊椎動物の基本的なかたちを反映するとされた。前脳の外側で3対の頭腔がすべて断面を見せているが、このうち顎骨弓に対応するものは中央の顎骨腔だけである。頭腔についての解説と形態的認識については第5章を参照。各咽頭弓のなかに体腔上皮が入っていることに注目。他にも動脈弓や神経堤細胞も含まれるが、ここには描かれていない。ba1-4、鰓弓；co、体腔；eso、食道；fb、前脳；gs1-5、鰓裂；ha、舌骨弓；hc、頭腔；hyp、下垂体；ma、顎骨弓；mo、口；ph、咽頭；sp、呼吸孔（第1咽頭裂）；thy、甲状腺原基。(Neal and Rand, 1946 より)

よ；発生の経緯については、Mall, 1887；Kastschenko, 1887, 1888；von Kupffer, 1894, 1895；Götte, 1900；Makuschok, 1914a, b；Rogers, 1929；Grieb, 1932；O'Rahilly and Tucker, 1973；Kaufmann *et al.*, 1981；Mangold *et al.*, 1981 などを参照）。

　咽頭嚢が繰り返し的に膨出する機構は、まだよく理解されていない（分子遺伝学的実験、薬剤投与などによって咽頭嚢が消失する現象はいくたびか観察されている）。羊膜類拒では、この過程で体腔、すなわち中胚葉上皮が徐々に前方から消失してゆく。のちに見るように、脊椎動物の頭頸部における体腔の不在、それと同時に成立する鰓下筋系の発達は、上の発生過程と密接に関係する（Kuratani, 1997；Kuratani and Kirby, 1991）。そして、咽頭弓のなかにできる筋、すなわち鰓弓筋は、中胚葉の外側要素から発する臓性要素でありながら、随意骨格

100　第4章　解剖学的形態学——胚に由来する形態

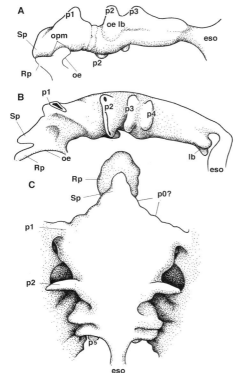

図4-8　ニワトリ咽頭胚における咽頭の発生過程を示す。ゼッセル嚢は口前腸の別名。口陥と咽頭内胚葉が接触して口咽頭膜が成立し、それが破れることによって口は開口する。腺性下垂体の原基であるラトケ嚢は口腔外胚葉の一部として生ずる。肺芽は二次的に咽頭の腹側に生ずる構造であり、咽頭嚢とは比較できない。これは顎口類独特の発生様式である。後期胚では口前腸の外縁にいくつかの突起が生ずる。これは第1咽頭嚢の前に生じた痕跡的な咽頭嚢であると考えられたこともある。現在、この考えは認められていない。eso、食道；lb、肺芽；oe、口腔外胚葉；opm、口咽頭膜；p0?、痕跡的咽頭嚢として認識された内胚葉の突起；p1-5、咽頭嚢；Rp、ラトケ嚢；Sp、ゼッセル嚢。(Kastschenko, 1887 より)

筋である。
　咽頭弓は、一種の体壁（body wall）とされることが多いが、それは誤りである。体幹の外側体壁が体側中胚葉と外胚葉によって囲まれた壁であるのとは異なり、咽頭弓は外側の表皮外胚葉と、内側の咽頭内胚葉によって囲まれる。したがって咽頭弓は体腔を伴った体壁ではなく、むしろ胚体の実質である。同様に脊椎動物の咽頭弓が、頭索類のそれときわめて組成が異なることからもそれは分かる（図4-8）。咽頭弓のなかに体壁に相当するものがあるとすれば、それは咽頭弓筋のなかにその上皮をもつことになる。すなわち、脊椎動物胚の本来の体腔に相当する中胚葉上皮は、板鰓類に典型を見るように、咽頭弓中で上皮性チューブを作り、弓内を背腹に走る（図3-4を参照）。これが体腔の一部である証には、そのチューブは成立当初、腹方において心膜腔と通ずるのである

（図3-5）。しかし、咽頭弓中胚葉が明瞭な上皮構造をもち、体幹における外側中胚葉に相当するように見えるのは、もっぱら軟骨魚類の胚においてのみであり、他のタクサの咽頭胚では上皮性索状構造（ヤツメウナギ、硬骨魚）か、さもなければ間葉のコアとして残るのみとなる。ただし、咽頭弓から囲心腔へと連なる一連の体腔構造を、一次的な体腔の分断と見なすのは、必ずしも妥当でないかもしれない。というのも、板鰓類においてすら、囲心腔と咽頭弓体腔の連絡は、二次的に生ずるに過ぎないからである（Adachi and Kuratani, 2012）。

　羊膜類神経胚の発生運命予定地図のなかに、鰓弓筋の原基と、外眼筋や神経頭蓋をもたらす体節に該当する成分（グッドリッチの模式図における傍軸要素）を分けることは容易ではない（Noden, 1988に要約）。そこには当初（神経胚期）、頭部中胚葉と呼ばれる間葉が認められるだけである。ただし、それは神経胚期における中胚葉特異化の状況であり、咽頭胚期になれば、形態学的に傍軸成分と外側成分を見分けることができ、それぞれに特異的な遺伝子発現が見られるようになる（総説として Adachi *et al.*, 2012）。咽頭弓中にはもっぱら、筋をもたらす中胚葉のほか、動脈弓、神経堤間葉が含まれ、初期咽頭胚においては、咽頭弓中央に位置する中胚葉の「芯（コア）」を、神経堤細胞が取り囲む。ヤツメウナギの鰓弓骨格のように、咽頭弓の外側に発生する軟骨は、神経堤間葉がそこでそのまま軟骨化を経るが、顎口類の内側の骨格をもたらすためには発生上何らかの位置的シフトが生じなければならない（Kimmel *et al.*, 2001）。このプロセスは、いまだ明瞭に記載されてはいない。

　咽頭弓形成には外胚葉、内胚葉に由来する上皮に加え、さまざまな細胞系譜が関わり、さらに発生後期においては、胸腺、副甲状腺、鰓後体など、咽頭嚢からさまざまな咽頭嚢派生器官（pharyngeal pouch derivatives）が分化する。このように、頭部における神経管の拡大と、脳の発生に加え、咽頭（弓）の存在もまた脊椎動物の頭部にきわめて複雑なパターンと高度な組織分化、パターニング能をもたらしている要因と見ることができる。この系列的繰り返し構造の発生と進化の理解は、脊椎動物特異的なボディプランの理解そのものである。

（2）咽頭弓にまつわるパターニング機構

　咽頭弓を備えた脊椎動物咽頭胚は、複雑さの点で神経胚以上のものを備えている。それは単に咽頭弓が備わっただけのものではなく、すでに成立している体幹の基本的胚システム、あるいは脊索動物のボディプラン生成システムと組み合わさることにより、とりわけ頭部に複雑な胚環境をもたらす。いうまでも

なく、咽頭も咽頭弓もきわめて古い起源をもち、それらは原索動物にも存在するが、その形態形成における役割、形態進化における意義に関して、脊椎動物胚は原索動物にはない独特の能力を獲得している。次節に述べる神経堤細胞が、広大な間葉を作る場所がそもそも咽頭弓であり、脊椎動物に新しく生じた組織構造（骨格、鰓弓筋）、原基（上鰓プラコード）も、咽頭弓の神経堤細胞より派生するか、咽頭嚢により誘導される。咽頭弓間葉は、その発生位置によって独特の形態形成の経路を経るばかりでなく、他の組織の正常な形態パターニングを司ることもある。

　咽頭嚢、ならびに咽頭弓が関わる誘導的相互作用、さらに咽頭と体節列の間に成立する独特の形態パターンの発生は、いずれも原索動物に見られないものを多く含む（鰓下筋系、迷走神経、羊膜類の頸部）。すなわち、後耳レベルに発する体節のいくつかは、腹側に、通常の外側中胚葉ではなく咽頭弓を伴い、他のどこにも存在しない独特の胚環境において発生過程を経る。その意味で、咽頭胚に成立する形態パターンを、「脊椎動物のファイロタイプ」と呼び、咽頭弓にその要因を探すことには充分な理由がある。つまり、脊椎動物のファイロタイプは、神経胚という脊索動物レベルの発生プランに咽頭弓が加わっただけではなく、それによって、質的にも量的にも高度なレベルの胚環境を実現し、細胞数やサイズの増大によって、複雑さが格段に向上しているのである。いうまでもなく、多様性の背景には、その内容にふさわしい発生システムの何らかの質的・量的「増加」がなければならない。脊椎動物のボディプランの読み取りもまた、「要因の増加」の理解なくしてはありえない。本書の以降の部分は、胚において間葉の存在をベースに進行するさまざまな現象と、その帰結としてもたらされるさまざまな解剖学的形態パターン、そして各動物群に見られる多様性やその進化についての記述となる。

4.3　第4の胚葉はあるのか？――神経堤細胞

　神経胚期は、脊索動物のバウプランを個体発生レベルで定義すると同時に、そこで初めて、胚発生において安定な形態パターンが生ずるという段階でもあった。この形態パターンは、すべての脊索動物のボディプランの樹立において、決定的な重要性を秘めている。加えて脊椎動物においては、神経胚期の途中から、続く咽頭胚期にかけて、ホヤやナメクジウオの個体発生には現れない重要な細胞群が参加する。それがときとして「第4の胚葉」とも呼ばれる、「神経

4.3 第4の胚葉はあるのか？——神経堤細胞　103

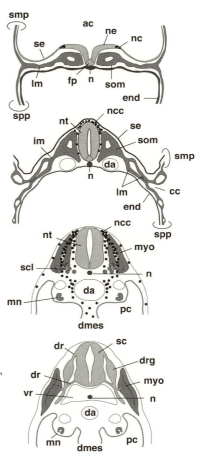

図 4-9 哺乳類胚体幹部における神経堤細胞の発生。ac、羊膜腔；cc、体腔；da、背側大動脈；dmes、背側腸管膜；dr、脊髄神経背根；end、内胚葉；fp、床板；im、中間中胚葉；lm、外側中胚葉；mn、中腎；myo、筋節；n、脊索；nc、神経堤；ncc、神経堤細胞；nt、神経管；pc、腹膜腔；scl、硬節；smp、体側葉；som、体節；spp、内臓葉；vr、脊髄神経腹根。（倉谷・大隅、1997 より改変）

堤細胞（neural crest cells）」である（図 4-9；神経堤細胞をめぐる比較形態学的、進化発生学的考察については、Hall and Hörstadius, 1988 の『*The Neural Crest*』、Hall, 1999 による著書、『*The Neural Crest in Development and Evolution*』があり、多くのタクサにおける神経堤の発生学と脊椎動物の進化を総説している。Maderson 編、『*Developmental and Evolutionary Aspects of the Neural Crest*』（Maderson, 1987）も、神経堤細胞の進化的側面について多くのページを割いている。倉谷・大隅（1997）の、『神経堤細胞』においては、神経堤の発見の歴史的経緯、命名について議論した。神経堤の発生生物学的側面については、Le Douarin（1982）による名著、『*The Neural*

Crest』があり、神経堤細胞の当時の発生生物学を詳細に解説しただけではなく、動物形態を発生学的文脈で読み解くための優れた指南書ともなっている。この本は改訂され、分子遺伝学的知見を多く盛り込んだ、内容的にも充実した Le Douarin and Kalcheim（1999）の『The Neural Crest 2nd Ed.』となった。が、これは先のオリジナル版とは別のものと見るべきである）。

　後生動物の胚葉の進化には序列があり、中胚葉は外胚葉、内胚葉に遅れて成立するとされる。このような序列は多くの動物の個体発生においても見られるが、脊椎動物のように、内胚葉と中胚葉がほぼ同時期に成立する場合もあるので、典型的なヘッケル的過程が普遍的というわけではない。進化的には、外胚葉、内胚葉などのような、起源が古いと思われる一次胚葉（primary germ layers）に対し、進化的に新しく生じたと考えられる胚葉を二次胚葉（secondary germ layers）と呼ぶ。脊椎動物において多様な組織器官の形成に携わり、その独自のバウプラン進化に大きく貢献した神経堤細胞は、中胚葉に続く「第4の胚葉」としての地位にある、とホールは述べた（Hall, 1999）。神経堤細胞が脊椎動物の起源と深い関わりをもつことは間違いなく、脊椎動物にしか見られない末梢の神経節、頭部に独自の細胞型、組織構造の多くは神経堤細胞より分化するのである。が、このような分化能とパターン形成能をもってそれを「胚葉」と呼べるかどうかについては疑問が残る（後述）。

　ナメクジウオやホヤの発生過程に、神経堤の分化、特異化の兆しを、もっぱら遺伝子発現レベルで見いだそうという試みは多く、それはいまでも続いている。それによると、分子発生機構のレベルでは脊椎動物の神経堤の成立と分化に必要とされるいくつかの要素、すなわち制御遺伝子の発現パターンやその制御機構、遺伝子カスケードの一部は、すでにナメクジウオにも備わっている（Holland and Holl and, 1998, 2001 ; Manzanares *et al.*, 2000 ; Wada, 2001 ; Meulemans and Bronner-Fraser, 2007 ; Abitua *et al.*, 2012 ; Stolfi *et al.*, 2015 を参照；加えてナメクジウオにおいては、type I sensory cell が表皮から脱上皮化して移動することが知られる）。

（1）発生学的記号論

　神経堤の形態発生学的側面に関し、本書において重要なことがらをピックアップし、以降の数節で解説する。神経堤とは、脊椎動物胚において神経外胚葉（神経板）とその両外側の表皮外胚葉との接合部に成立する上皮の領域を指す。神経堤の誘導もまた、細胞間の相互作用によりもたらされ（Thorogood, 1988 ;

Hall, 1998)、そこには神経外胚葉と表皮外胚葉の接触による誘導作用、あるいは神経外胚葉に作用する、背腹特異化を導く誘導作用が関与する（神経外胚葉と表皮外胚葉の間の誘導現象については；Rosenquist, 1981；Moury and Jacobson, 1990；Selleck and Bronner-Fraser, 1995；Mancilla and Mayor, 1996；中胚葉による誘導を認める、主として両生類を用いた実験については；Raven and Kloos, 1945；Bang *et al.*, 1997；Bonstein *et al.*, 1998；Marchant *et al.*, 1998；総説は、Basch *et al.*, 2000；Bronner-Fraser, 2002）。神経外胚葉の外縁にできるこの上皮部分が神経堤（neural crest）と呼ばれ、ここから脱上皮化（deepithelialization）し、遊走する細胞群が神経堤細胞（neural crest cells）である（Tosney, 1978, 1982；Nichols, 1981, 1986；Hirano and Shirai, 1986；図4-9）。

　神経堤のすべてが脱上皮化するわけではない。通常、意識されることは少ないが、神経堤のなかにはたとえば頭部の最前端におけるように、神経堤細胞をもたらさない部分があり、それらはのちに前頭鼻隆起や前上顎骨を覆う頭部表皮外胚葉や、感覚器プラコード、下垂体プラコード（あるいはラトケ嚢）などに分化する（Couly and Le Douarin, 1985, 1987；Osumi-Yamashita *et al.*, 1994；図4-10）。この領域を、「anterior neural ridge」と呼ぶ。つまり、表皮外胚葉に由来すると思われている組織のなかには、個体発生上ひとたび神経堤として誘導を受けた履歴をもつものがあるということになる。これは初期胚の組織、細胞に起源を求めるマッピングや細胞系譜の理解において注意すべき、重要な事実である。そして、脊椎動物胚のすべての感覚器、知覚神経節プラコードを派生する領域は、すでに神経胚の神経板を前方で取り囲む、馬蹄形の円弧状領域に特異化され、これを汎プラコード領域（pan-placodal domain）と呼ぶ（図4-10；Schlosser, 2005）。この領域の存在は、円口類を含むすべての脊椎動物において確認されている。

　また、神経堤として領域的に特異化された上皮細胞は、必ずしも神経堤独自の発生に運命づけられていない（Bronner-Fraser and Fraser, 1988；Selleck and Bronner-Fraser, 1995）。このことは、われわれの形態発生学的認識に深刻な問題を突きつける。比較発生学的には本来、形態学的に分別可能な胚構造に特定の名称を与える。脊索、胚葉、神経管などは、そのような諸構造のうち基本的なものである。それにより、器官や構造の発生学的由来を扱うことが可能になり、のちに実験発生学的に胚の組織移植、細胞系譜やクローン解析を行うことができる。この時点では、実験発生学者は、「針先で他の組織とは別のものとして扱える単位」、あるいは、「特定的に標識可能な細胞群もしくは領域」とし

106　第4章　解剖学的形態学――胚に由来する形態

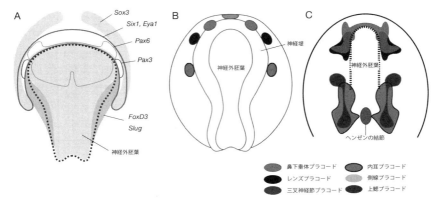

図4-10　汎プラコード領域とその発生。A：汎プラコード領域を*Six1*、*Eya1*発現領域として模式的に示す。一般化された脊椎動物胚を示す。プラコード予定域が頭部全体に広がり、神経堤細胞の生産領域が後方にずれていることに注意せよ。B：両生類神経胚をモデルとした、感覚器プラコードの予定域。それぞれのプラコードが、個別的遺伝子発現を示す。C：ニワトリ胚における同様の模式図。（Schlosser, 2005より改変）

て神経堤を特定することになる。さらには、神経堤に特異的な遺伝子発現をもって神経堤と呼ぶことのできる領域を指定することもできる。いずれ、観察者・実験者が胚組織や細胞群に与える名称とその範囲は、その時々で運用される実験や観察の手技、もしくは研究の文脈に大きく左右されるのである（神経堤の定義については、Raven, 1931；Verwoerd and Oostrom, 1979；Brun, 1981；Hartenstein, 1989；Moury and Jacobson, 1990を；従来、皮節――dermatomeと筋節――myotomeが組織学的には弁別可能であったが、細胞系譜としては、過去に皮節として認識された上皮の一部が筋節を生産し続けるため、現在では皮筋節とまとめて呼ばれる）。

　ニワトリを用いた実験によれば、移動前の神経堤上皮中の任意の1細胞より由来する系譜は、すべてが神経堤細胞派生物に特異化されているわけではない。神経堤のなかのひとつの上皮細胞を標識すると、そこからは神経堤派生物である知覚神経節細胞に分化するもののほか、表皮外胚葉、神経管のなかにもその子孫が見つかる。はたして、神経堤が（常に他のものから位置特異的に誘導され続けている）いわゆる、フィールドとして随時誘導されるものなのか、あるいは発生のある時期から分化方向のレベルで特定の細胞系譜が決定したようなものなのか、問題はまだ残っている（神経堤細胞の分化と細胞系譜については；

Sieber-Blum and Cohen, 1980 ; Bronner-Fraser and Fraser, 1988 ; Sieber-Blum, 1989, 1990 ; Baroffio *et al.*, 1991 ; Stocker *et al.*, 1995 を参照).

(2) 神経堤の形態発生学

　神経堤細胞の特徴は、その広範な移動能と多様な分化能にある。神経堤細胞は、骨格組織、結合組織、末梢知覚、ならびに自律神経節細胞、神経系の支持細胞群、色素細胞、神経細胞以外のパラニューロン、血管の平滑筋細胞などをもたらす。さらに、これら2つの特徴は密に関係しあっている。神経堤細胞が最終的に分化することになる細胞型の多くが、神経堤細胞が落ち着く先の胚環境との相互作用に大きく依存するためである。また、移動によってもたらされる神経堤細胞群の配置は、先に述べた胚の形態パターン、それに依存する細胞外基質（extracellular matrices = ECM）の分布と直接に関わる（Tosney, 1982 ; Löfberg *et al.*, 1980, 1985, 1989 ; Perris and Löfberg, 1986 ; Perris *et al.*, 1988 ; 要約は Le Douarin, 1982）。これは、神経堤細胞の移動能がきわめて選択的であると同時に、それが胚形態要素、あるいは胚環境との特異的な相互作用によって特定されていることを示唆し、そのことは実験的に実証されている。

　以上より、神経堤細胞群がたしかに脊椎動物以前の発生パターン、つまりは、脊索動物ボディプランの発生学的基盤に完璧に依存しながら、なおかつそのうえに、緻密に発生分化のシステムを新しく構築し、かつて存在しなかった形質を脊椎動物にもたらしていることが分かる。しかも、グッドリッチの頭部分節モデル、あるいは、それに先立つあらゆる比較発生学的、比較形態学的考察においては、この脊椎動物独自の細胞群の形態発生上の挙動や意義に関する考察が欠落していた（頭部分節論の出自が椎骨を中心に据えた比較骨学であったために、発生学的考察の中心的対象もまた中胚葉とその由来物だったのである）。ならば、脊椎動物の発生パターンの進化的考察においては当然、神経堤細胞の性質を慎重に吟味し、形態形成機構についての知識を全面的に改訂しなければならない。実際それが、1990年代以降の進化発生学の趨勢であった。これを念頭に置いていくぶん詳細に検討すべき対象が、末梢神経系と頭部における骨格系である。

　神経堤は、それがもたらす細胞の分布と分化に従って、頭部型（cephaic neural crest）と、体幹型（trunk neural crest）に大別できる（Le Douarin, 1982 ; 図4-11）。この区別は神経堤を体軸レベルに沿って二分するものではなく、この2つのタイプが混在する移行的な領域がある（Le Douarin *et al.*, 1979 ; Le Douarin, 1982）。この領域は一般に迷走神経堤（vagal crest）と呼ばれ、腸管自律神経系

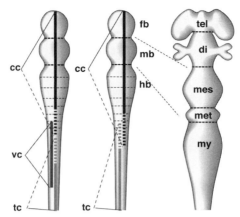

図 4-11 神経堤の分類。神経堤は前後軸に沿って、独特の組織をもたらすべく特異化されている。頭部骨格、腸管自律神経系、脊髄神経系の分化を指標に、前から頭部神経堤（cc）、迷走神経堤（vc）、体幹神経堤（tc）が分類されていたが（左）、神経堤「細胞」の形態的分布からは頭部型と体幹型のみが認識できる。両者のオーヴァーラップする領域からは、背側経路、腹外側経路両者を通る神経堤細胞がもたらされる（中）。右は、発生の進んだ脳の領域を、神経胚期の神経管の区画と比べたもの。di、間脳；fb、前脳胞；hb、後脳胞；mb、中脳胞；mes、中脳；met、小脳；my、髄脳；tel、終脳。（倉谷・大隅、1997 より改変）

（enteric nervous system）をもたらす神経堤部分として定義されるが（Le Douarin and Teillet, 1973；Allan and Newgreen, 1980；Payette *et al.*, 1984；Yntema and Hammond, 1947, 1954）、これは細胞分化の視点から特定されるにすぎず、それ以外の文脈では形態学的理解に混乱を招く（迷走神経堤には、心臓の形態形成に参与する神経堤細胞のオリジンに相当する、心臓神経堤——cardiac neural crest が含められる）。一方で、脱上皮化、遊走後の神経堤「細胞」群の形態学的な分布と移動のパターンから見た場合、それらには頭部型と体幹型のものしか見られない（図 4-12；Kuratani, 1997）。

　調べられているすべての脊椎動物について、頭部型神経堤細胞は、そのほとんどが表皮直下の経路（これを外背側経路：dorsolateral migration pathway という）を通り、腹側へ向かい、その途上で、あるものは脳神経知覚神経節を形成し、最終的に咽頭弓内の神経堤性間葉となる（図 4-12）。ニワトリ初期咽頭胚に見るように、体幹に比べ大きな細胞集団を作る頭部神経堤細胞は、形態的に 3 つの間葉を作る（Kuratani, 1997；図 4-13）。その最前方のものは前頭部ならび

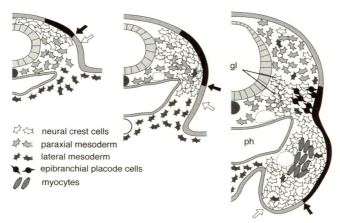

図 4-12 頭部神経堤細胞（cephalic neural crest cells）。発生上の頭部における神経堤細胞とプラコードの関係を示したもの。左から、HH ステージ 10、12、16 (Hamburger and Hamilton, 1951)。神経堤細胞（neural crest cells）は神経管背側に由来し、表皮外胚葉の直下を移動しつつ、最終的には咽頭弓のなかに広大な間葉を作り出す。その際、表皮外胚葉もまた外側、腹側へ広がることになるので、実際にどれほど能動的な細胞移動が生じているかは疑問である。黒い矢印は後の上鰓プラコードと、咽頭弓外胚葉の範囲、白い矢印は咽頭弓の腹側端のレベルを示す。咽頭弓の背側で、神経堤細胞と上鰓プラコード由来の細胞（epibranchial placode cells）はともに脳神経節を作り出す。頭部の中胚葉が上皮性の体節を作らず、最初は神経堤細胞に対して内側、後に背側の位置を占めることに注意。咽頭弓のなかには中胚葉に由来する鰓弓筋原基（myocytes）が見える。gl、神経節原基；ph、咽頭。(Noden, 1984 より改変)

に鼻部から眼窩領域、さらには顎骨弓にかけての広範な頭部顔面領域（craniofacial region）を充填し、三叉神経堤細胞（trigeminal crest cells）と呼ばれる。この領域に発する神経頭蓋の一部、顎骨弓より発する咀嚼筋に付随する結合組織と骨格系などをもたらす（Noden, 1988；Couly et al., 1992, 1993）。加えて、この領域に存在する、末梢神経節の細胞体や、神経支持細胞もこれに由来する（Narayanan and Narayanan, 1978；Le Douarin, 1982；Noden, 1988）。

第 2 の細胞集団である舌骨神経堤細胞（hyoid crest cells）は、第 2 咽頭弓、つまり舌骨弓に分布し、顔面神経に付随した神経支持細胞や、舌骨弓由来物の多くをもたらす。第 3 の集団は鰓弓神経堤細胞群（branchial crest cells）、後耳神経堤細胞群（postotic crest cells）、あるいは囲鰓堤細胞集団（circumpharyngeal crest cells；Kuratani and Kirby, 1991, 1992；Kuratani, 1997）とも呼ばれ、耳胞の

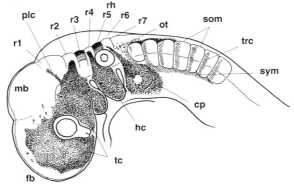

図 4-13 ニワトリ胚の神経堤細胞。ステージ 15 のニワトリ胚。頭部には大きく 3 つの（頭部型の）神経堤細胞集団がある。これは表皮外胚葉の直下を通過するもので、大きな集団をなし、前からそれぞれ、三叉神経、顔面神経、舌咽迷走神経の分布領域と対応する。これらの細胞集団は、近位では菱脳の特定の領域と結合し、その部域はロンボメアの偶数番号のものと一致する。神経堤細胞が付着しない r3、r5 は、HNK-1 で濃染する性質をもつほか、いくつかの制御遺伝子を特異的に発現する。三叉神経堤細胞の集団には、しばしば背側に向かう細胞群の突起があり、中脳と菱脳の境界に付着することがある。これはプラットのいう滑車神経堤細胞（plc）に相当する。これが三叉神経の眼神経に付随した、本来の神経根の残遺に相当する可能性が指摘されている。最後方の神経堤細胞集団は、囲鰓堤細胞群（cp）と呼ばれ、後耳咽頭弓のすべてを充填するが、このステージではまだ咽頭弓は形成されず、体壁のなかにとどまっている。r6 に見られる付着部は、のちの舌咽神経根の原基に相当。さらに、付着部は後方に及び、副神経、迷走神経根、フロリープの神経節などを形成する細胞索をなすに至る。体幹神経堤細胞（trc）が体節に応じた分節的分布形態をとることに注意。cp、囲鰓堤細胞；fb、前脳；hc、舌骨神経堤細胞群；mb、中脳；plc、プラットの滑車神経堤細胞群；rh、菱脳；r1-7、ロンボメア；som、体節；sym、交感神経原基；tc、三叉神経堤細胞群；trc、体幹神経堤細胞群。

後方に発するすべての咽頭弓に入る（Shigetani et al., 1995）。これは、上に述べた迷走神経堤より発し、頭部型の移動経路に沿った細胞集団として見ることができる。鰓弓骨格の形成、咽頭嚢派生物の分化、腸管副交感神経節に貢献するほか、心臓神経堤細胞として、羊膜類における大動脈・肺動脈中隔（aortico-pulmonary septation）の形成や胸腺の分化に関わる（Bockman and Kirby, 1984；Kirby, 1989；Kirby and Waldo, 1990；Kirby and Stewart, 1983；哺乳類においては Jiang et al., 2000）。

以上のような、3 集団からなる頭部神経堤細胞の発生と分布については、各

種動物群の胚について多く報告されてきた（板鰓類：Froriep, 1891, 1902 ; Goodrich, 1918 ; De Beer, 1922 ; Kuratani and Horigome, 2000；条鰭類：Sadaghiani and Vielkind, 1989, 1990 ; Kuratani et al., 2000；肺魚ならびに両生類：Froriep, 1917 ; Stone, 1926 ; Starck, 1963 ; Zackson and Steinberg, 1986 ; Hall and Hörstadius, 1988 ; Mayor et al., 1995 ; Olsson and Hanken, 1996 ; Epperlein et al., 1996 ; Falck et al., 2000；爬虫類：Meier and Packard, 1984；鳥類：Anderson and Meier, 1981 ; Kuratani and Kirby, 1991 ; Sechrist et al., 1993；哺乳類：Halley, 1955 ; Müller and O'Rahilly, 1980 ; Tan and Morriss-Kay, 1985 ; Maden et al., 1992 ; Osumi-Yamashita et al., 1997）。これらのうち、囲鰓堤細胞集団のなかで第3咽頭弓（＝形態学的な第1鰓弓）へ赴く神経堤細胞群は、他の細胞群よりやや離れ、独立する傾向にある（Neal, 1896 ; Kuratani and Kirby, 1991 ; Shigetani et al., 1995 ; Olsson and Hanken, 1996 ; Kuratani and Horigome, 2000）。これは、のちの舌咽神経の末梢形態に対応する。

このように、胚発生における頭部神経堤細胞の貢献の大きな部分は、頭部顔面ならびに咽頭弓における結合組織・骨格系の形成であり、それは頭部の胚構造と密接に関係する。ここには体幹に見られるような体腔はなく、体腔の消失によって形成可能となった咽頭弓が存在する（Kuratani, 1997）。それは、内側では咽頭内胚葉によって、外側では表皮外胚葉によって覆われた胚体の実質が、前後に発する咽頭内胚葉の膨出（すなわち咽頭嚢：pharyngeal pouches）によって分断された、系列繰り返し構造である（図4-7）。このような胚体の基本構築は、ナメクジウオでも尾索類の仲間にも類似のものを見、咽頭それ自体が脊椎動物に独自のものというわけではない。むしろそこに落ち着く頭部神経堤細胞が、脊椎動物特異的に巨大な集団を形成する背景には、頭部において傍軸中胚葉が上皮性と分節性を失い、加えて神経上皮にロンボメア（後述）という分節コンパートメントが生じたことが関係するとおぼしい（頭腔については第3章、第6章を参照）。

（3）与えられるパターン

羊膜類胚体幹部では、表皮の直下を移動する神経堤細胞群は比較的少数であり、大半は体節中を移動する（Bronner-Fraser and Cohen, 1980）。この体幹神経堤細胞は、もっぱら近位で脊髄神経節を作り、さらに遠位の移動・分布経路においては、末梢自律神経節（原索動物には存在しない）や、その支持細胞をもたらす。この移動経路に沿って、神経堤細胞はさまざまな胚環境に遭遇することになるが、場所に応じた適切な細胞型の選択は、この多様な胚環境からの異

なったシグナルに依存する（Le Douarin et al., 1977, 1979 ; Le Lièvre et al., 1980 ; Sieber-Blum and Cohen, 1980 ; Le Douarin, 1982 ; Bronner-Fraser and Fraser, 1988 ; Serbedzija et al., 1989 ; Stern et al., 1991）。体節の存在により、体幹神経堤細胞は分節的パターンを得（Rickman et al., 1985 ; Bronner-Fraser, 1986 ; Teillet et al., 1987 ; Loring and Erickson, 1987 ; Newgreen et al., 1990 ; 図 4-14）、それがのちの脊髄神経に分節的形態が現れるうえでの最も重要な要因となる。このパターンは体節が神経堤細胞に与えるものであり、これが最もよく研究されたのが、ニワトリにおける体幹神経堤細胞である。

　神経堤細胞自体は神経軸に沿って一様に由来し、本来そこにはいかなる分節性もない。が、移動開始後、神経堤細胞は体節前半分にしか入り込むことを許されない（図 4-15）。これも神経堤細胞と、それが移動する胚環境との接触に依存した相互作用の結果とされる（Newgreen et al., 1986 ; Tan et al., 1987 ; Layer et al., 1988 ; Tosney, 1988b ; Stern et al., 1989 ; Bronner-Fraser and Stern, 1991 ; Pettway et al., 1991 ; Ranscht and Bronner-Fraser, 1991 ; Erickson, 1993）。実験発生学的にも、体節の除去や移動により、そののちの脊髄神経節の発生パターンや神経線維の走行は大きく変更を受ける（後述）。このように、神経堤細胞の頭部と体幹における二極分化は、いわば、胚環境の分化に依存したパターンの現れと見ることができる。頭部発生の進化という観点からすれば、脊椎動物の頭部胚環境に似たものをナメクジウオやホヤに見いだすことができるかという問題が中心的命題となる。いうまでもなく、それは頭部分節モデルの示唆するところであった（第 6 章に考察）。

（4）進化と発生機構

　神経堤細胞がどのような進化的由来のものか。それはいまでも大きな問題とされている。原索動物が基本的にそれを欠くことについては、頭部の起源に絡めてすでに言及した。もうひとつ、これまでの神経堤細胞に関する研究は、もっぱら羊膜類のモデル動物（ニワトリ、マウス）について集中的に行われたもので、いきおい神経堤に関するわれわれの知識やイメージは、これらの動物における神経堤の挙動、ならびにそれを司る機構により大きく影響を受けている。つまり、脊椎動物が成立したのちの神経堤の進化もまた、脊椎動物の進化の理解にとっては重要な問題なのである。

　まず、脊椎動物頭部における骨格系は、長い間、中胚葉にのみ由来すると思われていた。が、神経堤の存在が意識され、主として両生類胚においてそれが

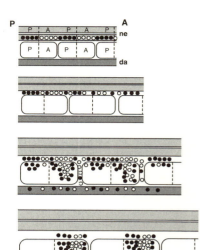

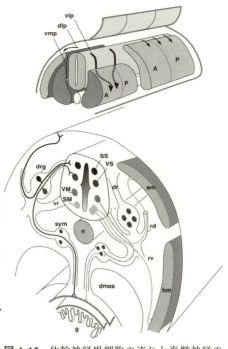

図 4-14　神経堤細胞の分節化。右が前（A）。羊膜類胚の体幹神経堤細胞は、体節中胚葉の存在により二次的に分節化し、本来、神経上皮上に分節性は認められない。これは、体節の前半分にしか神経堤細胞が入り込む環境が用意されていないことによる。分断の過程は単純なものではなく、体節と神経管の間で形成される細胞索内での神経堤細胞が前後軸方向に移動するために、神経堤細胞の分断後の位置は予測困難となる。da、背側大動脈原基；ne、神経管。(Le Douarin and Dupin, 1993 より改変)

図 4-15　体幹神経堤細胞の流れと脊髄神経の発生。三次元的に示す。ニワトリ胚の体幹神経堤細胞は背側経路（dlp）、腹内側経路（vmp）、腹外側経路（vlp）を通るが、その最後のものがおもな経路となる。これは体節前半（A）に限局し、そこにとどまった細胞は脊髄神経節（drg）となる。下は、脊髄神経の概念的形態。神経管内の機能コラム（SS, VS, VM, SM）の局在に注目。dr、背根；em、軸上筋；hm、軸下筋；rd、背枝；rv、腹枝；vr、腹根。(倉谷・大隅、1997 より改変)

頭蓋をもたらすことが示唆され、それがのちに実験的に確認されることになった（まず両生類を用いた実験発生学、続いて鳥類胚を用いたキメラ胚作製法によって、より精緻に確認されるに至った：Noden, 1988；後述）。このことは、神経堤の骨格組織への貢献が二次的なものであり、頭蓋や鰓弓骨格系が新しい構造であるということを示しているのだろうか。実はここにはいくつもの問題が控えており、以下に見るような広範な考察が必要になる。

　遺伝子制御ネットワークの解析の大規模化に伴い、神経堤を誘導する機構の分子的理解がかなり前進した。それによると、個体発生過程において神経堤、もしくはその前駆体には以下のような経時的な遺伝子発現のフェーズ（「タイヤ」と呼ばれる）が見られる（図4-16左；Sauka-Spengler et al., 2007）。まず、神経板と表皮外胚葉の誘導的相互作用に伴う、パターニング・シグナルに関わる遺伝子として、*BMP*、*Wnt*、*Delta/Notch* が将来の神経堤周囲に発現し、続いて神経堤の位置的特異化に関わる遺伝子として *Pax3/7*、*Msx*、*Dlx*、*Zic* 等が発現、さらに、初期神経堤の特異化関連遺伝子として、*Id*、*c-Myc*、*AP-2*、*Snail* 等の発現が見られる。これらのうち、*Pax3* や *Wnt*、*AP-2* 等は、神経堤や、神経堤細胞のマーカーとして用いられてきた遺伝子に相当する。また、後期の神経堤特異化因子としては、*FoxD3*、*SoxE*、*Twist*、*Ets-1* 等の遺伝子がある。これらは *Twist* とともに移動開始前後の神経堤細胞に発現する。これら因子が神経堤細胞の分化に関わる effector genes、すなわち、*Col2*、*Npn*、*Ngn*、*N-Cad*、*Robo*、*c-Ret* などの上流に位置するのである。以上のうち、顎口類とヤツメウナギでは、特異化因子（specifier）と機能的作用因子（effector）遺伝子群の発現の種類と時期に多少の違いは見られるものの、コアとなる上流の遺伝子制御ネットワーク自体はかなり保存されている。つまり、進化のなかでも揺るがない根幹のようなネットワークのモジュールがあることが分かる（要約は Sauka-Spengler and Bronner-Fraser, 2008）。

　上のような遺伝子発現シークエンスは、脊椎動物の頭部神経堤細胞では一連の骨格分化制御因子の発現を導く。すなわち、頭部神経堤細胞を標識する *SoxE*、*SoxD*、*Twist1/2*、*Ets1/2*、*Id2/3* 等のカセットは軟骨の初期マーカーである *Alx3/4*、*Barx1/2*、*BapX1*、*GDF5*、*Cart1*、*Runx1/2/3* 等の発現を導き、そしてさらに、軟骨特異的 effector 遺伝子としての *Col2a*、*Aggrecan* の発現へと至る。このようなカスケードは、ナメクジウオには成立していない（Meulemans and Bronner-Fraser, 2007；図4-16右）。が、ナメクジウオに知られる遺伝子制御ネットワークのなかに、脊椎動物の神経堤のそれと同様のものが

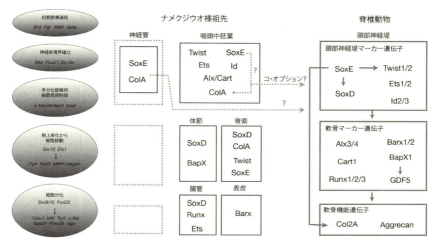

図 4-16 神経堤細胞の進化。左は神経堤（細胞）の経時的発生と符合する遺伝子発現プロファイルの変化過程。それぞれの発現遺伝子グループはネットワークとしてつながっており、脊椎動物を通じてほぼ保存されている。(Sauka-Spengler and Bronner-Fraser, 2008 より転載)。右は神経堤発生制御モジュールの関係をナメクジウオと脊椎動物について比較したもの。脊椎動物の神経堤が、仮想的なナメクジウオ的祖先の異なった器官の発生に用いられるモジュールのクロスオーヴァーによってもたらされていると考えられている。(Sauka-Spengler *et al.*, 2007 ; Meulemans and Bronner-Fraser, 2007 に基づいた図を Ota and Kuratani, 2009 より改変)

あるとすれば、それはナメクジウオの神経管、咽頭中胚葉、体節、脊索、腸管、表皮などに見られるのではないかと推測された（Meulemans and Bronner-Fraser, 2007）。実際、頭部神経堤のマーカー遺伝子群のうち、ナメクジウオの神経管に発現が検出されるものは *SoxE*、*ColA* であり、これが神経堤の進化において転用された可能性がある（図 4-16）。同様に、神経堤細胞の軟骨分化能は、通常は中胚葉に付随すべきものだが、ナメクジウオの体節と脊索には、*SoxD*、*BapX*、*ColA*、*Twist*、*SoxE* 等の発現を見る。とりわけ咽頭中胚葉における *SoxE* から *ColA* に向かうカスケードは、そのまま脊椎動物鰓弓骨格系に至る頭部神経堤細胞へ、転用（コ・オプション）された可能性がある（図 4-16 右）。

すなわち、神経堤細胞の発生に関わる遺伝子制御ネットワークが、本来祖先的動物の神経外胚葉と中胚葉に存在していた分子制御ネットワーク同士のクロスオーヴァーによる産物である可能性があり、その意味で、神経堤は通常の意

味での（細胞分化の方向の漸進的絞り込みのための装置としての）胚葉とはその出自を異にするらしい。つまり神経堤は、発生上の細胞系譜の仕分けとしてではなく、二次的な「撚り合わせ」を経て成立したらしい。その意味で神経堤を「第4の胚葉」と呼ぶことは適切ではない。換言すれば、神経堤は、胚葉を用いた発生プログラムに伴う限界や制約を、むしろ破棄することによって成立した「アンチ胚葉的存在」ですらある。おそらく、神経堤細胞のような移動能の高い細胞系譜を二次的に作り出すことにより、脊椎動物は3胚葉しかもたなかった祖先においては期待できなかったさまざまな場所に、本来存在できなかったはずの細胞を配し、独特の細胞間相互作用を経、この新機軸を獲得することに成功したのだろう（注）。

具体的にどのような経緯で脊椎動物に神経堤細胞がもたらされてきたのか、それを教えてくれる動物はいない。が、尾索類の発生に見る諸現象が、興味深いヒントを提供している。2004年、ジェフリー（Jeffery）らは、尾索類の一種、*Ecteinascidia turbinata* のオタマジャクシ幼生において、HNK-1抗体（ニワトリ胚では、伝統的に移動性の神経堤細胞を選択的に染め出すモノクローナル抗体として重宝されている）で染め出すことのできる移動性の細胞が現れ、それが *Zic* 遺伝子を発現するばかりか、のちに色素細胞に分化することを見いだした。これらは、脊椎動物の神経堤細胞に見る特徴である。この細胞群は中枢神経予定域の脇の細胞 A7.6/TLC に由来し（これはホヤの発生においては中胚葉、間葉系の系譜に属するが、位置的には脊椎動物の神経堤に近い）、さらに脊椎動物の神経堤細胞に機能する遺伝子制御ネットワークに似たものを構成する16遺伝子の発現も確かめられた（Jeffery *et al.*, 2004, 2008）。上の「タイヤモデル」に基づき、ここにひとつの矢印を加えれば、脊椎動物と同様の細胞系譜を真似ることがで

注：左右相称動物には、外胚葉、内胚葉、中胚葉の3種の胚葉があり、そのうち中胚葉は一次胚葉として知られる外胚葉、内胚葉（これらは刺胞動物、有櫛動物にも存在）のなす空所を埋める二次的なものとして新しく獲得されたとおぼしい。Hox遺伝子クラスターを含む1セットの制御遺伝子レパートリーの獲得とともに、脊椎動物をも含む左右相称動物の基本体制を構築するに至ったが、この進化過程において注目すべきは、各胚葉が分化する細胞型のレパートリーと、各胚葉派生物の空間的分布（一次ボディプラン）が、進化を通じて保存されているということである。つまり、胚葉は多くの細胞型を獲得するための分化の経時的な絞り込みの方法として、多くの多細胞動物の個体発生過程において安定的に出現するに至った、発生初期の細胞型分化機構の一段階となっている。ただし、この戦略では、特定の細胞型が胚体のなかで常に一定の位置にとどまらざるをえないという、ある種の空間的制約をもたらす要因ともなる。このような視点から立ち現れてくるのは、むしろ神経堤細胞の「非-胚葉型」の発生パターンなのである。

4.3 第4の胚葉はあるのか？——神経堤細胞

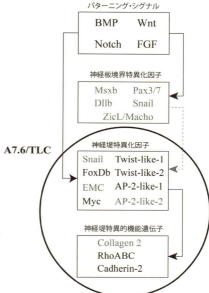

図 4-17 Sauka-Spengler and Bronner-Fraser のモデルに従って推定された、尾索類の神経堤様細胞系譜に機能する、遺伝子発現タイヤ。黒字で示したものが尾索類に存在する遺伝子発現で、丸で囲んだ部分が問題の細胞系譜に見ることのできる発現。右側の破線の矢印がコ・オプションされることにより、脊椎動物の神経堤がもたらされたという仮説を示す。(Jeffery et al., 2008 より改変)

きると思われた（図 4-17）。

　そこで、別の研究グループが別の尾索類、*Ciona intestinalis* における、類似の細胞系譜（本来ならば、中枢神経の前方に落ち着くことになる）に *Twist* 遺伝子を異所的に発現させることにより（すなわち、上に述べた、尾索類に足りない矢印を加え）、その細胞をリプログラムすると、移動能をもつ神経堤性間葉 (ectomesenchyme) 様の特徴が現れることが見いだされた (Abitua et al., 2012)。この、a9.49 割球は、神経板の境界 (neural plate border) に両側性に発し、のちにメラノサイトとなるが、この実験を行ったアビトゥアらは、ここに *Id*、*Snail*、*Ets*、*FoxD* 等が発現することを見、それを根拠にこれを神経堤の前駆体ではないかと問いかけている。最近では、尾索類（*Ciona intestinalis*）胚神経板の外縁にある細胞が遊走性であり、神経堤細胞用の遺伝子発現プロファイルをもち（*Msx*、*Snail*、*Pax3/7* を含む）、尾部（脊椎動物の体幹に相当）において双極性ニューロンを分化することが示された (Stolfi et al., 2015)。これはナメクジウオでは脊髄レベルの髄内知覚ニューロンとして発生する細胞に相当するように見える。この所見が正しいとすれば、末梢神経節の進化はナメクジウオの分

岐後、ホヤと脊椎動物の共通祖先において生じたらしいと推測できる（プラコード由来の神経節細胞については、この限りではないかもしれないが）。

（5）骨格の起源と神経堤

　脊椎動物胚における神経堤と中胚葉の骨格分化能の起源を考察する前に、まず骨格要素を整理・分類する必要がある。骨格組織には骨と軟骨があるが、この区別は充分ではない。骨には直接に結合組織のなかに発するものと（結合組織性骨、あるいは膜性骨：membranous bones）、いったん軟骨原基として発生し、のちに骨に置換するものがある（軟骨性骨：cartilage bones）。この区別は組織発生学的なものであり、特定の細胞系譜と対応しないばかりか、しばしば入れ替わる。むしろ形態発生学的に重要なのは、外骨格（exoskeleton；魚類の鱗、歯、頭蓋冠の諸骨）と内骨格（endoskeleton；中軸骨格、一次的神経頭蓋、四肢や肢帯の骨）の区別である（Starck, 1979）。これは、祖先的脊椎動物の体のどこに生じたか、そしてどのような組織学的発生をするかという視点で判断される（Hirasawa and Kuratani, 2015）。このように、骨格の体系的分類にあたっては少なくとも、

　①発生的由来（胚のどこに、どの細胞系譜より発するか）
　②進化的由来（いつ、どの動物の体の、どこに生じたか）
　③組織学的由来（どのような組織発生的由来で、どのような構造をもたらしたか）

という3つの視点から問題を捉える必要があり、おそらく脊椎動物の器用な進化的変容に対して、われわれが現在有している語彙では骨格系のすべての素性を充分に記述することはできない（De Beer, 1937；考察についてはPatterson, 1977；Starck, 1979；Jarvik, 1980；Hirasawa and Kuratani, 2015；第5章を参照）。とはいえ、上の3つの基準はしばしば互いに重なり合う。羊膜類において硬節より生じ、脊索の周囲に生じた椎体はほぼ常に内骨格であり、軟骨性に骨化するものと考えてよい（真骨魚類における椎骨の発生については、Wang et al., 2014とそのなかの引用文献を）。しかしなかには、カメの背甲のように、発生上、細胞系譜としても胚のなかの位置としても内骨格のひとつとして生じながら、真皮において皮骨に類似の組織発生学的性質と最終形態を獲得したものもある（甲の組織発生過程については、Suzuki, 1963；Hirasawa et al., 2013）。むろん、その進化的起源は内骨格である。このような進化は例外的なものである（第5章）。

（6）外骨格と内骨格

　外骨格は、組織学的にはもっぱら結合組織骨として生じ、それが皮膚のなかにできるため、皮骨（dermal bones）とも呼ばれる。古代魚類の甲冑（dermal armour）、サメの盾鱗（鮫肌の原因となる微小な硬組織構造）、硬骨魚類の鱗、さらには歯もそれに由来すると思われる（Romer and Parsons, 1977 ; Jarvik, 1980 ; Smith and Hall, 1990；無顎類の系統と外骨格の進化、歯の起源については、Janvier, 1981 ; Smith and Coates, 1998 ; Forey and Janvier, 1993）。頭部においては、たしかに外骨格の位置するところは、頭部型の神経堤細胞の移動・分布経路に相当する。このようなことを背景に、過去においては「外骨格＝神経堤由来」という図式が容易に受け入れられていた。

　外骨格要素の多くは四肢動物ではかなり失われているが、頭蓋（に加え、一部の四肢動物の腹骨——gastralia）には多くの皮骨が残る。一方、内骨格の主体は中軸骨格（脊柱や神経頭蓋）と肋骨、ならびに四肢骨であり、これらはすべて軟骨により前成する。そしてこれらは基本的には中胚葉より生ずる。これ以外に微妙な位置にあるのが鰓弓骨格系（branchial arch skeleton、visceral skeleton）であり、ここにも鰓を覆う皮骨と、鰓の内部で骨格筋が付着する内骨格が区別できる。これらは、内骨格であっても神経堤に由来する。したがって、内骨格と外骨格の分類は、細胞系譜が起源する胚葉の分類と一致しないことが分かる。さて、これらのうち進化的に最も起源の古いものはどれだろうか。

　個体発生過程、あるいは軟骨魚類と条鰭類にまつわる素朴な印象から、「軟骨が先で、骨が後」と考えがちだが、現生のサメも外骨格に相当する骨格要素を備えている（そればかりか、現生の軟骨魚類は棘魚類の内群に相当し、硬骨魚との共通祖先は板皮類のなかでも現生硬骨魚と比較的近い皮骨要素のセットを備えていた；Zhu et al., 2013）。しかもコンドロイチン硫酸（chondroitin sulfate）を主体とする広大な細胞外基質（extracellular matrices : ECM）を備えた、弾力性のある支持組織として機能する軟骨と、柔軟性に乏しく、むしろカルシウム代謝の面からの生理学的機能が示唆される骨は、その進化的成立の文脈を大きく異にしている可能性がある。しかし、かなり確からしい、いくつかの進化傾向を推測することは可能である。

　まず、中軸骨格の骨化はおそらく比較形態学的、古生物学的証拠から、二次的にもたらされたものと推測される。つまり、椎骨は発生上のみならず、成体においても軟骨として長い間存在していたらしい。それは、いうまでもなくそ

れ以前には脊索と、それを取り巻く脊索鞘によってまかなわれていた支持機能を補うものとして現れた。一方、皮骨がかつて軟骨であったという証拠は見つからない。皮骨の発生に二次的に軟骨が付随するのは、羊膜類だけに見られる新しい形質である。つまり、皮骨性の外骨格と軟骨性の中軸骨格をもった一部の原始的魚類のグレードは、進化のある段階では主流だっただろうし、それは化石証拠からも支持される。第1章に述べたコノドントは、中軸骨格が存在しない一方で、組織学的に真の「歯」に相当するものをもっていたと推測されるが、外骨格という点では骨甲類や異甲類とそれほど違わない進化段階にあった。

　ホール (Hall, 1999) によれば、「大型になり、皮骨性の甲冑を身にまとうためには、体表を通じての酸素の取り入れを犠牲にする必要があり、それを補うためには鰓による能動的呼吸が効率的でなければならなかった。つまり現生のヤツメウナギに見るように、スプリング式の軟骨性鰓弓内骨格からなる咽頭の支持装置（加えて可能であれば、鰓下筋系）をもっていなければならなかったはず」である。それが正しいとすると、皮骨性外骨格以前に鰓弓軟骨は存在していなければならなかったということになる。また、椎骨の本来的意義は、もともと脊索だけから構成されていた中軸支持構造を補強することでしかない（脊椎軟骨の初期の進化については Janvier, 1996, 2001 を見よ）。円口類において椎骨が貧弱か、あるいは退化的である一方、顎口類のステムグループに相当する化石無顎類に、立派な皮骨性甲冑をもったものが多いことをあわせて考えると：

という進化的系列が、考慮すべきひとつの仮説として浮かび上がる。これが、硬骨魚類の祖先に至るまでに中胚葉と神経堤間葉が経験してきた、組織分化の変遷についての可能なシナリオのひとつである。

　魚類における皮骨性外骨格のすべてが神経堤に由来するのかどうか、あるいは羊膜類の頭蓋における皮骨成分が本当に神経堤に由来するのかどうか、まだ不明な点が多い (Le Douarin, 1982; Noden, 1988; Couly et al., 1993; Smith and Hall, 1990)。少なくとも、外骨格が神経堤由来であると即断するのは危険である。

しかし、鰓弓性内骨格が神経堤由来であることについては、実験発生学のデータが示す限りにおいて満場一致であり（Le Lièvre, 1974, 1978; Le Lièvre and Le Douarin, 1975; Ayer-Le Lièvre and Le Douarin, 1982; Noden, 1988; Couly et al., 1993)、ヤツメウナギの組織発生学的観察においてもこれは支持される（Langille and Hall, 1988; Horigome et al., 1999; レビューは Janvier, 1993; Hall, 1999; ならびに Kuratani et al., 2001; ただし、ヤツメウナギの鰓弓骨格が表皮外胚葉から由来するという観察を行っていた Schalk, 1913 も見よ）。ということになると、脊椎動物の進化の初期において最初に骨格組織を分化することを覚えたのは、中胚葉ではなく、むしろ神経堤細胞だという可能性も充分にありうる。ならば、いったん神経堤細胞の発生カスケードに書き込まれた軟骨分化プログラムが、二次的に中胚葉の分化過程に移植されたという可能性さえ生ずる。いずれにせよ、「脊椎動物の中胚葉が本来骨格分化能をもつ」という見かけの常識が、無脊椎動物の比較発生学に由来するバイアスの産物だということは確認しておくべきだろう。では、神経堤が獲得されてのちの進化は、どういうものだったのだろうか。

（7）神経堤細胞と脊椎動物の初期進化

脊椎動物の進化研究において重要な位置を占めるのが円口類であり、うち、ヤツメウナギ類の神経堤細胞は羊膜類のものとよく似た形態的分布をとる（図 4-18; von Kupffer, 1891a, b; Newth, 1951, 1956; Langille and Hall, 1988; Horigome et al., 1999; Kuratani et al., 2001, 2002; Shigetani et al., 2002)。すなわち、ヤツメウナギにおいても神経堤は神経管背側部の上皮構造の再編成によって生じ、それは神経軸のほぼ全長にわたって神経堤細胞をもたらす。が、頭部では二次的に3つの大きな細胞集団が形成される。そのそれぞれが頭部のどの領域を充填するか、それが神経管のどのレベルにそもそもマップされるかという点に至るまで、すでに説明した羊膜類に見る形態パターンと類似する（Langille and Hall, 1988; Horigome et al., 1999; Shigetani et al., 2002; McCauley and Bronner-Fraser, 2003)。

同じ円口類に属するヌタウナギ類では、神経堤の様相が異なると、かつては考えられていた。それは、ヌタウナギ類の発生についての記述がまだほとんどなく（Dean, 1898, 1899)、神経堤についてコーネルによる論文（Conel, 1942）がただひとつあるだけという状況でのことであった（Wicht and Tusch, 1998 ならびに Hall, 1999 に要約）。*Bdellostoma stouti* を用いたコーネルの組織学的観察によれば、この動物の神経堤は脱上皮化せず、いわゆる遊走性の神経堤細胞を作らない。そして、神経堤とおぼしき上皮組織が神経管と表皮外胚葉の接合部か

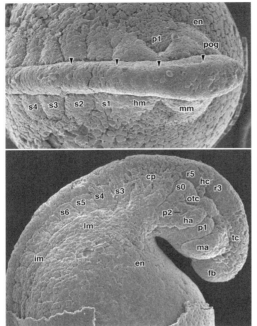

図 4-18　ヤツメウナギの神経堤細胞。上は神経胚。神経管に沿って連続的に神経堤細胞が発生し、外側へ広がりつつある。その外側端は矢頭で示す。下は咽頭胚。頭部神経堤細胞は奇数番号のロンボメアによって区切られた 3 つの細胞集団を作る。中脳の集団、舌骨神経堤細胞群が耳胞の内側を通ることに注目。cp、囲鰓堤神経堤細胞；en、内胚葉；fb、前脳；hc、舌骨神経堤細胞；hm、舌骨中胚葉；im、中間中胚葉；lm、外側中胚葉；ma、顎骨弓；mm、顎骨中胚葉；otc、耳胞による陥凹；pog、口前腸；p1-2、咽頭囊；r3-5、ロンボメア；s0-6、体節；tc、三叉、神経堤細胞。（写真は堀米直人氏による）

ら袋状に外側へ伸び出し（移動ではなく、「成長」し）、それがのちに塊（nodule）をなし、そのまま神経節に分化してゆくと説明された。興味深いことに、この囊状構造を前方へ辿ると、それは前脳を前で回り込み、間脳腹側において眼胞（optic vesicle）へと移行する。つまり神経堤と眼が系列相同物であるという可能性さえ浮上したのである。少なくともそれら両者が色素細胞を作り出すことは意識にとどめておいてもよいかもしれないが、眼はむしろ、上生体とともに脳室周囲器官のひとつとしてその起源を求めるのが妥当であり、現在この仮説は支持されない。

　現在では、ヌタウナギ胚にも典型的な脊椎動物胚の神経堤細胞が現れることが示されている（Ota *et al.*, 2007；図 4-19）。かつて神経堤と同定された上皮性の袋は、不適切な固定法に伴うアーティファクトだったのである。ヌタウナギ胚の神経堤細胞は、他の脊椎動物におけるのと同じ遺伝子発現に基づいて背腹方向に特異化された神経上皮背側部に由来し、遊走性の細胞群も、他の脊椎動物の神経堤細胞と同様の遺伝子発現を示す（Ota *et al.*, 2007）。すなわち、神経

4.3 第4の胚葉はあるのか？──神経堤細胞　　123

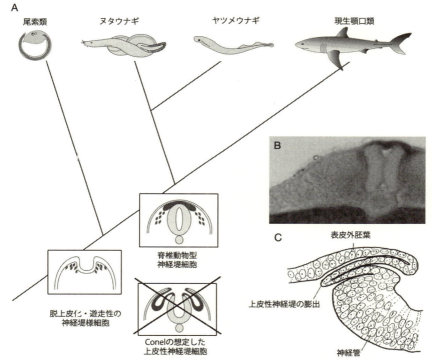

図 4-19 ヌタウナギの発生と神経堤の進化。(Ota *et al.*, 2007 より改変) A：尾索類と脊椎動物の系統関係と、神経堤の進化。神経堤が上皮の袋として現れ、のちに脱上皮化と遊走性を獲得したというシナリオは棄却された。円口類において遊走性の神経堤細胞が存在することは、ヌタウナギがヤツメウナギとともに単系統の円口類をなすこと、脊椎動物の外群に相当する尾索類に遊走性の神経堤細胞様の細胞が存在するという Jeffery *et al.* (2004) の見解とも整合的である。つまり、神経堤細胞は少なくとも脊椎動物の共通祖先においては、遊走性の細胞として存在していたことになる。B：ヌタウナギ胚の神経堤細胞。特異的な *Sox9* 遺伝子発現を伴う (Ota *et al.*, 2007)。この細胞群の発生も、前方から後方へ向けて進行する。C：コーネルの論文では、ヌタウナギの神経堤が脱上皮化せず、上皮性の袋を形成して伸長するとされた。が、それは不適切に固定されたヌタウナギ胚の神経外胚葉に生じた皺を見ていたことが分かった。(Conel, 1942 より改変)

外胚葉外側に特異化され、脱上皮化し、移動能をもつ神経堤細胞は、脊椎動物の共通祖先においてすでに獲得されていたのである。しかも、この神経堤細胞は体幹部においては隣り合う筋節間において分節的集塊をなし、それがこの動物群に特異的な体節間の脊髄神経節として分化する（顎口類においては、体節中

央、もしくは体節前方に相当する位置に脊髄神経節が発する——後述）。体節によって神経堤細胞の移動と分布が影響され、そして体幹に特異的な分節パターンをもたらすという点に関しては、円口類の体幹神経堤細胞は、顎口類と同様の方法でパターン化されることが窺える。

おそらく神経堤細胞は、現生脊椎動物胚に見るような姿でいきなり得られたものではないだろう。そもそもそれは、表皮外胚葉と神経外胚葉の境界で特異化し、ちょうど中胚葉が動物種の違いによって腸体腔や裂体腔、あるいは間葉として生ずるように、神経堤もさまざまなタクサの個体発生においてさまざまな組織構築のバリエーションを示しつつ、常に特定の細胞型のレパートリーを与え続けてきたのかもしれない。脊椎動物の形態進化を発生学的に読み解くうえで、間違いなく神経堤は中心的命題であり、しかもその研究方法は、モデル動物を用いた一連の研究が指し示してくれている。それ以外の動物の神経堤については、まだ未開拓の研究分野であるといってよい（これまでに明らかとなったさまざまな脊椎動物種における神経堤細胞の発生と挙動については；Löfberg *et al.*, 1980；Lamers *et al.*, 1981；Laudel and Lim, 1993；Sadaghiani and Thiebaud, 1987；Krotoski *et al.*, 1988 のほか、Hall, 1999 による総説も参照。とりわけ、Smith, 2001 による有袋類胚における神経堤細胞の記載は貴重な資料）。

4.4 末梢神経とそれをパターンする胚環境

以降の数節では、脊椎動物の末梢神経系の形態パターンを考える。この考察においては、末梢神経の軸索伸長パターンや、その分布、支配様式に加え、それらパターンを作り出した発生過程や胚環境、さらには中枢神経（あるいは神経管）のなかに生ずる機能的特異化のみならず、すでに考察した神経堤細胞も深く関係してくる。というのも、神経堤が末梢神経節の大半をもたらすほか、末梢神経の形態をも大きく支配するからだ。ここに、「末梢神経」のタイトルを付すのは、脊索動物だけが中枢と末梢の明瞭な区別をもつためである。すなわち脊索動物においては、発生のある時期、外胚葉の一部が神経板として特異化され、発生のかなりの期間において、上皮性を保ったまま索状構造（上皮性の神経索：neural rod）か、もしくは中空の管（神経管）を作り、形態的に明瞭な中枢となる。このように、形態発生的に確固とした中枢神経をもつことが、脊索動物ボディプラン構成要素のひとつであった（第 1 章）。続いて、脊椎動物における神経系の形態的、発生的進化は、この中枢神経の内部に生ずるパタ

ーンの複雑化と、末梢部における形態パターン形成の変化として見ることができる。

（1）脊髄神経と体節パターン

脊髄神経はそもそも、体節に付随する体幹の末梢神経であり（図4-15）、体節の分節的パターンと同じ繰り返しを示す。これが体節中胚葉の分節形態による二次的な押しつけであるということについては、体幹神経堤の挙動に関連して解説した。体節が分節パターンを押しつける相手は、体幹神経堤細胞群だけではない。それは、中枢に由来する脊髄神経運動根に対してもそうである。そもそも体節のパターンと脊髄神経の末梢形態が、発生のタイムテーブルのうえで因果関係をなすことは、両生類胚を用いた中胚葉の操作実験が明らかにした事実である（Detwiler, 1934；Lehmann, 1927 も参照）。

脊髄神経には、各分節ごとに2つの根、つまり背根（dorsal root）と腹根（ventral root）が付随する。うち、背根は脊髄神経節（spinal dorsal root ganglia）の細胞体に由来する知覚性の突起の束であり、その突起は脊髄背部の介在ニューロン（interneurons）に投射する（図4-22）。既述のように、脊髄神経節は神経堤に由来する。一方、腹根を構成するニューロンの細胞体は脊髄腹方部に存在し、それが遠心性の突起を末梢へ伸ばす。羊膜類に典型を見るように、この体性運動ニューロン（somatic motoneurons）も、最初から分節的に生ずるものではなく、本来は脊髄の床板（floor plate）の両側において、連続的な帯状の領域に誘導される。

神経発生学者のデトウィラー（Detwiler）が見いだしたのは、背腹の両根が体節と同期的に生ずるということである。つまり、体節をあるレベルで除去すると、本来その部分に発するはずの神経ができず、除去した体節の数だけ神経根が減少する。逆に、体節を増やすと、神経根の数も増える（図4-20）。時代が下りケインズとスターン（Keynes and Stern, 1984）は、同様のことをニワトリ胚を用いて示した。すなわち、彼らは脊髄神経の分節的パターンが神経管のなかに内在しているのか、あるいは、外在的な胚環境によって二次的にもたらされたものなのかを問うため、胚組織の移植実験を行った。もし、脊髄神経の分節パターンが神経管のなかに初めから存在しているのであれば、神経管の一部を前後逆にしたり、あるいは前後軸上での位置をずらすことにより、末梢神経の分布パターンも変わるはずだが、そのようなことは生じない。いくら神経管の極性に変化を与えても、できてくる脊髄神経のパターンは正常なのであっ

126　第4章　解剖学的形態学——胚に由来する形態

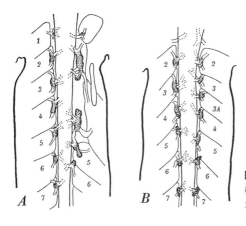

図 4-20　デトウィラーによる体節移植・除去実験と、末梢神経の形態変化。本文を参照。(Detwiler, 1934 より)

た。逆に、神経管の脇にある体節をずらしたり、その前後を逆にすると、それに応じて神経形態が変化した。その背景にはごく単純なひとつの理屈しかない。つまり、運動神経の突起も知覚神経のもとになる神経堤細胞も、体節の前半分にしか入り込めないのである（Tosney, 1988a：体幹神経堤細胞の節を参照）。ただし、このような空間的関係は羊膜類に独自のものである。両生類、条鰭類、軟骨魚類の発生においては、体節「中央」のレベルに脊髄神経が現れる（後述）。とはいえ、末梢神経のパターンとして同質のものが、全脊椎動物の脊髄神経に生じていることに変わりはない。

　上の 2 つの実験が示唆するのは、そもそも神経外胚葉や神経堤という、神経性外胚葉上皮のなかに繰り返しパターンをもたらすようなプレパターンが存在せず、運動根も知覚根も体節の存在によって初めて分節的パターンを得るということである。これはきわめて興味深い事実である。なぜなら、ボディプランを構成する特定の構造パターンが、その構造の原基となる細胞群や細胞系譜に付随したパターンではなく、それが胚発生の間に空間的に関係する他の構造との相互作用によってもたらされるためである。つまり脊髄神経のパターニング機構が、胚形態に依存したダイナミックな過程に依存すると同時に、一方的に環境に依存し、かつ、環境の存在を仮定しないと正常な発生を経ることができない。その意味で、分節的形態パターンが体節列という支配的な「拘束」の影響下にあることが分かる。このような発生システムをもった動物が、分節的でない脊髄神経の形態へと進化するのはきわめて困難なのである（Kuratani, 2003a）。

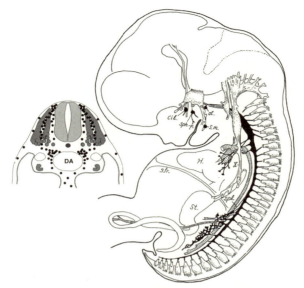

図 4-21 神経堤由来の自律神経系。左は、神経堤細胞が動脈壁周囲に凝集するパターンを模式的に示したもの。右はヒト胎児における末梢神経系を示す。黒で示したのは交感神経系ならびに頭部副交感神経節原基。頭部副交感神経系の多くは、唾液の分泌に関与する、進化的に比較的新しいもの。最も由来の古いものは動眼神経に付随した毛様体神経節 (cil) である。交感神経は動脈壁に沿って分布するが、これは動脈壁周囲の胚環境が、神経堤細胞の凝集と交感神経節細胞への分化に必須のシグナルを与えるからである。背側大動脈の背側で分化する交感神経節原基は当初、脊髄神経節と同様の分節的なパターンをもつ（ニワトリ胚における未発表所見）。交感神経系の形態はしたがって、体節と動脈の発生パターンに全面的に追随したものと見ることができる。血管壁に由来する同様の誘導現象は、頭部副交感神経節の分化にも関わっているらしい。(Keibel and Mall, 1910 より改変。原図は Streeter。交感神経系の形態的発生については、他にも Yntema and Hammond, 1954；Le Douarin, 1982 などを参照のこと)

　同様の機構は、自律神経系がその発生上、動脈か、もしくは動脈の存在したところにしか見つからないというパターンの背景にも示唆される。神経堤細胞が常に動脈壁近傍の胚環境でのみ、自律神経へと分化するからである（図 4-21、図 4-22；鳥類胚、ヒト胚については His, 1897 も見よ。神経堤細胞の細胞型の分化と胚構築については、倉谷・大隅、1997 参照；古典的発生記載は Kohn, 1907；Kuntz, 1910a, 1920, 1921；Kuntz and Batson, 1920；Subba, 1923；血管と自律神経芽細胞の関係の分子的背景については Enomoto *et al.*, 2001 を参照)。ここでは、細胞分化に関

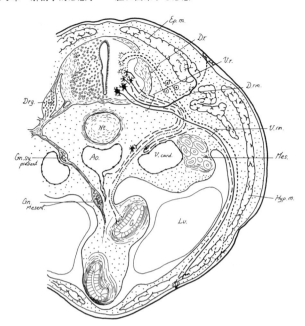

図 4-22 体幹の末梢神経。羊膜類の体幹部の末梢神経の基本的構築を示す。脊髄神経は知覚性の背根（dorsal root, Dr）と運動性の腹根（ventral root, Vr）をもち、両者は合一して混合神経となる。その後さらに背枝（dorsal ramus, Drm）と腹枝（ventral ramus, Vrm）に分かれ、前者は軸上系（epaxial system）、後者は軸下系（hypaxial system）へと分布する。運動ニューロンの細胞体は脊髄内に、知覚ニューロンのそれは知覚神経節、すなわち脊髄神経節内（dorsal root ganglion, Drg）にある。自律神経系前ニューロンも脊髄神経系の経路を用いて脊髄を出て、ただちに節後神経節内に至り、シナプスを形成する。おもな自律神経節（交感神経節）として、椎前神経節（prevertbral ganglia, Gn. sy. prevert.）、腸間膜神経節（mesenteric ganglia, Gn. Mesent.）などがある。（Patten, 1947 より改変）

わる胚環境由来のシグナル、それに応答する前駆細胞（＝神経堤細胞群）の移動や分布が成体の解剖学的パターンにとって一次的重要性を担うことが分かる（Le Douarin, 1982；Le Douarin and Kalcheim, 1999 に要約：このような「一次パターン」や「プレパターン」が、因果連鎖を構成し、のちの発生パターニングに絶対的な影響を与えるような形態形成のバイアスが確立する現象については、「形態形成的拘束」という概念のもとに第 9 章で考察する）。

（2）分節パターンの進化

　脊髄神経の形態的パターニング機能の考察からすると、ナメクジウオに見られる末梢神経は、少なくともそのパターニングや形態形成的発生拘束の論理に着目する限り、そのほとんどが脊髄神経的形態パターンをもつことになる（図4-23；Hatschek, 1892）。ナメクジウオの末梢神経は、最前方の2本を除き、常に筋節と筋節の間を伸びるのである。このように、神経線維の内容からではなく、脊椎動物のバウプラン成立と末梢形態パターンのみから眺めたとき、それらすべてを「脊髄神経」と呼ぶことに不都合はない。しかし、それを構成する線維の内容（機能）は必ずしも脊椎動物に見るような典型的な脊髄神経のものばかりではなく、それを理解するためには、末梢形態だけではなく、中枢神経の形態と進化を考察する必要がある（ニューロンレベルでの神経細胞分化の機構と、パターン形成の機構が、発生・進化上、乖離している：後述）。ここではまず、上に述べた脊髄神経の末梢形態パターンの起源について考察する。

　顎口類の脊髄神経の末梢形態では、体節の前半分（羊膜類）か中央に近いレベルで背根と腹根がほぼ同じレベルに発し、脊髄のすぐ外で合一、混合神経となったのちに再び背腹に分枝し、背枝と腹枝それぞれが軸上部と軸下部（epaxial and hypaxial systems）を支配する（図4-22）。このパターンもまた、脊椎動物全体にわたって共通するわけではない。脊髄神経の体節依存的な繰り返しパターンというレベルでは共通していても、細かい形態を見てゆくと動物ごとに微妙な違いがある。

　たとえばヤツメウナギ類では、背根と腹根が体節と同じリズムを刻みつつ、互い違いに脊髄を出る（図4-24）。すなわち、腹根は筋節のほぼ中央より脊髄を出（intrasegmental）、一方、背根が脊髄に入るのは、筋節と筋節の間のレベル（intersegmental）である。このことは、ヤツメウナギ胚における体幹神経堤細胞の移動経路が体節間のスペースを利用することを示す（しかし、そのような発生過程の現場はまだ充分に観察されてはいない）。羊膜類胚でもこの経路は用いられるが、そこを通る細胞は多くない。また、ヤツメウナギ類の腹根の形態は、運動神経の突起伸長機構が筋節の存在を鍵として成立していることを窺わせる。後述する硬骨魚類における場合と同様、脊髄の運動ニューロンの発生位置も最初から体節レベルに対応し、分節的に発する（倉谷、未発表所見）。しかも、この動物では軸上/軸下の区別がなく、それと対応して背枝、腹枝の別もない（ヤツメウナギ類における脊髄神経の詳細な発生記載については、Nakao and

130　第4章　解剖学的形態学——胚に由来する形態

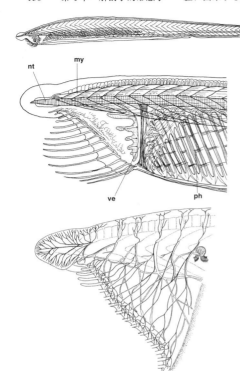

図 4-23　体節分節的動物、ナメクジウオ。成体（上）、頭部拡大図（中）とその末梢神経系（下）。ナメクジウオには体軸前端にまで筋節（my）が分布し、さらにその先にまで脊索（nt）が存在し、末梢神経系はほとんどすべて脊髄神経様の形態をもつ。これらは各筋節の間を出て、その出口の後ろの分節部分を支配する。ph、咽頭；ve、ナメクジウオの縁膜。（Hatschek, 1892 より改変）

Ishizawa, 1987a-d を参照）。

　一方、ヌタウナギ類においては、背根と腹根が同レベルに発する（図 4-24）。が、これを顎口類と類似のパターンと見なすわけにはゆかない。なぜなら、これら両根とも体節間のスペースに生ずるからだ。むしろ、ヤツメウナギ類の状態がヌタウナギと顎口類をつなぐ中間段階のように見える。しかし、円口類が単系統群であるからには、必然的にこのようなグレード的類推は意味をなさなくなる。とはいえ、ナメクジウオの末梢神経の形態からすると、体節間経路（intersomitic pathways）が脊索動物本来の基本的な末梢神経パターニングの場であったのだろうという予想はでき、脊椎動物の進化過程のどこかで必ずしも一度にではなく、体節中央や前半などの体節内経路（intrasomitic pathway）へと移行していったのであろうという推測は成り立つ。

　ナメクジウオでは、筋節と中枢の結合は筋組織の断片によって構成されてい

4.4 末梢神経とそれをパターンする胚環境　*131*

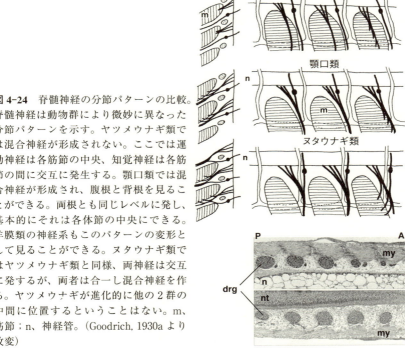

図 4-24　脊髄神経の分節パターンの比較。脊髄神経は動物群により微妙に異なった分節パターンを示す。ヤツメウナギ類では混合神経が形成されない。ここでは運動神経は各筋節の中央、知覚神経は各筋節の間に交互に発生する。顎口類では混合神経が形成され、腹根と背根を見ることができる。両根とも同じレベルに発し、基本的にそれは各体節の中央にできる。羊膜類の神経系もこのパターンの変形として見ることができる。ヌタウナギ類ではヤツメウナギ類と同様、両神経は交互に発するが、両者は合一し混合神経を作る。ヤツメウナギが進化的に他の2群の中間に位置するということはない。m、筋節；n、神経管。(Goodrich, 1930a より改変)

る（後述）。これは末梢神経ではないが、形態形成のパターンとしては脊椎動物におけるのと似た関係である。とすれば、ヌタウナギに見るような、完璧に体節間のパターンとして形成される末梢神経は、脊索動物から顎口類への移行の途中に現れるのではなく、ヌタウナギ類に独自に生じた、ユニークな形質を示す可能性もある。

　ここに述べた末梢神経の体節依存的な繰り返しパターンは、すでに紹介した体節の存在に全面的に依存する形態形成的発生拘束としてのパターン形成機構をよく示す。しかし、その現れ方はタクソンごとに異なり、それは、体節と同じリズムだけは基本的に維持しながら、分節的神経支配の発生的論理を系統ごとに変更していった経緯が窺われる。こういったなかで、体節へのパターニング依存度が最も高いのは、おそらくマウス、ニワトリに見るような羊膜類であり、神経堤細胞、体性運動ニューロンともに、本来分節的な発生パターンは神

経外胚葉由来物には一切なく、それが中胚葉と関係をもつに至って初めて分断されたり（神経堤細胞——体節後半によって神経堤細胞の存在と移動が阻害され、そのことによって細胞集団が分節的分布をとる）、束ねられたり（運動ニューロンの軸索——体節前半にのみ伸長が許容される）するのである。ここでは、末梢神経の形態形成のかなり後期にならないと分節性は認められない。大局的パターンは変えずに、微小なパターンや発生の機構が進化的に変更したらしい。

同様に体節に依存したリズムを刻むゼブラフィッシュの脊髄神経の発生パターンは、羊膜類のものとはかなり異なった様相を示す。すなわち、ゼブラフィッシュの体性運動ニューロンの軸索伸長にあたっては、各体節に対応して、Mip、Rop、Capと呼ばれる、3つの「一次運動神経（primary motor neurons：古くは pioneer neurons）」が現れる。これらは、異なった遺伝子発現によって特異化され、結果、それぞれ独自の軸索伸長パターンを示す（Inoue et al., 1994；Tokumoto et al., 1995）。この3つの軸索形成パターンは最終的な脊髄神経の末梢形態の基盤となり、後続するニューロン（二次運動神経）はこれらの一次軸索に沿って伸長する（Eisen et al., 1986）。体節形成に異常が生じる変異体を観察すると、この3つの一次運動神経の発生パターンも変化するため（Segawa et al., 2001）、これらが体節からの誘導を通じて分化することが推測できる。

つまり、ゼブラフィッシュにおいても、脊髄神経は体節や筋節の配置に応じた繰り返しのリズムをもつ。が、羊膜類とは異なり、中枢での初期ニューロン発生の場面においてすでにある程度はそれが生じている（羊膜類の脊髄神経の発生においては、ゼブラフィッシュの一次運動神経に類したものは発生しない）。これにはもちろん、一次運動神経の存在が形態形成にとって本質的に重要な動物と、あっても意味のないサイズ・細胞数をもった動物の発生の違いが関係するのだろう。しかしむしろ重要なのは、解剖学的形態として進化的に保存されねばならない発生パターンを成就するための発生機構的内容、たとえば一次的に重要性をもつプレパターンが生ずる機構やタイミングの詳細などが進化的に変化可能だということである。進化を通じて保存されるべきものが、相互作用の基盤となる細胞群の位置関係やコンパートメント形成、あるいは分節的プレパターンの成立などに代表されるいわゆる「パターン」なのか、あるいは具体的に相互作用が結果する細胞学的レベルのメカニズム、相互作用に用いられる遺伝子カスケード、経時的遺伝子制御の機構などの「プロセス」なのかという、内部淘汰の論理に関わる問題がここで深く関わっており、比較形態学、比較発生学的データはしばしば、プロセスではなくパターンが淘汰の対象であること

を示唆している。それは、パターンは変えずに発生の下部構造が変異するという、「発生システム浮動（Developmental System Drift = DSD）」の概念のもとにくくることができる（後述）。

上の現象はまた、本書において総合的に考察してゆく「発生負荷（developmental burden）」の概念とも関わる。すなわち、できあがった形態パターンが適応的である以上、それをもたらす発生機構や胚構造は、そのパターンを維持するかたちで保存されなければならない（さもなければ、個体発生過程が全うできない；後述）。このように、のちの発生段階において達成される構造の適応的意義が、それに遡る発生に生ずるパターンに存在意義を与える進化的論理が発生負荷と呼ばれ、おそらくそれは内部淘汰によって成立する。これは、発生過程の特定の段階に個別的な重要性を与えてゆく論理でもある（後述）。

脊椎動物の進化においてかたくなに守られているのは、体節の存在にはじまる形態形成的発生拘束なのだが、それが発生上機能している現在の状況は、進化を通じて発生負荷により成立しているとおぼしい。が、最終的な分節繰り返しパターンが得られる限り、この拘束をもたらしているパターン形成的相互作用の詳細な内容や機構は多少変更できるらしい。そして、変化が許容され、かつ変化しやすいところ、変化しがたいところの最終的見極めが、発生負荷の仕事となろう（発生負荷の進化的意義については、本書第11章、ならびに最終章において総合的に考察する）。

4.5 頭部形態を反映するパターン——脳神経

以下では脳神経と、それに関連した各種構造を扱う（図4-25、図4-26；基本事項については倉谷・大隅、1997を参照）。「脳神経（cranial nerves）」という呼称が真に適切なのは脊椎動物においてだけだが、それは脊椎動物だけが「頭蓋：cranium」をもつからである。つまり、本来人体解剖学において定義された脳神経は、「頭蓋から出るもの」という意味で分類されているにすぎない。したがって、頭蓋の組成が脊椎動物のさまざまなタクサにおいて異なる以上、比較形態学的にこの分類は、必ずしも普遍的でも正確でもない。まず、形態形成と機能の面から末梢神経を正しく分類することが必要である。そのことにより、頭部に特異的なこれら一群の末梢神経の形態的特殊性が浮かび上がる。

脳神経には、人体解剖学に由来するローマ数字（I-XII）が振られている。が、それがヒト以外の脊椎動物種にもある程度適用可能であるからには、進化

的に頭部末梢神経系の形態発生的機構がきわめて保守的であったことを物語る。それこそ、脊椎動物のバウプラン理解において、脳神経の考察が必須であることの証である。一方、頭蓋より後方の脊髄神経に関しては、分節番号をつけ、特定の番号の神経があらゆる動物において常に同じ形態的同一性をもつようにすることは不可能なのである（後述）。どうやら脳神経のパターニング機構は、脊椎動物レベルでの基本的バウプランを構成するきわめて保守的で、個別的特殊化を経たものであるらしい。そこには、体幹には存在しない、さまざまな発生拘束と発生負荷が関与していることだろう。それは、グッドリッチの頭部分節理論が予想していたことでもある。

現生顎口類に共通して見られる脳神経は、以下のように整理される（図4-25、図4-26）：

Ⅰ　嗅神経　　olfactory nerve
Ⅱ　視神経　　optic nerve
Ⅲ　動眼神経　oculomotor nerve
Ⅳ　滑車神経　trochlear nerve
Ⅴ　三叉神経　trigeminal nerve
Ⅵ　外転神経　abducens nerve
Ⅶ　顔面神経　facial nerve
Ⅷ　内耳神経　auditory nerve
Ⅸ　舌咽神経　glossopharyngeal nerve
Ⅹ　迷走神経　vagus nerve
Ⅺ　副神経　　accessory nerve
Ⅻ　舌下神経　hypoglossal nerve

ヒトでは目立たない神経として：

0　終神経　　terminal nerve

が嗅神経の前に加えられる。

これらの神経は、単純ないわゆる「分節的繰り返し構造」、あるいは系列相同物を構成しない。その一部が繰り返している可能性はあるが、少なくとも互いに性質の異なったカテゴリーが複数種混合している。まず最初の作業として、これら脳神経の形態学的分類を試みる。

第1に視神経は、厳密な意味での末梢神経ではない。眼が眼胞（optic vesicle）と呼ばれる脳の膨出として発生するように、これは脳の一部が伸び出したものにすぎない。さらに、舌下神経は脊髄神経の変形したものである（第

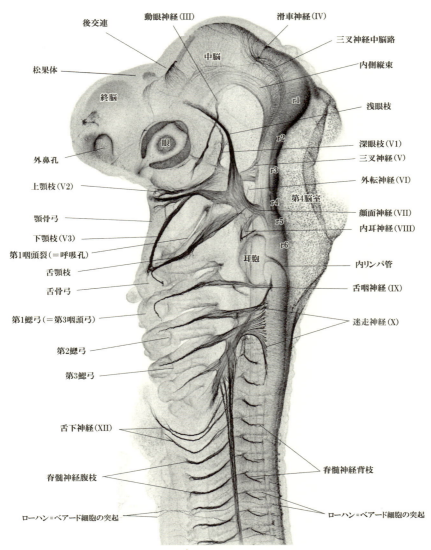

図 4-25 脳神経の発生を板鰓類胚（トラザメ咽頭胚）に見る。

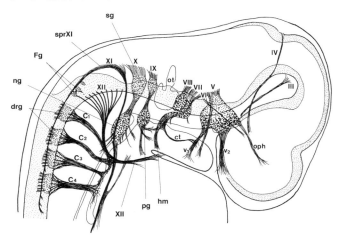

図 4-26 脳神経。ブタ咽頭胚の脳神経系を示す。本来脳神経は頭蓋より出る末梢神経系の総称であり、そのなかにはいくつかの種類のものが含められる。そのなかでも咽頭弓に対応して発する鰓弓神経系は上鰓プラコードに由来するニューロン（大きく点描）からなる神経節をもつ。Ⅲ-Ⅻ、脳神経；ct、鼓索神経；C_1-C_4、頚神経；drg、脊髄神経節；Fg、フロリープの神経節；hm、舌顎神経；ng、節神経節；oph、眼神経；ot、内耳；pg、岩様神経節；sg、上神経節；sprⅪ、副神経脊髄根；V_2、上顎神経；V_3、下顎神経。(Kallius, 1910 より改変)

5章）。同様に（異論のあるところではあるが）副神経もまた、脊髄神経が極端にかたちを変えたものだという（部分的な）証拠がある（伝統的にこれを鰓弓神経に分類する向きがあるが、それについてものちに説明する）。

残る神経群は、頭部独自の感覚上皮と関係したもの（嗅神経、内耳神経）を別とすれば、大きく2グループに分類される。うちひとつは、外眼筋神経群（動眼神経、滑車神経、外転神経）である（図3-3、図3-4、図3-6、図4-25、図4-26）。これらが分節繰り返しパターンをもつかもしれないという可能性については、すでに述べた。いまひとつは、三叉神経、顔面神経、舌咽神経、迷走神経からなる鰓弓神経群、つまり、本来的に内臓弓に分布する神経群である（これら、脳神経の発生形態については；Marshall, 1878, 1881；Coghill, 1914；Bok, 1915；Adelmann, 1925；Streeter, 1933；van Campenhout, 1935, 1936, 1937, 1948；Pearson, 1938, 1939, 1941a, b, 1943, 1944, 1946, 1949a, b；Yntema, 1944；Coers, 1946；Rogers, 1965；Gasser and Hendrickx, 1972；Altman and Bayer, 1982；Kuratani, 1990；Kuratani and Tanaka, 1990a, b；Schlosser and Roth, 1995, 1997a, b；Kuratani *et al.*, 1988a, b,

1997b, 1998b を、また終神経については、Pinks, 1895；Brookover, 1908, 1910；Johnston, 1913；Demski, 1993 などを参照）。

（1）外眼筋神経群と外眼筋（主として現生顎口類における）

現生顎口類には典型的に6つの外眼筋（extrinsic ocular muscles）がある（図3-3）。哺乳類における上眼瞼挙筋や、爬虫類ならびに鳥類の方形筋、錐体筋など、二次的に派生し、数を増やしている場合はあるが、基本的にそれらは、2つの斜筋（oblique muscles）と、4つの直筋（rectus muscles）からなる、6つの外眼筋のパターンが、現生顎口類のバウプランの構成要素であると考えられ、その最も素直な形態は板鰓類に見ることができる。ニール（Neal, 1918a, b）がかつて、「その進化能力は0」と表現したように、発生レベル、もしくは機能レベルにおいて、きわめて強い何らかの拘束のかかった構造であるように見える。が、おそらくこの筋群のパターンは進化において一挙に成立したものではない。というのも、ヤツメウナギ類にも6つの外眼筋はあり、動眼神経がその多くを支配しているところまでは一致するが、上斜筋に相当するものがなく、かわりに後斜筋と呼ばれるものを滑車神経が支配し、外転神経は外直筋（と見えるもの；m. rectus ext.）、ならびに、下直筋（m. rectus inf；顎口類においては動眼神経支配）を支配する（Cords, 1928；Shimazaki, 1965；Suzuki et al., 2016；ならびにその引用文献参照）。つまり、初期の脊椎動物においては、外眼筋のパターンにもいくつかのヴァリエーションがあったと推測される（後述）。顎口類の進化の黎明においても、現生の顎口類とは異なったパターンが存在していた可能性が示唆される。おそらくここには頭腔の進化も関わっているのだろう。本物の頭腔が成立した板鰓類とそれを含む系統群では、筋のパターンと神経支配パターンに根本的な差異があるようには見えない（頭腔については第3章、ならびに第7章を参照）。おそらく、頭部中胚葉の特異化メカニズムや筋のパターン化機構が一定の様式に固定される前に、3対の脳神経が外眼筋群に割り当てられたという経緯が（顎口類の分岐以前に）生じたと考えられる。

外眼筋は、頭部中胚葉が特異的に存在することの証と考えられ、脊椎動物であることを定義する重要な形質でもある。コノドントが脊椎動物に分類される決定的な証拠もまた、外眼筋らしき構造の存在なのである（Donoghue et al., 2000）。外眼筋はまた、頭部中胚葉の起源、体節の発生するレベルとも大きく関係する。にもかかわらず、外眼筋に関するわれわれの発生学的知識は貧弱で、特定の外眼筋と特定の神経が支配関係を成立させる機構、外眼筋がどのように

形態的パターニングされるかについて、まだほとんど分かっていない。

たとえば、ノーデン（Drew M. Noden）によるニワトリ胚を用いた一連の精力的な研究から推す限り、外眼筋のパターン形成においては、脊髄神経と体節に見るように発生位置が発生初期に定まり、それがある種のパターニング上の拘束となり、後期発生にまで引き継がれるというようなことはない。言い換えるなら、発生を通じて外眼筋神経の細胞体と、それが支配することになる外眼筋を生み出す中胚葉原基が、互いに固定した位置関係にはない（たとえば、Wahl *et al.*, 1994 を見よ）。したがって、それが単純に体幹（脊髄神経と体節）の延長として分化したわけではないことまでは分かる。が、それに代わる解釈はまだ得られていない。外眼筋の進化と発生にまつわる謎は、いうまでもなく頭部中胚葉についてのわれわれの無知と相関している。そしてそれは、脊椎動物のバウプランに独特の頭部の成立自体とも関わるのである。

（2）各論

各外眼筋神経の発生位置は、動物種を通じて比較的よく保存されている（図4-27）。その神経核は、脊髄神経の運動ニューロンと同様、神経管腹側（基底板）、床板の両側に発生する。それが脊髄神経の運動ニューロンと同様、脊索からのシグナルによって誘導されうることも示され、その点では両者の類似性は確かである。動眼神経核は中脳、滑車神経核は菱脳前端、外転神経核は菱脳後半部に生じ、これらの前後の位置関係は変わることはない。が、他の脳神経核との関係は変化する場合があり、各脳神経に与えられた番号と一致しない場合がある（しかし、だからといって脳神経の番号をそのたびごとに変更はしない）。

脳神経核のうち、動眼神経核には副核（エディンガー＝ウェストファル核）が付随する。これは、その突起を毛様体神経節へと伸ばす頭部副交感神経節前ニューロンのもので、この副交感神経は脊椎動物のなかで起源が古い。外眼筋を動かす運動線維と副交感節前線維は、ともに中脳底部から腹側へ根を出す。

「滑車神経」の名は、それが支配する上斜筋が、哺乳類において二次的にその起始部を後方へと移動し、滑車状の留め金で運動の方向を変更させられていることに由来する。したがって、哺乳類以外のタクサではこの名称はふさわしくない。滑車神経はまた、全脳神経のなかでも特に変わった特徴を有する。というのも、その運動核は動眼神経や、のちに述べる外転神経と同様、神経上皮の基底板に生ずるのだが、それが直接腹側へ根を出すことはなく、いったん軸索が脳のなかを上行し、中脳後脳境界部（mid-hindbrain boundary＝峡：isth-

4.5 頭部形態を反映するパターン——脳神経　139

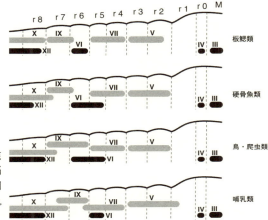

図 4-27　ロンボメアと神経核の比較形態学。動物により、脳神経核の発生位置には微妙な相違がある。(Gilland and Baker, 1993 より改変)

mus) 背側正中で交差したあと、脳を出て反対側の上斜筋を支配するのである（図 4-26）。ただし、ヤツメウナギの上斜筋は幼生期には同側性に支配され、成体になると一部反対側の線維が入り込む (Larsell, 1947)。したがって、成体の滑車神経は全交差するわけでない。また、顎口類にも同側性の神経支配が報告されている (Fritzsch and Sonntag, 1988 を参照)。

　滑車神経の運動核は発生当初、他の体性運動核と同じく中枢神経の基底板中にある。その後、神経細胞が突起を背側へと伸ばし、さらに細胞体もやや背側へと動く (Pearson, 1943；ただし、ニワトリ滑車神経核は胚発生上ほとんど移動しない)。このような特異な軸索伸長パターンの背景には、床板からもたらされるシグナルを、このニューロンがリペレント（阻害因子）として認識することによるが (Colamarino and Tessier-Lavigne, 1995；Serafini et al., 1996)、そもそもこのような機構がしつらえられた進化的背景に関しては分かってはいない。この現象に関し、昔の人はいろいろなことを考えたとみえ、その経緯はニールによって要約されているが、少なくとも一度興味深い仮説がフロリープ（August Froriep）によって提出されたことがある (Neal, 1898b に引用)。それによると、間脳背側に発する上生体がかつて「第3の眼」として機能していたころ、それを動かしていた1対の外眼筋があり、それを支配していたのがいまに見る滑車神経であったというのである。この背側の眼を動かす必要がなくなったとき、この筋は機能を変え対眼に向かい、腹側へと移動したが、その際左右の筋それ

ぞれが反対側へと移動したために、滑車神経もそれに追随して交差したのだという。ただし、そのような進化的経緯や、発生機構の変遷を支持するいかなる化石証拠も個体発生学的証拠も得られてはいない。

また、滑車神経の背側からの出口、あるいは上斜筋が板鰓類において三叉神経筋原基の細胞塊に由来するように見えるため（Hoffmann, 1894）、滑車神経を鰓弓神経のひとつと見る向きがあった（Hallerstein, 1934；Kappers et al., 1936；Larsell, 1947；鰓弓神経根の形態については後述）。しかし、単に背側から根が出ていることにのみ着目しても、なぜそれが交差するのかという説明にはならない。また、たとえ背側に根をもっていても、形態学的には滑車神経は決して鰓弓神経に似てはいない。加えて発生上、滑車神経が背側より出やすい環境がしつらえられているという可能性もある。中脳後脳境界は神経軸索が走行しやすい領域であり、実際、滑車神経核近傍には、三叉神経中脳核が早期に発生する（Pearson, 1943, 1949a, b）。これは三叉神経脊髄路の通る場所でもあり、大規模な神経突起の経路になる性格がそもそも発生上備わっているのである。

外転神経は外側直筋を支配し、多くのタクサで瞬膜を動かすのもこの神経であり、シーラカンスにおいては、独特の頭蓋底筋（basicranial muscle）を形態学的に支配することが知られる（Northcutt and Bemis, 1993；この筋の支配には迷走神経も関わり、同時にこの動物には僧帽筋が存在しないが、これらのことはシーラカンスにおける固有派生形質としての頭蓋底筋が、他の顎口類の僧帽筋と相同である可能性を示唆する——倉谷、未発表）。その神経核の相対的位置は動物種によりまちまちであり、これに「Ⅵ」の記号をあてることに普遍性はない（たとえばRoth et al., 1988）。実際、ニワトリ菱脳においては、この領域における神経上皮の分節単位、ロンボメアのうち前から第4のもの（rhombomere 4；r4と略）に発する顔面神経に対し、外転神経はr5, r6に発する（Baker and Noden, 1990；哺乳類ではr5、板鰓類ではr6, Baker et al., 1991；Gilland and Baker, 1993；ロンボメアについては後述）。

外転神経はまた、外眼筋神経群のなかでも脊髄神経との類似性が最も濃厚なものでもある。というのもこの神経は、脊髄神経の変化した舌下神経根の前方への延長として生ずるように見えるからである（分子発生学的にも、外眼筋神経群のなかで、外転神経が最も脊髄神経に似ると理解されている）。これまでいくつかの羊膜類において観察されたことだが、発生中の外転神経と舌下神経の間には、両者をつなぐ一連の小根が現れる。これを前舌下小根（anterior hypoglossal root）という（Bremer, 1908, 1920-21；Kuratani et al., 1988a；図4-28）。多くの

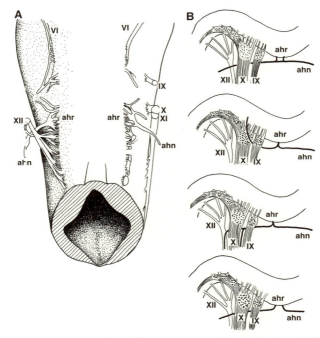

図 4-28 前舌下小根。A：ヒト咽頭胚菱脳の舌下神経（XII）と外転神経（VI）の間には、一過性に前舌下小根（ahr；anterior hypoglossal root）が発生する。これと似たものはニワトリ胚にも現れる。これより伸長する神経枝を前舌下神経（ahn；anterior hypoglossal nerve）と呼ぶ。B：前舌下神経のさまざまな形態パターン。IX、舌咽神経；X、迷走神経。図 4-26 とも比較せよ。(Bremer, 1908, 1920-21 より改変)

場合、この小根は最終的に消失するが、発生途上では舌下神経の一部として軸索を伸ばしたり、独自の神経枝を一過性に形成することもある。つまり外転神経は脊髄神経から舌下神経、前舌下小根を経て前方へ伸びる連続的な体性運動神経の延長として生ずる（比較発生学的には、これと似たものが幾度か認識されている；後述）。このような舌下神経と外転神経の密接な関係は、これらがともに *Pax6* の機能欠失型変異体において消失することにも窺える（*Pax6* は一般体性運動ニューロンの特異化に機能するのである；Osumi *et al.*, 1997）。しかしもちろん、体節中胚葉とこれら運動ニューロンの分節的対応は、舌下神経のレベルまでしか見ることはできない。すでに述べたように、外転神経が支配することになる外直筋の原基は、前者の外側に対応しているわけではない（Wahl *et al.*,

1994)。

(3) 神経管の形態学と菱脳の構成

これまで扱ってきたのは、知覚神経か、さもなくばもっぱら体性運動性のニューロンの形態であった。後者は体節、もしくは傍軸中胚葉に由来する骨格筋を支配するものとして、神経管中で同様な位置に発し、管の前後軸上で一連なりのコラム（HisとHerrickの機能コラム；Herrick, 1899；Johnston, 1905b）をなす（図4-22、図4-27；総説はKappers et al., 1936；Jarvik, 1980；現代の神経形態学的再考については、たとえば、Finger, 1993；Wake, 1993；Sperry and Boord, 1993 を）。発生上、脊索が神経管の底部中央に位置し、神経管に対して背腹レベルの位置情報をもたらしていることからも分かるように、このニューロン群は神経管のあるレベルの位置価に従って分化したもので、別レベルに成立する別タイプのさまざまなコラムも存在する。このような形態学的形式化は、すべての脊椎動物に見られるニューロンを統一的に解釈しようと案出されたものであり、その進化的変容についてはさらに詳細な解析や比較が必要となる。

中枢神経のこのようなパターンは、発生学的機構と形態学的パターンがみごとに対応していることを示すよい例であろう。古典形態学では、上のような機能コラムがたしかに前後軸上に神経管のなかを走ると考えられた。そもそも、神経管の基本的な構築に最初に思いを馳せた学者のひとりがヒス（Wilhelm His）であった。彼は、神経管を2枚の長方形の上皮が縫い合わされたものと見立て、それらが管をなすにあたって3カ所の「縫い目」でつなぎ合わされると考えた（図4-29；His, 1893）。その縫い目は背側正中の蓋板（roof plate）、腹側正中の床板（floor plate）、そして前端の終板（lamina terminalis）であり、後方では神経管は徐々に細くなってゆく。さらに一枚の板は背側の知覚性の部分（翼板：alar plate）と、腹側の運動性の部分（基底板：basal plate）に分かれる。両者を分けるのが境界溝（sulcus limitans）である。このように、背腹レベルで徐々に異なった機能を備え、前後に伸びた構造として、神経管の形態的構成が理解された。

上の見方が正しいのであれば、神経管の前端は境界溝の最前端のゆき着く先に見いだされるはずである。これは当時の多くの神経学者に共通した理解であった（総説はKappers et al., 1936；Niewenhuys et al., 1998）。さらにそれを見極めるためには、間脳から終脳にかけての領域において、本来神経軸がどのように走っているのかを見極めねばならず、その結論については最近まで意見が分か

4.5 頭部形態を反映するパターン——脳神経　143

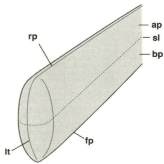

図 4-29 ヒスによる神経管のプラン。ヒスは神経管を 2 枚の長方形の上皮が、3 カ所の縫い目（蓋板、終板、床板）でつなぎ合わされたものと見た。したがって、神経管の前端は、これらの縫い目や境界溝の形態から推測することができる。ap、翼板；bp、基底板；fp、床板；lt、終板；rp、蓋板；sl、境界溝。

れていた（この問題に対する先駆的な発生研究としては、Kingsbury, 1922, 1930；Kingsbury and Adelmann, 1924；より新しい考察は、Puelles *et al.*, 1987 を）。以下ではまず、脳神経に関わりのある菱脳の構成について考える。

　古典的には、顎口類の脊髄には 4 種の機能コラムが認識されている。基底板に 2 種のコラム（腹方から体性運動 somatic motor、略して SM ニューロン。臓性運動 visceral motor、略して VM ニューロン）、翼板には末梢の知覚神経線維が投射する介在ニューロンからなる、やはり 2 種のコラム（腹方から臓性知覚 visceral sensory、略して VS ニューロン。体性知覚 somatic sensory、略して SS ニューロン）がある。基底板においても翼板においても、境界溝に近いところに臓性成分が発生し、遠くに体性成分が発する（図 4-15、図 4-22）。基本的には菱脳にまでこれらのコラムは伸び、あるものはさらに前方へと至る。菱脳の神経上皮もまた境界溝によって翼板と基底板に分かれ、さらに背側正中の蓋板は大きく広がり、中心管は第 4 脳室として広がる。菱脳では脊髄に見る 4 コラムに加え、脊髄には存在しない別の 3 種のコラムが加わる（図 4-30）。

　菱脳独自のコラムの第 1 は、味蕾に起源する味覚入力を専門的に受け（特殊臓性知覚 special visceral sensory、略して sVS ニューロン）、長大な孤束核として見ることができる。さらに、腹外側の中胚葉より由来する咽頭弓の筋群（鰓弓筋 branchial arch muscles）を支配するニューロンがある（特殊臓性運動 special visceral motor、略して sVM ニューロン）。最後に側線系の知覚を受けるものとして特殊体性知覚（special somatic sensory）、略して sSS ニューロンがあり、翼板最背側に位置する。内耳神経からの入力を受ける神経核もこのコラムの一部である。これらはいわゆる鰓弓神経を特徴づけるものと古典的には教えられていたが、sSS ニューロンについては、本来鰓弓神経群とは独立した存在と見

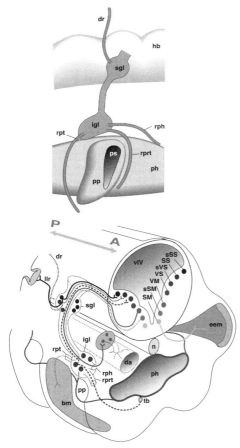

図 4-30　菱脳と脳神経。上：鰓弓神経の基本形態と考えられるパターン。dr、背側枝；hb、菱脳；igl、下神経節；ph、咽頭；pp、咽頭嚢；ps、咽頭裂；rph、咽頭枝；rprt、裂前枝；rpt、裂後枝；sgl、上神経節。下：機能コラムの古典的考え方を示す。模式的な胚形態に、脳神経の概念的構成を投影してみた。菱脳は、その蓋板が広がり、中心管は拡大して第4脳室となる。ここには、脊髄に存在しない3つのコラム（sSM、sVS、sSS）が現れる。SMニューロン以外の運動ニューロンは必ずしも神経管の腹側から出るということはなく、鰓弓神経の根、すなわち cranial nerve port を用いることが多い。このような「port」は、原則的に偶数番号のロンボメアに限局し、多くの一次知覚ニューロンもこれを用いて菱脳内に入る。このような形態形成の仕組みからは、側線神経もまた、鰓弓神経と同じ根形成の論理を共有するということができる。が、それは必ずしも、側線プラコードが上鰓プラコードのような鰓弓分節性をもつことを意味しない。da、背側大動脈；eem、外眼筋；llr、側線枝；n、脊索；tb、味蕾；vIV、第4脳室。

なす向きもある（Romer and Parsons, 1977；側線神経の形態についてはのちに考察する。菱脳の構成と進化に関する新しい考えは、Wicht, 1996 を参照）。

（4）鰓弓神経群の支配する咽頭と鰓

　鰓弓神経群は、咽頭弓の発生の一環として形成される脳神経群であり、その機能も咽頭の存在と深く関わる。したがって、その発生の仕組みや進化的成立について理解するためには、咽頭そのものの理解が必要になる。

　咽頭弓、もしくは内臓弓は、前腸（＝咽頭）に一連の孔が開くことによって

4.5 頭部形態を反映するパターン——脳神経

できたアーチ状の構造であり、その起源はおそらく棘皮動物や半索動物に求めることができる（後口動物における鰓の出現と、その系統的考察については、Barnes, 1980；Young, 1981；Jefferies, 1986；棘皮動物の鰓に関しては Gislen, 1930；Jefferies, 1967, 1986；Schaeffer, 1987 を参照）。円口類ヤツメウナギも含め、脊椎動物の内胚葉性咽頭嚢には常に *Pax1/9* 遺伝子が発現し、内胚葉のなかで独自の繰り返し的構造として成立していることを示唆するが、これと相同の遺伝子が、やはりナメクジウオやギボシムシの鰓孔にも発現する（ただし、ナメクジウオにおいて *Pax1/9* は、鰓孔のみならず咽頭内胚葉全域に発現する）。このことは鰓孔の進化的起源や、そもそもの発生的成立の機構が後口動物においても保存、共有されていることを物語ると同時に（Holland and Holland, 1995；Ogasawara *et al.*, 1999b, 2000）、相同遺伝子の発現が形態学的に相同な構造に付随する典型例ともいえる。しかし、後口動物にわたって咽頭弓の形態や発生のパターンは一定していない。たとえば、ナメクジウオの鰓孔はきわめて非対称的な運動を伴って発生し、二次的に見かけ上左右対称の咽頭裂を形成する（Kowalevsky, 1866b；Lankester and Willey, 1890；Willey, 1891；Sedgwick, 1905；Gee, 1996）。さらに、ひとつの鰓裂原基から2つの鰓裂が作り出される。つまり、ナメクジウオの無数の鰓弓は、見かけより少ない内胚葉突起からもたらされる（しかも、これらの鰓弓は呼吸機能をもたない）。

また、脊椎動物内部でも、鰓の相同性に関して問題が残る。すなわち、現生顎口類では鰓弓の支持骨格（鰓弓骨格）の外側に鰓葉が発するが、ヤツメウナギでは鰓弓骨格の内側に鰓葉ができる（図4-31；Sewertzoff, 1911）。この違いはこれら動物の咽頭の使い方ときわめて整合的である。現生のサメやエイに見られるように、初期顎口類のあるものはおそらく底性の動物で、第1咽頭裂（顎骨弓と舌骨弓の間にできる孔）から水を吸い込み、それを外腹側に開いた鰓孔から出す際にガス交換を行っていた。そのため、現生顎口類の第1咽頭裂は、「呼吸孔（spiracle）」とも呼ばれる。ヤツメウナギ類は寄生性の動物であるため、食道は直接に口腔からはじまる一方、咽頭は半ば独立した構造となり、後方で盲嚢に終わる。この状態は、アンモシーテス幼生が変態を行う際に成立する二次的なものである。ヤツメウナギ類では生涯を通じ、呼吸孔に相当する咽頭裂はできない。つまり、第1咽頭裂（＝mandibular-hyoid pouch）は、ヤツメウナギでは開口しないのである。ヤツメウナギの鰓は鰓孔を通じて水を吸い込み、再びそれを外へ出すことによってガス交換を行う。したがって、内側だけに強大な支柱をもつという必然性もないのである（ヤツメウナギ類における変態

前、変態後の呼吸様式の詳細については、Rovainen, 1996 を参照)。

構造の相対的位置関係は相同性決定の重要な基準であるから、ゼヴェルツォッフ以来、上に述べた形態的相違をもって、無顎類と顎口類における内臓弓の相同性が否定されることが多かった。しかし、サメの鰓弓をよく見ると、鰓葉の外側にも細い軟骨の支柱があるのが分かる。つまり、脊椎動物の鰓弓においては本来、鰓葉の外側と内側の両方に本来軟骨性の支持構造が存在し、顎口類においては内側の軟骨が、ヤツメウナギにおいては外側の軟骨が優勢になったとも考えられる (図 4-31; Mallatt, 1984)。しかし、内外の軟骨が同等に発達した鰓弓をもつ祖先的動物が知られていないのもまた事実である。

脊椎動物の鰓弓系は、脊椎動物のバウプランの主要な構成要素である。と同時に、これは脊椎動物以外の後口動物のメンバーに見られる鰓とは明らかに異なった、脊椎動物だけの特徴を備えている。まず、脊椎動物の鰓弓は強大な内骨格と、鰓弓を外側から覆い保護する外骨格を本来備えている。各々の咽頭弓は、その位置に応じてみごとな形態変化を経、それによって異なった機能を獲

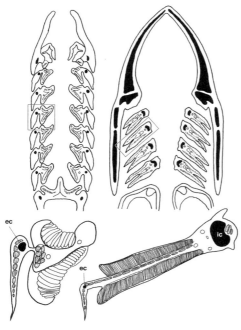

図 4-31　鰓の比較。ヤツメウナギ (左) と硬骨魚 (右) の鰓を比較する。ヤツメウナギでは外側に鰓弓骨格 (黒) が位置し、鰓葉が内側咽頭側にあるが、硬骨魚ではその関係は一見、逆であり、鰓弓骨格 (黒) が内側にある。このため両者の鰓は別の由来をもつと考えられたこともあった。最近の知見では、脊椎動物の鰓は本来鰓葉の内側 (ic) と外側 (ec) の両者に軟骨の支持骨格をもっていると考えられている。ヤツメウナギではもっぱらその外側のものが優勢になり、サメをはじめとする顎口類では内側のものが中心的な支持骨格として機能している。しかしながら、鰓葉の外側にも小さな支持骨格が現れていることに注意。このように、ヤツメウナギと顎口類の鰓弓は互いに相同であるとされている。(Moy-Thomas and Miles, 1971 ならびに Mallatt, 1984 より改変)

4.5 頭部形態を反映するパターン——脳神経　*147*

得している。このような鰓弓骨格系の形態的発生機構と進化は、本書の重要なトピックのひとつであり、のちに章をあらためて論ずる。以下では、基本的な点のみについて解説する。

（5）鰓弓系の命名について

前後に並ぶ内臓弓の番号がその形態進化とみごとに呼応しているため、鰓弓系には独特の命名システムが与えられている。まず、現生顎口類において顎をもたらす咽頭弓（顎は咽頭弓の変形したものとされる）を顎骨弓（mandibular arch）と呼ぶ（図4-7、図4-32）。そこに分布する脳神経その他の構造との関係から、無顎類においても顎骨弓は同定でき、顎の有無にかかわらず、この内臓弓をあらゆる脊椎動物において同じ名で呼ぶ（Kuratani, 1997 ; Takio et al., 2004 ; Kuratani et al., 2001 を見よ）。顎骨弓の前にもうひとつ、あるいはそれ以上の内臓弓がかつて存在したという仮説があったが、約束事として顎骨弓を第1咽頭弓（first pharyngeal arch）、あるいは第1内臓弓（first visceral arch）とする。第2咽頭弓にも、舌骨弓（hyoid arch）という固有の名称がある。この咽頭弓も顎骨弓を神経頭蓋へつなぎとめるなど、独特の機能に応じ、タクサごとに変形している。特に鳥類、爬虫類におけるその変形と使い回しは顕著である。

　　第1咽頭弓：　　　　　　顎骨弓
　　第2咽頭弓：　　　　　　舌骨弓
　　第3咽頭弓とそれ以降：　第1鰓弓とそれ以降

上に解説した前方の2つの咽頭弓は内臓弓ではあるが、鰓弓（branchial arches）と呼ぶことはできない。それは、これらの咽頭弓派生物に呼吸機能が付随しないためである。ただ、軟骨魚類の呼吸孔の前面、つまり顎骨弓の後半部には小さな鰓葉が発する場合がある（鰓葉：gill lamellae とは、水中の酸素取り込み効率を拡大するために上皮が広がった葉状構造である）。実際のところ呼吸には役立っていないこの小さな鰓葉を、偽鰓（pseudobranch）と呼ぶ。その他、鰓葉の分布は動物ごとに微妙な違いがある（その具体例については、Romer and Parsons, 1977 を参照）。

第3咽頭弓以降は、多くの魚類で完璧な呼吸機能を有する真の鰓弓（branchial arch, gill arch）である。したがって、鰓弓に番号をつけるときには、第3咽頭弓より派生するものを「第1鰓弓」と呼ぶ。また、咽頭弓のなかに発する動脈弓の番号も咽頭弓の番号に準ずる。咽頭嚢（pharyngeal pouch）、ならびに咽頭裂（pharyngeal slit）の番号付けは、その前に存在する咽頭弓の番号に従う。

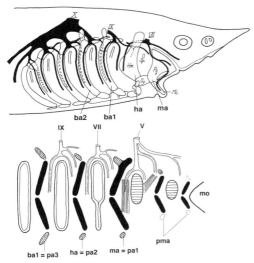

図 4-32　内臓弓と鰓弓神経。ゼヴェルツォッフは、チョウザメの観察を通じ、内臓弓、あるいは咽頭弓の進化的変形と、それに付随した鰓弓神経群の変形を認識した。鰓弓は、第 3 咽頭弓より以降に生ずる。ローマ数字は脳神経。ba、鰓弓；ha、舌骨弓；ma、顎骨弓；mo、口；pa、咽頭弓、もしくは内臓弓。(Sewertzoff, 1911 より改変)

しかし、鰓裂（gill slit）に関しては（真の鰓裂は舌骨弓と第 1 鰓弓の間にあるものなので）、その後ろの鰓弓の番号に従わねばならない。また、鰓弓列の最後は完璧な鰓にはなっておらず、その鰓弓の前面にしか鰓葉は生じないため（このようなものを「半鰓：hemibranch」という）、完璧な鰓弓（holobranch）の数は、鰓裂の数よりひとつ少ないことになる。

　第 1 鰓弓は全脊椎動物種において常に舌咽神経による支配を受け、あらゆる脊椎動物においてそれを同定できるが、迷走神経によって支配される鰓弓数は必ずしも定まってはいない。ヤツメウナギでは 7 つの真の鰓裂があり（図 4-33）、最後の完璧な鰓弓は第 7 鰓弓（第 9 内臓弓）であるが、サメの大多数は 5 つの鰓裂をもち、最後の完璧な鰓は第 4 鰓弓（第 6 内臓弓）ということになる。これに不完全な鰓弓がひとつ続く。板鰓類にはこれより多い鰓弓をもったものがある。四肢動物以外の硬骨魚類における鰓裂も概して 5 つだが、舌骨弓より成長した広大な鰓蓋（operculum）が鰓弓全体を外側から覆うため、外側から鰓の繰り返しパターンを見ることはできない（鰓の数とその進化については、Goodrich, 1930a；Gregory, 1933；De Beer, 1937；Romer and Parsons, 1977；Shone et al., 2016 を参照）。

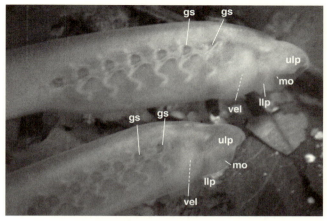

図 4-33 ヤツメウナギに見る 7 つの鰓裂。この動物においては、第 1 咽頭嚢は開口しない。したがって、第 2 咽頭裂から第 8 咽頭裂をここに見ていることになる。写真はカワヤツメ *Letentheron japonicum* のアンモシーテス幼生。(村上安則氏による)

(6) 鰓の進化

　進化的に鰓弓列は、概してその数を減ずる傾向にあるといわれる。が、それをナメクジウオから数えはじめるのはおそらく適切ではない。羊膜類では6つの咽頭弓が現れ、その最後のものは完璧な咽頭弓ではなく、「第6咽頭弓領域」と呼ばれる。つまり、その後方には咽頭嚢は生じない。また、第5咽頭弓に相当するものは個体発生の途中に一過性に現れ、のちに消失してしまう。その存在が分かるのは、この領域に第5動脈弓が貧弱ながら一瞬だけ（ニワトリ胚ではHamburger and Hamilton [HH] stage 21 前後）現れるためである。したがって、羊膜類胚には第5、第6咽頭弓を分ける第5咽頭嚢はなく、便宜的に前から数えた場合の第4咽頭嚢の後方に第6咽頭弓領域ができるとされる。

　伝統的な比較形態学の教科書では、脊椎動物の祖先には形態的に分化していない無個性な鰓の並びをもった段階があり、そのうち最も前（あるいは第2か第3）のものが顎に変形し、続いて舌骨弓がその後ろに分化し、徐々に形態が複雑化、統合されていったという説明がなされる（ここでいう第2、第3の内臓弓は、祖先的動物にあったと仮定されるものであり、舌骨弓や第3咽頭弓を指すのではない；Goodrich, 1930a；Gregory, 1933；De Beer, 1937；Romer, 1966；Romer and Parsons, 1977；Jarvik, 1980；Kuratani *et al*., 1998b；第8、10章ならびに倉谷、2016に

詳述)。しかし、このような記述はいくつかの点で問題がある。そもそも、顎ができる以前の顎骨弓が鰓のひとつであったことを示す証拠はなく、顎の進化を顎骨弓の形態分化というシナリオでは説明できない（Mallatt, 1996；Kuratani *et al.*, 2001；Shigetani *et al.*, 2002；顎の形態進化と発生学については第10章）。さらに舌骨弓についても、それが、形態的に分化する前に典型的な鰓弓の形態をもっていたということを示す積極的な証拠もない（Gregory, 1933）。ヤツメウナギに見るように、顎骨弓と舌骨弓は、後続する真の鰓弓とは異なった、ある程度の形態的分化を経ており（後述：図10-16を見よ）、それによってこれらに顎口類と同じ名称、つまり形態的同一性を与えることができる。また、全頭類（ギンザメの仲間）の舌骨弓が形態的に未分化であることがしばしば指摘されてきたが、これが二次的な状態にすぎず、すでに独特の分化を経験してきたものであることも分かっている（この問題は、初期顎口類の顎の懸架様式の成立と関係する；Gregory, 1933に要約）。

　つまり、知られている限り脊椎動物の鰓弓系はすべて、「顎骨弓、舌骨弓と、それに続くいくつかの真の鰓弓」という3種の形態学的個性（morphological identities）の並ぶかたちで記述できるパターンを共有しており、教科書的な変形（metamorphosis）以前のデフォルト状態を示す証拠はない。このようなパターンがすなわち、実際に知られている脊椎動物の鰓弓系の姿であり、それをどこまで単純な鰓弓分節列（Branchiomerie）というかたちに還元できるのかという問題については、脊椎動物の祖先をはるかに遡るしか方途はない。

　顎口類の進化的放散に先立ち、実際に顎と未分化な鰓を備えただけの動物がいたのか、古生物学書にしばしば記されているように、棘魚類をそのような原始的動物と見なすことができるのかどうか、はたまた顎口類の系統に属する可能性が指摘されるコノドント類がどのような鰓弓系をもっていたのか、まだまだ問題は尽きない。また、バウプランの階層的な進化パターンを考えると、脊椎動物の内臓弓のうちの特定のものをナメクジウオやホヤ類のなかに探そうという試みが必ずしも成功するという保証はない。脊椎動物のバウプランのなかでだけ成立する派生的相同性は、原索動物のなかに原理的に見つからない。この困難は内臓弓に限った話ではなく、不完全特殊相同性に常にまつわるものである。上の問題は、原索動物と脊椎動物の間での、末梢神経の相同性に関わる問題とも深く関係する。過去においては三叉神経や、鰓弓神経のひとつと仮定された終神経の相同物をナメクジウオに探そうとする試みがなされた。これが成功するためには、原索動物のなかにすでにそのようなものとして特定化され

4.5 頭部形態を反映するパターン——脳神経　151

た顎骨弓や顎前弓が特定できなければならない（しかし、特定できない）。ここでも再び、バウプランの階層的性格が露わになる。

（7）鰓弓神経群と咽頭弓の形態

　鰓弓神経群とは、鰓弓系に専門的に分布する一連の脳神経を指す。したがってその形態や機能も、各咽頭弓派生物の形態に大きく依存することになる。鰓弓神経群のうち、三叉神経は顎骨弓、ならびにそれより前の頭部に分布し、顔面神経は基本的には舌骨弓に、舌咽神経は第1鰓弓に、迷走神経は第2鰓弓（＝第4内臓弓）とそれ以降の鰓弓を一括して支配する（図4-32；Sewertzoff, 1911）。上に示唆したように、鰓弓神経群を脊椎動物全体にわたって正しく同定できるという事実は、鰓弓系の半ば固定化した形態発生パターンと深く関係している。つまり、顎口類の外眼筋がそうであったように、脊椎動物の鰓弓系はきわめて強固な拘束のもとに形成されているらしい。

　もし、鰓弓系が進化的により不安定な存在であり、タクサによってさまざまな番号の咽頭弓が勝手に独自の個性をもつような、半ば羊膜類の椎骨列に似たような進化パターンを経てきたとしたら、おそらく鰓弓神経それぞれにいま見るような独自の名称（「三叉神経」や「顔面神経」など）を与え、その相同物を各タクソンに認めることはできなかっただろう。実際、鰓弓神経系に脊髄神経のような番号ではなく、独自の名称が与えられているという事実は、このシステムが外眼筋とその神経群と同様、ニールのいう「進化能力0」に近い存在であったと考えさせる。

　上のような考察は、鰓弓神経の基本的形態を考えようとする試みに大きな打撃を加える。「鰓弓神経の原型」を考えるということは、進化生物学的には、鰓弓神経が成立した経緯や、すべての咽頭弓が無個性な鰓弓に分化していたころの仮想的な祖先における系列相同物としての鰓弓神経に直接間接に言及することにほかならず、一方で脊索動物に見るバウプランはそのようなものがかつてあったということを一切保証しない。その意味では、鰓弓神経群（branchiomeric nerves）という呼称もまた、普遍的に正当化できなくなる可能性を孕んでいる。実際に、ゲーゲンバウアー（第3章）以来、比較形態学者たちは鰓弓神経を入念に解剖し、とりわけ舌咽神経のかたちに原型的鰓弓神経の姿を見ようとした（図4-30、図4-32；脊椎動物鰓弓神経の入念な形態学的観察と、その一般形態についての考察は、Cole, 1897；Herrick, 1897, 1901, 1910；Allis, 1920；Norris, 1924, 1925；Tanaka, 1976, 1979, 1987；Tanaka and Nakao, 1979ならびに引用文献を参照；総

説は、Hallerstein, 1934；より最近の考察については、Piotrowski and Northcutt, 1996 を参照）。現在理解されているところでは、典型的な鰓弓神経は菱脳の背側にひとつの根をもち、その幹に2つの神経節をもつ（図4-30）。うちひとつは上神経節であり、この近辺から側線系や皮膚知覚に関わる枝が出る。顔面神経の上神経節は内耳神経節の一部であるとされ、舌咽神経と迷走神経の上神経節は多くの場合融合している。いまひとつは下神経節である。これは一般名称であり、顔面神経のものを特に膝神経節（geniculate ganglion）、舌咽神経のものを岩様神経節（petrosal ganglion）、迷走神経のものを節神経節（nodose ganglion）という。下神経節は鰓裂の背側やや後方に位置し、そこからもいくつかの枝が分かれる。そして、これらの枝が咽頭弓に最も関係の深いパターンをもつ。

顎口類に見られる一般的な鰓弓神経では、鰓裂の前を通る裂前枝（pretrematic ramus）、鰓裂の後ろを通る裂後枝（posttrematic ramus）、そして、咽頭の天井に沿って前方に走る背側咽頭枝（dorsal pharyngeal ramus）が認められ、以前は裂前枝が鰓弓神経の皮枝を代表すると考えられていた。が、基本的にこれらの枝はすべて味覚を司る味覚線維、ならびに咽頭の知覚を司る知覚線維を含みうる。その他、隣り合った鰓弓神経との間にいくつかの交通枝が成立することもある。これらのうち鰓弓神経の主体と見なされるのは裂後枝であり、通常このなかに筋枝が含まれ、同じ枝からしばしば「終枝（Endast）」と呼ばれることのある味覚枝が最終的に分枝する。これはもっぱら、顎口類の舌咽神経や顔面神経に見られる形態であり、必ずしも脊椎動物全体のバウプランを構成するものではない（たとえば、ヤツメウナギ胚やアンモシーテス幼生の脳神経形態を見よ；Alcock, 1898；Johnston, 1905a；Kuratani *et al.*, 1997b。ヌタウナギの状態はさらに変形している）。

（8）鰓弓神経の形態学と発生学

鰓弓神経の発生学的理解には、何よりも鳥類を用いた実験発生学による貢献が大きい。ニワトリ *Gallus* とウズラ *Coturnix* はともにキジ目に属する近縁の鳥類でありながら細胞核におけるヘテロクロマチンの凝集度に差があり、顕微鏡下で細胞の由来を区別できるのである（Le Douarin and Barq, 1969；Le Douarin, 1982；私はアメリカ留学中に、ウズラ数種、コジュケイ *Bambusicola* などを含む、多くのキジ目鳥類の胚を組織学的に観察したことがあるが、キメラ胚作製実験に用いることのできるレベルのヘテロクロマチン凝集を示したのは日本産ウズラ *Coturnix japonicus* ただ1種のみであった）。1970年代から80年代にかけて行われたニワ

4.5 頭部形態を反映するパターン——脳神経

トリ・ウズラのキメラ法を用いた一連の実験は，それに先立つ，主として両生類を用いた実験発生学や，純粋に組織発生学的な観察結果を追認するだけでなく，さらに詳細に末梢神経の形成を記述することに成功した（図 4-34）。

鰓弓神経の知覚神経節に 2 種，あるいはそれ以上の細胞があることは，古くから観察されてきた（図 4-34-図 4-37 ; von Kupffer, 1891a ; Adelmann, 1925 ; Hamburger, 1961 ; Hall and Hörstadius, 1988）。上述したように，鰓弓神経に特異的な下神経節は鰓裂に付随して発生する。これは，この位置に下神経節のニューロンの原基があったことを示し，その原基を「上鰓プラコード（epibranchial placodes）」と呼ぶ（図 4-35-図 4-38）。プラコード（placodes）とは単に上皮が肥厚した構造を呼ぶ名称だが，この上鰓プラコードは下神経節のニューロンを専門的にもたらすものを指す一般的名称で，顔面神経のそれに対しては，「膝プラコード（geniculate placode）」，舌咽神経には，「岩様プラコード（petrosal placode）」，迷走神経には「節プラコード（nodose placode）」のように，各神経節に従った個別的名称がある（図 4-34 ; D'Amico-Martel and Noden, 1983 ; Noden, 1992）。現在，典型的な上鰓プラコードとして認識されているものは上の 3 種に限られ，三叉神経に同等の原基が存在するかどうかについては不明である（下記参照）。古くクプファー（von Kupffer, 1891a）は，鰓弓神経に主神経節（クプファーはこれを，脊髄神経節の頭部への延長と見なし，ここに内耳神経節をも含めた），側線神経節（前者との区別は不明瞭），上鰓神経節（＝ここでいう上鰓神経節）を区別し，ヤツメウナギの幼生に 12 の上鰓神経節を数え，その最前の要素を眼に求めた。この形態学者は，主として味覚を司るこの知覚神経系を半ば独立した存在として見ており，それは，側線神経を独立したシステムと見なす，現在の一部の神経形態学者の姿勢とも相通ずるものがある。いずれ，形態発生の場面においては，末梢神経の根形成機構，神経節原基の誘導機構，末梢の軸索伸長機構が統合されて 1 本の末梢神経（鰓弓神経）が形成され，それをいたずらに神経機能や細胞系譜の点から解体し，むやみに脳神経根の数を増やすことは賢明ではない（これは過去数十年間の末梢神経の形態学や実験発生学を遅滞させた，悪しき傾向である）。純粋解剖学的に，「顔面神経」と呼ばれる形態学的実体が側線枝を備えていても何の不都合もない。一方で，鰓弓神経の理想化された姿を舌咽神経のそれに求めたり（この考え方も van Wijhe, 1882a や von Kupffer, 1891a, b 以来のものである），ひとつの脳神経が本来もつべき理想化されたニューロンの姿を祖先型として設定することにも，常に危険はつきまとう。

また，下神経節のなかの支持細胞（supporting cells, satellite cells）や神経突起

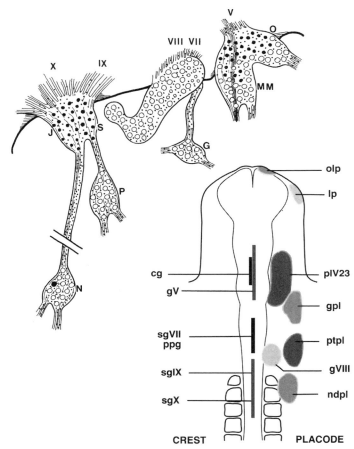

図 4-34 脳神経節の由来。上：ニワトリ・ウズラキメラ実験より。●は神経堤細胞由来のニューロン、○はプラコード由来のニューロン。丸の大きさは、ニューロンの細胞体のサイズを反映する。点は、神経堤由来の神経支持細胞。ローマ数字は脳神経。G、膝神経節；J、迷走神経上神経節；MM、上下顎神経節；N、節神経節；O、眼神経節；P、岩様神経節；S、舌咽神経上神経節。(D'Amico-Martel and Noden, 1983 より改変) 下：神経堤とプラコードの派生物。ニワトリ神経胚における神経堤（左）とプラコード（右）に由来する神経節。cg、毛様体神経節；gpl、膝神経節プラコード；gV、三叉神経プラコード；gVIII、内耳神経節プラコード；lp、レンズプラコード；ndpl、節神経節プラコード；olp、鼻プラコード；pIV23、上下顎神経節プラコード；ppg、翼口蓋神経節；ptpl、岩様神経節プラコード；sgIX、舌咽神経上神経節；sgX、迷走神経上神経節。(D'Amico-Martel and Noden, 1983 より改変)

4.5 頭部形態を反映するパターン——脳神経

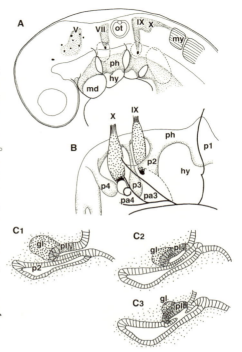

図 4-35 上鰓プラコード。A：26 体節期のヒツジ咽頭胚における上鰓プラコード（黒）の分布。顔面神経、舌咽神経の上鰓プラコードが、咽頭裂背側の表皮で集中しているのに対し、三叉神経のそれが点在していることに注意。背側の点描は、各脳神経原基である神経堤細胞群。（Batten, 1957b より改変）B：後耳咽頭弓レベルにおけるプラコードと脳神経原基。（Halley, 1955 より改変）C は、組織学切片。プラコードは二次的な咽頭嚢に取り込まれ、後期発生では、内胚葉の一部のように見えることがある。（Kastschenko, 1887 より改変）ローマ数字は脳神経。gl、脳神経節原基；hy、舌骨弓；my、筋節；md、顎骨弓；ot、内耳；pa3-4、咽頭弓；ph、咽頭；pl、上鰓プラコード；p1-4、咽頭嚢。

の周囲のシュワン細胞は、この下神経節原基に到達した神経堤細胞に由来する。つまり、この神経節は 2 つの細胞系譜に起源をもつ（Hamburger, 1961；Narayanan and Narayanan, 1980；D' Amico-Martel and Noden, 1983；図 4-34）。

鰓弓神経の鰓弓神経たるところは、すでに述べた神経機能もさることながら、末梢形態の成立の背景に、各咽頭裂と相関して発する上鰓プラコードと、そこへ赴く神経堤細胞の存在にある（図 4-30、図 4-37）。つまりこれら 2 つの細胞種は、胚頭部において咽頭弓の存在に依存した分布を示し、それが一次パターンとなり、そこから派生してくる鰓弓神経に「鰓弓的」形態パターンを付与することになる。なかでもきわめて明瞭な発生の論理は、上鰓プラコードの発生機構に見ることができる。すなわち上鰓プラコードは、内胚葉に由来する咽頭嚢上皮からのシグナルが、咽頭表皮外胚葉に作用することにより誘導される。その際、咽頭嚢から分泌されるシグナル分子は BMP7 であるといわれる（Begbie *et al.*, 1999；Begbie and Graham, 2001）。つまり以前から示唆されてきたよ

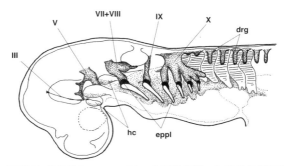

図 4-36 サメ咽頭胚と神経発生。ここでは、末梢神経節の知覚神経節原基の発生パターンを示す。点描で示したのは、神経堤細胞に由来する原基。後の神経節と神経根の形態を反映している。鰓裂背側には表皮外胚葉の肥厚、上鰓プラコードがあり、これもまた神経節細胞を由来する。鰓弓神経群の末梢部の形態が、咽頭弓のパターンに追随することに注意。ローマ数字は脳神経原基。鰓弓神経については神経堤細胞の分布と一致する。drg、脊髄神経節原基；eppl、上鰓プラコード；hc、頭腔。(Goodrich, 1930a より改変)

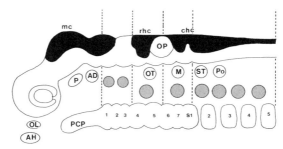

図 4-37 背側プラコード系列。ノースカットによって想定された、背側プラコードの基本的配列。頭部神経堤細胞集団、頭部ソミトメア（その存在については本文を参照）と対比させてある。背側プラコードがどのような分節的性質のものかまだ知られていない。(Northcutt, 1993 より改変)

うに、下神経節の分布のプレパターンは咽頭嚢にある（Yntema 1944；Newth 1956；Johnston and Hazelton 1972；D'Amico-Martel and Noden, 1983；Kuratani and Bockman, 1992）。このように、鰓弓神経腹方部は、咽頭弓の存在による圧倒的な形態形成的拘束を負う（同時に、咽頭嚢はそれが誘導する諸構造により負荷を負う）。すでに見た脊髄神経の形態発生においては、このような内胚葉構造による影響はない。たしかに上鰓プラコードの発生機序を見る限り、顔面神経、舌

4.5 頭部形態を反映するパターン——脳神経　157

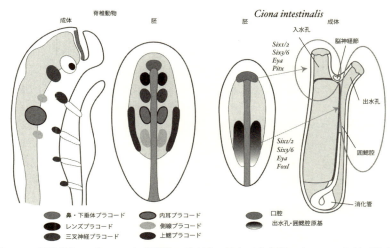

図 4-38　脊椎動物のプラコード前駆体に発現する遺伝子と類似のものが、比較可能な分布パターンを伴って、ホヤ幼生にも発現することを示した模式図。ナメクジウオにも類似のプラコードが存在するという。（Abitua *et al.*, 2012 より改変）

咽神経、迷走神経は鰓弓神経（branchiomeric nerves）の名にふさわしい発生パターンを経る。一方で、上神経節の分布は下神経節よりも不明瞭である。羊膜類ではこれは神経堤細胞だけに由来するが（D'Amico-Martel and Noden, 1983）、側線系をもつ水生の脊椎動物では、背側プラコード系列がその発生に参与する（図 4-37；Northcutt, 1992；Northcutt and Brändle, 1995）。背側プラコードは側線それ自体に加え、側線神経節のニューロンをももたらす。したがって、側線神経節を羊膜類の上神経節と相同と見なすのであれば、その細胞学的組成はタクサにより異なることになる。魚類の上神経節の発生に背側プラコードが関与することがフロリープ以来知られ、そのアナロジーとして上鰓プラコードは、鰓に付随する感覚器原基だと思われていた（Froriep, 1885, Schlundspaltenorgan, "咽頭裂器官"の意；側線系、側線神経についての記載は Allis, 1897a, 1901, 1917 を見よ）。

　古典的には、背側プラコードも咽頭弓と同じリズムを刻んで分節的に配置していたと考えられ、ジャーヴィック（Jarvik, 1980）もその考えに追随した。が、それを積極的に支持する証拠はない（Northcutt, 1993）。また、このプラコード系列には内耳プラコードも含められるとされるが、側線だけをもち、内耳を分化させていないような動物は、化石資料も含め発見されていない。これに関し、

ヌタウナギ類には側線系がないとされてきたが、個体発生過程を詳細に観察すると、側線に相当する構造は一過性に現れる（Wicht and Northcutt, 1995）。したがって、側線系と内耳、そしてそれらをともにもたらした背側プラコードは、系統的にそれが現れたときにはすでに現生の脊椎動物とほとんど同じ分布と分化を示していたように見え、それ以前の進化的由来と変遷を原索動物に見いだすことはできないと、以前は信じられてきた。それが本当ならばたしかに、知覚神経節プラコードは脊椎動物らしい頭部を作り出すために必須の新しい外胚葉原基となろう（Gans and Northcutt, 1983；Northcutt and Gans, 1983；Hall, 1999）。しかし最近では、プラコードの獲得が脊椎動物の起源より遡る可能性が問われはじめている（図4-38；Abitua *et al.*, 2015を参照）。

（9）特殊な鰓弓神経——三叉神経

おそらく鰓弓神経のなかでも、最も大きな問題をはらんでいるのが三叉神経（trigeminal nerves）であろう（図4-25、図4-26；第8章にも詳述）。この、咀嚼と皮膚知覚を専門とした神経が、そもそも鰓弓神経なのかどうかというレベルで問題がある。というのも、三叉神経の神経節が2部分からなり、その一方は咽頭弓とは関係がないと思われる領域の体性知覚にのみ機能し、神経節それ自体も上鰓プラコードに由来するようには思えない。神経節にプラコード由来の細胞が含まれることは確かだが、それがどの系列のプラコードに属するのかが分からない。さらに、分枝パターンも先に述べた鰓弓神経の基本的フォーマットに合致せず、味覚枝もない。上述のように、クプファー（von Kupffer, 1891a）はこれを口器の発達による二次的擾乱によるものと考え、そればかりか、この神経に見られる主要な3枝それぞれを独立した（系列相同的な）鰓弓神経であるとし、それぞれが上鰓神経節と主神経節を本来備えていたとした。

実際の三叉神経には2つの神経節、眼神経節（ophthalmic ganglion；Allis, 1918b）と上下顎神経節（maxillomandibular ganglion）がある（図4-34、図4-40）。眼神経節から発する眼神経（三叉神経の深眼枝 ophthalmicus profundus nerve ともいう）に加え、顎口類では上下顎神経節から伸びる上顎神経（maxillary nerve）と、下顎神経（mandibular nerve）があるために、「三叉」神経の名がある。ヤツメウナギでも同じ名の枝が記載されているが（Johnston, 1905a）、これらは形態学的に相同なものではない（後述）。これら2つの神経節は、神経堤細胞ならびにプラコードからのニューロンをともに含む（D'Amico-Martel and Noden, 1983；図4-34）。ほとんどの脊椎動物胚においてこのプラコードは2カ

所にできるので、たしかに三叉神経節が2つの神経節の融合したものであることが分かる（哺乳類では例外；図4-40；Kuratani and Tanaka, 1990a；Kuratani *et al.*, 2000；Kuratani and Horigome, 2000 ならびにそれらの引用文献）。それぞれのプラコードは、小さな外胚葉の肥厚が点在したもので、典型的な上鰓プラコードとは様相を異にする（Batten, 1957a, b；Kuratani and Hirano, 1990；図4-39）。

　脊椎動物胚に現れる最前の咽頭嚢は第1咽頭嚢、つまり mandibulo-hyoid pouch であり、それは膝プラコードを誘導するものであるから、三叉神経節を誘導する咽頭嚢は一見存在しない（図4-7）。では、三叉神経節はどうやって発生するのか。かつては、三叉神経節の発すべき場所の内側には何らかの誘導源があるべきなのだが、外胚葉がそれから遠く離れているために、他の上鰓プラコードとは異なり、点在型の小プラコード集団を形成するのであろうと考えられた（図4-34；D'Amico-Martel and Noden, 1983）。また、ニワトリ初期咽頭胚、口前腸外側縁にかすかな突起があり、これが第1咽頭嚢のさらに前方に生ずる咽頭嚢の残遺を示すと想像されたり（図4-8；Kastschenko, 1887）、さらには、ヌタウナギに第0咽頭嚢があるかのごとく記載されたこともある（図4-40；Dean, 1899, Stockard, 1906a；Wicht and Tusch, 1998 に総説）。しかし、そのどれも確かな証拠があるわけでもない。実際、どのようにして三叉神経節が誘導されるかまだよく分かっていない。が、少なくともそれが後続する他の上鰓プラコードの発生機序と異なったものであることは分かっている。たとえば、他の上鰓プラコードを誘導する成長因子、BMP7 では、三叉神経節を作り出すことはできない（Begbie *et al.*, 1999）。

　しかし、上のような理由があるからといって、三叉神経を鰓弓神経から除外することは健全な方針ではない。なぜなら、少なくとも上下顎神経は顎骨弓の筋を支配し、三叉神経節の末端に局在する大きな細胞体を伴う知覚ニューロンは、他の上鰓プラコード由来のニューロンと同様、成長因子の一種 BDNF によって分化促進され（神経性由来のニューロンは、BDNF ではなく、別の成長因子 NGF によって分化促進される）、何よりも顎骨弓が咽頭弓のひとつとして認識されているからである。むしろ、舌咽神経を標準の鰓弓神経として認識しがちな形態学的認識を、進化と発生の両面から捉え直す必要がありそうである。上に述べたように、三叉神経がかつて典型的な鰓弓神経のかたちを有していたことがあったと想定する積極的な理由は見つからないが、この問題の解明には、顎の成立や、顔面の進化（とりわけ篩骨領域）、さらには可能性として鼻や下垂体のパターニングの仕組みまでをも射程に入れなければならない（後述）。これ

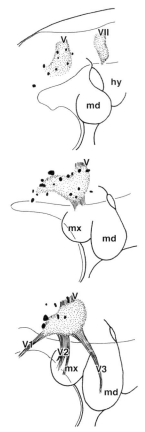

図 4-39 三叉神経プラコード。上から 26 体節、32 体節、8 mm 期のヒツジ咽頭胚における三叉神経プラコード（黒）の分布。ローマ数字は脳神経。hy、舌骨弓；md、下顎突起；mx、上顎突起。(Batten, 1957a より改変)

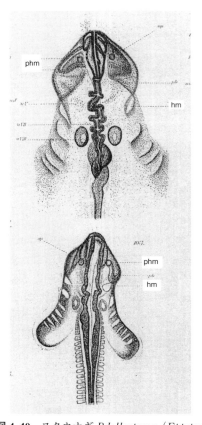

図 4-40 ヌタウナギ Bdellostoma (Eptatretus) stoutii 咽頭胚の咽頭嚢。この 2 段階の胚には第 0 咽頭嚢があるかもしれないと、かつては考えられていた。hm (hyomandibular pouch) は、舌骨弓と顎骨弓の間にできるいわゆる第 1 咽頭嚢。その前にもうひとつの内胚葉の膨らみ (phm = prehyomandibular pouch) が見えるが、これは口腔の一部である。この動物は口咽頭膜の位置や、下垂体の起源などについて、他にも多くの問題を提示している。詳細は第 8 章を。(Dean, 1899 より)

4.5 頭部形態を反映するパターン——脳神経　*161*

らのパターンは、顎口類と円口類の間でも大きく異なっている。

　少なくとも、三叉神経の形態はヤツメウナギやヌタウナギにもそれが同定可能であるほど、共通したパターニング機構のもとに成立していることが窺える（Alcock, 1898 ; Johnston, 1905a ; Kishida *et al.*, 1987 ; Nishizawa *et al.*, 1988 ; Ronan, 1988 ; Kuratani *et al.*, 1997b）。したがって、顎獲得のイベント「以前」に、咽頭弓の前方に顎骨弓と、それを専門的に支配する神経を特異化する変化は生じていたはずであり、したがって脊椎動物そのものの起源と深い関係があることは確からしい。顎の発明に先立ち、顎骨弓の特異化が口や嗅上皮との関わりにおいて成立し、さらにその前には鰓弓系それ自体の進化があった。三叉神経という末梢神経の成立は、まさにその階層的進化イベントのどこかと関わっている。すなわち顎の成立に先立ち、顎骨弓の成立とともに生じたバウプランの一環として現れてきたはずなのである。

(10) 三叉神経枝の形態と発生

　発生学的に顎口類の上顎と下顎は、それぞれが独立の咽頭弓を示すのではなく（そのように書かれた総説や成書もかつては多かったが）、ひとつの弓が上下に分かれ、関節したものである。したがって、顎口類の上顎枝と下顎枝は「前後」ではなく、本来「上下」の関係にある。しかも、どちらも紛れもなく同じ咽頭弓のなかに発する枝である。このようなパターンは他の鰓弓神経にはない。また、顎骨弓の折れ曲がりをもって顎の存在と同義とするのであれば（後述）、顎をもたない円口類にはこのような分枝パターンはあってはならないはずで、したがってたとえそれが形態的に類似していても、円口類の三叉神経枝に「上顎枝」や「下顎枝」の名は与えられない（Johnston, 1905a ; Kuratani *et al.*, 1997b ; 詳細は第8章）。この意味で、上下顎神経の細分を避けている比較形態学書もある（Goodrich, 1930a）。事実、多くのタクサにおいて咀嚼筋（もしくは三叉神経筋）を支配する線維は下顎神経のなかだけを通るが、これは顎口類の基本パターンではなく、軟骨魚類以外の顎口類のものである。板鰓類では上顎神経のなかにも運動線維の一部が走り、全頭類ではさらにこれが著しい（Song and Boord, 1993）。顎口類では形態学的に、顎骨弓に発する咀嚼筋を大きく3グループに分けることができ、それぞれ三叉神経運動核の3部分によって支配されるが（Song and Boord, 1993）、それに基づいた咀嚼筋の相同性は顎口類の内部でのみ有効である（鰓弓筋の基本形態については、Sewertzoff, 1911 ; Romer and Parsons, 1977 ; Miyake *et al.*, 1992 を参照）。ヤツメウナギ、ヌタウナギの三叉神経

運動核にも同様の3部構成は見られるが、これと支配する筋の対応関係は、顎口類のパターンとかみ合わない（Song and Boord, 1993；Murakami et al., 2004）。

　顎骨弓には、その前にあるべき咽頭嚢も咽頭裂も存在しないので、上顎枝を裂前枝と見なすこともできない（が、それに類した性質がないではない──後述）。それについては眼神経も同様である。このような三叉神経の独特の分枝パターンは、少なくとも顎口類においては顔面突起の形成と密接な関係がある。すでにヘッケルによって指摘されたように、現生顎口類の顔は一連の比較可能な原基のセットで構成されている。すなわち、のちの上下顎を形成する上顎突起（maxillary process）、下顎突起（mandibular process）に加え、外鼻孔の内側に無対の内側鼻隆起（medial nasal prominence）、外側に対をなす外側鼻隆起（lateral nasal prominence）が認められる（図4-42）。これはすべて、神経堤に由来する間葉（ectomesenchyme）を含み、その成長や変形により各動物の顔ができあがる。加えて前頭突起も認められるが、これは実質上終脳の膨出によって形成されたもので、他の突起とは性質を異にする。

　このように、現生顎口類のバウプランを構成する発生拘束に相当する段階は後期咽頭胚における間葉の分布成長パターンに求められる。そして、三叉神経各枝の分布パターンはこのような突起の分布と一致し（図4-41）、三叉神経枝の相同性は顔面突起の相同性により決定される（Kuratani and Tanaka, 1990a）。実際、ジョンストン（Johnston）は、これら突起に流入する神経堤細胞の流れが、三叉神経各枝の伸長とよく似ていることを示している（Johnston, 1966；図4-41）。この背景には、神経突起の伸長と、間葉のもととなる神経堤細胞の移動に、共通の細胞外環境が関与しているという事実がある（Rogers et al., 1986）。これに関し、顎口類にのみ定義可能な「上顎枝」は、多くの場合、上顎突起を越えて鼻部や切歯に至る鼻口蓋枝（r. nasopalatinus）に終わり、これと似たパターンがヤツメウナギ三叉神経の第2枝にも見られる。おそらく、上顎枝の祖型は、顎前領域に伸びる、一種、裂前枝にも似た性質をもつもので、顎口類の祖先において二次的に上顎突起が顎骨弓の背側部として得られたとき、専門的にここに分布する神経束があとから鼻口蓋枝に付加し、顎の発達とともに上顎支配部が目立つために、全体として「上顎枝」と呼ばれるようになったにすぎない（Higashiyama and Kuratani, 2014：第10章に詳述）。つまり、三叉神経第2枝は、本質的に（原始形質を重視して）「眼窩・鼻・口蓋神経」と呼ぶべきである。こう考えることによって、本来上顎突起派生物を支配するはずの神経が、なぜ顎前神経堤間葉に由来する前上顎骨や上顎切歯を支配できるのかが理解で

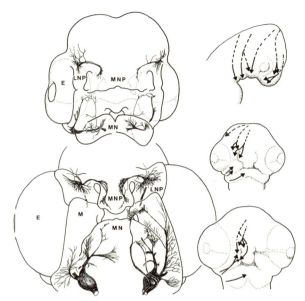

図 4-41 三叉神経の形態。左：三叉神経の独特の分枝パターンは、顔面突起の形成パターンと直接比較することができる。E、眼；LNP、外側鼻隆起；M、上顎突起；MN、下顎突起；MNP、内側鼻隆起。(Kuratani and Tanaka, 1990 より改変) 右：ニワトリ胚顔面における神経堤細胞の移動。ニワトリにおける神経堤細胞の流れは、各顔面原基の形態パターンと一致する。左と比較すると、それが三叉神経の分枝パターンと重なることが分かる。(Jchnston, 1966 より改変)

きる（上顎神経の別の枝である、眼窩下神経についても同様である）。つまるところ、三叉神経第2枝の支配領域は、祖先的顎口類の時代から、顎骨弓由来物の範囲を超えて広がっていたのであり、それはサメの成体を解剖することによって明瞭に示すことができる。ヤツメウナギにおける類似の枝もアンモシーテス幼生の上唇部を支配し、しばしば上顎枝と呼ばれることもあるが、それは上顎に分布する神経として相同なのではなく、実際、これは口器の筋を支配する運動線維を含む (Murakami *et al.*, 2004)。むろん、この動物に上顎突起とその派生物はなく、したがって、歯槽神経の前駆体も存在しない（上顎神経の問題については、円口類の進化に関してのちに考察する。ヤツメウナギの三叉神経節と口器に分布する知覚神経については Modrell *et al.*, 2014 を）。

　三叉神経の特定の線維・軸索の伸長に関わる胚環境（顔面突起やそれに準ず

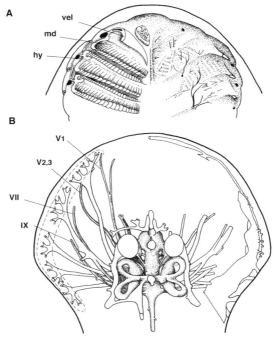

図 4-42 骨甲類の鰓弓系（A）と脳神経（B）。化石を研磨し、復元模型を作製することで、内部構造を知ることができる。ここでは、第 1 号に縁膜が復元されているが、これは仮説に過ぎない。ステンシエーの予想とは異なり、化石無顎類にも顎前弓は存在せず、内耳（顎口類とは異なり二半規管）の前には三叉神経と顔面神経しかない。（Janvier, 1996 より改変）

る構造）に由来する因子が明らかにされつつある（Hanoré and Hemmati-Brivanlou, 1996；O'Connor and Tessier-Lavigne, 1999；関連論文として Caton et al., 2000）。このような咽頭胚後期に成立する顔面パターンは、のちの成長において決定的な形態形成的拘束となり、われわれの顔面の知覚支配の「モジュール性（モジュラリティ；modularity）」として引き継がれる。マウスにおける洞毛の発生とその知覚支配という興味深いパターニング現象も同じ範疇にある。このような突起や知覚モジュールのセットは、それぞれがパターン発生上の「モジュール」をも構成し、それぞれの発生は、他の要素とはいくぶん独立している。すなわち、それぞれが独自の遺伝子発生的プログラムのもとにあり、その

位置に特異的な独特の胚環境、それに起因する組織間相互作用のもとにある。たとえば、上に記述した *Pax6* の機能欠失においては、これら突起のうち外側鼻隆起が選択的に欠失する。この背景では、ここへ至る神経堤細胞の移動を阻害するような変化が移動環境に生じている（Matsuo et al., 1993 ならびに Osumi-Yamashita et al., 1997）。このように、三叉神経支配領域のモジュール性は、形態学的に不明瞭な相同性を明らかにする可能性を秘めている。すなわち、個体発生後期に特定の構造がどれほどの変化を生じようと、それが下顎神経に支配されている限りは、顎骨弓由来であると推測できる。ただ、上に見たように、上顎突起と上顎神経はモジュールを構成しておらず、むしろこの突起は、上顎神経のサブセットである、一連の「歯槽枝群」とモジュールをなすと見なさねばならない。

　一方で、眼神経の支配領域は、明瞭に顎骨弓の前にある（図 4-25、図 4-26、図 4-41）。この領域を本書では以下に、顎前領域（premandibular region）と呼ぶ。顎前領域は、歴史的に多くの問題をはらんできた（Kuratani et al., 1997a, 2001 を参照；その間葉系についての議論は後述）。ここには、神経堤に由来する梁軟骨と呼ばれる原基が発生し、それを鰓弓骨格のひとつとなぞらえ、「顎の前に、もうひとつ（か、あるいはそれ以上）の鰓が存在した」という説の根拠となり、その分節に属するものとして眼神経も数えられたのである（Goodrich, 1930a；De Beer, 1937；Bjerring, 1977；Jarvik, 1980 参照）。さらに、頭部分節性に偏った解釈からすれば、頭部には、その分節の数と同じだけの鰓が本来存在していたはずであると考えられ、その結果として２つか、それ以上の顎前弓が想定されることもあった（Gregory, 1933；ならびに Sewertzoff による一連の論文を見よ）。すでにグッドリッチの模式図によせて解説した通り、最前の頭腔である顎前腔にも、その分節の割り当てられた鰓弓があるべきであり、さらにその前に見つかることのあるプラットの小胞が、もうひとつの頭部分節を代表するというのであれば（第３章）、その顎前弓の前にさらに「終末弓（terminal arch；terminal segment に属する鰓弓の意）」を想像せざるをえなくなる（Jarvik, 1980）。これについては以下に述べるように、古生物学と比較形態学の実に興味深い歴史的背景がある。

(11) 古生物学的解釈

　脊椎動物古生物学の父、ルイ・アガシ（Louis Agassiz, 1807-1873）以来、化石魚類の研究はもっぱら外骨格の形態だけで行われていたが、20 世紀に入っ

てから内部構造に興味をもつ研究者も現れはじめた。なかでもスウェーデンの古生物学者、ステンシエー（Erik Anderson Stensiö, 1891-1984）は生物学のバックグラウンドをもち、その必要性を最も強く感じていた研究者であった。そして化石の内部形態を知るために、きわめて直接的な方法を編み出した。彼は、スピッツベルゲンから産出したデヴォン紀骨甲類（顎口類ステム、すなわち無顎類）の一種、*Kielaspis* の化石を研磨し、三次元的に再構築することによって、脳神経や血管をはじめとする内部構造の形態を復元することに成功したのである（これを詳細に記載したモノグラフが、1927年の『*The Downtonian and Devonian Vertebrates of Spitzbergen*』であり、そのあまりのみごとさに深い感銘を受けた大英博物館が、その所蔵するセファラスピス類の標本を、「無傷のまま記載してくれ」と Stensiö に懇願、世にも美しいモノクロ写真からなる単行本として 1932 年に出版がなったのが『*The Cephalaspids of Great Britain*』である［以上、Philippe Janvier 談］。ちなみに、後者は私がストレス軽減のために時折眺めている気に入りの写真集で、常々どんな美術系写真集にも負けない内容をもつと思っている）。彼は、この動物の顎骨弓の前にもうひとつの鰓があり、それが三叉神経第 1 枝（眼神経）によって支配されていると報告した（図 4-42 は、Janvier による改訂後のもの；Stensiö, 1927）。つまり、古生代の無顎類にはセオリーの予言する通り、顎の前にも鰓があり、それを運動性に支配している鰓弓神経が存在したというのである。この見解は当初、比較形態学者に広く受け入れられた。しかしのちにより詳細に調べてみると、彼が顎前弓と見ていたものが実は顎骨弓にほかならず、そこを支配していた神経がヤツメウナギの上下顎神経（maxillomandibular nerve＝本書でいうところの三叉神経）に相当することが分かったのである（Whiting, 1977；化石無顎類のより広範な解剖については Janvier, 1996；後述）。

つまるところ、古生代の無顎類も、ある程度現生円口類に似た末梢神経形態をもっていたらしい（無顎類の鰓弓神経形態については Janvier, 1985, 1996；Kuratani *et al.*, 1997b；Oisi *et al.*, 2013a, b を参照。同様にスピッツベルゲン産骨甲類の神経形態を分析した Janvier, 1985 の記載は詳細を極めたもの）。したがって、顎の前にもうひとつの鰓をもっていた動物は、想像上のものでしかない。もっとも、ヤツメウナギ胚における耳胞は r4 レベルに発し、その結果として顔面神経根は顎口類のそれに比べ、相対的に後方、耳殻内側にできるように見える（von Kupffer, 1906；Kuratani *et al.*, 1997b）。が、末梢では円口類を含めた無顎類の顔面神経は、常に内耳の前方を走る。

いずれかの祖先的脊椎動物において眼神経が独立の神経として成立し、存在

していたはずだという想像はおそらく正しい。多くのタクサにおいて、神経節原基だけではなく神経根もまた独立に発生し（Kuratani *et al.*, 1997b；Kuratani *et al.*, 2000）、さらに中脳後脳境界と眼神経節を結ぶ、神経堤細胞よりなる索状構造が発生する（Platt, 1891b；ということは、第 1 ロンボメア、すなわち r1 の前にさらにもうひとつの偶数番号のロンボメア、r0 が存在するということなのだろうか？ r0 の発生学的背景については Waskiewicz *et al.*, 2001, 2002 を参照）。しかし、それが鰓弓神経とどのような関係にあるのかについては意見の一致を見てはいない。ただ、「眼神経は鰓弓神経の極端に変化したもの」という考えは、ただちに顎前弓の存在を仮定することにつながる。既述のように、知られているすべての脊椎動物種に眼神経は存在する。それがどのようなものであったにせよ、眼神経を含めた三叉神経の基本的なパターニング機構、すなわち発生拘束は脊索動物のものではなく、顎口類に限られるのでもなく、やはり脊椎動物のバウプランのレベルに特異的に存在していると見なければならない。つまり、この神経の基本的形態パターンは、まず間違いなく、顎口類と円口類の分岐以前にすでに成立していたのである。

4.6 もうひとつの頭部分節性——ニューロメリズム

　脊椎動物咽頭胚の神経管には、ところどころ「節」が発生する。これを一般に神経分節（neuromeres）と呼び、その形態形成の仕組みと発生上、進化上の意義については領域ごとに異なる。この神経分節は鰓弓神経のパターニングのみならず、他の形態発生的現象についても重要な意義をもっている。いうまでもなくそれは頭部分節性というプランに則った頭部形態の形式的理解と関わる。

（1）ロンボメア

　すでに言及したように、神経分節のうち菱脳に現れるものを「菱脳分節」、もしくは「ロンボメア」と称する（図 4-27、図 4-37、図 4-43-図 4-47；von Baer, 1828；Orr, 1887；Vaage, 1969；Lumsden and Keynes, 1989；無顎類のロンボメアに関しては、Horigome *et al.*, 1999 を参照）。これはおそらくすべての脊椎動物に現れ、きわめて明瞭な繰り返しパターンを伴う。そのメタメリズムについては、とりわけ真骨魚類における網様体神経細胞（reticular neurons）の発生パターン（図 4-47；Kimmel *et al.*, 1982, 1985, 1988；Metcalfe *et al.*, 1985, 1986；Mendelson, 1986a, b；Trevarrow *et al.*, 1990；羊膜類における同等のニューロンの発生については：Glover

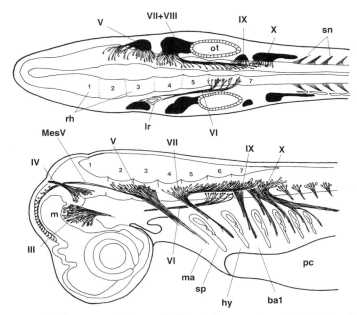

図 4-43 サメ咽頭胚。ニールはサメの咽頭胚におけるロンボメアと鰓弓神経の運動ニューロンの位置を示した。これは銀染色によって観察されたものだが、三叉神経中脳核ニューロン、滑車神経、動眼神経、外転神経は正確に記載されている。ローマ数字は脳神経、アラビア数字はロンボメアを示す。ba1、第1鰓弓；hy、舌骨弓；lr、外直筋；m、中脳；ma、顎骨弓；MesV、三叉神経中脳路；pc、心膜腔；rh、ロンボメア；sn、脊髄神経；sp、呼吸孔。(Neal, 1918a より改変)

and Petursdottir, 1988；Clarke and Lumsden, 1993；Lumsden *et al.*, 1994)、あるいは羊膜類をはじめとする鰓弓神経運動ニューロンの配置（Tello, 1923；Lumsden and Keynes, 1989；Gilland and Baker, 1993；図 4-27、図 4-44) に顕著である。

このような規則的なロンボメアも、のちの発生途上で境界を失い、ほとんどのタクサでは、成体の菱脳に痕跡を見ることはできない。しかも、ロンボメアに対応して生じたニューロンもその後、前後方向に移動し、本来の発生位置を曖昧にする（たとえば、Auclair *et al.*, 1996 参照；図 4-45；その機構については、Garel *et al.*, 2000)。このように、ロンボメアの存在意義は、発生期において菱脳にある一定のタイプのニューロンレパートリーを、分節繰り返しパターンに則ってもたらしてゆくことにあるように見える。のちに触れる前脳のプロソメア

4.6 もうひとつの頭部分節性——ニューロメリズム

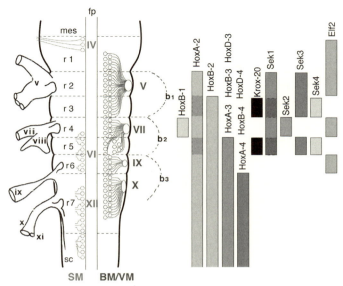

図4-44 ニワトリ菱脳。ニワトリの菱脳原基には、「ロンボメア（rhombomeres；r1-r8）」という上皮性分節コンパートメントが発生する。基本的には偶数番号のロンボメアに鰓弓神経根が発する。ローマ数字は脳神経を示す。左に示した体性運動ニューロン（SMニューロン；外眼筋神経を含む）の発生位置に注意。最も後方に発する舌下神経の延長線上に、これらのニューロンは発する。ここに示されていない動眼神経核は、中脳底に現れる。各鰓弓神経の運動核原基（sVMニューロン）は右側に示す。これらは外眼筋神経核よりも外側に発し、おおまかに2つのロンボメアにわたって発生するニューロンの軸索が、1本の鰓弓神経へと割り当てられている。すなわち、ロンボメア2つ分がひとつの咽頭弓（b1-3）に対応することになる。右には、ロンボメアに対応した発現を示すHox遺伝子群、Krox20、ならびに細胞接触依存型シグナリングに関わるレセプターをコードする遺伝子の発現ドメインを示した。（倉谷・大隅、1997より改変）

がそのまま間脳の解剖学的領域をもたらしてゆくのとは大きな違いである（後述）。これに関し、例外的な発生パターンが、無尾両生類に知られている。というのも、アカガエル科の菱脳は幼生期のみならず成体においても分節境界を示し、発生期に成立したコンパートメント配列に従った解剖学的構築がそのまま機能しているのである（Straka et al., 2002；それに対して有尾両生類の神経構築についてはたとえば、Roth et al., 1988を見よ）。

　ロンボメアには位置特異的、形態学的な相同性を認めることができる。いわば、ロンボメアは系列相同物であり、それぞれに位置特異的な形態的アイデン

170　第4章　解剖学的形態学——胚に由来する形態

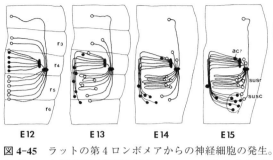

図4-45 ラットの第4ロンボメアからの神経細胞の発生。12日ラット胚顔面神経根を出るニューロンはr2からr5まで分布している。これに続く発生過程で各ニューロン群が本来のロンボメアを越えて移動することに注意。(Auclair et al., 1996より改変)

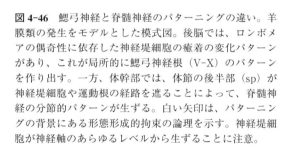

図4-46 鰓弓神経と脊髄神経のパターニングの違い。羊膜類の発生をモデルとした模式図。後脳では、ロンボメアの偶奇性に依存した神経堤細胞の癒着の変化パターンがあり、これが局所的に鰓弓神経根（V-X）のパターンを作り出す。一方、体幹部では、体節の後半部（sp）が神経堤細胞や運動根の経路を遮ることによって、脊髄神経の分節的パターンが生ずる。白い矢印は、パターニングの背景にある形態形成的拘束の論理を示す。神経堤細胞が神経軸のあらゆるレベルから生ずることに注意。

ティティが存在し、ヤツメウナギ胚を含め脊椎動物咽頭胚に現れる菱脳分節と鰓弓神経の根が生ずる位置の間には一定の関係があり（Kuhlenbeck, 1935 ; Kuratani et al., 2001）、r2には三叉神経根が、r4には顔面神経と内耳神経の共通根が（顔面神経の上神経節が内耳神経節のなかに含まれる）、r6には舌咽神経根が発し、ここまでは鰓弓神経根とロンボメアの間に1：2の関係が見られる（Kuratani, 1991 ; Kuratani and Eichele, 1993 ; 図4-46）。ただし、板鰓類においては発生上二次的にこの関係が崩れる（Kuratani and Horigome, 2000 ; 後述）。そして、舌咽神経より後方のレベルでは、迷走神経が菱脳後部において幅広い根を形成し、偶奇性は見られなくなる。

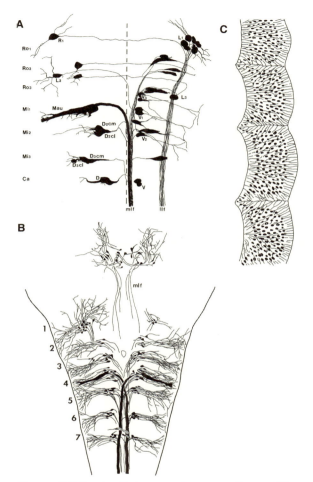

図 4-47 ロンボメアの組織学。A：ゼブラフィッシュのロンボメア。(Kimmel *et al.*, 1988 より改変) B：同じコイ科に属する、キンギョ胚のロンボメア。以上2種の硬骨魚類においては、各ロンボメアは同じセットの網様体ニューロンを発生させる。細胞体の発生する位置、軸索の伸長などによって、それぞれのニューロンの系列相同物が同定できるのである。そして、個々のニューロンはロンボメアの番号に応じて微妙に姿を変える。その典型的なものは、r4に発生するマウトナー細胞である。(Lee *et al.*, 1993 より改変) C：Broman が記載した、ロンボメアの組織学的構造。扇形に広がった神経上皮細胞の並びが見える。(Hertwig, 1906 より改変)

（2） r3/5 問題

このような鰓弓神経根形成の背景には、ロンボメアと神経堤細胞の接着性が関わる。神経節原基を作る頭部神経堤細胞集団が菱脳の3カ所に癒着し、鰓弓神経原基における「boundary cap」と呼ばれる構造を形成するのである（Altman and Bayer, 1982 ; Kuratani, 1991 ; Niederländer and Lumsden, 1996）。ムーディーとヒートンによる一連の実験の示すところでは、このような神経堤細胞の癒着がなければ、鰓弓神経の運動ニューロンの軸索が菱脳を出ること（sprouting）ができなくなる（Moody and Heaton, 1983a, b, c）。つまり、r2の脇に発する三叉神経節原基を除去すると、三叉神経運動核ニューロンの軸索は、本来の出口である r2 から菱脳を出ることができず、かわりに顔面神経根の発する r4 から菱脳を出るようになる（顔面神経の軸索伸長についての機構的研究は、Chang et al., 1992 ; 鰓弓運動ニューロン一般の軸索伸長機構については、Guthrie and Lumsden, 1992 ; Guthrie and Pini, 1995 ; Varela-Echavarrâ et al., 1997 を参照）。

どうやら、偶数番号のロンボメアと神経堤細胞の癒着は、鰓弓神経の知覚成分と運動成分がともにパターン化されるための、形態的な基盤となっているらしい（図 4-44）。重要なことだが、菱脳の領域においても体幹と同様、神経堤細胞はあらゆるレベルの神経堤に由来する（Sechrist et al., 1993 ; Farlie et al., 1999）。もっとも、r3 と r5 のレベルから由来する神経堤細胞は少数であるか、あるいはこのレベルで細胞死が起こり、神経堤細胞ができなくなり、それがさらに頭部顔面の正常な形態形成に重要だという考えもある（Lumsden et al., 1991 ; Graham et al., 1994, 1996）。いずれ、鰓弓神経根のパターン形成にとって決定的な要因は、本来分節的パターンを明瞭にもっていない頭部神経堤細胞が菱脳の特定の部域に選択的に癒着し、それがのちの形態発生パターンを左右するという機構なのである。それは、偶数番号のロンボメアと奇数番号のロンボメアとで、細胞の接着性が異なることを示唆する（たとえば、Kuratani, 1991 ; Guthrie and Lumsden, 1991 ; Nieto et al., 1992 ; Kuratani and Eichele, 1993 ; Inoue et al., 1997 ; Smith et al., 1997 ; Garel et al., 2000 を見よ）。

またこの神経根の分断が、r3 と r5 のレベルにおける神経堤細胞の阻害によって生ずるという見方もある。これを支持するのが、細胞の接触を基盤にしたシグナル系の存在であり、それを媒介する分子としてチロシンキナーゼレセプター（Eph ファミリーに属する）とそのリガンドである ephrin が知られる。事実、これらの分子をコードする遺伝子は、ロンボメア境界に相関した発現パタ

ーンをもつ（Nieto et al., 1992 ; Hirano et al., 1998 ; 図4-44）。典型的には、r3とr5に特異的に発現する EphA4 遺伝子が知られる。これらの分子は体幹において神経堤細胞の移動や存在が体節後半によって阻害される場面でも機能する（Wehrle-Haller and Weston, 1997に要約）。ちなみに、このグループの遺伝子は他にも、脊椎動物のバウプラン成立にとって重要な形態パターニングに機能する可能性がある（後述；Hirano et al., 1998）。さらに、ニワトリ、マウス両者のr3とr5に発現する ErbB4 の産物が外側の頭部中胚葉に作用し、神経堤細胞の移動の分断に機能すること（Gassmann et al., 1995 ; Dixon and Lumsden, 1999 ; Golding et al., 1999）、r5に選択的に発現するセマフォリン（semaphorin 3Aあるいはcollapsin-1）が、そのリセプターである neuropilin 1 を発現する神経堤細胞に対しリペレント（阻害因子）となっていること（Ecikholt et al., 1999）などが指摘されている。

ロンボメア自体の分節的パターニング、つまり神経上皮の分節的コンパートメント化が偶奇性ルールによって成立することを示す実験もなされている。すなわち、ニワトリ胚において、偶数番号のロンボメアを他の偶数番号のロンボメアの隣に移植すると、そこで互いに細胞が混ざり合い、ひとつの大きなロンボメアを形成する。これは、奇数番号のロンボメア同士を隣り合わせた場合でも同じである。しかし、偶数番号のロンボメアと奇数番号のロンボメアを隣り合わせると、その界面にはロンボメア境界ができる（Guthrie and Lumsden, 1991）。これは鰓弓神経根のパターニングについても同様である。つまり、のちに神経根を作ることになるr4を異所的に移植すると、そこに新しい脳神経根を作ることができるのである。逆に、奇数番号のロンボメアは、移植された場所で神経根の発生を阻害する（Kuratani and Eichele, 1993）。

先に示唆したように、鰓弓神経根はr3とr5の存在によって分断された神経堤細胞の分布パターンに依存するが、たとえばr3を除去し、そこにr4を植え込み、ロンボメアの並びを「偶数、偶数、偶数」と配置することによって、三叉神経根と顔面内耳神経根を融合させることもできる。興味深いことに、表現型のレベルで上の実験と同じパターンがマウスにおける遺伝子破壊実験によって得られる。Krox20 と呼ばれる遺伝子は Zn フィンガーモティフをもつ転写調節因子をコードし、咽頭胚においてはr3とr5に特異的に発現する（図4-44）。この遺伝子は、これら奇数番号のロンボメアの成立に必須であり、Krox20 を破壊した変異マウスでは、r3、r5が現れない。そして、同時に三叉神経根と顔面神経根が融合するのである（Schneider-Maunoury et al., 1993, 1997）。

他に、ロンボメアに発現する Hox 遺伝子が、ロンボメアの特異化のみならず、その分節化にも関わる可能性 (Carpenter et al., 1993)、さらにこれら奇数番号の2つのロンボメアの成立に FGF シグナルが関わることも示唆されている (Marin and Charnay, 2000)。

(3) ロンボメアと頭部分節性

　上の一連の実験が示唆するのは、鰓弓神経の形態パターンに形態形成的拘束を与える構造がロンボメアであり、そこに偶奇性に基づいたルールが存在するということである。これは脊髄神経のパターニングにおける機構とは際立って異なる(図4-46：脊髄神経における同様な拘束は、全面的に体節に存在する)。バウプラン成立の背景にどのような形態形成のロジックがあり、何が発生拘束、もしくはプレパターンとなって特定のパターンを導くのかが重要なのであれば、鰓弓神経と脊髄神経は互いに異なった形態的分節パターンをもつと結論せざるをえない (Kuratani, 1997)。したがって（この形態形成機構の違いが祖先においても存在していたという前提において）過去の頭部分節セオリーのうち、鰓弓神経を脊髄神経の特殊化したものと見なした立場は、神経要素の進化については何かを語っていたかもしれないが、形態パターンの機構の起源については誤っていたことになる。それはまた、「末梢神経の形態パターン」として鰓弓神経に類するものを、神経分節をもたないナメクジウオには求められないことをも示唆する。

　鰓弓神経形態形成の論理を概観するなら、その近位根の形成はロンボメアという発生コンパートメント（後述）の偶奇性にあり、このレベルでは鰓弓神経というより、むしろ「ロンボメア神経」というべき形態形成のロジックをもつ。先に述べたように側線系、ならびに側線神経は鰓弓系とは関係なく生ずるとおぼしいが、それらからの入力が菱脳へ至る場所は、やはり r3 と r5 以外のどこかでなければならない。神経堤細胞が癒着したところからしか、線維が中枢へと投射できないためである。

　一方、下神経節の発する遠位部は、上鰓プラコードの発生機序が示すように、咽頭嚢に由来する形態形成拘束のもとにある。このレベルでは、神経はたしかに「咽頭弓神経」もしくは「咽頭裂神経」である。それが、「branchiomeric nerves」の示す形態学的記号である。問題は、ロンボメアと咽頭弓の2：1の関係が、さらに上流の何らかの因子によってリズムを合わせるべく制御されているのか、あるいは、咽頭弓のパターニングの下流にロンボメアが発生してく

4.6 もうひとつの頭部分節性——ニューロメリズム　175

るのか、である。これまでなされたさまざまな実験からすれば、そのどちらも可能性は低い。すでに指摘したように、進化的に、神経分節よりも咽頭弓のほうがはるかに成立は早く、その起源は脊索動物以前に遡る。したがって、何らかの祖先的動物の発生機構として、菱脳分節形成と咽頭弓形成が共通の分節繰り返し機構を共有するなどということもありそうもない。そういうことがかつてあったというのであれば、ロンボメアは祖先的に鰓の数の2倍用意されていたはずだが、そのような数のロンボメアをもつような動物は存在せず、迷走神経が支配する鰓のそれぞれに対応した数の根を菱脳上にもっていたという痕跡もない。顎口類には7、あるいは8つのロンボメアが仮定されているが、鰓の数が多いヤツメウナギにはそれ以下のロンボメアしか確認されていない（Horigome *et al.*, 1999）。

　鰓弓神経という末梢神経の形態は、頭部における独特の神経堤細胞の分布様式とロンボメアによるその分断によって、咽頭の形態パターンに応じて生じた神経節や、側線神経節、内耳からの線維をどのように菱脳内の核に特異的に投射させるかという問題の解決として生じたように見える。つまり、鰓弓神経群という呼称に目をつぶれば、側線神経もこれらの枝として認識してかまわない。末梢神経の形態学の発生的基盤が、そもそも根形成機構に求められるものだからだ。そして、その同じ経路を使うことでしか、咽頭弓のなかに生じた中胚葉由来の筋を動かすための線維も伸ばすことはできなかっただろう。

　おそらく鰓弓神経群のうち、この末梢神経系の成立の背景を最もよく語っているのは迷走神経なのであろう。どのタクサの迷走神経においても、上鰓プラコードや、それより末梢の形態は咽頭弓成立の論理で分節しているが、近位形態は咽頭弓のパターンとは関係なくできあがっている。おそらく、各鰓弓のための分離した根をもっていたような祖先的状態などこれまであったためしもなく、迷走神経の後耳鰓弓のひとつひとつを別々に動かすことのできた器用な動物は、現生の円口類や条鰭類同様、いなかったに違いない。

（4）コンパートメントと頭部分節性

　中枢神経それ自体にも前後に沿った分節的パターンがあり、それが頭部の分節的構築の背景となっているという考え方は魅力的なものである（Béraneck, 1887; Orr, 1887; McClure, 1889, 1890; Waters, 1892; Locy, 1895; Hill, 1899, 1900; Stunkard, 1922 も見よ）。このような考えはたしかに比較発生学的仮説として過去に存在し、神経堤細胞と咽頭弓、またロンボメアの発生と、そこに発現する

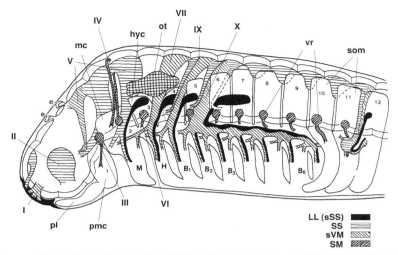

図 4-48 頭部分節性に即した神経分節理論。ジョンストンは、神経分節のそれぞれが頭部の中胚葉性分節に対応し、理想的には1分節に味覚（特殊内臓知覚）、鰓弓運動（特殊内臓運動）、体性知覚、体性運動の要素を含んだ鰓弓神経、ならびに脊髄神経腹根の相当物（外眼筋神経群と舌下神経）が付随すると想像した。嗅神経は味覚の一種、視神経は体性知覚の成分を示すと考えられている。体節は前方で頭腔へと連なり、この模式図ではプラットの小胞も数えられている。ローマ数字は脳神経、アラビア数字は頭部体節、M, H, B1-6 は内臓弓を示す。hyc、舌骨腔；LL（sSS）、側線知覚要素；mc、顎骨腔；pl、プラットの小胞；pmc、顎前腔；SM、一般体性運動要素；som、体節；SS、一般体性知覚要素；sVM、特殊内臓運動要素；vr、脊髄神経腹根。（Johnston, 1905b より改変）

一連のホメオボックス遺伝子の存在が明らかになってからは、それはさらに勢いを増すことになった（ロンボメアと咽頭弓に発現する Hox 遺伝子群とその機能、そして現代的な頭部分節発生パターンにおける意義については後述）。

　典型的にはジョンストン（Johnston, 1905b）に見たように（図4-48）、頭部における神経分節はあらゆる機能コラムを備え、あらゆる種の末梢神経がそれぞれの根を伴って1セット発し、それが頭部における中胚葉分節や鰓弓をはじめとする各分節的単位を支配すると考えられた（ロンボメアとソミトメアの関係については Holland, 1988；Northcutt, 1993）。基本的理念としては、これもまたゲーテ、オーウェンにはじまる観念論的形態学の申し子であり、ここでは議論の対象が神経系に限定されているのである（図4-49）。ただし、理念の共通性が明らかであっても、この一連の神経分節理論は、必ずしも中胚葉成分に基盤を置

4.6 もうひとつの頭部分節性——ニューロメリズム　177

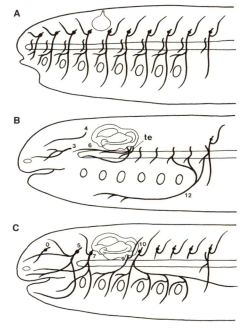

図 4-49 末梢神経の理想的なメタメリズム。ジャーヴィックやビェリングは、脊椎動物の頭部における理想化された末梢神経の形態パターンを考案した。A では頭部分節のそれぞれに鰓弓神経と外眼筋神経の組からなる末梢神経があると考え、それが形態的に分化していない、仮想的な模式図が描かれている。これは末梢神経のパターンだが、オーウェンが椎骨要素を用いて原脊椎動物の頭部を描いたのと同じ方針が貫かれているのが分かる。B は分化した結果としての外眼筋神経群と、それと系列的に相同だとされる脊髄神経。番号は脳神経を示す。te は耳胞の拡大によって縮小した中胚葉分節の由来物を支配するという n. tenius。それに続いて、いくつかの小根があり、舌下神経に至る。C は分化したあとの鰓弓神経系列。顎もまた鰓の変形であり、それは三叉神経の上下顎枝が支配する。一方、眼神経は本来顎前弓に分布し、顎前弓を支配する。彼らによれば、嗅神経の前に見つかる終神経 (0) もまた鰓弓神経であり、それは鼻孔という「鰓孔」の前にある終弓という「鰓」をもっている。これはいうまでもなく、図 3-5 に示した頭部分節仮説における分節数と整合的である。(Bjerring, 1977 より改変)

いたグッドリッチの模式図（これは体節様の分節を一次的と見るものであった）と整合的なものではない。すでに上に見たように、後脳に発するロンボメアは鰓弓神経の根形成において形態形成的拘束となるのであるから、頭部分節性と無関係なわけではない。むしろ、この耳前領域において中胚葉はパターン形成

上の拘束能を失っているので、グッドリッチのセオリーのほうが不適切であると考えられる（Kuratani, 2003a）。

　神経分節のうちで最も研究が進んでいるのは、ロンボメアである。この分節構造は、菱脳における7つ、あるいは8つの膨らみとして見ることができ、各分節の中央で上皮が外側へ向けてアーチ状に膨らみ、上皮細胞が扇形の配列を示す（図4-47；ロンボメアの組織発生については、Tuckett and Morriss-Kay, 1985；Tuckett et al., 1985；Otani et al., 1992を参照）。これら分節単位は、脊椎動物における「発生コンパートメント」の概念を確立することにもなった（ただし、これはそれ以前にショウジョウバエ Drosophila melanogaster において見いだされたコンパートメントとは、少々趣を異にする）。すなわち、ロンボメアを作ろうとしている神経上皮細胞は、境界が成立するステージを境に、隣のロンボメア予定域に移動できなくなる（cell-lineage restriction：Fraser et al., 1990；Wingate and Lumsden, 1996）。このように細胞系譜が形態的に独立していることが、コンパートメントの成立要件のひとつとなっている。他にもこのようなコンパートメントの成立としては：

①一様の細胞分裂速度
②共通した遺伝子発現
③共通した細胞の接着性

などが数えられ、これらの結果として視覚的な境界ができあがる（図4-43；境界の細胞生物学的性質については Martinez et al., 1992；境界細胞の発生については Heyman et al., 1993, 1995；Moens et al., 1996を参照）。

　もちろん、上皮構造だけではなく、間葉集塊にもこのような発生単位が生じうることは容易に想像できるが、その存在を証明することは上皮よりも難しい。上のようなコンパートメントにまつわる性質の多くは、たとえばショウジョウバエのパラセグメント（parasegments）にも見られ、ロンボメアが最初に認識されたころよりすでに、その昆虫の分節との類似性は指摘されてきた（Dohrn, 1875）。

　神経分節の発生機構はいまでもよく分かってはいない。ただ、脊髄に見られる脊髄分節（myelomeres）については、それが体節を形態形成的拘束として生ずることが示唆されている。ニワトリ神経胚では、脊髄原基側面はそのすぐ外側にある体節によってくびれる。これは「von Ebner's fissure」と呼ばれる

(Stern and Keynes, 1987)。すなわち、体節中央のレベルで脊髄原基内の細胞の移動に制限が加わり、体節中央を境界とする分節単位が発生コンパートメントとして振る舞う。このような分節パターンがたしかに中胚葉から与えられているということは、体節の除去その他による操作を通じて確かめられている(Leber *et al.*, 1990 ; Stern *et al.*, 1991 ; Lim *et al.*, 1991)。そもそも、比較発生学者のニールが頭部分節性を神経分節性の視点から捉えようとしたのは、脊髄に見られる中胚葉主導型のパターニング機構と類似のものを頭部中胚葉と脳における神経分節との関係に見いだそうとしたためであった（Neal, 1896, 1918a ; Neal and Rand, 1946）。つまり、彼の学説は純粋に観念論的な原型論というわけではなく、発想としては発生拘束という、形態形成的機構に根ざしていた。彼は頭部においても神経分節ひとつに1本の脳神経根が生じ、それが頭部中胚葉分節の各々を支配すると想定したのである（注）。

しかし、頭部においては神経分節と神経根や中胚葉原基（頭腔や咽頭弓中胚葉）の数が合わない。ロンボメアばかりでなく、後述するプロソメアまで勘定に入れるとさらに話は合わなくなる。「ずれ」によって説明するには、あまりに不一致が大きすぎるのである。その理由でニールは、神経分節そのものの形態学的意義を否定する方向へ傾いていった（Kuratani, 2003 に要約）。ロンボメアが頭部分節セオリーを整合的に説明しないのであれば、ミエロメアと体節の関係にも意味はないと彼は考えたのである。

この誤謬は、神経軸に生ずるすべての神経分節を等価とする仮説に由来している。それは頭部分節説の立場に立てば当然の方針ではあった。なぜなら、頭部の分節が、体幹のそれと根本的に同じ機構でできあがっているという形態学的思想が、そもそも頭部分節説を成立させているからだ。ニールのほかにも、

注：ニールは神経分節を脊髄神経と比較可能な体性運動神経根と対応させようとし、頭部においては、神経分節のそれぞれに鰓弓神経が付随すると考えた。彼にとって、筋節の一次的並びは、ヤツメウナギの頭部筋節に求められ、その一部が顎口類の外眼筋をもたらすと想定したが、それを支持する証拠はない（Koltzoff, 1901 ; Kuratani *et al.*, 1999b を見よ）。現在ニワトリ胚において示されるように、脊髄分節の発生はたしかに体節に依存する。したがってニールの分節理論は実験発生学的な思考の基盤をもつものであり、さらにそれは頭部中胚葉の分節を体節と同一視するという形態学的な動機に裏付けられた、ユニークなものであった（しかも、鰓孔のひとつひとつは体節と体節の間に位置すると想定された）。しかし、頭部中胚葉と神経分節の発生機構上の関係は想定されなかった。ここでいう頭部中胚葉の分節は頭腔であり、プラットの小胞もそのひとつに数えられた。のちに示してゆくように、前脳においては、中胚葉分節ではまかないきれないほどの神経分節が存在する。詳細は倉谷、2016 を。

神経分節に頭部分節の基盤を見いだそうという見解はいくつかあった。が、いずれも心眼でもってあるはずのない分節を見ようとしたり、単なる脳胞に分節を見いだしたり、不正確な記述であったり、総合的な発生機構学的視点を欠くものが多い（同様な理由でロンボメアの不在を主張した過去の発生学者の主張については、von Mihalkowitz, 1877；Balfour, 1881；Froriep, 1891, 1892；Minot, 1892；Streeter, 1933；Whiting, 1977 を、肯定的にそれを扱った比較発生学者については Remak, 1855；Dursy, 1869；Dohrn, 1875；van Wijhe, 1882a, b；Béraneck, 1884；von Kupffer, 1885, 1893；Hoffmann, 1889；Platt, 1889；McClure, 1890；Zimmermann, 1891；Waters, 1892；Herrick, 1893；Neal, 1898b；Hill, 1899, 1900 などを参照。詳細は倉谷、2016 を）。

（5）神経分節から多角形モデルへ

ロンボメアとミエロメアが発生機構的に互いに異質であることについては、シャリーン（Källen）の実験がよく示している。彼は、ミエロメアの発生が体節の存在に依存したものであり、体節の除去によってミエロメアもなくなってしまうことを確かめたが、菱脳については、その外側にある頭部中胚葉を除去しても自動的にロンボメアができてしまうことがあるのに気がついた（Källen, 1956a）。むろんこれは、彼が「substrate」と呼んだ中胚葉を主体とする胚環境からの誘導のタイミングの違いによるのかもしれない。シャリーンは当時のスウェーデン学派において主導的神経学者であったベルグクイスト（Bergquist）門下であり、脳の形態発生プランについて、独自の見解をもたらした。必ずしも頭部分節セオリーとは関係はないが、現在でも問題となっている前脳の形態発生学的構築について、有意義な考察を行った（図 4-50）。

ベルグクイストとシャリーンは多くの脊椎動物胚について組織発生学的観察を精力的に行い、前脳にも神経分節的構造があることを発見した（Bergquist, 1952；Bergquist and Källen, 1954；Källen, 1956b, 1962；図 4-53）。彼らは、分節の形態があやふやな初期胚ではなく、後期咽頭胚の脳原基について、神経上皮細胞が分裂サイクルを離脱したのちの神経芽細胞集団が互いに他とは独立した「塊」をなしている部分を同定し、それを組織切片から三次元的に強調して復元した。彼らの脳の復元モデルはでこぼこに描かれているが、これは実際の脳の表面を描いたものではなく、上皮サイクルから離脱した細胞集団の分布を意図的に強調して示したものなのである。彼らはこのような細胞集団からなる領域を「基本領域；proliferation zones（英）、Grundgebiete（独）」あるいは

4.6 もうひとつの頭部分節性――ニューロメリズム　　181

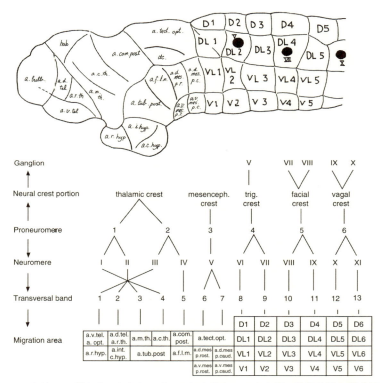

図 4-50　上はベルグクイストとシャリーンによるヤツメウナギの神経分節の模式図。下には、神経節とそれを分化する神経堤細胞集団が、神経分節、ならびにそれを反映する移動領域（migration areas）とどのように相関しているかが示されている。（Bergquist and Källen, 1954 より改変）

「移動領域；migration areas」と名付けた。英語名が示すように、この領域は細胞の増殖や移動に関して、ある制限のかかった範囲であることを示唆している。つまり、上皮性を失っていても、かつてそこに発生コンパートメントがあったならば、それは細胞系譜が独立した存在であったはずで、さらにそれはある程度のちの発生プロセスにおいても拘束を及ぼすことになるであろう。したがって分節的発生の遅い前脳についてはとりわけ、後期胚を用いた上のような組織発生学的観察は重要なものとなる。このような方針で脳原基を復元し、彼らは菱脳において各ロンボメアに背腹に4区画（D、DL、VL、V）があり、こ

182　第4章　解剖学的形態学——胚に由来する形態

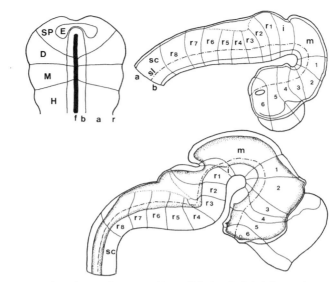

図 4-51　Puelles らによる、プロソメアが6つ存在すると考えられていたころの神経分節理論。主としてマウスの脳に発現する制御遺伝子のパターンや、伝導路の形態、神経核の発生機序などから推測された模式的発生プラン。神経上皮の背腹パターニングは、前端において同心円状の誘導の等高線に沿って生ずる。形成された神経管は腹側へ大きく湾曲し、境界溝は視交差近辺に終わる。その終点が神経管の前端を示す。菱脳には8つのロンボメア (r1-8) があり、両者に挟まれて中脳 (m) が位置する。a、翼板；b、基底板；f、床板；r、蓋板。(Rubenstein *et al.*, 1994 より改変)

れらのいくつかを、中脳や前脳のなかにまで追跡できることを見いだした。このようなプランにおいては、すでに示した翼板と基底板の境界である境界溝（それは、このスキームでは DL、VL の間に見いだされる）が視床下部の前方に至ることが分かる。それは、おおよそ視交差の発する場所に相当する。

　すでに示したように、中枢神経の形態学的考察においては、境界溝の位置が重要な指標となる。そもそもそれを問題としたのは、この分野の創始者でもあったヒスである (His, 1888, 1892, 1893)。境界溝はただ単に翼板と基底板の分割を教えてくれるだけではなく、神経軸 (neuraxis) それ自体の走行をも示す (His, 1893；Keibel, 1889；Herrick 1921；Kingsbury, 1930)。したがって、神経外胚葉のそもそもの前端を脳原基において知るためには、境界溝の前端がどこに終わるのかを知るより道はない（図 4-51）。しかし、当初はこの神経軸の所在自

体がよく分からなかった（この議論の混乱については、Rendahl, 1924; Bergquist and Källen, 1954; Keyser, 1972; Puelles et al., 1987; Puelles and Rubenstein, 1993 を参照）。菱脳を越えて、中脳あたりまでは前後関係は分かる。中脳もおそらく、何らかの分節を代表しているのだろう。しかし、その前にある間脳は、その他の神経軸部分とは異なり、前後ではなく背腹に分節しているように見える（Kappers et al., 1936 に要約；図 4-51）。というのも、そこでは神経軸が中脳底部で大きく湾曲し、脳褶曲（cephalic flexure；この腹側にできる襞を plica encephali ventralis という）を作ることに加え、epithalamus のような、背側に独立した小分割が現れるからである。

境界溝の走行による正しい神経軸の同定は、本来の脳分節パターンの認識を可能にする。すなわち、前脳もまた境界溝や床板の走る方向に直交する境界によって分節しており、これら神経上皮性分節単位を「プロソメア（prosomeres）」と呼ぶことができる（図 4-55; Puelles, Rubenstein らによる一連の論文や、Qiu et al., 1994, 1995 を参照。特に終脳の発生パターニングについては Puelles et al., 2000）。そしてフィグドーとスターンは、これらプロソメアもまた、細胞系譜の独立によって生じていることを明らかにした。

（6）プロソメア、ニューロン、ホメオボックス遺伝子

フィグドー（Michael Figdor）とスターン（Claudio D. Stern）は、ニワトリ胚においてプロソメアの境界に特定の神経伝導路が発生することをも示してみせた（図 4-52; Figdor and Stern, 1993）。後交連（posterior commissure）、前交連（anterior commissure）, mammilothalamic tract, hippocampal commissure, habenulopeduncular tract などがそれである。このような伝導路が常に一定数、相同性決定できるかたちで、あらゆる脊椎動物胚に存在することをすでに 20 世紀の初めに見いだしていたのがクプファーである。ここにはヤツメウナギばかりか、ヌタウナギまで含めることができる（von Kupffer, 1906；ヤツメウナギについては Kuratani et al., 1998b; Murakami et al., 2001; Sugahara et al., 2016 も見よ）。また、三次元的な伝導路形成についても、いくつかの動物群について記載がある（Windle and Austin, 1936; Windle and Baxter, 1936; Herrick, 1937; Ströer, 1956; Lyser, 1966; Windle, 1970; Keyser, 1972; Wilson et al., 1990; Easter et al., 1993; Hartenstein, 1993; Figdor and Stern, 1993; Burril and Easter, 1994）。これらがすべて、相同性決定に耐えるほどの画一的な形態を示すのは、そもそも初期神経上皮に「軸索発生の経路（axonal trajectories）」が設定されているからであり、と

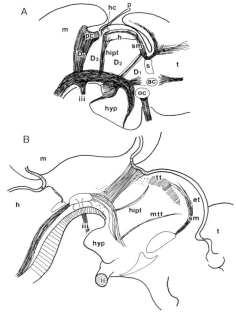

図 4-52 ニワトリ脳原基の分節的構成を示す伝導路形成。プロソメア境界に特定の神経伝導路が発生する。(A は Figdor and Stern, 1993 による記載 [プロソメアとは異なったシステムで分節番号が付されている] より改変、B は筆者による三次元的なスケッチ) 両者とも右が前方。et, 視床上部 epithalamus; h, 後脳; hipt, habenulopeduncular tract; hyp, hypothalamus; iii, oculomotor nerve; m, midbrain; mtt, mammilothalamic tract; sm, stria medullaris; t, telencephalon.

りわけ神経分節の境界においては神経管の円周に沿う、circumferential path が軸索によって使われやすいのだと理解されている（Figdor and Stern, 1993；総説は Wilson *et al.*, 1993）。つまり、形態学的にはほとんど同一の分節的構築が、単に顎口類や羊膜類の共有派生形質ではなく、脊椎動物全体のバウプランとして存在しているのである（Sugahara *et al.*, 2016）。したがってその機能性や複雑性はともかく、最も基本的な神経上皮の領域的特異化というレベルでの脳の形態形成プログラムは事実上、脊椎動物の歴史においてはほとんど進化していないことになる。それは同時に、この発生拘束の強固さをも物語る。

　伝導路の形成は、成体の解剖学的形態においても確認できる。これは、プロソメアがロンボメアよりはるかに遅れて発生するだけではなく、長く存続し、はては脳の解剖学的な特定の領域としてそのまま分化してゆくことと関係している。たとえば、視床上部（epithalamus）、視床背側部（dorsal thalamus）、視床下部（hypothalamus）は、すべて発生生物学的概念としてのコンパートメントであり、また比較発生学用語であると同時に、成体でも見分けることのできる解剖学用語である。つまり、その発生コンパートメントから成体の特定の構

造が発し、それが特定の機能を有している。それはとりもなおさず、プロソメアというコンパートメントパターンのもつ形態形成的拘束の強さを現すのである。

　神経上皮コンパートメントの境界が、神経軸索伸長の通路として用いられる一方、ロンボメアのパターンは一般に、成体にまで残存することはない。胚発生が進むにつれ跡形もなくなり、成体ではのっぺりとした菱脳となる。そのなかでは、しばしばニューロンの分布にも明瞭な分節性が残らない。それは原始的な体制が期待できるヤツメウナギにもあてはまる（上述したように、例外的に無尾両生類の幼生ではロンボメアパターンが残る）。ロンボメア境界にも一過性に神経軸索が集積するが、それは長くは存続しない。

　ロンボメアとは異なり、プロソメアには後ろのものから順に番号が与えられる。後方のプロソメアの形態パターンがより分かりやすいものであることを考えると、これは賢明な記載方法である。プロソメアが発生コンパートメントであるのなら、ロンボメアにおいてそうであったように、そこにはコンパートメント特異的遺伝子発現が見られるはずで、実際そのような発現パターンがいくつかの制御遺伝子について知られている（*Dlx1/6*、前脳腹側に発現；*Nkx-2.1*、視床下部に発現；*Pax-6*、前脳背側部から終脳にかけて発現；*Pax-2/5/8*、中脳-後脳境界に発現；*Otx*、中脳以吻に発現；*Emx*、終脳背側部に発現、など）。これらは明瞭な境界を伴って発現し、そのパターンはベルグクイストらの想定した多角形パターン（polygonal pattern）の形状とも一致するばかりでなく（図4-51）、細胞系譜や形態解析では検出できなかったコンパートメントさえ、遺伝子発現パターンから類推されるようになった（Puelles and Rubenstein, 1993）。

　現在、マウスの脳原基の形態発生パターンや遺伝子発現パターンを機軸として3つのプロソメアが想定されているが（以前は6つが考えられていた；図4-51）、これはまだ、脊椎動物のすべてのタクサにおいて認められているわけではない。しかし、ヤツメウナギの脳原基おける遺伝子発現と比較すると、一部を除いて相同的なパターンを確認でき、神経伝導路の形態と整合的に脳のコンパートメント形成様式の起源の古さをうかがわせる（Murakami *et al*., 2001, 2002；Sugahara *et al*., 2016）。それは終脳内部の背腹パターニングにも及ぶ。つまり、円口類にも線状体（striatum）、背側外套（dorsal pallium）、外側外套（lateral pallium）、内側外套（medial pallium）の別はあり、終脳の皮質に相当するものが存在する（村上・倉谷、2002；Sugahara *et al*., 2016；第10章に詳述）。

　重要なのは、脊椎動物の菱脳や体幹に発現するHox遺伝子のみならず、中

脳や前脳において発現する制御遺伝子群もまた、ホヤやナメクジウオの神経上皮に発現することである。しかし、原索動物においては神経分節を思わせるような、いかなる形態パターンも発見できない。おそらく、脊椎動物のバウプランとしての脳形態の本質はコンパートメント形成にあり、それが境界を伴っていなくとも前後軸上における特異的遺伝子発現パターンの起源は、脊索動物以前、あるいは左右相称動物の起源や、前口動物と後口動物の分岐にまで遡る。これは、おそらく左右相称動物の前後軸パターニングに関わる遺伝子発現機構に言及する可能性をもつきわめて根深い問題である。ではいかにしてコンパートメント形成は成立したのだろうか。

　コンパートメント形成に必須の一様な遺伝子発現を実現するためには、細胞系譜と遺伝子発現様式を結びつけるための遺伝子の自己制御的ループや、ポリコーム遺伝子群に知られるようなエピジェネティック制御、もしくは安定化装置が必要になる。そのようなものの一部がすでにナメクジウオのHox遺伝子やその発現制御機構に備わっている可能性は、トランスジェニックマウスを用いた実験によって示されている (Manzanares et al., 2000)。つまり、ゲノムレベルでは、神経分節に必要な分子的背景の一部は前適応（より適切には外適応 exaptation; Gould and Vrba, 1982）として成立していたらしい。しかしそれだけでは充分ではなく、実際の神経上皮において分節を形成するに充分な細胞数や、ある区画の細胞系譜を安定的に他から独立させるための細胞間の相互作用も必要となるだろう。それを理解するには、ゲノム内に組み上げられた遺伝子制御システムに加え、胚環境が何をどのように許容するかという視点も求められる。領域特異化は一挙にできたというものでもない。脊椎動物のプロソメアがそもそも各タクソンにいくつ存在しているのか不明瞭であることに示唆されるように、脊椎動物の系統内部でコンパートメント化の進化（分節の数や分布の変化）があったという可能性はまだ残る。さらに、より高いレベルでの区画化、すなわち、前脳、中脳、後脳＋脊髄、という分割がいつどこで生じたのかという問題もある。これに関わる遺伝子のひとつが、中脳-後脳境界に発現する *Pax2/5/8* 遺伝子である。

　頭索類が脊椎動物の姉妹群であろうという過去の常識からするときわめて奇異なことではあったが、見かけ上、中脳-後脳境界と見えるところに *Pax2/5/8* が発現するのはホヤのオタマジャクシ幼生であり (Wada et al., 1998)、ナメクジウオ胚にはそれがない (Kozmik et al., 1999)。が、透過型電子顕微鏡による純粋な形態学的観察から、ラカーリ (Lacalli) らはすでに、ナメクジウオ脳にも

中脳と後脳の別を認め、ナメクジウオに脊椎動物の脳の相同物があることを指摘していた（Holland et al., 1992 ; Lacalli et al., 1994 ; Garcia-Fernandez and Holland, 1994 ; Gee, 1994。この考えが Gans and Northcutt の「新しい頭部」と相反することに注意。ナメクジウオと円口類の脳を比較した系統的、形態的考察については North-cutt, 1996b を参照）。以来この考えは、一連の脳関連遺伝子発現の観察を通じ、追認されるに至っている。かくして、前脳、中脳、後脳＋脊髄からなる神経管の「3部構成（tripartite pattern）」は、脊椎動物に特異的で、いわゆる原索動物では「2部構成（dipartite pattern）」、ホヤのものは「他人の空似（平行進化による homoplasy）」と見るべきか、あるいは、3部構成がすでに脊索動物のボディプランとして成立していたのだが、頭索類の系統において二次的に中脳-後脳境界が消失したか、あるいはさらに、一般に考えられている3者の系統関係の見直しが必要なのか（Jefferies, 1986 ; Wada and Satoh, 1994 ; Halanych, 1995 などを見よ）、選択が迫られていた（Holland et al., 1997 ; Kozmik et al., 1999）。ホヤを脊椎動物の姉妹群とする新しい系統樹のうえでは、3部構成がホヤと脊椎動物の分岐の前に獲得された、分類群「olfactores」の共有派生形質と説明することができる（加えて、体幹筋の体性運動性の神経支配様式について見れば、ホヤのほうが脊椎動物に似ることをここで指摘するべきかもしれない）。が、ロウ（Chris Lowe）らのグループによるギボシムシの研究は、3部構成が脊索動物の分岐以前に成立し、原索動物において二次的に退化した可能性を指摘し、事態はより複雑な様相を呈している（Pani et al., 2012 ; Holland et al., 2013）。この問題には、まだ決着はついていない。

（7）神経系の進化と頭部と体幹という問題——ナメクジウオとの比較

では、神経管後部はどのような進化を経てきたのだろうか。これについてはフリッチュとノースカット（Fritzsch and Northcutt, 1993）により、以下のような興味深い仮説が提唱されている。すでに述べたように、ナメクジウオの神経系には、神経堤細胞の参与がなく、したがって末梢の知覚神経節、自律神経節に相当するものも存在しない。また神経系に関わるプラコードもなく、側線系もない。ナメクジウオの知覚は脊椎動物の髄内知覚細胞に似たローハン＝ベアード細胞（Rohon-Beard cells ; Hughes, 1957）によって営まれ、その細胞体は神経管背側に存在する（図4-53）。つまり、これらが神経堤由来の脊髄神経節ニューロン（一次知覚ニューロン）と、髄内のSSニューロン（二次知覚ニューロン）の両者の代わりとなる。

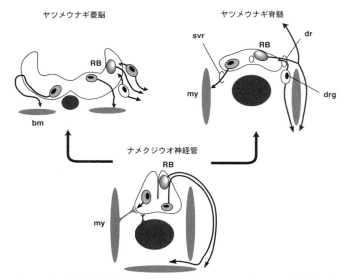

図 4-53 ナメクジウオと脊椎動物の神経系の比較。ナメクジウオの神経管は脊髄というより、引き伸ばされた菱脳により近い。末梢神経の腹根と見えるものは体節筋の組織よりなる突起であり、真の末梢神経は神経管の背側より出る。知覚成分はその細胞体を中枢にもつローハン=ベアード細胞（RB）の遠位の突起であり、これに沿って突起を伸ばす運動ニューロンは腹側の翼筋を支配する。このような軸索伸長は、脊椎動物の菱脳におけるsVMニューロンのそれに近い。つまり、ナメクジウオの神経管から、脊椎動物における脊髄ならびに菱脳の両者を導き出すことができる。このことは脊椎動物の頭部が、単に体幹の特殊化してできたものではなく、体幹も頭部もそれぞれ独自の特殊化の果てに得られたものだということを示している。drg、脊髄神経節；svr、脊髄神経腹根。(Fritzsch and Northcutt, 1993 より改変)

　ローハン=ベアード細胞、もしくは髄内知覚細胞と呼ばれるニューロンは、板鰓類や両生類胚にも一過性に生じ、神経堤由来の知覚神経節に先立って機能し、同じ名で呼ばれるが、いずれそのほとんどは消失してしまう（Kuratani and Horigome, 2000 ; Kuratani et al., 2000）。一般に脊椎動物では、神経管の背側に前後軸に沿って、ローハン=ベアード細胞の系列が現れる。このうち、中脳に生ずるものは顎口類においては三叉神経中脳核に分化し、終生存続する（図4-43；三叉神経中脳核の神経堤からの由来に関しては、Piatt, 1945 ; Narayanan and Narayanan, 1978 ; Davies, 1988 ; Covell and Noden, 1989 を見よ）。

　形態のみならず、機能的にも発生学的にも、ローハン=ベアード細胞と神経

堤は互いに類似した存在である。両者の近接した発生位置が示すように、脊椎動物におけるローハン=ベアード細胞は神経堤、あるいはそれに類した発生的経緯のもとに特異化するが、神経堤細胞として遊走することなく、上皮のなかにとどまりニューロンに分化する。事実、ローハン=ベアード細胞は長らく神経堤に由来するとされてきた（Piatt, 1945；Covell and Noden, 1989；ここでいう「神経堤」は視覚的に定義され、針先で切り取ることのできる神経上皮部分としてのそれを指す）。このように、ナメクジウオのローハン=ベアード細胞は、神経堤の起源を知る鍵ともなる。しかも、この細胞から伸長する突起は、脊椎動物における神経堤細胞の移動経路や脊髄神経節細胞の突起の伸長パターンと類似する（図 4-30）。つまりナメクジウオでは、神経堤細胞がなくとも、それが移動するのに必要な細胞外環境はすでに存在している可能性がある。あるいは、このような軸索伸長を可能にする胚形態、胚環境を基盤（＝外適応）として、神経堤細胞が成立した可能性がある。

　一方で、筋節を支配する SM ニューロンも、ナメクジウオ神経上皮腹部に発生する。ただし、その神経支配パターンは脊椎動物のものとは少し異なる。つまり、ナメクジウオにおいて中枢と筋組織をつなぐように見えるものは神経突起ではなく、筋組織の切れ端なのである（Flood, 1966, 1968, 1974；図 4-54；ただし、ホヤでは神経が個々の筋細胞まで突起を伸ばす；Flood, 1973）。ナメクジウオの SM ニューロンはその細胞体を上衣層にとどめ、突起を神経管の髄膜側（表層）に伸ばすだけである。そこへ筋組織が突起を伸ばし、神経上皮の基底側において神経-筋接合が形成される。また、ナメクジウオの脊索は円盤状の筋組織の積み重ねからなるが、これもまた円盤ごとに背側へ突起を交互に左右に伸長し、同様なニューロンと神経管表面でシナプスを形成する。

　このように、筋節を支配する SM ニューロンパターンは、形態的対応関係としてみれば、脊椎動物における脊髄神経と体節の間に見られるものと近い。つまり、筋節を支配するための神経系のインターフェイスの位置はその腹外側に（脊動物の成立時に）すでに特異化しており、脊髄の基本的機能をまかなう形態パターンの祖型は、ナメクジウオ神経管にも存在していることになる。この神経-筋接合は事実上、脊椎動物において脊髄神経腹根の生ずるレベルに相当する（図 4-54）。では、菱脳に特異的な鰓弓神経系についてはどうか。

　脊索動物は本来的に鰓を備えるが、ナメクジウオにはそれを動かす筋が一見、存在しない。しかし、それはナメクジウオの体軸のかなりの長さにわたる咽頭の底部には翼状筋（pterygial muscles）と呼ばれるものが存在し、それは筋節

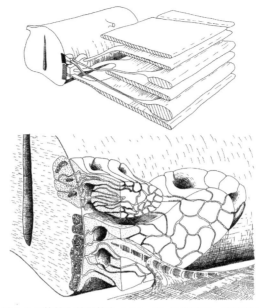

図 4-54 ナメクジウオの筋節と神経管をつないでいる構造は、脊髄神経の腹根というよりり、むしろ筋組織の突起である。(Sarnat and Netsky, 1981; Bone, 1989 より改変)

とは異なり、神経の突起の伸長によって支配されている（図 4-53）。つまり、知覚線維とこの翼状筋支配線維だけが、ナメクジウオの真性の末梢神経である。しかもそれは神経管腹側の細胞体より発し、まず神経管内を上行したのちに芽出（sprouting）し、ローハン＝ベアード細胞の突起と同様の経路を通って底部へと至り、翼状筋を支配する（Lele *et al.*, 1958; Bone, 1961; Guthrie, 1975; 図 4-55）。この伸長パターンは脊椎動物の菱脳に見た sVM ニューロンの示す形態と酷似する（図 4-30）。

このように、ナメクジウオの神経管はそのかなりの長さにわたり、脊髄と菱脳の両者の性質を備える。「ナメクジウオの神経管のほとんどが菱脳に相当する」というのはこのような意味においてである。むろん、その筋節との位置関係において「ナメクジウオの神経管のほとんどは脊髄に相当する」という言い方も同等に正しい。このなかから翼状筋支配ニューロンを除去すれば、それは脊髄のようなパターンとなり、筋節の支配を無視すれば、菱脳の原始的パターンが浮かび上がる。いわば、脊髄と菱脳の性質を兼ね備えている状態（それは

4.6 もうひとつの頭部分節性——ニューロメリズム　191

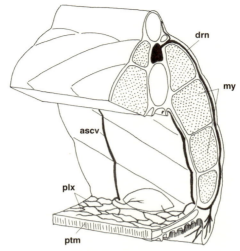

図 4-55 ナメクジウオにおける背根神経の経路。ascv、上行する内臓枝；drn、背根神経；my、筋節；plx、翼状筋上の神経叢；ptm、翼状筋。(原典は Bone, 1961 による。Jefferies, 1986 より改変)

脊椎動物では後耳領域に一部残るだけだが——後述) が原始的であり、これが二次的に前後両極へ分化することによって、菱脳と脊髄が生ずる (つまり、ナメクジウオ神経管の前極において咽頭を重視したシステムを構築し、後方のほとんどの長さにわたって筋節を重視したシステムを作り出せば、脊椎動物の菱脳と脊髄ができあがる) のである。古く比較形態学者が考えたような、「脊髄から特殊化した菱脳」でも、あるいは「菱脳が二次的に単純化した脊髄」でもなく、そのどちらをも導出でき、かつ分化程度の低い「菱脳＋脊髄」的な存在をこそ、祖先的状態として仮定せねばならない (Fritzsch and Northcutt, 1993；図 4-59)。バウプランが進化的階層をなすことの好例をここに見ることができる。

　上の学説に信憑性を与えているのは、脊椎動物において実際に、ナメクジウオ的な領域が一部存在するという事実である。すなわち、ナメクジウオは体軸前端に至るまで筋節をもち、さらに長大な咽頭を有するが、このように背側の体節と腹側の咽頭弓を同時に有するレベルに相当するのが、脊椎動物の後耳咽頭弓なのである。この領域の体節を特に咽頭上体節 (suprapharyngeal somites；Kuratani *et al.*, 1997) と呼ぶが、事実上ナメクジウオの体節の大半は「咽頭上体節 (suprapharyngeal somites；Kuratani, 1997)」である。脊椎動物の後耳咽頭弓

レベルにある菱脳は、sVM ニューロンとして迷走神経の運動核をもつだけでなく、同じレベルに SM ニューロンである舌下神経（あるいは鰓下筋神経）核、つまり筋節を支配するニューロンがかなり長い範囲で同居する。つまり、脊椎動物においても菱脳と脊髄の明瞭な境界は存在しない。この理由で、脊椎動物の神経管を通常、4部ではなく、前脳、中脳、後脳＋脊髄からなる3部構成とするのである。

すでに述べたように、鰓弓神経の根形成はロンボメアの獲得と頭部における体節の不在によって初めて可能となる（Kuratani and Aizawa, 1995; Kuratani, 1997）。が、神経分節をもたないナメクジウオにおいては、そのような状況はもともと期待できない。しかも体節が存在する領域で根形成を行うとすれば、それは体節を迂回するか、さもなければ体節と同じリズムの末梢神経を形成するかのどちらかしかなく、それがそもそも脊椎動物咽頭胚の後耳領域に現れている形態なのである。脊髄神経は咽頭内を走行できないので、ここには舌下神経と迷走神経によって示されるS字状の「頭部と体幹の境界」が形成される（このS字パターンの背景にある、神経堤細胞の分布に関しては倉谷・大隅、1997を参照。詳細な考察は Kuratani, 1997；分子的背景については後述）。さらに、このような解釈は、鰓弓神経の原初の姿が迷走神経に求められるという仮説（上述）とも符合する（体幹の成立については Lacalli, 1999 も参照）。

ナメクジウオ的状態から脊椎動物的状態への移行を可能にするためには、いうまでもなく頭部における体節の不在、そして咽頭の前方への短縮が必要となる（Kuratani, 1997）。このような変化が本当にあった進化過程なのか、それとも脊椎動物の本当の祖先は最初から頭部に体節などもたず、鰓の数も少なかったのか、まだ知られていない。が、それが両動物の顕著な違いとなっていることには疑いはない。このうち、脊椎動物の頭部中胚葉に分節性があるのかどうかという問題についてはのちに詳述する。いずれこのような形態進化をシミュレートする思考実験は、脊椎動物の頭部を「体幹の特殊化」と考えがちな伝統に対し、激しく警鐘を鳴らしている。あらためて、グッドリッチの分節プランが、脊椎動物の頭部を描写するというよりも、それをナメクジウオのものと同等のプランに包摂し、脊椎動物頭部を脊索動物の論理で理解しようというものであったことが分かる（Kuratani *et al.*, 1999b）。しかし、脊椎動物の頭部を形式的に理解させてくれるのは、ナメクジウオの体軸前端のどの構造が脊椎動物の何と相同なのかを見極めることではなく、形態パターニングの内容に決定的な違いをもたらしてゆく発生パターニングのうえでの、形態形成的拘束（generative constraint in developmental patterning) の所在を明らかにすることなのである。

バウプランの視点からすると、あらためて脊索動物と脊椎動物のプランの変化が単に構造そのものの変化ではなく、胚の基本形態に由来するパターン形成機構の違いに求められることが分かる。末梢神経の形態形成パターン（鰓弓に由来する拘束によるものか、筋節に由来する拘束によるものか）は、ニューロンそのものの性質のみならず、個体発生上、軸索伸長に影響する基本的胚発生プランの反映として、鰓弓神経と脊髄神経かの区別をもたらしてゆく。上に示した脊索動物の神経管と末梢神経に共通に求められるパターンは、しばしばそのパターンを作る構造それ自体（筋の切れ端か、ニューロンの突起か）ではなく、神経筋接合を作る論理が作用する位置関係の保守性を示す。ここでもまた、バウプランの保守性とその変化はパターンについての言明でなければならず、それを礎として（発生パターンとして）、発生プログラムは変化してきたと想像されるのである。

4.7 咽頭胚から見た筋形態の発生と進化

上に脊索動物、脊椎動物の神経系パターンの形態発生学的論理とその進化について述べた。そのなかで、神経の組成と末梢形態に対する考え方の違いについて記し、形態形成的拘束という概念の重要性について指摘した。これは、いずれ派生的タクサにおけるバウプラン構成要素として読み替えられてゆくものである。以下では、もっぱら骨格筋の形態パターンの進化について考える。一般に認められている最も基本的で伝統的な分類は：

頭部筋（cranial muscles）
体幹筋（somitic muscles, trunk muscles）

の別であり、体幹筋はすべて体節に、頭部筋は頭部中胚葉に由来する。

体幹筋は顎口類においては水平筋中隔により、軸上筋と軸下筋に分けられる。この発生学的由来は、筋の発生位置（体節か頭部中胚葉か）ならびに神経支配（鰓弓神経＋外眼筋神経か脊髄神経か）と対応する。すでに認められているように、頭部に見られる筋のなかでも、舌筋が本来体節に由来する体幹筋であることには疑いはない。舌下神経の進化的由来についても同様だが、これについてはのちに詳述する。

(1) 軸上系と軸下系

現生顎口類の範疇では、脊髄神経はきわめて画一的な末梢形態を示し、それは体節の発生上の分化と密接な関係をもつ（図4-22）。すなわち、背根と腹根の線維束は、脊髄神経節の内部（真骨類）、あるいはその遠位において合一し、知覚線維と運動線維の両者からなる混合神経となったのち、再び背腹に分離する。こうしてできた背枝（dorsal rami）と腹枝（ventral rami）もまた混合神経であり、それぞれ体幹の背側半と腹側半を支配する。この両者は水平筋中隔によって分断される。つまり、このような脊髄神経の分枝パターンは、中胚葉の分化と呼応する。

現生顎口類の神経支配パターンに明瞭に現れているように、体節に由来する骨格筋は、水平筋中隔の背側にできる軸上筋（epaxial muscles：固有背筋群）と、中隔の腹側の軸下筋（hypaxial muscles；この筋にはすべての肋間筋が含まれる）に分けられる（図4-22）。円口類の筋節にこのような二分が存在せず、さらにナメクジウオにもこの区別が見られないことを考えると、体節筋（あるいは筋節）の背腹の二分は顎口類における派生的パターンであり、それが四肢動物にまで受け継がれた、きわめて安定的な形質状態であったことが窺える（後述）。ただし円口類においても、脊髄神経は背枝と腹枝に相当する枝をもち、しかも顎口類において軸上筋原基に発現する Zic 相同遺伝子が筋節背側部に発現するため、明瞭な筋中隔こそ存在しないものの、筋節の背腹の特異化だけはすでに獲得されていることが窺える（Kusakabe *et al.*, 2011；ナメクジウオの発生においては、Zic は当初体節全体に発現する——Yu *et al.*, 2007）。

四肢動物では、筋の量や分化程度は、四肢の機能的重要性の増大とともに軸下筋系に偏重する傾向があり、他方、軸上筋群はとりわけ羊膜類において、比較的小さな固有背筋として残る。この違いは、羊膜類における腹枝の優勢化に反映されていると説明されることが多い。後者の筋は、脊柱の支持とその運動性にとってのみ重要な機能をもつ（この軸上・軸下システムの進化については、本章末に後述する）。

軸上・軸下のシステムの分化に加え、バーク（Ann C. Burke）らは近年、「primaxial/abaxial」という概念的対比を提唱した（Nowicki and Burke, 2000；Nowicki *et al.*, 2003；Burke and Nowicki, 2003；図4-56）。これは羊膜類における体節由来物を背腹に分割するもうひとつのカテゴリー化であり、形態学的というよりは、むしろ主として羊膜類に基づく実験発生学的な出自をもつ。すなわち、

4.7 咽頭胚から見た筋形態の発生と進化　195

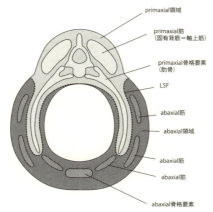

図 4-56 Primaxial 領域と abaxial 領域の違い。顎口類の体節は本来、胚体の軸部に存在し、肋骨や体幹筋（体壁筋）を分化するが、これらの派生物は軸部にとどまらず、腹側の外側体壁内に深く侵入してゆく。そのとき、体節に由来した結合組織を伴う部分は、もとの体節に付与された位置的特異化をよく保持し、半ば細胞自律的な形態形成能をもつが、腹側部の筋原基は、外側体壁腹側部の胚環境にさらされ、その場所での細胞間相互作用により、受動的にかたちのパターンを押しつけられるように分化する。これら 2 つの領域の違いをそれぞれ primaxial、abaxial と表現する。この区別は必ずしも解剖学的な背腹の別である軸上・軸下を否定するものではない。体節に由来した細胞と外側中胚葉に由来した細胞の境界線が本来のレベルにとどまるのは、真皮の細胞のみである。このように、体節に由来し、体節と同様のテリトリーとして楔のように切り込んでゆく細胞群の前線を「lateral somitic frontier (LSF)」と呼ぶ。（Nowicki *et al*., 2003 より改変）

体節に由来した肋骨原基や体幹筋の原基は、もともと体節が占めていた場所にとどまるのではなく、体節に由来する結合組織を伴いながら外側体壁を降りる。このような部分の筋や骨格は、そもそもの体節がもっていた位置価を引きずり、半ば細胞自律的な発生を経るが（Hox 遺伝子の位置価決定機構が機能するのは、たいていこのような細胞からなる原基である）、一方で、それより遠位の部分では、特に筋原基が外側体壁の間葉に取り囲まれて発生し、そこでは環境に依存した形態形成過程が進行することになる。つまり、筋の出自は体節であっても、かたちを決めるのは側板中胚葉の作る間葉なのである。典型的なケースは肢芽筋であり、体壁の一部が伸び出した肢芽の筋はすっかり肢芽中の間葉（外側体壁）に覆われる。このような観点からバークらは、これまで行われてきた変異マウスにおける表現型の異常を再解釈している（Burke and Nowicki, 2003）。

　見方を変えると、そもそも軸上部（あるいは軸部：axial region）の体節に属

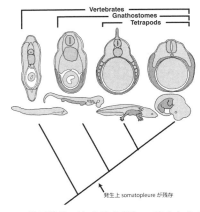

図4-57 テュレンコらは、外側体壁（上皮性体腔）の確立とともに、本来 primaxial な部分のみで作られていた体幹の筋骨格系に、abaxial な部分が付け加わり、しだいにその領域を拡大していったと考えた。(Tulenko *et al.*, 2013 より改変)

していた構造が、二次的にその領土を体壁のなかに拡大してゆくわけである。このようにして、軸部と体壁部の境界は見かけ上、体壁の中に分け入ってゆき、こうしてできた楔状の境界線を「lateral somitic frontier（LSF）」とバークらは呼ぶ（Nowicki *et al.*, 2003）。カメにおけるように、肋骨原基が軸部にとどまり、そのまま外側へ広がる動物の胚においては、この LSF が、（軟骨原基に関する限り）ほぼオリジナルの体節の広がりを反映することになる。ただし、発生のある時期まで皮節由来の真皮は、軸上部にとどまる。したがって、真皮をもたらす細胞系譜の境界は、本来の傍軸中胚葉と外側体壁の境界を表層で示す（このようなデータは、体節を移植したニワトリ/ウズラのキメラ実験においてしばしば報告されてきた）。この境界がいわば、表層での LSF の根部を示すのである（Nowicki *et al.*, 2003）。以上の知見はもっぱらニワトリ/ウズラ胚を用いたキメラ実験によって得られたものだが、バークの研究グループはさらに、*Prx1* 遺伝子の制御領域を利用して永続的に *LacZ* を外側中胚葉の細胞系譜に発現させるトランスジェニックマウスを用い、同様なデータを得ている（Durland *et al.*, 2008）。これによると、体節に由来した細胞を有していても、肩帯は abaxial 構造として発生するらしい（肩帯については、Shearman *et al.*, 2011 も見よ）。それは骨盤に関しても同様である。また、他の肋骨では肋軟骨まで primaxial であるのに対し、胸骨ばかりか、第一肋骨の肋軟骨が LacZ ポジティヴな細胞に囲

4.7 咽頭胚から見た筋形態の発生と進化　*197*

まれていた。この部分も abaxial 要素であるらしい。この部分も定義上、abaxial 要素であるといわねばならない（第一肋骨が関節するのが胸骨の manibrium、すなわち clavicular girdle element である可能性が高く、lateral somitic frontier がこのレベルにおいてのみ背側にシフトしている可能性がある）。

　以上のように、解剖学的には一括して「軸下系：hypaxial system」と呼ばれてきた部分に、発生学的に2領域が区別でき、脊椎動物の進化においては（とりわけ羊膜類において）abaxial 領域が拡大し、機能的重要性を増しているのが分かる（図4-57；Tulenko *et al.*, 2013）。テュレンコ（Tulenko）らによると、この abaxial 領域が体壁を構成する体側葉（somatopleure）が残存することによって成立したというが、ヌタウナギにおいてはこれが成体でも残存するため、むしろその消失はヤツメウナギにおける二次的現象という可能性もある。しかしそれでも、abaxial 領域が顎口類特異的なものであることは確からしい（図4-63）。

（2）頭部の筋系

頭部筋には：

　　外眼筋（extrinsic ocular muscles, extrinsic eye muscles）
　　鰓弓筋（pharyngeal muscles, visceral muscles）

が区別される。鰓弓筋は頭部中胚葉のうちでも、のちに咽頭弓に分布する中胚葉より由来し、古典的な比較発生学においてはしばしば、体幹において平滑筋を由来する外側中胚葉と比較され、外眼筋群をもたらす頭部中胚葉の傍軸部分と対比された（第3章）。つまり、体性部（somata）と臓性部（viscera）の二元的区別が強調されていた（これら頭部筋の進化と一般形態、とりわけ鰓弓筋系のそれについては Sewertzoff, 1911；Edgeworth, 1935；Romer and Parsons, 1977；Miyake *et al.*, 1992 などを参照）。このような頭部筋の定義は、間接的にそれ以外の、体節由来の骨格筋を総じて体幹筋と分類することにつながるが、後者のうちでも、舌筋や僧帽筋群など、体節筋が大きく変化して生じたいわゆる頸部筋（cervical muscles）は、進化的問題を多く含む形態要素として、最近脚光を浴びるに至っている。

　頸部筋を考えるうえでは、これまで述べなかった神経系パターンの進化について、いくつかのトピックを紹介しなければならない。とりわけ体幹筋の変化が興味深いテーマとなる。脊髄神経と体幹筋の基本形態に関するわれわれの伝統的理解は、人体解剖やマウス、ニワトリを中心とする発生学のバイアス下に

ある。そして、そのことがこのシステムの進化に関するわれわれのもつイメージにも影響している。たとえば、脊髄神経は背腹の両根が合一したのちに背枝と腹枝に分かれ、それぞれが軸上部、軸下部を支配し、そのうち腹枝の成分から舌下神経や、頸神経叢、腕神経叢が作られるため、進化の序列もそのような経緯で起こったのではないかと想像されがちである。つまり祖先的動物において、未分化な筋節がまず軸上、軸下に分化した後、軸下系に大規模な変化が生じ、対鰭が発達し、舌筋が移動し……、といったように。しかし、比較形態学的に見ると、このような進化的経緯が現実の比較形態学にあてはまらないことがすぐに分かる。体幹筋の形態的進化の経緯は、そのような常識よりもやや複雑であるらしい。それを理解するためには、多少の解剖学的知識が必要である。まず、僧帽筋群（cucullaris muscles）と名付けられた筋と、その支配パターンについて下に考察する。

（3）頭部形態を模倣する体幹要素——僧帽筋群と副神経

僧帽筋群とは、ヒトの僧帽筋と胸鎖乳突筋のように、副神経（n. accessorius；人体解剖でいう副神経脊髄根に相当）によって支配される筋群を指す。これに類するものは軟骨魚類にも見るが、ヤツメウナギにはその痕跡すらない。したがってこの筋と副神経は、顎口類独自の派生的要素と見ることができる（Kuratani, 1997；Kuratani et al., 2002）。もちろんこのことは、無顎類における副神経の不在と関係する。これは、単に無顎類の前方の筋節の分化程度が低いということだけを意味しているわけではない。むしろ、僧帽筋群に相当する前駆体が明瞭に特定できないのである。一説によれば僧帽筋は、最前方の体節に付随する外側中胚葉に由来するとされる。が、前方体節に由来するという説も根強い（後述）。ヤツメウナギの耳胞の前に見られる筋節は、本来後耳領域に発生した通常の筋節が、個体発生過程において表皮の直下を前方へ移動したものである。こういった前方の筋節は、古典的にはナメクジウオと板鰓類をつなぐ中間的形態だと解釈され（図4-58；Gee, 1996に要約）、さらにこういった筋節から外眼筋も由来すると考えられた（Neal, 1918b；後述）。少なくとも後者の考えは誤りである。

僧帽筋群が体節に由来するとなれば、神経の機能的側面から副神経は脊髄神経だといわなければならない（McKenzie, 1962；Noden, 1983a；その形態についてはKeibel and Mall, 1910；Tanaka, 1988；Kuratani, 1997を参照）。たしかに、胚の組織学的観察からは、僧帽筋群の原基は耳の後ろに発する体節（後頭体節：occi-

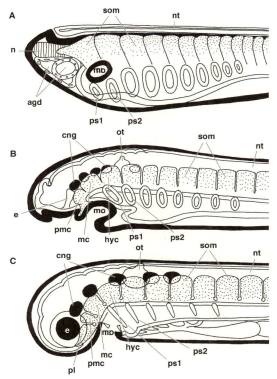

図 4-58　中間動物としてのヤツメウナギ。比較発生学の歴史のなかで、典型的な脊椎動物の形態パターンを示すとされたのは板鰓類の咽頭胚であり、一方でヤツメウナギのアンモシーテス幼生（これは当初、幼生ではなく独立した動物であると思われた）は、ナメクジウオと顎口類をつなぐ中間的なモデルであると思われた。それは、板鰓類の咽頭胚が中胚葉性体腔を最もよく示すだけではなく、アンモシーテス頭部の前端にまで筋節が存在することも要因となっている（ただし、それは後耳体節の二次的な移動によるものでしかない）。ここでは上から、ナメクジウオ胚、アンモシーテス幼生、板鰓類胚の順に、中胚葉性の分節がどのように配列しているかが示され、各中胚葉分節の間に咽頭嚢ができると仮定されている。脊椎動物の頭部中胚葉が咽頭嚢によって領域特異化されることは正しいが、それは体節の分節性とは関係がない。また前腸嚢（aterior gut diverticulum）とプラットの小胞、もしくは顎前腔との相同性も示唆されている。これについては図 7-7、図 7-8、ならびに本文における議論も参照。この図を描いたニールは、一時的にアンモシーテス幼生の前方の筋節と外眼筋との相同性も考えていたようだ。agd、前腸嚢；cng、脳神経節；e、眼；hyc、舌骨腔；mc、顎骨腔；mo、口；nt、神経管；ot、耳胞；pl、プラットの小胞；pmc、顎前腔；ps1-2、咽頭裂；som、体節。(Neal and Rand, 1946 より改変)

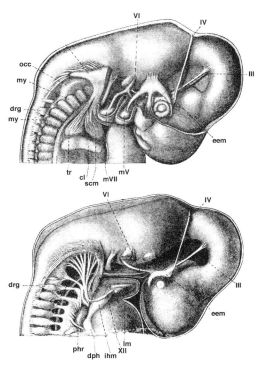

図4-59 体長9mmのヒト咽頭胚。上は鰓弓筋系と僧帽筋群、下は鰓下筋系の発生パターンを示す。僧帽筋群が咽頭の外に発していることに注意。この筋群は体節に由来する体幹筋である。鰓下筋群は舌筋、舌骨下筋群、そして可能性として横隔膜を含み、それぞれ舌下神経、頸神経ワナ、横隔神経という、脊髄神経の変形した一連の枝によって支配を受ける。ローマ数字は脳神経。dph、横隔膜；drg、脊髄神経節；eem、外眼筋；ihm、舌骨下筋群；lm、舌筋；my、筋節；occ、後頭骨；phr、横隔神経；scm、胸鎖乳突筋；mV、顎弓筋；mVII、舌弓筋。(Keibel and Mall, 1910 より)

pital somites、頭部分節論者のしばしばいう、後耳体節：metotic somites) から由来し、咽頭の背側から後面へかけて分布すると報告されたことがある。そして、決して多くの解剖学教科書の教えるような、咽頭弓中に発する鰓弓筋のようには見えないのである（図4-59)。とはいえ、副神経は脊髄神経としては破格の形態を示す。哺乳類においては、副神経の脊髄根として菱脳後半の側面を、あたかも鰓弓神経を思わせるレベルで出、引き続いて迷走神経の近位部に沿った走行を示し、迷走神経本幹から外側後方へ分枝し、僧帽筋群原基へ至る。鳥類では哺乳類に見られるような明瞭な脊髄根はないが、やはり形態的には迷走神経の一部として末梢へ至る。たしかに、肉眼解剖学的には、副神経は迷走神経の枝にほかならない。軸索伸長のパターンとしては鰓弓神経のそれに準じ、その意味で鰓弓神経の形態をもつといってもかまわない。が、副神経と僧帽筋群は頭部や咽頭だけではなく、体幹の構造としての特徴も多くもつ。

もうひとつ重要な点は、多くのタクサにおいて僧帽筋群が頸神経からも神経

支配を受け、場合によっては副神経が存在しない場合があることである。このような僧帽筋は、頸神経の腹枝より構成される神経叢によって支配されるため、それが体節由来の骨格筋であるだけでなく、軸下筋系に属することが分かる。おそらく、この奇妙な現象の背景には、(滑車神経に見たような) 顎口類の後頭領域に独特の状況がある。

すでに見たように、sVM ニューロンと SM ニューロンとでは、軸索が伸長し末梢へと至る発生的パターニング論理に明瞭な違いがある。それには、ニューロンそれ自体の性質だけではなく、中枢神経を取り巻く胚環境も関わる。つまり、脊髄の SM ニューロンが正常に中枢を出るためには、その外側に体節が存在することが必要であり、一方で sVM ニューロンの突出のためには、神経上皮の外側 (鰓弓神経の根形成の場) に神経堤細胞による boundary cap が形成されることが必須なのである (上述)。そして、副神経が発生する後耳領域の前方部分は、頭部神経堤細胞による boundary cap と、咽頭上体節が共存する場なのである。こういった状況は、脊椎動物胚のこの部分にしか現れない。

運動ニューロンが、その軸索伸長に際して、ある幅をもったシグナルのヴァリエーションに対する応答能をもつ限り、この独特のレベルに発生した運動線維には、鰓弓神経型、脊髄神経型両者の軸索伸長のための環境が同時に与えられているということになる。ひとつの可能なシナリオを描くのであれば、ニューロンの性質としては、副神経は紛れもなく最初から脊髄神経であり、進化上、それは常に体節由来の骨格筋を支配していたが、顎口類の系統において「体幹と咽頭をつなぐ軸下筋 (Tanaka, 1988)」として頭部・体幹接合部に僧帽筋群が形成されたとき、(腹側へ大きく移動する舌筋とは異なり) 後耳鰓弓の近傍にできた筋を支配するには、迷走神経の根を用いても、通常の頸神経の根を使っても、無事に筋原基に到達できたはずである。そして実際にそれが両方成立し、動物種によっては脊髄経路の線維と副神経経路の線維の比率に偏りが生じたということなのかもしれない。あまり言及されることはないが、形態学的には円口類と顎口類の形質の違いのなかで最も目立つもののひとつが僧帽筋である (Kuratani et al., 2002)。円口類における後頭骨の不在、さらに真の舌筋の不在を考え合わせると、顎口類の成立は、後頭レベルの上咽頭体節をどのように頭部へと参入し、頭部と体幹をどのようにつなぎ合わせるかという問題の解決とともにあったように見える。いずれ僧帽筋の成立が、頭部と体幹の接合部というファイロタイプの理解にとって最も複雑な領域に特異的に付随した難問であることだけは間違いがない。これについては、あらためて 4.8 節で考察する。

(4) 筋の形態形成と結合組織

　筋骨格系の運動機能を保証するのは、特定の骨格要素に特定の筋が結合するという、個体発生上のある種の統合によるのであり、これもまた発生機構として制御され、そのプログラムが進化的に保存・変形してきた結果によるものと考えねばならない。この結合は、腱（tendon）と呼ばれる組織によってまかなわれ、その前駆細胞は特異的に *Scleraxis*（*Scx*）遺伝子（と、おそらくそのコファクターとしての *Tcf4*：Kardon *et al.*, 2003）を発現し、骨格要素とも筋とも区別される、独特の細胞系譜を有すると考えられている（胚体の軸部における syndetome は、硬節に由来したものと解されているが、その他の領域において *Scx* を発現する腱の前駆細胞は、肢芽におけるそれのように外側中胚葉に由来する場合や、頭部におけるもののように神経堤細胞に由来することがあると考えられている——Mori-Akiyama *et al.*, 2003；Christ *et al.*, 2004；Akiyama *et al.*, 2005；Smith *et al.*, 2005；靱帯——ligament の前駆体もまた *Scx* を発現する——Schweitzer *et al.*, 2001；Pryce *et al.*, 2007）。つまり、この腱前駆細胞は、発生上において、筋の配置や機能を決める重要な要因となっている。ならば、筋の形態形成と機能の成立を理解するためにはこのような腱を作る細胞がどのようにして生じ、どこで分化するのかを理解せねばならない。

　羊膜類胚の軸部においては、特定的に「syndetome」と呼ばれるコンパートメントが体節に生ずる（Brent and Tabin, 2004；Brent *et al.*, 2005）。この構造は皮筋節に隣接し、筋節より発するシグナル（FGF8 を含む）による誘導を受け、おそらくは硬節の細胞から二次的に成立するものであり、人為的に筋節の発生を阻害すると syndetome の形成も阻害される。一方、頭部筋の腱原基は体節に発するものではなく、また筋原基に依存することなく発するが、それが正常に分化するためにはやはり筋の存在が不可欠であるらしい（Chen and Galloway, 2014）。これらのことを総合すると、筋と腱は相互依存的に発し、必ずしも腱を骨格系の一部として見るべきではないことが分かる。腱と骨格要素の結合においては、*Sox9* と *Scx* を共発現する細胞群から、*Sox9* の発現上昇と *Scx* の発現低下を経る細胞と、逆に *Sox9* の発現低下と *Scx* の発現上昇を経る細胞に分かれ、前者は軟骨細胞に、後者は特殊なタイプの繊維芽細胞と分類される「tenocyte」として分化し、腱と軟骨の結合、つまりエンテーシスの形成に機能するとされる（Sugimoto *et al.*, 2013；Blitz *et al.*, 2013）。

　羊膜類の四肢における腱の発生は、やや複雑な様相を呈している。そこでは

もとより、腱と筋が自律的に発生するとされてきたが、肢芽の近位と遠位で異なった現象があることがのちに示された（Kardon, 1998）。つまり、肢芽では頭部と同様、筋がなくても腱の原基が発するが、自脚（autopod）においては腱の分化がそのまま進行するのに対し、軛脚（zeugopod）では筋がないと腱の分化が抑制される。このように腱の発生は、体の部位により別々にプログラムされているようであり、さらに腱の成立過程のなかには筋の存在を必要とする発生段階と必要としない発生段階がある。

　この複雑な状況に、何とかモジュール構成を見いだそうという試みも行われている。すなわち、ファングら（Huang et al., 2015）は変異マウスを用い、手を動かす外来性の筋につながる腱の発生を解析し、これらの腱では軟骨に依存して生じる遠位部分と筋に依存して生じる近位部分のモジュールに分かれることを見いだした。多くの外在性の筋、たとえば総指伸筋（extensor digitorum communis）の発生において、自脚の領域の腱は発生するうえで軟骨の存在を必要とし、別のモジュールとして軟骨の存在とは独立に発生する手首の腱が軛脚の筋と自脚の腱を接合、その後、手首の腱は筋や骨格の発生に依存した伸長を示して軛脚の腱となる。つまり、骨格の成長が軛脚部に腱が分布する要因なのである。また、筋が正常に伸長するためには、それが最初期から手首の腱に付着していることが必要とされる。一方、例外的に浅指屈筋（flexor digitorum superficialis）はまず自脚部に発生し、その後軛脚部に移動することで外来性の筋となるが（Huang et al., 2013）、これに応じて、腱のモジュールの境界は自脚――手首ではなく、自脚部内、中手指節関節（metacarpophalangeal joint）に見いだされる。すなわち、浅指屈筋の腱は、最初、自脚部に生じた筋の遠位端に現れ、その後筋の発生とは独立に軟骨の存在に依存する遠位の腱モジュールとつながり、筋の軛脚への移動に伴って、近位モジュールが中手骨から軛脚へ分布するようになる。したがってここでは、筋の移動が軛脚部に腱が分布する要因である。換言すれば、腱の形態形成の機構は、肢芽に生ずる骨格分化のフォーマットにそのまま従っているわけではない。むしろ、骨格、筋、腱の形態形成が統合される過程で、特定の機能が立ち上がってくると見たほうがよい。

　腱の形態発生は、もっぱら羊膜類モデルを主体に研究されているが、それと同等の細胞はナメクジウオの筋中隔にも確認される。一方で、尾索類にはこれに類したものは見られない（Summers and Koob, 2002）。まっすぐに伸びた腱は円口類にも確認され、それは脊椎動物に共通した特徴のひとつといえそうである。すなわち、脊索動物の進化においては、筋の結合組織としての腱細胞がま

ず成立し、それに次いで骨格系の細胞が獲得されたらしい。これは、体節の分化において、硬節のなかから二次的に syndetome が成立するように見えることと矛盾する。が、一方で syndetome を筋節が誘導することは形態形成のうえで整合的な機構であるといえる。筋節の分節境界に syndetome が形成されることが、のちの肋骨の獲得や椎骨要素の獲得の下地となった可能性もある。筋骨格系の進化は、間葉系に由来した細胞群の相互作用が精妙に作り上げているらしく、現在の段階ではまだその一端しか理解されていないが、形態進化の過程で解剖学的に質的な変化が生じたる背景には、腱前駆細胞の特異化と分布に関し、抜本的な変化が生じているはずだと考えることは妥当であろう。進化の過程で、形態や運動性を変形する機構がどのように組み上がってゆくのか、今後、本質的な問題になってゆくと考えられる。

4.8　僧帽筋の起源と進化

（1）背景

　僧帽筋（trapezius muscle）は哺乳類における頭頸部の主要な筋のひとつであり、胸鎖乳突筋（sternocleidomastoid msucle）とともに、比較解剖学的には「cucullaris muscles」と総称される。以下では、哺乳類における背側要素と断りのない限り単にこれらを「僧帽筋群」もしくは「僧帽筋」と呼ぶ。両者とももっぱら副神経の支配（一部、頸神経との二重支配）を受ける。この筋は一部の条鰭類、チョウザメ、シーラカンスなど一部の「いわゆる硬骨魚類」を除くすべての顎口類がもつ、顎口類を定義する主要な派生的形質のひとつされている（Krammer *et al.*, 1987；Kuratani *et al.*, 2002；Ericsson *et al.*, 2012 に要約）。その解剖学的形態の本来のパターンは、板鰓類（とりわけサメ）の僧帽筋に見ることができ、それは鰓弓列と軸上筋の間に挟まれて位置し、後方では肩帯に停止する。つまり、僧帽筋は鰓と体軸と肩帯の間で三角形をなし、一次的にはそれらを互いにつなぎとめる筋なのである（図4-60：Tanaka, 1988）。しかし、円口類には副神経も僧帽筋も存在しない（Kuratani *et al.*, 2002；Kuratani, 2008a）。上にこの僧帽筋が体節筋であり、それゆえに副神経が形態の著しく変形した脊髄神経である可能性について述べたが（以下に述べてゆくように、それはいまでも完璧に誤りというわけではない）、最近の発生学的研究はそれに疑問を投げかけはじめている。

4.8 僧帽筋の起源と進化

　本来、僧帽筋は鰓弓筋の最後方の要素であり、それゆえに鰓弓神経の形状をもつ（あるいは迷走神経の枝としての）副神経によって支配されると考えられていた（Vetter, 1874 ; Froriep, 1885）。これと同様の見解は、最近の比較形態学的、比較発生学的解析からも支持されている（Diogo and Zimmermann, 2013）。比較発生学的研究が行われるようになったのは20世紀以降であり、それは胚の組織学的観察や、標識実験などを通じて行われたが、それでもこの筋の発生学的由来については混乱を極め、一向に解決されなかった（注）。

　より時代が下り、（もっぱら鳥類胚を中心として）正確な細胞標識実験が行われるようになって以降、僧帽筋が体節に由来するという結論が導かれる傾向が強まった。ノーデンはニワトリとウズラのキメラ実験において神経堤と中胚葉それぞれを標識し、僧帽筋の筋線維、ならびに結合組織がともに体節に由来するとしている（Noden, 1983b, 1986, 1988）。これと同様のデータはクーリーら（Couly et al., 1993）による同様の実験からも得られている。後者は、ニワトリ僧帽筋が第1-6体節に由来すると述べ、同様の実験を行ったファングら（Huang et al., 1997, 2000a, b）は、主として前方の3体節が僧帽筋の形成に参与すると述べた。

　脊椎動物の頭頸部筋は、体幹のそれとは異なり、その結合組織が一部神経堤に由来し、それが筋の形態形成に重要な機能を果たす（Noden, 1983b ; Noden and Francis-West, 2006）。したがって、筋の形態学的同一性が発生上付与されるにあたっては、結合組織の由来や分布も重要な意義をもちうる。ノーデンやクーリーらの実験では、僧帽筋が頭頸部筋というより、あたかも体幹筋的な発生的履歴をもつかのように見える。これに関して松岡ら（Matsuoka et al., 2005）は、神経堤細胞系譜をGFPで標識したトランスジェニックマウス（*Wnt1*、*Sox10* の制御領域を利用）を用い、マウスの僧帽筋、胸鎖乳突筋の結合組織、ならびに肩帯の骨格のうちこれら筋が結合する部分（腱・筋膜）すべてが神経堤に由来することを見いだす一方、僧帽筋群の筋線維が体節に由来することを確認した（Valasek et al., 2011 も参照）。これは、僧帽筋群が舌筋や舌骨下筋群と同

注：たとえば、オーストラリア産ハイギョ、*Neoceratodus forstri* の cucullaris muscles が第2体節に由来すると Greil（1913）は述べたが、Edgeworth（1935）はそれを鰓弓筋の原基と同じ系列の中胚葉（胚前方にある外側中胚葉）の最後端に求めた。Piatt（1938）はメキシコサンショウウオ *Ambystoma maculatum* の僧帽筋が、少なくともその一部は体節に由来すると考えた。McKenzie（1962）は、副神経に対してより深部にある胸鎖乳突筋がいくつかの哺乳類において体節に由来すると述べた。

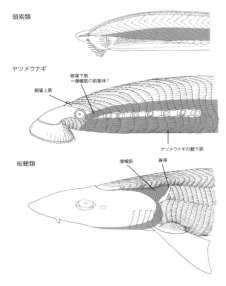

図 4-60 灰色で塗った部分は、僧帽筋や鰓下筋をもたらす、咽頭上筋説の腹側部を示す。ナメクジウオにおいてはそれが未分化な状態にあることに注意。

様、体節から発しながら二次的に頭頸部において機能を課せられた頸部筋の一部であることを示すが、それは明らかにニワトリにおける所見とは異なっている。羊膜類以外では、メキシコサンショウウオにおいて体節の分化を追跡した実験もあり（Piekarski and Olsson, 2007）、それによるとやはり僧帽筋は体節に由来するという。

上の一連の実験では、少なくとも僧帽筋の筋線維が体節に由来することについては意見の一致を見ている。しかし、2010年に報告されたタイス（Theis）らによる綿密な実験では、ニワトリの僧帽筋が第1-3体節のレベルにある側板中胚葉から由来するという。これは、僧帽筋群を鰓弓筋に分類していた過去の解剖学的解釈と一致する見解でもある（Froriep, 1885）。さらに、この結果は鰓弓筋を特異化するとされる $Tbx1$ の機能欠失実験において、僧帽筋が失われることとも符合する（Papaioannou and Silver, 1998 ; Kelly *et al.*, 2004 ; Sambasivan *et al.*, 2009 ; Theis *et al.*, 2010）。これまで行われた標識移植実験のなかで、このような結果をもたらしたものは他に例を見ない。が、これに関して興味深い比較発生学的知見が得られている。つまり、エジワース（Edgeworth, 1935）がかつて、「サメの僧帽筋が頸部後頭体節と鰓弓の間に位置する中胚葉素材に由来する」という観察結果を得ているのである。ちなみにこれは私の研究室における観察

4.8 僧帽筋の起源と進化

とも一致する（Adachi and Kuratani、未発表所見）。この前後に走る細長い中胚葉領域は、傍軸中胚葉とも外側（鰓弓）中胚葉ともつかない微妙な胚領域に位置し、それは同時に、成体における僧帽筋の場所とみごとに一致する。むろん、これは広義の側板中胚葉に相当するのかもしれない。が、しかしそれが体節から二次的に移動し、ある程度の上皮性を保ちつつも分節性を失った、いわゆる移動性筋前駆細胞（後述）様の細胞集団（すなわちそれが僧帽筋の原基）であるという可能性も除去されてはいない。

すなわち、胚頭頸部の中胚葉の区画を（ヴァン＝ヴィージェのように）体節（体性筋を分化）と側板（鰓弓筋を含めた臓性筋を分化）に二分することは適切ではなく、胚の形態学としては側板に属しながら、典型的な鰓弓筋にはならないものがあるのかもしれない（これは、頭部側板中胚葉の腹側部にいわゆる二次心臓領域＝secondary heart field があり、咽頭弓に取り込まれず、心臓の outflow tract や、魚類の内臓骨格における正中腹側の鰓弓骨格要素、すなわち底鰓節をもたらすことと比べることができるかもしれない）。しかし、二次心臓領域の実在が特定の中胚葉細胞系譜として存在するのに対し、僧帽筋原基の中胚葉が確実に存在する細胞系譜としてあるのかどうかはまだ定かではない（細胞系譜を調べる試みとしては、Lescroart *et al.*, 2015 を参照）。それどころか、この「サメ僧帽筋予定域」が、もともと体節に存在した細胞が二次的に移動してできたものか、これから体節とのテリトリーに含められる運命にあるものなのかについてすら知られていない。ちなみに、鳥類胚を用いたこれまでの標識実験においては、耳胞の後方に位置する咽頭弓筋の正確な発生運命は知られていない。このレベルの微妙で微小な中胚葉の消長は、21 世紀になったいまも未開拓なのである（たとえば、後耳咽頭弓に取り込まれるとおぼしき外側中胚葉は、ステージ 10 前後のニワトリ胚では、ほんの 1 細胞層からなる貧弱な中胚葉上皮のように見え、このような構造を正確に移植、もしくは標識することは至難の業となるだろうと、Katan Patal はかつて私に語ったことがある）。

それでも、少なくともひとつこれに関して興味深いのは、ノーデン（Noden, 1983b, 1988）が移植実験に基づいて示した傍軸中胚葉の頭部筋への発生運命予定地図において、迷走神経に支配される内在咽頭筋（＝鰓弓筋）の由来が第 1-2 体節にマップされていることである（これに付随して、舌咽神経支配の第 3 咽頭弓筋も、いわゆる「第 0 体節」と呼ばれる領域の近くの傍軸中胚葉に由来するとされる）。これもまた、サメにおける発生学的観察と異なる。つまり、ノーデンの手法に基づく移植実験では、予想よりも多くのものが体節にマップされる傾

向が明らかに見て取れ、その結果ここでは臓性の鰓弓筋と体節由来の体幹骨格筋の区画が乱されているように見える。おそらく同様の傾向はステージ 8 胚を用いることの多いクーリーの実験についても見ることができ、不正確さを覚悟であえていえば、実験に用いた胚が育ったステージのものであればあるほど、体節起源を示す傾向が強くなる。逆に若い胚において側板と見える領域も、完全に領域的特異化を経ておらず、のちに傍軸中胚葉となるべきものを側板として標識してしまうのかもしれない。そもそも実験発生学や発生生物学では、体幹における体節と側板中胚葉は互いにきわめて際立った（明確な境界を伴った）ドメインとして扱われ、その両者には特異的な遺伝子発現が付随していると通常は考えられている（Ramkumar et al., 2011 に要約）。僧帽筋の発生に関しては、その基本ドメインという前提が問題であるかのように見えるのである。

　僧帽筋は顎口類を定義するきわめて特徴的な筋であるがゆえに、その発生学的由来についての混乱はいまでも大きな問題になっているが、後耳鰓弓系の臓性筋の発生すら、ほとんど研究されておらず、本当のところは謎に包まれている。つまり、サメの咽頭胚が形態学的コンセプトに合致した組織分布を示すにもかかわらず、鳥類胚の実験発生学が脊椎動物の基本体制を定義するコンセプト通りのデータをもたらしてくれるとは限らない、ということが問題なのである。ならば、実験的に筋の発生的由来とそれに基づいた筋の形態学的同一性について語ることはそもそも不可能なのだろうか（Noden, 1988；Noden and Francis-West, 2006 によれば、頭部中胚葉は本来すべてが傍軸成分として発するというが、この言明はすでにして進化形態学的問題を解くにあたってのニワトリ胚の有用性についてある種の限界を示している。この議論については、Ramkumar et al., 2011 も参照のこと。また、筋の臓性・体性の別は、それぞれを支配する神経細胞の分化とともに、確固とした発生学的な分化に基づいた現象であり、形態学的分類にとどまるものではない：Mootoosamy and Dietrich, 2002；Tzahor et al., 2003；Nathan et al., 2008；Sambasivan et al., 2009）。

　ひとつの可能性として考えられるのは、上の考察や足立ら（Adachi et al., 2012）に見るように、胚体前方の中胚葉については、傍軸部と外側部の特異化に時間を要し（頭部傍軸中胚葉を標識する Pitx2 と咽頭弓中胚葉の Tbx1 は、最初形態的に未分化な頭部中胚葉において同所的に発現し、のちの発生において二次的に分離する。ただしこれは、Couly et al., 1992；Evans and Noden, 2006；Noden and Francis-West, 2006 のいう、内側の神経頭蓋予定域、それより外側の筋分化予定域の別とは異なったものであるので要注意。傍軸部と外側部の弁別に伴う今日的困難に

ついては Grifcne et al., 2007；Tzahor, 2009 を参照：最終章に詳述）、したがって中胚葉細胞の標識実験を行う発生段階の選び方によっては、側板のようにも見え、それに続く発生段階においてはそれはひとたび体節として特異化したのちに僧帽筋になるのかもしれず、あるいはその逆かもしれない。重要なのは、正確な実験手技に基づいて行われた標識においても、このような現象がもし生じているのであれば、それは簡単に間違った結果を導く可能性があるということである。そして、これと似たような問題は羊膜類の皮骨頭蓋の由来についても見ることができるが、いずれ新しいデータであるからといって、必ずしもより正しい結論を提示しているとは限らない。この問題の真の解決にはまだ時間がかかりそうである。

（2）僧帽筋の比較発生学

僧帽筋の形態学的分類は困難を極めるが、上のような発生学的ロジックに沿って考えるのであれば、胚の移植実験がしばしば中胚葉の特異化に先立って行われ、そのために誤った見解をもたらしうる限り、こと僧帽筋の起源に限っては、比較的後期の胚を用いることやトランスジェニックマウスを作製することで問題を回避できる可能性はたしかにある。もし、松岡らが用いた「*HoxD4* 発現」という基準が傍軸中胚葉の広がりと合致するのであれば、僧帽筋はやはり体節筋に由来する頸部筋だということになる。

このようにして見たとき、いわゆる鰓下筋と僧帽筋群の共通点が見えてくる。これらのグループはおそらく異なった進化的由来をもち、アンモシーテス幼生のいわゆる「円口類の鰓下筋（hypobranchial muscle of lamprey）」に見るように、原初の鰓下筋は、そもそも鰓の動きをサポートするために前方の筋節を二次的に変形して作られたものであったらしい。顎口類に至って、その後方の要素は多かれ少なかれ肩帯に停止し、そこで神経堤細胞により結合組織がもたらされる。同様に僧帽筋群も肩帯によって、その後端が定義されている。このように、僧帽筋群は「鰓と体軸の間をつなぎ、肩帯に終わる筋」なのである（Tanaka, 1988；Kuratani, 1997）。松岡ら（Matsuoka et al., 2005）によれば、これらの筋の結合組織は（少なくとも哺乳類においては）囲鰓堤細胞により結合組織が提供されており、頭部から肩帯に至るまでの領域で体節に由来する筋を変形させ、いわゆる「頸」の領域を定義しているという（真骨魚類、両生類における実験は、Kague et al., 2012；Epperlein et al., 2012 を参照）。たしかに、本来鰓弓系とのみ関連していたはずの鰓下筋系を後方へと伸ばし、顎口類の進化過程において二次

的に肩帯と関連させ、頸部を作り上げたことは特記すべきイベントであり（それだからこそ、舌骨下筋群は肩帯に停止する）、その意味で円口類の鰓下筋と顎口類のそれは、内容を異にする。そして、進化においては肩帯の成立と僧帽筋の獲得はほぼ同時に生じているように見える（Trinajstic *et al.*, 2013 ; Kuratani, 2013）。

　最近の古生物学的知見によれば、最初の僧帽筋は板皮類の仲間において得られたと考えられている。板皮類のなかでもやや特殊化し、軟骨魚類と硬骨魚類の共通祖先にも近い節頸類というグループに属する *Eastmanosteus*、*Compagopiscis*、*Incisoscutum* の化石（良質の化石を産することで有名な Gogo Formation ; 後期デヴォン紀より）の詳細な観察から、そこに顎口類の僧帽筋に相当する筋が発見されているのである（Trinajstic *et al.*, 2013）。それは、肩帯と頭蓋をつなぐもので、これが収縮するとき頭蓋が下がり顎が閉じるとされる（節頸類は頭部と肩帯に広大な皮骨性甲冑を発達させているが、板皮類のなかでは、頭蓋に対して肩帯がかなりの可動性を獲得したグループである。この動物がものに嚙みつくときには、下顎を下げるだけでなく、神経頭蓋ごと上顎を背方へ引き上げていたらしい）。これに対して頭蓋を引き上げるときには、僧帽筋の背側にある mm. levator capitis minor et major と呼ばれる 2 筋が収縮するとされる（図 4-61）。もし上のような、頭蓋の上下運動と咀嚼に関わる筋が、現生顎口類の共通祖先に至る板皮類にも備わっていたとして（それは大いにありうることだが）、さらに肩帯がこの状態よりさらに頭蓋から遊離したとすれば、それは形態学的な意味での頸部の成立と、本格的な僧帽筋の誕生ということになろう。では、これ以前の段階ではどのような状態にあったのか。

　原始的な板皮類である（*Romundina* に似た）antiarchs 類も、節頸類とほぼ同じ範囲に皮骨性の甲冑をもっていたが、肩帯部と頭蓋部のそれは互いにほとんど動くことができなかった。さらに、それ以前の無顎段階の甲皮類でも状況は同様で、肩帯すらも明確に定義することはできない。Ericsson らによれば、板皮類と比較的近いレベルにある（といわれることの多い）*Cephalaspis* の甲冑後方部には、僧帽筋の起源となるような筋が付着するスペースはほとんどない（Ericsson *et al.*, 2012）。顎口類のなかでも、早期に分岐したこの無顎類では、僧帽筋はまだ分節的な筋節のひとつでしかなかったのかもしれない。これに関し、僧帽筋のいわば「前駆体」とでもいえる筋がアンモシーテス幼生に存在する可能性をかつて私は問うたことがある（Kuratani, 2008a）。すなわち、ヤツメウナギ類の発生においては、前方の後耳体節に由来する筋節が発生上前方へ移動し、

4.8 僧帽筋の起源と進化

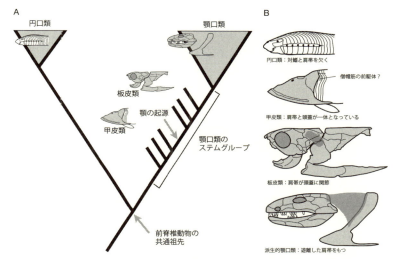

図 4-61 肩帯が頭蓋の一部として発し、のちに遊離して現生顎口類の状態がもたらされたという仮説。僧帽筋（cucullaris muscle）は、本来板皮類において頭蓋と肩帯を相対的に動かし、顎の開閉にも関わっていた筋であると解される。(Kuratani, 2013 より改変)

頭部表層を覆うが、それは節頸類における件の2筋同様、上下に分かれるのである (Kusakabe and Kuratani, 2005, 2007 ; Kusakabe et al., 2011)。しかも、これらの筋節は、後続の体節より発するものとは異なり、腹側へ伸びてゆくことがない。つまり、上下に二分した筋のうち「眼窩下筋 (infraoptic muscles)」と呼ばれる一連の筋節は、その本来の発生位置（見かけ上の軸上筋と咽頭に挟まれて存在する）から、現生顎口類の僧帽筋とほぼ同じ位置を示すことになる。そしてこれら2種の筋のうち、「眼窩上筋 (supraoptic muscles)」が節頸類における levator capitis muscles となり、眼下筋が僧帽筋群となり、肩帯の発生、それに引き続く肩帯の頭部からの分離と頸の成立に伴って真性の僧帽筋へと進化したという図式はありうる。これに関し、孵化直後のアンモシーテス幼生の眼下筋は *En* 相同遺伝子のひとつ（*LjEnA*）を特異的に発現するが、これに類した発現は顎口類の僧帽筋にはない (Kusakabe et al., 2011)。

（3）副神経と僧帽筋

副神経の形態学的位置づけとその進化的起源は、解剖学の歴史においてもとりわけ難解な問題であった (Straus and Howell, 1936 ; Willemse, 1958 ; DeToledo and David, 2001)。ヤツメウナギにおける眼下・眼上筋に関しては、明らかに脊髄前方から発するいくつかの脊髄神経からなる神経叢によって支配され、そこには迷走神経からの支配は一見存在しない。おそらく、円口類には副神経に相当する可能性のある神経細胞があったとしても、それは脊髄の体性運動ニューロンとしてしか同定できない（Tada and Kuratani, 2015）。少なくとも円口類が、形態的にそれと分かるレベルに分化した僧帽筋と、それを支配するはずの副神経を見かけ上、同時に欠くことは整合的である。以下に議論するのは人体解剖でいうところの副神経脊髄根に限る（Nugent et al., 1991 ; Benninger and McNeil, 2010）。これが、いま問題にしている、僧帽筋を特定的に支配する副神経に相当し、特に断りのない限り以下ではこれのみをもっぱら副神経と呼ぶ（副神経核への皮質からの入力に関しては、DeToledo and David, 2001 を）。

　すでに述べたように、菱脳に発する運動ニューロンはいくつかのタイプに分けることができ、ここで焦点となるのは、「副神経核が脊髄神経のような一般体性運動ニューロンか、それとも鰓弓神経に付随する特殊内臓運動ニューロンか」という問題に尽きる。少なくとも円口類のボディプランにおいては、これらの中間に位置するようなニューロンは存在せず、明瞭に体節筋と鰓弓筋に含めることのできない筋には存在しない。それだけに、顎口類の僧帽筋は異彩を放つのである。

（4）脊髄神経としての副神経？

　哺乳類の僧帽筋については、いくつかのグループ（キリン、ラクダ、ラマ）においてそれが頸神経によってのみ支配され、副神経脊髄根が存在しないか、あるいはきわめて痕跡的となる場合が報告されている（Kanan, 1969 ; Cui-Sheng and Xie, 1998）。このように見ると、副神経はやはり脊髄神経が極端にかたちを変えたものであるかのように見える。これまで多くの種について、僧帽筋群を支配する神経核と軸索の走行については記載はなされているが、系統進化的な示唆のあるものは少ない（たとえば、Addens, 1933）。基本的にその神経核は延髄と脊髄における前角の背外側部に位置するが、これも動物種により多様性を示す（注）。

　これまでなされた比較研究から、舌下神経核が進化上二次的にその位置を前方へ移動し、迷走神経とほぼ同じ前後軸レベルに達する傾向が見て取れる（それは Kappers いうところの「Neurobiotaxis」と呼ばれる効果であるらしいが、その真偽は定かではない。この概念はもともと、ニューロンの細胞体がしばしばその知覚

を受ける軸索のある場所へと移動するというものである。Kappers, 1919, 1921；Addens, 1933)。このような進化傾向を念頭に置くと、円口類の眼窩下筋（infraoptic muscles）を支配するニューロンのように、副神経核は前後軸レベルにおいてはもともと、迷走神経と舌下神経の間に相当するレベルに発していたのではないかと考えられる。実際、眼窩下筋を支配するヤツメウナギの神経叢が副神経の前駆体ではないかという指摘は過去にもあった（Sperry and Boord, 1993）。これは、形態学的には眼窩下筋が僧帽筋群の前駆体に相当するのではないかという説（Kuratani, 2008a）に近い。

　上の形態学的記述は、ことごとく副神経核が迷走神経核に由来したという仮説と矛盾する（Krammer et al., 1987）。つまり、副神経が迷走神経に似るのは、一義的にその軸索の伸長パターンだけなのである。副神経核が脊髄神経に起源するとして、なぜその軸索は背外側へ伸長するのか――これに関するヒントは *Lhx3/4* の機能欠失型変異マウスの表現型に見ることができるかもしれない。*Lhx3* と *Lhx4* を同時に破壊した変異マウスの頸神経は、本来腹側へ伸長する

注：エイ *R. eglanteria* においては、副神経核は迷走神経のそれとは独立して存在し、脊髄神経の体性運動ニューロンと同じレベルに見つかり（Sperry and Boord, 1993）、祖先的脊椎動物において副神経が（舌下神経のように）脊髄神経の前方への延長として存在していたことを窺わせる。実際に板鰓類においては、副神経核は舌下神経核の前方にある。また、副神経の軸索は迷走神経のそれよりも太い（Sperry and Boord, 1993）。さらに、神経線維が髄外に出る領域に現れる構造、いわゆる移行帯（transitional zone：末梢と中枢の両方の組織学的特徴を示す部分；Fraher and Kaar, 1986；Fraher, 1999）についても、副神経のそれは脊髄神経腹根のものに似る（Rossiter and Fraher, 1990；Nugent et al., 1991)。両生類の副神経は、多くのサンショウウオの種について記載がある（Wake et al., 1988)。その軸索はやはり迷走神経に沿って伸長するが、神経核の位置は obex（第4脳室の尾側部）からはじまり第3脊髄神経のレベルにまで伸びる。無尾類については日本のヒキガエル *Bufo japonicus* を用いた研究があり（Oka et al., 1987)、それによると副神経は、舌下神経、ならびに第2脊髄神経の前上胸枝（ramus thoracicus superior anterior）のそれに近く位置し、あたかもそれが脊髄神経系の一部のように見える。樹状突起の形態も、鰓弓神経系の運動核のものとは異なり、むしろ脊髄神経のものに似る（Oka et al., 1987)。爬虫類ではカナヘビ *Lacerta agilis* のものについて記載があり、副神経核は舌下神経核の後方にあり、髄内での位置は舌下神経核より高く、迷走神経核よりも低い。両生類のものと同様、樹状突起の形態は脊髄神経的である。さらにその細胞体はやはり、迷走神経核のものより大きい（Székely and Matesz, 1988)。哺乳類における副神経の研究は多く、そして副神経核の位置、加えて、運動核のコラム数やニューロン集団の数に関した報告には、研究者と動物種により若干のずれがある（Tada and Kuratani, 2015 に要約）。現在ラットの副神経核について一般に認められているのは、胸鎖乳突筋を支配する内側のコラムが C1 から C3 にかけてのレベルにおいて前角の背内側にあり、僧帽筋を支配する外側のコラムが C2 から C6 にかけてのレベルで前角の背外側に位置する（Matesz and Székely, 1983；Krammer et al., 1987；Hayakawa et al., 2002)。

軸索を背外側へ伸ばし、そのかたちが副神経のニューロンに似るのである。その軸索は脊髄を出ると、神経管と脊髄神経節の間で神経束を形成し、いよいよ副神経脊髄根のような形態となる（Sharma *et al.*, 1998）。どうやら脊髄神経の軸索伸長パターンを作り出しているのは、これら2つの遺伝子の機能であるらしい。

　では、副神経が鰓弓神経系に含められるという可能性は除外できるだろうか。すでに述べたように、神経管の背腹軸は背・腹両極からのシグナル、とりわけ腹側に由来する分泌因子、Sonic hedgehog（SHH）の勾配を基盤とし、神経上皮の各部域がホメオボックス遺伝子群の領域特異的発現を通じ位置価を獲得することによって成立し、それに基づいて各種のニューロンのサブセットが領域特異的に分化する（Briscoe *et al.*, 2000）。このようにして、菱脳においては特殊内臓運動ニューロンは床板のすぐ外側にある p3 ドメイン（*Nkx2.2* を発現）から、一般体性運動知覚ニューロンはその背側の pMN ドメイン（*olig2* を発現）から分化する（脊髄の p3 ドメインからは V3 介在ニューロンが発する）。このうち、前者の細胞体は発生過程において二次的に背側へ移動し、一般体性運動知覚ニューロンの背側に見いだされるようになる。これら2種のニューロンは互いに異なった Lim-ホメオドメイン（Lim-HD）遺伝子群の発現を示す（Varela-Echavarria *et al.*, 1996；Guthrie, 2007）。すなわち、特殊内臓運動ニューロンの前駆体は *Islet1* を、一般体性運動知覚ニューロンのそれは *Islet1* に加え *Islet2* か *Lhx3* のどちらか、もしくは両方を発現する。副神経核の前駆体はというと、それは *Islet1* のみを発現し、*Islet2* も *Lhx3* も発現しない、これは特殊内臓運動ニューロンのコードである（Tada and Kuratani, 2015 に要約）。しかし（上の *Lhx3* と *Lhx4* の機能欠失実験に見たように）Lim-HD 発現コードは、軸索伸長パターンを決定する因子であっても、ニューロンのタイプを左右する十分条件ではない可能性もある。

　たとえば、パブスト（Pabst）らは、*Nkx2.9* を欠失したマウスの副神経がきわめて短く、その軸索が細くなると報告している。この遺伝子はそのパラログ *Nkx2.2* とともに、p3 ドメインから発生する神経を特異化し（Pabst *et al.*, 2003）、この遺伝子を欠く変異マウスでは、副神経に加え舌咽神経、迷走神経にも異常が生ずる。したがって *Nkx2.9* は菱脳における特殊内臓運動ニューロンの特異化に関わるのだが、この結論は明らかに脊髄神経としての副神経というシナリオに矛盾する。また、副神経核の初期の軸索伸長に *Gli2* の発現が必要であり、その背側への正常な伸長方向と末梢への出口の探索には、netrin-1

4.8 僧帽筋の起源と進化

表4-1 鰓弓神経の特殊内臓運動性（SVE）のニューロンと、脊髄神経の体性運動ニューロン（GSE）における各プロパティを比較し、副神経がそれらの中間、もしくはハイブリッドとしての性質をもつことを示す。（Tada and Kuratani, 2015 より改変）

神経のタイプ	頭部	頸部	体幹部
	鰓弓神経	副神経（脊髄根）	体性神経（脊髄神経）
支配する筋	鰓弓筋	僧帽筋群 （体性？　臓性？）	体節筋
細胞体の位置	背外側	腹外側	腹側
軸索突出のパターン	背側	背側	腹側
移行帯	鰓弓型	体幹型	体幹型
細胞構築	鰓弓型	体幹型	体幹型
Lim-HD コード	*Islet1*	*Islet1*	*Islet1, Islet2,*（*Lhx3*）
神経上皮前駆体	p3	?	pMN

と、そのレセプターをコードする *Dcc* の発現も必要であり（Dillon *et al.*, 2005）、これは副神経の発生機序が特殊内臓運動ニューロンのそれと類似することを示すと同時に、副神経を *Lhx3* と *Lhx4* の機能を失った頸神経のようにも見せている。

　上の議論すべてを総合して考えれば、副神経が一般体性運動知覚ニューロンと特殊内臓運動ニューロンの中間的な存在であり、しかもその進化的前駆体は明らかな脊髄神経の姿をもっているということが考えられる（表4-1 ならびに図4-62、図4-63）。おそらく最もありそうなシナリオは、副神経が迷走神経の近傍において、鰓弓筋に似た形態の骨格筋を支配するために、一部（とりわけ軸索伸長に関わる）特殊内臓運動ニューロンの発生モジュールをコ・オプションすることによって特異化したというものである。かくして、僧帽筋群・副神経という、現生顎口類においてのみ存在する共有派生的パターンを説明するための研究はまだ緒に就いたばかりというべきであり、おそらくその全貌は、比較的その分子的背景が明らかな副神経において先に解明されるであろう。一方、分化における細胞系譜にまだ不明な点の多い僧帽筋の進化において、ヘテロトピーが関わるのか、あるいはこれまでのレベルの実験発生学的、分子遺伝学的手法では簡単に手の届かない複雑な細胞系譜の分離機構が控えているのか、謎はまだ多く残っている。いずれにせよ、この形態要素が顎口類を円口類から際立たせ、頸を作り出しているものの正体であることは、ここで強調しておくべきだろう。

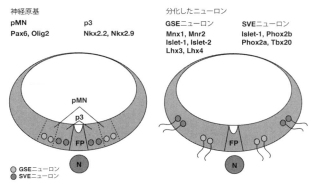

図 4-62 鰓弓神経における典型的な特殊内臓運動性（SVE）のニューロンと、体性運動ニューロン（GSE）の発生パターンを比較する。（Tada and Kuratani, 2015 より改変）

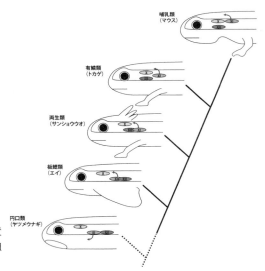

図 4-63 副神経核（XI）の位置の系統進化的変遷。（Tada and Kuratani, 2015 より改変）

4.9 体幹から頭部へ移行した構造

（1）鰓下筋系と舌下神経

定義からすれば、鰓下筋系（hypobranchial muscles）とは、本来体節に由来する軸下筋のうち最も前のものが二次的に咽頭を後方から回り込んで前腸底部

4.9 体幹から頭部へ移行した構造　217

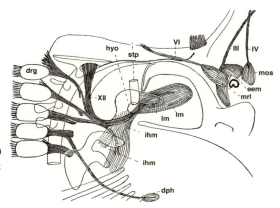

図 4-64 ヒト咽頭胚。図 4-59 よりも発生の進んだ段階を示す。(Keibel and Mall, 1910 より)

へ至り機能するようになった、「軸部にも体壁中にも存在しない」骨格筋群を指す（Kuratani et al., 1988a；Kuratani, 1997：図 3-2、図 3-6、図 4-25、図 4-26、図 4-49、図 4-59、図 4-64、図 4-67）。この筋群のなかで、最もよく知られたものが舌筋群であり、それを動かす舌下神経は、背根と脊髄神経節を失った脊髄神経の束にすぎない（図 4-64、図 4-65）。したがって、これは頭部に発生するが、発生的由来としては紛れもなく体幹の要素からできてくる。当然それを支配する神経は脊髄神経である。これもまた、現生顎口類特異的バウプランの構成要素であるらしい(注)（Kuratani et al., 2002）。

　上に「らしい」と書かねばならないのは、上に述べたように、ヤツメウナギにも舌筋によく似たものが存在し、実際それが「鰓下筋（hypobranchial muscles）」と名付けられているからだ（図 4-66；鰓下筋の進化については Miyake et al., 1992；第 8 章に詳述）。ただしこの名称は、それが鰓孔の腹方に発生するところから与えられたもので、体幹の本来の筋節（頭部では epibranchial muscles と呼称）に対比してのことなのである。たしかにヤツメウナギの鰓下筋も、この動物の舌下神経によって支配されており、まったく同じものではな

注：体幹に見る典型的な骨格筋の発生については：Le Douarin and Barq, 1969；Chevallier et al., 1977；Christ et al., 1977, 1983, 1992；Chevallier, 1979；Ordahl and Le Douarin, 1992；舌筋と舌下神経の形態と発生については：Chiarugi, 1890；Allis, 1897b；Kallius, 1906, 1910；Norris and Hughes, 1920；Hunter, 1935b；Pearson, 1939；Watanabe, 1964；Hammond, 1965；Hazelton, 1970；Noden, 1983a, b；O'Rahilly and Müller, 1984；Lim et al., 1987；Kuratani et al., 1988b, 1997b を参照。

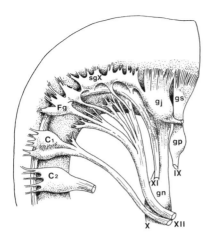

図 4-65 哺乳類胚にはしばしば舌下神経（XII）に伴って一過性の神経節様の構造が認められる。これを発見者の名にちなんでフロリープの神経節（Fg）と呼ぶ。位置的にも形態的にも迷走神経の上神経節（gj）と見分けることが困難なのは、両者が同様の神経堤細胞から形成されるためである。（Arey, 1917 より改変）

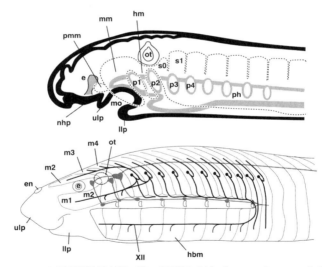

図 4-66 ヤツメウナギ頭部筋節と鰓下筋。咽頭胚（上）とアンモシーテス幼生（下）。ヤツメウナギは耳胞の前に分節化した筋をもつが、これらが本来耳の後ろに発生した筋節の移動したものであることが分かっている。また、鰓裂の腹側に発生する筋の分節性は、背側の筋のリズムではなく、むしろ鰓のリズムに従う。これは二次的に生じた機能的パターンであって、形態学的重要性をもつものではない。この筋が鰓下筋系に属することは、その舌下神経支配に見ることができる。e、眼；en、外鼻孔；hbm、鰓下筋；hm、舌骨中胚葉；llp、下唇；mo、口；m1-4、筋節；nhp、鼻下垂体板；ot、内耳；ph、咽頭；pmm、顎前中胚葉；p1-p4、咽頭裂；s0-s1、体節；ulp、上唇。

4.9 体幹から頭部へ移行した構造　219

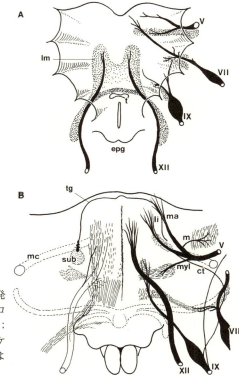

図 4-67 哺乳類舌下神経、舌筋の発生。後期咽頭圧（A）と胎児（B）。ローマ数字は脳神経。ct、鼓索神経；epg、喉頭蓋；lm、舌筋；mc、メッケル軟骨；tg、舌原基。（Kallius, 1910 より改変）

いかもしれないが（なぜなら、この筋は咽頭壁外側に発するからである）、それが舌筋ときわめてよく似たものだということは間違いない（Neal, 1897; Kuratani et al., 1999b）。

　ヤツメウナギの鰓下筋の解釈もまた、脊椎動物の頭部分節説と深く関係する。当初この筋は、鰓孔のそれぞれの間に発するために、鰓弓と同じリズムをもって分節していると考えられ、さらにそれが、本来鰓上筋の分節と1:1に対応しているのではないかと想像された。というのも、ヤツメウナギ胚の頭部中胚葉が咽頭嚢の存在によって分断され、しかもそうやってできた中胚葉ブロックのそれぞれが、背腹に完璧に分断されていると思われたからだ（Damas, 1944; Jarvik, 1980; Jefferies, 1986）。しかし、そもそも鰓上筋は、本来の筋節が二次的に前方へと移動したものにほかならず、一方で、鰓下筋は二次的な筋原基の移

動によってもたらされ、その分節的パターンも鰓弓軟骨のそれぞれに付着するために現れたにすぎない。したがってこの分節的形態パターンは、本来機能的に解釈すべき、二次的なものなのである（第9、10章）。しかも、ヤツメウナギにおいても頭部中胚葉は分節せず、体幹では顎口類同様、その傍軸部しか体節として分節しない（Kuratani et al., 1999b）。このように見ると、咽頭底部から後続する内胚葉構造を底面から覆う筋系としての鰓下筋系には、段階的な進化過程があったことが推測される。まず、原索動物（ナメクジウオ）的段階においては中胚葉のパターニングが脊椎動物とはそもそも大きく異なり、鰓下筋系が見られない。円口類において「舌」と呼ばれているものは、顎骨弓に由来する鰓弓性の構造である（第8章；したがって「喉から手が出るほど欲しい」という表現は、現生顎口類、もしくは体性の舌筋がよく発達した四肢動物にこそふさわしい）。

円口類では、真の舌のかわりに咽頭壁外側に「ヤツメウナギの鰓下筋系」が発する。それを支配する神経の走行パターンもまた咽頭底へは至らないものの、たしかに咽頭を後ろから回り込むアーチをなし、咽頭壁外側へと至る（Alcock, 1898; Johnston, 1905a; Kuratani et al., 1997b；ヌタウナギの鰓下筋系については Oisi et al., 2015 を参照）。しかも、このとき筋原基は咽頭壁の外側を前方へ移動するのみである。一方、顎口類では、この鰓下筋原基と舌下神経の走行が、咽頭底部から口腔底へと至る経路をとり、その際、咽頭底部に位置する囲心腔の側壁内を通る。このような状況は、ヤツメウナギの発生過程には決して現れない。ヤツメウナギにおいて囲心腔の相同物は、発生の最初期から咽頭後方に位置している。つまり、顎口類において成立し、バウプランの派生的な部分の成立要因となったのは、この新しい移動経路なのである。この経路に相当する細胞群は、系譜としてはいわゆる二次心臓フィールド（secondary heart field）ときわめて近いか、もしくはそのものであり、顎口類の鰓下筋系が「心臓-咽頭弓系」という独特の発生モジュールの特異な分布を利用し、しかもこのフィールドの咽頭胚期における分布を拡大することによって、円口類には見られないやり方で筋を発生させたものらしい。かくして、鰓下筋系の進化においては新しい筋原基や、新しいニューロンが生まれているわけではない。むしろ、筋の移動経路となる胚環境、あるいは中胚葉由来の移動経路が大きく分布を変えたと見るべきなのであろう（Lours-Calet et al., 2014 を参考に）。

顎口類の常識からすれば、脊髄神経腹枝の形態をもつ舌下神経によって支配されるのであるから、舌筋をはじめとする鰓下筋群は形式的にはすべて軸下筋のメンバーであることが分かる。が、そもそも円口類にはこの軸上・軸下の区

別がないのであるから、鰓下筋系の特異化のはじまりが、水平筋中隔の成立より遡る起源の新しいものであることが分かる（現生顎口類にのみ存在）。つまり、それが成立したのは顎口類ではなく、脊椎動物の成立時に近い。<u>軸上・軸下の別は間違いなく現生顎口類のバウプランを構成するが、鰓下筋系はそうではない</u>（軸上・軸下システムの発生的分化についての考察は、Denetclaw and Ordahl, 2000；Spörle, 2001 を参照）。筋の組織分化ではなく、その形態的パターニングに関する分子発生学的研究は、必ずしも神経系や骨格系に見るように急速に進展したわけではなかった。それには、筋が骨格と同じ素材（体節）に由来するために、実験発生学的基盤の整備が困難であったことが理由となっている。同様の事情は、ショウジョウバエ研究についてもあてはまるといわれている。しかし現在では、さまざまな現象がそこに切り口を与えはじめた。たとえば、筋組織分化の制御遺伝子であると考えられる *Myf5* の発現制御機構には、骨格筋の解剖学的パターンと相関したさまざまな要素が存在するらしい（Hadchouel *et al.*, 2000）。

また、顎口類では、鰓下筋であろうが、軸下筋の一部としての四肢の筋であろうが、腹方へ移動する筋原基は等しく、受容体型チロシンキナーゼをコードする *c-met* 遺伝子を発現し、*Pax3* や *Lbx1* の正常な発現が移動のために必要であり（Bober *et al.*, 1994；Tremblay *et al.*, 1998；Schubert *et al.*, 2001；他に Houzelstein *et al.*, 1999）、一方、その移動経路には c-Met レセプターのリガンドに相当する成長因子、HGF が分布する（Dietrich *et al.*, 1999）。つまり、筋芽細胞と移動環境の相互作用にはこのシグナルシステムが機能するとおぼしい。そして、これらの筋の分布可能領域である外側体壁には、一様に *EphA4* が発現し、鰓弓系と体性部を筋分布のレベルで分けている（Hirano *et al.*, 1998）。これは、脊髄神経の軸索ならば伸長可能だが、鰓弓神経の軸索は阻むという、形態パターン形成上の「パターン差別」の背景にあるとおぼしき、細胞-細胞接触依存型のシグナルを司ることにより脊椎動物のグローバルなボディプランを作り出す分子の有力候補である。つまり、こういった機構が体節筋の移動・分布と分化を許容する「場」なのである。

ヤツメウナギにおいて上に挙げた分子群がどのような機能をもちどこに発現するのか、まだデータは得られていない。これは鰓下筋の進化の理解にとって、最も重要なデータとなろう。

解剖学的、発生学的解析から、鰓下筋系にはさらなる見直しが必要であろう。というのも、このグループは舌筋群を含むだけではなく、体壁ではなく、前腸

を腹面から覆うという共通の形態パターニング上の特徴のもとに、そこにさらに多くの筋が含まれる可能性がある。たとえば、哺乳類の舌下神経は舌骨より起始する舌筋群（舌筋原基が咽頭底を貫いたレベルが、顎骨弓と舌骨弓の間の付近であったことを物語る）を支配するが、これとよく似た形態をもつ頸神経の頸神経ワナ（ansa cervicalis）は、舌骨より後方へ伸びる舌骨下筋群（infrahyoid muscles）を支配する（図4-68）。これもまた外側体壁中に存在するのではなく、むしろ体腔の存在しない領域において内臓を直接に覆う筋であり（そのゆえに、横隔膜と通ずるものがあるが）、ニワトリにおいてこれと相同の外在喉頭筋群（extrinsic laryngeal muscles；Noden, 1983b）は、実際に舌神経の枝によって支配される。つまり、鳥類においては純粋な舌下神経と頸神経ワナが同じ幹をもつ神経として発生する。さらに、これら舌筋と外在喉頭筋は筋線維こそ体節に由来するが、その結合組織（腱、筋膜）はすべて頭部神経堤細胞から分化する（Noden, 1983b, 1988）。つまり、外眼筋群におけるのと同様、その発生パターニング、組織分化は、部分的に頭部的要素をもつ。

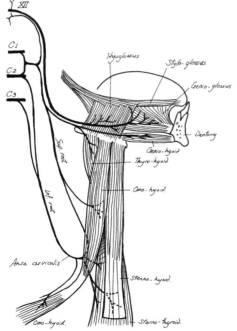

図 4-68 鰓下筋系（hypobranchial muscles）。ヒトの舌筋と舌骨下筋群、ならびにそれらの神経支配を示す。舌下神経（XII）と頸神経ワナ（Ansa cervicalis）の形態的類似性に注目。（Basmajian, 1980より改変）

さらに、人体発生学や比較解剖学はしばしば舌筋、舌骨下筋群、そして横隔膜もが一連の原基の連なりとして発することや、それらの形態学的類似性を指摘してきた（図4-59、図4-64、図4-68；Keibel and Mall, 1910；Kikuchi, 1970；Tanaka et al., 1988；総説は Kuratani, 1997；正常発生については Wells, 1954；Pearson and Sauter, 1971；Pearson et al., 1971；Jinguji and Takisawa, 1983；Noakes et al., 1983）。横隔膜の結合組織が哺乳類胚において神経堤に由来するものかどうか、まだ明瞭な証拠はない（可能性としては、Mendelsohn et al., 1994；Li et al., 1999 を参照）。しかし、最近のマウス分子遺伝学的実験によれば、この筋もまた、舌筋と同様、c-Met レセプターの正常な機能、言い換えれば HGF シグナリングを必要とする（Sachs et al., 2000）。つまり、横隔膜は鰓下筋の一部か、さもなければ、上肢筋の部分（あるいはそれらの混合？）として進化した可能性が濃厚なのである。しかし、それを直接証明するにも、上の2グループのどちらか特定するにも、哺乳類独特の器官、組織発生についての詳細な標識実験はきわめて困難であり、比較発生学的な理解は進んでいなかった（腹側筋群と横隔膜に共通に関わる遺伝子機構の所在を示唆する実験として、Matzuk et al., 1995；Bladt et al., 1995；Kucharczuk et al., 1999；Gross et al., 2000 などを挙げておく。哺乳類における横隔膜の進化についての最近の理解は後述）。

（2）メダカの突然変異体と筋肉系に見る脊椎動物バウプランの進化

上に解説した鰓下筋群を支配する神経は、それが頭蓋から出ようが、頸椎の間から出ようが、脊髄神経と体節筋のうち、頭部独特の分化を経て頭部へ二次的に参与した鰓下神経群、あるいは後頭脊髄神経群という形態的形質として見たほうがよさそうである。そして、その最も原初のパターンは、おそらくヤツメウナギの舌下神経に見いだすことができる。それが完璧に鰓下筋系の形態と機能を獲得しておらずとも、それを支配する脊髄神経枝の走行形態はすでに典型的な脊椎動物の舌下神経のそれを示している。

以上の議論から、脊椎動物の体幹筋に見るパターニングプランの進化は：

仮想的な脊椎動物の祖先的状態として：未分化な分節的筋の獲得
↓
脊椎動物状態として：鰓下筋系、ならびに胸鰭筋の初期分化
（腹側へ移動する筋原基と、移動しない筋原基の系譜の分離）
↓

224　第4章　解剖学的形態学——胚に由来する形態

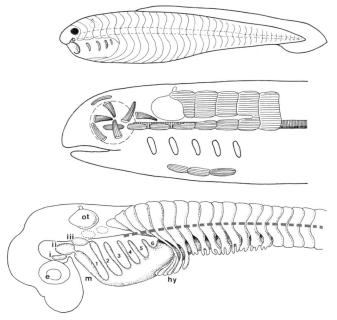

図 4-69　脊椎動物筋肉系の形態プラン。ジョリー（上）、ビェリング（中）による仮説、ならびに本書での理解（図 3-2 をもとに描いた：下）を示す。ジョリーは、上下に分節した筋節を鰓孔列が貫き、鰓下筋系が生じたと考える。アンモシーテス幼生における筋系の形態に影響された考え方。ビェリングは鰓下筋系を筋節の二次的移動によって説明した。これは正しい理解だが、外眼筋と体節筋の系列相同性には疑問が残る。これについては第 6 章を参照。下に示したサメの咽頭胚では、筋節は耳の後ろ（後耳領域：metotic region）に限られ、これが二次的に腹側へ移動し、対鰭の筋や鰓下筋群が生ずる。進化的順序としては、これに引き続いて顎口類の系統で水平筋中隔が波線のレベルに生じ、筋節全体が二次的に軸上・軸下に分裂する。したがって、対鰭の筋と鰓下筋群は軸下筋系の分化したものと考えてはならない。外眼筋は頭腔、もしくは頭部中胚葉の傍軸部より生ずる。頭部中胚葉の腹側部は咽頭弓に取り込まれ、鰓弓神経群によって支配される鰓弓筋をもたらす。(Jollie, 1977 ; Bjerring, 1977 ; Romer and Parsons, 1977 より改変)

　　顎口類状態として：軸上・軸下の分化、これと前後して僧帽筋群の成立

というシークエンスで生じ（図 4-69）、移動する筋芽細胞の獲得にあっては *Pax3*、*Lbx1*、*HGF*、*c-met* などにコードされた分子的装置が最初に用いられたと推測される。しかし、板鰓類の対鰭へ向かう筋節が上皮性を保っているの

は、上の仮説と必ずしも整合的ではない（Neyt et al., 2000）。少なくとも、筋系の形態進化プロセスの最初に軸上・軸下の別があるわけではないということだけは確からしい。

軸上・軸下システムの進化に関し、*Da*（*double anal fin*）という興味深い突然変異がメダカに知られる（Ohtsuka et al., 1999；Kawanishi et al., 2013）。このメダカでは、軸上系のシステムが軸下系のものにトランスフォームしているが、それは体の解剖学的構築すべてに及ぶわけではなく、尻鰭、尾鰭などの正中鰭や中軸骨格形態は背側に重複するが、神経系、舌筋や胸鰭は重複しない（進化的発生モジュールの存在：第9章）。つまり、軸上・軸下の分化において進化的に新しいのは軸上系のアイデンティティであり、それは鰓下筋や、顎口類の祖先にすでに生じていたかもしれない対鰭のために使われた筋系を除いた、軸下筋の形態をデフォルトとしてできあがっているように見える。

この突然変異の背景には単一遺伝子座が関わるが（Ohtsuka et al., 1999）、顎口類に至るどこかで、この遺伝子の下流に軸上系の特異化機構が成立したのかもしれない。ちなみに、魚類の背腹対称の尾は、中軸骨格が背側に湾曲したのちに二次的に獲得された歪形尾だが、*Da* 突然変異体ではこれも背腹に重複する。進化的に、軸上・軸下の分化と、尾を含めた正中鰭の背腹性の分化は、同時的なものであったのかもしれない。歪形尾に類したものは化石無顎類（骨甲類）にも知られているので、軸上・軸下の別が顎口類の分岐以前に獲得された可能性もある（歪形尾の進化については、脊椎動物形態学の各種成書を参照）。

筋形態の基本的パターニングプランもまた、進化系統的にタクサの構造に対応した階層性をなし、その分子遺伝学的機構の構築のなかに、つまり協調して働く統合された分子カスケードや、表現型のうえで独立した振る舞いを示す遊離したカスケード、さらに比較分子発生学的にタクサごとに異なった使われ方をした発生カスケードのなかに、バウプラン成立のシナリオを解く鍵が隠されているようである。さらに、軸上・軸下筋系やそれに先立つ腹側筋の分化は、それらを専門的に支配する運動神経の分化をも必要とする。このシステムを成立させるための統合された発生機構の進化にも、遺伝子重複や、それに伴う多様化した誘導機構が関わるはずである（たとえば、Kania et al., 2000 と、それに先立つ研究を参照）。

4.10 横隔膜の起源

頸部筋の進化と発生という文脈で考察する価値のある形質が、上に触れた横隔膜である。これは胸郭内部で肋骨、腰椎、胸骨に付着し、胸腰部を境する哺乳類特有の骨格筋であるため（他の羊膜類は存在しない）、中耳に見る3つの耳小骨とともに、哺乳類を定義する共有派生形質と見なされ、その獲得は哺乳類系統の初期進化における重要な変化であった。この横隔膜の進化発生的起源については謎が多いが、すでに本書の旧版において、①横隔膜が哺乳類においてのみ得られた、舌骨下筋群に続く鰓下筋系のひとつと見なされる可能性、②その獲得が哺乳類の頸椎を7つに抑えている可能性について考察した。同様の仮説はブフホルツら（Buchholtz et al., 2012）によっても最近提唱されている。が、化石種を含めた最近の比較解剖学的研究の発展から、これについては再考と改訂が必要となったので以下に記す。

（1）比較形態

最近、平沢と倉谷（Hirasawa and Kuratani, 2013）は、横隔膜が祖先動物の肩甲下筋から由来したという仮説を提示した。横隔膜は、四肢筋や舌筋と同様、胚発生時に皮筋節から遊離する移動性筋前駆細胞（migratory muscle precursors：MMP）から発生する（図4-70）。MMPが遊離する皮筋節のレベル（頭尾軸上の位置）は、発生した筋を支配する脊髄神経のレベルと対応し、MMP由来の筋に関して、胚発生でどのレベルの皮筋節から由来したのか、成体の形態を通じて比較可能である。フュールブリンガー（Fürbringer）のモノグラフ等から羊膜類41タクサの解剖学データを集めた結果、前肢筋MMPと対応する腕神経叢の位置が、体軸骨格における頸部-胴部境界から推定できることが分かり、それによって系統発生における頸部-胴部境界（すなわち腕神経叢）の位置変化がある程度復元できた。それによると、まず祖先動物で腕神経叢の頭側端がC4（第4頸神経）レベルにあり、キノドン類の初期進化のころ、腕神経叢が体節2つ分尾方に移動する変化が生じたことが窺える。現生哺乳類の横隔神経は、ほとんどの種においてもっぱら頸神経のC3-5に発し、その主体はC4, C5からなり（Nauck, 1939；例外についてはHirasawa and Kuratani, 2013を参照）、復元された祖先動物の腕神経叢の分布と比較すると、横隔神経は祖先動物の肩甲下神経と対比可能となる。したがって横隔膜は、祖先動物の肩甲下筋がホメオティック重複に際して二分して生じたと考えられる。肩甲下筋は原始的な単

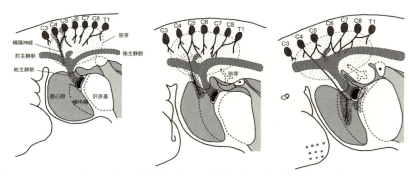

図 4-70 マウス胚における横隔膜の発生。咽頭胚期、横隔膜原基の移動時においては、筋原基と横隔神経の発生位置が横中隔と同じ頸部筋節レベルにあることに注意。発生が進むにつれて、頸部が伸長し、心臓の相対的位置が下がり、横隔神経が伸びる。横隔膜原基は総主静脈に沿いながら下降し、横中隔に至る。(Jinguji and Takisawa, 1983 に基づき、Hirasawa and Kuratani, 2013 より改変)

弓類においても肩帯骨格の内側に位置し、そこから内臓方向への発達は連続的変化として説明可能である。

(2) 発生過程

　横隔膜の発生は、古典的にはラットにおいて最もよく研究されている。この動物では、横隔膜の発生に関して 2 つの主要なプロセスが認識できる。すなわち、体壁構造の発生とその体壁構造がもたらす経路に沿った横隔膜原基の移動がそれらであり、これらの過程は同時的に進行する（Lewis, 1910；Mall, 1910；Wells, 1954；Jinguji and Takisawa, 1983；Greer *et al.*, 1999；Babiuk *et al.*, 2003）。この体壁構造は体腔内に突出した突起、すなわち横中隔（septum transversum）と胸腹膜襞（pleuroperitoneal folds：PPF）としてはじまる（Lewis, 1910；図 4-71）。12.5 日ラット胚において、PPF は 1 対の原基として外側体壁の背側部から伸び出す（図 4-71；Clugston *et al.*, 2010）。このとき、PPF は総主静脈（common cardinal vein）、もしくはキュヴィエ管（ductus Cuvieri）のすぐ後方に控え（Kollmann, 1907；Goodrich, 1930a）、ここに向かって横隔膜原基は移動することになる（Allan and Greer, 1997a）。なお、マウス胚を用いた細胞系譜解析によると、横隔膜の結合組織はすべてこの PPF の間葉に由来する（Merrell *et al.*, 2015）。

　横隔膜の原基はこのとき、前肢芽に入り込む四肢筋の一部として存在する

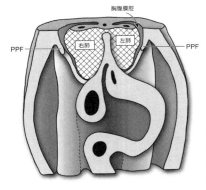

図 4-71　ラット胎児において胸腹膜襞（PPF）が閉塞する前の状態を示した腹面観。(Kollmann, 1907 に基づき、Hirasawa and Kuratani, 2013 より改変)

(Babiuk et al., 2003)。12.5 日ラット胚においては、この筋原基はすでに腕神経叢に向かって移動を開始しているが、まだ外側体壁内部にある（Clugston et al., 2010）。13.0 日胚では筋原基は PPF に入り込み、13.5 日胚になると横隔神経もキュヴィエ管の外側を通りながら PPF に入り込む。続いて肺原基が胸腹膜管（pleuroperitoneal canal）に入り込み、13.5 日胚では肺原基の後端は肝臓の背側に達する（Gattone and Morse, 1984）。肝臓と副腎の成長とともに胸腹膜管はしだいに狭くなり、ついにそれが閉塞することにより横隔膜が 15.2 日ごろ完成を見る。これと同時に、外側体壁は腹側へ成長し、心臓とともに横隔膜を胸郭に包み込むに至る（Keith, 1905；Jackson, 1909；Mall, 1910；Greer et al., 1999）。本来、頸部レベルに位置する、この外側体壁が胸郭内部にシフトしてゆく過程は鳥類胚にも生じ、羊膜類共通の現象であると考えられる（Hirasawa et al., 2016a）。

（3）体腔中隔の起源

顎口類においては発生中、腎臓襞（nephric folds）と呼ばれる 1 対の襞が囲心腔と腹腔をつなぐ通路の外側に生ずる（Goodrich, 1930a）。羊膜類の多くでは、この襞はさらに横中隔と融合し、隔壁を形成するに至る（Goodrich, 1930a；Duncker, 1978, 1979；Klein and Owerkowicz, 2006）。哺乳類の PPF は事実上、腎臓襞の吻方部と同じものである（Goodrich, 1930a）。このような襞の発生様式は、体腔内に隔壁をもつすべての羊膜類に共通するが、これはどうやら複数の系統において独立に生じたものらしい（Duncker, 1979；Klein and Owerkowicz, 2006）。

先天性横隔膜ヘルニア（congenital diaphragmatic hernia：CDH）の研究を通じ、PPF の発生機構について理解が進みつつある。たとえば、PPF のうち、筋以

外の組織には Gata4、Fog2、Coup-TFII などの転写制御因子をコードする遺伝子や Wnt1 が発現し、それらが正常な横隔膜の形成に寄与していることが分かってきた (Ackerman et al., 2005 ; Clugston et al., 2008 ; Yu et al., 2012)。これらの遺伝子は、PPF と肺原基に限って発現し、他の体壁構造の形成には機能しない——つまり、PPF と肺原基の両者が同じ発生機構の制御下にあり、進化的にひとつの発生モジュールとして成立してきた経緯が示唆される。このことは、Gata4 ならびに Fog2 の機能を阻害すると、横隔膜ヘルニアが生ずることとも整合的である (Clugston et al., 2006 ; Noble et al., 2007 ; Clugston et al., 2010)。実際、これら遺伝子は横隔膜だけではなく、肺葉分化にも関わるが (Chinoy, 2002 ; Ackerman et al., 2005, 2007 ; Jay et al., 2007 ; Kantarci and Donahoe, 2007 ; Morrisey and Hogan, 2010)、その両者はともに哺乳類特異的派生的形質である (Perry, 1983)。おそらくこの発生モジュールは、哺乳類の呼吸機能の進化において成立したのであろう。さらに最近では、レチノイン酸産生に機能する PBX1 もまた、横隔膜形成に必須であることが分かっている (Russell et al., 2012)。

(4) 移動性の筋芽細胞
——Migratory Muscle Precursor (MMP) Cells

すでに述べたように、羊膜類における舌筋、横隔膜、四肢の筋のすべてが、比較的長距離を移動する筋芽細胞から分化する。これらの細胞は皮筋節の下方より発し、HF/HGF、c-Met シグナリングを介し、形態形成的移動経路をとる (Dietrich et al., 1998, 1999 ; Alvares et al., 2003 ; Vasyutina and Birchmeier, 2006)。そのような性質から、これらの細胞は MMP (migratory muscle precursors) 細胞と呼ばれる。これら MMP 細胞の移動に際しては、Pax3 の細胞自律的発現が必須の要因となる (Tremblay et al., 1998 ; Li et al., 1999 ; Buckingham et al., 2006 ; Buckingham and Relaix, 2007)。したがって、Pax3 の発現を見ることにより、これら MMP 細胞の挙動が観察できる。このような方法で MMP を可視化することにより、バビウクらは横隔膜の原基が前肢へ向かう筋原基の一部として現れることを見いだした (Babiuk et al., 2003)。これに近い観察は組織学的にもなされ、横隔膜が胸筋原基の一部として発するという報告も1世紀以上前に遡る (Lewis, 1902 ; Jinguji and Takisawa, 1983)。そして、横隔膜の原基はこれ以外には存在しないらしい。

ヴァラセックら (Valasek et al., 2011) は、上肢、肩帯付近における MMP 細胞の挙動を詳細に調べ、少なくとも条鰭類においては肩帯の発生に Tbx5 の発

現が必須であることを見いだした。この遺伝子は以前より、脊椎動物の上肢の特異化に機能するとされていたが、興味深いことに哺乳類においては、横隔膜の発生においてもこの遺伝子が必要とされている。つまり、横隔膜は上肢の一部として発生するのである。これは、すでに紹介した、鰓下筋系のひとつとしての横隔膜という説とは相容れない。このような、「上肢の一部として進化した横隔膜」というシナリオでは、どのようにして上肢筋原基から横隔膜原基が分離し、上肢筋とは別の経路をとるようになったのかを説明する必要が生ずるが、そのヒントになるのが $Lbx1$ 遺伝子である。上に述べたように、上肢筋も横隔膜も、その MMP 細胞は等しく HF/HGF-c-Met シグナル経路を必要とするが、これらの筋原基に発現する Lbx の機能は若干異なる。すなわち、$Lbx1$-/-変異マウスにおいては上肢筋の発生が著しく阻害されるのに対し、横隔膜は逆に肥大するのである (Gross et al., 2000)。つまり、この遺伝子は上肢領域における MMP 細胞のうち、外側への移動を選択的に司るらしい (Brohmann et al., 2000 ; Gross et al., 2000)。事実、$Lbx1$ が発現しないことによって MMP 細胞は PPF のなかへと向かうのである。

(5) 横隔神経

横隔神経は、横隔膜原基の移動に沿うように伸び PPF に入る (Jinguji and Takisawa, 1983 ; Greer et al., 1999 ; Babiuk et al., 2003)。このように、筋原基の移動パターンを末梢神経がなぞるのは、舌筋と舌下神経の発生によく似る。また、横隔神経の走行は発生上、脊髄より出てのち腕神経叢の原基と合一するので (Allan and Greer, 1997b)、一部、前肢筋のパターンをもなぞり、このことが、横隔膜の前肢筋としての性格をよく物語る。のちに横隔神経原基は神経叢原基より分離し PPF へと向かうが、これは特異的に netrin シグナルによって制御される (Burgess et al., 2006)。また、ヒトにおける横隔神経の破格を俯瞰すると、そこには主として3つの型が見られる。つまり、肩甲下神経 (suprascapular nerve) と交通するもの、鎖骨下筋神経 (subclavian nerve) と交通するもの、そして、頸神経ワナ (cervical ansa) と交通するものである (Kerr, 1918 ; Kikuchi, 1970 ; Goto et al., 1976 ; Tanaka et al., 1988 ; Kodama et al., 1992 ; Banneheka, 2008)。加えて、単孔類の横隔神経が、鎖骨下筋神経からの線維を含むという報告もある (McKay, 1894)。以上のうち、鎖骨下筋神経、肩甲下神経との交通は、横隔膜の前肢筋としての性質をサポートするようだが、形態学的に脊髄後頭神経として分類される頸神経ワナとのそれは、上に示したように鰓下筋 (ここでは、

舌骨下筋群)との類縁性をある程度示唆する可能性がある。以下の考察は、横隔膜が前肢筋の一部として進化したというシナリオに沿う。

(6) 骨格系から見た横隔膜

多くの羊膜類において、腕神経叢は4本の脊髄神経によって構成される(図4-72)。一方、すべての四肢動物に共通するのは3本の脊髄神経が神経叢を構成するパターンで、ハウエルはこれを四肢動物の「腕神経叢の基本型」と呼んでいる (Howell, 1935, 1936, 1937a, b, c)。哺乳類の腕神経叢は、半ば独立した尺骨神経 (ulnar nerve) と正中神経 (median nerve) により特徴づけられるが (Miller, 1934)、橈骨神経 (radial nerve) と尺骨神経のパターンは羊膜類の基本型によく似る。加えて平沢らの行った検索によると、腕神経叢の発生位置は、頸椎から胸椎への移行部に相当する (Hirasawa and Kuratani, 2013)。これは、以前バークらによって指摘された通りである (Burke et al., 1995)。文献、ならびに肉眼解剖により調査したすべての種において、羊膜類の腕神経叢の基本型を構成する3番目の脊髄神経 (br3) の位置は、肋骨の並びのうち、頸椎から胸椎への移行部に相当するレベルに位置する。この相関は哺乳類において (Giffin and Gillett, 1996)、上に見た腕神経叢の基本形態は、羊膜類の共通祖先において獲得されていたとおぼしい (Hirasawa and Kuratani, 2013)。そして、骨格と末梢神経の固定的位置関係は、頸椎数と関わらない。体軸形態要素のホメオティックな特異化について述べたように、これは分節番号の保守性ではなく、前後軸の上をシフトできる形態価が、骨格系と末梢神経系において固定的な相関をもつことを示している。逆に、羊膜類については骨格形態の情報から、その動物がもっていたであろう腕神経叢の形態について、ある程度の推測が可能となる(この推測の妥当性については、Witmer, 1995 を参照せよ)。

化石資料を用い、羊膜類の系統における頸椎数の変遷を追うと、羊膜類の共通祖先の頸椎数が5であり、そののち、多系統的に頸椎数が独立に増えていったことが示唆される。哺乳類を導く単弓類の系統においては、キノドン類に至って頸椎数は7に落ち着くが、これは、哺乳類において固定的な7つの頸椎が、減少することによってではなく、徐々に増加することによってゆき着いた数であることを示す。ならば、哺乳類の腕神経叢の位置も、相対的に後方へずれた結果としていまの位置に発生しているということになる(図4-72右)。

(7) 腕神経叢のシフトとその重複

文献的に腕神経叢の変遷を見る限り、本来羊膜類の腕神経叢は4つの脊髄神経を取り込んでいた（br1-4；図4-72）。これは第13-16脊髄神経によって腕神経叢を構成するニワトリにもあてはまる（Roncali, 1970；Bennett *et al.*, 1980）。さらに、橈骨神経（あるいは、N. brachialis longus superior）は腕神経叢を作る第1と第2の腹枝（第13、14脊髄神経）に含まれる線維よりなり、烏口上神経（supracoracoid nerve）、肩甲下神経（subscapular nerve）も同じ線維束から出る。これらの枝は爬虫類と哺乳類において比較可能である。が、哺乳類の腕神経叢はこれよりさらに複雑で、肩甲上神経が第5脊髄神経より出る。つまりそれは、腕神経叢より前にある。加えて、哺乳類には正中神経と呼ばれるものが存在する。この神経の存在を説明するには、非ホメオティックな腕神経叢の後方への

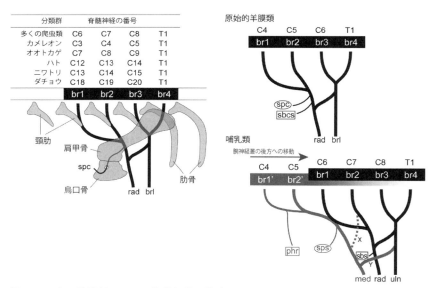

図4-72 左：羊膜類における腕神経叢の構成を比較する。br1-br4、羊膜類の祖先的腕神経叢を構成する脊髄神経；brl、長腕神経（N. brachialis longus）；C3-C20、第3-20頸神経；T1、第1胸神経；rad、橈骨神経（N. radialis）；spc、烏口上神経（N. supracoracoideus）。右：哺乳類の系統における腕神経叢の後方への重複とシフト。上：祖先的羊膜類に見える腕神経叢の基本形。下：哺乳類における腕神経叢。br1′とbr2′は、祖先的腕神経叢の第1、第2根の残遺を示す。（Hirasawa and Kuratani, 2013より改変）

4.10 横隔膜の起源　233

シフトを考えねばならない。事実、哺乳類の系統的進化においては頚椎数が5から7へ増加したと考えられている。ならば、腕神経叢も第4-7脊髄神経を用いたものから、第6-9脊髄神経を用いたものに変わったとおぼしい（図4-72）。このシフトにあたって、腕神経叢の一部が重複して前方に残ったとするならば、現生哺乳類における第4、5脊髄神経は、祖先的動物の第4、5脊髄神経の特徴を一部残していることになる。このように考えると、肩甲下神経は、祖先的羊膜類の形態パターンをまだ残していると見ることができる。この仮説と整合的なのが正中神経の形態であり、第5、7脊髄神経間の交通枝は、祖先における腕神経叢の第2神経と第3-4神経との間の連絡を示すことになる。単孔類において腕神経叢の伸側にある枝は、他の哺乳類の橈骨神経と、その付随物である腋下神経に比較できるが、それもまた明瞭に二分している（Koizumi and Sakai, 1997）。このような形態パターンが上に述べた重複を示す可能性はある。これまで脊椎動物の進化の歴史において、腕神経叢の位置がずれることは幾度となく指摘されてきた（Howell, 1933a, b, 1935, 1936, 1937a, b, c；Miller and Detwiler, 1936；Giffin, 1995；Ma *et al.*, 2010）。が、その一方で神経叢の内部での神経枝の空間的位置関係については分かっていないことも多い。この「ホメオティック重複説」に従えば、腕神経叢は必ずしも素直にホメオティックシフトしておらず、重複が部分的にとどまっている。このような考察から、横隔膜が元来、哺乳類に至った祖先的単弓類における前肢、もしくは肩の筋に由来し、前肢の位置が哺乳類の進化に伴って後方へシフトした際、部分的なホメオティックトランス

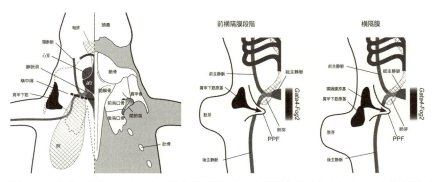

図 4-73　上肢の後方へのシフトに伴う横隔膜の由来を説明する（ホメオティック重複説）。左：盤竜類グレードの単弓類の状態。中：横隔膜の仮想的前駆体のパターンを示す。右：現生哺乳類の状態を示す。（Hirasawa and Kuratani, 2013 より改変）

フォーメーションが生じ、その結果重複した肩甲下神経とその支配する筋のduplicantが、哺乳類の系統において特異的にかたちを変えたということになる（図4-73；その際の、適応的意義、横隔膜前駆体の内臓保定機能の変遷などについての考察は、Hirasawa and Kuratani, 2013を参照）。

4.11　第4章のまとめ

1．脊椎動物の神経胚に成立する胚形態のパターンは、それ自体が続く発生過程における細胞組織間相互作用を可能にするために必須であり、これは脊索動物にも見ることができる。いわば、脊索動物のバウプランの発生的要因が成立している時期と見なすことができるかもしれない。

2．脊椎動物においては、神経堤細胞が加わり、これが胚の形態パターニング機構に量的・質的変化をもたらしている。とりわけ頭部（咽頭弓）における神経堤細胞の発生的役割は大きく、ここに見られる発生機構やパターンには、原索動物には見ることのできない複雑、多様なものが含まれている。

3．神経堤細胞には、「体幹型」と「頭部型」があり、その発生上の挙動はそれぞれ大きく異なる。従来の比較形態学的頭部発生プランには、神経堤細胞の発生的機能の認識が欠落している。

4．頭部型神経堤細胞は、その骨格形成能によって際立っている。脊椎動物の歴史においてどのような経緯で骨格系が生じたか不明だが、その考察にあっては、外骨格と内骨格を正しく認識することが必須である。この違いは組織学的発生過程とは必ずしも対応しない。

5．末梢神経の形態発生は、脊椎動物の胚環境に大きく左右される結果、鰓弓神経と脊髄神経のパターンの違いを際立たせる。これら両者は、同等の系列相同物と見なすことはできない。脊髄神経に分節パターンをもたらすのは体節中胚葉だが、鰓弓神経の分節パターニングには、神経分節と咽頭弓が関わっている。

6．体節による脊髄神経の分節パターニング機構はタクサにより異なる。それは発生機構それ自体が進化することを示している。

7．外眼筋と外眼筋神経群の形態パターニングは、顎口類において定立したと見

るや、以降ほとんど進化していない。にもかかわらず、その画一的なパターンを作り出す機構についてはほとんど理解されていない。

8. 神経管には機能コラムが認識される。このコラムのパターンの少なくとも一部は、脊索や蓋板からの、背腹性をもたらすシグナルの強度によって誘導的にもたらされる。

9. 形態学的には、機能コラムをすべて備えた理想的な神経分節からなる頭部が想定され、それは体幹が特殊化し、さらに新しい要素がつけ加わったものとして説明された。しかし、このような原型論的見解が脊椎動物頭部理論の主流となることはなかった。

10. 体節と同様、鰓弓系も系列相同物の集合と見なされ、そこに分布する脳神経（鰓弓神経群）にも一般的形態が想定された。しかし、現在の発生学、比較形態学はこれを必ずしも全面的には支持しない。

11. ホメオボックス遺伝子の規則的な発現から、後脳に見られる分節構造であるロンボメアの形態学的重要性が再認識されている。このことは、「発生コンパートメント」という認識を、頭部の発生的理解にもちこんだ。

12. 脳神経群のなかでも三叉神経はきわめて理解が難しい存在である。その背景にさまざまな発生機構や概念、進化的経緯が入り込んでくるからである。この神経の進化的理解は、顎の成立だけではなく、脊椎動物の成立そのものを取り込まずにはおれない。

13. 脳神経、ロンボメアだけではなく、中脳から前脳にかけて、やはり神経分節が認められる。グッドリッチ以前の頭部分節説とは相容れない、この発生パターンは、ホメオボックス遺伝子の発現パターンや神経軸索伸長の形態などから、すべての脊椎動物に共通するものと考えられ、さらにナメクジウオやホヤばかりでなく、他の無脊椎動物と脊椎動物を比較しようとする傾向をも助長している。

14. ナメクジウオの末梢神経形態はすべて脊髄神経と同じパターニングの背景をもっているが、ニューロンの形態に注目すると、神経管の大半にわたって鰓弓神経的軸索経路と脊髄神経的パターンの両者が存在することが分かる。頭部の進化は体幹の特殊化ではなく、体幹と頭部両者の性質を兼ね備えた未分化な神

経管の両極への分化であったと考えられる。

15. 副神経と、それが支配する僧帽筋群は、顎口類にのみ見られる派生的形質であり、それは体幹と頭部の移行部にのみ実現する特異な胚環境を基盤として成立したとおぼしい。

16. 軸上・軸下システムの分化は無顎類には現れていない。しかし、鰓下筋系は不完全なかたちでヤツメウナギにも存在する。この筋と、それを支配する舌下神経は体節筋の進化的分化の序列にヒントを与えている。メダカの Da 突然変異体は、その分子的背景を示す可能性がある。

第 5 章　形態パターン生成の発生学的基盤
——骨格形態の進化

> （形態を説明するうえで）最良の方法は、比較発生学的方法を述べたのちに、実験発生学の教えるところを紹介し、それらを関連づけることであろう。こうすることで、比較発生学は特定の発生段階に何ができていて、何がないのかを記載しただけの膨大な辞書であることをやめ、一方、実験発生学も、もはや混沌とした雑多な実験結果の集積としてではなく、それらを体系的に考察することが可能になる。これら2つの学問分野は決して分けて学ぶべきものではない。むしろそれらは、同じ形態形成というひとつの問題を解くための相補的な方法論なのである。
>
> De Beer（1958）

　脊椎動物の頭蓋は、形態学の研究対象のなかでもきわめて複雑な構造であり、そこに見る複雑なパターンの表出は咽頭胚のパターンに依存する。筋原基や末梢神経の形態とは異なり、原索動物を彷彿とさせるものはここにはなく、その形態形成のロジックはほぼ完璧に脊椎動物特有のパターン、すなわち、大きな間葉を含む後期咽頭胚のかたちを境界条件として成立しているのである（Thomson, 1988 を参照）。

　頭蓋は数々の問題を提起し、多くの発見をもたらし、比較形態学や比較発生学、あるいは古生物学に多くのアイデアを提供してきた。その問題とは、形態の解釈にまつわる形式化と、そのために必要な相同性決定に関するものであり、そもそもゲーテやオーウェンによる原型論自体がそのひとつであった。一方、頭蓋の発生学的理解も 20 世紀から 21 世紀初頭にかけて大きな進展を見た。それは実験発生学と分子発生学による。さらに、神経発生学では希薄であった形態的相同性にまつわる問題について、深淵な洞察をもたらしたのも骨格パターニング機構の研究であった。過去、骨格系の進化について、大きなヒントを与えたこの問題に、分子発生機構の比較として考察するための研究基盤ができ、骨格系の形態進化についてのわれわれの理解は、いまだかつてなかったほどの奥行きを示している。

5.1　頭蓋の一次構築プランとその吟味

　現生顎口類の頭蓋を記述する際に学ぶべき事項の第 1 は、「頭蓋の一次構築プラン」によって定義された区分（Gegenbaur, 1878 にはじまる）と名称である。

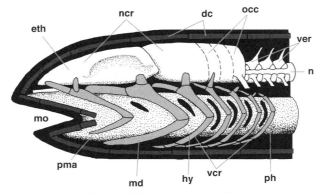

図 5-1 ポルトマンによる頭蓋の一次構築プラン。ここに描かれているのは、顎骨弓がまだ最終的な顎口類の口を構成していない、脊椎動物の仮想的祖先の頭蓋であるが、形態的には、化石総鰭魚類のものに近い。皮骨頭蓋、神経頭蓋、内臓頭蓋（鰓弓頭蓋に顎骨弓と顎前弓を加えたもの）の別に注意。これらは色分けしてある。ここでは鰓弓骨格の基本型が明瞭に描かれているが、脊椎動物の祖先がこのようなパターンをもっていたという証拠はない。また、この図には梁軟骨として神経頭蓋に参入する顎前弓と神経頭蓋篩骨領域が同時に描かれている。dc、皮骨頭蓋；eth、神経頭蓋篩骨領域；hy、舌骨弓；md、顎骨弓；mo、口；n、脊索；ncr、神経頭蓋；occ、後頭骨；ph、咽頭；pma、顎前弓；vcr、内臓頭蓋。より詳細な議論については本文を参照。（Portmann, 1969 より改変）

ここでは動物学者、ポルトマン（Adolf Portmann：1897-1982）による模式図を掲げる（図 5-1；Wiedersheim, 1909；Gregory, 1933；De Beer, 1937 なども参照）。

（1）基本区分

この模式図に従えば、頭蓋には：
1．神経頭蓋（neurocranium）
2．内臓（splanchno-）、もしくは鰓弓頭蓋（viscerocranium）、および
3．皮骨頭蓋（dermato-, or dermocranium）

が区別され、さらにこれに：
　感覚器胞（sensory capsules）
が加わる。

　神経頭蓋とは、頭蓋腔（cranial cavity）をなす（つまり脳を納める）、一次的に内骨格性、軟骨性の頭蓋部分であり、それは耳殻後方で後頭骨（occipital bone）に終わる。後頭骨は、本来椎骨であった体節由来の分節要素がいくつか

5.1 頭蓋の一次構築プランとその吟味

融合してできたものと解される（図5-2；円口類に後頭骨は存在しない）。神経頭蓋の前半は篩骨域（ethmoidal region）と呼ばれ、もっぱら鼻殻（nasal capsule）と鼻中隔（nasal septum）からなる。したがって、神経頭蓋の一部ではあっても、そのすべてが脳を納めるわけではない。一方、耳殻（otic capsule）と篩骨域の間の部分は、比較形態学的に問題が多く、蝶形骨領域（sphenoidal region）、もしくは「眼窩側頭領域（orbitotemporal region）」と呼ばれ、多くの血管や脳神経が頭蓋壁（cranial wall）を貫くほか、外眼筋が起始する場所をも提供する（Gegenbaur, 1878；Gaupp, 1906；Wiedersheim, 1909；De Beer, 1937）。頭部において最も複雑な形態が見られるのもこの領域である（後述）。

軟骨性の内臓頭蓋は本来的に、前腸壁において鰓を支持する骨格をいい、これもまた内骨格に数えられる。顎の内骨格に加え、舌骨弓や鰓弓骨もここに加わる。ポルトマンの図においては、顎の前方にいくつかの鰓弓骨が想定され、二次的に神経頭蓋底（neurocranial base）に参画したとされる。これらすべてはゲーゲンバウアー（Gegenbaur, 1878）以来、一連なりの（系列相同的な）、本来呼吸に用いられた鰓の骨格性支柱と見なされ、その前方のもの、すなわち顎骨弓（mandibular arch）が二次的に顎として変形したと解された。さらに、ハクスレーは顎骨弓の前に存在した顎前弓（premandibular arch or arches）が二次的に神経頭蓋に参入したと考え、同じく顎前弓を仮定したゼヴェルツォッフは、口の開口する方向にいくつかの顎前弓の残遺を認めた（後述）。

皮骨頭蓋（皮蓋骨頭蓋；図5-3）は外骨格要素からなり、それは軟骨を経ることなく直接に真皮（dermis）中に生じ、皮骨（dermal bones）と呼ばれる（第6章に詳述）。このカテゴリーは本来、上の2グループに対立する第3のものとしてではなく、内骨格に対する対概念として立てられるべきものである。したがってここには、皮骨性神経頭蓋と皮骨性内臓頭蓋が分類できる。つまり、頭蓋は大きく神経部分と鰓弓（内臓）部分に分割でき、そのそれぞれが内骨格要素と外骨格要素をもつ。このような頭蓋の模式図は、もっぱら古生代の化石魚類や、両生類の形態から導き出されたもので、観念論的模式図は古生物学者のジャーヴィック（Erik Jarvik：1907-1998）によってその最たるものが問われている（Bjerring, 1977；Jarvik, 1980；倉谷、2016参照）。

現生の脊椎動物各グループにおいて頭蓋は大きな変形を受け、常に基本的形態パターンが現れるわけではない。哺乳類の神経頭蓋はほとんどが皮骨要素からなり、軟骨性の要素は篩骨、蝶形骨、後頭骨に残るのみである。とりわけ脳頭蓋の天井、すなわち頭蓋冠は（上後頭骨を除き）すべて皮骨要素からなる。

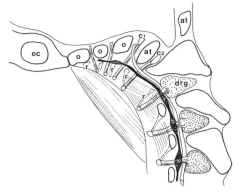

図 5-2 後頭骨。哺乳類胎児における頸椎と後頭骨の原基を示した切片。at、環椎；drg、脊髄神経節；o、後頭骨原基；oc、耳殻；r、脊髄神経腹根。(Froriep, 1883 より改変)

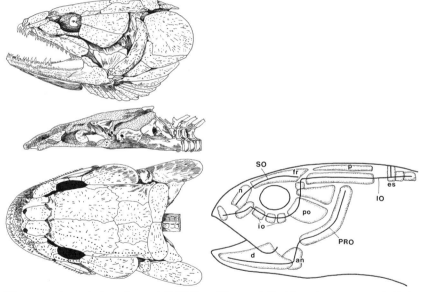

図 5-3 アミア *Amia calva* の皮骨頭蓋。上：側面観。中：皮骨頭蓋を取り除いたあとの神経頭蓋を内側から見たところ。下：背面観。(Goodrich, 1930a より改変)

図 5-4 皮骨要素のプレパターン、側線系。特定の皮骨要素は常に特定の側線管と一定の位置関係を保っている。an、角骨；d、歯骨；es、外肩甲骨；fr、前頭骨；io、下眼窩骨；IO、眼窩下管；n、鼻骨；po、後眼窩骨；PRO、鰓蓋前管；SO、眼窩上管。(Starck, 1979 より改変)

5.1 頭蓋の一次構築プランとその吟味

また、頭蓋の皮骨要素数は進化とともに減少する傾向にあり（Williston の法則；Williston, 1914）、結果、タクサ間の皮骨の比較は困難となる（魚類における皮骨の相同性をめぐる議論については、Gregory, 1933）。

古生物学的証拠として、皮骨要素は多くのデータを提供する一方、その形態パターニングの機構についてよく理解されているわけではない。鰓弓骨格の皮骨要素が神経堤に由来することには異論はない。が、頭蓋冠の皮骨については、鳥類を用いた実験発生学においてさえ、どの要素がどの細胞系譜に由来するのかいまだ判然とせず、発生学者の間で見解の相違がある（後述）。鳥類と同様のキメラ実験は、GFP 遺伝子を導入した胚を用いることにより両生類でも可能となった。また、*Wnt1* 遺伝子の制御領域を利用し、神経堤細胞の系譜に恒常的に *LacZ* 遺伝子を発現させるトランスジェニックマウス胚も作製されている。それらによると、鳥類以外の動物の頭蓋冠においても、神経堤に由来する皮骨成分が大半を占める。が、すべての皮骨が神経堤に由来するわけではない（第 6 章参照）。この範疇には真骨魚類の体幹における鱗も含められる。加えて、タクサ間で相同と目される皮骨成分が、同じ細胞系譜の由来をもつという原則もない。発生的由来と形態的相同性の関係は、まだ充分に理解されていないのである（Ahlberg and Köntges, 2006；Sánchez-Villagra and Maier, 2006；Hirasawa and Kuratani, 2015）。

比較発生学的にも、古生物学的にも、側線系と皮骨成分との相関が注目されてきた（図 5-4；Thomson, 1993 に要約；板皮類と皮骨頭蓋の起源については Zhu *et al.*, 2013 を）。和田ら（Wada *et al.*, 2010）により、真骨魚類における側線系の発生と皮骨形成のパターンが軌を一にすることが示されている（骨格系の発生に対して与えた擾乱よるパターンの変化が、並行的に側線系にも現れる）が、この関係において皮骨と側線のどちらが発生において上位にあるのか、決定的なことは分かっていない。とはいえ、両者が発生的にも進化的にも「結合」していることは確からしい。したがって、皮骨成分に頭部分節性に基づくパターンを見いだそうという方針は、必然的に側線系の発生パターンにも分節性を仮定することになるが（Jarvik, 1980；Jollie, 1981；第 4 章）、これは一般に認められてはいない。

一方、多くの羊膜類頭蓋冠の皮骨の下に帯状の軟骨（tectal cartilages）が、いくつか発生する（図 5-5）。これが前後軸に沿った何らかの分節パターンを反映するかどうか、いまだ不明である。また羊膜類に見るように、側線系をもたない動物の皮骨形成パターンが、頭蓋冠に発生する静脈叢（静脈洞原基）に追

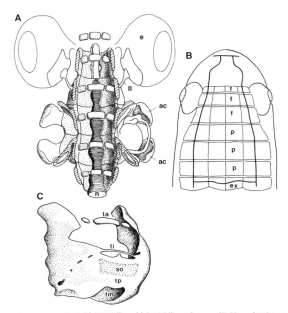

図 5-5 ジャーヴィックによる神経頭蓋。神経頭蓋がすべて椎骨の変形によってできているという仮定に基づく模式図。脊索の両側には頭部硬節に由来する軟骨が発生し、背側にも tectal cartilage がひとつずつ付随する。ゲーテやオーウェンの原型理論のきわめて進化した姿をここに見ることができる。ac、耳殻；e、眼；n、脊索。（Jarvik, 1980 より改変）

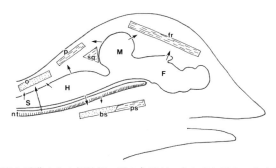

図 5-6 皮骨要素を誘導する中枢神経。脳の各部が、それぞれ異なった皮骨要素（と、いくつかの軟骨性骨）を誘導するという考えが模式的に示されている。bs、底蝶形骨；F、前脳；fr、前頭骨；H、後脳；M、中脳；nt、脊索；o、上後頭骨；p、頭頂骨；ps、傍蝶形骨；S、脊髄；sq、鱗状骨。（Schowing, 1968 より改変）

随するという指摘もある（Jarvik, 1980 に要約）。さらに、頭蓋冠の皮骨成分のそれぞれが、その下の脳原基各部より誘導を受け、発生するという実験もなされた（Schowing, 1968；図 5-6）。皮骨の進化においては、羊膜類の成立にあたって、パターニング機構の抜本的な進化的変更があったかもしれない。この真偽も今後の課題である。

（2）頭蓋一次構築プランの歴史的位置

ゲーゲンバウアーにはじまる上の頭蓋の区分は、進化的な視点を多く取り入れていたが、観念論的形態学の影響から逃れておらず、必ずしも実際に観察される比較形態学的・発生学的現象と整合的なものではない。本来神経頭蓋は、椎骨と同様、中枢神経を包み込む軟骨性のカプセルだと考えられるが、それは神経堤性の要素を多く取り込んでいる。サメに見る完全な神経頭蓋であっても、下垂体より前方には中胚葉性間葉がなく、より後方の中胚葉硬節成分に由来する真の神経頭蓋とは別の由来を想定しなければならない。ここには、神経頭蓋に二次的に参入した鰓弓骨格成分も関わる（後述）。つまり神経頭蓋は、その複雑な発生様式や進化的変形の結果、きわめて複合的な存在となっており、その呼称も決して進化的由来や、形態学的同一性を示さず、本来は機能的モジュールを表現するものでしかない（Gregory, 1933）。これを打開するため、比較形態学者たちは成体の頭蓋や発生途上の胚における頭蓋原基（前成頭蓋：primordial cranium；とりわけその軟骨部分を、軟骨頭蓋：chondrocranium）に見られるさまざまな骨格要素の相同性を模索し、本来の神経頭蓋のかたちや、一次形態プランを明らかにしようとしてきた。いうまでもなくそれは、神経頭蓋に二次的に取り込まれた神経堤成分を除去し、椎骨と同じ素材からできるはずの分節的素材の並びとして神経頭蓋を記述し、さらに神経頭蓋の分節素材と鰓弓頭蓋要素のそれぞれを分節的枠組みのなかで対応させ、さらには、筋や神経とともに、脊椎動物の頭部を統一的な単元的分節モデルに包摂することにあった。その試みの典型は、哺乳類の耳小骨問題に見ることができる（注）。

化石有顎魚類をイメージしたポルトマンの模式図（図 5-1）もまた、ゲーゲンバウアー、ド＝ビア、グッドリッチなどの先達による頭部分節理論の影響を受けて解釈、創出された。したがってそれは、必然的にサメの咽頭胚を模範とする分節説の延長にある（図 3-6）。同時に、このプランでもって一般性を謳っても、それはせいぜいのところが現生顎口類のバウプランの一部しか示さない。ならばこそ、この頭蓋というやっかいな代物を、分子発生学、実験発生学の最

新の知見でもって見つめ直し、円口類や化石動物種の頭蓋形態を例外として扱わず（第10章）、脊椎動物全体のなかでの頭部間葉系の系統的変形の過程とその仕組みを、「バウプラン＋発生機構の変更」というかたちで形式化し直し、進化の経緯を再構成することが必要となる。その際、相同性、あるいはその消失の経緯は、系統関係を意識したバウプランの変遷として捉えなければならない。本書の第1のクライマックスともいうべき、頭蓋形態の進化と発生を中心に据えるこの章ではまず、その一次構築プランを、主として実験発生学の成果から、細胞レベル、組織発生学的レベルで徹底的に見つめ直し、その形態的プランを再定義したうえで、頭蓋の進化過程についての仮説を立ててみる。そして以降（第7章）においては、形態が進化するうえで何がどのように進行するのか、そのときに相同性はどのような発生の保守的拘束パターンとして保存され、あるいは破棄されるのか、耳小骨の成立を例に解説する。また、今後の進化発生学に残された課題として、形態的同一性（相同性）の本質を考察する。相同性をどのように認識し、実験データをどのように解釈すべきか、かたちの進化はどのような現象であり、いかにしてそれが可能なのか、このように互いに連関しあったことがらを将来的に分子レベルで解きほぐすための理論的枠組

注：頭蓋の比較形態発生学という、この壮大な学問領域は19世紀末期、パーカーとベタニーによる、『*The Morphology of the Skull*』（Parker and Bettany, 1877）において最初の専門的体系化が図られ、すでに紹介したグッドリッチの1930年の著作を経、さらにそれに触発されたド=ビア（Sir Gavin Rylands De Beer, 1899-1972）による『*The Development of the Vertebrate Skull*』（De Beer, 1937）という、文字通りモニュメンタルな著作として結実した。それは、脊椎動物の頭蓋に関するさまざまな仮説の歴史の概観からはじまり、頭蓋形成以前の初期発生における胚葉構成についての比較形態学的考察を経、あらゆる脊椎動物グループの頭蓋の発生経過を描き、各骨格要素の相同性についての詳細な議論を尽くしたものである。これらの仕事へのオマージュとして1990年代、新しい形態発生学・比較動物学の視点から、ハンケンとホールの編による全3巻からなる著作、『*The Skull*』（Hanken and Hall, 1993）が問われた。この著は原型論から距離を置き、実証主義的な頭蓋形態学を目指して書かれている。むしろ、ド=ビアまでの伝統的な形態学を正統に引き継ぐものとしては、ジャーヴィックの『*Basic Structure and Evolution of Vertebrates*』（Jarvik, 1980）がよりふさわしい。1980年に著されたにもかかわらず、ドイツ観念論的形態学の伝統を受け継いだスウェーデン学派（ステンシエーやホルムグレンの系譜に連なる）の集大成とでもいうべきこの書は、古今東西を通じてイデア論的色彩が最も色濃く、「ゲーテやオーウェンが20世紀に生きていたならおそらく……」といった、一種世紀末の趣きにあふれている。タイトルにある「Basic」は、ジャーヴィックによる原型論的分節論を反映するものと見てよい。Hox遺伝子発見前夜に出版されたこの著書を読んで感ずるのは、何よりもまず、20世紀のほとんどを費やしてかくも拡大してしまった比較発生学と実験発生学の乖離である。

みの構築を試みる。

5.2　椎骨と脊柱

　まず、椎骨形態から頭蓋を考える。頭蓋のなかに本質的に椎骨と同じものがあるならば、椎骨の基本型をまず考え、それが他の形態要素とどのような分節的対応関係をもち、そのような発生パターンを経るのかを明らかにせねばならない。オーウェンが原動物を案出した際に行ったのがそもそもこの作業であった（図5-7）。しかし、頭蓋の形態を理解するに充分なほど、椎骨の進化と発生はまだすっかり理解されているわけではない。

（1）基本型

　水中生活をしている限り、脊柱は複数のタクサにおいて画一的なパターンを示し、チョウザメとサメの脊柱にはよく似た軟骨要素のセットが見つかる。一方、ヤツメウナギの成体に見られる椎骨は名ばかりの存在であり、そこに椎体（centrum）に相当するものはなく、もっぱら神経弓に類似のarcualiaのみからなる。初期の顎口類の椎骨についての形態学的解釈の最初は、ガドウとアボット（Gadow and Abbott, 1894）による（図5-8）。彼らによれば、本来、椎骨の1分節に相当する領域には、4つの軟骨原基が片側に発生し、両側で計8つの軟骨原基が含まれる。背側の間背（interdorsal）と底背（basidorsal）という神経管の脇に発生する神経弓的要素、ならびに脊索の両側に発生する腹側の間腹（interventral）と底腹（basiventral）という、椎体に近い要素がそれである。間背の腹側には間腹、底背の腹側には底腹がそれぞれ対応する。これらのうち、底腹には肋骨（ribs）が付随する。

　上の4軟骨塊が陸上脊椎動物の椎骨のどの部分に相当するのか、必ずしも明らかではない。というのも、脊椎動物が陸上に進出した際、おそらく機能上の要請によるのであろう、系統ごとにきわめて大きな変化が生じ、それが形態学的相同性を不明瞭にしているためである（Goodrich, 1930a ; Romer, 1966 ; Panchen, 1977, 1980を参照）。しかし、上の軟骨塊1セットが全体として1体節に相当することは確からしく、それは脊髄神経の形態パターンが示唆している（図5-9）。また、間背＋間腹、底背＋底腹という相前後して並ぶパターンが、椎骨を作るうえでの中胚葉クローン集団を示す可能性も大きい（これを実証するキメラマウスを用いた遺伝学的実験は、Moore and Mintz, 1972）。なぜなら、羊膜類

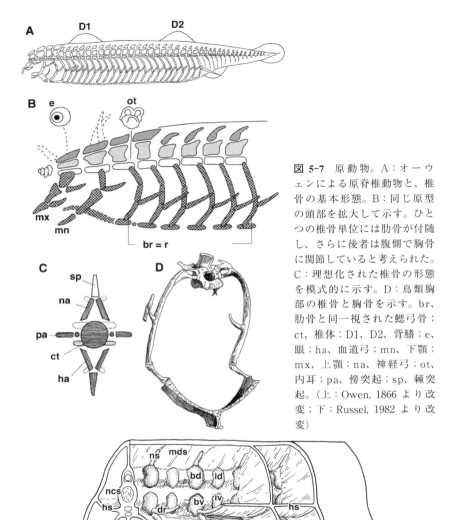

図 5-7　原動物。A：オーウェンによる原脊椎動物と、椎骨の基本形態。B：同じ原型の頭部を拡大して示す。ひとつの椎骨単位には肋骨が付随し、さらに後者は腹側で胸骨に関節していると考えられた。C：理想化された椎骨の形態を模式的に示す。D：鳥類胸部の椎骨と胸骨を示す。br、肋骨と同一視された鰓弓骨；ct、椎体；D1、D2、背鰭；e、眼；ha、血道弓；mn、下顎；mx、上顎；na、神経弓；ot、内耳；pa、傍突起；sp、棘突起。(上：Owen, 1866 より改変；下：Russel, 1982 より改変)

図 5-8　ガドウによる椎骨の祖先的パターン。軟骨魚類や硬骨魚類の椎骨は、基本的に 4 種類の軟骨塊を一組としてできている。すなわち、底背 (bd)、底腹 (bv)、間背 (id)、間腹 (iv)、である。水平筋中隔 (hs) は筋節を軸上、軸下に分ける結合組織性の隔壁であり、このなかに発生する肋骨は背肋 (dr) と呼ばれ、四肢動物の肋骨と相同である。g、腸管；mds、正中中隔；ms、筋中隔；ncs、脊索鞘；vr、腹肋；vm、腹側腸管膜。(Goodrich, 1930a より改変)

の椎骨形成にあたって、体節が2部に分かれ、それが再び融合することによりひとつの原基をなすからである。

　ニワトリ胚についてよく調べられているように、ひとつの椎骨は相前後する2体節から由来した硬節（sclerotome）のそれぞれが前後に二分し、前の硬節の後半部と、後ろの硬節の前半部が再び融合することにより作られる（図5-10）。それは、筋節と筋節の間に生ずる肋骨についても同様である。このような発生プロセスを「再分節化（resegmentation）」という。つまり椎骨原基の位置は、もとの体節の並びとは互い違いになる。このような椎骨原基の位置を体節間（intersegmental）と形容する。この発生パターンは、実験発生学以前の時代から純粋な組織学的観察として推測されていたが、「再分節化が起こらない」という主張もしばしばあり、それはまだ完璧にはなくなってはいない（た

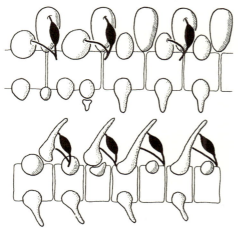
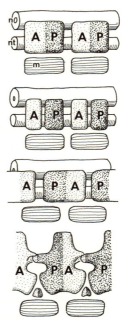

図5-9 魚類の椎骨形態と脊髄神経。サメ（上）とアミア（下）における体幹後部の脊椎ならびに脊髄神経の分布を示す。必ずしも完璧な分節繰り返しパターンが守られているわけではない。黒い部分は脊髄神経節。（Shute, 1972 より改変）

図5-10 羊膜類胚における体節の再分節化と椎骨形成。ひとつの椎骨は、前後に相並ぶ2つの硬節のうち、前のものの後半と、後ろのものの前半が融合してできる。これを再分節化（resegmentation）と呼ぶ。再分節化の結果、筋節と椎骨が互い違いに配列する。（Romer and Parsons, 1977 より改変）

とえば Verbout, 1985)。再分節化による椎骨の発生パターンは、脊柱を支えるうえできわめて合目的なもので、そもそも筋節間に発生し、支持構造となるのが椎骨と肋骨の進化の背景であった。再分節化のおかげで筋節と椎骨が互い違いになり、強靭さを増すのである。以降の考察は、この再分節化を事実と認めたうえで進める。

（2）後頭骨

　椎骨はそれぞれ場所に応じて独特の形態をとるが、その内容は系統群ごとに異なる。なかでも比較形態学的に独特の地位を与えられているのが後頭骨である。本来椎骨と同等の要素が二次的に頭蓋の形成に参与したものが、この後頭骨だということについてはすでに述べた。そもそもこの骨要素が、頭蓋に分節性が存在することを、発生学者や形態学者に教えた構造であった。ゲーゲンバウアーのしつらえた頭部比較形態学に発生学的基盤を与えたひとつの要素が頭腔（第3章）であったとすると、もうひとつが後頭骨原基であった（Stöhr, 1881）。後頭骨は現生顎口類に限られるが、それはいつ、どのような経緯で生じたのだろうか。ここにはバウプランの階層的構造や、不完全相同性とも絡む、さまざまな問題が関わっている（問題の概説は、倉谷、1994a, b を参照）。

　すでに鰓下筋と舌下神経が、「体幹の分節素材の頭部への参入」というかたちで成立したと述べたが（第4章）、後頭骨と舌下神経の成立は、どうやら進化の場面を異にする。これは、顎口類において、舌下神経のなかにさまざまな数の頸神経が含まれることにも窺える。ならば、獲得が純粋に体節の硬節だけに生じたものであったとして、最初の後頭骨ができたとき用いられた分節は、そのままのちの進化にも引き継がれたのか。言い換えるなら、進化を通じて後頭骨となるべき体節は、体軸上で常に固定していたのだろうか。どうやら、これもそうではないらしい。というのも、タクソンごとに後頭骨に組み入れられる椎骨素材の分節数が変わるのである（Jackson and Clarke, 1876）。実験発生学的な体節原基の移植をせずとも、この数は、発生初期に後頭骨原基を通過する舌下神経根の数から推し量ることができる（図5-11）。

　形態学的にこれは重大な問題である。なぜなら、同じ通し番号の体節が、形態的に同じもの（形態的相同物）にはならないことが示唆されるからである。たとえば、ヤツメウナギには後頭骨がなく、板鰓類では5個半の椎骨要素が後頭骨に用いられ、チョウザメでは12もの椎骨が参入する（図5-12）。この、「分節番号と形態アイデンティティの不一致、もしくは乖離」は、後頭骨のみ

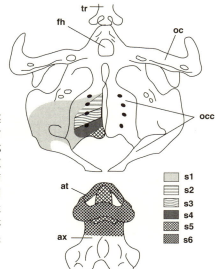

図 5-11 ニワトリ・ウズラ間でキメラ胚を作製することにより、クーリーらは、前方のいくつかの体節が神経頭蓋の特定の部分を構成することを示した。とりわけ後頭骨は複数の体節よりなり、それぞれの体節由来領域は分節的境界を伴って前後に配列し、それぞれの間には舌下神経孔が一過性に開く。at、環椎；ax、軸椎；fh、下垂体孔；tr、梁軟骨；oc、眼窩軟骨；occ、後頭骨；s1-6、体節。(Couly et al., 1993 より改変)

ならず、すべての椎骨の形態的同一性についてあてはまる。が、この問題が最初に発覚したのが後頭骨だった。というのもそれが、頭部分節数の問題と深く結びついていたからである。この齟齬に対し、進化的にいくつかの段階を考え、脊椎動物の体軸に現れるすべての体節について番号と形態を一致させようと考えたのがフュールブリンガー (Fürbringer, 1897) だった。彼はまず、ヤツメウナギにおいて、本来の頭部領域（＝原体節神経頭蓋）に属する体節が特定できると考えた（図 5-12、図 5-13）。それは、実際に板鰓類において後頭骨に分化している体節であるという。ところが、チョウザメを見ると、そこには 12 個の後頭骨素材があり、分節があと 6 つ足りないことになる。

フュールブリンガーは、サメの後頭骨を原体節神経頭蓋 (protometameric neurocranium) と呼び、これを作った体節がすべての脊椎動物において同定可能であると仮定した。つまり、これらの体節は、後頭骨をもたない無顎類においてすでに予定されているというのである。しかもフュールブリンガーは、ここから発する舌下神経だけが本来の舌下神経に相当するとも考えた。彼にしてみれば、進化上、後方から二次的に後頭骨、舌下神経として頭部に付加する分節があったはずで、後者よりできる頭蓋部分は「付属体節神経頭蓋 (auximetameric neurocranium)」と名付けられるべきであった。チョウザメで新しくつけ

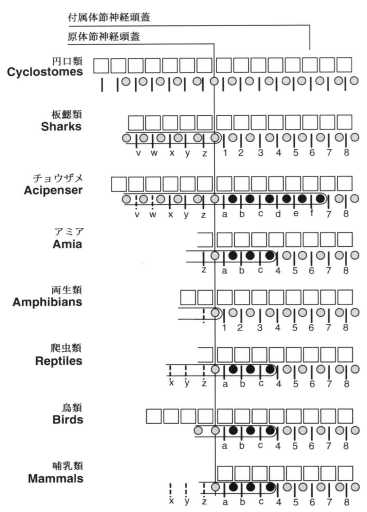

図 5-12 フュールブリンガーによる後頭骨の進化。フュールブリンガーは、後頭骨として頭蓋に参入する椎骨要素に2つのグループを認め、本来の後頭骨となるべきものを「原体節神経頭蓋」、二次的に新しく後頭骨となったものを「付属体節神経頭蓋」と呼んだ。このようにして、特定の番号の体節が常に特定の形態的アイデンティティを伴うように操作したのである。これは、現在の Hox コードの理解（それは脊椎動物にとどまらない）にも大きく影響する、とかく陥りがちな考え方である。(Gaupp, 1898 より改変)

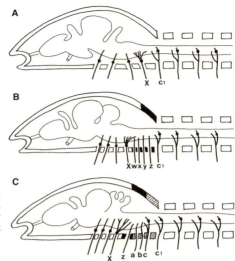

図 5-13 後頭骨の参入。脊椎動物の歴史において、しだいに椎骨要素が頭蓋へ参入し、後頭骨を作ってゆく過程を模式的に示す。(Couly *et al.*, 1993 より改変)

加わった 6 体節がそれである。つまり、1 動物種に見られる後頭骨のなかに区別を設け、タクサによってはそのなかに「古い後頭骨」と、後半の「新しく二次的に加わった後頭骨」があるとし、同じ番号の体節が常に、形態学的に相同な存在であると考えようとしたのである（図 5-12、図 5-13 を比較せよ）。これと同様な試みは他の多くの発生学者や解剖学者によってもなされた（Gegenbaur, 1887; Kastschenko, 1888; Sewertzoff, 1895; Gaupp, 1898）。つまるところ、彼らにとって体節の番号は、形態学的同一性を構成する性質のひとつであった。

まもなく、上の現象に対するまったく新しい考え方が現れた。ここで再び登場するのがグッドリッチ（Goodrich, 1910, 1930a）である。彼は、分節の並びの上を形態アイデンティティが移動する現象を transposition と呼び、「構造と分節性が独立に変化する」と述べた（Holland, 2000 に引用）。ド＝ビア（De Beer, 1937）ものちにこれに追随している（図 5-14）。現代の概念を用いるのなら、発生過程と進化において、「前後軸上における分節化のプロセスと、位置価決定の機構は、互いに乖離している」ことになる。グッドリッチやド＝ビアは単に耳の後ろの体節（後耳体節；postotic somites）を数え、「タクサにより異なった数の体節が後頭骨を作ってもよい」と考えた。彼らにとっては、それが後頭骨である以上、いくつの分節を用いていようが同じ形態学的アイデンティティ

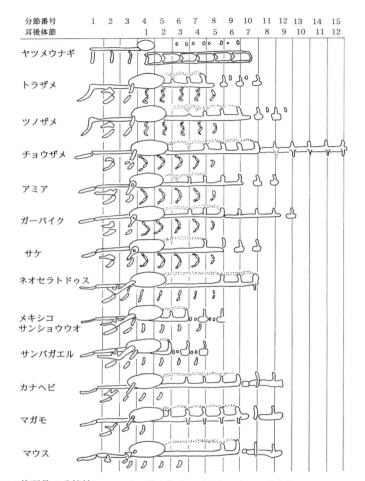

図 5-14 後頭骨の分節性についてのグッドリッチやド＝ビアの考え方。フュールブリンガー説に替わる、グッドリッチ、ド＝ビアによる「後頭骨のホメオティックシフト的進化」。脊椎動物各種により、異なった数の後耳体節 (metotic somites) が後頭骨、および椎骨として変形する。同様に、舌下神経がどの脊髄神経分節から構成されていてもかまわない。楕円は耳プラコードの位置を示す。ここでは、フュールブリンガーとは対照的に、内耳の位置のみが基準とされている。このシンプルな考えは、脊椎動物の体節系に由来する分節構造の形態的アイデンティティが、ホメオティックにシフトできるとするもので、現在の分子発生学的データともよく符合する。(De Beer, 1937 より改変)

を有し、そのなかに区分けを設ける必要はなく、形態的同一性が進化上、体節の並びの上をシフトし、動物種を通じて同一の構造、あるいは同一の形態的アイデンティティに対し、タクサにより異なった数の素材を用いることができるという（Rosenberg, 1884；Sagemehl, 1885, 1891 なども見よ）。

上の考え方は、Hox 遺伝子の発現パターン、つまり Hox コードに基づいて形態的同一性を説明する現在の考え方と基本的に同じである（Kessel, 1992；Burke et al., 1995；後述）。さらに、この分子発生機構は、椎骨だけではなく、脊椎動物の他の形態的パターニングにも重要な機能を果たしている。以下に、ベイトソン（Bateson）による「ホメオシス」の概念の誕生を見、続いて脊柱の形態パターニングと Hox 遺伝子群の機能を概説する。

（3）ベイトソンとホメオティック突然変異

第3章に紹介した現代遺伝学の創始者、ウィリアム・ベイトソン（William Bateson, 1861-1926；比較発生学者。のちに遺伝学へ転向。バルフォーの弟子筋にあたる）は、生物界に見られるさまざまな変異や多様性のなかから、「特定の形態が、異なった位置や分節素材に発する」と記述できる、ありとあらゆる例を集め、それを1冊の膨大なモノグラフ『変異研究の事例集：*Materials for the Study of Variation*』（Bateson, 1894）として発表した。彼はこれを「想像上の博物館のカタログ」として書き、「これはすべての関連現象のほんの一部にすぎない」と述べている。この種の現象の背後に潜む法則性を明らかにするため、このカタログ作りはぜひとも必要な仕事であった。

ベイトソンのコレクションには、四肢の指、脊髄神経、椎骨要素に関するものが多い。歯の形態変異についても、多数の事例が報告されている。彼の造語、「ホメオティック突然変異」はこの著書のなかで初めて用いられ、それがホックス（Hox）遺伝子の語源となった。この一連の研究における中心的概念はメリズム（merism）、すなわち「形態単位の繰り返し」である。そして、その数や配列に変異が見られることを「分節変化（meristic change）」と呼ぶ。それに対し、形態の構成要素それ自体のなかに見つかる変異は「本質的（substantive）変異」とされた。この定義に従えば、頭部問題は「連続性（continuity）」と「非連続性（discontinuity）」の問題となる。扱っている系列が完璧に同種の分節の連なりであるとき、それは連続であり、系列のなかで分節の配列が途切れるとき、それは非連続となる。ただし、分節のアイデンティティが局所的に、ある種の大きな「まとまり」を見せるように、連続性の概念には階層性が見え

隠れしている。脊椎動物の椎骨のグループ（頸椎、胸椎）や、昆虫の「合体節」にそのようなパターンを見る。つまり、ベイトソンの概念的枠組みで考えれば、頭部問題は「脊柱と頭蓋も含めた脊椎動物の体軸という系が連続か、非連続か」という問題に焼き直すことができ、頭部の進化がどのタイプの変異として記述できるかが問題の争点となる。ベイトソンは分節と番号の問題を、相同性の概念と不可分のものとして議論し、さらに形態アイデンティティと分節番号を別概念として扱った。このような理解の方針は、本書の以下の部分で繰り返しこだましてくる。

　上の試みは、ベイトソン自身が引用したように、すでにマスターズが、その著書『植物奇形学：*Vegetable Teratology*』（Masters, 1894）で示したものに似る。後者においてマスターズは、ひとつの器官が別の形態アイデンティティに変化した例に対し、「ゲーテのメタモルフォーゼ」を規範としたうえで「メタモルフィ（metamorphy）」の概念をあてた。これはあらゆる変異のなかで、一種独特の性格を共有する。しかも、植物ではこれが頻繁に見られる。ベイトソンはメタモルフィが単なる変化ではなく、形態的同一性の置換であることを強調し、同様の現象に対してホメオシス（homeosis）なる概念を創り出した。つまり、分節的構造に関わる変異や進化は、「メリスティック」なものか、さもなければ「ホメオティック」なものと記述できる。いうまでもなくこれらは、ゲーテが創始した形態学の2つの柱、つまり「分節性」と「変形」そのものである（第2章）。ゲーテの形態学においてもそうであったように、この遺伝形態学的考察での概念的な理解の進歩も、「植物から動物へ」と生じている。

　すでに上に見た、「分節の上を動き回る形態的アイデンティティ」というダイナミックな捉え方は、事実上、形態パターンの進化や個体発生の過程において、特定の分節がどのような分化方向を選ぶかという、細胞・分子的機構の問題へと至る。ベイトソン以来の問題意識にとって、最も重要な遺伝子が「ホメオティックセレクター遺伝子（homeotic selector genes）」である。これは、「分節の形態アイデンティティを選択する遺伝子」という意味である。興味深いことに、このような機能をもつ実体としての遺伝子が、およそホメオティック変異として認識できるあらゆる現象に関わることが明らかとなっている。たとえば、そもそもゲーテが花器官に見た「葉の変形」を司ることで知られるMADS box 遺伝子群は、たしかに雄蕊や雌蕊、花弁といった形態的同一性の決定に機能するホメオティックセレクター遺伝子セットであり、これら遺伝子の突然変異や実験的な発現操作は、花器官のホメオティック突然変異を表現型

レベルで引き起こす（この遺伝子ファミリーと植物の進化については、Henschel et al., 2002; Himi et al., 2001; Hasebe et al., 2001; Ma, 2003 などを参照）。また、昆虫の各体節に発する付属肢のアイデンティティ（触角、大顎、小顎、歩脚など）を決定するのは、ホメオボックス遺伝子ファミリーに属する Hox 遺伝子群である（ショウジョウバエの HOM-C 遺伝子群）。そして、脊椎動物体軸上で骨格のアイデンティティを決定するのも、後者と同じ進化的起源をもつ Hox 遺伝子群なのである（要約は Akam, 1989, 1991; McGinnis and Krumlauf, 1992；安藤・小林、1996）。これらは植物の MADS box 遺伝子群とは別の進化的起源をもつが、その機能からやはりホメオティックセレクター遺伝子群と呼ばれる。このように、形態進化と突然変異はともに表現型模写として、動物や植物の発生プログラムの成り立ち（マスターコントロール遺伝子の所在）をわれわれに教えているのである。

（4）Hox 遺伝子群

Hox 遺伝子群について詳細な解説をするとなれば、たとえそれを表現型や個体発生での役割に限ってみたところで 1 冊の本では収まらないだろう。その一般論、分子生物学的詳細は最新の成書に譲るとし、ここでは進化発生学的に意義のある考察を重視する（それもまた膨大な量に上る。ホメオボックス遺伝子の発見の経緯については、最初にそれを単離した研究室の主催者 Gehring [1998] 本人による著書が出版されたことがあり、それはただちに邦訳された：『ホメオボックス・ストーリー——形づくりの遺伝子と発生・進化』、東京大学出版会：これには、Hox 遺伝子の機能についての解説も付されている）。

Hox 遺伝子は、ホメオドメインという DNA 結合部位をコードした領域を含む転写調節因子をコードする。ホメオドメインとは、約 180 塩基対からなる進化的に保存性の高い領域を指し、これを含む遺伝子群は Hox 遺伝子に限らない。これら遺伝子から翻訳されるタンパク質は DNA 上の特定の配列を認識して結合し、その近傍の標的遺伝子の発現を制御する、いわば遺伝子発現スイッチとして機能する。そもそもこのモティフ、あるいはそれをもった遺伝子群の発見の先駆けとなったのは、ショウジョウバエに見られるホメオティック突然変異であった（McGinnis et al., 1984a, b）。ショウジョウバエには、各体節が本来とは異なった体節のアイデンティティへと変化するホメオティック突然変異（homeotic mutants）が知られていた（Lewis, 1978）。その遺伝的解析から、これら体節の形態的相同性を決定する、いわばスイッチのような機能を果たす遺伝

子が、限られた遺伝子座に含まれる複数の対立遺伝子を基盤としており（複数の遺伝子がクラスターをなし）、それらの機能（発現）ドメインは入れ子式に前から順に重複すると想像され、のちにその予想がすべて正しいことが確認された。

事実、ショウジョウバエの HOMC 遺伝子群は、2つのクラスター（*Antennapedia-Bithorax* complex）の上にタンデムに並び、各遺伝子がクラスターの 3′ 側から 5′ 側に並ぶ順序の通り、胚の前から後ろへと発現する。DNA 上での遺伝子の配列と胚体における発現の順序が一致する、このような現象を空間的コリニアリティ（spatial colinearity）と呼ぶ。これに対し、遺伝子の並びと時間的発現の順序が一致するとき、時間的コリニアリティ（temporal colinearity）があると表現する。ショウジョウバエの2つのクラスターは、本来単一クラスターであったものが2つに分離したもののようで、鞘翅目をはじめ、他の昆虫では1クラスターしかなく、その上にすべての HOMC 遺伝子群が見いだされる。ハエは双翅目に属するが、蚊の HOMC クラスターがひとつであるところをみると、この分断はおそらくハエの特定の系統において独立に生じたものらしい（Devenport *et al.*, 2000 ; Powers *et al.*, 2000）。

脊椎動物の Hox 遺伝子の働きも、昆虫のそれによく似る（図 5-15）。事実、昆虫における HOMC クラスターと、脊椎動物における Hox クラスターは、共通祖先におけるクラスターから分岐したらしく、その基本構造がよく保存されている。塩基配列の系統的解析から、そもそも左右相称動物、あるいはそれ以前の段階に成立した Hox クラスターは、anterior、3、middle、posterior の 4 遺伝子からなり、これらのメンバーが何度か、系統ごとに独立にタンデム重複を行い、現在見るような Hox クラスターの祖型ができあがったという（Hox クラスター成立の進化的経緯に関しては、Brooke *et al.*, 1998 ; Carroll *et al.*, 2001 を、脊椎動物の Hox クラスターならびに他のホメオボックス遺伝子群を導いた進化的祖型については Mingillíon *et al.*, 2002）。

脊椎動物では、基本的に 13 の遺伝子メンバーからなる Hox クラスターが 4 つ（*HoxA-HoxD*）存在する（図 5-16）。これは、脊椎動物の成立にあたって、原索動物の段階に比して、2 回のゲノムの重複があったという仮説（2R［two round］duplication theory ; Ohno, 1970 ; Sidow, 1996 ; Meyer and Schartl, 1999 ; Kuraku *et al.*, 2008）と整合的である。たしかに、ナメクジウオには1クラスターしか存在しない（その発現については、Holland *et al.*, 1992 ; Holland and Holland, 1996 ; Holland, 1996a, b ; Wada *et al.*, 1999 を参照 ; その他の制御遺伝子も重複以前の

5.2 椎骨と脊柱　257

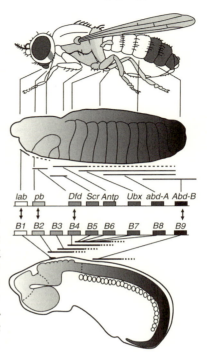

図 5-15 HOMC クラスターと Hox クラスター。昆虫と脊椎動物はともに前後軸をもった動物であり、発生上におけるその位置価決定に、進化上共通の祖先をもつ相同的なホメオボックス遺伝子群（昆虫の HOMC 遺伝子群と脊椎動物の Hox 遺伝子群、両者ともクラスターをなす）を用いている。クラスターのなかでの遺伝子メンバーの並びと、遺伝子発現パターンの序列の一致をコリニアリティと呼ぶ。

段階にあることと、その進化的経緯についての総合的考察は、Williams and Holland, 2000）。脊椎動物の Hox クラスターはまた、ところどころ遺伝子メンバーが欠如した部分をもつ。これもおそらく、遺伝子重複に伴う機能重複を背景としているのであろう。ナメクジウオではメンバーがすべて揃っている。が、それだけではなくナメクジウオにおいては独立に posterior 遺伝子のタンデム重複を経験したらしく、14 かそれ以上のメンバーを備える可能性がある（Ferrier et al., 2000）。脊椎動物の Hox 遺伝子がショウジョウバエのものと似るのは、遺伝子やゲノムの構造面だけではなく、その機能と発現パターンについてもいえる。つまり、脊椎動物の Hox 遺伝子群も咽頭胚において空間的・時間的コリニアリティを示し、それによって椎骨の形態的アイデンティティを定めているらしい（Kessel, 1992；図 5-18）。

　Hox 遺伝子による脊椎動物の椎骨パターニングは、遺伝子操作が可能なマウスにおいてよく研究されている。それが可能なのは、実験手技の整備だけで

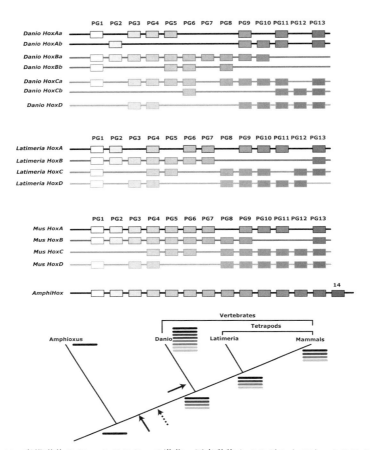

図 5-16 脊椎動物の Hox クラスターの進化。原索動物ナメクジウオでは、クラスターはひとつしかなく、そこに 14 の遺伝子が発見されている。少なくとも、脊椎動物の Hox 遺伝子に知られる 13 のパラローググループ（PG1-13）すべてがここに存在すると考えられている。マウス（*Mus*）では、4つのクラスター上に、合計 39 個の Hox 遺伝子群が存在する。各クラスターはそれぞれ異なった染色体上に見つかっている。図の左側が DNA 鎖の 3′ 側を示す。シーラカンス（*Latimeria*）のクラスターも、マウスのそれと同様の構成を示す。真骨類（ゼブラフィッシュ *Danio*）では、二次的にゲノムの倍加が起こっており、7 クラスターを見ることができる（系統樹も参照）。シーラカンスのクラスターには、四足動物特異的遺伝子、真骨魚特異的遺伝子の両者が存在することに注意。下には、脊索動物における Hox クラスターの進化を示す。矢印は、重複が想定される場所。脊椎動物（顎口類）の基本型である 4 クラスターが、どのような経緯で成立したのかについては、まだ分かってはいない。（クラスターの構成については Koh *et al.*, 2003 より改変）

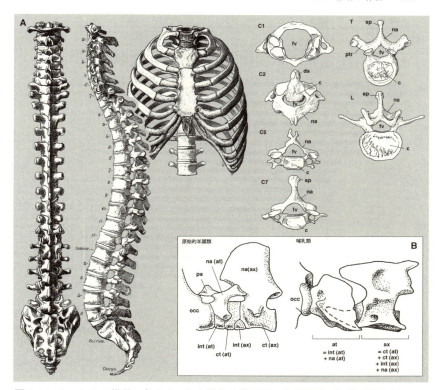

図 5-17 A：ヒトの椎骨。左から、ヒト脊柱の背面観、左側面観、胸郭（以上 Harter, 1991 より転載）、ならびに各種椎骨形態。右コラムは：上より環椎（C1；前面より）、軸椎（C2；背面より）、第 5 頸椎（C5；前面より）、第 7 頸椎（C7；前面より）、胸椎（T；前面より）、腰椎（L；前面より）を示す。c、椎体；da、歯状突起；fv、脊柱管；na、神経弓；ptr、傍突起；sp、棘突起。(Sobotta and Becher, 1972 より改変) B：爬虫類と哺乳類における第 1、第 2 頸椎を比較する。

はなく、哺乳類独特の形態的特徴が確認できるからでもあり（哺乳類の脊柱には、脊椎動物のなかで最も高度に形態的分化を遂げた一連の椎骨列を見ることができる：図 5-17, 図 5-19）、そこには後頭骨に続き、（マウスでは）7 つの頸椎、13 個の胸椎、6 個の腰椎、4 個の仙椎、そして多数の尾椎がそれぞれに明瞭なかたちを伴って分化している（ヒトの脊柱は図 5-17 に示す）。そのため、形態に生じた変異を的確に同定できる。咽頭胚に成立する椎骨原基には、まだこのような形態分化は生じていない。椎骨原基の並びに現れる、こうした将来的形態分

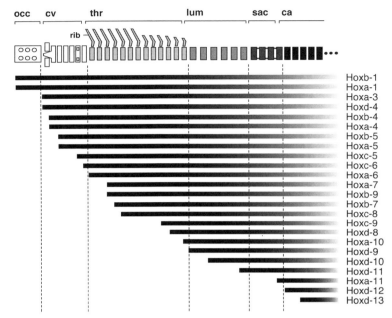

図 5-18 Hox 遺伝子による脊椎動物の椎骨パターニング。ケッセルは椎骨の体軸レベルに応じた変形が体幹の Hox コードによるものと考えた。マウスの椎骨原基にはそれぞれ異なった組み合わせの Hox 遺伝子群が発現し、それは椎骨の形態と一致する。(Kessel, 1992 より改変)

化の方向の違いは、それら椎骨原基に発現する Hox 遺伝子の組み合わせパターンと整合的である。たとえば、同じ「頸椎」の名で呼ばれていても第 1 頸椎 (C1) は「環椎」ともいい、椎体をもたず、そのために頭蓋を支える輪のような形状を示す。この骨はつまり、神経弓と棘突起のみからなる。この第 1 頸椎を呼ぶ英語名の「アトラス (atlas)」は、ギリシャ神話に現れる大地を支える神の名に由来し、頭蓋を地球と見立てたのである。続く C2 は軸椎 (アクシス: axis) であり、本来第 1 頸椎に所属していた椎体と自分の椎体と融合させ、歯状突起 (dens) を作っている。この突起の周りで環椎と頭蓋はある程度回転できる (図 5-17)。これ以降、C3-C5 の 3 つは本質的に形態的な違いがない。ところが、マウスでは C6 に前結節 (anterior tubercule) が伴い、椎骨動脈がそのなかを走る。そして、C7 は再び標準的な頸椎のかたちに戻る。

脊柱の多様化における Hox 遺伝子の機能を理解するには、それら遺伝子が

基本的パターンとして、体軸のあるレベルから後方へかけて発現ドメインをもつという原則を知る必要がある。そうすれば、上に見たような椎骨各々の分節的形態アイデンティティの変遷が、そのまま椎骨原基における Hox 遺伝子群の発現パターンの変遷と重なることが分かる。つまり、独特の形態をもつ C1 原基には、後頭骨原基（O）には発現していなかった *Hoxa3*、*Hoxd4* が新たに発現している。C2 ではこれに、*Hoxb4*、*Hoxa4* の発現が加わる。C2 と C3 もかたちの変わる場所であり、後者から後方へ *Hoxb5*、*Hoxa5* が発現する。このような発現の組み合わせは C5 原基まで変化しないが、これらの椎骨のかたちが事実上同じであることについては上に述べた。椎骨形態は C6 において再び変化するが、同時にここでは *Hoxc5* が新たに発現し、C7 ではさらに *Hoxc6* が発現に加わる（図 5-18）。このように、Hox 遺伝子群の発現パターン、すなわち「Hox コード」は椎骨形態の推移とパラレルなのである。したがって Hox コードは、椎骨原基に自らの位置（一種の番地）を教える分子的発生システムであり、Hox コードの下流に組み上げられた分節特異的な標的遺伝子カスケードによって形態分化を可能たらしめていると理解できる（Kessel and Gruss 1991; Kessel, 1992）。このような分子機構は、発生と進化両者における形態的変容の背景となるであろう。

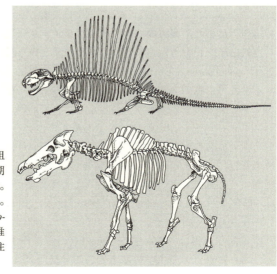

図 5-19　哺乳類の脊柱と、祖先的状態。上はペルム紀初期に生息していた *Dimetrodon*。哺乳類と同じ単弓類に属する。下は北米暁新世からの *Chaeotherium*。体軸上を変化する椎骨、肋骨のかたちの変遷に注目。（Carroll, 1988 より）

(5) Hox コード

　Hox コードが椎骨形態のアイデンティティを決定するという仮説は、さまざまな実験を通して確かめられた。そもそも Hox コードという認識法は、遺伝子の発現パターンと形態の並びを同型的（isomorphic）とする、いわば記号論的仮説であり、それを何らかの方法で実証しなければならない。そして、その実証の論理的地平は形態学に存在する（たとえそれが分子遺伝学に端を発しても、Hox コードの認識以降、話は比較形態学となる）。つまり、Hox コードの変更によって、それと同型的なかたちの変化が椎骨列に生ずるかどうかを確かめればよい。Hox 遺伝子が実際にどのような標的遺伝子や、標的カスケードをもっているかを棚上げにしても（そのような理解は、究極的には形態学を分子・細胞レベルに解消してしまうだろうが）、科学的に仮説が正当であるとは、系の振る舞いが仮説と同じ認識レベルで整合的であることを、操作を通して検証できるということなのである。

　まず、ビタミン A（＝レチノール：retinol）の誘導体であるレチノイン酸（all-*trans* retinoic acid）と Hox コードの関わりが調べられた。レチノイン酸が脊椎動物胚の発生パターンを変更することは、さまざまな系で確認できる（Lammer et al., 1985；Durston et al., 1989；Maden et al., 1991；Sive and Cheng, 1991；Morriss-Kay et al., 1991；Sundin and Eichele, 1992；Morriss-Kay, 1992；Holder and Hill, 1992；Papalopulu et al., 1992；総説としては大隅、1997；Maden, 1999）。それは多くの場合、体軸の前後方向でのアイデンティティに関わる変化を含み、それに応じた遺伝子変化をもたらすが、投与の時期と投与量によっては、椎骨形態に後方化（posteriorization）が生ずる（Kessel and Gruss, 1991；Conlon, 1995）。つまり、ある椎骨の形態的アイデンティティが、本来より後方の分節に現れるべきアイデンティティに置き換わる。むろん、これも形態レベルでホメオティックトランスフォーメーションのひとつである。このとき、レチノイン酸が Hox コードを椎骨原基の列の上で前方にシフトさせていれば、このような椎骨原基の変換の背景に、たしかに Hox 遺伝子発現が存在していることが分かる。そして、実際にその通りのことが生じていることが確認された（Kessel, 1992；後脳における影響については Marshall et al., 1992；Niederreither et al., 2000）（注）。

　Hox 遺伝子のホメオティックセレクター遺伝子としての機能に関する、より直接的な証拠は、Hox 遺伝子そのものを操作することによって得ることができる。これは、発生学の基本である「機能欠失（loss-of-function）」ならびに

「機能獲得（gain-of-function）」実験からなる機能解析（functional analyses）である。すでに上に述べたように、Hox 遺伝子群は前方から後方へと順次重なってゆく「入れ子式」の発現パターン（nested pattern of expression）をもつ。しかも一般的ルールとしては、それぞれのレベルにおいて最も遅く発現した 5′ の遺伝子が、事実上表現型を決定しているように見えるのである。言い換えれば、表現型のホメオティックセレクションにおいては、5′ 側の遺伝子のほうが強い。これを「後方優位の法則（posterior prevalence）」という。

上の法則のために、実験結果にはある規則性が生まれることになる。つまり、特定の Hox 遺伝子を破壊した場合、その遺伝子の発現ドメインの最も前方のレベルは、それより前の形態アイデンティティに変化し、結果としてそのアイ

注：レチノイン酸は実際に、Hox 遺伝子の発現制御に関わるのか。レチノイン酸がシグナルとして働くとき、それは、レチノイン酸レセプター（retinoic acid receptor ＝ RAR）に結合し、さらにそれが一般には RXR というオーファンレセプターとのヘテロ 2 量体（ヘテロダイマー）を形成し、この複合体が転写因子となり、標的遺伝子制御に関わる。この複合体は、他の転写調節因子がそうであるように、DNA 上の特定の配列を認識するが、この認識サイトは特に「レチノイン酸応答エレメント（retinoic acid response element ＝ RARE）」と呼ばれる。実際に、Hox 遺伝子のあるもの（マウスの Hoxa1, a4, b1, d4 など）の調節領域にはこの RARE が確認でき（Langston and Gudas, 1992；Popperl and Featherstone, 1993；Marshall et al., 1994；Studer et al., 1994；Frasch et al., 1995；Doerksen et al., 1996；Morrison et al., 1996；Langston et al., 1997）、このエレメントの有無にかかわらず、Hox 遺伝子制御がレチノイン酸によって左右されることは、培養細胞を用いた系でも確認された（Simeone et al., 1990）。クラスターの 3′ 側の Hox 遺伝子メンバーほどレチノイン酸に速やかに、しかも低濃度で応答する。さらに、オーガナイザーとして知られる羊膜類初期胚の原結節（primitive node）や、ヘンゼンの結節（Hensen's node）にレチノールをレチノイン酸へと代謝する能力があることも確認され、軸形成期にレチノイン酸の作用する時間をしだいに長時間受けることになる体軸後方の細胞であればあるほど、より 5′ 側の Hox 遺伝子を発現する傾向をもつことになり、軸全体として「入れ子式（nested pattern）」の Hox コードが成立するという、魅力的な仮説ももたらされた（Hogan et al., 1992；他に de Robertis et al., 1991 も参照）。かたちの全貌が分子的機械論ですべて説明できてしまいそうな勢いが、この当時の分子発生学にはたしかにあった。しかし、話はそれほど単純ではないらしい。Hox コードの成立には、上に述べたようなモルフォジェネティック過程のダイナミズムだけでは説明できない、複雑、複合的な機構が関わるらしく、トランスジェニックマウスを用いた精力的、かつ、高度な実験が数多く続けられたにもかかわらず、その全貌が理解されることはなかった（クラスター構造の重要性、その他の機能的構造の所在を示唆する精力的な研究については：van der Hoeven et al., 1996；Kondo et al., 1998；Kondo and Duboule, 1999；Kmita et al., 2000, 2002；Spitz et al., 2001 を；要約として Stern and Foley, 1998 も参照）。とはいえ、動物の体軸に発現するこの Hox コードは、脊椎動物に限らず、ほとんどの後生動物のパターニング、あるいはバウプランの最も深遠な部分に関わる重要な遺伝子制御システムであると考えられている。それは、発生システムのなかで中心の位置を占めるだけではなく、進化的にも、最も保守的な制御パターンを安定化させた胚発生装置でもある。

デンティティが「前に」ずれる（前方化：anteriorization）。逆に、機能獲得により、本来発現しないところに Hox 遺伝子を発現させると、それは事実上、本来の発現ドメインよりも前の領域に相当するのであるから、その部位の形態的同一性を「後方化（posteriorization）」するのである。そして、常にではないが、さまざまな遺伝子操作実験によってこのことが大まかに正しいことが証明された。しかも、同じパラローググループ（異なったクラスターの間での、同じ相対的位置を占め、ひいては同じ進化的起源をもつ遺伝子群）に属する複数の遺伝子を同時に破壊すると、いくつかの例で椎骨のトランスフォーメーションがより完璧なものに近くなることも分かった（他にも同様の実験として Harvey and Melton, 1988；Wright *et al.*, 1989；Balling *et al.*, 1989；Cho *et al.*, 1991；Lufkin *et al.*, 1991, 1992；Chisaka and Capecchi, 1991；Chisaka *et al.*, 1992；Le Mouellic *et al.*, 1992；Pollock *et al.*, 1992；Kauer *et al.*, 1992；McLain *et al.*, 1992；Jegalian and de Robertis, 1992；Jeannotte *et al.*, 1993；Condie and Capecchi, 1993, 1994；Small and Potter, 1993；Ramirez-Solis *et al.*, 1993；Boulet and Capecchi, 1994；Kostic and Capecchi, 1994；Davis and Capecchi, 1994；Horan *et al.*, 1995；Suemori *et al.*, 1995；Rancourt *et al.*, 1995；Satokata *et al.*, 1995；Fromental-Ramain *et al.*, 1996 など参照）。

（6）脊柱の進化

Hox コードは椎骨形態の進化の理由なのか。マウスにおいてはたしかに、椎骨列の形態変化と Hox コードは一致するように見える。ヘビの脊柱では、そのほとんどがトカゲの胸椎に相当する形態的同一性を有し、その胚の Hox コードはそれを裏書きしているように見える（Cohn and Tickle, 1999）。他の羊膜類では胸椎を定義する遺伝子が、ヘビ胚では後頭骨直後のレベルより発現するのである。ならば、これらのことは、脊椎動物の進化史を通じ、特定の Hox 遺伝子が常に特定の椎骨形態を指定してきたことを意味するのか。それはありそうもない。この問題には、ゲーテやオーウェンが主張してきた原型の正体、さらにはバウプランの進化パターンが潜んでいる。

図 5-20 に示したのは、中生代に生息したさまざまな爬虫類である。ヘビ、トカゲの仲間（有鱗類）であるモササウルスを除き、主竜形類/鱗竜形類の分岐の基部付近から派生した比較的近縁の爬虫類をここに集めたが、そのどれもが異なった数の頸椎、胸椎をもつことが分かる。のみならず、*Tanystropheus* に見るように首を伸ばすために頸椎数を増やすのではなく、各頸椎を伸長した種もある（哺乳類のキリンに見る戦略である。しかもキリンは、第 1 胸椎を頸椎に

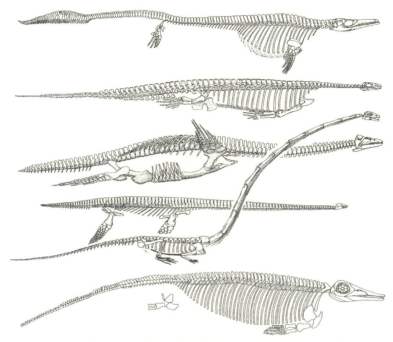

図 5-20 中生代に生息したさまざまな水生爬虫類。上からモササウルス類の *Plotosaurus*、ノトサウルス類の *Pachypleurosaurus*、プレシオサウルス類の *Cryptocleidus*、同じく *Hydrothecosauru*、三畳紀の水生爬虫類タニストルフェウス類 *Tanystropheus*、初期のイクチオサウルス類の1種 *Utasusaurus*。動物種により頸椎数がさまざまであることに注意。このような状況は哺乳類とは異なる。(Carroll, 1988 より)

同化させるという離れ技をやってのけている——Solounias, 1999; van Sittert *et al.*, 2010; Danowitz and Solounias, 2015)。このように、椎骨には異なったタイプの形態進化が可能であり、Hox コードの下流における発生カスケードを変化させるだけではなく、前後軸方向における Hox 遺伝子の発現制御が進化的に変更し、体軸の上で各分節に与える番地の変更が何度も生じたことは疑いがない。フュールブリンガーによる後頭骨問題は、「椎骨列と Hox コードのシフト」という進化発生学の、いわば練習問題だったのである。

遺伝子発現が比較形態学的な椎骨の相同性と関連するのではないかという指摘は、最初にバークら (Burke *et al.*, 1995; Burke and Brown, 2003) により問われた。たとえば、ニワトリとマウスを比べると、異なった数の体節の並びに、同

じ順序で椎骨アイデンティティが移動してゆくのが分かる（図5-21）。つまり、両者において後頭骨に続き頸椎が、それに続き胸椎が現れるが、その各領域に含まれる椎骨原基数が互いに異なる。しかし詳細に見ると、形態的に対応する体節には、両者で相同な Hox 遺伝子が発現している。たとえば、鳥類でも哺乳類でも、頸椎が胸椎へ移行するのはおおよそ上肢レベルに相当するが、体節番号は異なっていても、そこに相同な遺伝子、*HoxC-6* が発現する。つまり、椎骨の形態的相同性、あるいは、特定バウプランにおける特定番号の体節に生ずる形態分化の方向性は、Hox 遺伝子の相同性に帰着される（遺伝子の相同性と形態的相同性が対応する）。このような *HoxC-6* の発現領域は他のタクサにおいても確かめられ、いずれにおいても *HoxC-6* 相同遺伝子（orthologue）が上肢レベルに発現することが確認された（図5-21）。

では、特定の Hox 遺伝子と特定の椎骨形態の相同性は、いつどこで確立したのか。これはバウプランの起源を問う問題である。Hox クラスターそれ自

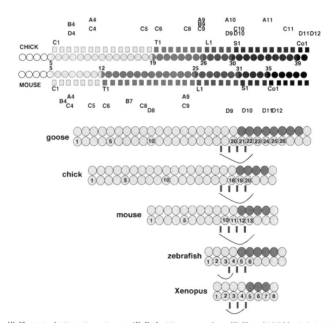

図 5-21 椎骨のアイデンティティの進化と Hox コード。椎骨の相同性はそれが発生する分節の番号ではなく、そこに発現する Hox 遺伝子の組み合わせに依存する。(Burke *et al.*, 1995 より改変)

体は円口類にも存在し（Pendleton et al., 1993 ; Sharman and Holland, 1998 ; Force et al., 2002 ; Irvine et al., 2002 ; Mehta and Wainwright, 2007）、顎口類におけるのと同様な Hox コードも確認されている（Takio et al., 2004, 2007；他に Carr et al., 1998 ; Cohn, 2002 も見よ、総説は Kuratani et al., 2001, 2002）。しかし円口類では、椎骨（神経弓）、もしくは体節派生物の位置特異的形態分化の度合いが低く、顎口類に見られるものとは大きく異なる（Kuratani et al., 1999b）。このような動物の Hox 遺伝子が、比較的最近に現れた羊膜類の頸椎、胸椎、腰椎などの個性と同じものを、潜在的にコードするとは考えにくい。実際、真骨類の Hox コードの下には、羊膜類には見られないような椎骨の形態特異化プログラムが構築されることがある。たとえば、骨鰾類（コイ、ナマズ、カラシンからなるグループ）が獲得した、ウェーベル氏器官がそれである（図 5-22）。これは、後頭骨に続くいくつかの肋骨が変形し、哺乳類の中耳に似た音響伝達装置となったものである（ウェーベル氏器官の形態発生については、Matveiev, 1929 や Morin-Kensicki et al., 2002 とその引用文献を。前者の論文はこの肋骨の特殊な分化過程が、硬骨魚の系統発生を反復する可能性に触れている。後者はゼブラフィッシュのウェーベル氏器官の形態を、初めて Hox コードと結びつけた論文である。硬骨魚の一般的

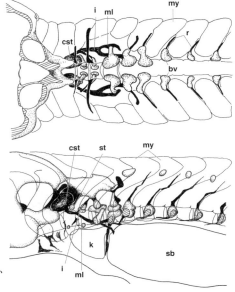

図 5-22 ウェーベル氏器官。骨鰾類は、「鰾（うきぶくろ）」を鼓膜がわりに使い、肋骨要素を変形させることにより音響伝達装置を作り上げている。これは、コイ科アブラミス亜科に属する Scardinius の発生において、形態パターンが確立したあとのウェーベル氏器官。哺乳類の中耳になぞらえ、似た機能をもつ骨に同じ名が与えられているが、それは相同性を反映しない。上は腹側面、下は左側面。下のほうが若い個体。bv、底腹；cst、アブミ骨介；i、キヌタ骨；k、腎臓；ml、ツチ骨；my、筋節；r、肋骨；sb、鰾；st、アブミ骨。（Matveiev, 1929 より改変）

肋骨形態とその発生については、Emelianov, 1935、四肢動物のそれについては、Emelianov, 1936 を参照)。

　上のジレンマには、Hox 遺伝子制御や下流の発生プログラムの進化と、バウプラン、あるいは形質状態という概念の階層的性質が密に関わる。形態的相同性の階層構造、特殊相同性の不完全さもそこに起因する。進化発生学研究では、バウプランの階層的進化過程において、分子発生学的レベルの機構がやはり整合的に変化してきた過程が探索される。たとえば、哺乳類の胸椎では、その後方限界が腰椎のはじまりに依存するが(図5-17)、この腰椎という同一性は羊膜類全体に普遍的なものではなく、双弓類の多くでは、肋骨を備えた椎骨が仙椎直前まで続く。そもそも哺乳類の腰椎における肋骨の不在は、哺乳類に独特の横隔膜の存在に伴う腹式呼吸の必要からもたらされたもので、化石哺乳類様爬虫類のあるものでは、腰椎レベルの肋骨が縮小、もしくは欠失することがある(図5-23; Kemp, 1982; Carroll, 1988 を見よ)。しかし、哺乳類と哺乳類様爬虫類をもたらした系統(単弓類)の根幹より発した盤竜類では、上肢と下肢の間の椎骨、加えて前方の尾椎もすべて肋骨を備える(図5-23)。つまり、対象となるタクソンを羊膜類一般まで拡張すると、腰椎を厳密に定義できなくなるのである。それにより必然的に、胸椎の定義が揺らぐ。哺乳類の胸椎は哺乳類特異的バウプランの要素だが、他の羊膜類ではそうではない(注)。

　いまのところ *HoxC-6* は、上肢(胸鰭)の位置を決めるという意味では、魚類と四肢動物において同じ機能を保持している。が、それが頸椎という独特の椎骨形態のパターニングに関わるようになったのがいつかは分からない。また、たとえ鳥や爬虫類において頸椎を定義でき、さらにそれと胸椎の間の違いを

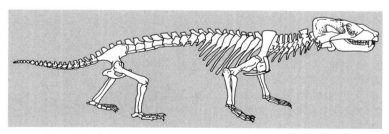

図 5-23　三畳紀初期に生息していたキノドン類の1種、*Thrinaxodon*。この動物の下顎、中耳、腰椎などには、きわめて強い哺乳類的形質状態が見て取れる。(Carroll, 1988 より改変)

HoxC-6 のような遺伝子が受けもつとしても、そのような発生システムが独立に複数回生じた可能性は大きい。頸部における肋骨の縮小が、鳥類と哺乳類の共通祖先において明瞭ではない以上、「頸椎らしさ」を分化させるマスター遺伝子としての *HoxC-6* の機能が最初からあったものとは考えられない、むしろ哺乳類と鳥類において独立に獲得されたと考えなければならない。

上のような事態が深刻となるのは、C1、C2の形態を考える場合である。哺乳類において、これらの椎骨はそれぞれ環椎、軸椎として独自の分化を遂げている。そして、同じ名で呼ばれる椎骨は主竜類（Archosauria）にも存在する（ニワトリ脊柱の発生についての要約は Christ *et al*., 2000）。分子データによれば、これらタクサはたしかに単系統群である（たとえば Cao *et al*., 2000 を見よ）。ところが、双弓類のなかでも有鱗類（Squamata）には、完璧に分化した軸椎は存在しない（いくぶん分化した第2頸椎という意味での「軸椎」は存在する）。では、トリの軸椎と哺乳類の軸椎は相同ではないのか。相同ならば、この構造は羊膜類の根幹において成立し、上に述べた Hox コードが羊膜類のやり方でそれらを相同的に特異化していると考えられ、二次的に有鱗類においてそれが破棄されたことになる。が、トリと哺乳類の軸椎が平行進化、もしくは収斂の産物であれば、たとえその発生に相同的な Hox コードが機能しているとしても、それは軸椎特異化機構として相同でも共有派生的でもない。ならば、成立のイベントを異にする軸椎の歯状突起も、常に相同とはいえないことになる。

おそらく、前方の椎骨を特異化する Hox コードのシステムが半ば体節番号に付随するかたちで最初から存在し、トリと哺乳類の系統においてそれぞれ「トリのやり方」、「哺乳類のやり方」でよく似たものを作り出したのだろう。この場合、軸椎に先立つ Hox コードの存在は、単に「外適応：exaptation (Gould and Vrba, 1982)」として認識される。椎骨の相同性が明らかでない限り、形態的相同性を遺伝子に還元することもまたできない。さらに、外適応を過剰

注：「胸椎＋哺乳類の腰椎」として定義できる「仙前椎（presacral vertebrae）」は、骨盤と脊柱の関係が明確に発達するタクサにしか適用できない。しかも、哺乳類と鳥類においてそれが存在するとしても、それらが互いに相同かどうかは分からない。羊膜類のうち、脊柱と後肢の構造的関係を失った魚竜やモササウルスでは、仙椎、仙前椎の定義は期待できない。同様の状況はクジラ類にも知られる（Bejder and Hall, 2002）。このような状態が後肢と椎骨の関係の二次的な消失を示す可能性は大きい。イクチオステガ *Ichthyostega* など初期の四肢動物では腰帯と椎骨の関係がすでに成立し、そのレベルでの椎骨はたしかにかたちを変えている。ならば、仙前椎は四肢動物のバウプランとして扱うことができるかもしれない。

に認めるとなると、椎骨形態の分化に先立ち、進化的な意味での椎骨形態のプレパターンをあらゆるタクサに認めることになり、ややもすれば原型論にも似た神秘主義の迷妄を、われわれは再びさまようことになる。いわく、ヤツメウナギの *HoxC-6* 発現ドメインより前のレベルには、このタクソンにとっての潜在的頸椎が存在するのだと……。

（7）現代によみがえるオーウェンの業績

　Hox コードとそれにまつわる形態学的相同性の問題は、タクソンごとに成立する発生拘束の問題として体系的に分析すべき課題だろう。これについては、頸椎数がよい見本となる。広く知られるように、哺乳類の頸椎数はほぼ「7」に決まっている（図5-27）。マナティーやナマケモノなどのように、例外的に6や9の数をもつものもあるが、これは二次的に哺乳類の内群に生じた例外と見るべきである（図5-28）。頸椎以降の椎骨については数がふらつくので、この「7」という頸椎数には、かなり堅牢な発生拘束がかかっていると予想できる。

　若きオーウェンに大英博物館での職をもたらしたハンテリアン・コレクションの目録作りは、われわれの眼前に椎骨形態の進化的変遷についての膨大な一次資料を提供してくれている（Owen, 1853 ; Hall, 1998）。このような古色蒼然とした19世紀の偉業が、21世紀になって本格的研究データとして利用できるのは、ある種ロマンティックな話である。このカタログのなかには、多数の脊椎動物種についての比較骨学データが記され、可能な限りの「椎式」が記されている。これは、脊椎動物の Hox コードの系統的変遷を示すデータベースなのである（表5-1）。「椎式（vertebral formula）」とは、椎骨各種が各動物においていくつずつ連なっているかという数の記述を指す。マウスは頸椎7、胸椎13、腰椎6、仙椎4であるから、その椎式は、「7：13：6：4」となる（図5-27：またこのカタログには、哺乳類については歯式──dental formula──も付されている）。これらによると、カモノハシの頸椎はすでに「7」に縛られていた可能性がある。オーウェンによれば、「この動物には7つか、さもなければ8つの頸椎がある。8番目の頸椎は最初の胸椎である可能性がある。というのも、この椎骨には横突起とも短い肋骨ともつかない、可動性の骨の突起が付随するからだ」という。このように、系統群の根幹に決定した椎骨数が、それより末端に位置する冠グループ（crown group）の椎骨数と同じになっている場合、この「7」という数は、たとえばトリや爬虫類の系統内において偶発的に現れる「7」と

はまったく異なった意味をもつと推測できる（系統的拘束についての考察は Carroll, 1997 を参照）。むろん、哺乳類を「頸椎数 7」という形質状態で定義するなら話は自己言及に陥るが、これがそうでないことは他の系統群の形質が証明している。ならば、哺乳類の「7」は、何らかの理由で哺乳類というグループの形態的放散を縛りつけている、つまり、トリには生じなかった系統特異的拘束が生じているのである（7 以外の頸椎数は哺乳類にもまれに現れ、ナマケモノの仲間では半ば特異的にこの拘束が解除されている。この仲間では 5 から 10 の頸椎数が知られるがそのなかには 7 つの頸椎をもったものがあり、これが哺乳類としての原始的状態を示すのか、二次的に偶然に 7 に落ち着いたのかはっきりとしていない；Endo et al., 2013. Buchholtz and Stepien, 2009 によれば、ナマケモノにおける椎骨の形態進化は椎骨/肋骨要素のうち abaxial 部分に限られるという）。

発生拘束（系統的発生拘束）とは、比較形態・発生学的パターンとして後付け的に認識される形態の適応放散の方向性、つまりは個体発生プログラムの変化の方向にバイアスをかけるあらゆる制限をいう（図 5-24）。いったん哺乳類の祖先に生じた頸椎数「7」は、それが成立したが最後、簡単には変えられなくなる。かたちの変更を制限するこの「力」は、特定のタクサにのみ適用可能

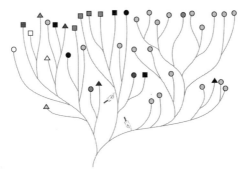

図 5-24 系統のうえに生ずる発生拘束。特定の単系統群を規定する共有派生形質は、その単系統群のバウプランを作り上げる発生拘束に等しいことが多い。ここでは動物系統樹の各枝に見られる特定の形質状態を記号で示した。それをもたらす発生プログラムにおける拘束の存在は、特定の動物の発生プログラムの理解によってではなく、系統上での形質状態が一定の幅に落ち着くことになった進化的経緯を見ることにより識別できる。ここでは、指印で示した箇所において発生拘束が生じたことが示されている。同じ形質状態が別の系統においてもランダムに生じていることに注意。形質状態の有無ではなく、その分布の仕方に拘束の進化的発生が示されることに注意。

な、各種の相同性をもたらすことになるバウプランの源泉でもある。このような相同性の分布については、不完全特殊相同性に絡めてすでに解説した。この拘束の背景には、Hox コードを成立させる制御機構が系統特異的に固定しているという機構的背景も予想される。もうひとつの興味深い考えとして、椎式の変化の背景には実は椎骨の相同性のホメオティックシフトも、それをもたらす Hox コードのシフトも関わっておらず、第4章で紹介した体節由来物のうち、abaxial 要素のみの変化によって生じているという説もある（Buchholtz and Stepien, 2009；Hautier et al., 2010；反論としては Varela-Lasheras, 2011 を；私もこの「primaxial/abaxial 説」には懐疑的である）。バークらによれば、哺乳類の第1胸椎に付随する肋骨は abaxial 要素なのであるから、Hox コードのシフトによらずとも、それが消えることは可能ということになる。ホーティア（Hautier）らは、頸椎には独特の骨化点出現の機序があり、その点から見るとナマケモノにおいて第7頸椎以降の椎骨は、たとえそれが頸椎に見えようとも、胸椎に属すると説明する（Hox 発現についての直接の証拠はないが；Hautier et al., 2010）。バウプランの起源となる発生拘束の機構的要因を求めることは難しい。その存在を認識するということは、必ずしもその生成の機構が理解できることと同じではない。それでも、おそらく哺乳類の頸椎数に関しては、発生上の要請として内部淘汰の関所をもたらしたような、独特の形態パターニング状況を仮定できる（Galis, 1999b, 2001；Varela-Lasheras, 2011 を見よ）。以下では、その仮説のひとつを紹介する。

　哺乳類胚には発生上、頸椎レベルの筋節に発する横隔膜原基（この構造は哺乳類に特異的）が横中隔へと移動する。これを支配するためには、頸髄レベルの脊髄神経が横隔神経として伸長できるような胚形態パターンが咽頭胚期前後に確実に成立していなければならない。そして、それが実現するためには、上肢の発生位置に制約がかからざるをえない（図 5-25）。すなわちトリのように頸を勝手に伸ばしていては、「横隔膜をもつ動物として」発生できないのである（横隔膜の発生については、第4章のほか、Mall, 1897；Lewis, 1902；Wells, 1954 を参照。とりわけ Jinguji and Takisawa, 1983 の図解は重要。また、前後軸パターニングの一環としての横隔膜の評価については、Goto et al., 1976；Kodama et al., 1992、ならびに Hirasawa and Kuratani, 2013 を）。おそらくこれと同じことは、カメ類の頸椎数「8」についてもいうことができる。いったん Hox コードの下流に肋骨を伸長し（背甲：carapace の形成）、それを外側体壁に生じた皮骨要素からなる腹甲（plastron）と統合して箱状の甲（この複合物が shell）を作るシステムが成

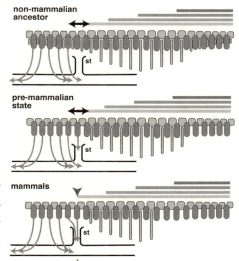

図5-25 哺乳類に生じた発生拘束と7つの頸椎。横隔膜が成立すると、頸部の最後方の位置が横中隔に依存して定義されることになり、結果、頸椎数を7に固定してしまうという仮説を図示したもの。

立したが最後、Hoxコードの変更によって、肋骨と椎骨の形態アイデンティティだけを前後にシフトさせることが困難なシステムが成立しているのだろう。このような進化の場面に、発生のモジュールの出現やモジュール同士の結合を見て取ることは比較的簡単である（概念として第9章に述べる「エピジェネシスの罠」も参照）。

進化的には、異なった発生文脈やレベルに存在した形態、構造要素が統合され、まったく新しいレベルの機能的組み合わせが生ずることがある。これに類した話は、耳小骨の進化において再び目の当たりにすることになる。この発生的統合によってもたらされた新しい適応の論理は、それが新しい淘汰の基準である限り（だからこそ、それを適応という）、ゲノムに書かれた制御機構に対し、それまで存在しなかった新しい条件を課すことになる。すでに触れた「発生負荷」の論理である（Riedl, 1978；詳しくは後述）。

あるタクソンにおいて、あるバウプランが許容するHox制御の変更は、別のバウプランをもつタクサでは必ずしも可能ではない。逆に、それまで結合していた形態の関係が解除されれば、許容される発生機構やゲノムの変異もあってしかるべきである。実際、胸椎をパターンするHox遺伝子を後頭骨の直後からいきなり発現させる変更など、ヘビのようなバウプランでなければ決して

許容できないだろう（Cohn and Tickle, 1999）。進化的に考えれば、形態的拘束はゲノムの変化方向にバウプラン特異的なやり方で、個別的なバイアスをかけうる。その変化の実体をゲノムのなかにどのように見ることができるのか。それはまだ示されていないが、この問題の本質に、表現型から出発すべき「形態パターニングの拘束」という論理があることは分かる。

タクサによって定まった椎骨数がある一方、それがまったく定まっておらず、揺らぎうる数もある（鳥類の頸椎数のように）。この現象は、われわれの形態的相同性の概念を揺るがせる。いうまでもなく、これは Hox 遺伝子の制御機構の進化であると同時に、そのうえに立脚した表現型の発生機構の問題でもある。特定のタクサにおける特定の Hox 遺伝子は発生上、その制御の場面において、何らかの方法で体節数を読んでいるらしい。そして、それなしにはどうしても作れないかたちがあるらしい。さらには、このように系統進化過程において階層的に系統的拘束を作り出してゆくことが、特定のタクサにおける形態的同一性やバウプラン、さらにはあらゆるレベルのタクサの進化であったようにも思われる。最初から明瞭に分化した頸椎、胸椎、腰椎、仙椎、尾椎をもった原型的な動物など存在したためしはなく、相同性は系統進化においてしだいに階層的に作り上げられ、複雑化していったのである。それをモティヴェイトした機構、成立した形態を発生拘束にしてしまう可能な論理のいくつかを上に考察した。

脊椎動物、もしくは顎口類のバウプランの要である脊柱のパターニングとその多様化には、すでに見たさまざまなレベルでの発生拘束が絡む。ひとつは、Hox コードという長い歴史的背景をもつ遺伝子制御機構に生じた拘束であり、コリニアリティは基本的に維持しながら、各遺伝子発現ドメインをどの体節番号に割り当ててゆくかというレベルでは、その機構は進化的に変更可能であり、動物系統進化の各所において、特定の遺伝子制御を特定の体節番号に固定してゆく。進化階層的な拘束、つまりはバウプランの多様化にも等しい現象が Hox コードの進化であるらしい。

椎骨形態についても、体軸レベルごとにかたちを変えることによって機能的統合が果たされ、それが「鍵革新（key innovation；Hall, 1998）」となり、仙骨やカメの甲のような特殊な構造が獲得される。そこにはまた、かつてなかったような構造・機能上の拘束が分類群特異的に生じ、以降の動物種の多様化において形態変化の可能性をある範囲に縛りつけてゆくことになる。これが、いわばタクサ特異的な相同性の源泉である。そして、このような遺伝子制御機構をも

たらす、ゲノム構造に生じた拘束と、形態機能上の拘束が統合されることを可能にしている咽頭胚の形態は、たしかに Hox コードが最も明瞭に発現するにふさわしい胚パターンの段階であり、そこにファイロタイプが見いだされることも整合的である（Duboule, 1994；Raff, 1996）。このような場面に遭遇するとき、進化発生学が相手にしている淘汰の論理は、われわれの生物学的認識が分割している「発生パターン」、「ゲノム構造」、「比較形態学」、「機能形態学」などの分野を、十把一絡げにすることでしか扱うことのできないような何らかの表現型として、それを内的、外的環境に由来する淘汰にさらす、実体としての形態形成の場面の複雑さのまっただなかにいることを思い知らされる。つまるところわれわれは、椎骨形態形成と Hox コードの論理について、まだそのほんの一端しか見てはいないらしい。

（8）椎式の進化の実際

　椎式の比較を通じ、発生拘束が系統進化の過程と整合的に分布していること、そしてそれが Hox コードの連続的な多様化を示しうることを、哺乳類を例に図と表のかたちで示す。興味深いのは、このように系統樹上で椎式を眺めることにより、これまで形態学的な共有派生形質がまったく知られていなかった「アフリカ獣類（Afrothelia；ここには管歯目、海牛目、岩狸目、長鼻目が含められる：Cao *et al.*, 2000 を参照；より新しい哺乳類の系統解析については Asher *et al.*, 2009 を見よ）」が、その共通祖先において胸腰椎の増加を経ていることである（Sánchez-Villagra *et al.*, 2007）。ゾウ、キンモグラ、ジュゴン、イワダヌキ、テンレックなどからなるこのグループは、その各メンバーが形態的にあまりに隔たっており、分子系統樹が描かれるまで形態的共通性が発見できていなかった。単に胸腰椎の増加に注目したところで、他の系統で同様の増加が多数回見られるため、すぐにはそれが共有派生形質であることは見抜けなかったであろう。

　哺乳類各グループの椎式では、頸椎数はほぼ「7」に固定している（図5-26；カモノハシの状態については、本文第5章を）。その例外は、マナティーの「6」とミユビナマケモノの「9」だが、これはそれらの系統における独自の二次的な進化であると考えれば理にかなう（図5-28）。胸椎以降の椎骨数は一見、大きく放散するが、表における単孔類から霊長類までについて見れば、胸腰椎数の合計がほぼ「19」に定まっている。この傾向は、すでに過去の比較形態学者によって指摘されている。つまり、「胸椎だけ」、あるいは「腰椎だけ」の数を一定に抑えるような系統的拘束は強くはないが、腰椎数との合計を一定に保

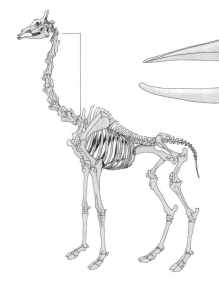

図 5-26 哺乳類の頸椎数の保守性。左：キリンの全身骨格。このように首が伸長した動物でも、哺乳類である限り頸椎は基本的に 7 つである。キリンではこれに加えて第 1 胸椎がいくぶん頸椎化しているという。椎骨の数を増やすことなく、個々の椎骨を伸ばすことによる首の伸長は、中生代の爬虫類、*Tanystropheus* にも見ることができる。右：ヒゲクジラの頸椎（Cv）。(Narita and Kuratani, 2005 より改変)

つ拘束は強い——胸腰椎というまとまりが、進化のうえでひとつのモジュールをなしている——ことが窺える。逆に、胸椎、もしくは腰椎数だけが増減する進化は明瞭には認められない（例外として、ハツカネズミ、マメジカの 1 種、オマキザルの 1 種、オナガザルの 1 種）。種内変異にも同等の傾向が認められるかどうか、さらにその背景に発生学的根拠があるのかどうか、興味深い問題である。胸腰椎数は、とりわけ単孔類と有袋類においては一定不変であり、さらに発生的に胸椎と腰椎のパターニングの間には一種の発生機構的「トレードオフ」があるらしいことが、ネズミカンガルー、ドブネズミ、ヨーロッパイノシシの椎式から窺える（ナミハリネズミの腰椎と仙椎の関係にも、同様の関係があるのかもしれない）。この形質状態、すなわち、胸腰椎数を「19」に保つような発生拘束は、哺乳類の祖先的状態を示すものと見てよい。霊長類では、ヒトを含めた類人猿の系統においてそれが二次的に減少し（18 もしくは 17 へ）、一方、食肉類では二次的に増加（原則として 20 へ）していることが分かる（図 5-28）。いずれの変化も特定の系統に付随したものであり、さらにそれら変化した数も系統的に拘束されている。

　胸腰椎数は、鯨目の分岐以降に揺らぎはじめる（獣亜綱のステムにあたる化石

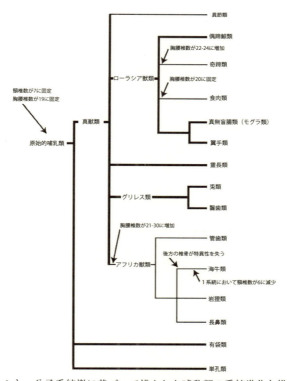

図 5-27 表 5-1 と、分子系統樹に基づいて描かれた哺乳類の系統進化と椎式の推移。分子系統樹は Cao et al.（2000）をもとにした、ミトコンドリア DNA その他の分子データより推測された哺乳類の系統樹のうえに、オーウェンが記述した椎式の変遷を重ねた。哺乳類の形態進化についての、古典的データと最新仮説との融合をここに試みた。ここでは、椎式以外のデータによって認められた系統関係を正しいと仮定している。つまりこれが、哺乳類の系統進化過程における Hox 遺伝子制御の変遷の経緯を示すと期待される。椎式の変遷が系統特異的であるため、その変化の生じたポイントを系統樹上の特定の枝に求めることが可能となる。それによれば、系統的に古いと考えられている動物が、必ずしも一般的ボディプラン、発生拘束を示さないことが分かる。たとえば、真獣類において最初に分岐したとされる貧歯類の椎骨は、その系統内で特異的に、祖先的パターンからは大きく外れている（発生拘束の二次的解除か）。われわれヒトの椎式は、霊長類の内部の系統に生じた二次的変化のために、胸腰椎数が若干減少している（表 5-1 を参照）。また、必ずしも原始的な哺乳類とは考えられていない齧歯類の椎式は、その進化的経緯において大きな変化を経験してはいないらしい（胸腰椎をひとつの椎骨タイプとして見たとき、椎式は単孔類と大きく変わらない）。実験動物であるマウスの Hox コード研究は、哺乳類全般の発生パターニング理解にとって、実は予想以上の大きな意味があるのかもしれない。（Narita and Kuratani, 2005 より改変）

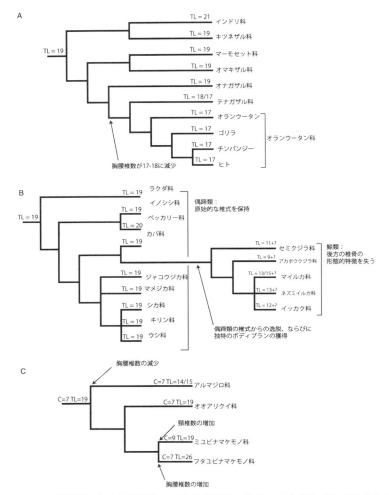

図 5-28 A：霊長類における胸腰椎の二次的な現象。椎式の変化が生ずる典型的なパターンを示す。すなわち、椎式の変化が特定の系統に生ずると、それが新たな拘束となり、そこから放散したグループにも受け継がれる。B：偶蹄類のバウプランから逸脱したクジラ類のバウプラン。クジラ類の胸腰椎数が、偶蹄類の特定のクレードの変異としては生じていないことに注意。ここでは、クジラを除いた「偶蹄類のバウプラン」をはっきりと見て取ることができる。バウプランの進化を研究するうえで、側系統群の認識が重要であることの例を示す。C：異歯類（アルマジロ、アリクイの仲間）の系統におけるさまざまな変異。この系統では、哺乳類の椎式という発生拘束が、広範に解除されているのかもしれない。（Narita and Kuratani, 2005 より改変）

表 5-1　哺乳類各グループにおける椎式とその進化。この表は 19 世紀半ば、リチャード・オーウェンが、希代の名外科医と謳われるジョン・ハンター（John Hunter, 1728-1793）の遺した英国王立医科大学博物館所蔵の膨大な動物骨格標本を整理、カタログ化した記録（Owen, 1853；『*Descriptive Catalogue of the Osteological Series contained in the Museum of the Royal College of Surgeons of England*. 2 Vols.』）に基づく（私の研究室に研究員としてかつて在籍した、成田裕一がデータを抽出、分類名を現代のものに改めたうえで整理した）。学名・和名は、今泉吉典著『世界哺乳類和名辞典』（平凡社、1988）によった。動物種によっては複数個体を調べたものがあるが、単純化のためここではまとめて示した。いうまでもなくこのリストは、すべての哺乳類のグループを網羅しておらず、本来多くの充実したデータを収集したうえで、数理的な解析を施すべきもの。このカタログには、哺乳類以外の脊椎動物に関するデータも多く盛り込まれているが、それらの椎骨列の形態的分化程度は低いため、哺乳類と比較可能な統一的椎式を設定できず、ここには示さなかった。これは、本書でたびたび強調した、形態的相同性の系統階層的性質によるものである（不完全相同性）。注目すべき数の変化は、リストの各領域で着色して示した（以下の解説参照）。「？」は、標本の状態などによってデータが存在しないか、さもなければ不完全なもの、「/」が 2 数を仕切るのは、同一種 2 個体以上からのデータが一致しないことを示す。その順序は他の椎骨数と合わせてある。「-」は、2 個体以上からのデータがふらつくことを示す。アクシ（齧歯類）における腰椎の「R7/L6」は、1 個体標本の右と左で数が異なることを示す。Narita and Kuratani（2005）より改変。

目	科	種		椎式				
				頸椎	胸椎	腰椎	仙椎	尾椎
単孔目	カモノハシ科	*Ornithorhynchus anatinus*	カモノハシ	7	17	2	?	?
	ハリモグラ科	*Tachyglossus auleatus*	ハリモグラ	7	16	3	3	12
有袋目	カンガルー科	*Macropus giganteus*?	オオカンガルー		13	6	2	20-22
		Macropus rufogriseus	アカクビワラビー	7	13	6	2	22
		Hypsiprimnodon sp.	ネズミカンガルーの 1 種	7	13/12	6/7	2	23-24
	ウォンバット科	*Vombatus ursinus*	ヒメウォンバット	7	15	4	4	10
	クスクス科	*Phalanger* sp.	クスクスの 1 種		13	6	2	22-25
	オポッサム科	*Didelphis virginiana*	キタオポッサム	7	13	6	1	17
	バンディクート科	*Perameles nasuta*	ハナナガバンディクート		13	6	2	16
		P. lagotis	バンディクートの 1 種	7	13	6	2	
	フクロネコ科	*Myrmecobius fasciatus*	フクロアリクイ		13	6	3	22
		Antechinus flavipes	キアシアンテキヌス	7	13	6	3	23
		Dasyurus sp.	フクロネコの 1 種	7	13	6	2	17-20
		Thylacinus cynocephalus	フクロオオカミ	7	13	6	2	23

目	科	学名	和名					
ウサギ目	ウサギ科	*Lepus timidus*	ユキウサギ	7	12	7	3	16
		Oryctolagus cuniculus	アナウサギ	7	12	7	4	10
齧歯目	テンジクネズミ科	*Hydrochoerus hydrochaeris*	カピバラ	7	13	6	2	8
		Cavia aperea	パンパステンジクネズミ	7	13	6	4	5
	チンチラ科	*Chinchilla lanigera*	チンチラ	7	13	6	3	23
	ヌートリア科	*Myocastor coypus*	ヌートリア	7	13	6	4	21
	アグーチ科	*Agouti paca*	パカ	7	13	6	4	9
		Myoprocta acouchi	アクシ	7	13	R7/L6	4	14
	ヤマアラシ科	*Hystrix cristata*	タテガミヤマアラシ	7	15	4	4	12
		H. brachyura?	マレーヤマアラシ?	7	14	5	3	15
	ビーバー科	*Castor canadensis*	アメリカビーバー	7	11	8	4	25
	ネズミ科	*Rattus rattus*	クマネズミ	7	13	6	3	30-32
		R. norvegicus	ドブネズミ	7	12/13	7/6	3-4	28?
		R. fuscipes	ヤブクマネズミ	7	13	6	2	28
		Mus musculus	ハツカネズミ	7	12	6or7	4	27-29
		Conilurus albipes	シロアシフサオネズミ	7	13	7	2	30
		Hydromys chrysogaster	オオミズネズミ	7	14	7	2	30
	デバネズミ科	*Bathyergus martimus*	デバネズミの1種	7	13	7	4	?
	トビウサギ科	*Pedetes capensis*	トビウサギ	7	12	7	3	29
	リス科	*Marmota marmota*	アルプスマーモット	7	12	7	3	23
		M. sibirica	シベリアマーモット	7	12	7	?	?
		Sciurus sp.	キタリスの1種	7	13	6	3	24
		S. vulgaris	キタリス	7	12	7	4	21
食虫目	ハリネズミ科	*Erinaceus europaeus*	ナミハリネズミ	7	15	6/5	3/4	11-14
	トガリネズミ科	*Amphisorex rusticus*	トガリネズミの1種	7	14	6	3	15
	モグラ科	*Talpa europaea*	ヨーロッパモグラ	7	13	6	5	10?
翼手目		*Vespertilio murinus*	ヨーロッパヒナコウモリ	7	12	7	3	?
		Pteropus sp.	オオコウモリの1種	7	14	4	6	
偶蹄目	イノシシ科	*Sus scrofa*	ヨーロッパイノシシ	7	13/14	6/5	4	?
		Phacochoerus aethiopicus	イボイノシシ	7	13	5	2	23

目	科	学名	和名					
	ペッカリー科	Tayassu pecari	クチジロペッカリー	7	14	6	5	6
	カバ科	Hippopotamus amphibius	カバ	7	15	4	6	13
	ラクダ科	Camelus ferus	フタコブラクダ	7	12	7	4	?
		Lama glama	ラマ	7	12	7	4	?
	ジャコウジカ科	Moschus moschiferus	シベリアジャコウジカ	7	14	5	5	6
	マメジカ科	Tragulus meminna	インドマメジカ	7	13	6	5	13
		T. napu	オオマメジカ	7	13	6	4	13
		T. javanicus	ジャワマメジカ	7	13	6	4	11
		T. sp.	マメジカの1種	7	13-14	6	5	13
	シカ科	Alces alces	ヘラジカ	7	13	6	4	11
		Rangifer tarandus	トナカイ	7	14	5	4	11?
		Cervus dama	ダマシカ	7	13	6	4	?
	キリン科	Giraffa camelopardalis	キリン	7	14	5	4	20
	ウシ科	Gazella dorcas	ドルカスガゼル	7	13	6	4	14
		Hippotragus equinus	ローンアンテロープ	7	14	6	4	14
		Tetracerus quadricornis	ヨツヅノレイヨウ	7	13	6	4	12
		Capra hircus	ヤギ	7	13	6	4	?
		Ovis aries	ヒツジの1種	7	13	7	4	?
		O. ammon	ヒツジの1種	7	13	6	4	10
		Connochaetes gnou	オジロヌー	7	14	6	4	15
		Bison bonasus	ヨーロッパバイソン	7	14	5	4	17
		Bos taurus	ウシ	7	13	6	5	21
霊長目	インドリ科	Indri indri	インドリ	7	12	9	4	9
	キツネザル科	Stenops gracilis	キツネザルの1種	7	14	9	3	6?
		Lemur nigrifrons sp.	キツネザルの1種	7	12	7	3	21-27
		L. sp.	キツネザルの1種	7	13		3	?
	マーモセット科	Callithrix jacchus	コモンマーモセット	7	13	6	3	19
		Hapale jacchus	マーモセットの1種	7	13	6	3	19
	オマキザル科	Saimiri sciureus?	リスザルの1種	7	13	7	3	24
		Cebus capucinus	ノドジロオマキザル	7	13	6	3	23
		C. sp.	オマキザルの1種	7	14	5-6	3	24-25
		Ateles belzebuth	ケナガクモザル	7	14	4	3	31
		A. sp.	クモザルの1種	7	14	4	3	32
		A. paniscus	クロクモザル	7	13	4	3	30
	オナガザル科	Mandrillus sphinx	マンドリル	7	12	6	4	9-11
		Papio mormon	ヒヒの1種	7	12	6	3	?
		Maccaca nemestrina	ブタザル	7	12	7	3	17

		学名	和名					
		M. sp.（*nemestrinus*）	アカゲザルの1種	7	12	7	3	?
		M. mulatta?	アカゲザルの1種	7	12	7	3	15
		M. rhesus	アカゲザル	7	12	7	3	15?
		M. radiata	ボンネットモンキー	7	12	7	3	22
		Presbytis entellus	ハヌマンラングール	7	12	7	2	25
		Cercopithecus sp.	オナガザル	7	11-12	7	1	21-28
	テナガザル科	*Hylobates* sp.	テナガザルの1種	7	13	5	5	2
		H. lar	シロテテナガザル	7	13	5	5	2
		Hylobates syndactylus	フクロテナガザル	7	13	4	8	
	ショウジョウ科	*Pongo pygmaeus*	オランウータン	7	12	5	5	3
		Troglodytes niger	チンパンジー	7	13	4	6+	
		Gorilla gorilla	ゴリラ	7	12	5	5	
		Homo sapiens	ヒト	7	12	5	5	3
食肉目	セイウチ科	*Odobenus rosmarus*	セイウチ	7	14	6	3	9
	アザラシ科	*Phaca groenlamdica*	タテゴトアザラシ	7	15	5	4	8
	クマ科	*Thalarctos martimus*	ホッキョクグマ	7	15	6	5	?
		Ursus americanus	アメリカグマ	7	14	6	13	?
	アライグマ科	*Procyon lotor*	アライグマ	7	14	6	3	?
		Nasua sp.	ハナグマの1種	7	13	6	2	?
		Potos flavus	キンカジュー	7	14	6	2	31
	イタチ科	*Taxidea taxus*	アメリカアナグマ	7	15	5	3	18
		Mydaus javanensis	スカンクアナグマ	7	14	6	3	?
		Mellivora capensis	ラーテル	7	14	4	4	15
		Martes zibellina	クロテン	7	14	6	3	18
		Mustela erminea	オコジョ	7	14	6	2	18
		M. nivalis vulgaris	ヨーロッパイイズナ	7	14	6	2	18
		Lutra sp.	カワウソの1種	7	14	6	3	?
	ジャコウネコ科	*Viverra civetta*	アフリカシベット	7	14	6	3	?
		Genetta sp.	ジェネットの1種	7	13	7	3	28
		Paradoxurus sp.	パームシベットの1種	7	13	7	2	33
	マングース科	*Herpestes ichneumon*	エジプトマングース	7	13	7	2	27
		Suricata suricatta	スリカータ	7	15	6	3	?
	イヌ科	*Vulpes* sp.	キツネの1種	7	13	7	3	22
		Canis lupus	タイリクオオカミ	7	13	7	3	15
		C. dingo	ディンゴ	7	13	7	3	15
	ハイエナ科	*Crocuta crocuta*	ブチハイエナ	7	15	5	4	19
	ネコ科	*Panthera leo*	ライオン	7	13	7	3	23
		P. tigris	トラ	7	13	7	3	?
		P. pardus	ヒョウ	7	13	7	3	23

目	科	学名	和名					
		Felis catus	イエネコ	7	13	7	2	22
有鱗目	センザンコウ科	*Manis pentadactyla*	ミミセンザンコウ	7	13	4	4	26
鯨目	セミクジラ科	*Balaena rostrata*	セミクジラの1種	7	11	26		
	アカボウクジラ科	*Mesoplodon bidens*	ヨーロッパオオギハクジラ	?	9	29		
	マイルカ科	*Tursiopus truncatus*	バンドウイルカ	7	13	40		
		Delphinus delphis	マイルカ	7	15	48		
		D. leucoramphus	カマイルカの1種	?	13	38		
	ネズミイルカ科	*Phocoena phocoena*	ネズミイルカ	?	13	43		
	イッカク科	*Monodon monoceros*	イッカク	7	12	44		
奇蹄目	バク科	*Tapairus indicus*	マレーバク	7	18	5	6	?
	サイ科	*Dicerorhinus sumatrensis*	スマトラサイ	7	19	3	4	22
	ウマ科	*Equus caballus*	ウマ	7	19	5	5	17
		E. zebra	ヤマシマウマ	7	18	6	5	17
岩狸目	ハイラックス科	*Procavia capensis*	ケープハイラックス	7	22	8	11	
		Dendrohyrax arboreus	ミナミキノボリハイラックス	7	21	7	14	
海牛目	ジュゴン科	*Dugon dugon*	ジュゴン	7	19	31-37		
	マナティー科	*Trichechus manatus*	アメリカマナティー	6	17	25		
長鼻目	ゾウ科	*Elephas maximus*	アジアゾウ	7	20	3	3	31
管歯目	ツチブタ科	*Orycteropus afer*	ツチブタ	7	13	8	6	25
貧歯目	アルマジロ科	*Dasypus sexcinctus*	アルマジロの1種	7	11	3	9	16
		D. novemcinctus	ココノオビアルマジロ	7	10	5	8	16
	アリクイ科	*Tamandua* sp.	コアリクイの1種	7	17	2	5	37
		Myrmecophaga tridactyla	オオアリクイ	7	15	3	5	?
	ミユビナマケモノ科	*Bradypus tridactylus*	ノドジロミユビナマケモノ	9	16	3	6	11
	フタユビナマケモノ科	*Choloepus didactylus*	フタユビナマケモノ	7	23	3	8	4

種では、胸腰椎数が 26 個確認され、有袋類＋真獣類と単孔類の間の系統的位置にあるタクサでも揺らいでいた可能性がある——Luo et al., 2007）。ここには、先のアフリカ獣類が含まれ、そのなかでも最初に分岐した可能性のある管歯目の胸腰椎数（21）は標準的だが、それ以外の派生的グループは著しい増加を示す（23 から 30）。このうち、海牛目では腰椎レベルが不明瞭だが、同レベルの増加は、同目における胸椎数の桁外れの増加により類推できる。胸腰椎数の同様の増加は、奇蹄類にも確認できる（22 から 24）が、奇蹄目はアフリカ獣類とは別の系統に属する。後者の増加は、アフリカ獣類と独立に生じたらしい。頸椎、胸椎、腰椎、仙椎、尾椎という区別を部分的に失ったグループもあり、それもまた特定のバウプラン（分類群）を指定するに至っている（鯨目、海牛目、岩狸目）。貧歯類は真獣類のなかでも原始的とされるグループだが、この系統内に見られる椎式が哺乳類の標準を大きく外れ、しかも系統内で不統一となっている。これは、発生拘束の何らかの解除を示すのだろう。このように、椎式の変遷はある程度動物系統に付随しており（系統的拘束）、それは各グループを定義するバウプラン、もしくはそれを成立させる発生拘束を反映する（その成立の背景となる構造的拘束、Hox 遺伝子発現の機構やその意義については、本文第 5 章における考察を参照）。

（9）頭部への同化

後頭骨と頸椎の発生について、検討すべき問題がまだ残っている。後頭骨が分節素材よりなるという考えは、古典的比較発生学における組織発生学的観察からすでに疑いのないものであり、その認識が頭蓋分節説の発生学的理解へと拍車をかけた。が、それが本格的に実証されたのは 1993 年のことである。

20 世紀後半から 21 世紀にかけて世界の実験発生学を牽引したニコル・ル＝ドワラン（Nichol M. Le Douarin）と、かつて彼女のラボに週 1 回顔を出しては、持ち前の器用さで誰にもまねのできない精密なキメラ胚作製にいそしんでいた微細外科医、ジェラル・クーリー（Gerald Couly；2013 年現在、パリ市ネカー病院勤務、国立自然史博物館嘱託医）は、体節数 7 以下の発生段階にある胚を用い、鳥類頭蓋の胚葉レベルでの組成をマッピングした。結果、神経頭蓋のうち後頭骨と、それより前のあるレベルの軟骨は体節より由来し、さらに後頭骨原基のなかには、それぞれ舌下神経根によって分断された、体節ひとつ分に由来するドメインが分節的に配置していることが確認された（図5-11）。それによると、後頭骨は「4 つ半」の硬節素材を用いて作られている。これは、硬節の出現と

神経根に基づく比較発生学者の組織学的観察と等しい（De Beer, 1937）。ド＝ビアも、自身の教科書のなかでほぼ同数の原基を推測し、そこにはワニ、カメにおける模式図も描かれているが（図5-29）、むろん後2者についてはいまでも直接的な実験データがあるわけではない。

問題は、後頭骨-椎骨関節（occipito-atlanto joint）である。以前は後頭骨の後縁、つまり後頭骨の終わりが、いずれかの体節の後縁と一致すると考えられた。が、それに続く椎骨は先に述べた再分節化によって生ずるため、環椎と後頭骨の間にはどこにも属することのない半体節が残ることになる。しかし、クーリーらのデータからすると、後頭骨の最後には、半体節からなる素材が描かれ、後頭顆（occipital condyle）に分化するとされている。これはこれで帳尻が合うように見えるが、それがそうともいいきれないのである。

問題のひとつは、軸椎の歯状突起の骨化点が3つ（大きな2つと小さな1つ）存在することである。うちひとつが本来の軸椎の骨化点、その前にあるものがおそらく、本来環椎のものであった骨化点か。ならば、最前方の小さな骨化点は、いったい何に相当するのか。さらに、ある種の羊膜類においては、後頭骨と環椎の間、背側に、小さな骨要素が現れることがある。これは環椎の前に存在する何らかの頚椎要素と考えられ、伝統的に前環椎（proatlas）と呼ばれてきた（Albrecht, 1880；要約として、Goodrich, 1930a；Romer, 1956；Romer and Parsons, 1977；図5-30）。つまり、これが「どこにも取り込まれなかった体節素材」の分化した姿だという。

後頭骨も椎骨素材であるなら、それは潜在的には椎骨の発生ポテンシャルをもつはずである。事実、ハイギョ *Neoceratodus forsteri* の後頭骨には、「頭肋（cervical ribs）」という肋骨が生えている（図5-31；Romer and Parsons, 1977）。ところが、われわれ四肢動物に近縁なはずのこの動物がもつ頭肋は、羊膜類の肋骨（dorsal ribs）とは相同ではない可能性もあるという。

また、脊柱レベルに発現する *Hoxd4* を、通常より前方から発現させたトランスジェニックマウスでは、実際に後頭骨がいくつかに分裂し、そこにあたかも椎骨のような形態が再現する。つまり、機能獲得による形態的同一性の後方化である（Lufkin *et al.*, 1992）。これとよく似たことは *Hoxa7* の強制発現によっても生ずるが、この場合、前環椎が実際に現れるという（Balling *et al.*, 1989）。Hox遺伝子に関した機能解析実験は、しばしば進化の特定の場面とパラレルな機構を捕まえ、一種の表現型模写（phenocopy）としてそれを示すらしい。

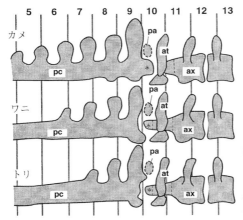

図 5-29　羊膜類 3 種の後頭骨と頸椎の組成。椎骨の位置は再分節化を意識し、intersegmental に置かれている。at、環椎；ax、軸椎；pa、前環椎；pc、傍索軟骨。(De Beer, 1937 より改変)

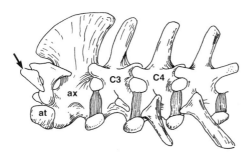

図 5-30　ムカシトカゲ *Sphenodon punctatum* に見る前環椎。(Goodrich, 1930a より改変)

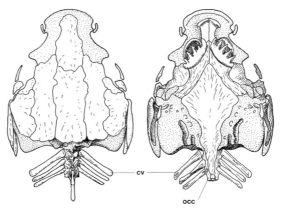

図 5-31　ハイギョ *Neoceratodus forsteri* の頭肋。後頭骨が椎骨である以上は、それに肋骨が付随することがある。(Romer and Parsons, 1977 より改変)

5.3 神経頭蓋

頭部分節説に従えば、後頭骨だけではなく、その前に存在する神経頭蓋もまた、椎骨と同等のものと考えられた。したがって、その理念に基づき、「頭部分節」に付随するはずの椎体や神経弓、骨格筋などの要素を探すことになるわけである。とりわけ、脳神経と特定の位置関係をもって発する、神経弓に見立てられた支柱構造が重要視されたのである。

(1) 神経頭蓋は椎骨か？

顎口類の軟骨性神経頭蓋にはいくつかの支柱が見られる。きわめてナイーヴな形態学的想像力をもってするならば、そのそれぞれが神経弓の相同物を示し、その支柱の間から出る脳神経群は脊髄神経の変形したものと見なされる。事実、そのように考えた比較形態学者は多く（図5-5、図5-32）、とりわけ眼窩側頭領域（orbito-temporal region）は、比較形態学者にとって重要な研究対象であった（図5-32；Gaupp, 1900, 1902, 1906, 1908a, b；De Beer, 1926a, 1937, Goodrich, 1930a；De Beer and Fell, 1936；Starck, 1979）。とはいえ、脳神経と脊髄神経が、機能的内容として以上に、分節的発生機構の点から大きく異なった背景を有する以上、神経頭蓋についても椎骨とは異なった視点をもって臨まなければならない。神経頭蓋について体幹とまず比較すべきは、その軟骨分化における発生学的背景である。体幹の体節腹内側部は脊索からのシグナルによって脱上皮化し、硬節となり、脊索の周囲、神経管の両側で軟骨に分化する。形態学的に無分節の頭部中胚葉もまた、脊索、神経管に対して同じ位置関係にあり、頭部中胚葉が体節と同じような組織分化シグナルに対する応答能を有する限り、ここでも体幹とよく似たプロセスによって神経頭蓋ができるのではないかと考えられる。ここで問題となることが2つある。ひとつは脊索の前端である。

頭部中胚葉は一部、オーガナイザー領域から直接前方へ伸びる軸前（preaxial）成分として発し、それは無顎類を含めた多くのタクサにおいて顎前中胚葉（premandibular mesoderm）という、半ば独立した構造となる（Adelmann, 1922, 1932；Kuratani et al., 1999b に総説；第6章）。これは「索前板（prechordal plate）」と呼ばれる構造より生じ（索前頭蓋のより詳細な形態学的吟味、ならびに顎前頭蓋との関係については、極軟骨の項目を参照）、さらに同じ領域から脊索の前端も生ずる。そして、顎前中胚葉が下垂体のすぐ後ろに発するため、神経頭蓋のうち「下垂体孔（hypophysial foramen）」より後ろの部分が、神経堤ではなく中胚葉

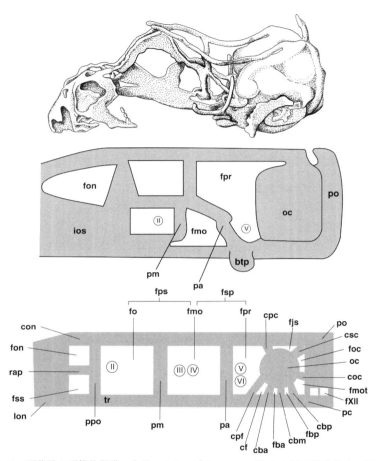

図 5-32 頭蓋壁の形態的認識。上は、カナヘビ *Lacerta agilis* における発生途上の軟骨頭蓋。この眼窩側頭部を模式的に示したのが中段。最下段はより一般化した羊膜類の神経頭蓋。爬虫類、哺乳類の眼窩側頭領域はこのような形態パターンから導くことができると考えられた。ローマ数字は脳神経の出口を示す。btp、底梁突起；cba、前殻底交連；cbm、中殻底交連；cbp、後殻底交連；cf、顔面神経孔；coc、後頭殻交連；con、鼻眼窩交連；cpc、頭頂殻交連；cpf、前顔面交連；csc、上後頭殻交連；fba、前殻底裂；fbp、後殻底裂；fjs 上顎静脈孔；fmo、視後孔；fmot、後耳殻孔；fo、視神経孔；foc、後頭殻裂；fon、鼻眼窩孔；fpr、後耳孔；fps、擬視神経孔；fsp、蝶形頭頂孔；fss、上中隔孔；fXII、舌下神経孔；lon、鼻眼窩板；oc、耳殻；pa、耳前柱；pc、傍索軟骨；pm、視後柱；po、後頭柱；ppo、視前柱；rap、前視前柱根；tr、梁軟骨。(Starck, 1979 より改変)

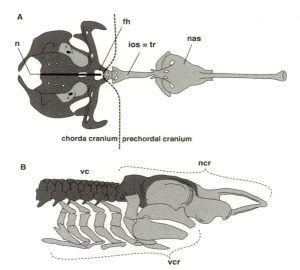

図 5-33 A はクーリーらによる脊索頭蓋、索前頭蓋。キメラ実験によるニワトリ頭蓋のマッピング。濃く着色した部分が中胚葉、淡い部分が神経堤細胞由来の部分。中胚葉由来の神経頭蓋は、脊索の分布と対応しており、脊索からの誘導の及ばない部分の神経頭蓋は、神経堤より由来する。このことから、前者を脊索頭蓋、後者を索前頭蓋と彼らは名付けた。(Couly *et al.*, 1993 より改変) B は、ニワトリのデータをもとに推測した、サメ軟骨頭蓋の発生的由来。形態学的意味における神経頭蓋と内臓頭蓋の広がりに注目。内臓頭蓋は常に神経堤由来だが、神経頭蓋のすべてが中胚葉由来とは限らない。図 5-1 と比較。fh、下垂体孔；ios、眼窩中隔；n、脊索；nas、鼻殻；ncr、神経頭蓋；vc、脊柱；vcr、内臓頭蓋。

に由来する頭蓋部分であると推測できるが、それは実際クーリーら (Couly *et al.*, 1993) がキメラ実験によってマッピングしたデータと一致する (図 5-33)。対して、下垂体孔より前方の神経頭蓋は、神経堤に由来する。クーリーらは、「鞍稜 (crista sellaris) が中胚葉性の神経頭蓋の前端を示している」と表現するが、この鞍稜とは、まさに下垂体孔の後縁をなす軟骨なのである。

クーリーらは、このような中胚葉性の神経頭蓋を「脊索頭蓋 (chordacranium)」と称した。この意味するところは明らかである。つまり、中胚葉の内側に脊索があるという状態は、体幹における硬節の成立と、それに続く軟骨の組織分化をもたらしてゆくための基本的位置関係なのである。彼らは、頭部中胚葉と脊索前方部の間にも同じ関係が生じていると考え、体節と共通した発生

基盤を頭部中胚葉に見いだし、同様にそのシグナルの源であるところの脊索が、この神経頭蓋後半部に存在することの重要性を強調したのである。

第2の問題は神経管の形態である。神経管は前方で膨らみ、脳を形成するが、それは単に膨らむだけではなく、中脳のレベルで腹側に大きな湾曲、脳褶曲 (cephalic flexure) をなす（図5-34）。神経管に生ずる褶曲はこれにとどまらないが、それらの多くは発生後期に二次的に生じ、頭蓋の形態発生において最も大きな意味をもつのがこの脳褶曲なのである。この褶曲の結果、本来あるべき中胚葉、脊索、神経管の位置関係や形態は変更を受け、中脳底部で垂直に立ち上がる「眼窩軟骨（orbital cartilage または postorbital cartilage）」原基にその顕著な影響を見ることができる。眼窩軟骨は頭部中胚葉に由来し、その後方にある傍索軟骨（parachordal cartilage）と連続した存在であり、「神経管に対して、同じ位置関係を本来もつはずの頭蓋底」の一部と見なすことができる。この眼窩軟骨原基の直前には間脳の視床下部が後方へ成長し、その腹側には下垂体が生ずるので、眼窩軟骨こそ、本来の頭蓋底の最前端であると考えることができる（図5-34、図5-35）。

先に述べた支柱構造、pila antotica、pila metoptica、pila preoptica など（図5-35、図5-36）はすべて、上に述べた本来の頭蓋底か、もしくはその付属物から由来する（Kuratani, 1989；倉谷、1994c, 1995a, b；図5-35、図5-36）。Pila metoptica、pila preoptica の両者は、のちに眼窩蝶形骨を由来し、その一部がたしかに中胚葉に由来することはキメラ実験によって確かめられている（図5-56；Couly *et al*., 1993）。つまり、これらの軟骨性支柱は、神経弓というより頭蓋底に近い。そして、ここでは神経弓の間ではなく、頭蓋底に生じた孔を脳神経が出入りすると見るべきであり、これらの構造には椎骨のような分節もない。そもそも神経頭蓋のこの部分、すなわち眼窩側頭領域（orbitotemporal region）は神経管を取り巻き、骨格のほかにも髄膜をもたらすことになる中胚葉性間葉のシートが、タクサによりさまざまなやり方で軟骨化したものと見るべきなのである（図5-34-図5-39）。

本来の中胚葉性の一次頭蓋壁を反映すると期待される構造は、軟骨ではなくむしろ髄膜である。タクサによりさまざまに退化し、変形したと考えられる一次頭蓋壁（primary cranial wall、primäre Schädelseitenwand）の本来の姿を想像するべく、ガウプ（Ernst Gaupp）をはじめとする幾人かの比較発生学者たちは、後期胚の頭部から髄膜の原基を再構築した。その結果、眼窩軟骨由来物が最も退化する傾向にある哺乳類頭蓋においても、本来一次頭蓋壁に由来したと

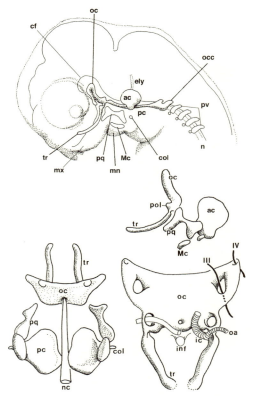

図 5-34 アカウミガメの初期頭蓋。上：17日目アカウミガメ胚における神経頭蓋。アルシアンブルーにて染色した標本に基づく。このステージでの神経頭蓋は、傍索軟骨と眼窩軟骨とからなり、中脳底部での脳褶曲の下方で屈曲をなすことに注意。前方へ伸びる棒状の梁軟骨に二次的に参与したもので、本来は内臓頭蓋に属する。この梁軟骨の外側では、口蓋方形軟骨の前突起が、上顎突起のなかへ伸び出している。耳小柱は、舌骨弓に属する鰓弓骨格で、哺乳類のアブミ骨に相同。下：背側、左側、前方から見たもの。ac、耳殻（otic capsule）；cf、脳褶曲（cephalic flexure）；col、耳小柱（columella auris）；ely、内リンパ管（endolymphatic duct）；ic、内頸動脈（internal carotid）；Ⅲ、動眼神経（oculomotor nerve）；Ⅳ、滑車神経（trochlear nerve）；Mc、メッケル軟骨（Meckel's cartilage）；mn、下顎突起（mandibular process）；mx、上顎突起（maxillary process）；nc、脊索（notochord）；oa、眼動脈（orbital artery）；oc、眼窩軟骨（orbital cartilage）；occ、後頭弓（occipital arch）；pc、傍索軟骨（parachordal cartilage）；pol、極軟骨（polar cartilage）；pq、口蓋方形軟骨（palatoquadrate）；pv、椎骨原基（prevertebrae）；tr、梁軟骨（trabecula）。(Kuratani, 1989 より改変）

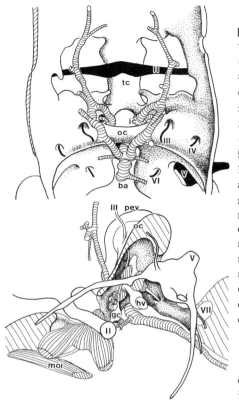

図 5-35　爬虫類の一次頭蓋壁。上は、アカウミガメ初期神経頭蓋の軟骨部分を背側から見たもの。組織切片からの復元に基づく。各脳神経、血管の出口の位置に注目。下は、上翼状腔を左側から見たもの。脳褶曲の腹方で湾曲した頭蓋底をさまざまな構造が出入りすることに注意。上翼状腔それ自体は、頭蓋壁によって隔てられた頭蓋腔外の空間である。ba、脳底動脈（basilar artery）；gc、毛様体神経節（ciliary ganglion）；hv、下垂体静脈（hypophysial vein）；ic、内頸動脈（internal carotid artery）；Ⅱ、視神経（optic nerve）；Ⅲ、動眼神経（oculomotor nerve）；Ⅳ、滑車神経（trochlear nerve）；moi、下斜筋（inferior oblique muscle）；oc、眼窩軟骨（orbital cartilage）；pev、脳褶曲襞（plica encephali ventralis）；tc、交梁軟骨（trabecula communis）；Ⅴ、三叉神経（trigeminal nerve）；Ⅵ、外転神経（abducens nerve）；Ⅶ、顔面神経（facial nerve）。（Kuratani, 1989 より改変）

思われる、いくつかの副次的軟骨塊が発見された（たとえば Matthes, 1921；図 5-38）。これらは、軟骨分化能を本来もつ中胚葉性間葉が、痕跡的にかたちをとどめたものと解釈できる。

　図 5-35、図 5-38 下に、私が再構築した齧歯類胚髄膜と、アカウミガメ（*Caretta caretta*）の軟骨性神経頭蓋の復元図を示す。両者とも、中胚葉に由来した構造が脳褶曲の下方で折れ曲がったシートをなし、同じトポロジーによって同じ脳神経が頭蓋腔を出てゆくところが観察できる。本来の脳神経の出口は、この一次頭蓋壁における孔を指すべきであり、できあがった頭蓋からの出口はそれとは大きくずれる。それには、「機能的な意味での神経頭蓋」への鰓弓要素の参入が関わる。このような一次頭蓋底の基本形態は、哺乳類や爬虫類だけ

5.3 神経頭蓋 293

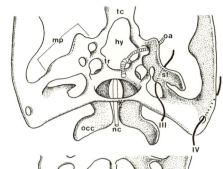

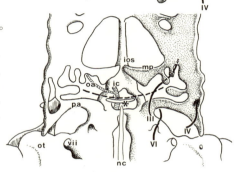

図 5-36 アカウミガメ眼窩軟骨の消長。図 5-35 に比べ発生の進んだ軟骨頭蓋。眼窩軟骨の残遺を＊で示す。hy、下垂体窓（hypophysial fenestra）；mp、眼後柱（pila metoptica）；occ、後頭柱（occipital arch）；pa、耳前柱（pila antotica）；st、梁上軟骨（supratrabecular cartilage）。他の略号については図 5-35 を参照。(Kuratani, 1989 より改変)

ではなく、板鰓類においても確認できる（図 5-37）。ここで認識すべき重要な構造は、傍索軟骨から眼窩軟骨へと至る、中脳底へ向けて大きく背側へとカーヴを描く連続的な中胚葉のシートであり、これは神経頭蓋のいわゆる頭蓋底のうち、下垂体孔より後方部分、つまり、底蝶形骨と呼ばれる骨要素の一部と、爬虫類の pila antotica、もしくは上翼状骨や哺乳類の「鞍背（dorsum sellae）」として知られる下垂体窩の後方の壁をもたらす（図 5-38）。ここでも、発生初期に樹立した間葉と神経管の間の位置関係は保存されている（注）。

注：鞍背は、霊長類や食肉類の軟骨頭蓋にはよく発達するが、モデル動物として重宝されるマウスや食虫類のジャコウネズミ、さらに有袋類の多くでは消失する。これは二次的な頭蓋底の扁平化によるらしく、地中生活を営む種に著しい。また、有袋類には pila metoptica もない（図 5-40）。一方で単孔類と爬虫類では、鞍背として軟骨化すべき中央部が消失し、かわりにその外側部が pila antotica となる（Gaupp, 1908a, b；De Beer, 1926b；De Beer and Fell, 1936；Kuhn and Zeller, 1987；Zeller, 1988）。つまり、羊膜類のなかで最も原始的な状態を示す動物は、われわれ有胎盤類のなかに見つかることになる。しかし、それも程度の問題にすぎない。軟骨化領域がタクサにより異なるにせよ、初期の頭部中胚葉よりなる間葉はあらゆる顎口類において他の組織に対して同じトポロジーを示すのである。

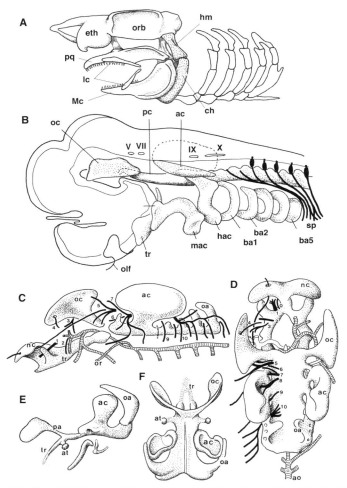

図 5-37　顎口類の神経頭蓋。A はサメの頭蓋とその発生。(Goodrich, 1930a より改変) B はサメの頭蓋発生。眼窩軟骨 (oc) と梁軟骨 (tr) の発生位置を示す。(Sewertzoff, 1911 より改変) さまざまな神経頭蓋。C、D は板鰓類、E、F は単孔類の神経頭蓋。特に眼窩軟骨 (oc) の形状の類似性に注目。番号は脳神経を示す。(De Beer, 1937 より改変) ac、耳殻；at、側頭翼；ba1-5、鰓弓軟骨；ch、角舌節；eth、篩骨域；hac、舌骨弓軟骨；hm、舌顎軟骨；lc、唇軟骨；mac、顎骨弓骨格；Mc、メッケル軟骨；nc、脊索；oa、後頭弓；oc、眼窩軟骨；orb、眼窩；pc、傍索軟骨；pq、口蓋方形軟骨；sp、脊髄神経；tr、梁軟骨。

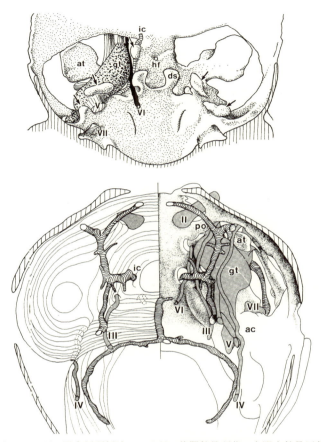

図 5-38 上はウサギの眼窩側頭領域。ウサギの後期軟骨頭蓋にも眼窩軟骨原基に由来するとおぼしき軟骨片（矢印）がいくつか見つかる。これらはみな、鞍背（ds）を含めた一次頭蓋壁に対応する硬膜レベル（あるいは眼窩軟骨後方部）に接して発生し、その位置から耳前柱、もしくは眼窩軟骨と相同な軟骨要素と思われる。(Voit, 1909 より改変) 下はスナネズミ Meriones unguiculatus の軟骨頭蓋。私の学生時代の復元から。右半分に発生途上の硬膜を復元し、硬膜レベルでの脳神経の通過点を示した。爬虫類の頭蓋に眼窩軟骨としてなお残存する一次頭蓋底は、おおよそ硬膜のレベルに求めることができ、外眼筋神経群の出口の位置の類似性がそれを証明している。ac、耳殻（auditory capsule）; at、側頭翼（ala temporalis）; ds、鞍背（dordsum sellae）; gt、三叉神経節（gasserian ganglion）; hf、下垂体窓（hypophysial fenestra）; ic、内頸動脈（internal carotid）; Ⅱ-Ⅶは脳神経。

(2) 脳褶曲がもたらす複雑さ

中胚葉性の神経頭蓋をもたらすシートは中脳底で大きく湾曲し、それは外側に向かって開く空間を内側で境する。つまり、中脳の腹方両側には、眼球の後方に大きな空所ができる（図 5-35 下）。硬骨魚類における「三叉顔面腔（trigeminofacial chamber；Allis, 1914）」や、羊膜類の「上翼状腔（cavum epiptericum；要約は Goodrich, 1930a；De Beer, 1937；Starck, 1979；Kuratani *et al.*, 1997a を見よ）」が、この腔所から由来したもので、これと相同な構造は、その動物が中脳のレベルに激しい褶曲をもつ限り、つまりほぼあらゆる顎口類において特定できる（図 5-39）。上翼状腔は頭蓋腔外（extracranial）の空間であり、このなかに脳はなく、末梢神経節や、外眼筋のうちの直筋群起始部などが納められる。しかし、哺乳類ではこの空間を外側から顎骨弓骨格要素である皮骨性の翼蝶形骨が覆い、他の皮骨要素と結合するため、あたかも上の構造群が見かけ上の頭蓋腔内に納められているように見える。そして、本来の一次頭蓋壁は髄膜として残るにすぎない（図 5-41；Gaupp, 1902, 1906；Starck, 1979）。

以上から、軟骨性の神経頭蓋には中胚葉部分と神経堤間葉部分が存在し（後者についてはのちに考察）、そのうち頭部中胚葉に由来する部分には、体節的な分節性が認められないことが分かる。また、脊索と神経管との保守的な位置関

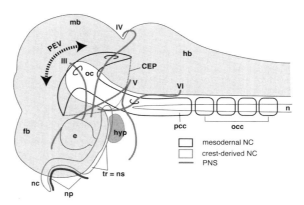

図 5-39 本書における顎口類神経頭蓋（NC）の理解。CEP、上翼状腔；e、眼；fb、前脳；hb、後脳；hyp、下垂体；mb、中脳；n、脊索；nc、鼻殻；np、鼻プラコード；oc、眼窩軟骨；occ、後頭軟骨；pcc、傍索軟骨；PEV、脳褶曲襞；tr = ns、梁軟骨、あるいは鼻中隔；ローマ数字は脳神経。

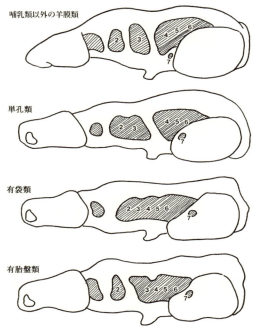

図 5-40 爬虫類的羊膜類と現生哺乳類 3 グループにおける軟骨頭蓋の眼窩側頭領域の形態。一次頭蓋壁に相当する部位を示し、側頭翼など二次的要素は排除してある。単孔類では耳前柱が発生し、視後柱を欠き、有袋類では耳前柱も視後柱も存在せず、有胎盤類では一般に視後柱のみが存在するが、多くのタクサに発生する鞍背（図にはない）は耳前柱と同じ由来をもち、まれに耳前柱と相同の痕跡的軟骨が発生する。つまり、一次頭蓋壁の構造は、有胎盤類においてその最も古いパターンが残されている。これらの動物群においてそれぞれの視神経孔を直接比較できないことに注意。（Moore, 1981 より改変）

係、つまり、脊索動物において成立したバウプランの基盤をもとに、画一的な中胚葉性神経頭蓋の広がりを認めることができ、脳褶曲という脊椎動物特有のバウプランが、この構造をきわめて特異なものにしていることも理解できる。後期発生の軟骨化に見られる系統ごとの変異はきわめて大きい。しかし、それを別にすれば、この構造を作る一次的要因は、脊椎動物における独特の神経管の分化と発生パターンなのである。

5.4　鰓のかたち——鰓弓骨格系

多くの問題をはらんだ索前頭蓋（神経頭蓋のうち、神経堤に由来する部分）は保留とし、以下では鰓弓頭蓋について考察する。ここには軟骨性の内骨格成分と、皮骨性の外骨格成分が含められる。上に述べた中胚葉性神経頭蓋とは異なり、鰓弓頭蓋は脊椎動物の骨格系のなかできわめて高度な形態的多様化（放散）を経験した要素でもある。

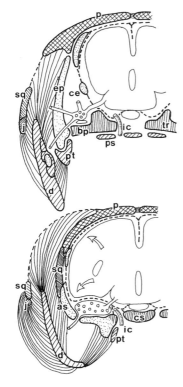

図 5-41 羊膜類の上翼状腔（cavum epiptericum）。上は爬虫類、下は哺乳類の後眼窩領域を示す。哺乳類神経頭蓋において頭蓋腔の一部を構成しているように見える翼蝶形骨（as、sq）は爬虫類の上翼状骨（ep）に近い存在であり、二次的に組み込まれた、本来の内臓頭蓋要素。bp、底梁突起（basipterygoid process）；cs、頭蓋底（central stem）；d、歯骨（dentary）；j、頬骨（jugal）；p、頭頂骨（parietal）；ps、傍蝶形骨（parasphenoid）；pt、翼状骨（pterygoid）；sq、鱗状骨（squamosal）。（Maier, 1987 より改変）

（1）基本型

すでに鰓弓神経群との関係で論じたように、脊椎動物の鰓弓系は頭部分節説の重要な一部をなし、本来変形を受けていない一連の鰓弓の並びからなるパターンが、原型的イデアとして、もしくは作業仮説として想定されてきた（図5-42上）。しかし、そのような進化過程が実際にあったことを示す積極的な証拠はない（前述）。

形態学の歴史において、鰓弓骨格系についての形態・発生学的理解は、段階的に向上している。最初の頭蓋分節説における議論では、鰓弓骨についてのまっとうな説明はなかった。続いてオーウェンは肋骨が変形したものとして鰓弓骨格を描いたが、これは誤りである（図5-7；この解釈は顎口類よりも、むしろ無尾類の幼生オタマジャクシや、ヤツメウナギにふさわしい）。しかし、椎骨要素、

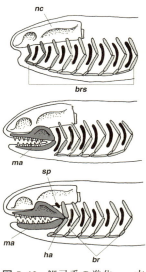

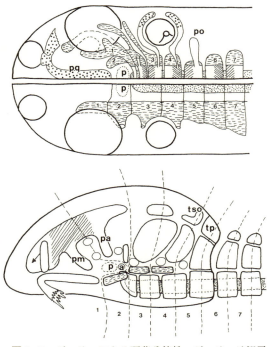

図 5-42 鰓弓系の進化——古典的理解。最初は無個性な鰓の連なりであったものが、前から徐々に形態的分化を遂げる過程が描かれている。これは、実際の進化過程とは必ずしも一致しない。このような進化過程があったとするなら、顎口類における顎骨弓の相同物を無顎類にも見いだせることになるが、もしそれが本当なら、顎口類と無顎類の線引きは、どこで、何を規準として行えばよいのだろうか(第7章)。br、鰓弓；brs、鰓弓骨格系；ha、舌骨弓；ma、顎骨弓；nc、神経頭蓋；sp、呼吸孔。(Romer, 1966 より改変)

図 5-43 ジョリーによる頭蓋分節性。ジョリーは鰓弓列を二次的な構造と見なし、神経頭蓋についてのみゲーテの椎骨説を認め、それが 5.5 個の分節 (1-6) を含むと考えた。彼は体幹の椎骨が相前後する2つの体節よりなるという所見を頭蓋まで推し進め、後頭骨が相前後する2分節よりなると考えた。つまり、彼による頭蓋椎骨は intersegmental な構造であり、頭部分節の境界はそれぞれの骨分節要素の中央を通過する。また、眼窩軟骨に属する2つの支柱、耳前柱 (pa)、眼後柱 (pm) がここでは椎骨の神経弓と見なされていることにも注意。本書で述べたようにこの構造は、実は頭蓋底の一部が変化したものにすぎない。脳神経の出口も示す。これらは脊髄神経と同様のものとされる。(Jollie, 1977 より改変)

つまり、中胚葉性分節の繰り返しと、鰓の繰り返しが同じリズムを刻んでいるというレベルでは、オーウェン以降の比較発生学者も同様なレベルの結論に達していた。そこにはグッドリッチも含められる（図3-6）。

板鰓類咽頭胚を基盤として考える比較発生学の頭部分節理論では、鰓弓は鰓孔によって分断された前腸として理解され、鰓弓骨格はそのなかに生じた骨格要素と捉えられた。この鰓弓分節と頭腔に同じ名称が与えられる以上、それらは同じひとつのリズムを刻むと考えられたが、幾人かの発生学者は、筋節と鰓弓、頭腔と咽頭弓の成長が前後軸上でずれることを見いだした（図5-44、図5-45；De Beer, 1937；Damas, 1944）。現在では、それが皮骨性外骨格であろうが、軟骨性内骨格であろうが、鰓弓系に発する骨格が神経堤細胞に由来することが示されている（Noden, 1988；Couly et al., 1993；Langille and Hall, 1993）。これが、進化的にきわめて起源の古いものである可能性についてはすでに論じた。そして、ここに発する鰓弓内骨格には、少なくとも顎口類については、一種の「デフォルト的形態」があり、それが各咽頭弓においてさまざまに形態変化を受けていると考えられた。このような考えは、頭部分節論において椎骨の基本型を想定したオーウェンの方針とも通ずるものがあり、そのデフォルト形態の最初の提示はゼヴェルツォッフ（Sewertzoff, 1911）に遡る（図4-32）。

ゼヴェルツォッフはチョウザメの形態をもとに、ひとつの咽頭弓における筋肉、末梢神経（鰓弓神経）、鰓弓骨格の基本的な形態を考案した。それによると、典型的な鰓弓骨は上下に二分でき、それは本来上下対称のパターンを示し、上下の半分それぞれが2つ（合計4つ）の軟骨要素からなる。このような形態は、板鰓類のものに近い。一方、ポルトマンや1980年代のジャーヴィックは、もう少し複雑なパターンを考えた（図5-46）。たしかに、鰓弓骨格は大きく上下に二分できるが、その背側半には3つ、腹側半には2つの要素が想定できるという。つまり、鰓弓骨格の背側半には、それを体軸や神経頭蓋につなぎとめるための2つの関節用の要素、上下の咽頭鰓節（supra-and infrapharyngo branchial）と、それを支える上鰓節（epibranchial）、腹側半に角鰓節（ceratobranchial）、最腹側に下鰓節（hypobranchial）を認めた。このような鰓弓骨格の基本型が場所に応じてさまざまに変化し、それに追随するかたちで鰓弓皮骨頭蓋要素も変化する。このような形式として鰓弓頭蓋は理解できるというのである（その最も極端な仮説についてはJarvik, 1980を見よ）。いうまでもなく、これは脊椎動物のバウプランとそれを作り出す発生機構が、鰓弓骨格においてどのように設定されているかという問題につながってゆく。

5.4 鰓のかたち——鰓弓骨格系　301

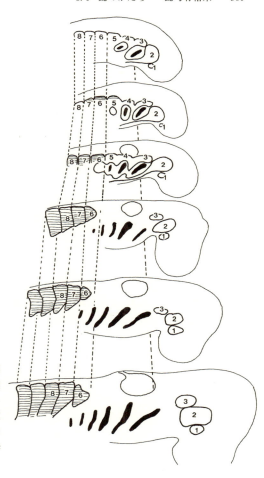

図 5-44 ソミトメリズムとブランキオメリズムのずれ。板鰓類胚の頭部の発生過程において、頭腔（ここでは頭部体節として認識されている）と咽頭弓の分節的配置のずれが、発生とともに大きくなってゆくことを示したもの。(De Beer, 1937 より改変)

　オーウェンが原動物に施した「骨格要素の椎骨構成要素への還元」と同じ方針が、ゲーゲンバウアー以来の系列相同物としての鰓弓骨格にも適用されている。すでに紹介した鰓弓骨格の基本形がそれで、これはひとつの理想化された鰓弓骨格にどのような骨格要素がどのような配列で連結しているかを示す。発生生物学的には、Dlx コードや endothelin シグナルの文脈で理解される統一的な咽頭弓間葉の位置的特異化の理解に相当するものが、比較解剖学的にはこの「鰓弓骨格の一般型」という形式化ということになる。が、ここでは、遺伝

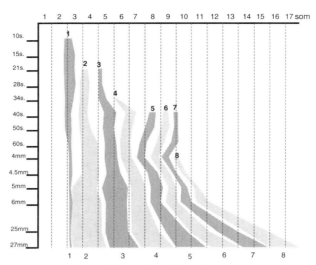

図 5-45 ヤツメウナギにおける筋節と鰓弓の位置関係。サメ（図 5-44）と同様、ヤツメウナギにおいても鰓裂と頭部体節の位置関係は発生上変化する。横軸は体軸における体節レベル。縦軸は発生段階。各鰓裂の体軸レベルを体節番号としてプロットしたもの。発生を経るにつれて（下へ）、第 3 から第 8 咽頭裂の位置が軒並み後方へシフトすることが分かる。（原典は Damas, 1944. Jefferies, 1986 より改変）

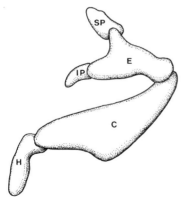

図 5-46 鰓弓骨格のデフォルト的組成。チョウザメのものを例として、ひとつの鰓弓骨格の構成要素を示した。鰓弓骨格は大きく上半と下半に分割することができ、上半は上鰓節（E = epibranchial）を主体とする。上鰓節は神経頭蓋へと関節するための前後 2 つの要素、上咽頭鰓節（SP = suprapharyngobranchial）、下咽頭鰓節（IP = infrapharyngobranchial）を備える。下半は角鰓節（C = ceratobranchial）、下鰓節（H = hypobranchial）とからなる。（Portmann, 1969 より改変）

子や細胞間相互作用に相当する理解のツールが、ゲーゲンバウアーの定義した相同性の分類であり、相同性の定義に伴う解剖学の形式化であった（相同性の歴史的変遷と今日的意義への変遷については、Bateson, 1892；Remane, 1956；Atz, 1970；De Beer, 1971；Hodos, 1976；Roth, 1988；Patterson, 1988；Wagner, 1989a, b, 1994, 2007；Striedter and Northcutt, 1991；Thomson, 1993；Hall, 1994；Panchen, 1994；Holland, 1996a；Striedter, 1998；Tautz, 1998；Kuratani, 1999, 2003b, 2004；Galis, 1999a, b；Scotland and Pennington, 2000；Gilbert and Bolker, 2001；Dunlap and Wu, 2002；Müller, 2003；Noden and Schneider, 2006；Kleisner, 2007；ならびに Rutishauser and Moline, 2008 を、相同性と発生生物学、形態学的モジュラリティとの関連については Wagner, 2007；Kuratani, 2009 を参照）。しかし、この「理想化された鰓弓骨格（鰓弓骨格の基本形）」とは、事実上、チョウザメをはじめとする原始的な硬骨魚のそれを基盤としていた。というのも、この動物には、明瞭に多くの骨格要素が現れるのである（その点、現生板鰓類の内臓骨格においては、上咽頭鰓節：suprapharyngobranchial elements が不明瞭である）。いうなれば、一般的な頭部発生の理解においては20世紀に至るまで板鰓類崇拝が主流であったが、それと同じ威力をチョウザメの内臓骨格はもっていた。いわば、「チョウザメ崇拝」である（注）。

注：規則正しい内臓骨格の繰り返しを示すのは、板鰓類と原始的な系統の硬骨魚類である。そして、古典的で一般的な教科書レベルの理解では、脊椎動物の進化は軟骨魚類的段階から硬骨魚類的段階を経、四肢動物に至るとされる。四肢動物の形態的パターンが得られる根拠として、その祖先的系統にあたる総鰭類の形態パターンからの進化があることは間違いないが、その一方で、軟骨魚、あるいは板鰓類的段階から硬骨魚類的段階への進化があったかどうかは確かではない。すなわち、硬骨魚類（われわれヒトをも含め）は、軟骨魚類の祖先をもっていないかもしれない。むしろ、現在の古生物学的知見によれば、板鰓類は棘魚類の内群であり、棘魚類と硬骨魚類は板皮類のなかから独立に派生したか、もしくは互いに姉妹群をなす系統として板皮類のなかから生まれたらしい。そして、Pradel ら（2014）が3億2500万年前に生息していたとされる原始的なサメの化石、*Ozarcus mapesae* に対し、放射光を用いたマイクロトモグラフィー観察（propagation phase-contrast X-ray synchrotron microtomography）を行ったところ、原始的な硬骨魚類を思わせる内臓骨格が復元された（図5-47）。すなわち、現生のサメに見られる鰓弓骨格のかたちは、現生板鰓類の系統のなかで独自に変形したものであり、一方でチョウザメ的な内臓骨格の一般形（原型の理解のもと）は実際、硬骨魚類だけのものではなく、これこそが現生顎口類すべてにわたる内臓頭蓋の原始形態であった。この発見によって、現生板鰓類において、内臓骨格の背側で後方へ傾斜している軟骨の留め金（通常、下咽頭鰓節：infrapharyngobranchial と呼ばれる）が、たしかにチョウザメにおいて同じ名で呼ばれる軟骨要素と相同であり、上咽頭鰓節ではないことが明らかになった。鰓弓骨格要素の相同性についての長年の論争にも、こうして終止符が打たれたのである。

（2）顎はデフォルトか？

少なくとも顎口類に関する限り、鰓弓骨格は背腹対称を示さない。背腹の極性を備えるという点では、ジャーヴィック–ポルトマン式の理解が適切である。というのも、このようなデフォルトを思わせる形態は実際に板鰓類やチョウザメの内臓骨格にあり、哺乳類にさえそれが現れているのである（Sewertzoff, 1911 ; Portmann, 1969 ; Jarvik, 1980 ; Pradel *et al.*, 2014 ; 図 5-47, 図 5-48）。羊膜類

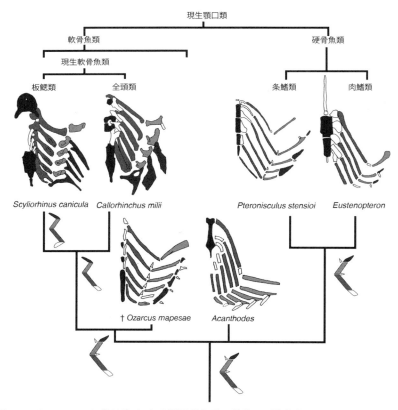

図 5-47 Pradel *et al.*（2014）による鰓弓骨格系の進化。原始的なサメ *Ozarcus mapesae* の観察により、上咽頭鰓節を欠く軟骨魚類の鰓弓骨格が、もともと現生の硬骨魚類型のデフォルトから特殊化したものであるということ、そして、サメの咽頭鰓節が下咽頭鰓節に相当することが確認された。（Pradel *et al.*, 2014 より改変）

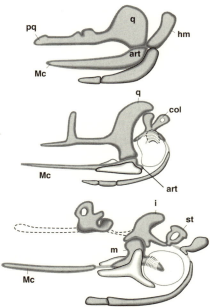

図 5-48 顎骨弓の進化と耳小骨の起源。上から板鰓類、爬虫類、哺乳類の顎骨弓を示す。ライヘルトの学説に基づけば、哺乳類においてのみ存在する3つの耳小骨のうち、アブミ骨はサメの舌顎軟骨、爬虫類の耳小柱に相同、ツチ骨、キヌタ骨はそれぞれ哺乳類以外の脊椎動物の顎関節を構成する関節骨、方形骨に相同である。（これはGoodrich, 1930a に基づく模式図）ここでは、哺乳類の進化にあたって鼓膜は祖先のものを引き継いで用いていることになっている。art、関節骨；col、耳小柱；i、キヌタ骨；m、ツチ骨；Mc、メッケル軟骨；pq、口蓋方形軟骨；q、方形骨；st、アブミ骨。

の軟骨頭蓋における顎骨弓は、大きく口蓋方形軟骨（palatoquadrate cartilage）と下顎軟骨（mandibular cartilage、Meckel's cartilage）とに分かれる。これが後の上顎と下顎の母体となる。これらのうち、口蓋方形軟骨には、背側へ向かう突起が付随する（上突起：ascending process）。さらに、その前方に伸びる上顎突起も認められるが、これらは神経頭蓋に関節するためのものである。これら2突起が発する以降の部分（通常、方形骨として認められる）を上顎節（epimandibular）と考えれば、上の2つの突起はそれぞれ上咽頭顎節（suprapharyngomandibular）、下咽頭顎節（infrapharyngo mandibular）を示すと考えられる。さらに、爬虫類の上突起（＝上翼状骨）は哺乳類の側頭翼（ala temporalis）、もしくはそれを開始点として骨化する翼蝶形骨（alisphenoid）とほぼ等しい（詳しくは Presley and Steel, 1976；Kuhn and Zeller, 1987；Presley, 1993a, b；Novacek, 1993 を参照）。したがって、上の相同性が正しい限り、哺乳類にも鰓弓骨格のデフォルトを見いだすことができる。

　羊膜類における顎骨弓骨格の比較形態学は緻密な観察に基づいており、信用に足る。それは哺乳類における耳小骨の起源にも関わる確固とした体系の一部

である。一方、顎骨弓が最も激しい形態変化を受けてきた構造だという通念も
ある。だからこそ、デフォルトを大きく逸脱していて当然だともいえる。加え
て、顎の成立には、鰓弓骨格のデフォルトなど考慮できないような事情もある。
後述するように、このデフォルトは顎口類において成立したもので、そもそも
顎骨弓が鰓弓形態デフォルトの変形として進化したという説明に根拠は薄い。
むしろ、後続する鰓弓骨格が、顎口類に成立した顎骨弓の形態に同化すること
によってデフォルトが確立したという考えもある。系統進化的、分子発生的な
シナリオからすれば、こちらのほうが無理はない。というのも、顎骨弓は
「Hox コードのデフォルト」としてパターンされるのである（後述）。上に解説
したように、哺乳類の側頭翼は、大翼（ala major）、あるいは翼蝶形骨（ali-
sphenoid）として上翼状腔の外側壁となる（図 5-41）。哺乳類の頭蓋底に、上咽
頭顎節に相当するものが構成要素として加わっていると結論できるかどうか、
この問題については羊膜類顎骨弓骨格の本来的形態がどのようなもので、どの
ような経緯のもとで成立したか、つまり系統的拘束の成立の進化的序列を見極
めなければならない。

（3）デフォルト・パターニング

そもそも鰓弓骨格に背腹の極性がなければ、顎口類に実現した多様な形態進
化も生じえない（図 5-46）。とりわけ、発生機構として上半分と下半分を独立
に制御するシステムをもつことは必須である。細胞組織の領域的特異化は形態
発生の基本であり、それは形態進化のための発生的基盤でもある。これに関し、
背腹に分化した鰓弓骨格のデフォルト形態と深く関わる分子発生的現象が知ら
れる。Dlx 遺伝子群の領域特異的発現がそれである。咽頭弓の神経堤間葉に、
ショウジョウバエの *Distalles*（Vaschon *et al.*, 1992）と相同なホメオボックス遺
伝子の一群、Dlx ファミリーのメンバーが発現することは知られていた（Rob-
inson *et al.*, 1991 ; Qiu *et al.*, 1995）。顎口類では一般に、このファミリーに 6 ほど
のメンバーがあり（ナメクジウオでは 1、ホヤでは 2、ヤツメウナギでは 4）、Hox
クラスターの近傍で 2 遺伝子メンバーからなる Dlx クラスターをつくる（Si-
meone *et al.*, 1994 ; Stock *et al.*, 1996）。そして、Dlx 遺伝子メンバーごとに、咽頭
弓のなかで発現する領域に微妙な差を示す——*Dlx1*、*Dlx2* は間葉全体に発現
するが、*Dlx5*、*Dlx6* は腹側半に限局する（咽頭弓内で領域特異的に発現する制御
遺伝子群については、Clouthier *et al.*, 2000 も参照）。Dlx 遺伝子それぞれを破壊す
る実験も行われ、ダブルノックアウトの実験もなされた（Qiu *et al.*, 1995, 1997 ;

Depew et al., 2002)。そのたびに顎骨弓骨格にさまざまな異常が生じたが、進化形態的に最も興味深い表現型は Dlx5, Dlx6 を同時に破壊した場合に得られる。このとき下顎要素の形態は、上顎のものと同じになる。つまり、咽頭弓骨格の背腹のセグメントにおいて、一種のホメオティックトランスフォーメーションが生ずるのである (Depew et al., 2002)。この変異マウスでは、下顎に側頭翼が生じ、そこには三叉神経枝のための孔まで開いている。どうやら、椎骨形態のパターニングにおける Hox コードのように、顎骨弓においては入れ子式の Dlx 遺伝子発現ドメインによって、上に述べたデフォルト形態が設定されているらしい(図5-49;同様の表現型をもたらす実験として、Kurihara et al., 1994; Thomas et al., 1998; Miller et al., 2000; Angelo et al., 2000)。

これに関して連想されるのは、ヤツメウナギにおける鰓弓骨格の状態である。形態的に観察する限り、ヤツメウナギのアンモシーテス幼生、ならびに成体に現れる鰓弓軟骨のワイヤーフレームは、背腹軸に関して同じ形態パターンを示す(円口類の頭蓋については第8章)。そして、その対称の軸にあるのは鰓孔である。したがって、間葉にパターンを与えている機構に、鰓孔や鰓嚢などの上皮構造が関わる可能性は高い。このような上下対称パターンは、この動物の鰓弓形態形成において、上下に差をもたらす機構が存在していないことをも示唆する。すでに、Dlx 遺伝子の進化的重複について示唆したが、ヤツメウナギにおいては Dlx1 と Dlx6 の共通祖先に比較的近い LjDlx1/6 があるらしく (Myojin et al., 2001: ただし、Neidert et al., 2001 も見よ)、それは咽頭弓間葉に一様に発現する (Myojin et al., 2001; Kuratani et al., 2001; Shigetani et al., 2002)。これは、この動物の鰓弓骨格の形態と整合的な発現パターンである。しばしば遺伝子の重

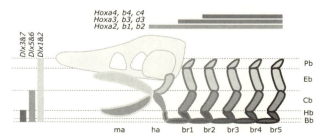

図 5-49 鰓弓骨格の背腹軸を決定する Dlx コード。Dlx 遺伝子群の入れ子状の発現パターンが、鰓弓骨格のデフォルトを定義し、Hox コードが前後軸上のアイデンティティを決定するという考え。(Depew et al., 2002 より改変)

複がボディプランの複雑化・高度化に貢献したとされるが、脊椎動物の系統における Dlx 遺伝子ファミリーの発現パターンと鰓弓骨格パターニングは、明瞭な形態パターニング機構の進化的分化を遺伝子重複が実際に許容したことを示す、数少ない具体例のひとつである（円口類における Dlx 遺伝子群の発現と、そのコードの有無については、Cerny *et al.*, 2010 ; Kuraku *et al.*, 2010 ; Fujimoto *et al.*, 2013 ; Takechi *et al.*, 2013 を参照）。

（4）鰓弓骨格の分節的特異化

鰓弓骨格のデフォルトがどのような進化的歴史をもつものかまだはっきりしないが、咽頭間葉はそれぞれの場所において自らの「位置価（positional values）」を知り、それにふさわしい形態を分化させねばならない。そのようなモジュラーな発生機構がなければ、顎骨弓、舌骨弓、後耳鰓弓のかたちを独立に進化させることなどできなかったであろう。つまり、形態の進化的変化にあっては、それを許容する発生システムの構築が前提となる。そこには胚葉の成立、軸の設定、あるいはそれを可能にする遺伝子の重複も含められる。これがどのような機構によってまかなわれるのか。これまで、この問題意識のうえでさまざまな実験が行われ、結果として遺伝子レベルでの機構も含め、きわめて奥の深い理解に到達できたが、まだ謎は残っている。しかも、現在のわれわれの理解に到達するまでには、いくつものどんでん返しがあった。

まず、頭部神経堤間葉がどのように領域的特異化（regionalization）されるのかを考察する。胚体においてどの細胞がどのような経緯のもとにどこに落ち着くかを知らなければ、胚の各所で生ずる相互作用も理解できない。頭部神経堤が、移動の結果3つの細胞集団を作るということについてはすでに述べた。それぞれの細胞集団はそのなかに一種の区分け、もしくは「見えない境界線」をもっている。それは、神経堤のオリジンを標識することによって初めて観察可能になる。特定の部位における骨格だけではなく、そこへ付着する筋に付随した腱や筋膜など、結合組織も、同じロンボメアに由来する細胞でできている（Köntges and Lumsden, 1996）。このような神経堤細胞の分節的分配（deployment）が、頭部間葉のなかでロンボメアや中脳という神経軸上の起源や、それに引き続く移動経路に依存し、ひいてはそれが頭部間葉系の分節パターンの基盤となるとされる。ただし、このような分配によって生ずる間葉細胞群の不可視的まとまりを、すでに見たロンボメアと同様の発生コンパートメントと考えるべきではない。細胞集団に境界があることはコンパートメントであるため

の十分条件ではないのである。ここに見る、領域特異化の延長としての deployment に類似した現象は、ニワトリ肩甲骨の発生における各体節からの貢献においても観察されている（Huang et al., 2000b）。

咽頭弓のなかでも、顎骨弓が頭部神経堤間葉の 3 細胞集団の前のもの、すなわち「三叉神経堤細胞（trigeminal crest cells；第 4 章）」の一部を含み、その細胞は中脳後半部と菱脳の前方部から移動してきている（Le Lièvre, 1974；Osumi-Yamashita et al., 1994；Köntges and Lumsden, 1996）。このように、神経堤細胞の流入を考慮すれば、鰓弓系の理解のためにはロンボメアだけで話はすまない。この細胞集団は、それがのちの三叉神経支配領域と一致するため、「三叉神経堤細胞群」と呼ばれる（その形態学的定義と考察に関しては、Kuratani, 1997；Kuratani et al., 2001 を見よ）。末梢神経でもそうであったが（三叉神経の形態と進化：第 4 章）、骨格形成にあっても、顎骨弓だけは他の咽頭弓に比して特異な存在であるらしい。

（5）ノーデンの実験

鰓弓骨格の分節的同一性に関する最初の実験を行ったのは、コーネル大の実験発生学者、ノーデン（Drew M. Noden, 1983b, 1988）であった。彼はニワトリとウズラを用い、いくつかの興味深いキメラ胚作製実験を行い、これに答えようとした（図 5-50）。彼は、ニワトリ神経胚において、舌骨弓へ赴く神経堤細胞を生産することになっている神経堤、すなわち、r3 後半部から r5 前半部にかけての領域を除去し、そこへウズラ胚における同等な領域の神経堤を移植した。このようにして舌骨弓間葉を標識したところ、比較形態学的に舌骨弓に属すると考えられていた骨格要素（舌骨やアブミ骨など）のほか、メッケル軟骨後端の関節後突起（retroarticular process）も標識された。これらが、舌骨弓派生物である。続いて彼は、同じ領域の神経堤をニワトリにおいて除去したあと、かわりにウズラ神経胚の顎骨弓間葉予定神経堤、すなわち中脳後半部から r3 前半にかけての広範な領域のうちの「いずれかの部分」を移植した。すると、このキメラ胚においては、舌骨弓骨格の一部が欠失し、かわりに顎骨弓要素である方形骨、鱗状骨、メッケル軟骨の一部ができていたのである。

この観察をもとにノーデンは、「頭部骨格の形態的アイデンティティがすでに移動前の神経堤のなかに決定（precommitment）されている」と考えた。つまり、もし神経堤の分化の方向が、咽頭それぞれの胚環境（embryonic environment）によって調教的に誘導（instructive induction）されるのであれば、その

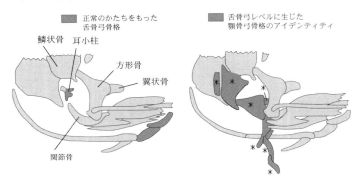

図 5-50 Noden (1983b) によるキメラ実験。

神経堤細胞がどこに由来しようが、それは新しい場所にふさわしい骨格形態を分化するだろう。また、新しい移動経路が、骨格パターニングに必要な情報を神経堤細胞に与えるのであれば、やはり正常な骨格パターニングが行われたはずである。しかし、上の実験結果を説明するには、神経堤細胞が、その移動前から自分が分化すべき「かたち」を知っていたと考えるしかない。この現象は椎骨を作る体節の性質によく似る。ニワトリ胚において、将来胸椎を作るレベルの体節を頸椎レベルに移植すると、この移植片からは立派な肋骨をもつ椎骨が生ずる。言い換えれば、肋骨は胸椎に特異的な形態的特徴なのである。そればかりでなく、体節は前と後ろの違いをも知っている（体節を前後軸に対して反転させると、生えてくる肋骨の方向も前後逆になる）。どうやら、椎骨と鰓弓骨格系には、発生機構に関して根深い類似点があるらしい……。と、この時点ではそう考えられた。椎骨の形態形成においては、位置価の決定に重要な機能を果しているのが、すでに見た Hox 遺伝子である（図 5-51）。そして実際、ノーデンの実験（Noden, 1983b）と整合性をもつと考えられたのが、頭部神経堤と神経堤間葉に発現する Hox 遺伝子群なのである。

　Hox クラスター上で 3′ 側にある遺伝子メンバーは、菱脳レベルに発現する。興味深いことに、多くの遺伝子について同じパラロググループのメンバーは、同じロンボメア境界に発現の前方境界をもち、その発現レベルがロンボメア 2 つを単位としてシフトする（Hunt *et al.*, 1991a, b）。これから予想できるように、咽頭弓内の間葉も同じパラログメンバーを発現する。つまり、ロンボメア 2 つと咽頭弓ひとつが、同じ遺伝子発現を共有するのである。これについての例外は r4 だけに発現する *Hoxb1* である（Sundin and Eichele, 1990）。これを「頭

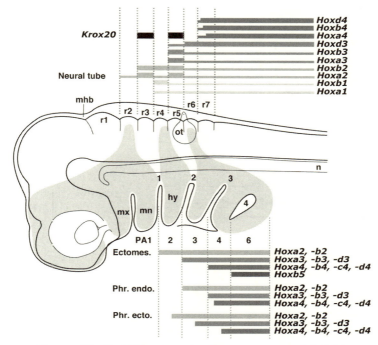

図 5-51 顎口類の頭部 Hox コード。(Carroll *et al.*, 2001 より改変)

部 Hox コード」という (Hunt and Krumlauf, 1991; Hunt *et al.*, 1991a, b, c; 頭部 Hox コードの構成要素としての *Hoxb5* の評価については Kuratani and Wall, 1992; 図 5-51)。

先に示唆したように、顎骨弓に発現する Hox 遺伝子はない。Hox コードによる発生的特異化という観点では、顎骨弓はいわば「デフォルト（初期設定値）状態」にある。これは、形態学的なわれわれの感覚からするときわめて奇異なことである。形態学の教えるところによれば、顎は鰓弓が二次的に変形したはずのものだからだ（第8章）。

（6）*Hoxa2* の機能欠失

頭部 Hox コードが実際に、鰓弓骨格の特異化に機能しているという最も有力な証拠は、*Hoxa2* を破壊したリジリ（Filippo Rijli）らの実験よりもたらされた (Rijli *et al.*, 1993; 図 5-52)。このマウスでは *Hoxa2* が機能しないため、第 2

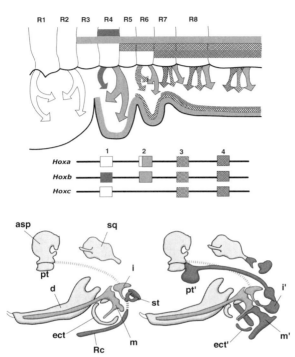

図 5-52 顎口類胚 Hox コードとリジリらの作り出した *Hoxa2* 欠失マウス。上：顎口類の頭部 Hox コードはロンボメア 2 つおきに発現レベルを変えるパターンを特徴とする。このことにより、咽頭弓ひとつとロンボメア 2 つが神経堤細胞集団を介して対応する。下：*Hoxa2* を破壊することで咽頭弓の Hox コードは第 2 弓がデフォルト状態となる。結果、第 2 弓由来構造物が第 1 弓のものにトランスフォームする。第 2 弓レベルに重複する骨格要素が鏡像対称になっていることに注意。asp、翼蝶形骨；ect、鼓骨；i、キヌタ骨；m、ツチ骨；pt、翼状骨；sq、鱗状骨；st、アブミ骨。(Rijli *et al.*, 1993 より改変)

弓間葉の Hox コードがデフォルト状態に近づく。ここには *Hoxb1* も発現するが、この遺伝子は神経堤間葉よりはむしろ、顔面神経に関わるパターニングに機能する（Goddard *et al.*, 1996；Gavalas *et al.*, 1997, 1998；後脳・咽頭弓に発現する *Hox* 遺伝子の破壊については他に、Lufkin *et al.*, 1991, 1992；Chisaka and Capecchi, 1991；Chisaka *et al.*, 1992；Manley and Capecchi, 1998；Gavalas *et al.*, 1998 などを見よ）。リジリらの作り出した *Hoxa2* 欠失マウスには一見、第 2 咽頭弓由来とおぼしき骨格要素がなく、そのかわりに顎骨弓要素が重複していた（機能欠失による前方化）。つまり、椎骨のシステムにおけるのと同様、骨格形態のアイデンティティは Hox コードと同型的に振る舞っている。

ここで、哺乳類の顎骨弓について解説しておかねばならない。哺乳類にはツチ骨（malleus）、キヌタ骨（incus）、アブミ骨（stapes）、という 3 耳小骨（ear ossicles）が存在するが、このうちアブミ骨は他の羊膜類の耳小柱（columella auris、あるいは単に stapes）、もしくは魚類の舌顎骨（hyomandibular）と相同である。一方、ツチ骨、キヌタ骨はそれぞれ、哺乳類以外の顎口類における方形骨（quadrate）、関節骨（articular）、すなわち顎関節を構成する要素に相同なのである（第7章で考察）。上の変異マウスでは、アブミ骨やライヘルト軟骨が消失したかわりに、ツチ骨、キヌタ骨をはじめ、顎骨弓に由来すると思われる骨格要素が「鏡像対称的に」重複していた（Rijli *et al.*, 1993；Gendron-Maguire *et al.*, 1993 も見よ；図 5-52）。また、下顎の本体を構成するメッケル軟骨の大部分は重複しなかった。少なくともこの実験は、比較形態学の結論通り、キヌタ骨、ツチ骨と顎関節要素の相同性を支持している。そして同時に、*Hoxa2* がたしかに舌骨弓の正常な特異化に必須であることも示す。同様に、アフリカツメガエル *Xenopus laevis*、ゼブラフィッシュ、ならびにニワトリにおいて、*Hoxa2* を過剰発現させ、その結果として顎骨弓のデフォルト状態を舌骨弓化し、一部の骨格要素の形態的アイデンティティを後方化させる実験も報告されている（機能獲得実験；Pasqualetti *et al.*, 2000；Grammatopoulos *et al.*, 2000；Hunter and Prince, 2002）。ここでは、顎骨弓骨格の一部の形態が、舌骨弓のものにトランスフォームし、いずれの例でも、顎骨弓レベルに現れた舌骨弓様の形態は、もとの骨格形態の鏡像パターンとして重複する。とりわけアフリカツメガエルの耳小柱、すなわち舌顎軟骨は、変態期になるまで軟骨化しないが、重複した顎骨弓レベルにおいてもこの軟骨は現れない。むろん変態は、その最上位に控える甲状腺ホルモンによって誘起される発生機構だが、どうやらその機構のカスケードのなかには、Hox 遺伝子によってまかなわれている部分もあるらしい。

　Hoxa2 遺伝子の破壊によって重複しない下顎骨本体は、神経堤の発生運命予定地図に基づけば Hox 遺伝子の発現しない中脳から由来する（Osumi-Yamashita *et al.*, 1994；Köntges and Lumsden, 1996）。したがって菱脳前方部の Hox コードのデフォルト状態が、そもそも下顎本体の形態的特異化に機能しないと考えると、すべてが整合的である。中脳後脳境界より前方には、別のホメオボックス遺伝子、*Otx2* が発現するが、それを欠失したマウスではたしかに顎骨弓前端部が消失する（Matsuo *et al.*, 1995；総説は Kuratani *et al.*, 1997a）。つまり、この遺伝子は顎骨弓腹側骨格のうちでも、Hox コードのデフォルトによって定義されて「いない」骨格部分を専門的に特異化するらしい。このように、神経上皮の前後軸に前決定されたホメオボックス遺伝子コード、そして神経堤細胞の分節的領域化、さらには中脳より前に発現する *Otx2*、という図式

により、鰓弓骨格系の分節的パターニング機構の最も基本的な部分は理解されたかに見えた（倉谷、1997）。しかし、それだけではすまないような、大きな矛盾が存在したのである。

（7）揺らぐHoxコード

　頭部の骨格形態が、すべて神経分節のパターンに沿って発現するホメオボックス遺伝子産物を通じ、神経堤に書き込まれているならば、神経堤の移植実験ではすべて、移植片に由来した細胞本来のかたちを、異所的にキメラ胚に作り出すはずである（プレコミットメント説）。ところが、そのような結果は、顎骨弓神経堤を舌骨弓レベルに移植した場合でしか得られない。また、ノーデン本人がそれ以前に示したように、どのレベルの頭部神経堤であっても、それを前頭部へ移植すると、新しい場所に順応し、正常な鼻殻を形成する（Noden, 1978a）。これは先の仮説に矛盾する。事実、ノーデンは後者の現象を見た際、それを神経堤細胞のニューロン型選択分化過程になぞらえた。神経堤由来の神経芽細胞が分化してゆく細胞型は、それが落ち着いた胚環境に存在する特異的シグナルによって決まるのであると。はたして、骨格をもたらす神経堤細胞の姿として、どちらがふさわしいのか。

　神経堤細胞はr3とr5のレベルに分水嶺をもち、前後する2つの咽頭弓領域に分かれて流入する。*Hoxa2*は、ニワトリ胚神経上皮のr1/r2境界より後方に発現する一方、神経堤細胞については舌骨弓内にあるものにしか発現しない。この発現パターンは、神経堤上皮からそのまま受け継がれたとすると説明がつかない。事実、Hox遺伝子発現は神経上皮と神経堤間葉において独立に制御されているらしく（Prince and Lumsden, 1994）、これには胚環境による誘導が関わる。同様な実験はハントら（Hunt *et al.*, 1998；Hunt *et al.*, 1995も参考に）によって報告されている。ハントらは、神経堤細胞の移動前に菱脳上皮を神経堤ごと取り出し、前後軸に関して反転し、もう一度植え直した。この胚では神経堤におけるHoxコードが前後軸上で逆転するはずだが、移植片から由来したはずの神経堤からなる咽頭弓間葉は、ほぼ正常なHoxコードを作り直していた（他にも、Saldivar *et al.*, 1996）。さらに、ロンボメアにおけるHoxコードも不可逆的に決定されているわけではなく、前方のロンボメアを後方に移植したり、後方の体節を菱脳レベルへ移植することによって、ロンボメアに新しい場所にふさわしいHox発現を誘導する（Itasaki *et al.*, 1996）。どうやら頭部における安定なHoxコードには、胚環境が重要な要因として関わるらしい（Gould *et* *al.*, 1998)。安定な遺伝子発現とファイロティピック段階の拘束された胚形態パターンはしたがって、それ自体重要な発生要因なのである。そしてこのような認識が、過去の実験発生学の解釈を塗り替えてしまったのである。

頭部 Hox コードは、r1/r2 境界の後方に限られる。そして r1 に発現する Hox 遺伝子はない。この空隙はどのようにしてもたらされているのか。中脳後脳境界、すなわち「峡 (isthmus)」には成長因子をコードする *Fgf8* が発現し、ここに由来する FGF8 が Hox 遺伝子発現を負に制御するという (Irving and Mason, 2000)。この境界部は他にも重要な誘導能をもち、小脳や中脳の極性を定めるのも神経上皮のこの部分である (Liu *et al.*, 1999)。トレイナーら (Trainor *et al.*, 2002) は、ノーデン (Noden, 1978b) が実験に用いた「顎骨弓神経堤の移植片」にこの峡部分の神経上皮が含まれ、そこから FGF8 タンパク質が拡散していたのではないかと想像した。事実、FGF8 を含ませたビーズを r4 の脇に移植すると、そこから由来する神経堤における *Hoxa2* 発現が消失する。そこで彼らはノーデンの実験を繰り返し、ホストの予定舌骨弓神経堤レベルに植え込む移植片に「峡を加えた場合」と「峡を除去した場合」を区別した。すると、前者においてはノーデンの論文と同様、顎骨弓骨格の形態が舌骨弓レベルに重複したが、後者においてはまったく正常な舌骨弓骨格が現れたのである。どうやらノーデンの結果は、神経上皮に書き込まれたホメオボックス遺伝子コードがそのまま間葉へともちこされたものではなく、移植片のなかで生じた細胞間相互作用が舌骨弓の胚環境に打ち勝ち、この弓を Hox デフォルト状態に戻したことによって得られたらしい。

(8) クーリーの発見

上の解釈は、ここで再び登場するクーリーら (Couly *et al.*, 1998) の説ときわめて近い。彼らは、「顎骨弓骨格のアイデンティティが神経堤上皮のなかに書き込まれているならば、中脳後方から r3 の途中まで及ぶ広大な領域の各部に、顎骨弓の各要素の形状が細かく予定されている（プレコミットされている）のではないか」と考え、さまざまなレベルの神経堤をホストの予定舌骨弓神経堤と交換移植した。その結果得られたのは、常に顎関節とその周囲の骨格形態だけであった。つまり、顎の各部のかたちは神経堤各部のなかに細分化されてはいない。むしろそれは胚環境に依存し、その環境のなかで顎のアイデンティティを得るためには、間葉に Hox 遺伝子発現がなければそれでよい (Couly *et al.*, 1998)。以前、Hox 遺伝子はしばしば、遺伝子発現の抑制に機能するといわれ

ていた。Hox遺伝子発現は進化上、顎骨弓に蓄積した独自の発生プログラムを、後続する咽頭弓の発生プロセスにおいてマスクするために必要だというのである（Mallo and Gridley, 1996も見よ）。

形態的細分化の要因が、局所的な胚環境と神経堤間葉との相互作用にあると考えたクーリーらは、次なる実験を考えた。内胚葉の除去と移植である（図5-53）。たしかに、内胚葉が骨格形態形成の鍵を握るといういくつかの証拠はあった。*Hoxa2*の機能欠失、機能獲得実験においては、常に重複した骨格要素はオリジナルのものに対して鏡像対称にできる。これは、骨格の形態的パターニングが一部、それら骨格要素に挟まれた内胚葉性咽頭嚢から由来する、拡散的で、モルフォジェネティックなシグナルの下流にあることを示唆する。ここでヤツメウナギの上下対称な骨格形態においても、その対称性の軸に鰓孔が存在していたことを思い出すべきである。クーリーらはまず、神経胚頭部内胚葉の最前端を除去した。すると、鼻殻が消失した。続いて、除去する内胚葉部分をしだいに後方へと変えてゆくと、顎骨弓骨格のうち、上顎部、下顎部、関節部、が順次、特異的に欠失していった。逆に、このような内胚葉各部を異所的に頭部顔面領域に植えると、そこには特定の形態的アイデンティティを備えた顎骨弓骨格要素が付加的に現れた。しかもそれは、移植した内胚葉の方向性を反映するものだった。つまり、間葉の局所的な形態的同一性のみならず、「どこに、どの骨格要素を、どの向きに作るか」というポラリティの情報まで、頭

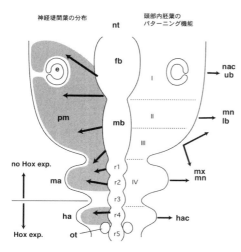

図5-53　内胚葉の骨格パターニング機能。クーリーらはニワトリ神経胚の頭部内胚葉各部の除去と移植を行い、内胚葉が間葉に対して形態的同一性とポラリティを与えていることを見いだした。fb、前脳；ha、舌骨弓；lb、下嘴；ma、顎骨弓；mb、中脳；mn、下顎；mx、上顎；r1-5、ロンボメア；nac、鼻殻；nt、神経管；ot、内耳；pm、顎前領域；ub、上嘴。(Pasqualetti and Rijli, 2002より改変)

部内胚葉が主導権を握っているのである（図 5-53；Couly et al., 2002；Pasqualetti and Rijli, 2002。関連する現象として Piotrowski and Nüsslein-Volhard, 2000）。いまにして思えば、*Otx2* の破壊（haploinsufficiency）によって頭部前方の骨格が低形成となる現象も、この領域の内胚葉の機能不全に由来する可能性がある（Rhinn et al., 1998 参照）。

Hox コードのデフォルト状態にある間葉は、この咽頭弓内胚葉シグナルを翻訳する結果として顎骨弓のかたちを得る。しかし、同じ胚環境であっても *Hoxa2* を発現する間葉は、その下流の発生カスケードをモジュレートし、アブミ骨やライヘルト軟骨に変貌させる。どうやら、環境と間葉の協調的相互作用によって、鰓弓骨格系はパターンされる（かたちを得る）らしい。しかし、まだ考えなければならないことは残っている。

（9）形態的同一性とは何か

というのも、上に述べたみごとな解釈体系をもすり抜けてしまう研究が、この分野の黎明期にすでに行われているのである。それは、両生類を用いたキメラ実験であった。「骨格のかたちがどのように作られるのか」という、ノーデンが数十年後に考えることになるのと同じような問題意識に基づき、スイスの実験発生学者、ワーグナー（Wagner, 1959）はイモリ *Triturus* とスズガエル *Bombinator* の間で異種間キメラ実験を行った（図 5-54）。そのころまでにはすでに、神経堤が頭部顔面・鰓弓骨格系を分化することは知られていた（Hall and Hörstadius, 1988；Noden, 1988）。イモリとカエルは、きわめて異なった骨格

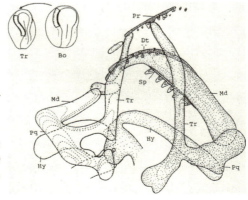

図 5-54 イモリ *Triturus* とスズガエル *Bombinator* の間で異種間キメラを作製、カエルの神経堤をイモリのホストに移植した。できあがったキメラ胚の手術した側にはカエルのものに似た顎骨弓ができていた。（Wagner, 1959 より）

形態をもつ。イモリの顎骨弓には歯が生えるが、カエルにはそれがない。全体的なアーチのかたちや、突起の有無など、両者を見分けるためのポイントは多い。ワーグナーがイモリの胚の片側の神経堤を除去し、そこにカエル由来の神経堤を植え込むと、このキメラ胚の実験した側にはカエルの顎骨弓形態が現れていた。つまり、「骨格形態はやはり、移動前の神経堤にすでに決定されている」のであろうか。

ノーデンは1983年の自らの実験データの解釈にあって、ワーグナーの論文を引用した。しかし、クーリーらの上の実験によって「プレコミットメント説」は退けられ、新しい解釈がそれを整合的に説明したが、それでもワーグナーの実験はまだ解釈できない。もし、内胚葉が本当にかたちを教えるのであれば、カエルの神経堤細胞が出合ったイモリの胚環境は、前者に対し「イモリの顎骨弓」の形態となったはずではなかったのか。おそらく、この実験の解釈を可能にするためには、われわれ自身の形態形式に対するものの見方を変えるしかない。つまり、クーリーら（Couly et al., 2002）によって明らかとなった内胚葉由来の誘導作用は、上に考察した「鰓弓骨格系のデフォルト形態」を教えるためのものなのである。だからこそ、それは顎骨弓であろうが舌骨弓の環境であろうが、同じ内容の間葉に対しては同じパターニングを誘導する。それは、鰓弓骨格の関節部か、先端か、それをどの向きに作るのかという、われわれの頭のなかで理想化された鰓弓骨格のかたちの比較形態学的・形式的な捉え方にも近い。しかし、具体的にどの動物種のかたちを作るかということになると、神経堤細胞は誘導の中身を理解できても、自身のゲノムをもってしか、その形態形成プログラムを翻訳できない。つまり、内胚葉が間葉に対して教えるのは「方形骨をこの向きに作れ」という、比較形態学的レベルの情報であり、どの動物の方形骨のかたちを作るかについては自分のもの以外は知らないのである。もちろん、その「特定の動物らしさ」のなかには「内胚葉シグナルとして書き込むべきプログラム」もあるだろう。イモリとカエルの頭部内胚葉も、まったく同じかたちをしているわけではない。最初の内胚葉の形状が、のちの軟骨パターンに影響するのは充分にありうることである。したがって、内胚葉由来のイデア形態論的シグナルも、それぞれのタクソン特有の配置を伴うはずであり、キメラのなかのカエル神経堤細胞は、完璧なカエルの骨格をそこに再現できるはずもない（図5-54）。

さらに、椎骨に見たようなHoxコードも、頭部においていまだ健在である。Hox遺伝子によって、いわばデフォルト的に成立している顎骨弓パターニン

グプログラムをマスクできたとしても、それがただちに自動的にアブミ骨の形成を約束してくれるわけではない。Hox 遺伝子の機能獲得実験が教えるように、それはたしかに舌骨弓に特異的に組み上げられた形態形成能を発動できるのである。このように、「かたち」のなかにわれわれはさまざまな意味、さらに異なったパターニング機構を見て取らねばならない。すなわち：

① ひとつの鰓弓骨格をどのようにパターンするかという「デフォルト形態のパターニング（デフォルト形態パターン形成）」
② 鰓弓列の何番目にある骨格のアイデンティティかという、「ホメオティックなパターニング（系列相同性の指定）」、そして、
③ それぞれの鰓弓骨が進化上獲得し、動物それぞれにおいてみごとに機能している、「動物種個別的な形態学的パターニング（動物種特異性）」、

である。少なくとも進化形態学の扱うべき「かたち」にはこれだけの異なった意味がある。それぞれは、異なったレベルにあるバウプランの構成要素であり、おそらく異なった進化的経緯や階層にある別の発生拘束のもとに成立している。しかもそれらは、単にわれわれの認識論の産物ではなく、おそらく互いに分離可能な、特異的発生プログラムとして抽出できるようなものかもしれない。これまでに行われた正しい実験発生学は、それらが発生モジュールとして存在する可能性を示してみせた。顎顔面・頭部骨格系にまつわる分子遺伝学と実験発生生物学は、進化的形態学とこれほどまでに関係が深い。そして、実に興味深い実験を夢想させ、実行させてくれる分野である。

(10) 動物種特異的形態パターンの進化と発生

上の（3）項に相当する発生機構が実在することについては、スナイダーとヘルムス（Schneider and Helms, 2003）の研究が示している。彼らは、幅の広い嘴をもつアヒルと、嘴の尖ったウズラの間でキメラ胚を作製し、できあがった嘴の形状が神経堤細胞の出自、つまりドナーのものの形態学的特徴を伴って発生することを示した（図 5-55）。その際、神経堤細胞に発現する遺伝子の発現パターンと発生時期は、移植後でもドナーのものを細胞自律的に保持し、しかもそれは組織間の相互的誘導作用において、胚環境の一部、つまり、外胚葉上皮における *Shh* や *Pax6* 遺伝子発現まで、ドナータイプのものに変化させる。キメラ胚における嘴の形状には、神経堤より直接に由来する骨格成分だけでは

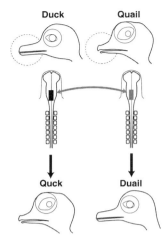

図 5-55 動物種の個性を担う神経堤細胞。アヒルとウズラにおいて神経堤を交換移植すると、動物種特異的な形態パターン、あるいは「顔つき」は、神経堤のドナーのものになる。ここでは極端な単純化を施しているが、姿形がすっかりドナーのものになるわけではない。(Schneider and Helms, 2003 より改変)

なく、表皮に発達する卵歯（egg tooth、卵殻を破るために使われる角質構造）も含まれ、それは組織間相互作用によって作られる。つまり、神経堤細胞のなかに自律的に進行するように見える発生過程であっても、そこには組織間の相互作用を広範に含む可能性がある。

とはいえ、いったん位置を知り、適切な場所を占め、必要なシグナルを受けた神経堤細胞群が、自らの形態形成能を発動することは事実であり、そこから先の過程に動物種特異的な形態的同一性がもたらされることは確からしい。たとえ環境からのシグナルがホストのものであっても、それを翻訳し、実行するのは移植された（ドナーの）神経堤細胞群なのであり、それはホストとは異なる自前のゲノムをもっている。これに関して上の論文の著者らは、オーガナイザー実験を通じて同様な結論に至った、実験発生学者シュペーマン（Spemann）の次のような台詞を引用している。

"you tell me to make a mouth ; all right, I'll do so, but I can't make your kind of mouth ; I can make my own and I'll do that"
「口を作れというのならそうしよう。しかし、君のもっている口は作れない。だから私なりのやり方で私の口を作ってやる」

しかし、それでもまだすべては説明できていない。上に見た「顎口類のデフ

ォルト」としての鰓弓骨格形態も、「種特異的な骨格形態」も、階層的なバウプランのなかではランクの異なるバウプランを構成するが、それが系統特定的バウプランであるからには、しょせん同じ形態発生的拘束によってもたらされるものではないのか。あるいは、タクサのヒエラルキーが変われば、形態進化において異なったランクの発生機構に変化が生ずるのか。進化の場面ごとに異なった発生機構が淘汰の標的となり、そのたびに実験発生学者を困らせるのか。われわれがいま目の前にしている問題は、あの反復説とも無関係ではいられない本質的な内容をはらむ。本書の考察とは結論を異にするが、内臓頭蓋形態プランの階層的進化過程の一例がジョリー（Jollie, 1971）により与えられている。バウプランの階層的構造とパラレルな発生プログラムの進化を遺伝子進化過程とともに考察することは、頭蓋の理解にとってきわめて重要な示唆をもたらすことになるだろう。

5.5　取り残された要素

　これまで神経頭蓋と呼ばれてきた構造のうち、下垂体孔より前にある部分が神経堤に由来することについては述べた（図 5-56）。さらに、これが上に定義した三叉神経堤細胞（trigeminal crest cells）のうち、顎骨弓より前の細胞集団より由来することも示した（図 5-56）。クーリーら（Couly *et al.*, 1993）はこれを、索前頭蓋（prechordal cranium）と呼んだ。彼らはこの呼称に、「脊索の前にあり、脊索による誘導を受けずとも軟骨化する間葉、つまり神経堤細胞から分化

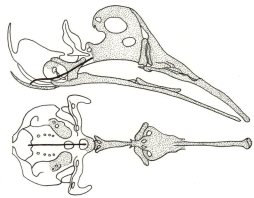

図 5-56　索前頭蓋由来物。眼窩中隔（interorbital septum）、鼻中隔（nasal septum）はともに梁軟骨の派生物であり、たしかに神経堤よりなる。(Couly *et al.*, 1993 より改変)

する頭蓋」という意味を込めている。キジ類に限らず、この梁軟骨といわれる頭蓋の部分が神経堤に由来することは、多くのタクサで示されている（Hörstadius, 1950；Le Douarin, 1982；Maderson, 1987；円口類の神経堤についての実験はNewth, 1951, 1956；Langille and Hall, 1988などがある。円口類における同名の軟骨の形態学的考察、その発生についてはのちに詳述）。

（1）梁軟骨と索前頭蓋

　形態学的にも、索前領域は不可解な構造だとされてきた。それは、この構造が頭部先端にあるだけではなく、発生の一時期、1対の棒状の軟骨として現れるためである（図5-57）。この1対の軟骨を梁軟骨（trabecula）と呼ぶ。これ

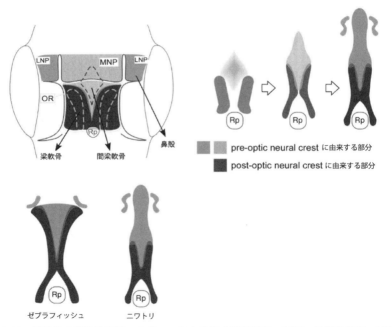

図5-57　梁軟骨の発生的起源。上左：ニワトリ胚の顔面原基。LNP、外側鼻隆起；MNP、内側鼻隆起；Rp、ラトケ嚢。上右：梁軟骨の発生過程。Post-optic neural crest cellsに由来する1対の梁軟骨と、吻方正中にできる、pre-optic neural crest cells由来の間梁軟骨が融合することによって、いわゆるtrabecula communisが成立する。下：ニワトリ胚とゼブラフィッシュ胚における梁軟骨の組成の比較。（Wada *et al.*, 2011より改変）

は、顎口類では下垂体原基の両側に発生し、その後下垂体の前に位置する部分が正中で融合し、無対の交梁軟骨（trabecula communis）となる（図5-56、図5-57）。いくつかのタクサではこれが背側に成長し、眼窩中隔（interorbital septum）、ならびに鼻中隔（nasal septum）をもたらす（Bellairs, 1958）。つまり、篩骨（ethmoid）の一部は梁軟骨より由来する。大型の眼球の存在と関連したこのようなタイプの頭蓋を「tropibasic」と形容する。一方、哺乳類や両生類に見るような、横に広がった頭蓋底を「platybasic」という（De Beer, 1937）。

哺乳類頭蓋の発生的由来は直接には観察できない。その頭蓋底には、後方から底後頭骨（basioccipital）、底蝶形骨（basisphenoid）、前蝶形骨（presphenoid）などの骨化点が見られるが、それが全体的にキジ類とほぼ同じ胚形態に基づくとし、後頭骨が椎骨と同様、体節からできることはよいとして、下垂体孔を備えた底蝶形骨については、少なくともその前半が神経堤より由来することが考えられる。そして、前蝶形骨や篩骨のすべても神経堤からできることが推測できる（後述）。

梁軟骨の初期形態、そして何よりもそれが神経堤に由来するという事実は、ただ単に神経頭蓋の一部が神経堤に由来するだけではなく、それが鰓弓頭蓋の一部ではないかという、過去の比較形態学における顎前弓仮説を思い起こさせるに充分である（第4章の「Stensiö 仮説」）。事実、それを最初に指摘した学者のひとりはハクスレーであった（Huxley, 1874, 1875；De Beer, 1931 に引用と要約；Allis, 1915, 1923, 1925）。この顎前鰓弓の存在には否定的な学者もおり、それを頭蓋の一部を形成する中軸骨格要素と見なすこともあった（Sewertzoff, 1928；Goodrich, 1930a）。しかし顎前弓仮説は、すでに述べたサメの頭腔に基づく頭部分節理論を展開していた比較発生学者にとってきわめて都合がよい。それによって顎前頭腔や三叉神経の第1枝、眼神経に対応する骨格要素をあて、分節論に基づいた形態学的解釈を与えることができたためである。

ド＝ビア（De Beer, 1922, 1937）は脊椎動物の初期の進化において、どのようにして顎の前の鰓が神経頭蓋へと統合され、顎が成立したのかについての仮説を図解した（図5-58）。ここに描かれているのは、形態的に未分化な一連の鰓弓が備わった仮想的な祖先的動物、無顎類的中間段階としてヤツメウナギのアンモシーテス幼生を思わせる動物、そして顎口類の典型的パターンを示す板鰓類の咽頭胚である。アンモシーテス幼生の顎前弓の位置を含め、この図にはいくつか不正確な点があるが、特に妙なのは梁軟骨が神経頭蓋に取り込まれる際の、軟骨要素の「動き」である。ド＝ビアは内胚葉性咽頭の前後軸の先端が口

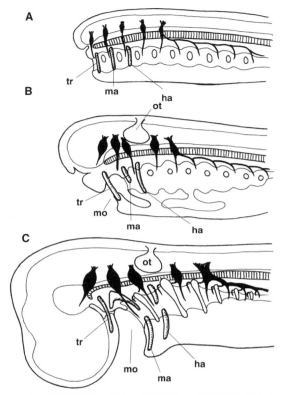

図 5-58 ド=ビアによる鰓弓骨格系の進化。脊椎動物の索前頭蓋を構成する梁軟骨は、顎の前にあった顎前鰓弓要素であると考えられたが、それがどのような変遷を経ていまのかたちに落ち着いたのかについては諸説がある。ここに示すのはド=ビアによる考案。A：本来、脊椎動物の祖先は単調な鰓弓をもつ、顎のない動物であったとされる。各鰓弓には、1本ずつ鰓弓神経が付随し、鰓には棒状の鰓弓骨格が生じていた。B：無顎類に相当する時代、咽頭前部は多少そのかたちを変え、最前の鰓弓軟骨は口の周りを縁取る。アンモシーテス幼生のかたちをイメージしている。C：脳が肥大し、前脳が脊索先端を越えて大きく前方へ広がる。そこでは神経頭蓋として使うことのできる中胚葉素材がないため、最前の鰓弓軟骨が脳の腹側部で新しい神経頭蓋を構成する。第2の鰓弓軟骨が顎になり、上下に分かれて咀嚼機能をもつ。このような図式ではしかし、梁軟骨の先端が口の開孔部を越えてどのように脳の腹側部へ移動できたのかが説明できない。ha、舌骨弓；ma、顎骨弓；mo、口；tr、梁軟骨。（De Beer, 1937 より改変）

の位置に求められ、このように下方へ湾曲した内胚葉の前後軸と直交するように、顎前弓からはじまる鰓弓骨格原基の列が並ぶと考え、最初の2段階にそのように描いた。さらに、顎前弓が拡大した前脳の底部を支える際、それが前へスイングし、口を飛び越すような動きを想定したが、これは形態的に不可能である (Kuratani et al., 1998b)。この動きの前後において、梁軟骨の占める形態学的な位置が対応しないのである。もしくは、この進化的シフトにおいて口の位置がずれるような、何らかのプロセスが必要になる。それでも彼にしてみれば、顎前弓は断じて顎骨弓の前になければならず、それは口腔まで含めた腸管に直交する、分節繰り返し構造のひとつでなければならなかった。この誤謬は、無顎類における梁軟骨、あるいは顎の成立に対する解釈をも歪めることになった（可能な仮想的移行は図5-59に示す）。神経堤間葉由来の内臓頭蓋のパターニングにとって重要な内胚葉上皮の最前端は、むしろ口前腸に求められるべきである。すでに述べたように、この部分の内胚葉上皮は梁軟骨の発生に必須のものでもある (Couly et al., 2002)。

現在では、梁軟骨に顎前弓鰓弓骨格としての意義は認められていない。そして三叉神経の形態学的意義や進化的成立も、宙に浮いたままである。少なくとも、梁軟骨が上下に関節する骨格であったためしなどないということについては、比較形態学の時代から認められていたことではあった（図5-1）。それが神経頭蓋に取り込まれた時点では、まだ鰓弓骨格自体が上下に関節してはいなかったというのである (Allis, 1938)。梁軟骨の正体が何であれ、それが内臓骨格かどうかは別にして、おそらくその考えは正しい（バウプランの階層的認識）。それが鰓弓骨格に似ているかどうかはともかく、梁軟骨は神経堤に由来し、脊索と近接しない頭蓋要素というだけでも充分に内臓頭蓋的な要素である (Kuratani et al., 1998b)。それとは別のレベルの問題として、顎口類鰓弓骨格の基本的な形態発生プランが成立しようとしていた時点で、すでに明確な形態と機能がこの原基に与えられていたということは充分にありうる。それは顎口類成立にあたって、顎が成立した経緯とも無関係ではない（第8章）。

（2）哺乳類の蝶形骨

ここまでの議論から、脊椎動物頭蓋の発生プランについていくつかの基本的な事項が認識できた。そこから浮かび上がるのは、咽頭胚における基本的な間葉系（体節、頭部中胚葉、神経堤間葉）が、どのような仕組みで骨格組織を分化し、どのようにかたちを作ってゆくかという発生学的な論理と、それが背景と

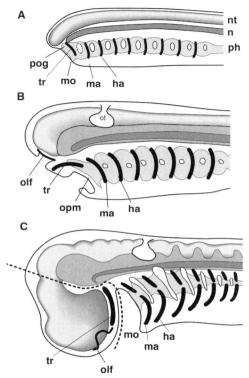

図5-59 現実の進化的移行過程として可能な仮説。A：祖先型の動物では、単調な分節性が支配していたかもしれないが、脊索（n）、神経管（nt）、内胚葉（ph、咽頭）の構成は基本的には同じであり、それは顎口類と変わらないと考える。特に脊索先端より突出する神経管はごくわずかであり、ここから顎口類の前脳と同じものができる。口（mo）は内胚葉の先端に開くのではなく、腹側に開いている。最前の鰓弓骨格（つまり梁軟骨＝tr）が、口の前の咽頭である口前腸（pog）、脊索先端と近い関係にあることに注意。B：無顎類の段階。梁軟骨は背側、前方へスライドしているが、根本的な位置関係は保たれている。その前端が鼻プラコード（olf）に接していることに注意。C：顎口類。脳はさらに大きく広がるが、それは量的な変化にすぎない。同時に梁軟骨は神経頭蓋として機能するが、鼻プラコード、脊索先端との位置関係は保たれている。このような変化は連続した小さな変換の集積として理解することができる。このようにして見たとき、いわゆる索前頭蓋（神経堤に由来し、脊索の前にある）と内臓頭蓋の類似性が強調される。ha、舌骨弓；ma、顎骨弓；mo、口；n、脊索；nt、神経管；olf、鼻プラコード；opm、口咽頭膜；ph、咽頭。（Kuratani *et al.*, 1997a より改変）

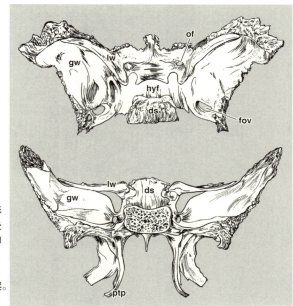

図 5-60 ヒト成体の蝶形骨。上は背面観、下は後面観。ds、鞍背；fov、卵円孔；gw、大翼；hyf、下垂体窩；lw、小翼；of、視神経孔；ptp、翼状突起。(Williams, 1995 より改変)

なって進行してきたはずの進化的多様化である。それは細胞の自律的な分化能と、細胞、組織間の相互作用との協調的な作業の産物であり、それぞれの細胞群はその位置や出自によって、独特の発生と進化の仕組みを手にするのである。そのように考えると、神経頭蓋のように解剖学的単位として単一の名称が与えられている骨格要素が、複数の進化的、発生学的由来と形態形成の論理をもつことが分かる。たとえば、後頭骨は底後頭骨（basioccipital）、外後頭骨（exooccipital）、上後頭骨（supraoccipital）からなるが、これら全体を椎骨と相同と考えることはおそらく妥当であり（皮骨頭蓋として発生するように見える上後頭骨については問題が残る）、その名称も適切である。しかし、蝶形骨についてはきわめて複雑な背景がある（図 5-60；詳細は、倉谷 1994c, 1995a, b を参照）。

すでに述べたように、蝶形骨体は発生時、底蝶形骨と前蝶形骨から構成されるが、このうち傍索軟骨（頭部中胚葉）から由来するのは、底蝶形骨後半だけであり、それより前方にある部分と前蝶形骨はおそらく神経堤由来である（図 5-61）。ただし、発生初期の頭部間葉の広がり方によっては、この予想はあたらないかもしれない。事実、トランスジェニックマウスを用いた最近の実験で

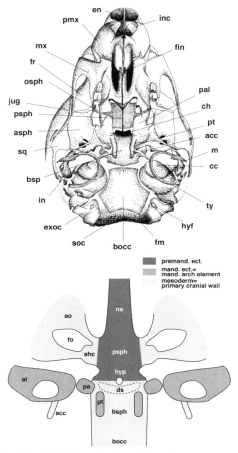

図 5-61 マウス頭蓋の発生と蝶形骨。上は私が卒業研究において描いた、18 日目マウス頭蓋の腹面図。アリザリン・レッドにて染色したものに基づく。下は、ニワトリ胚について知られているデータから想像した、哺乳類蝶形骨の発生学的組成。顎骨神経堤細胞、顎前神経堤細胞、ならびに、中胚葉由来の部分が色分けしてある。中胚葉に由来する部分が、本来の神経頭蓋壁を示すと考えられる。上の図と比べ、二次的に神経頭蓋に参与した内臓頭蓋要素の分布を認識せよ。acc、翼蝸牛交連；asph、翼蝶形骨；at、側頭翼；bocc、底後頭骨；bsph、底蝶形骨；cc、蝸牛殻；ch、内鼻孔；ds、鞍背；en、外鼻孔；exoc、外後頭骨；fin、切歯孔；fm、大後頭孔；fo、視神経孔；fr、前頭骨；hyf、舌下神経孔；hyp、下垂体孔；in、キヌタ骨；inc、切歯；jug、頬骨；m、ツチ骨；mx、上顎骨；ns、鼻中隔；osph、眼蝶形骨；pa、翼突起；pal、口蓋骨；pmx、前上顎骨；psph、前蝶形骨；pt、翼上骨；soc、上後頭骨；sq、鱗状骨；ty、鼓骨。

も、これに似た結果が得られている（McBratney-Owen *et al.*, 2008）（注）。さらに、鳥類胚の運命予定地図（Couly *et al.*, 1993）から推す限り、大翼と小翼も別の起源をもつらしい。小翼はすでに触れたように、カメ類胚（Kuratani, 1987, 1989）や鳥類胚では眼窩軟骨原基に付随する軟骨シートから由来した pila pre-optica と pila metoptica より分化する、おそらくは頭部中胚葉に由来する成分であり、その軟骨化は神経上皮との相互作用に依存するらしい。一方、古くは神経頭蓋を構成する椎骨の神経弓になぞらえられた大翼は、爬虫類の上翼状骨に近い存在である。つまり、二次的な頭蓋底として参与した鰓弓骨格成分である。大翼の本体は、翼蝶形骨（alisphenoid）という皮骨成分であり、この骨は哺乳類に顎骨弓上顎部に付随した、一種の外骨格に由来すると考えられる。また、蝶形骨の腹面に発する皮骨成分、翼状骨（pterygoid）も、顎骨弓に属する要素である（詳細は、Gaupp, 1910；Allis, 1918b；Presley and Steel, 1978；Presley, 1981；Novacek, 1993）。蝶形骨構成要素のうち、神経堤（顎骨弓間葉）に由来すると仮定した要素のいくつかは、*Hoxa2* の破壊によって第2咽頭弓領域に重複するか（Ri̧li *et al.*, 1993）、*Dlx5*、*Dlx6* の同時破壊によって下顎域に重複する（Depew *et al.*, 2002）。つまり、これら要素が顎骨弓に由来するという仮説は信憑性が高い。

5.6 内臓性と体性、細胞系譜の二元性は存在するか ——胚葉説、比較形態学との折り合い

ここまで、神経堤間葉と中胚葉性間葉の共同作業によって、顎口類頭蓋ができあがってくる経緯を見てきた。それは、章の最初に紹介したポルトマンの模式図（図5-1）に代表される比較形態学の理解とどこまで合致するものなのだ

注：この実験では、視交差下翼（ala hypochiasmatica）という軟骨が、まるで離れ小島のように中胚葉由来の軟骨として標識されている（上の予想では、これを含めた眼窩翼全体が中胚葉に由来すると推測された——図5-61）。顎口類では、最前方の傍軸中胚葉（顎前中胚葉）が眼窩軟骨として脳褶曲の真下で立ち上がり（これは板鰓類の発生に見た *Pax9* を発現する細胞であり、顎前腔の内側にそれを見る）、軟骨化して眼後柱をもたらす。この本来の頭蓋底は間脳後壁、視神経の後方にも広がり、そのうち外眼筋の起始部として軟骨化する部分が、多くの爬虫類では上梁骨（supratrabecula）となるが、視交差下翼は哺乳類におけるその相同物である（Kuratani, 1987, 1989）。視神経を後方で取り囲むこの中胚葉性要素はしたがって、本来脊索前端のすぐ前にある一次頭蓋壁要素であったが、後期発生における二次的変形の結果としてそれは、脊索頭蓋の本体より遠く前方に隔たることになった。

ろうか。そもそも、形態学者によって認識された神経頭蓋と、内臓頭蓋の別は、進化的、あるいは発生学的起源を見すえたものではなく、かなり機能的な側面に傾倒したものだったのである（たとえば Gregory, 1933 を見よ）。したがって、それは進化的にしだいに充実し、脳の器と咽頭の支持構造という性格を徐々に強化していった結果として分化したと考えられ、その証拠として、ヤツメウナギの貧弱な分化程度が比較対象となることがあった。

（1）発生的起源の二元論

しかし、比較形態学や比較発生学がある程度整合的な形式化をもたらすことができたからには、それを保証するような何らかの方法で拘束された発生パターンが存在するはずであり、それを顎口類のバウプランとして認識しようというのが本書の立場である。おそらく、この文脈において最も意義深い問題は、細胞の二元性、つまり「中胚葉 vs 神経堤」というノーデン（Noden, 1988）以来の図式が、「神経頭蓋 vs 鰓弓頭蓋」という形態学的認識に対応するかどうか、ということだろう。

ノーデンによるこの総説では、ニワトリ咽頭胚における2種の頭部間葉の分布が、シンプルな模式図によって示されている（図5-62）。これによると、頭部中胚葉は体幹の硬節と同様、神経管の周囲を取り巻き、これと対照的に神経堤性間葉は咽頭弓のなかを充填している。つまり、脊柱管の延長としての頭蓋腔が中胚葉性の壁に包まれ、鰓弓頭蓋が神経堤に由来するという、一般的な法則がここで主張されている。このように形態学と発生学が一見、みごとに統一される（図5-63）。ところが、頭部前端では事情が一変し、間葉がすべて神経堤性のものになる。これについてしばしば、脳の拡大に伴い、中胚葉だけでは神経頭蓋をまかないきれなくなったという、合目的・機能的説明がなされる。が、このような解釈は必ずしも正しくはない。形態的に中胚葉が存在できるのであれば、単にそれが増殖すればすむのである（実際、それは円口類が行っていることである）。

（2）頭蓋の最前端

脳の前端は視交差近傍にある（図4-51）。その後ろに下垂体があり、続いて脊索の先端があるということは、中胚葉や内胚葉を含めた体軸の基本的分布がおおよそこのレベルで途切れていることを示し、神経管だけが脳褶曲によって本来、背側へ拡大した部分を「見かけ上の前方」へと向けていることと整合的

5.6 内臓性と体性、細胞系譜の二元性は存在するか——胚葉説、比較形態学との折り合い　　*331*

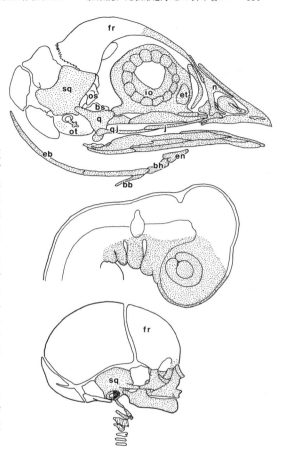

図5-62　頭部間葉の分布と頭蓋の二元性。上はル=リエーブルによるニワトリ頭蓋の発生学的由来。点描部が神経堤由来。白い要素は中胚葉に由来すると思われた。この結果はノーデンのデータとも一致するが、クーリーらの見解とは異なっている。現在でも最終的な意見の一致は見ていない。が、少なくともここに描かれた頭蓋の模式図は、咽頭胚における間葉の分布（中）と一致する。すなわち、神経堤由来の間葉は頭部腹側を占め、背側の間葉は中胚葉に由来する。これらから、ヒト頭蓋の発生学的由来を推理したのが下図。(Noden, 1988 より改変)

である。ガンスとノースカットによる「新しい頭部：new head」という考えは、このような「見立てとしての頭部前方」を、体軸前端に新たに付加したものと見なし、そこを充填した神経堤間葉に由来する、「新しい神経頭蓋：new neurocranium」を指すものである (Gans and Northcutt 1983；Gans, 1987)。が、むろんこのような状況がセットアップされた当初すでに神経頭蓋が存在したという証拠はない。むしろ、形態学的な比較、遺伝子発現に基づく相当領域の推定からすれば、原索動物（ナメクジウオ）においても前脳に相当する領域が存在する可能性は強く (Lacalli *et al.*, 1994)、そこから「形態学的意味における前

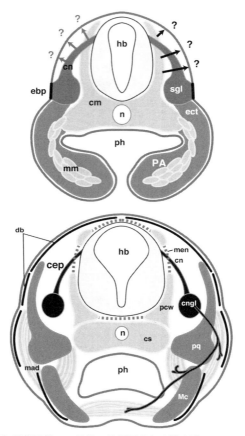

図 5-63 細胞系譜と頭蓋形態の二元性。神経頭蓋と内臓頭蓋が、それぞれ頭部中胚葉と神経堤細胞に由来するという考えは大筋において正しい。上は後期咽頭胚、下は骨格形成期の模式図。神経堤細胞は、頭部においては広範な背外側集団を作り、一方で、中胚葉は脊索と神経管の周囲で軟骨化する。このような発生パターンが、神経頭蓋と内臓頭蓋の位置関係につながってゆく。脳神経の形態もまた、頭部神経堤の分布、移動を反映する。皮骨頭蓋の頭蓋冠部が中胚葉に由来するか、神経堤に由来するかについては議論の分かれるところである。発生パターンとしてはそのどちらにも可能性はある（矢印）。cep、上翼状腔；cm、頭部中胚葉性間葉；cn、脳神経；cngl、脳神経節；cs、神経頭蓋底；db、皮骨頭蓋；ebp、上鰓プラコード；ect、神経堤間葉；hb、後脳；mad、鰓弓筋；Mc、メッケル軟骨、もしくは鰓弓骨格の腹側半；men、髄膜；mm、鰓弓筋原基；n、脊索；PA、咽頭弓；ph、咽頭；pq、口蓋方形軟骨、もしくは鰓弓骨格の背側半。

5.6 内臓性と体性、細胞系譜の二元性は存在するか——胚葉説、比較形態学との折り合い

方」へ、新しい脳がつけ加わったような進化的過程を想定することはできない。

脊椎動物において前方に拡大しているように見えるのは、実は前方の特定のプロソメアが本来よりも背側に拡大し、脳褶曲によってそれを前へ向けているためである。したがって、この領域を包み込む神経堤間葉は、例外的に「背側に」分布することになる。興味深いことに、この終脳の神経堤細胞は、終脳レベルの神経堤から発するものではない。たしかにそれは神経堤としていったん誘導されはするが、終脳、鼻プラコード、下垂体、顔面表皮外胚葉などをもたらす特別な外胚葉となる。したがって、神経軸を主眼に置いた形態学的表現をすれば、梁軟骨や、前脳を取り囲む間葉をもたらす神経堤細胞は、中脳や間脳のレベルから、かなり前方、背側へ向けて移動しなければならない。「胚の腹側を一様に充塡する神経堤間葉」という見方が、形態学的には必ずしも納得のいくものでないことは、ここで確認しておく必要がある。また、神経堤細胞をもたらす神経堤の前端については、タクサにより報告はまちまちである。

ノーデンが記述したような基本的な間葉2種の分布とおおよそ同じパターンは、ヤツメウナギ胚にも、ある意味存在するということができる（Horigome et al., 1999）。したがってこのパターンは脊椎動物すべてに共有されていると見てよい。しかもそれは、軸形成、胚葉形成の結果として必然的に導かれるものでもある。結果的に、頭蓋の進化は、このような間葉の分配に、独自の方法で拘束されることになる。その際、頭蓋形成の最も有力な要因となるのは、間葉と上皮構造との組織細胞間相互作用であり、それは、神経頭蓋のほとんどを形態的に特異化するうえで機能しているらしい（Noden, 1978a）。それはまた、耳殻、鼻殻などの感覚器胞や、脳褶曲に沿って形成される眼窩軟骨についてとりわけ顕著であり、それらの骨格形態は一次的に上皮形態に依存する。このような、上皮の折れ込みに従った軟骨形成プロセスが、ソログッドの提唱した、「蠅取り紙モデル（Fly paper model）」であり（Thorogood, 1988, 1993）、そこでは、どんなに複雑な形態をもった骨格要素も、しょせんそれを誘導した、上皮自体の形状によって説明されている。

（3）頭蓋の発生環境

鰓弓骨格系の発生においては、上皮と間葉の相互作用が重要な役割を果たす（組織分化における誘導作用については Epperlein and Lehmann, 1975; Tyler and Hall, 1977; Bee and Thorogood, 1980; Thorogood et al., 1986; Graveson and Armstrong, 1987；軟骨化における細胞外基質の機能については Kosher and Church,

1975 ; Lash and Vasan, 1978)。そして、脊索の作用に注目し、三次元的な組織構築、胚形態に大きく依存する細胞間相互作用の違いとして、神経頭蓋を「索前頭蓋」と「脊索頭蓋」に分類したのがクーリーら（Couly et al., 1993）であった。したがって、細胞の系譜と脊索による誘導の有無を基盤とすれば、頭蓋の新しい発生学的解釈として、

> 中胚葉性神経頭蓋（mesodermal neurocranium）：脊索の存在を必要とし、中胚葉からなる真の神経頭蓋と、
> 神経堤性頭蓋（crest-derived cranium）：いわゆる鰓弓頭蓋（内臓頭蓋）に加え、二次的に神経頭蓋に参入した索前頭蓋をも含むが、後者は細胞系譜と軟骨分化における誘導作用の様式から内臓頭蓋に類似する（？）
> （Kuratani et al., 1997a）

という二分法が成立する。ただし、上の話をすべてご破算にしてしまう可能性がクーリーら（Couly et al., 1993）によって問われている。すでに皮骨の発生に絡めて解説したように、彼らは頭部中胚葉には体節（皮節）のような真皮形成能はなく、それは神経堤によってまかなわれ、その結果として皮骨もすべて神経堤に由来すると主張しているのである。このような、皮骨の発生学的由来に関する混乱については、すでにこの章の初めに述べた。いずれ頭蓋冠皮骨を例外とすれば、頭蓋の形態学的パターンは、神経堤細胞の移動や分布に大きく依存することになる。実際、先に述べた蝶形骨の組成あるいは上翼状腔の形態を思い起こせば分かるように、中脳のレベルにおいては、髄膜や一次頭蓋壁が、本来の頭部中胚葉の位置、つまり神経管の脇の細胞層にあることを示し、その外側には頭部神経堤細胞に特有の背外側経路に相当するレベルに翼蝶形骨が発生する。そしてこの位置関係は、それに先立つ神経堤間葉と頭部中胚葉の分布パターンとまったく同じであることに気づかなくてはならない。すべてセオリー通りである。しかし、このような新しい理解にも問題は残っている。考えようによっては、以下に述べる問題こそ、形態発生パターンの理解にとっては真に本質的といえるかもしれない。

（4） 細胞系譜は交換可能か

というのも、スナイダー（Richard Schneider）による実験において、本来神経堤間葉が占める場所に中胚葉を移植したり、あるいはその逆の移植を行って

5.6 内臓性と体性、細胞系譜の二元性は存在するか——胚葉説、比較形態学との折り合い　335

も、形態的にまったく問題のない頭蓋ができることが示されているからである (Schneider, 1999；他にも Fyfe and Hall, 1979；Noden, 1983b)。つまり、組織間相互作用において誘導を受ける細胞は、神経堤でも中胚葉でもかまわない。これと似た状況は耳殻の発生についても観察されたことがある。耳殻は正常発生においても、神経堤細胞と中胚葉の両者が、同じ上皮に由来する誘導を受け、一体となって軟骨化するのである (Noden, 1988；Couly et al., 1993)。移植実験によりノーデンは、原基がすべて神経堤になろうが、中胚葉に置き換わろうが、形態的にはまったく問題のない耳殻ができることを見いだした（II型コラーゲンを介した上皮、間葉の相互作用と耳殻の発生については、Linsenmayer et al., 1977；Thorogood et al., 1986）。ということは、頭蓋の見かけ上の二元性を形態レベルでもたらしているのは細胞系譜ではなく、組織間相互作用そのものだけである可能性がある。言い換えれば、位置的関係性が本質であり、間葉がどのような履歴でもかまわない。ある意味、これほどの構造論的議論もない。したがって、頭蓋のパターンが形態学の中心命題となっても少しも不思議なことではない。たしかに相同性の概念を最初にもたらしたジョフロワやオーウェン、原型理論のゲーテが前面に押し出していたのは形態要素の位置的・形態的関係性であった。多くの場合において、特定の細胞組織間相互作用が生ずる場所、すなわち神経管の周囲や咽頭弓などには、それぞれ中胚葉、神経堤細胞という特定の細胞系譜が位置するというだけのことなのである。

　上の考え方は、クーリーらによる「索前、脊索頭蓋」の分類とは鋭く対立する。クーリーらは、神経堤細胞には神経堤細胞の、中胚葉には中胚葉の、占めるべき場所、軟骨化、骨化する組織発生学的様式やシグナリングシステムがあると考える。スナイダーは、組織分化過程の背景にあるシグナリングシステムの特異性は、それぞれの細胞系譜ではなく、「場所に付随する」という。これに関し、頭部中胚葉が本来の組織分化能を発揮するためには、やはりそれが脊索に対して特定の位置にあることが重要であると示唆されている。つまり神経頭蓋だけではなく、外眼筋をも分化する頭部中胚葉のうち、予定外眼筋領域は体節における筋節と同様、その外側部に見いだされ、同様に神経頭蓋予定域は硬節のように、その内側にマップされる（図5-64；Couly et al., 1992）。この問題は、フォン＝ベーアの胚葉説にも暗い影を投げかける。

（5）組織間相互作用と胚葉説

　すでに述べたように、細胞型の選択を安定的に進行させる機構の一環として、

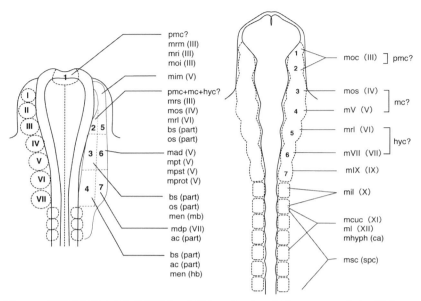

図 5-64　頭部中胚葉の発生予定運命。左はクーリーら、右はノーデンによる。頭部ソミトメア（第7章参照）の番号は、単に移植実験のための指標としてしか用いられていない。カッコ内は由来する構造を支配する神経を示す。予定外眼筋領域は頭部中胚葉の外側、神経頭蓋は内側に由来する傾向が認められる。これは、体幹における体節に見る発生分化と類似し、同じエピジェネティック発生機構が頭部中胚葉でも働いていることを示唆している。しかし、頭部中胚葉が真皮を分化するかどうかについては見解は一致していない。両者において実験のステージが異なることに注意。より発生の進んだニワトリ胚を用いたノーデンの実験のほうがサメの咽頭胚のパターンとよく合致することに注意。これは中胚葉のファイロティピックな領域特異化の時期を示すのだろうか。ac、耳殻；bs、底蝶形骨；ca、頸神経ワナ；hyc、舌骨腔；mad、顎閉筋；mc、顎骨腔；mcuc、僧帽筋群；mdp、顎下制筋；men、髄膜；mhyph、鰓下筋系；mil、咽頭筋；mim、顎間筋；ml、舌筋；moc、動眼神経支配外眼筋；moi、下斜筋；mos、上斜筋；mprot、翼状骨——ならびに方形骨牽引筋；mpst、擬側頭筋；mpt、翼突筋；mri、下直筋；mrl、外直筋；mrm、内直筋；mrs、上直筋；msc、頸部骨格筋；mⅤ、顎骨弓筋；mⅦ、舌骨弓筋；mⅨ、第3咽頭弓筋；os、眼窩蝶形骨；pmc、顎前腔；spc、頸神経。（Noden, 1988；Couly et al., 1992 より改変）

5.6 内臓性と体性、細胞系譜の二元性は存在するか——胚葉説、比較形態学との折り合い　337

　神経胚の形態パターンの成立は、脊索動物のバウプランをもたらすうえで重要な発生の一里塚である。ここでは、各胚葉から派生する細胞型への分化を導くための将来的誘導に対するコンピテンスが与えられると同時に、それら細胞型のレパートリーを狭めるための基本的な細胞系譜の確立が形態的レベルで保証されている。このときの胚形態があるからこそ、体表に筋組織が露出したり、神経管が腸管の内側にできるなどというような事態に陥ることは決してない。脊椎動物の頭蓋発生パターンにおいてはしかし、細胞系譜の確立やその分別と同様か、それ以上に咽頭胚期以降に生ずる組織間相互作用の重要性は大きい。それが決定的に大きくなったとき、つまり発生拘束の機構的な所在が組織間相互作用に偏重したとき、胚葉説は崩れる可能性がある。見方によっては、胚葉説に対立するのは詳細な細胞発生学ではなく、形態学なのである。

　とりわけ、位置的に神経堤間葉と中胚葉間葉の界面に近い領域に作られる骨格要素については、比較形態学的レベルで相同な骨格であっても、細胞の由来が進化上、揺らぐ可能性は大きく、それが実際に生じているケースがおそらくニワトリの耳殻を構成する細胞系譜である。そこは神経堤間葉だけに接触する嗅上皮とは異なり、たしかに中胚葉と神経堤間葉の両者が耳胞上皮と関係するところだ。発生パターンとしての頭部と体幹の界面に発生する脊髄神経、つまり副神経が、はからずも鰓弓神経の末梢形態を獲得してしまったように（第4章）、界面におけるアイデンティティは、そこがパターニングの原理である組織間相互作用の界面でもある以上、常に揺らぎうる存在となりかねない。また、アシナシイモリの眼窩蝶形骨が形態的に他の脊椎動物のものと相同であるにもかかわらず、膜性骨として発生するという現象（Bellairs and Gans, 1983 ; Presley, 1983）もまた、形態的相同性の機構的背景として、同一の組織分化過程が必ずしも条件となっていないことを物語る。後者の場合、この膜性骨が皮骨になってしまうことを意味しているのではない（第6章に詳述）。

（6）頭蓋と「脊椎動物らしさ」について

　頭蓋というこの複雑な構造には、ド＝ビア（De Beer, 1937）が大著を書くに足るほど確固とした形態的相同性と、それを基盤にした大規模な多様化が認められるにもかかわらず、その発生の機構、プロセスには思いがけないほど揺らぎが大きい。この齟齬は、咽頭胚における組織間相互作用の重要度が、そもそも神経胚のそれと本質的に異なったものであることを如実に物語る。咽頭胚という、組織間相互作用に大きな基盤を置く発生システムは、脊索動物にも共通す

る形態の論理をもたらす神経胚よりも、複雑さの点で一段レベルの高い存在である。神経胚は胚葉というレベルで一応の細胞系譜の確立を保証するシステムであり、事実上そこにすべてをかける原索動物では、このときの組織間相互作用が、形態形成において絶対的に重要な形態形成的拘束となりうる。したがって、このような動物では分化したのちの細胞型のレパートリーと、胚葉の起源が対応しうる（つまり、胚葉説が正しくあてはまる）。一方、独特の間葉系、胚のサイズの増大、頭部の特異化によって咽頭胚を発明した脊椎動物においては、神経胚期に続く、より複雑な段階に本質的な組織間相互作用の場を設けている（形態形成的拘束と形態維持的拘束の関係については後述）。その結果として、細胞の出自による分化レパートリーの制約がある程度緩んでいなければ、このようなシステム構築の意味がなくなる（＝胚葉説が無条件に成立するようでは、咽頭胚が保守的に拘束されている意味がない）。

　あらゆる脊椎動物種において脳褶曲が認められ、あらゆる顎口類はそこに眼窩軟骨を発生させ、脳神経と頭蓋壁各部の間に一定の空間的位置関係を保っている。咽頭胚期になって初めて成立する形態パターンが、脊椎動物神経頭蓋の形態にとって、最も一次的な重要性をもつ——咽頭胚がファイロタイプと呼ばれる所以である。脳褶曲のような形態パターンを利用することを前提として組み込んだ発生システム、つまり前述の上翼状腔形成の仕組みがあることが、それを如実に物語っている。脳褶曲がなければ上翼状腔はなく、外眼筋がパターンされ機能するに充分なスペースもなく、巨大な三叉神経節が発生しても、その身を置く場所もなかったことだろう。顎口類の頭蓋は、神経胚の形態パターンから必然的に導かれるものではない。しかし、咽頭胚の形態からはいくつもの必然性を見て取ることができる。逆に、咽頭胚に基づいて形成される頭蓋は必然的に、ホヤやナメクジウオに期待できるものではない。形態発生過程において決定的に重要な形態形成的拘束の源泉となるという意味では、原索動物には実質的に咽頭胚段階がないといっても差し支えない。咽頭胚のもたらす独特なバウプランの多くが脊椎動物に独特の大規模な間葉系に由来することを考えると、その一端を担う神経堤細胞が重要な間葉の源泉であることに気づき、またそれと同じ内容を備えたものが原索動物に存在しないという事実の重要性に思い至る。

5.7　第5章のまとめ

1. 脊椎動物の一次構築プランによると、頭蓋は神経頭蓋と内臓頭蓋からなり、それぞれに、外骨格（皮骨）成分と、内骨格（軟骨性骨）成分が認められる。こういった形態パターンが、どのような発生プランを反映し、その基本的発生プログラムがどのような進化的変遷を経て、多様性が生み出されてゆくのかが問題である。

2. 椎骨の並びからなる脊柱は、頭蓋を形態学的に理解するための基本型であると認識されてきた。少なくとも、頭蓋の後方には椎骨が変形してできた分節的部分が存在する。問題は、この後頭骨をも含めた脊柱の形態的多様化において、分節番号と形態的アイデンティティが合致するか否か、である。

3. 椎骨列の形態アイデンティティはバウプランの階層的構造をよく反映している。それは分節番号ではなく、原基に発現するHoxコードに対応して前後軸上を移動しうる。このようなホメオシスが椎骨の進化の歴史であり、その理解のためには、Hox遺伝子の制御機構の進化を射程に入れる必要がある。

4. 神経頭蓋には、中胚葉からなる脊索部分と、神経堤間葉からなる索前部分が認められる。脊索部分の大部をなす眼窩側頭領域の形態を複雑にしている要因は、神経管の脳褶曲、ならびに、その形態パターンに由来する、間葉に対する誘導作用である。さらに、本来の内臓頭蓋要素が二次的に神経頭蓋の機能を肩代わりしていった経緯もある。これらの現象は、比較形態学者を悩ませることになる、数々の難解な構造を生み出していった。その理解の根本となるべきは、この組織間誘導作用を示す一次頭蓋壁の位置を正しく同定することである。

5. 鰓弓骨格の理解は、先験論的形態学の範疇では、デフォルト形態の同定と、系列相同パターンの発見を基盤とした。顎骨弓骨格が真にデフォルト形態をもつかどうかは、いまだに不明である。

6. 系列相同物の場所依存的特殊化は、鰓弓系においてもやはり、Hoxコードの制御下にある。一方、デフォルト形態の上下パターンには別のホメオボックス遺伝子群がやはり、領域特異的な発現コードを伴って機能するらしい（Dlxコード）。

7. 具体的な形態パターニングを可能にするのは、複数の組織・細胞間に生ずる

組織間相互作用であり、とりわけ中脳後脳境界に由来する成長因子や、内胚葉に由来する因子は、間葉からできあがる形態パターンに大きく影響する。このような視点から、過去の実験データを読み直すことがきわめて重要である。

8．実験データからする限り、鰓弓骨格の形態同一性には、分節位置アイデンティティ、デフォルト内要素のアイデンティティ、動物種特異的アイデンティティの3つを区別する必要があり、これらそれぞれを司る機構は、どうやら進化的に独立に成立した発生モジュールであるらしい。

9．顎の前に存在したといわれる顎前弓は、頭部分節性のセオリーと不可分の関係にある。しかし古生物学と発生学の世界では、この形態学的概念は半ばタブー視されてきた。あらためて発生機構とバウプランの視点から顎前領域の進化発生的成り立ちを理解する必要がある。

10．以上すべての点を踏まえて、哺乳類頭蓋において最も複雑な形態をもった蝶形骨の成り立ちを解説した。

11．古典的な形態学における神経頭蓋と内臓頭蓋の区分（とりわけ現生顎口類の）は、大まかに中胚葉と神経堤間葉の対比と対応するが、それは完璧に整合的なものではない。むしろ胚環境に特異的な相互作用による組織分化プロセスの違いを反映した概念と見るのが妥当である。言い換えれば、細胞系譜によって形態学は説明できない。

12．脊椎動物の頭蓋はきわめて高度に統合された発生パターンとプロセスの産物である。そのなかで神経堤細胞はきわめて重要な役割を演ずるが、それをサポートするのは他の組織・細胞群である。このような組織間相互作用を主体とした発生プログラムは、脊椎動物特異的なファイロタイプを土台として成立しているものであり、たとえ基本的な組織構築において同様のパターンを備えていても、原索動物にはこのような形態構造を発生する能力はない。

第6章　骨格系の分類と進化的新規性

"Is histological development as complete a test of homology as morphological development"

Huxley（1864），p. 296

　脊椎動物の骨格系は取り扱いやすい対象だが、発生機構と形態学的相同性にまつわる概念的乖離は明らかであり、形態的同一性が本来的に要素還元的手法を拒む、そのやっかいな性質も露呈している。これらは、いくつかの異なった階層や文脈において生ずる困難さであり、それを考察するうえでの骨化、骨組織、骨格系のそれぞれについての概念的整理がまだなされているとはとうてい言い難い。以下では、前章において解説の充分でなかった部分を補完し、同時に過去10年間に報告された新しいいくつかの研究成果も取り上げつつ、包括的、かつ詳細な考察を試みる。

6.1　骨と骨化の分類

　脊椎動物の骨格系は歴史的には、個体発生上それが直接骨として発生するか（膜性骨）、あるいは軟骨により前成するかという様式により分類され（Nesbitt, 1736; Arendt, 1822）、それは進化的な分類としての内骨格と外骨格の認識よりも前にあった（図6-1）。軟骨性骨では、骨表面で付加的に骨化が生ずるだけではなく（periosteal ossification）、軟骨塊も血管の侵入に続いて骨化し（endochondral ossification）、後者の過程の存在において外骨格とは大きく異なる（図6-2）。この骨化様式の相違が進化を通じて保守的であろうと考えたのがHuxley（1864）であり、彼は、"*it is highly probable that, throughout the vertebrate series, certain bones are always, in origin, cartilage bone, while certain others are always, in origin, membrane bone.*" と述べた。やはり保守的と思われがち

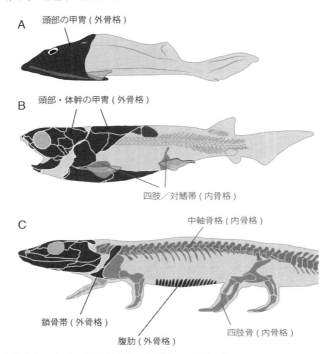

図 6-1 脊椎動物における頭部外骨格（甲冑）の変遷。(Hirasawa and Kuratani, 2015 より改変) 原図は平沢達矢による。

なのが、骨格要素とそれをもたらす細胞系譜の関係である。すなわち、外骨格は常に神経堤に、内骨格は中胚葉に起源するという類の先入観である。ここでは、発生上の細胞系譜と解剖学的構築、そして比較形態学的な構造の分類体系が一列に並べられている。が、このような単純な図式は実際成立しない。では、進化のなかで実際には何が保存され、そしてそれに基づいて骨格進化のパターンとプロセスを発生学的文脈からどのように読み解いてゆけばよいのか、それが問題となる。

（1）比較形態学的考察──外骨格と内骨格

外骨格と内骨格は、純粋に系統発生上の連続性から形態的相同物として認識され、組織発生過程や細胞系譜とは本来関係ない（Patterson, 1977；Hirasawa and Kuratani, 2015；図 6-1、表 6-1）。とはいえ、たしかに内骨格は軟骨で前成し

表 6-1 脊椎動物における外骨格と内骨格の分類。主として Patterson（1977）に基づく。

	骨	例
内骨格	軟骨性骨（cartilage bone） 膜性骨（membrane bone）	中軸骨格（肋骨含む）、四肢の骨格 真骨魚類の椎体、種子骨、アシナシトカゲの眼窩蝶形骨など
外骨格	皮骨	頭蓋冠の諸骨、下顎骨、鎖骨、腹骨、魚類の鱗、オステオダームなど

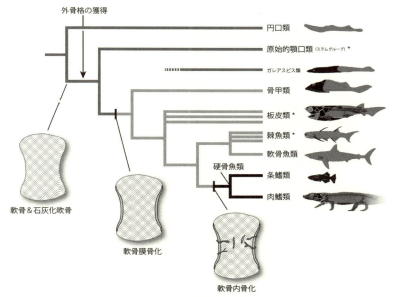

図 6-2 脊椎動物内骨格骨化過程の進化。内骨格は当初、軟骨として得られ、軟骨膜骨化が生じ、次いで軟骨内骨化が獲得された。（Hirasawa and Kuratani, 2015 より改変）原図は平沢達矢による。

（図 6-2 ; Patterson, 1977）、もっぱら中軸骨格と四肢の骨格からなり、そこに付着する骨格筋とともに、体のなかに深く埋もれている（図 6-1）。しかし、内骨格に由来した肋骨でも、カメ類の背甲に見るように、二次的に体の表層に浮上したものもある（Hirasawa et al., 2013）。かくして、カメ類の肋骨は、いわば「露出した内骨格（exposed endoskeleton）」と呼ぶべきであり（Hirasawa and

Kuratani, 2015)、同様の例は手足の末節骨（ungual）の遠位端にも見られる。したがって、それが外骨格であるか内骨格であるかを見極めるためには、個々の動物の成体を観察するだけでは不充分なことがある（組織学的にいかに外骨格に似ていようと、外骨格はそもそも組織学的に定義できない）。とはいえ、個体発生上の特徴が内骨格を定義するわけでもない。むしろ、内骨格と外骨格は進化を通じて明らかとなる形態学的な素性である（図 6-1；Hirasawa and Kuratani, 2015）。

　実際、軟骨性骨要素として出現しながら、進化の過程で膜性骨（intramembranous bones）になった例があり、アシナシトカゲ類（Amphisbaenia）の眼窩蝶形骨（orbitosphenoid）は、他の羊膜類の軟骨頭蓋における同名の軟骨性骨原基と相同でありながら、膜内骨化（intramembranous ossification）により発生する（Bellairs and Gans, 1983）。パターソン（Patterson, 1977）はこのような骨を「膜骨（membrane bones）」と呼び、皮（蓋）骨と区別した。これに従うなら、内骨格は軟骨性骨と膜骨からなることになる。一方、外骨格は皮骨からなり、原始的な脊椎動物に見る骨性の甲冑（dermal armour）に起源し、もともとエナメロイドや象牙質（dentine）に覆われていた。祖先的脊椎動物においては、外骨格はその名の通り体の表層を覆っていたが、ヒトの鎖骨や下顎骨（＝歯骨）に見るように、骨格筋の深層に見いだされる場合がある。これらは、「沈み込んだ外骨格（sunken exoskeleton）」である（Hirasawa and Kuratani, 2015）。

　おそらく、沈み込む途上にあると思われる外骨格要素のひとつが、腹骨（gastralia）である。これは多くの爬虫類の系統に見られる棒状の骨の複合体で、現生の動物ではワニ類やムカシトカゲに見られる（カメ類の腹甲も腹骨に起源するらしい）。化石記録からすれば、祖先の腹骨はたしかに体表にあったらしい（Claessens, 2004）。しかし、通常の外骨格要素が発生上体表に発するのに対し、腹骨は最初から腹直筋に近い深度に凝集した前駆細胞から作られ、やがて腹直筋と接して筋膜層に位置する（Hay, 1898；Voeltzkow and Döderlein, 1901；Hirasawa and Kuratani, 2015）。この理由から、ヘイ（Hay, 1898）は腹骨を特に筋膜骨（fascia bone）と呼び、その考えを受け継いだフェルカー（Völker, 1913）やツァンガール（Zangerl, 1939）は、外骨格要素のなかに、表層に発する epithecal elements と深層に発する thecal elements を区別した。この分類は、ホルムグレン（Holmgren, 1940）の「delamination theory」、すなわち、「内骨格と思われているもののいくつかが外骨格要素の二次的なシフトによってもたらされた」という考えを想起させる。が、実際のデータのなかにそれに相当する例はない、

つまり、進化を通じ、内骨格と外骨格の区別は不変らしい（Patterson, 1977）。発生上、内骨格要素と外骨格要素が融合する例はあり、カメ背甲における肋板と外縁の皮骨、哺乳類の軟骨性のツチ骨原基と皮骨である擬骨（goniale）の融合などがそれにあたる。が、発生過程においてはそれら骨要素の本来の素性は独立した骨化点として見られる（哺乳類の肩甲骨に擬鎖骨——cleithrum——が融合しているという考えもある；Broom, 1899；Matsuoka et al., 2005）。

特定の骨格要素の起源が、祖先の内骨格と外骨格のどちらに求められるのか不明なこともあり、とりわけ進化的新規形質に付随した骨格要素にそのようなものが多い。また、筋肉の腱に付随する「ossified tendon（Organ, 2006）」や「種子骨（sesamoid bones）」のような新しい骨がいくつかの動物系統に知られ（Organ, 2006）、新規の骨は病変としてもしばしば現れる。スミス（Smith, 1974）は後者を皮下骨（subdermal bones）と呼んだが、パターソンはこれを内骨格要素としての膜性骨と見なしている。系統特異的な内骨格要素の例としては、真獣類に見られる陰茎骨（baculum）がある（Smirnov and Tsytsulina, 2003）。それ以外の哺乳類がもつ上恥骨（epipubic bones）もあり、かつて陰茎骨が上恥骨より進化したというシナリオも問われたが（Jellison, 1945）、後者は現生真獣類の進化において二次的に失われたらしい（Novacek et al., 1997）。両者とも系統特異的にもたらされた内骨格要素である。

また、新規の外骨格要素も知られる。前歯骨（predentary）や「rostral bones（角竜に特異的）」がその例である（Sereno, 1999；Zhou and Martin, 2011）。加えて、体表を覆う「オステオダーム（osteoderms）」は脊椎動物の進化において幾度も生じた（Hill, 2005, 2006；Vickaryous and Sire, 2009）。これは、系統樹の上で非連続的に分布する構造であるがゆえに一次相同物（primal homologues）ではないが、その多くが同じ分子発生的機構のもとに発生し、それゆえ、いわゆる潜在的相同性（latent homology）を示し（Vickaryous and Sire, 2009）、それが平行進化の基盤となったとおぼしい（Hill, 2006；Vickaryous and Sire, 2009）。

（2）組織発生学的考察——軟骨内骨化と膜内骨化

内骨格の発生には軟骨原基が伴う（図6-2）。一方、外骨格要素は膜内に直接に発生する。しかし、内骨格のなかには膜内に発するものもあり、さらに、外骨格要素にも軟骨を伴いつつ骨化するものがある。比較形態学的には、祖先において軟骨性に骨化する要素として現れた骨格が、派生的な系統において二次

的に膜内骨となりうる（Bellairs and Gans, 1983）。一方、外骨格においては二次軟骨（secondary cartilage）、あるいは偶発的軟骨（adventitious cartilage）と呼ばれる組織が発生途上の膜内骨化点周辺に生ずる（Patterson, 1977 ; Bailleul et al., 2012）。二次軟骨は、哺乳類や恐竜における皮骨間の可動関節、鎖骨、歯骨、鱗状骨、翼状骨、前頭骨、頭頂骨、シカの枝角に知られ、他の軟骨（primary cartilage）と組織学的、組織化学的な差異はない。体幹における皮骨性甲冑でも、同様な軟骨が関与する（板歯類；Scheyer et al., 2007）。また、骨折後の治癒過程で硬結軟骨（callus cartilage）が作られるが、これも偶発的軟骨に含められる。ド＝ビア（De Beer, 1937）のいうように、組織発生学的過程における軟骨の関与、あるいはその有無は、進化的に変化しうるのである。

軟骨原基を経て骨化する内骨格要素の発生には、軟骨内骨化と膜内骨化過程の両者が関わる。このうち後者が骨膜骨形成（periosteal bone formation）を特徴づけ、軟骨膜骨化（perichondral ossification）においては、軟骨を包む軟骨膜（perichondrium）/骨膜（periosteum）から骨芽細胞（osteoblasts）が分化し、それが骨膜のなかに類骨（osteoid）を分化する。カメ背甲における肋板では、骨膜が外側へ広がりそのなかで骨芽細胞が骨梁（bony trabeculae）を成長させる（Hirasawa et al., 2013）。軟骨内骨化においてもやはり骨芽細胞が軟骨膜のなかに分化し、それが軟骨のなかへ移動し、そこで骨化点を形成するらしい（Maes et al., 2010）。化石を用いた組織学的研究では、軟骨膜骨化は現生顎口類と骨甲類（osteostracans）からなる系統で見られ、一方、ガレアスピス類に見られる内骨格は石灰化軟骨（calcified cartilages）にすぎない（Wang et al., 2005）。軟骨内骨化の獲得は硬骨魚の系統で起こり、したがってそれは軟骨膜骨化過程よりも新しい形質であるという（Donoghue and Sansom, 2002）（注）。

現生硬骨魚類における頭蓋の外骨格要素は、骨芽細胞は真皮中の間葉の凝集より分化する。この過程において骨芽細胞は特殊な細胞型（軟骨細胞様骨芽細胞――chondrocyte-like osteoblast）へと分化するが、これは骨形成、軟骨形成の両者に関わる遺伝子発現レパートリーを示す（Abzhanov et al., 2007）。一方、体幹に見られる、いわゆるオステオダーム（外骨格要素）も真皮に発するが、こ

注：骨化過程の進化と対鰭（胸鰭）の獲得が、骨甲類（セファラスピス類）と現生顎口類の類縁性の主たる根拠である。同時にそのことは、ガレアスピス類の系統的位置を理解困難なものにしている。というのも、頭部の解剖学的形態を見る限り、無顎類のうちで最も現生顎口類に近い状態を示すのがこのガレアスピスなのである（第10章に詳述）。

れはおそらく表皮との相互作用に依存するものである。たとえば、アルマジロのオステオダームは、真皮の間葉細胞から分化する骨芽細胞に由来し、その形態的パターンや方向性は表皮のそれとパラレルである（Vickaryous and Hall, 2006）。ワニのオステオダームは鱗板の keel 直下に形成され、この過程で骨芽細胞は観察されない（Vickaryous and Hall, 2008）。

　ある種の魚類では、外骨格要素にエナメロイドや象牙質が付随し、歯牙形成と同質のものを多く含む（Sire *et al.*, 2009 に要約）。この層は原始的な硬骨魚の系統に広く分布し、これと同様のものは軟骨魚類にもある。後者はおそらく、原始的な顎口類（板皮類）に存在していた鱗板に由来し、二次的に骨質が失われたものである（Romer and Parsons, 1977）。つまり、顎口類の外骨格はそもそも骨として獲得されたらしい。*Bothriolepis* など、原始的な板皮類を観察した最近の研究によると、歯牙的組織構造は、必ずしも脊椎動物の祖先の外骨格に常に付随するものではなかった（Downs and Donoghue, 2009 ; Giles *et al.*, 2013）。このほか、際立った骨形成としては、「異形成的骨形成（metaplastic bone formation）」がある（Haines and Mohuiddin, 1968）。これは、すでにできあがっている組織構造が直接に（異形成——metaplasia——を通じて）骨に置き換わるもので、露出した内骨格や外骨格が真皮中のコラーゲン線維を取り込み、そのなかに発生した異形成的骨組織を含む（Scheyer *et al.*, 2007, 2008 ; Witzmann, 2009 ; Hirasawa *et al.*, 2013）。

　以上に基づき、脊椎動物における組織学的骨化過程を比較すると、以下のようなシナリオを描くことができる。骨甲類（Ostestraci）の分岐以前の原始的な脊椎動物においては、内骨格は純粋に軟骨のみからなり、ときにそれが石灰化軟骨となった。骨甲類や板皮類において初めて骨化した内骨格が現れ、これらの動物は内骨格、外骨格ともに膜内骨化を経、内骨格は軟骨周囲に生じた骨組織のみが見いだされた。軟骨内骨化を最初に獲得したのは原始的硬骨魚であり、骨組織が軟骨内部にまで見いだされるようになった。続く進化の過程で、内骨格のあるものは二次的に軟骨性の骨化過程を喪失し、狭い意味での膜骨となり、逆に外骨格要素が新しく二次軟骨を付加することがあった。外骨格は、歯牙系に見られる層構造を伴うことがあるが、これが祖先的状態を示すものなのか、あるいは派生的なものなのかについては議論は分かれ、組織学的データのみから結論を導くことはできない。古典的な解釈とは異なり、脊椎動物の原始的な祖先が骨組織のみからなる外骨格をもっていた可能性もある。

（3）発生と細胞系譜——中胚葉か神経堤か

　発生学的には、骨格系をもたらす細胞系譜が2種（中胚葉と神経堤細胞）存在する。外胚葉に由来する間葉細胞（ectomesenchyme）が頭蓋形成に関わることを最初に見いだしたのはプラット（Platt, 1893）であり、このことはのちにド＝ビア（De Beer, 1958）が、フォン＝ベーアの「胚葉説（germ layer theory ; von Baer, 1828）」に対する反例として用いた。すなわち、組織学的に差異のない構造（骨、軟骨）が、発生上別の胚葉から発することが明らかとされたのである。それ以前は、相同な構造が、発生上同等のパターンとプロセスで得られるとされ、加えて、中胚葉と間葉（間充織）はとりわけ無脊椎動物まで含んだ比較動物学の領域では、同等の概念として用いられていた。すなわち、外胚葉と内胚葉という一次胚葉の隙間に、間葉上の充塡として中胚葉という二次胚葉が現れ、間葉系の組織をもたらしたと考えられた。

　頭蓋の大半が神経堤に由来することは広く認められている（図5-33 ; Le Douarin, 1982 ; Noden, 1988 ; Kuratani, 2005b に要約）。これは単なる組織学的観察だけではなく、主として両生類胚、鳥類胚を用いた実験発生学的な細胞標識、最近ではトランスジェニックマウスやゼブラフィッシュを用いた細胞系譜の追跡を通じて確認され（Hall and Hörstadius, 1988 ; ならびに Hall, 2005 に要約）、さらにヤツメウナギ胚においても確かめられている（McCauley and Bronner-Fraser, 2003 ; Kuraku *et al.*, 2010）。頭部の骨格系が2種の細胞系譜を用いて作られる現象について、理解の基盤となる考え方は、神経堤のうちでも前方のもの（頭部神経堤）だけが特異的に骨格形成能をもち、対して後方のそれ、すなわち体幹神経堤がより限られた細胞分化のレパートリー、すなわち色素細胞と末梢神経のみを分化すること、そして二次的に神経管の前方部が前脳として肥大したときに、脊索の前方において（中胚葉の存在しない領域で）神経頭蓋を新しく作る必要に迫られたこと、咽頭弓において独特の骨格形成を行う必要があったという機能論である（Le Douarin, 1982 ; Hall, 1999 ; Lee *et al.*, 2013a, b ; Shimada *et al.*, 2013）。かくして、頭部神経堤細胞は現生顎口類の内臓骨格のほぼすべてと神経頭蓋の一部を形成する（Noden, 1988；要約は Kuratani, 2005b を）。しかし、その進化的理解については立ち入った議論が必要になる。すなわちなぜ、神経堤は、頭部においてのみ骨格組織を分化できるのか。これには2つの仮説がある。まず、

1. 神経堤は胚体の全域においてそもそも骨格形成能をもっていた（あるいは二次的に獲得した）が、体幹においてはそれが失われた。そして、
2. 神経堤が骨格形成能を獲得したとき、それは最初から頭部（に加え肩帯予定域？）でのみ生じた、というシナリオである。

　神経堤細胞が潜在的に骨格形成能をもちながら、場所に応じてそれが抑制されるという説明は、進化的解釈としては仮説1と整合的である。逆に、仮説2のような考えは、神経堤がそもそも骨格を作ることのできる場所に制約があり、それが脊椎動物の形態進化にとってある種の発生拘束となってきた、という解釈と結びつく。いずれも、進化的時間の流れと個体発生上の時間の流れ、あるいは発生と進化それぞれにおける論理に平行性を見る方針が考察に影響し、カメの甲羅や真骨魚類の鱗の発生の研究とも関係するものである（後述）。
　一方、比較形態学においては、頭蓋を3つの機能的コンポーネントに分けて扱うことが一般的であり（頭蓋の一次構築プラン：図5-1；Goodrich, 1930a；De Beer, 1937；Portmann, 1971；Jarvik, 1980；Moore, 1981；Hanken and Hall, 1993；Kuratani, 2005b）、具体的な形状はその二次的変更と解される。たとえば、皮骨要素の発達した部分では、多くの脊椎動物の軟骨頭蓋に見るように内骨格性の頭蓋壁が機能を失い、退化傾向にあり、それは頭蓋冠において著しい。また、神経頭蓋の頭蓋底がすべて頭部中胚葉に由来するわけではないことは記述した（Couly et al., 1993；McBratney-Owen et al., 2008；Wada et al., 2011；要約は Kuratani et al., 2013）。梁軟骨が二次的に拡大した前脳の床を作り出したという考えは、実験発生学が可能になる以前よりあり（De Beer, 1937；Kuratani, 2012；Kuratani et al., 1997a, 2013 に要約）、さらに（円口類以外では）傍索軟骨の中央から後方にかけての部分は頭部中胚葉ではなく、体節に由来する後頭骨（occiital）からなるため、軟骨性神経頭蓋といわれている部分には発生上素性の異なる3種の細胞系譜が参与することになる。この内骨格としての神経頭蓋の組成は、すべての現生顎口類において保守的であり、脊椎動物の神経頭蓋の、一種の到達点と見ることができる（第10章）。が、系統樹の上で保存されたこのような形態学的パターンも、皮骨頭蓋、すなわち外骨格要素に関しては混沌とした様相を呈している（後述）。

（4）皮骨頭蓋

　皮骨頭蓋、とりわけ頭蓋冠（calvarium）の発生に関し、研究者や扱う動物種

により発生学的起源について異なった結果が得られている。これは、頭蓋底における神経堤、ならびに中胚葉に由来する領域の境界がおおむね一定していることと比べ、興味深い傾向である。ノーデンが示したところでは、鳥類頭蓋冠ではその前方部のみが神経堤に由来し、後方部分は中胚葉に由来していた (Noden, 1978a, 1982, 1983b, 1984)。その境界は前頭骨（frontal）中央にあり、したがって、通常の解剖学名称に従う限り、ニワトリの前頭骨は2種の細胞系譜をその起源としてもつことになる（前頭骨の相同性については、Gross and Hanken, 2005, 2008a, bを見よ）。同様のデータはル＝リエーブル (Le Lièvre, 1978) によっても得られ、トランスジェニックゼブラフィッシュを用いた実験でも同様の結果となっている (Kague et al., 2012)。加えて、ノーデンらはレトロウィルスを用いた細胞標識においても類似の結果を得た (Evans and Noden, 2006)。しかし、クーリーらは1993年の論文で (Couly et al., 1993)、頭蓋冠に見るすべての皮骨要素が（それを覆う真皮の間葉とともに）神経堤より由来すると結論している (Le Douarin and Kalcheim, 1999 も見よ)。同じ動物種（キジ目の鳥類）を用いながら、なぜ異なったデータがもたらされたのか、これまで説明されたことはない。ここには、神経堤以外の組織や細胞が移植片に混入していた、あるいは移植実験後、正常な発生が阻害されたなどのさまざまな要因が関わるのであろうが、それを明確に検証する作業も行われてはいない。

　クーリーらによるデータが一時的に広く受け入れられたことは確かである。それは、「頭蓋冠の皮骨がすべて神経堤に由来する」という結論が、とりわけ古生物学など、胚を直接に扱わない他分野の研究者に受け入れやすかったという傾向も手伝っていたとおぼしく、さらにそれは、「外骨格は神経堤に由来する」という短絡をも導いた。もとより、頭蓋冠以外の皮骨要素のほとんどは内臓系のもので、これらが神経堤に由来することは確からしい。ならば羊膜類を見る限り、皮骨＝神経堤という図式にあと一歩である。そして体幹では、中軸内骨格＝中胚葉（これはほぼ正しいと昔から考えられてきた）、外骨格＝神経堤と、概念拡張が進行してもおかしくはなく (Le Douarin and Dupin, 2012)、実際にそれが進化発生学の黎明期に多くの非専門家の間で、脊椎動物の骨格系を説明するシンプルな基本設計図としてもてはやされた。

　これに拍車をかけた要因がもうひとつある。神経堤の前後軸上での特異化に関する理解がそれで、神経堤細胞は以前考えられていたように、その移動前から発生位置に応じて（頭部、体幹という区分に応じて）分化方向がすっかり決定されているわけではなく、むしろ、ある程度可塑性をもつ（この見解は、神経

堤細胞の細胞自律性を軽視しすぎている)。すなわち、体幹の神経堤も異所的に頭部へと移植されれば、それは骨格形成能をある程度獲得する (McGonnell and Graham, 2002；同様の古典的研究としては Nakamura and Le Lievre, 1982；カメの甲の進化を説明するために行われた実験については Cebra-Thomas *et al.*, 2013 を参照)。すなわち、体幹の神経堤細胞は正常の発生環境下において骨格形成能が抑制され、別の環境下においてはそれを発現するという。このような理解が手伝い、20 世紀末から 21 世紀初頭にかけて、頭蓋冠の皮骨要素のみならず、真骨魚類の骨鱗、鰭条骨 (lepidotrichia) (注)、骨甲類や板皮類の甲冑 (頭部から肩帯にかけて存在する) に至るまで、すべての外骨格が神経堤に由来すると考えられがちであった。このゆきすぎた単純化は、カメに存在すると信じられていた背甲表層の皮骨要素が神経堤に由来するという予想をも生み出した (実際のカメの背甲は、このようなプロセスだけで説明しつくすことはできない；後述)。つまり、ノーデンが当初、背腹に二極化していると考えた神経堤と中胚葉の分布が、体幹では内外に二極化しているとされたのである。

しかし、実験発生学と発生生物学の技術的進歩が、上のような単純化をかろうじて押しとどめている。たとえば、嶋田らはメダカ胚を用い、真骨魚類の鱗が神経堤ではなく、中胚葉に由来することを示し (Shimada *et al.*, 2013)、トランスジェニックゼブラフィッシュを用いたいくつかの実験でも類似の結果が得られている (Lee *et al.*, 2013a；Mongera and Nüsslein-Volhard, 2013)。ただし、硬骨魚の体幹の外骨格要素のあるもの (真骨魚類における尾鰭と背鰭の鰭状骨、カメ類の腹甲) が神経堤に由来すると考える研究者もまだいる (Cebra-Thomas *et al.*, 2007, 2013　Kague *et al.*, 2012)。さらに、体幹神経堤細胞は ectomesenchyme として骨格に分化することはなく (Lee *et al.*, 2013b)、発生途上の頭部において骨格形成の潜在的能力をもつのみだともいう (McGonnell and Graham, 2002)。このような実験と、板皮類の化石記録 (Downs and Donoghue, 2009；Giles *et al.*, 2013) を総合すれば、体幹において中胚葉が外骨格を分化していたのはそもそも顎口類の原始形質であり、以前考えられていたように体中に歯牙様の外骨格

注：lepidotrichia は、Jarvik (1959) によると "lepidotrichia of teleostomes are modified scale-raws" と述べられ、外骨格とされていたが、Patterson (1977) は、lepidotrichia の表面に鱗が発達することを取り上げ、それに疑問を呈した。Shimada ら (2013) による真骨魚類の lepidotrichia の発生研究、およびアザラシの鰭にある結合組織の研究から推測すると、lepidotrichia は薄い隙間に細胞が入り込んで作られる内骨格である可能性が高い。また、鰭竜類や魚竜で指節骨のアイデンティティが消滅しているのもこれと関係するのかもしれない。

組織を発達させる傾向は、いくつかの系統で独立に起こったらしいと考えられる（Reif, 1982）。以上より、皮骨頭蓋における神経堤部分と中胚葉性の領域の境界線は頭蓋のいずれかの部位に求められそうである。しかし、見解が一致するのはこのレベル止まりであり、厳密にどこに線を引くかという段になると、実験手法、動物種、研究者により結果が異なり、頭蓋冠の皮骨の発生学的由来についての理解は混乱を極めている。比較形態学の歴史において、相同性の確立が最も困難であった頭蓋冠の皮骨の謎は、発生学的知見が加わった分だけ倍加したといって過言ではない（皮骨の形態学については Jollie, 1981 を、発生学的混迷については Gross and Hanken, 2008a, b を参照）。

　トランスジェニックマウスを用いた実験（Chai et al., 2000；Jiang et al., 2002；Yoshida et al., 2008）では、鼻骨、前頭骨、そして奇妙なことに間頭頂骨が神経堤に由来することが示され、この結果は中胚葉を標識したトランスジェニックマウスのパターンと相補的であっただけでなく（Yoshida et al., 2008）、ノーデン（Noden, 1978a, 1982；Evans and Noden, 2006）やル＝リエーブル（Le Lièvre, 1978）が鳥類胚を用いて得た結果とも類似する。もし鳥類における前頭骨と頭頂骨が誤って同定され、間頭頂骨が鳥類に存在しないならば、マウスと鳥類における実験結果は同一となる。常につきまとうのは、形態学的に相同な骨格要素がどの動物においても同じ細胞系譜に由来するであろうという予測である。ここにさらに、二重の希望的観測が手伝っている。その第1は、脊椎動物に共通の皮骨要素のパターンがあり、それが原則的にはすべての脊椎動物において多少の変形を伴いつつ保存されているべきだという予想であり、この考えはゲーテ（Goethe, 1817）やヴィク・ダジール（Vicq-D'Azyr, 1779）によるヒトの前上顎骨の発見にはじまり、原型論的なモデルを求めたジョフロワ、キュヴィエ、ハクスレーなどの系譜の上にある（歴史的総説は Jollie, 1981）。いまひとつは、多かれ少なかれ形態学的相同性と相関した細胞自律的な発生機構があり、皮骨のパターンが神経堤や頭部中胚葉に書き込まれているのであろうという観測である。そのような傾向が神経堤細胞に存在することはこれまで幾度か示された（Noden, 1983b；Rijli et al., 1993；Couly et al., 1998；Schneider and Helms, 2003）。が、それとても、完璧に正しいわけではない（Noden, 1978a；Couly et al., 2002）。いずれ、頭蓋冠の皮骨発生に関わる問題は、われわれの形態学的認識と発生学的機構の間に横たわる、大きな溝の存在を示している。

　問題はさらに深刻かもしれない。もし、神経堤/中胚葉の境界線にまつわる不一致が、過去の比較形態学的な命名における誤謬に発するなら、それさえ糺

せば問題は解決する。ところがそうは問屋が卸さない。ハーバード大のジェイムズ・ハンケン（James Hanken）と彼の共同研究者が無尾両生類を用いて示したように、形態学的パターンと整合的な確固とした発生機構を求めること自体が不可能かもしれないのである（Gross and Hanken, 2008）。初期咽頭胚における３つの頭部神経堤細胞集団（三叉神経堤細胞、舌骨神経堤細胞、囲鰓堤細胞）が顎弓、舌骨弓、後耳咽頭弓をそれぞれ充填し、各咽頭弓から由来する形態学的繰り返し構造を伴った骨格要素のオリジンが、細胞移動前の上皮性神経堤の前後軸上にマップされる——と、教科書的には説明され、頭蓋冠の皮骨要素もまた、基本的にはこの同じ図式の上に乗るものと期待される（Olsson and Hanken, 1996）。そして、形態学的に相同な皮骨要素なら、相対的に同じ前後軸レベルに位置する神経堤に由来すると考えたくなる。が、カエルにおいてはそうではなく、明らかに相同な骨格要素が他の動物とは比較不可能な細胞系譜に由来するのである（Gross and Hanken, 2005, 2008b）。

　たとえば、無尾両生類（*Bombina orientalis*）であっても、幼生（オタマジャクシ）の軟骨頭蓋においては、羊膜類におけるように神経堤細胞集団の前後関係と軟骨要素の前後関係にはある程度の一致が見られる（Olsson and Hanken, 1996 ; Olsson *et al.*, 2001 ; Hanken and Gross, 2005 ; ただしこの動物では、不可解にも梁軟骨相当領域が第２弓を充填する神経堤細胞に由来するという結果が報告されている。梁軟骨板——trabecular plate——と呼ばれるそれは、たしかに内頸動脈孔の前方に広がり、羊膜類の梁軟骨に相同と思われる）。この前後関係は、鰓弓筋についても同様で、咽頭弓それぞれに由来する内臓骨格要素には、その咽頭弓に由来する筋肉が付随する。きわめて分節論的な発生予定地図である。皮骨頭蓋については変態後にしか観察できないが、*Xenopus* では、前頭頭頂骨（frontoparietal）と呼ばれる皮骨要素の前方部が三叉神経堤細胞、中央部が舌骨神経堤細胞、後方部が囲鰓堤細胞に由来するという（Gross and Hanken, 2005 ; Hanken and Gross, 2005）。この発生予定地図は、形態の前後関係については整合的で、単一の皮骨のなかに発生の由来を異にする区画が存在することも示しているが、中胚葉成分が皮骨のなかに見られないという点で、ノーデンやル=リエーブルのデータとは異なり、むしろクーリーら（Couly *et al.*, 1993）のデータと整合性をもつ。ハンケンらは、実験手技にまつわる微妙な差異（主として移植を行う発生段階）に注意を喚起するほか（Couly *et al.*, 1993 ; Morriss-Kay, 2001 も見よ）、進化的に頭蓋冠における神経堤と中胚葉の境界線が可塑的に移動する可能性を認めている。これは皮骨の形態学的相同性に関わる。ところが、成体無尾両生類

表 6-2 アフリカツメガエル成体における頭蓋要素の発生起源（Gross and Hanken, 2008）。灰色に塗った部分は、一般的な頭蓋の発生学的由来と食い違う。形態要素の名称は、http://bioportal.bioontology.org/ontologies/AAO による。

骨格構造	起源となる神経堤細胞集団
Palatoquadrate	三叉神経堤細胞
Tympanic annulus	三叉神経堤細胞
Meckel's cartilage	三叉神経堤細胞
Planum antorbitale	三叉神経堤細胞/舌骨弓神経堤細胞
Septum nasi (caudal to median prenasal process)	三叉神経堤細胞/舌骨弓神経堤細胞
Septum nasi (median prenasal process)	舌骨弓神経堤細胞
Tectum nasi	舌骨弓神経堤細胞
Solum nasi	舌骨弓神経堤細胞
Alary cartilage	舌骨弓神経堤細胞
Inferior prenasal cartilage	舌骨弓神経堤細胞
Oblique cartilage	舌骨弓神経堤細胞
Planum terminale	舌骨弓神経堤細胞
Pars externa plectri	舌骨弓神経堤細胞
Pars media plectri	舌骨弓神経堤細胞
Pars interna plectri	囲鰓堤細胞
Otic capsule (anterior, within prootic bone)	囲鰓堤細胞
Otic capsule (posterior, within exoccipital bone)	囲鰓堤細胞

（*Xenopus*）の頭蓋冠ではなく、顔面、内臓頭蓋の皮骨、ならびに軟骨要素の発生運命はと見ると、表6-2 に示したように、にわかには信じることのできないデータが報告されている（Gross and Hanken, 2008）。

　すなわち、通常は三叉神経堤細胞の一部、顎前神経堤間葉に由来するとおぼしき、頭蓋吻方に位置する構造の多く（表中において灰色で示した部分。これらは顎骨弓由来物を越えて前方に広がる）が、舌骨弓神経堤細胞に由来する。ハンケンらは、形態学的に定義された分節の前後関係と、神経堤の分布における分節的位置関係の間に乖離があると述べるが、考慮すべき可能性のひとつは、舌骨弓神経堤細胞に由来するとされるいくつかの神経頭蓋要素が、*Bombina* において梁軟骨板を分化した間葉と同じものから発したのではないかということである。おそらく、無尾両生類においては変態時に大規模な神経堤間葉の再編成が生じ、成体における軟骨を形成するための幹細胞が、幼生期の成長過程で本来の発生位置からシフトするのかもしれない。しかし、いまのところ、無尾両生類特異的なこの破格の発生パターンを整合的に説明するためには、この動物系統に限って舌骨弓神経堤細胞が顎前間葉の一部をもたらすという、珍しい派生的変化が生じているという仮説を受け入れることが妥当であろう（そうす

6.1 骨と骨化の分類

れば、たしかにファイロタイプにおいて定まる大局的な位置関係がのちの形態学的パターンの相同性の根拠になるという傾向それ自体については、無尾両生類においてもあてはまることになる)。そして、それはおそらく幼生の形態を作り出すための胚発生期に生じているものと思われる。

このように、無尾両生類においては胚のパターン、細胞系譜、成体における解剖学的形態が極端に乖離している。問題はもはや、皮骨頭蓋要素に限らない。神経頭蓋に神経堤と中胚葉に由来する二部があるといっても、その神経堤要素が他の脊椎動物のものとまったく別の集団であれば、それは直接に比較できないといわざるをえない。それでもあえて、形態学的相同性の根拠を何らかの発生上のイベントやパターンに求めるのであれば、それはせいぜい、特定の骨格要素の形成に関わる局所的な胚環境に見いだされようか、しかも後期発生過程における……。これに関して思い出すのは、スナイダー (Schneider, 1999) による、ニワトリ胚における中胚葉性間葉と神経堤間葉の交換移植実験である (既述)。他にも、骨格要素の形態学的アイデンティティを発生上成就するにあたっての胚環境、あるいは局所的な細胞間相互作用の重要性を明らかにした研究はいくつか存在する (Schowing, 1968；Noden, 1978a；形態学的視点からの要約としては Jarvik, 1980 を)。つまり、形態学的相同性として保存されたパターンの実体 (Wagner, 2007 いうところの Character Identity Network：ChIN) はつまるところ胚環境にこそ存在し、皮骨頭蓋に見る神経堤と中胚葉のように、形態学的相同性と細胞系譜が半ば遊離し、互いに進化的に移り変わる、もしくは移動するという可能性を見なければならないのである (が、それを証明する実験はまだ行われてはいない)。

皮骨頭蓋要素の形態学的相同性と、発生上の由来に関する混迷の背景には、おそらく以下のようなシナリオがありうる。すなわち：

① 皮骨頭蓋のパターンについて形態学的相同性を司る仕組みと、皮骨頭蓋を間葉から分化させる仕組みは、発生、進化上互いに遊離しており、一方は他方の変化なしに変更することができる (一種の developmental system drift 説)。
② 皮骨頭蓋要素のパターンの祖型は原始的な顎口類のいずれかの動物において獲得され、それは現在でもある系統に残るが、他の系統においては二次的に大きく変化し、皮骨頭蓋要素の融合、消失、新たな追加などが形態学的比較を著しく困難にしている。

③　皮骨頭蓋は本来神経堤に由来し、頭蓋腔の拡大に伴う頭蓋冠の拡張にあたって、系統ごとに独自の方法で新たに中胚葉性の要素が追加した。そのためいくつかの骨要素について相同性を決定することができない（この場合、頭頂骨は祖先には存在しなかった要素であり、同等な位置を占める同名の骨要素が系統間で互いに相同ではない可能性が生ずる）。

④　皮骨頭蓋冠はそもそも中胚葉に由来し、頭蓋腔の拡張に際して神経堤由来の要素が、各系統において独自の方法で挿入された（神経堤に由来する哺乳類の間頭頂骨等はそのような要素として認識できるかもしれない：間頭頂骨の相同性や発生的由来については注を）。

⑤　皮骨頭蓋冠はそもそも脊椎動物のボディプランのなかで、最も変異に富む、相同性の不安定な形態素の集合体であり、皮骨要素の相同性を保証する発生拘束はそもそも、低次レベルでのタクサ内でしか作用しない（たとえば、Westoll, 1949；White, 1966；Thomson and Campbell, 1971）。したがって、脊椎動物全体に通用する皮骨の相同関係は期待できない。

⑥　中胚葉性の皮骨要素はそもそも側線系と対応して生じ、それ以外の要素は神経堤に由来した。

⑦　側線系に由来した祖先的皮骨頭蓋要素のセットは、側線系の消失とともに四肢動物においては失われ、もっぱら神経堤細胞を用いて、系統ごとに独特の方法で再編成された。

これらは、互いに相反するものではないが、そのどれについても確実に証明されたり反駁されたことはない。

　形態学的同一性と細胞系譜の乖離は、頭蓋以外の骨格系においても生じており、肩帯の分化における神経堤細胞の参与もそれにあたる（これまでの実験では、羊膜類と無羊膜類の間で顕著な違いが存在する：McGonnell et al., 2001；Matsuoka et al., 2005；Epperlein et al., 2012；Kague et al., 2012）。また、中胚葉の間葉細胞集団の間にも、同様の乖離やシフトがある。すなわち、恐竜の特定の系統から鳥類が進化するいずれかの系統において、翼の指の形態学的同一性を付与する遺伝発生機構が位置的にシフトしたことが知られ、それはニワトリの個体発生過程において繰り返されている（「フレーム・シフト仮説——frame-shift hypothesis」：Wagner and Gauthier, 1999；Tamura et al., 2011；Xu and Mackem, 2013）。これと同質のシフトが、神経堤細胞と中胚葉細胞の間で生じても不思議ではない。では、進化的に固定しているのは、発生パターンと形態パターンのいずれにお

いてであろうか。

（5）間頭頂骨の謎

哺乳類の皮骨頭蓋のうち、長らく謎とされてきたのが間頭頂骨（interparietal）である（図6-3；倉谷，1994a, b, c に要約）。この名をもつ皮骨要素は、他の羊膜類の頭蓋には存在しないが、最近、小薮ら（Koyabu *et al.*, 2012）が比較形態学、比較発生学的観察より、この骨が発生上横に並ぶ2種4個の骨化点よりなることを見いだし、その内側要素がある種の主竜類（ワニなど）に見られる後頭頂骨（postparietal）、外側の対が板状骨（tabular）に相当するという見解を発表した。一方で、トランスジェニックマウスを用いた解析により、内側の骨化点が特異的に神経堤細胞より由来することも発見されたが（Jiang *et al.*, 2002；Yoshida *et al.*, 2008；他の皮骨性部分については、前方の神経堤由来の要素と後方の中胚葉由来の領域の境界が、前頭骨と頭頂骨の間に見いだされる）、なぜこの骨化点だけが居囲の中胚葉性の皮骨のなかで「離れ小島」のように神経堤由来となっているのか、そして、形態学的にそれと相同であるとおぼしい爬虫類の後頭頂骨がやはり神経堤に由来するのかどうかについては知られていない。また、これに関し、哺乳類のなかには間頭頂骨を欠くグループもあるが、そのなかには大後頭孔を縁取る上後頭骨が欠失し、間頭頂骨が上後頭骨のように見えているという場合が可能性としてはありうる（例：*Suncus, Sus*；小薮未発表所見、2013）。いずれにせよ、神経堤性の皮骨である間頭頂骨の一部、もしくは一部の羊膜類に見られる後頭頂骨が、羊膜類の派生的形質であるのか、あるいはクーリーらの示したように、頭蓋冠の皮骨成分が本来的にすべて神経堤からなり、二次的に（おそらくは頭蓋腔の拡張に適応するために？）頭頂骨が中胚葉性の成分として二次的にもたらされた際、後方に取り残された部分が間頭頂骨として現れているのか（Couly *et al.*, 1993）、さまざまな可能性がまだ残されている。

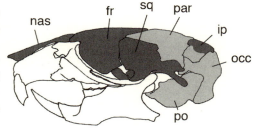

図 6-3 マウスにおける頭蓋冠諸骨の発生的由来。神経堤由来の骨要素は濃い灰色、中胚葉由来のものは薄い灰色で示した。間頭頂骨（ip）が神経堤に由来することに注意。（Gross and Hanken, 2008a に基づく。Hirasawa and Kuratani, 2015 より改変）

（6）展望──複雑なパターンを越えて

　皮骨の問題は、相同性の発生学的定義が存在しうるかという、進化発生学にとって重要な課題と密に関連する。その最初の問いかけは、フォン=ベーアによる胚葉説であった。この仮説はまず、組織発生学と、実験発生学の不備に伴う当時の背景と誤解により棄却され、そこには「骨格組織が外胚葉に由来するわけがない」という、比較動物学における経験主義的な先入観が逆に（不適切に）作用していた。神経堤による骨格形成が受け入れられ、それがことあるごとに形態学的コンセプトと不適切なかたちで融合したとき、骨格の進化形態学は「第2の胚葉説」ともいうべき発生スキームを繰り返し援用しては、それが新しいデータにより次々に葬り去られるのを目の当たりにしてきた。あるときは、細胞系譜と骨化様式を（軟骨内骨化、膜内骨化）、またあるときは細胞系譜と骨格系（内骨格、外骨格）、さらには形態的カテゴリー（神経頭蓋、内臓頭蓋、皮骨頭蓋）を対応させ、さらには頭部と体幹の間に不必要に大きな違いを見いだし（神経堤の骨格分化能）、不完全なデータに基づく考えうる限りの単純な定式化が試みられた。そして、脊椎動物のボディプランを統べる法則を、明確な遺伝子発現ネットワークのかたちで、解剖学的構築と整合的に組み上げ、理解できるだろうという期待が常にそこには背景としてあった。

　還元論に根ざした上のような期待は、それがうまくいく限りにおいて便利であった。その典型は、椎式とHoxコードの固定的進化であり（上述）、これは、形態的相同性に下部構造が存在することを示した例のひとつである。さらにデトレフ・アレント（Detlev Arendt）らが明らかにしたように、細胞型の同一性と遺伝子発現プロファイルの対応関係が動物門を越えて保存されるという事実もある。一方で、形態パターンと遺伝子発現パターンが一致しない例は多く（細胞型の進化系統樹すら、細胞系譜とは重ならない）、とりわけ、骨格要素の形態学的同一性は簡単に遺伝子発現や細胞系譜のレベルへと還元することはできないらしい（Ahlberg and Köntges, 2006；Sánchez-Villagra and Maier, 2006；Wagner, 2007；Scotland, 2010）。これについては、少なくとも以下の2点について考慮する必要がある。

　ひとつは、新規形質の獲得とそれに伴う相同性の喪失である。すなわち、発生プロセスが生ずる場所と時間がシフトすること（ヘテロクロニーとヘテロトピー）を通じて新しい遺伝子制御がもたらされ、それによって新しいパターンが創出されれば、そのようにして得られた新しいパターンは祖先に存在していた

6.1 骨と骨化の分類　359

パターンと比較不能になる。第2に、(上の例とは逆に)「発生システム浮動 (Developmental System Drift = DSD)」が生じた場合、発生過程の帰結するパターンが拘束され、それをもたらす発生機構や経路が変異しうる。つまり、解剖学的基本パターンは変えずに、それを作り出す発生機構や用いられる遺伝子セットが勝手に変更するのである。当然、このなかには細胞系譜の変更も数えられる。これら2つが、形態学的同一性と発生機構の対応可能性を無にする主たる要因であり、進化ではこの両者とも生じている。

　ド＝ビア（De Beer, 1958）はかつて、上と類似の文脈において、進化における幼生期の発明を論じた。顕著な例では、アフリカツメガエルやその他の無尾両生類の舌顎軟骨、すなわち中耳において音響伝達機能をもつ小骨、耳小柱（columella auris）が幼生期には現れず、変態を経て初めて出現することが挙げられる（Kotthaus, 1933 ; De Sá and Swart, 1999）。一方、マウスにおいてこれと相同の骨格要素はアブミ骨だが、その原基は胚発生期に第2弓の神経堤間葉から分化し、Hoxa2 の発現を通じて特異化され、かたちを得る（Rijli et al., 1993）。発生のタイミングから推す限り、アフリカツメガエルの舌顎軟骨の発生はおそらく Hox コードといくぶん乖離しており、変態期の形態形成機構とリンクしているらしい。それは成体の解剖学的パターンとしては紛れもなく舌顎軟骨の相同物でありながら、胚発生期においては他の脊椎動物とは別の神経堤細胞集団に由来するようなのである。すなわち DSD は、幼生期の挿入や、変態機構の発明にも用いられている。

　骨格要素の相同性が、必ずしも保守的な発生プログラムとして、あるいはそこに発現する相同的な遺伝子の組み合わせとして表現できないことは認めよう。しかし、相同性の基本概念が構造の相対的位置関係を基盤にするのであれば、保守的な発生「機構」ではなく、保守的な発生「パターン」をもたらす要因が、相同性をもたらす下部構造のひとつでありうる（第11章）。その位置関係が、発生における組織間、細胞間の相互作用や、それによって発動するシグナリングとその下流にある特定のセットの遺伝子発現を約束するなら、なおさらそれは考慮に値する。スナイダーの実験はそれを可視化した例のひとつだが、神経堤と中胚葉が交換可能で、しかも同じパターンを作り出す実体はこの場合、もはや特定の細胞系譜や細胞集団などではなく、特定の場所や時間という、胚発生の文脈ということになりかねない。形態学者は、相同性が実体を伴わないという可能性を常に見てきた。形態学が構造論にも似て、組織や細胞へ分け入ることを拒む脱中心化した方針の「学」としてはじまったときから、これを認識

する準備はできていたはずである。同時に、特定の形態進化機構が特定の細胞系譜に付随したプログラムとして進化しうるという悩ましい現実も依然として目の前にある（Wagner, 1959 ; Schneider and Helms, 2003）。

帰結するかたちを変えず、そこへ至る経路が変異するDSDは一種の「発生負荷（developmental burden）」と見ることができ、その背景には安定化淘汰が控えている。頑なにパターンを変えようとしない傾向があるとき、発生プロセスを生み出すゲノムにはどのような変化が蓄積され、その一方で何が保守的となるのか。その解明を目指した具体的な進化発生研究はまだない。特定の胚発生パターンや、成体における解剖学的パターンが淘汰において好まれたとき、必ず守られなければならないゲノムの保守的部分が見つかったなら、とりもなおさずそれが相同性を生み出している当の要因である。すでに得られているヒントがあるとすれば、それはいわゆるファイロティピック段階において遺伝子発現プロファイルもあるレベルの保守性を示すことであろう（Irie and Kuratani, 2011）。興味深いことに、カメにおける甲のような、大規模な発生機構の変更ですら、ファイロタイプ期以降にしか見いだされないという事実である（Wang et al., 2013）。そして、椎骨や肋骨、そして肩帯といった脊椎動物の基本的な骨格形態の枠組みは、それ以前の発生段階においてすでに胚のなかでパターン化されている。では、頭蓋の各要素骨が特異化される時期はいったいいつのことだろうか。進化を通じて、局所局所で保守的に拘束された地点をもつ発生プログラムの予定表のなかで、はたして頭蓋形成プログラムはどこにどのようなかたちで組み込まれているのだろうか。

6.2　極軟骨の謎
——頭蓋の組成の再考とDlx発現

往時の比較形態学や比較発生学の教科書には、顎口類の初期軟骨頭蓋に現れる梁軟骨の後方、傍索軟骨との接合部に、1対の豆状の軟骨塊が記され、それに「極軟骨（polar cartilages）」の名が付されることがあった（図6-4）。極軟骨は、現在では梁軟骨の後端にすぎないとされる。極軟骨と梁軟骨を互いに別の要素と見なす形態学者は過去に幾人かおり（Haller, 1923 ; Matveiev, 1925 ; Allis, 1923, 1931a, b）、マトファイエフ（Matveiev）によれば、舌弓中胚葉が軟骨を形成するとき、一部は傍索軟骨の先端を、そして一部は極軟骨を分化する。これは、極軟骨を中胚葉性の神経頭蓋の一部と見なす考え方であり、彼は梁軟骨の

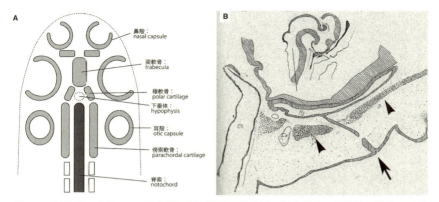

図 6-4 極軟骨の意義。A：現生顎口類の頭蓋の模式図。極軟骨は、梁軟骨の後方、下垂体の両側に見いだされる。(Jollie, 1977 より改変) B：板鰓類咽頭胚における極軟骨の位置。右側が前方。極軟骨と梁軟骨（矢頭）の間には、ラトケ嚢の残遺が見られる。(Haller, 1896 より)

ほとんどが傍軸中胚葉に由来すると思っていた。ホルムグレン（Holmgren, 1943）もまた、極軟骨を神経頭蓋の一部、顎前中胚葉派生物であると考えた。梁軟骨の発生する位置は索前頭蓋のそれであり、そこには中胚葉などないだろうと思う向きも多かろうが、脊索前板やそれに由来する間葉、そして顎骨中胚葉に由来する「プラットの小胞」などは、脊索前端を越えてかなり前方に分布するのである。このような考えの背景には、外眼筋のひとつである下斜筋が梁軟骨に起始することも手伝っており（Holmgren, 1943）、その理由でこれを顎骨弓要素、すなわち内臓頭蓋の一部と見なす向きもあった（Haller, 1923；De Beer, 1931）。

　興味深いことに、この軟骨はホールマウント標本に認められることはなく、たいてい、組織切片より復元された昔の図版に現れる。この軟骨について、本格的に考察を加えたのはアリス（Allis, 1923, 1931a, b）であろう。このころ、彼は療養のため助手の日本人画家、野村ジュウジロウとともに、南仏 Menton に移り住み、自ら解剖作業を続けることが困難になり、そのかわりに理論的な比較発生学と比較形態学に没頭していたらしい。アリスによれば、この極軟骨は、顎骨弓の背側要素であるという。が、これを認めると、上咽頭顎節、下咽頭顎節、上顎節からなるはずの、口蓋方形軟骨の古典的解釈と齟齬をきたす。この説の発端は、サメ神経胚におけるラトケ嚢の発生位置にある。板鰓類初期胚で

は、咽頭内胚葉が頭部前端に及ばず、咽頭前方に伸びる脊索前板ならびに口前腸の背側と、さらにその前方に前脳原基が広がる。したがって、頭部前方を覆う表皮外胚葉は、前脳ならびに脊索前板から口前腸にかけての部分を覆う前脳外胚葉と、顎骨弓を前面から覆う咽頭外胚葉に二分でき、その境に腺性下垂体ができるという。この記述は、19世紀末期のドイツの比較発生学者、ハラー（Haller, 1896, 1923）に大きく影響され、ハラーは、腺性下垂体が口腔外胚葉の一部としてではなく、頭部表皮外胚葉が、脳から咽頭への移行部を包み込む際に生ずる、「しわ」から分化し、一方、口腔外胚葉は、上顎突起の伸長によって二次的に前方に広がると考えた（図6-4B）。この口腔外胚葉についてのハラーの解釈は正しい。索前頭蓋は、神経堤間葉から生じた軟骨凝集塊として前後に伸びる棒状の梁軟骨を作るが、これは上に述べた前脳外胚葉と咽頭外胚葉にまたがって存在し、アリスは先の前脳外胚葉と咽頭外胚葉の境が、顎前領域と顎骨弓領域の境界に対応すると考え、下垂体後方に生ずる梁軟骨部分、つまり極軟骨を顎骨弓に帰属せしめたのである。しかも、顎骨弓が背腹の骨格要素をもつのだから、顎前弓も同様に背腹2要素をもち、そのうち背側要素が梁軟骨本体、そして極軟骨は顎骨弓におけるその系列相同物となる。一方、顎前弓の腹側要素は、顎骨弓の腹側部分と合一して口蓋方形軟骨を作り、さらにその下方が分離して下顎軟骨となる。

　ここでクーリーらによる索前頭蓋を思い出してみよう（脊索頭蓋：Chordaler Schädel と索前頭蓋：Prächordaler Schädel の分類は少なくとも Sewertzoff, 1900 に遡る。が、彼は眼窩軟骨：Alisphenoidplatten ならびに哺乳類の鞍背が索前頭蓋に含められるとしていた）。これは中胚葉ではなく、神経堤細胞より分化した軟骨が脊索前方で前脳の頭蓋底を構成し、脊索からの誘導的シグナルがなくとも分化できる。古典的には、脊索を越えて広がった前脳に対応するために、顎前神経堤間葉が転用されたと考えられた。一方で、アリスの考察は顎骨弓と顎前弓の境を問いかける。つまり比較形態学的には、顎骨弓と顎前弓の境界が厳密に胚のどこに見いだせるか、初期胚に立ち返って考察し、そして先の定義に基づき、梁軟骨と極軟骨の間にそれを見いだしているのである。たしかに、頭部神経堤間葉のうち、顎顔面構造をもたらす三叉神経堤細胞群は、顎骨弓間葉と顎前間葉に分割できる。ここでも、顎前領域と顎骨弓の境界が問題となる。われわれの問題はすなわち、「索前・脊索境界と顎前・顎骨弓境界が果たして一致するか」ということなのである。そして、アリスは両者が一致しないという可能性を間接的に問うている。「索前・脊索境界」と「顎前・顎骨弓境界」が一致す

るかどうか、それによって軟骨要素の形態学的帰属が変わる。すなわちクーリーらの索前頭蓋のなかに、顎骨弓要素が含まれているのではないのか、あるいは逆に、顎骨弓骨格の上顎基部には、少し顎前領域由来の軟骨があるのではないかという疑問が生ずる。これに対し、唯一ありうる指標としては、咽頭内胚葉をはじめとする咽頭弓の胚環境が、咽頭弓神経堤間葉にだけ影響するシグナルがあるかもしれず（Piotrowski and Nüsslein-Volhard, 2000）、それがあるとすれば、現生顎口類胚での *Dlx1*、*Dlx2* の発現領域にそれが求めるられるという可能性である。

実際、咽頭胚頭部間葉での Dlx 遺伝子群の発現は、咽頭弓に限られ、脊索前板周辺（極歌骨予定域）では Dlx 遺伝子群は発現しない。かくして、極軟骨は索前頭蓋であるだけでなく、同時に顎前領域の骨格要素でもあるらしい。あるいは、和田ら（Wada *et al.*, 2011）に見るように、対をなした梁軟骨原基後部はすべて眼後神経堤細胞に由来する。むろん、その一部が顎骨弓予定域を含まないと決定的にはいえないが、索前・脊索境界と顎前・顎骨弓境界が一致し、Dlx 発現細胞だけが咽頭弓神経堤細胞とすると整合性は保たれる（顎前間葉としての眼後神経堤細胞に Dlx 相同遺伝子が、ヤツメウナギにおいては発現するという可能性を問うた、Shigetani *et al.* 2002、ならびに、それに基づいた顎の進化のヘテロトピー説の吟味は、第 10 章）。そして、極軟骨とは、一連なりの棒状の軟骨塊が外側へ湾曲し、組織切片において 2 つの間葉凝集として見えていたものらしい。つまり、極軟骨なるものは存在しないとしてよい。

6.3　肩帯について

現生顎口類においては、胸鰭（前肢）と腹鰭（後肢）が系列相同物として扱われることが多いが、顎口類の stem group である甲皮類に明らかなように、胸鰭が先に生じている。しかも、骨甲類に見るように、初期の胸鰭は頭甲後部より生え出し、胸鰭よりも肩帯の前駆体のほうが先に獲得されていた可能性もある。が、骨甲類頭部における肩帯の範囲は明瞭ではない。板皮類では、頭部甲冑の後方に広大な皮骨性の肩帯があり、それは頭部に対して可動である。とりわけ節頸類におけるその可動性はよく研究され、両者のなす関節の上下にそれぞれ 1 対ずつ挙筋と下制筋が張っていたとされていたが（Heintz, 1932）、それは保存のよい板皮類化石の精査から証明された（Trinajstic *et al.*, 2013）。これらの筋が円口類における眼上、眼下筋と相同で、そのうち下制筋が現生顎口類

の僧帽筋群をもたらした可能性については既述した。

　原始的な硬骨魚類ならびに軟骨魚類においても、肩帯と頭蓋の密接な関係は引き継がれ、一部の硬骨魚類については肩帯の可動性の放棄に伴って、（シーラカンスにおけるように）僧帽筋が欠失する。いわゆる硬骨魚では鰓弓系後方に沿って肩帯が骨化するため、アーチ状の形状が肩帯に現れ、ゲーゲンバウアーによる対鰭の「鰓弓由来説」をもたらす要因となる。肩帯が口蓋から本格的に遊離し、大きな可動性を獲得するのは四肢動物においてであり、ここでは僧帽筋はむしろ肩帯を動かすための筋として機能する（Trinajstic et al., 2013 ; Kuratani, 2013 も参照）。現生の四肢動物における肩帯の組成はほとんど内骨格に基づくが、上のような進化シナリオを考えれば、そこに外骨格性の要素が本来含まれていたことは容易に理解できる。哺乳類の肩帯における鎖骨がその一例である。羊膜類の肩帯の祖先的状態はしばしば化石単弓類のそれに求められ、内骨格要素は、背側の肩甲骨（scapula）、腹側の前烏口骨（procoracoid）、後烏口骨（metacoracoid）よりなる。これら3要素が合一するところに上腕骨の関節窩（glenoid cavity）が生ずる。肩甲骨の前面には肩峰（acromion）という突起が付随する。これに、皮骨性の間鎖骨（interclavicle）、鎖骨（clavicle）、擬鎖骨（cleithrum）が加わる。

　軟骨性肩帯は、羊膜類内部で互いに比較可能な間葉集塊として発生し、それは3つ、ないしは4つの突起をもつ。これらの突起はそれぞれが相同的な遺伝子発現を示す（Nagashima et al., 2013）。*Pax1* を発現する前突起は肩峰となり、*Tbx15* を発現する腹側突起の基部は後烏口骨、*Tbx15* を発現しない遠位部は前烏口骨、後突起は肩甲骨の本体となる。これに加え、哺乳類の肩帯原基には suprarostral process と呼ばれる背方へ伸びる突起があり、哺乳類に独特の構造である棘上窩（supraspinosus fossa）をもたらす。このような発生パターンは哺乳類の棘下窩が他の羊膜類の肩甲骨本体に相当するという考えと整合的で、しかも哺乳類胚にのみ見いだされる suprarostral process に由来するこの構造が哺乳類の新規形態を示すという理解をも導きがちだが、系統的関係を鑑みると、双弓類において suprarostral process が二次的に失われたというシナリオも充分にありうる。

6.4 体幹の変容
―― 鍵革新の作用例としてのカメの甲の進化

カメ類の進化にまつわる謎は多重的である。まず、カメ類の系統的位置についての異なった見解があり、長らく決着を見なかった（Lyson and Gilbert, 2009）。そして、カメ類は他の羊膜類、いやすべての現生脊椎動物に類を見ない、甲羅という独特の形質を獲得しており、その形態学的難解さとも相まって、進化形態学の難問となっている（図6-5）。これら2つの問題は互いに分かちがたく結びついている。

カメ類の系統的位置に関しては、これまで主として3つの仮説が提唱されてきた。第1の仮説（「ハーバード学派」による伝統的仮説）は、もっぱら爬虫類の頭蓋の比較形態学から演繹されるもので、カメ類の頭蓋が側頭窓（temporal

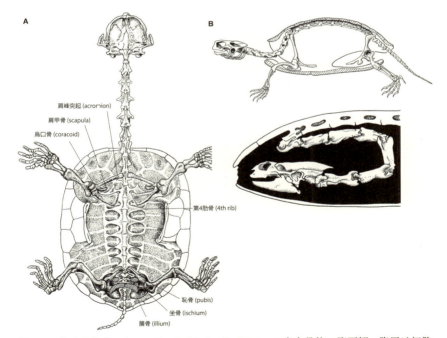

図6-5　カメの骨格。A：マタマタ *Chelus fimbriatus* の全身骨格の腹面観。腹甲は切除してある。このカメは曲頸類であり、頸を曲げることによって甲の中に収納する。（Starck, 1979より改変）B：潜頸類。

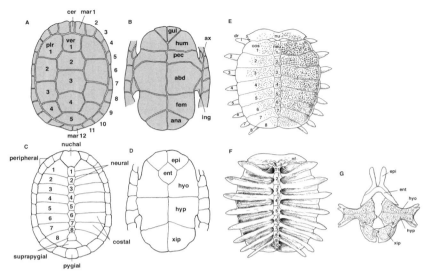

図 6-6 A-D は一般的なカメの甲。A：背甲の角質鱗のパターン。B：腹甲の角質鱗のパターン。C：背甲の骨格パターン。D：腹甲の骨格パターン。E-G は角質鱗をもたないスッポンの甲に見る骨格要素。E：背甲の背側面。F：腹側面。G：腹甲腹側面。cos、肋板；neu、椎骨板；nuchal、項骨板；peripheral、縁骨板；pygial、尾骨板；suprapygial、上尾骨板。

fenestrae）をもたないがゆえに、爬虫類のなかで最も原始的な無弓類（anapsida）に属するとする（Romer, 1966；Gaffney, 1980；Carroll, 1988；Laurin and Reisz, 1995；Lee, 1996, 1997, 2001；Reisz, 1997；Lyson *et al*., 2010）。これは比較発生学的データの event-pairing test による解析からも支持された（Werneburg and Sánchez-Villagra, 2009）。が、より詳細な解析の結果、カメ類が鱗竜類に近いという結果も報告された（Rieppel and deBraga, 1996；deBraga and Rieppel, 1997；Hill, 2005；これによれば、カメ類は側頭窓を二次的に失ったことになる）。分子系統的解析が満場一致で認めている第3の仮説は、カメ類を主竜類（ワニやトリ）の姉妹群とし（Caspers *et al*., 1996；Zardoya and Meyer, 1998；Hedges and Poling, 1999；Kumazawa and Nishida, 1999；Mannen and Li, 1999；Mindell *et al*., 1999；Cao *et al*., 2000；Zardoya and Meyer, 2001；Iwabe *et al*., 2005；Hugall *et al*., 2007；核型の解析は Matsuda *et al*., 2005；Kuraku *et al*., 2006；Chapus and Edwards, 2009）、ヘッケル（Haeckel, 1891）やド＝ビア（De Beer, 1937）など、ヨーロッパの比較発生学者の

かつて認めたところでもある。1000以上の核遺伝子のアミノ酸配列を比較したゲノムワイドな解析もここに含まれる（Wang et al., 2013）。以降の考察は、第3の仮説に基づく。

（1）甲羅の起源——外骨格か内骨格か

　第2の謎は、甲の進化的起源と、それにまつわる形態的変化である。甲は大きく背側の背甲（carapace）と腹側の腹甲（plastron）に分割できる（図6-6）。うち、背甲はもっぱら肋骨と脊柱よりなる（肋板——costal platesと椎骨板——neural plates）。組織発生学的には、神経弓と肋骨は軟骨で前成したのち、典型的な骨化過程を経、最後に広範な膜内骨化が生ずる。つまり、背甲の大半は軟骨性の内骨格に由来し、二次的に皮骨的外観をもつにすぎない（考察としてGötte, 1899；Vallén, 1942；Joyce et al., 2009；現在の理解はHirasawa et al., 2013を）。また、背甲は内骨格のみによってできるわけではなく、皮骨に起源した要素も含む。項骨板（nuchal plate）、縁骨板（peripheral plates）、上尾骨板（suprapygal plates）、尾骨板（pygal plates）がそれである（図6-7）。

　このような複合的な背甲の進化的起源について、かつていくつかの異なった説が存在した。そのひとつは、肋板と椎骨板が内骨格のみならず、外骨格成分、つまりオステオダームを含むと思われ（Rathke, 1848；Ogushi, 1911；Suzuki, 1963；Lee, 1993, 1996；Scheyer et al., 2008；Joyce et al., 2009）、それはオステオダームの肥大と肋骨の融合が背甲を構成したという仮説を導いた（図6-7、図6-8）。羊膜類には、ワニやアルマジロに見るようにオステオダームを備えるものが多く、化石哺乳類のグリプトドン類における甲冑もそのひとつである。アルマジロに近縁なこの動物では、脊柱と胸郭が一体化せず、甲冑と胸郭との間に肋間筋があり、相対的に動く。カメに想定されたほど、内骨格と一体化したオステオダームは例を見ない。第2の仮説は、椎骨板と肋板が内骨格性で、それらが単に変形して背甲の主体を構成したとする（Cuvier, 1799；Götte, 1899；Vallén, 1942）。そして第3の仮説は、本来内骨格として発生した肋板の骨化点、もしくは軟骨原基が二次的に真皮中に浮上し、そこに生じた新しい細胞間相互作用が皮骨性の骨化を新たに誘導したという（ヘテロトピー説：Gilbert et al., 2001, 2008；Cebra-Thomas et al., 2005）。しかし、実際の発生ではそのようなシフトの形跡はなく、肋骨の組織発生学的特徴は他の羊膜類のそれと変わるところはない（Hirasawa et al., 2013）。

　実際、カメ類の肋板と椎骨板は最初から最後まで内骨格として発生し、骨化

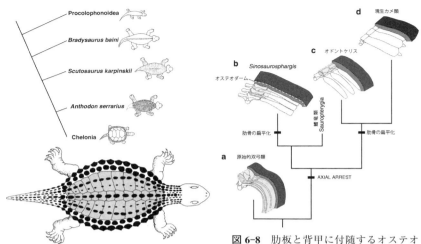

図 6-7 上：以前信じられていたカメの系統的起源。(Lee, 1996 に基づく) 下：Versluys (1927) によって推測された、カメの祖先の形態。どちらも、オステオダームの亢進と融合によってカメの甲ができたと考える。

図 6-8 肋板と背甲に付随するオステオダームの進化。(原図は平沢達矢による。Hirasawa *et al.*, 2013 より改変)

過程が亢進しただけのものである（＝仮説2が正しい）。これまで、カメの肋板と脊柱の組織学的骨化過程は、あまり正確に理解されてこなかったが (Rathke, 1848 ; Hay, 1898 ; Götte, 1899 ; Zangerl, 1939 ; Vallén, 1942 ; Kälin, 1945 ; Gilbert *et al.*, 2001 ; Scheyer *et al.*, 2008)、平沢ら (2013) によると、肋板原基は真皮下にある肋間筋の筋膜より深部にあり、真皮と骨板は分離している。そして、膜内骨化部は肋骨原基の骨膜に起源し、発生後期にそれは頭尾方向に拡大する。同様のパターンは他の羊膜類の肋骨にも認められ、カメ類においては、後期の骨化過程が異様に亢進しているだけなのである。さらに、化石記録においてもカメのそれのように拡大した肋骨をもつものはおり、現生のアリクイにも類似の状況を見る (Jenkins, 1970a, b)。このことは、真のオステオダームの発生過程を見ると一層明瞭になる。たとえば、ワニ (*Alligator mississippiensis*) において、オステオダームは表皮に近い真皮中に生じ、そこに上皮間葉間相互作用が機能することが示唆される (Vickaryous and Hall, 2008)。これは、肋板の発生とはかなり様相を異にする。典型的な皮骨であるオステオダームは、肋骨より

6.4 体幹の変容——鍵革新の作用例としてのカメの甲の進化   369

はるかに表層に発生する（カメの腹甲はむしろ内骨格を思わせる位置に発する。沈み込んだ外骨格の特徴については上記参照）。

（2）カメと Hox コード——どの椎骨が背甲に取り込まれるのか

甲を作る肋骨が、形態学的にどのタイプの椎骨に付随するのかも重要な問題である（椎式については既述）。カメ類では8つの「頸椎らしきもの」があり、それらは肋骨をもたない（プロガノケリスは第8頸椎にも胴肋のような形態の肋骨をもつ）。その後方に肋骨を伴う椎骨が10個続き（図6-5、図6-9、図6-10）、それらすべてが背甲形成に参与し、肋骨が肋板を形成する（最前と最後の肋骨は

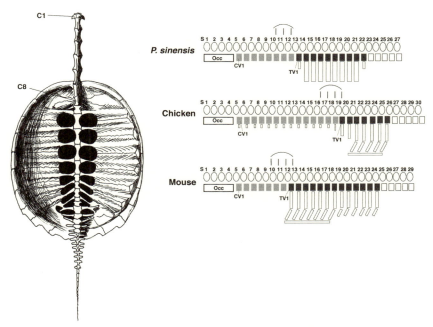

図6-9　左：カミツキガメ *Chelydra serpentina* の背甲を腹側から見たもの。背甲の主体は、表層に位置を変え、組織発生学的には皮骨として発達した肋骨。これに加え、腹甲が皮骨より形成する。図に見るように、背甲は中軸骨格系の前後軸に沿った特殊化として見ることができる。カメ類の頸椎数が8に定まっていることは、甲のパターニング機構が、他のシステムと統合し、一種の構造的拘束をなしていることを示唆する。(Gegenbaur, 1898 より改変) 右：上からスッポン、ニワトリ、マウスの脊柱を模式的に示したもの。

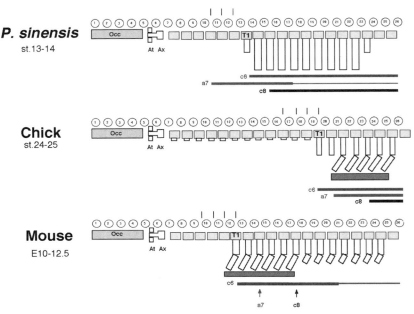

図 6-10　カメ胚に見る Hox コード。(Ohya et al., 2005 より改変)

短い)。が、後者がすべて胸椎に属することは自明ではない。なぜなら、羊膜類においては一般に、肋骨を伴う椎骨が常に胸椎とは限らず、頸椎数も固定しないからである。したがって、カメ類のように大きく形態を変化させた動物の肋骨については、その形態的同一性をあらためて確認する必要がある(哺乳類において肋骨が生ずるのは胸椎のみだが、むしろ胸腰椎のうち、肋骨を伴うものを胸椎と呼ぶほうがふさわしい。このような形態変化の背景となるのが Hox コードであり、分節番号によってではなく、発現する Hox 遺伝子の相同性が椎骨の形態的相同性を指定する)。

　カメ胚の Hox コードについては、大宅ら (Ohya et al., 2005) による報告がある (図6-10)。頭部から胸部にかけて発現する Hox 遺伝子のなかで重要なものは、羊膜類胚の第1胸椎原基から後方に発現する *HoxC-6* である。スッポン胚においても *HoxC-6* は第1肋骨をもつ椎骨原基から後方に発現し、背甲に取り込まれた肋骨がたしかに胸椎に属する。また、羊膜類では肋骨のうち後方のものは胸骨に結合せず、その遠位端が宙に浮いた、いわゆる「free ribs」と

して存在するが、この点から胸骨を欠くカメ類の肋骨はすべて free ribs と呼べるかもしれない（カメ類における胸骨の不在については後述）。そして、マウスやニワトリでは、free ribs の分布はおおむね *Hoxc8* の発現領域に一致するが（Le Mouellic *et al.*, 1992）、カメにおける *Hoxc8* は羊膜類のなかでも異様に前方から発現する。このことは、カメ類の肋骨が体壁中に入り込まないこととも関係する（加えてマウスでは *Hoxa5*, *Hoxb5* が肩帯や頸部の特異化に機能し、マウスとニワトリにおいて前肢と腕神経叢の発生レベルに発現するが——Gaunt, 2000 ; Aubin *et al.*, 1997, 2002——スッポンにおいてもこれらの相同遺伝子は比較可能なレベルに発現する）。すなわち、カメ類の進化においては、羊膜類 Hox コードの祖先的機能に基づいて定義された胸椎相同物が背甲に用いられる。視覚的印象の通り、カメ類の甲の主体は胸郭なのである。

（3）カメに類似のパターンをもつ爬虫類

カメ類の肋板は、成長して T 字型の横断面をもつ。これは、最古のカメとして知られる *Proganochelys* や、カメの祖先的系統に属するオドントケリス（*Odontochelys semitestacea*）にも明らかである。さらに、カメ類とは別の系統に属する化石爬虫類にも同様な肋骨は現れる。たとえば、三畳紀中期の海生爬虫類、*Sinosaurosphargis yunguiensis*（Li *et al.*, 2011）がそれで、この動物では T 字型の肋骨のさらに表層にオステオダームが存在していた。同様の状態は、鰭竜類に属する *Henodus chelyops* にも知られる（Huene, 1936）。相同性の要件（criterion of conjunction ; Patterson, 1982）を鑑みるに、カメ特異的な T 字型の肋骨を得るためには、外骨格性のオステオダームは必要ではないことになる（Hirasawa *et al.*, 2013）。つまり肋板は、羊膜類における肋骨のひとつの形質状態を示すにすぎない（Wagner, 2007）。

古生物学的には、*Sinosaurosphargis* の仲間は *Thalattosaurs* とともに鰭竜類の姉妹群とされる（Cox, 1969）。そして上のシナリオは、このような爬虫類とカメ類を含めたグループが主竜類に近い単系統をなすことと整合的である。おそらくオドントケリスのような動物が、背甲の進化の初期状態を示すのであろう（Nagashima *et al.*, 2009）。この動物では肩甲骨が肋骨の下方に取り込まれてはいないが（後述）、同様の肋骨は *Sinosaurosphargis* や *Henodus* にも現れる。これらの爬虫類は現生の爬虫類よりもはるかにカメ類に近い系統であった。そしてその肋骨は T 字型の断面をもつのみならず、体壁中を伸びた形跡もない。同様の状態は鰭竜類にも見られる。これらの爬虫類の体幹はすべて上下に扁平

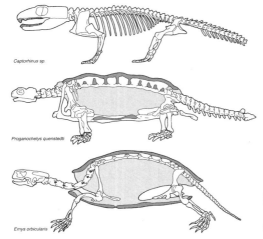

図 6-11 カメの進化に関わる従来のイメージ。(Gaffney, 1990 より改変)

な紡錘形の断面をもち、おそらくほとんど動くことのないソリッドな胸郭をもっていた。しかも、肩帯は多かれ少なかれ体の腹方に移動している（Nicholls and Russell, 1991 ; O'Keefe *et al.*, 2011）。羊膜類にあって、このような異様な形状を共有する爬虫類の個体発生過程には、おそらく現生のカメ独自の発生パターンと類似のものを多く共有していたと思われる（Gilbert *et al.*, 2001 ; Nagashima *et al.*, 2007, 2009, 2012a, b ; Shearman and Burke, 2009）。このような考察は、カメが発生のリパターニングによる新規形態を足がかりに一挙に進化したというシナリオ（図6-11）に反し、むしろその進化には、すでに絶滅した系統との分岐以前より始まる、何段階かのステップが介在していたと考えるほうがより理に適う。

(4) カメの背甲と肩帯

肋骨の組織発生学的性質が明らかとなっても、より不可解な問題として残るのは、カメ類における肋骨と肩甲骨の位置関係である。通常の羊膜類においては肩甲骨が胸郭外側に位置するのに対し、カメ類では一見、肩甲骨が肋骨内側に位置する。この一点において、カメ類は脊椎動物の基本的な体制を大きく逸脱している。加えて、腹甲の存在も不可解である。カメ類がどのようにして腹甲を獲得するに至ったのか、そしてその祖先において腹甲の相同物が存在したのか。このような差異のゆえに、しばしばカメの甲は進化的新規形質と見なさ

6.4 体幹の変容——鍵革新の作用例としてのカメの甲の進化

れた（祖先的な発生拘束を解除することによって、一部相同性が失われている可能性が指摘されてきた；Woodger, 1945；Eldridge, 1989；要約は Hall, 1998）。そして、いわゆる「hopeful monster」としてもたらされたのが、カメの甲だとされた（Burke, 1989, 1991, 2009；Hall, 1998；Rieppel, 2001, 2009；Theißen, 2006, 2009）。これを説明する方法は 2 つある。ひとつは、カメの肩甲骨が最前の肋骨の内側から後方へ潜り込むという仮説であり（Ogushi, 1911；Watson, 1914；Lee, 1996）、これは、背甲が肋骨とオステオダームの複合体であるという「複合仮説（composite model）」の一環としていわれることが多い（Lee, 1996；Joyce *et al.*, 2009）。第 2 は、カメの肋骨が他の羊膜類に比してより表層に位置を移し、それによって肩甲骨の外側に位置するようになったとする（Ruckes, 1929；Burke, 1989, 1991；Cebra-Thomas *et al.*, 2005）。これもまた、ヘテロトピーのひとつである（Gilbert *et al.*, 2001, 2008；Rieppel, 2001, 2009）。それを確かめるには、カメ類と他の羊膜類の発生過程と比較し、どこでどのように発生経路が変更するのかを見極めなければならない。

現生のカメ類のいくつかの種における体腔上皮と肩甲骨の位置的関係の精査から、第 1 の仮説に述べられたような肩帯の後方へのシフトが生じないという報告があった（Ruckes, 1929）。というのも、カメ類においては他の羊膜類におけるように肋骨が体壁を腹側へ伸びるのではなく、むしろ背甲原基の真皮中にとどまったまま外側、背側へ伸び、その際に肩甲骨を背側から覆う（この観察は、後述の「折れ曲がり説」と近い）。バーク（Burke, 1989, 1991）は、このようなカメ類独特の肋骨の伸びを、背甲原基の外側縁に見られる「甲稜（carapacial ridge）」による誘導の結果と考えた（Burke, 2009；図 6-12）。

（5）甲稜と羊膜類の胚形態

カメ類の胚において顕著なのは、前後肢芽の間のレベルで体の脇（flank）を前後に走る稜線であり、のちの背甲の外縁に相当するこの高まりを甲稜（carapacial ridge, CR）と呼ぶ（図 6-12）。以前、CR は、肋骨の伸長方向を誘導するとされた（Burke, 1989, 1991；Cebra-Thomas *et al.*, 2005）。組織学的には、CR は肥厚した表皮外胚葉と、その直下の未分化な間葉の凝集からなり、それは肢芽における外胚葉頂堤（apical ectodermal ridge, AER）に似、しかも AER が肢芽の形態パターニングに機能するため、類似の機能が CR にも想定されたのである（Burke, 1989, 1991；Cebra-Thomas *et al.*, 2005）。この CR が真にカメ類特異的な構造なのかがまず問題である。というのも、羊膜類の咽頭胚にはしばしば類似の

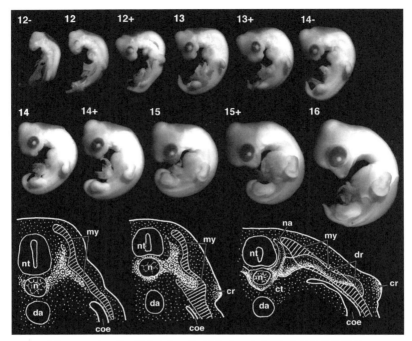

図 6-12 スッポン胚のステージ（上）と、カメ類における肋骨形成。

高まりが同様の位置に現れるからである。後者はその発見者の名にちなみ「ウォルフ稜（Wolffian ridge）」と呼ばれる（Wolff, 1759）。

この稜の定義や認識には、歴史的な誤謬や混乱が伴う（Stephens, 1982；Stephens et al., 1992）。たとえば、かつてウォルフ稜は軸下筋系の筋芽細胞が由来するところだと思われていた（Gros et al., 2004）。たしかに発生段階によっては、皮筋節の腹外側舌（ventrolateral lip）がここに位置する（Froriep, 1885）。また、ウォルフ稜のなかに肢芽が発生するともされたが（O'Rahilly and Gardner, 1975；要約は Christ, 1990；Carlson, 1996）、それは正確ではない。典型的な誤謬として、ウォルフ稜が泌尿生殖原基と同義とされることがあるが、それは外側体壁の近位部の高まりとしてのウォルフ稜とはまったくの別物である（Stephens et al., 1992）。実際、ウォルフ稜はカメ類を含むすべての羊膜類胚に現れ（スッポン、*Pelodiscus sinensis* では TK ステージ 13 にそれを見る；「TK ステージ」はスッポンの発生段階：Tokita and Kuratani, 2001）、それが外側体壁と体軸部との接合部の

指標となる。そして、これより背側の部分は、本来の体節に由来した部分を代表する（Nagashima et al., 2007；もちろん、体節に派生した構造の一部は二次的に外側体壁のなかに伸長してゆく）。いわば、ウォルフ稜は本来の「lateral somitic frontier」のレベルを示す（Nowicki et al., 2003；第4章）。

一般に羊膜類の発生後期ではウォルフ稜は目立たなくなり、胚の体表は平らになる（Keibel, 1906）。スッポン胚では CR とウォルフ稜が一過性に共存するが（ウォルフ稜の背側に CR が出現する）、のちに CR だけが明瞭に発達する。したがって、CR とウォルフ稜は決して同一の構造物ではなく、CR はカメ胚にのみ見られる進化的新機軸である。また、CR の間葉が皮筋節の外側端に由来する一方、ウォルフ稜は外側板の近位部に由来する（Nagashima et al., 2007）。体幹では、体節と側板に由来する真皮の間に明瞭な境界があるが（Burke and Nowicki, 2003；Nowicki et al., 2003；Nagashima et al., 2005）、それがカメ類胚の CR とウォルフ稜の境界に相当する。

カメ類の肋骨原基は、常に外側体壁の背側に位置する CR へ向けて伸長し、外側体壁中には入らない（図6-12）。したがって、肋骨の発達に関する限り、カメ胚の lateral somitic frontier は、最初期の体節と体壁の境界に一致したまま保たれる（Burke, 1989；Nagashima et al., 2007）。これがいわゆる「axial arrest（軸部閉じ込め）」というカメ独特の発生現象で、この位置関係を保ったまま肋骨が胚体の軸部ごと外側へ拡張を続けてゆくため、その過程で体壁背側部（軸部との結合部）が内側へ折れ曲がる。そして、カメ類にしか見られないこの動きが、肩帯を肋骨の腹側に引きずり込む。つまり、axial arrest（Nagashima et al., 2007）は、カメの解剖学的構築を説明する「折れ込み説（folding theory）」の機構的基盤となる現象である。カメの進化において、新しい骨要素のようなものは生じていない。むしろこの折れ線がカメ特異的なパターンであり、それに沿って現れる胚構造 CR こそが、進化的新機軸なのである。

（6）甲稜の機能

CR がカメ類の発生パターンの上での新規形質ならば、それはカメ特異的な肋骨伸長をも説明するだろうか。CR を扱ったこれまでの実験では、肋骨の成長パターンに大きな変化は起こらず、むしろ CR は一種の成長線として、背甲原基全体を胚体の軸部として外側へ（同心円状に）成長させると考えられている（Burke, 1989；Nagashima et al., 2007）。CR と AER の類似性（Burke, 1989）は、組織学的特徴にとどまらず、遺伝子発現レベルでも認められると期待されたが

(Loredo *et al.*, 2001；Vincent *et al.*, 2003；Moustakas, 2008)、候補遺伝子アプローチは明瞭な結果をもたらさず、むしろ網羅的な発現比較解析によりいくつかのCR特異遺伝子が同定されている（*cellular retinoic acid-binding protein（Crabp）-1, Sp-5, lymphocyte enhancer factor（Lef）-1, Apcdd-1*；Kuraku *et al.*, 2005；現在ではより広範なトランスクリプトーム解析により、多数の遺伝子が発見されている）。これらはカメの系統における独自の重複を示すのではなく、他の羊膜類における遺伝子のオーソローグである。このうち、*Sp-5*と*Apcdd-1*は*Lef-1*の下流、すなわちWntシグナル経路によって制御されるらしく（Takahashi *et al.*, 2002, 2005；Weidinger *et al.*, 2005；Shimomura *et al.*, 2010）、LEF1のコファクター、β-cateninの核局在がCR上皮に認められ（Novak and Dedhar, 1999；Nagashima *et al.*, 2007）、加えてドミナントネガティヴ型*Lef-1*の導入により、CRの発生は抑えられる（背甲の一部がえぐれ、背甲の外縁の成長が妨げられる。これはCRの外科的除去の結果によく似る；Nagashima *et al.*, 2007）。その上流にある候補遺伝子として*Wnt5a*があり、その発現パターンもまた、カメ類特異的であった。これらのことは、甲の獲得の背景にあるのが新規の遺伝子の獲得ではなく、新しい制御によることを示す。

　以前指摘されてきたように、CRに関わる遺伝子のいくつかは肢芽の発生にも機能する（すなわち、甲の獲得は肢芽形成プログラムのコ・オプションだという発想である；Capdevila and Izpisua-Belmonte, 2001を見よ）。この考えが、そもそもCRとAERの組織発生学的類似性に起因していることについては上に述べた。しかし、肢芽形成に機能することが知られていながらCRに発現しない遺伝子もまた存在する（Kuraku *et al.*, 2005を参照）。したがって、甲の進化にコ・オプションが関わるとしても、それは単純に肢芽形成プログラムをすっかりそのまま移植したものではなく、たかだか部分的なものなのであろう。また、そのようにしてできたCRは必ずしも肋骨の成長を誘導せず、むしろ背甲原基を同心円状に拡大する（その結果として肋骨が扇状に広がる）ことに機能する。そのようなCRの機能とaxial arrestがどのように関係するのかについてはまだ理解されてはいない。

（7）カメの進化における筋と骨格

　カメ類独特の解剖学的形態パターン、肋骨と肩甲骨の位置の逆転を理解するにあたっては、これら両者の骨格要素の間に張る筋の形態パターン（加えて、上肢と体幹をつなぐ筋のいくつか）をも説明できなくてはならない。そして、そ

6.4 体幹の変容——鍵革新の作用例としてのカメの甲の進化　377

れを他の一般的な羊膜類のパターンと比較することによって得られた説明が、「折れ込み説（folding theory；Nagashima et al., 2007）」である。羊膜類の、いわゆる肩には肩甲骨と体幹を結びつけるいくつかの筋が見られる（Fürbringer, 1874, 1875, 1900, 1902）。そのうち、菱形筋と肩甲挙筋は同じ原基より発し、ともに肩甲背神経によって支配されるため、ひとつの複合体（LSR complex）をなす（Nagashima et al., 2009）。一方、前鋸筋は長胸神経により支配される。これら体幹筋の派生物より表層に見られる筋が、胸筋と広背筋であり、これらは上肢（上腕骨）と体幹をつなぐが、本質的には「in-out 筋（後述）」としての遺伝子発現と発生様式をとり、腕神経叢に支配され、上肢筋として分類される（Romer and Parsons, 1977）。

　カメ類においては肋骨と肩甲骨の位置が見かけ上逆転しているために、上記の筋の形態パターンにも変更が及ぶ。たとえば、前鋸筋は、鳥類や爬虫類、そして哺乳類においてはもっぱら背腹に伸び、肩甲骨と肋骨をつなぐが（Fürbringer, 1875, 1902；Ribbing, 1931）、カメ類では肋骨の伸長による体壁の折れ曲がりに伴い、背甲の裏側に移動し、一方で菱形筋-肩甲挙筋複合体はその位置を頸部にまで移動させている（Nagashima et al., 2009）。が、これらの筋の結合する構造の相同性は保たれている。広背筋と胸筋の結合の仕方は別の意味で大きく変化している。すなわち、胸筋は胸骨の腹面ではなく、腹甲の背面に付着し、広背筋は背部ではなく頸部背面にその結合を移動させ、広背筋は上腕骨（これは他の羊膜類と同じ）と、カメの新規形質である項板（nuchal plate）を結びつけている。

　つまり、深部の筋は、カメ類において大きくかたちを変えてはいるが、相同な骨要素との結合は変更しておらず、甲の進化に伴う体壁の折れ曲がりに追随したにすぎない。対して、表層の筋の進化にはより複雑な経緯があり、新しい結合が発明されているのである。これら表層の筋は、発生において皮筋節より由来した筋芽細胞として、まず肢芽に入り込む。この過程において、筋芽細胞は Pax3 に加え、特徴的にホメオボックス遺伝子 Lbx-1 を発現し、しかもその正常な形態発生は HGF シグナリングの作用に大きく依存する（Jagla et al., 1995；Mennerich et al., 1998；Dietrich et al., 1999；Alvares et al., 2003）。このような特徴を示す筋芽細胞としては四肢筋のほかに、舌筋、舌骨下筋群、そして哺乳類の横隔膜などが知られ、一括して「MMP（migrating myogenic precursor）細胞群」と呼ばれる（Birchmeier and Brohmann, 2000 に要約）。これら MMP 細胞のあるものは、肢芽に入ったあと、二次的にそこから伸長し、発生後期に胚体背

部に結合部位を見いだすことになる。それらのうち前肢に関係するものが広背筋と胸筋なのである。このような発生の遅い筋は特別に「in-out 筋」と呼ばれ、発生学的には四肢筋に含められるが、この原基がどのようにして形態パターンを獲得するかについては、マウスやニワトリにおいてさえ分かっていない（Evans et al., 2006）。たしかなのは、カメの進化においては、折れ込みと同時に「新しい結合」をも発明しているということである。新しい結合を許容した筋が、特定の発生機構を共有するということは、発生機構のなかに進化的変更を加えやすい部分が存在することを示しているのである。

（8）化石記録

最近まで、最古のカメとして長らく知られてきたのがドイツの三畳紀地層から産出したプロガノケリス（*Proganochelys*）であった（Gaffney, 1990；図 6-11）。この動物には、上側頭骨（supratemporal bone）であるとか、涙骨、涙鼻管、骨性の側壁をもたない中耳腔、可動性の底翼状骨関節（moveable basipterygoid articulation）、対をなす鋤骨（vomer）、遠位端でのみ神経頭蓋に付着する後耳骨の傍後頭突起（paroccipital process）、縮めることのできない頸部、口蓋歯（palatine teeth）、そして頸肋（cervical ribs）など、カメとしてはきわめて原始的な形質を有するが（Romer, 1956；Gaffney, 1990）、その甲は現生のカメ類のものと酷似していた（図 6-11）。すなわち、それは背甲と腹甲からなり、そのそれぞれが現生のカメにおけるのと同じ骨要素からなっていた。ちなみに、現生のカメ類は潜頸類と曲頸類に分類されるが、これらすべてをもたらした共通祖先に由来したものをカメ類とするならば、このプロガノケリスはカメ類ではなく、その外群に相当する動物である。いずれにせよ、ここで問題にしているカメ類の甲の起源を知るうえで、この動物から得られる情報は少ない。

ところが、リーら（Li et al., 2008）は最近、2 億 2000 万年前の中国の地層から、上述のオドントケリス（*Odontochelys semitestacea*）の化石を報告した（図 6-13）。これは、現生のカメ類とプロガノケリスのさらに外群に相当する動物であるらしい。きわめて興味深いことに、この動物は現生カメ類とほとんど同じ腹甲をもちながら、背甲と呼べる構造をもってはいなかった。その腹甲が皮骨の複合体として強固な構造をなしていたもので、この動物における背甲の不在が単なる二次的な消失（Reisz and Head, 2008）によるものとは考えられない。さらに重要なことには、この動物の肋骨がカメ類のように扇状には広がってはいなかった。それに伴い、肩甲骨は肋骨の前方に位置し、カメ類のような体壁

6.4 体幹の変容——鍵革新の作用例としてのカメの甲の進化

の折れ込みがまだ起こっていなかったと推察される（図6-13）。その一方で、肋骨の遠位端は腹側へ湾曲せず、axial arrest が生じていたことは窺える。オドントケリスが、真にカメ類の祖先的形態を示していない可能性も残されているが、のちに見てゆくように、この動物はカメに近い他の化石系統とカメ類との中間的段階を示しており、カメのボディプランが獲得された経緯をうまく説明する。たとえ、オドントケリスがカメの祖先的系統に属さないとしても、それに近い状態を経てカメが進化してきた可能性は依然として濃厚なのである。

上のようなオドントケリスの特徴は、カメのボディプランがどのように成立したかについて重要なヒントを与えている（図6-13 ; Nagashima *et al.*, 2009）。まず、CR が常に軸部にとめられた肋骨の遠位端に沿って見いだされるのであれば、CR が発生上現れていたかもしれない。しかしそれは、現生のカメ類にお

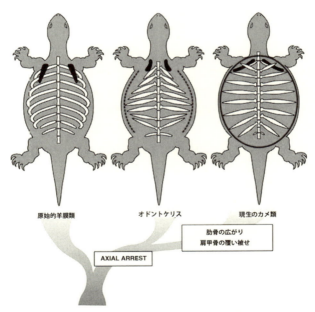

図 6-13 *Odontochelys* がカメの祖先形を代表するという仮説に基づくカメのボディプラン進化。*Odontochelys* の解剖学的パターンは、現生のカメ類の後期胚のそれに似る。*Odontochelys* においては axial arrest が生じ、それに伴い甲稜もある程度は発生していたと思われるが、発生後期における背甲原基の円周の成長率が低く、そのため肋骨が肩甲骨を覆うには至っていない。カメのボディプランの成立には、発生後期の甲稜の機能亢進が背景となっているという考えが示される。（Nagashima *et al.*, 2009 より改変）

けるように発生後期まで残存して活発に背甲原基の外縁を成長させることはなく、その結果として肋骨は肩甲骨を覆うこともなかったであろう。つまり、発生後期の CR 機能がオドントケリスではまだ成立していなかったらしい。そして、この動物では肩甲骨から第 2 肋骨へ向けて、前鋸筋が前後方向に伸びていたとおぼしい。これはむしろ、斜角筋（scalenus muscle）に似るが、たしかに前鋸筋と斜角筋の形態学的類似性については過去に言及されたことがある（すなわち、同系列の筋群である；Nishi, 1931 ; Romer and Parsons, 1977）。このように見てみると、オドントケリスの解剖学的形態は、スッポン胚の TK ステージ 16 の形態と酷似する（Nagashima et al., 2009 ; Sánchez-Villagra et al., 2009 も見よ）。解剖学的構築の視点から見る限り、カメの進化は一挙にではなく、段階的な変化の系列を経て進行してきたことが窺える。そして、その変化がファイロタイプ期以降の変化として個体発生に組み込まれているため、現生のカメ類の発生はあたかも進化を繰り返しているように見えるのである。

（9）腹甲の謎

カメの腹甲はまったく新規な構造として獲得されているようにも見え、ある種の爬虫類に見られる骨格要素が変形したもののようにも見える（Romer, 1956 ; Claessens, 2004）。現生の腹甲は 9 個の要素からなるが、ある見解によれば、最前の 1 対の要素、epiplastron は、他の羊膜類における鎖骨（clavicle）に相当するらしい。この epiplastron の内側に見られるのが entoplastron であり、これは間鎖骨（interclavicle）と相同とされる。それより後方にある諸骨は腹骨（gastralia）に相当するとされる（Romer, 1956 ; Gaffney, 1990 ; 要約は Gilbert et al., 2001）。なお、最近初めて指摘されるようになったことであるが、背甲の縁辺部に生じる皮骨、縁辺骨 peripheral bone も、背側へ拡大した腹甲から進化した可能性も考慮すべきである（Hirasawa et al., 2015）。オドントケリスの大きく拡張した腹甲がそれに相当するのであれば、オドントケリスにはカメの甲骨格要素のすべてが揃っていることになる。

かつて、カメの甲が神経堤に由来する新規形質であるという説が提出されたことがあるが、根拠は薄く、直接証拠は提示されていない（Clark et al., 2001 ; Pennisi, 2004 ; Cebra-Thomas et al., 2007 ; Gilbert et al., 2007, 2008）。基本的に、この仮説のベースになっている考え方は、体幹の神経堤が頭部型の神経堤の特徴を獲得したというものであった（注）。背甲に関する限り、そこに神経堤細胞が関与しているという形跡は一切ない。そこに見られるのは典型的な肋骨原基には

じまる骨化過程のみである。ところが、腹甲については、カメ以外の羊膜類における腹骨でさえその発生学的起源が不明瞭であるため、決定的なことはまだ何もいえない。

一方で、哺乳類の鎖骨が頭部神経堤細胞の最後方の細胞集団から由来すること（Matsuoka et al., 2005）を鑑みるに、その相同物を構成要素として含むカメ類の腹甲が一部神経堤細胞に由来するという可能性はたしかにある（が、腹甲全体の由来を明らかにするためには、カメ類胚を用いた長期間の細胞系譜の標識が必要となる。と同時に、カメ胚の側板中胚葉も標識する必要がある）。いずれ、腹甲の起源と由来は謎に包まれているといっても過言ではない。

（10）「折れ込み説（folding theory）」によるカメの理解

以上の考察から、カメ類の進化過程を段階的に要約すると以下のようになる。

① まず、カメは主竜類に近縁の爬虫類の系統より進化するにあたって、お

注：注意すべきは、いわゆる「マーカー（遺伝子）」の扱いである。ここには、抗体による標識も含められる。すなわち、現在のところ相同な遺伝子と相同な発生原基の間に固定的な関係があるかどうかについて確固とした原理原則があるとは考えられていない（たとえば、Hall, 1998；Locascio et al., 2002；Shigetani et al., 2002 等を見よ）。加えて、新規形態の獲得にあっては、細胞間相互作用自体がシフトし、他には見られない遺伝子発現プロファイルが新たに獲得される可能性がある。HNK-1 抗体が「神経堤細胞のマーカー」として用いることができるのは、鳥類胚における限られた発生段階においてであり、そのような胚においても、この抗体が標識するエピトープはいくつかの細胞膜タンパク上の糖にあり、これらの分子をもつものは神経堤細胞以外にも多くあり、とりわけ胚における神経細胞や神経芽細胞、神経支持細胞がこの抗体で標識されることは多い（Tucker et al., 1984；Vincent and Thiery, 1984）。神経堤細胞は、そのような多くの細胞のひとつにすぎず、そのうえで HNK-1 抗体をマーカーとする際には、しかるべき対照実験が必要となる（典型的な論文としては、Rickman et al., 1985 を参照）。また、正しくこの抗体を用いるためには、エピトープの糖を安定させるため、酢酸を含んだ固定液が推奨されるが、この方法で P. sinensis 胚に HNK-1 抗体を用いると、末梢神経以外の間葉が標識されることはない（Kuratani et al., 2011）。これまでもっぱら鳥類胚を用いた実験発生学においては、間葉系（結合組織）、骨格系（軟骨、骨）の分化を行う能力のある神経堤細胞は頭部からしか由来しないと思われてきた（要約は Le Douarin, 1982；Noden, 1988；Kuratani, 2005b）。しかし上述のように、それが厳密に頭部神経堤細胞だけの特徴かといえば、厳密には違うかもしれない。というのも、体幹神経堤細胞であっても、それが長期間頭部的な胚環境に置かれた場合、軟骨細胞へと分化する能力を示すからである（McGonnell and Graham, 2002；Abzhanov et al., 2003；Ido and Ito, 2006）。つまり、体幹神経堤細胞と頭部神経堤細胞の差は、従来考えられたほど大きくないのかもしれない（Clark et al., 2001；Pennisi, 2004；Cebra-Thomas et al., 2007；Gilbert et al., 2007）。しかし、中胚葉が外骨格分化能を異所的に獲得することも同程度に確からしく、それは真骨魚類において生じている。

そらく axial arrest を経験した。このことにより肋骨は外側体壁へ伸長することがなくなり、肋骨の遠位部と軌を一にして発生する胸骨の発生も抑えられることになった。
② CR の獲得は、おそらく axial arrest の結果として（そして、それを基盤として）生じたと考えられる。その理由は以下により詳細に考察するが、CR の除去実験により簡単には肋骨の伸長をカメ類において解放することができないことをここで確認しておく。
③ 肋骨の axial arrest と同時に、腹骨が機能的にも形態的にも拡大し、それがのちの腹甲の獲得へとつながることになった。
④ CR の機能が亢進し、それが肋骨を扇状に広げ肩帯を胸郭のなかに納めることになった。
⑤ 胸郭と腹骨の膜性骨化過程が強化し、骨性の甲が完成した。

まず、①より考察する。最新のゲノムワイドな分子系統解析によれば、カメは双弓類に含まれ、トカゲ、ヘビを含む鱗竜類（lepidosaurians）よりも主竜類（archosaurians；現生の動物ではワニとトリ）に近く、分子時計による推定ではこれらが分岐したのはいまからおよそ 2 億 6790 万年前から 2 億 4830 万年前の間であるという（Wang *et al.*, 2013）。ただし、ここで主竜類の祖先から分かれた、のちのカメの系統を含む系統（カメの祖先）は当初、ワニやトリ、そして恐竜を生み出してゆく祖先的爬虫類とほとんど変わらない姿をしていたであろう。すなわち、この分子時計解析が示すのは、分類学的単位としてのカメ類が誕生した瞬間でも、カメのボディプランが生まれた時点でもなければ、CR の獲得や axial arrest といった発生プログラムの変更が生じた瞬間でもない。単にカメを含む単系統群が、主竜類の祖先から分かれた瞬間を示すにすぎない。ならば、分子時計が推定するこの時代の地層に求めるべきは、カメの祖先を思わせる形態をもった化石ではなく、のちのカメを含むことになる、主竜類に近い爬虫類であるべきであり、それは紛れもなく双弓類のうち、鱗竜類を分岐したのちの系統のなかに求められなければならない。

上記のことを考慮すると、古生物学的にちょうどそのころ主竜類から分岐した系統があることに気づく。それは、鰭竜類（sauropterygians）と板歯類のなす姉妹群に、*Sinosaurosphargis* の系統を加え、さらにその外群にカメ類の系統が位置するような単系統群である。もっぱら、水生、もしくは海生の動物からなる後者の系統が主竜類から分かれたのは、化石記録から 2 億 5000 万年前

より少し前ということになるが、これは分子時計の推定と驚くほどよく一致する。しかも興味深いことに、この系統はカメ同様に「胸骨を欠く」という派生形質を共有している（むろん、胸骨の存在は四肢動物の原始的形質状態である）(Hirasawa et al., 2013, 2015)。

肋骨遠位部と胸骨はそれぞれ体節、および外側中胚葉から発するものの、個体発生上はモジュール性の強い単位として発生の軌を一にし、これらが変異マウスにおいて同時に欠失する場合が多い。すなわち、進化上、肋骨の遠位端が発生しなくなると、発生機構の因果として胸骨も失われる確率が高い。ならば、胸骨の欠失は、化石からは直接に知ることのできない axial arrest の証拠の有力候補となりうる。これが先の系統の共有派生形質であるならば、その獲得はおそらく上の分岐地点の近辺にある。少なくともカメを含む問題の系統が適応放散を行う前に、この発生機構の変化は生じていたに違いない。ここに含まれる、首長竜、板歯類、*Sinosaurosphargis* などはすべて、肋骨が比較的短く、鈍い遠位端で終わり、他の爬虫類に見られるように体幹の腹側を囲むことはない。むしろ、腹側を保護するのは腹骨であり、これらの動物ではすべて腹骨の発達がよい。したがって、この系統に含められる爬虫類は体幹の断面が背腹に扁平で、紡錘形をなし、背側と腹側の円弧それぞれを、肋骨と腹骨で形成しているということになる（両者の接合点が、カメ胚における CR の発生位置である）。そして、どの動物でも肋骨の数が多く、おそらく体幹は柔軟性に欠け、体軸を湾曲させて泳ぐことはできなかったであろう。むしろ、これらの動物では、四肢をオールがわりに使い、体幹はソリッドで、（サーフボードやミズスマシに見るごとく）水中をスライドするように素早く移動していたに違いない。このような形態変化の背景に axial arrest とそれに伴う胸骨の消失が関わっていた可能性が高く、この意味で axial arrest は特定的にカメの甲と関係していたものではなく、逆にカメの甲はこの、胸骨をもたない系統に獲得された基本的ボディプランを足がかりにして二次的に成立したといってよいであろう。つまり、カメの甲の進化にとって、axial arrest は一種の鍵革新と見なすことができる。また、胸骨を失うことは、胸筋の付着位置がすでにこれらの動物の祖先において、腹骨に移動させていた可能性をも示す。

6.5 第6章のまとめ

1. 骨化と骨格の分類は必ずしも一致しない。外骨格と内骨格は形態学的分類で

あり、軟骨内骨化と膜内骨化は、組織発生学的な定義である。両者の二元論的分類に収まらない例がいくつか知られる。

2．皮骨頭蓋の相同性決定にまつわる困難さには、形態的パターンの変化を伴わない発生プログラムの進化、すなわち、DSD の作用を窺わせるものがある。この全貌については、まだすべてが理解されているわけではない。

3．カメの甲の進化においては、肋骨の形態学的短縮（axial arrest）、CR の作用による背甲原基の拡大、それに続く体壁の折れ込み（folding）と肩甲骨の囲い込みが生じており、進化的にはこの通りの順序で段階的に甲が得られたらしい。この中途段階にある化石爬虫類が複数系統知られ、axial arrest は常に胸骨の不在を伴ったとおぼしい。この第 1 段階は腹肋の発達をも促したかもしれない。axial arrest それ自体は新機軸ではなく、甲の獲得と同義でもない。ここに、進化的新機軸の獲得の背景にある、鍵革新の機能を見ることができる。

第 7 章　発生生物学と頭部進化
——頭部分節性の再登場

ある朝、グレゴール・ザムザが何か気がかりな夢から目を覚ますと、自分が寝床の中で一匹の巨大な虫に変わっているのを発見した。彼は鎧のように堅い背を下にして、あおむけに横たわっていた。

カフカ『変身』、高橋義孝訳

　これまで、脊椎動物の頭部と体幹が発生上どのような仕組みで具体的な「かたち」を獲得してゆくのか、そしてそれが、どのように進化的に変化しうるのかについて考察してきた。この章では、特定の形態パターンが生ずる機構や因果関係について議論し、頭部分節説についても再び考察を加える。椎骨説が主張しようとしていたものは何だったのか、そして、それはどこまで正しかったのか……。ここでは、「形態形成的拘束（generative constraint）」と呼ばれる現象に注目し、何が形態パターンをもたらし、先人たちがなぜ頭部分節説について議論を重ねてきたのか、その本質を探ってゆく。これはさらに次章において、相同性の発生機構的背景や、その系統学とのつながりを考察する足がかりともなる。

7.1　頭部中胚葉と体節

　伝統的には、脊椎動物の頭部に分節性があるという観測が中胚葉分節の探索を導き、さらにそれが脊椎動物の形態学的認識につながっていった。同時に、特定の中胚葉構造を体節と等価であると見なすことにより、脊椎動物がナメクジウオのような、何らかの分節的祖先動物と同一視され（原始形質のみが強調され）、ややもすれば、脊椎動物独自の形式的理解から遠のいてゆく（脊椎動物の共有派生形質がないがしろにされる）という危険性についても注意を促した。このような比較の方針は、原索動物レベルにとどまり、原始的共通性のみをもって脊椎動物を記述するに等しく、脊椎動物を特異的に特徴づける重要な形質

に目をつぶることにつながる。このような問題をバウプランの階層的な認識と理解でもって打開しようというのが、本書の狙いである。バウプランは必ずしも共有派生形質によって階層化されるばかりではなく（共有原始形質の集合とパラレルな階層化）、むしろ特定のセットの発生拘束によっても定義される。進化形態学は、系統関係を解析する手立てではなく、タクサやグレードの実在にも関わる進化発生学的本質を認識する試みにむしろ近い。

（1）頭部に体節を見いだすべきか

最初に対象とするのは、中胚葉の分節リズムである。脊椎動物の体幹には分節化した体節が現れ、その起源は、少なくとも脊索動物の起源に遡る（第1章、後述）。脊椎動物には特徴的な頭部中胚葉も存在するが、これを「かつては体節と同じものから由来した」と考える立場が、頭部分節論者の典型的な方針だった（図7-1）。そのような立場にとって、板鰓類に見られる頭腔（図3-4）は格好の証拠であり、その組織分化能や脳神経との関係も、分節の存在を肯定する状況証拠として数えられた（第3章）。さらに、このような脊椎動物頭部の理想化の方針に沿って、脊椎動物頭部中胚葉の各部が、ナメクジウオの前方の筋節のどれと対応するかが模索された。比較形態学の一応の結論として提出さ

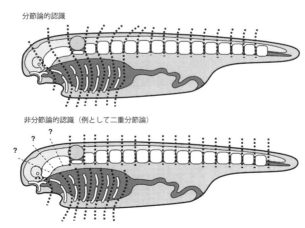

図 7-1 頭部の分節論的、非分節論的認識。上は典型的な分節論者の見解。体軸には、ただ一種の体節的分節性があり、鰓のリズムもそれに従うというもの。これに対し、非分節論的な考えでは、鰓と体節のリズムは別のものと認識され、さらに、頭部には独特のリズムがあるか、あるいは分節自体がないと考える。

れたグッドリッチのセオリーもこの範疇に属し（図3-6）、脊椎動物の脳神経とナメクジウオの前方の末梢神経を比較する試みも同じ文脈に沿う。現在では、Hox 遺伝子の発現レベルを指標として比較を試みる場合もある（Holland, 1996a, b, 2000 ; Schilling and Knight, 2001）。とりわけ初期の分節論的比較発生学者を勇気づけたのは、椎骨と同じ由来をもつ後頭骨の存在であった（第5章）。

一方、非分節論者たちは、頭部を何か体幹とは異なった特別のものとして見ていた。この立場は頭部と体幹に見られる組織構築や形態パターンの違いを強調し、頭部と体幹に何らかの境界線を引く（図7-1、図7-2 ; Froriep, 1882, 1883, 1891, 1893, 1902, 1905 ; あるいは Froriep の唱道者としての、Veit, 1911, 1924, 1939 ; Wedin, 1949b、ならびに、Starck, 1963 ; Kuratani, 1997, 2003 ; Kuratani *et al.*, 1999b）。そして、このような中胚葉の違いを脊椎動物に独自のパターンと見なし、ナメクジウオに存在するパターンを積極的に脊椎動物に求めようとはせず、むしろそれらの違いを強調する。当然のことだが、分節論者たちが頭部に加えていた後頭骨を、非分節論者たちは体幹と見なす。頭部と体幹の違いにおいて、後頭骨・頸椎関節より深刻な意味をもつのは、咽頭弓の広がりや、体節と頭部中胚葉の境界に位置する、「内耳（耳プラコード）」のような構造なのである。

上の立場の違いは、どちらが絶対的に正しいという性質のものではない。頭腔を体節と等価の発生学的単位とする見方それ自体は誤りであるかもしれず、ナメクジウオの体節と脊椎動物の頭部中胚葉の同一視こそが誤りであるかもしれない。が、思考の方針が不適切というわけではない。ある動物のバウプランを表現するのに、原始形質に重きを置くか、派生形質に注目するかの違いが存在するだけである。

原型論に沿った考察では、原始形質でもって脊椎動物を記述しようとするため、一見分節の存在しない頭部中胚葉に「かつては分節が存在した」という仮想的状態を受け入れ、祖先のバウプランにそれを包摂しようとする。が、それはややもすれば、「脊椎動物のバウプラン」とは呼べないものとなる。一方、派生形質を重視する形式化（脊椎動物学派と呼ぶべきか）は、必然的に、脊椎動物にしかない形質に注目するため、脊椎動物が共有する「頭部中胚葉」は無視できないものとなる。それは、ナメクジウオとは異なったものとしての脊椎動物を記述するための、最も重要な構造である。脊椎動物特異的なバウプランを探す能力が動物学者たちに備わり、サメに頭腔さえなかったなら、頭部分節セオリーはその最初から破綻していたかもしれない。しかし、あのオーウェンが19世紀に生息できたように、グッドリッチの頭部分節モデルも21世紀にまで

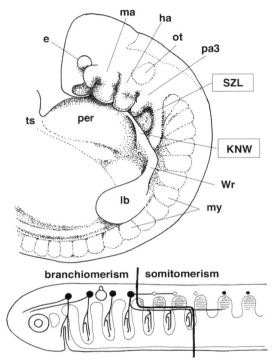

図 7-2　脊椎動物頭部の形態学的認識。上：フロリープがウシ咽頭胚に見た、「頭部と体幹の境界」。本書で提唱するものと同じ、S字境界が示されている。咽頭弓列の後方には肩舌稜（Schulterzungenleiste：SZL）があり、ここには僧帽筋群原基があり、鰓弓系の最後方を示すと考えられた。この筋の位置が頭部型神経堤間葉の位置する最後部に相当するという考えは正しい。一方、咽頭弓列の腹側の頭頸根（Kopfnickerwulste：KNW）は、舌下神経ならびに舌筋原基が移動する経路であると正しく認識され、かつ、フロリープは、それが後方のウォルフ稜へ連続することを指摘した。筋節から二次的に移動する筋群の通り道として、この構造の連続性には、たしかに大きな意義があるのかもしれない。e、眼；ha、舌骨弓；ma、顎骨弓；my、筋節；ot、耳胞；pa3、第3咽頭弓；per、心膜腔；ts、横中隔；Wr、ウォルフ稜。(Kuratani, 1997 より改変) 下：同じフロリープによる非分節的認識の例。ここでは、頭部は咽頭弓の並びと、それを支配する鰓弓神経系の分布に代表され（ブランキオメリズム）、体節や脊髄神経の存在（ソミトメリズム）によって特徴づけられる体幹とは、別のものとして捉えられている。両者は、S字状の境界によって隔てられている。

生き延びた。

　動物の形態形成プログラムは、進化を通じてある部分を保存し、ある部分を改変したり、さらには、かつてなかった新しいパターンをつけ加えることもある。分節論をめぐる見解の相違は、そのうちどの要素に着目するかという違いを示す。形態進化の過程として認識すべきなのは、バウプランの変化の系列と、その背景にあるはずの発生拘束の変化や新しいプログラムが追加してきた歴史的経緯なのである。「個体発生が系統発生を作り出すのだ」というガースタングの警句も、同じ内容を指す（Garstang, 1929）。

（2）頭部ソミトメア

　頭部分節説がいまの世によみがえったのは、必ずしも Hox 遺伝子をはじめとする分子発生学上の発見のみによるのではない。1970 年代には、すでにその兆しは見えていた。それは、走査型電子顕微鏡という、かつての比較発生学者たちが決して手にすることのなかった優れた観察装置のおかげで、初期胚の細胞集団の形態パターンを、組織学切片ではなく、立体イメージとして捉えることができるようになったからである。この装置を用いてマイアー（Meier）らは、ニワトリ神経胚の頭部中胚葉に、不完全ながら分節パターンらしきものが存在することを見いだした。彼らはそれが、体節の分節化以前の傍軸中胚葉に一過性に現れる不完全な体節、つまり、ソミトメア（somitomeres; Bellairs and Sanders, 1986）に類似することを指摘し、「頭部ソミトメア（cephalic somitomeres）」の呼称を与えた（図 7-3; Meier, 1979; Jacobson, 1988）。今日、ソミトメアと呼ばれるのは、厳密にはこの、頭部ソミトメアのことである。ソミトメアは体節のような明瞭な上皮構造ではなく、はっきりとした分節境界を伴わず、走査電子顕微鏡によってのみ見ることのできる、不明瞭なくびれだけが頭部中胚葉の背外側にできる。が、胚の内胚葉をはぎ取りこれを腹側から眺めると、擬似的な上皮を思わせる「ロゼット」状の細胞配置も認められるという（Jacobson, 1988, 1993）。

　マイアーらは他の多くの脊椎動物種について観察を行い、どの脊椎動物にもソミトメアが現れ、それがゲーテにはじまる頭部分節説の発生学的証拠となる可能性に言及した（Anderson and Meier, 1981; Meier and Tam, 1982; Meier and Packard, 1984）。それによれば、ニワトリなど羊膜類の頭部には、内耳プラコードの前に 7 つのソミトメアが発生し、頭部神経堤細胞の集団と、ある一定の関係を保つという（Tam and Trainor, 1994; Trainor and Tam, 1995）。しかし、こ

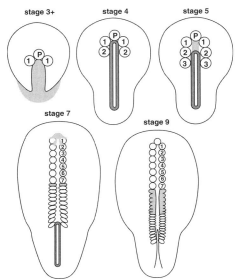

図 7-3 頭部ソミトメアの発生機序。ニワトリの発生において、頭部分節性が本当に存在するのか、議論はまだ続いている。(Jacobson, 1988 より改変)

の「7」という分節数は、多くの場合、3（頭腔の数）、もしくは4（プラットの小胞を加えた場合の頭腔数）の耳前体節を認める古典的分節説の提唱する数とは無視できない差を示す（第3章）。そこで、ジャコブソン（Jacobson, 1988）は、脊椎動物に大きく2型があり、板鰓類のように大きな頭部体節を作るグループと、羊膜類のように小体節が多く生ずるグループがあると考えた。

一方、「ソミトメアに相当する構造など一切ない」という見解もあった。フロイントら（Freund et al., 1996）は、組織切片から頭部中胚葉細胞の核の位置をプロットし、それらの相対的位置関係を解析、そこにいかなる繰り返し的な細胞凝集パターンも検出できないことを示した。ちなみに、ヤツメウナギ胚においても、頭部中胚葉に視覚的な分節境界はない（Kuratani et al., 1999b）。例外は、遅れて個別に発生する顎前中胚葉だけである。したがって、頭部中胚葉のなかでも顎前中胚葉だけは分節的存在だといえるかもしれない。しかし、それ以外の中胚葉には独立した区画は検出できない。頭部中胚葉の各部に名称を与えることができるのは、そこに自律的に発生する分節的パターンがあるからではなく、むしろ、他の胚構造が発達し、頭部中胚葉を領域的に分割するからである。つまり、中胚葉を取り巻く各種の胚構造、たとえば耳胞、咽頭嚢などの成長や突出により、それ自体は無分節の細胞集団が、受動的に分断されること

でなされる（後述）。これを領域的特異化（regionalization）と呼ぶ。それは分節化ではなく、いわゆるコンパートメントの成立でもない。しかし、因果連鎖としての発生プロセスにあっては、この瞬間以降、細胞の積極的混ざり合いが生じえない。それならば、進化上淘汰にさらされる正常発生パターンの視点においては、事実上、発生運命が固定しているも同然である。この意味で、領域的特異化の瞬間は決定的に重要な意味を帯びている。

　上のような領域化のパターンは、中胚葉以外の構造の画一的な配置に依存し、それが脊椎動物を通じて共通しているからこそ、中胚葉の領域化も動物種を通じて共通することになる。その意味で、これらの領域に古来よりの中胚葉領域の名称（顎骨中胚葉、舌骨中胚葉など）を与えることは理にかなう。板鰓類の頭腔を含め、領域化パターンとしては、顎前中胚葉、顎中胚葉、舌骨中胚葉などを大まかに認識することは、すべての脊椎動物で可能なのである（Kuratani et al., 1999b）。

（3）中胚葉の位置的特異化

　上の議論と関係して、これまで行われた頭部中胚葉のマッピング実験を比較すると、それが行われた発生ステージによって結果が変わることに注意すべきである（図 5-64；Noden, 1986, 1988；Couly et al., 1992；加えて、Trainor and Tam, 1995；Hacker and Guthrie, 1998 も見よ）。しかも、マウス、ニワトリの発生後期に行われた標識実験の結果は、サメ咽頭胚を通じてもたらされた比較発生学的理解とよく一致する。これは、神経胚期においてでなければ確立しないような「咽頭胚型の細胞の位置関係」、のちの組織間相互作用を約束する領域的特異化の瞬間が特定的に存在することを示している。マッピング実験を行う発生時期の意義と本質について考えさせる結果である。

　この現象の背景にある、神経胚から咽頭胚へ至る「位置の確定」についての理解には、まだまだ実験が必要らしい。ひとつだけ考慮すべきことがあるとすれば、頭腔が本質的に咽頭胚の発生パターニングの文脈に関わり、あるかなきか分からない軸形成期の産物としての（体節と同等の）頭部ソミトメアのようなものと安易に比較すべきものではないということだろう。頭腔、あるいは、顎前中胚葉、顎骨中胚葉などという名辞が登場するような、頭腔と同等の発生文脈における頭部中胚葉の領域化が、ソミトメアの番号付けと即座に対応するという必然は自明ではない。ソミトメアは（それが実際に存在するならば）そもそも発生時期が早く（神経胚、体軸形成期）、しばしば頭部構造との位置的対応

関係において不統一であり、相同性を決定する基盤を欠く。「相同性決定ができない」ということは、つまりは名称を与えることができないということと同義であり、それは発生学的にはとりもなおさず「領域的特異性を欠く」と同時に「発生の因果連鎖のなかで特異化されていない」ということなのである。そこにはまた、形態形成的拘束も生じえない。ソミトメアの不在を示しうる、おそらく一般的生物学者の目から見て最も強力な根拠が、中胚葉の分節化に関わる遺伝子の発現パターンである。

（4）分節遺伝子

以前より体節の発生には何らかの周期的な機構が示唆されてきたが（Cooke, 1981）、プルキエ（Pourquie）らは、ニワトリ初期胚の分節板（segmental plate, presomitic mesoderm）において、ショウジョウバエのペア・ルール遺伝子 *hairy* の相同物、*chairy* 遺伝子がある周期を伴って後ろから前へと発現の波を形成することを見いだした。*chairy* 発現が波のように、最も新しくできた体節の後端へと向かって移動し、そのたびに新しい体節をひとつ作ってゆくのである（Palmeirim *et al.*, 1997 ; Müller *et al.*, 1996 も見よ；総説は、Cooke, 1998 ; Pourquie, 2001, 2003、ならびに、Stern and Vasiliauskas, 1998, 2000 ; Saga and Takeda, 2001 ; Hubaud and Pourquié, 2014；和文総説として、相賀、2002）。このような発現を示す遺伝子は *chairy* だけではなく、*chairy* と同様の発現を示す他の遺伝子も多くあり（総説は、Maroto and Pourquie, 2001）。しかも Hox 遺伝子にも同様のダイナミックな発現サイクル（oscillation）があることが分かってきた（Zákány *et al.*, 2001）。どうやら、体節形成と体節の特異化や Hox コードの成立は、互いにリンクした発生機構であるらしい。

明らかなのは、体節という繰り返し構造を発生させるメカニズムが、形態学的認識のように静的なものではなく、体軸形成期に時間軸に伴って進行する、細胞間相互作用を基盤としたプロセスの現れだということである。それが正しいとするなら、初期発生における *chairy* 発現は、頭部中胚葉に本来存在する分節パターンに応じた発現を示すかもしれない。実際にこれを見てみると、頭部においては *chairy* は 2 回の波しか示さない（図 7-4 ; Jouve *et al.*, 2002）。これは、視覚的に表現する限り、頭部中胚葉に「顎前中胚葉とそれ以外」という区分けしかないように見えることと符合する（Kuratani *et al.*, 1999b；ただし、遺伝子発現レベルでは異なった特異化の兆候が見られる）。しいていえば、顎前中胚葉以外の頭部中胚葉には、分子的な機構のレベルでも分節などはなく、それ自体

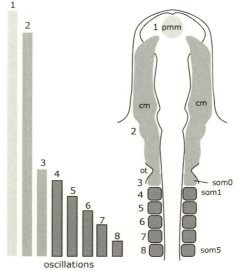

図 7-4 分節遺伝子の振動する発現パターンと頭部中胚葉。*hairy* 遺伝子の発現パターンと、中胚葉の分節様式。右にはニワトリ胚は腹側面を描いた。ここでは、耳プラコードの後方に現れる、不完全な体節を som 0 とした。耳の前に見られる頭部中胚葉には、2 回の *hairy* 遺伝子発現しか対応しないことが分かる。cm、頭部中胚葉；ot、耳プラコード；pmm、顎前中胚葉；som0-5、体節。(Jouve *et al.*, 2002 より改変)

がひとつの大きな単位なのかもしれない（同様の議論については、Wedin, 1949b を参照）。

(5) 幻の分節

「祖先の名残をとどめる」という物言いは、祖先的発生拘束が個体発生上の拘束となり、発生パターンに何らかの表現型をもたらすような場合についてのものである。言い換えれば、そこに拘束がなければ名残もなく、つまるところ原始形質は、何らかの拘束を同定することでしか証明できない。同定できないものに対し「名残」という名をつけ、永遠にそれを追い求めるのはむなしい行為というしかないばかりか、不毛な議論を永遠に続けることにもつながる。何かが存在しないということを証明することは困難である。同時に、よほど「できのよい」写真でしか、そのように見えないものの実在を主張することもできない。当時、大学院生であった堀米君と私が行ったヤツメウナギ胚の観察においても、標本作製の状態によっては頭部中胚葉にそれらしい「しわ」ができ、ソミトメアを思わせるようなパターンが生ずることがときおりあった。しかし、大多数の胚が本来どのように見えるものなのか、われわれはすでによく知っていた。胚の固定標本も、とりあえずは物理的な媒体である。波のパターンが物

理的背景をもつ限り、それはさまざまな理由で生じうる。

　脊椎動物比較発生学の歴史のなかでは、「アーティファクトではないか」と疑われた波が2つある。ひとつは神経分節であり、この本物の上皮コンパートメントの存在に対する疑いは、脊椎動物神経管についての発生学的理解を遅らせることになった。グッドリッチの模式図に見たように、当時は中胚葉分節に対する信念が席巻していたのである。第2のケースがこの頭部ソミトメアであり、形態学を忘れて久しい1970年代の発生学者にそれはある種の憧憬をもたらし、本来の信憑性以上の歓迎を受けた。それは、「脊椎動物の頭部中胚葉には、祖先形態を示す中胚葉分節の残遺が存在するのではないか」というかすかな望みに端を発している。誰の心理にも存在するような原型を指向する認識に訴えたのか、それもまた、ゲーテ形態学の直系ともいうべきグッドリッチの遺産と呼ぶことができよう。ソミトメアの有無をめぐる議論が続くのは、その存在に関する主張が原型的、あるいは潜在的パターン、さもなければ、原始形質に関する言明だからだ。つまり、「たとえいま、明瞭な体節が存在しなくとも、本来体節と同等のものがかつてはあった」という仮説だからこそ、その反駁は難しい。現在の状態を、派生的な「二次的消失」と考える以上、分節構造の不在証明が、必ずしもかつての祖先的分節の存在を反証できないのである。脊椎動物頭部の形式的理解にあっては、ナメクジウオのような体節がかつてはあったかもしれないと認めつつ、それとはまったく違った何かがいま生じていることを、ボディプラン生成機構のレベルで示さなければならない（この議論の詳細については、倉谷、2016を参照）。

（6）頭腔

　いまのところ、いかなる理由においてもソミトメアが存在しないと考えるのが最も妥当だとしても、板鰓類の頭腔はまだ残っている。それは紛れもなく実在し、「頭部における体節の名残」という解釈がかつては主流であった。頭腔は発生上外眼筋をもたらし、脊髄神経と体節の分節的パターンに比肩するものを、比較発生学者に想像させた（第3章）。板鰓類以外のタクサにおける頭腔については、あまり研究されていない。そもそも、頭腔の認識には2種類ある。ひとつは、板鰓類以外のタクサの咽頭胚に頭腔に相当するものを見つけようという努力の結果、多少強引に同定されているもの、第2は、組織構築的にサメの頭腔と類似したものをそのまま記載したもの、である。文献の調査では、これらの違いを明確にしておかなければならない。第1のタイプが記載されるの

7.1 頭部中胚葉と体節

はいうまでもなく、サメの咽頭胚を基調として考え、頭部分節説の土台に載った記載発生学が試みられたためである（ゲーゲンバウアー以来の板鰓類崇拝）。これはとりわけ、ヤツメウナギ胚や、板鰓類神経胚の記載において著しい。第2の方針が望ましいのはいうまでもない。それによると、頭腔の発生については実に興味深い事実が明るみに出る。

典型的な頭腔とは、頭部中胚葉の発生時にすぐさま見られるものではなく、むしろ咽頭胚中期において、疎性頭部間葉のなかに浮かんだ風船状の上皮性体腔として見いだされ、うっかりすると血管と見紛うような組織形態をもつが、その上皮は血管内皮よりも厚く、多層で、腔所にはむろん血球は認められず、咽頭弓管以外の他の構造へと移行しない独立した存在であるので、注意深く組織切片を観察すればすぐにそれと分かる。しかもそれは、発生後期には筋芽細胞を生産し（Neal, 1918b）、特定の外眼筋神経と形態的関係をもつ。したがって、発生運命を教えるためだけの目的で、できたばかりの板鰓類頭部中胚葉に「体腔（cavity = coelom）」の名を与えるのは不適切である。腸体腔性（enterocoelic：原腸上皮の膨出として発する中胚葉形成様式を指す）の発生過程を経る中胚葉をもつタクサにおいては、このことは特に重要である。

このような条件に合致する頭腔をもつタクサは意外に多い。硬骨魚類においては、私の研究室による、チョウザメ（ベステル *Bester*：コチョウザメ *Acipenser ruthenus* と、シベリアオオチョウザメ *Huso huso* の商業用交雑種）での記載がある（図7-5；Kuratani *et al.*, 2000）。この動物では、顎前腔と顎骨腔が認められ、それらの板鰓類における頭腔との形態的相同性は明らかである。すでに述べたように、顎骨腔は、特徴的に三叉神経の第1枝と第2+3枝の間に挟まるように位置している。サメ咽頭胚に見るように（図7-6）、顎前腔の対は互いに正中で接近し、下垂体の直後にあり、そのさらに後方では、多かれ少なかれ、脊索前端と密な間葉によって連絡している。このことは、顎前腔と索前板の緊密な発生上の関係を物語る（図7-7）。舌骨腔は発生を通じて存在しない。

系統的に、チョウザメと必ずしも遠くはない全骨類、アミア *Amia calva* については、ド＝ビアによる組織学的記載がある（De Beer, 1924a）。ド＝ビアはこの動物に顎前腔のみを認めているが、チョウザメの2対の頭腔の前駆体に酷似したその形態からすると、どうやら彼は滑車神経ならびに三叉神経と、この体腔との形態学的位置関係を見逃し、硬骨魚における頭腔の独特の発生パターンを認識しなかったらしい。これら基底グループにおける発生パターンは、硬骨魚に本来的に2対の頭腔、つまり、顎前腔と顎骨腔が存在することを裏書きし

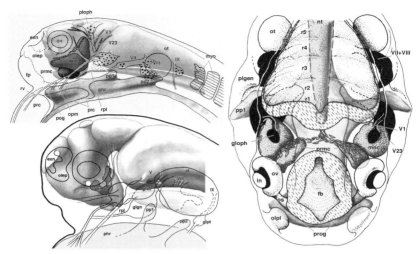

図7-5 チョウザメ（*Bester*）の頭腔。左上（stage A；Kuratani *et al*., 2000)、右（stage D)、左下（stage E）の順に発生が進み、右に示した段階において、頭腔の形態は最も明瞭となる。チョウザメには2対の頭腔しか現れない。前方の対は顎前腔（prmc）に相当し、密な間葉を介して脊索（nt）前端とつながっている。顎骨腔（mnc）は三叉神経の枝、眼神経（V1）と上下顎神経（V23）の間に位置することに注意。このような位置関係は、すべての顎口類の顎骨腔について見ることができる。関連する略号のみ示す。exn、外鼻孔；fb、前脳；Ⅲ、動眼神経；Ⅸ、舌咽神経；mnc、顎骨腔；myo、筋節；nt、脊索；ot、耳胞；phr、咽頭；pp、咽頭嚢；prmc、顎前腔；prog、口前腸；r1-5、ロンボメア；V1、眼神経、あるいは三叉神経第1枝；V23、上下顎神経、あるいは三叉神経第2+3枝；Ⅶ、顔面神経；Ⅷ、内耳神経。（Kuratani *et al*., 2000より改変）

ている。

（7）羊膜類外眼筋の発生――索前板

　神経胚を用いた実験、あるいはその段階からの観察のため、羊膜類の外眼筋の発生は、頭腔以前の存在である索前板に求められてきた。これまでも、本書でしばしば登場したこの「索前板」とは、体軸形成期に脊索吻方に現れる正中の未分化な細胞群であり、過去、さまざまな名で呼ばれてきた（prechordal plate, Oppel, 1890；Allis, 1931b；protochordal plate, Hubrecht, 1890；interepithelial cell mass, Rex, 1897；completion plate, Bonnet, 1901；preaxial mesoderm, Adelmann, 1922）。この間葉状の脊索様組織が、吻方で口前腸（preoral gut, von Kupffer,

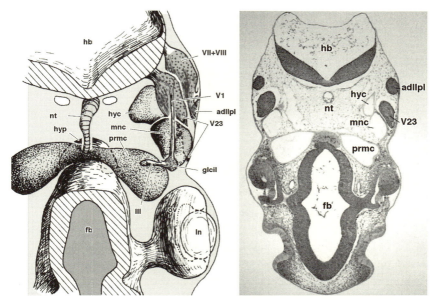

図 7-6 トラザメ *Scyliorhinus torazame* の頭腔。左は切片よりの復元模型、右は3つの頭腔を示した切片の1枚。この動物の神経組織を認識するモノクローナル抗体 HNK-1 にて染色してある。サメには3つか、それ以上の頭腔が現れる。頭腔は疎な間葉のなかに現れる、比較的厚い上皮をもった中胚葉性体腔である。隣にある血管内皮と厚さを比較せよ。本来、最も前方の中胚葉成分である顎前腔は、(その前に、プラットの小胞があろうがなかろうが) 常に脊索先端と関係を保っている。末梢神経と頭腔の位置関係が、相対的にチョウザメのものと等しいことに注目。(Kuratani and Horigome, 2000 より改変)

1888) と結合するため、それは内胚葉由来物として扱われることもあった (entodermal knot, Dorello, 1900)。ニワトリ初期胚では、この構造は中胚葉の最も前方のレベルに存在し、特異的に *goosecoid* 遺伝子を発現し、のちの漏斗となる間脳底部の突出によって正中にくぼみをもつ (形態学的記載と発生機序については、Adelmann, 1922 ; Meier, 1981)。つまり、羊膜類神経胚の索前板は、このときからすでに、板鰓類や硬骨魚の顎前腔と同じ位置関係を示す。

アーデルマン (Adelmann, 1922) 以来、索前板は原条吻方にできる中胚葉であると認められている。そして、顎前腔 (premandibular somite) が無対であるのは、それが最も吻方にある中胚葉要素だからであり、さらにその前に、体節

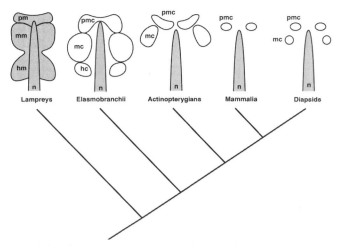

図 7-7 頭腔の進化。左から：ヤツメウナギ類、板鰓類、条鰭類、哺乳類、爬虫類＋鳥類を示す。体腔上皮性の真の頭腔は白で示した。hc、舌骨腔；hm、舌骨中胚葉；mc、顎骨腔；mm、顎骨中胚葉；n、脊索；pm、顎前中胚葉；pmc、顎前腔。

に類した要素、すなわち、「端体節（terminal somite）」や、「プラットの小胞」などと呼ばれるものがあるはずがないとアーデルマンは考えた（Kuratani *et al.*, 1999bの考察、ならびに、第3章も参照）。

　一方で索前板は「頭部オーガナイザー（head organizer）」とも呼ばれ、前脳の腹側にあり、後者の正常な背腹パターニングを司るほか、のちの正常な頭部正中領域の形成、ひいては眼の有対化にも機能する。したがって、索前板の欠如によってもたらされる形態異常は外眼筋の欠失にとどまらない。とりわけ、頭部オーガナイザーの欠失による頭蓋形成異常については、興味深い研究がある（Shawlot and Behringer, 1995；体軸パターニングという発生生物学的文脈における索前板の機能の理解については、マウス、ゼブラフィッシュ、アフリカツメガエルでの実験によるところが大きく、その概説については、Vesque *et al.*, 2000；Foley and Stern, 2001；Kiecker and Niehrs, 2001などを参照）。ニワトリでの同所的移植実験によれば、索前板に相当する細胞群は原腸陥入時にすでに外眼筋になるべく決定しており、二次的にこのうちのあるものが、外側で頭部間葉となるらしい（Wachtler *et al.*, 1984；Wachtler and Jacob, 1986）。残念ながら、顎前腔はニワトリにおいてはきわめて不明瞭である。が、決してないわけではない（Jacob *et al.*,

1984；川上・倉谷、未発表所見）。それが本当に上に示した索前板由来のものなのか、外眼筋を作ることになる細胞がすべてこの上皮に由来するのか、いまでも知られていない。

（8）羊膜類の頭腔

爬虫類と鳥類の頭腔に関しては、かのヴァン＝ヴィージェと、上にも紹介したアーデルマン、そしてウェディン（Wedin）による一連の詳細な記載がある（van Wijhe, 1883；Adelmann, 1926；Wedin, 1949a, 1953a, b）。ウェディンによれば、ほとんどすべてのタクサ（キジ目、スズメ目、ハト目、古顎類、ガンカモ目、ワニ類、加えて、私の研究室によるニホンヤモリやスッポン；川上・足立・倉谷、未発表）において顎前腔、しばしば顎骨腔が存在するが、どの種においても、舌骨腔は見つかっていない。さらに、有袋類、あるいは、有胎盤類の胚に顎前腔が現れることがある（Fraser, 1915；Gilbert, 1947, 1953, 1954, 1957）。私の知る限り、有胎盤類で頭腔が認められているのは、いまのところヒト胚のみであり、それもまた顎前腔と同定されている（Gilbert, 1947, 1952, 1957）。組織学的にも、形態学的にも、羊膜類に現れる頭腔は互いによく似る。どれも軟骨魚類のそれに比べて相対的に小さく、とてもそれが動眼神経支配の4つの外眼筋すべてをもたらすようには見えない。また、羊膜類においてときおり見られる顎骨腔については、それが三叉神経の眼神経と、上下顎神経両者に挟まった格好で発生するという、板鰓類におけるのと同様のトポロジーのもとに発生する。しかし、発生のどの段階を見ても、舌骨腔は見られない。

　以上、基本的に現生顎口類胚には頭腔が存在する。ならば、顎口類を定義する共有派生形質のひとつたりうる。両生類や真骨類における所見に不備はあるが、おそらくこれらは顎口類の成立に近いところでできあがり、顎口類咽頭胚の基本的構築要素として発生していると見てよいらしい（ギンザメ類の個体発生についての限られた情報は、Didier *et al.*, 1998 と、その引用文献を参照）。しかし派生的系統になるに従い、頭腔は後ろのものから徐々に消えてゆく（図7-8）。第3の頭腔、つまり舌骨腔をもつのは板鰓類だけであると、第一発見者のバルフォーは述べている（Balfour, 1878）。この進化的消失の理由もまた明らかではない。より広範な比較研究が望まれる。これに関し、実験モデルとして用いられる動物種に限って、頭腔の発達が悪いことは銘記すべきだろう。これは頭腔の発生機構と進化的消長を知る手がかりになるかもしれない。加速された発生プロセスにあっては、頭腔形成が省略される可能性があることを示唆している。

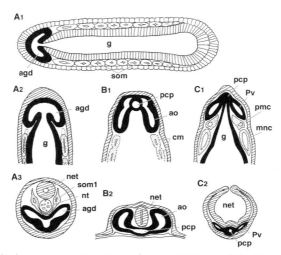

図 7-8 前腸嚢（anterior gut diverticulum）。ナメクジウオ（A）、アミア（*Amia*；B）、サメ（*Squalus*；C）の、頭部前端における中胚葉の発生を比較する。上段は、ナメクジウオ胚の水平断。中段は、頭部水平断を 3 つの動物種胚で比較する。下段は頭部横断面。ナメクジウオの前腸嚢（agd）は原腸（g）からの直接の由来物であるが、細胞系譜としては、脊椎動物の顎前中胚葉（pmc）やプラットの小胞（Pv）にきわめて近い。後者は索前板（prechordal plate：pcp）という、後の脊索前端、ならびに口前腸の系譜を分離することになる未分化な中軸構造である。発生、ならびに形態パターンの類似性から、前腸嚢はしばしば、顎前腔（はたまた、アミアの付着器官 ao, adhesive organ）と相同ではないかと指摘され、さらに、ディプリュールラ幼生の「protocoel」との関係も指摘された。Kuratani *et al*.（1999b）における考察も参照せよ。（Neal and Rand, 1946 より改変）

　ウェディンによれば、頭腔の発生は適応的なもので、限られた細胞数からなる筋原基を発生の早い眼球サイズに合わせて配置するために二次的に生じたのだという。しかし頭腔の配置は、頭部分節性を彷彿とさせるものでありこそすれ、決して眼球の形態に追随するものではない。またそれは、極端に眼球の大きな鳥類、ワニ類の胚で顎前腔が小さく、それ以外の頭腔が存在しない理由を説明しない。このように、適応的意義すら不明な構造が、この頭腔なのである。そして、頭部ソミトメアの存在は否定されたも同然だが、頭腔の分節的性格は、いまのところ完全に否定しきれてはいない。たとえそれが、体節とは異なった分子機構で発生するものではあるにせよ……（Adachi and Kuratani, 2012；Adachi *et al*., 2012 を参照）。

　ただ、次のようにいうことはできる。つまり、胚発生プロセスにおいて重要

な責任を負う脊索とは異なり、現生顎口類をもたらした板皮類のいずれかのグループに初めて生じた頭腔は、以降の冠（派生的：クラウン）グループにおいては重要な発生負荷を被らず、単に消えゆく原始形質として見られる。その結果か、頭腔は形態パターニング上の重要な形態発生的拘束となっていない。事実、頭腔のなかで明瞭に他の胚形態との保守的な位置関係を示すのは、三叉神経の第1枝と第2＋3枝の間に生ずる顎骨腔だけだが、この神経の二叉分岐パターンは、この頭腔をもたない脊椎動物種すべてに支障なく発する。板鰓類においてのみ、この頭腔の存続が、この動物における三叉神経根のr2からr3への移動に関わると示唆されたことはある（Kuratani and Horigome, 2000）。これは発生拘束としてみれば、板鰓類において特異的に分節性を乱すパターンでありこそすれ、決して頭部分節性をもたらすものではない（Kuratani, 2003a）。つまり、形態パターンをもたらす発生学的現象を詳細に見つめれば、頭腔を頭部分節性の基礎に置くことはできないのである。ソミトメアは存在せず、一方で頭腔は、ナメクジウオの体節とは関係のない顎口類の共有派生形質である。となれば、グッドリッチの分節理論はもはや支持できないと考えねばならない。

7.2 体節分節性と鰓弓分節性——形態発生的拘束とは？

頭部分節性の本質が形態パターニングと祖先形質に関するものである限り、この両者を常に意識して考察せずしては、問題の理解に到達できない。ここで形態学的概念に立ち返り、分節繰り返し性を見つめ直し、さらにその発生学的パターニングのプランと、それが変化してきた進化的経緯について考察する。

（1）形態的概念としての「繰り返し」

厳密には、概念としての「分節性（segmentation, segmental pattern）」と「繰り返し性（metamerism）」は本来別のものである。これらのうち、本来の形態学的概念として意味をもつのは「メタメリズム」だが、これら両者は最近の発生生物学や形態学において混同され、同じ意味合いで用いられることが多い。場合によっては両者が同じものとして説明されることさえある。分節性は、脊椎動物比較形態学や比較発生学においてはしばしば、体腔上皮構造の存在でもって示され、対称性の特殊な例として認識され、ランケスター以来「メタメア（metameres）」の名で呼ばれることも多かった（これは本来、1セットの異なった器官群が同じリズムで繰り返している状態における「繰り返し単位」の意：Beklemishev, 1964 に要約；体腔と中胚葉性分節の関係については最終章を参照）。ゲーゲンバウアーからグッドリッチへと至る、比較発生学華やかなりし時代のことである。

　発生過程の胚のなか、あるいは成体の解剖学的構築においても、発生コンパートメントや分子レベルでの機構の有無にかかわらず、複数の器官群が繰り返すことがある。このようなパターンを、「分節繰り返し性（metameric segmentation）」という。もちろん、このような条件を完璧なかたちで満足している動物はほとんどおらず、その結果、「完全な分節性」や、「不完全な分節性」という呼び名が現れることになる（これらの用法については、Ahlborn, 1884；Remane, 1963；Starck, 1963；Beklemishev, 1964；Clark, 1980；Jeffs and Keynes, 1990；Davis and Patel, 1999；Mitgutsch, 2003 などを参照）。つまり、このような形態学的概念そのものが、なにがしかの観念論的性格をはらんでいる。とはいえ、「1 セットの繰り返し構造」という定義が、発生学的に重要な現象に言及している可能性はある。それが以下に解説する「形態発生的拘束：generative constraints（Wagner, 1994；Kuratani, 2003a）」である。形態発生的拘束とは、発生過程のある時期に定まったパターンが、そののちに続く発生パターンやプロセスを、決定論的にある特定の方向へと導くことをいう。ワーグナーは、さまざまな相同的、画一的パターンを間違いなく帰結するような発生機構の制約としてこれを捉えた。

（2）拘束としての分節

　形態発生的拘束の範疇に入る現象については、すでにこれまで、多くの事例で見てきた。発生過程が階層的に構築され、しかも因果連鎖的現象である限り、特定のイベントには、常にそれに先立つ現象が必然性をもって控えている。解剖学的、発生学的に認識されるパターンの背景には、それが生じざるをえないようなプレパターンが存在し、相互作用を行う細胞や組織の空間的配置が重きをなす胚発生の性格のゆえ、視覚的パターンの発生的要因は必ずしもその問題のパターンを伴う構造そのもののなかにあるとは限らない。顕著な例として、体節のリズムがのちの形態パターンを作り出す現象を挙げることができる。われわれの体に見ることのできる椎骨ならびに椎間板、脊髄神経節、脊髄神経根、肋間筋、などはいずれも同じリズムを刻む繰り返し構造をなし、われわれの体の構築の分節的発生プランを示すが、このパターンの理由は、それら構造の原基すべてが分節的に生じたからではない。分節的パターンをもっていたのは体

節だけである。

　分節的な体節が再分節化を経て作られる椎骨が、分節的なのは当然だが、体節とは異なった由来をもつ神経堤細胞が分節的に配置するのは、その移動や分布のパターンが体節の存在に影響を受けるためである。羊膜類では体節後半部によって神経堤細胞は遮られ、さらにそれは脊髄神経の運動根の発生位置さえ限定する（第4章）。このような発生プロセスでは、末梢神経のパターン化は一面的に体節に依存し、それによって体節と同型的なパターンが末梢神経の形態に刻印される。この同型性は、明らかに発生機構的背景を有する。なぜなら、実験的に体節パターンを攪乱することで、それと同型的な変化が末梢神経に生ずるからである（第4章）。つまり、脊髄神経の分節パターンは「体節というプレパターンに由来する、形態形成的拘束」のもとに成立する。

（3）頭部分節性表出の機構

　形態パターンの本質が、形態発生的拘束であるならば、頭部分節説をこの概念で扱うことができるだろうか。ここで考えるべきことは、中胚葉そのものが頭部において分節しているかどうかではなく、因果的な発生プロセスにおいて、頭部中胚葉が、他の組織構造との関係において何をしているかという問題である。

　すでに述べたように、頭部と体幹（その境界は本書の文脈では、耳プラコードの発する、体節と頭部中胚葉の境界に一致する）では、神経堤細胞の移動と分布のパターンに大きな違いがある（図4-13、図4-15、図5-63も参照）。体幹では、神経堤細胞は中胚葉の間か、あるいはそのなかを分け入ってゆくが、頭部ではもっぱら背外側経路を通り、中胚葉の背外側面に沿って下りてゆく。頭部神経堤に見るような背外側経路は、体幹神経堤細胞にもわずかながら見られる。が、この経路が見られるのは神経堤細胞の移動のごく初期か、さもなければかなりのちになってからのことである。この間に相当する時期では、上皮的体節、もしくは、皮筋節の背外側表面には複合糖質（glycoconjugates）が分泌され、神経堤細胞を阻む（Oakley *et al.*, 1994）。その分子だけが理由となっているかどうかは不明だが、この時期、体節表面に神経堤細胞は存在せず、頭部に異所的に移植されたこの時期の体節は、神経堤細胞の背外側の経路を遮断する（Kuratani and Aizawa, 1995）。ならば、神経堤細胞の挙動の背景には中胚葉の存在モードが関わるといってよい。しかも、頭部中胚葉の方向を逆にしても、頭部神経堤細胞の分布パターンや脳神経の形態に変化は生じないので、体節が体幹の

発生において与えている拘束が、頭部中胚葉に存在しないことが分かる。

　逆に、ロンボメアのパターンの変化が、脳神経の根形成パターンの変化に同型的に帰結するので（Kuratani and Eichele, 1993；Niederländer and Lumsden, 1996）、鰓弓神経根形成は、部分的にロンボメアパターンの拘束のもとにあるといえる。したがって、末梢神経系の分節パターンの発生因果的な基盤、すなわち形態形成的拘束の所在が、頭部と体幹ではまったく異なっている（図4-46）。しかもこの違いは、現生顎口類だけではなく、円口類胚の形態にも明らかである（Horigome *et al.*, 1999；Oisi *et al.*, 2013a；Kuratani *et al.*, 1997b に考察；詳細は第 10 章参照）。円口類において、体幹の末梢神経がどのようなパターンをもつか（第 4 章）、そして体節中胚葉がどの範囲に発生するかを見れば（Dean, 1899；Kuratani *et al.*, 1997b, 1998a, 1999b）、それらの発生拘束の局在は明らかとなる。これらすべてのことを鑑みれば、体節の分節性を基調とする頭部分節性が誤りであることも明らかだが、先に述べたように、これは頭部の中胚葉がもともと分節的構成をもっていたかどうかとは関係がなく、それを否定する材料ともならない。それでもなお、グッドリッチの方針における頭部分節セオリーが、末梢神経や頭蓋といった、成体の解剖学的形態へと至る胚形態パターンに言及することだけは決してできない。

　発生拘束の視点は、われわれにもうひとつのリズムジェネレータの存在を示唆する。それが咽頭嚢である。咽頭嚢はそれ自体が咽頭嚢派生体として分化するほか、それら自体、脊椎動物の体に咽頭弓と、それに付随したあらゆる器官構造のリズムをもたらす発生拘束の正体でもある。胸腺、副甲状腺などの咽頭嚢派生物が、鰓と同じリズムを刻んで発生するのは当然だが、それ以外に鰓弓系の範疇に属するものは、そのほとんどが咽頭嚢の発生拘束によりパターン化される。そもそも、鰓弓筋をもたらす咽頭弓中胚葉は、本来無分節に生じた頭部中胚葉が咽頭嚢の突出により二次的に分断され、領域化されることによってパターンを得る。同様のことは、神経堤に由来する咽頭弓間葉にもあてはまる。とりわけ、後耳鰓弓において著しいが、本来分節を伴わず流入した神経堤細胞群が、二次的な体腔の消失と、それによって許容される咽頭嚢の突出によって、やはり分断され、鰓弓間葉となる（Kuratani and Kirby, 1991, 1992；Shigetani *et al.*, 1995；総説は、Kuratani, 1997）。さらに、咽頭嚢による拘束の作用は脳神経にも及ぶ。すでに述べたように（第 4 章）、鰓弓神経の下神経節の原基である上鰓プラコードは、咽頭嚢が表皮外胚葉に対して誘導するものなのである（Begbie *et al.*, 1999）。したがって、その形態的分布パターンは完璧に咽頭嚢の

発生パターンに従うことになり、咽頭囊の不在が、その直接の由来物であるところの胸腺、副甲状腺のみならず、上鰓プラコードを欠失させることも納得できる (Kuratani and Bockman, 1992)。

　上に挙げた、大規模な発生拘束の結果現れる脊椎動物の2つの分節リズムは、それぞれソミトメリズム（somitomerism：体節に由来する繰り返しパターンの意)、ならびにブランキオメリズム（branchiomerism：鰓に従う繰り返しパターンの意）と呼ばれてきた。そして、過去の頭部分節セオリーがソミトメリズムに立脚していたといいきれないのは、彼らがそれをブランキオメリズムと同一視していたからだ。これら2つの発生拘束を認める立場は、その2者の境界にS字状のパターンを認めていた（図7-2；Froriep, 1885, 1902；Kuratani, 1997；倉谷・大隅、1997も見よ）。ここは、鰓弓神経の最後の神経根である迷走神経根が発し、かつ、脊髄神経の最前方のメンバーである舌下神経だけではなく、舌筋の原基が移動する経路でもある (Hammond, 1965；Hazelton, 1970；O'Rahilly and Müller, 1984)。この、舌形成に関わるS字の腹側のアーチに対し、フロリープ（Froriep, 1885) は、「Schulter-zungenleiste（肩舌稜の意）」の呼称を与え、それが体幹的要素の認められる前方の限界を示し、さらに、舌と同じく、体幹要素の変形としてもたらされる肢芽の発する「ウォルフ稜（Wolffian ridge）」に連続すると見なした（奇しくもこれらはともに、*Hgf* 遺伝子が発現し、MMP 筋が移動する環境に相当する）。一方、背側のアーチは、「Kopfnickerwulst（頭頸根の意）」と呼ばれ、そこに鰓弓系の最後端が示されていると考えた。それは、当時は鰓弓筋と考えられていた僧帽筋原基が含まれているからである。その解釈に問題があることについてはすでに言及したが（第4章）、体幹筋であるはずのこの筋群が、鰓弓的形態に同化しうるエピジェネティックな論理もそこには確かに存在するのである。このような形態発生的パターンは、ヌタウナギ類において二次的に変形していることを例外とすれば、ヤツメウナギにおいても機能している（第10章に後述；Dean, 1899；Oisi *et al.*, 2013a)。そして、これら2つの発生拘束が独立のものであるという背景には、おそらく細胞間相互作用に関わる分子的機構が控えている。

7.3　二重分節セオリー

　上に見たように、胚に成立する形態発生的拘束を通じ、保守的な発生パターンが直接に特定のバウプランの生成へと結合してゆく。その発生拘束には2種

のものがあり、しかも、それらが互いに連関していないことは、各種の発生学的実験が示している。どのような実験的擾乱においても、咽頭嚢に与えられた変化が、体節の変化を誘発することはなく、その逆もまた成り立たない。これについて思い起こされるのが、ローマー（Romer, 1972）による、脊椎動物の「二重体制説」である（図7-10；かつては二重分節説と理解されることもあった）。

（1）ホヤか？　ナメクジウオか？

　ローマーはこの仮説において、ホヤのオタマジャクシ幼生を思わせるような祖先形を想い描いた（図7-9）。つまり、脊椎動物の体には、臓性部と体性部があり、それを最も端的に示すのがホヤのオタマジャクシ幼生であり、その咽頭や消化管が前者を、遊泳のための尾が後者を代表するという。現在でもこの解剖学的認識は生きている。ローマー以前より認められてきたこの二分法に沿って、2種の分節性を認める形態学的認識は、ローマー以降の形態学者による解釈であり、それは、臓性部と体性部を区別しながらも、分節パターンについては1種しか見ようとしなかったヴァン=ヴィージェに対抗するものである。本来の二重分節性の主張は、むしろアールボーンにはじまる（Ahlborn, 1884）。いずれにせよ、上の文脈でいうところのソミトメリズムは体性部（somata）に属し、一方で、臓性部（viscera）に発生する咽頭に鰓弓列ができ、ブランキオメリズムがもたらされる。しかし、このような考え方は、脊椎動物とホヤ幼生の見かけの類似性に大きく影響されすぎている。

　実際のホヤの体節筋らしき構造は、尾部にしか発生しない。加えて、脊索も尾部に限局する。したがって、二重分節（＝2種の発生拘束）が認められ、それがアナロジーとして成立しても、ホヤのオタマジャクシ幼生そのものを脊椎動物のバウプランと結びつけるのは困難である。これを脊椎動物へもってゆくためには、ジーが考えたように（Gee, 1996）、尾部の筋が分節し、二次的に胴部へ移動し、脊索も前方へ伸長しなければならない（図7-10；ホヤ幼生に体節があるか、あるいはかつて存在したことがあるかについての考察は、Lankester, 1882；Crowther and Whittaker, 1994；Gee, 1996などを参照）。発生拘束の形式化から捉えた場合、ホヤと脊椎動物には大きな隔たりがある。むろん、ホヤ幼生の形態パターンが、祖先的な存在を代表する必要性もない。ホヤ幼生の形態はむしろ、脊索動物の共通祖先がもっていたパターンから、二次的に大きく逸脱したものかもしれない。

　一方で、ナメクジウオの形態発生パターンは、体軸を通して連続的に認めら

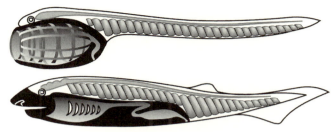

図7-9 ローマーによる脊椎動物の二重体制説。脊椎動物にはソミトメリズムとブランキオメリズムという2つのリズムがあり、それぞれ体性部、内臓部に分節繰り返し性をもたらしている。(Romer, 1972 より改変)

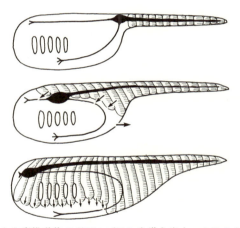

図7-10 ホヤ幼生から脊椎動物のボディプランを導き出す。ホヤのオタマジャクシ幼生の尾部に見られる傍軸筋は本来、分節的なパターンをもっていたとの見解がある。つまり、ソミトメリズムの起源はここまでは遡ることができるかもしれない。しかし、脊椎動物とは異なり、オタマジャクシ幼生の頭部には傍軸筋と脊索が見られない。この状態から脊椎動物へと至るためには、これらの構造が吻方、腹方へ移動したと仮定することが必要となる。ここに示したのはジーによる解説をもとにしたもの。咽頭、内臓系を支配する神経が脊椎動物の迷走神経に酷似するが、咽頭に分布する筋が、体幹のものと区別されていないことに注意。(Gee, 1996 より改変)

れるソミトメリズム拘束を基調とする。このような完璧なソミトメリズムが、脊椎動物に存在しない（ベイトソン流にいえば、「ソミトメリズムが連続的ではない」）ことについてはすでに述べた。繰り返すが、頭部分節説の是非は、それが脊椎動物の解剖学的構築を分節のもとに還元できるかという形態学（バウプラン）の問題である限り、脊椎動物における体節に類似した構造の名残を探求する議論であってはならない。むしろ本来的には、体軸を通じてどのような発生拘束が存在するかという、「パターン発生機構」の問題なのである。そう考えれば、ナメクジウオ的なボディプランをもった動物が「体軸の前端においてソミトメリズム拘束を失い、神経分節を加え、神経堤細胞を獲得し……」という、比較的素直なシナリオはすぐさま描くことができる。これと同じ文脈で、頭部分節性の問題を捉えたニールは、ナメクジウオからヤツメウナギを経、サメから羊膜類へと至る過程で、しだいに頭部における分節性の重要性が中胚葉

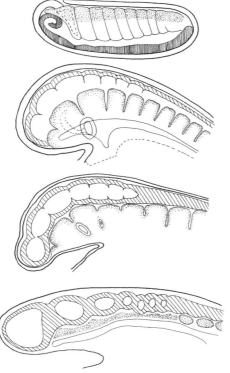

図 7-11 分節性を発生させる負荷の変遷。ニールとランドは、ナメクジウオから羊膜類へと至る過程で、しだいに頭部における分節性の重要性が中胚葉から神経分節へと移行することを指摘した。上から、ナメクジウオ、ヤツメウナギ、板鰓類、ニワトリの胚を示す。ナメクジウオ胚の神経管には神経分節はなく、中胚葉は頭部先端に至るまで分節している。頭部中胚葉分節は羊膜類へ向けてしだいに希薄になり、そのかわりに、神経分節が明瞭となると指摘されている。詳細は本文参照。（Neal and Rand, 1946 より改変）

から神経管へと移行していった可能性を指摘している（Neal and Rand, 1946；図7-11）。いうまでもなく、この階段式の進化理解と頭腔の認識については問題はあるが、祖先的動物における頭部中胚葉の消失と、それに伴う形態形成的拘束の移行というアイデアは、きわめて卓越したものであった。

（2）頭部中胚葉成立の謎

いずれ脊椎動物の進化的成立は、発生拘束の変遷というかたちで記述しなければならない。そもそも分節性の存在していた前方の中胚葉が二次的に分節を失ったというシナリオはきわめて魅力的であり、位置特異的な遺伝子発現でもって、ナメクジウオの特定の体節を脊椎動物の頭部中胚葉の特定の領域と比較するという試みはこれからも続くだろう（たとえば Holland *et al*., 1997；Holland, 2000）。頭部ソミトメアを主張する（＝潜在的ソミトメリズムですべてを説明しようとする）最後の砦もここにある。中胚葉分節化遺伝子の発現パターンが示すように、顎前中胚葉以外のすべての頭部中胚葉が、たったひとつの体節を示す可能性もある。が、まったく新しく頭部に何かがつけ加わったという可能性は棄却すべきだろう（これに対立する説として Gans and Northcutt, 1983 も参照）。ラカーリ（Lacalli）その他の比較研究、比較的最近の一連の遺伝子発現の観察は、ナメクジウオやホヤ幼生の神経管（神経索）の前端が、脊椎動物のそれと比較可能であることを示している（Lacalli *et al*., 1994, Lacalli, 1996, 2001；Schilling and Knight, 2001；他に Reichert and Simeone, 2001；Tallafuss and Bally-Cuif, 2002；Meinertzhagen *et al*., 2004；Holland, 2009；Holland *et al*., 2013 なども参照）。それがいかなるものであれ、脊椎動物頭部中胚葉は何もないところからいきなり出てきたようなものであるはずはない。それだけは、ジョフロワの昔から変わらない。

むろん、これらの議論がすぐさま脊椎動物の祖先として、ホヤに比べ現生のナメクジウオが系統的に近いということを保証するものではない。バウプランの隔りは、必ずしも系統的分岐順序を示しはしない（図7-12；第1章）。しかし、（細部はともかく、全体的パターンを見る限り）ナメクジウオのバウプランが、脊椎動物のそれに最も近いものであることは認めないわけにはゆかない。とりわけ、ナメクジウオの末梢神経のソミトメリックなパターンは、体節間の経路（intersomitic pathway）を使うという点で、実際に脊椎動物の脊髄神経の原初的パターンと考えられているものと同じものを示している。

7.4　脊椎動物の起源？

　古くから、脊椎動物の起源についてはさまざまな議論があり、比較発生学がまさにそのためにあるということを、先人たちはよく心得ていた。それについては、比較形態学もまた例外ではなく、認識の方法は異なっていても、ゲーテ以降の形態学者たちの課題は、脊椎動物の形態をいかにして無脊椎動物のものと形式的に統一するかということであった。それはジョフロワにはじまる甲殻類と脊椎動物の背腹反転関係、裏返し関係の発見だろう（図11-4；参考までに図7-13、図7-14；第11章も参照）。最近発見された、その分子的背景については、のちに発生拘束に関連して記述する。他にも、脊椎動物の左右相称性と分節性を環形動物や節足動物に属する特定の動物群になぞらえる学説は多く、また、脊索の存在を重要視した比較は、半索動物の発見や、脊索動物というタクソンの認識をもたらした。さらに、個体発生の変遷や、あるいはヘテロクロニーによる発生パターンの変形理論ももたらされた（以上、総説についてはGee, 1996；Hall, 1998を参照；脊索と相同かもしれないという、半索動物の口索については、Bateson, 1885；Komai, 1951；Peterson, 1995などを見よ）。

（1）さまざまな起源論

　脊椎動物の起源論に関する議論は決して過去のものではなく、むしろ、分子進化、分子発生学的根拠を得て、再び重要な命題となっている（過去において問われた、脊椎動物の起源に関するさまざまな比較形態・発生学的仮説、それら相互の関係に関しては：Kowalevsky, 1866a, b；Semper, 1874；Dohrn, 1875；Hubrecht, 1883, 1887；Bateson, 1885, 1892；Gaskell, 1908；Patten, 1890, 1912；Delsman, 1924a, b；Garstang, 1929；Kappers, 1929；Berrill, 1955；Raw, 1960；Sillman, 1960；Jensen, 1960, 1963；Dillon, 1965；Balfour and Willmer, 1967；Romer, 1972；Jollie, 1973；Sarnat et al., 1975；Willmer, 1975；Romer and Parsons, 1977；Lovtrup, 1977；Sarnat and Netsky, 1981；Gutmann, 1981：概要はKardong, 1998；Northcutt and Gans, 1983；Jefferies, 1986；Nübler-Jung and Arendt, 1994；Arendt and Nübler-Jung, 1994；Green et al., 2015；Holland, 2015ならびに、それらに引用された文献を参照。最終章に詳述）。これらはどの系統の動物を比較対照としたか、進化的変遷についてどのようなパターンの変化を想定したかなどの点から、いくつかのタイプのものに分類可能だが、その体系的・歴史的考察については、ジー（Gee, 1996）による詳細な総説がある。本書では、この興味深いテーマのそれぞれを吟味しない。というの

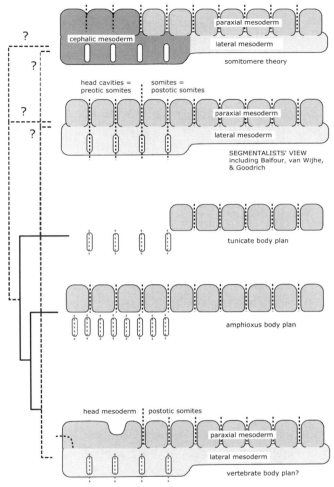

図 7-12 頭部分節理論の概念図。上から、「ソミトメア説」、「頭部分節説」、「尾索類の発生プラン」、「頭索類の発生プラン」、そして本書で考える「脊椎動物の発生（バウ）プラン」を示す。この模式図は概念的なものであり、必ずしも実際に見ることのできる分節数は反映していない。発生生物学的背景における「ソミトメア説」では、頭部中胚葉は体幹の体節（傍軸）中胚葉、外側中胚葉のどちらの系列にも属さず、それは神経管の周囲の間葉に加え、咽頭弓内の筋をももたらす。そして、この頭部中胚葉はソミトメアという不完全な分節単位からなると考える。「頭部分節説」では、体軸を前後に走る中胚葉のすべてに、傍軸部、外側部があると考え、体節と同じ分節が頭部にもあり、サメの頭

腔がそれを代表するとする。さらに、咽頭弓の繰り返しパターンと頭部体節のそれが、同じ分節プランのもとに発するとする。ゲーテに端を発し、グッドリッチに代表される形式化の方針が、これに相当する。「尾索類の発生プラン」は、尾部にも中胚葉の分節があったという仮定に基づく。「ナメクジウオ」においても、中胚葉の外側部はなく、背腹にわたって完璧に分節したブロックが並ぶ。咽頭弓の数は、体節の並びと同調しないと考える。「本書の理解」では、頭部中胚葉に傍軸部と外側部を認め、それは、神経胚後期にならないと位置的に特異化しないと考える。頭部中胚葉のなかには分節はなく、その先端に独立した中胚葉の単位、顎前中胚葉が現れるのみである。また、鰓と体節の並びも一致するものではない。「ソミトメア説」も「頭部分節説」も、実際に見られる動物のバウプランに一致せず、しかも脊索動物のバウプランの進化をうまく説明できないことに注意。

　も、脊椎動物の起源には2つか、それ以上の異なった意味合いがある。ひとつは、数ある現生のタクサのなかで、どれが脊椎動物の姉妹群に相当するのかを特定することである。コワレフスキーやヘッケル以来、それは、かつて「原索動物」と呼ばれていたナメクジウオかホヤのうちのどちらかになるしかないと考えられ、その点においては異論はない（以前は必ずしもそうではなかった）。特定のタクサの起源論について、より大きな問題をはらんでいるのはむしろ、古典的なセオリー通り環形動物を節足動物の祖先型と見なせるのか、あるいは前口動物を「脱皮動物」と「冠輪（トロコフォア）動物」に大別する現在の見解が示唆するように、環形動物と節足動物の見かけの類似性が、本当にホモプラシーにすぎないのか、というような問題である。いまでも、昆虫の頭部分節性セオリーは、いかにしてそれを環形動物の頭部パターンを比較するかという方針で研究される場合がある。

　上のような意味において、われわれは脊椎動物の祖先をすでによく知っているのである。逆に、ナメクジウオやホヤの祖先が脊椎動物であるという言い方もまた正しい。姉妹群の特定に関しては、分子系統学的データが最終的な解答をもたらしてくれるだろう。が、おそらくそのことによって、脊椎動物の起源が必ずしも明確になるわけではない。なぜなら、それがどの動物になろうと、いずれ上に見たようなボディプランの起源に関する解釈を加える必要が生じてしまうからだ。この時点に至って本格的に、発生パターンやプロセスを変更する機構的背景についての進化生物学的考察が必要になる。集団遺伝学的方法論と、分子遺伝学的発生生物学が進化生物学のうえで統合される必要が生ずるのはここである。

　また、脊椎動物の起源という問題は一面、脊椎動物という形態発生システム

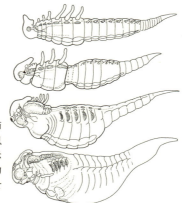

図 7-13 パッテンによる脊椎動物の起源。彼は節足動物に起源を求め、ウミサソリから板皮類に似た中間型を経て、脊椎動物に至る変形過程を図示した。ボディプラン（あるいは、3胚葉の基本的位置関係）を一致させるために、背腹を反転させていることに注意。(Patten, 1912 より改変)

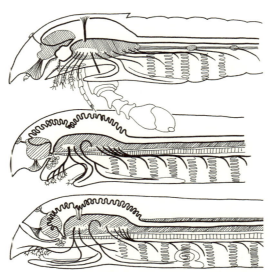

図 7-14 ガスケルによるウミサソリ起源説。ガスケルはきわめて包括的な議論を展開し、節足動物と脊椎動物をつなげる方法を示した。が、その詳細な記載にもかかわらず、彼が語った解釈はいかなる進化プロセスをも反映するものではなかった。彼の理論は、「背腹反転を伴わず」ウミサソリから脊椎動物を導くことを特徴とする。その際、ウミサソリの神経節と食道が一体となって管状の背側神経管をもたらし、一方で付属肢が鰓弓列を形成し、それが後方へ伸びて消化管となる。つまり、節足動物の食道が神経となり、新しく内胚葉が作られる。この学説の時代性、グッドリッチの頭部分節理論との関わりについては Gee（1996）を参照のこと。(Gaskell, 1908 より改変)

の起源、つまり、このタクソンのバウプランが成立するに至った歴史的な発生プログラムの変更の経緯を問うている。それはすでに述べたように、脊椎動物のバウプランを考察しただけで話がすむようなものではない。バウプランが階層的内容をはらむからには、その成立も歴史的段階を経ざるをえない。脊椎動物のバウプランの成立前には脊索動物のバウプランがあり、それはフォン=ベーアの胚葉説が示唆した形態発生上の重要な拘束を体現している。それは疑いもなく、背腹性や脊索の起源、あるいはナメクジウオやホヤの起源についての問題とも連なっている。つまり、系統的な意味で厳密にいえば、脊椎動物の起源という特定の問題においては、脊索の起源それ自体は関係がない。さらに、脊索以前に鰓孔が成立していたこともきわめて確からしく、後口動物の系統関係とも整合的である。それは後口動物のレベルで成立し、頭部構造の微妙なパターニング能の進化を通じて大きな発生負荷を負いつつ、果てはそののちのバウプラン放散を可能にしたものでもあろう。脊椎動物において、これほどまでに特徴的であり、中心的な形態形成的拘束の要因ともなっている鰓弓系の起源は、脊椎動物それ自体の進化系統的起源と関係がない。それとまったく同じことは、同じく大きな発生負荷を負った脊索の発生についてもいうことができるのである。

（2）「起源」の意味

　従来の意味での「脊椎動物の起源」を問いかける行為は、いま脊椎動物という形態を成立させているバウプランの内容、要素を系統進化的に体系づけ、その構成要素それぞれの進化的起源の現場を推定することをおいてほかにはない。脊椎動物独自のバウプラン構成要素としては、頭部中胚葉や、鰓弓神経系、鰭、神経堤、ならびに中胚葉性間葉派生物といった構造群に思い至る。比較形態学や比較発生学の目的とするところは本来、「あらゆる脊椎動物を導き出すことのできるイデア的動物のかたちを思い描く（ゲーテ、オーウェン）」ことでも、極端な形式化を通じてあらゆる左右相称動物を統一した「型」に押し込めること（ジョフロワ）でもなく、タクサそれぞれに付随したバウプランの系統進化的関係、さまざまなタイプの発生拘束の序列的成立の過程を明らかにすることによって、その歴史的変形の経緯を推定することなのである。そのバウプランの階層的成り立ちに最初に気づいたのは、フォン=ベーアやヘッケルといった反復説論者たちであった（第2章）。そして、これら本来発生拘束や、表現型の淘汰を通じ、直接、間接に構築される拘束の発露として現れるはずの発生パ

ターン表出の時間的序列に、再びイデア論をもちこんだのが反復説の誤謬であった（Gee, 1996；Hall, 1992, 1998）。バウプランと、それを作っている形態的相同性の階層的構造がどのような起源をもち、どのような発生学的基盤をもちうるのか、おそらくそれが本質的な問題の所在を示している。その意味でハクスレーが看破したように、「相同性以上に重要な生物学の問題はない」のである（Hall, 1994 に引用）。そしてそれを扱うべき進化発生学（Evolutionary Developmental Biology）はいま、ハクスレーが想像もしなかったような領域への広がりを示しはじめている。

7.5 胚のかたちと進化

過去多くの教科書によく見られたように、ホヤの幼生が脊索動物、もしくは脊椎動物の祖先的状態を多少とも反映すると見なされることがあり、それはいまでも残っている考え方である（Berrill, 1955；Bone, 1958；Romer, 1972；Whitear, 1957；ならびに Gee, 1996 により要約）。この方針では、ホヤのような底生の動物のオタマジャクシ型幼生が、そのまま幼型成熟的に進化することにより、ナメクジウオや脊椎動物の体制が進化したとされる（Garstang, 1928；最近の議論については Lacalli, 2005 を）。このシナリオでは、ホヤ幼生オタマジャクシ幼生の形態は、他の後口動物の幼生、たとえばアウリクラリア（auricularia）、ビピンナリア（bipinnaria）、あるいはトルナリア（tornaria）型幼生のようなものが、その繊毛帯（ciliary band）を背側へ移動し、神経管として巻き込むことによって背側の中枢神経をもたらすと考えられた（Garstang, 1894；Garstang and Garstang, 1926）。したがってこの考えでは、後口動物の祖先型幼生は、脊索動物のものよりむしろ半索動物や棘皮動物のものに近く、いわゆるディプリュールラと総称される幼生のかたちから脊索動物が導かれたとされる。このシナリオもまた、上に紹介したローマーの二重体制説と整合的である（したがって誤謬である；倉谷、2016 に詳述）。上の説とよく似たものが、「触手冠動物説」であり、これは後口動物の系統の基部に触手冠を備えた祖先動物（lophophorates；箒虫動物——phoronids——を含む）を置くものである。このような祖先動物から、ローマーは棘皮動物、ホヤ、ナメクジウオ、脊椎動物を段階的に導いた。このような図式は、以前の教科書においては、いわば支配的な説明として実によく引用された。しかし、分子系統学的に、このような系統関係はいまでは否定されるに至っている。同様に、半索動物の体制をナメクジウオに先立つものと見

るやり方にも問題がある（Tokioka, 1971；Presley *et al.*, 1996；von Salvini-Plawen, 1999；Holland, 2000, 2003；Cameron *et al.*, 2000；Satoh *et al.*, 2014）。

　脊椎動物の進化の起点として、2つの主要な幼生型が仮定されてきた。そのひとつは「オタマジャクシ幼生」であり、それは遊泳のための尾と、背側の神経管と脊索、そして孔の開いた鰓としての咽頭、そして体の両側に発生する中胚葉要素を特徴とする。いわば、脊索動物を構成するすべての主要な構造がこの幼生には備わり、それを大型化、複雑化することで脊索動物の体を得ることができる。この同じパターンは、極言すれば地上最大の脊椎動物シロナガスクジラ *Balaenoptera musculus* にも見いだすことができる。つまり、オタマジャクシ幼生のかたちを得るということは、脊索動物になることに等しく、この幼生型が脊椎動物を定義する派生的形質を代表しているのである。

　対してもうひとつの幼生型が、ディプリュールラ幼生であり、原始形質としての脊索動物の体制を説明するものとして登場し、ヨハネス・ミュラー以来、後口動物の体制を説明する一般化されたパターンとして認識されてきた。この幼生は繊毛帯をもち、一方の極には頂板（apical tuft）があり、セロトニン作動性ニューロンからなる神経網が繊毛帯に沿って分布している。すでに見たように、ディプリュールラ幼生は共通して3対の中胚葉性体腔をもつ（protocoel, mesocoel, metacoel）。半索動物と棘皮動物に共通して見られるこの摂食性幼生型が共通の進化的起源をもつであろうということは広く認められていることであり、それは分子発生学的データによって支持される（Strathmann and Bonar, 1976；Hart *et al.*, 1994；Nielsen, 1999）。しかし、脊索動物にはどういうわけか、この幼生型が見られない。これはどうしたことだろうか？　脊索動物の祖先の系統ではそれは存在していたが、二次的に失われた系統から現在の脊索動物が派生したということなのだろうか。あるいは歩帯動物（Ambulacraria：棘皮動物と半索動物を合わせた系統）の分岐後にそれが失われたということなのだろうか。実際、ガースタングは、ディプリュールラ幼生がオタマジャクシ型幼生に変態するような段階を、進化過程のなかに認めている（Garstang, 1928）。ガースタングと異なった極端な見解としては、ディプリュールラ幼生とオタマジャクシ型幼生が歩帯動物と脊索動物それぞれにおいて独立に獲得されたというシナリオがある（Swalla, 2006；Holland, 2015）。この新しい考え方では、祖先的な後口動物が鰓を備えた長虫のようなものとして想定されているが（Cameron *et al.*, 2000；Swalla, 2001, 2007；Brown *et al.*, 2008）、現生の動物から推し量ってこの祖先型の動物の解剖学的詳細を考えることはきわめて困難である。

一方で、トルナリア幼生には、ナメクジウオに見るような眼点が存在する。これらは互いにきわめてよく似ており、もしこれが同起源のものであるなら、これと同様のものは棘皮動物から二次的に失われたとせねばならない（Arendt and Wittbrodt, 2001）。さらに、これが示唆するところは、ディプリュールラ幼生とオタマジャクシ型幼生がまったく異なったボディプランをもち、それぞれ独立に進化したという可能性である。ところが実際には、両者の間に共通に見ることのできるいくつかの構造については共通の起源が示唆されており、このモザイク的構成が進化プロセスの復元をきわめて困難にしている。事実、何人かの比較発生学者は後口動物の祖先においてはディプリュールラ幼生が共有されていたと仮定し、ガースタングとは異なったやり方で、そこからオタマジャクシ型幼生を導き出そうとしている（Nielsen, 1999；西野ら、2007；Satoh, 2008, 2009）。

　頭部分節を射程に置いた考察では、ホヤのオタマジャクシ型幼生の存在は少々やっかいな代物となる。そこに、明瞭な分節原基や体腔が存在しないからだ。とりわけそれは、上に紹介したヴァン=ヴィージェの、あるいはそれに準ずるあらゆる体腔起源説を無効なものにする。さらに、ナメクジウオのボディプランが脊椎動物により近く、しかも中胚葉の分節を明瞭に示すとなれば、オタマジャクシ型幼生の獲得を尾索類の系統における派生形質と見るのが整合的かもしれない。

7.6　第7章のまとめ

1. 頭部に中胚葉性の分節があるかという問題は、頭部分節性の本質ではなく、ここではむしろ、中胚葉のもたらす胚環境がどのような形態形成的拘束（generative constraint）をもたらすかということが問題にされねばならない。また頭部分節説は、脊椎動物を脊索動物のバウプランにおいて理解しようという試みでもあり、形態学的認識の方法が、バウプランの階層性と無関係ではいられないことがここで明らかとなる。

2. 頭部ソミトメアが存在するという積極的根拠はない。頭部中胚葉には分節的パターンはなく、二次的に領域特異化を経るのみである。頭部中胚葉において唯一、真の分節を示す可能性のある構造は顎前中胚葉であり、これは、知られているすべての脊椎動物種において索前板より直接由来する。このことは、最近明らかになった中胚葉分節関連遺伝子の発現パターンとも合致する。

3．中胚葉のマッピング実験は、それが行われる時期によって異なった結果をもたらす。それによると、脊椎動物咽頭胚に見られるファイロティピックなパターンが中胚葉に特異化される発生段階が存在するらしい。

4．頭腔は、咽頭胚期以降に出現する上皮性筋原基であり、頭部分節性とは関係がないようである。頭部分節性は、脊索動物のバウプランとして脊椎動物頭部を理解する認識の方針であり、一方で頭腔は脊椎動物のファイロタイプである咽頭胚の形態パターンの構成要素なのである。頭腔はまた、顎口類の共有派生形質でもある。

5．形態発生的拘束は、空間的位置関係に依存した組織細胞間相互作用の結果として、発生初期の形態パターンが不可避的に永続的パターンを発生上作り出してゆく現象である。典型的には、体節の存在が押しつける体幹の分節パターンがこれに相当する。頭部分節性の議論は、形態形成的拘束の有無をめぐって行われるべきである。

6．脊椎動物に見られる2つの分節パターン、ソミトメリズムとブランキオメリズムは、互いに異なった、2つの形態形成的拘束の発露と見ることができ、その意味で、二重分節動物の理論は、発生機構的には妥当である。しかしそれは、ホヤ幼生を祖型と見なすことと同じではない。

7．先の原型論に対する批判と同様、比較形態学的な移行過程として説明される脊椎動物の起源論はしばしば不毛な考察に陥りやすい。むしろ、バウプランと、それをもたらす発生拘束の進化系統的起源を問いかける考察がより重要である。

第8章　発生拘束とその解除
――相同性と進化的新規形態

> 把握に適したヒトの手、掘るのに適したモグラの手、馬の足、イルカのみずかきの足、コウモリの翼が、みな同一の基本図にしたがって構成されており、同じ相対的位置に並んだ同じ骨を持っているということ以上に、興味深いことがあるであろうか。
>
> ダーウィン『種の起原』八杉龍一訳

　何らかのタイプの発生拘束が具体的に特定のパターンを進化的に保存し、そこに相同性という関係を作り出すとして、それは進化過程においてどのように成立し変貌してゆくのだろうか。それが分かれば、進化的多様化のなかで形態学的同一性に変化を与えたり、それを消去したりすることを可能にする要因の理解にもつながる。ここに関係する拘束の概念のひとつが、「形態維持的拘束 (morphostatic constraints; Wagner, 1994)」である。

　内骨格の発生においては、明らかな機能的形態を伴った骨が軟骨により前成し、それが機能しないうちから正しいプロポーションを備えはじめる。さらに、それは機能を開始してからも成長を続け、その間、機能的プロポーションは正しく維持される。それもまた、特定の骨要素のアイデンティティを保証する発生機構のひとつである。重要かつ不可解なことは、そのような発生プロセスがどのように生じているのか分からないにもかかわらず、その適応的意義についてはきわめて明らかだということなのである。たとえば、哺乳類中耳に見られる耳小骨のひとつ、アブミ骨（stapes）は足板に2つの脚がついた複雑な形態を示すが、これが成長の過程で付加的に骨組織を増してゆくだけのものであったなら、成体のアブミ骨はただの丸い骨の塊になってしまう。明らかに、特定の機能をもった骨要素のシェイピングを行う機構があり、それを成立させた何らかの淘汰が存在したと考えなければならない。このように、できあがった適応的パターンを維持するために、発生プロセスにバイアスをかけているとおぼしき力を事後承諾的に、「形態維持的拘束」と呼ぶのである。

　個体発生過程の因果連鎖的な性質からパターン形成を説明する論理が、すで

に見た「形態形成的拘束（generative constraint）」であるとすれば、形態維持的拘束は紛れもなく、比較発生学を成立させてきた要因のひとつであり、それを認識するためには、進化系統的な観察が必要である。そして、形態形成的拘束の存在の認識がきわめて恣意的でありながら、その説明解釈が機械論的に明快であり、しかも実験を通じてその存在を証明できる一方、形態維持的拘束については、その機構がいまだ不明瞭であるにもかかわらず、それが存在することについては、過去200年にわたる比較形態学の歴史がいやというほど証明してきた。

　ここでは、典型的な比較形態学的・比較発生学的方法がどのようにかたちの変化や同一性を記述してゆくのか吟味することにより、相同性の本質を見極めてゆく。最初の例は、哺乳類の耳小骨の起源についての考察であり、ここでは形態要素の相同性がどれほどみごとに保存され、なおかつ、構造の形状と機能をいかに変更できるかという現象例を見る。第2の例は、顎口類の顎の起源である。この構造は単なる咽頭弓の変形としては理解できず、その理解のためにより抜本的なパターンの進化的変形を仮定しなければならない。その際、形態的相同性が失われてしまうことになる。この現象を、進化的新規性の背景にある発生パターンやプログラムの変更の序列（Garstang, 1928）として解釈してゆく。

8.1　耳小骨の起源

（1）ことの起こり

　哺乳類の中耳には、ツチ骨（malleus）、キヌタ骨（incus）、アブミ骨（stapes）という3つの耳小骨（middle ear ossicles）がある。これら小骨が、この通りの順に関節し、鼓膜（tympanic membrane）の振動を内耳（inner ear）へと伝える（図8-1、図8-2、図8-3、図8-5）。これがなぜ問題なのかといえば、他の羊膜類や一部の両生類では、鼓膜と内耳をつなぐ中耳骨が耳小柱（columella auris）というただひとつの要素からなるからである（図8-1、図8-2）。

　なぜ哺乳類にだけ3つの耳小骨があるのか、これが比較解剖学における最初の難問となった。なぜなら、進化的前駆体のないところへ、いきなり新しい要素が現れるということは、伝統的な理解の範疇では不可能だったからである。伝統的形態学における理念の典型は、相同性（当時は「アナロジー」と呼ばれ

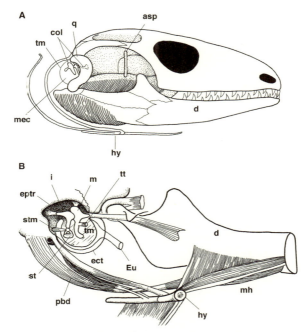

図 8-1 羊膜類の中耳の進化。爬虫類（A）においては、方形骨によって形成された中耳腔に、ひとつの耳小骨、すなわち耳小柱しかないが、哺乳類の中耳（B）には、ツチ骨（malleus）、キヌタ骨（incus）、アブミ骨（stapes）の3耳小骨が認められる。前2者は、鼓室上腔より吊り下げられ、ツチ骨は腹側に張った鼓膜に接している。哺乳類の下顎が、歯骨という単一の要素からなっていることに注意。asp、翼蝶形骨；col、耳小柱；d、歯骨；ect、鼓骨；eptr、鼓室上腔；Eu、耳管（エウスタキ管）；hy、舌骨；i、キヌタ骨；m、ツチ骨；mec、中耳腔；mh、顎舌骨筋；pbd、顎二腹筋後腹；q、方形骨；st、アブミ骨；stm、アブミ骨筋；tm、鼓膜；tt、鼓膜張筋。（Allin, 1975 より改変）

た）の根拠として、相当する器官構造が同じパターンで配列していることを挙げ、さまざまなタクサのさまざまな形態要素が、それ以前に存在していたと思われる同一パターンの変形によってもたらされることを示唆した、ジョフロワの「結合一致の法則」に見ることができる。いまでも、形態的相同性の可能な定義として、これ以上にシンプルで要を得た表現は存在しない（Hall, 1994 参照）。そして、見方を変え、正しい連結のパターンを認識すれば、パズルが解けることを約束した好例が、この耳小骨問題であり、それをめぐる研究の歴史は、比較形態学研究の典型を示しているといえる（Moore, 1981；詳細について

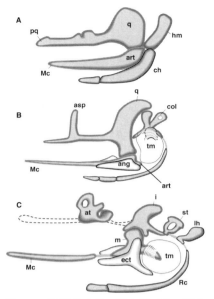
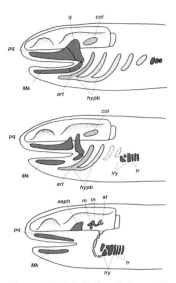

図 8-2 板鰓類（A）、爬虫類（B）、哺乳類（C）における顎骨弓の進化。哺乳類の耳小骨のうち、ツチ骨とキヌタ骨が、顎口類の本来の顎関節を構成する骨格要素と相同であることを示す。art、関節骨；at、側頭翼；ch、角舌節；col、耳小柱；hm、舌顎軟骨；i、キヌタ骨；lh、側舌節；m、ツチ骨；Mc、メッケル軟骨；pq、口蓋方形軟骨；q、方形骨；Rc、ライヘルト軟骨；st、アブミ骨；tm、鼓膜。（Goodrich, 1930a より改変）

図 8-3 鰓弓骨格系の進化――その 2。Romer（1966）に続くものとして描かれた、鰓弓骨格系のさらなる進化。上より、両生類的段階、爬虫類的段階、哺乳類、を示す。これらに描かれている喉頭軟骨（lry）は、古典的な見解とは裏腹に、神経堤細胞ではなく、外側中胚葉より由来した、二次的な構造であることが分かっている。art、関節骨；asph、翼蝶形骨；col、耳小柱；hypb、舌骨複合体；in、キヌタ骨；m、ツチ骨；Mk、メッケル軟骨；pq、口蓋方形軟骨；st、アブミ骨；tr、気管軟骨。（Smith, 1960 より改変）

8.1 耳小骨の起源

は一連の総説にすでに記した：倉谷、1993a, b；他に哺乳類の進化史の観点から、遠藤、2002 を見よ）。

たねを明かせば、哺乳類の耳小骨のうち2つは、そもそも羊膜類の顎関節（jaw joint）を作っていた軟骨性骨に相当する。つまり、ツチ骨は関節骨（articular）より由来し、一方でキヌタ骨は方形骨（quadrate）より由来したのである。発生学的根拠からこれを最初に見抜いたのは、ライヘルト（Karl Reichert：1811-1883）であった（Reichert, 1837）。彼もまた、先に紹介したゲーゲンバウアー同様、ヨハネス・ミュラーに連なる解剖学者のひとりだった。が、時代的にも心情的にも、はるかにフォン=ベーアに近く、生涯その神学的自然観にふさわしく、古風な形態学者であり続け、決してダーウィンの学説も細胞説も好まなかったという。ドイツ形態学者の系譜を見るにつけ、その明暗を分けていたのが『種の起原』（Darwin, 1859）であったことがよく分かる。同じことは、あの英国のオーウェンについてもいうことができる。とはいえ、ことライヘルトに関する限り、その研究は当時の水準を充分に抜きんでたものだった。当初、比較骨学の問題でしかなかった耳小骨問題に対し、発生学的に取り組んだ当時の解剖学者、発生学者のなかで（Meckel, 1820；Huschke, 1824；Rathke, 1832；Burdach, 1837）、最も重要な原基のつながりに着目できたのはライヘルトただひとりだった。この錚々たる顔ぶれを見れば、このテーマが形態学の問題として当時どれほど重要視されていたか、あらためて分かろうというものである。

ライヘルトが活発な研究者であった19世紀前半は、まだ組織発生学的手法が完備しておらず、彼は顕微鏡下でブタ胎児を針先で解剖するしかなかった。当時では、それが最先端の観察法であった。いまでこそ日常的に行われている切片による組織学研究は、たとえ古くさい手法のように見えても、実は20世紀直前になるまで不可能な画期的技術だったのである。しかしそれが逆に幸いし、三次元的構造を直接見ることのできたライヘルトは、ツチ骨原基がメッケル軟骨（Meckel's cartilage）の後端に連続して発生し、その背側のキヌタ骨原基と関節していることを、みごと発見できたのである（図 8-3、図 8-4）。

現代のレベルでの詳細な組織学的観察によれば、キヌタ骨原基も、側頭翼基部と密な結合組織によってつながり、たしかに前者が、祖先の口蓋方形軟骨の関節端を示すことが分かる（Presley and Steel, 1976）。比較形態学の理論通りである。こういった結合組織は実際、マウス頭部間葉に発現する遺伝子の破壊実験によってしばしば軟骨化することがある（Rijli *et al.*, 1993；他に Martin *et al.*, 1995；Qiu *et al.*, 1997；Fuchs and Tucker, 2015 も見よ）。たしかにそこには、軟骨や

424　第8章　発生拘束とその解除——相同性と進化的新規形態

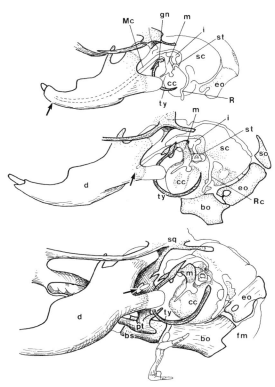

図 8-4　マウス耳小骨の発生過程。その発生の最初において、ツチ骨（m）はメッケル軟骨（Mc）の後端に形成され（上）、メッケル軟骨は下顎骨（＝歯骨、d）の分化とともに前方より消失し（中）、最終的には、ツチ骨とメッケル軟骨の連絡も途絶え、メッケル軟骨後方部の残遺が残るのみとなる（下）。ツチ骨の骨化は偶骨よりはじまる。bo、底蝶形骨（basioccipital）；bs、底後頭骨（basisphenoid）；cc、蝸牛管（cochlear canal）；d、歯骨（dentary）；eo、外後頭骨（exoccipital）；gn、偶骨（goniale）；i、キヌタ骨（incus）；m、ツチ骨（malleus）；Mc、メッケル軟骨（Meckel's cartilage）；sc、半規管（semicircular canal）；so、上後頭骨（supraoccipital）；st、アブミ骨（stapes）；ty、鼓骨（tympanic）。（京都大学大学院在学中の私自身の標本スケッチに基づく）

皮骨になりうる細胞集塊があり、哺乳類では特異的にその部分が退化していることが見て取れる。ただし、変異マウスの頭蓋に生ずる形態パターンを、真に「先祖返り（atavism）」であるとか、進化的な意味での表現型模写と見なせるかどうかについては疑問が残る。そもそも、その種の実験において破壊された制御遺伝子は、哺乳類の祖先においても存在していたはずなのである（その考察については、Smith and Schneider, 1998 を見よ）。

　ライヘルトは、アブミ骨が鳥類や爬虫類の耳小柱と相同であると考えた。ちなみに、後者の骨要素は魚類の舌顎軟骨（hyomandibular）と相同であるとされている（舌顎軟骨の形態学的相同性、顎の懸架様式［jaw-suspension］の進化と発生に関する過去の議論については Gregory, 1933 を、最新の知見は、Bartsch, 1994、

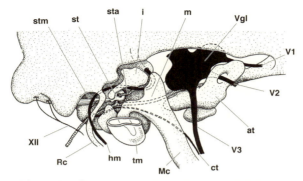

図 8-5 マウス胎児側頭部の復元モデル。この図においては、鼓膜原基の位置、末梢神経の走行に注目せよ。ローマ数字は脳神経。at, 側頭翼；hm, 舌顎軟骨；i, キヌタ骨；m, ツチ骨；Mc, メッケル軟骨；Rc, ライヘルト軟骨；st, アブミ骨；sta, アブミ骨動脈；stm, アブミ骨筋；tm, 鼓膜；Vgl, 三叉神経節。(Goodrich, 1930a より改変)

四肢動物における舌顎軟骨の進化については、Carroll, 1980 などを参照）。舌顎軟骨はそもそも、初期顎口類において顎関節を神経頭蓋へと結合していた補助的な骨格要素であった。ニワトリの実験発生学においても、耳小柱本体が神経堤細胞に由来することは幾度か示され、その鰓弓骨格要素としての性質が証明されている（Noden and van de Water, 1986；Couly *et al.*, 1993）。興味深いのは、その足板（foot plate）が耳殻壁から形成されるということである。耳小柱原基が耳殻壁に結合し、その結合点を取り巻いてリング状に軟骨の吸収が起こり（Hall, 1998 を参照）、耳小柱は耳殻壁に対する可動性を獲得する。ここでも、構造のつながりが組織間誘導作用を誘発し、機能的にみごとに連関したかたちのパターニング機構が成立している様を見ることができる。

（2）進化的経緯

鰓弓骨格の基本的形態と咽頭胚のパターンを見れば分かるように（図 3-2、図 8-2）、舌骨弓は内耳（耳胞）腹方に発し、その位置関係は脊椎動物全体にわたって保存されている。したがって、この骨格要素の当初の機能が顎の懸架（jaw suspension）であっても、骨格要素間の結合からすでに、内耳と舌顎軟骨との形態学的位置関係は予見されていたことになる。ライヘルトは位置関係の理解を通じ、新しい骨要素を発明することなく、哺乳類の耳小骨の形態を説明することに成功したのである。たしかに、ツチ骨には三叉神経筋のひとつであ

る鼓膜張筋が付着し、一方で舌骨弓に由来するはずのアブミ骨にはアブミ骨筋が付着し（図8-1）、それは顔面神経によって支配される。頭部の鰓弓列の変形として、骨格のみならず、神経や筋の要素を分節に配列させることができるのである（Rabl, 1887, 1892；グッドリッチの分節性、図3-6を見よ）。このように、「ライヘルト説」は頭部分節セオリーと整合的な、美しい体系をもたらす可能性を秘めていた。しかし、それを完璧な比較形態学的セオリーに仕上げるためには、まだいくつかの難問を解く必要があった。そこに最も大きな貢献をしたのが、世紀が改まってからのガウプ（Gaupp, 1911a, b, 1912）による比較発生学的研究である。

　ガウプはさまざまなタクサに属する動物の軟骨頭蓋を観察し、各要素の軟骨原基の位置関係を調べ上げ、「ライヘルト説（Reichertsche Theorie）」を検証した。たとえば、哺乳類以外の顎口類では、関節骨と方形骨が顎関節を作るが、これらの軟骨性骨を中耳に用いてしまうと、哺乳類はどうやって顎を動かせばよいのか。実は、哺乳類において顎関節を作っているのは皮骨頭蓋要素、鱗状骨（方形骨の外側に発生）と歯骨（関節骨の外側に発生）なのである（図8-1）。このように、哺乳類の顎は、それ以前の段階のいわゆる、「一次顎関節（primary jaw joint）」という軟骨性構造の外側にできた「二次顎関節（secondary jaw joint）」によって動かされている。この哺乳類の二次顎関節が、進化的に新しいパターンであることについては、多くの興味深い観察や証拠がある。ライヘルトが最初に観察したように、われわれヒトの発生においても、メッケル軟骨の後端に連続的に（一体となって）ツチ骨原基が発生する。したがって、それがそもそも下顎複合体の一部として発生することは分かる（図8-3、図8-4）。しかし、のちの発生においてこの結合は分断され、ツチ骨は単体として発生を続ける。その骨化点は、ツチ骨原基に隣接して現れる偶骨（goniale）にはじまる（図8-4）。後者は前関節骨（prearticular）に相同だといわれる皮骨要素である。

　ところが、発生の早い時期に産み落とされ、乳首に吸いつきながら後期発生を迎える有袋類においては、出生の時点で、哺乳類に特有の二次顎関節がまだ形成されていない。そこで彼らは、爬虫類型の一次顎関節、すなわち有袋類のツチ骨とキヌタ骨原基の間に生じた、「爬虫類型の関節（一次顎関節）」を用いて口を開閉するのである（図8-6）。牧歌的な表現をするなら、「有袋類の子供は爬虫類として生まれる」ということにでもなろうか（Starck, 1979）。むろん、この機能的形態適応の背景に、いくら適応論的説明を加えようが、その真偽は

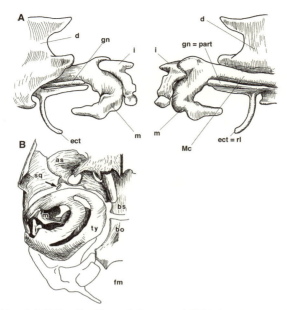

図 8-6 哺乳類の発生過程に見る数々の証拠。A は有袋類（フクロアナグマ *Perameles*）における顎骨弓関節部。有袋類は出生時に一次顎関節を用いる。ツチ骨とメッケル軟骨の関係に注目。このような形態パターンは、化石哺乳類様爬虫類キノドン類のものと酷似する。(Goodrich, 1930a より) B は齧歯類スナネズミ *Meriones* 後期胎児の中耳。矢印で示すのは、副ツチ小骨（ossiculum accessorium mallei）という、齧歯類にしばしば現れる皮骨要素。爬虫類の上角骨（surangular）に相同であるといわれる（Arsdel and Hillemann, 1951）。(私の標本よりスケッチしたもの) as、翼蝶形骨；bo、底後頭骨；bs、底蝶形骨；d、歯骨；ect（B の ty）、鼓骨；fm、大後頭孔；gn、偶骨；i、キヌタ骨；m、ツチ骨；Mc、メッケル軟骨；part、前関節骨；sq、鱗状骨。

永遠に判明しない（後述）。

（3）哺乳類様爬虫類

ちなみに、若い段階の有袋類の下顎骨格系の構造は、哺乳類様爬虫類の仲間、キノドン類の化石に見られる形態によく似る（Palmer, 1913；Allin, 1975；図 1-10、図 8-7；この形態的移行については、Moore, 1981 も参照）。後者には、下顎の内側にメッケル軟骨の残遺に加え、角骨（angular）に反転板（reflected lamina）と呼ばれる突起が付随し、それが哺乳類の外鼓骨（ectotympanic）に酷似するの

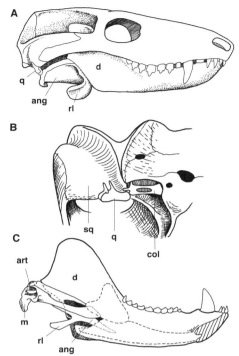

図 8-7　化石哺乳類様爬虫類キノドン類の形態。A、B：*Diarthrognathus* の顎関節の側面観と腹面観。耳小柱の外側に、方形骨と鱗状骨が並び、両者が関節面を構成している。C：下顎要素。角骨の反転板は、鼓膜を張っていたのかもしれない。メッケル軟骨は関節骨として骨化しており、後方へ成長した歯骨とともに上顎部に関節することができる。ang、角骨；col、耳小柱；d、歯骨；m、ツチ骨；q、方形骨；rl、反転板；sq、鱗状骨。（Allin, 1975 より改変）

である（Watson, 1952；Allin, 1975）。事実、羊膜類の角骨（皮蓋骨要素）は、哺乳類外鼓骨と相同であると考えられている。ただし、化石資料からはこの反転板に実際に鼓膜が張っていたかどうかまでは判別できない。ここには鼓膜ではなく、顎下制筋（口を開ける舌骨弓筋）が起始していたという考えもある（図 8-1；機能形態学的考察の一例は De Mar and Bargiusen, 1972）。が、後者の考えはおそらく正しくはない。羊膜類の顎下制筋は、舌骨弓由来の腹側骨格要素に付着するのが一般的である。反転板は明らかに下顎の一部である。おそらく当初から、この反転板は何らかの可動性を伴い、音響伝達に関わっていたと見るべきなのだろう。

　他の化石資料からも、顎関節から耳小骨への移行を示す証拠が得られている。たとえば、その顎関節の組成から *Diarthrognathus* と名付けられた哺乳類様爬虫類では、顎関節が文字通り 2 セットの骨でできている（図 8-7；Crompton, 1963, 1972；Allin, 1975）。つまり、顎の外側に発生する皮骨成分による関節（上

顎部の鱗状骨に対し、下顎部の歯骨）に加え、祖先から引き継いだ方形骨、関節骨による（内側の）関節をも備えている。このような状態は、同様な進化段階にあった他のキノドン類にも確認できる。このように、哺乳類の中耳が実際に、ライヘルトやガウプの想像したような経緯でできあがったことを示す証拠は多い。これは、古生物学と比較発生学がみごとに統合された好例だということができるだろう。アリン（Allin, 1975）は、哺乳類へ至った羊膜類、単弓類の祖先的パターンから現生の哺乳類へと至る、顎と中耳形態の連続的な変化系列を図示している（図1-10）。

（4）異端

哺乳類中耳問題にはさまざまな異論も提出された。典型的なものはキヌタ骨に舌顎軟骨の相同物をみいだしたハクスレー（Huxley, 1869）、ツチ骨、キヌタ骨を第2弓要素と同定したジャーヴィック（Jarvik, 1980）や、ガウプの論敵であったフュークス（Fuchs, 1905, 1931）、さらに1960年代のシカゴ大研究グループ（Anson et al. 1960 ; Strickland et al., 1962 ; Hanson et al., 1962）によるものをはじめ、さまざまのものがある（Otto, 1984 ; 図8-8）。特にシカゴ大の研究は、哺乳類における比較発生学の難しさにあらためて気づかされるものである。彼らは、哺乳類の発生初期において顎骨弓間葉と舌骨弓間葉が融合し、両者の境界がきわめて不鮮明になることを指摘した。そして、ツチ骨＋キヌタ骨複合体のうち、真に顎骨弓由来である構造がその背側半のみであり、腹側半は舌骨弓間葉から発生すると主張した。

しかしこれらの反論は、きわめて直接的な研究によってすべて却下せざるをえないようである。というのも、組織学的には明瞭な境界が見えなくとも、咽頭間葉のなかには咽頭弓ごとに間葉のコンパートメントが成立しているらしく、それぞれの細胞集団は簡単には混ざり合わないのである（Köntges and Lumsden, 1996）。さらにこれに加え、*Hoxa2* を破壊したミュータントマウスの表現型は、ライヘルト説の正しさをみごとに証明した（図5-52）。このリジリら（Rijli *et al.*, 1993）の研究では、舌骨弓間葉の Hox コードが顎骨弓のそれに同化し、それに符合して鏡像対称のツチ骨、キヌタ骨が重複して発生したのである。若い胚における *Hoxa2* の発現は、舌骨弓の間葉と顎骨弓の間葉を分けている。したがって、この表現型はたしかに舌骨弓と顎骨弓の間に生じた「ホメオティックトランスフォーメーション（第5章）」を示している。200年近く前の最もシンプルな最初の仮説が、結局は最も正しかったということになりそうだが、

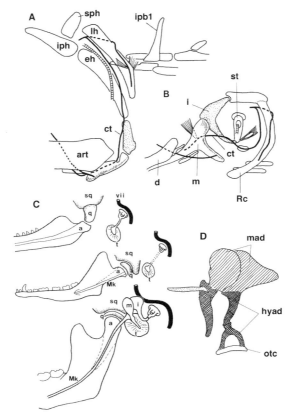

図 8-8 耳小骨の起源に関する異説。A、B：ジャーヴィックは、化石総鰭魚類 *Eustenopteron*（A）との形態比較より、哺乳類の耳小骨すべてが舌骨弓より由来したと考えた。ここでは、顔面神経の枝、鼓索神経の走行、アブミ骨筋、鼓膜張筋などが指標として用いられている。（Jarvik, 1980 より改変）art、関節骨；ct、鼓索神経。C：オットーは、先天奇形の症例（顎と耳小骨が別々の振る舞いを示す）とガウプの論敵であったフュークスの仮説（爬虫類の関節要素が、哺乳類顎関節の関節円盤に見いだせる）をもとに、ツチ骨、キヌタ骨が、舌骨弓より由来すると考えた。a、関節骨；i、キヌタ骨；m、ツチ骨；Mk、メッケル軟骨；q、方形骨；sq、鱗状骨；t、鼓膜；vii、顔面神経。（Otto, 1984 より改変）D：1960 年代シカゴ大研究チームの仮説。耳小骨の発生的由来。彼らは、鼓室上腔に位置するツチ骨、キヌタ骨の背側部分だけが顎骨弓に由来すると考えた。hyad、舌骨弓由来；mad、顎骨弓由来；otc、耳殻由来。（Hanson *et al.*, 1962 より改変）

よく注意してみると、ツチ骨の一部が重複せず、舌骨弓から参与した部分であるとも示唆されている（後述）。このことは、鳥類の発生において関節骨の後部である後関節突起（retroarticular process）が r4 に発した神経堤細胞に由来することを想起させる（Noden, 1983b ; Köntges and Lumsden, 1995）。

（5）形態進化の要因

さまざまなアイデアから総合的に考察すると、われわれ哺乳類がこの独自の頭蓋を獲得するに至った経緯がおぼろげながらに見えてくる。おそらく、哺乳類を派生した系統において、顎の関節面の増大を促す方向へと淘汰が加わり、二次口蓋など、哺乳類独特の顎骨弓要素の大規模な改変が生じ、顎と中耳にはさまざまな革新が生ずるチャンスがあったと予想される。とりわけ、適応的文脈に沿って解釈するなら、哺乳類独特の二次口蓋の発達は気道と口腔を分け、それは長時間の咀嚼を可能にする（図 8-9、図 8-10）。それと平行して、このような動物には広大な「唇」も進化していたはずだ。その際、顎関節面の拡大は有利に働き、皮骨成分の機能に偏重化が進む。と、同時に、しだいに本来の軟骨性骨成分の重要性が減ずる。このように、用をなさなくなった構造の進化上の運命には 2 種の道がある。ひとつは、無用の構造が単純に消滅してしまうことであり、いまひとつは、本来とはまったく異なった有利な機能のために変化することである。哺乳類の中耳に生じた改変は、どういうわけか後者の道を選び、とんでもなく複雑な過程を経て成功してしまった例であるように見える。

新しい機能を得るということはどういうことなのか。哺乳類の中耳においては、いったい何が真の意味で「新しい」のか。これが簡単なようでなかなか明確には定義できない。見方を変えれば、比較形態学的に哺乳類のバウプランを記述するのが困難なのである。何しろ哺乳類の中耳の複雑な形態パターンに見られる骨格要素は、すべて一般的羊膜類のバウプランにおいて見ることのできるものばかりであり（それらが単に多少変形しているだけであり）、とりわけ 3 耳小骨と内耳のトポロジーに至っては、サメの軟骨頭蓋にすら同じものを見ることができるような、きわめて保守的、かつ基本的な骨格パターンなのである（図 8-2A、図 8-11）。言い換えれば、種々の形態要素間の相対的位置関係からなる顎口類のバウプランは、哺乳類の耳小骨のような過激な変形の例においてすら、絶大な発生拘束をもたらしている（頑なに相同性を守っている）ということになる。

羊膜類において成立したバウプランもまた執拗に残っている。とりわけ、哺

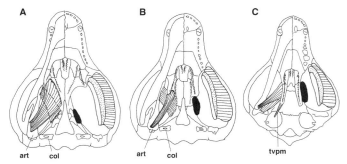

図 8-9 二次口蓋の発達と翼突筋群の形態的変遷を示す。左から右へ向けて、哺乳類が成立していったとする。鼓膜張筋の相同関係に注目。art、関節骨；col、耳小柱。（Parrington and Westoll, 1940 より改変）

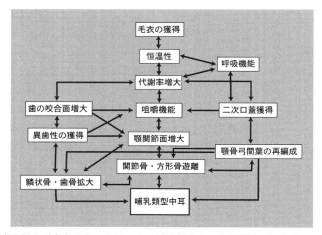

図 8-10 哺乳類中耳成立のネットワーク。哺乳類独自の中耳構造の進化が、適応的文脈、発生的文脈においてどのように関連しているかを考えた、「仮説的ネットワーク」。一方向の矢印は、進化的変遷の前後関係、両方向の矢印は、適応的整合性を示す。のちに示す、顎の進化に関わるネットワークとは異なったものなので注意。哺乳類独自の鼓膜の進化をここに加えることができれば、哺乳類の進化を突き動かした最も大きな発生的要因が分かるかもしれない。

8.1 耳小骨の起源　433

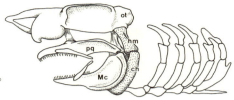

図 8-11　サメ顎蓋と舌顎軟骨。ch、角舌節；hm、舌顎軟骨；Mc、メッケル軟骨；ot、耳殻；pq、口蓋方形軟骨。(Goodrich, 1930a より改変)

乳類の中耳と下顎は、他の羊膜類とまったく相同な要素の組み合わせだけでできている（図 8-1、図 8-2）。そして、そのおかげでわれわれは、哺乳類の耳小骨の起源を的確にいいあてることができるのである。拘束された発生システムが相同性を生み出すのであれば、哺乳類の耳小骨は、それほどまでに保守的な発生プログラムのもとにできあがっていると考えねばならない（このようなバウプラン認識の困難さの背景にある、進化的新機軸についての考え方は、後述する「顎の進化」に関する議論を参照）。

(6) 顔面神経と舌骨弓

　舌骨弓に分布する顔面神経は、舌骨弓それ自体の多様な進化に伴って多様な形態パターンを獲得した。それは特に羊膜類において著しい。なかでも、哺乳類においては当然のことながら、中耳の進化に伴った独特の変形が期待される。この弓のなかにできる筋は、本来「舌骨弓に発し、哺乳類においては顎を開口する、顎下制筋（哺乳類の顎二腹筋後腹；顔面神経支配、と相同）」として、あるいは舌骨弓骨格に付着して同弓を背腹に縮める機能をもっていた。たとえば、哺乳類のアブミ骨筋（顔面神経支配）にその名残を見ることができる（後述）。さらに、羊膜類では、舌骨弓に発する筋が広大な皮筋を形成する傾向がある。これは、鳥類や爬虫類の浅頸筋、さらには哺乳類の表情筋、ならびに浅頸筋（m. superficialis colli）とよく似た広頸筋（platisma）となる。

　顔面神経の主枝は、膝神経節の直後からはじまる舌顎枝（hyomandibular nerve）だが、この名称は、この枝のなかに舌骨弓由来の筋を支配する運動性の線維と、口腔底（舌）の舌の味蕾を支配する味覚線維を含むことに由来する。後者は、哺乳類においては中耳腔の背側において主枝より分かれ、鼓索神経として舌へと赴く。したがって、顔面神経の鼓索神経は、多くの人体発生学の教科書に誤って記載されているような裂前枝（pretrematic nerve）ではなく、裂後枝（posttrematic nerve）の小枝であるというのが比較形態学的理解であった

(図8-12)。そして、哺乳類の発生においては例外的に中耳腔が広がるために、それが二次的に裂前枝のように見えるだけなのだと考えられていた（Goodrich, 1914；Allis, 1918a も見よ）。ところが鳥類のあるものでは、実際に鼓索神経が裂前枝として生ずる場合がある（Kuratani et al., 1988a）。したがって、このような鳥類には、本当の意味での舌顎枝は存在しない。おそらく、咽頭嚢の位置との対応関係で、真に軸索伸長の方向性が定められているのは筋枝だけなのであろう。これは、伝統的に受け入れられてきた鰓弓神経系の基本的形態パターンを揺るがしかねない、思いがけない事実である。実際は、鰓弓神経の末梢形態の顎口類における基本的パターンと思われていたものが、ある種の羊膜類におい

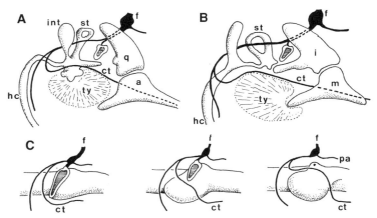

図 8-12　顔面神経の終枝である鼓索神経は、比較形態学的にきわめて重要な意義をもっている。A：爬虫類や鳥類の中耳、顎関節と鼓索神経。ここでは、方形骨が中耳壁の一部を構成し、鼓索神経が鼓膜の背側を通過している。B：哺乳類の中耳。一次顎関節がキヌタ骨とツチ骨に変化している。爬虫類の鼓膜が、そのまま哺乳類のそれに変化したとされるが、これには異説がある。鼓索神経はここでも鼓膜の背側を通過する。C：原始的硬骨魚類の段階から哺乳類へ至る過程で、鼓索神経が見かけ上、裂前枝のように伸長する理由を述べた模式図。中耳腔は第1咽頭嚢がそのまま素直に側方へ拡張したものではなく、腹側に二次的に広がったものであるため、裂後枝である鼓索神経を前方へ押しやることになる。以上の解釈は、鼓索神経がすべての羊膜類において裂後枝であることを前提としているが、実は哺乳類以外の幾種類かの羊膜類では、鼓索神経が裂前枝として発生することが知られている（Kuratani et al., 1988b）。第1咽頭嚢が大きく腹方に広がるのは、哺乳類のみらしい。a、関節骨；ct、鼓索神経；f、顔面神経；hc、角舌節；i、キヌタ骨；int, intercalary；m、ツチ骨；st、アブミ骨、もしくは耳小柱；ty、鼓膜。(Goodrich, 1914 より改変)

8.1 耳小骨の起源

ては大きく変化しうると認識するべきなのである。

(7) 新しいパターンの進化と残された謎

哺乳類の中耳問題において最も難しく、大きな問題をはらむと同時に、すべてを解決してしまうかもしれないという可能性さえ秘めた構造が、「鼓膜 (tympanic membrane)」である。そもそも、顎関節を音響伝達装置として機能させるのであれば、鼓膜に結合した耳小柱の関係を何とかして断ち切り、かわりに下顎から遊離したツチ骨を鼓膜に結合させ、一方で鼓膜から遊離した耳小柱（＝アブミ骨）の遠位端にキヌタ骨を関節させるという、きわめて複雑な荒技が必要になる（図 8-2）。むろん、いかなる局面においても、このような形態要素の動きを伴ったプロセスが実際にあったとは考えられない。が、これに似た発生パターンの変更は、ある動物系統の進化段階で確実に必要であったはずであり、鼓膜の発生位置がそこでひとつの鍵を握っていることだけは確かである。

ここで、グッドリッチによる仮想的な哺乳類の中耳の進化系列をもう一度眺めてみよう（図 8-2）。ここでは爬虫類以前の段階に存在していた鼓膜がそのまま引き継がれ、哺乳類のものへと移行している様が描かれている。つまり、四肢動物を通じて鼓膜は常に形態的に相同であり、同じ発生パターンのもとにできあがっていたということだ。ところが、さすがというべきか、ガウプ (Gaupp, 1911a, b, 1912) は、爬虫類と哺乳類における鼓膜の相同性には最初から疑いをもっていた。

たしかにいわれてみるとその通りである。哺乳類の鼓膜は角骨の相同物に張るのだから、これは下顎の一部である（図 8-1B）。ところが、鳥類や爬虫類の鼓膜は、方形骨そのものか、さもなければその近傍に張る（図 8-1A）。つまり上顎部に位置する。だからこそ、顎を大きく開けるために方形骨の大きなスイングを必要とするヘビは、機能的な鼓膜をもつことが本来的にできない (Berman and Regal, 1967)。その相同性はともかく、この点では無尾両生類の鼓膜も同様である（両生類の中耳の発生については Square *et al.*, 2015 を）。ならば鼓膜は 2 回か、あるいはそれ以上進化したというのだろうか。そう信じるに足るいくつかの状況証拠が揃っている。現実に「鼓膜の位置が異なっていても、進化の過程で移動したのかもしれないではないか」という類の反論を退けるに足る証拠が見つかるのである。

中耳腔が第 1 咽頭嚢の拡大したものであること自体には、まず問題はないだ

ろう。これが開通すれば、それはまさしく第1咽頭裂であり、実際に板鰓類では呼吸孔（spiracle）として、水の取り入れになくてはならないものとなっている（第4章）。さて、頭蓋底から顎関節部へ伸びる三叉神経枝に、「翼突筋群（pterygoid muscles）」というものがある（図8-9）。これを頭に入れたうえで、これから想像上の進化の実験を行ってみる。比較形態学の発見をするためには、ぜひとも必要なトレーニングである。顎関節の後方に本来の第1咽頭嚢が位置していたとし、呼吸孔がそうであるように、これを上に押しやりながら、翼突筋の付着部もろとも顎関節部を中耳へと移動させてやると、咽頭嚢と咽頭をつなぐ耳管（エウスタキ管：tuba auditiva）の腹面にこの筋が位置することになるはずである。が、実際には哺乳類におけるこれら、爬虫類翼突筋群の由来物、鼓膜張筋（m. tensor tympani）と口蓋帆張筋（m. tensor veli palatini）は、耳管の背側面に位置する（図8-1）。つまり、位置関係が逆転し、（鼓膜の相同性を認める限り）ジョフロワ流の形態的相同性が崩れることになる。

（8）揺らぐ相同性

　実際、哺乳類の鼓膜がまったく新しい構造、すなわち「新形成物（Neubildung）」であるという仮説は、ウェストール（Westoll, 1943）が提唱した（図8-13）。哺乳類の鼓膜には、いわゆる鼓骨に張った緊張部（pars tensa）と、鼓室上腔（epitympanic recess）に対応する弛緩部（pars flaccida）が認められるが、いまはほとんど機能していない弛緩部こそ、本来の爬虫類のもっていた祖先的鼓膜を代表するもので、緊張部は哺乳類になって初めて得られた新形成物だとウェストールは考えた。言い換えれば、哺乳類の第1咽頭嚢は、他の羊膜類と比べ相対的に腹側へ向かって拡大し、この下顎域に新しく鼓膜をもたらしたというのである（Sushkin, 1927；Westoll, 1943；Watson, 1951, Shute, 1956；咽頭嚢の拡大については、Goodrich, 1914 を、鼓膜と鼓骨の発生上のエピジェネティック関係については、Mallo and Gridley, 1996 を見よ）。

　ウェストールは、咽頭嚢派生物のうち、哺乳類において独自に進化した新しい腹方への拡大部を「下顎腔（mandibular cavity）」と呼び、他の羊膜類の中耳腔と相同な哺乳類の鼓室上腔に相当する部分と対比させた（図8-13；図8-1 も見よ）。いうまでもなく、哺乳類におけるこの腹側への拡大部の範囲は外鼓骨の形状が教えてくれる（図8-3、図7-4を比較）。おそらくこの鼓骨のかたちは、哺乳類独自の第1咽頭嚢の拡大パターンをずらすに至った発生過程の変更を反映する。そして鼓骨の正常な形成には、神経堤間葉に発現するホメオボックス

8.1 耳小骨の起源   437

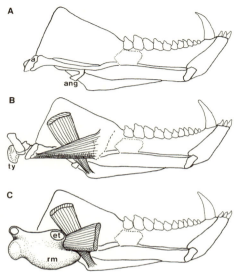

図 8-13 ウェストールが 1940 年代に提唱した「下顎腔理論」。キノドン類の解剖学的形態が復元されている。角骨に反転板ができていることに注意。ただし、B に描かれた、爬虫類の本来の鼓膜（ty）は上顎部に形成された別のものである。C は、哺乳類の「下顎の鼓膜」を形成するために、新しく腹側へ拡大した中耳腔。耳管（et）より腹側に拡大した咽頭嚢は下顎腔（recessus mandibularis：rm）と呼ばれ、これが角骨の反転板において哺乳類独自の鼓膜を形成する。図 8-3 と比較せよ。(Westoll, 1943 より改変）

遺伝子が正常に機能することが前提となっている（Kuratani et al., 1999a に要約）。少なくとも、ウェストールのセオリーは、筋と耳管の位置関係、鼓膜とツチ骨の新しい関係など、いくつかの問題を解決してくれるように見える。それ以上に、これこそが新しいパターニング機構を可能にした正体ではなかったかとすら考えられる。なぜなら、上に示唆したように神経堤間葉の軟骨パターニングの背景においては、間葉と上皮との間の相互作用が本質的な重要性をもっているからだ。そのような、哺乳類独自の組織間相互作用の存在を示唆する実験的研究も行われるようになってきた（Mallo et al., 2000）。

　いまのところ、前哺乳類的段階から哺乳類的段階へと、どのようにパターンの変遷を想定すべきかまったく解決されていない。重要なのは、顎口類の歴史の最初から、基本的にまったく同じ胚素材しか用いられていないということである。咽頭弓の胚環境と、そこに充填する神経堤細胞。その同じ素材を使い、最も基本的な形態パターンのレベルでは顎口類のバウプランを共有していながら、形態的内容としては哺乳類は明らかに、かつてなかった新しいパターンをどういうふうにしてか獲得し、それによってかつて存在しなかった新しい機能を果たしている。たとえすべて比較可能、つまり形態的に相同な要素からなり、同じ発生的拘束のもとに捉えられているとしても、それを理解するための新し

い解決の糸口がおそらく「形態要素の新しい関係性の樹立」であるということには間違いはない。新しい鼓膜を発明した内胚葉上皮と外胚葉上皮の新しい出会い、その鼓膜と、かつては関節骨であったツチ骨の新しい「結合（connection）」、その一方で、当初は一体となっていた下顎軟骨本体からの関節端の「分離（dissociation）、あるいは乖離」、鱗状骨と歯骨の間の新しい関節の形成。相同な要素のパターンを保持しながら新しい機能をもたらしたのは、こういった「新しい関係性の樹立」や、「新しいモジュラリティの成立」なのである。それこそ、哺乳類の中耳の新規性（novelty）と認識すべきであろう。しかもそこには、発生カスケード（形態形成的拘束）と、機能（発生負荷、ならびに形態維持的拘束）の両者が微妙に絡み合っている。

　おそらく、このような「分離」を伴う発生パターンの変化は、骨格要素のパターニングに関わる遺伝子カスケードにも生じている。たとえば、哺乳類に独特のツチ骨に見られるツチ骨頭、ツチ骨柄といった形態的部位のそれぞれは、半ば独立した分子遺伝的な制御によって作られているという（Mallo, 1997, 1998, 2001 ; Kuratani *et al.*, 1999a ; Mallo *et al.*, 2000）。比較形態学が、このような発生学的「モジュール」を的確に認識し、それぞれに対して個別の名称を与えてきたことは、さして驚くべきことではない。こういったモジュールは、遺伝発生的に互いに独立した存在だからこそ、進化的変遷においてもそれぞれが独立の形態変化を示し、観察者の形態学的記号論的認識に上ることが多い。形態形成機構の分子機構的な理解にとって、ヒントとなる第一ステップはしたがって、解剖学名称の与えられ方だということになる（図8-14）。

　哺乳類の中耳形態パターンはいつ進化を開始し、いつ最初に成立したか不明だが、少なくともカモノハシなど単孔類ではすっかりできあがっている。羊膜類の基本パターンから哺乳類のこのパターンへの移行の解明には、この複雑な形態形成過程にまつわるさまざまな相互作用を、鼓膜の周囲に生ずるイベントに注目して比較検討する必要がある。そこには、同じ分子カスケードの適用の位置や、場所の変化、組み合わせの変化などが関わってくるだろうが、おそらく、哺乳類にしかない遺伝子のようなものは関わってはいないだろう。むしろ変化したのは、「いつ、どこで」といった細胞間の相互作用にまつわるモードの違いと、その基盤となる遺伝子制御の変形のさせ方の問題なのである。そして、この相互作用のシフトがより明確に生じたと思われる現象が他に知られている。脊椎動物の最も大きな発明であったとされる、「顎」の獲得がそれである（第10章）。

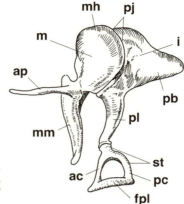

図 8-14　ヒトの耳小骨。ac、アブミ骨前脚；ap、前突起；fpl、足板；i、キヌタ骨；m、ツチ骨；mh、ツチ骨頭；mm、ツチ骨柄；pb、キヌタ骨短脚；pc、アブミ骨後脚；pj、脊椎動物の一次顎関節；pl、キヌタ骨長脚；st、アブミ骨。

8.2　中耳問題のその後

　古典的な教科書においては、哺乳類が爬虫類、もしくは仮想的四肢動物型の単一の中耳骨（耳小柱：columella auris）をもつ状態からいかにして3耳小骨をもつに至ったか、その際、一次顎関節を構成していたキヌタ骨（incus＝方形骨：quadrate）とツチ骨（malleus＝関節骨：articular）がどのようにして中耳へ取り込まれ、その際、どのように新しい二次顎関節が皮骨要素（側頭骨鱗状部＝鱗状骨：squamosal）と歯骨の間に成立したのかという問題として捉えられていた（たとえば、Hopson, 1950）。このような思考のバイアスを作り出していた要因は、古典的な「Early tympanum hypothesis」に求められる。すなわち、堅頭類（stegocephalians）の頭蓋に見られる耳切痕（otic notch）に鼓膜が張っていたという考えが永らく支配的で、かつペルム紀後期の四肢動物である *Seymouria* や temnospondyl 類に非常に華奢な舌顎骨（hyomandibular）が見られることがそれを支持していた（Laurin, 1998；鼓膜と中耳腔の進化における外適応的形質については Thomson, 1966；Brazeau and Ahlberg, 2006 を参照）。しかし、この舌顎骨の遠位端が実際どこにあったのかについて、明確な証拠があったわけではなかった。また、最初期の羊膜類（過去においてはしばしば原始的爬虫類と呼ばれた）には、鼓膜の存在を示唆する構造はない（両生類・爬虫類型の中耳を四肢動物の共有派生形質と捉える傾向と、それによる混迷については Olson, 1966 を）。

最近の古生物学的知見によれば、哺乳類の成立以前には単弓類において機能的な中耳が成立したことはなく、しかも四肢動物における鼓膜が複数回独立に獲得されたことが証明されている（要約は、Presley, 1984；Laurin, 1998；Clack, 2002；Clack and Allin, 2004）。すなわち、原始的な単弓類である盤竜類ではまだ中耳がなく、舌顎軟骨は依然、顎懸架装置を構成し、したがって、哺乳類の中耳のパターンが他の羊膜類のそれを祖先型として特殊化したものではなく、中耳をもたない祖先的な羊膜類から別の進化を辿り、双弓類型の中耳と哺乳類型の中耳が独立に成立したとされる。つまり、爬虫類型の中耳から哺乳類の中耳を導き出すという古典的理解は誤謬だったことになる。状況を複雑にしているのは無尾両生類における中耳であろう。この動物群にも見かけ上方形骨によって構成された中耳腔があり、そして舌顎軟骨（舌骨弓の背側要素）より分化した単一の音響伝達装置（ここでも耳小柱と呼ばれる）が見つかり、しかもその形態パターンは、双弓類のものに酷似する。が、現在の理解では、これもまた現生両生類の系統で独立に獲得されたと考えられている（Laurin, 2010）。また、哺乳類の中耳の成立において前提となる、ツチ骨（＝関節骨）、鼓骨、前関節骨の機能的下顎（＝歯骨）からの遊離（Luo *et al.*, 2007；Ji *et al.*, 2009）が、単孔類とその他の動物においては独立に生じたという説もあり、厳密な意味で哺乳類型中耳の完成が複数回生じた可能性すら問われている（Rich *et al.*, 2005；コメンタリーは、Bever *et al.*, 2005；Rougier *et al.*, 2005；Rich *et al.*, 2005；Martin and Luo, 2005 等を参照；哺乳類の初期進化と中耳の起源については；Zheng *et al.*, 2013；Zhou *et al.*, 2013 を；その解説は、Luo, 2011；Cifelli and Davis, 2013 を）。

たしかに、哺乳類中耳のパターンを作り出している特徴は、哺乳類の共有派生形質である（Presley, 1993a）。が、同時にこの問題の困難なところは、哺乳類とそれ以外の羊膜類において、それぞれの骨格要素や筋が逐一相同であり、真に新規なパターンが抽出できず、進化プロセスを捉えられないという点にあった。まず、最近の発生生物学的知見から改定しておかねばならない事項として、ツチ骨とキヌタ骨の由来の問題がある。すなわち、ツチ骨の短突起（processus brevis）は顎骨弓ではなく、第2弓の神経堤間葉から由来することが明らかとなり、それによりこの構造が同じく第2弓に由来する、鳥類の関節骨後方の突起（後関節突起：retroarticular process）と相同であると考えられるようになった（O'Gorman, 2005；参考として Noden, 1983a；Köntges and Lumsden, 1996）。たしかにこの構造は、第1咽頭弓の後方の要素を鏡像に重複する *Hoxa-2* 機能欠失マウスにおいて重複することのなかった要素であり、それは神経堤を移植

したノーデン（Noden, 1983a）の実験結果とも整合的である（図 5-52；顎骨弓に特異化した神経堤細胞は、第 2 弓環境内においてこの突起を形成しない）。ただし、これは哺乳類のツチ骨がその他の現生顎口類の関節骨と相同ではないということをただちに帰結するものではない。なぜなら、第 2 弓要素の付加は、鳥類胚においても生じているからだ。このような複合的関節骨が進化のどの時点で生じたのかは別の問題である。

哺乳類中耳に関わる形態学的相同性が確固として成立する以上、それを保証する骨格要素間の相対的位置関係もまた保存されており、結果、この進化過程すべてが微妙な位置のずれに帰着してしまう可能性が浮上する。これに関し、このシフトにおける例外として位置関係の本質的差異を示す構造が鼓膜であると上に述べた（Takechi and Kuratani, 2010；加えて、鳥類においては内胚葉性上皮のみによって中耳腔が裏打ちされる一方、哺乳類においてはその上皮の一部が神経堤間葉の二次的上皮化によってできていることも付記しておく；Jaskoll and Maderson, 1978；Thompson and Tucker, 2013）。ガウプによって最初に指摘されたように（Gaupp, 1912）、見かけ上双弓類の鼓膜は方形骨という上顎要素に張るのに対し、哺乳類のそれは角骨（angular）という下顎の皮骨要素に張る（Hopson, 1950；Presley, 1984, 1993a, b に要約）。これを発展させ、哺乳類において新しい鼓膜がもたらされたというのが、すでに紹介したウェストールによる「下顎腔仮説」であった（Westoll, 1943, 1945；Allin, 1986 を参照）。ウェストールは哺乳類の系統では爬虫類型の中耳腔が腹側に膨らみ「下顎腔（submandibular cavity）」を形成し、下顎領域に新しい鼓膜が進化したと考えたのである。しかし、哺乳類の鼓膜が新形質であることは間違いないが、現在の系統的理解では双弓類の鼓膜もまた哺乳類の鼓膜同様、新形質でなければならない（上述；Allin and Hopson, 1992）。では、この説を否定しうる実験的証拠は存在するだろうか。ひとつは、上にも引用した哺乳類特異的な中耳の神経堤性上皮であろう。もし、ウェストールが正しければ、このような哺乳類特異的構造は中耳腔の腹側に発見されるはずだが、件の上皮はむしろ哺乳類中耳の背側に存在する（Thompson and Tucker, 2013）。

また、鼓膜が上下顎の特異化と連関した形質であるとすれば、上下顎の形態学的同一性をトランスフォームするタイプの実験は、鼓膜の発生にも影響を与えるはずである。この文脈において有用な発生機構が咽頭弓における *endothelin 1*（*Edn1*）シグナル系であり、これは *Dlx5, -6* の発現制御を介して腹側特異遺伝子を活性化して咽頭弓の腹側を特異化し、咽頭弓骨格の形態的特異化に

関わる Dlx コードの成立基盤としても知られる上流因子である（Minoux and Rijli, 2010；Medeiros, 2013）。実際、これまでのマウスを用いた実験において、*Edn1* のリガンドあるいは受容体の機能欠失は、*Dlx5/6* のそれと同様に顎骨弓骨格腹側のアイデンティティの喪失をもたらし、下顎を上顎として分化させる（Kurihara *et al.*, 1994；Beverdam *et al.*, 2002；Depew *et al.*, 2002；Ozeki *et al.*, 2004；Ruest *et al.*, 2004）。

事実、*endothelin receptor type A*（*Ednra*）遺伝子を欠失したマウスでは、下顎部が上顎へトランスフォームするばかりでなく、外耳道の陥入が起きず、中耳腔も発生しない結果、鼓膜が形成されない（Kurihara *et al.*, 1994；Clouthier *et al.*, 1998 も参照）。これは、鼓膜がたしかに下顎の属性のひとつであることを示す。しかもこの結果は、最近明らかになったように、外耳道の起点が、第1、第2咽頭弓の境界に相当するいわゆる咽頭溝（pharyngeal cleft）に相当するのではなく、第1咽頭弓の領域内に発することとも整合的である（Minoux *et al.*, 2013）。そこで、これと同等の機能欠失実験を、ニワトリにおいて *Edn1* の阻害剤、ボセンタン（bosentan）を用いて行うと、*Dlx5/6* の誘導が阻害され、たしかにマウスと同様の下顎部の上顎部へのトランスフォーメーションが起こる（Kitazawa *et al.*, 2015）。そればかりでなく、異所性の外耳道の陥入が本来の陥入部の腹側にも生じ、その結果、外耳道ならびに鼓膜が腹側に拡大し、しかもそれは背腹鏡像対称的に重複したパターンを有する。すなわち、機能的にはマウスのそれと同等の鼓膜が、ニワトリにおいてはその発生上、上顎の属性として振る舞うのである。異なった動物胚において同等の発生学的擾乱を加えると、形態学的に質の異なる表現型へ帰結したわけである。このことは、両者の動物群が、鼓膜の形成において互いに異なった発生機構と形態学的テンプレートをもつことを示す。かつてグッドリッチは哺乳類と爬虫類の鼓膜の相同性を主張し、爬虫類的段階から哺乳類的段階への移行にあって、徐々に鼓膜が腹方へと移動したと仮定したが（Goodrich, 1914, 1930a）、これは正しくなく、さりとてウェストールの想像した下顎腔も存在せず、哺乳類と爬虫類の鼓膜を非相同的と結論したガウプ（Gaupp, 1912）だけが正しかったことになる。このことは、上に述べた現在の古生物学および進化系統学的結論とも整合的である（以上、Kitazawa *et al.*, 2015 を参照）。

ならば、上に示したマウスとニワトリにおける同等の発生擾乱実験において、両者の鼓膜形成はどのような分子レベルでの機構の相違によって異なった応答を示したか。単に場所の問題なのか。それとも分子的背景に明瞭な差があるの

か。変異マウスを用いた実験は、*Gsc*遺伝子が正常な鼓膜発生に必須であることを示している（Yamada *et al.*, 1995）。しかも、この遺伝子は*Edn1-Dlx5/6*シグナル下で制御され（Clouthier *et al.*, 1998；Depew *et al.*, 1999）、マウスでは下顎に発現するこの遺伝子を介して鼓膜が発生する。実際にこの遺伝子はマウス後期咽頭胚の下顎部、角骨の発生領域周辺の間葉に強く発現すると同時に、将来の鼓膜形成領域とも大きく重なる。一方、ニワトリ胚では、その相同遺伝子の発現が鼓膜形成域より腹側に離れ、それでもなお、マウスの鼓骨と相同の角骨原基に発現する。すなわち、この遺伝子は特異化すべき骨格要素に関しては進化的に保存されているが、鼓膜の発生する位置に対しては相違を見せる。結果、*Gsc*はマウスの鼓膜発生にはリクルートされているが、ニワトリにおいては乖離しているのである。それはボセンタン処理ニワトリ胚で*Gsc*発現が消失するにもかかわらず、鼓膜が形成されるという事実も分かる。その違いが、これらの動物が進化的に異なった発生機構の樹立により鼓膜を獲得した証なのである。

　上の違いの背景には、鼓膜の形成に関わる外耳道、内胚葉上皮である第 1 咽頭嚢、そして神経堤間葉に由来する骨格原基、とりわけ一次顎関節要素の相対的位置関係の違いを予想させる。そこで、顎口類において*Edn1*の制御下にあり、一次顎関節のマーカーである*Bapx1*（Miller *et al.*, 2003；Tucker *et al.*, 2004）発現を比較すると、第 1 咽頭裂の最背側部、将来の中耳腔を由来する第 1 咽頭嚢の位置に対し、マウスの*Bapx1*発現領域が、ニワトリのそれに比して大きく背側にずれている。この違いが単なる距離的相違でないことの証拠には、のちの鼓膜の位置を予見する外耳道陥入部位に対し、マウス*Bapx1*発現領域が背側に認められ、一方でニワトリのそれが明らかに腹側に見いだされるのである。第 1 咽頭弓において*Bapx1*は*Gsc*よりやや背側に発現し（Tucker *et al.*, 2004）、*Bapx1*の発現領域の違いは上に見た*Gsc*の発現領域の違いと整合的なのである。

　このような違いが実際の中耳の個体発生における形態学的差異として検出できるかどうかを実際の胚形態に見てみると、たしかに哺乳類の鼓膜形成のはじまりである外耳道陥入は、一次顎関節であるツチ骨、キヌタ骨原基の間に成立する一次顎関節の腹側に生じ、一方でニワトリの外耳道は同等の関節の背側で陥入する。さらに発生が進み、第 1 咽頭嚢と外耳道が接して鼓膜が形成される時期まで観察しても、ウェストール（Westoll, 1943）の予想した、第 1 咽頭嚢の二次的な腹側への拡大は検出されず、哺乳類の鼓膜が新しく腹側に生じた部

分と原始的な背側部分から構成されるという、二部構成を示唆するような証拠は見つからない。

哺乳類と双弓類の中耳が無中耳状態から独立に成立することを認め、以上の結果から考察すると、異なった鼓膜が獲得されるに至った発生学的差異が浮かび上がる（図8-15）。重要なポイントのひとつは、*Edn1-Dlx5/6* シグナルに媒介された上下顎の形態的特異化自体は哺乳類と双弓類においてよく保存され、骨格要素の形態的相同性と、相同遺伝子発現のパターンが互いに一致するということである。このことは、ニワトリのボセンタン処理に際して見られる表現型からも窺うことができ、これら両系統の外群に相当する原始的な顎口類の系統である板鰓類（羊膜類に対しては外群）においても、羊膜類のものと同等のDlx コードが咽頭胚期に成立し、羊膜類において観察されるのと同様の形態的特異化が予想されていることと符合する（Takechi *et al.*, 2013 ; Gillis *et al.*, 2013）。そして、羊膜類の内部では第1咽頭嚢と外耳道陥入部位の位置関係（＝鼓膜のパターニング）も保存されている（第1咽頭嚢に対して外耳道の陥入位置はマウスとニワトリにおいて同様であり、外耳道は咽頭嚢の正常な発生に依存する。すなわち、咽頭嚢が外耳道を誘導する可能性は高い。これに関し、咽頭嚢に発現する *Tbx1* の機能欠失に際して鼓骨の正常な発生は抑えられる：Arnold *et al.*, 2005）。しかし、骨格パターニングと鼓膜パターニングは、上のデータを見る限り、本来互いに乖離した発生システムであり（進化的に両者が互いに独立に変化できる）、二次的に鼓膜形成機構は哺乳類においては下顎の特異化機構と、双弓類では上顎の特異化機構とカップリングした経緯が窺える。が、単弓類が分岐してのち、しばらく鼓膜が存在しなかったからには、鼓膜それ自体は羊膜類の内部で相同ではない。たとえそれらが相同であっても、発生機構、発現遺伝子レベルでの deep homology は存在しない。これは単に DSD の結果ではなく、むしろ哺乳類と双弓類の系統において顎・中耳を構成する発生モジュールの相互関係（もしくはネットワーク）の違いとして認識すべきである（下顎モジュールに組み込まれた哺乳類の鼓膜に対して、上顎モジュールに組み込まれた双弓類の鼓膜）。それが中耳の発明に際して2つの異なった解法へ至った背景なのである。その背景に顎関節の位置の相違が関係することはいうまでもない。

羊膜類内部で第1咽頭嚢と外耳道の位置が保存されている一方、この2つの上皮に対する一次顎関節の位置の違いこそが哺乳類と双弓類の間にある相違であった。この一次顎関節の位置の相違は、成体での骨格要素のサイズに連関する。化石記録によれば、初期の羊膜類における関節骨、方形骨、舌顎軟骨のサ

8.2 中耳問題のその後　445

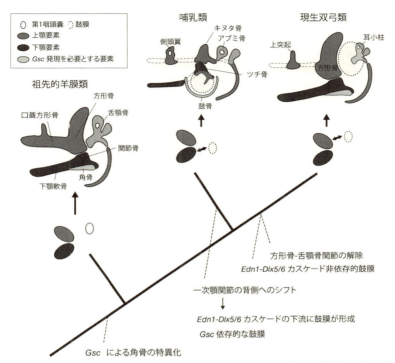

図 8-15　双弓類と哺乳類において、形態学的に異なった鼓膜が独立に進化したということの進化発生学的背景。哺乳類では、方形骨・舌顎軟骨間の関節が解除できず、下顎に鼓膜を形成した。一方、双弓類では、鼓膜が上顎部にできており、方形骨と舌顎軟骨は遊離している。この経緯の違いのため、Dlx コードにおいて下顎領域の特異化に関わる遺伝子、*Dlx5*、*Dlx6* の同時的機能欠失は、マウスにおいては鼓膜の消失につながり、双弓類では鼓膜の拡大に帰結する。(Kitazawa *et al.*, 2015 より改変)

イズは大きかったと考えられ (Carroll, 1988 ; Allin and Hopson, 1992 ; Reisz, 2007 ; Laurin, 2010)、鰓弓骨格の発生の点においては双弓類の胚発生が祖先的状態であると推測できる。これにより中耳進化の背景にあった発生学的な変化が見えてくる。すなわち、単弓類の系統においては関節骨、方形骨、舌顎軟骨のサイズが縮小して一次顎関節が第 1 咽頭嚢の近傍へとシフトし (図 8-15)、鼓膜を形成しうる発生モジュール (第 1 咽頭嚢と外胚葉の陥入位置の近接点) が下顎モジュールと関係をもつようになったのである。

これまで、単弓類の系統では角骨に鼓膜が張ったことで関節骨→方形骨→舌

顎軟骨のルートが内耳へ向かう音響伝達装置として用いられ、これらの骨格要素が漸進的に縮小しながら、より高性能の聴覚器官に進化してきたと考えられてきた。少なくとも単弓類の進化の初期段階においては、これらの骨格要素のうち、「下顎モジュールに属する神経堤細胞が第1咽頭嚢や外耳道と発生学的に相互作用できるような位置関係まで縮小する」ことが下顎に鼓膜を形成するために必要であったことを示唆している（図8-15）。この骨格要素のサイズ縮小の原因として、咀嚼効率の向上に関わったとおぼしき歯骨の拡大（とのトレードオフ）が挙げられるかもしれない（Parrington, 1979）。それがより大きな臼歯を備えることを可能にし、結果として咀嚼面積が拡大、それとともに食物をより細かく裁断して高効率で栄養を得られるようになったことが単弓類のそもそものイノベーションだった可能性も指摘される（Lazzari et al., 2010；Ungar, 2010）。また、単弓類において下顎の可動性が上下から上下＋側方の三次元域に拡大したことにより、この動きにとって「邪魔な骨」が二次的に縮小した可能性もあろう（Crompton, 1995）。

しかし、進化発生学的により示唆的なのは、これら縮小した顎骨弓骨格要素が、この弓のなかでHoxコードのデフォルトとして特異化されている後方のサブモジュールに相当するということである（Rijli et al., 1993；Matsuo et al., 1995；これより前方のモジュールの発生を司る機構についてはBrito et al., 2008などを参照）。これはすなわち、比較的独立の発生プログラム下において一挙に変形させる骨格要素のセットがすでに存在していたことを意味している。このような形態の変化はしたがって比較的実現しやすい。

一方で、双弓類の系統では上記の骨格要素のサイズ縮小は起きず、鼓膜は上顎モジュールと関係をもつことになった（図8-15）。ここでは、盤竜類から現生哺乳類に至るまで綿々と保存されている舌顎軟骨と方形骨の関節（＝キヌタ骨アブミ骨関節；もともとは顎懸架装置）が、双弓類ではキャンセルされ、舌顎軟骨が可動な音響伝達装置である耳小柱になった。鼓膜と関係をもった耳小柱はサイズが縮小してより高性能の聴覚器官へ進化し、現在の双弓類に見られる大きなサイズの方形骨・関節骨とそれに比して非常に小さなサイズの耳小柱という形態学的特徴をもつに至ったと考えられる。つまり、哺乳類の一見複雑な中耳の形態は、より進化的に派生的な段階にあると理解されがちで、まさにそれが古典的教科書の理解を流布させた要因のひとつなのだが、何から何まで哺乳類のほうが派生的というわけでもないのである。また、盤竜類から獣弓類への進化の過程において、舌顎軟骨ならびに方形骨（＝キヌタ骨）のサイズが

徐々に減少していく傾向に、一次顎関節の漸進的な背方への移動を見ることができよう。このような現象は双弓類の進化には見られない。この背方への移動こそが、顎関節の中耳への取り込みの過程を端的に示しているのであり、それが鼓膜の発生位置を飛び越したときに、原始的な単弓類は哺乳類となったのである。

〈コラム：比較形態学体験〉

　ややこしい解剖学用語が頻出する比較形態学のどこが楽しいかといえば、いままで全然別のものだと思っていた構造が実は同じものだと分かったり、あるいはその逆に同じものだと思っていたものが実は「他人の空似」だと分かったりする瞬間の、あの「Aha! 体験」があるからである。しかもそれが、動物の形態や進化についての理解を180度転換してしまうようなことさえあるのだからなお楽しい。

　比較的よく知られている例としては、あのカンブリア紀に生息していたアノマロカリスの円形の口器が当初はクラゲの化石だと思われていたし、その近くについていた触手は、エビの体だと思われていた。それが合体してあのかたちが復元されたとき、一挙に謎が氷解すると同時に、まったく新しい理解が目の前に開けたのである。より最近の例では、ネクトカリス（*Nectocaris pteryx*）という、やはりカンブリア紀に生きていた訳の分からない動物が、実はタコやイカに近縁の軟体動物であったことが報告された（Smith and Caron, 2010）。これなど以前は「脊椎動物の体に、節足動物の頭部がついている動物」などと、とんでもない解釈がなされていた。このような改訂があると、「では他の化石はどうなのだ」と思わず聞きたくなってしまうが、それはいっても仕方のないことで、常に最良と思われる解釈がまかり通っていることにはなっている。同様に、カンブリア紀の lobopod のなかで、節足動物になりかけていた動物の化石が見つかったという話（Liu *et al*., 2011）も、そういう吃驚の範疇の話である。いずれにせよ、上のような発見は、最近の古生物学的発見のなかで私が最も感銘を受けたものである。

　脊椎動物の形態学も盛り立てなければいけない。実際、同様に重要な論文は脊椎動物に関しても報告されている（手前味噌ながら、ヌタウナギの胚をヤツメウナギ胚と比較可能にした Oisi *et al*., 2013a、そしてそれを古生物学的

にサポートし、顎の進化シナリオを完備させた Gai *et al.*, 2011 や Dupret *et al.*, 2014 も、ここに数えたいところだ）。たとえば、Pierce ら（2013）が、*Ichthyostega* の化石をあらためて放射光を用いた方法（phase-contrast X-ray synchrotron microtomography）で観察し発見したのは、これまでの椎骨要素の同定と命名が不適切であり、骨のなかに正しい境界を見いだすことで、この動物が従来考えられていたよりも複雑な背骨をもっていたことが分かり、しかもそれが直接に四肢動物の脊柱の祖先型と見なされているラキトム型への前段階を示すわけではなく、現実ははるかに複雑だということである。新しい知見に基づいた名前のつけ方ひとつが、正しい解釈への道を開くのである。

8.3　進化的新機軸

　形態の進化とは何か、そもそも何をもって「新しい」といえるのか。最も簡単な説明は、祖先の発生パターンや発生プログラムを土台としながら、祖先には存在しなかった新しいメカニズムを付加することにより、目新しい構造を作るということだろう。これに相当する現象と見られるのがたとえばトリの羽毛である。いうまでもなくトリの羽毛は、爬虫類（恐竜）の鱗に由来する角質構造物である。しかし、羽毛の形態パターンには、爬虫類の鱗には決して見られない「極性（polarity）」や、「分割（partation）」が見られ、ここにバウプランの階層性や、相同性の不完全さが現れる。しかしこの場合、鳥類の羽毛において「何が新しいのか」を特定することは比較的簡単である。しかも、羽毛のパターニングに関わるさまざまなシグナル分子の発現パターンや、それらの機能の解析は、そこにたしかにトリ独自の分子的制御機構が存在することを明らかにしつつある（Chuong *et al.*, 2000a, b, 2001 ; Yu *et al.*, 2002）。鳥類、あるいは、その祖先となった竜盤目恐竜、ドロマエオザウルス類の系統において、角質構造物のパターニングプログラムがどのように変化していったのか、まもなく分子レベルでシナリオが描けるようになるだろう。この形態パターンの複雑化の背景にあるのは、基本的に上皮間葉間相互作用を主体とした発生プログラムに関わる、遺伝子制御パターンの複雑化なのである。

　動物の形態進化においては、羽毛に見るように、形態や発生プログラムのなかに「系統的入れ子関係」的なプロセスとパターンの相同性があてはまるタイ

プの進化的新機軸ばかりが普遍的なのではなく、むしろ成立した新しい形態や、それによる適応の新規性が著しい場合に限って、新しい構造と祖先的構造の間に形態的相同性が見つけられないような事態がしばしば生ずる。これは、進化的新機軸と形態的相同性の間に見られる、進化発生学の典型的なジレンマでもある。これをクリアに指摘したのが、理論進化生物学者のワーグナーとミュラーである。ちなみに、この領域の生物学的研究は、日本では皆無に近い。

　たとえば、コウモリの翼を見てみよう（図8-16）。これはたしかに哺乳類の歴史における新しい構造だが、それを解剖すれば分かるように、コウモリの翼を構成する筋や骨格は、他の哺乳類のものとほとんど変わらない。つまり、「哺乳類の上肢」として、コウモリの翼の形態プランは、決定的な形態形成的拘束のもとにあり、その結果として形態的相同性は現れざるをえず、かたちを変える必要があるからといって、このパターンは簡単には打開できない。すなわち、基本的形態プランとしてコウモリの翼は決して形態学的に何か明瞭に新しいものをもつわけではない（真に新しいものは、皮膜に付随した構造か、その機能的側面である）。ワーグナーとミュラーは、このような形態的進化パターンを単に「適応（adaptation）」、あるいは「適応を伴った変形」と呼ぶ（Müller and Wagner, 1989, 1991 ; Wagner, 1994 ; Wagner and Müller, 2002）。すでに上に述べた耳小骨の進化にまつわる数々の変化のうちあるものは、この適応の範疇に入るのであろう。こういった変形においては、ひとえに祖先において成立した発生拘束が支配的で、いったん成立したが最後、恒久的に保存されているのである。

　一方、真の意味での「新機軸（innovation or novelty）」にあっては、しばしば原基同士の空間的時間的関係が変化し、その結果として形態要素の相同的関係が失われる。つまり、真に新しいものは、祖先的な拘束を逃れるか、あるいは拘束を打開することによってこそもたらされる。そして、祖先的プログラムが形態的相同性をもたらす張本人なのであるから、そのような新機軸を祖先的形質と比較した場合、そこには相同性が確認できなくなるだろうという。このような抜本的形態進化の例は、必ずしも多くはない。たとえば、カメ類の甲が新機軸によって成立している可能性が指摘されている（図8-17 ; Hall, 1998、第6章を参照）。このタクソンは他の羊膜類のパターンを逸脱し、肋骨の発生位置が通常よりも表層にあり、固有背筋もなく、肋間筋も発生の途中で失われ、さらに本来なら胸郭の外側にできなければならないはずの肩甲骨が甲の「内側」にできる。しかし、厳密に観察すれば、これはカメ胚独特の体壁の折れ込みに

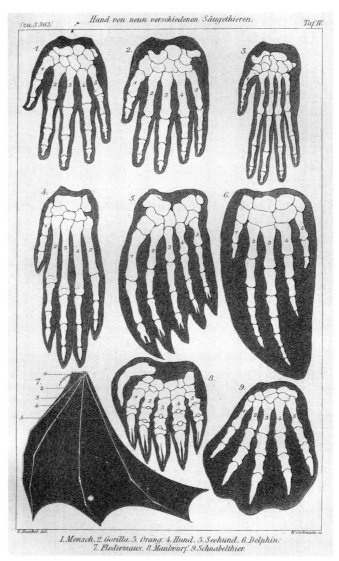

図 8-16 さまざまな哺乳類の手の骨格。かたちは変わっても、それを構成する形態的要素の配置は変化していないこと（相同性）の例。(Haeckel, 1874 より)

8.3 進化的新機軸　451

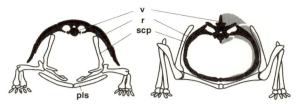

図 8-17　カメ類の甲が進化的新機軸によって成立したということを示す模式図。左はカメ類、右はワニ類を示す。ワニは、基本的には他の羊膜類と同じ形態的組成を示す。カメの甲は肋骨（r＝内骨格）を主体とする背甲（黒い部分）と、この動物に独自の皮骨成分（外骨格）として新しく成立した腹甲（pls）とからなる。この独特の「胸郭」に対して、カメの肩甲骨（scp）は内側に発生する。他の羊膜類では肩甲骨は胸郭の外にできる。そのほか、灰色で示した体幹筋がカメでは消失している。カメの個体発生では、体壁の折れまがりによって一見、骨格要素の逆転が生じている。pls、腹甲；r、肋骨；scp、肩甲骨；v、椎骨。（疋田、2002 より改変）

よってもたらされるパターンであり、形態学的には肩甲骨は依然として肋骨の外側にできている（上述；Nagashima et al., 2009）。したがって、これを進化的新機軸と呼ぶことができるかどうか問題は残る。が、甲稜と呼ばれるカメにしかない胚構造が上の折れ込みを誘発していることは確かであり、それは祖先的前駆体をもたない。同様な問題は、顎口類が獲得した顎についても遭遇する。

　もちろん、形態的相同性は発生「パターン」の保守性によってもたらされる。そのとき発生「プロセス」が保存されているかどうかは、また別の話である。カメの甲のようなものを作り出そうとすると、当然われわれがすでによく知っている、羊膜類の体節中胚葉に由来する筋や骨格系の発生パターンを制御するプログラムのどこかに変更が生じていると考えなければならない。ワーグナーとミュラーの説が示すのは、このような個体発生過程の変更としてしか抜本的な進化的新機軸はもたらされず、結果として相同性が失われることは避けられない。そうでなければ（相同性が残るのなら）、それは単なる適応的変形でしかないということである。われわれは、ここにバウプランの進化的変化や、大きなタクサの起源を見る。とりわけ、新機軸そのものが「鍵革新（key innovation）」として作用するときはそうだろう。進化の場面において、何が新しいパターンをもたらしてゆくのか、それについては第 10 章において顎の進化に関連して再び考察する。はたして、現生顎口類の顎が上のような意味において新機軸なのかどうか、そして、それがどのような発生パターンの変化と相同的関係の組み替えによってもたらされたのか、それが進化発生学研究である。

8.4 第8章のまとめ

1．形態進化において祖先的形態発生拘束をベースに進化した構造は、それがどれほど奇抜であっても、形態的相同性を忠実に保持している。哺乳類における耳小骨の進化はまさにその典型であり、きわめて微細な構造に至るまで、その相同物を爬虫類その他の脊椎動物タクサの構造に見いだすことができる。その相同性決定のためにはしかし、きわめて入念な比較形態学的・比較発生学的分析が必要である。

2．哺乳類の中耳に見る本質的変化は、その独特の機能をもたらした形態パターンや、発生プロセスに生じた新しい「結合」や「乖離」である。これを見極めるのは発生学的分析である。

3．哺乳類の中耳の進化を可能にする進化的シナリオは限られている。というのも、新しい顎関節の成立によって不要になった構造のとるべき道は「消失」か、さもなければ新しい機能への「転化」であり、後者を可能にするためには発生プログラムの変化の過程において常に発生負荷を満足させなければならないからである。

4．形態的相同性が失われるタイプの形態進化過程もある。これは、祖先的な発生拘束を打開することによって新しいパターンを作り出すタイプのものである。カメの甲や顎口類の顎がこれに相当する。

5．真の意味での進化的新規形質は、祖先的発生拘束を逃れることによってもたらされ、その結果として半ば必然的に形態的相同性は失われる。拘束の強さは逆に形態パターンをある一定の変異幅に縛り、形態的相同性を現出させ、比較形態学を成立させる。

第 9 章 脊椎動物の進化
―― 形態的変容のパターンとプロセス

> The night sets softly
> With the hush of falling leaves,
> Casting shivering shadows
> On the houses through the trees,
> And the light from a street lamp
> Paints a pattern on my wall,
> Like the pieces of a puzzle
> Or a child's uneven scrawl.
>
> Paul Simon/Patterns

　この章では、脊椎動物の初期進化のパターンやプロセスを、発生的機構の推移として考察する。まず、成体の解剖・形態学的パターンに注目し、比較発生学的に類推可能な脊椎動物共通祖先の姿について考察する。さらに、それが進化過程において成立し、変化してきたシナリオを考え、いくつかの問題を整理しながら、個体発生過程と系統進化の関係を再考する。

9.1 汎脊椎動物的バウプランの獲得

（1）必要条件

　脊索動物的バウプランからはじまり、汎脊椎動物的バウプランを組み上げる際に、何がどのように変化したのか。そもそも、脊椎動物の共通祖先となった原索動物段階にある動物が、どのような形態をもっていたのかすら知られていない。が、いくつかのポイントについては推測可能である。スタート地点では、ソミトメリズムとブランキオメリズムなど、すでにいくつかの形態形成的拘束が成立していた。が、神経分節と、それがもたらす拘束によるパターンはなかった。これが脊椎動物の共通祖先となるためにはさらに：

1. 神経堤細胞
2. プラコード
3. 神経分節（ロンボメア含む）

4．鰓弓内骨格
5．広範な間葉系と、それに付随したHoxコード
6．脊椎動物型の口器（腹側正中に開口）
7．頭部中胚葉

が必要になる（図1-8を参照：とりわけ頭部形態の獲得についての発生学的考察はGans and Northcutt, 1983; Northcutt and Gans, 1983を参照）。

これらのいくつかは、しばしばまとめて「頭部」という記号で一括される。それに関し、本書でいう原索動物に明瞭な索前板が存在せず、頭部もないことを上の形質と関連づけようという誘惑があるかもしれない。が、神経索の特異的部分としての前脳や眼など、脊椎動物頭部に見られる他の形質が原索動物にも同定できるからには、頭部そのものがいきなり進化的に得られたのではないことが分かる。加えて、ナメクジウオにおける索前板の相同物の有無についても疑問は残る。ナメクジウオの脊索は、最初から成体に見られるように体軸前端にまで伸びているのではなく、二次的に前方へ伸長するのである（Hatschek, 1892；同様の議論については、第7章を参照：ナメクジウオと脊椎動物を結ぶ最近の試みとしては、Presley et al., 1996を参照）。ナメクジウオやホヤの体制から脊椎動物を導き出そうという考察が、どのような思考実験に陥りがちか、それもすでに見てきた（第1、8章）。おそらく可能な表現型模写（phenocopy）として、脊椎動物胚における索前板の除去や、それに匹敵する突然変異においてしばしば眼が無対になる現象が挙げられるかもしれない（Hatta et al., 1991; Li et al., 1997; Pera and Kessel, 1997; Schier et al, 1997; Varga et al., 1999）。が、それとて正確なナメクジウオの解剖学的パターンをなぞってはいない。一方で、脊椎動物に見る派生的構造の正常な発生が、すべてある一定の胚の大きさを必要とすることについてはすでに述べた。その要因としての間葉をもたらす神経堤の重要性は、往々にして単なる適応的解釈であることが多く（第4、5章）、他の成書に見る解説もあえて繰り返さない。

（2）神経堤細胞の獲得

考察すべき進化過程が少なくともひとつある。それは、神経堤細胞の出現が当初、前脊椎動物的な発生プロセスにとって、どのような意味をもちえ、進化的文脈において何を惹起し、バウプラン進化とどう関わったか、という問題である（ナメクジウオの発生に見る神経堤の可能な相同物については、Holland and

Holland, 2001; Wada, 2001などを参照)。胚のサイズや細胞数といったパラメータの変化は、胚という系そのものや、発生プログラム全体を乱しうる。祖先的脊椎動物の発生においては、空間的構築や距離などが大きな要因になるような相互作用が、重要な機能を果たしていたはずなのである。では、その乱れはいったいどのような種類のもので、それはどのような進化的変遷を導いただろうか。進化生物学者のシュリヒティングが、多細胞体制の進化を考察するうえで行ったタイプの思考実験を、ここでも行うことができる (Schlichting, 2003；他の新しいシナリオとして Bonner, 2000)。つまり、神経堤細胞の追加による系の乱れは当初完璧に受動的であり、ゲノムの重複も手伝い、そこに予想できないさまざまな細胞型 (cell types) を生み出していった可能性がそれである。

　この「前脊椎動物胚」という系は、神経堤のない段階では発生過程上、完璧に「予想できる」細胞型セットを安定的に生み出すための、安定化された発生機構を伴っていた。ちょうどわれわれの発生システムが必要な細胞型を必要な場所にもたらしてゆくように……。つまり、神経堤細胞の出現により、胚のサイズや細胞数は以前よりはるかに大きくなり、当初ごくごく局所的な意味しかもたなかった成長因子の分泌は、そこにかつて存在しなかった分子勾配をもたらし、さまざまなタイプの遺伝子の組み合わせが祖先において確立していた発生プログラムを変形し、かつて存在しなかった予想外の遺伝子発現カスケードを次々に導くことになる。これはまったく予想されていなかったことであり、それゆえにこれは「受動的」と呼ぶことのできる変化イベントである。

　発生システムのこのような変化のすべては、当初必ずしも適応的なものではなかっただろう。少なくとも神経堤の出現が、すぐさま骨格や自律神経系の充実を意味したわけではない。むろん、不要な発生カスケードは多かったに違いない。が、少なくとも細胞型や発現する遺伝子のレパートリーの点から従来よりも多様なものとなった発生プログラム (発生的応答規準 developmental reaction norm；第12章参照) を次々に安定化淘汰 (stabilizing selection) にさらしてゆくことにはなった。発生システムがロジックを模索する段階なくして、適応的状態へは達しえない (第12章参照)。

　上のようなプロセスが淘汰を経、真に適応的な細胞型を生み出すカスケードを確立していったというシナリオを実際に描くことができる。つまり、偶然に発生負荷を得るか (第11章)、あるいは適応的位置に落ち着いた発生カスケードは、安定化淘汰を通じて強化され、新たな発生機構の樹立を伴いながら固定し、否定的なカスケードは内部淘汰を通じて葬り去られたであろう。そのどち

らでもない中立的カスケードは、「潜在的発生応答規準（hidden reaction norm）」、あるいは、いわゆる外適応的背景要因として、ゲノムのなかで次なる淘汰による新しい発明品を待つ重要な伏線となったかもしれない。神経堤の樹立により、その副産物としての新しいバウプラン生成が、淘汰を経て可能になりうるわけである。

そこで樹立した細胞型は、それ以前のバウプランにおいて成立していた発生モジュールの使い回しを多く含むことになっただろう。あるいは逆に、第4章に示唆したように、中胚葉が大量の間葉をもたらした進化イベントが神経堤獲得の前だったのか、後だったのかによって、シナリオや解釈はガラリと変わる。とりわけ骨格細胞型の分化について、神経堤がすでに中胚葉のもっていた細胞型確立の発生モジュールをリクルートしたのか、中胚葉がその逆のことを行ったのか、まだ知られてはいない。このような進化過程を説明する機構的概念、すなわち安定化選択、あるいはそれとほぼ同義の遺伝的同化は、進化発生学における重要なキーワードである。以下では、脊椎動物の成立に先んじて、すでにできあがっていなければならなかったはずだという、見逃されがちないくつかの点について考察する。

（3）その他の付加的パターン

脊椎動物の祖先において、Otx や Hox 遺伝子など、前後軸に沿ったホメオボックス遺伝子の発現パターンによるコードができあがっていたことは確からしい。が、現在のすべての脊椎動物の共通祖先においてどの発現のドメインが確立していたかについては考察されたことはあまりない。とはいえ、形態パターンからすれば、*Otx*、*Dlx*、*En*、*Nkx2.1*、*Emx*、*Pax6*、*Pax2/5/8* などが、円口類と顎口類に共通に見られるパターンを確立していたと想像できる（Holland *et al*., 1993；Murakami *et al*., 2001,2002；Kuratani *et al*., 2002；Sugahara *et al*., 2016 を見よ）。これは、すでにかなり高度なパターンである。このことはさらに、神経分節パターンも現在の標準的なものとほぼ等しかったことをも意味する（Sugahara *et al*., 2016）。

咽頭弓においては、顎骨弓、舌骨弓、機能的な呼吸用の鰓弓という3つの形態アイデンティティがすべての脊椎動物種に見られる（棘魚類のような化石種についてはさらなる精査が必要）。つまり、脊椎動物の祖先的 Hox コードは、ロンボメアや咽頭弓の番号に対して、どのような発現ドメインの対応ができていたとしても、少なくとも最初からこれら3つのアイデンティティを区別できる

ものでなければならなかったはずである（ヤツメウナギ *Petromyzon marinus* の *Hox6* が、顎骨弓に発現すると報告されたことがあるが、これは誤り：Cohn, 2002）。ナメクジウオ、ヤツメウナギ類の Hox コードの全貌、そして脊索動物における Hox クラスターの進化過程はまだ分かっていない（Carr *et al.*, 1998；第5章の議論を参照）。

　最後に、それが現在の脊椎動物の祖先である限り、その頭部中胚葉には分節はなく、ソミトメリズムという形態形成的拘束も発動できなかったはずである。それは同時に、広大な頭部神経堤細胞の間葉の存在、ロンボメアの存在をも想像させる。ロンボメアは、その形態形成的拘束としてのソミトメリズムとの相補的性格を考えれば、内耳の後方、体節と同じレベルに多く発生することは決してなかったであろうし、その動物がいくつの鰓をもっていようが、それらのほとんどは、たったひとつの根をもつ迷走神経による支配を受けていたことだろう。もちろん、この問題はあの頭部分節性についての議論の歴史をも含みうる。以上、脊椎動物の頭部形態の進化的成立やその変容について、発生学・形態学的知見から考察を加えてみた。そこからどのような形態進化の機構が見えてくるのか、以下では、再びバウプランの歴史と個体発生の比較から生まれる反復説を標的とし、理論化と統合を目指してゆく。

9.2　頭部形態の胚発生
——脊索動物から脊椎動物、顎口類へ

（1）汎脊椎動物的バウプラン

　それが円口類と顎口類の共通祖先か、あるいはそれ以前の存在であるかという問題は留保し、脊椎動物の共通祖先がもっていたと思われる形態パターン、すなわち脊椎動物の原始的パターンを、以下に散文的に表現する。これは次章で考察する、現生顎口類のボディプラン成立機構と過程の理解のための、一種の布石となる。考察の基本的方針として、①円口類と顎口類に共通して観察される形質は、その共通祖先においてすでに獲得されており、②円口類と顎口類において異なった状態にある形質については、そのほかの脊索動物（外群）における状態や発生上のパターンやプロセスを参考にする。こうして得られる仮想的動物の形態パターンは、かつてハクスレーが軟体動物に捉えようとしていた、「原始形質の集合体としての原型」に近いものとなる。

- 脊索動物、あるいはそれ以前の段階からすでに成立していた発生拘束として、それは体軸をもつ左右相称動物でなければならず、体の中央には前後に走る「脊索」が存在していたであろう（オタマジャクシ幼生型のボディプラン）。脊索には、貧弱な軟骨性の椎骨要素が付随していた。脊索の背側には 1 本の神経管が存在し、それは前端では「脳」として特異化していた。また、ブランキオメリズムもソミトメリズムもすでに形態形成的拘束として機能していたであろうが、これら 2 種の分節性が別のものとして独立していたか、もしくはこれらが何らかの方法で結合していたか（体軸には単一の分節性しかなかった）については問題が残る。ナメクジウオには単一の分節性しか存在しないという説が、これまで幾度か提出されている (Goldschmidt, 1905)。

- 胚における体節は体幹に限局し、それは脊索からのシグナルを受け、硬節と皮筋節を分化した。皮筋節はさらにその境界において、内側の硬節に対し syndetome を誘導し、そこから由来した細胞は、筋中隔や腱を、軸上系ならびに primaxial 筋群に対して与えていた。同様な結合組織は、外側中胚葉や頭部神経堤間葉からも分化していた。傍軸中胚葉に対する脊索の誘導作用は、頭部中胚葉にも見ることができ、それによって軟骨化した部分は、軟骨頭蓋のなかで眼窩軟骨や傍索軟骨としてすでに見ることができた。

- 脳はすでに、神経分節からなる発生プランのもとに形成され、前脳、中脳、菱脳＋脊髄という 3 部構成に加え、発生途上の菱脳には、ロンボメアが存在していたであろう。ロンボメアは、この祖先的動物の成体の脳には認められなかったであろうが、発生上、この分節性を基調として鰓弓神経群の根がパターンされた形跡は残り、三叉神経、顔面神経、舌咽神経根はそれぞれ、発生期の r2、r4、r6 の位置を示していた。三叉神経はおそらく、独立した 2 根からなり、深眼神経の求心性の線維はしばしば中脳後脳境界に現れる小根を用いて脳に入ることがあったかもしれない。迷走神経は内耳の後ろ、筋節の発するレベルにあり、明瞭に特定のロンボメアとの位置的対応関係を示してはいなかった。

- 鰓弓神経は、上鰓プラコードに由来する下神経節を備え、鰓弓筋を動かす

線維と味覚を運ぶ線維とを含んでいた。側線系もすでに体表知覚の重要な
システムとして機能している。これと類似の細胞をもつ器官として内耳は
すでに充分に分化している。内耳の発生位置は、多かれ少なかれマウトナ
ー細胞の発する r4 近傍にあり、発生期におけるその位置は、無分節的な
頭部中胚葉と、体節として分節する体幹部中胚葉とを大まかに分けている。
側線の入力を運ぶ線維は、いくつかの鰓弓神経根を用いて菱脳に入る。

・中脳はひとつの大きな神経分節として発し、前脳原基はいくつかのプロソ
 メアからなり、これらの分節は、成体における間脳の機能的ドメインと
 して分化していた。終脳は間脳の背側への拡大として発し、そのなかにはす
 でにいくつかのドメイン構造が認められる。

・頭部の中胚葉は、いかなる分節パターンも示さず、それが分化する軟骨性
 神経頭蓋は中脳より後方の脳を包んでいる。それは、その前方に位置した
 無対の嗅覚器官を包む神経堤由来のカプセルと融合している。

・1 対の眼球には数個の外眼筋が付随し、これらを動かす 3 本の脳神経が見
 つかる。この筋形態と神経支配のパターンには種による違いが見られるが、
 現生のヤツメウナギや板皮類の化石に示唆されるパターンに多少似ていた。

・内臓頭蓋は神経堤性間葉から分化したもので、口器は顎骨弓だけではなく、
 顎前部の間葉をも用いた、いくぶん可動式の、背腹に開閉する装置であり、
 背腹の要素ともに筋を備え、両者とも三叉神経の後方の枝によって支配さ
 れていた。三叉神経には 2 部の区別があり、その前の要素——眼神経は、
 純粋に体性知覚の枝である。

・舌骨弓以降に存在する内臓骨格はどれも似た形状を示すが、舌骨弓にはす
 でにいくぶんの形態的分化が認められる。この舌骨弓と続く第 1 鰓弓は、
 それぞれ独立した鰓弓神経によって支配されていたが、それ以降の鰓は 1
 本の鰓弓神経の分枝によって一括して支配されていた。

・舌骨弓を支配する顔面神経は内耳神経と近接し、後者は菱脳中央に発する
 マウトナーニューロンへと知覚刺激を送っていた。当時の脊椎動物では、

種ごとに内耳の発する位置は微妙に異なっていたが、それらはどれも側線、内耳、マウトナーニューロンの3者の間の機能的連関に即したパターンを示していた。

・咽頭裂はすべて開口し、種により異なった呼吸方法を獲得していた。機能的な呼吸用の鰓は内外2種の軟骨の支柱によって支えられ、とりわけ耳の後ろに発する鰓の多くは迷走神経による筋支配を受け、ひとまとまりの運動単位として動いていた。これら内臓頭蓋要素は、舌骨弓以降のものについて基本的に上下対称の形態パターンをもち、背腹の要素を分ける明瞭な関節は認められなかったかもしれない。

・体幹には、明瞭な分節性を示す筋節があり、脊髄神経による支配を受けていた。脊髄神経は背枝と腹枝からなり、両者とも体節筋間レベルから脊髄を出ていたが、これら両根は合一して混合神経となる場合もあったかもしれない。筋節は上下に分極していたが、それを明瞭なコンパートメントとして分ける水平筋中隔はまだ存在せず、体軸各レベルにおいても形態分化はほとんど認められない。が、前方のいくつかの体節は、鰓孔の下方へ向かう索状の筋をなし、鰓弓系の運動を補佐していた。これらの筋（鰓下筋系の前駆体）は、体幹部での abaxial muscle といくぶん類似していたが、解剖学的には体壁のなかには存在せず、内臓弓の表層を覆うにとどまっていた。また、僧帽筋もこの動物には存在せず、副神経らしきものもない（図9-1）。

・発生上この動物は、現生のナメクジウオよりもはるかに大きな胚を形成し、どの種を取ってみても見分けのつかないような画一的な咽頭胚期を過ごし、そのとき多くの器官発生イベントが進行していた。神経胚期に移動をはじめる神経堤細胞と中胚葉がもたらす間葉によって、咽頭胚は大きな胚環境を実現していた。神経堤細胞に由来するさまざまな細胞型はこのスケールの大きな胚環境のなかで、さまざまに変化するシグナル分子からの誘導を受けることで、多様に分化することが可能であった。少なくともこのときまでに、脊髄神経節と脳神経節をもたらすことに成功している。

以上が、想像できる脊椎動物の原始的形態パターン、あるいは脊椎動物の共

9.2 頭部形態の胚発生——脊索動物から脊椎動物、顎口類へ　461

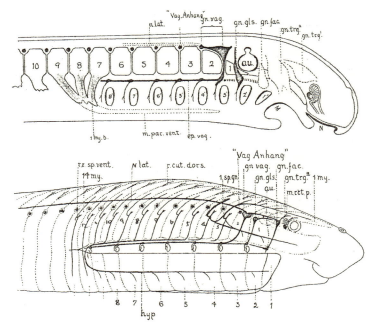

図 9-1　アンモシーテス幼生における鰓下筋系の発生パターン。上は模式図。第 7-9 筋節から鰓下筋系の筋芽細胞が発し、顎口類におけるように咽頭の後方を回り込みながら移動するとされている。下は神経支配パターンと筋節の分布を示す。鰓下筋系の二次的な分節パターンが、鰓孔と同じ周期を示すことに注意。また、この筋は現生顎口類に見るように口腔底へ至ることはなく、内臓弓骨格の表層を覆う。したがって、円口類と顎口類では、鰓下筋形態形成における筋芽細胞の移動や分布に大きな差のあることが窺える。この違いは、一部、囲心腔の広がりの差に帰着される。(Neal, 1897 より)

通祖先のイメージである。このような祖先型から、現在の無顎類、顎口類の両者を導き出すことができる。実際、これはアンモシーテス幼生のイメージにいくぶん近い。また、これと比較すると、たしかにアンモシーテスに似た化石、*Haikouichthys* や、*Haikouella* (の復元図のあるもの) が脊椎動物の共通祖先だという説 (第 1 章) には信憑性がある。現在の比較発生学から予想できる「原脊椎動物 (urvertebrate)」の形状は、多かれ少なかれこのようなものである。

顎口類全体の姉妹群として用いたヤツメウナギは、無顎類という、内容的に多様なタクサを含むグループのひとつ、円口類のさらに 1 グループにすぎず、顎口類の形態発生パターンとヤツメウナギのそれとの比較から浮かび上がって

くる共通の形質パターンは、これら両者の共通祖先の形質に言及はするが、必ずしもすべての脊椎動物の祖先とはならないかもしれない（第1章ならびに後述）。また、いくつかの形質については、その進化的ポラリティが不明であるにもかかわらず、化石無顎類における形質の分布、形状の複雑さの度合いから、アンモシーテス幼生やヌタウナギ胚における状態を古い形質だと仮定した。それには、以下に示すように、顎の出現を新しいイベントであることを認め、そこから必然的に導き出される形質同士の結合や因果関係をも考慮した。

（2）現生顎口類特異的バウプラン

上のような祖先的パターンから、現生顎口類（crown gnathostomes）のパターンを導き出すには、次のようないくつかのパターニング機構の付加や変更が必要となる。もちろん、顎口類ステムである無顎類のどのグループから、現生顎口類や、それを生み出した板皮類が派生したのか分からない限り、この推論は大局的なバウプランに言及するものにしかならない（詳しくはJanvier, 1993, 2001、ならびに次章を参照）。次章で展開する考察へ向け、以下に発生学的根拠から確実と思われるものを、発生パターンの変化の時間的序列として列挙する：

1. 口器のリパターニング：それまで顎前、顎骨両領域を用いて形成していた口器の間葉系を、顎骨弓領域に限局するようなリパターニングが必要であった。この問題は、以下に見るいくつかの他の形態と結びつく（詳細は第10章参照）。

2. 梁軟骨の発明：口器の顎骨弓への限局に伴い、顎前領域より梁軟骨の形成が許容されるが、この変化にあたっては、顎前間葉が不要になった際、それがすぐさま鼻中隔形成へ移行できたような発生環境がしつらえられていることが必要である（詳細は第10章参照）。したがって、おそらく顎口類タイプの口器成立に先立ち前提になるべき事項として；

3. 鼻プラコードの有対化、下垂体原基との分離が生じていなければならない。このような経緯の因果的必然性については、すでに耳小骨の形成にあたって考察した（第6章；さらに最近発見された無顎類化石は、このような進化プロセスと整合的である――後述）。また、顎関節が他の鰓弓骨格の上下

9.2 頭部形態の胚発生——脊索動物から脊椎動物、顎口類へ 463

の関節と系列的に相同のものであるなら；

4．鰓弓骨格に顎口類タイプのデフォルト形態がパターンされていなければならない（第5章；詳細は第10章参照）。つまり、現在のヤツメウナギとは異なり、当時の無顎類のなかには、顎口類のように上下に分化した鰓弓骨格系をもっていたものがいたかもしれない。そのためには；

5．*Dlx* 遺伝子ファミリーの重複、ならびに少なくとも、*Dlx1, 2* と *Dlx5, 6* が異なった発現ドメインを有するような、制御機構の分化（遺伝子の新機能獲得 neo-functionalization）が必要となる（詳細は第10章参照）。むろん、脊椎動物の成立とゲノム重複の歴史がよりクリアにならなければ、この経緯も分からない。

6．明瞭に顎をもっていたとされる原始的な板皮類は、形態パターンは厳密には現生顎口類のものと同じであっても、その形状が限りなく甲皮類に近いものがあった（たとえば、antiarchs）。とりわけ、前脳の発達が悪いこれらの動物において、前上顎部の間葉より派生したと思われる構造は依然として頭部背側に面しており、この領域が吻部を回り込んで移動し、口蓋方形部の骨格と結合しなければ、顎口類の口を形成することはできない。これはしかし、現生顎口類の祖型となるパターンができあがったのちの話である。他に形態パターンとして；

7．鰓下筋系、僧帽筋群の基本的パターニング機構が（おそらく Hox コードの下流に）成立したのは、顎口類の系統分岐の前後のことであろう。それとともに、舌下神経と副神経が形態的に確立する。このパターン形成にあたっては、筋芽細胞の特定の移動能や、移動環境の特異化が必要になるが、その一部はすでに、筋節や咽頭壁の存在によって与えられていたかもしれない（第4章）。

8．筋節における軸上、軸下の別。これは、脊髄神経系の背腹軸における特異化を促したであろうし、それを許容すべきパターニング遺伝子の重複をも前提としたものであっただろう。上述したように、この変化においてリクルートされたとおぼしき遺伝子の候補は、メダカの発生遺伝学的研究か

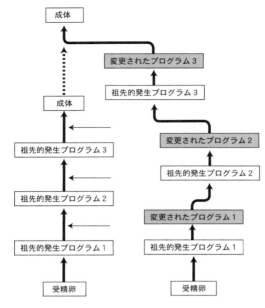

図 9-2　祖先的発生プログラムが進行する個体発生過程に、どのような変更が加わって、新しい発生経路が成立しうるかを示した概念図。細い横向きの矢印は、発生プログラムの挿入が、必ずしも祖先的プログラムの最終段階に挿入されることはないということを示している。

ら得られている。

　以上のようないくつかの顎口類特異的な発生機構は、必ずしも個体発生において汎脊椎動物的パターンが成立した直後に発動するのではない。典型的には、顎口類における口器領域の特異化が、ニワトリでは神経胚期、神経堤細胞の流入以前に生じ、それが間接的に梁軟骨発生域をも指定するが、咽頭弓それ自体はまだ発生していない。そのとき、正確には第1咽頭嚢がようやく突出を開始したばかりだが、頭部における上皮性体腔の消失はまだ生じていない。

　また、ゲノムの組成が発生の最初から決まっていることはいうまでもなく、鼻プラコードの有対のパターンも神経胚期に成立している（単鼻性と対鼻性の進化的意義については後述）。つまり、顎口類独自のパターニングシステムは、汎脊椎動物的胚形成パターンを下地として進化した経歴をもちながら、必ずしも祖先的パターニング完了後に発動することはなく、その個体発生プロセスのさまざまな段階のなかにしっかりと組み込まれてしまっている（図9-2）。

　さらに、顎口類のバウプランそれ自体が、ひとつのモザイク状態を示しつつも、特定の形質群が成立した背景には、比較的確固とした時間的序列が見えて

いる。つまり、一方では僧帽筋や鰓下筋など、口器の発生とは独自に進化できる顎口類バウプランの構成要素、つまり「顎口類特異的形質モジュール」があるかと思えば、他方では鼻、下垂体、梁軟骨、口器、ならびに鰓弓骨格のデフォルト形態パターンの成立のように、複数の発生パターンやイベントがひとつのセットをなし、そのうちのどれも独自に進化できないという状況が見つかる（同じ体節筋であるからといって、僧帽筋や鰓下筋のパターニングと、軸上系・軸下系のパターニングが同時期に成立する必要などまったくないことについてはすでに考察した：第4章）。モジュール性とモジュール間の結合、分離の進化的成立は、必ずしも同じ組織、同じコンパートメントをベースに推進するわけではないらしい。これは形態進化パターンの最も興味深い側面のひとつである。

　進化のうえでの時間的序列に従ったパターンの成立は、上に述べた「発生プログラムへの組み込み」にあたって、さまざまな発生段階における、さまざまな拘束として見ることができる。つまり、この拘束が順次、発生過程の末端につけ加えられない限り、発生過程は進化を単純に繰り返すことにはならない。言い換えれば、後から成立した進化的変更が、発生過程の後期に拘束を作り出す必要はない。とりわけ、ヘテロトピーによる発生のリパターニングを必要とした口器の成立にあっては、さまざまな変形がすでに咽頭胚以前に生じている（後述）。顎口類では、咽頭胚の全体的な形態パターンは失わず、神経堤細胞の流入に先立って鼻プラコードと下垂体原基を分離し、さらにこの時点で腹側外胚葉に口腔外胚葉の特異化に変更を加えている。このような変更が生じた当初、顎口類の祖先が、すでに噛みつくことのできる機能的な口器を作りえていた可能性は大きい。それをどの間葉から作り出そうと、そのような可動式の装置を作るプログラムそれ自体はすでに無顎類の祖先にできあがっていた（Shigetani et al., 2002）。

　このように、一種ホメオティックシフトに似た様式で成立した顎機構がのちの顎口類の放散を招いた背景には、さまざまな外的（生態的）要因をも考慮しなければならない。現在見ている顎口類の発生パターンは、約束された顎の機能を間違いなく作り出すために安定化し、成立した発生プログラムの姿なのである。上に数えた顎口類へ至るための必要事項は、いわばそれを作り出すための外適応的な布石と見るべきものなのである。

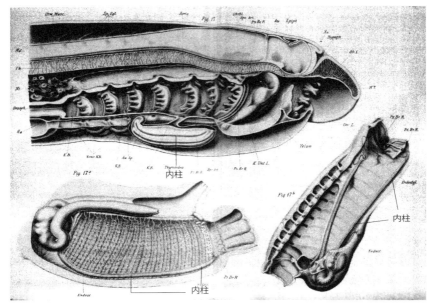

図 9-3 アンモシーテス幼生（上）と尾索類（下）における内柱を示す。これらはすべて正中矢状断面を示す。(Dohrn, 1885 より)

9.3 無顎類——あるいは脊椎動物の失われた原始形質

　無顎類に独特のグレード的発生プラン、より正確には無顎類を無顎類たらしめている原始形質のセットを考えることにも意義がある。顎口類がさまざまなバウプランを有した古生代の無顎類タクサのたったひとつから生じてきた限り (Janvier, 1993, 2001)、無顎類における形態パターンの多くはおそらく古い形質であり、また他のものは無顎類の多様な形態のうちの、ある特定の系統にだけ発達した局所的な派生形質と考えられる。ここで検討する価値のある形質、すなわちヤツメウナギとヌタウナギからなる円口類の系統の共有派生形質として可能性のあるものが、縁膜、内柱、そして舌機構である。これらの構造はこれまで、主としてその生理機能や運動の機構などの視点から語られることが多かった。以下では、これらを純粋に系統的発生拘束と相同性の視点から捉える。

（1） 縁膜

　アンモシーテス幼生の口器においてポンプの役目を果たす縁膜（velum）は、顎口類の状態と比べ、新しい構造なのか、それとも古い構造なのか（図9-3）。これは形質状態の進化的ポラリティを問う問題である。顎口類の顎が縁膜の変形によって生じたという説は、縁膜を古い形質と見なし、顎口類と円口類の共通祖先がすでにこれをもっていたという仮説に基づく（後述：図4-42参照：Moy-Thomas and Miles, 1971；Janvier, 1996；Carroll, 1988）。骨甲類に縁膜が図示されている場合もあるが（Janvier, 1996）、それは確かではない。共通祖先がこれをもっていなかったことも充分にありうる。その場合、縁膜は顎口類の分岐とは独立に、円口類の系統で特異的に生じたことになる。

　縁膜はヤツメウナギと同様、ヌタウナギにもあり、後者のそれも三叉神経によって支配される。その発生位置も、同様に顎骨弓のレベル、口咽頭膜に一致する（Oisi et al., 2013a）。さらに、同名の構造はナメクジウオにも存在するが（Mallatt, 1996に要約）、これが同じ起源をもつものかどうか不明である。それを決定的に判定するに足るような構造を、ナメクジウオと円口類は共有していない。仮に、ナメクジウオの縁膜が、円口類のものと相同であるとしても、相同性の完全さが再びここで問題となる。というのも、円口類の縁膜は顎骨弓と合体し、三叉神経によって支配される筋と、顎骨弓のなかに発する内臓骨格を備えた形態的複合体だが、ナメクジウオにはそもそも三叉神経も顎骨弓も指定できないからである。ここで、バウプランの階層的性格が明らかとなる。縁膜が生じたイベント、顎骨弓が特異的形態として、相同性決定可能な構造になったイベント、顎骨弓と縁膜が形態的複合体となったイベントの位置を、系統樹上で明らかにしなければならない（注）。

　可動式の口器を備えた大型の無顎類が、積極的な捕食者となることがあった

注：発生学的観察からは、縁膜が（顎に比し）古い形質であるとも、新しい形質であるともいうことはできない。顎口類においては、個体発生過程で消失してしまうはずの膜構造が、ヤツメウナギ胚では一部残存し、顎骨弓の間葉と筋素材を用いて分化したものが縁膜である（図10-17参照）。したがって、口咽頭膜と顎骨弓という素材の正体のレベルでは、その形態的相同性は明らかだが、その進化過程については分からない。それが、顎口類においては用いられることのなかった顎骨弓筋なのか、あるいは、それ以前の発生段階における顎骨弓の筋素材の配分、パターン化、それ自体の再組織化であったのかによって見方は変わる。いずれにせよ、原始的な脊椎動物の祖先が底性の動物で、しかも濾過食をしていただろうというのは魅力的な考え方である（この進化的シナリオについてはMallatt, 1985を参照）。

468　第9章　脊椎動物の進化──形態的変容のパターンとプロセス

としても、縁膜が原始形質であったような脊椎動物の歴史は受け入れやすい。いうまでもなく、ギボシムシ、ナメクジウオまで考慮しなくてはならない縁膜の由来と相同性の問題は、顎骨弓そのものの起源、ひいては三叉神経や、脊椎動物に見るその他の脳神経の基本パターンとも密接に絡み合う、重要な問題となる。

（2）内柱

アンモシーテス幼生の咽頭底に見る内柱（endostyle）は、粘液を分泌する外分泌腺であり、咽頭を用いた濾過食（filter feeding）に必須の器官である（図9-3）。これは、ヤツメウナギの変態を経、まったく異なった機能をもつ内分泌器官、甲状腺（thyroid gland）へと変化する。その事実により、内柱と甲状腺の相同性が明らかとなった。この古典的な説は、内柱と甲状腺の初期分化過程において共通に発現するいくつかの制御遺伝子の存在によってある程度支持さ

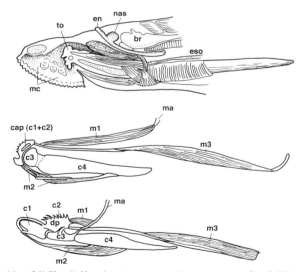

図 9-4　円口類の舌装置の比較。上：ヤツメウナギ Lampetra の舌の位置を示す。下：ヤツメウナギ（中）とメクラウナギ Myxine（下）成体における舌装置の比較形態学。軟骨要素を c、筋要素を m で示したように、個々の形態要素について相同性を決定できる。解剖学の詳細は、Yalden（1985）を参照。br、脳；cap、吸盤の輪状軟骨；dp、歯板；eso、食道；ma、顎骨弓；mc、口腔；nas、外鼻孔；to、舌装置。（上は、Young, 1950、中、下は、Yalden, 1985 より改変）

れる（TTF-1；Ogasawara et al., 1999a, 2000；Takacs et al., 2002 などを参照）。

　内柱が祖先形質を示すことは一般に認められている。というのも、現生のナメクジウオやホヤにもそれが終生存在し、アンモシーテス幼生におけるのと基本的に同じ機能を果たすからだ。ただし、ヌタウナギにおいては甲状腺は存在するが、個体発生過程において、それが内柱的な形態を示す瞬間は一切ない（Stockard, 1906b；Wicht and Tusch, 1998；図 2-16）。このことは一見、ヌタウナギが顎口類的段階にあることを示しているようにも見えるが、そもそもヌタウナギ類は、ヤツメウナギ類とは異なり、幼生状態を経ない直接発生（direct development）を行うため、内柱の存在は必要ではない。これは、無顎類における直接発生と間接発生（indirect development）の進化に言及する難問を提示している（下記参照；脊索動物以前の段階における内柱の起源については、Garstang, 1929；Olsson, 1983；Takacs et al., 2002 と、それらの引用文献を参照）。

（3）円口類の舌

　舌機構についても、アンモシーテス幼生の存在が問題となる。成体のヤツメウナギとヌタウナギは、いわゆる「舌」という構造をもつが、これまでの議論から明らかなように、この構造は顎口類の舌とはまったく異なったものである（図 9-4）。無顎類の舌は、鰓弓系に属する構造であり、それを動かす筋群は三叉神経によって支配される。精密な解剖学的比較を行い、ヤツメウナギ成体の吸盤における角質歯とヌタウナギの同様の構造（舌の突出に合わせて開閉する角質構造物）を相同と見なし、舌機構の形態学的対応関係を見ると、それを構築する骨格要素、筋要素の各々に至るまで、みごとな相同関係を示す（Yalden, 1985；図 9-4）。むろんこれは、共有原始形質を示しているだけかもしれない。が、顎骨弓から分化した構造として、その精妙な統合のされ方がきわめて派生的な性質のものであることは窺い知ることができる。つまり、縁膜について予想されたのと同様、古生代の無顎類が一般的に舌装置を有していたと考えることには無理がある。とはいえ、これだけでヤツメウナギとヌタウナギの単系統性を主張することはできない。さりとて重要なのは、舌装置が（ヤツメウナギが変態を終えた）成体において初めて成立する相同性だという点なのである。ヤツメウナギのアンモシーテス幼生にはこの舌装置はなく、変態期においてムコ軟骨（後述）の消失が起こるとともに、ventro-median bar と呼ばれる、幼生の支持組織から舌の主体が形成されるのである（Johnels, 1948；Hardisty, 1981；Rose and Reiss, 1993 に要約）。

これまで、アンモシーテス幼生のかたち、あるいはそれを目指して進行するヤツメウナギ胚の形態パターンに脊椎動物の原始的特徴を見いだしてきた。しかし円口類の成体が原始的体制を示すとなると、それが成立するために変態しなければならないアンモシーテス幼生のかたちは二次的に獲得されたものかもしれない。この問題はどう理解すればよいのだろうか。

結論は得られていないが、いくつかの可能性は明らかである。そのひとつは：

① 円口類の祖先はそもそも間接発生を行い、アンモシーテス幼生が原始的体制を示し、一方でヤツメウナギの成体は一種、過形成的（hypermorphic：De Beer のヘテロクロニーを参照、第2章）ともいえる状態を示し、ヌタウナギの系統は卵に大量の卵黄を蓄積することで独自に直接発生を獲得し、二次的に幼生世代を失った

というもの。いまひとつはハーディスティとポッター（Hardisty and Potter, 1981）の考えるように：

② そもそも、円口類の祖先は直接発生をする動物だったのだが、ヤツメウナギが二次的に幼生世代を獲得した。したがって、（カエルのオタマジャクシ幼生のように）アンモシーテスは祖先に似ない

というものである（幼生の進化発生学的意義については、Hall, 1998；Minelli, 2003；Hanken, 2003；Hart, 2003 などを参照；最近の古生物学的知見からの、ヤツメウナギ生活史の進化についての考察は Chang *et al.* 2014 を参照）。

両者について、それぞれを支持する証拠はある。内柱の発生や素直な胚発生パターン、そして化石種 *Haikouella* のような動物の存在は最初の仮説を支持するが、同時に、以前ヤツメウナギ類に比較的近いと信じられていた骨甲類の化石にはきわめて微小なものがあり、このような動物が間接発生を行っていたということはあまりありそうもない（アンモシーテス幼生は15 cm にまで成長する）。幼生世代の起源について確実にいえることはないが、ヤツメウナギとヌタウナギの初期発生過程（神経胚後期）の頭部形態が両者で類似していることは、アンモシーテス幼生に原始的形態を見いだすべき根拠となりうる。両者において、鼻下垂体板（nasohypophysial plate）があり、この構造と脳原基、口腔

外胚葉の相対的位置関係は、現生顎口類に見られないやり方で類似している（von Kupffer, 1899；Gorbman, 1983；Gorbman and Tamarin, 1986；Kuratani et al., 2001；後述）。

9.4　第9章のまとめ

1．バウプランの階層的構造や、発生学的に分析した発生プロセスの進化的序列のシナリオから、脊椎動物の共通祖先の形態パターンと発生様式を類推し、この状態から、顎口類、ならびに無顎類をもたらすために必要な発生プログラムの変更、原索動物的状態からこの汎脊椎動物パターンを導くために生じなければならなかったはずの変化を類推した。

2．脊椎動物の進化の黎明期を理解するため、内柱、舌、縁膜などの形質状態について考察した。

3．神経堤細胞が出現したことを想定し、それがどのようなボディプランの変化につながりうるか、受動的な多様化のプロセスと、安定化淘汰プロセスの視点から考察した。ここには、多細胞生物の出現に用いられた進化シナリオを応用できる。

第10章　円口類の進化形態学

> Wir können unter den Schädelthieren（Craniata）zunächst…zwei verschiedene Hauptabtheilungen trennen, nämlich die Unpaarnasen（Monorhina）und die Paarnasen（Amphirhina）.
>
> そもそも脊椎動物には2つの主要なグループを認めることができる。単鼻類と双鼻類である。
>
> Haeckel（1877）

　過去20年にわたる脊索動物の進化発生研究において、研究材料としてあまり用いられることの少なかったヤツメウナギが注目され、多くの分子発生学的知見が集積することになった。もとより、19世紀の終わりから20世紀初頭にかけて基礎的な比較発生学的研究が完備されていたことも手伝い、脊椎動物の初期進化についての理解は、急速に深まることになった。加えて、研究室内で胚が得られ、100年ぶりに発生研究が再開したヌタウナギ研究は、円口類の原始的な状態についての過去の誤謬のいくつかを糺し、円口類についての理解を以前より正確なものにしつつある。神経堤獲得の遺伝子制御機構からの進化シナリオに見たように、網羅的遺伝子発現解析を駆使した解析や、ゲノム科学の発展も、脊椎動物特異的な形質の成立について新しい考えをもたらしつつある（Green and Bronner, 2014とその引用文献を参照）。ここには、分子系統学的な解析により円口類の単系統性が確認されたことも後押ししている。

　円口類の進化発生学的研究が明らかにしたのは、ヤツメウナギとヌタウナギという、原始的な印象を付与されていた動物群（図10-1；Bardack and Zangerl, 1968）においても、実験発生学や分子発生生物学が明らかにした顎口類の基本的発生過程の多くが共有されているということである。すなわち、プラコードや神経堤、脳の分節的発生パターン、咽頭弓の神経堤間葉に発現するHoxコードと、それによる内臓骨格の形態分化など、ナメクジウオには存在しない脊椎動物独特のボディプラン要素を作り上げているツールキット遺伝子群の構造特異的な発現制御、機能や作用機序のほとんどが円口類にもある。と同時に、現生顎口類には存在するが、円口類には存在しない形質、すなわち顎や対鰭の

10.1 系統——円口類と無顎類と顎口類　473

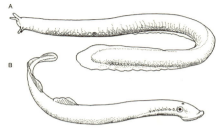

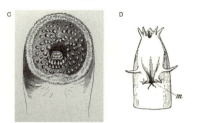

図 10-1　ヌタウナギ（A）とヤツメウナギ（B）。どちらもウナギ様の細長い形状を示すが、その解剖学的構築は互いに大きく異なる。C は、ヤツメウナギの口。丸い吸盤の内側に角質の歯が多数生えている。D はヌタウナギの口（m）。口と、その背側の外鼻孔の周囲には 4 対の触手が備わる。（D は、Goodrich, 1909 より）

起源が本格的に重要な問題として浮上した。とりわけ近年、放射光を用いた新しい古生物学的データや、化石の新しい形態学的解釈が、進化発生学に本格的に参入し、重要なヒントを与え続けている。以下では、旧版出版当時にはなかった知見を中心に紹介し、頭部形態を中心にした脊椎動物の初期進化を解説する。

10.1　系統——円口類と無顎類と顎口類

　現生の円口類（cyclostomes；図 10-1）はヤツメウナギ類（lampreys：以前は解剖学的特徴から不穿口蓋類：Hyperoartia とも）とヌタウナギ類（hagfishes：以前は穿口蓋類：Hyperotreti とも——後述）の姉妹群からなる単系統群であり（Duméril, 1806；Janvier, 2008 に引用）、同じく単系統と考えられている顎口類とともに現生脊椎動物（living vertebrates）を構成する（図 10-2）。この系統関係は、最近の分子系統学的解析がほぼ満場一致で認めるところである（Mallatt and Sullivan, 1998；Kuraku et al., 1999；Delarbre et al., 2002；Takezaki et al., 2003；Kuraku and Kuratani, 2006；Kuraku, 2008；Mallatt and Winchell, 2007；Heimberg et al., 2010；ならびに Kuraku et al., 2009 に要約；円口類の単系統性とその対立仮説については、後述のヌタウナギ類の項目を参照；ヌタウナギ類内部の系統関係については、

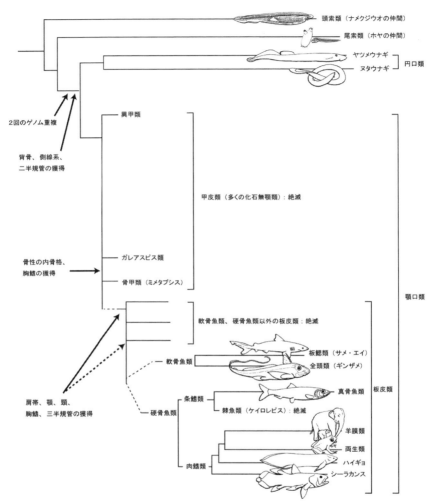

図 10-2 脊索動物の進化系統図。脊椎動物は大きく円口類と顎口類に分かれているが、顎口類は分岐後しばらく顎をもたず、円口類と同様の頭部形態をもっていた。さらに、顎をもった最初の動物は板皮類であり、現生顎口類はすべてその内群に相当する。図には示されていない棘魚類は軟骨魚類の姉妹群と考えられている。(一部、Janvier, 1996 より改変)

10.1 系統──円口類と無顎類と顎口類

Kuo et al., 2003 を；実験的アプローチとしては Sansom et al., 2011 を参照（注＊））。分子時計の解析によると、円口類と顎口類の分岐は約5億年前、ヤツメウナギ類とヌタウナギ類のそれは約4億年前であったらしい（Kuraku and Kuratani, 2006）。本章はまず、この円口類の単系統性を認めたうえでヤツメウナギを中心に記述を進め、あらためてヌタウナギの発生と形態に関する最近の知見を概説したうえで、再びこの問題に立ち戻る。

「円口類（cyclostomes）」の名は、ヤツメウナギ類とヌタウナギ類がともに丸い無関節の口をもつことに由来する。が、両者の形態は著しく異なる（図10-1）。系統的に「顎口類」と対立するが、円口類は「無顎類（agnathans、あるいは jawless vertebrates；たとえば Carroll, 1988）」と同義ではない。つまり、円口類とともに分岐した顎口類（gnathostomes）は、その名こそ「顎のある口をもつ動物」を意味するが、その基幹のグループ（gnathostome stem）には顎をまだ獲得していない甲皮類（ostracoderms）として総称される無顎類の側系統群（デヴォン紀以前よりの化石として得られる）が多く含まれていた（Kiaer, 1924；Janvier, 1996, 2006, 2008）。これは、系統の分岐が新規形質の獲得と同時ではないことにより説明される。顎口類は、円口類からの分岐地点で定義される分類群（node-dependent taxon）なのであり、「顎をもつこと」という形質状態で顎口類をくくると、そのあとには「顎がないこと」という原始形質でくくられた無顎類（側系統群）がグレードとして残ることになる（注＊＊）。

円口類のうち、発生学研究に用いられるのはもっぱらヤツメウナギ類であり、米国では、*Petromyzon marinus*、欧州では *Lampetra fluviatilis*、わが国ではカワヤツメ *Lethenteron japonicum* もしくはスナヤツメ *Lethenteron reissneri* が研究に用いられている（Nikitina et al., 2009；Shimeld and Donoghue, 2012 に要約）。ヤツメウナギ類のゲノムはまだ完璧には記載されていない。高い GC 含

注＊：ここで用いている系統樹によれば、円口類と顎口類が分岐する以前、尾索類との分岐以降にも形質の点から原始的な脊椎動物と定義できる動物がいたことになり、カンブリア紀後期から発見される化石種である *Haikouichthys*、*Millokunmingia* は、明瞭な頭部と W 型の筋節など、いくつかの点でヤツメウナギの幼生に似た vertebrate stem として認識されている（Xian-guang et al., 2002；Janvier, 2003；Zhang and Hou, 2004；*Millokunmingia* が *Haikouichthys* のシノニムであるという示唆については、Hou et al., 2002；ナメクジウオ様の動物が化石化する鰓のタフォノミックな影響と系統発生学的誤認については、Sansom et al., 2010 を参照のこと。この論文は動物の死骸が腐敗する過程が系統発生を遡上する反復的並行性を示唆したもの）。一方で、ナメクジウオとの類似性からしばしば話題に上る *Pikaia* について、その形態学的評価にはまだ不明な点が多い（Morris and Caron, 2012；Lacalli, 2012）。

量、リピート配列の多さ、そして組織ごとに二次的に染色体上の特定の配列が失われるという特殊性が解読を困難にしている（Smith *et al.*, 2013；ヌタウナギについては Kubota *et al.*, 2001 を見よ）。不完全なゲノム情報は *P. marinus* について報告があるが（Smith *et al.*, 2013）、そこには Hox クラスターの情報すら含まれてはいない。が、後者に関しては *L. japonicum* について報告がある（Mehta *et al.*, 2013；ヤツメウナギ胚における Hox 遺伝子群の発現に関しては、Takio *et al.*, 2004, 2007 を参照）。メータ（Mehta）らによれば、ヤツメウナギはいわゆる 2R 重複に加え、どの時点でか顎口類の系統とは共有しない独自の重複（染色体レベルか？）を経、少なくとも 6 クラスターをもつに至り、さらにゲノムの 2R 重複が顎口類との分岐以前かどうかについて疑問を呈している（2R 重複についての一般的なシナリオについては、Kuraku *et al.*, 2009 を）。ちなみに、カワヤツメに存在する Hox クラスターのどれが顎口類のどのクラスターに対応するのか分かっていない。ヌタウナギ類の研究は、発生・ゲノム学的レベルでさらに遅れており、今後明らかにすべきことは多い（Pascual-Anaya *et al.*, 未発表所見）。

注＊＊：円口類が（顎口類をその外群とした）単系統群であるのに対し、無顎類（agnathans）は原始形質でくくられるグレードか、あるいはそれを自然分類群とするなら、無顎類は事実上「脊椎動物のすべてに等しい」ことになる（図 10-2；つまり、この図式では顎口類は無顎類の内群となる；Janvier, 2007 に要約）。このとき、顎口類を「顎をもつ動物」と定義すると、いまだよく理解されていない顎の獲得を共有派生形質とし、それ以降の末端の動物群のみを含めることになるが、この定義はあまり用いられない。後者の動物群は、通常英語で「jawed vertebrates」と表記し、gnathostomes とは厳密には区別される。あるいは、crown gnathostomes（現生の顎口類を派生したすべての系統を含めた単系統群——以下、現生顎口類）に、いまでは絶滅した板皮類（placoderms）を加えたものが、「顎をもつ顎口類」となる。この形式的理解は、板皮類が単系統群であるという、あまりありそうもない前提において成立する（後述）。同じく絶滅した棘魚類は、軟骨魚類を派生した側系統群である可能性が指摘されており（Zhu *et al.*, 2013；他に Brazeau, 2009 ならびに Davis *et al.*, 2012 も参照のこと）、その系統樹に従うと、現生顎口類に含められることになる。板皮類もまた単系統群ではなく、おそらくその内群として軟骨魚類と硬骨魚類をともに含む可能性がある。すなわち、板皮類は側系統群として扱うのでなければ、jawed vertebrates のシノニムとなりうる（図 10-2）。さらに、顎口類すべてを含む板皮類全体が、何らかの甲冑類の内群であるという可能性も濃厚である（後述）。今後、化石の形態学的解釈や評価が変更することにより、上のような分類群の定義にも多少の変更が迫られるだろう。現在でも、進化発生学の領域では、クレードとグレードが混在して用いられる傾向がある。

(1) ヤツメウナギの構造の概説

　ヤツメウナギ類（lampreys）は端黄卵（telolecithal eggs）を産し、それは全割（holoblastic cleavage）を行う。その名の通りウナギ型をした動物で、鰓孔が7つあるため、これと本物の眼を合わせて8つの眼があるように見え、そう呼ばれる（図10-1）。これと同じ理由で、さらに背側に開く単一の鼻孔を含め、独語ではこの動物を「Neunauge」（「9つ眼」の意）と呼ぶ。この仲間の多くは海洋性だが、陸封型のものもある。すべての種は交尾・産卵に際して川を遡上し、発生は淡水環境で進行する。対鰭はなく、正中鰭として第1（前）、第2（後）背鰭、尾鰭を認め、側線系も存在する。内耳は二半規管を含む。

　ヤツメウナギ類には顎がなく、口は円形で、漏斗状をなし、吸盤として機能する（図10-1、図10-3）。この構造を「oral funnel」と呼ぶ。口は多数の角質歯をもつが、硬組織としての歯はない（ヤツメウナギに存在する唯一の硬組織は耳石のみである。これについてはヤツメウナギに近縁と思われる化石種、*Hardistiella montanensis* についても同様：Janvier and Lund, 1983；また、脊椎動物における硬組織としての歯は、顎の獲得の直後、板皮類において最初に得られたとされる：Rücklin *et al*., 2012；しかし、それと系列的に同等とされる組織は甲皮類においてすでに存在していた：Rücklin *et al*., 2011）。口腔は背側の食道と、腹側の咽頭へと連なる。すなわち、食道は口腔に直接開き、咽頭からは続かない（図10-3）。この形態的位置関係は、変態時の二次的変形によりもたらされる。咽頭前方には第1内臓弓より分化した縁膜というポンプ状構造がある（上述）。外鼻孔は前脳の前に頭部を穿ち、下垂体をもって盲嚢に終わり、咽頭へは開口しない（図10-3）。咽頭底部には舌器官（lingual apparatus）という摂食用の装置が発達している（図9-4）。骨格は基質の乏しい軟骨性で、神経頭蓋、内臓頭蓋、脊柱が認められる。ヤツメウナギの軟骨基質は、顎口類軟骨の典型的な基質成分、II型コラーゲンではなく、lamprin と呼ばれる独特のものである（後述；Wright *et al*., 2001；他に、Zhang and Cohn, 2006；Zhang *et al*., 2006；Ota and Kuratani, 2010 も見よ）。

　アンモシーテス幼生は19世紀中盤、ミュラー（Müller, 1856）の観察によりヤツメウナギの幼生であると分かるまで、原始的な独立の脊椎動物であるとされ、属名、「*Ammocoetes*」が与えられていた（Kearn, 2004 に要約）。幼生期は数年にわたり、体長が最大十数 cm にまで成長し、淡水性である（アンモシーテス幼生の形態と変態については Damas, 1935；Johnels, 1948, Youson, 1997；Youson

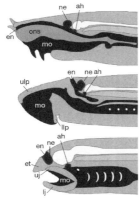

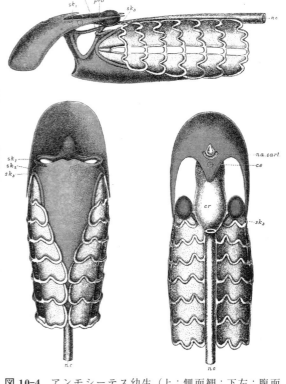

図 10-3 頭部形態の比較。上から、ヌタウナギの成体、ヤツメウナギの成体、顎口類の一般的形態。ヌタウナギでは口の周りに触手があり、口腔は鼻道と隔壁で分けられ、後方で合一して食道へ至る。ヤツメウナギでは鼻道は盲嚢に終わる。顎口類においてのみ上顎と下顎が分化している。ah, 腺性下垂体；en, 外鼻孔；et, 篩骨領域；llp, 下唇；mo, 口腔；ne, 嗅上皮；ulp, 上唇。(Oisi et al., 2013a より改変)

図 10-4 アンモシーテス幼生（上：側面観；下左：腹面観；下右：背面観）のムコ軟骨（灰色の部分）。(Gaskell, 1908 より)

and Manzon, 2012 を参照）。この幼生にも軟骨性の骨格は存在するが、脊柱はなく、神経頭蓋の発達も弱い。またムコ軟骨（mucocartilage）と呼ばれる独特の組織構造があり、第1、2内臓弓において支持組織となる（図10-4；Stensiö, 1927 はかつて、この組織が骨甲類をはじめとするいくつかの甲皮類の頭部内骨格へと直接に通ずるものと考えていたが、これはいまは認められていない）。ムコ軟骨は、機能的には軟骨に似るが、多角形の軟骨細胞からなる円口類に特徴的な細胞性軟骨とは異なり、もっぱら細胞外基質を主体とした組織構造である。ムコ軟骨は変態期にそのまま軟骨に分化するのではなく、細胞性軟骨によりとってかわ

られる（De Beer, 1937 に要約）。このように組織学的に軟骨とは異なるが、円口類のムコ軟骨と細胞性軟骨は、両者とも FGF シグナルを介して分化する共通性をもち、進化的起源を同じくする2つの細胞型であると考えられている（Jandzik *et al.*, 2014 とその引用文献を参照）。口腔は咽頭を介して食道へ至り、咽頭底には濾過食に用いる粘液を分泌する内柱が発達する（原索動物のものに似る）。成体とは異なり、舌器官はできていない。が、縁膜は機能している（ヤツメウナギの縁膜はむしろ幼生器官であり、成体では著しく退化的となる。アンモシーテス幼生の口器の形態と発生については後述）。

（2）ヌタウナギの構造の概説

ヌタウナギ類（hagfish）もまたウナギ様の形態をもつが、これをもって円口類の共有派生形質とする積極的な根拠はない。極端な端黄卵を産し、部分割（meroblastic cleavage）を行う（Dean, 1898, 1899）。卵は大きな長楕円形で、その両極に鉤のついた糸状突起の束をもち、卵同士がクラスターを形成する（図10-5）。ストレス下においてこの動物が一挙に分泌する大量の「ヌタ（粘液状の物質）」をその名の由来とするが、実のところその主体は細胞性の強靭な線維である（Fernholm, 1981）。

この動物はかつて「メクラウナギ類」と称されたように、成体頭部に開く眼がなく（発生を通じてレンズを欠く）、一般的には側線系もないとされる（後述）。すべて温帯域にすむ深海性の動物群である。ヤツメウナギと同様、対鰭はなく、正中鰭の形態的分化もヤツメウナギに比して乏しい。皮下には、ときとして開

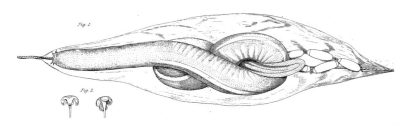

図10-5 上図（Fig. 1 と付記）は Dean（1898）の論文に図示された、採集された状態でのヌタウナギ *Bdellostoma stouti* の卵。「ヌタ」の袋のなかに、産卵した雌らしき個体が自ら埋没している。これが通常の産卵様式であるのかどうか判明していない。左下図（Fig. 2）は、卵の両極に発達する鉤状の突起。この構造により卵同士が結合する。（Dean, 1898 より）

放血管系の残遺と解されることのある広大な静脈洞が発達し（後述）、それが体に柔軟性を与える。これに関連し、脊柱は一般に存在しないとされる（後述）。体液調節は無脊椎動物と同様の順応型（海水と同じ浸透圧）による。鰓孔は体軸中央（これは解剖学的には、体幹の前方に相当する）で両側に開き、その数は分類群により異なる（Eptatretidae はそれを複数個もち、Myxinidae では鰓管が合一し、それは片側に単一の共通孔となって開く）。

口は頭部前方に開き、ヤツメウナギの oral funnel を思わせる構造はない（図10-1、図10-3）。しかし舌器官は存在し、これに付随した歯板（dental plate）上の、鋭い1対の角質歯を開閉しつつ出し入れでき、これで腐肉や小動物を漁る（図9-4）。外鼻孔は口の直上で前方に開き、嗅上皮、下垂体を経て咽頭へ通ずる。この鼻道と口腔は水平の隔壁によって仕切られ、その隔壁の後端はアンモシーテス幼生のものとはやや形状の異なる縁膜へと連なる。この後方には前後に長い食道状の管が連なり、その機能も食道に似るが、形態学的にはそれが後方の内臓弓の前に位置するため（図10-3、図10-6）、「咽頭」、もしくは「伸長した頸部」と呼ぶのがふさわしい（Oisi et al., 2015）。つまり、ヌタウナギ類では咽頭後半部が大きく後方に移動し、あたかも羊膜類の頸部のような構造を作り出す（ここには、鰓下筋系が分布する可能性もある；後述）。おそらく、これによって後方に鰓孔を移動させ、呼吸しながら体の前方半分を腐肉のなかに潜り込ませるのではないかと想像される。口の周りには4対の触鬚が発達する（図10-1、図10-3）。内耳は一半規管を含む。以上のように、ヌタウナギとヤツメウナギは、外見こそ似ているものの、その解剖学的構築には大きな差異があり、これまで比較が困難であった（Kearn, 2004 に要約）。

（3）円口類の初期進化と化石

円口類が単系統群であると認められる以前、とりわけ化石種との系統関係の理解については複雑な背景があった（Heintz, 1963；Janvier, 2007 に要約）。たとえば、「鼻下垂体道が咽頭に連なるか、盲嚢に終わるか」というトポロジカルな相違は、ヤツメウナギ類を骨甲類（osteostracans、セファラスピス類）、ヌタウナギ類を異甲類（heterostracans、プテラスピス類）に結びつける傾向をもたらしたが（Stensiö, 1927, 1964, 1968；Kiaer, 1928 など；ならびに Jarvik, 1980；Janvier and Bliek, 1993；Janvier, 2004a, 2007 に要約）、これは正確な解剖学的比較によるものではなかった。異甲類の解剖学的形態はいまでもほとんど分かっていない。

骨甲類とヤツメウナギの類縁性の根拠は、鼻下垂体管が盲嚢に終わること

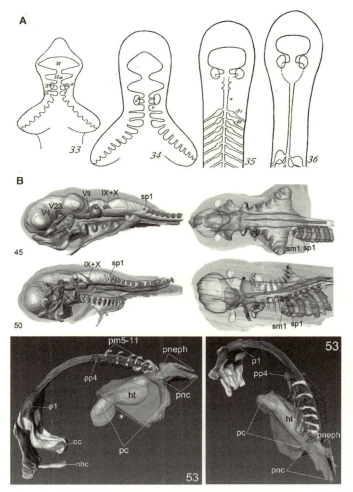

図 10-6 A：ヌタウナギ *Bdellostoma stoui* の胚発生に見る咽頭の後方への移動。(Stockard, 1906a より) B：ヌタウナギ *Eptatretus burgeri* の咽頭胚期における咽頭後部の移動。左は側面観。右は背面観。パラフィン切片による組織標本からコンピューターを用いて三次元立体復元した図を示す。数字は発生段階。Oisi *et al.* (2015 より改変) IX-X、舌咽迷走神経；nhc、鼻下垂体腔；oc、口腔；ot、内耳；pc、囲心腔；pm、咽頭弓中胚葉（筋原基）；pnc、腹膜腔；pneph、前腎；pp、咽頭嚢；sm、体節；sp、脊髄神経節。(Oisi *et al.*, 2015 より改変)

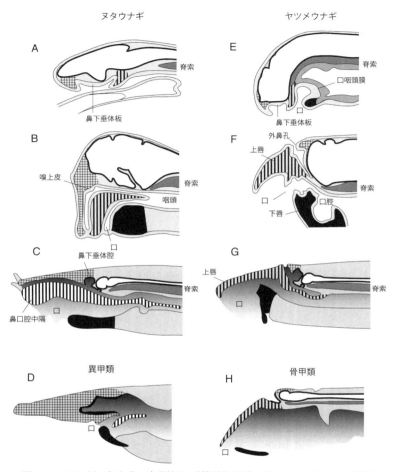

図 10-7 円口類の胚と化石無顎類の形態学的比較。(Heintz, 1963 より改変)

(不穿口蓋類:Hyperoartia の名の由来)、吻部の外骨格の形状がアンモシーテス幼生の上唇と類似することに求められた(Stensiö, 1927:図 10-7)。一方、異甲類とヌタウナギ類の類縁性は、異甲類の鼻下垂体管が naso-hypophyseal aperture を通じて口腔に開くこと(穿口蓋類:Hyperotreti の名の由来)、鰓が単一の孔によって外界と通ずることをもっぱらの根拠とする。いまではいずれも認められてはいない。興味深いことに、異甲類は皮下にリンパ洞をもっていたらし

く、ヌタウナギの静脈洞との関連が示唆される。また、アンモシーテス幼生の下唇を思わせる異甲類の oral plate は上下に開閉できたらしく、したがって噛みつくことのできる顎をもった無顎類と考えられることもあった。実際、ホールステッド（Halstead, 1973a, b）は異甲類を jawed vertebrates として解釈している（異甲類に関する形態学的解釈は、Kiaer, 1928；Janvier, 1996 を参照）。

単系統群としての円口類には、現生の 2 グループに加え、いくつかの化石系統が含められる可能性がある。そのひとつは、これまでヤツメウナギ類との形態的類似性が指摘されることの多かった *Euphanerops* である（図 10-8；Janvier and Arsenault, 2007；Janvier, 1996, 2011）。また、円口類にはコノドント（paraconodonts ならびに、euconodonts）が含まれるという可能性があるほか（コノドント類の系統的関係については硬組織の形態学的解析に基づく Murdock *et al.*, 2013 の研究、ならびにその解説 Janvier, 2013a や Dzik, 2008 を参照）、スコットランドのデヴォン紀より多数産出する謎の化石、パレオスポンディルス（*Palaeospondylus*）がヌタウナギ類に近いとする説もある（図 10-9；Bulman, 1931；後述；Janvier, 2004a；Hirasawa *et al.*, 2016 も見よ）。

Euphanerops は外骨格を欠く、前後に細長い動物で、円形の口をもち、たしかに印象はヤツメウナギに似、鰓籠（branchial basket）ではなく、比較的明瞭な鰓弓骨格と脊柱をもつ（Janvier and Arsenault, 2007；Janvier, 1996, 2011）。尾部は逆歪尾（脊椎動物の原始形質とされる：Pradel *et al.*, 2007）で、ヤツメウナギ同様、尾鰭と背鰭には明瞭な領域的分化が認められる。また、その咽頭は前後に長く引き延ばされ、事実上、体幹のほぼ全域にわたり、食道以降の消化管がどのように体腔（その形状と分布すら分からない）に収まっていたのか疑問とされる。この咽頭の広がりは、ヌタウナギ類において極端に後方へ移動した咽頭を理解するうえでヒントを与えるかもしれない。鰓孔は円形で、それもまたヤツメウナギ類と *Euphanerops* を結びつける共有派生形質のひとつとされるが、根拠は薄い（Janvier, 1996, 2007；Janvier and Arsenault, 2007）。また、*Euphanerops* の尻鰭（anal fin）が正中鰭ではなく、対鰭であった可能性が指摘されている（Sansom *et al.*, 2013）。ならば、それは尻鰭ではなく、腹鰭であろうとも考えられ、対鰭の形成プログラムが一種の deep homology（Shubin *et al.*, 1997, 2009）としてこの動物に現れていることになり、潜在的に対鰭を作る仕組みが円口類にもあるということになりかねない。いずれ、消化管の内容物がこの動物の総排泄孔の位置を教えており、それが腹鰭である可能性は希薄であるという。ちなみに、上のサンソムらは、*Euphanerops* を円口類ではなく gnathostome stem に含めている。

　明瞭にヤツメウナギ類の系統に含められる化石は少なく、もっぱらそれは石炭紀のものだが（Bardack and Richardson, 1977；要約は Janvier, 2008）、デヴォン紀の地層より産出した体長5 cm ほどの *Priscomyzon riniensis* は、頭部の大きなオタマジャクシのような形状を示し、明瞭な（現生ヤツメウナギ成体に見るような）円形の口をもっていた（Gess et al., 2006）。このような体の比率は、現生ヤツメウナギの変態直後のものに近い。その背側正中には咽頭より後方に背鰭があり、直接後方へ尾鰭に連なっていた。背鰭から尾鰭の形状を例外とすれば、この動物はアンモシーテス幼生の特徴を備えてはおらず、変態後のものであろうとされる。むしろ、異様なプロポーションをもった極小の成体ヤツメウナギという印象である（変態直後の幼若個体に似ていなくもない）。また、この動物の口の周りには 14 の（角質）歯が並び、それは現生種の 19 より少ない。これが化石ヤツメウナギにおいて初めて確認された歯であり、紛れもなくこの化石がこれまでに知られた最古のヤツメウナギ類である。次いで古いものは、石炭紀より発見された *Hardistiella montanensis* であり、これは現生ヤツメウナギにかなり近いプロポーションを獲得していた（Janvier and Lund, 1983；Janvier et al., 2004）。また、かつて対鰭の体側襞由来説（Cope, 1890 に要約）の格好の証拠とされたことのあるヤモイチウス *Jamoytius* は、現在では円口類として扱われない。一方、はっきりとヌタウナギ類であると分かる化石記録はまれで、ペンシルヴァニア紀（約 3 億年前）の *Myxinikela siroka* がほとんど唯一のものである（Bardack, 1991, 1998；Bardack and Richardson, 1977 も見よ；後述）。

　現生円口類に共通する特徴的な構造として、鰓が内胚葉上皮のみによって覆われ、いわゆる鰓嚢（gill pouches）に包み込まれた状態が挙げられるが（その発生的構成のため、円口類の鰓は顎口類のそれと相同ではないと考えられた：Götte, 1900；Moroff, 1902, 1904；Sewertzoff, 1916；要約は Stensiö, 1927；Mallatt, 1996, 2008）、とりわけヤツメウナギの鰓嚢とよく似たものが 3 億 7000 万年前の化石、*Endeiolepis* に知られる（Janvier et al., 2006）。この化石は円口類ではなく、甲皮類（gnathostome stem）のうち欠甲類（anaspids）に近いといわれ、これを理由に鰓嚢の存在が脊椎動物の原始的状態であったと推測されている。

　円口類の共通祖先の姿は、脊椎動物すべての共通祖先に言及しうる、重要な問題である。それを示唆する化石証拠はほとんど知られていないが、米国ペンシルヴァニア州の、石炭紀地層から大量に出土する奇妙な動物として長らく謎の存在であった *Tullimonstrum*、通称「タリー・モンスター」が原始的な脊

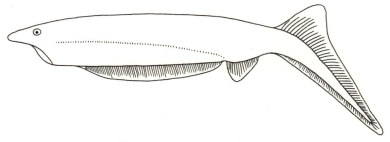

図 10-8　*Euphanerops* の復元図。

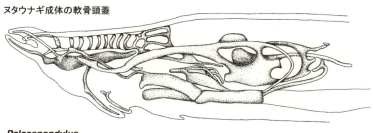

図 10-9　ヌタウナギ成体の軟骨頭蓋側面観（上）と、ヌタウナギとの類似性を強調して Bulman によって描かれた *Palaeospondylus* の頭部（下）。(Bulman, 1931 より改変)

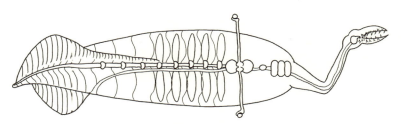

図 10-10　*Tullimonstrum* の解剖学的復元。(McCoy *et al*., 2016 より改変)

椎動物、それもヤツメウナギのステムグループに相当するという可能性が示唆されている（図10-10；Richardson, 1966；Johnson and Richardson, 1969；McCoy et al., 2016；Clements et al., 2016；この仮説には異論も多い）。この動物には外骨格がなく、上下に開閉する口器（円口類のもののような角質歯が付随する）を伴った長い吻と尾鰭をもち、左右に突出した眼柄のような構造をもつ。その奇抜なデザインから、それはかつてありとあらゆる動物門に分類され、吻の形状を理由にカンブリア紀の「怪物」のひとつ、*Opabinia* に比較されることすらあった。しかし最近の研究では、眼の微細構造や分子組成が、紛れもなく脊椎動物にだけ見ることのできる眼の特徴を有すること、軟骨性の椎骨要素を伴う脊索と筋節、内臓弓を伴う咽頭が存在すること、対鰭がなく、尾鰭が上下に伸びるlobesからなること、単一の鼻孔が眼の近傍に位置すること、などが確認され、*Tullimonstrum* が原始的な脊椎動物、それも円口類ではないかとの見解が出された（McCoy et al., 2016；Clements et al., 2016；要約は、Kuratani and Hirasawa, 2016）。この化石動物に見られる形質状態の多くは、脊椎動物の原始形質として見ることも可能で、場合によっては円口類の分岐以前の系統に属するという可能性もある。ただし、吻の柄の部分に関節性の骨格が存在していたらしく、この構造が円口類の舌装置と相同であり、かつ、舌装置が円口類の共有派生形質であるならば、たしかに *Tullimonstrum* が円口類の共通祖先に連なる動物である可能性は濃厚となる（Kuratani and Hirasawa, 2016）。

10.2　円口類に見る原始形質とその発生

現生円口類はこれまで、顎口類に先立つ原始的段階の脊椎動物とされることが多く、その理由で無顎類と同一視される傾向も強かった。形態学の初級編ではそれでもかまわないが、顎口類ステム（gnathostome stem）の進化の実相が明らかにされるに及び、円口類を顎口類の姉妹群として認識すべき状況にしばしば遭遇するようになった。これを念頭に置き、現生動物のなかでの顎口類と円口類を比較するならば、以下のような原始形質を円口類に認めることができる。

・顎の欠如
・軟骨頭蓋における後頭弓の欠如
・梁軟骨の欠如（後述）

- 軸上、軸下筋の未分化
- 対鰭の欠如
- 肩帯の欠如
- 明瞭な内在性鰓下筋の欠如
- 単鼻性（monorhiny）
- 交感神経幹の欠如
- 末梢神経における髄鞘の欠如
- 僧帽筋と副神経の欠如
- 明瞭に分化した胃の欠如
- 胸腺の欠如（ただし、Bajoghli *et al.*, 2011 を見よ）
- 小脳の欠如

これらのうち、単鼻性と、僧帽筋、副神経の進化発生的意義についてはのちに詳述する。これらに加え、

- 円口類型の外眼筋群の配置と神経支配

についても（その比較形態学的評価は困難だが）、gnathostome stem であるところの一部の板皮類と共有され（図10-11；後述）、現生顎口類のすべてが失っている形質であるため、原始形質のひとつとして数えておく。

　板鰓類型の外眼筋のパターンに限らず、顎ならびに対鼻性を含めた多くの原始形質は、ほぼそのままグレードとしての無顎類を定義し、系統樹上で互いに類似した分布を示す。おそらくそのいくつかは（単鼻性、梁軟骨の欠如、ならびに顎の欠如のように）発生機構的に互いにリンクしていた可能性もある。このことは、現生顎口類を特徴づける多くの形質が、甲皮類から板皮類に至る進化過程で得られたことを示す。が、近年、とりわけ Gogo formation より産出した保存状態のよい板皮類化石（軟部組織も一部残る；Kuratani, 2013 により要約）や、synchrotron tomography を用いた甲皮類（とりわけガレアスピス類）の観察（Gai *et al.*, 2011）など、詳細な形態データが報告され、形態進化の過程に新解釈がもたらされる一方、進化発生学的にこのプロセスを研究する方途がない現状は、文字通り隔靴掻痒というよりない。

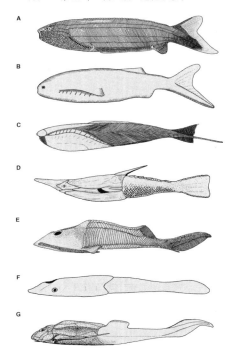

図 10-11　顎口類ステム各グループ。A：無甲類、B：テロドント類、C：アランダスピス類、D：翼甲類、E：セファラスピス類、F：ガレアスピス類、G：板皮類（*Bothriolepis* の仲間）。(Janvier, 2007 より改変)

10.3　顎骨弓と顎の進化

　以下に現生顎口類バウプランの構成要素、「顎」を考える。耳小骨が哺乳類の顎骨弓に生じた派生的なパターンであったとするなら、顎の成立の問題は、現生顎口類のバウプランそのものの起源を問うもので、羊膜類の顎骨弓骨格形態にいまなお見ることのできる、この根本的な形態的相同性をもたらした発生拘束、それ自体の起源と変遷が問題となる。すでに第 4 章で解説した鰓弓骨格のデフォルト問題もこの範疇にある。

（1）顎の進化を探る発生生物学的研究

　顎の主体である顎骨弓は、胚発生において現れる咽頭弓のうち最も前方に位置する第 1 咽頭弓であり、これは、のちの口を作る外胚葉の陥凹である口陥（stomodaeum）、もしくは咽頭内胚葉の前端と口陥に由来する口腔外胚葉の一

10.3 顎骨弓と顎の進化

部が接してできる口咽頭膜（oropharyngeal membrane）の外側に生ずる。この顎骨弓より前に咽頭嚢（pharyngeal pouches）、もしくは咽頭裂（pharyngeal slits）はない（図 4-7）。咽頭弓列において唯一、神経堤間葉が Hox 遺伝子を発現しないため、顎骨弓は「Hox コードのデフォルト状態」により特異化されると理解されている（Hox コードのデフォルト状態が顎骨弓の位置価を指定する発生の装置であり、その下流に顎、もしくは口器としての形態分化がプログラムされているということである：Takio et al., 2004）。言い換えれば、Hox コード依存の記号論的発生プログラムにおいて、顎骨弓の特異化はいわば「ゼロ記号」を示す（注＊）。

脊椎動物咽頭弓の Hox コードが、円口類と顎口類の分岐以前、すなわち脊椎動物の共通祖先に成立していたことは確からしく、原索動物においてこれと類似のものがないということは、この発生機構の獲得が神経堤、もしくは神経堤に由来する咽頭弓間葉の起源と近接していたことを暗示する。すなわち、比較形態学的な認識と同様、顎の獲得以前から顎骨弓、舌骨弓、それに後続する後耳咽頭弓が位置価を通じて形態的同一性を樹立していたことはほぼ確実で、このことは、円口類と顎口類において鰓弓神経の相同性を無理なく決定できることとも整合的である（ウツボにおける特異な例については、Mehta and Wainwright, 2007 を参照）（注＊＊）。ならば、このような共通の分節的テンプレート

注＊：当初、ヤツメウナギ Petromyzon marinus の若い幼生において、顎骨弓に Hox6 相同遺伝子が発現し、その理由でもって無顎類には顎ができないと考えられたが（Cohn, 2002）、これはおそらく、アーティファクトを見ていたのであり、咽頭弓の位置価決定とその下流の形態分化という、互いにクラスの異なる事象を混同した言明でもあった。実際には、ヤツメウナギ胚の顎骨弓は Hox コードのデフォルト状態を示し、第 2 弓、第 3 弓に発現する PG2、PG3 遺伝子という組み合わせも顎口類における咽頭の Hox コードと同様である（Takio et al., 2004）。

注＊＊：Hox コードの理解について通念とされている、位置価に応じた特異化という理解が、必ずしも内臓骨格の形態の実際と整合的でないことも付記しておく。すなわち、顎骨弓と舌骨弓が、他の咽頭弓に対して独特の形態的分化を示すのは、円口類も含めた多くの脊椎動物について共通に見られる現象だが、後耳咽頭弓それぞれの形態には、必ずしもこのような分化は見られない。すなわち、形態分化のレパートリーは 3 つしかないように見える。このような構造を特異化するためには、デフォルト状態も含めてたかだか 2 つの Hox 遺伝子があれば事足りるが（Kuratani, 2004）、現実にはそれ以上の Hox 遺伝子が咽頭弓間葉に発現する。このような状態は、たとえばすべての形態レパートリーが発現する Hox 遺伝子の組み合わせに逐一整合的な、マウス椎骨列の特異化（椎式の成立；Narita and Kuratani, 2005；前述）の仕組みとは様相が異なる。これについては、マウス第 2 咽頭弓に発現する遺伝子の解析から示唆されるように、おそらく咽頭弓に由来する骨格以外の形態要素、すなわち内臓筋その他の咽頭弓派生物の特異化に、多くの遺伝子が必要とされるという可能性が考えられている。

上に、円口類と顎口類それぞれが別の口器を作り出したというシナリオが充分に可能であり、そのとき原理的にヤツメウナギを理想的な祖先的動物のモデルとすることはできなくなる。

その比較を可能にするためには、上記のように、円口類の共有派生形質を同定するのではなく、むしろ、円口類を無顎類というグレードとして認識するために必要な原始形質を探さなければならない。つまり、板皮類以前の顎口類ステムである甲皮類のうち、セファラスピス類やガレアスピス類が円口類とともに示す共有原始形質に注目し、それが顎口類の形質状態へと移行するためには、発生プログラムの何がどのように変更せねばならなかったのかを積極的に問題とし、記述せねばならない。

（2）咽頭の背腹パターニング機構

顎口類咽頭胚においては、咽頭弓内の神経堤間葉に Dlx 遺伝子ファミリーに属するパラローグが、背腹に入れ子状の発現パターンをなし、いわゆる「Dlx コード」をもたらす（Depew et al., 2002；第5章）。この発現パターンは、最初にマウス胚において認識され、板鰓類においてもほとんど同じパターンが見られ（Takechi et al., 2013；Gillis et al., 2013；ならびにサメ咽頭弓の分子的発生機序については Compagnucci et al., 2013 を参照）、顎口類において保存された遺伝子制御機構があることを思わせ、ゲーゲンバウアー以来の内臓弓の系列相同モデルのひとつの実証であると考えられた（Gillis et al., 2013；後述）。おそらくその機構の起源は顎口類の初期の系統か、それ以前にある。現生顎口類の初期咽頭胚においては、Dlx 遺伝子群の発現する間葉は咽頭弓内のそれに限られ、$Dlx2$ はしばしば咽頭弓（神経堤）間葉のマーカー遺伝子として用いられる。逆に、吻側の顎顔面構造をもたらす間葉（顎前間葉、premandibular ectomesenchyme）には、Dlx 遺伝子が発現しない。このことが咽頭弓間葉とそれ以外の神経堤間葉の違いを際立たせ、同時にそれは、ハクスレー以来の古典的な解釈、「顎前間葉＝顎の前の咽頭弓」という考えに疑問を投げかける（Kuratani et al., 2013 に要約）。

Hox コードが前後軸上の繰り返し構造を特異化するように、Dlx コードは咽頭弓間葉の位置価を「背腹軸上」で特異化する機構であると考えられ、Dlx 遺伝子群の遺伝学的操作は、内臓骨格の形態パターンをトランスフォームするに至る。とりわけ、$Dlx5, -6$ はともに咽頭弓の腹側半に発現し、両者を同時に欠失させると、顎骨弓腹側半、すなわち下顎のアイデンティティが失われ、下顎

であったものが上顎の形態を伴って分化する (Depew et al., 2002 ; Kitazawa et al., 2015 も参照)(注)。どうやら、顎の形態分化においては、顎骨弓間葉における Dlx1, -2 の発現がデフォルトとなるらしい (が、だからといって顎口類の上顎形態が進化的基本型となって多様化したわけではない : Köntges and Matsuoka, 2002 ; 発生生物学的研究としては Jeong et al., 2008 を参照)。

板皮類のあるものや、板鰓類をその内群として含む可能性のある棘魚類には前上顎骨があり、おそらく板鰓類やチョウザメに見る単純な上顎 (口蓋方形軟骨のみからなる) は、二次的な変化によるものと理解できる。少なくとも、板鰓類における多様な顎懸架様式は、口蓋方形軟骨の前端が神経頭蓋と連絡をもたないことを前提としており、それがミツクリザメ Mitsukurina owstoni に典型的に見るような (神経頭蓋に対する) 顎の可動性を約束していることは事実である。このような板鰓類の顎形態が、しばしば顎口類の典型的な図式として紹介されるため、顎の進化がしばしば誤解されることがある。

Dlx コードは Hox コードとともに、デカルト直交座標系において咽頭弓間葉が特異化されているという、明解な理解形式をもたらした。しかも、この機構は神経堤間葉に由来する骨格要素のみならず、(おそらく神経堤細胞の筋パターニング能を介して) 咽頭弓内の筋分化までをも司るとおぼしい (Heude et al., 2010)。しかし、この Dlx コードを変化させる分子遺伝学的実験が、顎骨弓においてのみ明瞭な表現型をもたらし、それと同等の背腹方向でのトランスフォーメーションが、舌骨弓以降でまだ明瞭に示されていないことには注意しておかねばならない (哺乳類においては、第3弓以降の内臓骨格は退化的であり、しか

注 : Dlx5, -6 の機能獲得実験も行われている。Dlx コード成立の背景には、シグナル分子 endothelin の背腹軸上での濃度勾配が関わるとされ、実際、栗原らは、endothelin receptor をコードする遺伝子の上流に endothelin リガンドの遺伝子をつなぎ、常に endothelin シグナルが ON になる状態を作り出すことによってこれを行った。予想通り、Dlx5, -6 を咽頭弓間葉全域にわたって発現し、上顎が下顎の形態を伴って発生した (Sato et al., 2008 ; Dlx5, -6 のより複雑な制御と機能については Lo Iacono et al., 2008 ; Vieux-Rochas et al., 2010 を ; 顎顔面形成における Dlx5, -6 とレチノイン酸経路との相互作用については Vieux-Rochas et al., 2007 を)。興味深いのは、endothelin 機能獲得変異マウスの上顎に切歯が2対生じたことである。後述するように、板鰓類とチョウザメを例外とし、顎口類の上顎では顎骨弓の背側半に加え、顎前要素がその形成に参与する。後者は、胚発生後期において frontonasal prominense と呼ばれるコンポーネントであり、前上顎骨や上顎切歯をもたらす。この領域は Dlx コードの外にあるため、下顎形態にトランスフォームする部分は、上顎骨とそれより後方の部分に限られる。つまり、上顎と下顎、ならびにそこに生ずる歯牙系を互いに系列相同物と見なすことは (少なくとも発生学的には) できない。

も舌骨弓の要素と一部融合しているため、たとえ顎骨弓と同等のトランスフォーメーションが生じたとしてもその検出は困難であろう。理想的には板鰓類胚における機能をまず確認したいところである）。かくして、Dlx コードについて理解されている機能が真に発生過程において働いているのか、それともそれが理念にすぎず、実は顎骨弓の形態分化のみにおいて半ば理想的なかたちで働くものなのか、それに際して、Dlx コードと Hox コードの間に何らかの相互作用があるのか（上の理念からすれば、当然なければならない）、まだ不明な点は多い。

（3）円口類の内臓骨格と Dlx 遺伝子群

ヤツメウナギ胚においても顎骨弓、舌骨弓、ならびに後続する後耳咽頭弓は同定可能であり、それらの耳胞との位置関係、それらを支配する脳神経（菱脳に発する鰓弓神経群）もこれに整合的である（前述）。ヌタウナギ胚でもこれと同じ形態パターンが観察されるが（Oisi et al., 2013a）、成体におけるその内臓骨格系は、全脊椎動物を通じて最も変形が激しく、その相同性決定も容易ではない（ヌタウナギの内臓骨格の形態学的評価については、Parker, 1883a；Holmgren and Stensiö, 1936；Neumayer, 1938；Holmgren, 1946；Oisi et al., 2013b）。一方、Dlx 遺伝子群は円口類においても 6 つ（DlxA-F）あるが、それらが顎口類の Dlx 遺伝子と明確な相同的関係（オーソロジー）を示すことはない（Kuraku et al., 2010；Fujimoto et al., 2013）。これまでの解析によると、ヌタウナギ Eptatretus burgeri の Dlx 遺伝子群も、ヤツメウナギ類のそれも、それぞれの系統において独自の重複を経験してきたことが窺える（つまり、顎口類の Dlx 遺伝子との 1 対 1 の対応はおそらくなく、円口類の内部においてもそうである）。たとえば、Dlx2/3/5 クレードに属するヤツメウナギの DlxA, -C, -D, -E、ヌタウナギの EbDlx2/3/5A と -B、EbDlx1/4/6A、と -B はそれぞれの系統において独立に重複したものである。おそらく、円口類の共通祖先においては、Dlx1/4/6AB, -2/3/5AB, -1/4/6C, -2/3/5C というレパートリーが揃っていたらしい。ヌタウナギにおいても、胚発生において Dlx 遺伝子群は咽頭弓間葉や脳、内耳に発現するが、その背腹軸上での入れ子式発現については不明である（Fujimoto et al., 2013）。

円口類 Dlx 遺伝子の発現パターンについては、ヤツメウナギ胚において詳細に観察されており（図 10-16：Neidert et al., 2001；Myojin et al., 2001；Kuraku et al., 2010）、ヌタウナギ胚においても咽頭胚期ならびに後期胚での発現が比較されている（Fujimoto et al., 2013；Oisi et al., 2013b）。顎口類のすべてにわたって明

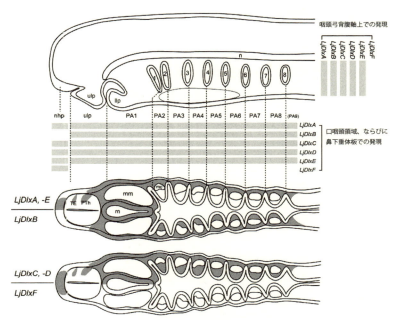

図 10-12 ヤツメウナギ胚における Dlx 遺伝子群の発現パターン。ヤツメウナギは計 7 つの Dlx 遺伝子をもつが、そのうち 4 つが咽頭の神経堤間葉に発現する。しかし、その発現には明瞭な入れ子状のパターンは見られない。(Kuraku et al., 2010 より改変)

瞭な背腹軸上での入れ子式の発現が見られるのに対し、円口類 Dlx 遺伝子の発現パターンは咽頭弓間葉のなかで広範に重なり合い、入れ子状パターンがないように見える(図 10-12;Neidert et al., 2001;Myojin et al., 2001;Kuraku et al., 2010)。これは、ヤツメウナギの後耳内臓骨格が、鰓孔の並ぶ水平線を軸に背腹対称な形状のワイヤーフレームとなっていることと関連づけられるが(Neidert et al., 2001;Kuraku et al., 2010;加えて Schilling, 2003 に要約)、鰓孔を中心とした遠近性の(微妙な)入れ子パターンが存在し、それを円口類の Dlx コード、もしくは顎口類のそれに先立つ祖先的状態と見る向きもある(Cerny et al., 2010;Medeiros and Crump, 2012 に要約)。しかし、Dlx 遺伝子の相同性さえ明瞭ではない現在これは仮説にすぎず、加えて、*Hand* の発現はヤツメウナギにおいても咽頭腹側に限局している。しかも、endothelin シグナルはヤツメウナギ胚でも内臓骨格の形態形成には機能するらしく、このシグナルを阻害したヤツメウナギ胚では、顎骨弓における縁膜軟骨の中央から下方、下唇にかけての軟

骨原基が欠失する（Yao et al., 2011）。つまり、背腹軸それ自体は円口類の咽頭においても成立しているが、その上に顎口類型の Dlx コードが成立することはなかったらしい。また、Dlx コードの上流には endothelin シグナルが機能するが、Dlx 遺伝子にはこれとは独立した制御機構も存在し、円口類の Dlx 発現は非 endothelin 依存的な制御で咽頭弓間葉に成立している可能性もある（注）。

（4） 顎の比較形態学

初歩的な比較形態学の教えるところでは、前方の内臓弓のひとつが変形し、摂食のための装置として分化し、顎が得られたと説く（De Beer, 1937；Romer, 1966；Janvier, 2004a, 2007 に要約）。この考えは、ゲーゲンバウアー（Gegenbaur, 1878）にはじまる頭部分節理論の一環であった（すべての脊椎動物胚に一過性の鰓原基、つまり咽頭弓が発生することを見いだしたラトケやフシュケらの研究をも起源とする：Rathke, 1827）。興味深いことに、「鰓から顎が進化した」という表現が、実際には個体発生において顎骨弓から顎が分化するという、現生顎口類、とりわけ板鰓類の個体発生過程の記述においてこそふさわしく、一方で、実際の進化過程においては、顎骨弓が後続する内臓弓と同等の鰓として機能していたようには見えない。少なくともそのような過程を彷彿とさせる（内臓弓のすべてが鰓や濾過装置として機能していたような）化石証拠が得られたことはない。

つまり分節論は、発生生物学的な理解とは整合的である。「繰り返し構造をなす要素のそれぞれが位置価を得、その位置価によって場所にふさわしい個別

注：内臓骨格の背腹の関節に伴って発現する *Bapx1* 相同遺伝子は、顎関節マーカーとして知られ、一次顎関節が中耳へ移行した哺乳類においても、その発現をツチ骨/キヌタ骨関節原基に見ることができる。内臓骨格が上下に開閉することのない円口類胚においては、この遺伝子は顎骨弓に発現しない。おそらく顎関節の出現は顎口類型 Dlx コードの成立、とりわけ腹側に限局した *Dlx5, -6* 遺伝子の発現パターンの成立とともにある。これとの関連において、アンモシーテス幼生の顎骨弓派生物である縁膜と下唇のそれぞれを、顎口類における上顎、下顎の前駆体と見なすことがあったが（Cerny et al., 2010）、この見解にはいくつかの問題がある（後述）。そのひとつは、そのような相同性を認めることによって概念的に顎の新規性が失われるということである（後述）。無顎類には本来、上顎、下顎の前駆体が分かれて存在しないはずなのだ。第 2 は、上の相同性自体が、鼻孔、梁軟骨その他、顎骨弓周辺の構造の相同性を無効にしてしまうこと（後述）、第 3 に *Hand* 発現領域が腹側を規定するという立場をとる限り、顎関節の位置が本来縁膜の中央に設定されねばならないはずだが（たとえば上に挙げた Yao et al., 2011 の実験を参照）、この仮説ではそうなっていない。したがって、アンモシーテス幼生の口器、咽頭の形態パターンを、単純な変形によって顎口類のそれと重ね合わせることはできない（次節以降で詳述）。

のかたちが獲得される」という原型論的理念は、ほぼそのままのかたちで高度に形式化された（Hoxコードの理解に典型的に見るような）機構的理解なのである。初期の進化発生学を成立させていた理解もここに由来し、まさにその理由で、当時の進化発生研究は原型論がはらんでいた本質的問題、つまり、発生的プロセスと進化的プロセスの混同、機能的論理と進化的経緯の混同を、そのままのかたちで引き継いでいた。このようなアナロジーは発想のためにはよい方法であっても、思考のために使うものではない（これは、本書において繰り返し鳴らしている警鐘である）。反復説やファイロティピック段階の今日的認識においても、このことは充分に理解されなければならない。

　また、「顎は脊椎動物の進化史において、最も顕著で革命的なイベントであった」といわれるが、それは顎を獲得した系統のひとつが適応放散の結果として繁栄したというにすぎず、必ずしも顎それ自体が繁栄の根拠となったことを保証しない。事実、顎の獲得に付随して、対鼻性やそれを必要条件とした梁軟骨の獲得などもほぼ同時に、しかも顎の成立要件として生じ（鍵革新としての対鼻性；Kuratani, 2005a；Oisi *et al.*, 2013a；Janvier, 2013b）、これらのもたらした要因を分けて考えなくては、顎の優位性の検証は厳密にはできない。顎に限らず、現生顎口類を定義する形質の獲得は、顎のそれと近い時期に起こったと推定され（古生物学的にはほぼ同時）、顎の適応性の評価はいや増しに困難となる。

　加えて顎は、円口類の顎骨弓派生物に比してきわめて単純な構造を示す。それは顎骨弓が背腹に関節したにすぎない。このような顎口類の顎骨弓形態は、後続する咽頭弓によく似ており、これがゲーゲンバウアー以来の系列相同説（いわゆるClassical Theory）を後押しすることになった。すなわち、顎骨弓を含めた顎口類の内臓弓骨格のそれぞれは比較可能な1セットの要素からなる（第5章；うちbasi-要素が、神経堤ではなく中胚葉に由来する別系統の骨格が二次的に参与したとの仮説も古くからある）。それは多少変化し、摂食に特化したものが顎だという。このような内臓弓骨格の原型論的理解は、Dlxコードの理解形式とは整合的である（Depew *et al.*, 2002）。このような、板鰓類や原始的な硬骨魚に広く見る状態が真に内臓骨格系の原初の発生プログラムを反映するのか、それとも、一種の二次的同化を介したものなのか、結論は得られていない。少なくとも、円口類における内臓弓骨格の形態と発生は、顎口類の示すパターンとは大きくかけ離れている（図10-15）。

（5）進化シナリオの実際

最もスタンダードで、引用されることの多い顎の進化シナリオは、ホメオティックな形態分化の歴史として理解しようとするものであった（第5章ならびに図10-13；De Beer, 1937；Romer, 1966；Romer and Parsons, 1977；Young, 1981）。この古典的考察は、顎の前に鰓の分節、つまり顎前弓が存在したのか、存在したのならそれはいくつあったのか、という問題に拘泥した。20世紀前半までの主流であった考え方では、顎の前にもうひとつの鰓が想定されていた（De Beer, 1937に要約）。ナメクジウオ的段階から脊椎動物に至る過程で前脳が拡大し、これを支えるための新しい神経頭蓋として顎前弓が梁軟骨として分化したのち、神経頭蓋の形成に参与、第2の咽頭弓である顎骨弓が背腹に二分し上顎、下顎をもたらしたという（顎の形成にあたって、顎骨弓要素の一部が梁軟骨をもた

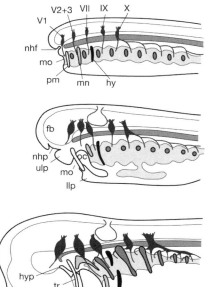

図10-13 教科書レベルの顎の進化の概念図。上から、ナメクジウオ的祖先動物、ヤツメウナギのアンモシーテス幼生のような無顎類段階、顎口類の後期咽頭胚を示す。連続的な咽頭弓のそれぞれが形態変化を経て、2番目の咽頭弓から顎が進化したという考えが示されている。これは個体発生プロセスの一部とよく合致するが、進化シナリオとは矛盾している。fb、前脳；hyp、下垂体；llp、下唇；Mk、メッケル（下顎）軟骨；mo、口；nhf、鼻下垂体窩；pm、仮想的顎前弓；tr、顎口類の梁軟骨；ulp、上唇；V-X、脳神経。（Kuratani, 2012より改変）

らしたと Jollie, 1977 は考えていた。梁軟骨の起源と相同性については後述）。この説は多くの著名な形態学者が広く唱道したが（Goodrich, 1930a；De Beer, 1937；Portmann, 1976）、それは発生学的事実に大きく左右され、加えて、顎の獲得を図示することよりも、いかに現生の脊椎動物の頭部形態を分節的模式図に落とし込むかに力点が置かれている。たとえば、ド゠ビアはアンモシーテス幼生を思わせる無顎類的祖先から顎口類を導いたが、この最終段階に描かれたのは明瞭に板鰓類のものに似た咽頭胚であった。

一方、ゼヴェルツォッフ（Sewertzoff, 1927）は、サメに存在する唇軟骨（labial cartilage）が口前弓（preoral arch）の残存であると考え、前から数えて3番目の鰓が顎になったとした（梁軟骨の鰓弓としての性格については否定的であった：第5章；倉谷、2016 参照）。いわゆる顎前領域が鰓であったかどうかはと

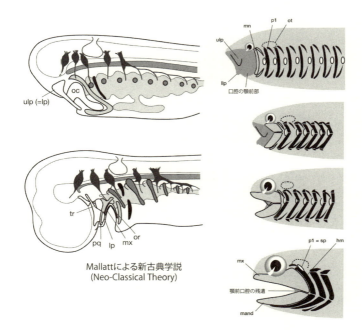

図 10-14　Mallatt による顎の進化シナリオ。Mallatt は基本的に古典的学説を踏襲しながら、顎の前にかつて存在していた顎前領域が、顎口類の顎に取り込まれていると考えた。hm、舌顎軟骨；pq、口蓋方形軟骨；oc、口腔；or、口縁軟骨；sp、呼吸孔。（Kuratani, 2012 より改変）

もかく、神経頭蓋へと取り込まれた鰓弓頭蓋的な素材（頭部神経堤間葉）があったことは確かである（第5章）。

摂食ではなく、呼吸効率の増大に向けての適応として顎が生じたという機能的考察もある（図10-14；Mallatt, 1996）。このモデルでは、顎前領域に顎骨弓要素が伸び出すことによって顎が大型化したと考えられている（図10-14右）。ここでもアンモシーテス幼生が中間的段階として扱われるが、その口器に見る上唇と下唇それぞれに上下顎を見いだすべきかどうかという伝統的問題は未解決である。古典学説がそもそも、発生学的影響下にあるため、原始的な動物の顎骨弓が無関節の単純な構造を示し、そのようなものが化石無顎類（甲皮類）やアンモシーテス幼生に見いだされるはずだという心理的バイアスがかかるのである（アンモシーテス幼生を顎獲得以前のモデルとして扱った研究はいまでも多い：Mallatt, 1996, 2008；Shigetani *et al.*, 2002；Kuratani *et al.*, 2004；Cerny *et al.*, 2010；Yao *et al.*, 2011）。ここに、すべての脊椎動物に共有された分節的頭部という不変のテンプレート（原型的構造）が仮定され、それを構成する要素の各々が緩やかで連続した変形を経ることで形態進化が達成されるという、基本的な思考の方針を見て取ることができる。さらに、アンモシーテス幼生という、それ自体どれほど祖先的形態を反映するのか、よく分かっていないこの動物に由来するバイアスに大きく影響されている可能性もある。事実、アンモシーテス幼生の口器のなかに顎口類の上顎、下顎の対応物（相同物）を見いだそうとする、あるいはそれを自明のこととしている研究も多く（ハクスレーですら同様な比較を試みている；Huxley, 1876）、それらを支配するヤツメウナギの三叉神経枝それぞれを、顎口類における上顎神経（maxillary nerve, V2）、下顎神経（mandibular nerve, V3）と呼ぶ研究もそこには含められる（Johnston, 1905a；後述）（注）。しかしこれでは、顎を新規形態と呼ぶことができなくなる。逆に、現生のナマズ

注：ヤツメウナギ三叉神経の第1枝を眼神経と呼ぶことには充分な根拠があるが、残る2枝について、上唇へゆくものを「上顎神経（maxillary nerve）」、縁膜と下唇へゆくものを「下顎神経（mandibular nerve）」と呼ぶ方針は、単なる命名の問題ではなく、不可避的にアンモシーテス幼生の口器と顎の起源についての示唆を含んでしまう（Johnston, 1905a）。いわば、三叉神経の進化は、末梢神経形態から見た場合の「顎の進化」と等価なのである。ヤツメウナギと顎口類の三叉神経各枝内の繊維成分から、顎口類における枝の命名をそのままヤツメウナギにあてはめることはできないという主張もあり（Lindström, 1949）、それはたしかに私の結論と同じだが（Kuratani *et al.*, 2001を見よ）、単に運動繊維の有無によってそれを判定するのは危険である。つまり下顎枝にしか運動繊維がないというのは、顎口類の限られたグループにのみあてはまる傾向でしかない（Song and Boord, 1993）。

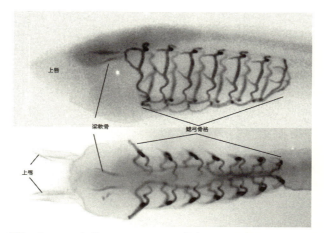

図 10-15 実際のヤツメウナギのアンモシーテス幼生における軟骨の分布。梁軟骨が前脳の底部において 2 本の棒状軟骨として見えている。これは、顎口類の傍索軟骨に相当することが分かっている。(写真は菅原文昭博士より提供)

目ロリカリア科に属するプレコストムス (Plecostomus) 類の口器が無顎類におけるそれを思わせるため、この動物を甲皮類の生き残りであるとする研究もあった (Whiting, 1972)。このように、形態と機能の類似性のみから相同性決定を行い、考察することは、顎の新規性を永遠に見失うことにつながりかねない。

また、古典理論の多くにおいては、(本書がとる立場とは異なり) 顎前領域が脊索前方にではなく、口の前方に仮定される (つまり、内臓弓が前後に並ぶ軸が、口から口腔を経て咽頭へと連なる方向に設定されている：Kuratani, 2012 を参照せよ)。このとき口器は、顎骨弓と同一視されることもあれば、ゼヴェルツォッフ (Sewertzoff, 1931) に見るように、顎骨弓の前方にあったいくつかの内臓弓が、祖先の口を縁取っていたとされることもあった。ド=ビア (De Beer, 1937) やステンシエー (Stensiö, 1927) もまた、アンモシーテス的祖先において、ゼヴェルツォッフと同じく顎前弓を口の周囲に置いた (図 5-58)。このように、神経管や脊索が示す前後軸と、口から消化管へ至る前後軸の間に「ずれ」を認識し、顎前弓をその両者の間でどのように動かすのかという問題を真正面から扱ったのはド=ビア (De Beer, 1937) のみであった。顎の前にひとつではなく 2 つの内臓弓を仮定したジャーヴィック (Jarvik, 1980) のセオリーも、咽頭弓列を重要な要素のひとつとして扱ったが、彼は必ずしも口の開口する方向に消化

管の軸を見ているわけではない（ジャーヴィックは口を咽頭列のひとつと数えると同時に、鼻孔をも咽頭裂と見なしている）。外胚葉上皮のみからできている構造に咽頭裂の系列相同物を見いだす方針は誤っているが、とはいえ咽頭から口ではなく、脊索の前方に内胚葉の軸を見いだしている方針は正しい。

以上の諸説は、頭部分節説のひとつとして顎の起源を説明している点で、すべて「古典理論（classical theories）」の範疇にある。ただし、マラット（Mallatt, 1996, 2008）による「ventilation theory」、ならびに「新古典理論（neoclassical theory）」は、古典的な鰓弓分節性の理解に依拠しつつ、一方で顎骨弓の前、口の開く方向に顎前領域の存在を仮定し、それがアンモシーテス幼生の口器形成に関わると考えた点、そして顎骨弓要素がその顎前領域に侵入することが顎口類の顎の成立に重要な背景となっているという点において、後述するヘテロトピー説に類似する。

（6）アンモシーテス幼生の口器形態――顎の進化の理解に向けて

進化的新機軸は、しばしば相同性を破壊するタイプの発生プログラムの変更を伴う（Müller and Wagner, 1991；Wagner and Müller, 2002；Shigetani et al., 2002）。なぜなら、発生パターンの変化が胚のトポロジーを変化させ、それによって形態的位置関係に変化が生ずるためである。このようにして、相同性を保証している発生拘束は一部破壊される。すなわち、動物の体を構成するすべての形態要素の相同性を明らかにし、進化や発生における変形のプロセスを明らかにしようという比較形態学的アプローチは、真の意味での新規パターンの成立を説明できない。逆に、このような比較形態学的アプローチで説明できない部分こそ、進化のうえで生じた発生機構の抜本的変化の兆候でありうる。

円口類の顎骨弓は複雑、かつ多機能の構造を作り出している。すなわち、咽頭底には舌装置があり、それは顎骨弓の間葉素材を用いたいくつかの軟骨要素とそれらに付着した筋群より構成される（Marinelli and Strenger, 1954, 1956）。加えて縁膜が発し、これが口腔から咽頭へと水を送る（図9-3、図9-4；von Kupffer, 1885, Strahan, 1958；Oisi et al., 2013a）。これらはすべて三叉神経によって支配される。この形態的複雑さは、円口類における顎骨弓の形質状態が派生的なものであり、円口類の共有派生形質となっている可能性を示唆する。

図10-16にアンモシーテス幼生の形態を示す。アンモシーテス幼生の口器は大きく上唇（upper lip）と下唇（lower lip）からなる（図10-16）。上唇と下唇の奥には縁膜が見え、口腔と咽頭を境すると同時に口咽頭膜の位置を教えている

（図9-3、図10-17）。顎口類では口咽頭膜が消失することによって口が開口するので、縁膜に相当する壁構造はなく、以降の比較発生学的議論においては、縁膜の存在はとりあえず忘れてもかまわない (注)。問題は上下唇である。これらが現生顎口類の顎とどのような関係があるのか、それを知るためには個体発生過程を観察する必要がある。

観察の中心に据えられるべきは、脊椎動物の顎顔面構造を作り出す三叉神経堤細胞群（trigeminal crest cells）である（図10-18）。これは、脊椎動物後期神経胚に現れる3つの大きな頭部神経堤細胞群のうち最前のもので、神経管の間脳から後脳中央のレベルに起源をもつ。三叉神経堤細胞は表皮下を移動して頭部側面から腹面を広く覆い、その内側部は第2ロンボメアに付着し、三叉神経の根形成の下地となる。これが「三叉神経堤細胞」の名で呼ばれるのは、その分布域がのちの三叉神経の末梢支配領域と大きく重なるためである。すなわち三叉神経堤細胞は、顎骨弓を充填するばかりでなく、その前方に広がる顎前領域にも及び、前脳底部を包み込む。発生初期においては、三叉神経堤細胞群は眼胞の突出により前後に分断されるが、その後方部分がすべて顎骨弓間葉となるわけではない。

すでに見たように、脊椎動物胚の初期咽頭胚においては脊索の前に索前板（prechordal plate）と呼ばれる、内胚葉とも中胚葉ともつかない構造が連なり、それはのちの発生過程において左右に広がり、顎前中胚葉（premandibular mesoderm）となり、最終的には外眼筋（extrinsic eye muscles）の一部や神経頭

注：縁膜より顎が生じたという仮説も過去には提示されていた（図10-17右；Janvier, 1996；Moy-Thomas and Miles, 1971）。が、ヤツメウナギは顎口類の直接の祖先ではなく、さらに、系統的に顎口類により近いと思われる化石無顎類に縁膜があったかどうか、まだ確かめられているわけではない（Mallatt, 1996；Kuratani *et al.*, 2001；図4-42を参照）。この仮説にはバリエーションがあり、無顎類ばかりかナメクジウオの同名の構造にまで相同物を求める場合もある（Ayers, 1921；Gregory, 1933も参照）。これに関し、アンモシーテス幼生において縁膜の運動を司る三叉神経のニューロン群が*doublecortin*遺伝子を発現する独特のもので、それに相当するものが顎口類にはなく、むしろアンモシーテス幼生の上下唇に分布する筋が現生顎口類の咀嚼筋により近いと考えられている（Barreiro-Iglesias *et al.*, 2011）。また、アンモシーテス幼生の縁膜はたしかに顎骨弓の変形とみることができるが、咽頭弓の発生や構造が直接比較できないナメクジウオの縁膜が同じ起源のものか分からない。したがって、厳密にいえば、これら2つの「縁膜起源説」を同等とすることはできない。ここにもバウプランの階層性の問題が絡む。いずれ比較形態学は、進化的新規形態を扱おうとしながら、同時にそこに相同性を発見しようという、相反する目的を同時に含む（それが、新規形態の否定に連なるにもかかわらず）。形態学の最も深刻な病理をここに見ることができる。

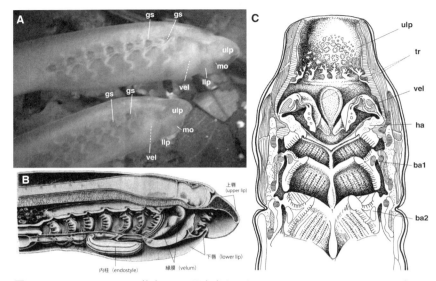

図 10-16 アンモシーテス幼生。A：日本産カワヤツメ *Lethenteron japonicum* のもの。B：アンモシーテス幼生における口器。(Dohrn, 1885 より) C：縁膜。ヤツメウナギ、アンモシーテス幼生の咽頭を水平に切半し、その背側半を見たもの。最前の咽頭弓が縁膜として変形していることに注意。ba1, -2、第 1 ならびに第 2 鰓弓；ha、舌骨弓；tr、梁軟骨；ulp、上唇；vel、縁膜。(Gaskell, 1908 より改変)

蓋の一部を分化する（Adachi and Kuratani, 2012, Adachi *et al.*, 2012 に要約）。すなわち、索前板は顎前中胚葉（板鰓類や一部の顎口類においては、明瞭な上皮性体腔となり、その場合は「顎前腔：premandibular cavity」ともいわれる。咽頭内胚葉との位置関係から、顎前中胚葉がナメクジウオにおける「側憩室：anterior gut diverticulum」と相同だという指摘がしばしばなされた）の原基としての側面ももつ。そして、顎前中胚葉の後方に顎骨弓内の筋素材である顎骨弓中胚葉（mandibular arch mesoderm）が位置するので、眼胞後方、顎骨弓前方には、顎前領域が広がり、間脳、もしくはその一部の視床下部、ならびに顎前中胚葉を中心に顎前領域後半部が広がることになる。このような位置関係から、三叉神経堤細胞群には、いわゆる顎骨弓神経堤間葉（mandibular arch crest cells または mandibular arch ectomesenchyme）、眼後神経堤細胞（postoptic あるいは infraoptic crest cells）、眼前神経堤細胞（preoptic あるいは supraoptic crest cells）の 3 部が見分けられる（図 10-18）。この初期の三叉神経堤細胞の分布と形態パターンは、円

10.3 顎骨弓と顎の進化   503

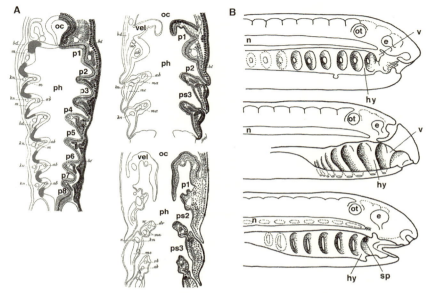

図 10-17 A：縁膜の発生。口腔外胚葉と咽頭内胚葉が通じ、口が開口する際、口咽頭膜に相当する部分が残り、左側縁膜として分化してゆくことに注意。これは顎骨弓の位置にあり、筋、骨格を備える。左図において着色したのは、咽頭嚢のマーカー遺伝子として認識することのできる $Pax9$ が発現する内胚葉上皮の膨出部。縁膜（vel）が第1咽頭嚢（p1）の前にできる（顎骨弓の一部である）ことを支持している。(von Kupffer, 1895 より改変) B：縁膜より顎が生じたという仮説。縁膜は無顎類の顎骨弓レベルに発するポンプ様の構造で、水の取り入れに用いられる。上はヤツメウナギ、アンモシーテス幼生における縁膜を示す。実際には、縁膜（v）と舌骨弓（hy）の間には図に示すような鰓裂は存在しない。中段はアンモシーテスと同様の形態パターンをもっていたと仮定される、古生代の祖先的無顎類。顎口類を派生したと考えられる。下段は原始的顎口類。縁膜を動かしていた強大な顎骨弓が上下に関節し、顎をもたらしたと考えられている。sp、顎口類にだけ存在する呼吸孔。(Moy-Thomas and Miles, 1971 より改変)

口類と顎口類に共通し、とりわけ側面観から見る限り両者の間にほとんど差はない。しかし、中胚葉要素やプラコードなどの構造との関係、発生運命などの点において、両者には興味深い相違が見つかる。

顎口類の後期咽頭胚において眼前神経堤細胞群は、1対の鼻プラコード（olfactory placodes）、もしくはそれより発生した鼻窩（nasal pit）により内外に分断され、内側にあって無対の前頭鼻隆起（もしくは内側鼻隆起）の神経堤間葉

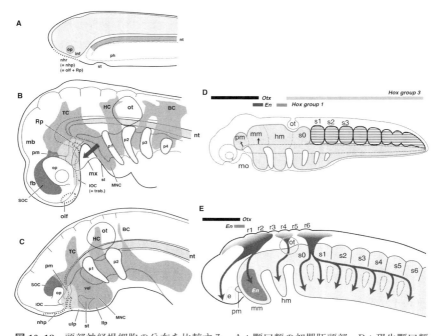

図10-18 頭部神経堤細胞の分布を比較する。A：顎口類の初期胚頭部。B：現生顎口類咽頭胚。C：ヤツメウナギ胚。三叉神経堤細胞（TC）には、その形態的分布に従って、3つの領域が認められる。顎骨弓神経堤細胞集団（MNC）は顎骨弓のなかに、それ以外の顎前細胞群は、眼の下方、もしくは後方の（狭義の）眼後神経堤細胞（IOC）、そして、眼の背方に分布する眼前神経堤細胞（SOC）である。基本的な胚形態との位置関係において、これら3つの細胞群と同じものはヤツメウナギ胚にも確認することができる。しかし、すでに初期胚の段階から、ヤツメウナギと顎口類の鼻プラコード、ならびに下垂体原基の位置は異なっている。また、顎口類における上顎が、顎前細胞からではなく、顎骨弓の背側部より二次的に成長することに注意（矢印）。BC、鰓弓神経堤細胞；fb、前脳；HC、舌骨神経堤細胞；inf、漏斗；IOC、眼下（あるいは眼後）神経堤細胞；llp、下唇；mb、中脳；MNC、顎骨神経堤細胞；mx、上顎；nhp、鼻下垂体板；nt、脊索；op、眼；ot、耳胞；ph、咽頭；pm、顎前中胚葉、もしくは索前板；p1-4、咽頭裂；Rp、ラトケ嚢；SOC、眼上（あるいは眼前）神経堤細胞；st、口陥；TC、三叉神経堤細胞；trab、梁軟骨；ulp、上唇。C、D：脊椎動物の基本的形態とヤツメウナギの発生。ヤツメウナギ胚は、遺伝子発現パターンや、基本的な形態パターンから、これまで脊椎動物のファイロタイプとして知られてきた顎口類の発生プランを、ほぼそのままのかたちで示している。Dは、現生顎口類について知られている中胚葉発生様式。中胚葉は耳プラコードの後方においてのみ、体節として真の分節性を示す。頭部中胚葉のうちで分節的構造を示すのは、やや遅れて索前板より直接に発生する顎前中胚葉のみ。頭部中胚葉のそ

の他の部分は、耳胞、咽頭嚢などの存在により、二次的に領域化される。前後軸に沿って発現するホメオボックス遺伝子を上方に示した。E：ヤツメウナギ胚の発生パターン。神経管にロンボメアをはじめとする基本的な領域的分化が認められ、神経堤細胞が頭部において3集団をなすのは、顎口類と共通する胚形態パターンである。中胚葉もまた、耳プラコードの後方においてのみ分節する。頬突起（顎骨弓を含む）のなかの間葉は *Otx* 相同遺伝子を発現だけでなく、そのなかの中胚葉性筋原基が *En* 様の発現を示す。これは、多くの顎口類胚の三叉神経筋原基のマーカー遺伝子であり、ヤツメウナギ胚でも顎骨弓中胚葉に相当すると考えられている。頬突起は後期咽頭胚期において顎前中胚葉をも含む。（Kuratani *et al.*, 1999b より改変）

と、外側の外側鼻隆起の神経堤間葉となる。一方、ヤツメウナギ胚の頭部腹側においては、鼻プラコードが中央で無対にとどまり、後方で腺下下垂体プラコード（adenohypophyseal placode）と連続し、いわゆる鼻下垂体板（nasohypophyseal plate）を構成するため、眼前神経堤細胞は単一の細胞塊にとどまる。この違いが、のちの顎（口器）顔面形成を両動物群で大きく変えてゆく（対鼻性の獲得により特異化される顎口類特異的な前頭鼻隆起は、鼻プラコードと神経堤間葉の相互作用によって成立する領域特異的な PDGFR*α* シグナルを介し、外側鼻隆起とは別のものとして分化する：He and Soriano, 2013。円口類においてこの遺伝子発現パターンや機構が保存されているか不明）。

上に述べた3つの細胞群、および顎前領域に発する神経頭蓋、いわゆる索前頭蓋（prechordal cranium；Couly *et al.*, 1993）の発生由来には一定の対応関係がある。すなわち、顎口類の索前頭蓋は、1対の棒状軟骨として発生する梁軟骨（trabeculae）と、その外側の鼻殻（nasal capsule）の側壁からなる。このうち梁軟骨の前方には、正中に発する間梁軟骨（intertrabecula）要素が独立に発し、後方の有対性の梁軟骨と融合して索前頭蓋の主体をなす（Wada *et al.*, 2011；図5-57）。このうち、間梁軟骨は特異的に前頭鼻隆起、すなわち眼前神経堤細胞に由来するのに対し、後方の梁軟骨は眼後神経堤細胞に由来する。特に断りのない限り、現生顎口類について本書では、眼後神経堤細胞に由来するもののみを「梁軟骨」と呼ぶ。後者を含む原基はしたがって、「索前頭蓋（prechordal cranium）」、あるいは「梁軟骨複合体（trabecular complex）」と呼称するのが望ましい。

（7）アンモシーテスの顎骨弓——円口類の梁軟骨問題

縁膜と同様、上唇と下唇も、胚頭部に生ずる「頬突起（cheek process）」と

いう特徴的な膨らみに由来する（図10-19；Kuratani et al., 2001）。頬突起は、アンモシーテス幼生においてしばしば顎骨弓と同一視されるが（Damas, 1944）、発生後期には、このなかに二次的に索前板（prechordal plate）から分化した顎前中胚葉が入り込む（Kuratani et al., 1999b；Kuratani et al., 2001；Claydon, 1938による後期胚の記述も参照）。したがって、神経堤間葉と中胚葉の相対的位置関係から、頬突起由来物の前半は顎前領域（premandibular region）に相当することになる。事実、上唇と下唇は頬突起の前後の分割によって生じ（図10-19）、このとき、上唇原基中の細胞は顎前中胚葉と、それを取り囲む神経堤間葉を主体とする。後者は、顎口類において梁軟骨を作るものに近い。頬突起が顎骨弓と比較可能なのは初期咽頭胚までであり、それ以降の頬突起前半からできる上唇は、顎前領域の構造であるらしい（図10-19下）（注）。これは、上顎の主体が

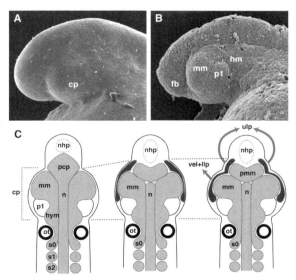

図10-19 A、B：日本産カワヤツメ初期咽頭胚の頬突起とその内部構造を示す。cp、頬突起；fb、前脳；hm、舌骨中胚葉；mm、顎骨中胚葉；p1、第1咽頭嚢。C：カワヤツメ個体発生過程において、頭部間葉の分布と、上唇、下唇の分化を示した模式図。索前板より二次的に分離した顎前中胚葉が頬突起のなかに侵入し、それを取り囲んだ三叉神経堤間葉が上唇を作ることに注意。cp、頬突起；hym、舌骨中胚葉；llp、下唇；mm、顎骨中胚葉；nhp、鼻下垂体板；ot、耳胞；p1、第1咽頭嚢；pcp、索前板；pmm、顎前中胚葉；s0-2、体節；vel、縁膜。

顎骨弓由来の口蓋方形骨によりできる現生顎口類と比較できない。

　ここで脊椎動物頭部の中胚葉と神経堤細胞の基本的成り立ちを振り返るならば、クーリーら（Couly et al., 1993）が指摘したように、頭部において骨格系を分化する中胚葉の広がりは、その分化を誘導することのできる脊索の存在によって制限され、その前方境界は下垂体が示す（図 5-56）。無顎類の下垂体形成は、顎口類のそれとは別の場所で進行するが（Uchida et al., 2003）、それが頭部中胚葉の前方限界を示すことに変わりはない。とりわけ索前板から分化した顎前中胚葉が下垂体後方で対をなすパターンはあらゆる脊椎動物種の初期咽頭胚に共通し、それがナメクジウオに生じている可能性についても述べた（図 6-8）。そのすぐ後方に見られる中胚葉の対がいわゆる顎骨中胚葉であり、これが顎骨弓に取り込まれ、三叉神経筋原基となる（図 10-19）。したがって、三叉神経堤間葉における顎前領域と顎骨弓領域の境界は、それが取り囲む中胚葉の分布に見ることができ、神経堤細胞群自体には境界はない。このような位置関係は細胞間相互作用の下地と見ることができる。この状況はヤツメウナギ胚でも同様である（Horigome et al., 1999；Kuratani et al., 2001；図 10-18、図 10-19）。一方でヤツメウナギの頭部中胚葉における Pitx 遺伝子発現を見ると、顎口類におけるのと同様、それはのちに外眼筋に分化するとおぼしき顎前中胚葉に認められる

注：頬突起に由来する構造はすべて三叉神経により支配され（Kuratani et al., 1997b）、中脳レベルに由来した神経堤細胞は頬突起へ向けて移動し、頬突起中の間葉はヤツメウナギにおける Otx 相同遺伝子を発現する（図 10-18 右；Ueki et al., 1998；Horigome et al., 1999）。アンモシーテス幼生の下唇は、発生過程を観察する限り、縁膜とともに顎骨弓の下部から分化するように見えるが、上唇は、顎前中胚葉を包み込む神経間葉、すなわち眼後神経堤細胞の塊（＝後突起）が成長し、左右のものが正中で融合し、吻側背側へ向かってドームを作り出すように形成される（図 10-22；Sewertzoff, 1931；Kuratani et al., 2001；ちなみに、ヤツメウナギの発生において、顎前中胚葉から外眼筋が分化してくる様がはっきりと観察されたことはまだない。Koltzoff, 1901 も見よ）。したがって、「上唇は顎前領域由来物」であり、顎口類の上顎とは直接比較できないことになる。が、この上唇のなかには三叉神経によって支配される筋素材があり、これは顎骨弓から二次的に顎前領域に取り込まれることによりもたらされる（Song and Boord, 1993；Murakami et al., 2005）──すなわち、本来的には顎骨弓中胚葉由来物でありながら、その位置は顎前レベルにある（後述；Kuratani et al., 2004；Kuratani, 2012）。同時に、神経堤に由来する顎骨弓間葉も上唇原基内に移動する（Kuratani, 2012）。円口類の Dlx 遺伝子が上唇原基の神経堤間葉の一部に発現するとなれば、ヤツメウナギ類の上唇は顎骨弓と顎前領域の混合によって形成された可能性が浮上する。ただし、顎口類の上顎が顎骨弓の背側部と眼前神経堤間葉の組み合わせにより生ずるのに対し、ヤツメウナギの上唇は顎骨弓の一部と眼後神経堤間葉によってできていることになり、やはり両者の相同性は成立しない。この場合、顎口類におけるのと同様、円口類においても Dlx 遺伝子発現は頭部神経堤間葉全域にではなく、咽頭弓部分に限られると考えられる（詳細は、Kuratani et al., 2013 を参照）。

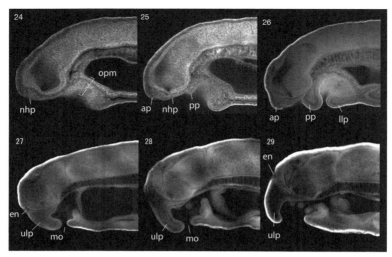

図 10-20 ヤツメウナギ胚における頭部形態形成過程。初期咽頭胚の頭部においては、咽頭内胚葉に接する外胚葉が口咽頭膜の外胚葉成分（口陥）となり、その前方に鼻下垂体板というプラコードが発する。このプラコードの前後には前突起と後突起という2つの顔面原基ができ、後突起が伸長し、上唇としてもちあがるにつれ、外鼻孔が頭部の背面に押しやられてゆく。ap、前突起（ANPに同じ）；en、外鼻孔；llp、上唇；mo、口；nhp、鼻下垂体板；opm、口咽頭膜；pp、後突起（PHPに同じ）；ulp、上唇。数字は発生段階。（写真は大石康博博士より提供）

(Koltzoff, 1901；Boorman and Shimeld, 2002a, b)。つまり、間葉の分布からすれば、上唇の主体は顎前要素であり (Kuratani et al., 2001；Shigetani et al., 2002)。顎口類の梁軟骨に近い素材ということになる。ならば、ヤツメウナギにおいて梁軟骨と呼ばれる構造はいったい何に相当するのか（図10-21C）。形態的相同性を成立させる約束事として、「ある動物における器官Aと、別の動物における器官Bが相同なのであれば、AとBを同時に備えた動物は存在できない」。

ド＝ビア (De Beer, 1937) はかつて、アンモシーテス幼生のような中間的動物の口周りに梁軟骨の相同物を思い描いたが（第5章）、これは「顎の前にもうひとつの内臓弓があるなら、それはこのあたりに見つかるであろう」という印象によっていた（図5-58）。ところが、ヤツメウナギにはこれとは別に、「梁軟骨」と呼ばれる骨格要素がある（図10-21；Parker, 1883a, b；Sewertzoff, 1897；Allis, 1923, 1931a, b；De Beer, 1924b, 1931, 1937；Bjerring, 1977；要約はDe Beer, 1937；Damas, 1958とHardisty, 1981を）。それはあたかもテニスラケットの枠のような

図 10-21 ヤツメウナギの梁軟骨。ジョネルズによる、ヤツメウナギ梁軟骨（tr）の発生。ジョネルズはド=ビアとは異なり、ヤツメウナギの頭蓋底に見られる1対の棒状軟骨を梁軟骨と呼んでいたが（tr）、それを顎口類における同名の軟骨と相同であるとは考えなかった。初期の梁軟骨原基（A の tr）は脊索（nc）の横に発生し、この位置はクーリーらによる索前頭蓋の定義に反する。またそれだけではなく、この軟骨は第1動脈弓、すなわち顎骨弓の位置に発する。これらのことから、ヤツメウナギにおいて一般に梁軟骨と呼ばれているものは、おそらく傍索軟骨（pc）の前方への延長と見たほうがよいのだろう。これは、アンモシーテス幼生の上唇内の間葉が顎前領域の神経堤間葉に由来するという仮説と整合的である。(Janvier, 1996 より改変)

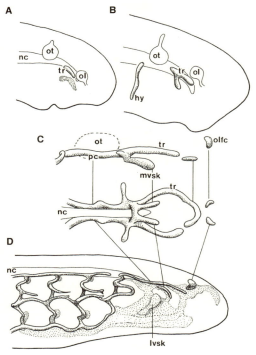

形状をした留め金状の軟骨であり、脊索前端部の両側から前方へ伸び、前脳の底部を支えつつ下垂体を取り囲む。下垂体はこのラケットに張った膜の背側に納まり、この軟骨輪を突き抜けて口腔へ至ることはない（円口類の下垂体は鼻道の奥に、その上皮の一部として生ずるので、下垂体が口腔に開くことはなく、それはヌタウナギでも同様：後述）。したがって、その見かけ上の機能や（神経堤間葉が二次的に拡大した前脳のレベルで頭蓋底を形成し、神経頭蓋として機能する）、形状の類似（1対の棒状の軟骨が前方で融合したかたちが、顎口類の梁軟骨に類似するが、形状の類似それ自体は形態学的相同性の要件ではない）を理由に、これを「梁軟骨」と呼ぶに至った経緯は理解できる（Koltzoff, 1901 は、*Petromyzon* における梁軟骨を前方の3体節より由来するとしたが、Sewertzoff, 1916 は何らかの非体節的間葉に由来するとした。Damas, 1943 に至っては、*Lampetra* において同様の軟骨が神経堤より由来するとした。後者が正しければ、ヤツメウナギと顎口類の梁軟骨は発生学的にもよく似ることになる）。

しかし、ジョネルズの観察したように、この軟骨の最初の原基は脊索の外側、顎骨弓の背側に生じ、それが前方へ伸長することにより前脳底部に及ぶ（Johnels, 1948; Koltzoff, 1901 も見よ）。この発生位置は索前頭蓋としては後方にすぎる（顎口類の梁軟骨は、顎前中胚葉の外側に位置する眼後神経堤細胞より発し、その顎前中胚葉は脊索の前方に位置する脊索前板に由来する）。また、「脊索の外側」は、神経堤間葉ではなく、本来傍軸中胚葉の占める位置である。すなわち、ヤツメウナギの梁軟骨は、顎口類における傍索軟骨により近く、それが二次的に前方へ伸長した結果として前脳底部に位置しているらしい（これは、ヤツメウナギ初期胚の顎骨弓中胚葉を標識すると、のちの梁軟骨原基が認識されることとも一致する；Kuratani *et al.*, 2004）。すなわち、ヤツメウナギにおける梁軟骨は、中胚葉性の神経頭蓋要素（脊索頭蓋）なのであり（ヤツメウナギにおける前傍索軟骨——anterior parachordals は、むしろ顎口類の眼窩軟骨——orbital cartilage に近い）、それはアンモシーテス幼生の眼後神経堤間葉が上唇形成に用いられることと整合的である。したがって、円口類の神経頭蓋は、ほぼすべて頭部中胚葉に由来する。

　上に述べたように、円口類と顎口類の間には、とりわけ眼後神経堤細胞の消長に関し大きな差異があり、そのためヤツメウナギの口器と顎口類の顎要素の間では相同性が失われている（ヤツメウナギ的口器の形態を徐々に連続的に変化させ、顎口類の顎に重ね合わせることができない）。これは、発生機構のシフトによる相同性の喪失であり、狭い意味での進化的新規性の要件を満足する。以上、アンモシーテス幼生と顎口類の頭部形態の本質的な差異は、神経堤間葉の位置的分布を左右する諸構造や、それらとの関係における神経堤間葉の成長方向の違いというかたちに還元できる。ヤツメウナギにおける嗅上皮と腺性下垂体は、胚頭部の正中にある無対の鼻下垂体板（nasohypophyseal plate）というプラコードとして発し、その派生物が一種の感覚内分泌上皮としてともに単一の孔（一般に外鼻孔と呼ばれる）でもって外界に開く。現生顎口類とは大きく異なったこのパターンとともにあるのが、すなわち円口類の頭部設計なのである（鼻孔が単一であるだけでなく、腺性下垂体原基が口腔に開かないということが、脊椎動物全体のなかで円口類をきわめて奇抜な動物に見せている）。

　化石記録によれば、多くの原始的な顎口類（甲皮類）でもやはり、単一の孔でもって嗅上皮と腺性下垂体が外界に開いていた（Janvier, 1996）。一方、脊椎動物における口腔外胚葉は、口陥そのものに由来するのではなく、顎口類においては上顎突起の伸長によって二次的に前方に広がることによって特異化され、

そのため「下垂体が口腔外胚葉から分化する」と表現されることになる (Gorodilov, 2000 と、その引用文献参照；既存の多くの教科書に見るような過去の多くの記述は適切ではない。腺性下垂体原基の特異化と口腔外胚葉の特異化は互いに乖離しており、現象としては先に汎プラコード領域が特異化されたのちに、それとは無関係に発生のより後期に生ずる口器形成過程が口腔外胚葉を規定する)。現生顎口類において、ラトケ嚢は口陥の前方に誘導され、ここまでは円口類と本質的には変わらない。が、この下垂体プラコードと口陥の間に仕切りを作り、その後方にのみ口腔を発生させることによって顔面原基の形状を顎口類のものと大きく変えているのが円口類なのである（図10-22、図10-23）。この違いがどこに起因するかといえば、アンモシーテス幼生の左右の眼後神経堤細胞が鼻下垂体板後方で正中へ向かって合一し、上唇原基となるからであり、そのことが円口類の口腔外胚葉の広がりを（上唇原基の後方に）決定するのである（図10-20、図10-22；これと同じことはヌタウナギ胚でも生ずる。顎口類においては、口腔外胚葉の範囲を決定するのは上顎突起の伸長と、その内側鼻隆起との融合である）。このようにして形成されたアンモシーテス幼生の上唇はしたがって、その顎口類における潜在的相同物である梁軟骨とはきわめて異なった位置を占めるに至る。顎口類においては、腺性下垂体プラコードが鼻プラコードと分離しているため、神経堤間葉がこのプラコードの外側を通り抜け、吻側で内側鼻隆起（間梁軟骨）、すなわち眼前神経堤細胞と結合し、いわゆる索前頭蓋を作り出すが（注）、鼻下垂体板がゆく手を阻む円口類ではそれができない（図10-23）。言い換えれば、プラコードの分離と、それに伴う対鼻性（diplorhiny）の獲得が、顎口類において梁軟骨と顎の形成を許容したらしい。

　上の論理に従えば、対鼻性なくして総梁軟骨（＝梁軟骨＋間梁軟骨）、もしくは顎口類的索前頭蓋の成立もままならない。が、一方で顎の獲得と索前頭蓋の成立の関係はどうか。可能性としては、ヤツメウナギに見るように、顎口類の傍索軟骨が前方へ伸長し、梁軟骨と同様の機能を獲得し、一方で眼後神経堤細胞が上顎突起と融合したかたちで前方へ伸び、内側鼻隆起と融合することによ

注：顎口類では下咽頭顎節が前方へ伸び（その伸長様式の理解には諸説がある）、いわゆる上顎突起 (maxillary process) となるが、これは梁軟骨の外側を占め、前端で前頭鼻隆起の由来物（前上顎骨；premaxilla）を挟み込むように結合し、機能的な意味での上顎を形成するに至る。つまり、上顎は上顎突起、あるいはその内部に発する口蓋方形軟骨のみを用いて作られるわけではなく、顎前領域の素材がそこに大きく関与する (Lee et al., 2004；Cerny et al., 2004；要約は：Olsson et al., 2005；Depew and Olsson, 2008)。板皮類では、それがまだ完成していなかったらしい（後述）。

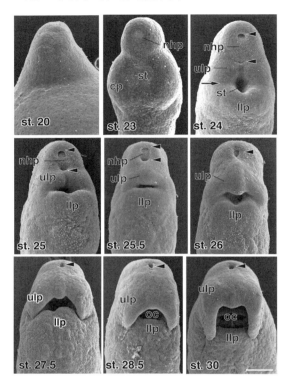

図10-22 カワヤツメ *Lampetra japonica* における頭部顔面形成過程。走査型電子顕微鏡による観察。cp、頬突起；llp、下唇；nhp、鼻下垂体板；st、口陥；ulp、上唇。

り、アンモシーテス幼生の上唇と部分的に同じような組成の上顎が顎口類に成立していたという道筋もあったはずなのである。それがなぜ起こらなかったのか。知る方途はないが、前脳部分の頭蓋底を新しく作るという要請にあって、対処の方法が一通りではなかったことがこの例から分かる。

　前頭鼻隆起、もしくは内側鼻隆起に由来する鼻中隔（internasal cartilage；事実上それは間梁軟骨）は（皮骨性の前上顎骨も含め）、おそらくすべての現生顎口類にとって原始的な形質であると、少なくとも古生物学的には考えられている（Maisey *et al.*, 2009；ただし、原始的な板皮類についてはこれは必ずしもあてはまらない：後述、「ロムンディーナ」の項を参照せよ）。そして、それは発生学的にも整合的である。すでに述べたように後者だけからなる現生の板鰓類やチョウザメ類の上顎は、あくまで二次的な単純化の帰結として生じたらしい（化石種の板鰓類には歯の生えた ethmoid cartilage をもったものがいた：Maisey *et al.*, 2009）。

このように、顎口類では上顎部の進化にとって、顎骨弓だけではなく、眼前神経堤細胞群が重要な構成要素として機能し、この細胞群の一部が鼻孔の間に挟まれた正中の構造となっていることはきわめて重要な意味をもつ。一方で、ヤツメウナギ胚では、上述のように眼前神経堤細胞群が分断されず、単一の鼻孔の存在により、その背側で単一の細胞塊をなす。鼻孔は、上唇の発達により二次的に背側へ押しやられるため、ヤツメウナギにおける眼前神経堤細胞の貢献はごく小さなものにとどまり、鼻孔の後方に控えた壁の間葉、もしくは鼻殻の一部を分化するとおぼしい（ヌタウナギでは、この領域が大きく広がり、前後に伸びる鼻道を形成する。それが派生的な状態を示すのかどうかは不明）。

いずれ、ヤツメウナギの口器において、真に顎骨弓由来と呼べるものは、縁膜と下唇だけであり、口器背側半がもっぱら顎前領域の素材によってまかなわれるという状態は、無尾両生類の幼生、オタマジャクシの口器に似た状態を見る。そこでは「suprarostral」という素材が「見かけ上の上顎」の主体をなす（図10-24）（注）。オタマジャクシの口蓋方形軟骨は後方に未分化な状態で控え、変態に際して前方へ伸び、のちに真の上顎となる。この類似性を最初に見破ったのはハクスレー（Huxley, 1876）であったが、それは単なる見かけ上の類似性ではなく、ヤツメウナギと同様の形態発生的戦略によるのである。

（8）組織細胞間相互作用と顎をパターンする遺伝子

顎の進化は一面、顎関節の進化でもあり、それは顎骨弓間葉を上下に分断する領域化の機構による。発生学的には、三叉神経堤細胞群各部に位置価（posi-

---

注：アフリカツメガエルなど、原始的な系統のものは例外として、多くのオタマジャクシでは独特の口器ができあがっている。それは角質歯を備え、上下に開閉するが、口蓋方形軟骨とメッケル軟骨を使った機構ではない。オタマジャクシにおいては、形態学的に間梁軟骨、もしくは鼻軟骨に近い、「suprarostral」と呼ばれる軟骨塊が口の上縁を形成し、下縁はのちの方形骨によって作られ、その先端にメッケル軟骨の前駆体となる塊が申し訳程度についている。変態時において方形骨が後方へ大きくスイングし、先端のメッケル軟骨前駆体が前方へ伸長することによって、顎口類型の顎ができる。つまり、口器の構成要素の位置関係は、オタマジャクシの口器とアンモシーテス幼生の間でよく一致する。角質歯もまた、円口類の口器に見られる特徴的構造である。もちろん、これは両者の系統的類縁性を示すものではなく、一種の平行進化にすぎない。ここにひとつ重要な示唆があるとすれば、おそらく、それが顎口類であろうが円口類であろうが、共通の脊椎動物初期咽頭胚の形態的パターンを用いて可動の口器を作り出そうとすれば、間葉の使用方法にはせいぜい数個のレパートリーしかなく、何らかの理由で真の口器発生を遅らせる必要のあるオタマジャクシ幼生にできることは、脊椎動物がはるか昔に発明した、もうひとつのオプションを用いることであり、実際そこに収束せざるをえなかったという可能性である。

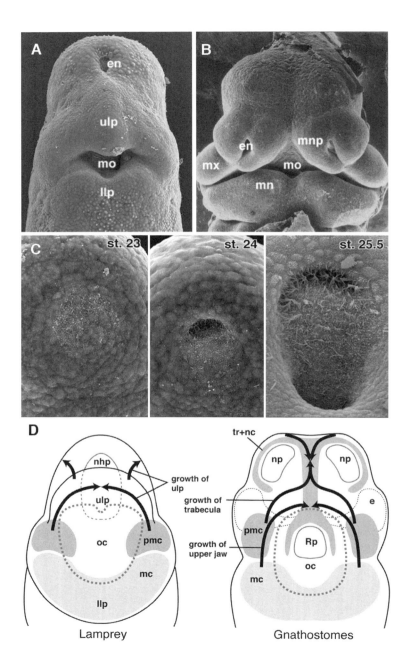

図 10-23　上はカワヤツメ Lampetra japonica アンモシーテス幼生（A）とラット咽頭胚（B）の「顔」。外鼻孔の数だけでなく、顔面原基の配置が大きく異なることに注意。C：カワヤツメ鼻下垂体プラコードの発生過程。en、外鼻孔；llp、下唇；mn、下顎突起；mnp、内側鼻隆起；mo、口；mx、上顎；ulp、上唇。（左、ならびに下段は、信定福明氏による。右は倉谷・大隅、1997 より改変）D：アンモシーテス幼生（左）と顎口類胚（右）における、頭部神経堤間葉の分布の違い。アンモシーテス幼生、顎前神経堤細胞（pmc）が鼻下垂体板（nhp）の下で合一し（矢印）、前方へ伸び（矢印）、上唇（ulp）を作り、それが外鼻孔を背側へと押し上げる。顎骨神経堤細胞（mc）それ自体は、下唇（llp）と、ここには示されていない縁膜の間葉をもたらす。口腔外胚葉（oc）が、下垂体原基を含まないことに注意。一方、顎口類では鼻プラコード（np）が対をなし、下垂体原基（Rp）が口腔外胚葉（oc）の一部として誘導される。この分離は、上顎ならびに、梁軟骨（tr）や、鼻中隔の形成を許容するスペースとなる（矢印は、間葉の動きを示す）。顎口類の進化にあたっては、頭部間葉系に大規模な再編成が生じ、無顎類の上唇をもたらしていた顎前間葉（mc）は、梁軟骨に変化し、機能的に上唇に似た上顎は、顎骨神経堤細胞集団の背側部からもたらされる。詳しくは Kuratani ら（2001）を参照。e、眼；mc、顎骨神経堤細胞群；pmc、顎前神経堤細胞群；Rp、ラトケ嚢；tr + nc、梁軟骨ならびに鼻中隔。

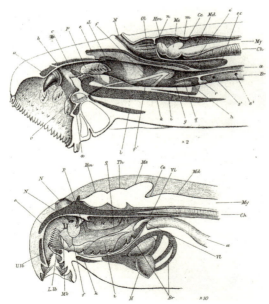

図 10-24　ハクスレーによって指摘されたオタマジャクシ口器とヤツメウナギの口の類似性。(Huxley, 1876 より）

tional values) を与える分子機構が知られ、それは上皮間葉間相互作用を基盤とする。ここで機能するのは、上皮に由来する成長因子、BMP、FGF と、それらの下流にあって間葉の局所的アイデンティティを付与するホメオボックス遺伝子群、Dlx、Msx である。

哺乳類では 23 もの遺伝子メンバーが知られている FGF (繊維芽細胞成長因子) ファミリーのうち、ほとんどのメンバーは頭部顔面に発現するが、そのうち形態パターニングに重要なのが *Fgf8* である (Francis-West *et al.*, 1998; Bachler and Neubüser, 2001; Munoz-Sanjuan *et al.*, 2001 を見よ)。ニワトリ神経胚においては、三叉神経堤が胚の腹面を覆う以前から、のちの顎骨弓予定域に *Fgf8* が発現し、そこに顎形成とのつながりを見た重谷らは、異所的に FGF8 を与えることにより、本来顎前領域に分化するはずであった三叉神経堤細胞のアイデンティティが顎骨弓へトランスフォームすることを示した (図 10-25、図 10-26; Shigetani *et al.*, 2000)。

三叉神経間葉がどのような個性をもつか、それは三叉神経の末梢形態と FGF8 の標的遺伝子である *Dlx1* や *Barx1* の発現パターンによって知ることができる (眼神経が *Dlx1*-、*Barx1*-ネガティヴな顎前領域に、上下顎神経が *Dlx1/Barx1*-ポジティヴな顎骨弓領域へと赴く; 第 4 章)。つまり FGF8 分布領域を前方へ拡大すると、*Dlx1* ならびに *Barx1* 発現領域が前方へ拡大し、三叉神経支配ならびに顎前領域と顎骨弓領域の分離が同様のシフトを示す (発生段階特異的に FGF8 と拮抗する BMP4 を与えると、逆のパターンをもたらす)。つまり神経胚期では、三叉神経堤細胞は位置的に特異化されておらず、続く上皮間葉間相互作用を通じてそれが起こる。しかもそれは、外胚葉に存在する成長因子の分布パターンに依存する (成長因子の分布による外胚葉特異化のパターンが、のちの顎顔面間葉特異化にとっての「プレパターン」となっている: 図 10-25)。

上の制御カスケードは、顎骨弓が特定されたのちにおいては、顎骨弓の遠近軸パターニング機構として機能する。つまり、最初は顎骨弓全体を特異化していた *Fgf8* が、いまや発現を顎骨弓外胚葉の後方外側部、すなわちのちの顎関節に近い領域を特異化する因子となる (Helms *et al.*, 1997; Richman *et al.*, 1997; Francis-West *et al.*, 1998; Barlow *et al.*, 1999; Shigetani *et al.*, 2000; そもそもこれが顎骨弓に関して知られていた *Fgf8* 発現パターンであった)。そして、それに隣接した神経堤間葉に対し *Dlx1/Barx1* の発現を誘導する。一方、上下顎の先端に相当する外胚葉には *Bmp4* が発現し、その直下の間葉に *Msx1* が発現する。間葉におけるホメオボックス遺伝子発現のこのような違いが、関節と先端の極性

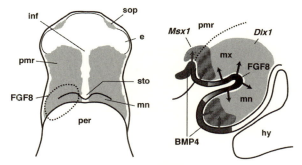

図 10-25 ニワトリ初期胚・咽頭胚における外胚葉のプレパターン。左は、HH ステージ 10 のニワトリ胚を腹側から見たもの。灰色は神経堤細胞。この細胞群が下りてくる前から腹側外胚葉には *Fgf8* が発現を開始しているが（破線で囲んだ部分）、これはのちの顎骨弓領域に相当する。すなわち、三叉神経堤細胞は顎骨弓から顎前領域に至る広範な領域を充填するが、その各部分の特異化は、外胚葉にプレパターンされた成長因子の分布という情報を必要とする。この直後、三叉神経堤細胞は、顎骨弓領域と顎前領域に区別されることになる。ところが、咽頭弓のかたちが成立すると（右）、*Fgf8* と *Bmp4* の拮抗的な分布が顎骨弓間葉の近位部と遠位部に別の標的遺伝子、*Dlx1* と *Msx1* をそれぞれ発現誘導し、顎骨弓間葉内の軸パターニングを行う。すなわち、発生ステージによって、同じ分子カスケードが異なった形態形成の文脈に機能するのである。e、眼；hy、舌骨弓；inf、漏斗原基；mn、下顎突起；mx、上顎突起；per、心膜腔；pmr、顎前領域；sop、三叉神経堤細胞の眼上集団；sto、口陥。（Shigetani *et al.*, 2000 より改変）

（polarity）を定める（Thesleff *et al.*, 1995；Tureckova *et al.*, 1995；Thomas *et al.*, 1997；Lanctot *et al.*, 1997；Mitsiadis *et al.*, 1998；Bei and Maas, 1998；Grigoriou *et al.*, 1998；Mandler and Neubüser, 2001；Line, 2001；図 10-25、図 10-26）。

　マウスにおいて BMP シグナルを阻害し、関節部に発現する *Barx1* を先端に発現させると、そこには門歯（齧歯類の切歯）のかわりに臼歯のアイデンティティをもった歯が発生する（Tucker *et al.*, 1998）。ここでも、顎骨弓中の極性のプレパターンとなっているのは、外胚葉上皮における成長因子の分布パターンであり、前段階のパターニングと同じ、FGF8 と BMP4 という因子の発生段階特異的な拮抗をベースにした上皮間葉間相互作用が働いていることが分かる（Bei and Maas, 1998；Shigetani *et al.*, 2000；Stottmann *et al.*, 2001）。ちなみに、脊椎動物に特徴的な FGF と BMP の拮抗作用は、頭部顔面のパターニングだけではなく、肢芽、肺、トリの羽毛などのパターニングにおいても機能している（Niswander and Martin, 1993；Jung *et al.*, 1998；Noramly and Morgan, 1998；Weaver *et al.,* 2000)。ひとたび成立した分子機構が、さまざまな器官形成にリクルートされていることが窺える（第12章に後述）。

　このように、発生的パターニングは同じ分子的機構を用いながら、発生各ステージにおいて、異なった形態形成の局面に機能する（三叉神経堤細胞のなかに「顎に用いる領域」を最初に定め、そののちに「顎のなかでの極性決定」を行う）。したがって、発生のどの段階に擾乱を加えるかにより、同じ内容の実験を行っても異なった表現型が得られる（発生初期における成長因子の操作では顎全体をほぼ欠失させることができるが、顎骨弓成立以降に類似の実験を行っても同じ表現型は生じない。たとえば、Barlow and Francis-West, 1997 など）。マウスにおいて *Fgf8* 遺伝子破壊実験が行われ、顎のほとんどが欠失する表現型が得られたが（Trumpp *et al.,* 1999）、表現型の類似性（表現型模写）から、このとき機能が欠失したのが *Fgf8* シグナリングのうちでも、顎骨弓の領域的特異化に関わるものであったと類推できる。このような発生イベントの連鎖は、顎口類やヤツメウナギが間葉の特異化にあたって変異する局面とパラレルである。すなわち、三叉神経堤細胞の領域化はある程度まで両者で共通するが、どのような構造を作るかというレベルでは明らかに異なったプロセスが進行する。組織間相互作用を用いる発生システムの階層的構造それ自体が、進化的シフトを生じせしめる可能性を提示している（重谷・倉谷、2002）。

（9）円口類口器パターニングにおける相互作用

　カワヤツメ胚における *Bmp4*、*Fgf8*、*Msx1* の相同遺伝子に関して興味深いのは、あたかもそれらが上唇と上顎、そして下唇と下顎の相同性を示唆するような発現パターンを示すことである（図10-26）。形態学的にはこの相同性は成立しない。真に形態的相同性に従って遺伝子発現が制御されているなら、顎骨弓ならぬ上唇間葉は *Dlx* 遺伝子を発現しないはずである。つまり、ヤツメウナギ胚と顎口類胚の発生パターンを比べると、形態パターンと遺伝子発現に非相同的な「ずれ」が生じている。後述するように、相同な遺伝子が形態的に相同な構造の発生に用いられることは多く、それ自体はきわめて整合的な現象だが、相同な遺伝子が発現するからといって、必ずしもその構造が形態的に相同ということにはならない（第12章参照）。遺伝子にも形態パターンにも相同性と呼ばれる進化的拘束が生じ、それらは進化系統のうえでよく似た振る舞いを示す（倉谷、2016参照）。しかし、遺伝子の相同性のうえに形態的相同性が成立するわけではなく、遺伝子の用いられ方は進化的変更を受ける。たとえば、

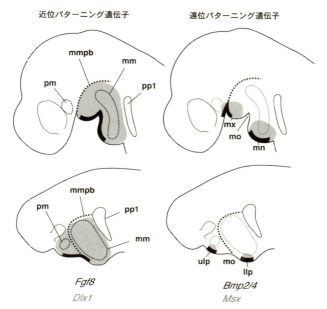

図10-26 顎口類とヤツメウナギにおける顎極性パターニング遺伝子発現。ニワトリ胚における近位パターニング遺伝子（*Fgf8*、*Dlx1*）と遠位パターニング遺伝子（*Bmp4*、*Msx1*）のカワヤツメ相同遺伝子群（それぞれ、*LjFgf8/17*、*LjDlx1/6*、*LjBmp2/4a*、*LjMsxA*）の発現パターンを比較したもの。あたかもヤツメウナギ胚の上唇と下唇（ulp、llp）が、顎口類の上顎と下顎（mx、mn）に相同であるかのような発現を示す。しかし、これらの構造が形態学的に相同ではないことについては、頭部中胚葉と神経堤間葉の位置関係から証明できる。相同な遺伝子が、相同な形態的構造にではなく、相似的構造の発生に機能する例である。詳しくはShigetaniら（2002）を参照。

異所的に作用させた哺乳類由来のFGF8、BMP4は、ヤツメウナギ胚に内在する仮想の標的遺伝子の発現を誘導できる。この現象は、円口類にも顎口類におけるのと相同的な分子カスケードがあることを示唆している。ここでは、「相同な」分子カスケードを基盤にした細胞間相互作用が、形態学的な相同物ではなく、機能的に類似の構造の発生に用いられている（Shigetani *et al.*, 2002, 2005）。つまり、形態的相同性と遺伝子の相同性が乖離している。

つまり、顎口類と無顎類におけるホメオボックス遺伝子発現ドメインの形態学的シフトは、上皮内における成長因子の分布が進化的に変化したことによるらしい。事実、ニワトリ神経胚の予定顎前領域にFGF8を与えると、ヤツメ

ウナギ様の *Dlx1* 発現パターンを得る。ヤツメウナギとの比較から見る限り、この *Dlx1* 発現ドメインは内容的に、顎骨弓としてではなく、口器としての領域特異化を示しているように見える (Shigetani et al., 2002、ならびに、私見、未発表)。ここに見るのは、相同遺伝子が非相同的形態に付随するという、進化発生研究がよく遭遇するジレンマである。われわれは相同的形態の成立背景に、相同的な発生プログラムや相同的発生パターン、相同遺伝子発現などの下部構造があると観測しがちである。が、必ずしも遺伝子発現は進化において保守的ではない (DSD の結果として)。ましてや、形態学的相同性を遺伝子発現パターンに還元するのは建設的な方針ではない (相同性の基準に関する還元的方針についての議論は、Remane, 1956 ; Roth, 1988 ; Hall, 1994, 1998 を)。むしろ、バウプラン進化は階層的な変化を示し、それぞれのバウプランが独特の相同関係を伴う以上、その背景には、相同性の内容を変化するような何らかのシフトが予想される。顎の獲得に見るのは、発生過程の因果連鎖的なイベントの連なりと、進化的バウプランの構造の対応関係である。顎口類と円口類の間において、相同性を破壊するようなタイプのシフトがあれば、そこに細胞間相互作用の位置的シフトが関わっていると推測するのは妥当であろう。

(10) ヘテロトピー説

発生反復説を提唱したヘッケルは、かつて「ヘテロクロニー (heterochrony)」と「ヘテロトピー (heterotopy)」という概念を創り出した (Haeckel, 1875)。反復説それ自体は誤った認識的形式化だが (第2章、ならびに後述)、これら2つの概念はいまでも生きている。ヘテロクロニーが発生のタイムテーブルの変化による進化を仮定するのに対し、ヘテロトピーは発生の位置のシフトを意味する。上に見た顎の進化に関わるとおぼしい相互作用のシフトも、このヘテロトピーの範疇にある。それがトポロジーの変化である以上、ジョフロワの定義による形態的相同性が乱れることは必至である。顎の進化も、相同性を破壊する進化的新機軸として生じた。したがって、顎の獲得を追求する研究は比較形態学の論理ではもはや扱えない (形態学的相同性では新機軸の成立を説明できない)。しかし、相同性の発見が比較形態学の課題なのであれば (その典型例については、すでに耳小骨の研究に見た)、新機軸につながる可能性のある相同性の破棄を発見するのもまた、比較形態学者の目をもってするしかない。発見は常にパターンの比較からはじまる。

顎の進化において、FGF、BMP にはじまるシグナリング機構は、常に口器

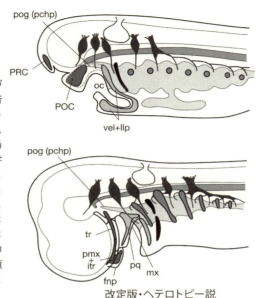

図10-27 ヘテロトピー説に基づく、顎の進化。円口類的段階（上）が祖先的状態として仮定されているが、その根拠はOisi *et al.* (2013a) に示されている。口前腸と顎前神経堤細胞の分布を発生学的に認識した進化学説であることが特徴。mx、上顎；pmx + itr、前上顎骨要素と間梁軟骨；POC、眼後神経堤細胞（PHPに同じ）；pog（pchp）、口前腸（索前板）；pq、口蓋方形軟骨；PRC、眼前神経堤細胞（AN？に同じ）；tr、顎口類の梁軟骨；vel + llp、縁膜と下唇。(Kuratani, 2012 より改変)

の先端と基部をパターンしてきたらしい。顎が進化する以前よりこのシステムは成立していたのだろう。ならば、形状としての「顎」と「唇」の類似性は、分子的発生機構のレベルでは同祖的なのかもしれない（deep homology の例として）。しかし、それを形態学的に「相同」と表現することはできない。顎口類の進化の黎明に、顎ではなかった未分化な鰓弓原基が関節を獲得し、大型化したという漸進的進化プロセスがあったのではなく、むしろ顎口類とほぼ同じ機能を果たす構造はすでに無顎類に存在し、その機能的形態を作るプログラムが、ヘテロトピーによって別の細胞群に適用されたというのが真相であったのだろう（顎口類全般を射程に置いたヘテロトピー説の検証については、Compagnucci *et al.*, 2013 を参照）。同様のヘテロトピーは、咽頭弓内における神経堤間葉の移動にもあったかもしれない。そもそも、背外側経路を移動する神経堤細胞は当初、弓の外側、外胚葉直下に位置し、中胚葉のコアを取り巻くが、そのままの位置で軟骨化すれば、ヤツメウナギのような鰓弓骨格ができあがる（第4章）。これが顎口類型の内側の鰓弓骨格になるためには、個体発生のある時期、細胞集団が弓のなかで位置を変えなければならないとキンメルら（Kimmel *et al.*, 2001）は指摘する。

形態的発生パターニングは、階層的に構築された発生パターンとプロセスの因果連鎖として進行する。つまり、ひとつのステージの発生パターンが境界条件となり、新たな発生プロセスを誘起し、それが第2の発生パターンを生む（Thomson, 1988 を見よ）。脊椎動物の形態進化は、このようなパターンとパターン、プロセスとプロセスの連鎖のなかに、さまざまな変更を加えてきた。とりわけ上に見たヘテロクロニーでは、ゲノムに書き込まれた遺伝子制御機構は大幅に変更せず、それを誘起する形態的な発生文脈に変更を加えることによって、それ以降の発生ステージに生ずる発生パターンに、比較不可能なほど大きな変更を加えてしまうタイプのものである（Hall, 1998）。

しばしばヘテロトピーはヘテロクロニーの結果として生ずる。また、いま認識されているヘテロクロニックな現象の背後には、それに先立つもうひとつのヘテロトピーが見つかるかもしれない。いずれ、得られる変異の抜本的内容は、ヘテロトピーやヘテロクロニーを惹起するのに予想される発生プログラムの変更（それは、ごく微小なもので充分だろう）を大幅に上回る（第11章）。このような進化が可能であることの背景に、胚の発生機構の要である組織細胞間相互作用・制御機構の重要性は強調せねばならない。

新規形成物としての顎の進化を説明するこのヘテロトピー説は、顎口類が無顎類状態から導き出される過程において、顎顔面領域の間葉の分布が再編成され、外胚葉上皮との位置関係に変更が生じている点に着目する。その背景で、プラコードが中枢神経原基と密に接触する部位においては、神経堤間葉の占めることのできる場所が制限され、そのプラコードの数と分布が変化したことが大きな下地となったと考える。下垂体と、それに近接した鼻プラコードの発生位置は円口類と顎口類で大きく異なり、またそれは両者の動物間において口腔外胚葉の相同性を破壊しているのである。つまり、脊椎動物の進化の初期にあって（それは脊椎動物の進化史の半分以上を占めるが）、顔面の形態パターンに比較形態学的方法論を無効にするレベルの多様性があったということは、組織間相互作用の基盤となるプラコードや神経堤間葉の位置関係に同様の多様性があったことを示す。ならば、顎骨弓だけでなく顎顔面領域を全体的に比較し、その大局的な変化の推移から顎の進化的獲得を読み解いてゆかねばならない（図10-27；Kuratani, 2012；Kuratani *et al.*, 2013）（注）。

（11）三叉神経枝の進化と上顎

顎の進化的成立を眺めたとき、「発生原基として現生顎口類において真に新

規なものは、顎骨弓背側部に由来する上顎突起である」という表現が可能となる。むろん、それに似た発生素材はヤツメウナギにも存在するが、それは顎骨弓の一部として分化しない。また、ヤツメウナギ胚の顎骨弓間葉が下垂体後突起（眼後神経堤間葉）と融合を果たして上唇を形成しているように見える一方、顎口類の上顎突起派生物は、明瞭に内側の梁軟骨とは分離している。したがって、この上顎突起という新規形質の成立には一面、無顎類的段階において結合していた発生要素が「乖離」する現象も控えている。これについて考察すべき対象が、三叉神経の末梢形態である。

三叉神経の名は、それが3つの主要な枝をもつことに由来し、それら各枝の名称「眼神経（opthalmic nerve；V1）」、「上顎神経（maxillary nerve；V2）」、「下顎神経（mandibular nerve；V3）」も、現生顎口類の一種であるヒトのそれに基づいている。この末梢神経の分布域はしばしば、胚における顔面原基の配置や、そこへ流入する神経堤細胞の移動経路、もしくは間葉の成長の方向を示すものとして、発生解剖学の格好の素材として語られてきた（Johnston, 1966；脳神経

注：ヘテロトピー説の改訂について。上に述べたようにヤツメウナギ胚の上唇原基、すなわち眼後神経堤細胞は、顎口類におけるより前方へ広がる FGF の作用により、咽頭弓に属しないにもかかわらず Dlx を発現するのであろうとヘテロトピー説は説明する。たしかに、ヤツメウナギ胚の見かけ上の Dlx 発現領域は顎口類の咽頭胚におけるよりずっと広く、眼の後方のすべての頭部神経堤間葉がこの遺伝子を発現しているように見える（Shigetani et al., 2002）。が、顎骨弓間葉の二次的成長と移動が考えられる場合は、その推論には注意が必要となり、顎の進化発生学的モデルの構築も改定を余儀なくされる（図10-29）。現在のところ、円口類胚において細胞標識実験は多く試みられているが、モデル動物におけるほどの精密さは実現できていない。走査型電子顕微鏡を用いたこれまでの研究では、上唇原基の内側に顎前中胚葉が伸長する時期が、この領域に三叉神経堤細胞が流入する時期とほぼ一致し、眼後神経堤細胞のみを標識することも困難である（Shigetani et al., 2000, 2002）。この点で、ヌタウナギ胚は組織学観察に向いており、この胚における上唇原基相同物では、Dlx 発現細胞が突起外側後方に局在するのが分かる（Oisi et al., 2013b）。すなわち、円口類における上唇原基内の間葉は大きく内外に分けることができ、その内側吻方のものが眼後神経堤細胞、外側後方のものが顎骨弓間葉に由来するという可能性もまた否定できない（図10-29；図10-28も参照）。興味深いことに、この間葉の内外の関係は、顎口類における梁軟骨（後方の要素）と口蓋方形軟骨の関係に似る。このうち、顎口類では口蓋方形軟骨だけが顎の形成に加わり、梁軟骨は口器を構成しない。口蓋方形軟骨が前方で融合するのは、前述の通り間梁軟骨であり、これに対応する骨格要素はおそらく円口類には存在しない（鼻孔が対をなしていなければ、その間の軟骨も発生しない）。円口類と現生顎口類の間で、口陥、もしくは口（primary mouth）の開口位置に移動は生じている。アフリカツメガエルを用いた実験では、口の開口に際しては、Wntβ カテニンシグナルを抑制する Frzb-1 と Crescent が口陥外胚葉と咽頭内胚葉の接触位置に局在し、上皮基底膜の破壊を導くことが知られている（Dickinson and Sive, 2006, 2007, 2009）。円口類においてこの機構が保存されているかどうか知られていない。

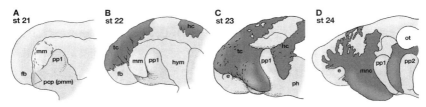

図10-28 カワヤツメ *Lethenteron japonicum* における頭部間葉の発生過程。fb、前脳；hc、舌骨神経堤細胞群；hym、舌骨中胚葉；mm、顎骨弓中胚葉；mnc、顎骨弓神経堤細胞群；ot、耳胞；pcp（pmm）、索前板（顎前中胚葉）；pp1、第1咽頭嚢；tc、三叉神経堤細胞群。

の末梢形態発生の総説としては、Cordes, 2001も参照）。すなわち、三叉神経は大きく第1枝とそれ以外からなり、基本的に上下顎神経が顎骨弓の派生物である上顎と下顎に分布し、眼神経は顎前領域である鼻・前頭領域を支配するのであると……この形態学的認識は大まかには正しい。しかし、詳細に見るといくつか説明のつかないところがある。

というのも、上に見たように現生顎口類における顎装置のうち、一般に上顎と呼ばれる部分は、顎骨弓の上顎突起派生物のみならず、ここに顎前領域、とりわけ内側鼻隆起に由来するものが参入し、羊膜類の上顎では前上顎骨を含む前方の領域がそれにあたる（これについてはDlxコードの機能との関連で述べた）。ならば、現生顎口類の上顎は、三叉神経の眼神経の一部と上顎神経によって支配領域が分割されてしかるべきだが、哺乳類の解剖学的パターンはそうなっておらず、前上顎骨に相当する口蓋の前端部、ならびにそこに生えている切歯はともに上顎神経の枝によって支配される。

ヒトにおいて上顎部に含まれる骨が上顎骨のみであるように見えるのは、もちろん二次的な状態であり、ここには本来、他の羊膜類と同様、前上顎骨も発生し、発生上これら2者の皮骨は互いに融合してしまう。それは、古くゲーテによって発見された有名な解剖学的基本事項である。そしてその領域を上顎神経が一括して支配するとなれば、骨要素と神経要素の間に単純な相関が現れることになるが、残念ながらそれは実相からはほど遠い。いずれにせよ、発生学的には本来、顎骨弓の前に由来することが明らかな構造に、顎骨弓背側部を支配する神経が分布しているという状況はきわめて不可解である。この問題の上顎神経枝は鼻口蓋枝（r. nasopalatinus）と呼ばれている。

興味深いことに、この奇妙な枝が逆に三叉神経と顎の進化を物語る。口蓋を

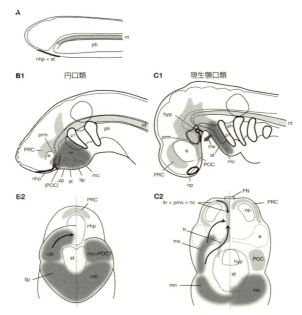

図 10-29 顎の進化のヘテロトピー説改定版。A：脊椎動物神経胚の基本形。B1、B2：円口類。C1、C2：現生顎口類の頭部発生。顎口類の上顎後半部は顎骨弓神経堤細胞のみからなるが、円口類の上唇は、眼後（顎前）神経堤細胞と顎骨弓神経堤細胞の複合体よりなるとおぼしい。e、眼；hyp、下垂体；mc、顎骨弓神経堤細胞；mx、上顎；nc、鼻殻；nhp、鼻下垂体板；np、鼻孔；nt、脊索；p1、第 1 咽頭裂；ph、咽頭；prm、顎前中胚葉；pmx + itr、前上顎骨要素と間梁軟骨；POC、眼後神経堤細胞（PHP に同じ）；pchp、口前腸（索前板）；pq、口蓋方形軟骨；PRC、顎前神経堤細胞（ANP に同じ）；st、口陥；tr、顎口類の梁軟骨；ulp、上唇；llp、下唇。(Kuratani, 2012 より改変)

前方へ伸長し、内側鼻隆起派生物をもっぱら支配する上顎神経枝は、板鰓類にも存在するのである。すでに述べたように、現生の板鰓類は現生顎口類のなかでも例外的に上顎が口蓋方形軟骨のみから構成されている。したがって、発生学的な顎骨弓の派生物と機能的上顎が、ここで一致することになる。加えて成体においても、顎骨弓派生物と顎前領域派生物を明瞭に区別できる。そして、この動物では、上顎を支配する上顎神経の本体から明瞭な太い枝が発し、それが鼻殻内側部周辺を支配するのである (Hallerstein, 1934；Higashiyama and Kuratani, 2014)。形態的には、これは鼻口蓋枝の相同物である。同様な状況はチョ

ウザメにおいても報告されている（Higashiyama and Kuratani, 2014）。

　すなわち、上顎神経とは機能的な意味での上顎に付随するものではなく、現生顎口類の内側鼻隆起にそもそもその終枝が分布するものである。そして、上顎神経のうち上顎突起派生物に分布するものはむしろ、この突起の進化的獲得に伴って二次的に付加したもので、鼻口蓋枝が上顎枝の本体であったという可能性がある。このことは、とりわけチョウザメ類の三叉神経の発生に明瞭に現れる。その意味で、上顎神経の名は本来的にふさわしくなく、鼻口蓋枝をその主体とし、上顎突起に付随するものはあらためて口蓋方形枝と呼ぶことがむしろ適切なのである。ただ鼻口蓋枝が、双弓類と多くの両生類から二次的に欠失し、同様の機能が顔面神経の口蓋枝に置き換わっているため、本来の姿が不明瞭になっている。

　三叉神経枝についての上のような形態学的図式は、円口類のそれと比較できない。しかし、三叉神経の上下顎神経に相当する部分を比べると、それが本来顎前領域をも分布範囲としていたことが明瞭に見て取れる（このことはのちに述べるように、ヌタウナギの胚発生においても同様に観察できる）。ただし、このことはただちに、三叉神経の第2の枝を円口類と現生顎口類の間で相同とするものではない。それは、円口類の舌装置と縁膜に分布する三叉神経枝を現生顎口類の下顎と相同とすることができないのと同様である。

　上の考察から、三叉神経堤細胞の各領域が顎口類と無顎類で大きく異なると予想できる。頭部の上皮構造との位置関係からすればおそらく、初期咽頭胚における三叉神経堤間葉の基本的分布、それ自体には大きな差はない。これは、顎口類と無顎類の共通祖先にすでに備わっていたバウプランの基盤と見なすことができよう。しかし、このうえに成立した形態形成機構と形態パターン、すなわち個別的バウプランは、無顎類と顎口類で大きく異なっている。ヤツメウナギでは、顎骨弓間葉のすべてと顎前領域の間葉を一部使うことで口器を形成するが、顎口類では顎骨弓間葉だけを口器にあて、顎前領域からは、無顎類に存在しない「真の梁軟骨」を作り出す。すでに述べたように、鰓弓骨格系の上下の分割が無顎類に存在しないのであれば、おそらく機能的に顎関節に類似したものを、顎前間葉まで用いてどのようにして作り出すかという模索があったのかもしれない。

　化石無顎類のなかには口板（oral plates）と呼ばれる、おそらく可動性であったと思われる構造を、下唇に相当する位置に作り出した種がある（異甲類；Janvier, 1996）。これは、機能的にはほぼ下顎に匹敵する構造だったと思われる。

形態的には過激な変化ではなかったかもしれないが、顎口類の鍵革新とおぼしき顎の進化が、実際に間葉の使用方法について位置的シフトを含むのであれば、たしかに顎は進化的新機軸（evolutionary novelty）と呼ぶことができそうである。少なくとも、ここではいくつかの構造について、ジョフロワ的な（＝相対的位置関係に基づいた）相同性が崩れている。では、このシフトを可能にした発生学的機構はどのようなものなのか。

(12) 鼻プラコードと下垂体

脊椎動物の初期進化においてはなぜ、外胚葉上皮における成長因子の分布が変化できたのだろうか。そして、現生顎口類において定まったこのパターンが、なぜそれ以降変化しないのだろうか。これは、ひとつの発生拘束（バウプラン）が定まったのちに、それがどのように変化し、なぜ新しい拘束が安定化できるのか、という本質的な進化発生学的問題である。さらに顎の進化にまつわる上の考察を通して見えてくるのは、顔面表皮外胚葉の進化である。

ヤツメウナギとヌタウナギ類の頭部には、外鼻孔がひとつしかなく、これは円口類の初期胚に鼻プラコードがひとつしかできないことと関係し、それは鼻下垂体板より発する（図 10-23；この構造の存在と、顎口類において鼻を左右に分断する梁軟骨が無顎類に不在であることはきわめて整合的だ）。後者は、顎口類の鼻プラコードとラトケ嚢（Rathke's pouch）を合わせたものに相当する。ちなみに顎口類においても、神経胚期においては鼻プラコードと下垂体プラコード予定域が、きわめて近いところにマップされる（図 10-30；Couly et al., 1992）。加えて、のちの発生において両者は機能的にも、また後期発生機構としても、互いに深く関連する。たとえば、下垂体システムに必須の LHRH ニューロンは鼻プラコードに由来し、その芽細胞は移動して前脳に入り込み、preoptic nucleus をもたらす（Schwanzel-Fukuda and Pfaff, 1989, 1990；Schwanzel-Fukuda et al., 1989；形態的発生は Bossy, 1980）。

鼻と下垂体をもたらすプラコードは、間葉系の分布と深く関わり、プラコードが表皮外胚葉に対する何らかの誘導作用により分化することを考慮すると、頭部初期パターニングにおいて、最初に生じた「ずれ」が最終的に大きな顎顔面形態の違いを引き起こしうることは容易に想像できる。つまり、シフトの鍵を握るのは組織間相互作用であるらしい。円口類と現生顎口類における形態学的に最も大きな違いは、下垂体と口腔外胚葉の位置関係である（図 10-3、図 10-22、図 10-23、図 10-31；顎口類では口腔外胚葉の一部としてラトケ嚢が発するが、

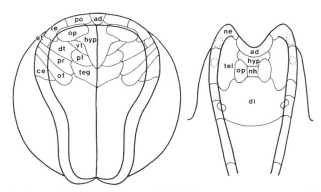

図 10-30 鼻プラコードと下垂体プラコード予定域。アフリカツメガエル（左）、ならびに、ニワトリ（右）神経胚における、鼻プラコード（po、ne）と腺性下垂体原基（ad）の発生予定域を比較したもの。円口類におけるのと同じく、これらの原基は神経堤の最前端部にマップされる。このほか、顔面表皮もまた、神経堤としていったんは誘導された外胚葉に由来することが知られている。（Couly and Le Douarin, 1988、ならびに Northcutt, 1996a より改変。原典は Eagleson and Harris, 1990 ; Puelles, 1995）

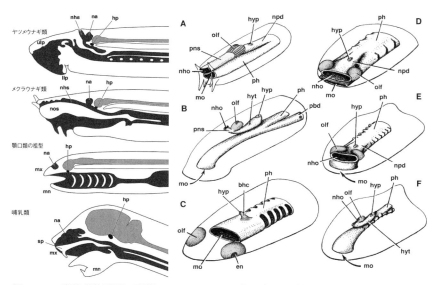

図 10-31 脊椎動物頭部の形態バリエーション。左：鼻と下垂体の位置関係。脊椎動物頭部においては、口、鼻孔（na、もしくは嗅上皮）と下垂体（hp）の相対的位置関係が固定しているわけではない。ヤツメウナギでは頭部背側に鼻下垂体孔（nhs）が開口し、盲

嚢へ続いている。メクラウナギ類でも同様な孔が開口するが、これは咽頭へと連絡する。口腔と鼻下垂体洞を隔てる隔壁は、鼻・口腔隔壁（nos）と呼ばれるが、発生的にはこれはおそらくヤツメウナギ類の上唇（ulp）に近い構造である。顎口類では基本的に下垂体は口腔上皮の一部として発生し、嗅上皮とは空間的つながりをもたない（しかし、発生学的には深いつながりがある）。哺乳類では、内鼻孔と二次口蓋（sp）の発達のゆえに、見かけ上メクラウナギと近いトポロジーが成立しているが、これはまったく異なった起源のものである。(Kuratani *et al*., 2001 より改変) 右：さまざまな顔の設計プラン。A：メクラウナギ類、B：ヤツメウナギ類、C：顎口類、D：テロドント（Thelodont）類ならびに異甲類、E：ガレアスピス（Galeaspid）類、F：骨甲類。古生代の無顎類まで含めると、顎口類のタイプの「顔」は多くあるバリエーションのひとつにすぎないという見方を示す。現在では、円口類型の顔面形態が原始的であり、それは顎のない無顎類に共有されていたと考えられている。顎口類の顎をパターンするには、対をなす嗅上皮と、分離した下垂体を発生させることが必要であった。bhc、口腔下垂体管（buccohypophysial canal）；en、外鼻孔（external nostril）；hyp、腺性下垂体（adenohypophysis）；hyt、下垂体管（hypophysial tube）；mo、口（mouth）；nho、鼻下垂体孔（nasohypophysial opening）；npd、鼻咽頭管（nasopharyngeal duct）；olf、嗅上皮（olfactory organ）；pbd、咽頭鰓管（pharyngobranchial duct、ヤツメウナギのみ）；ph、咽頭（pharynx）；pns、鼻下垂体洞（prenasal sinus）。(Janvier, 1996 より改変)

ヤツメウナギでは口腔外胚葉の前に下垂体原基が生ずる：Gorbman, 1983、ならびにその引用文献参照；顎口類下垂体の誘導に関する要約は、Sheng *et al*., 1997；Scully and Rosenfeld, 2002 を；ヤツメウナギ胚頭部の関連遺伝子発現については Murakami *et al*., 2001；Uchida *et al*., 2003；鼻プラコードの発生機構については研究例が少ないが、Whitkock and Westerfield, 2000 を参照）。

　顎の発明に必要であった発生形態学的下地、それを可能にする変化の経緯を考えるとき、分岐的系統推定に必要とされる形質状態の評価の難しさに再び思い至る。上に見たように、対鼻性（diplorhiny）は下垂体原基の遊離をも意味し、これによって、鼻下垂体管や鼻下垂体孔（Janvier, 1996）が形成できなくなり、かわりに外鼻孔が生ずることになる。つまり、これら顎、下垂体の位置、鼻孔の数などの形質状態を独立したものとして別々に数え上げることは、進化上生じた発生機構の単一の変化（ヘテロトピー）や、もしくはそれからはじまる連関した変化のセットを、重複して複数回数えることになる。また、対鼻性の獲得によってやっと梁軟骨の形成が可能になるのだから、経緯として「梁軟骨があり、かつ単鼻性（monorhiny）を有する」という形質状態は原理的に不可能であり、それらが共存しているように見える場合は当然、梁軟骨と無対鼻性のどちらかがホモプラジーである可能性が色濃い。換言すれば、梁軟骨は鼻

中隔をもたらす骨格要素であるから、無対鼻性と梁軟骨はそもそも定義上、共存できないのである（図10-23）。ならば、化石無顎類のなかで対鼻性をもつとしばしばいわれた異甲類（Heterostracans）やアランダスピス類の詳細な内部形態が、顎口類の進化的起源の解明にあって重要になることが理解できる。さらに、上唇と上顎は共存できず、上唇と梁軟骨もまたしかりである。発生機構を考慮しない形質レベルでのカウントを安易に行えば、不必要にホモプラジーの数を増やす危険性がつきまとう。

　また、対鼻性の獲得は必ずしも梁軟骨と顎の成立を意味しないが、梁軟骨と顎があるのなら、そこには必然的に対鼻性が獲得されていなければならないという時間的経緯の問題もある。何らかの成体の魚のかたちとして、顎と無対鼻をもつ動物を頭のなかで想像することはできるだろう。が、そのような動物を進化・発生させることのできる歴史的経緯も発生パターンも、この世に存在したためしはない（そういうものがいるとすれば、それは脊椎動物以外の何かである）。系統的分岐順序の推定にあって、そのような動物を脊椎動物の可能なかたちとして考慮する必要があるとはどうしても思えないが、分岐系統学の方法論はそれを取り入れたところからはじまるしかない。この時間的経緯の問題については発生負荷（developmental burden）の視点から再び取り上げる（第12章）。

　顎と鼻をめぐる形質の進化的変化は、時間的な因果、発生上の誘導的細胞間相互作用が一体となり、そこへヘテロトピー的変化が加わることにより、複雑で大局的な変化に帰結した例といえる。しかし、それら要素が発生因果的に連関する限り、もたらされる変化パターンもまた有限である。この問題で難しいのは、相同性の判定が極端に難しいか、あるいは不可能になっているということである。哺乳類の耳小骨の成立にあっては、それがいくら過激な変形であろうと、徐々に変化してゆく形質状態を系統樹のうえに矛盾なく載せることを可能にするほど、相同性は保存されていた（Allin, 1975）。対して進化的新規性は、しばしばそれがわずかの発生パターンの揺らぎを足がかりにシステム全体に影響を及ぼすような離れ業を行い、その際、祖先的発生拘束としての相同な形態パターン（形態的相同性）を破棄してしまう。しかし、その雪崩式の変化を可能にしているのはまた、祖先から受け継いでいる誘導的相互作用という細胞レベル・分子的レベルでの保守性なのである。相同な遺伝子カスケードや制御ネットワークがしばしば（相同ではなく）相似的形態要素のパターニングに用いられるのはこの理由による。さらに、胚形態の進化はそれまで中立性を保って

いた重複した遺伝子や、それが作りうる変異した発生カスケードの存在に新たな意味をもたせることにもなりかねない。ヘテロトピックなシフトが進化的新規形態を作り出すのは、発生に関わるすべての要因が変化することによるのではなく、系の一部が揺らいだところへすでに存在している分子的発生機構が働くことにより、半ば自動的・受動的プロセスとして新しいパターンがもたらされるためである（この経緯と、それに続く安定化淘汰が進化において何をなしうるのかについては、第9、12章で考察）。

　動物の進化パターンとして、カンブリア爆発にしばしば言及されるように、形態パターン放散の黎明にはさまざまなものが現れ、そののちに少数のパターンに収束するという傾向がある（モリス、1997；Hall, 1998）。逆説的には、われわれが何らかの拘束やバウプランの存在を認識できるのは、淘汰を通じたその収束によるのであり、決して多様化によるのではない（Carroll, 1997）。発生的拘束について考えるとき、しばしば破棄された発生パターンについて忘れがちだが、おそらく新しく成立した拘束が実際に拘束するに足るものとして機能する背景には、明らかな表現型とその機能性、あるいは生態学的文脈に根ざした淘汰が必要なのである。結果としてバウプラン、あるいはそれとほぼ同義の発生拘束は、その存在を形態的相同性として後付け的に確認できるが、その成立の場面を発生プロセスと発生パターンの性質だけから推測するのは危険だろう。同時にまた、ファイロタイプを器官発生期の安定化のための装置として、内部淘汰だけから説明しようという方針もあった（Raff, 1996；図2-7）。いうまでもなく、これもまた極端な形態発生的拘束の成立を示す。動物門のファイロタイプが、器官発生期に集中して現れることの機構的説明、つまりそれを変更することの難しさと、それ以外のさまざまなタクサを規定するバウプランや発生拘束の起源を説明することは、おそらく同じではない。

10.4　化石から見た顎の獲得

（1）シュウユウ-ガレアスピス類

　ヘテロトピー説が予測する、「対鼻性に続く顎の獲得」というイベントの系列を実証するとおぼしき化石がいくつか得られている（図10-32）。顎口類の原始的な側系統群として甲皮類と呼ばれている一群の無顎類のうち、4億年ほど前に生息していたガレアスピス類（Galeaspids）という系統が知られる（ガレア

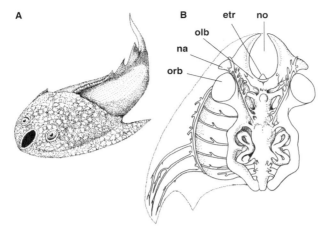

図 10-32　ガレアスピス類に属する骨甲類、*Shuyu* の形態。A は外観の、B は内部形態の復元。この動物では外鼻孔（no）はひとつしかなかったが、内部形態の観察によると鼻嚢（na）が明瞭に2つに分かれ、下垂体は口腔に開いていた。さらに、梁軟骨に似た骨格要素も認められ（etr）、現生顎口類へ進化する移行的状態を示すと考えられた。(Gai *et al*., 2011 より改変)

スピス類の系統分類に関しては、Janvier, 1996 ; Zhu and Gai, 2007 ; Min *et al*., 2012)。なかでも、中国、ベトナムから産出するシュウユウ（*Shuyu*）という化石種がある。この動物には顎がなく、外鼻孔も単一だが、頭蓋内部では nasal sac が対に分かれ、しかも腺性下垂体は明瞭に口腔に開いていたとされる。このことは、発生の途中において鼻プラコードと腺性下垂体プラコードが分離し、それと相関して頭部顔面を形成する間葉の分布が、ある程度現生顎口類のものに近づいていたことを示す。そして、これに近い状態は異甲類（heterostracans）にも現れていた可能性があるという。しかも下垂体の周囲には、円口類には存在しない真の梁軟骨の前駆体のような骨格要素も存在していた。が、これはまだ顎口類におけるように前脳のすべてに対して頭蓋底を形成するには至っていない。すなわち、このシュウユウが、真に顎をもつ状態へ近づいた系統を示すのであれば、「顎が形成される前に、鼻と腺性下垂体の分離、そして鼻プラコードの有対化が達成されていなければならない」という、上に述べた発生学的推論が古生物学的に実証されたことになる（Gai *et al*., 2011 ; Gai and Zhu, 2012）。

　ただし、上のような解釈を認めることになると、骨甲類（osteostracans）が板皮類の基幹、すなわち現生顎口類の姉妹群として置かれていたという従来の

系統樹と矛盾をきたす。とりわけ骨甲類には現生顎口類との共有派生形質として、軟骨膜骨（perichondral bones）、胸鰭（pectoral fins）、歪形尾（heterocercal tail）などの共有派生形質があり、そのどれもガレアスピス類には共有されていない。顎の獲得、顎顔面形態の進化からすれば、たしかにガレアスピス類が「顎をもった脊椎動物（jawed vertebrates：板皮類を含む）」の姉妹群であるように見えるが、上のシナリオは頭部以外の形質状態まで考慮に入れると、必ずしも最節約的な仮説とならない。これを理解するうえで、たとえば、骨甲類が部分的に先祖返り的な状態を示しているという可能性も考慮せねばならないかもしれない。

（2）ロムンディーナ

甲皮類（顎口類ステム）のなかから真に顎を獲得したものが発し、分類学的には板皮類ではあるが、依然として顎顔面形態に無顎類状態を残しているという、カナダから産出した板皮類の最底辺の動物化石、ロムンディーナ（*Romundina stellina*）がデュプレらによって再吟味された（図 10-33；Dupret *et al.*, 2014）。これは、Antiarchs の仲間を含む原始的な板皮類のグループに属し、デヴォン紀の初期に生息していた（このグループに適切な名称はまだ存在しないが、現生顎口類への一里塚を示すグレードとして記述する必要はあるかもしれない。*Romundina* に比較的近縁の化石、*Bothriolepis* の記載については Young, 1984 を；骨格系については Downs and Donoghue, 2009 を；その個体発生過程については Cloutier, 2009 とその引用文献を）。ちなみに、この原始的な板皮類は、あたかも節足動物を思わせるような関節した甲皮をもつこと、顎口類において最初に腰帯を獲得したこと（Zhu *et al.*, 2012）でも知られ、パッテンが脊椎動物の起源を背腹反転した節足動物から導き出す根拠として用いたことは有名である（Patten, 1912）。また、この動物が紛れもなく板皮類に属することは間違いはないが、古くは（著者自身がそう思っていたように）その外見的印象から甲皮類に属するとしばしば考えられた（Stensiö, 1927 に要約）。下に述べるように、それは偶然の一致ではないと思われる。

この動物は顎を有するにもかかわらず、その頭部顔面の印象はきわめて「無顎類的」であり、ある種の甲皮類、とりわけセファラスピス類やガレアスピス類に似た印象を与える（図 10-33B, C；尾部と対鰭を除いた形状のみいえば、無尾両生類の幼生を思わせなくもないが、これも口器の形状と顎前領域の形態分化における共通性に起因する）。すなわち、眼は頭部背側、正中に寄り、そのすぐ前方に

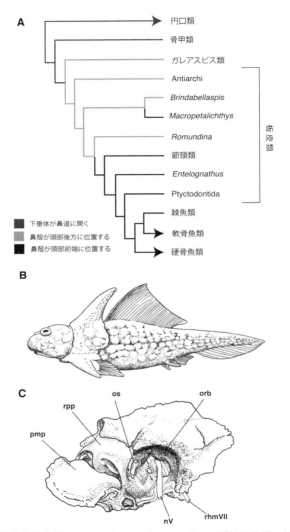

図 10-33 原始的な板皮類、*Romundina*. A：*Romundina* の系統的位置。板皮類（Placodermi）はいわゆる側系統群であり、そのなかから軟骨魚類と硬骨魚類が派生した。矢印は現生の動物系統。*Romundina* は、板皮類のなかでも有名な節頸類（Arthrodira）の外群に置かれる、原始的な系統である。（Dupret *et al.*, 2014 より改変）B：復元図。C：*Romundina* の頭部骨格の復元（顎は除く）。この動物は明らかに顎をもっていたが、その神経頭蓋は骨甲類ときわめてよく似ていた。すなわち、眼前神経堤細胞に由来するとおぼ

しき、鼻殻を含む骨格要素（postpineal plate : rpp）は頭部の後方に見られ、眼窩に近く位置していた。これはヤツメウナギの鼻殻を作る骨格要素に近いと同時に、顎のないセファラスピス類（骨甲類）において松果体孔の開く pineal plate にも酷似する。後者はどうやら可動性であったらしく（Philippe Janvier 談）、この骨格要素の相同性とモジュラリティの高さを窺わせる。一方、上顎の形成に参与することなく、吻の前端を作っていたのは眼後神経堤細胞に由来するとおぼしき premedian plate（pmp）であった。後者は現生顎口類の梁軟骨の後半部に相当する一方、アンモシーテス幼生の上唇と近い構造。このように、頭部の形態は全体的に円口類を思わせる。rhmⅦ、顔面神経舌顎枝；nⅤ、三叉神経下顎枝；orb、眼窩；oś、眼柄。（Dupret *et al.*, 2014 より改変）

近接して有対の鼻孔が開いていた。すなわち、前脳が前後方向に圧縮しているのである。とりあえず顎は獲得したものの、現生の顎口類のレベルにまで前脳がまだ発育していないという印象を受ける。また、この動物の索前頭蓋は、あたかもアンモシーテス幼生の上唇であるかのごとくに吻側へ大きく張り出し、先端では顎前板（premedian plate）と呼ばれる突起に終わり、その外側に、円口類には存在しない口蓋方形軟骨（上顎）が関節していた。この索前頭蓋の位置と形状は、顎口類の梁軟骨ならびに間梁軟骨の複合体というより、むしろアンモシーテス幼生の上唇に酷似する（顎を取り除くと、頭蓋全体が甲皮類のそれのように見えるのである）。一方、眼窩と外鼻孔の後方には「rostropineal plate」と呼ばれる骨格モジュールが存在していたが（図 10-33C）、これは位置的には鼻前突起の派生物であるとされる。

　上記の骨格要素群の同定が正しいなら、ロムンディーナの頭部に基本的な現生顎口類の構成は達成されていたが、それら骨格モジュールのサイズやプロポーションは無顎類的状態にとどまっており（つまり、形態学的グレードとしてはまだ部分的に無顎類状態にあり）、とりわけ現生顎口類に見るような内側鼻隆起はまだ貧弱で、前上顎骨に相当する要素も成立していない。すなわち、現生顎口類のみならず、原始的な魚類にはすでに成立して久しい、口蓋前端腹側における内側鼻隆起と梁軟骨の合一に相当する境界線が、ロムンディーナにおいては背側後方にとどまっている（図 10-33：この状態が、*Romundina* の頭部をアンモシーテス幼生のように見せている本質的要因なのである）。この境界部が、あたかもベルトコンベアーのように、吻端を回り込んで腹側前端部に下りてこないと、われわれの知る典型的な顎口類のパターンにはならない。そして、その変化の背景には脳各部のプロポーショナルな変化が関わったはずだとデュプレらは述べる。言い換えるなら、現生顎口類を作り出すための神経堤間葉やプラコ

ードのモジュール編成の変化が先に生じ、それが顎の進化を許容したが、それに引き続く脳の形態変化に対応する間葉素材の適合が達成されて初めてわれわれの知る「顎をもった魚の顔」が成立したらしい。ならば、顎の獲得は現生顎口類の顔面の成立にあって、一種、鍵革新として機能していたという見方もまた可能である。この考え方は、Antiarchs を含む板皮類の祖先的系統が事実上、甲皮類のうち（おそらくは胸鰭をもった Osteostracans のような）いずれかの系統の内群として進化したことを物語る。ちなみに、デュプレらはこのロムンディーナの頭部形態をシュウユウに続くものとして解釈しているが、私見ではこの動物はきわめて骨甲類と似た形状を有している。可能性としては、顎の獲得はまだ知られていない骨甲類の系統にすでにはじまっていた可能性もある。この点に関しては、まだ情報不足というよりほかはない。

　このようにして、無顎類状態から顎をもった状態へ至る変化系列は、まず、比較発生学的研究から本質的な相違が発見され、それがいわゆる発生負荷のロジックでもって、実際の進化における変化の系列を予言し、状態のよい化石が、まさに現生顎口類へ至る幹系列のうえに適切に求められ、ときとして放射光を用いた詳細な観察が、連続的変化としてそのシナリオを証明し、しかも進化発生学的な研究からでは分からなかった変化の経緯を浮き彫りにしてきた。顎の獲得にあたっては、顎骨弓の関節の有無だけではなく、鼻の有対性、梁軟骨、前上顎骨、下垂体の位置までが、発生ネットワークの構成要素として説明されねばならない。顎のような進化的新規形質が、実際の化石系列として提示されたことはまれなことで、その実際がいかに従来の原型論的メタモルフォーゼ理論（たとえば、ゲーゲンバウアー的な鰓弓の系列相同のモデル）とかけ離れているか、それを認識せねばならない。

10.5　円口類の筋肉系

（1）体幹筋

　ここでは、ヌタウナギとヤツメウナギの両者を一括して扱う。すでに述べたように、円口類胚における体節、ならびにその派生物である筋節も、耳胞の後ろにのみ発生し、比較発生学でいうところの後耳体節に相当する（図10-34）。ヤツメウナギでは、筋節のうち前方のものが上下に二分し、眼の背側、腹側を二次的に吻方に移動し、結果として外鼻孔より後方の頭部をすっかり筋節で覆

う (Koltzoff, 1901 ; Kuratani *et al.*, 1997b ; *Amblystoma* において背腹に分離する後頭筋節は、アンモシーテス幼生の頭部筋節と一見類似するが、これは耳胞を越えて前方へ移動することはない：Goodrich, 1911)。加えて、鰓下筋の前駆体が鰓孔の腹側で咽頭の表層を覆い、これがさらに二次的に分節するため、アンモシーテス幼生の頭部は背腹にわたってすっかり筋節で覆われ、あたかもナメクジウオを思わせるような形態パターンを示す（図 9-1 ; そのため、アンモシーテス幼生が、祖先的ヤツメウナギとナメクジウオのハイブリッドによって二次的に獲得された幼生型であるという説まで登場した——Williamson, 2012)。が、これは二次的な類似にすぎず、アンモシーテス幼生の鰓下筋の分節リズムは、筋節ではなく鰓弓のそれと同じであり、筋節の分節とは独立に成立したことが分かる。

　円口類の筋節には軸上・軸下の区別がない。これは原始的状態と解されるが、それは筋節に背腹の極性がないことを示すのではなく、筋節を支配する脊髄神

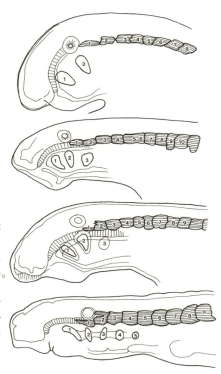

図 10-34 ヤツメウナギの発生における筋節の移動。ヤツメウナギにおいて、耳胞より前方に位置する筋節は、本来体幹に生じた筋節が二次的に移動したものにすぎない。したがってこのような動物を、ナメクジウオと顎口類をつなぐ中間的な存在と見なすことはできない。咽頭弓と筋節の分節番号を示す。両者の位置関係が発生上ずれてゆくことに注意。(Kuratani *et al.*, 1999b より改変)

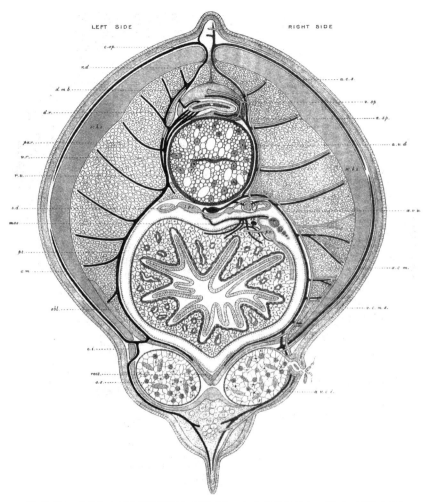

図 10-35 ヌタウナギの脊髄神経と支配パターンを左側に示す。(Cole, 1907 より)

経が背腹それぞれを支配する別の枝をもつことからもそれは窺い知ることができる（図 10-35）。事実、発生初期のヤツメウナギ胚の体節背側半には、Zic 相同遺伝子が発現する（Kusakabe et al., 2011）。これは、顎口類胚（真骨魚類）の体節軸上部に発現することにより、中胚葉のみならず、発生環境を背側化する

因子として知られ、その正常な機能を欠失したメダカは、正中鰭の形態や色素細胞の分布を含め、背側に腹側の形態パターンが鏡像に重複する、いわゆる Double anal fin（Da）変異体となる（Moriyama et al., 2012）。ヤツメウナギにおいてもこの遺伝子が同様のパターンで発現するということは、軸上、軸下の分化という、コンパートメント化を経てはいないものの、体幹の背腹軸を特異化する上流の機構はすでにできあがっているとおぼしい。

（2）鰓下筋についての考察

脊椎動物の体節筋のうち、前方の体節に由来し、二次的に腹側（臓側部）へ移動し、咽頭の周囲に分布して鰓弓系の機能を助ける一連の筋を鰓下筋群という。これに類したものはナメクジウオにはない。したがって、外眼筋と同じく鰓下筋群もまた、脊椎動物を定義する共有派生形質である。しかし、これらの筋がどのように進化的に起源したのかについては定かではない。

ヤツメウナギにおける鰓下筋は、紛らわしいことに「hypobranchial muscle」と呼ばれるが、これは、現生顎口類における鰓下筋の特徴をすべて兼ね備えているわけではない。すなわち、これは咽頭底部ではなく、咽頭側壁を覆うように分布し、しかも筋節を思わせるような分節からなる。が、上に述べたように、この分節性は体節のそれではなく、むしろ鰓の骨格を前後方向に結合する機能的要請として二次的に付与されたものである。この筋を支配する神経は形式的に「舌下神経」と呼ばれ、後頭骨をもたないヤツメウナギにおいては、形式的に脊髄神経に分類されているが、むろんそれは顎口類の舌下神経と相同のものである。ヤツメウナギのこの筋の発生は、サメに見るように体節筋板の腹側部の直接の伸長として見ることができ、それは羊膜類に典型を見るような、いわゆる「hypoglossal cord」とは様相を異にする。

ヌタウナギ類の鰓下筋はより不可解である（図10-36-図10-38）。西（Nishi, 1938）に見るように、円口類の筋肉は体幹において parietal muscles と呼ばれ、これは（体壁部のそれを含め）筋節の直接の伸長によってできている。ヌタウナギ類の体の腹側では、parietal muscles を覆う薄い2層の筋が存在し、体幹後方部でそれは1層となる。この筋は m. obliquus といい、咽頭レベルでは、腹側部が長く伸び、腹側正中で筋束が互い違いに交差し反対側へ回り込み、そこで反対側の m. obliquus を表層から覆う（図10-36）。この状態は、発生途上のヤツメウナギにおける鰓下筋の状態を思わせ、両者は互いに相同であろうと思われる（図10-38、図10-39；Oisi et al., 2015）。

M. obliquus の背側には、腹側正中線の両側で対をなした massive な縦方向に伸びる筋があり、m. rectus と呼ばれる。この筋の吻方部は、舌器官の軟骨（顎弓由来）に起始し、後方では総排泄孔を取り囲む括約筋に終わるが、これについては、明瞭な頭部と体幹部の境界を見いだすことはできない。舌器官との結合には、たしかに顎口類に見る舌骨下筋群を思わせるものがあり、そこに鰓下筋としての性格が見え隠れするが、後方部についてはそうではない。後者はむしろ体幹の abaxial muscles に似る。たしかに、顎口類についても、鰓下筋群と他の abaxial muscles の類似性は指摘されることが多く、それは鰓下筋の進化的起源についてヒントを与えもするが、ヌタウナギに見るこのような未分化な状態を脊椎動物の祖先的状態とするのは早計であろう。他の形質状態に見るように、円口類という単系統群において、ヌタウナギは相対的に派生的な変化を経た形質を多くもち、m. rectus が、二次的な単純化、もしくは融合の結果としてもたらされたものであるという可能性もある。さらにヌタウナギの解剖学的パターンには、それ以上に不可解な要素がある。つまり、この動物には明瞭な舌下神経が存在しない。

ヌタウナギ類の m. rectus、ならびに m. obliquus は、ともに脊髄神経の腹側の枝（おそらく終枝とでもいうべきもの）に支配され、それらは顎口類やヤツメウナギにおけるような単一の幹を形成することはない。むしろ、それは後方の体幹におけるのと同様に分節的に繰り返す脊髄神経の形態を維持しており、m. parietalis に沿って下方へ伸び、その内側面に沿う終枝の延長が鰓下筋を支配する（図 10-36）。しかもこれら筋節すべては、厳密には咽頭上体節（筋節）というべきであり、そこには側板に由来する体腔が存在しない。したがって、これらの神経枝はどれも体壁には存在しない。なぜ、このようなことになるのかといえば、それはヌタウナギ後期発生過程において咽頭が後方へ向けて大きく移動するためである。脊椎動物のいわゆる頭頸部には体腔が存在しない。そして、そのような場所であるからこそ、後耳咽頭弓がこぞって後方へ移動可能となる。つまり、筋形態と末梢神経の分布パターンから推す限り、ヌタウナギの体の前半分は体幹の前方部ではなく頭頸部に属する。

すでに示したように、顎口類とヤツメウナギにおいては、鰓弓神経群と脊髄神経群には明瞭な分布の違いが存在し、それゆえに、脊髄神経の最前の要素である舌下神経は、咽頭上体節のあるレベルに発した脊髄神経の束として構成され、それは咽頭全体を大きく後方で回り込んでから鰓下筋群に至る。その経路は、体腔の前縁に沿ったものと見ることもでき、ここに成立するアーチがすな

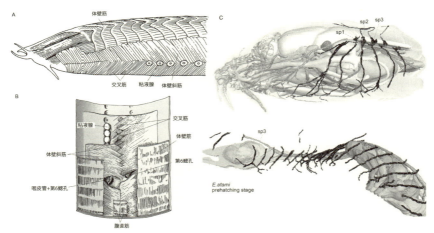

図 10-36　ヌタウナギの鰓下筋系。(Oisi *et al.*, 2015 より改変)

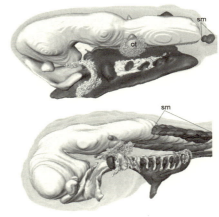

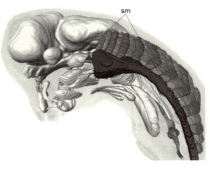

図 10-37　ヌタウナギの胚発生過程における体節（皮筋節）の分布。発生が進むにつれて、相対的に体節列が前方にシフトすることが分かる。筋節列の下面に見える色の濃い筋原基が、鰓下筋系を含む abaxiall muscles に相当すると考えられる。(Oisi *et al.*, 2015 より改変)

542　第 10 章　円口類の進化形態学

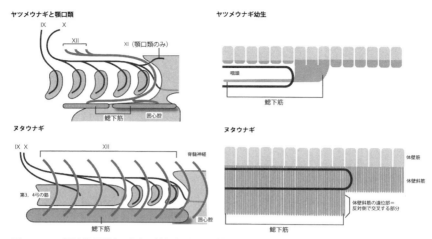

図 10-38　脊髄後頭神経（舌下神経）と鰓下筋系の形態比較。上：ヤツメウナギ類と現生顎口類におけるパターン。舌下神経（XII）は脊髄神経が束ねられ、咽頭の後ろを回り込んで鰓下筋に達する。この経路は筋芽細胞に推定される経路とパラレルである。このパターンは、体幹と咽頭の間の境界に沿ったものである（頭部体幹インターフェイス）。下：ヌタウナギにおいては、咽頭の後方へのシフトに伴い、舌下神経がもはや、典型的な経路を通ることができなくなっているとおぼしい。舌下神経も鰓下筋も、本来通ることのできないはずの咽頭壁胚側部を通過している。（Oisi *et al.*, 2015 より改変）

わち、「頭部体幹境界（head-trunk interface）」である（Kuratani, 1997：第 4 章）。しかし、咽頭後部が大きく後方へ移動するヌタウナギにおいて、これと同じ経路をとろうとすると、脊髄後頭神経は（ならびに、もし存在するとすれば hypoglossal cord も）異様に大きなアーチを作らざるをえなくなり、その伸長距離も尋常なものではなくなる。おそらく、発生上の制約の何かが解除されたためであろうが、ヌタウナギの舌下神経は通常の形態発生機構を捨ててしまっているとおぼしい。つまり、延髄、脊髄前方部を出てのち、すでに引き延ばされた咽頭壁に沿って内側へ場所を移している舌咽神経と迷走神経の外側に位置することになり、そのまま分節的パターンを保ったまま腹側に伸び、m. rectus と m. obliquus の両者を支配する。

興味深いことに、ヌタウナギの発生上、囲心腔と腹膜腔の境界は常に咽頭後端部に存在し、そして前腎原基の分布限界も常にここに見いだされる。したがって、咽頭と体腔の位置関係に関しては、ヌタウナギの形態パターンは典型的な脊椎動物のそれを保っているが、他の動物の筋芽細胞や筋節には許されてい

ないはずの、移動境界の枷（つまりは、舌下神経を束ねる要因のひとつになっているはずの限界）を取り外すことによって、ようやくその解剖学的パターンは成就する。また、すでに述べたように、円口類に備わっていない重要な形質のひとつが僧帽筋群である。この筋の発生的由来と進化的考察についてはすでに記した（第4章）。

（3）外眼筋の発生と進化

　外眼筋が進化速度の遅い筋であると述べたが、それは現生顎口類についてのみあてはまることであり、顎口類のステムグループならびに、円口類のそれまでを考慮すると、その進化がかなり複雑なものであることが分かる。最近まで、顎口類と異なったパターンをもつ外眼筋の知見は円口類のものしかなく、しかもヌタウナギは外眼筋を欠くため、事実上、ヤツメウナギのものしか比較対象とならなかった。しかし近年、化石のなかに軟部組織の残遺が観察できることが多くなり、外眼筋の進化の理解にも光明がもたらされるようになってきた。

　古典的な比較発生学においては、外眼筋が頭部に存在する体幹筋の系列相同物として扱われることが多く、その規範として用いられることの多かったのが板鰓類胚における外眼筋と、その原基、頭腔であった。しかし、本当にすべての現生顎口類において外眼筋が3つの独立した中胚葉原基から由来するのかどうかさえまだ分かっていない。

　ヤツメウナギにも6つの外眼筋が存在し、それらを支配する外眼筋神経群も、動眼神経、滑車神経、外転神経と呼ばれている。これらの神経支配パターンは次の通りである（あえて形態に基づいて、顎口類に使われている命名システムをそのまま用いた）。

　　　動眼神経（Ⅲ）支配：
　　　　　上直筋
　　　　　前直筋
　　　　　前斜筋
　　　滑車神経（Ⅳ）支配：
　　　　　後斜筋
　　　外転神経（Ⅵ）支配：
　　　　　外直筋
　　　　　下直筋

この外眼筋のセットは、おそらく骨甲（セファラスピス）類にも存在したであろうと考えられているが（Janvier, 1975a, b）、下に見る理由で、それはおそらくほぼ正しい推論だろう。これらの筋が、現生顎口類の6筋とどのような対応関係があるのか（あるいはないのか）について、主として神経支配を根拠として、これまでいくつかの異なった仮説があった（Nishi, 1938 ; Fritzsch et al., 1990 ; Bermis and Northcutt, 1991 ; González et al., 1998）。少なくとも以下の3つの筋の相同性についてはこれまで意見の一致を見ている（それは必ずしも正しいというわけではない）。

〈ヤツメウナギ〉　〈顎口類〉
前斜筋（Ⅲ）　　下斜筋（Ⅲ）
上直筋（Ⅲ）　　上直筋（Ⅲ）
後斜筋（Ⅳ）　　上斜筋（Ⅳ）

つまり、少なくとも3つの筋の相同性が不明であるが、この比較において明らかになるのは、必ずしも形態学的に互いによく似た形態と機能をもった筋が、両者の動物において同じ神経や神経核によって支配されているわけではないということである。ヤツメウナギの外眼筋の発生については記載があるが（Koltzoff, 1901）、繰り返すようにこれはサメの発生パターンに大きく引きずられ、その真の姿はまだ分からない（Damas, 1944による比較的詳細な記載にもその記述はない）。スナヤツメ L. reissneri では、体長55 mm アンモシーテス幼生において最初に外眼筋原基を観察できるが、それより早い段階の記述はまだ充分ではない。その外眼筋は、ほぼ成体において記載されているものと同一だが、変態前には前直筋の腹側にある前斜筋の起始部が、成体において背側へ移動するらしい（Suzuki et al., 2016）。むろん、この位置関係の変化においてどちらの筋が動いたのかは決定的にいうことはできない。外眼筋神経群の支配パターンも成体において記述されているものと変わるところがないが、末梢神経それ自体の形態は、現生顎口類のものと多少異なる。しかし、発生におけるそれらの出現時期が遅く、発生パターンを顎口類のものと直接に比較することはできない。

まず、アンモシーテス幼生の動眼神経には、現生顎口類には常に見ることのできる毛様体神経節が付随しない。また、滑車神経と外転神経は、脳幹から出たのち三叉神経節の中に入り込み、それより再び出たのち外眼筋を支配する。

とりわけ、滑車神経は、三叉神経節のなかで分枝し、遠位で再び合一したのち筋を支配する。このような状態は二次的なものと思われるが、どのようにしてそれが成立するのか、定かなことは分からない。ひとつの可能性としては、ヤツメウナギ胚の三叉顔面腔はもとより手狭で、発生途中で外眼筋神経群の軸索のいくつかが、成長する三叉神経節のなかに取り込まれ、そのまま発生が継続したということなのかもしれない。

上に見たようなヤツメウナギ類の外眼筋の形態パターンは、現生顎口類のパターンが最初から存在していたわけではないという可能性を問いかける。むろん、円口類のパターンがむしろ派生的なものである可能性もあるが、それは板皮類において近年推測されたパターンにより、おそらく棄却されるべきもので、やはり原始形質として見るほうが適切である（Trinajstic *et al.*, 2007 参照）。というのも、板皮類（*Romundina*、*Brindabellaspis*、ならびに *Murrindalaspis*；ちなみに *Romundina* は、すでに上に見たように、きわめて原始的な、甲皮類的板皮類）の状態のよい化石から、これらの動物がいくぶん円口類に類似したパターンの外眼筋のセットを備えていたということが推測されているのである（Young, 2008）。ここに見る外眼筋のセットは以下の通りである。

　　板皮類
　　動眼神経（Ⅲ）支配：
　　　　　内直筋
　　　　　前斜筋
　　　　　に加えてあと2筋？
　　滑車神経（Ⅳ）支配：
　　　　　後斜筋
　　外転神経（Ⅵ）支配：
　　　　　外直筋
　　　　　外直筋より分離した筋

これに基づくと、板皮類の外眼筋は、ヤツメウナギのそれと一致するパターン以外に、現生顎口類に特徴的な形質をもあわせもっているという印象がある。これに関し、外直筋から副次的な筋が分離し、特殊化した機能をもつことは知られているが、顎口類において見られるこのような筋（典型的には四肢動物の m. retractor bulbi）と、円口類における後斜筋が同じ起源のものかどうかは分

からない。

　以上をまとめると、円口類的外眼筋パターンがまず原始的形質として成立し、そののち、「対鼻性の獲得、顎の獲得、索前神経頭蓋の整備」を経たのちに、現在のパターンが、おそらくは板皮類の内群にひとつのヴァリエーションとして生じ、そこから現生顎口類が適応放散した、というシナリオが考えられる。このような進化の過程は一挙に生じたものではなく、円口類的段階から徐々に現生顎口類のものへと移行していった可能性もあるが、同じように円口類の系統だけに生じた変化も考慮すべきであり、正確なところは分からない。いずれにせよ、上の仮説に沿って考えるなら、板鰓類のステムに相当する（いまでは絶滅した）棘魚類も、十中八九、われわれと同じパターンの外眼筋のセットをもっていたとかなり確実に推察できる。

10.6　ヌタウナギ類特異的な諸形質
　　　　――有頭動物説と円口類説

　脊椎動物を最初に顎口類と無顎類に分類したのはコープであり（Cope, 1889）、かつてはこれら両者が二叉分岐によって生じたと考えられていた（Stensiö, 1964, 1968；Jarvik, 1967, 1968）。そして、円口類の単系統性を唱えていた研究者もいた（Schaeffer and Thompson, 1980）。が、ヌタウナギ類にはいくつかの独特の原始的と考えられた特徴（autoapomorphies）があり、それがかつてはこの動物群を脊椎動物、もしくは「有頭動物（craniates）」のなかで原始的な系統に位置づけていた。すなわち、ヤツメウナギ類と現生顎口類が姉妹群をなし、その外群にヌタウナギ類が位置するという関係である。このとき、「ヤツメウナギ類＋顎口類」がいわゆる脊椎動物に相当し、これにヌタウナギ類を含めたものが有頭動物となる（後述のようにいまでは認められてはいない）。この考えはしばしば、「有頭動物説（craniate theory）」と呼ばれる（Janvier and Blieck, 1979；Hardisty, 1979, 1982；Janvier, 1981, 1996, 2008；Forey, 1984；Mallatt, 1984；Maisey, 1986；Forey and Janvier, 1993；Gess et al., 2006；Khonsari et al., 2009；ならびに、Janvier, 2007；Ota and Kuratani, 2006, 2007, 2008 に解説。ヌタウナギ成体の解剖学的特徴については、Müller, 1834；Parker, 1883a, b；Dean, 1899；Cole, 1905, 1906；Goodrich, 1909, 1930a；Marinelli and Strenger, 1954, 1956；Brodal et al., 1963；Jefferies, 1986；Janvier, 1996 などを参照）。

　注意すべきは、これらの分類名が辿った歴史的変遷である。おそらくヘッケ

ルが「craniates」を用いた最初であり、これは概念的には「無頭類（acraniates)」すなわちナメクジウオに対する対語としてあった。コワレフスキー以来、ナメクジウオと脊椎動物の親しい関係は認められ（Kowalevsky, 1866a, b）、そのためヘッケルは当初この動物を「脊椎動物」に加えていた（Haeckel, 1866）。ヘッケルにとって脊柱それ自体の有無は、脊椎動物の起源を考えるうえで重要な指標ではなく、「脊索動物」という分類群も当時はまだ存在しなかった。しかし、明瞭な脳やそれを包む頭蓋、そして感覚器が不明瞭なことを理由にアガシ（Agassiz）がこれを差別化することを提案、それを受けたヘッケルが、脊椎動物をさらに「頭部の明瞭なもの」と「不明瞭なもの」に分類する目的で、「Vertebrata」のなかに「無頭動物——Acrania」を立て、ナメクジウオを後者の代表としたのである（Huxley, 1874；命名の歴史についての歴史的要約は Nielsen, 2012 を見よ）。つまり、そのときにできた「有頭動物——Craniata」こそがいまいう脊椎動物に等しい。そしてこのとき有頭動物は（当時の）脊椎動物の内群であった。ちなみに、この分類関係の扱いにあって、ヘッケルの方法は系統的な枝というより、いくぶんグレード的な上下関係としてこれら2分類群を扱っており、しかもここでいう無頭動物はヘッケルにとって、脊椎動物の原型とでもいうことのできる存在であった。ヘッケルの想像した脊椎動物の仮想的祖先、*Protospondylus* は体軸にわたって分節的なパターンを明瞭にもつものとして描かれたが、彼はこれを事実上、現生のナメクジウオにきわめて近い動物をイメージしたものだと認めている（Haeckel, 1874）。ちなみに、最終的にナメクジウオを脊椎動物から外したのはセンパー（Semper, 1874）である。

　ヘッケル以降、脊索動物のなかで「背骨のあるもの」だけを脊椎動物とする定義がそののちに成立し、さらにそこから（下記の理由で）ヌタウナギが除外されるに至り、それでもナメクジウオよりもはるかに脊椎動物に近いため、「ヌタウナギ類＋脊椎動物」を表す分類名が必要となり、これを表すため「有頭動物」の呼称が再び用いられることとなった。このとき、ヘッケルによる体系とは逆に、「脊椎動物が有頭動物の内群になっている」ことに注意せねばならない。が、上に述べたように円口類が単系統であることが受け入れられ（この考えを、有頭動物説に対し「円口類説」と呼ぶことがある：Ota and Kuratani, 2006 を参照）、有頭動物の名は再び不要のものとなってしまった。

　いずれ、分子レベルでサポートされた系統樹に従うとしても、形態学的に見れば、ヌタウナギ類に一見原始的な形質が多く認められることはたしかに否定できない。それには以下のようなものがかつては数えられていた（Janvier,

1996)。

- 一半規管をもつこと（現生顎口類は三半規管；ヤツメウナギ類は二半規管；Retzius, 1881）
- 脾臓がないこと
- 心臓が神経支配を受けないこと
- 開放血管系をもつこと
- 脊柱がないこと
- 脱上皮して遊走する神経堤細胞をもたないこと
- 眼のレンズがないこと
- 側線系をもたないこと
- 下垂体が内胚葉に起源すること
- 明瞭な鰓下筋をもたないこと（上述の解説参照）

　争点はすなわち、これらの形質が①真に原始形質なのか（その場合、しばしばあったように、形態学的見解と分子系統学的結果が齟齬をきたすことになる）、②あるいは形態形質の同定、すなわち相同性決定の方法が間違っていたのか（分子系統を信奉する向きは、この可能性を主張するであろう）、それとも③派生的形質状態なのか、ということである。それを吟味したうえで、形態学的な評価と、分子系統学的解析結果が整合的でなければならない。重要なことだが、相同遺伝子の発現をもって発生原基の位置価や細胞型、分化状態を知る手がかりとする進化発生学的研究においては、遺伝子の同定の過程ですでに分子系統学的解析に依存することになり、科学的に整合的であろうとする限りにおいて、形態学者がしばしば唱道した有頭動物説を支持することはもはやできないのである（すなわち、相同遺伝子に言及した時点で、その者は円口類の単系統性を認めることになる）。したがって、遺伝子発現データを含めて、ヌタウナギの発生を観察しようとする者は、必然的に円口類説を支持したうえで、従来の形態学的な誤謬を発生学的に糺そうと試みることになる。以下の論考、議論も、このような基本方針を踏まえてのものとなる。

　上に挙げた形質のうち、詳細な吟味によって改定されるに至った事項として、脾臓の不在、ならびに心臓の神経支配の不在が挙げられる（ヌタウナギ類の心臓の神経支配については、Greene, 1902；Hirsch et al., 1964 を参照）。すなわち、これらの形質は両者ともヌタウナギ類に存在する。とりわけ、脾臓に関しては、

それが腸管壁の血管網、すなわち「腸脾」と呼ばれる、顎口類の発生途上の段階にも似た、比較的未分化な構造として記載されている (Tomonaga et al., 1981)。

また、一半規管に関しても、古くグッドリッチが看破したように (Goodrich, 1909)、それが二次的状態を示す可能性が濃厚である。なぜなら、半規管の一般的特徴として、ひとつの半規管にひとつの膨大部が付随し、そのそれぞれを内耳神経の1本の神経枝が支配するという規則がある。すなわち、顎口類の3つの半規管には合計3つの膨大部があり、それを支配する3本の神経枝が現れ、二半規管をもつヤツメウナギでは(注)、膨大部が合計2つあり、それらを2本の神経枝が支配する。ところが、ヌタウナギ類の1本の半規管には膨大部がひとつではなく2つあり、それらを2本の神経枝が支配する (Retzius, 1881 ; Lowenstein and Thornhill, 1970)。すなわち、ヌタウナギにおいて1本の半規管と見えるものは、実際2本あった半規管がひとつに融合したものという可能性がある。この融合については、いずれ個体発生過程において、標識遺伝子の発現箇所とともに、発生パターンの変化として観察され、証明されることになるであろう (分子発生学的レベルの内耳の進化についての考察は、Hammond and Whitfield, 2006 ; Whitfield and Hammond, 2007 を参照のこと)。

ヌタウナギ類に見られるという開放血管系についても、同様な発生学的解釈が可能である。たしかに、閉鎖血管系は脊椎動物独自の構造であり、ナメクジウオやホヤには、血管内皮という上皮構造で裏打ちされた厳密な意味での閉鎖血管系はない。一方で、ヌタウナギ類には皮下に通常の血管を伴わない空所があり、そこに大量の血液(静脈血)を含む。したがって、血管系が一部開放状態になっているヌタウナギは、それだけ原索動物(原始形質でくくられた側系統群としての)に近いと考えられてきた。が、われわれの組織発生学的観察によると、この「血洞」は、発生過程後期において、二次的に閉鎖的な血管が融合することによって形成され、血液が常に内皮細胞により裏打ちされた管腔にあることを窺わせる (図10-35、図10-39)。したがって、ヌタウナギの血管系は他の脊椎動物のそれと同じく、本来閉鎖性のものである。ヌタウナギに特異的なこの血洞の獲得は、皮膚に大きなたるみを与え、体に柔軟性と滑りやすさを

注:ただし、最近の研究によれば、ヤツメウナギの膜迷路の外側壁ではなく、内側壁に、現生顎口類の horizontal canal と同等の機能を有する horizontal semicircular duct が生ずるという報告がなされている (Maklad et al., 2014)。おそらくこれらは互いに相同のものではない。

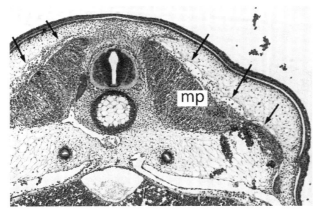

図 10-39 ヌタウナギ E. burgeri 後期胚における皮下の静脈洞の発生。矢印で示したのが、体節筋板（mp）表層において毛細血管が融合してできつつある静脈洞。（写真は太田欽也博士より提供）

もたらし、餌に潜り込むことを容易にするための適応なのであろう。

（1）ヌタウナギ類の発生

　上のようなヌタウナギの形質の吟味は、これまで原始的とされてきたヌタウナギの特徴が、本質的にはヤツメウナギに近いものであることを裏づけている。このほかの形質については、詳細な発生学的観察が必要となる。しかし、ヌタウナギ類の胚の報告は 2007 年以前には数えるほどしかなかった。発生段階の揃った胚の標本は 1899 年に、化石魚類、とりわけ甲冑魚を専門とする米国の古生物学者、ディーン（Bashford Dean：1867-1928）が偶然入手した *Bdellostoma*（*Eptatretus*）*stouti* のもので、しかも卵殻を除去せず、直接にエタノールに浸漬し固定されたため、組織が二次的収縮や変形を受け、胚の組織学的観察がきわめて困難なものであった（図 10-41, 図 10-29；Dean, 1898, 1899；Stockard, 1906a, b, 1909；Price, 1896；Doflein, 1899；Holmgren, 1946；Fernholm, 1969；総説としては、Gorbman, 1997；Ota and Kuratani, 2006, 2008 を参照のこと）。事実、比較的完璧な発生シリーズが揃ったほとんど唯一の標本は、このディーンによるものだけだったのである（図 10-40, 図 10-41；Dean, 1898, 1899）。それはカリフォルニア州モントレー湾の水深約 23 m から引き揚げられ、同時期にとられた卵塊のほとんど（98％）は発生が進行していなかった。それを実際に引き揚げたのは、

ディーンの雇っていた老漁師（Lee Ah Tack という名の中国系漁師——Dean, 1896b）であったという。そして、2006年に至るまで、受精卵が再び入手されたことはなかった。産卵シーズンが長いという不確かな情報は望みを抱かせるものではあったが、産卵・生殖様式についてはいまでも分かっていない（Dean, 1898；他に Dodd and Dodd, 1985 と、その引用文献も参照）。

　ディーンはなぜ、*Bdellostoma* の発生研究を途中でやめてしまったのだろう。外骨格をもたない動物には、興味がなかったのだろうか（ディーンは甲冑魚の専門家であり、個人的趣味もまた、中世の甲冑コレクションであった。自ら甲冑を装着しては写真に収まるのを好んだという——Janvier 談；Janvier, 1996 を参照）。いずれヌタウナギ類はそれからおよそ100年間、その胚の姿を研究者に見せることはなかった。これについては、ヌタウナギ類に属する種のすべてが深海に生息することに加え、その生殖様式や行動がいまでもまったく分かっていないことが要因となっている。たとえば、ヌタウナギ類がヤツメウナギのように体外受精を行うのか、あるいは体内受精を行うのかも不明瞭である。明瞭な外生殖器を欠くことが体外受精を示唆しもするが、その場合、雄が精巣を大型化する傾向を生じさせてしかるべきなのだが、その兆候もない。

　このような状況が打開されたのは、太田らが日本近海の比較的浅い海底に生息するヌタウナギ、*Eptatretus burgeri* を用い、実験室の水槽環境下で受精卵の獲得に成功したことによる（図10-41右；Ota and Kuratani, 2006；Ota *et al.*, 2007；要約は、Kuratani and Ota, 2008a, b）。何らかの未知の要因で、卵の発生率は非常に低いが（＜10％）、2013年までには、ほぼ完璧なシリーズの胚が完備し、組織学的レベルにおいて詳細な胚発生過程が観察可能になった（Oisi *et al.*, 2013a, b, 2015；Sugahara *et al.*, 2016）。得られた胚の外観はディーンが記載したものとほぼ同様であったが、かつてヌタウナギを甲皮類の一群、翼甲類（pteraspids）と近縁とする根拠のひとつとなった頭部の「シールド」様の構造は実際のヌタウナギ胚には発生せず、これが当時の不適切な固定法によってもたらされた胚体の膨張に由来することがあらためて示唆された（注）（Ota and Kura-

---

注：組織の膨張は，下に述べる神経管の発生形態、神経堤細胞の同定についてとりわけ問題となるところで、上記の固定方法では組織ごとの収縮率の違いから胚の組織形態が大きく影響を受け、膨張率の高い神経上皮が、本来は存在しないはずの「しわ」を二次的に作り出すなど、形態学的観察には致命的な問題を生ずる（図10-41左）。これを避けるためには、卵より胚のみを取り出し、浸透速度の高い酢酸などを含んだ固定液を用いるのがよい。

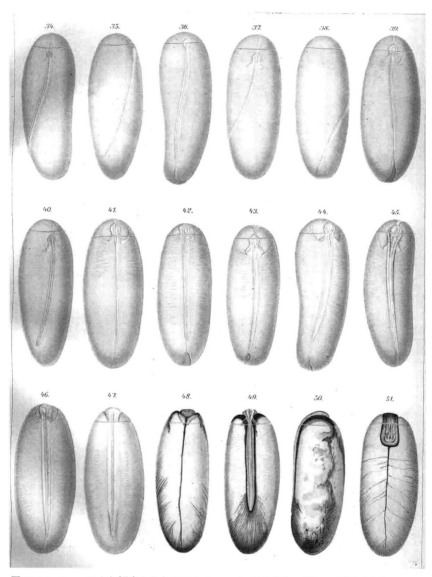

図 10-40　Dean により観察された *Bdellostoma stouti* の発生。(Dean, 1899 より)

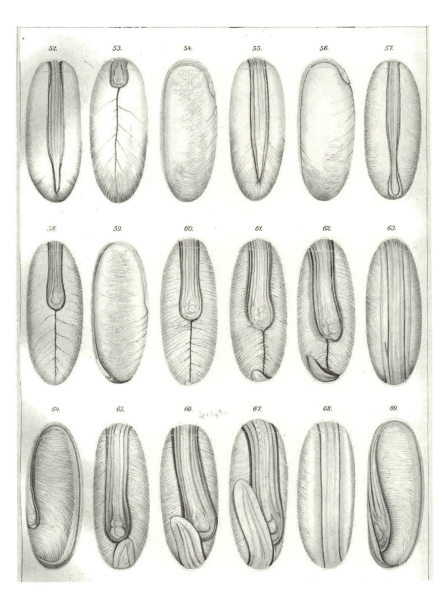

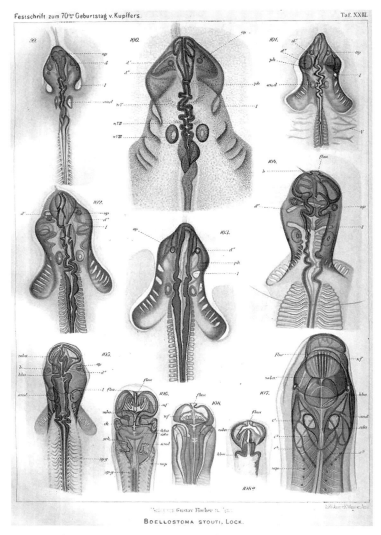

図 10-41 左：*Bdellostoma stouti* の発生。卵殻から出さずにエタノール中で固定されたため、神経上皮が膨潤し、嚢原基の形態が歪んでいるのが分かる。(Dean, 1899 より) 右：卵殻から取り出したのち、ブアン固定液にて固定された *Eptatretus burgeri* の胚シリーズ。脳原基の形態が歪んでいない。ot、耳胞；som、体節。(Oisi *et al*., 2013a より改変)

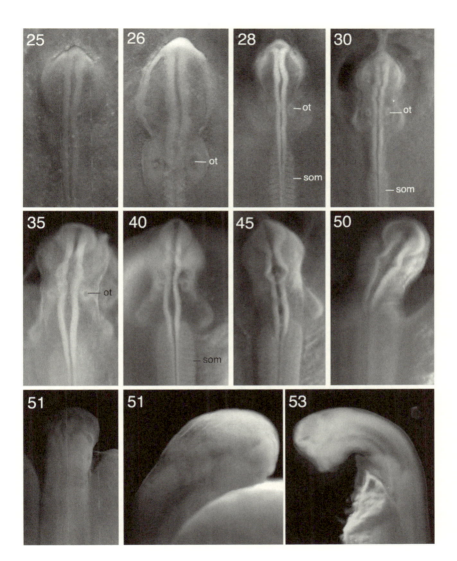

tani, 2008；円口類と翼甲類、骨甲類の類縁関係に関する古典的解釈については、Stensiö, 1927；Kiaer, 1924；総説は Janvier, 2008 を）。

（2）ヌタウナギと脊柱の進化

脊椎動物の脊柱はガドウが提示した 4 種類の軟骨要素、すなわち、間背、底背、間腹、底腹と呼ばれる 4 種の要素が、前後に繰り返し、組み合わさってできるとされる（Goodrich, 1930a；Gadow, 1933）。これらの要素はすべて板鰓類や原始的な硬骨魚類に明瞭なかたちで見ることができる。ただし、このような一種の原型論的な理論は、原始的な顎口類の多くに共有して観察される、脊柱の原始的状態として理解することはできるが、それ自体が必ずしも脊柱の進化的起源を物語るわけではない。ここで、円口類の脊柱との比較が必要となる。

上に挙げた 4 種の椎骨要素は、前後に繰り返す体節から派生し、同様に体節より発する体節筋（筋節）や、それに付随する筋中隔と対応した分節的対応関係のもとにある。しかし、この分節パターンは必ずしも脊髄神経根の分布と正確に対応するものでなく、上に述べたように「ずれ」を伴うことが多く、その傾向は体軸の後方でより顕著となる（図 5-9：したがって、脊髄神経の位置との比較で、椎骨要素の同定を行うことは賢明ではない）。それについてはヤツメウナギについても同様であり、この動物では変態後、上の要素のうち、間背と底背に相当する要素が繰り返して現れる。しかし、下方に見られるはずの軟骨要素はヤツメウナギに現れない。では、脊柱の起源は、背側の要素からはじまったのか、あるいはそれもまた円口類のなかで二次的に生じた変化なのか。ここにヌタウナギの椎骨を吟味する必要が生ずる。

かつて、ヌタウナギ類は脊柱の不在をもって脊椎動物より除外された。その背景には、脊椎動物の成立にあって、脊柱の獲得が本質的な出来事であり、これを共有派生形質として脊椎動物をくくるべきという方針がある。しかし、骨、軟骨に代表される脊椎動物の骨格組織の起源についても、まだ分からないことは多い（Hall, 1998 に要約；後述）。いずれにせよ、ヌタウナギ類に痕跡的な椎骨要素が存在することについては、すでに研究の黎明から指摘されてきたことではあった（Ayers and Jackson, 1900）。さらに、ヌタウナギ類は明瞭な軟骨頭蓋をもち、脊索の両側に傍索軟骨が存在することから自明のように（Neumayer, 1938；Holmgren, 1946）、「傍軸中胚葉が、おそらくは脊索からの誘導的シグナルを受け、軟骨に分化し、中軸骨格を分化させる」という、神経頭蓋の一部と脊柱に共通する中胚葉性の骨格形成についての発生上の形質（Couly *et al.*, 1993 に

10.6 ヌタウナギ類特異的な諸形質――有頭動物説と円口類説

よる脊索頭蓋）は、ヌタウナギにも充分に類推できる。つまり、ヌタウナギ類における見かけ上の脊柱の不在が二次的状態を示すという可能性はすでに明らかであった。

ヌタウナギ類における椎骨的要素は総排泄孔の後方にごくわずか見られる、軟骨性の小さな塊で、それは通常の椎骨要素に見られるような明瞭な分節的パターンを伴ってはいない（図10-42、図10-43）。組織学的観察によると、これらの軟骨塊は脊索の下方に分布し、上記の間腹、底腹が本来占めるべき位置にある。すなわち、分節性こそ明瞭ではないもの、ヌタウナギには椎骨要素の腹側半、あるいは血道弓（haemal arches）に相当するものが存在する（図10-42）。しかも、尾部後方端には、脊髄を覆う、神経弓に相当する部位にも微小な軟骨要素がある（図10-42）。すなわち、ヌタウナギ類における椎骨の残存は、ヤツメウナギにおけるよりも骨格要素のレパートリーが完備し、ひいてはガドウによって問われた椎骨の原型を構成する要素は、顎口類と円口類の分岐するより前の段階ですべて得られていたというシナリオが考えられる（図10-43；Ota et al., 2011）。ちなみにこの見解は、円口類説と有頭動物説のどちらも積極的に支持するものではない。が、「ヌタウナギ類に脊柱が存在しないことをもって、これを脊椎動物の外群とする」という考えは棄却される(注)。

発生学的にも上の考えは支持される。顎口類においては繰り返し示されてきたように、椎骨の発生にあたっては、体節中胚葉の内腹側がまず脱上皮化し、硬節という骨格原基と、胚外側に残された上皮性の皮筋節がもたらされる（このような組織発生パターンが円口類を含めた脊椎動物に広く共有されていることについてはOta et al., 2011, 2013, 2014により要約；図10-43）。体節分化に際し、発生制御遺伝子の領域特異的な発現が認められるが、硬節に発現するものとしては*Pax1*、*Pax9*、皮筋節には*Pax3*、*Pax7*、さらに筋分化マーカー遺伝子としてMRFファミリーに属する遺伝子群がある（Goulding et al., 1991；Christ et al., 2004）。以前、ヤツメウナギの体節においては、このような分化過程と遺伝子発現がよく知られておらず、硬節に相当する部位の同定も困難であったが、広範な筋節の外側に*Pax3/7*を発現する薄い細胞層が認められ、皮筋節が同定さ

注：ちなみに、円口類が単系統群であり、しかも最近示唆されるように、化石種のEuphanelops（この動物にも椎骨要素らしきものがあるといわれる）がこれに含まれるとすると、脊柱の存在は円口類の一般的形質といってよさそうである。ただし、やはりときとして円口類に含まれることもあるparaconodont、euconodont類においては、椎骨要素を思わせる骨格が一切存在しない。

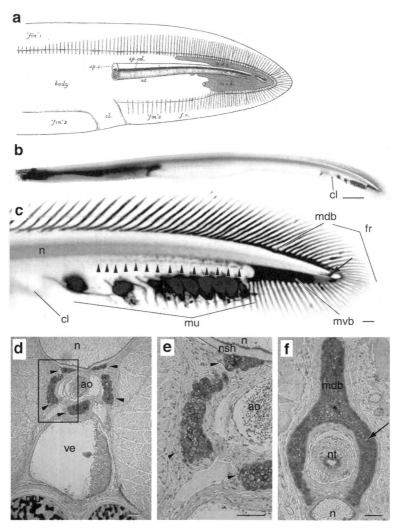

図 10-42 Cole が最初に記載したヌタウナギ成体尾部に見える椎骨要素の残存。灰色で示す。a：Cole（1905）による記載。図 b-f はヌタウナギ *Eptatretus burgeri* の成体尾部における水骨要素の残遺。b：アルシアンブルーにて染色したヌタウナギ全身の軟骨。c：その尾部における椎骨要素の残遺。d-f：背側大動脈（ao）周囲、神経管周囲に見られる椎骨様軟骨組織。cl、総排泄孔；mu、粘液腺；n、脊索；ve、大静脈。(Cole, 1905 より；Ota *et al.*, 2011 より)

10.6 ヌタウナギ類特異的な諸形質——有頭動物説と円口類説　559

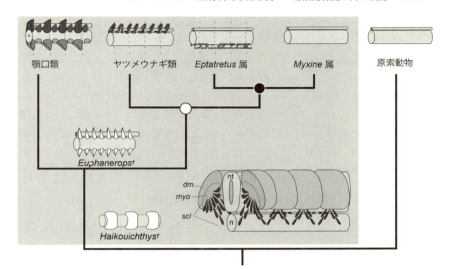

図10-43 脊椎動物における脊柱の起源と進化。脊索の背側と腹側に存在する椎骨要素はすべて、脊椎動物の共通祖先において備わっていたと考えられる。円口類においては、ヤツメウナギの系統で脊索腹側の要素が消失し、逆にヌタウナギでは背側要素が消失したが、両者の祖先的系統に近い化石種 *Euphanerops* では、背腹すべての要素が揃っていたとされる。(Cta *et al.*, 2014 より改変)

れた（Kusakabe *et al.*, 2011：それは、かつて比較発生学者が類推した領域と一致する）。このような *Pax3/7* の発現はおそらく、原索動物の段階から直接に引き継がれたらしい（Holland *et al.*, 1999）。ヌタウナギ胚の体節は、ヤツメウナギのそれに比して、はるかに羊膜類、もしくは板鰓類のそれに近く、間葉性の硬節と、上皮性の皮筋節を組織学的に容易に見分けることができる。それは遺伝子発現パターンについても同様で、すべての体軸レベルにおいて、硬節は *Pax1/9* 相同遺伝子を発現し、皮筋節は *Pax3/7* 相同遺伝子を発現する。さらに、より後期の胚においては、この硬節から由来したとおぼしき *Pax3/7* 発現細胞が、脊索、神経管の両側、背側大動脈の両側に分布を広げ、それがのちの椎骨要素の分布と一致する（Ota *et al.*, 2011）。さらに、ヌタウナギの後期発生段階においては、顎口類の軟骨基質に広く見いだされる biglycan/decorin をコードする遺伝子（*EbBGN/DCN*: class I small leucine-rich proteoglycan gene family のメンバー）が、軟骨分布域の種々の間葉に加え、硬節由来の細胞に発現する（Ota *et al.*, 2013）。

すなわち、特定の遺伝子制御機構を介した体節の初期分化過程、椎骨要素の分化過程は、脊椎動物全般にわたって広く保存され、その起源は円口類と顎口類の分岐以前に求められねばならない。それは、カンブリア紀の原始的な脊椎動物とされる *Haikouichthys* に軟骨様の椎骨らしき骨格要素が存在するとされることとも整合的である（Shu *et al.*, 2003）。おそらく、ヌタウナギの体幹のほとんどのレベルにおいて椎骨が退化しているという状態は、この体節分化機構の下流において抑制されていると見るのが妥当なのであろう。その適応的意義も再びこの動物の摂餌様式に対応したものなのであろう。同様のことは、ヌタウナギにおける咽頭の後方への移動にもあてはまる（後述）。

（3）神経堤、プラコードと脊椎動物の初期進化

脊椎動物の頭部を新しい形質と見なし、それを神経堤とプラコードの獲得に結びつけた試みはガンスとノースカットの「新しい頭部」説をもって嚆矢とするが、それを疑問視する向きもある。これには、ナメクジウオの神経軸の発生を見るに、脊椎動物においては何も新しいものが軸の前方につけ加わっていない——したがって脊索動物の前後軸それ自体は保存されている——という、リンダ・ホランド（Linda Holland）らの見解が主たる根拠となっている（要約は Holland *et al.*, 2013）。一方で、すべての器官系が同じ前後軸を共有しなければならないという、いささか自然哲学的な理念や初期の分節理論を彷彿とさせる上の仮説にも、それをよしとする自明の根拠はない。進化的な形態の変容は、前後軸の枠を超え、胚葉派生物ごと、器官系ごとに、モザイク的に進む可能性がある（後述）。

神経堤の獲得をもって脊椎動物の定義とすることは妥当である。これは、脊椎動物に特有の広大な間葉系をもたらす細胞系譜であり、類似のものはナメクジウオにない。この意味では、中胚葉に由来する間葉もまた、脊椎動物に独特の存在であり、これら両者が脊椎動物のサイズをかくも大きなものにしている。原索動物と基本的ボディプランを共有しながら、シロナガスクジラのサイズを実現するためには、組織の構築に抜本的な改革が加えられなければならない。

神経堤の進化的起源はしたがって、脊椎動物の起源の解明にあって本質的な重要性を帯びる。以前、ヌタウナギ類が脊椎動物の外群に置かれていたころは、この動物の神経堤が不完全な発生分化様式をとるとされていた（Conel, 1942）。この仮説は、いまでは否定された「有頭動物説」の唱道する進化シナリオと整合的である。すなわち、ナメクジウオのような、末梢の知覚神経節をもたない

状態がまずあり（髄内知覚ニューロンは脊椎動物にも一部残る）、その次に仮定されたヌタウナギ的段階においては、知覚性の神経上皮の一部が膨出して、末梢化の第1段階を示す。さらに、神経上皮細胞は脱上皮化と移動能を獲得し、現在の脊椎動物的段階に至る。しかし、このシナリオと相反する事実は多い。そのひとつは、ホヤ胚に生ずる遊走性の色素前駆細胞であり、その遺伝子発現レパートリーは、脊椎動物の神経堤細胞のそれに似る（第4章）。最近では、*Twist*（*twist-like 2*）遺伝子の強制発現により、遊走をはじめる神経前駆細胞もホヤには報告されたが、これらは神経堤細胞の諸特徴のうち、その移動能が比較的早い時期に獲得されたという考えと符合する（第4章）。このような理解は有頭動物説よりも、円口類説と整合的であり、さらにそれは、ヌタウナギ胚においても、上皮性の謎の構造としてではなく、他の脊椎動物におけるのと同様の、広範な間葉系をもたらす遊走性の神経堤細胞が存在することを、かなり明瞭に予見している。ちなみに、ヤツメウナギの体幹神経堤細胞の移動経路と分布パターンは、まだ充分に観察されていない。

　すでに報告されているように、神経堤細胞には、本来の神経上皮的な遺伝子制御ネットワークに、間葉系・中胚葉系のネットワークがコ・オプションされているという見解がある。すなわち、本来は中胚葉の機能であった支持組織、平滑筋、骨格組織の分化を、ひとつのモジュールとして外胚葉系の細胞系譜に二次的に移植することによって、神経堤細胞は脊椎動物の複雑な体制を獲得したという見方である。このような進化は、胚葉にまつわる本来的制約を打ち破り、加えてその移動能は、上皮の成長だけでは覚束ない多様な分布パターン（それは、多様な胚環境において多様な誘導的シグナルを受ける可能性をも開拓する）を約束する。移動性の神経堤細胞の獲得を基盤として成立した脊髄神経節のような構造は、神経堤をそもそももたないナメクジウオの神経系には期待できない。神経堤に見る「非胚葉型の発生様式の獲得」が、脊椎動物の進化の根底にあるとしても、それが中胚葉のどの発生プログラム（の部分）を、どのようなかたちで移植したのかについては、まだ理解は進んでいない。これに関し、骨格の起源は再び重要な謎を提示しているようである。すなわち、脊椎動物において内骨格（軟骨）をもたらす細胞系譜には、中軸骨格と肋骨（神経頭蓋と感覚器胞の一部も含む）をもたらす傍軸中胚葉、腹側正中の骨格系（胸骨、肩甲骨の一部など）をもたらす外側中胚葉、神経頭蓋と感覚器胞の一部、に加え内臓頭蓋をもたらす神経堤、が数えられる。そして、これらのうち、進化的に最も早く現れたのがどれであったか、についてはいまだ定説はない。

基本的に、脊椎動物の傍軸中胚葉は中軸骨格、ならびに本来の神経頭蓋をもたらし、神経堤は咽頭に発生する内臓骨格をもたらす。ヌタウナギが脊柱を獲得する前の進化段階を代表するという、以前の誤った認識にあっては、頭蓋（内臓骨格を含む）が先に進化した構造であり、したがって、中胚葉以前に神経堤が軟骨分化能を獲得していたのだろうという、一種逆説めいた仮説すらもたらした（Hall, 1998）。しかし、ヌタウナギには上述したように脊柱が存在し、第2に、仮にそれが存在しないとしても、神経頭蓋の一部（傍索軟骨）は明らかに傍軸中胚葉を基盤として作られている（頭蓋のすべてが神経堤に由来するものではない）。つまり、神経堤と中胚葉のうち、どちらが先に軟骨分化能を獲得したかを示す決定的な証拠はまだなく、ヌタウナギの発生がすぐさまそれを教えてくれるわけでもない。

　が、原索動物（non-vertebrate chordates）ならびに、半索動物の研究からは興味深い示唆が得られるかもしれない。ナメクジウオとギボシムシには明瞭な「鰓」があり、これら両者の鰓の形態はきわめてよく似る（Gillis *et al.*, 2012）。そこに軟骨は存在しないが、脊椎動物の軟骨基質の主体であるII型コラーゲンが、鰓孔に沿って明瞭に分布するのである（Rychel and Swalla, 2007）。このII型コラーゲンを直接に制御する上流因子は *SoxE*（*Sox9* 相同遺伝子）の産物であり、同時にこれは神経堤細胞の初期マーカーとしても知られ（Li *et al.*, 2002；Spokony *et al.*, 2002；Cheung and Briscoe, 2003；Sakai *et al.*, 2006；Suzuki *et al.*, 2006）、その発現は上記のようにすべての脊椎動物にわたる。ナメクジウオとギボシムシにおいては、興味深いことに *SoxE* を発現するのは中胚葉や内胚葉上皮であり、外胚葉由来物ではない（Meulemans and Bronner-Fraser, 2007；Rychel and Swalla, 2007）。つまり、軟骨基質形成に関わる遺伝子制御機構それ自体は、脊索動物の分岐以前に遡り（それは、脊索ならびに中軸骨格の獲得以前であることを意味する）、その機構が進化の過程において、本質的に細胞系譜とは乖離していた可能性を示唆する。あるいは、そもそも中・内胚葉に機能していた基質産生・分泌機構が神経堤細胞系譜へコ・オプションされたという可能性もある。上のようなII型コラーゲン産生カセットが、椎骨のそれにはるか遡るとなれば、脊椎動物の祖先に最初に現れた細胞性の軟骨が内臓骨格系のそれであり、そのとき、すでに神経堤細胞がその担い手になっていた可能性もたしかに否定できない。が、同時に、それを支持する化石証拠が得られていないこともまた事実である（ヌタウナギのII型コラーゲンについては後述）。

　以前、ヌタウナギ類に存在しないとされてきた眼のレンズと側線系は、とも

に脊椎動物胚のプラコード、すなわち外胚葉の肥厚に由来する構造であり、一般的には脊椎動物の共有派生形質と認識される。神経堤とプラコードが脊椎動物の「新しい頭部」をもたらす主たる要素のひとつであると考えられていたからには、その分化能が完備していないヌタウナギは、たしかに脊椎動物になりきれていない存在であると考えられがちであった。が、ヌタウナギにおけるレンズと側線系の不在はどうやら二次的な退化を示すらしく、どちらも発生中痕跡的な構造として現れる（Fernholm は成体においても *Eptatretus* では不明瞭ながら側線系らしきものが観察され、*Myxine* はこれを欠くとしている。ちなみにヤツメウナギ類の側線系は、アンモシーテス幼生においても機能するとされる——Gelman *et al.*, 2007；レンズについては、Stockard, 1906a, b；側線系については Wicht and Northcutt, 1995；Kishida *et al.*, 1987 も参照）。ヌタウナギにも汎プラコード領域は存在し、それは顎口類における汎プラコード領域に似た、組織学的に明らかな馬蹄形の肥厚部位として初期咽頭胚に現れる（Oisi *et al.*, 2013a）。ヌタウナギ胚のこの肥厚の前方の頂点は、前脳の腹側部に回り込み、視床の腹側においてのちの鼻下垂体板（nasohypophyseal plate）となる。その外側後方においては、頭部側面において肥厚の一部が眼胞に接し、レンズプラコードが誘導される位置を見る。この肥厚部分はさらに後方において三叉神経節のプラコードへ移行する。プラコード派生物のうち、ヌタウナギ胚において最も顕著な形態的分化を発生初期に示すのは内耳プラコードであり、それは他の脊椎動物胚のそれのように明瞭な陥凹として分化を開始する。側線原基の残遺はその前後に由来するとされる。また、上鰓プラコードの発生も明らかで、ヌタウナギの咽頭嚢が接する表皮外胚葉の部分は、常にこの馬蹄形の肥厚のうちにある（ヤツメウナギ類におけるプラコードとその由来物については、Modrell *et al.*, 2014 ならびに Lara-Ramírez *et al.*, 2015 を見よ）。

（4）下垂体の起源

　ヌタウナギ類の腺性下垂体は、他の脊椎動物と同様の機能をもつとされるが（Uchida *et al.*, 2010）、それが内胚葉に由来するという見解は、その相同性を揺るがすか、さもなければ、進化上胚葉レベルで発生の位置を変えたヘテロトピー（De Beer, 1958）の極端な例となりかねない。この内胚葉起源説は、米国の内分泌学者、ゴルブマン（Gorbman）によって唱えられ、以来多く引用された（Gorbman, 1983；他に Gorbman and Tamarin, 1985, 1986 も見よ）。このとき用いられた標本もまたディーンのコレクションであり、決して状態のよいものではな

かった。なぜそれが内胚葉に由来すると考えられたのかに関して、いくつかの興味深い要因がある。

すなわち、ナメクジウオの腺性下垂体相同物は、胚発生において原腸の前端より左右に膨出した「anterior gut diverticulum」の左側のものが「ハチェック窩（Hatschek's pit）」として、内胚葉由来物から分化するように見える。この上皮性の陥凹は背側へ成長し、神経管の側面に接触し、そのパターンは脊椎動物胚におけるラトケ嚢と視床下部の接触する様子に似る（Candiani et al., 2008）。この上皮の細胞学的特徴から、その内分泌機能が類推され、この構造がナメクジウオにおける腺性下垂相同物とされるに至っている（Glardon et al., 1998）。が、組織学的観察に限度があり、外胚葉の細胞系譜が実際の下垂体相同物をもたらすとの報告もある（Holland and Holland, 2010；これに関連して、ハチェック窩が外界に開口するに際して、外胚葉上皮が取り込まれる可能性は以前から指摘されてきた）。加えて、原索動物（尾索類）においても、脊椎動物胚の汎プラコード領域に類似する外胚葉の発生パターンが報告され（「内胚葉の遺伝子発現を見ているのではないかと」との異論はある）、下垂体の進化的起源が外胚葉であるという可能性は濃厚であった。が、ナメクジウオの腺性下垂体相同物が内胚葉性であるという通念が、「ヌタウナギの内胚葉性下垂体」という仮説を後押ししていた。むろんこれは、以前の「有頭動物説」と親和性が高い（これをもって、腺性下垂体の進化が内胚葉から外胚葉へ移行する途中の状態を、脊椎動物の外群に相当するヌタウナギ類が体現しているというシナリオを描くことができるためである）。

20世紀前半であれば、たしかに腺性下垂体の起源については、顎口類においてさえ混乱があり、それがラトケ嚢という口腔外胚葉の一部に由来することが定説となるまで、多少の時間がかかっている（von Kupffer, 1893, 1894, 1895やDohrn, 1882など、錚々たる比較発生学者が、下垂体の内胚葉起源を主張していた。Zeleny, 1901に要約）。ましてや、世界にわずか数個しかないヌタウナギの組織標本から、正しく下垂体の胚葉起源を知ることは困難であった。ゴルブマンらがヌタウナギの腺性下垂体が内胚葉起源であると考えるに至った他の要因として、以下の事項が挙げられる（Gorbman, 1983）。

・ヌタウナギ胚の脊索前端が、ラトケ嚢を思わせる肥厚した上皮性の袋（口前腸、もしくは顎前中胚葉）に終わり、この袋が視床下部の後面に密着する時期がある。この嚢は、脊索との関連から脊索前板の相同物であると思われ、

したがってそれは咽頭内胚葉系譜のものと考えられる。
・咽頭を外界から仕切る膜、すなわち口咽頭膜の位置が同定されず、咽頭内胚葉と口腔外胚葉の境界が特定できない。
・ヌタウナギ胚には特異的に、口腔を外界から仕切る独特の膜構造が発生し、それが誤って口咽頭膜と考えられた。

　口前腸がラトケ嚢であり、かつ、口を塞ぐ二次的な膜が口咽頭膜なのであれば、かつて信じられていたようにヌタウナギの腺性下垂体は内胚葉上皮に由来するように見える（Fernholm, 1969；Gorbman, 1983；Gorbman and Tamarin, 1985；Bjerring, 1989；Tusch et al., 1995；Soukup et al., 2013）。が、適切な方法で固定された標本を、発生段階に沿って詳細に観察すると、上の所見が誤りであったことが分かる。

（5）ヌタウナギ胚頭部の発生

　以下に示すのはもっぱら、ヌタウナギ目 Myxiniformes、ヌタウナギ亜科 Eptatretinae、に属するヌタウナギ *Eptatretus burgeri* の発生に基づく記述である。ヌタウナギの発生様式は、多横卵から胚盤のかたちで発生する他の脊椎動物胚と一部、きわめてよく似た形態パターンとプロセスを示す。すなわち、後期神経胚段階においては、神経管の下に脊索が走り、その前端は神経管の前端に達することはなく、索前板となって内胚葉に移行する。前脳を包み込む表皮外胚葉は、脳の前方で内胚葉と接し、この2種の上皮がのちの口咽頭膜となる。このとき、胚の前端の両側で、胚体外外胚葉が皺を作ってもちあがる。前脳部分の神経管が拡大するにつれて、口咽頭膜は前脳腹側に折れ込み、口腔を形成する（図10-44）。初期咽頭胚期では、口咽頭膜が消失しはじめ、先のしわが正中で融合、かつてクプファーが「二次口咽頭膜（secondary oropharyngeal membrane）」と呼んだ、純粋に外胚葉性の二重膜が形成され、口腔を完璧に外界から遮断するに至る。
　羊膜類胚における羊膜を思わせるこの二重膜は、他の脊椎動物には現れない。それは口咽頭膜とは独立に成立する構造であり、したがってこれより後方にあるからといって、それが内胚葉ということにはならない。上の二重膜が最初にクプファー（von Kupffer, 1899）により記載された当初、それは一種の破格であると思われた（Gorbman, 1983；Stockard, 1906a, b も参照のこと）。が、これはすべてのヌタウナギ胚の発生において現れる正常な構造である。おそらく、本当

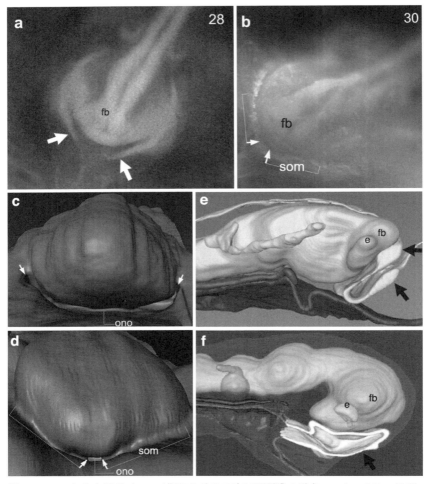

図 10-44 ヌタウナギ *E. burgeri* 胚における二次口咽頭膜の形成。a、b：ステージ 28、30 における二次口咽頭膜の発生の写真。c、d：3 次元復元による外観。e、f：表皮外胚葉の分布を正中断面で見る。(Oisi *et al.*, 2013a より改変)

の口咽頭膜の破裂とともに、外界からの細菌の侵入を防ぐための仕組みであると思われる。

　上記の発生段階は、ヌタウナギの構造の理解にあって、決定的な重要性を帯びる。すなわち、このころ脊索前板が上方にもちあがり、肥厚した上皮からな

10.6 ヌタウナギ類特異的な諸形質——有頭動物説と円口類説

る一種のポケットを形成し、視床の後方に癒着するのである。たしかにこのような組織像には羊膜類のラトケ嚢を思わせるものがある。が、これは口咽頭膜の後方にあって、顎口類胚では口前腸（preoral gut）と呼ばれる内胚葉性、もしくは脊索前板の派生物である。それと符合するかのように、脊索前端は下方へ向かって鉤状に曲がり、この嚢に接する（羊膜類のラトケ嚢も、脊索との位置関係においてこれと似た状態を示すことはある）。したがってこれは、のちに顎前中胚葉をもたらす構造と期待される。ちなみに、このころのヌタウナギ胚の形態は、羊膜類咽頭胚においてラトケ嚢、口前腸、脊索前端、視床下部原基が見せる形態学的位置関係に酷似する（Zeleny, 1901）。すなわち、口前腸のすぐ前にラトケ嚢があり、それが視床下部の後壁に癒着する（図10-45）。たしかにこのとき、ラトケ嚢と口前腸は両者が単一の嚢というように見える。が、以前よりこれら両者の間に消えつつある口咽頭膜があることは知られており（Zeleny, 1901）、ラトケ嚢は外胚葉性だが、口前腸は内胚葉構造であることも正しく推測されている。そして、ヌタウナギの上記の嚢は、紛れもなく後者に対応する。

　ヌタウナギの後期発生段階においては、上記の嚢より外側に1対の索状構造が伸長する。が、これは何も分化することなく、消失する（図10-45）。これがおそらくヌタウナギ類の顎前中胚葉に相当するが、外眼筋が分化しないヌタウナギでは、この中胚葉も退化的だと類推できる。なお、初期咽頭胚におけるヌタウナギの口腔は、大きく側方へ広がり、ヤツメウナギ胚における上唇と下唇の原基に相当するものを上下に鋭く分けている。このような側方の突出部はかつて、顎の前に存在する「0番目の咽頭嚢」であると考えられたこともあった（第4章：図4-40；Stockard, 1906a, b）。が、これはあくまで外胚葉性の構造である（つまり、ヌタウナギの咽頭嚢は、顎口類の第1咽頭嚢と同じものを最前のものとする）。この形態パターンもまた、すべての脊椎動物胚において保存されている。

　一方、真の腺性下垂体は、ヤツメウナギと同様、鼻下垂体板の後半より発する。これは汎プラコード領域の腹側正中部が前脳下面、*EbNkx2.1*の発現する視床下部に接し、肥厚したものであり、他の原基との関係においてヤツメウナギ胚におけるのと同一の位置関係のもとに生じている。いくつかの制御遺伝子の発現は、やはりこの構造が外胚葉細胞系譜に由来することを示し、対して本物の口咽頭膜より後方の上皮のみが、内胚葉特異的遺伝子発現を示す。すなわち、ヌタウナギの腺性下垂体は他の脊椎動物におけるのと同じく外胚葉に由来する。形態学的に詳細にヌタウナギを理解するほど、円口類の2グループが、

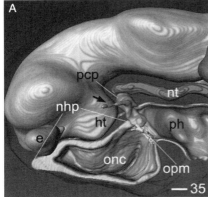
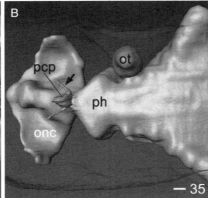
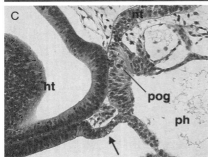

図 10-45 ステージ 35 ヌタウナギ胚の顎前中胚葉。顎前中胚葉は口前腸、もしくは脊索前板（pcp）の一部として発する。A は側面観。この復元図では、口前腸の側面から 1 対の索状中胚葉が伸び出しているのが分かる。これは脊椎動物咽頭胚に見る顎前腔と同じものと見てよい。B は背面観。C では視床下部に接触した口前腸が肥厚し、あたかもそれが下垂体原基のように見えるが、これは内胚葉由来物であり、脊索前端がこれに接している。口前腸の前方下方に見える膜が口咽頭膜。e、眼；ht、視床下部；nhp、鼻下垂体板；nt、脊索；onc、鼻口腔；opm、口咽頭膜；ot、耳胞；ph、咽頭；pog、口前腸。

類似した基本構造と発生プランのもとにできあがっていることが確かなものとなる。

（6）汎円口類パターンとは

ヌタウナギ類の発生過程において興味深い事実は、発生の一時期、胚頭部の形状がヤツメウナギ胚のそれとそっくりになる段階があることである。これは、ヌタウナギではステージ 45（Dean, 1899）、ヤツメウナギでは田原（Tahara, 1988）によるステージ 26 に相当する（図 10-46；図 10-7 も参照；Oisi et al., 2013a；ちなみに、この発生ステージはヌタウナギにおいて心臓の拍動が開始する時

期に一致する——大石所見、2013)。

　この時期、胚頭部の腹側面に鼻下垂体板が発達し（それがのちに単一の外鼻孔external nares をもたらす)、その前後にクッションのような突起ができる（図10-46-図10-48)。これらはそれぞれ「鼻前突起（anterior nasal process：ANP)」、「下垂体後突起（posthypophyseal process：PHP)」と呼ばれ、前者は分断する前の眼前神経堤細胞に、後者は眼後神経堤細胞と、おそらく顎骨弓の間葉素材を含む。後者はヤツメウナギ胚における上唇突起となり、ヌタウナギでは鼻道口腔隔壁をもたらす。両者とも、この突起の後方に口が開口する。円口類に共有されるこの胚パターンは、現生顎口類の胚には現れない。いわば、上に示した「汎円口類パターン（pan-cyclostome embryonic pattern：現在では単に円口類パターン——cyclostome pattern ということもあり：Kuratani *et al.*, 2016)」は円口類独特のバウプランを構成し、それが現生顎口類とは一線を画す（図10-49)。

　上の円口類共通パターンを起点として考えれば、これまで成体の比較解剖学的方法では不可能であったヤツメウナギ類とヌタウナギ類の頭部形態の比較が可能になる（図10-49)。同様な試みは、かつて仮想の発生学的原型をスタート地点とし、ダーシー・トンプソン（D'Arcy Thompson）的格子座標の歪みによって連続的な変形を施し、ヤツメウナギ、ヌタウナギそれぞれのかたちを導いてゆく方法で行われたが（Strahan, 1960)、この操作においてはいうまでもなく、原型的発生プランが現実の胚形態を反映していなければならず、かつ、比較する胚の各部の相同性が保証されていなければならない。しかし、ヌタウナギの詳細な発生過程が知られるまで、それら両方の条件を満たすことのできた研究はなかった。かろうじて、1960年代にハインツ（Heintz, 1963）によって問われた円口類の顔面構築要素の比較は、上に述べた汎円口類パターンを満足する仮説として傑出したものであった（図10-7)。

　これまで幾度となく図示されてきたように、ヤツメウナギにおいては後下垂体突起が上唇として前方背側へと拡張し、その際、外鼻孔（腺性下垂体へも連なる）を頭部抓側面へ押しやる。基本的に、汎円口類パターンからアンモシーテス幼生の形状を導くのは簡単で、この発生段階以降、形態形成上の大きな変化は生じていない。もっとも、ヤツメウナギ類は最終的成体の形態を獲得するために変態を行い、しかも変態後にならなければヌタウナギと比較できない甲状腺や舌装置のような器官も存在するので、これのみをもってヤツメウナギを原始的な円口類と呼ぶことはできない。

　一方、ヌタウナギの後期発生過程においては、複雑な二次的変形の過程が続

570　第10章　円口類の進化形態学

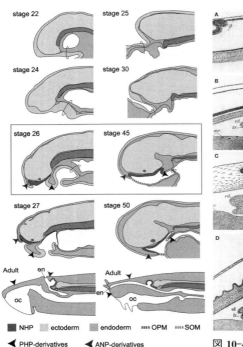

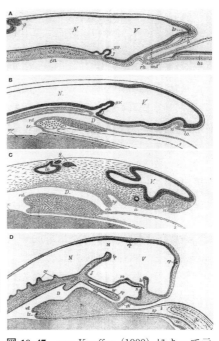

図 10-46　円口類に共通の顔面発生プラン。四角で囲んだステージにおいて、ヌタウナギ（右）とヤツメウナギ（左）の胚形態は最もよく互いに似る。濃く塗った部分が鼻下垂体板。その前後に2つの突起（前突起：ANPと後突起：PHP；矢頭）が現れる。これら2突起の後の発生過程は大きく異なり、解剖学的に異なった頭部形態がもたらされる（最下段）。(Oisi *et al.*, 2013a より改変)

図 10-47　von Kupffer (1900) によって示された、ヌタウナギ初期胚頭部。Cに示された段階において、円口類に典型的な顔面原基が見られる。

く。すなわち、鼻前突起が前方へ伸長し、鼻道を前方に伸ばし、それに伴って下垂体後突起も前後に伸長するため（ここには鼻道下軟骨 subnasal cartilage というヤツメウナギの上唇蓋に相同な支持構造が発生する）、外鼻孔と口がほぼ同じレベルで上下に開くことになる（図10-46；すなわち、ヌタウナギ独特の吻が成立する）。こうしてヌタウナギ類は、ヤツメウナギのものとは大きく異なる顔面形状をもつことになる。この過程で、「鼻・腺性下垂体・口」腔（oro-

10.6 ヌタウナギ類特異的な諸形質——有頭動物説と円口類説　　571

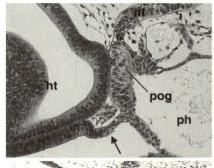
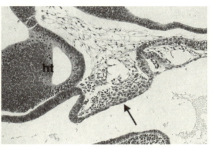

図 10-48 ヌタウナギにおける PHP の消長。矢状断面を見る。左側が前方。矢印で示した部分が PHP。PHP は発生とともに前後方向へ伸長し、鼻（道）口腔隔壁となり、鼻腔と口腔を分けるに至る。最初のステージは図 10-45 と同じもの。ht、視床下部；ph、咽頭；pog、口前腸。

nasohypophyseal cavity）とでも呼ぶべき空所は、水平方向に伸びた下垂体後突起が隔壁を形成することにより背腹に分断され、当初はヤツメウナギのそれのように盲嚢に終わっていた鼻（+下垂体）道（naso-hypophyseal duct）と、腹側の口腔が分離することになる（図 10-47、図 10-48）。一方、下垂体後突起の表層からはいわゆるヌタウナギの触鬚（T1-4）が発生し、これらすべてがヤツメウナギの上唇の一部に相当することが示唆される。詳細には、4 対ある触鬚のうち、T1、T3、T4 がアンモシーテス幼生の上唇側壁に、T2 が背側中央部に相当する。ハクスレー以来、アンモシーテス幼生の上唇は、その形態的類似性からナメクジウオの上唇蓋（oral hood）と相同とされ（Huxley, 1874）、ヌタウナギ胚と比較されることはついぞなかったが、円口類の系統ごとに異なったかたちへと分化するこの構造の相同物が、真に頭索類に存在するのか、今後再評価が必要となろう。

　上に提示されたヤツメウナギとヌタウナギの頭部原基各部の相同性は、三叉神経各枝の分布、支配領域とも整合的である。すなわち両者の円口類において、三叉神経の第 1 枝は、もっぱら下垂体後突起由来物の内側部ならびに鼻前突起

を支配し、第2枝は下垂体後突起の外側部を支配する。後者は筋枝をもち、ここに発する三叉神経筋（顎骨弓由来）を支配する。そして第3枝は下唇と縁膜の両者を支配する。ここに、神経堤間葉の基本的分布の一致や、神経伸長を左右する特定のガイダンス分子が相同的に用いられていることが示唆される。つまり、間葉と神経枝の分布に発生学的要因をベースにしたモジュール構成を見ることができ、いわゆる形態学的相同性は、このモジュールが保存されていることにより可能となるのである。そして、顎口類の三叉神経分枝パターンは円口類のそれと一致しない。顎口類においても三叉神経は大きく3つの枝を発するが、これらのうち相同関係が明らかなのは第1枝のみであり、第2、3枝は円口類の類似の枝と厳密に相同ではない。現在のところ、三叉神経枝の相同性は、第2、3枝の複合物、いわゆる上下顎神経（maxillomandibular nerve；V2+3）として顎口類と円口類の間で相同なのであり（Tautzによる本来のdeep homology）、それ以下の細分の仕方が両者においては比較不可能となっている。これは、両者における顔面形成基本プラン（上述の顎顔面のモジュール構成）の不一致を如実に示している。

　ヌタウナギの発生がさらに進むと、下垂体後突起の基部は後方に大きくシフトし（したがって、ヌタウナギでは発生過程の後期において脊索前端の位置が大きく変化する）、しかも鼻道の天井に連なったこの突起の基部が消失するので、ヌタウナギの成体に見るがごとく、鼻（＋下垂体）道が後方で咽頭に連なることになる（図10-48）。このとき、ヌタウナギ頭部の矢状断面は、あたかも哺乳類におけるように、二次口蓋の存在によって気道が口腔から分断されたような様相を呈するが、上の記述から自明のようにこれは見かけ上の一致にすぎない。以前、円口類が「不穿口蓋類」と「穿口蓋類」に二分されていたことを先に述べたが、ヌタウナギの発生に見るように、円口類はまず、不穿口蓋類として発生するのである（したがって、この分類の根拠は希薄である）。いずれ、ヌタウナギとヤツメウナギの成体における大きな解剖学的相違は、明らかに個体発生の後期に新たに挿入された変化によるものであり、その多くはヌタウナギにおいて独特に生じている二次的現象に由来する公算が大きい。言い換えるなら、発生プランのレベルにおいてはヌタウナギとヤツメウナギは同じ基本型を有し、ヌタウナギについて二次的に変形したと見るべき現象が多い。

　上のことは、ヌタウナギにおける咽頭（第4咽頭弓以降）の後方へのシフトにもあてはまる。このプロセスにおいて、鰓弓神経のうち舌咽神経、ならびに迷走神経も長く後方へ伸長し、これら後耳内臓弓に対して鰓枝を出して支配す

る。奇妙なことに、これだけの位置の変化を経験していながら、内臓弓の収縮筋とそれを支配する筋枝の形状はヤツメウナギに見るものと酷似する。この内臓弓のシフトの要因と、それに伴う体幹部の体腔の消長、ならびに、鰓下筋系の発生に加わる変化については、まだよく理解されていない。

　もうひとつの変形は縁膜に生ずる。ヤツメウナギの縁膜はいわば、口腔と咽頭の境目において垂直にできた「襞」としてポンプの役目を果たすが、ヌタウナギ類の縁膜はこれとは対照的にやや水平に位置し、それゆえしばしば両者が相同ではないと思われていた (Strahan, 1958)。が、後者の形態は、後耳咽頭弓の移動に伴い、二次的に成立するものであり、発生初期においてはヤツメウナギ胚におけるのと同じ部位（口咽頭膜のレベル）にでき、その顎骨弓中胚葉からの分化（それは、咽頭弓中胚葉の一般的マーカー遺伝子として認識される $Tbx1$ 発現細胞として観察できる）も確認されている (Oisi et al., 2013a)。加えて、縁膜筋を支配する神経枝も、ヤツメウナギとヌタウナギにおいて互いに比較可能である。

　以上、円口類の頭部形態は互いに比較可能な胚形態から分化し、成体における顕著な相違は、もっぱらヌタウナギ胚における二次的な変形による。これは、頭部の解剖学的特徴について、ヌタウナギに見る特徴のほうがヤツメウナギ類に比べ派生的な状態にあることを示唆するが、これは以前、ヌタウナギが脊椎動物の外群として扱われていたことと整合的である。なぜなら、過去においてヤツメウナギ類、ヌタウナギ類、顎口類の3者において、類似の形質がヤツメウナギと顎口類により多く見つかるため、ヤツメウナギ類と顎口類が互いに姉妹群と位置づけられたのだが、円口類の単系統性を認めた現在の理解からすれば、先の有頭動物説の根拠とされたデータがそのまま、円口類の内部での形質のポラリティを決定する「外群比較」にほかならず（円口類の2グループから見れば、顎口類の系統が外群となる）、いまや、ヌタウナギの形質状態を派生的と見なす根拠となるためである。ヌタウナギの特殊性は、上に見た後期発生における連続的な変形に還元される。このような個体発生上のタイミングは、一般的にその変化が進化のうえでは（カメ類の甲のように）二次的に得られたことを示唆する（反復効果――後述）。またこの化石は、石炭紀より得られたほとんど唯一のヌタウナギ化石、*Myxinikela siroka* において、鰓の位置が現生のものより前方にあったこと、鼻孔の位置がより背側にあったことなどとも整合的である (Bardack, 1991 ; Oisi et al., 2013a)。かくして、両者はいまや、咽頭胚中期に明瞭なパターンに拘束された、同じカテゴリーに属する2つのバリエーション

と認識されねばならない。問題は、この頭部形態を由来する汎円口類パターンが、この動物系統において単系統性を反映するかどうか、である。

（7）頭部の進化

汎円口類パターンは円口類にのみ特異的なのだろうか、それとも現生顎口類の一般的な顎顔面形態が、その系統の共有派生形質なのだろうか。それを知るための鍵は、単鼻性にある。すでに見たように、外鼻孔、もしくは鼻嚢の数と位置は、顔面形態の要となる因子のひとつである。そして、円口類はすべて単鼻性だが、顎口類の系統に属する無顎類、すなわち顎口類ステムグループのいくつかもまた単鼻性を有していたとおぼしい（*Jamoytius* やアナスピダ類に鼻下垂体孔が記載されており、それは正中単一の鼻下垂体板の存在を示唆する；Janvier, 1996, 2008 ; Donoghue *et al.*, 2006 ; Sansom *et al.*, 2010）。そして、そのような動物には内外の鼻隆起も成立せず、現生顎口類型の索前頭蓋も発生しえない。このような頭部形態もまた、多かれ少なかれ汎円口類的パターンに近い状態の胚形態から派生したと推測できる。ならば、この汎円口類パターンが、無顎類的グレードを定義する原始形質、あるいはすべての脊椎動物頭部形態の祖型というべき内容を備えることになる（図 10-49；図 10-31 と比較せよ）。この理由で、ヤツメウナギ胚を用いて脊椎動物頭部（とりわけ、筋、骨格系に関して）の進化的起源を探ることは、顎口類の頭部形態形成の理解にとっても意義深い（Oisi *et al.*, 2013a）。

ヘッケルが、原型的形態パターンと相同性について正しい理解を示していたことについてはすでに少しく触れた（Haeckel, 1891）。彼は、とりわけ顎口類の顔面発生パターンの共通性について言及している（図 10-50）。ここに示されているのはもっぱら哺乳類のものだが、本質的に同じ顔面形態形成パターンはあらゆる顎口類に見られる（第4章）。しかし、この範疇に無顎類は入らない。いまでは、その違いが神経堤間葉と表皮外胚葉の誘導的相互作用と関わると推測できる。

無顎類と現生顎口類の系統を隔てる進化的新規性は、単鼻性（monorhiny）から対鼻性（diplorhiny）へ至る、プラコード分化に関わるものであり、現生顎口類の発生過程における本質的な共有派生形質は、鼻プラコードが有対性に分離を果たし、腺性下垂体プラコードから分離したことである。実際に、顎口類の系統を見ると、明らかに単鼻性であった系統が甲皮類の仲間に見られ、進化的ポラリティが単鼻から対鼻へと進行したことは明らかである。つまり、顎

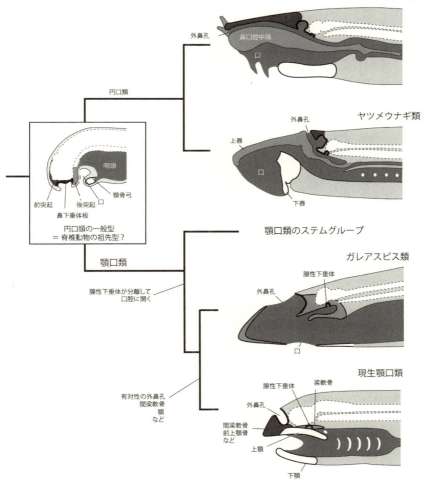

図 10-49 脊椎動物の初期進化過程における顎顔面形成プログラムの変遷。鼻下垂体板という正中単一のプラコードの前後に2つの突起を発生させるのが円口類に特異的な基本発生プランだが、化石動物の形態を考慮すると、これは脊椎動物全体にとって原始的な発生プログラムであったとおぼしい。顎口類の系統のどこかで、プラコードは3つの領域に分離し、顔面原基の分布が形態的に変化することにより新しい顔が作られる。(Oisi et al., 2013a より改変)

576　第10章　円口類の進化形態学

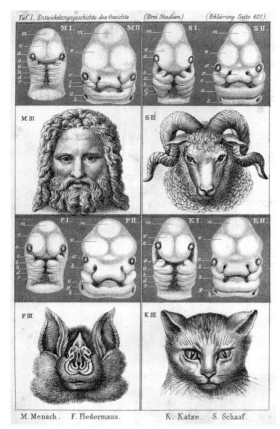

図 10-50　哺乳類の「顔」。顎口類の顔は同じ形態的原基より発生する。ここに示したのはすべて哺乳類だが、同様な原基のセットはサメにも現れる。a, 眼；k, 外側鼻隆起；o, 上顎突起；s, 内側鼻隆起；u, 下顎突起；z, 舌原基。（Haeckel, 1891 より）

口類の基底側より分岐し、単鼻性をもっていたであろう無顎類と、より末端の対鼻性の系統のうち、どちらが原始的な状態を示すかといえば、外群の円口類がすべて単鼻性であるがゆえに、単鼻性がそれであると結論づけられる。このような、顎の獲得以前に生じた鼻孔の変化が、脊椎動物の最も根本的な進化イベントであり、それが脊椎動物を2つのグレード、すなわち単鼻類と対鼻類に分けるというシナリオは、すでにヘッケルが主張していた（Haeckel, 1877；本章冒頭の引用参照）。そしてさらに、このポラリティが個体発生プロセスにおける発生イベントの序列でもあろうと予想しがちである。このような思考のバイアスが典型的な反復説といわれるものであり、現在の反復説とはつまるところ、

10.6 ヌタウナギ類特異的な諸形質——有頭動物説と円口類説

形質（状態）の進化的ポラリティと発生過程の並行性をいう。

しかし、脊椎動物の汎プラコード領域の発生予定地図を見ると、話はそう簡単ではない。すなわち顎口類では、神経板の外縁に沿って馬蹄形をなすこの領域の前方正中の極に腺性下垂体プラコード予定域があり、その両側に鼻プラコードが位置している（図 10-30）。ならば、ヤツメウナギ神経胚における鼻プラコード予定域もまた、対をなして腺性下垂体プラコードの外側に接しているのであろうか。つまり、汎プラコード領域の初期特異化は顎口類と円口類の間で共通するのだろうか。ならば、円口類の鼻下垂体板は、最初から正中無対の構造として特異化されるのではなく、現生顎口類と同様に汎プラコード領域上に特異化されたのち、二次的に腺性下垂体プラコードが後方へ移動し、引き寄せられるように鼻プラコードが正中へ寄り、その結果として単一の鼻下垂体板を分化することになる。その場合、円口類に生じるプラコードの二次的移動が、顎口類で抑制されているため顔面形態の違いがもたらされたと解釈せねばならなくなる。つまり、現生顎口類に見る顔面原基の状態が、発生早期に生ずるネオテニーによるというシナリオも可能となるかもしれないのである。

事実、円口類の単鼻性が、顎口類の対鼻の二次的融合によって生じたとの見方は、20 世紀初頭にもあった（Scott, 1883）。しかしこれは、ヤツメウナギの外鼻孔、ならびに嗅上皮が単一でも、頭蓋内部では嗅球が対をなすことからの類推であった。嗅球が対をなすのは大脳半球が有対性に発生するからであり、それ自体、鼻孔や嗅上皮の数とは乖離している。鼻孔の数は一義的にプラコードの発生パターンに起因し、プラコード派生物が顔面のどこにどのような位置関係で配置されるのかが、顔面形態の最も大きな鍵になる（図 10-31）。現生顎口類の咽頭胚では、すでに分離したプラコードが顎口類独自の顔面パターンを導く。ならば顎口類は、その基本的形態パターンを獲得するために、ファイロタイプ成立以前の発生プログラムの書き換えを遂行したことになる。すでに見たように、カメの甲羅のような過激な進化的変形ですら、それを成就するための発生機構の変更はファイロタイプ期以降にしか挿入できなかった。ならば、ヘッケルが脊椎動物の最も基本的な分類指標として鼻孔の数を鍵としたのは、まことに適切な判断であった。

現生顎口類の頭部における、眼、口の開口、鼻孔の数と位置、腺性下垂体の位置（後方に生ずる耳の位置は、この文脈では比較の対象とはならない）などは比較的安定しているが（Janvier, 1996）、無顎類を含めれば、そこには多様な位置

関係が立ち現れてくる。それは、現生顎口類と円口類を比較することでも明らかである（ちなみに、従来はヌタウナギ類とヤツメウナギ類の顎顔面トポロジーも、別タイプのものと思われていたが、これらは同じパターンから導出できる——後述）。すなわち、相対的位置関係が変化しており、個々の器官のレベルではこれら諸構造が相同であっても、通常の比較形態学的な相同性が失われていることになる。ここには基本的な顎顔面発生プログラムのレベルで不一致が生じており、顎の獲得にあって単なる形態変化ではなく、新規パターンの創成とそれに伴う相同性の部分的な解消が起こっていると予想できる。ここで重要なのは上皮と間葉の関係性のシフトである。

　脊椎動物各系統における嗅上皮と下垂体の形態的位置の違いは、どこに口器の突起を成長させ、いつ下垂体を誘導するかという現象とリンクした、時間、空間的発生プランのずれを体現している（図10-51）。プラコードの分布の違いは、間葉の分布や成長の方向、分岐の有無などを招き、初期発生ならびに変態期における頭部外胚葉上皮と表皮外胚葉の間に作用するさまざまな相互作用の集積としてもたらされたことだろう。古生代の脊椎動物各系統では、口の開口、鼻孔、下垂体の位置に関し、パターンがしだいに変化していったように見える（Janvier, 1996；Kuratani *et al.*, 2001 も参照；図10-31）。そしてそれはいまから思えば、たかだか2つのモルフォタイプと、それらをつなぐ遷移状態と認識することができよう（図10-31と図10-49を比較せよ）。局所的な相互作用が相同器官を作るということは、必ずしもそれら器官の相対的な位置関係の保守性を意味はしない。上の多様性が示すのは、顎の進化をも含むさまざまな頭部外胚葉パターンの可能性である。そのなかで現生顎口類のパターンはただひとつであり、それだけが顎の発明を通じて大規模な放散を許容したと想像できる（この問題に関連し、ナメクジウオにおける口の開口、下垂体の形成についてはGoodrich, 1917, 1930b；Glardon *et al.*, 1998 を参照；化石無顎類のなかで有対の鼻プラコードを発生させていたとおぼしきオルドビス紀の *Sacabambaspis* 類の詳細な記載と考察については、Gagnier, 1995 とその引用論文を参照）。

（8）ヌタウナギの神経系

　ヌタウナギ（*E. burgeri*）胚の形態を観察することにより、この動物群にも他の脊椎動物ときわめてよく似た中枢、ならびに末梢神経のパターンが現れることが分かっている（ヌタウナギ類の中枢神経の形態については、Holmgren, 1946；Khonsari *et al.*, 2009 を；末梢神経については von Kupffer, 1900；Holmgren, 1946；

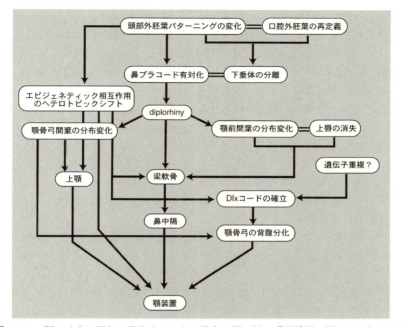

図 10-51 顎の成立に関わる発生イベントの結合。顎口類の「咀嚼型の顎」ができあがるために、どのようなイベントが時間的、論理的に関係し合っているかを概念的に示した図。すでに見た「中耳のネットワーク」とは異なり、ここではイベントの流れを重視してある。つまり、矢印は時間的な前後関係か、さもなければ、矢印のはじまりが成立していなければ、終わりが成り立たないことを意味している。また二重線は、それによって結ばれた2つの事象が内容的にほぼ同じものであることを示す。たとえば、鼻が有対化するということは、必然的に下垂体原基が分離していることを意味するはずである。したがって、この図では上から下へ向かって大まかに時間的流れを示すが、それぞれのステージがどの動物群のどの個体発生パターンに相当するのか分かってはいない。また、すべてのつながりが検知されているわけではない。矢印の数は、特定の発生パターンやイベントが、他のパターン、イベントにとってどれだけ重要であるかを反映している。鼻が有対になることが、頭部の進化にとってどれほど意義深いものであるかが分かる。このように、互いにタイトに結合したイベントによってもたらされる一連の表現型は、たとえ形態学的にはディスクリートな複数の形質状態と認識されるものであっても、進化的イベントとして真に重要なものはそのなかのひとつ、あるいは形態的には必ずしも認識できない何らかの発生イベントにすぎず、残りの形質は単に雪崩的、受動的にもたらされたものかもしれない。

Lindström, 1949；Oisi *et al*., 2013a；Sugahara *et al*., 2016 を参照せよ：図 10-52）。ヌタウナギ胚の神経管は、初期咽頭胚において、明瞭にその前方部が脳原基として拡大し、一連の脳胞に分割し、中心管も脳室として膨らむ（個体発生過程における脳胞の意義については、Ishikawa *et al*., 2012 を参照）。脳原基には、前脳、中脳、後脳が認められ、さらには後脳原基は（ヤツメウナギ胚のそれとは異なり）、明らかに拡大した第 4 脳室を分化させる。それだけではなく、後脳前方には菱脳唇（rhombic lip）が分化し、それは顎口類における同名の構造と同様、*Pax6* 相同遺伝子を発現する（ヤツメウナギの中枢神経の形態については、Tretjakoff, 1909；Kuratani *et al*., 1998b；Murakami *et al*., 2001；Osório *et al*., 2005, 2006；Osório and Rétaux, 2008；Martinez-de-la-Torre *et al*., 2011 を；末梢神経については、von Kupffer, 1891a, b；Alcock, 1898；Lindström, 1949；Kuratani *et al*., 1997b, c；Barreiro-Iglesias *et al*., 2008, 2011 を参照）。

　また、脳原基にはいくつかの交連、もしくは神経伝導路の原基が認められ、それには海馬交連（hippocampal commissure）、手綱交連（habenular commissure）、後交連（posterior commissure）が同定できる。これとともに、*Hh*、*Nkx2.1*、*Foxg1*、*EmxB*、*Pax6* 各遺伝子の発現領域を手がかりに、ヌタウナギ脳原基のなかには、第 1-3 前脳分節（prosomeres 1-3）zona limitans intrathalamica（zli）、視床下部（hypothalamus）、medial and lateral ganglionic eminences（MGE, LGE）、終脳（telencephalon）を認めることができるが、クプファー（von Kupffer, 1900）の見解とは異なり、上生体を見いだすことはできない（図 10-52）。また、同定されたヌタウナギ脳原基のコンパートメントのうち、MGE の同定は *Nkx2.1* が発現することにより示唆されるが、この構造は、菱脳唇とともに、ヤツメウナギ胚の観察からかつては円口類には存在しないと考えられてきた（Murakami *et al*., 2001；Sugahara *et al*., 2011）。

　アンモシーテス幼生において、一見 MGE がないことがなぜ注目に値したかといえば、顎口類におけるこの原基が、大脳皮質における抑制性の介在ニューロンである、GABA 作動性ニューロンの由来する部位ともなっているからである。すなわち、観察されているいくつかの顎口類胚では、MGE に由来した遊走性の細胞が大脳皮質に至り、GABA 作動性ニューロンへと分化する（Marín and Rubenstein, 2001）。そして、MGE を欠く変異マウス（*Nkx2.1* の機能欠失）においては、大脳皮質にこの介在ニューロンがほとんど存在せず（Sussel *et al*., 1999）、その状態がヤツメウナギの一種の進化的「表現型模写（phenocopy）」であると考えられてきた（Murakami *et al*., 2005）。しかし、その後、幼

10.6 ヌタウナギ類特異的な諸形質——有頭動物説と円口類説　581

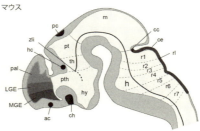

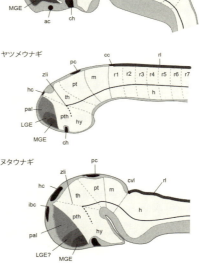

図 10-52 脳の基本構築プランの比較。従来は円口類の脳には、菱脳唇（rhombic lip：rl）、内側基底核隆起（medial ganglionic eminence：MGE）など、現生顎口類に見られるいくつかの領域（ドメイン）がないとされてきたが、遺伝子発現パターンを詳細に見ると、顎口類と同じパターンが胚に現れることが分かっている。ac, anterior commissure；cc, cerebellar commissure；h, hindbrain；hc, habenular commissure；hy, hypothalamus；LGE, lateral ganglionic eminence；m, midbrain；pal, pallium；pc, posterior commissure；pt, pretectum；pth, prethalamus；r1-7, rhombomeres；th, thalamus；zli, zona limitans intrathalamica.（Sugahara *et al.*, 2016 より改変）

体や成体のヤツメウナギに GABA 作動性ニューロンや、MGE から発生するとされている淡蒼球相同域が存在することが報告された（Marín and Rubenstein, 2001；Pombal *et al.*, 2011；Stephenson-Jones *et al.*, 2011）。その後、あらためて発生学的に検索したところ、遺伝子発現のレベルでは円口類の脳原基にも MGE や菱脳唇があることが分かり、基本的な脳発生のフォーマットがすでに円口類と顎口類の分岐以前に成立していたことが明らかとなった（図 10-52；Sugahara *et al.*, 2016）。つまり、脊椎動物の脳はこれまで考えられていたより画一的であり、その基本形態の起源は5億年以上前に遡る。

また、ヌタウナギ後脳はいくつかの菱脳分節（rhombomeres）に区切られる分節的構造として発生し、このうち第2ロンボメアからは三叉神経の根が、第4ロンボメアからは顔面・内耳神経根が、第6ロンボメアからは舌咽神経根が発する。このようなパターンは、すでに述べたようにすべての脊椎動物胚にお

いて共通に現れる (Sewertzoff, 1900)。迷走神経根の発生は不明瞭である。さらに、ヤツメウナギにおいてもそうであるように、僧帽筋群（cucullaris muscles）を支配する副神経は、この筋の不在に対応してヌタウナギに存在しない。したがって、副神経と僧帽筋は、顎口類の共有派生形質と見なせる。また、眼が退化することと関連し、ヌタウナギに外眼筋が分化しないためであろう、外眼筋神経群の発生も観察されない。

（9）直接発生、間接発生、ヘテロクロニー

ヌタウナギ類とヤツメウナギ類の相違点は、形態学的側面にとどまらず、本質的に「発生における時間的変更」を多く含んでいる。たとえば、幼生段階を経て間接発生を行うヤツメウナギ類に対して、ヌタウナギ類は幼生型を経ず、直接発生を行う。これらのうち、円口類としてより原始的なパターンを示すのはどちらだろうか。この問題に答えるのは簡単ではない。それは同時に、ヤツメウナギ類のアンモシーテス幼生に見られるパターンを、脊椎動物にとって原始的な形態パターンと理解してよいのかという問題を意味する。すなわち、祖先的なアンモシーテス的動物が進化的に過形成（hypermorphosis）を行うことによってヤツメウナギの成体が成立したという仮説を否定する材料も肯定する材料も揃っているように見えるからだ（後述）。加えて、幼生型はひとつではなく、おそらく脊椎動物の各系統において独立に得られた複数のものがある。少なくとも、円口類以外の複数の型の幼生形態とその変態が、共通に甲状腺ホルモンによって惹起されることは、幼生の進化的起源を必ずしも反映していない（ヤツメウナギの変態と甲状腺ホルモンについては、Youson, 1977 を）。

円口類の比較発生学的考察は、アンモシーテス幼生の起源について、有用な情報を与えてくれるだろうか。たとえば、ヤツメウナギ類の内分泌腺のひとつ、甲状腺は、アンモシーテス幼生においては外分泌腺であるところの内柱（endostyle）として機能している（内柱、および甲状腺の進化発生学的研究としては、Ogasawara et al., 2000 を参照のこと）。そして、この内柱は、ヤツメウナギを別として見れば原索動物にしか存在せず、あたかもヤツメウナギの個体発生過程で祖先的段階が反復されているように見える（一方で、ヌタウナギ類の甲状腺は直接的に発生し、内柱の段階は通過しない。これについては、Stockard, 1906a, b を参照）。このことは一見、アンモシーテス幼生の祖先的性質を反映しているように思わせる。

一方で、ヤツメウナギ類とヌタウナギ類に共通して見られる舌装置は、形態

的に両動物群において相同だが、ヤツメウナギの成体パターンが真に派生的な、ヤツメウナギ類に特異的なものであるとするなら（アンモシーテス幼生に祖先的なパターンが色濃く現れているのなら）、舌装置はアンモシーテス幼生においてすでに現れていることが期待されるが、実際はそうではない（後述）。舌装置と同様、ヌタウナギ類の軟骨頭蓋に見ることのできる骨格要素のいくつかは、アンモシーテス幼生ではなく、成体のヤツメウナギの軟骨頭蓋にしか現れない（後述）。これらの例は、ともに機能的に必要な器官が必要なときに現れていることを示すだけで、系統発生的関係を示してくれてはいないようである。すなわち、発生のタイムテーブルは、きわめて適応的に、器用に変化できるらしい。

　進化の過程で発生のタイムテーブルが変更することを表す概念、ヘテロクロニーには、「全体ヘテロクロニー」と「部分ヘテロクロニー」が区別される（Hall, 1998 に要約）。そもそも、一般にヘテロクロニーと呼ばれているのは大部分が部分ヘテロクロニーのことであり、すべての発生過程が一様に早くなったり遅くなったりしただけでは、進化のうえで表現型は変化しえない（サイズの増減はありえるとしても）。しかし、ひとつの器官を構成する特定のコンパートメントや部品だけが、変態を機に出現時期を変えるという極端な例もまた少ない。上に見た円口類頭部のいくつかの器官構造がそれに相当する。

　円口類以外の脊椎動物を見れば、幼生型の挿入に相関して部分ヘテロクロニーが明瞭なかたちで現れているひとつの例が、無尾両生類における舌顎軟骨（hyomandibula）の相同物、すなわち耳小柱（columella auris）の発生である。ある種の羊膜類と同様の機能を果たすこの音響伝達装置もまた、カエルのオタマジャクシにおいては必要なく、これは変態ののちに発生する。しかし、他の動物におけるそれ（哺乳類のアブミ骨、他の羊膜類の耳小柱）は、胚発生の過程で第2咽頭弓内の神経堤間葉に発現する *Hoxa2* や、*Dlx1, -2*（そして *Dlx5, -6* が発現しないこと）による特異化を通じて軟骨凝集塊がかたちをなすと理解している。これらの遺伝子の発現が収まったのちに、どこかに隠れている幹細胞からどのようにして（上記のツールキット遺伝子の助けを借りずに）、形態学的に相同とされる骨格要素ができあがるのか、そしてそれは甲状腺ホルモンの下流において発動する遺伝子制御機構とどのようにリンクしているのか、上の問題のアナロジーとして興味深い。ここには、形態形成に関わる遺伝子制御ネットワークの（取り外し、交換可能な）モジュラリティが見え隠れしている。

(10) 円口類軟骨頭蓋の比較

これまで、円口類の内部、あるいは円口類と現生顎口類における軟骨頭蓋の比較は幾度かなされてきたが、それが容易でないことはすべての研究者が認めている（Gegenbaur, 1878；Parker, 1883a, b；Ayers and Jackson, 1900；Goodrich, 1909, 1930a；Allis, 1924a, b；Holmgren, 1946；Marinelli and Strenger, 1954, 1956；Janvier, 2007；Oisi *et al.*, 2013b）。ここで重要な課題は、円口類の内部で軟骨頭蓋を比較し、その一般型、もしくは祖先的な状態（形態学的に一般化された円口類の頭蓋モルフォタイプ）を推測し、そのパターンが顎口類の祖先的な軟骨頭蓋、あるいはその発生プランと比較可能か検証することである。

中軸骨格がきわめて退化的状態にあるヌタウナギの骨格系は、そのほとんどが頭蓋からなるといって過言ではなく、その最初の記載はミュラーに遡る（Müller, 1839）。彼は *Myxine glutinosa* において灰色軟骨（gray cartilage）と黄色軟骨（yellowish cartilage）を区別し、それは後代の研究者によって支持された（図10-53；Parker, 1883b；Studnička, 1896；Schaeffer, 1897；Ayers and Jackson, 1900；Cole, 1905）。この2種の軟骨はパーカー（Parker, 1883b）いうところの硬軟骨（hard cartilage）と軟軟骨（soft cartilage）にそれぞれ対応する。コール（Cole, 1905）によれば、この軟骨のタイプは細胞と細胞外基質（extracellular matrices：ECM）の比率によるものであり、ECMの比率が大きければ、軟骨は硬くなる。この硬軟骨と軟軟骨の分布は、形態学的、発生学的基盤に基づくものというよりも、純粋に機能的要請に従って強い応力のかかる軟骨部分には硬軟骨が、柔軟性を必要とされる部分には軟軟骨が用いられているように見える。後者は、アンモシーテス幼生の鰓弓骨格（これもやはり、呼吸において弾力性が要求される）に似る（Martin *et al.*, 2009）。

ヌタウナギ軟骨のECMについては、それが *myxinin* という独特の遺伝子によってコードされる成分を含むことが報告されているが（Wright *et al.*, 1984, 1988, 2001；Robson *et al.*, 1993, 2000）、II型コラーゲンの分布についての情報はなかった（Zhang and Cohn, 2006；Zhang *et al.*, 2006；脊索動物における *Col* 遺伝子の進化については Wada *et al.*, 2006 を）。太田と倉谷（Ota and Kuratani, 2009）によれば、ヌタウナギ *E. burgeri* はII型コラーゲンをコードする遺伝子 *Col2A1* を2つもち（*EbCol2A1A* と *EbCol2A1B*：これらは、ヤツメウナギ類において同定されている2つの *Co2A1* 遺伝子と別の重複イベントによって生じた可能性あり）、そのうち *EbCol2A1A* は軟骨以外のいくつかの結合組織に発現する。一方で軟骨

10.6 ヌタウナギ類特異的な諸形質——有頭動物説と円口類説

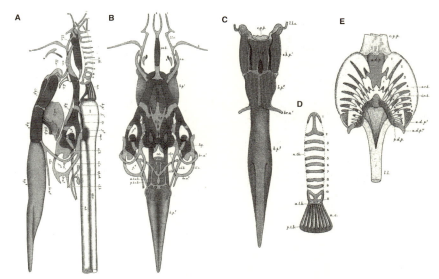

図 10-53 A、B：ヌタウナギの hard cartilage（濃灰色）と soft cartilage（明灰色）。C、D：ヌタウナギを特徴づける軟骨頭蓋要素のいくつか。C は舌骨格、D は鼻殻と鼻道の複合体、E は歯板。(Cole, 1905 より)

組織に発現するのは *EbCol2A1B* だが、この遺伝子は軟骨以外にも脊索、さまざまな上皮組織にも発現する（ただし、両者の遺伝子をともに発現する組織はない）。*EbCol2A1B* が比較的強く発現するのは歯板や舌装置（図 10-53）に付随した軟骨だが、軟骨にも弱いながら発現が認められる（しかし発現が検出できない軟骨もあり）。

ヌタウナギにおける *EbCol2A1A* と *EbCol2A1B* の発現パターンは明瞭に仕分けられ、おそらくこれは遺伝子重複に続く、徹底した subfunctionalization の結果と見るべきであろう。そのうちでも軟骨に分化する間葉を包み込む上皮に発現する例（鼻殻など）は、ナメクジウオやギボシムシの咽頭におけるII型コラーゲンの分布と遺伝子発現を思わせる。これに比べると、顎口類における *Col2A1* の前軟骨間葉特異的発現は、発現レパートリーの極端な二次的絞り込みを反映するのかもしれない。

汎円口類パターンがヤツメウナギとヌタウナギの胚に共有されているからには、成体における構造の相同性もこのパターンに帰着して考えることができる。とりわけ軟骨頭蓋要素の比較においては、表 10-1 に見るように、鼻殻（鼻前

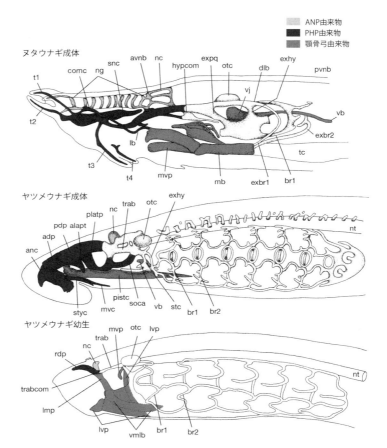

図 10-54　ヌタウナギ成体、ヤツメウナギ成体、ヤツメウナギアンモシーテス幼生に見られる軟骨頭蓋の形態的構成（左）と、発生的由来（右）を比較したもの。円口類特異的な基本構築プランに基づいて構成され、しかも脊椎動物に共通する中胚葉と神経堤細胞の分布を示す。軟骨頭蓋要素の略号と名称。adp, anterior dorsal plate ; ah, adenohypophysis ; alapt, anterior lateral apical cartilage ; anc, annular cartilage ; anp, anterior nasal process ; avnb, anterior vertical nasal bar ; br1-2, internal branchial arch 1-2 cartilage ; con1, rostral commissure of dlb ; con2, middle commissure of dlb ; con3, posterior commissure of dlb ; cornc, cornual cartilage ; dp, dental plate primordium ; dlb, dorsal longitudinal bar ; e, eye ; en, external nostril ; exbr1, extrabranchiale 1 ; exbr2, extrabranchiale 2 ; exhy, extrahyal ; expq, extrapalato-quadrate ; gp4, 4 pharyngeal-pouch-derived gill pouch ; hy, hyoid arch ; hypcom, hypophyseal commissure ; lb, labial cartilage ; lp, lingual plate ; lvp, latero-rostral part of basal plate ; mb, medial part of basal plate ; mo,

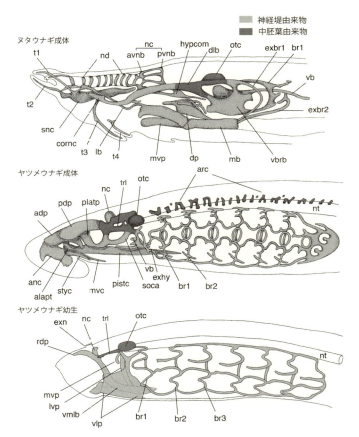

mouth；mphp, PHP-derived mesoderm；mvc, medio-ventral cartilage；mvp, medio-rostral part of basal plate；nc, nasal capsule；ng, nasal duct cartilages；nhd, nasohypophyseal duct；nt, notochord；otc, otic capsule；palb, palatine bar；pch, parachordals；pdp, posterior dorsal plate；ph, pharynx；php, posthypophyseal process；pistc, piston cartilage；platp, posterior lateral plate；pom, periotic mesenchyme；ptr, posterior trabecula；snc, subnasal cartilage；soca, subocular arch；stc, styliform cartilage；styc, stylet cartilag；tc, tongue cartilage；t1-3, cartilaginous support for tentacles；trab, trabecula；vb, velar bar；vbrb, ventral branchial bar；vch, velum chamber；vj, joint caput for velum；vm, velum mesoderm and muscle.（Kuratani *et al.*, 2016 より改変）

突起派生物)、各内臓弓の派生物、下垂体後突起派生物、中胚葉性の神経頭蓋、の各カテゴリーに基づいて比較できる。これらのうち、舌器官の構成要素については詳細な記載がある (Yalden, 1985)。これに基づいた円口類内部の軟骨頭蓋の形態学的比較を図に示した (図10-54、表10-1)。

予想されるように、顎顔面原基のレベルで現生顎口類胚と円口類に共有されていない要素に由来する構造は、軟骨頭蓋においても比較できない。典型的には、下垂体後突起に由来する構造は、ひとつのモジュールとして円口類内部では比較可能だが (図10-54、表10-1)、これに相当するモジュールは厳密には現生顎口類には存在しない。強いていえば、これに近似のものは眼後神経堤細胞に由来する梁軟骨だろうが、上記のように下垂体後突起は一部顎骨弓に由来する要素をも取り込んでおり、この内部には三叉神経に支配される筋も発生する。そのようなものは、現生顎口類の梁軟骨周辺にない。また、円口類における鼻前突起は、対鼻性を獲得した顎口類の内側、および外側鼻隆起を合わせたものにほぼ対応する。この領域の神経堤間葉は、すべての脊椎動物において、多かれ少なかれ鼻殻の形成に参与するのだろうが、顎口類における前頭鼻隆起 (内側鼻隆起) に由来する間梁軟骨、ならびに皮骨性の前上顎骨のような、上顎の構成要素を作る機能は円口類にはない。おそらく後者の要素は、板皮類において徐々に獲得されたもののようで、その獲得をもって顎口類の真の顎が成立したといってよい。

中胚葉性神経頭蓋については、すでに傍索軟骨と梁軟骨の相同性に関して上に述べた。その主体である傍索軟骨は、ステージ51ヌタウナギ胚の耳胞底部において *SoxE* ならびに *Tbx1* 相同遺伝子を発現する間葉集塊として、その発生の最初を見ることができる。すなわち、これは頭部中胚葉に由来する。*Tbx1* 相同遺伝子は通常、鰓弓筋原基のマーカー遺伝子として知られ、これを発現する細胞はヌタウナギ頭部においてもほとんどが口咽頭部の筋原基に対応するが、これと連続した傍軸頭部中胚葉の一部がやはりこの遺伝子を発現し続け、耳胞の底部で神経頭蓋底を形成する。これが、板鰓類胚においてやはり *Tbx1* を発現する傍軸頭部中胚葉の一部と形態学的に相同かどうか不明だが、この間葉集塊は前方に伸び、ヤツメウナギの同様の軟骨のように1対の棒状軟骨として分化する。しかし、ヌタウナギのこの原基はやがて背腹に縦裂し、ヌタウナギにおける梁軟骨と dorsal longitudinal bar を同時に作り出す。したがって、これら両者がヤツメウナギの梁軟骨、すなわち顎口類の傍索軟骨に相同ということになる。この、傍索軟骨モジュールは、軟骨性耳殻とともに、甲皮

表 10-1　ヌタウナギ類とヤツメウナギ類における頭蓋要素の対応関係（Oisi *et al.*, 2013b より改変）。

発生由来	軟骨頭蓋要素	
	ヌタウナギ類	ヤツメウナギ
鼻殻	nasal capsule	nasal capsule
	anterior vertical nasal bar	
	posterior vertical nasal bar	
	nasal duct cartilages	
顎骨弓派生物	velar cartilage	velar cartilage
	dorsal longitudinal bar (anterior)?	ventro-lateral plate (larva)
	extra-mandibular	ventro-medial longitudinal bar
	(extrapalato-quadrate)	dental plate
	dental plate	lingual cartilages
	lingual cartilages	anterior lateral apical cartilage
	basal plate	medial apical cartilage
	lateral basal cartilage 1	piston cartilage
	medial basal cartilage 1	
	third basal cartilage	
下垂体後突起派生物	trabecula (anterior)	trabecular commissure?
	and trabecular commissure?	lateral mouth plate (larva)
	palatine bar	rostro-dorsal plate (larva)
	(rostral connection of longitudinal bar)	styliform cartilage
		posterior lateral plate
	cornual cartilage	posterior dorsal plate
	labial cartilage	anterior dorsal plate
	subnasal cartilage	anterior lateral plate
		anterior dorsal plate
		annular cartilage
		medio-ventral cartilage
		stylet cartilage
舌骨弓派生物	extrahyal	extrahyal
中胚葉性神経頭蓋	auditory capsule	auditory capsule
	parachordals	parachordals
	trabecula (posterior)?	trabecula?
	dorsal longitudinal bar (posterior)?	subocular arch
後耳内臓弓派生物	extrabranchiale 1	branchiale 1
	branchiale 1	
	extrabranchiale 2	branchiale 2
	branchiale 2	

類全般にも出現していたであろう。それ以外の中胚葉性神経頭蓋、すなわち眼窩軟骨（板鰓類における alisphenoid cartilage）とその残遺である dorsum sellae や眼後柱が円口類胚にあるかどうか、不明な点が残る。

(11) パレオスポンディルスの謎

スコットランドのデヴォン紀層より産するパレオスポンディルス（*Palaeospondylus*）と呼ばれる化石は、古くからその正体が謎に包まれていた（図10-9）。他の脊椎動物のものとは比較が難しい（相同性決定が困難な）要素からなる軟骨頭蓋と、明瞭な脊柱をもち、胸鰭を思わせる1対の骨格が付随する。尾部には正中鰭も存在する。これまで、この化石の正体についてはありとあらゆる仮説が提唱されていた。主な仮説としては、それが未知の板皮類のものであるという説、そして最近になって浮上してきた、肺魚の幼生という説がある（Thomson *et al.*, 2003；Joss and Johanson, 2007；古典的な総説としては Moy-Thomas, 1940。以前は、その円口類との近縁性；Traquair, 1890, 1893a, b, c, 1894a, b, 1897；Gill, 1896；Dean, 1896a, b, 1898, 1904；Kerr, 1900；Sollas, 1904；以上 Stensiö, 1927 に要約）。それがヌタウナギ類の一種との説もあったが、ヌタウナギに脊柱が存在しないという先入観から、最近までその説が顧みられることはなかった。が、上の議論に見たように、ヌタウナギ類の脊柱が二次的に退化したという考えが受け入れられたため、明瞭な脊柱をもつことだけでもってパレオスポンディルスとヌタウナギ類の類縁性を否定することはもはやできない。

事実、ステージ53のヌタウナギ軟骨頭蓋は、パレオスポンディルスのそれと無視できない類似性を示し（表10-2）、両者において頭蓋を構成する軟骨要素の多くが合致する（Hirasawa *et al.*, 2016b）。すなわち、どちらか一方にしか見られない軟骨要素が少なく、それら対応物が両者において同じ結合性を示している。これは、形態学的相同性の要件を満足する。むろん、ここには筋肉系の情報がないため、これは骨格要素についてのみの比較である。補足するならば、パレオスポンディルスに存在する前方の櫛状の軟骨は、鼻殻のものではないかと思われ、これはヌタウナギにおいては発達が遅い。すでに述べたように、外鼻孔から鼻殻へ至る構造は、ヌタウナギにおいて独自に発達を遂げたものであり、その発生は遅い。また、*Palaeospondylus* には鼻道軟骨がないが、これはヌタウナギほどには吻が発達していなかったか、もしくはそれらが軟軟骨よりなるため、化石化することがなかったことを示唆する。

以上のことは、パレオスポンディルスが現生ヌタウナギと比較して発生途上

表 10-2 パレオスポンディルスとヌタウナギ類の頭蓋要素の比較（仮説）。名称，略号は Moy-Thomas（1940）ならびに Oisi *et al.*（2013a），Hirasawa *et al.*（2016）に基づく。付図は Moy-Thomas（1940）ならびに，Hirasawa *et al.*（2016）をもとに描いた，パレオスポンディルスの頭蓋。略号は Moy-Thomas（1940）による。図 10-54 と比較せよ。

PALAEOSPONDYLUS	HAGFISH
AC : auditory capsule	otc : otic capsule
AM : ampyx	snc : subnasal cartilage
BA : branchial arch	a part of lingual apparatus
BB : basibranchial	a part of lingual apparatus
CH : ceratohyal	a part of lingual apparatus
CW : cranial wall	dlb + trab : dorsal longitudinal bar + trabecula (of hagfish)
DR : dorsal rostralia	nc : nasal capsule
GA : gammation	hyoid arch element?
HE : hemidome	derivative of rtr :
HP : hemidome process	vb + vj : velar bar and joint caput for velum
HSE : hemidome septum	hypcom : hypophyseal commissure
HY : hyomandibular	exbr1 : extrabranchiale 1
LR : lateral rostralia	pvnb : posterior vertical nasal bar
PG : pregammation	?
PL : post-occipital lamella	a part of lingual apparatus
PT : posterior trapezial bar	vb : velar bar
TA : tauidion	dp : dental plate primordium
VR : ventral rostralia	cartilage of tentacles? or ?

の印象をもつことを示し，間接的にそれが紛れもなくヌタウナギの系統に属しながら，その初期に分岐した動物である可能性を示唆している（Hirasawa *et al.*, 2016b）。

〈コラム：化石の 2 不思議〉

　学部学生のころから不思議で仕方のなかった，いうなれば「古脊椎動物学の謎」というものが，私には 2 つあった。化石の専門家でもない私がのっけから不思議に思うぐらいだから，それはたぶん多くの形態学者や古生物学者の間でもきっとそうだったのであろう。

　そのひとつは *Helicoprion* というサメの歯の化石で，これが渦を巻いて並んでいるのである。小さい歯が中心にあり，そこから外へ向けてだんだんと大きくなってゆく。したがって，この歯の発生が外側から内側へと進んでゆくことは分かるが，どうやらこのサメでは，古くなった歯が脱落し

ないらしい。ある意味、ガラガラヘビの尾部の発音装置にも似ている。あれもまた、脱皮のたびに、角質化した部品が抜け落ちず、その場に残って「ガラガラ」を作り出すのである。だから、生まれたばかりのガラガラヘビは威嚇音を出すことができないのであるとも聞くし、きっと成長とともに音も微妙に変わってゆくのであろう。

　さて、上の *Helicoprion* であるが、当時私の読んでいた教科書では、この「渦」が鼻の上についていて、癖毛のように上に向かって巻き上がったように復元されていた。それを見て、何だかどうにも腑に落ちない気分がしたものだが、かといってもっとよいアイデアが浮かぶわけでもなかった。その後、古生物学者たちは実にさまざまな「珍説」を提出していった。渦が下顎の下方についていたというもの、渦自体が下顎の湾曲を示していたというもの、第1背鰭にそれがついていたものなど……最後の例は、実はそれほど奇抜ではない。というのも、この例に見るように、どこか別の場所にもともと存在した発生プログラムや発生機構が、新しく別の場所に「移植」される現象はコ・オプションと呼ばる進化的新規性の一種で、動物の進化にしばしばそういったものが見受けられるからだ。実際、背中に歯列を生やしていたサメもかつては生息していたのである。コ・オプションは、まったくもって原型論とは相容れない現象であり、このようにしてできた新規構造は、祖先の動物にその対応物（相同物）を見いだせないことが多いのである（だからこそ新規形質というのである）。したがって、歯の発生プログラムの上流の機構が、顎とは別の場所に移植されることはありうるし、実際、サメに近い例としてはノコギリエイの吻に発生する歯もその一例でありうる。もっとも、板鰓類の皮膚には、歯と系列的に相同な「皮小歯」が覆っているので、このような構造がどこにできても不思議ではないし、さまざまなコ・オプションのうちでも、かなり融通のきく進化だったのだろう。

　結局、問題の *Helicoprion* の渦が、下顎にきちんと納まっていたということが、最近 Tapanila ら（2013）によって実証されてしまった。状態のよい化石を CT スキャンによって観察したところ、下顎軟骨と口蓋方形軟骨の印象が観察されたのである。これで、私の疑問のひとつは氷解し、形態学的に実に自然なかたちで *Helicoprion* の謎も収まった。そして、もうひとつの謎が *Palaeospondylus* というわけである（本文参照）。Tapanila

ら（2013）の論文が発表されたちょうどそのころ（2013年の1月のことだったと記憶する）、私はパリの自然史博物館に招かれてPhilippe Janvier博士の部屋で研究していたのだが、ちょうど同じときに、「*Palaeospondylus*はヌタウナギの祖先型の動物だったのではないか」と思いついたのである。ただし、この考えが本当に正しいのかどうか、保証の限りではない。

10.7　脊椎動物の初期進化シナリオ

　上の議論から現生顎口類（具体的には硬骨魚グレード）へ至る幹系統の各段階で、どのような変化が生じ、顎をもつ脊椎動物が生まれたのかを以下に俯瞰する。これは、進化的序列をグレードの経時的変化としてみるやり方である（シナリオの一部を図10-55に示した）。

円口類と顎口類の分岐以前（脊椎動物ステムに見るグレード）：以降の記述は、*Haikouichthys*ならびに、円口類と顎口類の共有原始形質に基づいた推測に多くを頼る（図10-55を参考に）。この段階では、明瞭な頭部が獲得され、そこには1対の眼、正中に単一の外鼻孔、区画化された脳が存在していた。この脳にはすでに終脳の原基が嗅覚中枢として発達していたが、これはすでに有対性であり、内部に側脳室をもっていた。正中鰭はあるが、対鰭は存在しない。尾は逆歪形尾。咽頭には内胚葉性上皮によって覆われた鰓があり、それは鰓嚢によって囲まれていた。眼には外眼筋ができており、おそらくそれはヤツメウナギのそれに似たパターンで脳神経によって支配されていた。外鼻孔は盲嚢に終わり、その背側には前脳（視床下部）に接するように腺性下垂体が発達していた。腺性下垂体は感覚上皮でもあり、外界からの情報を感知していたと考えられる。側線系は存在していたが、内耳は円口類と顎口類の分岐時点までには二半規管となっていた。

　おそらく胚には汎プラコード領域が発生し、頭部型神経堤細胞が頭部において広大な間葉をもたらしていた。鼻プラコードはもともと対をなして特異化されたが、それは発生とともに正中の腺性下垂体予定域と融合し、鼻下垂体板となり、顔面原基の鼻前突起と下垂体後突起に挟まれて存在していた。このプラコードの位置はのちの外鼻孔となるが、これが原始的な口として機能していた可能性は低く、むしろ口器の下縁を顎骨弓の一部、上縁を下垂体後突起の派生物が作り出していたとおぼしい（これに似た状態はカエルのオタマジャクシやア

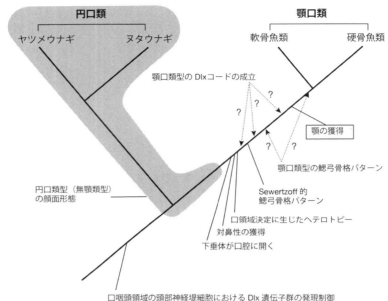

図 10-55 顎の獲得に至る進化シナリオ。系統樹のうえで、現生顎口類に見る頭蓋顔面のパターンがどのような経緯で進化してきたのかを推測する。ここでは顎口類と円口類がそれぞれ単系統群として分岐点依存的に定義されており、顎の獲得は顎口類の系統上のいずれかの地点でもたらされ、原始形質としての円口類のモルフォタイプ（すなわち、単一の鼻孔をもち、顎や梁軟骨がない）は、顎口類のステムグループにまで及んでいる。(Kuratani et al., 2016 より改変)

ンモシーテス幼生に見ることができる）。これらの背腹の要素は互いに対して相対的に、ある程度可動であったかもしれない。すなわち、口咽頭膜は鼻下垂体板の後方で顎骨弓の背腹軸に沿って形成され、そこが口の開口部となっていた。頭蓋は中胚葉性の神経頭蓋に加え、一部口器と連続した神経堤性の索前頭蓋、内臓頭蓋を発達させていたと推測される。おそらく咽頭弓はすでに神経堤間葉からなる軟骨を発達させ、その動きは *Tbx1* を発現する咽頭弓中胚葉から分化した収縮筋（鰓弓神経群支配）と、後頭体節から由来し、咽頭表層に分化した、「円口類の鰓下筋」の働きにより一部サポートされていた。

中胚葉には体幹部の体節（傍軸中胚葉）と側板を見分けることができ、頭部には基本的に無分節の頭部中胚葉があったが、その腹側部は二次的に伸長して

咽頭弓中胚葉となり、鰓弓筋をもたらした。一方、頭部中胚葉の傍軸部は一部外眼筋に、またその内側部は神経頭蓋の一部をもたらした。外眼筋の大半は顎前中胚葉から分化したが、この中胚葉だけは頭部において別のコンポーネントとして脊索前板よりもたらされるものであった。また、体幹における体節中胚葉はすでに皮筋節と硬節に分化し、硬節は脊索、神経管、背側動脈の周囲で軟骨性椎骨を形成していた。$SoxE \rightarrow Col2A$ 軸に代表される軟骨基質の分泌方法には、非細胞自律的なものと、軟骨細胞自体が行う細胞自律的な方式の2種が混在していた。後者は脊椎動物の共有派生形質である。

顎口類1（原始的甲皮類グレード）：欠甲類的段階。本物の硬組織としての外骨格の獲得。もちろんまだ顎はできていないが、機能的な外骨格性の歯が初めて獲得された。

顎口類2（単鼻性甲皮類グレード）：骨甲類（セファラスピス類）的段階に相当する。このころ、軟骨性骨（骨化した内骨格）が獲得され、おそらく同時に、胸鰭が現れた。が、明瞭な肩帯は存在しない。尾が歪形尾となる。この形状は、以降の顎口類の標準的な形質となる。

顎口類3（対鼻性甲皮類グレード）：ガレアスピス類は、この段階にある動物のうち二次的に胸鰭を失ったものという想定のシナリオである。鼻下垂体板が分離を開始するが、まずそれは鼻プラコードと腺性下垂体原基の前後方向の分離というかたちで生ずる。このことにより、腺性下垂体原基が口腔に開くようになる。同時に下垂体後突起も有対性にとどまらざるをえず、現生顎口類における Hypophysealpolster に似た間葉となる。この周囲にあった頭部神経堤間葉は、下垂体原基の周囲で梁軟骨様の骨格原基を形成するが、単一の外鼻孔の前方では、まだ見かけ上の頭部背側の骨格をもたらしていた。上の変化とともに対鼻性の獲得がはじまり、nasal sac は対をなすが、外鼻孔は明瞭に分離していない。

顎口類4（原始的板皮類グレード）：板皮類の Antiarchs がモデルとなる段階。皮骨要素が頭部・胸部に獲得され、おそらくそれは発生上側線系原基による特異化のもとに形成されていた。腹鰭が獲得され、すでに肩帯が得られていた。これに伴って、僧帽筋、副神経、肩帯の獲得の兆しはあるが肩帯に相当する部

分はまだ頭部の甲から明瞭に分離していない。外胚葉上皮に覆われた鰓が発達し、その結果として鰓嚢が放棄された。この仮説は円口類と現生顎口類における鰓の相同性を否定するものであるが、この移行を実際に示す中間的な段階は知られていない。顎骨弓には口蓋方形軟骨と下顎軟骨が分化し、その発生学的背景として、おそらく *Dlx* コードは顎口類タイプのものになり、顎関節を特異化する *Bapx1* 発現も顎骨弓に獲得されていた。このようなパターンの新規性に基づいて、発生上、顎骨弓からは上顎突起が獲得され（そのなかには顎前神経堤細胞は一切含まれていない）、それは明瞭に内側にある眼後神経堤間葉由来の梁軟骨の原基と分離し、その外側を前方に伸長、それにより口腔外胚葉が新しく定義され、そのなかにラトケ嚢を取り込むに至っている。いわゆる「顎のヘテロトピー説」と最も関係の深い一連の変化が生じたのがこの段階の前後であろうと思われる。また、前方の鼻プラコードはいまや完全に有対化しているため、以前の鼻前神経堤間葉であったものは、内側鼻隆起と外側鼻隆起の間葉に分離されている。が、これはまだ発達が悪く、現生顎口類に見るような間梁軟骨を形成するに至っていない。つまり、外鼻孔が分離し、明瞭に有対となっているが、吻ができていないために、外鼻孔がまだ眼窩の直前に存在している。加えて、有対性の眼後神経堤間葉が、以前のようにアンモシーテス幼生の上唇のような広がりをもって索前頭蓋の大半を形成するため、頭部の形状がはなはだしく無顎類を思わせる形状を示している。つまり、この動物の吻部を構成する骨格はおそらく内骨格性で、前上顎骨に相当する要素はまだない。

顎口類 5（軟骨魚類と硬骨魚類の共通祖先に相当する板皮類グレード）：上よりもやや現生顎口類に近づいた板皮類に相当。おそらく、現生のギンザメを思わせる形状をしていた。現生顎口類のものと一部相同性をもつ皮骨の基本パターンが初めて現れ、この後、軟骨魚類においてそれが二次的に皮小歯に置き換わる。このころまでには外眼筋の分布と機能、神経支配パターンが、現生顎口類のものになっていた。頭部の甲は、後方の肩帯の骨格と切り離されつつある。多くの板皮類は節頸類に見るように、顎の開閉にあたって、「神経頭蓋＋上顎部複合体」を引き上げる挙筋とそれを引き下げる下制筋をもっていたが、このうち後者が僧帽筋に変化しつつあった。顎顔面領域の発生においては、内側鼻隆起の伸長に伴う吻が初めてでき、前上顎骨と、間梁軟骨が獲得された。これにより、頭蓋底の神経堤・中胚葉の境界は現生顎口類のものと同じになった。また、比較解剖学的に顎口類の内臓弓骨格の基本パターンとして知られているものが

獲得され、内臓骨格系と中軸の接続様式が固まり、舌顎軟骨が顎の神経頭蓋からの懸架に用いられる傾向が生ずる。頭部中胚葉には二次的に頭腔がもたらされ、神経頭蓋と外眼筋の分化を促進させた。中胚葉性の神経頭蓋においては後頭骨が椎骨の二次的変形によって獲得され、このころまでには、体幹筋に軸上・軸下の別が成立している。

顎口類6（原始的硬骨魚グレード）：明瞭に吻が発達し、さまざまなタイプの摂食装置が分化する。頭部中胚葉に現れた頭腔が、系統放散において一般に（後方のものから）縮小する傾向を生じた。また、さまざまなタイプの幼生段階が系統ごとに挿入され、発生プロセスの多様化を著しく促進した。肉鰭類の系統のあるものには内鼻孔が獲得され、四肢動物の進化の鍵革新となった（Zhu and Ahlberg, 2004；Janvier, 2004b）。

10.8 第10章のまとめ

1. 顎の獲得にはヘテロトピーが関わる。

2. 化石記録は改定版ヘテロトピー説を裏付ける。

3. 円口類にはヤツメウナギ類とヌタウナギ類に共通するパターン（汎円口類パターン）が現れる段階があり、これによって両者が同じ形態発生プランのヴァリエーションであることが示唆される。これは三叉神経の分枝パターンからも裏づけられる。

4. 汎円口類パターンは、同時に全脊椎動物の頭部形態の祖型をも示すらしい。

5. 円口類には、その単系統性を支持する可能性のある共有派生形質が認められ、分子系統学的解析と、形態学的解析の結果は互いに整合的である。

第 11 章　発生拘束と相同性
——概念

> ...characters controlled by identical genes are not necessarily homologous. ...The converse is no less instructive...homologous structures need not be controlled by identical genes, and homology of phenotypes does not imply similarity of genotypes.
>
> De Beer (1971), p. 15.

　動物の体に相同性が表出する要因は何か。たとえば、ジョフロワの考えたように、相同性を成体に見る形態的パターンに限局し、それをもたらす発生現象にその要因を認めないというやや極端な立場がある。実際、相同だと思われている形態パターンをもたらす機構的要因や遺伝子機能のなかに、相同的関係が認められないことは多く（要約は、De Beer, 1958；1971；Hall, 1994, 1998）、そのような相同的形質の背後に隠れている発生機構の変化を総称して「発生システムの浮動（Developmental System Drift：DSD）」と呼ぶ（Roth, 1988；True and Haag, 2001）。ある視点に立てば、形態的相同性を還元的に分析できないというこの性質こそが、比較形態学の先験論的・構造論的由来を物語る。相同性の根拠をめぐる発生学と形態学の齟齬についての（極端な）典型例は、トリの翼に見る3本指のアイデンティティに関する、約200年にわたる論争に見ることができる（要約と新しい解釈については、Larsson and Wagner, 2002）。指の番号についての形態学的・古生物学的証拠からの結論が、発生パターンの示す結論とどうしても合わないのである。ここには、形態学的に相同であるはずの指原基の並びの上を、指のアイデンティティを特異化する Hox コードが発生上シフトすることが関わる。このシフトは獣脚類恐竜の系統に起こったらしく、鳥類の個体発生におけるシフトの瞬間は、進化的「フレームシフト」のイベントを個体発生過程において繰り返しているように見える（Wagner and Gauthier, 1999；Wagner, 2005；Tamura *et al.*, 2011 等を見よ）。

　相同性を純粋形態学的に取り扱おうとする立場、すなわち、相同性の根拠を発生に求めない立場は、比較形態学の枠組みだけを堅固なものにしこそすれ、

進化と発生のダイナミズムを見つめようとする本書の方針にとって否定的な意味しかもちえない。対し、相同性に新しいカテゴリーとして、「プロセスの相同性（process homology）」を設定し、進化と発生におけるさまざまなレベルでの同一性を強調したギルバートら（Gilbert et al., 2001）の議論、ならびに、ミュラー（Müller, 2003）による分析は熟考に値する。遺伝子や遺伝子制御ネットワーク、あるいは発現様式にも、あるレベルでの相同的保守性は存在し、それを検出でき、それは系統進化のうえで形態的相同性と同様に振る舞う。このプロセスの相同性が、必ずしも形態的相同性の成立理由にならないだけなのである。一方で、一連の発生拘束は定義上、形態的相同性の発生的起源となる。むしろ、相同性の認識によってある種の拘束の存在は予見される。ここで重要なのは、「遺伝子の相同性が形態の相同性を示すか」という言明の是非を問う不毛な議論を繰り返すことではなく、枚挙的事例をいくつかの方法でクラス分けし、各現象において重要な類似性を抽出しつつ、形態パターンや発生プロセスの変更の仕方、とりわけわれわれに拘束や相同性を認識させているものの正体を見極めることだろう。

　発生拘束とは、本来メイナード＝スミス（John Maynard-Smith）をはじめとする錚々たる研究者集団（Maynard-Smith et al., 1985）によって提唱された概念であり、「発生上の機構により進化の方向性にバイアスがかかっている状態」を指す（Hall, 1994 に要約。他に Wagner and Müller, 2002；Schwenk and Wagner, 2003；Galis and Sinervo, 2003 を参照）。そして、さらには個体発生に生じているそのような拘束が、そのまま進化の方向性にバイアスをかけるという考え方でもある。極端にバイアスのかかった発生パターンの進化は多くの局面で平行進化を生み出し、系統解析の根本原理である最節性を脅かす。近縁のタクサ間でしばしば平行進化が認められ、その相似的形態パターンの背景に相同的な素材の下地が見つかるのも発生拘束の効果のひとつである。このように、進化的変異は考えうるあらゆる変化を発生機構にもたらしうるが、そもそも個体発生過程の遂行そのものや、表現型の創出過程、さらにはできあがった表現型の機能的適応性にあたって決して許容できない変化があり、必然的に使える発生経路・発生パターンのバリエーションが限られる。これが、個体発生と進化の両者にわたり、多くの局面で保守性や相同性、相同性に根ざした平行進化（この場合、決して「収斂」ではない）に基づく相似現象などを同時にもたらしてゆくことは想像できる。

11.1　拘束の認識

われわれは、さまざまなやり方で拘束の存在を知る。ひとつは、本書においてかなりページを割いたような発生学的機構として認識できる「形態形成的拘束」、いまひとつは、進化系統的に認識されるか、もしくは表現型の適応的機能として認められる拘束の所在であり、その範疇には「形態維持的拘束」、「構造的拘束」が数えられる（図11-1）。これら拘束の存在は系統特異的なパターンの保守性によって示唆されるが、それは必ずしも拘束の成立機構が不可知だということを意味するのではない。現在の認識では、拘束の存在は実験的に検証可能とされる。これについては後述する。

（1）形態形成的拘束

本書においてもっぱら強調してきたのが、「形態形成的拘束（generative constraints；Wagner, 1994）」であり、これは特定の形質をもたらす発生プロセスの存在を指摘する。すでに繰り返し述べたように、体節の存在はソミトメリズムの因果的要因となる。ひとつのパターンが次のパターンを生み出す因果連鎖としての形態形成機構がその中身である（図11-1、図11-2：組織間相互作用と、このタイプの拘束の関係については、Newman and Müller, 2001 による総説を参照）。のちにもう一度考察する、ファイロタイプがもたらす作用がこのタイプの拘束だが、このかたちを大局的に保守的パターンとして進化的に維持する力、つまり構造的拘束をもそこに認識しなければならない。

（2）構造的拘束

「構造的拘束（structural constraint）」に関連して語られるのが、「脊椎動物の眼」である。機能的な感覚器官としての眼が成立するためには、単にレンズや網膜や虹彩がバラバラに存在しているのではなく、それらが「正しい位置関係」のもとに組み合わされていなくてはならない。このような器官を発生させる機構は、必然的にきわめて保守的なものにならざるをえず、レンズの位置だけが変化するような変化は進化的に許容されない。いわば、個々の構造がそれ以外の他の構成要素すべてに対して発生負荷となり、逆にそれらによってひとつひとつの構成要素は負荷を被ることになる（図11-3）。

したがって脊椎動物に実際に見ることができるように、たとえ網膜上皮の極性が光受容効率の点で非効率的なものであっても、この構造的拘束を打ち破っ

11.1 拘束の認識

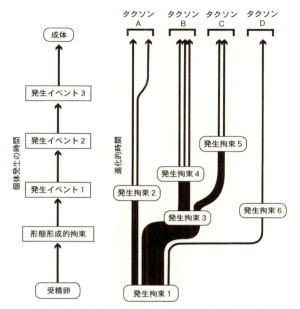

図 11-1 発生拘束の認識。形態形成的拘束（左）は、個体発生過程（縦軸）における保守的パターンの生成の、決定論的、因果的な捉え方。発生上生じたあらゆるパターンは、それに引き続くイベントの礎となるという考え。ソミトメリズムやブランキオメリズムなど、バウプランを構成する特定のパターンに注目すると、それを生み出す一次的要因を、個体発生過程のなかに特定することができる。たとえば、体節のもたらす形態形成的拘束が、結果的にソミトメリックな形態パターンをもたらすのである。一般に、進化的に認識できる発生拘束（右）は、分類群の分布、共有派生形質の成立、鍵革新、特殊相同性などとも関連しうるパターンを示す。ここでは、縦軸は進化的時間を示す。比較形態学的に認識することのできる保守的パターンを通し、タクサ特異的発生拘束が共有されていると考える。進化的な時間に沿って、拘束の出現が示されていることに注意。これが発生拘束の階層性をもたらす。

てまで器官としての眼の構造を最初からデザインし直すほどの淘汰圧は生じえない。いったんできてしまったものは、だましだまし使うしかないのである。これに類する考えを最初に述べたのは、キュヴィエであった（Kardong, 1998に解説；同様な概念としての「構造的ネットワーク (structural network)」については、Dullemeijer (1974)、ならびに、Kardong (1998) による解説を参照）。

上のようにして生じた構造のセットは、しばしばそれ自体が高度な「発生モジュール (developmental modules)」となる。そのモジュール性は、構成要素

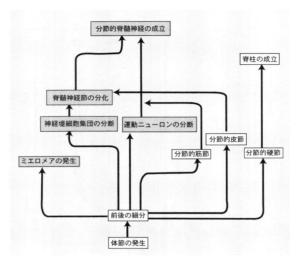

図 11-2 体節のもたらす形態形成的拘束。図の下から上へ向かって、個体発生の時間を示す。ここでは矢印は、発生イベントの因果的、時間的連なりを示す。体節のもたらす分節化は灰色で、体節それ自体に由来する分節パターンは白で示した。

のそれぞれが発生過程において「誘導するもの」と「されるもの」の関係にあるとか（後述）、あるいは誘導された構成要素のひとつが系全体の存続を維持することを通じて成立している。したがって、このような器官が進化上、退化してしまうことは比較的簡単である。ひとつの構成要素の消失がモジュール全体の消失を引き起こし、その際に他のモジュールにあまり影響を与えない（だからこそ、そのような単位はモジュールと呼ばれる）ことが多いからである。事実、洞窟魚（cave fish）における眼の退化は、眼の後期発生を維持するのに必須のレンズが発生の途中で消失してしまうことでもたらされ、決して各構成要素の発生に関わるプログラムのすべてが消失しているわけではない（Yamamoto and Jeffery, 2000）。とりわけ、その器官モジュールを作り出している遺伝子の機能欠失は 1 モジュールを超えて大きな表現型の変化につながる。したがって、遺伝子制御や、そのネットワークに関しては、また別の次元でのモジュールを考えねばならない。遺伝子の多面発現（プライオトロピー）のため、マスターコントロール遺伝子の機能欠失による影響は眼の消失だけではすまないのである。遺伝子と形態要素の間に 1：1 の関係が成立しない発生プログラムにおいて、構造特異的な進化が生ずる仕組みがそもそも「モジュラリティ（mod-

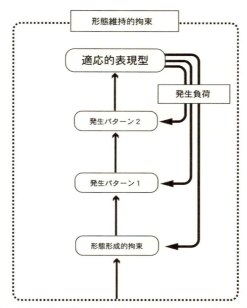

図 11-3 発生負荷の概念。表現型、もしくは発生の過程でできあがる適応的パターンは、それが成立するために必要なさまざまな発生過程上のイベントに対し、一種の保険をかけている。言い換えれば、必要なパターンを守るためには、それを作り出す、それに先立つプロセスやパターンを守らねばならない。淘汰の帰結として適応が発生過程のなかに重要性をもたらす作用を、発生負荷（developmental burden）として認識する。脊椎動物における、脊索のような胚構造、あるいは Hox コードのような遺伝子発現パターンには、それが作り出すパターンの適応度のゆえに、それだけ大きな発生負荷が生じていると考えることができる。形態維持的拘束は、発生パターンや表現型を一定に保とうとするタイプの進化的拘束。脳の複雑な構造の進化の背景には、神経上皮に生じた基本形態が維持されていることが条件となってきたが、このパターンの存続は、脊索に対する発生負荷があってのことであった。形態維持的拘束の背景には、必然的に発生負荷が存在しているはずだが、それが胚発生過程のどのパターン、プロセスに作用しているかは必ずしも明確ではない。

ularity）」の意義であり、そのような仕組みは体制が高度なシステムになればなるほど顕著となる。

　また、構造的拘束の発生学的側面を見つめれば、機能的に連関した組織や構造原基が互いに「誘導するもの」と「誘導されるもの」という組織間の空間的位置関係や、それに根ざした誘導的関係を成立させていることが多いことに気

がつく。いうまでもなく脊椎動物の眼の発生に見る階層的誘導現象がそれであり、この組織間相互作用の連鎖が、この構造の形態を拘束している機構的背景となっている。たとえば、視床下部からのシグナルを受けて機能する下垂体は、視床下部原基が口腔外胚葉の一部にラトケ嚢を誘導して発生する。他にも、咽頭嚢と、それが誘導する上鰓プラコードの位置関係は、のちに咽頭上皮と味覚を司る知覚ニューロンという機能的連関の下地となる。「支配するもの」と「されるもの」、あるいは機械的に連関した中耳のメカニズムを構成する要素群（この場合は、「刺激を伝えるもの」と「受けるもの」）など、進化的に成立した機能的結合が発生負荷をもたらすことはいうまでもないが、こういった、要素間の連関が発生過程における組織間相互関係を構成してゆくタイプの進化過程がいったいどのようにして可能なのか、まだ明確に理解されているわけではない。が、このような機構も、それがひとたび進化しさえすれば安定的であることには疑いもなく、構造的拘束の成立機構についての進化発生学的理解の鍵のひとつがここにあることもまた確かである。

（3）モジュール性（モジュラリティ）

システムはモジュールの集合体である。そして、脊椎動物のような高度な体制と大きなサイズ、あるいは多くの細胞からなるシステムの発生と進化における特徴は、それが進化上「他の部分は変えずに、体のある部分だけを変形させる」能力だということになる。コウモリや鳥の翼、多くの陸上脊椎動物に発達する角、あるいは、より深遠な形態パターンの要素として、ソミトメリックな形態集合、ブランキオメリックな形態集合もまた、互いに他から独立して進化・発生できるという意味合いで、モジュラリティを示す。一方で、「ゾウは鼻が長い」、「キリンは首が長い」といった類型化によって、タクサや進化的形態変化が認識されるように、脊椎動物の形態進化パターンはそれ自体、きわめてモジュラーである。モジュールが存在するということは、それが進化のうえで、ひとつの系のなかにおいて、他の構造からは独立に成立し、またそれが独立に進化してゆく可能性を示し、その存在が系にさまざまな変容の可塑性を与える（Williams and Nagy, 2001 ; Schwenk, 2001 も参照：数学的解析については、Kim and Kim, 2001；検出方法の一例は、Schlosser, 2001）。これらモジュールの性質は、広義に解釈すれば、形態パターンだけではなく発生プロセスのなかにも峻別できる。そこには、「系全体の成り立ちを変えずに、局所的な形態形成機構を新しく成立させる」という共通の側面が見て取れる。

よく知られる例のひとつは、チョウの翅に見る眼状紋の発生機構である。眼状紋は、形態形成中心から分泌されるシグナル分子が、「モルフォゲン (morphogen)」として作用し、中心からの距離に依存した閾値応答を通じ同心円状の文様パターンができあがったものである (Brakefield *et al.*, 1996; Carroll *et al.*, 2001 に要約)。興味深いことに、このパターニング過程を司る分子カスケードは、眼状紋部分だけではなく、翅全体の極性(ポラリティ)を設定するカスケードと同一なのである。しかし、その制御機構には若干の変化が導入され、眼状紋を作る機構が翅全体の形態パターンに影響しないような仕組みができあがっている (Carroll *et al.*, 2001)。重要なのは、発生文脈や発生段階に応じ、相同的な分子機構がまったく異なった機能をもちうることである。同様な現象は脊椎動物にも多く知られる。ならば、形態進化機構やモジュラリティの理解には、プライオトロピーや制御機構の特殊化・分化も関わることになる。モジュラリティはパターンとして認識されるが、その理解には発生ステージや発生機構に対する深い洞察が必要とされる。

　上に関連し、系統進化上しばしば遺伝子重複によって生じたパラローグ遺伝子 (Wnt ファミリーに属する遺伝子群、*Slug* と *Snail* など) の間では、機能・発現ドメインが交換されることがある (Sefton *et al.*, 1998; Locascio *et al.*, 2002)。つまり、遺伝子機能や発現ドメインの進化的変化 (co-option、functionalization など) は、決してランダム、偶然に生ずるものではなく、進化的背景をもった近縁遺伝子のグループをモジュールとした「機能のシャフリング」をベースとする。いうなれば、企業や市役所における各部署のように、特定の仕事を司るまとまりとしてのモジュールがあり、モジュール全体としては果たさねばならない機能は決まっているが、遺伝子メンバーの各々がどの機能を司るかについては自由度があるという状態である。もちろん、このような現象の背景には、相同染色体間、染色体の相同的部分同士の交叉によるパラローグの転座などが可能性として考えられ、さらにそのような現象が DSD を可能たらしめていることが予想できるだろう。重要なのは、それに類した進化的変化が繰り返し生ずることによって、特定の遺伝子ファミリーやパラローグ遺伝子群が、特定の発生パターニング機能と連関しはじめ、それ自体ひとつの「モジュラリティ」を構成してゆくということなのである。その関連事項は、遺伝子重複と発生拘束との関係で後述する。

　ボディプランの進化プロセスを俯瞰する限り、モジュールが個体発生の過程で徐々に追加されてゆく性質をもつと予想される。大きなモジュールがファイ

ロタイプを構成し、胚の発生が進むにつれ、局所的相互作用が局所的なパターンを作り出す。つまりモジュールの存在は、胚発生パターンとプロセスに作用するタイプの内部淘汰に対する胚の応答の仕方にあって大きな意味をもちうる。いうまでもなく、あるレベルのモジュールが特定のタクサに付随したバウプラン成立と関わるなら、モジュールの成立過程は反復説の是非とも大きく関係することになる。進化発生学的には、発生システムのなかに新しいモジュールが成立する場面の認識が重要である。モジュールはしばしば、新しい結合、新しい組織間相互作用の確立、それによってもたらされる新しい遺伝子制御機構、新しいパターンの創出によって成立する。それらが新しい機能を伴った形態構造をもたらし、発生負荷（後述）、あるいは適応的論理を生めば、その個体発生プロセスを維持する論理がそこに成立する（つまり、安定化淘汰へとなだれこむ）。このようなモジュールについてのみごとな考察が、条鰭類における正中鰭の進化に関してなされている（Mabee et al., 2002）。

では、モジュール創出を突き動かす進化的機構とは、いったいどういったものなのか。それは、発生システムと発生パターンを最大限用いた形態変容の芸当のひとつであり、その仕組みを明らかにすること自体、今後の進化発生学の大きな課題となってゆく。そこにはおそらくさまざまな要因があり、なかでも遺伝子制御ネットワーク、胚環境、細胞のお定まりの分化カスケードのような機構が、新しいモジュール創出の外適応（exaptation）となる場合が多い。進化的にすでに成立した発生プログラムがそのまま保存され、それによって保守的パターンが認識される現象のすべてが「拘束」と呼ばれる、「保守的な機構がカナライズ（次章）された状態」から、どのようにしてもうひとつの安定的経路へと移行するのか、そのときモジュールはどのように振る舞うのか、前章では現生顎口類の頭部形態進化を例にとって考察した。

11.2　発生に関わる遺伝子レベルでの各種の拘束

認識的に大別される2、3の拘束を構成する要因、あるいは拘束の構成要素にはさまざまのものが数えられ、それ自体、異なった文脈において「拘束」と呼ばれることがある。ホールの示した分類のいくつかも、ここに含められる（Hall, 1998）。注意すべきは、それぞれの項目がたかだか一面的な要因にしか注目していないということである。拘束の概念的枠組み（conceptual framework）の構築はまだはじまったばかりであり（Bonner, 1982 ; Goodwin et al., 1983 ; Raff and Raff, 1987 ; Arthur, 1988, 1997 ; Wagner, 1994, 2001 ; Müller and Newman, 2003 を参照)、発生拘束の重要性がようやく認識されはじめた現在の状況は、比較形態学の歴史において、オーウェンが初めて相同と相似を区別した段階にも等しい。相同性の形式化がボディプランやバウプランの階層的性格を明らかにし、それが比較発生学と系統進化の橋渡しをするのに若干の時間がかかったように、今後しばしフレームワークづくりに努力を払う必要がある。細胞学や遺伝学、そして分子生物学まで手にしてしまった現在、考えなければならないことは過去とは比べものにならないほど多い。

形態発生に関わるさまざまな条件を考えたとき、それを分離して考察するに充分なほどには、発生生物学、分子生物学の知見は集積している。が、進化的に成立する拘束は、それがバウプランをもたらすうえで高度に統合され、系統的拘束、あるいはタクサ特異的拘束としてしか表現できないものとなる。ここに、拘束を理解するうえでのジレンマがある。表現型として認識できるのが、たとえば「哺乳類の拘束」というようなものであり、それは、比較形態・発生学的なパターン認識を通じて確認でき、一方でその背景にある進化的発生プロセスの変容の絞り込みに一役買ったさまざまな機構的拘束は、きわめて多岐にわたる次元にまたがる。以下に数えるのは、保守的な表現型を作出しうるさまざまな機構的要因としての拘束である。

(1) 遺伝子制御ネットワーク、あるいは機能的カセットとしての拘束

祖先的動物や細胞に成立した遺伝子のネットワークは、そのままのかたちで子孫に保存されやすい。つまり、ネットワークの上位に位置する遺伝子が、進化的に新しいパターンの生成にリクルートされた場合、そもそもその遺伝子の下流に置かれていた標的遺伝子カスケードも引きずられて発現する。マスターコントロール遺伝子が各局面において、てんでバラバラな標的遺伝子を抱え込んでいるわけではない。だからこそ、遺伝発生学者たちは比較的要領よく芋蔓式に分子ネットワークの正体を暴くことができたのである。

典型的には、脊椎動物のパターニングにしばしば登場する、*sonic hedgehog* (*shh*) 遺伝子がある。これは神経管の床板や、肢芽の「極性化活性帯 (zone of polarizing activity : ZPA)」に発現し、分泌タンパク質を生産し、標的器官に背腹、前後の極性を与える (Gilbert, 2000b、その他の要約を参照)。その下流には、たとえば成長因子をコードする *Bmp2/4* 遺伝子がある。昆虫における *shh* 遺伝子の相同物は *Hedgehog* だが、これはパラセグメント形成に機能する際、下

流に脊椎動物 $Bmp2/4$ 遺伝子の相同物である dpp の発現を誘導する。同様に、昆虫の中胚葉の背腹パターニングに用いられる遺伝子カセットがほぼそのままのかたちで哺乳類の血球分化や、その他の系に機能する（Rel タンパクの経路；Shelton and Wasserman, 1993；Bushdid et al., 1998）。ここでは、形態的相同性とは遊離したかたちでプロセスの相同性が現れている。これに近い例として、進化形態学的にインパクトの大きな発見が、脊椎動物の背腹極性に機能する $chordin$ と $Bmp4$、そして、昆虫におけるそれらの相同遺伝子セット、sog と dpp の間に見られる関係であった（Holley et al., 1995；Sasai et al., 1995；de Robertis and Sasai, 1996）。これは発現制御や機能に関する上位下位関係ではなく、遺伝子産物であるタンパク質間に成立した拮抗作用が別の動物門の似たような（おそらくは相同的な）発生の局面で用いられている例である。このようなタンパク質の三次元構造の保守性の背景にアミノ酸配列の保存が控えることはいうまでもない。そして、後者の保守性の大きな要因は、タンパク質の相互作用に起因する負荷なのである。

　これら遺伝子産物は互いに結合し、他方のシグナリング機能を抑制し、局所的にシグナル分子の勾配をもたらし、結果、胚に極性を生み出す。しかも、脊椎動物では「背腹」関係にあるこれら分子の機能の仕方が、昆虫では逆に、「腹背」に使われている。そこで、ジョフロワ以来の脊椎動物の起源論が 20 世紀の生物学に復活し、しばし進化形態学の世界をにぎわすこととなった（図 11-4；Arendt and Nübler-Jung, 1994；Lacalli, 1995；Peterson, 1995；Jefferies and Brown, 1995；François and Bier, 1995；Reichert and Simeone, 2001；論評として、Le Guyader, 1998 も参照）。ここで示されているのが、分子構造に根ざした拘束の存在であることをまず認識しなければならない。それこそが、のちに述べる「プロセスの相同性」の範疇での驚くべき発見なのである。そして、形態パターンの進化に目を転ずれば分かるように、昆虫と脊椎動物をつなぐ系統的進化過程において背腹軸がどのような変遷を経てきたのか、まだ埋めなければならない空隙は多い（現在では、それは脊索動物の分岐に先立って生じたとされる）。この極性成立機構が左右相称動物で相同的であることが実証された一方（詳細は倉谷、2016 を参照）、同祖的な遺伝子セットが、異なった動物門における、「相同的ではないかもしれないが、類似の発生場面」で用いられる場合には、コ・オプションを仮定する必要が生ずる。それが、どのような歴史的必然性を背景とするのか、見極めてゆくことが必要となる。

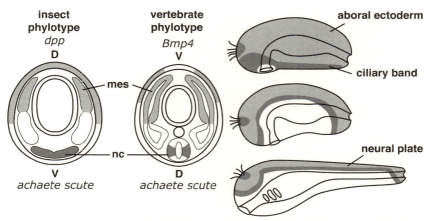

図 11-4 無脊椎動物から脊椎動物を導き出す。(左は、節足動物の発生プランを背腹反転することによって脊椎動物が生じたとする、ジョフロワ以来の仮説を、遺伝子発現に基づいて再び蒸し返した、Arendt and Nübler-Jung, 1994 によるもの。右は、ガースタングのアウリクラリア幼生説を引いた Lacalli, 1995 より改変)

(2) 遺伝子発現パターン、あるいはゲノム構造としての拘束

このカテゴリーに属する拘束は、分子の構造に由来する関係性や、DNA のうえに成立した制御関係に根ざしたものとは異なり、胚のかたちや、胚発生の時間的経過に大きく依存する。しかも、分子ネットワークから完璧に分離できるものでもない。典型的な例は、これまで幾度も紹介した Hox コードに見ることができる。

クラスターをなした Hox 遺伝子メンバーは、それぞれ自分だけが使う制御領域を伴って並ぶのではなく、いくつかのエンハンサーを共有したり、エンハンサー自体が相並ぶ遺伝子のエクソンと入れ子状態に分布していたりする。さらに、遺伝子産物が他のメンバーの制御に関わるなど、クラスター構造それ自体が胚の Hox コード成立の重要な要因となる。多くの後生動物に見られる Hox コードと Hox クラスターは、それが単体の遺伝子の単なる集合体としては理解できないことを如実に示している。さもなければ長い進化的過程のうちに、Hox 遺伝子メンバーがゲノムのなかでバラバラに散らばっていたかもしれない。ただし、クラスターから離れずとも、すでに逸脱した制御を獲得している遺伝子もある (*bicoid*、*zenknüllt*、*fushitarazu* など)。このようなシステム

にあっては、ひとつひとつの遺伝子の機能を分離して理解することが難しく、Hoxコードそれ自体を成立させるためだけに発現を強いられる遺伝子もかなり存在することが予想される。遺伝子と発生システムの進化が個々の遺伝子機能に還元しえない例である。これは、このシステム自体がきわめて強固にできあがり、そのため変化させることが難しいことを物語っている。そして、その保守性は単に祖先から受け継いだという以上の意味をもつ。

　おそらく、進化的に二次的に成立してからのちに保存されるに至ったものもある。脊椎動物（あるいは脊索動物）に特有のDlxクラスターもそのひとつである。しかも（少なくとも顎口類においては）、このクラスターは常にHoxクラスターと同じ染色体上にある。さらに、そのうちの2クラスターはHoxクラスターのきわめて近傍にあり、進化的に行動をともにしている（Stock *et al.*, 1996；同様の現象については、*Evx*や、*Wnt*遺伝子ファミリーのサブセットについても見られる）。その機能は同定できてはいないが、この脊椎動物（現生顎口類）的保守性は意味深長である。特徴的発現が成立する時期（咽頭胚期以降）や、場所（神経管や神経堤間葉）に似た側面があるだけに、それはなおさらである（第4、5、9、10章）。

　染色体同士の間に見られる相同的関係（本来、種間の染色体の相同性を示すシンテニーではなく、系統内での重複に伴う染色体同士の類縁関係）にはおそらく、まだわれわれの知らない論理が拘束として現れているには違いなく、その機能や進化、発生学的意義の探査は、まだ緒についたばかりといってよい（その将来的可能性を問いかけた先駆的な研究としては、Holland, 2001を参照）。保守的なはずのHoxコードもまた、進化的にしだいに変容してゆく。節足動物におけるその解析によれば、形態的ボディプランの多様化に関わるとおぼしき進化プロセスにはいくつかの異なったタイプが認められるという（Hughes and Kaufman, 2002）。そのひとつは、本来Hoxクラスターに属していた遺伝子が二次的にクラスターから離れ、形態形成の別の局面で機能する場合であり、これはコ・オプションの一例として認識される。*Hox3*や、*ftz*、*bcd*などがこれにあたる。他にも多くの進化的変化のパターンがあり、それには：

①基本的Hoxコードは保存されていても、個々の遺伝子に微妙な発現領域（発現制御）の変化が生ずる場合、
②新しく獲得された発現領域がのちの進化において初めて意味のある機能を獲得する場合（外適応）、

③遺伝子の発現後制御（posttranscriptional regulation）が変化する場合、
④ Hox 遺伝子の標的が変化する場合（*Ubx*、*Dfd*）、そして
⑤ Hox 遺伝子それ自体が変化する場合（*Ubx*、*ftz*）、

などに分類できるという。

（3）遺伝子重複に続く、あるいはそれに先立つ拘束

　ゼブラフィッシュの分子発生学は、脊椎動物成立ののちにも、硬骨魚の系統においてゲノムが倍加した経緯を明らかにした（Amores *et al.*, 1998；Gates *et al.*, 1999；Postlethwait *et al.*, 1998；Prince, 2002 に要約；遺伝子制御の保守性と多様化の例としては、Scemana *et al.*, 2002）。その結果として発生に関わる遺伝子も、その祖先的脊椎動物、つまりわれわれの系統におけるものの 2 倍数になったと想像される。事実、ゼブラフィッシュの Hox クラスターは真骨魚類の系統の成立後、いったん 8 つに増え、二次的に 7 つに減少したらしい（図 5-16；この進化現象の理解において要となる硬骨魚の基幹グループ、ポリプテルス *Polypterus palmas* における Hox クラスターの研究については、Ledje *et al.*, 2002 を、四肢動物と近縁なハイギョ *Neoceratodus forsteri* における研究は、Longhurst and Joss, 1999 を、シーラカンスについては、Koh *et al.*, 2003 を参照）。

　倍加した遺伝子は、その機能を失っても発生に影響を与えない。それが新しい機能を得ることは、一般にきわめてまれだとされる（たとえば Lynch and Conery, 2000 に実証と考察）。したがって、重複後の遺伝子パラローグは常に消失の危機にあり、ゼブラフィッシュの進化にあたって、失われた Hox 遺伝子の数はたしかに多い。4 クラスターにとどまる羊膜類の Hox 遺伝子群ですら、これまで少なくとも 13 の遺伝子メンバーを失っている。しかし、変異の挿入された多ドメイン遺伝子は、ドミナントネガティヴ型の産物を生ずる危険性をもはらむ（Prince, 2002：すなわち機能を失うこともまた簡単なことではない）。この危機をやり過ごすためには、祖先型の遺伝子がもっていた機能、あるいは発現ドメインを姉妹の遺伝子が分割する「機能分配（sub-functionalization）」が回避策としてあり（Force *et al.*, 1999；Lynch and Force, 2000）、ゼブラフィッシュの Hox 遺伝子には、実際にこのように機能を変化させた遺伝子がいくつか知られる。より興味深いのが、「新機能獲得（neo-functionalization）」や、「機能シャッフル（function shuffling；McClintock *et al.*, 2001, 2002）」である。顎口類の Dlx 遺伝子群の重複と、鰓弓骨格系のデフォルト形態パターンの成立についての可

能なシナリオについては、すでに上に述べた（遺伝子重複と後生動物の進化については、Cooke et al., 1997 も参照）。

　遺伝子の重複が新しいパターン創出を許容するという実例は、まだ多くは知られていない。それは遺伝子の新しい発現や機能だけではなく、それを実現するに至った制御機構の変遷からも説明されなければならない。いずれ、遺伝子はただ増えさえすれば、かたちが複雑化するわけではない。これについてはすでに、Dlx 遺伝子群の重複と、内臓骨格形態のデフォルト進化として仮説を立てた（第 5 章）。脊椎動物の前脳の進化の背景にあったと考えられる、T-box 遺伝子群に属する T-Brain サブファミリーの重複も、この範疇にある（Satoh et al., 2002）。もうひとつの可能性として以下に述べるのは、Otx 遺伝子群の重複が許容した三半規管（semicircular canals）の進化である。

　広く知られているように、円口類は三半規管ではなく、「二半規管」をもつ（とはいえ、Otx 遺伝子には複数——おそらく 3 つのパラローグがある。ヤツメウナギ Otx 遺伝子ファミリーの進化については、Ueki et al., 1998；Tomsa and Langeland, 1999；Germot et al., 2001；Suda et al., 2009、要約は Kuratani et al., 2002）。ところが、少なくとも 2 つの Otx パラローグをもつ顎口類（マウス）において、そのひとつ $Otx1$ を破壊すると、そのミュータントマウスはヤツメウナギに見るような二半規管を発生させる（Acampora et al., 1999；Morsli et al., 1999；進化的考察は、Mazan et al., 2000；Fritzsch et al., 2001；Fritzsch and Beisel, 2001；Rubel and Fritzsch, 2002、ならびに、それらの引用文献を参照）。顎口類の三半規管の正常なパターニングにとって、$Otx1$ の存在はすでに不可欠になっている（$Otx1$ にかかる発生負荷）。上の進化的表現型模写が示すのは、二半規管から三半規管への進化的移行にあたって、その祖先的動物の系統においてすでに重複していた Otx パラローグ遺伝子群が、いわば外適応として働き、Otx 遺伝子群の重複以前には三半規管の進化は望めなかったという背景である。つまり、ゲノムの構成やパラローグ数が、たしかに潜在的にバウプラン進化の方向性に制約を与える可能性はある。この進化においてはおそらく、新しい発現に基づく新機能獲得だけではなく、主たる機能を $Otx2$ に押しつけるタイプの機能分配も同時に生じていただろう。というのも軸形成期の頭部パターニングにおいて、決定的な機能を保持していると思われる $Otx2$ に比し（たとえば、Matsuo et al., 1995）、$Otx1$ の破壊は初期発生に重篤な表現型をもたらさないのである（Suda et al., 1996；Acampora et al., 1999）。

　以上示したような遺伝子とその発現、そして機能に関わる拘束は、ややもす

11.2 発生に関わる遺伝子レベルでの各種の拘束

れば「遺伝子の相同性と形態の相同性」という、安易極まりないアナロジーを導きかねない、あの一連の現象ときわめて密接に関係している。本書では、この種の無益な議論は行わない。ギルバートとボルカーは、遺伝子の機能カセットやネットワークを「発生プロセスの相同性 (process homology)」として認識し、それが形態的相同性と同じような性質を有し、進化的に同じ振る舞いを示すこと、しかし遺伝子の相同性、遺伝子カセットの相同性を経て、形態の相同性をもたらしてゆく過程にはいくつもの不明瞭さが残っており、とりわけ遺伝子カセットと形態パターンの間には1：1の対応関係はなく、形態的相同性をもたらす要因の相同性に、その表出のすべてをゆだねるわけにいかないことを指摘している (Gilbert and Bolker, 2001)。発生現象に見られる形質を、すべて時間的因果機構として捉えるべきかどうかについてはまだ疑問は残るが、彼らは遺伝子レベルの発生現象に見ることのできる、「拘束（限られた遺伝子制御ネットワーク）」や、「保守性（遺伝子セットの相同性）」を、積極的に進化発生学に取り入れ、重要なデータとして発生プロセスの進化過程の理解に利用しようとしている。進化発生学が比較形態学を脱却しようという限り、この姿勢は肯定すべきものだろう（他にも Hodin, 2000 を参照）。

冒頭に述べたように、遺伝子の相同性と形態的相同性が一致しないからといって、形態的相同性の下部構造として認識できるあらゆる現象を、相同性表出の基準とは見なせないという、いささかゆきすぎた潔癖主義も存在する。そもそも相同性の認識は、成体の形態要素のアイデンティティと、個体のなかでのその配列の仕方に一定のパターンを見いだしたジョフロワのものであった (Geoffroy Saint-Hilaire, 1818)。のちにも解説するように、当時「アナロジー」と呼ばれたこの概念が、オーウェンやゲーゲンバウアーの手によって形態的相同性の概念へと結晶する（後述）。が、遺伝子と形態パターンは徹底的に乖離してはいない。とりわけ遺伝子発現の機能的カセットについては、複数の遺伝子カスケードが、ある特定の胚構造の形態的パターンによって成立することがある。その代表として認識されるのは、四肢動物、ならびに顎口類魚類の対鰭原基に見られる遺伝子発現機構であり、そこでは間葉とそれを覆う外胚葉上皮、その特殊化した「外胚葉性頂堤 (apical ectodermal ridge = AER)」、肢芽の後方部に存在する極性化活性帯の間に成立した、複雑な遺伝子制御ネットワークが存在している（図 11-5）。このネットワークの一部は、おそらく遺伝子カスケードのレベルで昆虫の翅を作る分子機構と相同だが、おそらくそれ以上のものではない。重要なのは、脊椎動物において肢芽の領域特異的発生機能と、それ

614 第11章 発生拘束と相同性——概念

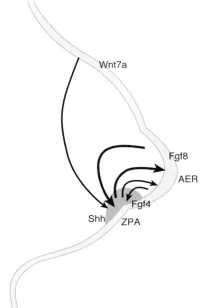

図 11-5 肢芽の発生機構とエピジェネシスの罠。ニワトリ肢芽において外胚葉性頂堤（AER）は肢芽の遠近軸成長とパターニングに中心的役割を果たし、shh（sonic hedge-hog）の発現する極性化活性帯（ZPA）は肢芽の前後軸極性を与える。これらの構造の間には複数の遺伝子カスケードに基づく相互作用があり、肢芽の軸形成の異なった機構が互いに結合し、一体となっていることが分かる。このようなシステムを成立させている背景には、組織・細胞の3次元的配置、遺伝子カスケードの保守性が控えており、これらすべてが精緻なネットワークを形成している以上、このシステムを構成する要素のどれとして任意に改変することができなくなっている。（Capdevila and Izpisuà-Belmonte, 2001 より改変）

をもたらしている分子の機能、その発現を可能にしている組織形態的パターンなどが一体となり、いわば「逃れられない複雑なシステム」を作り上げていることである。このように、遺伝子制御ネットワークと形態パターンが渾然一体となっているため、それは動かしがたいシステムとなっている（Genetic toolkit とも呼ばれる、その他の例については、Davidson, 2001 ; Carroll *et al.*, 2001 を参照）。このような背景をもつ保守的発生装置は「エピジェネシスの罠（epigenetic trap）」と呼ばれる（Wagner, 1989a, b）。

(4) エピジェネシスの罠

形態パターンと分子ネットワークが複雑に絡み合った状況が発生拘束をもたらすことは比較的容易に理解できる。重要なのは、エピジェネシスの罠が生じたとき、すなわち遺伝子の相同性が形態的パターンの保守性に依存した発現ネットワークを獲得し、それがファイロタイプのように内部淘汰的に保存されているとき、形態的相同性と遺伝子の相同性の間にみごとな対応関係が生じてしまうということである。遺伝子の相同性を通じて広範囲にわたる形態的相同性

が確認できるときには、しばしば、エピジェネシスの罠が成立していることになる。肢芽に比肩しうる、エピジェネシスの罠のもうひとつの例が、脊椎動物各種の脳原基コンパートメントに付随した保守的な遺伝子発現パターンであろう（図11-6）。前脳のプロソメアやその細分には領域特異的な制御遺伝子の発現パターンが知られ、わずかな変異を例外とすれば、それは脊椎動物全体としてきわめてよく保存されている（最近の報告では、Sugahara et al., 2016 を）。そして、おそらくその上流には、軸形成期にはじまる神経外胚葉の領域特異化と、それがもたらす複雑な組織間相互作用が関わっている（たとえば、Shimamura and Rubenstein, 1997）。つまり、脳の発生コンパートメントに発現する遺伝子の保守性の背景にも、初期神経外胚葉やそれを取り巻く表皮外胚葉、それを裏打ちする脊索中胚葉その他との位置関係に立脚した相互作用が存在し、全体として動かしがたい保守的機構（あるいは、ネットワーク）を作り上げている。遺伝子発現カスケードの保守性だけではなく、胚形態の保守的パターンまでをも取り込んだシステムの相同性は、単なる遺伝子制御ネットワークや、形態的相同性という概念を越えた、何らかの発生拘束のタイプとして認識する必要がある。このような相同性の認識が可能になった背景には、疑いもなく分子遺伝学的技術を取り込んだ発生生物学と、比較ゲノム学的データの集積、網羅的遺伝子発現解析技術の進歩が控えている。

　相同性は、間違いなく発生現象の結果としてもたらされる何らかの保守的パターンであると同時に、変化しつつ伝達される一種の情報である。重要なのは、この現象をパターンとして認識すると同時に、その進化的成立にも目を向けることである。脳に発現するホメオボックス遺伝子群の相同物は多くの場合ナメクジウオにも認められ、それはナメクジウオ神経管の前方でも（同じとまではゆかないが）よく似た発現パターンを示す。したがって脊椎動物の脳区画の遺伝子発現パターンもまた決していきなり生じたようなものではなく、それが拘束された安定的なシステムになるまでには、それに先立つ前段階があったことが想像できる（最近の研究では、それは円口類と顎口類が分岐した5億年以上前に遡るらしい）。相同性は、決して「構造としていきなり定立する認識の産物」などではなく、進化の帰結として成立し、安定化するものでなければならない。また、「起源の古い発生プログラムだから安定している」という単純な理由で生ずるものではない。起源がいくら古くとも、不要のため消え去った構造などいくらでもある（遺伝子の進化的使い回しを含めた概念構築の一例については、Arthur, 2002 による概説を参照）。

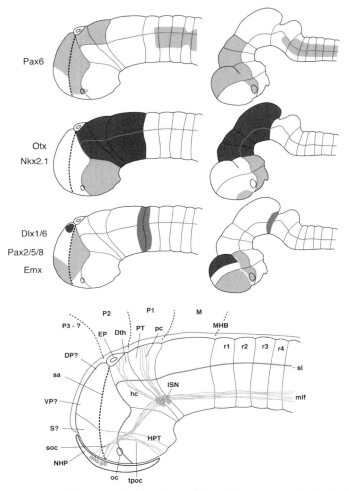

図 11-6 ヤツメウナギとマウス脳原基に見る、遺伝子発現パターン。わずかな違いを除き、すべての遺伝子が比較できる区画（コンパートメント）に発現することが分かる。これは、脳原基各領域の相同性決定の基準として用いることができる。下に示したのは、遺伝子発現を指標に推定したヤツメウナギ脳原基の形態学的同定。(Murakami *et al.*, 2001, Kuratani *et al.*, 2002 より改変。ヤツメウナギ前脳の分節的構造に関しては、Pombal *et al.*, 2001 ; Meléndez-Ferro *et al.*, 2002 も参考に)

11.3　胚発生に関わる形態パターンの拘束

発生拘束がパターンである以上は、発生現象をただの経時的プロセスとしてだけではなく、そのなかにパターンを見いだすことが肝要である。それは、本書のメッセージの大部をなすものでもある。それが、胚形態そのものに深く関わる拘束なのである。拘束をもたらす要因には、以下のものが区別される。

（1）組織間相互作用

組織間相互作用については、本書のほとんどを費やし、多くの例について解説してきた。そして、形態形成的拘束の機構的要因をなすのもまた、この作用である（Newman and Müller, 2001）。組織や器官のパターニングには、正しい場所で、正しい組み合わせの細胞群が、さらに正しい発生のタイミングにおいて出会わなければならない。細胞群や、胚葉の間に多くの大局的相互作用が進行している咽頭胚のかたちが、多くの脊椎動物種において拘束されていなければならない論理についてもすでに述べた。これら空間的な位置関係に根ざした誘導的相互作用は、胚のかたちを進化的に安定なものとせずにはおかず、かつ、そこからありとあらゆるレベルの形態的相同性を生み出すことになる。比較形態学・発生学を成立させてきたものの正体がひとえにこの現象であるといってもあながち過言ではない。また、神経管における各種ニューロンの分化にあっては、誘導するもの（脊索）と、されるもの（神経上皮各部）の、正しい距離も問題となる。このような視点から、次の項目が浮かび上がる。

（2）サイズ・アロメトリー

胚の形態はパターンとして認識され、発生生物学者や比較発生学者はそれゆえ実際の胚の大きさに疎いことが多かった。抽象的なモデルが理解の導きとなる限り、当然である。とはいえ、発生的相互作用には実際の胚の大きさも関わる。なぜなら、誘導する側の実体は、たとえば拡散性の分子であり、それが物質的・分子的実体である以上、絶対的大きさが形態パターンの要因とならざるをえないためである。拡散物質の拡散速度、浸透度、濃度、温度、媒質、誘導される側の細胞膜表面のレセプターの分子数、密度、細胞数、細胞の形状、細胞密度、細胞外基質の分子的背景など、発生のある時間において、誘導現象が滞りなく経過するための物質的基盤は、胚に対してさまざまな条件を課している。つまり、組織間の誘導作用を基盤として進化的に安定した咽頭胚の形態は、

タクサごとに独特の「大きさ」を伴わざるをえない（ニワトリ神経胚では小さすぎるからというので、ダチョウの卵を使おうと試みたある著名な実験発生学者がいた。数時間かけてやっと殻に窓を開けたところ、そこに見えたのは、ニワトリとほとんど同じ大きさの神経胚であったという。たとえ、陸上脊椎動物最大の大きさを誇った中生代の竜脚類にしろ、それが主竜類の一種である以上、現生の鳥類と大して変わらないサイズの神経胚をもっていたはずであり、おそらく咽頭胚のサイズも1 cmを大きく超えることはなかっただろう。脊索その他の装置や拡散性のタンパク質を用いて神経管や体節の特異化を果たさねばならない神経胚が、数 cmのサイズになることはそもそも機構的に不可能なのである）。

　この問題は、アロメトリー（allometry；相対成長）として知られる現象をも射程とする。アロメトリーとは、ひとつの構造のサイズに対する別の構造のサイズの変化の比率を指し、個体発生上計測した場合、「個体発生アロメトリー（ontogenetic allometry）」、同一発生段階の個体からなる集団内で計測して得られるものを「静的アロメトリー（static allometry）」という（McNamara, 1997; Schlichting and Pigliucci, 1998 を参照）。これらのうち本書の内容から考えて重要なのは、個体発生アロメトリーのほうである。しかし、静的アロメトリーも、発生機構について重要な側面を教えてくれるかもしれない。

　古くから、形態学者はさまざまなデータから、形態パターンと実際のサイズを分離して理解しようと試みてきた。しかしそれはどうしてもできず、生物にとって、大きさを伴わない「純粋なかたち」のようなものは存在しないらしい。どのようにしても、抽出できるのはアロメトリーのような特異的相対成長だけなのだ（Schlichting and Pigliucci, 1998）。どのような形態パターンも、細胞、その他の組織学的構築と、それを基盤とした発生機構によってもたらされているからには、これは当然のことかもしれない。したがって、逆にサイズは変えて、比率はまったく変わらない、「アイソメトリー」に近い現象が、むしろ奇異なものと映る。生物の発生や進化においては、基本的かたちは変えずに、大きさだけが増大するように見える局面も少なからず存在する。たとえば、哺乳類の耳小骨は個体発生上、それが機能するはるか以前から正しい順序で関節し、それぞれ特徴的な形態を軟骨段階で獲得している（図8-1〜図8-4）。とりわけアブミ骨は、すでに強調したように、足板に2本の脚が生えた独特のかたちを獲得しているが、この基本的かたちを変えずに大きくする成長が可能であるためには、局所的な吸収と付加的成長を器用に制御しなければならない。そのような制御を必要としながら、なお胚発生期に基本的形態パターンを作る軟骨パター

ニングも、それが相同性決定に使えるに充分なパターンを示す以上、何らかの形態維持的拘束下にある可能性が濃厚である。それが機能する論理を発生過程に何らかのかたちで取り込むことなしには、このようなみごとな装置はおそらく進化できなかったのだろう。すなわち、この現象が可能となっている背景には、動物系統特異的に獲得された形態維持的拘束が関わっているに違いない（第10章；形態維持的拘束）。

（3）ファイロタイプ、再び

　本書を通じて詳説したファイロタイプも、形態形成的拘束の源泉であると同時に、広義の構造的、形態維持的拘束の結果として成立している。これは器官発生期に相当する胚発生段階に現れる、種を通じて保存された保守的発生パターンを指し、多くの場合、安定化淘汰、もしくは内部淘汰の結果として成立したと考えられている（第2章）。初期発生においては、広範な相互作用が胚に作用し、重要な形態形成過程が進行しているが、その作用の数は限られており、ときおり思い切った変更が可能である。一方、器官発生期以降の発生段階では多くの発生モジュールが胚に成立しはじめ、相互作用の数が増加しても、モジュールの存在によってそれら各々の変更は大局的な影響を及ぼさない。しかし、器官発生期においては大局的相互作用が多数生じており、その結果として、ここで成立した胚発生システムの変更は、システム全体の破棄につながりかねない（Sander, 1983）。

　このような発生段階をもった動物の進化においては、ファイロタイプが一種の「内部淘汰の関所」となり、さまざまな変異のなかで、安定的にファイロタイプを成就するものだけが選び出されることになる（図11-7）。このような内部淘汰は、発生のパターンを標的とし、そのパターンへ至る過程（発生の道筋）については、いくつかのヴァリエーションを許容する（図11-7）。このような進化パターンは、ファイロタイプだけに特異的なものではない。発生過程が、発生パターンから次のパターンへと進む、「飛び石」的構造をもちうる機構については後述する。

　以上、拘束の認識と理解には大きく2つの方針がある。そのひとつは、発生プロセスの論理を知ることにより、特定のパターン生成のために絶対的に重要なプレパターンに対して形態形成的拘束を見ることである。このような、発生現象を時間軸に沿った因果連鎖的な事象と見る論理から発生拘束が浮かび上がる。いまひとつは、できあがったパターンが胚形態としても、成体の表現型と

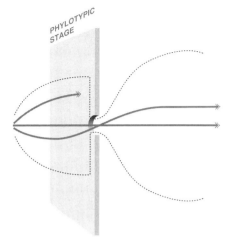

図 11-7 発生拘束とファイロタイプ。左から右へ個体発生の時間が進む。ここでは、ひとつの動物種に生じた発生プロセスのさまざまな変更が、ファイロティピック段階に相当する関所で篩がかかり（内部的安定化淘汰）、そこをクリアしたものだけが存続するという考えが示されている。ただ、それ以前の発生経路（矢印により示す）に生ずる揺らぎは許容される。

しても、きわめて適応的であるがゆえに、それを維持するために必要なものはすべて守るが、それさえ達成できればどのような変異も許容するというタイプの拘束を見ることである。できあがったパターンから後付け的に認識できるものがこの範疇であり、形態維持的拘束、構造的拘束がこれにあたる。鍵革新（key innovation）とは、ある形質がこのような拘束の結果、系統的に維持されているものの最初の起源をいう。しかし、鍵革新そのものの起源が同じ拘束をもたらしているとは限らない。上の２つのカテゴリーを厳密に区別することは難しい。むしろ両者をつなげる発生負荷の認識がより重要である。

（４）発生負荷

「発生過程に拘束をもたらす進化的論理」として提唱されたのが、リードルによる「発生負荷（developmental burden）」である（Riedl, 1978；図 11-2、図 11-3、図 11-8）。これは、形質の成立による相互依存性より発生する「特定の胚発生パターンを保守しようとする進化的な力」の存在を謳ったものである。たとえば、形態的形質としては、ホヤの脊索と脊椎動物の脊索は相同な構造である。それは、脊椎動物においてはきわめて重要な発生形質としての地位を占めている。その重要性が成立した論理的背景は明らかである。脊索は、ある種の動物において体軸の支持組織として機能するが、それは脊椎動物全体のなかではむしろ目立たない機能であり、それより個体発生上、体節中胚葉や神経上

11.3 胚発生に関わる形態パターンの拘束　621

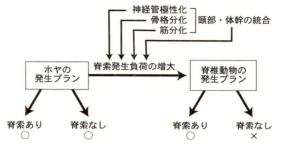

図 11-8 脊索にかかる発生負荷。脊椎動物の形態パターニングにおいて、脊索にかかっている発生機構上の「責任」は、ホヤにおける同等の構造のそれに比べ、格段に重要である。それは、脊椎動物のボディプランの進化において、脊索を足がかりに膨大なパターニング機構が組み上げられてしまったことを反映しているのだろう。

皮に対して極性を与えるという、形態パターニングの要としての地位を占める。そのため、もはや脊索のない脊椎動物のバウプランを考えることはほとんど不可能になっている（図 11-8；Kardong, 1998）。脊索の存在を仮定して成立した発生機構や、その結果としてのバウプランが、脊索の重要性を二次的に規定してしまっているのである。これが、脊椎動物において、脊索の存在を安定化させるに至った「発生負荷」である。

　一方、ホヤの脊索はときとして不要とされることがある。直接発生をするホヤの種では脊索は発生せず、オタマジャクシ幼生の典型的なかたちを経ることなく、そのまま親のかたちが発生する（直接発生；Satoh and Jeffery, 1995；Kusakabe et al., 1996；Swalla and Jeffery, 1996；Hall, 1998 に要約）。つまり、このようなホヤの脊索には、脊椎動物に見るほどの強い負荷はかかっていない。進化的に深い起源を共有していても、それがただちに重要な構造であることを意味するわけではない。このように、発生的重要性はしばしば進化の過程で二次的に付与される。同様の発生負荷は、ファイロタイプにおける咽頭弓の出現にも新しい視座を与える。この構造は脊椎動物の原始的形質であるがゆえに、あらゆる脊椎動物胚において一過性に発生すると考えられることが多い。つまり、祖先形質の名残、あるいは魚類の時代に相当する発生段階の反復として捉えられがちである。しかし、よく観察してみると、胚は個体発生においてまったく必要のない鰓を作り出すようなことはしていない。もし、本当にそれが祖先形質の名残なのであれば、あらゆる動物胚に同数の鰓が出現してもよさそうなものだが、羊膜類に発する咽頭弓の数（6、もしくは5）は、板鰓類（7）や、ヤツメウ

ナギ（8）よりも少ない（脊椎動物胚における咽頭弓の現象については、Shone *et al*., 2016）。しかも、羊膜類に発する咽頭弓はすべて、のちの個体発生過程において必ず何かを作り出している。呼吸のための鰓は必要でなくとも、胸腺、副甲状腺、鰓後体など、いわゆる鰓性器官（あるいは咽頭嚢派生物：pharyngeal pouch-derivatives）の分化のためには、咽頭内胚葉の特定の領域が特異化され、周囲の神経堤性間葉との正しい相互作用、血管を介してのリンパ芽細胞の供給などを間違いなく経ることが必須であり、そのような発生過程は、咽頭弓という、細胞・組織構築や、形態パターンに全面的に依存して営まれているのである（Kuratani and Bockman, 1990a, b, 1991）。ここにも、発生パターニングの前提条件として成立した、胚器官構造の存在価値が見えてくる。咽頭弓という胚構造の成立を境界条件として進化した発生システムが滞りなく遂行されるために、その境界条件は負荷を負い（Thomson, 1988）、そのことによって咽頭胚の形態は進化を通じて保存されることになる。

（5）発生負荷にまつわる謎

　負荷の概念は拘束と絡み合ってはいるが、後者とはきわめて異なった認識の所産である。脊椎動物において脊索の重要性を付与したのは、脊索の存在を仮定して成立しうる脊索成立以降のあらゆる発生プロセスやパターンであり、それは進化的にも、個体発生のうえでも、どの段階で生ずるか分からない。進化的に見れば、その系統において、いつ、どの発生パターンに、どのような負荷がかかるか分からない。しかも、新しい負荷の成立によって古い負荷が棄却されることがありうる。たとえば、ショウジョウバエにおいて頭部の方向を定めている *bicoid* という遺伝子がある。多核性胞胚において bicoid mRNA は胚体の前後軸に沿った勾配をなして分布し、のちの頭部の発生する極性を定める「モルフォゲン」として機能するかけがえのない分子である。しかし、*Drosophila melanogaster* を含むハエの特定のグループ以外の昆虫にはこの遺伝子が存在せず、しかも多くの場合、このような分子がモルフォゲンとして機能するような胚環境、すなわち、多核性胞胚も実現しない。*bicoid* に相当する機能は、ホメオボックス遺伝子、*otd* が果たしている。これは、すでに第5章で述べた脊椎動物 *Otx* のオーソローグである。*bicoid* 遺伝子の重要性は、ショウジョウバエの仲間に特定的に生じた発生負荷の所産であり、その他の昆虫において原始的なシステムとして成立している *otd* の存在を保証するような負荷は捨て去られている。

少なくとも、発生負荷が系統依存的なものであることは分かる。そして、負荷の存在によって特定の遺伝子発現パターンや形質の存在が強化され、発生拘束として個体発生プロセスに組み入れられてゆくことも分かる。が、上に見たように、それは同時に系統進化の過程において、別の要素に取って代わられてしまう場合もある。これがいかにして可能なのか、いまでもすべてが解明されているわけではない。ひとつの可能なシナリオは、*otd* の作用以降に生ずるすべての発生パターンをそのままにしておけるような複数の同等な初期発生機構がオプションとして成立し、のちにショウジョウバエの仲間においてのみ、新しい機構だけが生き残るような進化的経緯があったというものだろう。そこには、*bicoid* の採用そのものとは直接に関係しない多核性胞胚の成立という独特の状況が背景として作用していたかもしれない。いずれにせよ、安定化淘汰その他によって必然性をもった進化過程を仮定するためには、*bicoid* や *otd* だけを見ていても解答は与えられない。しかし、発生拘束の考えにとってやっかいなのは、発生プロセスにおいてのちの発生パターンを変えないような、「初期発生カセットの入れ替え」に代表されるような現象ではない。むしろ、形態進化における多くの過激なパターンの変更、すなわち、進化的新規形態の発生が、どのようにして可能になるのかということなのである。

（6）負荷と進化

　発生負荷が進化的に発生パターンを安定させるのであれば、それは形態や遺伝子発現に見る相同的パターンを進化上、発生レベルで維持する強力な論理でもある。それが発生拘束をもたらす力であり、発生拘束が相同性をもたらしてゆく。しかしその同じ理由によって、発生負荷は進化的変更に対する「負」の力ともなる。しばしば指摘される、「できかけの鳥の翼が、いったい何の役に立つのか」という議論に代表される、論理の破綻を招くからだ。発生負荷の概念からすればこの指摘は正しい。発生負荷が内部淘汰、外部淘汰の論理を取り込み、淘汰の作用を認める限りにおいて（次章）、発生負荷の概念は成立せざるをえない。これが意味することは、進化的新規形態の成立の理論にも厳しい制約を課している。すなわち、機能をもたないいかなる中間的段階も仮定するわけにはゆかないのである。したがって、「新しい形態パターンが瞬時に成立した」という説明に訴えるのであれば、地質学的時間における瞬時ではなく、文字通り「祖先的パターンをもつ親」から、「新しいパターンをもった子」が、一挙に生まれてこなければならないことになる。おそらく、作業仮説のどこか

が間違っているのである。

　発生現象のカスケードのなかに、これに相当する過激な変更を探そうという試みはあり、のちにも紹介するウォディントン（Waddington）の「カナリゼーション説」では、大きな形態変化をもたらすためのわずかのゲノムの変化が想定され、発生プロセスの因果連鎖的な性格に起因する大きなパターンの変化が仮定されている（次章）。それでも、そのような進化プロセスが、発生負荷の作用を回避するのは困難であり、そもそも成体の機能的形態による負荷をすり抜けて発生パターンとプロセスを変化させるためには、古い発生負荷、もしくは古い発生拘束を棄却しなければならない。顎口類の系統における顎の進化にあっては、鼻プラコードの「下垂体からの分離」と「有対化」が先立つべきであったと考えられている（Kuratani, 2012；第10章）。このように、発生負荷の概念は、副次的に進化的変化の時間的序列を間接的に提示する。そして、進化はそれがどのように不思議な現象として目に見えようと、すでにそこに生じている発生負荷を満足させるようなものしか生じえないのである。

（7）拘束をもたらしうるその他の要因──行動と生理

　上に紹介した以外にも、生理的・機能的・行動面でのあらゆる進化的拘束が考えられ、それは上に述べたさまざまな拘束のカテゴリーと微妙に連関するだけではなく、そのそれぞれの進化にあって何らかの「相同性」に類する現象が現れる。たとえばアッツ（Atz, 1970）は、行動の相同性を内的行動（innate behaviors）に限定し、一方でホドウス（Hodos, 1976）はそれを行動の背景となる構造の相同性に還元しようとした。これらは見たところ、発生機構や、その背景にある遺伝子の相同性に言及できそうな定義だが、イナゴの鳴き声の進化には興味深い「行動学的相同性」が知られている（Streidter and Northcutt, 1991）。というのも、肢と翅をこすり合わせる祖先的なやり方から顎を使うやり方へと、二次的に移行したイナゴの種があるのだ。進化的に鳴き声を出す装置の形態学的相同性が失われても、行動（鳴き声）だけは保存される（その考察は、倉谷、2016を）。

　同様な例は他の動物にも知られ、コミュニケーションの方法として電場を用いるgymnotoid科の魚類のなかには、筋肉を用いて電場を操る種もあれば、神経系を使う種もいる（Streidter and Northcutt, 1991）。そして、使用する器官系が違っても、電場を用いる習性、行動、そしてその下地となる形態的構成は、系統的に保存された紛れもない「相同的形質」なのだという。これらの現象に

ついても間違いなく何らかのレベルでの拘束は働いており、しかもそれは、発生パターンや遺伝子の相同性には還元されえない。したがって、残念ながら本書の扱う範疇ではない。しかし、このような拘束が働く論理には、形態進化における構造的拘束ときわめて近いものがある。

11.4 解剖学的相同性と発生拘束

　発生的拘束が組織間相互作用を通じ、それに見合った形態的相同性をもたらすのであれば（Newman and Müller, 2001）、異なったレベルの拘束や、異なった系統的拘束は、異なったタイプの相同性をもたらすことになろう。それは、すでに何人かの形態学者によって形式的に認識された形態的相同性の概念を振り返ることで確かめることができる。

（1）オーウェン

　すでに紹介した英国の比較形態学者、オーウェンは、よく知られているように形態の類似性に初めて相同と相似を区別し、相同性に関してはさらに以下に見るような「分類」を試みた。

　　特殊相同（special homology）：本書で「形態的相同性」と呼んできたものに相当する。ある動物の特定の構造・器官に相当するものが他の動物の一部分に対応することである。

　　一般相同（general homology）：体の部分や器官のつながりが同一であること、つまり、バウプランの共有をいう。ジョフロワ=サンチレールの「結合の法則」を彷彿とさせる。異なった動物において一般相同が確認されれば、それはバウプランが共通することを示唆し、したがってそれらは祖型をもつことになる。ただちに導かれるように、ある異なった動物の器官の間に特殊相同が成立するならば、それら動物の体制に一般相同が成立していなければならない。オーウェンの認識においては、「理想的体制」が経験的前提として存在していた。そこから導かれる種々の動物における個別の器官の同一性が、特殊相同である（第2章）。

　　系列相同（serial homology）：分節的意味における相同性の例。椎骨やエラなど、同じ基本型をもったかたちの単位が並ぶ場合がこれにあたる。原型的・理想的体制を仮定するうえで、オーウェンが根拠にしていた

パターンが「分節性（metamerical segmentation）」であり、それを記述するのが系列相同である。このような繰り返しの要素群は、「同型物（homotype）」と呼ばれる。

（2）ゲーゲンバウアー

19世紀末のドイツにおける比較形態学の権威、ゲーゲンバウアーも、オーウェンのように「一般相同」と「特殊相同」を区別し、さらにその下にいくつかの細分化を試みた（以下、Russel, 1982 から引用。用語は坂井訳）。

一般相同として：
　同型（Homotypie）：左右に対をなして存在している多くの器官のように、ひとつの生体のなかに同じかたちをしたものが、比較できる同等な位置を占めることをいう。形態学的に明瞭なパターンをもつタクサの多く（Bilateria）は左右対称だが、左右相称パターンを基本的発生プランとしてもち、なおかつ、のちの発生で左右非相称を現す動物の体の観察には、この概念が不可欠である。消化器系や心臓に典型的な例が求められるように、すべての脊椎動物は厳密には左右非相称であり、それは初期発生過程の非相称な制御遺伝子の発現パターンにすでに現れている。中枢神経も非相称であり、ヤツメウナギ間脳には顕著な例が観察できる。しかし、それは本来左右相称な原基からできているのだから、その各部が反対側のどの部分に相当するのか、あるいは欠失してしまったのかが問題になる。ステゴザウルスの背中にある2列の棘は左右が互い違いに並んでいる。したがって、どのひとつの棘をとっても、その同型物は存在しない。この概念は、原索動物における脊索や神経管床板に見る互い違いの細胞の配列パターンにまで拡張できるかもしれない。が、その分配の方法は、少なくともホヤでは細胞が由来する割球の左右とは関係がないとされる。またメダカの遺伝学は、顎口類における軸上系と軸下系が、「同型」の関係にある可能性を示唆している。

　同能（Homodynamie）：ひと続きの繰り返し要素から派生した器官、形態のそれぞれの関係。脊椎動物の顎と、それに引き続く鰓は、発生上すべて同等な咽頭弓に由来する。体軸のうえで繰り返している形態的単位に相当する器官群が「同能的関係」にあるとされる。オーウェンの

系列相同に相当する。

同名（Homonymie）：ひとつの分節単位のなかに見られる、より下位のレベルでの分節単位の関係。顎はブランキオメリスムのもとでの同能的単位だが、ひとつの鰓に付随して、より小さな単位（たとえば歯）もやはり繰り返す。あるいは、四肢に発する指にも同じ関係がある。このような要素のそれぞれに見られる関係が同名である。

同称（Homonomie）：上肢のなかの上腕骨、尺骨、橈骨、中手骨、指骨、といった、遠近軸上に配列される要素それぞれの関係。これは、前後肢の各要素の比較にのみ用いられる。

以上のように、ゲーゲンバウアーによる形態要素間の関係性の形式化は、動物の体がどのような全体的方針のもとに設計されているか、つまりバウプランを知るための分析論的方法となっている。しかも、現代の発生学の視点からも、重要な意義を秘めているものが多い。ゲーゲンバウアーはそれぞれ異なったレベルにある相同性を表現するうえで、「（すべての動物ではなく）特定の動物系統に共有される構築を知る目的で相同性が探されるべきだ」と明言した。それは、バウプランを意識した方法論だった。しかしゲーゲンバウアーは、正しい系統関係を知る方法、形質状態のポラリティを知る方法を知らなかった（Mitgutsch, 2003 に要約）。特定の原型やバウプランが通用するタクサは、当然のことながら常に限られている。そしてその限界は動物のタクサの分布と一致する。ゲーゲンバウアーがこのことを認識していたことは、特殊相同の概念がよく示している。特殊相同は、動物間に見られる器官、形態の類似性を記述する。ゲーゲンバウアーは、各動物に見られる対応する器官の成り立ちが、常に完璧になされえないことを知っていた。このカテゴリーに分類されるべきものとして：

完全特殊相同（complete homology）：器官の構成要素や成り立ちの細部に至るまで特殊相同が確認できる場合をいう。これはバウプランの入れ子構造と同じものである。

不完全特殊相同（incomplete homology）：比較するタクサのレベルによって、比較できる形態的構成要素の不一致が見られる場合。陸上脊椎動物の四肢には、近位から遠位にかけて、柱脚（stylopod）、軛脚（zeugopod）、自脚（autopod）の要素が認められるが、原始的硬骨魚の対

鰭に、これと同じ数の骨格要素が認められるわけではない（第1章）。しかし対鰭というレベルでは、魚類（グレードとしての）のそれと陸上脊椎動物の四肢はたしかに相同である。

という、以上2つのカテゴリーがあるとされた。

（3）相同性の認識と拘束の構造

　動物の進化や、多様性に対する哲学的姿勢は異なっていても、上の2人の形態学者の用いた概念的枠組みは互いによく似る。一般相同はバウプランの進化的生成に関わるものであり、それをゲーゲンバウアーは「完全特殊相同」と、「不完全特殊相同」に分けた。つまり、バウプランや発生拘束が進化的に入れ子関係にある以上、特殊相同は常に不完全なものにしかなりえず、それが完全となるのは、比較の対象となるタクサを限定したうえで、「そのタクサのバウプラン」に注目する場合に限られる。すなわち、特殊相同性を不完全なかたちで生み出してしまうことは、進化的なバウプランの生成と同義であり、完全特殊相同とは要するに、そのタクサの共有形質の集合体に等しい。したがって、脊椎動物における完全相同な構造群は、多かれ少なかれファイロタイプ期に成立する咽頭胚の形態パターンから導かれる。比較形態学と反復説が融合するのは、この階層的バウプランの構造においてなのである。

　一方、一般相同は、個体発生上の形態形成の法則を探し出そうという試みであり、とりわけオーウェンにとって「系列相同」、すなわち「分節繰り返し性 (segmental metamerism)」はきわめて重要な特徴であった。ゲーゲンバウアーにしてみれば、「同能」と呼ばれるべきその概念は「一般相同」の一部にすぎない。そして、これらの概念を分析してみると、多かれ少なかれそれは、何らかの歴史的経緯をもった、特定のタクサの完全特殊相同形質へと読み替えることができる。たとえば、一般相同のうち「同称」は、四肢動物だけにあてはまる「Hoxコードの、肢芽への二次的な適用」の結果成立した、分節機構に根ざしたものである。また、その遺伝子制御レベルを見れば、さらに進化的に根の深い「体軸Hoxコード」の存在がその成立の伏線として控えていることが分かる。このレベルで構築された基本的形態形成システムの表出が「同称」であり、その下に「脚や腕」という形態的アイデンティティをもたらす鍵となるのが、上肢、下肢にそれぞれ特異的に発現する、*Tbx5*や*Tbx4*という転写調節遺伝子である。事実、これらの遺伝子を実験的に本来とは別の肢芽に強制発

現させることによって、上肢と下肢のアイデンティティを逆転させることができる (Saito *et al.*, 2002 ; Takeuchi *et al.*, 1999；要約は、Capdevila and Izpisua-Belmonte, 2001 ; Ruvinski and Gibson-Brown, 2000；進化発生学的研究としては、Tamura *et al.*, 1999, 2001 ; Tanaka *et al.*, 2002)。この例では、左右相称動物の体軸成立機構における分子レベルでの拘束、すなわち Hox コードの二次的な応用として、四肢の「同称性」は成立している（この指摘は、これまで多くの分子発生学者によってなされている）。これと同様な例は、同じく Hox コードを、体軸ではなく、触手のパターニングに応用したある種の棘皮動物や頭足類の触手にも見ることができる。

「同型」は、左右相称動物の確立以来発動している、左右相称的発生プランそのものに由来する。こういったものの発生機構の起源を問うためには、脊椎動物だけではなく、節足動物や、環形動物、軟体動物のバウプランをも理解しなければならない。ここに見るように、脊椎動物の原型的プランといってみたところで、それはさまざまな形態的特徴のモザイク的寄せ集めであり、そのそれぞれが異なった歴史的意義をもつことが分かる。実際、「同能的パターン」が脊椎動物へ至る系統の最初に現れたのは、「同型」の起源よりはずっと新しく、ひとつの可能性としては、鰓孔の成立時がそれであり（上述）、そのとき「ブランキオメリズム」が生まれたのである。もし、左右相称動物における体節が相同でないならば、ブランキオメリズムに続いて体節性（ソミトメリズム）が出現したことになる (Patel *et al.*, 1989；体節性の進化的起源についての議論は、倉谷、2016 を参照)。

また、成体の形態に同能的パターンが現れるのは、体節や咽頭弓という分節原基の与える拘束としてである。つまり、形態形成的拘束や機構として理解される形態の同一性も「一般相同」のなかには含まれる。たとえば「同名」は、さまざまな動物タクサにおいて異なった器官系に現れるが、その生成に関わる機構には、同様の分子的基盤をもつ細胞・組織間相互作用が含まれると予想される。側方抑制として知られる発生学的機構も、おそらく「同名なパターン」を作りうる重要なプロセスである。

発生パターンや形態、遺伝子のなかに、われわれはさまざまな同一性を見、そこに相同性の概念をさまざまなレベルや意味においてあてはめ、それをもとに系統関係を考える。進化的に生ずる拘束は、本来きわめて多様多岐にわたる現象なのである。ハクスレーが述べたように、相同性は、生物学にとって最大の命題のひとつであり、それを理解することは、進化に関わるほとんどの現象

を網羅することにつながる（相同性に関するまとまった著作、論評としては、Mayr, 1982; Hall, 1994, 1998, 1999; Tautz, 1998; Scotland and Pennington, 2000; Wagner, 2001; Dunlap and Wu, 2002; Willmer, 2003; Müller, 2003 を参照）。

11.5　形態発生の進化

　拘束という概念を、その語感と同じく「制約する力」として認識するのであれば、それが具体的にそのような「力」を行使するのは、さまざまな突然変異や遺伝子浮動、あるいはまた、環境的変異によって変更の生じた個体発生過程のレパートリーのうちどれが許容されるかという、淘汰の場面においてであると考えねばならない。このような発生拘束は、一次的には、「許容されたタクサ特異的胚形態パターン」として比較発生学的、比較形態学的に認識できるが、それが拘束している力の大きさは、たとえば、「変動する非対称性（fructuating asymmetry）」や「変異（variation）」の計測によって可能となることがある。

　さらにまた、ある動物タクソンの個体発生に許容されている発生パターンの変異が、別のバウプランをもったタクソンの胚発生においては許容されない、といった諸現象を比較するのもよいアイデアである。しかし、実験のコンセプトとしては充分に可能だが、困難な要因が多く、まだそれは試されたことはない。

　概念的に最も理解しやすい実験としては、ヘビのような動物と、それ以外の羊膜類における相同的な Hox 遺伝子の破壊が、それぞれの動物発生においてどれほどのダメージを与えるかを比較することが考えられる。ヘビの脊柱を成就するための、Hox 遺伝子の発現制御機構にかかっている進化的拘束は、たとえば明瞭に形態的分化を遂げ、脊柱以外のシステムとも巧妙に統合された哺乳類のバウプランにおけるそれよりもはるかに緩やかなものだと期待できるからである。哺乳類の頸部にはいわゆる「典型的な頸神経」と呼べるものがなく、このレベルに発するどの脊髄神経も、レベル特異的にある程度の形態変化を遂げ、そのまま腕神経叢に移行する（たとえば図 4-68 を見よ）。一方、鳥や爬虫類の多くには、系列相同性の著しい頸神経が多く発する。頸部の分節の増減には、後者のような「単調な繰り返しに由来する、ゆとり」が必要であるらしい。発生拘束とはつまり、進化的に成立した胚形態パターンや、それと呼応したバウプラン特異的な遺伝子発現パターンの総体を指す。そしてそれは遺伝子制御機構にはじまる発生プログラムに対し、特定的に作用した淘汰が存在したこと

を意味する。ヴァン＝ヴァーレン（van Valen）のいう、「進化とは環境による遺伝子の制御である」というアフォリズムの背景には、さまざまなレベルの淘汰が特定的に標的とする遺伝子制御機構がありうること、さらに、それを逃れうるルーズな遺伝子制御機構があることが示唆され、その淘汰の強度が、綿密な実験によって計測可能であることがそこに窺える。いうなれば、遺伝子発現パターンの観察は、本質的に1個体の胚だけからでは分からない（が、同じ遺伝的背景を有した複数個体の観察から、特定の遺伝子制御にかかる発生拘束を判別できる可能性はある）。同じゲノム構造にはじまる発生プロセスがどのような変異を含みうるのか、また、厳しい制御のもとに、変異なく発現している遺伝子はどれとどれなのか、われわれはどのような動物についても、それに類したデータをまだ持ち合わせてはいない。遺伝発生学者にとってはよい話ではないかもしれないが、ゼブラフィッシュやマウスのHox遺伝子を、ありとあらゆる組み合わせですべて破壊しようが、まだ脊椎動物のバウプランを理解したことにはならない。その制御と機能を理解しなければならないHox遺伝子は、他の動物種のなかに異なったバウプランの数、異なったタイプの発生拘束の数だけ残っているのである。

（1）個体発生と系統発生

一方で、形態形成的拘束は、発生のプロセスのなかで絶大な力をふるう因果連鎖の源である。これはパターンではなく、プロセスと認識すべきイベントの連なりだ。発生はパターンを見せると同時に、時間に沿って進むプロセスなのである。当然のことながら特異的バウプランには、特異的形態形成的拘束が付随している（第1章）。そして、それは特異的バウプランへ向けて、発生イベントを連続させることを約束するが、必ずしもそれ自体が進化的に何かを拘束しているわけではない。個体発生を見つめるわれわれにとって、目下のところそれは進化ではなく、個体発生を左右するものである。しかし、進化的なバウプランの系列を見れば、形態形成的拘束の階層的な追加をそこに見ることができる。たとえば鰓弓系の形態的進化においては、以下のような形態形成的拘束の複雑化が明らかである。

　①後口動物の発生拘束は、咽頭内胚葉を膨出させ、それが拘束となって咽頭弓を形成する。
　②脊椎動物の発生拘束は、神経堤を分化させる。それを足がかりに成立する

顎口類の発生プロセスは、「顎口類の顎骨弓パターン」という形態形成的拘束を咽頭胚期に作り出す。この拘束は引き続き、
③顎骨弓間葉と、それを覆う上皮との間の相互作用によって生じた「背腹の分割」をもたらすことを可能にする。これによって初めて、
④哺乳類の耳小骨を分化させる、哺乳類特異的な誘導的発生機構が可能になる。それは、上下顎の骨格原基間葉をさらに細分させ、かたちを整え、哺乳類特異的な腹側の咽頭囊の拡大と歩調を合わせるプロセスを含む。

　上のイベントの連なりの最後の時点で、われわれは決して、哺乳類の進化的成立の場面を目の当たりにしているわけではない。そこに哺乳類の進化をなぞらえる、適応進化の詩心にはまりこんだが最後、われわれは19世紀末の学者たちと同様、永遠に神秘の冥界を漂いはじめる。少なくとも、哺乳類が瞬間的に成立したような進化イベントなどはなく、むしろ盤竜類からキノドン類を経て、しだいにそのボディプランは整備されてきた（図1-10；Allin, 1975）。しかし、現在哺乳類に生じている発生パターンの連鎖は、このような系統進化過程を逐一繰り返しはしない。いま見ている発生パターンは、現生の哺乳類がつつがなく発生を遂行するため、さまざまな発生負荷を通じて成立したものでしかない。むしろ重要なのは、個体発生においてひとつの発生イベントが、それに先立つ胚パターンを前提としたうえで成立しているということである。
　すでに解説したように、発生負荷によって突き動かされる発生システムの安定的設計にあって重要なのは、個々の発生パターンによって成就する、それよりのちに引き続くあらゆる発生現象であり、したがって胚発生過程はいわば、「後ろを振り返らない」。問題とされるのは、現在成立している発生「パターン」が次なる「プロセス」を許容できるかどうかである。進化過程においても、常に直接祖先の発生システムが、次の可能性を生む。
　上の話は、現在の大半の脊椎動物の発生において、脊索が存在することの重要性に、体幹の支持組織としての過去の履歴が関わらないのと同様である。したがって、哺乳類の中耳の発生過程を作り出すうえで意味があるのは、進化的形態変化の履歴などではなく、形態形成的拘束として使える発生パターンだけなのだ。本来、二次顎関節の「内側」に成立したツチ骨とキヌタ骨の関節が、なぜ現生の哺乳類の発生において内側ではなく「後方」に見いだされるのかという古くからの問題に答えるのも、同じ論理だろう（問題点については、Jarvik, 1980を見よ）。哺乳類が進化の足場とした発生パターンを見いだすには、哺乳

類を含むより大きなタクサのバウプランに付随した拘束を、哺乳類特異的な発生拘束が現れる以前の発生段階に同定しなければならない。新しい誘導的過程が進化的に付加される際に内部淘汰の関所となるのは、祖先的発生プログラムのなかに生じた、いずれかの段階にある発生パターンである。これが胚発生の後期過程になればなるほどヘッケルの反復効果が生まれてくることになる。それはしかし、必ずしも終末負荷としてもたらされるものではなく、初期発生パターンであるほど拘束されているわけでもない。

（2）安定なパターン、不安定なパターン

比較発生学的に安定な相同性を見いだすことのできる胚形態パターンは、かつてそれを関所として新たな組織間の誘導的過程が進化的に付加した痕跡を示している。逆に、そのパターンができさえすれば、そこへ至るための発生プロセスにはいくら変異が生じてもよいことにもなる（図11-7）。実際、ギボシムシの仲間のディプリュールラ幼生の3体腔形成が、種によりさまざまなやり方で行われることが知られている（図11-9；Remane, 1956）。この場合、腸体腔型、裂体腔型といった、発生様式の違いだけでなく、中胚葉細胞の系譜まで変更されているらしい。さらに、田村ら（1995）によるイトマキヒトデを用いた再構築胚実験では、攪乱を受けた胚が再生する際、中胚葉形成プロセスにさまざまの型が現れるにもかかわらず、最終的にはまったく同じ体腔パターンに帰着する。

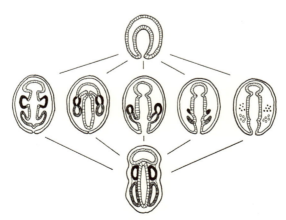

図11-9 ギボシムシの体腔形成。（Remane, 1956より改変）

いずれの例においても、進化的拘束が作用しているように見受けられるのはある局面で成立するパターンのみであり、それを成就させるためのプロセスは近縁種間で変異するだけでなく、同一種内、あるいは同一個体においても潜在的に放散する。こういった場合の発生負荷や安定化淘汰が目指すのは、単一の発生経路への集約や固定ではなく、特定の発生段階の胚の姿、発生パターンを「何とかして樹立させること」であるらしい。脊椎動物におけるファイロタイプの形態パターンも、同じ文脈から理解すべき対象である。この問題は、応答規準とカナリゼーションが見せる、一見、相反した内容の現象が、進化のどのようなダイナミズムから生じ、次の瞬間に何をもたらしてゆくのかという問題（次章）と同等の内容を含む。

（3）パターンとプロセス

胚は、ひとつの進化的な発生拘束によって胚に生じているパターンそれぞれを、因果的に連続的に連鎖した拘束の連なりとして、プロセスの発動に用いる（図11-1）。実のところ、発生プロセスのあらゆる局面は、それに引き続くプロセスにとって制約となる。しかし、実際に哺乳類のバウプランを作り上げるうえで真に重要なのは、そのなかの加算個の発生パターンであるはずであり、それは形態学的な哺乳類の記述が可能である以上、特定的な発生拘束を作り上げていなくてはならない。したがって、「哺乳類の発生拘束」という定義はできても、「いま見ているこれが、哺乳類の形態形成的拘束」という言い方はそもそも存在しない。これが、進化的に発生を読み解くための基本的スタンスである。言い換えれば、進化的淘汰は「拘束されたパターン」にかかり、生じた変異を許容せず、ゲノム集団内から内部淘汰的に駆逐するのは事実上の拘束の作用でも結果でもあり、個体発生を突き動かす動力もまた、形態形成的拘束と、それをつなぐ因果連鎖なのだ。さもなければ、拘束が生じ、それによって分類学が成立している理由も見つからなくなる。発生拘束が比較発生学的に検出される以上、拘束の分布の仕方は、バウプランによって定義できるタクサの分布をまねるしかない。ならば、これは連続的ではなく、分類体系に見るような不連続なものにしかなりえない。

上に見たような、「拘束された発生パターンの、組織間誘導作用に基づく形態形成的拘束への読み替え」による進化は、当然のことながら発生過程のそこかしこで安定的な形態パターンを実現することのできる、複雑にして大型の胚にしか生じえない（次章参照）。その安定なかたちは、胚発生の「プロセス」

として安定しているのではなく、同じタクサに含まれる他の動物の発生「パターン」と比べることにより初めて保守的であると認識できるタイプの拘束である。事実、ラフ（Raff）のイメージした「胚形態の多様性」とは、本来、比較形態学的観察を通してしか検出することはできない（第2章；図2-7）。概念的にも、実際的にも、それに等しいものをマウス個体発生の詳細な観察だけから抽出することなどできない。したがって、発生過程のなかに生ずるいくつかの安定点の認識は、発生のなかにバウプラン体系的な分類学を見る行為に等しい（図11-1）。しかも、それは発生後期に生じた付加的発生プログラムでないと、反復しているように見えない（次章）。であるからには、それはファイロタイプという拘束をわれわれに認識させた動物門、あるいは亜門の内部での分類体系に対してしか通用はしない。この点で、フォン＝ベーアの形式化はそれ自体正しくはなくとも、ヘッケルのそれよりもはるかに適切に何かをつかんでいる。そもそも、ファイロタイプというバウプランが、そのレベルのタクサについてのみ認識されるものだからだ。潜在的に反復しているように見えるやり方で、発生プログラムを書き換える能力をもった、すなわち付加的二次ルール（次章参照）を多用することのできる脊椎動物の胚形態、胚パターンとは、多数の細胞と、複雑に入り組んだ三次元的構築のもとに、重複により生じた多数の遺伝子カスケードをさまざまに発動することのできるきわめて高級な存在なのである。そして、われわれが分類体系と呼んでいるこの階層的な形態学的認識の正体、それは発生パターンが進化的に変容し、そこかしこで拘束という「絞り込み」を作り出しては、それを足がかりにさらに放散するという、発生システムの階層的可能性の表出そのものなのである。

11.6 第11章のまとめ

1. 拘束とは、発生上の何らかの機構により進化の方向にバイアスがかかっている状態を指す。これにはさまざまのタイプ、さまざまな認識の方法、それを成立させるさまざまな要因があり、そのすべてに「拘束」の概念は拡張適用されがちである。このような概念を整理し、相同性、バウプラン、ファイロタイプ、発生負荷、安定化淘汰との関係を明らかにし、概念的枠組みの構築を図ることが重要な課題である。

2. 発生拘束は、機構的に認識される形態形成的拘束と、比較形態学的に系統樹

や分類群のなかに認識される構造的拘束、構造維持的拘束に大別できる。後者はしばしば、進化発生的な意味でのモジュールを作り出す。

3. 発生拘束にはさまざまなレベルに由来するものがある。遺伝子の保守性に由来するものであっても、そのなかには遺伝子重複を基盤とするもの、カスケードの保守性を基盤とするもの、遺伝子産物の構造的保守性を基盤とするもの、制御機構の保守性を基盤とするものなど、さまざまなタイプがある。これを単純化して、形態的相同性と遺伝子の相同性を関連づけるようなナイーヴなアナロジーは不毛な論争しか生まない。むしろ、遺伝子カスケードの相同性に代表される「プロセスの相同性」を積極的に進化発生学に取り込む必要がある。しかし、その扱い方は形態的相同性と同じであってはならない。

4. 形態形成的拘束の要因は、第1に組織間相互作用や誘導である。

5. 発生負荷は、適応的論理から保守性が生み出される機構的論理である。

6. 古典的な比較形態学における相同性とその分類は、現代的文脈で読み直したとき、バウプランの記述とバウプランを成立させる発生機構の体系化であることが判明する。プロセスの相同性を組み込むべきは、この文脈においてである。

7. 拘束の変化が形態進化プロセスであり、その挙動が反復説というドグマの示すところと一致するかどうかが、当面の問題である。

第12章　発生拘束
——統合

> 発生的に統合されたシステムは、繰り返し生じさせるような、限られた種類の変異を生じさせやすく、そのために並行進化や、発生プログラム中の祖先的な基盤を反復的に発現させる先祖返り的変異を生み出すであろう。
> Futuyma（1986）

> 魚は水のために存在するというよりも、
> 魚は水の中で水によって存在するといった方が
> ずっと含蓄が深い。
> ゲーテ『自然と象徴』、髙橋義人・前田富士男訳（1982）

　ひとつの胚の状態（パターン）から別のパターンへと至る時間的経過が発生プロセスであり、それは因果連鎖的な現象の連なりである。すべての発生現象はいま見えている胚の状態（パターン）を境界条件として進行し、そこに観察者は変形の運動（プロセス）を見る（形態形成システムについての同内容の分析的考察は、Thomson, 1988；Arthur, 1988 を参照）。一方で、成立した胚の形態パターンや成体における形態的表現型は、さまざまな淘汰の標的となる。体節なしには、脊髄神経は分節的支配パターンを得ることができず、進化の場面で脊髄神経の機能の存在は、体節の存在を支持することになるが（発生負荷）、分節的形態パターンさえ得られれば、それを成立させる分節的発生プロセスに多少の変更が生じてもかまわない。このように形態形成は、形態形成的に拘束されたパターンにはじまる因果連鎖的プロセスが、進化的には常にさまざまな淘汰によるモニタリングにかかりながら、発生プロセスの各所に意義の異なった関所、つまり、形態パターンや、構造の維持に関わる拘束を設けてゆく。比較形態学・比較発生学的に重要なのが「拘束されたパターン（constrained developmental pattern）」であるのはなぜかといえば、それが境界条件となり、続く発生段階の組織・細胞間相互作用に直接影響し、解剖学的構築を成立させるための重要な鍵革新として機能するためである。このような相互作用がどのような発生プログラムと関連し、形態学的に認識されるどのようなカテゴリーの相同性と関わるのか、前章において考察し、拘束されたパターンが実際に相同性の表出を通じ、紛れもない生物学的実体となっていることを本書全体を通して示してきた。問題は、その関所がどのような順序で、個体発生段階のどこにしつ

らえられ、それがバウプランにどのような進化パターンを許容しているかという問題である。いうまでもなく、発生の因果的な連結はその順序に大きな意味をもち、そのためこれが反復説を評価するうえで重要な考察となる。

12.1 確認事項——概念

概念的枠組み（conceptual framework）構築のたたき台として、以下の概念を再びおさらいしておこう。

- A. バウプラン（Baupläne）：タクサ特異的に定義・形式化することのできる相同的形態パターン、そのセット、そして要素の関係の仕方（図1-8）

- B. 形態的相同性（morphological homology）：発生拘束より導かれる進化的保守性、バウプランの構成要素（図11-1、図11-2）

- C. プロセスの相同性（process homology）：遺伝子の相同性、遺伝子カスケードの相同性、遺伝子発現ネットワークの相同性など。必ずしも形態的相同性の根拠とはならない（注：これに関して語られる機能的相同性——functional homology——の概念は誤謬）

- D. 発生拘束（developmental constraints）：系統的に特異的な、進化方向の選択にかかる制約、複合的概念、バウプラン成立の要因；以下のものを含む（図11-1）
    カテゴリー1：形態形成的拘束（generative constraints）：特定の発生パターンがのちのパターンや表現型に決定的なパターンを不可避的にもたらすこと（関連事項：エピジェネティック相互作用：図11-1）

    カテゴリー2：形態維持的拘束（morphostatic constraints）：特定の適応的発生パターンや表現型が維持されるように、発生経路が絞り込みを受けること（関連事項：発生負荷：図11-3）

    カテゴリー3：構造的拘束（structural constraints）：特定の機能を成立させている複合的構造の発生に関わる各発生イベント・パターンの

それぞれが、その複雑さと結合のゆえにどれも変化できないでいる状態（関連事項：エピジェネシスの罠；発生負荷）

以上は現象として認識される種々の拘束の分類であり、それらを拘束たらしめている機構的要因として遺伝子カスケード、機能カセットの保守性、遺伝子発現パターンの保守性、ゲノム構造としての保守性に由来する拘束、遺伝子重複に続く保守性としての拘束、組織・細胞間相互作用、サイズ・アロメトリー・アイソメトリーなどの影響を数えた（第11章）。このほか、細胞学的、生理学的、生化学的、物理化学的（反応拡散波も含む）な、さまざまな下部要因が数えられる（詳しくは Hall, 1998 を参照。上の3つのカテゴリーは必ずしも互いに独立、相反しない）。

E. 発生負荷（developmental burden）：適応的発生パターンや表現型の重要性が、それ以前の特定の個体発生パターンや発生構造の存在に重要度を与えること（例：脊椎動物の脊索；図11-3）

12.2 反復を考える

バウプランの階層的認識は、それがどのような歴史的背景によって成立したのかという系統的進化考察や分類群の認識を必要とする。それを個体発生において作り出すものが、本書で記述してきた発生拘束ということになる。しかし、発生拘束のうちでも構造的拘束や形態維持的拘束は通常後付けの論理であり、必ずしも明確な発生機構を伴うわけではない。これらはしばしば、系統的拘束とか、歴史的拘束と呼ばれる、ある種の「傾向」を作り出す。一方、個体発生機構として明確に、引き続く過程を通じ特定のパターンを作り出す決定的な「一次パターン」は存在し、このパターンが発生因果連鎖においてもたらしてゆく同型的影響のすべてを、形態形成的拘束として見ることができる。体節列が成立するやいなや、われわれの体に脊髄神経の分節的形態へと向かうレールはすでに敷かれているのである（ソミトメリズムの表出：既述）。

（1）プロセスとパターン

形態形成的拘束と構造的、ならびに形態維持的拘束は互いに関係するが、決して同じものではない。たとえば、ブランキオメリズムという形態形成的拘束

それ自体は、すでに半索動物や、可能性としては棘皮動物にも存在する。しかし、われわれが発生拘束として認識する鰓のパターンには、同じ拘束の結果として、鰓弓リズムを得た神経堤間葉や、中胚葉、上鰓プラコードなど、さまざまな細胞型、組織タイプからなる形態パターンが含められ、こういったものから作られるサメの鰓弓骨格、さらには羊膜類の中耳のなかに、さらに新しい発生パターンが進化上やはり何らかの系統的拘束として得られてゆく。咽頭に生ずるリズミカルな内胚葉上皮の膨出としては、鰓は後口動物を通じて同じものであり、さらにその発生の根本的な機構が分子発生的レベルで同起源であっても、それが作り出す形態パターンはバウプランごとに異なる。新しいバウプラン成立の場面にあって、発生環境の微妙な変化を足場に、受動的に新しいパターンを紡ぎ出してゆく過程において威力を発揮しているのは、おそらくこのタイプの拘束である（第9、10章における、神経堤の進化に関する考察を参照）。

　比較発生学的研究の対象がパターンである限り、この方針での観察の中心的対象も、発生においてパターンを生み出す機構と、その進化系統的なつながりでなければならない。重要なことだが、形態形成的拘束は個体発生メカニズムに関する言明であり（図11-1左）、構造的、ならびに形態維持的拘束は比較発生学上、認識されるバウプランを構成すべき発生パターンや表現型に関する言

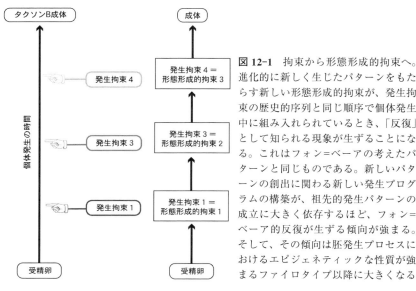

図12-1　拘束から形態形成的拘束へ。進化的に新しく生じたパターンをもたらす新しい形態形成的拘束が、発生拘束の歴史的序列と同じ順序で個体発生中に組み入れられているとき、「反復」として知られる現象が生ずることになる。これはフォン＝ベーアの考えたパターンと同じものである。新しいパターンの創出に関わる新しい発生プログラムの構築が、祖先的発生パターンの成立に大きく依存するほど、フォン＝ベーア的反復が生ずる傾向が強まる。そして、その傾向は胚発生プロセスにおけるエピジェネティックな性質が強まるファイロタイプ以降に大きくなる。

明である（図11-1右）。ならば、個体発生の経時的プロセスは、パターン表出に関する形態形成的拘束と、それがもたらす発生パターンの連鎖として記述でき、系統発生は構造的、ならびに形態維持的拘束の階層、あるいはさまざまな胚構造に対する発生負荷の出現の序列として記述できることになる。そして反復説の是非は、これらさまざまな発生拘束が胚発生の時間のなかで出現・作用する順序と、その拘束が現れた進化的序列の間に平行な関係が存在する必然的・機能的理由があるかどうかにかかる（図12-1）。新しい拘束は、古い拘束のうえに作られる。しかし、すでに多くの比較発生学者たちが指摘してきたように、それは胚のなかで進化的に新しいパターンが原始的なパターンの次に現れねばならないということは意味しない。以下にその例を挙げる。

（2）個体発生と系統発生

脊椎動物の一般的個体発生は次のように進む：

〈個体発生段階の序列〉
1. 受精卵の領域特異性
このとき、のちの胚葉細胞系譜の別は上下に分離し、背腹の別は存在するが、前後軸ができていない
↓
2. 原腸陥入と軸形成
上下の極に特異化した胚葉発生運命の別を内外に置き換えつつ、同時に前後軸を作り出してゆく動的過程、最初の形態的パターンである神経胚への移行期：このとき脊索ができあがる
↓
3. 神経胚
胚葉の位置特異化、細胞系譜の大まかな分離・確立と細胞型分化システムへの拘束、すなわち胚葉説的画一性（脊椎動物の3胚葉性）が成立する瞬間＝ソミトメリズム拘束の発生：遅れて最前方の咽頭嚢ができはじめる
↓
4. 咽頭胚

器官形成期：咽頭弓、ニューロメリズム拘束、ブランキオメリズム拘束の発生

一方、発生拘束の進化的成立の序列については、いくつか証明を必要とする仮説はまだ残っているが、おそらく次のような経緯で進行したとおぼしい。いうまでもなくこれは、ボディプラン変遷の進化的序列、あるいは脊椎動物へと至る幹系列上で、派生的形質としての拘束が現れる順序を見ることに等しい。発生過程のどのステップで各パターンが明らかになるか、番号を付して比較する。

〈進化的イベントの序列〉
3胚葉と前後軸、左右相称性：
左右相称動物（Bilateria）のバウプラン（3）
↓
背腹のパターン化の方針、3体腔性：
原始的後口動物（primitive Deuterostomia）のバウプラン（1）
↓
ブランキオメリックなパターンの萌芽：
後口動物（Deuterostomia）のバウプラン
Schaeffer（1987）による鰓弓性脊索動物（Branchiomeric Chordates）（4）
↓
脊索、背腹性？：
原始的脊索動物（primitive Chordata）のバウプラン（2）
↓
ソミトメリックなパターンの萌芽：
脊索動物（Chordata）のバウプラン、あるいはSchaefferによる体節性脊索動物（Somitic Chordates）＝この時点で内容的にはほぼファイロタイプと同義となる（3）

12.2 反復を考える　643

　反復説とは、形態形成的拘束に代表される発生の因果的性質を発生拘束という進化の帰結と同一視するところから生ずる（図 12-1）。しかし、上から分かるように、実際の前咽頭胚段階においては両者の間に時間的平行性はない（1→2→3→4 と進む個体発生に対し、3→1→4→2→3 と進行した進化過程）。ガースタングが最初に指摘したように（Garstang, 1922）、脊椎動物の発生においては脊索が鰓弓より早く現れる。ここでは、反復を基調としながら例外的なヘテロクロニーが生じているのではなく、反復的傾向自体がない。それがファイロティピック段階以前の発生過程の実相なのである。このことは、初期発生に見られる形質の発現が、動物系統を知る鍵として使えないとする見解（たとえば Willmer, 1990）とも通ずる。

　フォン＝ベーアは、初期咽頭胚に脊椎動物の原型を見いだし、そのタクソンにとって最も一般的な、つまり上位タクサを特徴づける形質が先に現れると論じたが、いうまでもなくこれは、発生パターン、つまり系統特異的な発生拘束に関する言明である（図 11-1 右；図 2-8 と比較）。少なくともここに至るまでの過程では、個体発生は進化過程を反復しない（図 12-2；図 2-8 と比較）。したがって、ここから先の議論において考察すべきは、ヘッケルではなく、フォン＝ベーアである。

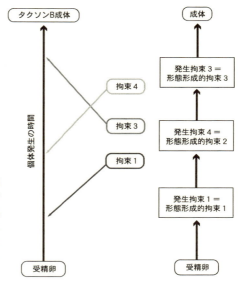

図 12-2 新しい形態形成的拘束は個体発生のどこにでも出現しうる。脊索動物における脊索の発生は、ここに見る「拘束 4」のように、本来歴史的に由来のより古い鰓（拘束 3）の出現に先立つ発生プロセスとして組み入れられている。

咽頭胚期において胚形態は動物種を超えて類似するが、タクサを代表する形状まで見分けがつかないほどではない（批判的試論としては Richardson *et al.*, 1997, 1998 ならびに第 2 章）。これに関して、フォン＝ベーアはいささか誇張した表現を用いている。脊椎動物の綱以上のタクサに見る特徴は咽頭胚以前より明らかになる。硬骨魚と両生類は、卵割方式や胚形態の多様性において広範なスペクトラムを形成しつつも、それ以外のタクサとは明らかに異なるひとつのまとまりをなす。しかし、綱より下位のランクを比較したとき、後期咽頭胚の類似性は著しく、たしかにタクサの同定をより後期の胚形態にゆだねざるをえない。

ファイロタイプを認識することで明らかになるのは、脊椎動物というグループが、咽頭胚的発生拘束に則ったうえで適応放散したという事実である。逆にそれによって、この胚形態の保守性が認識される。やっかいなのは、ソミトメリズムやブランキオメリズム、あるいは脊索といった、発生生物学的機構として明瞭な形態形成的拘束の作用がすでに終了しており、咽頭胚期以降にしだいに明らかになるとフォン＝ベーアが謳った系統特異的拘束の正体、つまりバウプランを通じてタクサを規定する個別的な形態維持的拘束の多くが、まだわれわれの知らない発生機構によって成立しているということである。これに関し、発生負荷の概念は、可能性として反復説に対する最も強力なアンチテーゼとなりえ、反復と見える効果をもたらす主たる要因ともなりうる（図 11-3）。いうなれば、反復させるもさせないも、発生負荷のなせる業なのである。発生負荷は、特定の発生段階の特定の発生形態に意味をもたせる。発生負荷の進化的出現の序列はしかし、特定の胚段階と一致しなければならないわけではない。事実、羊膜の存在は羊膜類の卵と胚の存在を確実に保証するが、それが羊膜類の進化的出現に対応する胚発生の後期段階で発生しても意味はない。

発生負荷、すなわち、ある発生パターンを実現しなければならないという内部淘汰に由来するバイアスは、しばしば適応的発生パターンの成立によってもたらされ、それがときとしては新しい発生経路の土台として祖先的発生パターンの成立を要求する。このような発生過程の進化は、たしかに反復的効果をもたらす（これについては、脊椎動物発生システムの進化として次節で考察する）。一方で発生負荷の標的は、可能性としてさまざまな発生段階、さまざまな胚構造に生じうる。脊索動物の進化の黎明にあっては、脊索の存続はまだまったく保証されてはおらず、羊膜類における鰓やヘビの四肢のように、いつ消えてしまうかもしれない構造でしかなかった。事実、尾を捨てたホヤでは、適応の論理

が脊索なしで成立する。脊索がホヤの発生過程において大きな発生負荷を負っていないことは、尾の有無にかかわらず同じ形態プランの成体ができあがることからもわかる（図11-8）。ホヤにおける脊索の重要性の低下が、進化的に二次的であったとはいえ、脊索が現在、脊椎動物の重要なトレードマークたりえている要因が脊索出現時にはまだなかった公算は強い。

12.3　反復を可能にする進化機構

　咽頭胚期以降となると、タクソンごとに特徴的なパターンが順次入れ子式に出現するような局面が現れる。むろん、そのような「なぞらえ」が可能なパターンがそこに経時的に生じているのであり、胚が忠実に祖先系列の胚形態を繰り返しているわけではない。むしろ、発生イベントやパターンの出現する序列と、脊椎動物の内部で生じた分岐的進化過程の間に、平行関係があるように見える（ヘビの発生において一過性に肢芽が生じ、コウモリの翼の形成に先立って、典型的な哺乳類上肢のパターンが現れるように：第8章）。つまり、発生の時系列において、高次タクサのバウプラン、発生拘束に引き続き、低次タクサのバウプラン、発生拘束が徐々に生じてくるように見える。これはどういうわけか。反復説という先験論的教義の否定は、進化原則としての否定だけではなく、そのような認識をもたらすような効果の背景にある別の一般的機構の提示としてもなされなければならない。

　原点に立ち返って考察するならば、あるひとつの祖先的発生拘束によってもたらされる発生パターンそのものが、新しいパターンを確実にもたらす要因となることが考えられ、おそらくそれだけが発生を反復させる進化機構として可能なものであろう。つまり、「形態維持的拘束の、形態形成的拘束への読み替え」が生じていなければならない（図12-1：進化とは一面、適応的論理の発生機構への取り込みである）。そしてそれを可能にしている要因の大きなもののひとつが、細胞間の空間的位置関係を基盤にした誘導的相互作用を含む発生機構であり、淘汰のうえでそれを守るのが発生負荷である。つまり、反復するがごときに進化できる発生システムというものは、必然的に、それ自体きわめて高級な代物なのである。同時に、ファイロタイプをもちうるほどに複雑化し、しかもそれを土台にして適応放散したことのある進化史を背景にもつような動物群にしか、反復的発生のタイムテーブルは生じえない。これは、発生を視野に据える進化生物学者の一致した意見である。

（1）二次ルールとしての相互作用の可能性

　話が複雑になるので例を引く。世の中にはさまざまな球技やゲームがあり、どれも最初に定められたルールブックの通りに（予定通りに）ゲームの内容が展開（すなわち発生）してゆく。ホールが要約したように、「development」も「evolution」も、またドイツ語で発生を意味する「Entwicklung」も、そもそも前成説的概念としてできあがった言葉である（Hall, 1998；それが「進化」を意味する言葉へと転用された経緯については Hall, 1988 を参照）。このようなゲームは、ゲノムに書かれたルールに従って発生してゆく胚の発生過程に似、ゲームの各局面は各ステージにおける発生パターンになぞらえられる。どれも、コマの基本的動かし方やボールの動き、選手の走り方に関するごく単純なルールにより半ば自動的に展開してゆくが、なかにはゲームの局面に依存して設定された（たとえばサッカーの「オフサイド」のような）ルールも存在する。これは、ゲームが展開することで初めて分かるパターンを、事後的に制御するために後付けされたものである。他のゲームに見る、いわば「一次ルール」、胚発生でいえば、すべて細胞系譜のなかに設定された遺伝子発現の序列、細胞自律的（cell-autonomous）な遺伝子発現カスケードとは、かなり異なった性格のものである。

　実のところ、脊椎動物の進化は「オフサイド」ルールの目白押しであり、発生過程において成立する組織・細胞間の空間的位置関係を前提として設定された相互作用が多い。しかもそれは、ホヤや線虫 *Caenorhabdites elegans* の初期卵割過程に見るような、隣り合った個々の割球同士の間に成立する相互作用ではなく、きわめて多数の細胞集団によって構成された大規模な胚形態のなかに成立した、細胞集団と細胞集団の空間内位置特定的、時間特定的出会いを基盤とする。すなわち、体作りに関わる遺伝子制御機構の、胚形態への依存度が高い。このような機構によって初めて施行できるタイプの発生プログラムは「二次ルール」と呼ぶことができる。

　これまでに見てきた顎のパターニング、鰓弓骨格の基本デフォルト形態のパターニング、歯、羽毛、腸管の領域特異的組織分化、神経堤細胞由来の神経芽細胞の細胞型決定など、すべて、「正しい発生段階」における「組織間の正常な位置関係」を前提として組み上げられた遺伝子カスケードの発動による。そして、その遺伝子発現カスケードそれ自体は、そのときになって初めてできたものではなく、多くは祖先にすでに存在している（外適応；Gould and Vrba,

1982)。しかし、そのカスケードを羽毛発生に使うという事態には、二次的なリクルートや、遺伝子発現制御のさらなる微調整を伴い、たしかに祖先型タクサにはそういった派生的制御機構、あるいは派生的発生プログラムがない時期があった（Hall, 1998）。

哺乳類の耳小骨形成プログラムは、神経堤間葉の背腹パターニングがすでに成立した顎口類の間葉系を基盤とする。だからこそ、哺乳類以外の羊膜類との骨要素の相同性決定が可能である。このような哺乳類以前のプログラムはすでに上に見たように、Dlx 遺伝子群の発現コードとしてデフォルト設定され、そのうえに哺乳類特異的プログラムが胚形態を土台として組み上げられたからには、それは、羊膜類的段階の細胞群の配置がまずパターンとして成立しなければ発動できない。いわば、爬虫類と同じやり方で機能する有袋類の袋児の顎関節は、哺乳類独自の相互作用が進行する前に使えるあり合わせのものでしかない。このとき哺乳類の後期発生過程は、それが定立するために必要な祖先的羊膜類の発生パターンに発生負荷を及ぼしていることになる。そして、そのパターンが実際に胚発生において成立する瞬間が、想像力豊かな比較発生学者に「前哺乳類的発生（進化）段階」を連想させたのである。

上のようなプログラムの付加的変更が、あるタクサを生み出した直接祖先タクサの発生パターンに立脚するのであれば、つまり、直接祖先の最終発生パターンを下地として、新しい発生機構が加わり、鍵革新をもたらして新しいタクサの放散を導いたとき、それはたしかに、祖先的バウプランの変形、あるいは、「終末付加」に近いものとなる。

「形態維持的拘束の形態形成的拘束への読み替え」という傾向を助長する背景には、「エピジェネシスの罠」、あるいは多重の発生負荷によって動かしがたい発生パターンが進化的伏線として祖先にすでに存在し、それを境界条件として成立した新しい発生経路がもたらしたパターンが、その境界条件に発生負荷を及ぼすようなシナリオが考えられる。新しく成立した発生プログラムが発生後期にしつらえられ、しかもそれを特異的に発動させる仕組みに変異が生じた場合など、たしかに先祖返り的表現型が得られる。が、これは上の文脈からすれば、むしろ進化発生学的意味での「表現型模写」と見るべきなのである。あるいは、上位タクソンのうえに成立した下位タクサ特異的バウプランが順次入れ子的構造をなすのは、祖先タクサの生存の文脈において保守的でなければならなかった発生パターンのうえに、新たな発生プログラムを安定化させたからにほかならない。いうなれば、反復的進化は祖先の発生プログラムのリクルー

(2) 非反復的進化――クジラの歯

上のシナリオは原則ではない。後期のチャールズ・ダーウィンを含め、すでにしばしば指摘されてきたように、発生プログラムの変更、新しい形質は、原理的には発生プロセスのどこにでも生じうる（図12-2；Garstang, 1929）。哺乳類の耳小骨形成は、祖先的単弓類の骨格パターニングプランをかなりのところまで引きずっているが、それとて爬虫類の口蓋方形軟骨原基を忠実に作ってからなされるわけではない。すでに数回考察した無顎類から顎口類への移行における変更、すなわち、表皮外胚葉における成長因子の分布パターン（プレパターン）が変更することで顎口類的パターンが現れる瞬間は、神経堤細胞の初期分布パターンの成立（これ自体は基本的に無顎類と顎口類で変わらない）どころか、それに先立つ神経堤細胞の流入以前から起こり、それ以降の形態的相同性をまったく破棄してしまっている。だからこそ、たとえ祖先型発生パターンに絶対的に依存してはいても、それは単純には反復しない。事実、顎口類の口器の発生過程において、無顎類特異的な状態を経ることはまったくない（第10章）。全体的胚形態パターンはファイロタイプとして共通していても、顎口類の咽頭胚にはすでにヤツメウナギとはまったく異なったパターンが局所局所に現れている。

さらに過激な非反復的、非ヘテロクロニー的発生は、特定のタクサのバウプランが、階層を2つ3つ遡って再構築される場合である。これは、「エピジェネシスの罠（epigenetic trap）」が、タクサのヒエラルキーを越えてどれほど確固としたモジュールを形成しているか、そしてそのモジュールがどれほど密に系統特異的なバウプランと関連しているかを示すよい例である。たとえば、ハクジラ類のなかには有胎盤類の歯式「3：1：4：3」の許容する、最大数44本をはるかに超える数の歯をもつに至ったものがある（図12-3；上の歯式は有袋類では多少これより緩やかに設定されている；Owen, 1853）。興味深いのは、それと引き替えにハクジラ類が異歯性（heterodonty）を失っていることである（ハクジラの歯はすべて円錐歯）。通常、哺乳類は上の歯式に従う限り、そして進化的に歯数を減少させる限り、切歯（incisor；あるいは門歯）、犬歯（canine）、小臼歯（premolar）、大臼歯（molar）の形状を適応的にさまざまに分化させることができる（哺乳類の異歯性に関する分子・進化的発生的な最近の理解については Berge *et al*., 2001；Salazar-Ciudad and Jernvall, 2002；Jernvall and Fortelius, 2002；

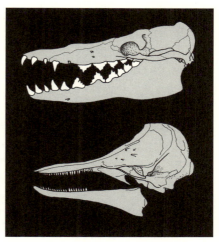

図 12-3 クジラ類の歯。化石クジラ類の *Basilosaurus*（上）、ハクジラ類のイルカ *Delphinus* の頭蓋（下）を示す。現生のイルカの顎には、上下それぞれ片側に 20 を超える数の円錐歯があることに注意。有胎盤類のデフォルト値のほぼ 2 倍の歯をもつことになる。化石種では歯の増加は生じておらず、異歯性もまだ保存されている気配である。むろん、両者は直接の祖先-子孫関係にはない。（Young, 1950；Starck, 1979 より改変）

Jernvall and Jung, 2002 を；歯の組織発生的パターニング機構については、Chai *et al.*, 2000；Bei *et al.*, 2000 を）。しかし、クジラに生じた例外的進化を見る限り、有胎盤類歯式のデフォルトであるその限界を超える歯数は、その発生プランを羊膜類レベルにまで引き戻すことでしか得られないのではないかと想像させる。つまり、発生拘束もまたきわめてモジュール的性格をもつ。歯のパターニング機構についてすべてのことが分かっているわけではないが、歯の形態的分化と歯数は、どうやら簡単には分離できない（カップリングしている）らしい。

顎に発する歯の形態的アイデンティティは、顎骨弓の遠近軸に沿った間葉のパターニングによるものであり、それは上皮から由来する成長因子の下流に誘導されるホメオボックス遺伝子群（*Barx1*、*Dlx*、*Msx*、*goosecoid* など）により与えられる（McCollum and Sharpe, 2001 に要約）。これらホメオボックス遺伝子の発現パターンを変化させると、その場所に生える歯のアイデンティティも変化する。進化現象が示す限り、このような発生システムにおいては、歯列のうえを形態的アイデンティティが好き勝手に動き回るものではなく、アイデンティティと要素の数が発生機構のうえでカップリングしている。ここにもまた発生のモジュラリティが見え隠れする。

齧歯類に知られる突然変異（*Pax6*）には、切歯（門歯）数を変化させるものがあるが（Quinn *et al.*, 1997）、このような表現型をもたらす遺伝子の機能に、そのヒントが隠されているのかもしれない。いずれにせよ、これは椎骨の形態

分化とは異なった、きわめて興味深い進化現象であるといわねばならない。上と同様のことは、ヘビにおける椎骨数の増加と形態的分化の喪失（Cohn and Tickle, 1999）にもあてはまる。形態進化のパターンは、反復説の予想するようなやり方ではなく、むしろバウプランの階層性が実在していることを示すようなやり方で発生プログラムを変更させている。そして、系統的な発生拘束が一種、「モジュール」として存在する限り、その破棄はしばしばあたかも先祖返り（atavism）を思わせるような様相を呈することになる。つまりこのようなタイプの進化にあっては、発生プログラムの変更によって飛び越えたバウプランのランクが大きく、そのことで図らずも露出してしまった発生拘束が祖先の形態パターンに似る。これは、一種の表現型模写である。

　祖先的胚形態パターンは、そのランクのタクサのバウプランを定義づける、一般的な発生拘束である。それゆえ、その拘束を要因として、そのタクサを定義できる相同的な形態構造のセットが生み出されてくる。拘束は個体発生過程でのパターニングの流れに制約を加える「力」のようなものである。同時に拘束は、あるタクサに成立した胚形態プランから放散した具体的形態の比較によって、新しくできたタクサに共通に見られる派生的パターンを探し出し、その発生的起源を後付け的に認識できる対象でもある。その放散の規模が大きければ大きいほど、それは発生のなかで成立しなければならないパターンの制約の強さが強調される。逆説的ながら、これは興味深い現象だ。きわめて多様な適応的形態を生み出すものだからこそ、シクリッドの祖先に生じた咽頭顎（pharyngeal jaw）のパターンには鍵革新という名称が与えられ、シクリッドのバウプランになくてはならない発生拘束となる。このようなタイプの拘束は、系統樹のうえにさまざまな動物のかたちを見ながら発見してゆくしかない（第10章参照：実際に相同性の発見というかたちで系統的発生拘束の同定と系統関係の樹立を同時に行ってきたのが、比較形態学の歴史なのである）。それが拘束である限り、いったん発見したならばその存在を実験的に確かめる可能性は生まれてくる。それが何であれ、拘束された発生プログラムはそうでない発生過程と異なり、淘汰によって安定化・固定化されているはずだからだ。それを機構的に理解するためには、頸椎数に制約が生ずる際の拘束の発生を振り返り、実験発生学的・分子遺伝学的アプローチを考えることも有用だろう（第5章参照）。実験によって得られた表現型が、内容的に真の模写であるかどうかを吟味するツールは、すでに潤沢に用意されている。

（3）階層性と反復

 上のテーマに関し、形態的相同性（特殊相同性）の不完全性（ゲーゲンバウアー；第11章）を打開するために、しばしば系統的深度（depth）が論じられることと、上に述べたモジュール、拘束、反復などの概念のすべては密接に絡み合っている。相同性の深度を用いざるをえないのは、形態を動物の間で比較する際、細部に至るまでの相同性決定ができないため、比較の系統的バックグラウンドを引き下げる、すなわち高次タクサのバウプランにまで比較の枠を広げることによって、これを打開する方法である。議論の文脈をはっきりさせるには、ときとして便利な方法となる。

 たとえば、ヒトの腕と鳥類の翼を、「翼」として厳密に比べることはできない。彼らが備えている風切り羽はわれわれの腕にはない。それぞれの動物群は独自に進化させた局所的・追加的パターンをもっている。この場合、そのようなタクサ特異的な派生的パターンが問題にならないレベルにまで比較基準を一般化すれば両者は比較可能となる。つまり、翼ではなく「羊膜類の前肢」としてこれらを比べればよい。羊膜類の一般的前肢としてのパターンであれば、両者はほぼ完璧に同じものからできている。ここに条鰭類の胸鰭をもちこむ場合も同じ方法で対処できる。これらの構造はすべて、無顎類が備えはじめた胸鰭の派生物として比較可能となるが、腕や翼はおろか、前肢としての形態アイデンティティにも言及できなくなる。この比較は「胸鰭の文脈」で行われるのである。これがバウプランの階層的構造と同じ内容を示していることに注意すべきである。バウプランとはつまるところ、相同的形態セットの結合の仕方であり、それはタクサの分布と同じ進化的階層性をなし、また、系統的発生拘束の出現順序として立ち現れる（図11-1 右）。

 上のような「比較の階層性」こそ、不完全特殊相同やバウプランの入れ子構造と同じものであり、それが自然分類群の設定へとわれわれを誘う、主たる要因でもある。動物の体に局所的に生じた新しい形態パターンは、新しい「結合」や、新しい「分離・乖離」を特徴とするが、その実体は新しい相互作用や、分子カスケードのリクルートを主体とした発生ネットワークの樹立である。そして、肢芽や歯牙系がそうであるように、しばしばそれは、モジュール的性格をもつ。なぜなら、ここに組み込まれる新しい発生システムの要素それ自体が、すでに見たように、さまざまな拘束のうえに成立しているからだ。このようなものは、系全体とは半ば独立に淘汰にさらされる仕組みでもあり、進化の速度

も速い。それは陸上脊椎動物の四肢に見る多様化に明らかである（後述）。と同時に、適応的形態パターンは、すでに発生負荷が充分に生じ、エピジェネシスの罠に捕らわれたモジュールのうえに、そのパターンが成立してしまったのちの発生段階において、モジュールの細分として新しい局所的なモジュールを作り出す。それがさらに新たな発生負荷を生み、入れ子状に成立してきたすべての適応性を理由に、これに関する初期の胚構造にさらに大きな責任を負わせる。いったん発生負荷を負った構造ができあがると、新しい構造はそのシステムを再び利用して進化しようとする。脊椎動物の脊索など、当初は原索動物の尻尾のためのただの支持構造でしかなかったものが、このようにしていつの間にかとてつもなく重要な存在に押し上げられてしまった構造である。結果、新しいモジュール出現の系列は、細胞・組織間の相互作用を基盤とした発生システムと発生負荷の作用の結果として、空間的な細分を時系列上に順次紡ぎ出してゆく。

　脊椎動物に見る発生システムの上のような性質が、反復的進化発生パターンと動物進化に見るバウプランの階層性を同時に作り出してゆく。それが反復的パターンをとるか、非反復的パターンをとるか、それは発生負荷という行司が、拘束の堅牢さと拘束を覆すことで得られる適応の生態学的重みのどちらに軍配を上げるかにかかっている。拘束が勝てば古い相同性、つまり祖先的発生のパターンは保存され、バウプランが新たな階層を得て、適応的変形による進化が推進される（第11章）。いうまでもなく、胚形態の複雑化、サイズ、細胞型、それを成立させる相互作用のタイプと数、用いられる遺伝子カスケードが増大すればするほど、それに由来する拘束を打ち破るのは難しく、それは勝ち目のない賭けになってゆく。「反復が可能な動物ならば、それなりの複雑さを備えているべきだ」というのはこのような内容の進化パターンを意味する。

　一方、バウプランの再編成による適応が、拘束の価値を上回れば、祖先的拘束は打開、進化的新規性が獲得され、相同性が失われる。後者については、発生上のシフト（ヘテロクロニー、ヘテロトピー）が運用される結果、遺伝子カスケードのコ・オプションが生ずるチャンスが生まれ、遺伝子の相同性と形態の相同性がしばしば乖離する。これによって得られる新しいパターンは当初受動的なプロセスにより半ば自動的に増大するが、それが安定化するもしないも淘汰にゆだねるよりほかはない。しかし、いったん安定化へと向かう適応的パターンを得たなら、それは反復的手法では決して得ることのできないバウプランを成立させるチャンスが生まれる。そして一般的に、「拘束vs適応」という、

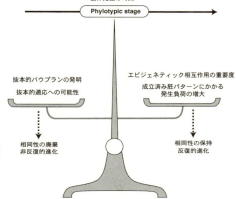

図 12-4 古いバウプランを保守し、反復的発生によって進化しようという傾向と、それに相反し、ヘテロトピーその他の機構によって、祖先的拘束を破棄することにより新しいパターンを生み出そうとする傾向の駆け引き。両者の力の釣り合いが、ファイロタイプを生み出しているという考えがここに示されている。図 2-7 と比較。

この綱引きにおいて、両派の勝敗率が逆転する瞬間が、最も大規模な発生拘束の具現、大局的相同性の最大の成立要因でもある「ファイロティピック段階」だということになる（図 12-4）。つまり、ファイロタイプは、進化的変更の加えられる傾向の変換点に見いだされる。では、このような発生システムの進化的変化を推進するはずの「淘汰」は、どのように作用するのか。そして、発生現象を中心三体として考察するわれわれの認識において、淘汰の標的とはいったいどのような生物学的実体に相当するのか。これと似た文脈において、表現型（胚から成体へ至る形態パターン）作出に関わる要因が個体発生において刻々と変化してゆくことをトムソンは指摘している（Thomson, 1988）。

（4）カナリゼーション――進化生物学と発生生物学の統合へ向けて

> 内から外へ、外から内へと考察してゆくこの見方こそ、最初にして最後の最も普遍的なものの見方なのである。いわば、内的な中核をなす確定された形態があって、これが外的なエレメントの決定を受けてさまざまな姿に形成されてゆくわけである。動物に外に対する ｜内的｜ 合目的性があるのは、動物が外からも内からも形成されたからではあるが、かつまた当然のことながら、外的なエレメントがそれ自身にふさわしいようにつくり変えることのできるのが、内的な形態よりも外的な形態だからである。
> ゲーテ『自然と象徴』、高橋義人・前田富士男訳（1982）

本書ではこれまで、脊椎動物を中心に据え、拘束や相同性に軸足を置きつつ、発生プログラムや発生パターンがどのように変貌し、どのような形態的進化が生ずるのかについて考察してきた。概念的にも現象的にも、発生拘束ときわめ

て近いところにあるように見えるのが、ウォディントンによって提唱された、「カナリゼーション（canalization）」である。ウォディントンのカナリゼーションの定義は、発生プロセスに与えられた擾乱に対する安定化応答である――「たとえ内的・外的擾乱が加わっても、遺伝子型が同じ発生経路を辿ろうとする性向」が、胚には存在しているという考えである。いうまでもなく、これはホメオスタシスとよく似ている。またこれが、安定化淘汰によってもたらされた何らかの発生拘束と同じものになるかどうか、それはまだ分かっていない。少なくとも、ウォディントン本人は、自然選択によってカナリゼーションがもたらされたと考えていた。ならば、彼はそれを拘束の範疇に加えたかもしれない。あるいは、あらゆるカテゴリーの拘束を、カナリゼーションの文脈で解釈し直そうとさえしたかもしれない。

　すでに上に見たように、応答規準はこれとまったく逆の振る舞いをする。環境からのシグナルに応答するのが発生経路であり、その結果として、潜在的にさまざまな発生経路を内包せずにはおかないのが、生物の本来の姿なのだと……あるいは、自然選択は、応答規準や表現型多型を擁護するか、カナリゼーションを目指すか、の二者択一の作用をするのだろうか。これもまた、発生機構をパラメータとして加えた集団遺伝学的考察と実験を必要とする今後の課題である。発生生物学と遺伝学的進化生物学を結合しようとしていたウォディントンは、エピジェネティック・ランドスケープのモデル化を通じ、発生経路の流れのなかの分水嶺において、小さな遺伝的変異が発生経路を変化させることによって、大きな表現型の変化を招きうるモデルを作出した（図12-5）。つまり、大きな表現型の変化をもたらすためには、必ずしもゲノムの大規模な変更は必要ではない――安定化された発生経路は、同時に小さな揺らぎ、閾値の変化で大きくシフトする可能性をも内包するということである。このような際立った表現型の変化のあるものは、それが際立った分、特定の外的環境と明瞭なかたちで相互作用しうるものであり、それこそ安定化淘汰や、遺伝的同化の生ずる舞台となりうる（Nanjundiah, 2003）。遺伝子カスケードの機構的背景がこれほどまでに記述されてしまった今日的意味において、あらためてエピジェネティック・ランドスケープのモデル化をどのように評価すべきか、いうまでもなくそれは今後の課題だ（その分析の一例については Striedter, 1998 ; 2003 を参照）。

　今後、われわれの形態進化の発生学的理解においては、集団に生ずる遺伝現象を見据え、発生プロセスや発生パターンのとりうるさまざまな変異を淘汰の

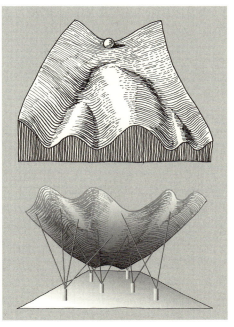

図 12-5 エピジェネティック・ランドスケープ。発生は、山や谷を伴ったエピジェネティックな地形を転がり落ちる球になぞらえることができる。分水嶺においては、わずかな擾乱が発生過程を大きく変更することがあるが、それはゲノムの大規模な改変を必要とするわけではない（上）。このような地形を決定している要因は、発生現象に機能する多数の遺伝子による複雑なネットワークであると考えられる（下）。（上は Waddington, 1975、下は Striedter, 2003 より改変）

標的と見なし、「発生的応答規準」、「安定化淘汰」、「発生拘束」、「カナリゼーション」と呼ばれる生物学的実体、諸現象が、発生経路に対して具体的にどのように作用し、何を帰結してゆくのかを見極めてゆくことになる。いずれ、われわれに動物のボディプランを感知させる相同性やその棄却も、そのなかから生まれてくるには違いない。以上、私は本書を通じて、選ばれた発生プログラムの変化パターンが、どのような内容のものであるべきであり、発生プログラムそれ自体のなかにどのような変化を許容し、新しいパターンを紡ぎ出してゆく可能性を秘めているのか、形態パターニングとその変貌を通じてできる限り記述してみた。そのなかで発生拘束の意味を、進化生物学において扱うことのできるかたちへと概念的に熟成させること（概念的枠組みの構築）は、現在の比較発生学者、比較形態学者にとって重要な課題である。それは発生学の進化生物学への取り込みにおいて確実に必要となる。この作業が完了したとき、形態進化の謎を最終的にモデル化し、実証し、理解するための実験手法と概念ツールのすべてが出揃うことになろう。脊椎動物の形態プランの深淵を見極め

んとする「禁断の頭部分節理論」の第3ラウンド——早晩破綻すべき運命の先験論と反復説——遺伝学的に集団を相手にすべき、次世代の発生生物学——ものいわぬ純白の頭蓋を手に取り、見つめ、われわれ自身の辿ってきた道筋に思いを馳せる研究者が生きるべき現代の進化形態学はいま、このような流れのなかにある……。

12.4　第12章のまとめ

1. 反復説は、進化的なバウプランの変化の序列と同じ順序で、個体発生のなかに発生拘束が組み込まれているという無根拠なドグマであり、それは現実の系統発生、個体発生過程と一致しない。

2. しかし、ファイロタイプの成立以降には、パターンとしてバウプランをなぞるがごとき器官形成プロセスが目立ちはじめる。この意味で、フォン＝ベーアの理論は考察に値する。

3. ファイロタイプ以降の擬似的反復は、進化的に成立した新しい発生拘束が、二次ルールとして祖先的拘束のうえに組み立てられるところから由来する。これは傾向でありこそすれ、進化のルールではない。このようなパターンで進化することのある動物は、必然的にファイロタイプをもち、そののちのエピジェネティック相互作用が形態形成において大きな意味をもつに充分なほどの特殊化と高度な体制を備えていなければならない。つまり、反復するがごときに進化する動物は、すでに充分な進化の歴史を背負ったものだけである。

4. 反復しない進化、発生パターンは、しばしばバウプランの階層性を飛び越えたり、高次タクサのバウプラン生成に関わる発生モジュールを丸ごと破棄するなどの変更を行うことがある。

5. 実体としてそこにあるのは、反復という理想化された進化の姿ではなく、階層的に分布するバウプランと、それをもたらす（同じく階層的構造をもつ）発生拘束だけである。それが発生拘束である以上、その存在を実験的に示す方法は存在する。

おわりに

　おそらく、他分野でも同様の学習がされていると思うが、それまで知らなかった新しい事柄を学ぼうとするとき、歴史的な叢書をまず紐解き、それでも足らない部分を最近の原著論文や、よく書かれた総説で補完するという途を経るであろう。本書に関連した領域では、1906 年に刊行された O. Hertwig 編纂の『*Handbuch der vergleichenden und experimentellen Entwicklungslehre der Wirbeltiere* (Verlag von Gustav Fischer, Jena)』や、1930 年代半ばから刊行された L. Bolk、E. Göppert、E. Kallius、W. Lubosch の編になる『*Handbuch der vergleichenden Anatomie der Wirbeltiere* (Urban & Schwarzenberg, Berlin, Wien)』などがその叢書に相当し、これらに記載されていなければ、それ以前の原著論文や教科書は当面気にしなくともよい。そして、次に 1970 年以降の重要な論文を探すことに決めている。それ以前には、あまり比較形態学の論文はないのである。それと同じように、教科書の改訂にあっては、旧版の内容はできるだけそのままにしておき、それをすでに読んだ読者が、そこで述べられていなかったことを効率的に探し出せるようにしておくほうがはるかに意義深い。かくして本書では基本的に以前の誤謬や不適切であった通念、学説を糺したうえで、いくつか新しい章を設け、内容を刷新する目的で書きはじめた。したがってここで扱う事項もその性質上網羅的なものとはなりえず、ここに書かれなかった内容を別の誰かが補うことによって初めてその一貫した機能を果たすような可能性をもつものと了解されたい。この分野で最新の、限られたトピックを羅列しただけの、単なるオムニバス形式とならぬよう一貫性をももたせ、通読にもある程度堪えるようにするべく努めた。必然的に重複する内容ができることになるが、それはなるべく避け、必要最低限にとどめるようにも努力した。

　おもな改訂作業の方針は、以下の通りである。
・新しい情報の追加；
・古い情報、誤った情報の削除・訂正（哺乳類の中耳、副神経と僧帽筋、横隔膜の理解などがこれにあたる）；
・円口類についての章を追加；
・骨化の概念の整備、皮骨の相同性の問題、カメの甲の進化についての各章

を追加；
- 生態学と進化発生学のつながりについての部分を削除（この分野は今後も成長し、早晩様変わりすると思われる）；
- 頭部分節性についての内容・図版を一部省略・簡略化。

頭部分節性と科学思想史に関する内容は、拙著『分節幻想——動物のボディプランの起源をめぐる科学思想史』（工作舎刊）において充実させたので、そちらを参照されたい。この、いくぶん思想書にも似た体裁で仕上げた本と、本書はしたがって一部内容が重複し、共通に用いられた図もいくつかある。が、読み合わせていただくと分かるように、同じデータがまったく異なった文脈や意味合いにおいて読み取られている。

相同遺伝子の探索と発現の解析、それに加えて遺伝子操作とそれによる表現型模写の作出からはじまった、「進化発生学（Evolutionary Developmental Biology：EvoDevo）」というこの分野は、当初、分子発生学的な機構論に多くを頼り、そのゆえにしばしば、進化的要因と発生学的要因の混同という由々しき弊害を招きがちであった。たとえば、ヘビ類のような動物のボディプラン進化を説明するうえで、「Hoxコードの変化が椎骨形態の単純化を招いた」のか、あるいは「表現型のうえで椎骨形態が二次的に単純化したことがHox遺伝子制御機構の変異を許容し、ゲノムが安定化するに至った」のか、等のような本質的問題がまともに議論されることは皆無であった。「ゲノムのなかに体の設計図が描かれている」という過去の標語はもはやアナロジーとしての意味しかもちえず、そこからはじまる研究に未来がないのは誰もが認めるところである。さらに、遺伝子制御ネットワークの複雑な様相や、エピジェネティックス、加えて「発生システム浮動（Developmental System Drift：DSD）」の認識は、「相同な遺伝子から相同な形態形質へ」という単純な還元論的図式を否定し、いまに至っている。それは、自然哲学的原型論にも似た浅薄な議論からEvoDevoを引き上げる一方、ゲノム科学やトランスクリプトーム解析、ゲノムエディティングなどの新しい技術の導入をもって、新しい説明原理の模索と分岐の段階に入っている。本来、実験室での手仕事以上に深い思索を必要とするこの分野に、またデータ偏重と商業主義的価値観蔓延の兆しが……と憂うばかりだが、このような時期であるからこそ正しく問題の在処を知ることは重要であり、詳細な胚発生過程と形態パターンの理解、信頼性のある系統関係のうえでの表現型の分布について、これまで以上に正確な知識を積むことが必要となるであろう。

おわりに

　本書においては、必要に応じてグレードや他系統群を意識的に用いている。グレードとは、特定の動物群を原始形質によってくくるものであり、特定の進化的新規性を獲得することのなかった動物群を比較可能なカテゴリーとして積極的に認識する方法でもある。これによって特定の共有派生形質をもつ動物群と、その外群を含む近縁の動物系統を比較対象として用いることが可能となる。つまり、やみくもに分岐順序を問題にする系統分類学ではなく、特定の形質の進化のステップを明らかにしようという立場にある比較形態学者、進化発生学者としては、断りを入れたうえで積極的に側系統群やグレードを用いるべきなのである。事実、近接の祖先の状態を推し量ろうとする場合、原始形質の分布の認識が必要となることは多い。このことは、分岐分類学が市民権を得、動物学を席巻した現在においても、多くの分野で「硬骨魚類」や「爬虫類」などの呼称がしばしば用いられている背景と同様である。前者は板鰓類の祖先に相当する板皮類のある系統より分岐したのちの、現生の魚類のうち、四肢を獲得しなかったものを指し、後者は（一般的には）哺乳類が分岐してのちの羊膜類のうち、鳥類にならなかったもの（あるいは、鳥類と哺乳類以外の羊膜類）を意味している。同様に、脊索動物のうち、系統的には尾索類が脊椎動物の姉妹群とされるが、形態学的にはより比較しがいのあるナメクジウオが、前脊椎動物的段階になぞらえられることが多いのも事実である。このとき、脊椎動物にのみ見られる特徴とされるものの多くはホヤ類にもないことが多く、この意味で側系統群としての「原索動物」を用いることも、進化発生学的文脈においては容認されてしかるべきであろう。これは事実上、non-vertebrate chordates という名で呼ばれるものと同一だが、このように原始形質でくくられたグレードを、わざわざ単系統性に固執して呼ぶのは煩雑である（いわゆる「恐竜」を non-avian dinosaurs というように）。一方、尾索類と脊椎動物だけに認められる共有派生形質を問題にするときは「olfactores」の名を用いればよい（Bourlat et al., 2006）。しばしば、「原索動物」の語を古いと棄却しながら、その一方で「硬骨魚類」や「爬虫類」などの語を平然と用いる研究者をよく見かけるが、それこそ滑稽なことなのである。かくして、進化発生学研究においては、系統関係を正確に認識するだけではなく、形質の分布と形質に依存した分類群の定義について、正確に学ぶ必要がある。

　旧版における要点のひとつは、進化と発生を考えるにあたっての「パターンとプロセス」の認識の違いであった。古来、さまざまなタクサの形態を統一的に理解しようという衝動は観察者のなかに強くあり、それが原型というプラト

ン的イデアを扱う先験論的自然哲学や、私自身も一時期中毒状態にあった構造論であるとか、進化的変容というイメージをさまざまなやり方で喚起し、それが分岐体系学、系統分類学、比較発生（形態）学という、半ば独立した分野を生み出していった。しかし、認識論と方法論上の違いがありこそすれ、それはもともとひとつのものである。かくして旧版では、生物学の領域であまり解説されることのない比較発生学と比較形態学の世界を柱に置き、それがわれわれの記号論的認識能力に多くを負うことを認めつつも、現代の発生生物学や分子生物学、あるいは進化系統関係とどのような折り合いをつけてゆくべきかを、脊椎動物という特定のタクサを扱うことによって考察しようと試みた。

　上のような哲学は今回、むしろ本書の姉妹版である『分節幻想』に多くを譲り、この改訂版ではむしろ、実践的進化発生学研究において、何を問題とすべきか（問題でありうるか）、どのような現象を考慮し、理解すべきかについて記述すべく多く頁を割いた。そのような、特に力を注いだ部分に限って文章が晦渋になりがちなのは、ひとえに筆者である私の能力の限界を示すと認めるにやぶさかではない。が、とはいえ同時に、形態学的難解さを単純化によって打開しようという最近の方針が、どれだけの誤解と無理解を生み、昨今の学問的凋落を招いたのか、それを痛感している身としては、妥協できない部分があったこともご理解いただきたい。「DNA の一次元情報が、どのように生物の三次元的形態を作り出すか」等といった幼稚極まりない問題意識からは、決して生物形態の複雑さの懊悩へは辿り着けないのである（一次元情報というならば、磁気テープやレコード盤の記録もそうであり、そこから再生された映像や音のなかに、われわれは楽器の種類や特定の人間の肉声、そこに秘められた感情や哲学など、多種多様なものを感知し、理解する。その現象それ自体は不思議ではないのである）。複雑なものと真正面から対峙し、それをそのまま解きほぐす、それなくして形態進化の理解はない。とりわけ読者の方々には、読んでそのまま理解できるような教科書からは、実は何も本質的に新しいことは学んでいないのだと早く気づき、どうか「無理して背伸びして」挑戦していただきたい。

　本書において旧版から引き継いでいる内容について、旧版のあとがきで謝辞に記した方々に再度感謝したいと思う。相沢慎一、阿形清和、Gregor Eichele、榎本秀樹、大隅典子、岡野正樹、Lennart Olsson、Margaret Kirby、Frietson Galis、Scott Gilbert、工藤洋、近藤滋、笹井芳樹、Richard Schneider、高橋淑子、田村宏治、中山千秋、西川伸一、Drew Noden、長谷部光泰、疋田努、平野茂樹、細馬宏通、Brian Hall、Dale Bockman、Jon Mallatt、Raj Ladher、

おわりに

Filippo Rijli、Günter Wagner、和田洋、の方々である（アイウエオ順、敬称略）。加えて、今回の改訂にとって影響のあった研究者たちにも、直接間接に世話になったと認識している。それは以下の面々であり、合わせて感謝したい。Per Ahlberg, Ann Burke, Robert Cerny, Takema Fukatsu, Zhikun Gai, Frietson Galis, Chikara Furusawa, Henry Gee, James Hanken, Mitsuyasu Hasebe, Linda & Nick Holland, Peter Holland, Naoki Irie, Philippe Janvier, Kunihiko Kaneko, Taro Kitazawa, Shigehiro Kuraku, Hiroki Kurihara, Nicole Le Douarin, Giovanni Levi, David McCauley, Yasunori Murakami, Hiroshi Nagashima, Marcelo Sánchez, Günter Wagner, Yoko Ogawa, Yasuhiro Oisi, Lennart Olsson, Juan Pascual Anaya, Shahragim Tajbakhsh, Masaki Takechi, Hiroyuki Takeda, Mikiko Tanaka, Eldad Tzahor, Kinya Yasui。とりわけ、パリ自然史博物館の Philippe Janvier 博士には、2012 年から 2013 年にかけてのパリ滞在中、直々に古生物学のご指南をいただき、それが私の円口類研究に大いに役立った。ちなみに、「ヌタウナギの発生研究が今後行えるとしたら、それはおそらく日本においてであろう」と述べた Bashford Dean の言葉を引き、私にそれを強く勧めてくれたのが、そもそもこの Janvier 博士である（世紀が改まったころのことであったと記憶する）。私の研究者人生において、重要な出会いであったと常々思っている。

　今回の執筆もまた、研究室のメンバー、ならびに OB たちに多大なる迷惑をかける原因となってしまった。原稿のチェック、内容の確認・訂正を手伝ってくれた尾内隆行、太田欽也、平沢達矢、日下部りえ、村上安則、菅原文昭の諸氏（敬称略）に感謝申し上げる。原稿のなかに何かアイデアの断片を見つけていてくれればと願う。改訂にあっては、新しい作図、旧版の原稿の整備や、引用文献のチェックが膨大にのぼり、それについては広藤裕子、小柳知子、南奈永子の各氏に助力いただいた。以上の面々の助けなくしては、今回の改訂、私は何事もなしえなかったに違いない。とはいえ、旧版同様私の妄想はいやましに大きく（それは可能な限り『分節幻想』に譲ったが）、本書に含まれるいかなる誤謬やミスも、すべて筆者たるこの私に責任がある。出版にあたっては東京大学出版会編集部の光明義文氏には、最後までたいへんお世話になった。ここであらためてお礼申し上げる。最後になったが、私の恩師である田中重徳先生と田隅本生先生は、過去数年間に相次いで他界されてしまった。この場を借りて、ご冥福をお祈りすると同時に、本書をお二人に捧げたいと思う。

本書が、形態と進化の妙に心惹かれ、それをあくまで生物学の方針で理解しようとする読者にとって、少しでも意義あるものとならんことを願いつつ……

平成 28 年卯月
神戸・北野にて
倉谷　滋

引用文献

Abitua, P. B., Wanger, E., Navarrete, I. A. and Levine, M. (2012) Identification of a rudimentary neural crest in a non-vertebrate chordate. Nature 492, 104-107.
Abitua, P. B., Gainous, T. B., Kaczmarczyk, A. N., Winchell, C. J., Hudson, C., Kamata, K., ··· and Levine, M. (2015) The pre-vertebrate origins of neurogenic placodes. Nature 524, 462-465.
Abzhanov, A. (2013) von Baer's law for the ages: lost and found principles of developmental evolution. Trends. Genet. 29, 712-722.
Abzhanov, A., Tzahor, E., Lassar, A. B. and Tabin, C. J. (2003) Dissimilar regulation of cell differentiation in mesencephalic (cranial) and sacral (trunk) neural crest cells *in vitro*. Development 130, 4567-4579.
Abzhanov, A., Rodda, S. J., McMahon, A. P. and Tabin, C. J. (2007) Regulation of skeletogenic differentiation in cranial dermal bone. Development 134, 3133-3144.
Acampora, D., Avantaggiato, V., Tuorto, F., Barone, P., Perera, M., Choo, D., Wu, D., Corte, G. and Simeone, A. (1999) Differential transcriptional control as the major molecular event in generating $Otx1^{-/-}$ and $Otx2^{-/-}$-divergent phenotypes. Development 126, 1417-1426.
Ackerman, K. G., Herron, B. J., Vargas, S. O., Huang, H., Tevosian, S. G., Kochilas, L., Rao, C. G., Pober, B. R., Epstein, J. A., Greer, J. J. and Beier, D. R. (2005) *Fog2* is required for normal diaphragm and lung development in mice and humans. PLoS Genet. 1, 0058-0065.
Ackerman, K. G., Wang, J. L., Luo, L. Q., Fujiwara, Y., Orkin, S. H. and Beier, D. R. (2007) *Gata4* is necessary for normal pulmonary lobar development. Am. J. Resp. Cell Mol. Biol. 36, 391-397.
Adachi, N. and Kuratani, S. (2012) Development of head and trunk mesoderm in a dogfish, *Scyliorhinus torazame*. I. Embryology and morphology of the head cavities and related structures. Evol. Dev. 14, 234-256.
Adachi, N., Takechi, M., Hirai, T. and Kuratani, S. (2012) Development of the head and trunk mesoderm in the dogfish, *Scyliorhinus torazame*. II. Comparison of gene expressions between the head mesoderm and somites with reference to the origin of the vertebrate head. Evol. Dev. 14, 257-276
Addens, J. L. (1933) The motor nuclei and root of the cranial and first spinal nerves of vertebrate Part I. Introduction. Cyclostomes. Z. Anat. Ent. -Ges. 101, 307-410.
Adelmann, H. B (1922) The significance of the prechordal plate: An interpretative study. Am. J. Anat. 31, 55-101.
Adelmann, H. B. (1925) The development of the neural folds and cranial ganglia of the rat. J. Comp. Neurol. 39, 19-171.
Adelmann, H. B. (1926) The development of the premandibular head cavities and the relations of the anterior end of the notochord in the chick and robin. J. Morphol. 42, 371-439.
Adelmann, H. B. (1932) The development of the prechordal plate and mesoderm of *Amblystoma punctatum*. J. Morphol. 54, 1-54.
Aguinaldo, A. M. A., Turbeville, J. M., Linford, L. S., Rivera, M. C., Garey, J. R., Raff, R. A. and Lake, J. A. (1997) Evidence for a clade of nematodes, arthropods and other moulting animals. Nature 387, 489-493.
Ahlberg, P. E. and Köntges, G. (2006) Homologies and cell populations: a response to Sánchez-Villagra and Maier. Evol. Dev. 8, 116-118.
Ahlborn, F. (1884) Ueber die Segmentation des Wirbelthierkörpers. Z. wiss. Zool. 40, 309-337.
Akam, M. (1989) *Hox* and *HOM*: homologous gene clusters in insects and vertebrates. Cell 57, 347-349.
Akam, M. (1991) Wondrous transformation. Nature 349, 282.
Akiyama, H., Kim, J. E., Nakashima, K., Balmes, G., Iwai, N., Deng, J. M., ··· and de Crombrugghe, B. (2005) Osteo-chondroprogenitor cells are derived from Sox9 expressing precursors. Proc. Nat. Acad. Sci. USA 102, 14665-14670.
Albrecht, P. (1880) Über den Proatlas. Zool. Anz. 3, 450-472.
Alcock, R. (1898) The peripheral distribution of the cranial nerves of *Ammocoetes*. J. Anat. Physiol.

33, 131-153.
Allan, D. W. and Greer, J. J. (1997a) Development of phrenic motoneuron morphology in the fetal rat. J. Comp. Neurol. **382**, 469-479.
Allan, D. W. and Greer, J. J. (1997b) Embryogenesis of the phrenic nerve and diaphragm in the fetal rat. J. Comp. Neurol. **382**, 459-468.
Allan, I. J. and Newgreen, D. F. (1980) The origin and differentiation of enteric neurons of the intestine of the fowl embryo. Am. J. Anat. **157**, 137-154.
Allin, E. F. (1975) Evolution of the mammalian middle ear. J. Morphol. **147**, 403-438.
Allin, E. F. (1986) The auditory apparatus of advanced mammal-like reptiles and early mammals. In : The ecology and biology of mammal-like reptiles. Smithonian, pp. 283-294.
Allin, E. F. and Hopson, J. A. (1992) Evolution of the auditory system in Synapsida ("Mammal-Like Reptiles" and Primitive Mammals) as Seen in the Fossil Record. In : Webster, D. B., Popper, A. N. and Fay, R. R. (eds.), The Evolutionary Biology of Hearing. Springer, pp. 587-614.
Allis, E. P. (1897a) The anatomy and development of the lateral line system in *Amia calva*. J. Morphol. **2**, 487-808.
Allis, E. P. (1897b) The cranial muscles and cranial and first spinal nerves in *Amia calva*. J. Morphol. **2**, 485-491.
Allis, E. P. (1901) The lateral sensory canals, the eye-muscles, and the peripheral distribution of certain of the cranial nerves of *Musterus laevis*. Quart. J. Microsc. Sci. **45**, 87-236.
Allis, E. P. (1914) The pituitary fossa and trigemino-facial chamber in selachians. Anat. Anz. **46**, 225-253.
Allis, E. P. (1915) The homologies of hyomandibular of gnathostome fishes. J. Morphol. **26**, 563-624.
Allis, E. P. (1917) The homologies of the muscles related to the visceral arches of the gnathostome fishes. Quart. J. Microsc. Sci. **62**, 303-406.
Allis, E. P. (1918a) On the homologies of the auditory ossicles and the chorda tympani. J. Anat. Physiol. **53**, 363-370.
Allis, E. P. (1918b) The homologies of the alisphenoid of the sauropsida. J. Anat. Physiol. **53**, 209-222.
Allis, E. P. (1920) The branches of the branchial nerves of fishes, with special reference to *Polyodon spathula*. J. Comp. Neurol. **32**, 137-153.
Allis, E. P. (1923) Are the polar and trabecular cartilages of vertebrate embryos the pharyngeal elements of the mandibular and premandibular arches? J. Anat. **58**, 37-51.
Allis, E. P. (1924a) Is the ramus ophthalmicus profundus the ventral nerve of the premandibular segment? J. Anat. **59**, 217-223.
Allis, E. P. (1924b) On the homologies of the skull of the cyclostomata. J. Anat. **58**, 256-265.
Allis, E. P. (1925) In further explanation of my theory of the polar and trabecular cartilages. J. Anat. **59**, 333-335.
Allis, E. P. (1931) Concerning the homologies of the hypophyseal pit and the polar and trabecular cartilages of fishes. J. Anat. **65**, 247-265.
Allis, E. P. (1938) Concerning the development of the prechordal portion of the vertebrate head. J. Anat., **72**, 584.
Altman, J. and Bayer, S. A. (1982) Development of the cranial nerve ganglia and related nuclei in the rat. Adv. Anat. Emb. Cell Biol. **74**, 1-90.
Alvares, L. E., Schubert, F. R., Thorpe, C., Mootoosamy, R. C., Cheng, L., Parkyn, G., Lumsden, A. and Dietrich, S. (2003) Intrinsic, *Hox*-dependent cues determine the fate of skeletal muscle precursors. Dev. Cell **5**, 379-390.
Amores, A., Force, A., Yan, Y. -L., Amemiya, C., Fritz, A., Ho, R. K., Joly, L., Langeland, J., Prince, V., Wang, Y. L., Westerfield, M., Effer, M. and Postlethwait, J. H. (1998) Genome duplication in vertebrate evolution : evidence from zebrafish Hox clusters. Science **282**, 1711-1714.
Anderson, C. B. and Meier, S. (1981) The influence of the metameric pattern in the mesoderm on migration of cranial neural crest cells in the chick embryo. Dev. Biol. **85**, 385-402.
安藤　裕・小林幸正（1996）昆虫発生学（上）。培風館。
Angelo, S., Lohr, J., Lee, K. H., Ticho, B. S., Breitbart, R. E., Hill, S., Yost, H. J. and Srivastava, D. (2000) Conservation of sequence and expression of *Xenopus* and zebrafish *dHAND* during cardiac, branchial arch and lateral mesoderm development. Mech. Dev. **95**, 231-237.
Anson, B. J., Hanson, J. R. and Richany, S. F. (1960) Early embryology of the auditory ossicles and associated. Ann. Otol. **69**, 427-447.
Appel, T. A. (1987) The Cuvier-Geoffroy Debate : French biology in the decades before Darwin. Oxfrod Univ. Press.（邦訳）アカデミー論争。西村顕治訳、時空出版（1990）。
Arendt, E. (1822) De capitis ossei Esocis Lucii structura singulari, Dissertatio inauguralis zootomica. Typis academicis Hartungianis, Regiomonti（Königsberg）.

Arendt, D. and Nübler-Jung, K. (1994) Inversion of dorsoventral axis? Nature **371**, 26.
Arendt, D. and Wittbrodt, J. (2001) Reconstructing the eyes of Urbilateria. Phil. Trans. R. Soc. Lond. B. **356**, 1545-1563.
Arey, L. B. (1917) Developmental Anatomy : A textbook and laboratory manual of embryology. W. B. Saunders Co.
Arnold, J. S., Werling, U., Braunstein, E. M., Liao, J., Nowotschin, S., Edelmann, W., Hebert, J. M. and Morrow, B. E. (2005) Inactivation of Tbx1 in the pharyngeal endoderm resuts in 22q11DS malformations. Development **133**, 977-987.
van Arsdel, W. C. and Hillemann, H. H. (1951) The ossification of the middle and internal ear of the golden hamster. Anat. Rec. **109**, 673-689.
Arthur, W. (1988) A Theory of the Evolution of Development. John Wiley & Sons.
Arthur, W. (1997) The Origin of Animal Body Plans : A study in evolutionary developmental biology. Cambridge Univ. Press.
Arthur, W. (2002) The emerging conceptual framework of evolutionary developmental biology. Nature **415**, 757-764.
Asakura, A. and Rudnicki, M. A. (2002) Cellular and molecular mechanisms regulating skeletal muscle development. In : J. Rossant and P. P. L. Tam (eds.), Mouse Development. Acad. Press, pp. 253-278.
Asher, R. J., Bennett, N. and Lehmann, T. (2009) The new framework for understanding placental mammal evolution. Bioessays **31**, 853-864.
Atz, J. W. (1970) The application of the idea of homology to behavior. In : L. R. Aronson, E. Tobach, D. S. Lehman and J. S. Rosenblatt (eds.), Development and Evolution of Behavior. Freeman, pp. 53-74.
Aubin, J., Lemieux, M., Tremblay, M., Berard, J. and Jeannotte, L. (1997) Early postnatal lethality in Hoxa-5 mutant mice is attributable to respiratory tract defects. Dev. Biol. **192**, 432-445.
Aubin, J., Lemieux, M., Moreau, J., Lapointe, J. and Jeannotte, L. (2002) Cooperation of *Hoxa5* and *Pax1* genes during formation of the pectoral girdle. Dev. Biol. **244**, 96-113.
Auclair, F., Vades, N. and Marchand, R. (1996) Rhombomere-specific origin of branchial and visceral motoneurons of the facial nerve in the rat embryo. J. Comp. Neurol. **369**, 451-461.
Ayer-Le Lièvre, C. S. and Le Douarin, N. M. (1982) The early development of cranial sensory ganglia and the potentialities of their component cells studied in quail-chick chimeras. Dev. Biol. **94**, 291-310.
Ayers, H. (1921) Vertebrate Cephalogenesis. V. Origin of jaw apparatus and trigeminal complex- *Amphioxus, Ammocoetes, Bdellostoma, Callorhynchus.* J. Comp. Neurol. **33**, 339-404.
Ayers, H. and Jackson, C. M. (1900) Morphology of the myxinoidei. I. Skeleton and musculature. J. Morph. **17**, 185-226.
Babiuk, R. P., Zhang, W., Clugston, R., Allan, D. W. and Greer, J. J. (2003) Embryological origins and development of the rat diaphragm. J. Comp. Neurol. **455**, 477-487.
Bachler, M. and Neubüser, A. (2001) Expression of members of the *Fgf* family and their receptors during micfacial development. Mech. Dev. **100**, 313-316.
von Baer, K. E (1828) Entwicklungsgeschichte der Thiere : Beobachtung und Reflexion. Born Träger.
Bailleul, A. M., Hall, B. K. and Horner, J. R. (2012) First evidence of dinosaurian secondary cartilage in the post-hatching skull of *Hypacrosaurus stebingeri* (Dinosauria, Ornithischia). PLoS ONE **7**.
Bajoghli, B., Guo, P., Aghaallaei, N., Hirano, M., Stohmeier, C., McCurley, N., Bockman, D. E., Schorpp, M., Cooper, M. D. and Boehm, T. (2011) A thymus candidate in lampreys. Nature **470**, 90-94.
Baker, R. and Noden, D. M. (1990) Segmental organization of VIth nerve related motoneurons in the chick hindbrain. Soc. Neurosci. Abstr. **16**, 142.6.
Baker, R., Gilland, E. and Noden, D. M. (1991) Rhombomeric organization in the embryonic vertebrate hindbrain. Soc. Neurosci. Abstr. **17**.
Balfour, F. M. (1878) The development of the elasmobranchial fishes. J. Anat. Physiol. **11**, 405-706.
Balfour, F. M. (1881) Development of skeleton of paired fins of Elasmobranchus. Proc. Zool. Soc. 1881 (cited in Goodrich, 1930a).
Balfour, F. M. (1885) Treatise on Comparative Embryology. 2 Vols. MacMillan & Co.
Balfour, W. E. and Willmer, E. N. (1967) Iodine accumulation in the nemertine *Lineus ruber.* J. Exp. Biol. **46**, 551-556.
Balling, R., Mutter, G., Gruss, P. and Kessel, M. (1989) Craniofacial abnormalities induced by ectopic expression of the homeobox gene *Hox-1.1* in transgenic mice. Cell **58**, 337-347.
Bang, A. G., Papalopulu, N., Kintner, C. and Goulding, M. D. (1997) Expression of *Pax-3* is initiated in the early neural plate by posteriorizing signals produced by the organizer and by posterior non-axial mesoderm. Development **124**, 2075-2085.

Banneheka, S. (2008) Morphological study of the Ansa cervicalis and the phrenic nerve. Anat. Sci. Int. **83**, 31-44.
Bardack, D. (1991) First fossil hagfish (myxinoidea) : a record from the pennsylvanian of illinois. Science **254**, 701-703.
Bardack, D. (1998) Relationships of living and fossil hagfishes. In : The Biology of Hagfishes. Springer Netherlands, pp. 3-14.
Bardack, D. and Richardson, E. S. Jr. (1977) New Agnathous Fishes from the Pennsylvanian of Illinois. Fieldiana. Geology **33**, 489-510.
Bardack, D. and Zangerl, R. (1968) First fossil lamprey : a record from the Pennsylvanian of Illinois. Science **162**, 1265-1267.
Barlow, A. J. and Francis-West, P. H. (1997) Ectopic application of recombinant BMP-2 and BMP-4 can change patterning of developing chick facial primordia. Development **124**, 391-398.
Barlow, A. J., Bogardi, J. P., Ladher, R. and Francis-West, P. H. (1999) Expression of chick *Barx-1* and its defferential regulation by FGF-8 and BMP4 signaling in the maxillary primordia. Dev. Dyn. **214**, 291-302.
Barnes, R. D. (1980) Invertebrate Zoology. 4th ed. Holt Saunders International.
Baroffio, A., Dupin, E. and Le Douarin, N. M. (1991) Common precursors for neural and mesectodermal derivatives in the cephalic neural crest. Development **112**, 301-305.
Barreiro-Iglesias, A., Villar-Cheda, B., Abalo X. M., Anadón, R. and Rodicio, M. C. (2008) The early scaffold of axon tracts in the brain of a primitive vertebrate, the sea lamprey. Brain Res. Bull. **75**, 42-52.
Barreiro-Iglesias, A., Romaus-Sanjurjo, D., Senra-Martínez, Anadón, R. and Rodicio, M. C. (2011) Doublecortin is expressed in trigeminal motoneurons that innervate the velar musculature of lampreys : considerations on the evolution and development of the trigeminal system. Evol. Dev. **13**, 149-158.
Bartsch, P. (1994) Development of the cranium of *Neoceratodus forsteri*, with a discussion of the suspensorium and the opercular apparatus in Dpnoi. Zoomorph. **114**, 1-31.
Basch, M. L., Selleck, M. A. and Bronner-Fraser, M. (2000) Timing and competence of neural crest formation. Dev. Neurosci. **22**, 217-227.
Basmajian, J. V. (1980) Grant's Method of Anatomy by Regions Descriptive and Deducive. 10th ed. Williams & Wilkins.
Bateson, W. (1885) The ancestry of the chordata. Quart. J. Microsc. Sci. **26**, 535-571.
Bateson, W. (1892) On numerical variation in teeth, with a discussion of the conception of homology. Proc. Zool. Soc. London **1892**, 102-115.
Bateson, W. (1894) Materials for the Study of Variation : Treated with especial regard to discontinuity in the origin of species. Johns Hopkins Univ. Press.
Batten, E. H. (1957a) The activity of the trigeminal placode in the sheep embryo. J. Anat. **91**, 174-187.
Batten, E. H. (1957b) The epibranchial placode of the vagus nerve in the sheep. J. Anat. **91**, 471-489.
Bee, J. and Thorogood, P. (1980) The role of tissue interactions in the skeletogenic differentiation of avian neural crest cells. Dev. Biol. **78**, 47-66.
Begbie, J., Brunet, J. F., Rubenstein, J. L. and Graham, A. (1999) Induction of the epibranchial placodes. Development **126**, 895-902.
Begbie, J. and Graham, A. (2001) The ectodermal placodes : A dysfunctional family. Phil. Trans. R. Soc. Lond. B. **356**, 1655-1660.
Bei, M. and Maas, R. (1998) FGFs and BMP4 induce both *Msx1*-independent and *Msx1*-dependent signaling pathways in early tooth development. Development **125**, 4325-4333.
Bei, M., Kratochwil, K. and Maas, R. L. (2000) BMP4 rescues a non-cell-autonomous function of *Msx1* in tooth development. Development **127**, 4711-4718.
Bejder, L. and Hall, B. K. (2002) Limbs in whales and limblessness in other vertebrates : Mechanisms of evolutionary and developmental transformation and loss. Evol. Dev. **4, 6**, 445-458.
Beklemishev, W. N. (1964) Principles of Comparative Anatomy of Invertebrates. Publ. By Nauka, Moscow. Translated by J. M. MacLennan (1969), ed. By Z. Kabata, Univ. Chicago Press.
Bellairs, A. D'A. (1958) The early development of the interorbital septum and the fate of the anterior orbital cartilages in birds. J. Emb. Exp. Morphol. **6**, 68-85.
Bellairs, A. D'A. and Gans, C. (1983) A reinterpretation of the amphisbaenian orbitosphenoid. Nature **302**, 243-244.
Bellairs, R. and Sanders, E. J. (1986) Somitomeres in the chick tail bud : An SEM study. Anat. Emb. **175**, 235-240.
Bennett, M. R., Davey, D. F. and Uebel, K. E. (1980) Growth of segmental nerves from the brachial

myotomes into the proximal muscles of the chick forelimb during development. J. Comp. Neurol. **189**, 335-357.
Benninger, B. and McNeil, J. (2010) Transitional nerve : a new and original classification of a peripheral nerve supported by the nature of the accessory nerve (CN XI). Neurol. Res. Int. **2010**, 476018.
Béraneck, E. (1884) Recherches sur le développement des nerfs craniens chez les lizards. Rec. Zool. Suisse, T. 1.
Béraneck, E. (1887) Etude sur les replis medullaires du poulet. Rec. Zool. Suisse. **4**, 305-364.
Berge, D. T., Brouer, A., Korving, J., Reijnen, M. J., van Raaij, E. J., Verbeek, F., Gaffield, W. and Meijlink, F (2001) *Prx1* and *Prx2* are upstream regulators of *sonic hedgehog* and control cell proliferation during mandibular morphogenesis. Development **128**, 2929-2938.
Bergquist, H. (1952) Studies on the cerebral tube in vertebrates. The neuromeres. Act. Zool. Stockholm **33**, 117-187.
Bergquist, H. and Källen, B. (1954) Notes on the early histogenesis and morphogenesis of the central nervous system in vertebrates. J. Comp. Neurol. **100**, 627-660.
Berman, D. S. and Regal, P. J. (1967) The loss of the ophidian middle ear. Evolution **21**, 641-643.
Bermis, W. E. and Northcutt, R. G. (1991) Innervation of the basicranial muscle of Latimeria chalumnae. In : The Biology of *Latimeria chalumnae* and Evolution of Coelacanths . Springer Netherlands, pp. 147-158.
Berrill, N. J. (1955) The Origin of Vertebrates. Clarendon, Oxford (cited in Gee, 1996).
Bever, G. S., Rowe, T., Ekdale, E. G., Macrine, T. E., Colbert, M. W. and Balanoff, A. M. (2005) Comment on "Independent origins of middle ear bones in monotremes and therians" (I). Science **309**, 1492.
Beverdam, A., Merlo, G. R., Paleari, L., Mantero, S., Genova, F., Barbieri, O.,.... and Levi, G. (2002) Jaw transformation with gain of symmetry after *Dlx5/Dlx6* inactivation : Mirror of the past?. Genesis **34**, 221-227.
Birchmeier, C. and Brohmann, H. (2000) Genes that control the development of migrating muscle precursor cells. Curr. Opin. Cell Biol. **12**, 725-730.
Bjerring, H. C. (1977) A contribution to structural analysis of the head of craniate animals. Zool. Script. **6**, 127-183.
Bjerring, H. C. (1989) Apertures of Craniate offactory Organs. Acta Zoologica **70** (2), 71-85.
Bladt, F., Riethmacher, D., Isenmann, S., Aguzzi, A. and Birchmeier, C. (1995) Essential role for the *c-met* receptor in the migration of myogenic precursor cells into the limb bud. Nature **376**, 768-771.
Blitz, E., Sharir, A., Akiyama, H. and Zelzer, E. (2013) Tendon-bone attachment unit is formed modularly by a distinct pool of Scx-and Sox9-positive progenitors. Development **140**, 2680-2690.
Bober, E., Franz, T., Arnold, H. H., Gruss, P. and Tremblay, P. (1994) *Pax-3* is required for the development of limb muscles : A possible role for the migration of dermomyotomal muscle progenitor cells. Development **120**, 603-612.
Bockman, D. E. and Kirby, M. L. (1984) Dependence of thymus development on derivatives of the neural crest. Science **223**, 498-500.
Bok, S. T. (1915) Die Entwicklung der Hirnnerven und ihrer Zentralen Bahnen. Die Stimulogene Fibrillation. Fol. neuro-biol. **9**, 475-565.
Bond, C. E. (1996) Biology of Fishes. 2nd ed. Saunders.
Bone, Q. (1958) Observations upon the living larva of amphioxus. Pubbl. Staz. Zool. Napoli. **30**, 458-471.
Bone, Q. (1961) The organization of the atrial nervous system of amphioxus (*Branchiostoma lanceolatum* (Pallas)) Phil. Trans. Roy. Soc. Ser. B. **243**, 241-269.
Bone, Q. (1989) Evolutionary patterns of axial muscle systems in some invertebrates and fish. Am. Zool. **29**, 5-18.
Bonner, J. T. (1982) (ed.) Evolution and Development : Report of the Dahlem workshop on evolution and development, Berlin 1981, May 10-15. Springer Verlag, Berlin.
Bonner, J. T. (2000) First Signals : The evolution of multicellular development. Princeton Univ. Press.
Bonnet, R. (1901) Beträge zur Embryologie des Hundes. Erste Forsetzung. Anat. Heft. **16**, 231-332.
Bonstein, L., Elias, S. and Frank, D. (1998) Paraxial-fated mesoderm is required for neural crest induction in *Xenopus embryos*. Dev. Biol. **193**, 156-168.
Boorman, C. J. and Shimeld, S. M. (2002a) Cloning and expression of a *Pitx* homeobox gene from the lamprey, a jawless vertebrate. Dev. Genes Evol. **212**, 349-353.
Boorman, C. J. and Shimeld, S. M. (2002b) Pitx homeobox genes in *Ciona* and amphioxus show left-

right asymmetry is a conserved chordate charactoer and define the ascidian adenohypophysis. Evol. Dev. **4**, 354-365.
Bossy, J. (1980) Development of olfactory and related structures in staged human embryos. Anat. Emb. **161**, 225-236.
Boulet, A. M. and Capecchi, M. R. (1994) Targeted disruption of *Hoxc-4* causes esophagal defects and vertebral transformations. Dev. Biol. **177**, 232-249.
Bourlat, S. J., Juliusdottir, T., Lowe, C. J., Freeman, R., Aronowicz, J., Kirschner, M., … and Telford, M. J. (2006) Deuterostome phylogeny reveals monophyletic chordates and the new phylum Xenoturbellida. Nature **444**, 85-88.
Bowler, P. J. (1984) Evolution-the History of Idea. Univ. of California Press.（邦訳）進化思想の歴史（上・下）。鈴木善次訳。朝日選書（1987）。
Bowler, P. J. (1996) Life's Splended Drama. Univ. Chicago Press.
Brakefield, P. M. (2001) The structure of a character and the evolution of patterns. In : G. P. Wagner (ed.), The Character Concept in Evolutionary Biology. Acad. Press, pp. 343-361.
Brakefield, P. M. and Wijngaarden, P. J. (2003) Phenotypic plasticity. In : Keywords and Concepts in Evolutionary Developmental Biology. Harvard Univ. Press, pp. 288-297.
Brakefield, P. M., Gates, J., Keys, D., Kesbeke, F., Wijngaarden, P. J., Monteiro, A., French, V. and Carroll, S. B. (1996) Development, plasticity and evolution of butterfly eyespot patterns. Nature **384**, 236-242.
Braun, C. B. (1998) Schreiner organs : a new craniate chemosensory modality in hagfishes. J. Comp. Neurol. **392**, 135-163.
Braus, H. (1899) Die metotischen Urwirbel. Mrophol. Jb. **27** (cited in De Beer, 1922).
Brazeau, M. D. (2009) The braincase and jaws of a Devonian 'acathodian' and modern gnathostome origins. Nature **457**, 305-308.
Brazeau, M. D. and Ahlberg, P. E. (2006) Tetrapod-like middle ear architecture in a Devonian fish. Nature **439**, 318-321.
Bremer, J. L. (1908) Aberrant roots and branches of the abducent and hypoglossal nerves. J. Comp. Neurol. **18**, 619-639.
Bremer, J. L. (1920-1921) Recurrent branches of the abducens nerve in human embryos. Am. J. Anat. **28**, 371-397.
Brenner, S., Johnson, M., Bridgham, J., Golda, G., Lloyd, D. H., Johnson, D., Luo, S. J., McCurdy, S., Foy, M., Ewan, M., Roth, R., George, D., Eletr, S., Albrecht, G., Vermaas, E., Williams, S. R., Moon, K., Burcham, T., Pallas, M., DuBridge, R. B., Kirchner, J., Fearon, K., Mao, J. and Corcoran, K. (2000) Gene expression analysis by massively parallel signature sequencing (MPSS) on microbead arrays. Nat. Biotechnol. **18**, 630-634.
Brent, A. E. and Tabin, C. J. (2004) FGF acts directly on the somitic tendon progenitors through the Ets transcription factors Pea3 and Erm to regulate *scleraxis* expression. Development **131**, 3885-3896.
Brent, A. E., Schweitzer, R. and Tabin, C. J. (2003) A somitic compartment of tendon progenitors. Cell **113**, 235-248.
Briscoe, J., Pierani, A., Jessell, T. M. and Ericson, J. (2000) A homeodomain protein code specifies progenitor cell identity and neuronal fate in the ventral neural tube. Cell **101**, 435-445.
Brito, J. M., Teillet, M. A. and Le Douarin, N. M. (2008) Induction of mirror-image supernumerary jaws in chicken mandibular mesenchyme by Sonic Hedgehog-producing cells. Development **135**, 2311-2319.
Brodal, A., Jansen, J. and Fänge, R. (1963) The Biology of Myxine. Universitetsforlaget.
Brohmann, H., Jagla, K. and Birchmeier, C. (2000) The role of *Lbx1* in migration of muscle precursor cells. Development **127**, 437-445.
Bronner-Fraser, M. (1986) Analysis of the early stages of trunk neural crest cell migration in avian embryos using monoclonal antibody, HNK-1. Dev. Biol. **115**, 44-55.
Bronner-Fraser, M. (2002) Molecular analysis of neural crest formation. J. Physiol. Paris **96**, 3-8.
Bronner-Fraser, M. and Cohen, A. M. (1980) Analysis of neural crest ventral pathway using injected tracer cells. Dev. Biol. **77**, 130-141.
Bronner-Fraser, M. and Fraser, S. E. (1988) Cell lineage analysis reveals multipotency of some avian neural crest cells. Nature **335**, 161-163.
Bronner-Fraser, M. and Stern, C. (1991) Effects of mesodermal tissues on avian neural crest cell migration. Dev. Biol. **143**, 213-217.
Brooke, N. M., Garcia-Fernandez, J. and Holland, P. W. (1998) The *ParaHox* gene cluster is an evolutionary sister of the *Hox* gene cluster. Nature **392**, 920-922
Brookover, C. (1908) Pink's nerve in *Amia* and *Lepidosteus*. Science **27**, 913.
Brookover, C. (1910) The olfactory nerve, the nervus terminalis and the pre-optic system in *Amia*

calva. J. Comp. Neurol. **20**, 49.
Broom, R. (1899) On the development and morphology of the marsupial shoulder girdle. Trans. Roy. Soc. Edin. **39**, 749-770.
Brown, F. D., Prendergast, A. and Swalla, B. J. (2008) Man is but a worm : Chordate origins. Genesis **46**, 605-613.
Brun, R. B. (1981) The movement of the prospective eye vesicles from the neural plate into the neural fold in *Ambystoma mexicanum* and *Xenopus laevis*. Dev. Biol. **88**, 192-199.
Buchholtz, E. A. and Stepien, C. C. (2009) Anatomical transformation in mammals : Developmental origin of aberrant cervical anatomy in tree sloths. Evol. Dev. **11**, 69-79.
Buchholtz, E. A., Bailin, H. G., Laves, S. A., Yang, J. T., Chan, M. Y. and Drozd, L. E. (2012) Fixed cervical count and the origin of the mammalian diaphragm. Evol. Dev. **14**, 399-411.
Buckingham, M. and Relaix, F. (2007) The role of Pax genes in the development of tissues and organs : *Pax3* and *Pax7* regulate muscle progenitor cell functions. Ann. Rev. Cell Dev. Biol. **23**, 645-673.
Buckingham, M., Bajard, L., Daubas, P., Esner, M., Lagha, M., Relaix, F. and Rocancourt, D. (2006) Myogenic progenitor cells in the mouse embryo are marked by the expression of *Pax3/7* genes that regulate their survival and myogenic potential. Anat. Emb. **211**, 51-56.
Bulman, O. M. B. (1931) Note on *Palaeospondylus gunni*, Traquair. Ann. Mag. Nat. Hist. **10** Ser. 8, 179-190.
Burdach, K. F. (1837) Die Physiologie als Erfahrungswissenschaft 1st ed. Leipzig, L. Voss, 2.
Burgess, R. W., Jucius, T. J. and Ackerman, S. L. (2006) Motor axon guidance of the mammalian trochlear and phrenic nerves : Dependence on the netrin receptor Unc5c and modifier loci. J. Neurosci. **26**, 5756-5766.
Burke, A. C. (1989) Development of the turtle carapace : Implications for the evolution of a novel bauplan. J. Morphol. **199**, 363-378.
Burke, A. C. (1991) The development and evolution of the turtle body plan. Inferring intrinsic aspects of the evolutionary process from experimental embryology. Am. Zool. **31**, 616-627.
Burke, A. C. (2009) Turtles…again. Evol. Dev. **11**, 622-624.
Burke, A. C. and Brown, S. (2003) Homeotic genes in animals. In : Keywords and Concepts in Evolutionary Developmental Biology. Harvard Univ. Press, pp. 174-184.
Burke, A. C. and Nowicki, J. L. (2003) A new view of patterning domains in the vertebrate mesoderm. Dev. Cell **4** (2), 159-165.
Burke, A. C., Nelson, C. E., Morgan, B. A. and Tabin, C. (1995) Hox genes and the evolution of vertebrate axial morphology. Development **121**, 333-346.
Burril, J. D. and Easter, S. S. Jr. (1994) Development of the retinofugal projections in the embryonic and larval zebrafish (*Brachidario rerio*). J. Comp. Neurol. **346**, 583-600.
Bushdid, P. B., Brantley, D. M., Yull, F. E., Blaeuer, G. L., Hoffman, L. H., Niswander, L. and Kerr, L. D. (1998) Inhibition of NF-kappaB activity results in disruption of the apical ectodermal ridge and aberrant limb morphogenesis. Nature **392**, 615-618.
Butts, T., Holland, P. W. H. and Ferrier, D. E. K. (2008) The urbilaterian Super-Hox cluster. Trends Genet. **24**, 259-262.
Cameron, C. B. Garey, J. R. and Swalla, B. J. (2000) Evolution of the chordate body plan : New insights from phylogenetic analyses of deuterostome phyla. Proc. Nat. Acad. Sci. USA. **97**, 4469-4474.
van Campenhout, E. (1935) Origine du ganglion acoustique chez le porc. Arch. Biol. **46**, 271-285.
van Campenhout, E. (1936) Contribution a l'étude l'origine des ganglion des nerfs craniens mixtes chez le porc. Arch. Biol. **47**, 585-605.
van Campenhout, E. (1937) Le developpement du system nerveux cranien chez le poulet. Arch. Biol. **48**, 611-672.
van Campenhout, E. (1948) La contribution des placodes epiblastiques au developpement des ganglions craniens chez l'embryon humain. Arch. Biol. **59**, 253-266.
Candiani, S., Holland, N. D., Oliveri, D., Parodi, M. and Pestarino, M. (2008) Expression of the amphioxus *Pit-1* gene (*AmphiPOU1F1/Pit-1*) exclusively in the developing preoral organ, a putative homolog of the vertebrate adenohypophysis. Brain Res. Bull. **75**, 324-330.
Cao, Y., Sorenson, M. D., Kumazawa, Y., Mindell, D. P. and Hasegawa, M. (2000) Phylogenetic position of turtles among amniotes : evidence from mitochondrial and nuclear genes. Gene **259**, 139-148.
Capdevila, J. and Izpisua-Belmonte, J. C. (2001) Perspectives on the evolutionary origin of tetrapod limbs. In : G. P. Wagner (ed.), The Character Concept in Evolutionary Biology. Acad. Press, pp. 531-558.
Carlson, B. M. (1996) Patten's Foundations of Embryology. 6th ed. McGraw-Hill.

Carpenter, E. M., Goddard, J. M., Chisaka, O., Manley, N. R. and Capecchi, M. R. (1993) Loss of *Hox-A1* (*Hox-1.6*) function results in the reorganization of the murine hindbrain. Development **118**, 1063-1075.

Carr, J. L., Shashikant, C. S., Bailey, W. J. and Ruddle, F. H. (1998) Molecular evolution of *Hox* gene regulation : Cloning and transgenic analysis of the lamprey *HoxQ8* gene. J. Exp. Zool. **280**, 73-85.

Carroll, R. L. (1980) The hyomandibular as a supporting element in the skull of primitive tetrapods. In : A. L. Panchen (ed.), The Terrestrial Environment and the Origin of Land Vertebrates. Acad. Press, pp. 293-317.

Carroll, R. L. (1988) Vertebrate Paleontology and Evolution. W. H. Freeman & Co.

Carroll, R. L. (1997) Patterns and Processes of Vertebrate Evolution. Cambridge Univ. Press.

Carroll, S. B., Greiner, J. K. and Weatherbee, S. D. (2001) From DNA to Diversity. Blackwell.

Caspers, G. -J., Reinders, G. -J., Leunissen, J. A. M., Wattel, J. and de Jong, W. W. (1996) Protein sequences indicate that turtles branched off from the amniote tree after mammals. J. Mol. Evol. **42**, 580-586.

Caton, A., Hacker, A., Naeem, A., Livet, J., Maina, F., Bladt, F., Klein, R., Birchmeier, C. and Guthrie, S. (2000) The branchial arches and HGF are growth-promoting and chemoattractant for cranial motor axons. Development **127**, 1751-1760.

Cebra-Thomas, J., Tan, F., Sistla, S., Estes, E., Bender, G., Kim, C., … and Gilbert, S. F. (2005) How the turtle forms its shell : A paracrine hypothesis of carapace formation. J. Exp. Zool. (Mol. Dev. Evol.) **304**B, 558-569.

Cebra-Thomas, J. A., Betters, E., Yin, M., Plafkin, C., Mcdow, K. and Gilbert, S. F. (2007) Evidence that a late-emerging population of trunk neural crest cells forms the plastron bones in the turtle *Trachemys scripta*. Evol. Dev. **9**, 267-277.

Cebra-Thomas, J. A., Terrell, A., Branyan, K., Shah, S., Rice, R., Gyi, L., Yin, M., Hu, Y., Mangat, G., Simonet, J., Betters, E. and Gilbert, S. F. (2013) Late-emigrating trunk neural crest cells in turtle embryos generate an osteogenic ectomesenchyme in the plastron. Dev. Dyn. **242**, 1223-1235.

Cerny, R., Lwigale, P., Ericsson, R., Meulemans, D., Epperlein, H. H. and Bronner-Fraser, M. (2004) Developmental origins and evolution of jaws : New interpretation of "maxillary" and "mandibular". Dev. Biol. **276**, 225-236.

Cerny, R., Cattell, M., Sauka-Spengler, T., Bronner-Fraser, M., Yu, F. and Medeiros, D. M. (2010) Evidence for the prepattern/cooption model of vertebrate jaw evolution. Proc. Nat. Acad. Sci. USA **107**, 17262-17267.

Chai, Y., Jiang, X., Ito, Y., Bringas, P. Jr., Han, J., Rowitch, D. H., Soriano, P., McMahon, A. P. and Sucov, H. M. (2000) Fate of mammalian cranial neural crest during tooth and mandibular morphogenesis. Development **127**, 1671-1679.

Chang, S., Fan, J. and Nayak, J. (1992) Pathfinding by cranial nerve VII (facial) motoneurons in the chick hindbrain. Development **114**, 815-823.

Chang, S., Chung-Davidson, Y. W., Libants, S. V., Nanlohy, K. G., Kiupel, M., Brown, C. T. and Li, W. (2013) The sea lamprey has a primordial accessory olfactory system. BMC Evol. Biol. **13**, 172.

Chang, M. M., Wu, F., Miao, D. and Zhang, J. (2014) Discovery of fossil lamprey larva from the Lower Cretaceous reveals its three-phased life cycle. Proc. Nat. Acad. Sci. USA **111**, 15486-15490.

Chapus, C. and Edwards, S. V. (2009) Genome evolution in Reptilia : in silico chicken mapping of 12,000 BAC-end sequences from two reptiles and a basal bird. BMC Genomics. **10** (Suppl. 2), S8.

Chen, J. W. and Galloway, J. L. (2014) The development of zebrafish tendon and ligament progenitors. Development **141**, 2035-2045.

Chen, J. Y., Dzik, J., Edgecombe, G. D., Ramskold, L. and Zhou, G. Q. (1995) A possible Early Cambrian chordate. Nature **377**, 720-722.

Chen, J. Y., Huang, D. Y. and Li, C. W. (1999) An early Cambrian craniate-like chordate. Nature **402**, 518-522.

Cheung, M. and Briscoe, J. (2003) Neural crest development is regulated by the transcription factor Sox9. Development **130**, 5681-5693.

Chevallier, A. (1977) Origine des ceintures scapulaires et pelviennez chez l'embryon d'oiseau. J. Emb. Exp. Morphol. **42**, 275-292.

Chevallier, A. (1979) Role of the somitic mesoderm in the development of the thorax in bird embryos. II. Origin of thoracic and appendicular musculature. J. Emb. Exp. Morphol. **49**, 73-88.

Chevallier, A., Kieny, M. and Mauger, A. (1977) Limb-somite relationship : Origin of the limb musculature. J. Emb. Exp. Morphol. **41**, 245-258.

Chiarugi, G. (1890) Le derveloppement des nerfs vague, accessorie, hypoglosse et premiers cervicaux chez les sauropsides et chez les mammiferes. Ital. Biol. **13**, 309-423.

Chinoy, M. R. (2002) Pulmonary hypoplasia and congenital diaphragmatic hernia : Advances in the pathogenetics and regulation of lung development. J. Surg. Res. **106**, 209-223.

Chisaka, O. and Capecchi, M. R. (1991) Regionally restricted developmental defects resulting from targeted disruption of the mouse homeobox gene *Hox 1.5*. Nature **350**, 473-479.

Chisaka, O., Muski, T. S. and Capecchi, M. R. (1992) Developmental defects of the ear, cranial nerves and hindbrain resulting from targeted disruption of the mouse homeobox gene *Hox-1.6*. Nature **355**, 516-520.

Cho, K. W. Y., Blumberg, B., Steinbeisser, H. and De Robertis, E. M. (1991) Molecular nature of Spemann's organizer : The role of the *Xenopus* homeobox gene *goosecoid*. Cell **67**, 1111-1120.

Christ, B. (1990) Entwicklung der Extremitäten. In : K. V. Hinrichsen (ed.), Humanembryologie. Springer-Verlag, pp. 838-862.

Christ, B., Jacob, H. J. and Jacob, M. (1977) Experimental analysis of the origin of the wing musculature in avian embryos. Anat. Emb. **150**, 171-186.

Christ, B., Brand-Saberi, B., Grim, M. and Wilting, J. (1992) Local signalling in dermomyotomal cell type specification. Anat. Emb. **186**, 505-510.

Christ, B., Huang, R. and Wilting, J. (2000) The development of the avian vertebral column. Anat. Emb. **202**, 179-194.

Christ, B., Huang, R. and Scaal, M. (2004) Formation and differentiation of the avian sclerotome. Anat. Emb. **208**, 333-350.

Chuong, C. M., Patel, N., Lin, J., Jung, H. S. and Widelitz, R. B. (2000a) Sonic hedgehog signaling pathway in vertebrate epithelial appendage morphogenesis : Perspectives in development and evolution. Cell Mol. Life Sci. **57**, 1672-1681.

Chuong, C. M., Chodankar, R., Widelitz, R. B. and Jiang, T. X. (2000b) Evo-devo of feathers and scales : Building complex epithelial appendages. Curr. Opin. Genet. Dev. **10**, 449-456.

Chuong, C. M., Hou, L., Chen, P. J., Wu, P., Patel, N. and Chen, Y. (2001) Dinosaur's feather and chicken's tooth? Tissue engineering of the integument. Eur. J. Dermatol. **11**, 286-292.

Cifelli, R. L. and Davis, B. M. (2013) Jurassic fossils and mammalian antiquity. Nature **500**, 160-161.

Clack, J. A. (2002) Patterns and processes in the early evolution of the tetrapod ear. J. Neurobiol. **53**, 251-264.

Clack, J. A. and Allin, E. (2004) The evolution of single-and multiple-ossicle ears in fishes and tetrapods. Springer Handbook of Auditory Research **22**, 128-163.

Claessens, L. F. A. M. (2004) Dinosaur gastralia ; origin, morphology, and function. J. Vert. Paleontol. **24**, 89-106.

Clark, K. U. (1973) The Biology of the Arthropoda. Edward Arnold Publ. (邦訳) 節足動物の生物学。北村實彬・高藤晃雄共訳、培風館 (1979)。

Clark, R. B. (1980) Natur und Entstehungen der metameren Segmentierung. Zool. Jb. Anat. Abt. **103**, 169-195.

Clark, K., Bender, G., Murray, B. P., Panfilio, K., Cook, S., Davis, R., Murnen, K., Tuan, R. S. and Gilbert S. F. (2001) Evidence for the neural crest origin of turtle plastron bones. Genesis **31**, 111-117.

Clarke, J. D. W. and Lumsden, A. (1993) Segmental repetition of neuronal phenotype sets in the chick embryo hindbrain. Development **118**, 151-162.

Claydon, G. J. (1938) The premandibular region of *Petromyzon planeri*. Part 1. Proc. Zool. Soc. Lond. Ser. B. **1938**, 1-16.

Clements, T., Dolocan, A., Martin, P., Purnell, M. A., Vinther, J. and Gabbott, S. E. (2016) Eyes of *Tullimonstrum gregarium* (Mazon Creek, Carboniferous) reveal a vertebrate affinity. Nature **532**, 500-503.

Clouthier, D. E., Hosoda, K., Richardson, J. A., Williams, S. C., Yanagisawa, H., Kuwaki, T., ⋯ and Yanagisawa, M. (1998) Cranial and cardiac neural crest defects in endothelin-A receptor-deficient mice. Development **125**, 813-824.

Clouthier, D. E., Williams, S. C., Yanagisawa, H., Wieduwilt, M., Richardson, J. A. and Yanagisawa, M. (2000) Signaling pathways crucial for craniofacial development revealed by *Endothelin-A receptor*-deficient mice. Dev. Biol. **217**, 10-24.

Cloutier, R. (2009) The fossil record of fish ontogenies : Insights into developmental patterns and processes. Semin. Cell Dev. Biol. **21**, 400-413.

Clouthier, D. E., Williams, S. C., Yanagisawa, H., Wieduwilt, M., Richardson, J. A. and Yanagisawa, M. (2000) Signaling pathways crucial for craniofacial development revealed by endothelin : A receptor-deficient mice. Dev. Biol. **217**, 10-24.

Clugston, R. D., Klattig, J., Englert, C., Clagett-Dame, M., Martinovic, J., Benachi, A. and Greer, J. J.

(2006) Teratogen-induced, dietary and genetic models of congenital diaphragmatic hernia share a common mechanism of pathogenesis. Am. J. Pathol. **169**, 1541-1549.
Clugston, R. D., Zhang, W. and Greer, J. J. (2008) Gene expression in the developing diaphragm : Significance for congenital diaphragmatic hernia. Am. J. Physiol. -Lung Cell. Mol. Physiol. **294**, L665-L675.
Clugston, R. D., Zhang, W. and Greer, J. J. (2010) Early development of the primordial mammalian diaphragm and cellular mechanisms of nitrofen-induced congenital diaphragmatic hernia. Birth Def. Res. Part A **88**, 15-24.
Coers, C. (1946) La formation des nerfs mixtes craniens chez le lapin. Arch. Biol. Paris **57**, 13-79.
Coghill, G. E. (1914) Correlated anatomical and physiological studies on the growth of the nervous system of Amphibia. I. The afferent system of the trunk of *Amblystoma*. J. Comp. Neurol. **24**, 161-233.
Cohn, M. J. (2002) Evolutionary biology : Lamprey Hox genes and the origin of jaws. Nature **416**, 386-387.
Cohn, M. J. and Tickle, C. (1999) Developmental basis of limblessness and axial patterning in snakes. Nature **399**, 474-479.
Colamarino, S. A. and Tessier-Lavigne, M. (1995) The axonal chemoattractant netrin-1 is also a chemorepellent for trochlear motor axons. Cell **81**, 621-629.
Colbert, E. H., Morales, M. and Minkoff, E. C. (2001) Colbert's Evolution of the Vertebrates. 5th ed. Wiley-Liss, A John Wiley & Sons.
Cole, F. J. (1897) On the cranial nerves of *Chimaera monstrosa* (Linn. 1754) : With a discussion of the lateral line system, and of the morphology of the chorda tympani. Trans. Roy. Soc. Edin. **38**, 631-680.
Cole, F. J. (1905) A monograph on the general morphology of the myxinoid fishes, based on a study of *Myxine*. Part I. The Anatomy of the Skelton. Trans. Roy. Soc. Edin. **41**, 749-788.
Cole, F. J. (1907) A Monograph on the general morphology of the myxinoid fishes, based on a study of *Myxine*. Part II. The anatomy of the muscles. Trans. Roy. Soc. Edin. **45**, 683-757.
Compagnucci, C., Debiais, M., Coolen, M., Fish, J., Griffin, J. N., Bertocchini, F., Minoux, M., Rijli, F. M., Borday-Birraux, V., Casane, D., Mazan, S. and Depew, M. J. (2013) Pattern and polarity in the development and evolution of the gnathostome jow : Both conservation and heterotopy in the branchial arches of the shark, *Scyliorhinus canicula*. Dev. Biol. **377**, 428-448.
Condie, B. G. and Capecchi, M. R. (1993) Mice homozygous for a targeted disruption of *Hoxd-3* (*Hox-4.1*) exhibit anterior transformations of the first and second cervical vertebrae, the atlas and the axis. Development **119**, 579-595.
Condie, B. G. and Capecchi, M. R. (1994) Mice with targeted disruptions in the paralogous genes *hoxa-3* and *hoxd-3* reveal synergistic interactions. Nature **370**, 304-307.
Conel, J. L. (1942) The origin of the neural crest. J. Comp. Neurol. **76**, 191-215.
Congdon, E. D. (1922) Transformation of the aortic-arch system during the development of the human embryo. Cont. Emb. **14**, 47-110.
Conlon, R. A. (1995) Retinoic acid and pattern formation in vertebrates. TIG. **11**, 314-319.
Cooke, J. (1981) The problem of periodic patterns in embryos. Phil. Trans. Roy. Soc. B : Biol. Sci. **295**, 509-524.
Cooke, J. (1998) A gene that resuscitates a theory : Somitogenesis and a molecular oscillator. Trends Genet. **14**, 85-88.
Cooke, J., Nowak, M. A., Boerljst, M. and Maynard-Smith, J. (1997) Evolutionary origins and maintenance of redundant gene expression during metazoan development. Trends Genet. **13**, 360-363.
Cope, E. D. (1889) Synopsis of the families of Vertebrata. Am. Nat. **1889**, 849-877.
Cope, E. D. (1890) The Homologies of the Fins of Fishes. Am. Nat. **24**, 401-423.
Cordes, S. P. (2001) Molecular genetics of cranial nerve development in mouse. Nat. Rev. Neurosci. **2** (9), 611-623.
Cords, E. (1928) Über die Nervenversorgung der Augenmuskeln von *Petromyzon marinus*. Anat. Anz. **66**, 293-295.
Corona, M., Estrada, E. and Zurita, M. (1999) Differential expression of mitochondrial genes between queens and workers during caste determination in the honeybee *Apia mellifera*. J. Exp. Biol. **202**, 929-938.
Couly, G. and Le Douarin, N. M. (1985) Mapping of the early neural primordium in quail-chick chimeras. I. Developmental relationships between placodes, facial ectoderm, and prosencephalon. Dev. Biol. **110**, 422-439.
Couly, G. and Le Douarin, N. M. (1987) Mapping of the early neural primordium in quail-chick chimeras. II. The prosencephalic neural plate and neural folds : Implications for the genesis of

cephalic human congenital abnormalities. Dev. Biol. **120**, 198-214.
Couly, G. and Le Douarin, N. M. (1988) The fate map of the cephalic neural primordium at the presomitic to the 3-somite stage in the avian embryo. Development **103** Suppl., 101-113.
Couly, G. F., Colty, P. M. and LeDouarin, N. M. (1992) The developmental fate of the cephalic mesoderm in quail-chick chimeras. Development **114**, 1-15.
Couly, G. F., Coltey, P. M. and Le Douarin, N. M. (1993) The triple origin of skull in higher vertebrates : A study in quail-chick chimeras. Development **117**, 409-429.
Couly, G., Grapin-Botton, A., Coltey, P., Ruhin, B. and Le Douarin, N. M. (1998) Determination of the identity of the derivatives of the cephalic neural crest : Incompatibility between Hox gene expression and lower jaw development. Development **125**, 3445-3459.
Couly, G., Creuzet, S., Bennaceur, S., Vincent, C. and Le Douarin, N. M. (2002) Interactions between *Hox*-negative cephalic neural crest cells and the foregut endoderm in patterning facial skeleton in the vertebrate head. Development **129**, 1061-1073.
Covell, D. A. and Noden, D. M. (1989) Embryonic development of the chick primary trigeminal sensory-motor complex. J. Comp. Neurol. **286**, 488-503.
Cox, C. B. (1969) The problematic Permian reptile Eunotosaurus. Bull. Br. Mus. (Nat. Hist.), Geol. **18**, 167-196
Crompton, A. W. (1963) On the lower jaw of *Diarthrognathus* and the origin of the mammalian lower jaw. Proc. Zool. Soc. Lond. **140**, 697-753.
Crompton, A. W. (1972) The evolution of the jaw articulation of cynodonts. In : K. A. Joysey and T. S. Kemp (eds.), Studies in Vertebrate Evolution. Oliver & Boyd, pp. 231-251.
Crompton, A. W. (1995) "Masticatory function in nonmammalian cynodonts and early mammals." Functional Morphology in Vertebrate Paleontology, pp. 55-75.
Crowther, R. J. and Whittaker, J. R. (1994) Serial repetition of cilia pairs along the tail surface of an ascidian larva. J. Exp. Zool. **268**, 9-16.
Cui-Sheng, W. J. L. and Zheng-Ming, X. (1998) The gross anatomy of the cranial cervical ganglion and its branches in the Bactrian. Vet. Res. Commun. **22**, 1-5.
Cuvier, G. (1799) Leçons d'Anatomie Comparée, Tome I. Baudouin, Imprimeur de L'Institut National des Sciences et des Arts, Paris, 1799.
Cuvier, G. (1836) Leçons d'anatomie comparée. Troisieme édition. Tome 1, Bruxelles.
Cuvier, G. and Valenciennes, A. (1828) Histoire naturelle des poissons. Tome 1, Paris.
Damas, H. (1935) Contribution à l'étude de la métaporphose de la tête de la Lamproie. Atch. Biol. **46**, 171-227.
Damas, H. (1943) Recherches sur le développement de *Lampetra fluviatilis* L. : contribution à l'étude de la Céphalogenèse des Vertébrés. H. Vaillant-Carmanne.
Damas, H. (1944) Recherches sur le développment de *Lampetra fluviatilis* L. -contribution à l'étude de la cephalogenèse des vertébrés. Arch. Biol. Paris **55**, 1-289.
Damas, H. (1958) Crane des agnathes. Traité de Zoologie. Tome VIII. Agnathes et Poissons. Masson et Cie Éditeurs, 22-39.
D'Amico-Marte, A. and Noden, D. M. (1983) Contributions of placodal and neural crest cells to avian peripheral ganglia. Am. J. Anat. **166**, 445-468.
Danilkovitch-Miagkova, A., Miagkov, A., Skeel, A., Nakaigawa, N., Zbar, B. and Leonard, E. J. (2001) Oncogenic mutants of RON and MET receptor tyrosine kinases cause activation of the β-catenin pathway. Mol. Cell Biol. **21**, 5857-5868.
Danowitz, M. and Solounias, N. (2015) The cervical osteology of *Okapia johnstoni* and *Giraffa camelopardalis*. PLoS ONE **10**, e0136552.
Darwin, C. (1959) The Origin of Species by Means of Natural Selection. John Murray.
Davidson, E. H. (2001) Genomic regulatory systems. In : Development and Evolution. Acad. Press.
Davies, A. M. (1988) The trigeminal system : An advantageous experiment model for studying neuronal development. Development **103** Suppl., 175-183.
Davis, A. P. and Capecchi, M. R. (1994) Axial homeosis and appendicular skeleton defects in mice with a targeted disruption of *hoxd-11*. Development **120**, 2187-2198.
Davis, G. K. and Patel, N. H. (1999) The origin and evolution of segmentation. Trends Cell Biol. **9**, M68-M72.
Davis, S. P., Finarelli, J. A. and Coates, M. I. (2012) *Acanthodes* and shark-like conditions in the last common ancestor of modern gnathostomes. Nature **486**, 247-250.
Dean, B. (1896a) Is *Palaeospondylus* a cyclostome?. reprinted from the Transactions N.Y. Academy Sciences, 1896, Vol. 15.
Dean, B. (1896b) The Columbia University Zoological Expedition of 1896 : With a brief account of the work of collecting in Puget Sound and on the Pacific Coast. Academy, NY.
Dean, B. (1898) On the development of the Californian hag-fish, *Bdellostoma stouti*, Lockington.

Quart. J. Microsc. Sci. **40**, 269-279.
Dean, B. (1899) On the embryology of *Bdellostoma stouti*. A genera account of myxinoid development from the egg and segmentation to hatching. Festschrift zum 70ten Geburtstag Carl von Kupffer, Jena, pp. 220-276.
Dean, B. (1904) Still another memoir on *Palaeospondylus*. Science **19**, 425-426.
De Beer, G. R. (1922) The segmentation of the head in *Squalus acanthias*. Quart. J. Microsc. Sci. **66**, 457-474.
De Beer, G. R. (1924a) The prootic somites of *Heterodontus* and of *Amia*. Quart. J. Microsc. Sci. **68**, 17-38.
De Beer, G. R. (1924b) Memoirs : Studies on the vertebrate head part Ⅰ. Fish. Quart. J. Microsc. Sci. **2**, 287-341.
De Beer, G. R. (1926a) Studies of the vertebrate head Ⅱ. The orbital region of the skull. Quart. J. Microsc. Sci. **70**, 263-370.
De Beer, G. R. (1926b) Experimental Embryology. Oxford Univ. Press.
De Beer, G. R. (1930) Embryology and Evolution. Clarendon Press.
De Beer, G. R. (1931) On the nature of the trabecula cranii. Quart. J. Microsc. Sci. **74**, 701-731.
De Beer, G. R. (1937) The Development of the Vertebrate Skull. Oxford Univ. Press.
De Beer, G. R. (1958) Embryos and Ancestors. Oxford Univ. Press.
De Beer, G. R. (1971) Homology, An Unsolved Problem, Oxford Biology Readers, J. J. Head and O. E. Lowenstein (eds.), Oxford Univ. Press.
De Beer, G. R. and Fell, W. A. (1936) The development of the Monotremata. Part Ⅲ. The development of the skull of *Ornithorhynchus*. Trans. Zool. Soc. London. **23**, 1-42.
deBraga, M. and Rieppel, O. (1997) Reptile phylogeny and the interrelationships of turtles. Zool. J. Linn. Soc. **120**, 281-354.
Delage, Y. and Hérouard, E. (1898) Traité de Zoologie Concrète. Tome Ⅷ, Les Procordés. Paris.
Delarbre, C., Gallut, C., Barriel, V., Janvier, P. and Gachelin, G. (2002) Complete Mitochondrial DNA of the hagfish, *Eptatretsu burgeri* : The comparative analysis of mitochondrial DNA sequences strongly supports the cyclostome Monophyly. Mol. Phylogenet. Evol. **22**, 184-192.
Delsman, H. C. (1924a) The Ancestry of Vertebrates, Visser, Weltevreden, Java.
Delsman, H. C. (1924b) The origin of vertebrates. Am. J. Sci. **8**, 151-158.
Demski, L. S. (1993) Terminal nerve complex. Act. Anat. **148**, 81-95.
Denetclaw, W. F. Jr. and Ordahl, C. P. (2000) The growth of the dermomyotome and formation of early myotome lineages in the thoracolumbar somites of chicken embryos. Development **127**, 893-905.
Depew, M. J. and Olsson, L. (2008) Symposium on the evolution and development of the vertebrate head. J. Exp. Zool. (Mol. Dev. Evol.) **310**B, 287-293.
Depew, M. J., Liu, J. K., Long, J. E., Presley, R., Meneses, J. J., Pedersen, R. A. and Rubenstein, J. L. (1999) *Dlx5* regulates regional development of the branchial arches and sensory capsules. Development **126**, 3831-3846.
Depew, M. J., Lufkin, T. and Rubenstein, J. L. (2002) Specification of jaw subdivisions by Dlx genes. Science **298**, 381-385.
De Sá, R. O. and Swart, C. C. (1999) Development of the suprarostral plate of pipoid frogs. J Morphol, **240**, 143-153.
Desmond, A. (1982) Archetype and Ancestors : Paleontology in Victorian London 1850-1875. Univ. Chicago Press.
De Toledo, J. C. and David, N. J. (2001) Innervation of the sternocleidomastoid and trapezius muscles by the accessory nucleus. J. Neuro-Ophthal. **21**, 214-216.
Detwiler, S. R. (1934) An experimental study of spinal nerve segmentation in *Amblystoma* will reference to the plurisegmental contribution to the brachial plexus. J. Exp. Zool. **67**, 395-441.
Devenport, M. P., Blass, C. and Eggleston, P. (2000) Characterization of the Hox gene cluster in the malaria vector mosquito, *Anopheles gambiae*. Evol. Dev. **2**, 326-339.
Dickinson, A. J. G. and Sive, H. (2006) Development of the primary mouth in *Xenopus laevis*. Dev. Biol. **15**, 700-713.
Dickinson, A. and Sive, H. (2007) Positioning the extreme anterior in *Xenopus* : Cement gland, primary mouth and anterior pituitary. Semin. Cell Dev. Biol. **18**, 525-533.
Dickinson, A. J. G. and Sive, H. L. (2009) The Wnt antagonists Frzb-1 and Crescent locally regulate basement membrane dissolution in the developing primary mouth. Development **136**, 1071-1081.
Didier, D. A., Leclair, E. E. and Vanbuskirk, D. R. (1998) Embryonic staging and external features of development of the chimaeroid fish, *Callorhinchus milii* (Holocephali, Callorhinchidae). J. Morphol. **236**, 25-47.

Dietrich, S., Schubert, F. R., Healy, C., Sharpe, P. T. and Lumsden, A. (1998) Specification of the hypaxial musculature. Development **125**, 2235-2249.

Dietrich, S., Abou-Rebyeh, F., Brohmann, H., Bladt, F., Sonnenberg-Riethmacher, E., Yamaai, T., Lumsden, A., Brand-Saberi, B. and Birchmeier, C. (1999) The role of SF/HGF and c-Met in the development of skeletal muscle. Development **126**, 1621-1629.

Dillon, L. C. (1965) The hydrocoel and the ancestry of the chordates. Evolution **19**, 436-446 (cited in Gee, 1996).

Dillon, A. K., Fujita, S. C., Matise, M. P., Jarjour, A. A., Kennedy, T. E., Kollmus, H., Arnold, H. H., Weiner, J. A., Sanes, J. R. and Kaprielian, Z. (2005) Molecular control of spinal accessory motor neuron/axon development in the mouse spinal cord. J. Neurosci. **25**, 10119-10130.

Diogo, R. and Zimmermann, J. M. (2013) Development of fore-and hindlimb muscles in frogs: morphogenesis, homeotic transformations, digit reduction, and the forelimb-hindlimb enigma. J. Exp. Zool. B. Mol. Dev. Evol. **322**, 86-105.

Dixon, M. and Lumsden, A. (1999) Distribution of *neuregulin-1* (*nrg1*) and *erbB4* transcripts in embryonic chick hindbrain. Mol. Cell Neurosci. **13**, 237-258.

Dodd, J. M. and Dodd, M. H. I. (1985) Evolutionary aspects of reproduction in cyclostomes and cartilaginous fishes. In : R. E. Foreman, A. Gorbman, J. M. Dodd and R. Olsson (eds.), NATO ASI ser. Evolutionary Biology of Primitive Fishes. Plenum Press, pp. 295-319.

Dodson, S. (1989) The ecological role of chemical stimuli for the zooplankton : Predator-induced morphology in *Daphnia*. Oecologia **78**, 361-367.

Doerksen, L. F., Bhattacharya, A., Kannan, P., Pratt, D. and Tainsky, M. A. (1996) Functional interaction between a RARE and an AP-2 binding site in the regulation of the human *HOX A4* gene promoter. Nucleic Acids Res. **24**, 2849-2856.

Doflein, F. (1899) Zur Entwicklungsgeschichte von Bdellostoma stouti Lock. Verhandl. Deutsche zool. Gesellsch.

Dohrn, A. (1875) Der Ursprung der Wirbeltiere und das Prinzip des Funktionswechsels. Engelmann.

Dohrn, A. (1882) Studien. III : Die Entstehung uud Bedeutung der Hypophysis bei *Petromyzon planeri*. Mit. Zool. Stat. Neapel **4**, 172-189.

Dohrn, A. (1885) Studien zur Urgeschichte des Wirbeltierkörpers. VII. Entstehung und Differenzierung des Zungenbein-und Kiefer-Apparattus der Serlachier. Mit. Zool. Stat. Neapel **6**, 1-92.

Dohrn, A. (1890a) Bemerkungen über den neuesten Versuch einer Lösung des Wirbelthierkopf-Problems. Anat. Anz. **5**, 53-64, 78-85.

Dohrn, A. (1890b) Neue Grundlagen zur Beurteilung der Metamerie des Kopfes. Zool. Stat. Neapel **9** (cited in Killian, 1891).

Donoghue, P. C. (2001) Microstructural variation in conodont enamel is a functional adaptation. Proc. Roy. Soc. Lond. Ser. B **268**, 1691-1698.

Donoghue, P. C. J. and Sansom, I. J. (2002) Origin and early evolution of vertebrate skeletonization. Microsc. Res. Tech. **59**, 352-372.

Donoghue, P. C., Forey, P. L. and Aldridge, R. J. (2000) Conodont affinity and chordate phylogeny. Biological Reviews of the Cambridge Philosophical Society, **75** (02), 191-251.

Donoghue, P. C. J., Sansom, I. J. and Downs, J. P. (2006). Early evolution of vertebrate skeletal tissues and cellular interactions, and the canalization of skeletal development. J. Exp. Zool. Part B : Mol. Dev. Evol. **306**, 278.

Dorello, P. (1900) Studi embryologici sui rettili. Parte prima. Osservazioni e considerazioni sullo sviluppo delle cavita cefaliche negli embrioni della *Seps chalcides*. Ric. fatte nel Lab. di Anat. Norm. della R. Univ. Roma **7**, 215-251.

Downs, J. P. and Donoghue, P. C. J. (2009) Skeletal histology of *Bothriolepis canadensis* (Placodermi, Antiarchi) and evolution of the skeleton at the origin of jawed vertebrates. J. Morphol. **270**, 1364-1380.

Duboule, D. (1994) Temporal colinearity and the phylotypic progression : A basis for the stability of a vertebrate Bauplan and the evolution of morphologies through heterochrony. Development Suppl. **1994**, 135-142.

Dullemeijer, P. (1974) Concepts and Approaches in Animal Morphology. Van Gorcum.

Duméril, C. (1806) Zoologie analytique, ou Méthode naturelle de classification des animaux : rendue plus facile à l'aide de tableaux synoptiques. Allais.

Duncker, H. R. (1978) Funktionsmorphologie des Atemapparates und Coelomgliederung bei Reptilien Vögeln und Säugetieren. Verh. Deut. Zool. Ges. 99-132.

Duncker, H. R. (1979) Coelomic cavities. In : A. S. King and J. McLelland (eds.), Form and Function in Birds, Vol. 1. Acad. Press, pp. 39-67.

Dunlap, J. C. and Wu, C. -T. (2002) (eds.) Homology Effects. Acad. Press.
Dupret, V., Sanchez, S., Goujet, D., Tafforeau, P. and Ahlberg, P. E. (2014) A Primitive placoderm sheds light on the origin of the jawed vertebrate face. Nature **507**, 500-503.
Durland, J. L., Sferlazzo, M., Logan, M. and Burke, A. C. (2008) Visualizing the lateral somitic frontier in the *Prx1Cre* transgenic mouse. J. Anat. **212**, 590-602.
Durston, A. J., Timmermans, J. P. M., Hage, W. J., Hendriks, H. F. J., Vries, N. J. de, Heideveld, M. and Niewkoop, P. D. (1989) Retinoic acidcauses an ateroposterior transformation in th developing central vervous system. Nature **340**, 140-144.
Dursy, E. (1869) Zur Entwicklungsgeschichte des Kopfes des Menschen, u. s. w. Tübingen. (cited in Neal, 1918a).
Dzik, J. (2008) Evolution of morphogenesis in 360-million-year-old conodont chordates calibrated in days. Evol. Dev. **10**, 769-777.
Eagleson, G. W. and Harris, W. A. (1990) Mapping of the presumptive brain regions in the neural plate of *Xenopus laevis*. J. Neurobiol. **21**, 427-440.
Easter, S. S. Jr., Ross, L. S. and Frankfurter, A. (1993) Initial tract formation in the mouse brain. J. Neurosci. **13**, 285-299.
Eckermann, J. P. (1848) Gespräche mit Goethe in den letzten Jahren seines Lebens. Ⅲ. (邦訳) ゲーテとの対話。山下肇訳、岩波文庫（1969）。
Edgeworth, F. H. (1935) The Cranial Muscles of Vertebrates. Cambridge Univ. Press.
Eickholt, B. J., Mackenzie, S. L., Graham, A., Walsh, F. S. and Doherty, P. (1999) Evidence for collapsin-1 functioning in the control of neural crest migration in both trunk and hindbrain regions. Development **126**, 2181-2189.
Eisen, J., Mayers, P. Z. and Westerfield, M. (1986) Pathway selection by growth cones of identified motoneurons in live zebrafish embryos. Nature **320**, 269-271.
Eldridge, N. (1989) Macroevolutionary Dynamics : Species, niches and adaptive peaks. McGraw-Hill.
Elinson, R. P. (1987) Change in developmental patterns : Embryos of amphibians with large eggs. In : R. A. Raff and E. C. Raff (eds.), Development as an Evolutionary Process. Alan R. Liss, Inc., pp. 1-21.
Emelianov, S. W. (1935) Die Morphologie der Fischrippen. Zool. Jb. **60**, 133-262.
Emelianov, S. W. (1936) Die Morphologie der Tetrapodenrippen. Zool. Jb. **62**, 173-274.
遠藤秀紀 (2002) 哺乳類の進化。東京大学出版会。
Endo, H., Hashimoto, O., Taru, H., Sugimura, K., Fujiwara, S. I., Itou, T., … and Sakai, T. (2013) Comparative morphological examinations of the cervical and thoracic vertebrae and related spinal nerves in the two-toed sloth. Mammal Study **38**, 217-224.
Enomoto, H., Crawford, P. A., Gorodinsky, A., Heuckeroth, R. O., Johnson, E. M. Jr. and Milbrandt, J. (2001) RET signaling is essential for migration, axonal growth and axon guidance of developing sympathetic neurons. Development **128**, 3963-3974.
Epperlein, H. H. and Lehman, R. (1975) Ectomesenchymal-ectodermal interaction system (EEIS) of *Triturus alpestris* in tissue culture. 2. Observations on the differentiation of visceral cartilage. Differentiation **4**, 159-174.
Epperlein, H. H., Lofberg, J. and Olsson, L. (1996) Neural crest cell migration and pigment pattern formation in urodele amphibians. Int. J. Dev. Biol. **40**, 229-238.
Epperlein, H. H., Khattak, S., Knapp, D., Tanaka, E. M. and Malashichev, Y. B. (2012) Neural crest does not contribute to the neck and shoulder in the axolotl (*Ambystoma mexicanum*). PLoS ONE **7**, e52244.
Erickson, C. A. (1993) Morphogenesis of the avian trunk neural crest : use of morphological techniques in elucidating the process. Microsc. Res. Tech. **26**, 329-351.
Ericsson, R., Knight, R. and Johanson, Z. (2012) Evolution and development of the vertebrate neck. J. Anat. **222**, 67-78.
Evans, D. J. and Noden, D. M. (2006) Spatial relations between avian craniofacial neural crest and paraxial mesoderm cells. Dev. Dyn. **235**, 1310-1325.
Evans, J. D. and Wheeler, D. E. (1999) Differential gene expression between developing queens and workers in the honey bee, *Apis mellifera*. Proc. Nat. Acad. Sci. USA **96**, 5575-5580.
Evans, D. J. R., Valasek, P., Schmidt, C. and Patel, K. (2006) Skeletal muscle translocation in vertebrates. Anat. Emb. **211**, S43-S50.
Falck, P., Joss, J. and Olsson, L. (2000) Cranial neural crest cell migration in the Australian lungfish, *Neoceratodus forsteri*. Evol. Dev. **2**, 179-185.
Farlie, P. G., Kerr, R., Thomas, P., Symes, T., Minichiello, J., Hearn, C. J. and Newgreen, D. (1999) A paraxial exclusion zone creates patterned cranial neural crest cell outgrowth adjacent to rhombomeres 3 and 5. Dev. Biol. **213**, 70-84.

Fernholm, B. O. (1969) A third embryo of Myxine: Considerations on hypophysial ontogeny and phylogeny. Acta Zool. **50**, 169-177.
Fernholm, B. (1981) Thread cells from the slime glands of hagfish (Myxinidae). Acta Zool. **62**, 137-145.
Ferrier, D. E., Minguillon, C., Holland, P. W. and Garcia-Fernandez, J. (2000) The amphioxus Hox cluster: Deuterostome posterior flexibility and *Hox1.4*. Evol. Dev. **2**, 284-293.
Figdor, M. C. and Stern, C. D. (1993) Segmental organization of embryonic diencephalon. Nature **363**, 630-634.
Finger, T. E. (1993) What's so special about special visceral? Acta Anat. **148**, 132-138.
Fisher, R. A. (1930) The Genetical Theory of Natural Selection. Clarendon Press.
Fitch, D. H. A. and Sudhaus, W. (2002) One small step for worms, one giant leap for "Bauplan?" Evol. Dev. **4**, 243-246.
Flood, P. R. (1966) A peculiar mode of muscular innervation in amphioxus. Light and electron microscopic studies of the so-called ventral roots. J. Comp. Neurol. **126**, 181-218.
Flood, P. R. (1968) Structure of segmental trunk muscle in amphioxus. With notes on the course and "endings" of the so-called ventral root fibres. Z. Zellforsch. **84**, 389-416.
Flood, P. R. (1973) Ultrastructural and cytochemical studies of the muscle innervation in Appendicularia Tunicata. J. Micros. **18**, 317-326.
Flood, P. R. (1974) Histochemistry of cholinesterase in amphioxus (*Branchiostoma lanceolatum*, Pallis) J. Comp. Neurol. **157**, 407-438.
Foley, A. C. and Stern, C. D. (2001) Evolution of vertebrate forebrain development: how many different mechanisms? J. Anat. **199**, 35-52.
Force, A., Lynch, M., Pickett, F. B., Amores, A., Yan, Y. L. and Postlethwait, J. (1999) Preservation of duplicate genes by complimentary, degenerative mutations. Genetics **151**, 1531-1545.
Force, A., Amores, A. and Postlethwait, J. H. (2002) Hox cluster organization in the jawless vertebrate *Petromyzon marinus*. J. Exp. Zool. (Mol. Dev. Evol.) **294B**, 30-46.
Forey, P. L. (1984) Yet more reflections on agnathan-gnathostome relationships. J. Vert. Paleontol. **4**, 330-343.
Forey, P. and Janvier, P. (1993) Agnathans and the origin of jawed vertebrates. Nature **361**, 129-134.
Forty, R. A. and Thomas, R. H. (1998) Arthropod Relationships. The Systematic Association Special Volume Series 55, Chapman & Hall.
Foster, M. and Sedgwick, A. (1885) (eds.) The Works of Francis Maitland Balfour, M. A., L. L. D., F. R. S., Fellow of Trinity College, and Professor of Animal Morphology in the University of Cambridge. Vols. I-IV. MacMillan & Co.
Fraher, J. P. (1999) The transitional zone and CNS regeneration. J. Anat. **194**, 161-182.
Fraher, J. P. and Kaar, G. F. (1986) The lumbar ventral root-spinal cord transitional zone in the rat. A morphological study during development and at maturity. J. Anat. **145**, 109-122.
Francis-West, P., Ladher, R., Barlow, A. and Graveson, A. (1998) Signalling interactions during facial development. Mech. Dev. **75**, 3-28.
François, V. and Bier, E. (1995) *Xenopus chordin* and Drosophila *short gastrulation* genes encode homologous proteins functioning in dorsal-ventral axis formation. Cell **80**, 19-20.
Frasch, M., Chen, X. and Lufkin, T. (1995) Evolutionary-conserved enhancers direct region-specific expression of the murine *Hoxa-1* and *Hoxa-2* loci in both mice and *Drosophila*. Development **121**, 957-974.
Fraser, E. A. (1915) The head cavities and development of the eye muscles in *Trichosurus vulpecula*, with notes on some other marsupials. Proc. Zool. Soc. London **22**, 299-346.
Fraser, S., Keynes, R. and Lumsden, A. (1990) Segmentation in the chick embryo hindbrain is defined by cell lineage restriction. Nature **344**, 431-435.
Freund, R., Därfler, D., Popp, W. and Wachtler, F. (1996) The metameric pattern of the head mesoderm-does it exist? Anat. Emb. **193**, 73-80.
Fritzsch, B. and Beisel, K. W. (2001) Evolution and development of the vertebrate ear. Brain Res. Bull. **55**, 711-721.
Fritzsch, B. and Northcutt, G. (1993) Cranial and spinal nerve organization in Amphioxus and Lampreys: evidence for an ancestral craniate pattern. Acta Anat. **148**, 96-109.
Fritzsch, B. and Sonntag, R. (1988) The trochlear motoneurons of lampreys (*Lampetra fluviatilis*): location, morphology and members as revealed with horseradish peroxidase. Cell Tiss. Res. **252**, 223-229.
Fritzsch, B., Sonntag, R., Dubuc, R., Ohta, Y. and Grillner, S. (1990) Organization of the six motor nuclei innervating the ocular muscles in lamprey. J. Comp. Neurol. **294**, 491-506.
Fritzsch, B., Signore, M. and Simeone, A. (2001) *Otx1* null mutant mice show partial segregation of

sensory epithelia comparable to lamprey ears. Dev. Genes Evol. **211**, 388-396.
Fromental-Ramain, C., Warot, X., Lakkaraju, S., Favier, B., Haack, H., Birling, C., Dierlich, A., Dollé, P. and Chambon, P. (1996) Specific and redundant functions of the paralogous *Hoxa-9* and *Hoxd-9* genes in forelimb and axial skeleton patterning. Development **122**, 461-472.
Froriep, A. (1882) Über ein Ganglion des Hypoglossus und Wirbelanlagen in der Occipitalregion. Arch. Anat. Physiol. **1882**, 279-302.
Froriep, A. (1883) Zur Entwickelungsgeschichte der Wirbelsäule, insbesondere des Atlas und Epistropheus und der Occipital Region. I. Beobachtung an Hühnerembryonen. Arch. Anat. Physiol. **1883**, 177-234.
Froriep, A. (1885) Über Anlagen von Sinnesorganen am Facialis, Glossopharyngeus und Vagus, über die genetische Stellung des Vagus zum Hypoglossus, und über die Herkunft der Zungenmusculatur. Arch. Anat. Physiol. **1885**, 1-55.
Froriep, A. (1891) Entwicklungsgeschichte des Kopfes. Anat. Heft. **2**, 561-605.
Froriep, A. (1892) Zur Frage der sogenannten Neuromerie. Verh. Anat. Ges. **6**, 162-167.
Froriep, A. (1893) Entwicklungsgeschichte des Kopfes. Anat. Heft. **3**, 391-459.
Froriep, A. (1902) Zur Entwicklungsgeschichte des Wirbeltierkopfes. Verh. Anat. Ges. **1902**, 34-46.
Froriep, A. (1905) Die occipitalen Urwirbel der Amnioten im Vergleich mit denen der Selachier. Verh. Anat. Ges. **1905**, 111-120.
Froriep, A. (1917) Die Kraniovertebralgrenze bei den Amphibien (*Salamandra atra*) Arch. Anat. Physiol. **1917**, 61-103.
Fuchs, H. (1905) Bemerkungen über die Herkunft und Entwicklungsgeschichte der Gehöhrknöchelchen bei Kaninchen-Embryonen. Arch. Anat. Ent. -Ges. **1905**, 1-178.
Fuchs, H. (1931) Über das Os articulare mandibulae bipartitum einer Echse (*Physignathus lesueurii*) Morphol. Jb. **67**, 318-370.
Fuchs, J. C. and Tucker, A. S. (2015) Chapter nine-development and integration of the ear. Curr. Topics Dev. Biol. **115**, 213-232.
Furlong, R. F. and Holland, P. W. H. (2002) Bayesian phylogeentic analysis supports monophyly of ambulacraria and of cyclostomes. Zool. Sci. **19**, 593-599.
Fujimoto, S., Oisi, T., Kuraku, S., Ota, K. G. and Kuratani, S. (2013) Non-parsimonious evolution of the *Dlx* genes in the hagfish. BMC Evol. Biol. **13**, 15.
福田芳生 (1996) 古生態図集・海の無脊椎動物。川島書店。
Fürbringer, M. (1874) Zur vergleichenden Anatomie der Schultermuskeln. II. Theil. Jen. Z. Naturwiss. **8**, 175-280.
Fürbringer, M. (1875) Zur vergleichenden Anatomie der Schultermuskeln. Morphol. Jb. **1**, 637-816.
Fürbringer, M. (1897) Über die spino-occipitalen Nerven der Selachier und Holocephalen ind ihre vergleichende Morphologie. Festschr. Carl Gegenbaur. **3**, 349-788.
Fürbringer, M. (1900) Zur vergleichenden Anatomie des Brustschulterapparates und der Schultermuskeln, Band IV. Teil. Gustav Fischer.
Fürbringer, M. (1902) Zur vergleichenden Anatomie des Brustschulterapparates und der Schultermuskeln. von Max Fürbringer, V. Teil., Vögel. Gustav Fischer.
Futuyma, D. J. (1986) Evolutionary Biology. 2nd ed. Sinauer.
Fyfe, D. M. and Hall, B. K. (1979) Lack of association between avian cartilages of different embryological origins when maintained *in vitro*. Am. J. Anat. **154**, 485-496.
Gabbott, S. E., Aldridge, R. J. and Theron, J. N. (1995) A giant conodont with preserved muscle tissue from the Upper Ordovician of South Africa. Nature **374**, 800-803.
Gadow, H. (1933) The evolution of the vertebral column : A contribution to the study of vertebrate phylogeny. J. F. Gaskell and H. L. H. H. Green (eds.). University Press.
Gadow, H. and Abbott, E. C. (1894) On the evolution of the vertebral column of fishes. Proc. Roy. Soc. London **56**, 296-299.
Gaffney, E. S. (1980) Phylogenetic relationships of the major groups of amniotes. In : A. L. Panchen (ed.), The Terrestrial Environment and the Origin of Land Vertebrates. Acad. Press, pp. 593-610.
Gaffney, E. S. (1990) The comparative osteology of the triassic turtle Proganochelys. Bull. Am. Mus. Nat. Hist. **194**, 1-263.
Gagnier, P. Y. (1995) Ordovician vertebrates and agnathan phylogeny. Bull. Mus. Natl. Hist. Nat. **17**, 1-37.
Gai, Z. K. and Zhu, M. (2012) The origin of the vertebrate jaw : Intersection between developmental biology-based model and fossil evidence. Chi. Sci. Bull. **57**, 3819-3828.
Gai, Z., Donoghue, P. C. J., Zhu, M., Janvier, P. and Stampanoni, M. (2011) Fossil jawless fish from China foreshadows early jawed vertebrate anatomy. Nature **476**, 324-327.
Galis, F. (1999a) On the homology of structures and Hox genes : The vertebral column. Novartis

Found. Symp. **222**, 80-91 ; discussion 91-94.
Galis, F. (1999b) Why do almost all mammals have seven cervical vertebrae? Developmental constraints, Hox genes, and cancer. J. Exp. Zool. **285**, 19-26.
Galis, F. (2001) Key innovations and radiations. In : G. P. Wagner (ed.), The Character Concept in Evolutionary Biology. Acad. Press, pp. 581-605.
Galis, F. and Sinervo, B. (2003) Conserved early embryonic stages. In : Keywords and Concepts in Evolutionary Developmental Biology. Harvard Univ. Press, pp. 43-52.
Gans, C. (1987) The neural crest. a spectacular invention, In : P. F. A. Maderson (ed.), Developmental and Evolutionary Aspects of the Neural Crest. John Wiley, pp. 361-379.
Gans, C. and Northcutt, R. G. (1983) Neural crest and the origin of vertebrates : A new head. Science **220**, 268-274.
Garcia-Fernandez, J. and Holland, P. W. H. (1994) Archetypal organization of the amphioxus *Hox* gene cluster. Nature **370**, 562-566.
Garel, S., Garcia-Dominguez, M. and Charnay, P. (2000) Control of the migratory pathway of facial branchiomotor neurones. Development **127**, 5297-5307.
Garstang, W. (1894) Preliminary note on a new theory of the phylogeny of the Chordata. Zool. Anz. **17** (444), 122-125.
Garstang, W. (1922) The theory of recapitulation : A critical restatement of the Biogenetic Law. J. Linn. Soc. (Zool.) **35**, 81-101 (cited in Gee, 1996).
Garstang, W. (1928) Memoirs : The morphology of the Tunicata, and its bearings on the phylogeny of the Chordata. Quart. J. Microsc. Sci. **2**, 51-187.
Garstang, W. (1929) The morphology of the Tunicata and its bearing on the phylogeny of the Chordata. Quart. J. Microsc. Soc. **72**, 51-187.
Garstang, S. L. and Garstang, W. (1926). On the development of Botrylloides and the ancestry of the vertebrates. In Proc Leeds Phil Lit Soc (Sci Sect) (Vol. 1, pp. 81-86).
Gaskell, W. H. (1908) On the Origin of Vertebrates. Longmans, Green & Co.
Gasser, R. F. and Hendrickx, A. G. (1972) The development of the facial nerve in baboon embryos (*Papio sp.*). J. Comp. Neurol. **129**, 203-218.
Gassmann, M., Casagranda, F., Oridoli, D., Simon, H., Lai, C., Klein, R. and Lemke, G. (1995) Aberrant neural and cardiac development in mice lacking the ErbB4 neuregulin receptor. Nature **378**, 390-394.
Gates, M. A., Kim, L., Egan, E. S., Cardozo, T., Sirotkin, H. I., Dougan, S. T., Lashkari, D., Abagyan, R., Schier, A. F. and Talbot, W. S. (1999) A genetic linkage map for zebrafish : Comparative analysis and localization of genes and expressed sequencdes. Genome Res. **4**, 334-347.
Gattone, V. H. and Morse, D. E. (1984) Pleuroperitoneal canal closure in the rat. Anat. Rec. **208**, 445-460.
Gaunt, S. J. (2000) Evolutionary shifts of vertebrate structures and Hox expression up and down the axial series of segments : A consideration of possible mechanisms. Int. J. Dev. Biol. **44**, 109-118.
Gaupp, E. (1898) Die Metamerie des Schädels. Erg. Anat. Ent. -ges. **7**, 793-885.
Gaupp, E. (1900) Das Chondrocranium von *Lacerta agilis*. Anat. Heft. **14**, 435-592.
Gaupp, E. (1902) Über die Ala temporalis des Säugerschädels und die Regio orbitalis einiger anderer Wirbeltierschädels. Anat. Heft. **15**, 433-595.
Gaupp, E. (1906) Die Entwicklung des Kopfskelettes. In : Handbuch der vergleichenden und experimentalen Entwickelungsgeschichte der Wirbeltiere, Bd. 3, Theil 2.
Gaupp, E. (1908a) Zur Entwicklungsgeschichte und vergleichenden Morphologie des Schädels von *Echidna aculeata*. Denkschr. Med. Nat. Ges. Jena. 6 (cited in Goodrich, 1930a).
Gaupp, E. (1908b) Zur Entwicklungsgeschichte und vergleichenden Morphologie des Schädels von *Echidna aculeata* var. typica. Semon. Zool. Forschungsreisen in Australien. Denkschr. med. naturwiss Ges. Jena. **6**. T. 2, 539-788.
Gaupp, E. (1910) Säugerpterygoid und Echidnapterygoid. Anat. Heft. **42** (cited in Goodrich, 1930a).
Gaupp, E. (1911a) Beiträge zur Kenntnis des Unterkiefers der Wirbeltiere. I . Der Processus anterior (Folli) des Hammers der Säuger und das Goniale der Nichtsäuger. Anat. Anz. **39**, 97-135.
Gaupp, E. (1911b) Beiträge zur Kenntnis des Unterkiefers der Wirbeltiere. II. Die Zusammensezung des Unterkiefers der Quadrupeden. Anat. Anz. **39**, 433-473.
Gaupp, E. (1912) Die Reichertsche Theorie. Arch. Anat. Physiol. Suppl. **1912**, 1-416.
Gavalas, A., Davenne, M., Lumsden, A., Chambon, P. and Rijli, F. M. (1997) Role of *Hoxa-2* in axon pathfinding and rostral hindbrain patterning. Development **124**, 3693-3702.
Gavalas, A., Studer, M., Lumsden, A., Rijli, F. M., Krumlauf, R. and Chambon, P. (1998) *Hoxa1* and *Hoxb1* synergize in patterning the hindbrain, cranial nerves and second pharyngeal arch.

Development **125**, 1123-1136.
Gee, H. (1994) Return of the amphioxus. Nature **370**, 504-505.
Gee, H. (1996) Before the Backbone. Chapman & Hall.
Gee, H. (2000) (ed.) Shaking the Tree : Readings from nature in the history of life. Univ. Chicago Press.
Gegenbaur, C. (1871) Ueber die Kopfnerven von *Hexanchus* und ihre Verhältniss zur "Wirbeltheorie" des Schädels. Jena. Z. Med. Naturwiss. **6**, 497-599.
Gegenbaur, C. (1872) Untersuchungen zur vergleichenden Anatomie der Wirbelthiere. 3. Heft : Das Kopfskelet der Selachier, als Grundlage zur Beurtheilung der Genese des Kopfskeletes der Wirbelthiere. Wilhelm Engelmann.
Gegenbaur, C. (1878) Elements of Comparative Anatomy. 2nd ed. Macmillan.
Gegenbaur, C. (1887) Die Metamerie des Kopfes und die Wirbeltheorie des Kopfskelets. Morphol. Jb. **13**, 1-114.
Gegenbaur, C. (1889) Ontogenie und Anatomie, in ihren Wechselbeziehungen betrachtet. Morphol. Jb. **15**, 1-9.
Gegenbaur, C. (1898) Vergleichende Anatomie der Wirbeltihiere mit Berücksichtung der Wirbellosen. Wilhelm Engelmann.
Gehring, J. W. (1998) The Homeobox Story : Master control genes in development and evolution. Yale Univ. Press.
Gelman, S., Ayali, A., Tytell, E. D. and Cohen, A. H. (2007) Larval lampreys possess a functional lateral line system. J. Comp. Physiol. A. **193**, 271-277.
Gendron-Maguire, M., Mallo, M., Zhang, M. and Gridley, T. (1993) *Hoxa-2* mutant mice ehibit homeotic transformation of skeletal elements derived from cranial neural crest. Cell **75**, 1317-1331.
Geoffroy Saint-Hilaire, E. (1818) Philosophie Anatomique (tome premiere). (cited in Le Guyader, 1998).
Geoffroy Saint-Hilaire, E. (1822) Philosophie Anatomique (Vol. 2). J.-B. Baillière. (cited in Le Guyader, 1998).
Germot, A., Lecointre, G., Plouhinec, J. L., Le Mentec, C., Girardot, F. and Mazan, S. (2001) Structural evolution of Otx genes in craniates. Mol. Biol. Evol. **18**, 1668-1678.
Gess, R. W., Coates, M. I. and Rubidge, B. S. (2006) A lamprey from the Devonian period of South Africa. Nature **443**, 981-984.
Gibson, G. and Hogness, D. S. (1996) Effect of polymorphism in the *Drosophila* regulatory gene *Ultrabithorax* on homeotic stability. Science **271**, 200-203.
Giffin, E. B. (1995) Postcranial paleoneurology of the Diapsida. J. Zool. **235**, 389-410.
Giffin, E. B. and Gillett, M. (1996) Neurological and osteological definitions of cervical vertebrae in mammals. Brain Behav. Evol. **47**, 214-218.
Gilbert, P. W. (1947) The origin and development of the extrinsic ocular muscles in the domestic cat. J. Morphol. **81**, 151-193.
Gilbert, P. W. (1952) The origin and development of the head cavities in the human embryo. J. Morphol. **90**, 149-187.
Gilbert, P. W. (1953) The premandibular head cavities of the opossum, *Didelphys virginiana*. Anat. Rec. **115**, 392-393.
Gilbert, P. W. (1954) The premandibular head cavities in the opossum, *Didelphys virginiana*. J. Morphol. **95**, 47-75.
Gilbert, P. W. (1957) The origin and development of the human extrinsic ocular muscles. Cont. Emb. **36**, 59-78.
Gilbert, S. F. (2000a) Diachronic biology meets Evo-Devo : C. H. Waddington's approach to evolutionary developmental biology. Am. Zool. **40**, 729-737.
Gilbert, S. F. (2000b) Developmental Biology. 6th ed. Sinauer Associates.
Gilbert, S. F. (2003) The reactive genome. In : G. B. Müller and S. A. Newman (eds.), Origination of Organismal Form : Beyond the gene in developmental and evolutionary biology. MIT Press, pp. 87-101.
Gilbert, S. F. and Bolker, J. A. (2001) Homologies of process and modular elements of embryonic construction. In : G. P. Wagner (ed.), The Character Concept in Evolutionary Biology. Acad. Press, pp. 435-454.
Gilbert, S. F. and Bolker, J. A. (2003) Ecological developmental biology : Preface to the symposium. Evol. Dev. **5**, 1, 3-8.
Gilbert, S. F., Loredo, G. A., Brukman, A. and Burke, A. C. (2001) Morphogenesis of the turtle shell : The development of a novel structure in tetrapod evolution. Evol. Dev. **3**, 47-58.
Gilbert, S. F., Bender, G., Betters, E., Yin, M. and Cebra-Thomas, J. A. (2007) The contribution of

neural crest cells to the nuchal bone and plastron of the turtle shell. Integ. Comp. Biol. **47**, 401-408.
Gilbert, S. F., Cebra-Thomas, J. A. and Burke, A. C. (2008) How the turtle gets its shell. In : J. Wyneken, M. H. Godfrey and V. Bels (eds.), Biology of Turtles. CRC Press, pp. 1-16.
Giles, S., Rücklin. M. and Donoghue, P. C. J. (2013) Histology of "placoderm" dermal skeletons : Implications for the nature of the ancestral gnathostome. J. Morphol. **274**, 627-644.
Gill, T. (1896) Note on the Devonian Palaeospondylus. Science **4**, 10-11.
Gilland, E. H. (1992) Morphogenesis of segmental units in the chordamesoderm and neurepithelium of *Squalus acanthias*. Harvard Univ., 1992, UMI 300N. Zeeb Rd., Ann Arbor, MI 48106, USA.
Gilland, E. and Baker, R. (1993) Conservation of neuroepithelial and mesodermal segments in the embryonic vertebrate head. Acta Anat. **148**, 110-123.
Gillis, J. A., Fritzenwanker, J. H. and Lowe, C. J. (2012) A stem-deuterostome origin of the vertebrate pharyngeal transcriptional network. Proc. Biol. Sci. **279**, 237-246.
Gillis, J. A., Modrell, M. S. and Baker, C. V. H. (2013) Developmental evidence for serial homology of the vertebrate jaw and gill arch skeleton. Nat. Commun. **4**, 1436.
Gislen, T. (1930) Affinities between the Echinodermata. Enteropneusta and Chordonia. Zool. Bidrag Uppsala, **12**, 199-304 (cited in Gee, 1996).
Glardon, S., Holland, L. Z., Gehring, W. J. and Holland, N. D. (1998) Isolation and developmental expression of the amphioxus *Pax-6* gene (*AmphiPax-6*) : Insights into eye and photoreceptor evolution. Development **125**, 2701-2710.
Glover, J. C. and Petursdottir, G. (1988) Pathway specificity of reticulospinal and vestibulospinal projections in the 11-day chicken embryo. J. Comp. Neurol. **270**, 25-38.
Goethe, J. W. (1790) Das Schädelgrüt aus sechs Wirbelknochen aufgebaut. Zur Naturwissenschaft überhaupt, besonders zur Morphologie. II 2 (cited in Gaupp, 1898).
ゲーテ, J. W. (1807) 自然と象徴 : 自然科学論集。高橋義人・前田富士男編訳、冨山房百科文庫 (1982)。
Goethe, J. W. (1817) Den Menschen wie den Thieren ist ein Zwischenknochen der obern Kinnlade zuzuschreiben. Jena 1786. Nachträge I-VIII. Zur Morphologie, Band 1. Cotta'sche Buchhandlung, Stuttgart und Tübingen 1817 (cited in Veit, 1947).
Goethe, J. W. (1820) Zur Naturwissenschaften überhaupt, besonders zur Morphologie (cited in De Beer, 1937).
Goethe, J. W. (1824) Schädelgrüst aus sechs Wirbelknochen aufgebaut. Zur Morphologie, Band 2, Heft 2.
Goethe, J. W. (1831) Über den Zwischenkiefer des Menschen und der Thiere. Jena 1786. Verhandlungen der kaiserlichen Leopoldinisch-Carolinischen Akademie der Naturforscher, Band 7.
Götte, A. (1899) Über die Entwicklung des knöchernen Rückenschildes (Carapax) der Schildkröten. Z. wiss. Zool. **66**, 407-434.
Götte, A. (1900) Über die Kiemen der Fische. Z. wiss. Zool. **69**, 533-577.
Goddard, J. M., Rossel, M., Manley, N. R. and Capecchi, M. R. (1996) Mice with targeted disruption of *Hoxb-1* fail to form the motor nucleus of the VIIth nerve. Development **122**, 3217-3228.
Golding, J. P., Tidcombe, H., Tsoni, S. and Gassmann, M. (1999) Chondroitin sulphate-binding molecules may pattern central projections of sensory axons within the cranial mesenchyme of the developing mouse. Dev. Biol. **216**, 85-97.
Goldschmidt, R (1905) Amphioxides. Wiss Ergebn deutschen Tiefsee-Expedition **12**, 1-92.
Goldschmidt, R B. (1940) The Material Basis of Evolution. Yale Univ. Press.
González, M. J., Pombal, M. A., Rodicio, M. C. and Anadón, R. (1998) Internuclear neurons of the ocular motor system of the larval sea lamprey. J. Comp. Neurol. **401**, 1-15.
Goodrich, E. S. (1909) Vertebrata Craniata (First Fascicle : Cyclostomes and Fishes) In : R. Lankester (ed.), A Treatise on Zoology 1. Adam & Charles Black.
Goodrich, E. S. (1910) On the segmentation of the occipital region of the head in the Batrachia Urodela. Proc. Zool. Soc. Lond. **1910**, 101-121.
Goodrich, E. S. (1911). On the segmentation of the occipital region of the head in the Batrachia Urodela. Proc. Zool. Sci. Lond. **1911**, 101-120.
Goodrich, E. S. (1914) The chorda tympani and middle ear in reptiles, birds, and mammals. Quart. J. Microsc. Sci. **61**, 137-160.
Goodrich, E. S. (1917) "Proboscis pores" in craniate vertebrates, a suggestion concerning the premandibular somites and hypophysis. Quart. J. Microsc. Sci. **62**, 539-553.
Goodrich, E. S. (1918) On the development of the segments of the head in *Scyllium*. Quart. J. Microsc. Sci. **63**, 1-30.

Goodrich, E. S. (1930a) Studies on the Structure and Development of Vertebrates. McMillan.
Goodrich, E. S. (1930b) The development of the club-shaped gland in amphioxus. Quart. J. Microsc. Sci. **74**, 155-164.
Goodwin, B. C., Holder, N. and Wilie, C. C. (1983) (eds.) Development and Evolution. Cambridge Univ. Press.
Gorbman, A. (1983) Early development of the hagfish pituitary gland: Evidence for the endodermal origin of the adenohypophysis. Am. Zool. **23**, 639-654.
Gorbman, A. (1997) Hagfish development. Zool. Sci. **14**, 375-390.
Gorbman, A. and Tamarin, A. (1985) Early development of oral, olfactory and adenohypophyseal structures of agnathans and its evolutionary implications. Evolutionary Biology of Primitive Fishes **103**, 165-185.
Gorbman, A. and Tamarin, A. (1986) Pituitary development in cyclostomes compared to higher vertebrates. In: F. Yoshimura and A. Gorbman (eds.), Pars Distalis of the Pituitary Gland-Structure, Function and Regulation. Elsevier Sci. Publ. B. V., pp. 3-14.
Gorodilov, Y. N. (2000) The Fate of Spemann's Organizer. Zool. Sci. **17**, 1197-1220.
Goronowitsch, N. (1892) Die axiale und die laterale (A. Goette) Kopfmetamerie der Vögelembryonen. Die Rolle der sogenatte 'Ganglienleisten' im Aufbaue der Nervenstamme. Anat. Anz. **7**, 454-464.
Goto, F., Goto, M. and Fujimoto, T. (1976) On a case of an extra-pericardial branch from the ansa cervicalis. Acta Anat. Jpn. **51**, 104-108 (in Japanese).
Gould, S. J. (1977) Ontogeny and Phylogeny. Belknap. (邦訳) 個体発生と系統発生。仁木帝都・渡辺政隆訳、工作舎 (1987)。
Gould, S. J. and Vrba, E. S. (1982) Exaptation-a missing term in the science of form. Paleobiology **8**, 4-15.
Gould, A., Itasaki, N. and Krumlauf, R. (1998) Initiation of rhombomeric *Hoxb4* expression requires induction by somites and a retinoid pathway. Neuron **21**, 39-51.
Goulding, M. D., Chalepakis, G., Deutsch, U., Erselius, J. R. and Gruss, P. (1991) Pax-3, a novel murine DNA binding protein expressed during early neurogenesis. EMBO J. **10**, 1135.
Graham, A., Francis-West, P., Brickell, P. and Lumsden, A. (1994) The signalling molecule BMP-4 mediates apoptosis in the rhombencephalic neural crest. Nature **372**, 684-686.
Graham, A., Köntges, G. and Lumsden, A. (1996) Neural crest apoptosis and the establishment of craniofacial pattern: An honorable death. Mol. Cell Neurosci. **8**, 76-83.
Grammatopoulos, G. A., Bell, E., Toole, L., Lumsden, A. and Tucker, A. S. (2000) Homeotic transformation of branchial arch identity after *Hoxa2* overexpression. Development **127**, 5355-5365.
Graveson, A. C. and Armstrong, J. B. (1987) Differentiation of cartilage from cranial neural crest in the Axolotl (*Ambystoma mexicanum*). Differentiation **35**, 1620.
Green, S. A. and Bronner, M. E. (2014) The lamprey: A jawless vertebrate model system for examining origin of the neural crest and other vertebrate traits. Differentiation **87**, 44-51.
Green, S. A., Simoes-Costa, M. and Bronner, M. E. (2015) Evolution of vertebrates as viewed from the crest. Nature **520**, 474-482.
Greene, E. (1989) A diet-induced developmental polymorphism in a catapillar. Science **243**, 643-646.
Greene, C. W. (1902) Notes on the physiology of the circulatory system of the California hagfish, *Polistotrema stouti.* Am. J. Physiol. **6**, xii.
Greer, J. J., Allan D. W., Martin-Caraballo, M. and Lemke, R. P. (1999) An overview of phrenic nerve and diaphragm muscle development in the perinatal rat. J. Appl. Physiol. **86**, 779-786.
Greil, A. (1913) Entwickelungsgeschichte des Kopfes und des Blutgefäßsystems von *Ceratodus forsteri.* II. Die epigenetischen Erwerbungen während der Stadien 39-48. Denkschr. Med. -Naturwiss. Ges. Jena **4**, 935-1492.
Gregory, W. K. (1933) Fish Skulls: A study of the evolution of natural mechanisms. Am. Philos. Society.
Grieb, A. W. (1932) Zur Frage von der Entstehung des Kiemendarmes bei Teleostei. Zool. Jb. **56**, 37-53.
Grifone, R., Demignon, J., Giordani, J., Niro, C., Souil, E., Bertin, F., Laclef, C., Xu, P. X. and Maire, P. (2007) Eya1 and Eya2 proteins are required for hypaxial somitic myogenesis in the mouse embryo. Dev. Biol. **302**, 602-616.
Grigoriou, M., Tucker, A. S., Sharpe, P. T. and Pachnis, V. (1998) Expression and regulation of *Lhx6* and *Lhx7*, a novel subfamily of LIM homeodomain encoding genes, suggests a role in mammalian head development. Development **125**, 2063-2074.
Gros, J., Scaal, M. and Marcelle, C. (2004) A two-step mechanism for myotome formation in chick. Dev. Cell **6**, 875-882.

Gross, J. B. and Hanken, J. (2005) Cranial neural crest contributes to the bony skull vault in adult *Xenopus laevis*: Insights from cell labeling studies. J. Exp. Zool. Part B **304B**, 169-176.
Gross, J. B. and Hanken, J. (2008a) Review of fate-mapping studies of osteogenic cranial neural crest in vertebrates. Dev. Biol. **317**, 389-400.
Gross, J. B. and Hanken, J. (2008b) Segmentation of the vertebrate skull : Neural-crest derivation of adult cartilages in the clawed frog, *Xenopus laevis*. Integ. Comp. Biol. **48**, 681-696.
Gross, M. K., Moran-Rivard, L., Verasquez, T., Nakatsu, M. N., Jagla, K. and Goulding, M. (2000) *Lbx1* is required for muscle precursor migration along a lateral pathway into the limb. Development **127**, 413-424.
Gutmann, W. F. (1981) Relationships between invertebrate phyla on functional-mechanical analysis of the hydrostatic skeleton. Am. Zool. **21**, 63-81 (cited in Gee, 1996).
Guthrie, D. M. (1975) The physiology and structure of the nervous system of amphioxus (The lancelet), *Branchiostoma lanceolatum* Pallis. Symp. Zool. Soc. Lond. **36**, 43-80 (cited in Sarnat and Netsky, 1981).
Guthrie, S. (2007) Patterning and axon guidance of cranial motor neurons. Nat. Rev. Neurosci. **8**, 859-871.
Guthrie, S. and Lumsden, A. (1991) Formation and regeneration of rhombomere boundaries in the developing chick hindbrain. Development **112**, 221-229.
Guthrie, S. and Lumsden, A. (1992) Motor neuron pathfinding following rhombomere reversals in the chick embryo hindbrain. Development **114**, 663-673.
Guthrie, S. and Pini, A. (1995) Chemorepulsion of developing motor axons by the floor plate. Neuron **14**, 1117-1130.
Hacker, A. and Guthrie, S. (1998) A distinct developmental programme for the cranial paraxial mesoderm in the chick embryo. Development **125**, 3461-3472.
Hadchouel, J., Tajbakhsh, S., Primig, M., Chang, T. H. T., Daubas, P., Rocancourt, D. and Buckingham, M. (2000) Modular long-range regulation of *Myf5* reveals unexpected heterogeneity between skeletal muscles in the mouse embryo. Development **127**, 4455-4467.
Haeckel, E. H. (1866) Generelle Morphologie der Organismen allgemeine Grundzuge der organischen Formen-Wissenschaft, mechanisch begrundet durch die von Charles Darwin reformirte Descendenz-Theorie von Ernst Haeckel : Allgemeine Entwickelungsgeschichte der Organismen kritische Grundzuge der mechanischen Wissenschaft von den entstehenden Formen der Organismen, begrundet durch die Descendenz-Theorie (Vol. 2). Verlag von Georg Reimer.
Haeckel, E. (1874) Die Gastrea-Theorie, die phylogenetische Klassifikation des Tierreiches und Homologie der Keimblätter. Jena Z. Naturwiss. **8**, 1-55.
Haeckel, E. (1875) Die Gastrea und die Eifurchung der Thiere. Jena Z. Naturwiss. **9**, 402-508.
Haeckel, E. (1877) Anthropogenie, oder, Entwickelungsgeschichte des Menschen : Keimes-und Stammesgeschichte. W. Engelmann.
Haeckel, E. (1891) Anthropogenie oder Entwickelungsgeschichte des Menschen. Keimes-und Stammesgeschichte. 4th ed. Wilhelm Engelmann.
Haines, R. W. and Mohuiddin, A. (1968) Metaplastic bone. J. Anat. **103**, 527-538.
Halanych, K. M. (1995) The phylogenetic position of the pterobranch hemichordates based on 18S rDNA sequence data. Mol. Phylogenet. Evol. **4**, 72-76.
Hall, B. K. (1983) Epigenetic control in development and evolution. In : B. C. Goodwin, N. Holder and C. C. Wylie (eds.), Development and Evolution. British Society for Developmental Biology, Symposium 6. Cambridge Univ. Press, pp. 353-379.
Hall, B. K. (1992) Evolutionary Developmental Biology. Chapman & Hall.
Hall, B. K. (1994) (ed.) Homology : The hierarchical basis of comparative biology. Acad. Press.
Hall, B. K. (1998) Evolutionary Developmental Biology. 2nd ed. Chapman & Hall.（邦訳）進化発生学――ボディプランと動物の起源。倉谷滋訳、工作舎（2001）。
Hall, B. K. (1999) The Neural Crest in Development and Evolution. Springer.
Hall, B. K. (2005) Bones and Cartilage : Developmental and evolutionary skeletal biology. Elsevier Acad. Press.
Hall, B. K. and Hörstadius, S. (1988) The Neural Crest. Oxford Univ. Press.
Hall, B. K. and Wake, M. H. (1999) (eds.) The Origin and Evolution of Larval Forms. Acad. Press.
Hall, B. K. and Gillis, J. A. (2012) Incremental evolution of the neural crest, neural crest cells and neural crest-derived skeletal tissues. J. Anat. **222**, 19-31.
Haller, B. (1896) Untersuchungen über die Hypophyse und die Infundibular-Organe. Morphol. Jahrb. **25**, 31-114.
Haller, G. (1923) Über die Bildung der Hypophyse bei Selachiern. Morphol. Jahb. **53**, 95-135.
Hallerstein, V. (1934) Zerebrospinales Nervensystem (Kranialnerven). In : l. Bolk, E. Göppert, E.

Kallius and W. Lubosch (eds.), Handbuch der vergleichenden Anatomie der Wirbeltiere. Bd. 2-1. Urban & Schwarzenberg.
Halley, G. (1955) The placodal relations of the neural crest in the domestic cat. J. Anat. **89**, 133-152.
Halstead, L. B. (1973a) The heterostracan fishes. Biol. Rev. **48**, 279-332.
Halstead, L. B. (1973b) Affinities of the Heterostraci (Agnatha). Biol. J. Linn. Soc. **5**, 339-349.
Hamburger, V. (1961) Experimental analysis of the dual origin of the trigeminal ganglion in the chick embryo. J. Exp. Zool. **148**, 91-124.
Hamburger, V. and Hamilton, H. (1951) A series of normal stages in the development of the chick embryo. J. Morphol. **88**, 49-67.
Hammond, S. W. (1965) Origin of hypoglossal muscles in the chick embryo. Anat. Rec. **151**, 547-558.
Hammond, K. L. and Whitfield, T. T. (2006) The developing lamprey ear closely resembles the zebrafish otc vesicle : *otx1* expression can account for all major patterning differences. Development **133**, 1347-1357.
Hanken, J. A. M. E. S. (2003) Direct development. In : Keywords and Concepts in Evolutionary Developmental Biology. Harvard Univ. Press, pp. 97-102.
Hanken, J. and Gross, J. B. (2005) Evolution of cranial development and the role of neural crest : insights from amphibians. J. Anat. **207**, 437-446.
Hanken, J. and Hall. B. K. (1993) (eds.) The Skull Vols. 1-3. Univ. Chicago Press.
Hanoré, E. and Hemmati-Brivanlou, A. (1996) *In vivo* evidence for trigeminal nerve guidance by the cement gland in *Xenopus*. Dev. Biol. **178**, 363-374.
Hanson, J. R., Anson, B. J. and Strickland, E. M. (1962) Branchial sources of the auditory ossicles in man. Part Ⅱ. Observations of embryonic stages from 7 mm. to 28 mm (CR length). Arch. Otolaryng. **76**, 200-215.
Hardisty, M. W. (1979) Conclusions and evolutionary perspectives. In : Biology of the Cyclostomes. Springer US, pp. 334-349.
Hardisty, M. W. (1981) The Skeleton. In : M. W. Hardisty and I. C. Potter (eds.), The Biology of the Lampreys. Vol. 3. Acad. Press, pp. 333-376.
Hardisty, M. W. (1982) Lampreys and hagfishes : Analysis of cyclosome relationships. In : M. W. Hardisy and I. C. Potter (eds.), The Biology of Lampreys, Vol. 4B. Acad. Press, pp. 165-258.
Hardisty, M. W. and Potter, I. C. (1981) (eds.) The Biology of the Lampreys. Acad. Press.
Hart, M. (2003) Larvae and larval evolution. In : B. K. Hall and W. M. Olson (eds.), Keywords and Concepts in Evolutionary Developmental Biology. pp. 228-234, Harvard Univ. Press.
Hart, M. W., Miller, R. L. and Madin, L. P. (1994) Form and feeding mechanism of a living *Planctosphaera pelagica* (phylum Hemichordata). Marine Biol. **120**, 521-533.
Hartenstein, V. (1989) Early neurogenesis in *Xenopus laevis :* The spatio-temporal pattern of proliferation and cell lineages in the embryonic spinal cord. Neuron **3**, 399-411.
Hartenstein, V. (1993) Early pattern of neuronal differentiation in the *Xenopus* embryonic brainstem and spinal cord. J. Comp. Neurol. **328**, 213-231.
Harter, J. (1991) (ed.) Images of Medicine : A definitive volume of more than 4,800 copyright-free engravings. Bonanza Books.
Harvey, R. P. and Melton, D. A. (1988) Microinjection of synthetic *Xhox-1A* homeobox mRNA disrupts somite formation in developing *Xenopus* embryos. Cell **53**, 687-697.
Hasebe, M., Kofuji, R., Tanabe, Y. and Ito, M. (2001) [Evolution of MADS-box genes and reproductive organs in land plants] Tanpakushitsu Kakusan Koso **46**, 1358-1366 (in Japanese).
Hatschek, B. (1881) Studien über die Entwicklung des Amphioxus. Arb. Zool. Inst. Univ. Wien **4**, 1-88.
Hatschek, B. (1892) Die Metamerie des Amphioxus und des Ammocoetes. Verh. Anat. Ges. **6**, 136-162.
Hatta, K., Kimmel, C. B., Ho, R. K. and Walker, C. (1991) The *cyclops* mutation blocks specification of the floor plate of the zebrafish central nervous system. Nature **350**, 339-341.
Hautier, L., Weisbecker, V., Sánchez-Villagra, M. R., Goswami, A. and Asher, R. J. (2010) Skeletal development in sloths and the evolution of mammalian vertebral patterning. Proc. Nat. Acad. Sci. USA **107**, 18903-18908.
Hay, O. P. (1898) On Protostega, the systematic position of *Dermochelys*, and the morphologeny of the chelonian carapace and plastron. Am. Nat. **32**, 929-948.
Hayakawa, T., Takanaga, A., Tanaka, K., Maeda, S. and Seki, M. (2002) Ultrastructure and synaptic organization of the spinal accessory nucleus of the rat. Anat. Emb. **205**, 193-201.
Hazelton, R. D. (1970) A radioautographic analysis of the migration and fate of cells derived from the occipital somites in the chick embryo with specific reference to the development of the hypoglossal musculature. J. Emb. Exp. Morphol. **24**, 455-466.

He, F. and Soriano, P. (2013) A Critical Role for PDGFRαSignaling in Medial Nasal Process Development. PLoS Genet. **9**, e1003851.
Hedges, S. B. and Poling, L. L. (1999) A molecular phylogeny of reptiles. Science **283**, 998-1001.
Heimberg, A. M., Coper-Sal-lari, R., Sémon, M., Donoghue, P. C. J. and Peterson, K. J. (2010) microRNAs reveal the interrelationships of hagfish, lampreys, and gnathostomes and the nature of the ancestral vertebrate. Proc. Nat. Acad. Sci. USA **107**, 19379-19383.
Heintz, A. (1932) The structure of *Dinichthys* : A contribution to our knowledge of the arthrodira. In : Bashford Dean Memorial Volume : Archaic fishes. New York, Order of Trustees, pp. 111-241.
Heintz, A. (1963) Phylogenetic aspect of myxinoids. In : A. Brodal and R. Fänge (eds.), The Biology of Myxine. Universitetsforlaget, pp 9-21.
Hejnol, A. and Martindale, M. Q. (2008a) Acoel development indicates the independent evolution of the bilaterian mouth and anus. Nature **456**, 382-386.
Hejnol, A. and Martindale, M. Q. (2008b) Acoel development supports a simple planula-like urbilaterian. Phil. Trans. Roy. Soc. B **363**, 1493-1501.
Helms, J. A., Kim, C. H., Hu, D., Minkoff, R., Thaller, C. and Eichele, G. (1997) Sonic hedgehog participates in craniofacial morphogenesis and is down-regulated by teratogenic doses of retinoic acid. Dev. Biol. **187**, 25-35.
Heming, B. S. (2003) Insect Development and Evolution. Cornell Univ. Press.
Henikoff, S. and Matzke, M. A. (1997) Exploring and explaining epigenetic effects. Trends Genet. **13**, 293-295.
Henschel, K., Kofuji, R., Hasebe, M., Saedler, H., Munster, T. and Theissen, G. (2002) Two ancient classes of MIKC-type MADS-box genes are present in the moss Physcomitrella patens. Mol. Biol. Evol. **19**, 801-814.
Herrick, C. L. (1893) Histogenesis and physiology of the nervous elements. Metamerism of the vertebrate head. J. Comp. Neurol. **1**, 137-155.
Herrick, C. J. (1897) The cranial nerve components of Teleosts. Anat. Anz. **13**, 425-431.
Herrick, C. J. (1899) The cranial and first spinal nerves of menidia : A contribution upon the nerve components of the bony fishes. Section 1. Introductory. J. Comp. Neurol. **9**, 153-180.
Herrick, C. J. (1901) The cranial nerves and cutaneus sense organs of the north american siluroid fishes. J. Comp. Neurol. **9**, 177-249.
Herrick, C. J. (1910) A contribution upon the cranial nerves of the cod fish. J. Comp. Neurol. **10**, 265-313.
Herrick, C. J. (1921) A sketch of the origin of the cerebral hemispheres. J. Comp. Neurol. **32**, 429.
Herrick, C. J. (1937) Development of the brain of *Amblystoma* in early functional stages. J. Comp. Neurol. **67**, 213-231.
Hertwig, O. (1906) (ed.) Handbuch der vergleichenden und experimentellen Entwicklungslehre der Wirbeltiere. Gustav Fischer.
Heude, E., Bouhali, K., Kurihara, Y., Couly, G., Janvier, P. and Levi, G. (2010) Jaw muscularization requires *Dlx* expression by cranial neural crest cells. Proc. Nat. Acad. Sci. USA **107**, 11441-11446.
Heuser, C. H. (1923) The branchial vessels and their derivatives in the pig. Cont. Emb. **15**, 121-139.
Heyman, I., Kent, A. and Lumsden, A. (1993) Cellular morphology and extracellular space at rhombomere boundaries in the chick embryo hindbrain. Dev. Dyn. **198**, 241-253.
Heyman, I., Faissner, A. and Lumsden, A. (1995) Cell and matrix specializations of rhombomere boundaries. Dev. Dyn. **204**, 301-315.
Higashiyama, H. and Kuratani, S. (2014) On the maxillary nerve. J. Morphol. **275**, 17-38.
疋田　努（2002）爬虫類の進化。東京大学出版会。
Hill, C. (1899) Primary segment of the vertebrate head. Anat. Anz. **16** (cited in Kuhlenbeck, 1935).
Hill, C. (1900) Developmental history of primary segments of the vertebrate head. Zool. Jb. **13**, 393-446.
Hill, R. V. (2005) Integration of morphological data sets for phylogenetic analysis of amniota : The importance of integumentary characters and increased taxonomic sampling. Syst. Biol. **54**, 530-547.
Hill, R. V. (2006) Comparative anatomy and histology of xenarthran osteoderms. J. Morphol. **267**, 1441-1460.
Himi, S., Sano, R., Nishiyama, T., Tanahashi, T., Kato, M., Ueda, K. and Hasebe, M. (2001) Evolution of MADS-box gene induction by FLO/LFY genes. J. Mol. Evol. **53**, 387-393.
Hirano, S. and Shirai, T. (1986) Scanning electron microscopic observations on the early development of the spinal ganglia in Salamander larvae. Okajima Fol. Anat. Jap. **62**, 385-398.
Hirano, S., Tanaka, H., Ohta, K., Norita, M., Hoshino, K., Meguro, R. and Kase, M. (1998) Normal

ontogenic observations on the expression of Eph receptor tyrosine kinase, *Cek8*, in chick embryos. Anat. Emb. **197**, 187-197.
Hirasawa, T. and Kuratani, S. (2013) A new scenario on the evolutionary derivation of the mammalian diaphragm from shoulder muscles. J. Anat. **222**, 504-517.
Hirasawa, T. and Kuratani, S. (2015) Evolution of the vertebrate skeleton-morphology, embryology and development. Zool. Lett. **1** : 2.
Hirasawa, T., Nagashima, H. and Kuratani, S. (2013) The endoskeletal origin of the turtle carapace. Nat. Commun. **4**, 2107.
Hirasawa, T., Pascual-Anaya, J., Kamezaki, N., Taniguchi, N., Mine, K. and Kuratani, S. (2015). The evolutionary origin of the turtle shell grounded on the axial arrest of the embryonic rib cage. J. Exp. Zool. (Mol. Dev. Evol.) **324**B, 194-207.
Hirasawa, T., Fujimoto, Y. and Kuratani, S. (2016a) Expansion of the neck reconstituted the shoulder-diaphragm in amniote evolution. Dev. Growth Diff. **58**, 143-153.
Hirasawa, T., Oisi, Y. and Kuratani, S. (2016b) *Palaeospondylus* as a primitive hagfish. Zool. Lett. **2** : 20.
平沢達矢・Pascual-Anaya, P.・倉谷　滋（2014）カメの甲の初期進化——約 2 億 5000 万年前に何が起きたのか？　細胞工学 **33**, 207-213。
Hirsch, E. F., Jellinek, M. and Cooper, T. (1964) Innervation of the systemic heart of the California hagfish. Circ. Res. **14**, 212-217.
His, W. (1888) Zur Geschichte des Gehirns, sowie der centralen und peripherischen Nervenbahnen beim menschlichen Embryo. Abh. math. phys. Kl. Königl. Sächsischen Ges. Wiss. **14**, 341-392.
His, W. (1892) Zur allgemeinen Morphologie des Gehirns. Arch. Anat. Physiol. Anat. Abt. **1892**, 346-383.
His, W. (1893) Ueber das frontale Ende des Gehirns. Arch. Anat. Physiol. Anat. Abt. **1893**, 157-171.
His, W. (1897) Über die Entwicklung des Bauchsympathicus beim Hühnchen und Menschen. Arch. Anat. u. Ent. Wis. Suppl. **1897** (cited in Lillie, 1919).
Hodin, J. (2000) Plasticity and constraints in development and evolution. J. Exp. Zool. (Mol. Dev. Evol.) **288**B, 1-20.
Hodos, W. (1976) The concept of homology and the evolution of behavior. In : R. B. Masterton, W. Hodos and H. Jerison (eds.), Evolution, Brain and Behavior : Persistent problems. Erlbaum, pp. 153-167.
van der Hoeven, F., Zákány, J. and Duboule, D. (1996) Gene transposition in the *HoxD* complex reveal a hierarchy of regulatory controls. Cell **85**, 1025-1035.
Hoffmann, C. K. (1894) Zur Entwicklungsgeschichte des Selachierkopfes. Anat. Anz. **9**, 638-653.
Hoffmann, C. K. (1897) Betraege zur Entwicklung der Selachier. Morphol. Jb. **25**, 250-304.
Hoffmann, C. K. (1889) Ueber die Metamerie des Nachhirns und Hinterhirns und ihre Beziehung zu den segmentalen Kopfnerven bei Reptilienembryonen. Zool. Anz. **12**, 337-339.
Hogan, B. L. M., Thaller, C. and Eichele, G. (1992) Evidence that Hensen's node is a site of retinoic acid synthesis. Nature **359**, 237-241.
Holder, N. and Hill, J. (1992) Retinoic acid modifies development of the midbrain-hindbrain border and affects cranial ganglion formation in zebrafish emrbyo. Development **113**, 1159-1170.
Holland, P. W. (1988) Homeobox genes and the vertebrate head. Development **103** Suppl., 17-24.
Holland, N. D. (1996a) Homology, homeobox genes, and the early evolution of the vertebrates. Mem. Calif. Acad. Sci. **1996**, 2063-2069.
Holland, P. W. H. (1996b) Molecular biology of lancelets : Insights into development and evolution. Israel J. Zool. **42**, 247-272.
Holland, P. W. H. (2000) Embryonic development of heads, skeletons and amphioxus : Edwin S. Goodrich revisited. Int. J. Dev. Biol. **44**, 29-34.
Holland, P. W. H. (2001) Beyond the Hox : How widespread is homeobox gene clustering? J. Anat. **199**, 13-23.
Holland, N. D. (2003) Early central nervous system evolution : an era of skin brains? Nature Rev. **4**, 1-11.
Holland, L. Z. (2009) Chordate roots of the vertebrate nervous system : Expanding the molecular toolkit. Nat. Rev. Neurosci. **10**, 736.
Holland, L. Z. (2015) Evolution of basal deuterostome nervous systems. J. Exp. Biol. **218**, 637-645.
Holland, L. Z., Carvalho, J. E., Escriva, H., Laudet, V., Schubert, M., Shimeld, S. M. and Yu, J. K. (2013) Evolution of bilaterian central nervous systems : A single origin. EvoDevo **4**, 27.
Holland, N. D. and Chen, J. (2001) Origin and early evolution of the vertebrates : New insights from advances in molecular biology, anatomy, and palaeontology. Bioessays **23**, 142-151.
Holland, N. D. and Holland, L. Z. (1995) An amphioxus Pax gene, *AmphiPax-1*, expressed in embryonic endoderm, but not in mesoderm : Implications for the evolution of class I paired box

genes. Mol. Marine Biol. Biotech. **4**, 206-214.
Holland, L. Z. and Holland, N. D. (1996) Expression of *AmphiHox-1* and *AmphiPax-1* in amphioxus embryos treated with retinoic acid : Insights into evolution and patterning of the chordate nerve cord and pharynx. Development **122**, 1829-1838.
Holland, L. Z. and Holland, N. D. (1998) Developmental gene expression in amphioxus : New insights into the evolutionary origin of vertebrate brain regions, neural crest, and rostrocaudal segmentation. Am. Zool. **38**, 647-658.
Holland, L. Z. and Holland, N. D. (2001) Evolution of neural crest and placodes : Amphioxus as a model for the ancestral vertebrate? J. Anat. **199**, 85-98.
Holland, N. D. and Holland, L. Z. (2010) Laboratory spawning and development of the Bahama lancelet, *Asymmetron lucayanum* (cephalochordata) : Fertilization through feeding larvae. Biol. Bull. **219**, 132-141.
Holland, P. W. H., Holland, L. Z., Williams, N. A. and Holland, N. D. (1992) An amphioxus homeobox gene : Sequence conservation, spatial expression during development and insights into vertebrate evolution. Development **116**, 653-661.
Holland, N. D., Holland, L. Z., Honma, Y. and Fujii, T. (1993) *Engrailed* expression during development of a lamprey, *Lampetra japonica* : A possible clue to homologies between agnathan and gnathostome muscles of the mandibular arch. Dev. Growth Diff. **35**, 153-160.
Holland, L. Z., Kene, M., Williams, N. A. and Holland, N. D. (1997) Sequence and embryonic expression of the amphioxus *engrailed* gene (*AmphiEn*) : The metameric pattern of transcription resembles that of its segment-polarity homolog in *Drosophila*. Development **124**, 1723-1732.
Holland, L. Z., Schubert, M., Kozmik, Z. and Holland, N. D. (1999) *AmphiPax3/7*, an amphioxux paired box gene : Insights into chordate myogenesis, neurogenesis, and the possible evolutionary precursor of definitive vertebrate neural crest. Evol. Dev. **1**, 153-165.
Holland, L. Z., Carvalho, J. E., Escriva, H., Laudet, V., Schubert, M., Shimeld, S. M. and Yu, J. K. (2013) Evolution of bilaterian central nervous systems : A single origin? EvoDevo. **4**, 27.
Holley, S. A., Jackson, P. D., Sasai, Y., Lu, B., De Robertis, E. M., Hoffmann, F. M. and Ferguson, E. L. (1995) A conserved system for dorsal-ventral patterning in insects and vertebrates involving *sog* and *chordin*. Nature **376**, 249-253.
Holmgren, N. (1933) On the origin of the tetrapod limb. Acta Zool. **14**, 185-295.
Holmgren, N. (1940) Studies on the head of fishes. Part I. Development of the skull in sharks and rays. Acta Zool. Stockholm **21**, 51-267.
Holmgren, N. (1943) Studies on the head of fishes. Acta Zool. **24**, 1-188.
Holmgren, N. (1946) On two embryos of *Myxine glutinosa*. Acta Zool. **1946**, 1-90.
Holmgren, N. and Stensiö, E. (1936) B. Kranium und Visceralskelett der Akranier, Cyclostomen und Fische. In : L. Bolk, E., Göppert, E. Kallius, and W. Lubosch (eds.), Handbuch der vergleichenden Anatomie der Wirbeltiere. Urban and Schwarzenberg, pp. 233-499.
Hopson, J. A. (1950) The Origin of the mammalian middle ear. Am. Zool. **6**, 437-450.
Horan, G. S. B., Ramírez-Solis, R., Featherstone, M. S., Wogelmuth, D. J., Bradley, A. and Behringer, R. R. (1995) Compound mutants for the paralogous *hoxa-4*, *hoxb-4*, and *hoxd-4* genes show more complete homeotic transformations and a dose-dependent increase in the number of vertebrae transformed. Genes Dev. **9**, 1667-1677.
Horder, T. J., Presley, R. and Slipka, J. (1993) The segmental bauplan of the rostral zone of the head in vertebrates. Fuct. Dev. Morphol. **3**, 79-89 (cited in Holland, 2000).
Horder, T. J., Presley, R. and Slipka, J. (2010) The head problem. The organizational significance of segmentation in head development. Acta. Univ. Carol. Med. Monogr. **158**, 1-165.
Horigome, N., Myojin, M., Hirano, S., Ueki, T., Aizawa, S. and Kuratani, S. (1999) Development of cephalic neural crest cells in embryos of *Lampetra japonica*, with special reference to the evolution of the jaw. Dev. Biol. **207**, 287-308.
Hörstadius, S. (1950) Transplantation experiments to elucidate interactions and regulations within the gradient system of the developing sea urchin egg. J. Exp. Zool. **113**, 245-276.
Houzelstein, D., Auda-Boucher, G., Chéraud, Y., Rouaud, T., Blanc, I., Tajbakhsh, S., Buckingham, M. E., Fontaine-Pérus, J. and Robert, B. (1999) The homeobox gene *Msx1* is expressed in a subset of somites, and in muscle progenitor cells migrating into the forelimb. Development **126**, 2689-2701.
Howell, A. B. (1933a) Morphogenesis of the shoulder architecture. Part I. General considerations. Quart. Rev. Biol. **8**, 247-259.
Howell, A. B. (1933b) Morphogenesis of the shoulder architecture. Part II. Pisces. Quart. Rev. Biol. **8**, 434-456.
Howell, A. B. (1935) Morphogenesis of the shoulder architecture. Part III. Amphibia. Quart. Rev.

Biol. **10**, 397-431.
Howell, A. B. (1936) Morphogenesis of the shoulder architecture. Part Ⅳ. Reptilia. Quart. Rev. Biol. **11**, 183-208.
Howell, A. B. (1937a) Morphogenesis of the shoulder architecture. Part Ⅴ. Monotremata. Quart. Rev. Biol. **12**, 191-205.
Howell, A. B. (1937b) Morphogenesis of the shoulder architecture : Aves. Auk **54**, 364-375.
Howell, A. B. (1937c) Morphogenesis of the shoulder architecture. Part Ⅵ. Therian mammalia. Quart. Rev. Biol. **12**, 440-463.
Huang, R., Zhi, Q., Ordahl, C. P. and Christ, B. (1997) The fate of the first avian somite. Anat. Emb. **195**, 435-49.
Huang, R., Zhi, Q., Patel, K., Wilting, J. and Chrisit, B. (2000a) Contribution of single somites to the skeleton and muscles of the occipital and cervical regions in avian embryos. Anat. Emb. **202**, 375-383.
Huang, R., Zhi, Q., Patel, K., Wilting, J. and Christ, B. (2000b) Dual origin and segmental organization of the avian scapula. Development **127**, 3789-3794.
Huang, A. H., Riordan, T. J., Wang, L. Y., Eyal, S., Zelzer, E., Brigande, J. V. and Schweitzer, R. (2013) Repositioning forelimb superficialis muscles : tendon attachment and muscle activity enable active relocation of functional myofibers. Dev. Cell **26**, 544-551.
Huang, A. H., Riordan, T. J., Pryce, B., Weibel, J. L., Watson, S. S., Long, F., … and Tufa, S. F. (2015) Musculoskeletal integration at the wrist underlies the modular development of limb tendons. Development **142**, 2431-2441.
Hubaud, A. and Pourquié, O. (2014) Signalling dynamics in vertebrate segmentation. Nature Reviews Molecular Cell Biol. **15**, 709-721.
Hubrecht, A. A. W. (1883) On the ancestral form of the chordate. Quart. J. Microsc. Sci. **23**, 349-368.
Hubrecht, A. A. W. (1887) The relation of the nemerta to the vertebrata. Quart. J. Microsc. Sci. **27**, 605-644.
Hubrecht, A. A. W. (1890) Studies in mammalian embryology. Ⅱ. The development of the germinal layers of *Sorex vulgaris*. Quart. J. Microsc. Sci. **31**, 499-562.
Huene, F. v. (1936) *Henodus chelyops*, ein neuer Placodontier. Palaeont. Abt. A **84**, 99-148.
Hugall, A. F., Foster, R. and Lee, M. S. Y. (2007). Calibration choice, rate smoothing, and the pattern of tetrapod diversification according to the long nuclear gene RAG-1. Syst. Biol. **56**, 543-563.
Hughes, A. (1957) The development of the primary sensory system in *Xenopus laevis* (Daudin). J. Anat. **91**, 323-338.
Hughes, C. L. and Kaufman, T. C. (2002) Hox genes and the evolution of the arthropod bodyplan. Evol. Dev. **4**, 6, 459-499.
Humphries, C. J. (1988) (ed.) Ontogeny and Systematics. Columbia Univ. Press.
Hunt, P. and Krumlauf, R. (1991) Deciphering the Hox code : Clues to patterning branchial regions of the head. Cell **66**, 1075-1078.
Hunt, P., Wilkinson, D. and Krumlauf, R. (1991a) Patterning the vertebrate head : Murine hox 2 genes mark distinct subpopulations of premigratory and migrating cranial neural crest. Development **112**, 43-50.
Hunt, P., Whiting, J., Muchamore, I., Marshall, H. and Krumlauf, R. (1991b) Homeobox genes and models for patterning the hindbrain and branchial arches. Development Suppl. **1**, 187-196.
Hunt, P., Gulisano, M., Cook, M., Sham, M. -H., Faiella, A., Wilkinson, D., Boncinelli, E. and Krumlauf, R. (1991c) A distinct Hox code for the branchial region of the vertebrate head. Nature **353**, 861-864.
Hunt, P., Ferretti, P., Krumlauf, R. and Thorogood, P. (1995) Restoration of normal Hox code and branchial arch morphogenesis after extensive deletion in hindbrain neural crest. Dev. Biol. **168**, 584-597.
Hunt, P., Clarke, J. D., Buxton, P., Ferretti, P. and Thorogood, P. (1998) Stability and plasticity of neural crest patterning and branchial arch Hox code after extensive cephalic crest rotation. Dev. Biol. **198**, 82-104.
Hunter, R. M. (1935a) The development of the anterior postotic-somites in the rabbit. J. Morphol. **57**, 501-531.
Hunter, R. P. (1935b) The early development of the hypoglossal musculature in the chick. J. Morphol. **57**, 473-500.
Hunter, M. P. and Prince, V. E. (2002) Zebrafish Hox paralogue group 2 genes function redundantly as selector genes to pattern the second pharyngeal arch. Dev. Biol. **247**, 367-389.
Huschke, E. H. (1824) Beiträge zur Physiologie und Naturgeschichte. 1, Weimar.
Huxley, T. H. (1858) The Croonian Lecture : On the theory of the vertebrate skull. Proc. Zool. Soc. Lond. **9**, 381-457.

Huxley, T. H. (1864) Lecture XIV : On the structure of the vertebrate skull. In : Lectures on the Elements of Comparative Anatomy. John Churchill & Sons, pp. 278-303.
Huxley, T. H. (1869) On the representatives of the malleus and the incus of the *Mammalia* in the other *Vertebrata*. Proc. Zool. Soc. Lond. **1869**, 391-407.
Huxley, T. H. (1874) On the structure of the skull and of the heart of *Menobranchus lateralis*. Proc. Zool. Soc. Lond. **42**, 186-204 (cited in De Beer, 1931).
Huxley, T. H. (1875) Preliminary note upon the brain and skull of *Amphioxus lanceolatus*. Proc. Roy. Soc. **23**, 156-163 (cited in De Beer, 1931).
Huxley, T. H. (1876) On the nature of the craniofacial apparatus of *Petromyzon*. J. Anat. Physiol. **18**, 412-429.
Ido, A. and Ito, K. (2006) Expression of chondrogenic potential of mouse trunk neural crest cells by FGF2 treatment. Dev. Dyn. **235**, 361-367.
猪郷久義 (1979) 古生物コノドント——四億年を刻む化石。NHKブックス 358。
Inoue, A., Takahashi, M., Hatta, K., Hotta, Y. and Okamoto, H. (1994) Developmental regulation of *islet-1* mRNA expression during neuronal differentiation in embryonic zebrafish. Dev. Dyn. **199**, 1-11.
Inoue, T., Chisaka, O., Matsunami, H. and Takeichi, M. (1997) *Cadherin-6* expression transiently delineates specific rhombomeres, other neural tube subdivisions, and neural crest subpopulations in mouse embryos. Dev. Biol. **183**, 183-194.
Insom, E., Pucci, A. and Simonetta, A. M. (1995) Cambrian protochordata, their origin and significance. Bull. Zool. **62**, 243-252.
Irie, N. and Kuratani, S. (2011) Comparative transcriptome analysis detects vertebrate phylotypic stage during organogenesis. Nat. Commun. **2**, 248.
Irie, N., Nagashima, H. and Kuratani, S. (2014) The turtle evolution-a conundrum in vertebrate Evo-Devo. In : New Principles in Developmental Processes. Springer, pp. 303-314.
Irvine, S. Q., Carr, J. L., Bailey, W. J., Kawasaki, K., Shimizu, N., Amemiya, C. T. and Ruddle, F. H. (2002) Genomic analysis of Hox clusters in the sea lamprey *Petromyzon marinus*. J. Exp. Zool. **294**, 47-62.
Irving, C. and Mason, I. (2000) Signalling by FGF8 from the isthmus patterns anterior hindbrain and establishes the anterior limit of Hox gene expression. Development **127**, 177-186.
Ishikawa, Y., Yamamoto, N., Yoshimoto, M. and Ito, H. (2012) The primary brain vesicles revisited : Are the three primary vesicles (forebrain/midbrain/hindbrain) universal in vertebrates? Brain. Behav. Evol. **79**, 75-83.
Itasaki, N., Sharpe, J., Morrison, A. and Krumlauf, R. (1996) Reprogramming Hox expression in the vertebrate hindbrain : Influence of paraxial mesoderm and rhombomere transposition. Neuron **16**, 487-500.
Iwabe, N., Hara, Y., Kumazawa, Y., Shibamoto, K., Saito, Y., Miyata, T. and Katoh, K. (2005) Sister group relationship of turtles to the bird-crocodilian clade revealed by nuclear DNA-coded proteins. Mol. Biol. Evol. **22**, 810-813.
Jackson, C. M. (1909) On the developmental topography of the thoracic and abdominal viscera. Anat. Rec. **3**, 361-396.
Jackson, W. H. and Clarke, W. B. (1876) The brain and cranial nerves of *Echinorhinus spinosus*, with notes on the other viscera. J. Anat. Physiol. **10**, 74.2 (cited in Goodrich, 1930a).
Jacob, M., Jacob, H. J., Wachtler, F. and Christ, B. (1984) Ontogeny of avian extrinsic ocular muscles. I. A light-and electron-microscopic study. Cell Tiss. Res. **237**, 549-557.
Jacobson, A. G. (1988) Somitomeres : Mesodermal segments of vertebrate embryos. Development **104** Suppl., 209-220.
Jacobson, A. G. (1993) Somitomeres : Mesodermal segments of the head and trunk. In : J. Hanken and B. K. Hall (eds.), The Skull Vol. 1. Univ. Chicago Press, pp. 42-76.
Jagla, K., Dolle, P., Mattei, M. G., Jagla, T., Schuhbaur, B., Dretzen, G., Bellard, F. and Bellard, M. (1995) Mouse Lbx1 and human LBX1 define a novel mammalian homeobox gene family related to the Drosophila lady bird genes. Mech. Dev. **53**, 345-356.
Jandzik, D., Hawkins, M. B., Cattell, M. V., Cerny, R., Square, T. A. and Medeiros, D. M. (2014) Roles for FGF in lamprey pharyngeal pouch formation and skeletogenesis highlight ancestral functions in the vertebrate head. Development **141**, 629-638.
Janvier, P. (1975a) Anatomie et position systématique des Galéaspides, des Céphalaspides du Dévonien inférieur de Yunnan (Chine). Bull. Mus. Hist. Nat. Paris **278**, 1-16.
Janvier, P. (1975b) Les yeux des Cyclostomes fossiles et le problème de l'origine des Myxinoïdes. Acta Zool. **56**, 1-9.
Janvier, P. (1981) The phylogeny of the Craniata, with particular reference to the significance of the fossil 'agnathans'. J. Vert. Paleontol. **1**, 121-159.

Janvier, P. (1985) Le Céphalaspides du Spitzberg : Anatomie, phylogénie et systématique des Osteostracés siluro-dévoniens. Révision des Ostéostracés de la Formation de Wood Bay. Centre National de la Recherche Scientifique, Paris.
Janvier, P. (1993) Patterns of diversity in the skull of jawless fishes. In : J. Hanken and B. K. Hall (eds.), The Skull Vol. 2. Univ. Chicago Press, pp. 131-188.
Janvier, P. (1996) Early Vertebrates. Oxford Scientific Publications.
Janvier, P. (2001) Ostracoderms and the shaping of the gnathostome characters. In : P. E. Ahlberg (ed.), Major Events in Early Vertebrate Evolution. Taylor & Francis, pp. 172-186.
Janvier, P. (2003) Vertebrate characters and the Cambrian vertebrates. C. R. Palevol **2**, 523-531.
Janvier, P. (2004a) Early specializations in the branchial apparatus of jawless vertebrates : A consideration of gill number and size. In : G. Arratia, M. V. H. Wilson, and R. Cloutier (eds.), Recent Advances in the Origin and Early Radiation of Vertebrates. Verlag Dr. Friedrich Pfeil, pp. 29-52.
Janvier, P. (2004b) Wandering nostrils. Nature **432**, 23-24.
Janvier, P. (2006) Modern look for ancient lamprey. Nature **443**, 921-924.
Janvier, P. (2007) Homologies and evolutionary transitions in early vertebrate history. In : J. S., Anderson and H.-D. Sues (eds.), Major Transitions in Vertebrate Evolution. Indiana University Press, pp. 57-121.
Janvier, P. (2008) Early jawless vertebrates and cyclostome origins. Zool. Sci. **25**, 1045-1056.
Janvier, P. (2011) Comparative anatomy : All certebrates do have vertebrae. Curr. Biol. **21**, 661-663.
Janvier, P. (2013a) Inside-out turned upside-down. Nature **502**, 457-458.
Janvier, P. (2013b) Led by the nose. Nature **493**, 169-170.
Janvier, P. and Arsenault, M. (2007) The anatomy of *Euphanerops longaevus* Woodward, 1900, an anaspid-like jawless vertebrate from the Upper Devonian of Miguasha, Quebec, Canada. Geodiversitas **29**, 143-216.
Janvier, P. and Blieck, A. (1979) New data on the internal anatomy of the heterostraci (Agnatha), with general remarks on the phylogeny of the craniota. Zool. Script. **8**, 287-296.
Janvier, P. and Blieck, A. (1993) L. B. Halstead and the heterostracan controversy. Modern Geology, **18**, 89-105.
Janvier, P. and Lund, R. (1983) *Hardistiella Montanensis* N. Gen. Et sp. (Petromyzontida) from the lawer carboniferous of montana, with remarks on the affinities of the lampreys. J. Vert. Paleontol. **2**, 407-413.
Janvier, P., Lund, R. and Grogan, E. D. (2004) Further consideration of the earliest known lamprey, *Hardistiella montanensis* janvier and lund, 1983, from the carboniferous of bear gulch, Montana, U. S. A. J. Vert. Paleontol. **24**, 742-743.
Janvier, P., Desbiens, S., Willett, J. A. and Arsenault, M. (2006) Lamprey-like gills in a gnathostome-related Devonian jawless vertebrate. Nature **440**, 1183-1185.
Jarvik, E. (1967) The homologies of frontal and parietal bones in fishes and tetrapods. Coll. Int. CNRS **163**, 181-213.
Jarvik, E. (1968) Aspects of vertebrate phylogeny. In : T. Ørvig, (ed.), Current Problems of Lower Vertebrate Phylogeny : Proceedings of the fourth nobel symposium held in June 1967 at the Swedish Museum of Natural History (Naturhistoriska riksmuseet) in Stockholm. Interscience (Wiley), pp. 496-527.
Jarvik, E. (1980) Basic Structure and Evolution of Vertebrates. Vol. 2. Acad. Press.
Jaskoll, T. F. and Maderson, P. F. A. (1978) A histological study of the development of the avian middle ear and tympanum. Anat. Rec. **190**, 177-200.
Jay, P. Y., Bielinska, M., Erlich J. M., Mannisto S., Pu W. T., Heikinheimo, M. and Wilson, D. B. (2007) Impaired mesenchymal cell function in *Gata4* mutant mice leads to diaphragmatic hernias and primary lung defects. Dev. Biol. **301**, 602-614.
Jeannotte, L., Lemieux, M., Charron, J., Poiier, F. and Robertson, E. J. (1993) Specification of axial identity in the mouse : Role of the *Hoxa-5* (*Hox1.3*) gene. Genes Dev. **7**, 2085-2096.
Jefferies, R. P. S. (1967) Some fossil chordates with echinoderm affinities. Symp. Zool. Soc. Lond. **20**, 163-208 (cited in Gee, 1996).
Jefferies, R. P. S. (1986) The Ancestry of the Vertebrates. British Museum (Natural History).
Jefferies, R. P. S. and Brown, N. A. (1995) Dorsoventral axis inversion? Nature **374**, 22.
Jeffery, W. R. (2006) Ascidian neural crest-like cells : Phylogenetic distribution, relationship to larval complexity, and pigment cell fate. J. Exp. Zool. (Mol. Dev. Evol.) **306**B, 470-480.
Jeffery, W. R. (2007) Chordate ancestry of the neural crest : New insights from ascidians. Semin. Cell. Dev. Biol. **18**, 481-491.
Jeffery, J. E., Binida-Emonds, O. R. P., Coates, M. I. and Richardson, M. K. (2002) Analysing evolutionary patterns in amniote embryonic development. Evol. Dev. **4**, 292-302.

Jeffery, W. R., Strickler, A. G. and Yamamoto, Y. (2004) Migratory neural crest-like cells form body pigmentation in a urochordate embryo. Nature **431**, 696-699.
Jeffery, W. R., Chiba T., Krajka, F. R., Deyts, C., Satoh, N. and Joly, J. S. (2008) Trunk lateral cells are neural crest-like cells in the ascidian *Ciona intestinalis* : Insights into the ancestry and evolution of the neural crest. Dev. Biol. **324**, 152-160.
Jeffs, P. S. and Keynes, R. J. (1990) A brief history of segmentation. Sem. Dev. Biol. **1**, 77-87.
Jegalian, B. G. and de Robertis, E. (1992) Homeotic transformations in the mouse induced by overexpression of a human *Hox3.3* transgene. Cell **71**, 901-910.
Jellison, W. L. (1945) A suggested homolog of the *Os penis* or baculum of mammals. J. Mammal. **26**, 146-147.
Jenkins, F. A. (1970a) Cynodont postcranial anatomy and "prototherian" level of mammalian organization. Evolution **24**, 230-252.
Jenkins, F. A. (1970b) Anatomy and function of expanded ribs in certain edentates and primates. J. Mammal. **51**, 288-301.
Jensen, D. D. (1960) Hoplonemertines, myxinoids and deuterostome origins. Nature **188**, 649-650.
Jensen, D. D. (1963) Hoplonemertines, myxinoids, and vertebrate origins, In : E. C. Dougherty, Z. N. Brown, E. D Hanson and W. D. Hartman (eds.), The Lower Metazoa : Comparative biology and phylogeny. Univ. California Press, pp. 113-126.
Jeong, J., Li, X., McEvilly, R. J., Rosenfeld, M. G., Lufkin, T. and Rubenstein, J. L. R. (2008) Dlx genes pattern mammalian jaw primordium by regulating both lower jaw-specific and upper jaw-specific genetic programs. Development **135**, 2905-2916.
Jernvall, J. and Fortelius, M. (2002) Common mammals drive the evolutionary increase of hypsodonty in the Neogene. Nature **417**, 538-540.
Jernvall, J. and Jung, H. S. (2002) Genotype, phenotype, and developmental biology of molar tooth characters. Am. J. Physiol. Anthropol. Suppl. **31**, 171-190.
Ji, Q., Luo, Z. X., Zhang, X., Yuan, C. X. and Xu, L. (2009) Evolutionary development of the middle ear in mesozoic therian mammals. Science **326**, 278-281.
Jiang, X., Rowitch, D. H., Soriano, P., McMahon, A. P. and Sucov, H. M. (2000) Fate of the mammalian cardiac neural crest. Development **127**, 1607-1616.
Jiang, X., Iseki, S., Maxson, R. E., Sucov, H. M. and Morriss-Kay, G. M. (2002) Tissue origins and interactions in the mammalian skull vault. Dev. Biol. **241**, 106-116.
Jinguji, Y. and Takisawa, A. (1983) Development of the mouse diaphragm. Okajima Fol. Anat. Jap. **60**, 17-42.
Johnels, A. G. (1948) On the development and morphology of the skeleton of the head of *Petromyzor*. Acta Zool. **29**, 139-279.
Johnson, R. G. and Richardson, E. S. (1969) Pennsylvanian Invertebrates of the Mazon Creek Area, Illinois : The morphology and affinities of *Tullimonstrum*. Field Museum of Natural History.
Johnston, J. B. (1905a) The cranial nerve components of *Petromyzon*. Morphol. Jb. **34**, 149-203.
Johnston, J. B. (1905b) The morphology of the vertebrate head from the viewpoint of the functional division of the nervous system. J. Comp. Neurol. **15**, 175-275.
Johnston, J. B. (1913) Nervus terminalis in reptiles and mammals. J. Comp. Neurol. **23**, 97-120.
Johnston, M. C. (1966) A radioautographic study of the migration and fate of neural crest in the chick embryo. Anat. Rec. **156**, 143-156.
Johnston, M. C. and Hazelton, R. D. (1972) Embryonic origins of facial structures related to oral sensory and motor function. In : J. B. Bosma (ed.), Third Symposium on Oral Sensation and Perception : The mouth of the infant. Chas C. Thomas, Springfield, IL.
Jollie, M. (1971) A theory concerning the early evolution of the visceral arches. Acta Zool. **52**, 85-96.
Jollie, M. T. (1973) On the origin of the chordates. Acta Zool. Stockholm **54**, 81-100.
Jollie, M. T. (1977) Segmentation of the vertebrate head. Am. Zool. **17**, 323-333.
Jollie, M. (1981) Segment theory and the homologizing of cranial bones. Am. Nat. **118**, 785-802.
Joss, J. and Johanson, Z. (2007) Is *Palaeospondylus gunni* a fossil larval lungfish? Insights from *Neoceratodus forsteri* development. J. Exp. Zool. (Mol. Dev. Evol.) **308**B, 163-171.
Jouve, C., Palmeirim, I., Henrique, D., Beckers, J., Gossler, A., Ish-Horowicz, D. and Pourquié, O. (2000) Notch signalling is required for cyclic expression of the hairy-like gene *HES1* in the presomitic mesoderm. Development, **127**, 1421-1429.
Jouve, C., Iimura, T. and Pourquie, O. (2002) Onset of the segmentation clock in the chick embryo : Evidence for oscillations in the somite precursors in the primitive streak. Development **129**, 1107-1117.
Joyce, W. G., Lucas, S. G., Scheyer, T. M., Heckert, A. B. and Hunt, A. P. (2009) A thin-shelled reptile from the Late Triassic of North America and the origin of the turtle shell. Proc. R. Soc. Lond. B **276**, 507-513.

Joyner, A. (2002) Establishment of anterior-posterior and dorsal-ventral pattern in the early central nervous system. In : J. Rossant and P. P. L. Tam (eds.), Mouse Development. Acad. Press, pp. 107-126.
Jung, H. S., Francis-West, P. H., Widelitz, R. B., Jiang, T. X., Ting-Berreth, S., Tickle, C., Wolpert, L. and Chuong, C. M. (1998) Local inhibitory action of BMPs and their relationships with activators in feather formation : Implications for periodic patterning. Dev. Biol. **196**, 11-23.
Kague, E., Gallagher, M., Burke, S., Parsons, M., Franz-Odendaal, T. and Fisher, S. (2012) Skeletogenic fate of zebrafish cranial and trunk neural crest. PLoS ONE **7**, e47394.
Kälin, J. A. (1945) Zur Morphogenese des Panzers bei den Schildkröten. Acta Anat. **1**, 144-176.
Källen, B. (1956a) Experiments on neuromery in *Ambystoma punctatum* embryos. J. Emb. Exp. Morphol. **4**, 66-72.
Källen, B. (1956b) Contribution to the knowledge of the regulation of the proliferation processes in the vertebrate brain during ontogenesis. Acta Anat. **27**, 351-360.
Källen, B. (1962) Mitotic patterning in the central nervous system of chick embryos, studied by a colchicine method. Z. Anat. Ent.-Ges. **123**, 309-319.
Kallius, E. (1906) Beiträge zur Entwicklung der Zunge. Teil II, Vögel. Anat. Heft. **1-31**, 605-651.
Kallius, E. (1910) Beiträge zur Entwicklung der Zunge : 3. Theil. Säugetiere 1. *Sus scrofa dom.* Anat. Heft. **41**, 173-337.
Kanan, C. V. (1969) Spinal accessory nerve of the camel (*Camelus dromedarius*). Cells Tiss. Org. **74**, 615-623.
Kania, A., Johnson, R. L. and Jessell, T. M. (2000) Coordinate roles for LIM homeobox genes in directing the dorsoventral trajectory of motor axons in the vertebrate limb. Cell **102**, 161-173.
Kantarci, S. and Donahoe, P. K. (2007) Congenital diaphragmatic hernia (CDH) etiology as revealed by pathway genetics. Am. J. Med. Genet. Part C-Seminars in Medical Genetics **145**C, 217-226.
Kappers, A. (1919) Phenomena of neurobiotaxis as demonstrated by the position of the motor nuclei of the oblongata. J. Nerv. Ment. Dis. **50**, 1-16.
Kappers, A. (1921) On structual laws in the nervous system : The principes of neurobiotaxis. Brain **44**, 125-149.
Kappers, C. U. A. (1929) The Evolution of the Nervous System in Invertebrates, Vertebrates and Man. Bohn, Haarlem.
Kappers, C. U. A., Huber, G. C. and Crosby, E. C. (1936) The Comparative Anatomy of the Nervous System of Vertebrates, Including Man. Hafner.
Kardon, G. (1998) Muscle and tendon morphogenesis in the avian hind limb. Development **125**, 4019-4032.
Kardon, G., Harfe, B. D. and Tabin, C. J. (2003) A Tcf4-positive mesodermal population provides a prepattern for vertebrate limb muscle patterning. Dev. Cell **5**, 937-944.
Kardong, K. V. (1998) Vertebrates : Comparative anatomy, function, evolution. McGraw-Hill.
Kastschenko, N. (1887) Das Schlundspaltengebiet des Hühnchens. Arch. Anat. Physiol. **1887**, 258-300.
Kastschenko, N. (1888) Zur Entwicklungsgeschichte des Selachierembryos. Anat. Anz. **3**, 445-467.
Kauer, S. *et al.* (1992) cited in McLain *et al.* (1992)
Kaufmann, P., Leisten, H. and Mangold, U. (1981) Die Kiemenbogenentwicklung bei Ratte und Maus. I. Zur Entwicklung von Sinus cervicalis und Operculum. Acta Anat. **110**, 7-22.
Kawanishi, T., Kaneko, T., Moriyama, Y., Kinoshita, M., Yokoi, H., Suzuki, T., Shimada, A. and Takeda, H. (2013) Modular development of the teleost trunk along the dorsoventral axis and zic1/zic4 as selector genes in the dorsal module. Development **140**, 1486-1496.
風間喜代三(1978)言語学の誕生。岩波新書。
風間喜代三(1993)印欧語の故郷を探る。岩波新書。
Kearn, G. C. (2004) Lampreys in Leeches, Lice and Lampreys. Springer.
Keibel, F. (1889) Zur Entwicklungsgeschichte der Chorda bei Säugern (Meerschweinchen und Kaninchen). Arch. Anat. Physiol. Anat. Abt. **1889**, 329.
Keibel, F. (1906) Die Entwickelung der äusseren Körperform der Wirbeltierembryonen, insbesondere der menschlichen Embryonen aus den ersten Monaten. In : O. Hertwig (ed.), Handbuch der Entwickelungslehre I. Verlag von Gustav Fischer, Jena. Vol. 2, pp. 1-176.
Keibel, F. and Mall, F. P. (1910) Manual of Human Embryology. JB Lippincott Company.
Keith, A. (1905) The nature of the mammalian diaphragm and pleural cavities. J. Anat. Physiol. **39**, 243-284.
Kelly, R. G., Jerome-Majewska, L. A. and Papaioannou, V. E. (2004) The del22q11.2 candidate gene *Tbx1* regulates branchiomeric myogenesis. Hum. Mol. Genet. **13**, 2829-2840.
Kemp, T. S. (1982) Mammal-like Reptiles and Origin of Mammals. Acad. Press.

Kermack, D. M. and Kermack, K. A. (1984) The Evolution of Mammalian Charcters. Croom Helm.
Kerr, J. G. (1900) The zoological position of *Palaeospondylus* (Traquair). In Proc. Camb. Phil. Soc. Vol. 10, pp. 298-299.
Kerr, E. T. (1918) Brachial plexus of nerves in man, the variations in its formation and branches. Am. J. Anat. **23**, 285-395.
Kessel, M. (1992) Respecification of vertebral identities by retinoic acid. Development **115**, 487-501.
Kessel, M. and Gruss, P. (1991) Homeotic transformations of murine vertebrae and concomitant alteration of *Hox* codes induced by retinoic acid. Cell **67**, 89-104.
Keynes, R. J. and Stern, C. D. (1984) Segmentation in the vertebrate nervous system. Nature **310**, 786-789.
Keyser, A. (1972) The development of the diencephalon of the Chinese hamster. Act. Anat. Suppl. **59**, 1-161.
Khonsari, R. H., Vernier, P., Northcutt, R. G. and Janvier, P. (2009) Agnathan brain anatomy and craniate phylogeny. Acta Zool. **90**, 52-68.
Kiaer, J. (1924) The Downtonian Fauna of Norway. 1. Anaspida : With a geological introduction. Dybwad.
Kiaer, J. (1928) The structure of the mouth of the oldest known vertebrates, pteraspids and cephalaspids. Palaeobiologica **1**, 117-134.
Kiecker, C. and Niehrs, C. (2001) The role of prechordal mesoendoderm in neural patterning. Curr. Opin. Neurobiol. **11**, 27-33.
Kikuchi, T. (1970) A contribution to the morphology of the ansa cervicalis and the phrenic nerve. Acta Anat. Nippon **45**, 242-281.
Killian, C. (1891) Zur Metamerie des Selachierkopfes. Verh. Anat. Ges. **5**, 85-107.
Kim, J. and Kim, M. (2001) The mathematical structure of characters and modularity. In : G. P. Wagner (ed.), The Character Concept in Evolutionary Biology. Acad. Press, pp. 215-236.
Kimmel, C. B., Powell, S. L. and Metcalfe, W. K. (1982) Brain neurons which project to the spinal cord in young larvae of the zebrafish. J. Comp. Neurol. **205**, 112-127.
Kimmel, C. B., Metcalfe, W. K. and Schabtach, E. (1985) T reticular interneurons : A class of serially repeating cells in the zebrafish hindbrain. J. Comp. Neurol. **233**, 365-376.
Kimmel, C. B., Sepich, D. S. and Trevarrow, B. (1988) Development of segmentation in zebrafish. Development **104**, 197-207.
Kimmel, C. B., Miller, C. T. and Keynes, R. J. (2001) Neural crest patterning and the evolution of the jaw. J. Anat. **199**, 105-120.
Kingsbury, B. F. (1922) The fundamental plan of the vertebrate brain. J. Comp. Neurol. **34**, 461-484.
Kingsbury, B. F. (1930) The developmental significance of the floor-plate of the brain and spinal cord. J. Comp. Neurol. **50**, 177-201.
Kingsbury, B. F. and Adelmann, H. B. (1924) The morphological plan of the head. Quart. J. Microsc. Sci. **68**, 239-285.
Kirby, M. L. (1989) Plasticity and predetermination of the mesencephalic and trunk neural crest transplanted into the region of cardiac neural crest. Dev. Biol. **134**, 402-412.
Kirby, M. L. and Waldo, K. L. (1990) Role of neural crest in congenital heart disease. Circulation **82**, 332-340.
Kirby, M. L. and Stewart, D. E. (1983) Neural crest origin of cardiac ganglion cells in the chick embryo : Identification and extirpation. Dev. Biol. **97**, 433-443.
Kishida, R., Goris, R. C., Nishizawa, H., Koyama, H., Kadota, T. and Amemiya, F. (1987) Primary neurons of the lateral line nerves and their central projections in hagfishes. J. Comp. Neurol. **264**, 303-310.
Kitazawa, T., Takechi, M., Hirasawa, T., Hirai, T., Narboux-Nême, N., Kume, H., Oikawa, S., Maeda, K., Miyagawa-Tomita, S., Kurihara, Y., Hitomi, J., Levi, G., Kuratani, S. and Kurihara, H. (2015) Developmental genetic bases behind the independent origin of the tympanic membrane in mammals and diapsids. Nat. Commun. **6**, 6853.
Klein, W. and Owerkowicz, T. (2006) Function of intracoelomic septa in lung ventilation of amniotes : Lessons from lizards. Physiological and Biochemical Zoology **79**, 1019-1032.
Kleisner, K. (2007) The formation of the theory of homology in biological sciences. Acta Biotheoretica **55** (4), 317-340.
Kmita, M., van der Hoeven, F., Zákány, J., Krumlauf, R. and Duboule, D. (2000) Mechanisms of Hox gene colinearity : Transposition of the anterior *Hoxb1* gene into the posterior HoxD complex. Genes Dev. **14**, 198-211.
Kmita, M., Fraudeau, N., Hérault, Y. and Duboule, D. (2002) Serial deletions and duplications suggest a mechanism for the collinearity of Hoxd genes in limbs. Nature **420**, 145-150.
Kodama, K., Kawai, K., Okamoto, K. and Yamada, M. (1992) The suprascapular nerve as re-

interpreted by its communication with the phrenic nerve. Acta Anat. **144**, 107-113.
Koh, E. G. L., Lam, K., Christoffels, A., Erdmann, M. V., Brenner, S. and Venkatesh, B. (2003) Hox gene clusters in the Indonesian coelacanth, *Latimeria menadoensis*. Proc. Nat. Acad. Sci. USA **100**, 1084-1088.
Kohn, A. (1907) Über die Entwicklung des sympathischen Nervensystems der Säugetiere. Arch. mikr. Anat. **70**, 266-317.
Koizumi, M. and Sakai, T. (1997) On the morphology of the brachial plexus of the platypus (*Ornithorhynchus anatinus*) and the echidna (*Tachyglossus aculeatus*). J. Anat. **190**, 447-455.
Kollmann, J. (1907) Handatlas der Entwicklungsgeschichte des Menschen. Zweiter Teil. Gustav Fischer.
Koltzoff, N. K. (1899) Metamerie des Kopfes von *Petromyzon planeri*. Anat. Anz. **16**, 510-523.
Koltzoff, N. K. (1901) Entwicklungsgeschichte des Kopfes von *Petromyzon planeri*. Bull. Soc. Nat. Moscou **15**, 259-289.
Komai, T. (1951) The homology of the 'notochord' found in pterobranchs and enteropneusts. Am. Nat. **85**, 270-271 (cited in Gee, 1996).
Kondo, T. and Duboule, D. (1999) Breaking colinearity in the mouse HoxD complex. Cell **97**, 407-417.
Kondo, T., Zákány, J. and Duboule, D. (1998) Control of colinearity in AbdB genes of the mouse HoxD complex. Mol. Cell **1**, 289-300.
Köntges, G. and Lumsden, A. (1996) Phombencephalic neural crest segmentation is preserved throughout craniofacial ontogeny. Development **122**, 3229-3242.
Köntges, G. and Matsuoka, T. (2002) Jaws of the Fates. Science **298**, 371-373.
Kopp, A., Duncan, I. and Carroll, S. B. (2000) Genetic control and evolution of sexually dimorphic characters in *Drosophila*. Nature **408**, 553-559.
Kosher, R. A. and Church, R. L. (1975) Stimulation of *in vitro* chondrognesis by procollagen and collagen. Nature **258**, 327-330.
Kostic, D. and Capecchi, M. R. (1994) Targeted disruptions of the murine *hoxa-4* and *hoxa-6* genes result in homeotic transformations of components of the vertebral colum. Mech. Dev. **46**, 231-247.
Kotthaus, A. (1933) Die Entwicklung des Primordial-Craniums von *Xenopus laevis* bis zur Metamorphose. Z. wiss. Zool. **144**, 510-572
Kowalevsky, A. (1866a) Entwickelungsgeschichte der einfachen Ascidien. Mem. Acad. Sci. St. Petersbourg (7) **10**, No. 15, 1-19 (cited in Gee, 1996).
Kowalevsky, A. (1866b) Entwicklungsgeschichte des *Amphioxus lanceolatus*. Mem. Acad. Sci. St. Petersbourg (7) **11**, No 4, 1-17 (cited in Gee, 1996).
Koyabu, D., Maier, W. and Sánchez-Villagra, M. R. (2012) Paleontological and developmental evidence resolve the homology and dual embryonic origin of a mammalian skull bone, the interparietal. Proc. Nat. Acad. Sci. USA **109**, 14075-14080.
Kozmik, Z., Holland, N. D., Kalousova, A., Paces, J., Schubert, M. and Holland, L. Z. (1999) Characterization of an amphioxus paired box gene, *AmphiPax2/5/8* : Developmental expression patterns in optic support cells, nephridium, thyroid-like structures and pharyngeal gill slits, but not in the midbrain-hindbrain boundary region. Development **126**, 1295-1304.
Krammer, E. B., Lischka, M. F., Egger, T. P., Riedl, M. and Gruber, H. (1987) The motoneuronal organization of the spinal accessory nuclear complex. Adv. Anat. Emb. Cell Biol. **103**, 1-62.
Krotoski, D. M., Fraser, S. E. and Bronner-Fraser, M. (1988) Mapping of neural crest pathways in *Xenopus laevis* using inter-and intra-specific cell markers. Dev. Biol. **127**, 119-132.
Kubota, S., Takano, J. I., Tsuneishi, R., Kobayakawa, S., Fujikawa, N., Nabeyama, M. and Kohno, S. I. (2001) Highly repetitive DNA families restricted to germ cells in a Japanese hagfish (*Eptatretus burgeri*) : A hierarchical and mosaic structure in eliminated chromosomes. Genetica **111**, 319-328.
Kucharczuk, K. L., Love, C. M., Dougherty, N. M. and Goldhamer, D. J. (1999) Fine-scale transgenic mapping of the *MyoD* core enhancer : *MyoD* is regulated by distinct but overlapping mechanisms in myotomal and non-myotomal muscle lineages. Development **126**, 1957-1965.
Kucharski, R. and Maleszka, R. (2000) Evaluation of differential gene expression during behavioral development in the honeybee using microarrays and northern blots. Genome Biol. **3**, 0007.1-0007.9.
Kuhlenbeck, H. (1935) Über dir morphologische Bewertung der sekundären Neuromerie. Anat. Anz. **81**, 129-148.
Kuhn, H. J. and Zeller, U. (1987) (eds.) Morphogenesis of the Mammalian Skull. Mammalia Depicta. Beihefte zur Zeitschrift fur Saugetierkunde, 13. Verlag Paul Parey.
Kumazawa, Y. and Nishida, M. (1999) Complete mitochondrial DNA sequences of the green turtle

and blue-tailed mole skink : Statistical evidence for archosaurian affinity of turtles. Mol. Biol. Evol. **16**, 784-792.
Kundrát, M., Janácek, J. and Martin, S. (2009) Development of transient head cavities during early organogenesis of the Nile crocodile (*Crocodylus niloticus*). J. Morphol. **270**, 1069-1083.
Kuntz, A. (1910a) The development of the sympathetic nervous system in mammals. J. Comp. Neurol. Physiol. **20**, 211-258.
Kuntz, A. (1910b) The development of the sympathetic nervous system in birds. J. Comp. Neurol. Physiol. **20**, 284-308.
Kuntz, A. (1920) The development of the sympathetic nervous system in man. J. Comp. Neurol. **32**, 173-229.
Kuntz, A. (1921) Experimental studies on the histogenesis of the sympathetic nervous system. J. Comp. Neurol. **34**, 1-36.
Kuntz, A. and Batson, O. V. (1920) Experimental observations on the histogenesis of the sympathetic trunks in the chick. J. Comp. Neurol. **32**, 335-345.
Kuo, C. H., Huang, S. and Lee, S. C. (2003) Phylogeny of hagfish based on the mitochondrial 16S rRNA gene. Mol. Phylogenet. Evol. **28**, 448-457.
von Kupffer, C. (1885) Primäre Metamerie des Neuralrohrs der Vertebraten. Situngsber. Math. Physik. Kl. München.
von Kupffer, C. (1888) Über die Entwicklung von *Petromyzon planeri*. Sitzberichte Akad. Wiss. München, Bd**18**, 71-79.
von Kupffer, C. (1891a) Die Entwicklung der Kopfnerven der Vertebraten. Ver. Anat. Ges. **1891**, 22-55.
von Kupffer, C. (1891b) The development of the cranial nerves of vertebrates. J. Comp. Neurol. **1**, 246-264.
von Kupffer, C. (1893) Die Entwicklung des Kopfes von *Acipenser sturio*, an Medianschnitten untersucht. Studien zur vergleichenden Entwicklungsgeschichte des Kopfes der Cranioten, Heft 1, München und Leipzig.
von Kupffer, C. (1894) Studien zur vergleichenden Entwicklungsgeschichte des Kopfes der Kranioten. 2. Heft, Die Entwicklung des Kopfes von *Ammocoetes planeri*. J. F. Lehmann.
von Kupffer, C. (1895) Ueber die Entwickelung des Kiemenskelets von Ammocoetes und die organogene Bestimmung des Exoderms. Ver. Anat. Ges. **10**, 105-123.
von Kupffer, C. (1899) Zur Kopfentwicklung von *Bdellostoma*. Sitzungsber. Ges. Morphol. Physiol. **15**, 21-35.
von Kupffer, C. (1900) Studien zur vergleichenden Entwicklungsgeschichte des Kopfes der Kranioten. 4. Heft, Zur Kopfentwicklung von *Bdellostoma*. J. F. Lehmann.
von Kupffer, C. (1906) Die Morphologie des Centralnervensystems. In : O. Hertwig (ed.), Handbuch der vergleichenden und experimentellen Entwicklungslehre der Wirbelthiere. Bd. 2, 3ter Theil, Gustav Fischer, pp. 1-272.
Kuraku, S. (2008) Insights into cyclostome phylogenomics : pre-2R or post-2R? Zool. Sci. **25**, 960-968.
Kuraku, S. and Kuratani, S. (2006) Timescale for cyclostome evolution inferred with a phylogenetic diagnosis cf hagfish and lamprey cDNAs. Zool. Sci. **23**, 1053-1064.
Kuraku, S., Hoshiyama, D., Katoh, K., Suga, H. and Miyata, T. (1999) Monophyly of lampreys and hagfishes supported by nuclear DNA-coded genes. J. Mol. Evol. **49**, 729-735.
Kuraku, S., Usuda, R. and Kuratani, S. (2005) Comprehensive survey of carapacial ridge-specific genes in turtle implies co-option of some regulatory genes in carapace evolution. Evol. Dev. **7**, 3-17.
Kuraku, S., Ishijima, J., Nishida-Umehara, C., Agata, K., Kuratani, S. and Matsuda, Y. (2006) cDNA-based gene mapping and GC3 profiling in the soft-shelled turtle suggest a chromosomal size-dependent GC bias shared by sauropsid. Chrom. Res. **14**, 187-202.
Kuraku, S., Meyer, A. and Kuratani, S. (2008) Timing of genome duplications : Did cyclostomes diverge before, or after? Mol. Biol. Evol. **26**, 47-59.
Kuraku, S., Ota, K. G. and Kuratani, S. (2009) Jawless fishes (Cyclostomata) In : S. B. Hedges and S. Kumar (eds.), The Timetree of Life. Oxford Univ. Press, pp. 317-319.
Kuraku, S., Takio, Y., Sugahara, F., Takechi, M. and Kuratani, S. (2010) Evolution of oropharyngeal patterning mechanisms involving Dlx and endothelins in vertebrates. Dev. Biol. **341**, 315-323.
Kuratani, S. (1987) The development of the orbital region of *Caretta caretta* (Chelonia, Reptilia). J. Anat. **154**, 187-200.
Kuratani, S. (1989) Development of the orbital region in the chondrocranium of *Caretta caretta*. Reconsideration of the vertebrate neurocranium configuration. Anat. Anz. **169**, 335-349.
Kuratani, S. (1990) Development of glossopharyngeal nerve branches in the early chick embryo

with special reference to morphology of the Jacobson's anastomosis. Anat. Emb. **181**, 253-269.
Kuratani, S. C. (1991) Alternate expression of the HNK-1 epitope in rhombomeres of the chick embryo. Dev. Biol. **144**, 215-219.
Kuratani, S. (1997) Spatial distribution of postotic crest cells defines the head/trunk interface of the vertebrate body: embryological interpretation of peripheral nerve morphology and evolution of the vertebrate head. Anat. Emb. **195**, 1-13.
Kuratani, S. (1999) Development of the chondrocranium in loggerhead turtle, *Caretta caretta*. Zool. Sci. **16**, 803-818.
Kuratani, S. (2003a) Evolutionary developmental biology and vertebrate head segmentation: A perspective from developmental constraint. Theory Biosci. **122**, 230-251.
Kuratani, S. (2003b) The heterotopic shift in developmental patterns and evolution of the jaw in vertebrates. In: T. Sekimura, S. Noji, N. Ueno and P. K. Maini (eds.), Morphogenesis and Pattern Formation in Biological Systems: Experiments and models. Springer-Verlag Tokyo, pp. 119-125.
Kuratani, S. (2004) Evolution of the vertebrate jaw: Comparative embryology reveals the developmental factors behind the evolutionary novelty. J. Anat. **205**, 335-347.
Kuratani, S. (2005a) Developmental studies of the lamprey and hierarchical evolution towards the jaw. J. Anat. **207**, 489-499.
Kuratani, S. (2005b) Craniofacial development and evolution in vertebrates: The old problems on a new background. Zool. Sci. **22**, 1-19.
Kuratani, S. (2005c) Cephalic crest cells and evolution of the craniofacial structures in vertebrates: Morphological and embryological significance of the premandibular-mandibular boundary. Zoology **108**, 13-26.
Kuratani, S. (2008a) Evolutionary developmental studies of cyclostomes and origin of the vertebrate neck. Dev. Growth Diff. **50**, Suppl. 1, S189-194.
Kuratani, S. (2008b) Is the vertebrate head segmented?: Evolutionary and developmental considerations. Integ. Comp. Biol. **48**, 647-657.
Kuratani, S. (2009) Modularity, comparative embryology and evo-devo: Developmental dissection of evolving body plans. Dev. Biol. **332**, 61-69.
Kuratani, S. (2012) Evolution of the vertebrate jaw from developmental perspectives. Evol. Dev. **14**, 76-92.
Kuratani, S. (2013) Perspectives: Evolution. A muscular perspective on vertebrate evolution. Science **341**, 139-140.
倉谷　滋（1993a）耳小骨の謎Ⅰ：比較形態学最大のミステリー。Mysteries of ear ossicles Ⅰ. The splendid history of comparative morphology. The Bone メディカルレビュー社 **7**、113-123。
倉谷　滋（1993b）耳小骨の謎Ⅱ：残された問題と将来への展望。Mysteries of ear ossicles Ⅱ. Unsolved problems and molecular approaches. The Bone メディカルレビュー社 **7**、125-135。
倉谷　滋（1994a）後頭骨をめぐる諸問題Ⅰ：頭蓋に分節性はあるか？　Mysteries of occipital bones Ⅰ. Is the skull segmented? The Bone メディカルレビュー社 **8**、121-136。
倉谷　滋（1994b）後頭骨をめぐる諸問題Ⅱ：骨格の分節的形成の機構。Mysteries of occipital bones Ⅱ. Developmental biology of the occipital bone. The Bone メディカルレビュー社 **8**、137-150。
倉谷　滋（1994c）蝶形骨を考えるⅠ：哺乳類の神経頭蓋はどこにある？　Mysteries of the sphenoid bone Ⅰ. Where is the mammalian neurocranium? The Bone メディカルレビュー社 **8**、137-150。
倉谷　滋（1995a）蝶形骨を考えるⅡ：比較形態学の応用問題。Mysteries of the sphenoid bone Ⅱ. How is the sphenoid bone made? The Bone メディカルレビュー社 **9**、161-173。
倉谷　滋（1995b）蝶形骨を考えるⅢ：蝶形骨と発生生物学。Mysteries of the sphenoid bone Ⅲ. Developmental scheme of the sphenoid bone. The Bone メディカルレビュー社 **9**、123-137。
倉谷　滋（1997）ゲノムから進化を考える2：かたちの進化の設計図。岩波書店。
倉谷　滋（2016）分節幻想――動物のボディプランの起源をめぐる科学思想史。工作舎。
Kuratani, S. and Aizawa, S. (1995) Patterning of the cranial nerve in the chick embryo is dependent on cranial mesoderm and rhombomeric metamerism. Dev. Growth Diff. **37**, 717-731.
Kuratani, S. and Bockman, D. E. (1990a) The participation of neural crest derived mesenchymal cells in development of the epithelial primordium of the thymus. Arch. Histol. Cytol. **53**, 267-273.
Kuratani, S. and Bockman, D. E. (1990b) Impaired development of the thymic primordium after neural crest ablation. Anat. Rec. **228**, 185-190.
Kuratani, S. and Bockman, D. E. (1991) Capacity of neural crest from various axial levels to participate in thymic development. Cell Tiss. Res. **263**, 99-105.
Kuratani, S. C. and Bockman, D. E. (1992) Inhibition of epibranchial placode-derived ganglia in the

developing rat by bisdiamine. Anat. Rec. **233**, 617-624.

Kuratani, S. C. and Eichele, G. (1993) Rhombomere transplantation repatterns the segmental organization of cranial nerves and reveals autonomous expression of a homeodomain protein. Development **117**, 105-117.

Kuratani, S. C. and Hirano, S. (1990) Appearance of trigeminal ectopic ganglia within the surface ectoderm in the chick embryo. Arch. Histol. Cytol. **53**, 575-583.

Kuratani, S. and Hirasawa, T. (2016) News & Views: Getting the measure of a monster. Nature; Epub. 2016 Apr. 13.

Kuratani, S. and Horigome, N. (2000) Development of peripheral nerves in a cat shark, *Scyliorhinus torazame*, with special reference to rhombomeres, cephalic mesoderm, and distribution patterns of crest cells. Zool. Sci. **17**, 893-909.

Kuratani, S. C. and Kirby, M. L. (1991) Initial migration and distribution of the cardiac neural crest in the avian embryo: An introduction to the concept of the circumpharyngeal crest. Am. J. Anat. **191**, 215-227.

Kuratani, S. C. and Kirby, M. L. (1992) Migration and distribution of the circumpharyngeal crest cells in the avian embryo: Formation of the circumpharyngeal ridge and E/C8⁺ crest cells in the vertebrate head region. Anat. Rec. **234**, 263-280.

Kuratani, S., Oisi, Y. and Ota, K. G. (2016) Evolution of the vertebrate cranium: Viewed from the hagfish developmental studies. Zool. Sci. **33**, 229-238.

倉谷　滋・大隅典子（1997）UP バイオロジー 97・神経堤細胞。東京大学出版会。

Kuratani, S. and Ota, G. K. (2008a) The primitive versus derived traits in the developmental program of the vertebrate head: Views from cyclostome developmental studies. J. Exp. Zool. (Mol. Dev. Evol.) **310B**, 294-314.

Kuratani, S. and Ota, K. (2008b) Hagfish (cyclostomata, vertebrata): Searching for the ancestral developmental plan of vertebrates. Bioessays **30**, 167-172.

Kuratani, S. and Tanaka, S. (1990a) Peripheral development of avian trigeminal nerves. Am. J. Anat. **187**, 65-80.

Kuratani, S. and Tanaka, S. (1990b) Peripheral development of the avian vagus nerve with special reference to the morphological innervation of heart and lung. Anat. Emb. **182**, 435-445.

Kuratani, S. C. and Wall, N. A. (1992) Expression of Hox 2.1 protein in a restricted population of neural crest cells and pharyngeal ectoderm. Dev. Dyn. **194**, 15-28.

Kuratani, S., Tanaka, S., Ishikawa, Y. and Zukeran, C. (1988a) Early development of the hypoglossal nerve in the chick embryo as observed by the whole-mount staining method. Am. J. Anat. **182**, 155-168.

Kuratani, S., Tanaka, S., Ishikawa, Y. and Zukeran, C. (1988b) Early development of the facial nerve in the chick embryo with special reference to the development of the chorda tympani. Am. J. Anat. **182**, 169-182.

Kuratani, S., Matsuo, I. and Aizawa, S. (1997a) Developmental patterning and evolution of the mammalian viscerocranium: Genetic insights into comparative morphology. Dev. Dyn. **209**, 139-155.

Kuratani, S., Ueki, T., Aizawa, S. and Hirano, S. (1997b) Peripheral development of the cranial nerves in a cyclostome, *Lampetra japonica*: Morphological distribution of nerve branches and the vertebrate body plan. J. Comp. Neurol. **384**, 483-500.

Kuratani, S., Ueki, T., Aizawa, S. and Hirano, S. (1997c) Abnormal axial patterning of lamprey embryos induced by all-*trans* retinoic acid: Morphological plan of vertebrate body. H. Fujisawa ed. Taniguchi Symposia on Brain Sciences. Molecular Basis of Axon Growth and Nerve Pattern Formation.

Kuratani, S., Ueki, T., Hirano, S. and Aizawa, S. (1998a) Rostral truncation of a cyclostome, *Lampetra japonica*, induced by all-*trans* retinoic acid defines the head/trunk interface of the vertebrate body. Dev. Dyn. **211**, 35-51.

Kuratani, S., Horigome, N., Ueki, T., Aizawa, S. and Hirano, S. (1998b) Stereotyped axonal bundle formation and neuromeric patterns in embryos of a cyclostome, *Lampetra japonica*. J. Comp. Neurol. **391**, 99-114.

Kuratani, S., Satokata, I., Blum, M., Komatsu, Y., Haraguchi, R., Nakamura, S., Suzuki, K., Kosai, K., Maas, R. and Yamada, G. (1999a) Middle ear defects associated with the double knock out mutation of murine *Goosecoid* and *Msx1* genes. Cell Mol. Biol. **45**, 589-600.

Kuratani, S., Horigome, N. and Hirano, S. (1999b) Developmental morphology of the cephalic mesoderm and re-evaluation of segmental theories of the vertebrate head: Evidence from embryos of an agnathan vertebrate, *Lampetra japonica*. Dev. Biol. **210**, 381-400.

Kuratani, S., Nobusada, Y., Saito, H. and Shigetani, Y. (2000) Morphological development of the cranial nerves and mesodermal head cavities in sturgeon embryos from early pharyngula to

mid-larval stages. Zool. Sci. **17**, 911-933.
Kuratani, S., Nobusada, Y., Horigome, N. and Shigetani, Y. (2001) Embryology of the lamprey and evolution of the vertebrate jaw : Insights from molecular and developmental perspectives. Phil. Trans. Roy. Soc. **356**, 15-32.
Kuratani, S., Kuraku, S. and Murakami, Y. (2002) Lamprey as an Evo-Devo model : Lessons from comparative embryology and molecular phylogenetics. Genesis **34**, 175-183.
Kuratani, S., Murakami, Y., Nobusada, Y., Kusakabe, R. and Hirano, S. (2004) Developmental fate of the mandibular mesoderm in the lamprey, *Lethenteron japonicum* : Comparative morphology and development of the gnathostome jaw with special reference to the nature of trabecula cranii. J. Exp. Zool. (Mol. Dev. Evol.) **302**B, 458-468.
Kuratani, S., Kuraku, S. and Nagashima, H. (2011) Evolutionary developmental perspective for the origin of turtles : The folding theory for the shell based on the developmental nature of the carapacial ridge. Evol. Dev. **13**, 1-14.
Kuratani, S., Adachi, N., Wada, N., Oisi, Y. and Sugahara, F. (2013) Developmental and evolutionary significance of the mandibular arch and prechordal/premandibular cranium in vertebrates : Revising the heterotopy scenario of gnathostome jaw evolution. J. Anat. **222**, 41-55.
Kurihara, Y., Kurihara, H., Suzuki, H., Kodama, T., Maemura, K., Nagai, R., Oda, H., Kuwaki, T., Cao, W. H. and Kamada, N. (1994) Elevated blood pressure and craniofacial abnormalities in mice deficient in *endothelin-1*. Nature **368**, 703-710.
Kusakabe, R. and Kuratani, S. (2005) Evolution and developmental patterning of the vertebrate skeletal muscles : Perspectives from the lamprey. Dev. Dyn. **234**, 824-834.
Kusakabe, R. and Kuratani, S. (2007) Evolutionary perspectives from development of the mesodermal components in the lamprey. Dev. Dyn. **236**, 2410-2420.
Kusakabe, T., Swalla, B. J., Satoh, N. and Jeffery, W. R. (1996) Mechanism of an evolutionary change in muscle cell differentiation in ascidians with different modes of development. Dev. Biol. **174**, 379-392.
Kusakabe, R., Kuraku, S. and Kuratani, S. (2011) Expression and interaction of muscle-related genes in the lamprey imply the evolutionary scenario for vertebrate skeletal muscle, in association with the acquisition of the neck and fins. Dev. Biol. **350**, 217-227.
Lacalli, T. C. (1995) Dorsoventral axis inversion. Nature **373**, 110-111.
Lacalli, T. C. (1996) Landmarks and subdomains in the larval brain of *Branchiostoma* : Vertebrate homologs and invertebrate antecedents. Israel J. Zool. **42**, 131-146.
Lacalli, T. C. (1999) Tunicate tails, stolons, and the origin of the vertebrate trunk. Biol. Rev. **74**, 177-198.
Lacalli, T. C. (2001) New perspectives on the evolution of protochordate sensory and locomotory systems, and the origin of brains and heads. Phil. Trans. R. Soc. Lond. Ser. B. **356**, 1565-1572.
Lacalli, T. C. (2005) Protochordate body plan and the evolutionary role of larvae : Old controversies resolved? Can. J. Zool. **83**, 216-224.
Lacalli, T. (2012) The Middle Cambrian fossil *Pikaia* and the evolution of chordate swimming. EvoDevo **3**, 12.
Lacalli, T. C. and Kelly, S. J. (2002) Floor plate, glia and other support cells in the anterior nerve cord of amphioxus larvae. Acta Zool. **83**, 87-98.
Lacalli, T. C., Holland, N. D. and West, J. E. (1994) Landmarks in the anterior central nervous system of amphioxus larvae. Phil. Trans. R. Soc. Lond. B. **344**, 165-185.
Lamers, C. H. J., Rombout, J. W. H. M. and Timmermans, L. P. M. (1981) An experimental study on neural crest migration in *Barbus conchonius* (Cyprinidae, Teleostei), with special reference to the origin of the enteroendocrine cells. Development **62**, 309-323.
Lammer, E. J., Chen, D. T., Hoar, N. D., Agnisti, N. D., Benke, P. J., Braun, J. T., Curry, C. J., Fernhoff, P. M., Grix, A. W. Jr., Lott, I. T., Richard, J. M. and Shyan, C. S. (1985) Retinoic acid embryopathy. New Engl. J. Med. **313**, 837-841.
Lanctot, C., Lamolet, B. and Drouin, J. (1997) The bicoid-related homeoprotein *Ptx1* defines the most anterior domain of the embryo and differentiates posterior from anterior lateral mesoderm. Development **124**, 2807-2817.
Langille, R. M. and Hall, B. K. (1988) Role of the neural crest in development of the trabeculae and branchial arches in embryonic sea lamprey, *Petromyzon marinus* (L). Development **102**, 301-310.
Langille, R. M. and Hall, B. K. (1993) Pattern formation and the neural crest. In : J. Hanken and B. K. Hall (eds.), The Skull Vol. 1. Univ. Chicago Press, pp. 77-111.
Langston, A. W. and Gudas, L. J. (1992) Identification of a retinoic acid responsive enhancer 3' of the murine homeobox gene *Hox-1.6*. Mech. Dev. **38**, 217-227.
Langston, A. W., Thompson, J. R. and Gudas, L. J. (1997) Retinoic acid-responsive enhancers located

3' of the Hox A and Hox B homeobox gene clusters. Functional analysis. J. Biol. Chem. **272**, 2167-2175.
Lankester, E. R. (1870) On the use of the term Homology in modern zoology, and the distinction between homogenetic and homoplastic agreements. Ann. Mag. Nat. Hist. **6**, 34-43.
Lankester, E. R. (1882) The vertebration of the tail of Appendiculariae. Quart. J. Microsc. Sci. **22**, 387-390.
Lankester, E. R. and Willey, A. (1890) The development of the atrial chamber of amphioxus. Quart. J. Microsc. Sci. **31**, 445-466.
Lara-Ramírez, R., Patthey, C. and Shimeld, S. M. (2015) Characterization of two neurogenin genes from the brook lamprey lampetra planeri and their expression in the lamprey nervous system. Dev. Dyn. **244**, 1096-1108.
Larsell, O. (1947) The nucleus of the IVth nerve in petromyzonts. J. Comp. Neurol. **86**, 447-466.
Larsson, H. C. E. and Wagner, G. P. (2002) Pentadactyl ground state of the avian wing. J. Exp. Zool. (Mol. Dev. Evol.) **294**, 146-151.
Lash, J. W. and Vasan, N. S. (1978) Somite chondrogenesis *in vitro*: Stimulation by exogenous extracellular matrix component. Dev. Biol. **66**, 151-171.
Laudel, T. P. and Lim, T. M. (1993) Development of the dorsal root ganglion in a teleost, *Oreochromis mossambicus* (Peters). J. Comp. Neurol. **327**, 141-150.
Laurin, M. (1998) The importance of global parsimony and historical bias in understanding tetrapod evolution. Part I. Systematics, middle ear evolution and jaw suspension. Ann. Sci. Nat. **1**, 1-42.
Laurin, M. (2010) Structure, fonction et évolution de l'oreille moyenne des vertébrés actuels et éteints. In: J. Gayon (ed.), Les Fonctions: des Organismes Aux Artefacts. Presses Universitaires de France, pp. 189-208.
Laurin, M. and Reisz, R. R. (1995) A reevaluation of early amniote phylogeny. Zool. J. Linn. Soc. **113**, 165-223.
Layer, P., Alber, R. and Rathjen, F. (1988) Sequential activation of butylcholinesterase in rostral half somites and acetylcholinesterase in motoneurones and myotomes preceding growth of motor axons. Development **102**, 387-396.
Lazzari, V., Schultz, J. A., Tafforeau, P. and Martin, T. (2010) Occlusal pattern in Paulchoffatiid multituberculates and the evolution of cusp morphology in mammaliamorphs with rodent-like dentitions. J. Mamm. Evol. **17**, 177-192.
Leber, S. M., Breedlove, S. M. and Sanes, J. R. (1990) Lineage, arrangement, and death of clonally related motoneurons in chick spinal cord. J. Neurosci. **10**, 2451-2462.
Ledje, C., Kim, C. B. and Ruddle, F. H. (2002) Characterization of Hox genes in the bichir, *Polypterus palmas*. J. Exp. Zool. (Mol. Dev. Evol.) **294B**, 107-111.
Le Douarin, N. M. (1982) The Neural Crest. Cambridge Univ. Press.
Le Douarin, N and Barq, G. (1969) [Use of Japanese quail cells as "biological markers" in experimental embryology] C. R. Acad. Sci. Hebd. Seances Acad. Sci. D. **269**, 1543-1546 (in French).
Le Douarin, N. M. and Dupin, E. (1993) Cell lineage analysis in neural crest ontogeny. J. Neurobiol. **24**, 146-162.
Le Douarin, N. M. and Dupin, E. (2012) The neural crest in vertebrate evolution. Curr. Opin. Genet. Dev. **22**, 381-389.
Le Douarin, N. M. and Kalcheim, C. (1999) The Neural Crest. 2nd ed. Developmental and Cell Biology Series. Cambridge Univ. Press.
Le Douarin, N. M. and Teillet, M. A. (1973) The migration of neural crest cells to the wall of the digestive tract in avian embryo. J. Emb. Exp. Morphol. **30**, 31-48.
Le Douarin, N. M., Teillet, M. A. and LeLievre, C. S. (1977) Influence of the tissue environment on the differentiation of neural crest cells. In: J. W. Lash and M. M. Burger (eds.), Cell and Tissue Interactions. Raven Press, pp. 11-27.
Le Douarin, N. M., LeLievre, C. S., Schweizer, G. and Ziller, C. M. (1979) An analysis of cell lineage segregation in the neural crest. In: N. M. LeDouarin (ed.), Cell Lineage, Stem Cells and Cell Determination. Elsevier, pp. 353-365.
Lee, M. S. Y. (1993) The origin of the turtle body plan: Bridging a famous morphological gap. Science **261**, 1716-1720.
Lee, M. S. Y. (1996) Correlated progression and the origin of turtles. Nature **379**, 812-815.
Lee, M. S. Y. (1997) Pareiasaur phylogeny and the origin of turtles. Zool. J. Linn. Soc. **120**, 197-280.
Lee, M. S. Y. (2001) Molecules, morphology, and the monophyly of diapsid reptiles. Contrib. Zool. **70**, 1-22.
Lee, R. K., Eaton, R. C. and Zottoli, S. J. (1993) Segmental arrangement of reticulospinal neurons in

the goldfish hindbrain. J. Comp. Neurol. **329**, 539-556.
Lee, S. H., Bédard, O., Buchtová, M., Fu, K. and Richman, J. M. (2004) A new origin for the maxillary jaw. Dev. Biol. **276**, 207-224.
Lee, R. T. H., Thiery, J. P. and Carney, T. J. (2013a) Dermal fin rays and scales derive from mesoderm, not neural crest. Curr. Biol. **23**, R336-R337.
Lee, R. T. H., Knapik, E. W., Thiery, J. P. and Carney, T. J. (2013b) An exclusively mesodermal origin of fin mesenchyme demonstrates that zebrafish trunk neural crest does not generate ectomesenchyme. Development **140**, 2923-2932.
Le Guyader, H. (1998) Étienne Geoffroy Saint-Hilaire (1772-1884) : Un naturaliste visionnaire. Belin, Paris.
Lehmann, F. (1927) Further studies on the morphogenetic role of somites in the development of the nervous system of amphibians. J. Exp. Zool. **49**, 93-131.
Lele, P. P., Palmer, E. and Weddell, G. (1958) Observations on the innervation of the integument of Amphioxus, *Branchiostoma lanceolatum*. Quart. J. Microsc. Sci. **99**, 421-440.
Le Lièvre, C. S. (1974) Rôle des cellules mesectodermiques issues des crêtes neurales céphaliques dans la formation des arcs branchiaux et du skelette viscéral. J. Emb. Exp. Morphol. **31**, 453-577.
Le Lièvre, C. S. (1978) Participation of neural crest-derived cells in the genesis of the skull in birds. J. Emb. Exp. Morphol. **47**, 17-37.
Le Lièvre, C. S. and Le Douarin, N. M. (1975) Mesenchymal derivatives of the neural crest : Analysis of chimeric quail and chick embryos. J. Emb. Exp. Morphol. **34**, 125-154.
Le Lièvre, C. S., Schweizer, G. G., Ziller, C. M. and Le Douarin, N. M. (1980) Restrictions of developmental capabiliities in neural crest cell derivatives as tested by *in vitro* transplantation experiments. Dev. Biol. **77**, 362-378.
Le Mouellic, H. Lallemand, Y. and Brulet, P. (1992) Homeosis in the mouse induced by a null mutation in the *Hox-3.1* gene. Cell **69**, 251-264.
Lescroart, F., Hamou, W., Francou, A., Théveniau-Ruissy, M., Kelly, R. G. and Buckingham, M. (2015) Clonal analysis reveals a common origin between nonsomite-derived neck muscles and heart myocardium. Proc. Nat. Acad. Sci. USA **112**, 1446-1451.
Lévi-Strausse, C. (1958) Anthropologie Structurale. Librairie Plon, Paris.（邦訳）構造人類学。生松敬三・川田順三ほか訳、みすず書房（1972）。
Lewis, W. H. (1902) The development of the arm in man. Am. J. Anat. **1**, 145-183.
Lewis, W. H. (1910) The development of the muscular system. In : F. Keibel and F. P. Mall (eds.), Manual of Human Embryology Vol. 1. J. B. Lippincott, pp. 454-522.
Lewis, E. (1978) A gene complex controlling segmentation in *Drosophila*. Nature **276**, 565-570.
Li, H., Tierney, C., Wen, L., Wu, J. Y. and Rao, Y. (1997) A single morphogenetic field gives rise to two retina primordia under the influence of the prechordal plate. Development **124**, 603-615.
Li, J., Liu, K. C., Lu, M. M. and Epstein, J. A. (1999) Transgenic rescue of congenital heart disease and spinal bifida in *Splotch*. Development **126**, 2495-2503.
Li, M., Zhao, C., Wang, Y., Zhao, Z. and Meng, A. (2002) Zebrafish *sox9b* is an early neural crest marker. Dev. Genes Evol. **212**, 203-206.
Li, C., Wu, X. C., Rieppel, O., Wang, L. T. and Zhao, L. J. (2008) An ancestral turtle from the Late Triassic of southwestern China. Nature **456**, 497-501.
Li, C., Rieppel, O., Wu, X. C., Zhao, L. J. and Wang, L. T. (2011) A new Triassic marine reptile from southwestern China. J. Vert. Paleontol. **31**, 303-312.
Lim, T. M., Lunn, E. R., Keynes, R. J. and Stern, C. D. (1987) The differing effects of occipital and trunk somites on neural development in the chick embryo. Development **100**, 525-533.
Lim, T. M., Jaques, K. F., Stern, C. D. and Keynes, R. J. (1991) An evaluation of myelomeres and segmentation of the chick embryo spinal cord. Development **113**, 227-238.
Lindström, T. (1949) On the cranial nerves of the cyclostomes with special reference to n. Trigeminus. Acta Zool. Stockholm **30**, 315-458 (cited in Whiting, 1972).
Line, S. R. (2001) Molecular morphogenetic fields in the development of human dentition. J. Theor. Biol. **211**, 67-75.
Linsenmayer, T. F., Smith, G. N. and Hay, E. D. (1977) Synthesis of two collagen types by chick embryonic corneal epithelium *in vitro*. Proc. Nat. Acad. Sci. USA **74**, 39-43.
Liu, A., Losos, K. and Joyner, A. L. (1999) FGF8 can activate *Gbx2* and transform regions of the rostral mouse brain into a hindbrain fate. Development **126**, 4827-4838.
Liu, J., Steiner, M., Dunlop, J. A., Keupp, H., Shu, D., Ou, Q., Han, J., Zhang, Z. and Zhang, X. (2011) An armoured Cambrian lobopodian from China with arthropod-like appendages. Nature **470**, 526-530.
Locascio, A., Manzanares, M., Blanco, M. J. and Nieto, A. (2002) Modularity and reshuffling of *Snail*

and *Slug* expression during vertebrate evolution. Proc. Nat. Acad. Sci. USA **99**, 16841-16846.
Locy, W. A. (1895) Contributions to the structure and development of the vertebrate head. J. Morphol. **11**, 497-594.
Löfberg, J., Ahlfors, K. and Fällström, C. (1980) Neural crest cell migration in relation to extracellular matrix organization in the embryonic axolotl trunk. Dev. Biol. **75**, 148-167.
Löfberg, J., Nyäs-McCoy, A., Olsson, C., Jönsson, L. and Perris, R. (1985) Stimulation of initial neural crest cell migration in the axolotl embryo by tissue grafts and extracellular matrix transplanted on microcarriers. Dev. Biol. **107**, 442-459.
Löfberg, J., Perris, R. and Epperlein, H. H. (1989) Timing in the regulation of neural crest cell migration : Retarded "maturation" of regional extracellular matrix inhibits pigment cell migration in embryos of the white axolotl mutant. Dev. Biol. **131**, 168-181.
Lo Iacono, N., Mantero, S., Chiarelly, A., Garcia, E., Mills, A. A., Morasso, M. I., Costanzo, A., Levi, G., Guerrini, L. and Merlo, G. R. (2008) Regulation of *Dlx5* and *Dlx6* gene expression by p63 is involved in EEC and SHFM congenital limb defects. Development **135**, 1377-1388.
Longhurst, T. J. and Joss, J. M. P. (1999) Homeobox genes in the Australian lungfish, *Neoceratodus forsteri*. J. Exp. Zool. (Mol. Dev. Evol.) **285**, 140-145.
Loredo, G. A., Brukman, A., Harris, M. P., Kagle, D., Leclair, E. E., Gutman, R., Denny, E., Henkelman, E., Murray, B. P., Fallon, J. F., Tuan, R. S. and Gilbert, S. F. (2001) Development of an evolutionarily novel structure : Fibroblast growth factor expression in the carapacial ridge of turtle embryos. J. Exp. Zool. **291**B, 274-281.
Loring, J. F. and Erickson, C. A. (1987) Neural crest cell migratory pathways in the trunk of the chick embryo. Dev. Biol. **121**, 220-236.
Lours-Calet, C., Alvares, L. E., El-Hanfy, A. S., Gandesha, S., Walters, E. H., Sobreira, D. R., ⋯ and Tada, M. (2014) Evolutionarily conserved morphogenetic movements at the vertebrate head-trunk interface coordinate the transport and assembly of hypopharyngeal structures. Dev. Biol. **390**, 231-246.
Lovtrup, S. (1977) The Phylogeny of Vertebrata. Wiley (cited in Gee, 1996).
Lowenstein, O. and Thornhill, R. A. (1970) The labyrinth of Myxine : Anatomy, ultrastructure and electrophysiology. Proc. Roy. Soc. Lond. Ser. B. Biological Sciences, **176**, 21-42.
Lufkin, T., Dierich, A., LeMeur, M., Mark, M. and Chambon, P. (1991) Disruption of the *Hox-1.6* homeobox gene results in defects in a region corresponding to its rostral domain of expression. Cell **66**, 1105-1119.
Lufkin, T., Mark, M., Hart, C. P., Dollé, P., Le Meur, M. and Chambon, P. (1992) Homeotic transformation of the occipital bones of the skull by ectopic expression of a homeobox gene. Nature **359**, 835-841.
Lumsden, A. and Keynes, R. (1989) Segmental patterns of neuronal development in the chick hindbrain. Nature **337**, 424-428.
Lumsden, A., Sprawson, N. and Graham, A. (1991) Segmental origin and migration of neural crest cells in the hindbrain region of the chick embryo. Development **113**, 1281-1291.
Lumsden, A., Clarke, J. D. W., Keynes, R. and Fraser, S. (1994) Early phenotypic chices by neuronal precursors, revealed by clonal analysis of the chick embryo hindbrain. Development **120**, 1581-1589.
Luo, Z. X. (2007) Transformation and diversification in early mammal evolution. Nature **450**, 1011-1019.
Luo, Z. X. (2011) Developmental patterns in Mesozoic evolution of mammal ears. Annu. Rev. Ecol. Evol. Syst. **42**, 355-380.
Luo, Z. X., Chen, P., Li, G. and Chen, M. (2007) A new eutriconodont mammal and evolutionary development in early mammals. Nature **446**, 288-293.
Lynch, M. and Conery, J. S. (2000) The evolutionary fate and consequences of duplicate genes. Science **290**, 1151-1155.
Lynch, M. and Force, A. (2000) The probability of duplicate gene preservation by subfunctionalization. Genetics **154**, 459-473.
Lyser, K. M. (1966) The development of the chick embryo diencephalon and mesencephalon during the initial phases of neuroblast differentiation. J. Emb. Exp. Morphol. **16**, 497-517.
Lyson, T. and Gilbert, S. F. (2009) Turtles all the way down : loggerheads at the root of the cheloniar. tree. Evol. Dev. **11**, 133-135.
Lyson, T. R., Bever, G. S., Bhullar, B. A., Joyce, W. G. and Gauthier, J. A. (2010) Transitional fossils and the origin of turtles. Biol. Lett. Published online [10.1098/rsbl. 2010.0371].
Ma, L. H., Gillind, E., Bass, A. H. and Baker, R. (2010) Ancestry of motor innervation to pectoral fin and forelimb. Nat. Commun. **1**, 49.
Mabee, P. M., Crotwell, P. L., Bird, N. C. and Burke, A. C. (2002) Evolution of median fin modules in

the axial skeletons of fishes. J. Exp. Zool. (Mol. Dev. Evol.) **294**B, 77-90.
MacDonald, M. E. and Hall, B. K. (2001) Altered timing of the extracellular-matix-mediated epithalial-mesenchymal interaction that initiates mandibular skeletogenesis in three inbred strains of mice : Development, heterochrony, and evolutionary change in morphology. J. Exp. Zool. (Mol. Dev. Evol.) **291**B, 258-273.
Maden, M. (1999) Heads or tailes? Retinoic acid will decide. Bioessays **21**, 809-812.
Maden, M., Hunt, P., Eriksson, U., Kuroiwa, A., Krumlauf, R. and Summerbell, D. (1991) Retinoic acid-binding protein, rhombomeres and the neural crest. Development **111**, 35-44.
Maden, A., Horton, C., Graham, A., Leonard, L., Pizzey, J., Siegenthaler, G., Lumsden, A. and Eriksson, U. (1992) Domains of cellular retinoic acid-binding protein I (CRABP I) expression in the hindbrain and neural crest of the mouse embryo. Mech. Dev. **37**, 13-27.
Maderson, P. F. A. (1987) (ed.) Developmental and Evolutionary Aspects of the Neural Crest. John Wiley & Sons.
Maes, C., Kobayashi, T., Selig, M. K., Torrekens, S., Roth, S. I., Mackem, S., Carmeliet, G. and Kronenberg, H. M. (2010) Osteoblast precursors, but not mature osteoblasts, move into developing and fractured bones along with invading blood vessels. Dev. Cell **19**, 329-344.
Maier, W. (1987) The ontogenetic development of the orbito-temporal region in the skull of *Monodelphys domestica* (Didelphidae, Marsupialia), and the problem of the mammalian alisphenoid. In : H. J. Kuhn and U. Zeller (eds.), Morphogenesis of the Mammalian Skull, Mammalia Depicta, Heft 13. Verlag Paul Parey, pp. 71-90..
Maisey, J. G. (1986) Heads and tails : A chordate phylogeny. Cladistics **2**, 201-256.
Maisey, J., Miller, R. and Turner, S. (2009) The braincase of the chondrichthyan *Doliodus* from the Lower Devonian Campbellton formation of New Brunswick, Canada Act. Zool. **90**, 109-122.
Maklad, A., Reed, C., Johnson, N. S. and Fritzsch, B. (2014) Anatomy of the lamprey ear : Morphological evidence for occurrence of horizontal semicircular ducts in the labyrinth of *Petromyzon marinus*. J. Anat. **224**, 432-446.
Makuschok, M. (1914a) Zur Frage der phylogenetischen Entwicklung der Lungen bei den Wirbeltieren. Anat. Anz. **46**, 293-309.
Makuschok, M. (1914b) Zur Frage der phylogenetischen Entwicklung der Lungen bei den Wirbeltieren. Anat. Anz. **46**, 497-514.
Mall, F. P. (1887) Entwickelung der Branchialbogen und -Spalten des Hühnchens. Arch. F. Anat. Physiol. **1887**, 1-34.
Mall, F. P. (1897) Development of the human coelom. J. Morphol. **12**, 395-453.
Mall, F. P. (1910) Coelom and diaphragm In : F. Keibel and F. P. Mall (eds.), Manual of Human Embryology Vol. 1. J. B. Lippincott, pp. 523-548.
Mallatt, J. (1984) Early vertebrate evolution : Pharyngeal structure and the origin of gnathostomes. J. Zool. **204**, 169-183.
Mallatt, J. (1985) Reconstructing the life cycle and the feeding of ancestral vertebrates. In : R. E. Foreman, A. Gorbman, J. M. Dodd and R. Olsson (eds.), NATO ASI ser. Evolutionary Biology of Primitive Fishes. Plenum Press, pp. 59-68.
Mallatt, J. (1996) Ventilation and the origin of jawed vertebrates : A new mouth. Zool. J. Linn. Soc. **117**, 329-404.
Mallatt, J. (2008) Origin of the vertebrate jaw : Neoclassical ideas versus newer, development-based ideas. Zool. Sci. **25**, 990-998.
Mallatt, J. and Sullivan, J. (1998) 28S and 18S rDNA sequences support the monophyly of lampreys and hagfishes. Mol. Biol. Evol. **15**, 1706-1718.
Mallatt, J., Sullivan, J. and Winchell, C. J. (2001) The relationship of lampreys to hagfishes : A spectral analysis of ribosomal DNA sequences. In : P. E. Ahlberg (ed.), Major Events in Early Vertebrate Evolution. Indiana, pp. 106-118.
Mallat, J. and Winchell, C. J. (2007) Ribosomal RNA genes and deuterostome phylogeny revisited : More cyclostomes, elasmobranchs, reptiles, and a brittle star. Mol. Phylogenet. Evol. **43**, 1005-1022.
Mallo, M. (1997) Retinoic acid disturbs mouse middle ear development in a stage-dependent fashion. Dev. Biol. **184**, 175-186.
Mallo, M. (1998) Embryological and genetic aspects of middle ear development. Int. J. Dev. Biol. **42**, 11-22.
Mallo, M. (2001) Formation of the middle ear : Recent progress on the developmental and molecular mechanisms. Dev. Biol. **231**, 410-419.
Mallo, M. and Gridley, T. (1996) Development of the mammalian ear : Coordinate regulation of formation of the tympanic ring and the external acoustic meatus. Development **122**, 173-179.
Mallo, M., Schrewe, H., Martin, J. F., Olson, E. N. and Ohnemus, S. (2000) Assembling a functional

tympanic membrane : Signals from the external acoustic meatus coordinate development of the malleal manubrium. Development **127**, 4127-4136.
Mancilla, A. and Mayor, R. (1996) Neural crest formation in *Xenopus laevis* : Mechanisms of *Xslug* induction. Dev. Biol. **177**, 580-589.
Mandler, M. and Neubüser, A. (2001) FGF signaling is necessary for the specification of the odontogenic mesenchyme. Dev. Biol. **240**, 548-559.
Mangold, U., Dörr, A. and Kaufmann, P. (1981) Die Kiemenbogenentwicklung bei Ratte und Maus. II. Zur Existenz von Kiemenspalten. Acta Anat. **110**, 23-34.
Manley, N. R. and Capecchi, M. R. (1998) Hox group 3 paralogs regulate the development and migration of the thymus, thyroid, and parathyroid glands. Dev. Biol. **195**, 1-15.
Mannen, H. and Li, S. S. (1999) Molecular evidence for a clade of turtles. Mol. Phylogen. Evol. **13**, 144-148.
Manzanares, M. and Nieto, A. (2003) A Celebration of the New Head and an Evaluation of the New Mouth. Neuron **37**, 895-898.
Manzanares, M., Wada, H., Itasaki, N., Trainor, P. A., Krumlauf, R. and Holland, P. W. (2000) Conservation and elaboration of Hox gene regulation during evolution of the vertebrate head. Nature **408**, 854-857.
de Mar, R. and Bargiusen, H. R. (1972) Mechanics and the evolution of the Synapsid jaw. Evolution **26**, 622-637.
Marchant, L., Linker, C., Ruiz, P., Guerrero, N. and Mayor, R. (1998) The inductive properties of mesoderm suggest that the neural crest cells are specified by a BMP gradient. Dev. Biol. **198**, 319-329.
Marin, F. and Charnay, P. (2000) Hindbrain patterning : FGFs regulate *Krox20* and *mafB/kr* expression in the otic/preotic region. Development **127**, 4925-4935.
Marín, O. and Rubenstein, J. L. R. (2001) A long, remarkable journey : Tangential migration in the telencephalon. Nat. Rev. Neurosci. **2**, 780-790.
Marinelli, W. and Strenger, A. (1954) Vergleichende Anatomie und Morphologie der Wirbeltiere. 1. *Lampetra fluviatilis*. Franz Deuticke.
Marinelli, W. and Strenger, A. (1956) Vergleichende Anatomie und Morphologie der Wirbeltiere. 2. Myxine glutinosa. Franz Deuticke.
Maroto, M. and Pourquie, O. (2001) A molecular clock involved in somite segmentation. Curr. Top. Dev. Biol. **51**, 221-248.
Marshall, A. M. (1878) The development of the cranial nerves of the chick. Quart. J. Microsc. Sci. **18**, 10-40.
Marshall, A. M. (1881) On the head cavities and associated nerves in elasmobranchs. Quart. J. Microsc. Sci. **21**, 72-97.
Marshall, H., Nonchev, S., Sham, M. H., Lumsden, A. and Krumlauf, R. (1992) Retinoic acid alters hindbrain Hox code and induces transformation of rhombomeres 2/3 into 4/5 identity. Nature **360**, 737-741.
Marshall, H., Studer, M., Popperl, H., Aparicio, S., Kuroiwa, A., Brenner, S. and Krumlauf, R. (1994) A conserved retinoic acid response element required for early expression of the homeobox gene *Hoxb-1*. Nature **370**, 567-571.
Martin, J., Bradley, A. and Olson, E. (1995) The *paired*-like homeobox gene *MHox* is required for early events of skeletogenesis in multiple lineages. Genes Dev. **9**, 1237-1249.
Martin, T. and Luo, Z. X. (2005) Homoplasy in the Mammalian Ear. Science **307**, 861-862.
Martin, W. M., Bumm, L. A. and McCauley, D. W. (2009) Development of the viscerocranial skeleton during embryogenesis of the sea lamprey, *Petromyzon marinus*. Dev. Dyn. **238**, 3126-3138.
Martinez, S., Geijo, E., Sánchez-Vives, M. V., Puelles, L. and Gallego, R. (1992) Reduced junctional permeability at interrhombomeric boundaries. Development **116**, 1069-1076.
Martínez-de-la-Torre, M., Pombal, M. A. and Puelles, L. (2011) Distal-less-like protein distribution in the larval lamprey forebrain. Neuroscience. **178**, 270-284.
丸山圭三郎（1981）ソシュールの思想。岩波書店。
Masters, M. T. (1869) Vegetable Teratology. (cited in Bateson, 1894).
Masterman, A. T. (1898) On the Diplochorda. Quart. J. Microsc. Sci. **40**, 281-366.
Matesz, C. and Székely, G. (1983) The motor nuclei of the glossopharyngeal-vagal and the accessorius nerves in the rat. Acta Biol. Hung. **34**, 215-229.
Matsuda, H., Goris, R. C. and Kishida, R. (1991) Afferent and efferent projections of the glossopharyngeal-vagal nerve in the hagfish. J. Com. Neurol. **311**, 520-530.
Matsuda, Y., Nishida-Umehara, C., Tarui, H., Kuroiwa, A., Yamada, K., Isobe, T., Ando, J., Fujiwara, A., Hirao, Y., Nishimura, O., Ishijima, J., Hayashi, A., Saito, T., Murakami, T., Murakami, Y.,

Kuratani, S. and Agata, K. (2005) Highly conserved linkage homology between birds and turtles : Bird and turtle chromosomes are precise counterparts of each other. Chrom. Res. **13**, 601-615.
Matsuo, T., Osumi-Yamashita, N., Noji, S., Ohuchi, H. and Koyama, E. (1993) A mutation in the *Pax-6* gene in rat *small eye* is associated with impaired migration of midbrain crest cells. Nat. Genet. **3**, 299-304.
Matsuo, I., Kuratani, S., Kimura, C., Takeda, N. and Aizawa, S. (1995) Mouse *Otx2* functions in the formation and patterning of rostral head. Genes Dev. **9**, 2646-2658.
Matsuoka, T., Ahlberg, P. E., Kessaris, N., Iannarelli, P., Dennehy, U., Richardson, W. D., McMahon, A. P. and Koentges, G. (2005) Neural crest origins of the neck and shoulder. Nature **436**, 347-355.
Matthes, E. (1921) Zur Entwicklung des Kopfskelettes der Sirennen. II. Das Primordialkranium von *Halicore dugong*. Z. Anat. Ent. -Ges. **6**, 1-306.
Matveiev, B. S. (1925) The structure of the embryonic skull of the lower fishes. Byull. mosk. Obshch. Ispyt. Prir. **34**, 416-475. (In Russian, English summary).
Matveiev, B. (1929) Die Entwicklung der vorderen Wirbel und des Weber'schen Apparates bei Cyprinidae : Beitrag zu einer Theorie der Rekapitulation der ancestralen Merkmale in der Ontogenese. Zool. Jb. **51** Abt. Anat., 463-534.
Matzuk, M. M., Lu, N., Vogel, H., Sellheyer, K., Roop, D. R. and Bradley, A. (1995) Multiple defects and perinatal death in mice deficient in follistatin. Nature **374**, 360-363.
馬渡峻輔（1994）動物分類学の論理――多様性を認識する方法。東京大学出版会。
Maynard-Smith, J., Burian, R., Kauffman, S., Alberch, P., Campbell, J., Goodwin, B., Lande, R., Raup, D. and Wolpert, L. (1985) Developmental constraints and evolution. Quart. Rev. Biol. **60**, 265-287.
Mayor, R., Morgan, R. and Sargent, M. (1995) Induction of the prospective neural crest of *Xenopus*. Development **121**, 767-777.
Mayr, E. (1982) The Growth of Biological Thought. The Belknap Press of Harvard Univ. Press.
Mazan, S., Jaillard, D., Baratte, B. and Janvier, P. (2000) *Otx1* gene-controlled morphogenesis of the horizontal semicircular canal and the origin of the gnathostome characteristics. Evol. Dev. **2**, 186-193.
McBratney-Owen, B., Iseki, S., Bamforth, S. D., Olsen, B. R. and Morriss-Kay, G. M. (2008) Development and tissue origins of the mammalian cranial base. Dev. Biol. **322**, 121-132.
McCauley, D. W. and Bronner-Fraser, M. (2003) Neural crest contributions to the lamprey head. Development **130**, 2317-2327.
McClintock, J. M., Carlson, R., Mann, D. M. and Prince, V. E. (2001) Consequences of Hox gene duplication in the vertebrates : An investigation of the zebrafish Hox paralogue group 1 genes. Development **128**, 2471-2484.
McClintock, J. M., Kheirbek, M. A., and Prince, V. E. (2002) Knockdown of duplicated zebrafish hoxb1 genes reveals distinct roles in hindbrain patterning and a novel mechanism of duplicate gene retention. Development **129**, 2339-2354.
McClure, C. F. W. (1889) The primitive segmentation of the vertebrate brain. Zool. Anz. **12**, 435-438.
McClure, C. F. W. (1890) The segmentation of the primitive vertebrate brain. J. Morphol. **4**, 35-56.
McCollum, M. and Sharpe, P. T. (2001) Evolution and development of teeth. J. Anat. **199**, 153-159.
McCoy, V. E., Saupe, E. E., Lamsdell, J. C., Tarhan, L. G., McMahon, S., Lidgard, S., Mayer, P., Whalen, C. D., Soriano, C., Finney, L., Vogt, S., Clark, E. G., Anderson, R. P., Petermann, H., Locatelli, E. R. and Briggs, D. E. G. (2016) The Tully Monster is a vertebrate. Nature **532**, 496-499.
McGinnis, W. and Krumlauf, R. (1992) Homeobox genes and axial patterning. Cell **68**, 283-302.
McGinnis, W., Levine, M., Hafen, E., Kuroiwa, A. and Gehring, W. (1984a) A conserved DNA sequence in homeotic genes of the *Drosophila Antennapedia* and *Bithorax* complexes. Nature, **308**, 428-433.
McGinnis, W., Garber, R. L., Wirz, J., Kuroiwa, A. and Gehring, W. J. (1984b) A homologous protein coding sequence in *Drosophila* homeotic genes and its conservation in other metazoans. Cell **37**, 403-408.
McGonnell, I. M. and Graham, A. (2002) Trunk neural crest has skeletogenic potential. Curr. Biol. **12**, 767-771.
McGonnell, I. M., McKay, I. J. and Graham, A. (2001) A population of caudally migrating cranial neural crest cells : Functional and evolutionary implications. Dev. Biol. **236**, 354-363.
McKay, W. J. S. (1894) The morphology of the muscles of the shoulder-girdle in monotremes. Proc. Linn. Soc. NSW 2 Ser. **9**, 263-360.
McKenzie, J. (1962) The development of the sternomastoid and trapezius muscles. Cont. Emb. **37**,

121-129.
McLain, K., Schreiner, C., Yager, K. L., Stock, J. L. and Potter, S. S. (1992) Ectopic expression of *Hox-2.3* induces craniofacial and skeletal malformations in transgenic mice. Mech. Dev. **39**, 3-16.
McNamara, K. L. (1997) Shapes of Time : The evolution of growth and development. Johns Hopkins Univ. Press. (邦訳)：動物の発育と進化――時間がつくる生命の形。田隈本生訳、工作舎 (2001)。
Meckel, J. F. (1820) Handbuch der menschlichen Anatomie Vol. 4. Halle and Berlin.
Medeiros, D. M. (2013) The evolution of the neural crest : New perspectives from lamprey and invertebrate neural crest-like cells. Wiley Interdisciplinary Reviews : Dev. Biol. **2**, 1-15.
Medeiros, D. M. and Crump, J. G. (2012) New perspectives on pharyngeal dorsoventral patterning in development and evolution of the vertebrate jaw. Dev. Biol. **371**, 121-135.
Mehta, R. S. and Wainwright, P. C. (2007) Raptorial jaws in the throat help moray eels swallow large prey. Nature **449**, 79-82.
Mehta, T. K., Ravi, V., Yamasaki, S., Lee, A. P., Lian, M. M., Tay, B. H., ⋯ and Venkatesh, B. (2013) Evidence for at least six Hox clusters in the Japanese lamprey (*Lethenteron japonicum*). Proc. Nat. Acad. Sci. **110**, 16044-16049.
Meier, S. (1979) Development of the chick mesoblast. Formation of the embryonic axis and establishment of the metameric pattern. Dev. Biol. **73**, 25-45.
Meier, S. (1981) Development of the chick embryo mesoblast : Morphogenesis of the prechordal plate and cranial segments. Dev. Biol. **83**, 49-61.
Meier, S. and Packard, D. S. Jr. (1984) Morphogenesis of the cranial segments and distribution of neural crest in embryos of the snapping turtle, *Chelydra serpentina*. Dev. Biol. **102**, 309-323.
Meier, S. and Tam, P. P. L. (1982) Metatmeric pattern development in the embryonic axis of the mouse. I. Differentiation of the cranial segments. Differentiation **21**, 95-108.
Meinertzhagen, I. A., Lemaire, P. and Okamura, Y. (2004) The neurobiology of the ascidian tadpole larva : Recent developments in an ancient chordate. Ann. Rev. Neurosci. **27**, 453-485.
Meléndez-Ferro, M., Pérez-Costas, E., Vilar-Cheda, B., Abalo, X. M., Rodríguez-Muñoz, R., Rodicio, M. C. and Anadón, R. (2002) Ontogeny of γ-aminobutyric acid-immunoreactive neuronal populations in the forebrain and midbrain of the sea lamprey. J. Comp. Neurol. **446**, 360-376.
Mendelsohn, C., Lohnes, D., Démico, D., Lufkin, T., LeMeur, M., Chambon, P. and Mark, M. (1994) Function of the retinoic acid receptors (RARs) during development (Ⅱ) Multiple abnormalities at various stages of organogenesis in RAR double mutants. Development **120**, 2749-2771.
Mendelson, B. (1986a) Development of reticulospinal neurons of the zebrafish. Ⅰ. Time of origin. J. Comp. Neurol. **251**, 160-171.
Mendelson, B. (1986b) Development of reticulospinal neurons of the zebrafish. Ⅱ. Early axonal outgrowth and cell body position. J. Comp. Neurol. **251**, 172-184.
Mennerich, D., Schäfer, K. and Braun, T. (1998) *Pax-3* is necessary but not sufficient for *lbx1* expression in myogenic precursor cells of the limb. Mech. Dev. **73**, 147-158.
Merrell, A. J., Ellis, B. J., Fox, Z. D., Lawson, J. A., Weiss, J. A. and Kardon, G. (2015) Muscle connective tissue controls development of the diaphragm and is a source of congenital diaphragmatic hernias. Nat. Genet. **47**, 496-504.
Metcalfe, W. K., Kimmel, C. B. and Schabtach, E. (1985) Anatomy of the posterior lateral line system in young larvae of the zebrafish. J. Comp. Neurol. **233**, 377-389.
Metcalfe, W. K., Mendelson, B. and Kimmel, C. B. (1986) Segmental homologies among reticulospinal neurons in the hindbrain of the zebrafish larva. J. Comp. Neurol. **251**, 147-159.
Meulemans, D. and Bronner-Fraser, M. (2007) Insights from amphioxus into the evolution of vertebrate cartilage. ProS ONE **2** (8) : 1-9 (e787).
Meyer, A. W. (1935) Some historical aspects of the recapitulation idea. Quart. Rev. Biol. **10**, 379-396.
Meyer, A. and Schartl, M. (1999) Gene and genome duplications in vertebrates : The one-to-four (-to-eight in fish) rule and the evolution of novel gene functions. Curr. Opin. Cell Biol. **11**, 699-704.
von Mihalkowitz, V. (1877) Entwickelungsgeschichte des Gehirns. Leipzig.
Miller, R. A. (1934) Comparative studies upon the morphology and distribution of the brachial plexus. Am. J. Anat. **54**, 143-175.
Miller, R. A. and Detwiler, S. R. (1936) Comparative studies upon the origin and development of the brachial plexus. Anat. Rec. **65**, 273-292.
Miller, C. T., Schilling, T. F., Lee, K., Parker, J. and Kimmel, C. B. (2000) *sucker* encodes a zebrafish Endothelin-1 required for ventral pharyngeal arch development. Development **127**, 3815-3828.
Miller, C. T., Yelon, D., Stainier, D. Y. and Kimmel, C. B. (2003) Two endothelin 1 effectors, *hand2* and *bapx1*, pattern ventral pharyngeal cartilage and the jaw joint. Development **130**, 1353-

1365.
Min, Z., Yu-Hai, L., Lian-Tao, J. and Zhi-Kun, G. (2012) A new genus of eugaleaspidiforms (Agnatha : Galeaspida) from the Ludlow, Silurian of Qujing, Yunnan, Southwestern China. Vertebrata PalAsiatica **50**, 1-7.
三中信宏 (1997) 生物系統学。東京大学出版会。
Mindell, D. P., Sorenson, M. D., Dimcheff, D. E., Hasegawa, M., Ast, J. C. and Yuri, T. (1999) Interordinal relationships of birds and other reptiles based on whole mitochondrial genomes. Syst. Biol. **48**, 138-152.
Minelli, A. (2003) The Development of Animal Form : Ontogeny, morphology, and evolution. Cambridge Univ. Press.
Mingillíon, C., Ferrier, D. E. K., Cebrián, C. and Garcia-Fernàndez, J. (2002) Gene duplications in the prototypical cephalochordate amphioxus. Gene **287**, 121-128.
Minot, C. S. (1892) Human Embryology. William Wood.
Minoux, M. and Rijli, F. M. (2010) Molecular mechanisms of cranial neural crest cell migration and patterning in craniofacial development. Development **137**, 2605-2621.
Minoux, M., Kratochwil, C. F., Ducret, S., Amin, S., Kitazawa, T., Kurihara, H., ⋯ and Rijli, F. M. (2013) Mouse *Hoxa2* mutations provide a model for microtia and auricle duplication. Development **140**, 4386-4397.
Mitchell, P. C. (1900) Thomas Henry Huxley : A sketch of his life and work. The Knickerbocker Press.
Mitgutsch, C. (2003) On Carl Gegenbaur's theory on head metamerism and the selection of taxa for comparisons. Theor. Biosci. **122**, 204-229.
Mitsiadis, T. A., Mucchielli, M. L., Raffo, S., Proust, J. P., Koopman, P. and Goridis, C. (1998) Expression of the transcription factors Otlx2, Barx1 and Sox9 during mouse odontogenesis. Eur. J. Oral. Sci. 106 Suppl. **1**, 112-116.
Miyake, T., McEachran, J. D. and Hall, B. K. (1992) Edgeworth's legacy of cranial muscle development with an analysis of muscles in the ventral gill arch region of batoid fishes (Chondrichthyes : Batoidea). J. Morphol. **212**, 213-256.
Modrell, M. S., Hockman, D., Uy, B., Buckley, D., Sauka-Spengler, T., Bronner, M. E. and Baker, C. V. (2014) A fate-map for cranial sensory ganglia in the sea lamprey. Dev. Biol. **385**, 405-416.
Moens, C. B., Yan, Y. L., Appel, B., Force, A. G. and Kimmel, C. B. (1996) *valentino* : A zebrafish gene required for normal hindbrain segmentation. Development **122**, 3981-3990.
Monga, S. P., Mars, W. M., Pediaditakis, P., Bell, A., Mulé, K., Bowen, W. C., Wang, X., Zarnegar, R. and Michalopoulos, G. K. (2002) Hepatocyte growth factor induces Wnt-independent nuclear translocation of β-catenin after Met-β-catenin dissociation in hepatocytes. Cancer Res. **62**, 2064-2071.
Mongera, A. and Nüsslein-Volhard, C. (2013) Scales of fish arise from mesoderm. Curr. Biol. **23**, R338-R339.
Moody, S. A. and Heaton, M. B. (1983a) Developmental relationships between trigeminal ganglia and trigeminal motoneurons in chick embryos. I. Ganglion development is necessary for motoneuron migration. J. Comp. Neurol. **213**, 327-343.
Moody, S. A. and Heaton, M. B. (1983b) Developmental relationships between trigeminal ganglia and trigeminal motoneurons in chick embryos. II. Ganglion axon ingrowth guides motoneuron migration. J. Comp. Neurol. **213**, 344-349.
Moody, S. A. and Heaton, M. B. (1983c) Developmental relationships between trigeminal ganglia and trigeminal motoneurons in chick embryos. III. Ganglion perikarya direct motor axon growth in the periphery. J. Comp. Neurol. **213**, 350-364.
Moore, W. J. (1981) The Mammalian Skull. Cambridge Univ. Press.
Moore, W. J. and Mintz, B. (1972) Clonal model of vertebral column and skull development derived from genetically mosaic skeletons in allophenic mice. Dev. Biol. **27**, 55-70.
Mootoosamy, R. C. and Dietrich, S. (2002) Distinct regulatory cascades for head and trunk myogenesis. Development **129**, 573-583.
Mori-Akiyama, Y., Akiyama, H., Rowitch, D. H. and de Crombrugghe, B. (2003) *Sox9* is required for determination of the chondrogenic cell lineage in the cranial neural crest. Proc. Nat. Acad. Sci. USA **100**, 9360-9365.
Morin-Kensicki, E. M., Melancon, E. and Eisen, J. S. (2002) Segmental relationship between somites and vertebral column in zebrafish. Development **129**, 3851-3860.
Moriyama, Y., Kawanishi, T., Nakamura, R., Tsukahara, T., Sumiyama, K., Suster, M. L., ⋯ and Nagao, Y. (2012) The medaka *zic1/zic4* mutant provides molecular insights into teleost caudal fin evolution. Curr. Biol. **22**, 601-607.
Moroff, T. (1902). Über die Entwicklung der Kiemen bei Knochenfischen. Arch. Mikr. Anat. **60**,

428-459.
Moroff, T. (1904) Über die entwicklung der kiemen bei fischen. Arch. mikr. Anat. **64**, 189-213.
Morrisey, E. E. and Hogan, B. L. M. (2010) Preparing for the first breath: Genetic and cellular mechanisms in lung development. Dev. Cell **18**, 8-23.
Morrison, A., Moroni, M. C., Ariza-McNaughton, L., Krumlauf, R. and Mavilio, F. (1996) *In vitro* and transgenic analysis of a human *HOXD4* retinoid-responsive enhancer. Development **122**, 1895-1907.
モリス、S. コンウェイ (Morris, S. C., 1997) カンブリア紀の怪物たち――進化はなぜ大爆発したか。講談社現代新書。
Morris, S. C. and Caron, J. B. (2012) *Pikaia gracilens* Walcott, a stem-group chordate from the Middle Cambrian of British Columbia. Biol. Rev. Camb. Philos. Soc. **87**, 480-512.
Morris, S. C. and Caron, J. B. (2014) A primitive fish from the Cambrian of North America. Nature **512**, 419-422.
Morriss-Kay, G. M. (1992) Retinoids in Normal Development and Teratogenesis. Oxford Univ. Press.
Morriss-Kay, G. M. (2001) Derivation of the mammalian skull vault. J. Anat. **199**, 143-151.
Morriss-Kay, G. M., Murphy, P., Hill, R. E. and Davidson, D. R. (1991) Effects of retinoic acid excess on expression of *Hox-2.9* and *Krox-20* and on morphological segmentation in the hindbrain of mouse embryos. EMBO **10**, 2985-2995.
Morsli, H., Tuorto, F., Choo, D., Postiglione, M. P., Simeone, A. and Wu, D. K. (1999) *Otx1* and *Otx2* activities are required for the normal development of the mouse inner ear. Development **126**, 2335-2343.
Moury, J. D. and Jacobson, A. G. (1990) The origin of neural crest in the axolotl. Dev. Biol. **141**, 243-253.
Moustakas, J. E. (2008) Development of the carapacial ridge: Implications for the evolution of genetic networks in turtle shell development. Evol. Dev. **10**, 29-36.
Moy-Thomas, J. A. (1940) The Devonian Fish *Palaeospondylus gunni* Traquair. Phil. Trans. R. Soc. Lond. B **230**, 391-413.
Moy-Thomas, J. A. and Miles, R. S. (1971) Paleozoic Fishes. Chapman & Hall. (邦訳) 古生代の魚類。細谷和海・岩井保訳、恒星社厚生閣 (1981)。
Müller, A. (1856) On the development of the lampreys. Ann. Mag. Nat. Hist. **18**, 298-301.
Müller, J. (1834) Vergleichende Anatomie der Myxinoiden. K. Akad. Wiss.
Müller, J. (1839) Vergleichende Neurologie der Myxinoiden. K. Akad. Wiss.
Müller, G. B. (2003) Homology: The evolution of morphological organization. In: G. B. Müller and S. A. Newman (eds.), Origination of Organismal Form: Beyond the gene in developmental and evolutionary biology. MIT Press, pp. 51-69.
Müller, G. B. and Olsson, L. (2003) Epigenesis and epigenetics. In: Keywords and Concepts in Evolutionary Developmental Biology. Harvard Univ. Press, pp. 114.
Müller, F. and O'Rahilly, R. (1980) Early development of the nervous system in staged insectivore and primate embryos. J. Comp. Neurol. **193**, 741-751.
Müller, G. B. and Newman S. A. (2003) (eds.) Origination of Organismal Form: Beyond the gene in developmental and evolutionary biology. MIT Press.
Müller, G. B. and Wagner, G. P. (1991) Novelty in evolution: Restructuring the concept. Annu. Rev. Ecol. Syst. **22**, 229-256.
Müller, M., Weizsacker, E. and Campos-Ortega, J. A. (1996) Expression domains of a zebrafish homologue of the *Drosophila* pair-rule gene *hairy* correspond to primordia of alternating somites. Development **122**, 2071-2078.
Munoz-Sanjuan, I., Cooper, M. K., Beachy, P. A., Fallon, J. F. and Nathans, J. (2001) Expression and regulation of chicken fibroblast growth factor homologous factor (FHF)-4 during craniofacial morphogenesis. Dev. Dyn. **220**, 238-245.
村上安則・倉谷　滋 (2002) 脊椎動物の脳形成プランの起源を探る。細胞工学 **21**、1377-1384。
Murakami, Y., Ogasawara, M., Sugahara, F., Hirano, S., Satoh, N. and Kuratani, S. (2001) Identification and expression of the lamprey *Pax-6* gene: Evolutionary origin of segmented brain of vertebrates. Development **128**, 3521-3531.
Murakami, Y., Ogasawara, M., Satoh, N., Sugahara, F., Myojin, M., Hirano, S. and Kuratani, S. (2002) Compartments in the lamprey embryonic brain as revealed by regulatory gene expression and the distribution of reticulospinal neurons. Brain Res. Bull. **57**, 271-275.
Murakami, Y., Pasqualetti, M., Takio, Y., Hirano, S., Rijli, F. and Kuratani, S. (2004) Segmental development of reticulospinal and branchiomotor neurons in the lamprey: Insights into evolution of the vertebrate hindbrain. Development **131**, 983-995.
Murakami, Y., Uchida, K., Rijli, F. M. and Kuratani, S. (2005) Evolution of the brain developmental

plan : Insights from amphioxus and lamprey. Dev. Biol. **280**, 249-259.
Murdock, D. J. E., Dong, X. P., Repetski, J. E., Marone, F., Stampanoni, M. and Donohue, P. C. J. (2013) The origin of conodonts and of vertebrate mineralized skeletons. Nature **502**, 546-549.
Myojin, M., Ueki, T., Sugahara, F., Murakami, Y., Shigetani, Y., Aizawa, S., Hirano, S. and Kuratani, S. (2001) Isolation of *Dlx* and *Emx* gene cognates in an agnathan species, *Lampetra japonica*, and their expression patterns during embryonic and larval development : Conserved and diversified regulatory patterns of homeobox genes in vertebrate head evolution. J. Exp. Zool. (Mol. Dev. Evol.) **291**B, 68-84.
Nagashima, H., Uchida, K., Yamamoto, K., Kuraku, S., Usuda, R. and Kuratani, S. (2005) Turtle-chicken chimera : An experimental approach to understanding evolutionary innovation in the turtle. Dev. Dyn. **232**, 149-161.
Nagashima, H., Kuraku, S., Uchida, K., Ohya, Y. K. and Kuratani, S. (2007) On the carapacial ridge in the turtle embryo : Its developmental origin, function, and the chelonian body plan. Development **134**, 2219-2226.
Nagashima, H., Sugahara, F., Takechi, M., Ericsson, R., Kawashima-Ohya, Y., Narita, Y. and Kuratani, S. (2009) Evolution of the turtle body plan by the folding and creation of new muscle connections. Science **325**, 193-196.
Nagashima, H., Kuraku, S., Uchida, K., Kawashima-Ohya, Y., Narita, Y. and Kuratani, S. (2012a) Body plan of turtles : An anatomical, developmental and evolutionary perspective. Anat. Sci. Int. **87**, 1-13.
Nagashima, H., Kawashima-Ohya, Y., Kuraku, S., Uchida, K., Narita, Y., Aota, S. and Kuratani, S. (2012b) Origin of turtle body plan : The folding theory to illustrate turtle-specific developmental repatterning. In : D. B. Brinkman, P. A. Holroyd and J. D. Gardner (eds.), Morphology and Evolution of Turtles : Origin and early diversification. Springer, Dordrecht.
中埜栄三・溝口　元・横田幸雄編（1999）ナポリ臨海実験所——去来した日本の科学者達。東海大学出版会。
Nakamura, H. and Ayer-Le Lievre, C. S. (1982) Mesectodermal capabilities of the trunk neural crest of birds. J. Emb. Exp. Morphol. **70**, 1-18.
Nakao, T. and Ishizawa, A. (1987a) Development of the spinal nerves in the lamprey : Ⅰ. Rohon-Beard cells and interneurons. J. Comp. Neurol. **256**, 342-355.
Nakao, T. and Ishizawa, A. (1987b) Development of the spinal nerves in the lamprey : Ⅱ. Outflows from the spinal cord. J. Comp. Neurol. **256**, 356-368.
Nakao, T. and Ishizawa, A. (1987c) Development of the spinal nerves in the lamprey : Ⅲ. Spinal ganglia and dorsal roots in 26-day (13 mm) larvae. J. Comp. Neurol. **256**, 369-385.
Nakao, T. and Ishizawa, A. (1987d) Development of the spinal nerves in the lamprey : Ⅳ. Spinal nerve roots of 21-mm larval and adult lampreys, with special reference to the relation of meninges with the root sheath and the perineurium. J. Comp. Neurol. **256**, 386-399.
Nanjundiah, V. (2003) Phenotypic plasticity and evolution by genetic assimilation. In : G. B. Müller and S. A. Newman (eds.), Origination of Organismal Form : Beyond the gene in developmental and evolutionary biology. MIT Press, pp. 245-263.
直海俊一郎（2002）生物体系学。東京大学出版会。
Narayanan, C. H. and Narayanan, Y. (1978) Determination of the embryonic origin of the mesencephalic nucleus of the trigeminal nerve in birds. J. Emb. Exp. Morphol. **43**, 85-105.
Narayanan, C. H. and Narayanan, Y. (1980) Neural crest and placodal contribution in the development of the glossopharyngeal-vagal complex in the chick. Anat. Rec. **196**, 71-82.
Narita, Y. and Kuratani, S. (2005) Evolution of the vertebral formulae in mammals-a perspective from the developmental constraints. J. Exp. Zool. (Mol. Dev. Evol.) **304**B, 91-106.
Nathan, E., Monovich, A., Tirosh-Finkel, L., Harrelson, Z., Rousso, T., Rinon, A., Harel, I., Evans, S. M. and Tzahor, E. (2008) The contribution of Islet1-expressing splanchnic mesoderm cells to distinct branchiomeric muscles reveals significant heterogeneity in head muscle development. Development **135**, 647-657.
Nauck, E. T. (1939) Zur Kenntnis der Topogenese des Herzens und der Nn. Phrenici. Morphol. Jahrbuch **83**, 1-82.
Neal, H. V. (1896) A summary of studies on the segmentation of the nervous system in *Squalus acanthias*. Anat. Anz. **12**, 377-391.
Neal, H. V. (1897) The development of the hypoglossus musculature in *Petromyzon* and *Squalus*. Anat. Anz. **13**, 441-463.
Neal, H. V. (1898a) The problem of the vertebrate head. Comp. Zool. **8**, 153-161.
Neal, H. V. (1898b) The segmentation of the nervous system in *Squalus acanthias*. Bull. Mus. Comp. Zool. **31**, 147-294.
Neal, H. V. (1918a) Neuromeres and metameres. J. Morphol. **31**, 293-315.

Neal, H. V. (1918b) History of eye muscles. J. Morphol. **30**, 433-453.
Neal, H. V. and Rand, H. W. (1946) Comparative Anatomy. Blakiston.
Neidert, A. H., Virupannavar, V., Hooker, G. W. and Langeland, J. A. (2001) Lamprey Dlx genes and early vertebrate evolution. Proc. Nat. Acad. Sci. USA **98**, 1665-1670.
Nelson, W. J. and Nusse, R. (2004) Convergence of Wnt, β-catenin, and cadherin pathways. Science **303**, 1483-1487.
Nesbitt, R. (1736) Human Osteogeny Explained in Two Lectures. J. Noon.
Neumayer, L. (1938) Die Entwicklung des Kopfskelettes von *Bdellostoma*. St. L. Arch. Ital. Anat. Emb. **40** Suppl., 1-222.
Newgreen, D. F., Scheel, M. and Kastner, V. (1986) Morphogenesis of sclerotome and neural crest in avian embryos : *In vivo* and *in vitro* studies on the role of notochordal extracellular matrix. Cell Tiss. Res. **244**, 299-313.
Newgreen, D., Powell, M. E. and Moser, E. (1990) Spatiotemporal changes in HNK-1/L2 glycoconjugates on avian embryo somite and neural crest. Dev. Biol. **139**, 100-120.
Newman, S. A. and Müller, G. B. (2001) Epigenetic mechanisms of character origination. In : G. P. Wagner (ed.), The Character Concept in Evolutionary Biology. Acad. Press, pp. 559-579.
Newth, D. R. (1951) Experiments on the neural crest of the lamprey embryo. J. Exp. Biol. **28**, 247-260.
Newth, D. R. (1956) On the neural crest of the lamprey embryo. J. Emb. Exp. Morphol. **4**, 358-375.
Neyt, C., Jagla, K., Thisse, C., Thisse, B., Haines, L. and Currie, P. D. (2000) Evolutionary origins of vertebrate appendicular muscle. Nature **408**, 82-86.
Nicholls, E. L. and Russell, A. P. (1991) The plesiosaur pectoral girdle : The case for a sternum. N. Jb. Geol. Paläont., Abh. **182**, 161-185.
Nichols, D. H. (1981) Neural crest formation in the head of the mouse embryo as observed using a new histological technique. J. Emb. Exp. Morphol. **64**, 105-120.
Nichols, D. H. (1986) Mesenchyme formation from the trigeminal placodes of the mouse embryo. Am. J. Anat. **176**, 19-31.
Niederländer, C. and Lumsden, A. (1996) Late emigrating neural crest cells migrate specifically to the exit points of cranial branchiomotor nerves. Development **122**, 2367-2374.
Niederreither, K., Vermot, J., Schuhbaur, B., Chambon, P. and Dollé, P. (2000) Retinoic acid synthesis and hindbrain patterning in the mouse embryo. Development **127**, 75-85.
Nielsen, C. (1999) Origin of the chordate central nervous system-and the origin of chordates. Dev. Genes Evol. **209**, 198-205.
Nielsen, C. (2012) The authorship of higher chordate taxa. Zool. Scripta **41**, 435-436.
Nieto, M. A., Gilardi-Hebenstreit, P., Charnay, P. and Wilkinson, D. G. (1992) A receptor protein tyrosine kinase implicated in the segmental patterning of the hindbrain and mesoderm. Development **116**, 1137-1150.
Nieuwenhuys, R., ten Donkelaar, H. J. and Nicholson, C. (1998) The Central Nervous System of Vertebrates Vol. 1-3. Springer.
Nijhout, H. F. (2001) Origin of butterfly wing patterns. In : G. P. Wagner (ed.), The Character Concept in Evolutionary Biology. Acad. Press, pp. 511-529.
Nijhout, H. F. (2003) Development and evolution of adaptive polyphenism. Evol. Dev. **5**, 1, 9-18.
Nikaido, M., Rooney, A. P. and Okada, N. (1999) Phylogenetic relationships among cetartiodactyls based on insertions of short and long interspersed elements : Hippopotamuses are the closest extant relatives of whales. Proc. Nat. Acad. Sci. USA **96**, 10261-10266.
Nikitina, N., Bronner-Fraser, M. and Sauka-Spengler, T. (2009) The Sea Lamprey *Petromyzon marinus* : A model for evlotionary and developmental biology. Cold Spring Harb. Protoc. pdb. emo113.
Nishi, S. (1931) Muskeln der Rumpfes. In : L. Bolk, E. Göppert, E. Kallius and W. Lobosch (eds.), Handbuch der vergleichenden Anatomie der Wirbeltiere. Urban, Berlin, Vol. 5, pp. 351-446.
Nishi, S. (1938) Muskeln des Rumpfes. In : L. Bolk, E. Göppert, E. Kallius and W. Lubosch (eds.), Handbuch der vergleichenden Anatomie der Wirbeltiere, Bd. 5. pp. 351-446, Urban and Schwarzenberg.
西野敦雄・和田　洋・倉谷　滋（2007）無脊椎動物から脊椎動物を導く。「動物の形態進化のメカニズム」（佐藤矩行・倉谷　滋編）「シリーズ 21 世紀の動物科学　第 3 巻」、日本動物学会、培風館、pp. 108-116。
Nishizawa, H., Kishida, R., Kadota, T. and Goris, R. C. (1988) Somatotopic organization of the primary sensory trigeminal neurons in the hagfish, *Eptatretus burgeri*. J. Comp. Neurol. **267**, 281-295.
Niswander, L. and Martin, G. R. (1993) FGF-4 and BMP-2 have opposite effects on limb growth. Nature **361**, 68-71.

Noakes, P. G., Bennett, M. R. and Davey, D. F. (1983) Growth of segmental nerves to the developing rat diaphragm : Absence of pioneer axons. J. Comp. Neurol. **218**, 365-377.
Noble, B. R., Babiuk, R. P., Clugston, R. D., Underhill, T. M., Sun, H., Kawaguchi, R., Walfish, P. G., Blomhoff, R., Gundersen, T. E. and Greer, J. J. (2007) Mechanisms of action of the congenital diaphragmatic hernia-inducing teratogen nitrofen. Am. J. Physiol. -Lung Cell Mol. Physiol. **293**, L1079-L1087.
Noden, D. M. (1978a) The control of avian cephalic neural crest cytodifferentiation. I. Skeletal and connective tissues. Dev. Biol. **67**, 296-312.
Noden, D. M. (1978b) The control of avian cephalic neural crest cytodifferentiation. II. Neural tissues. Dev. Biol. **67**, 313-329.
Noden, D. M. (1982) Patterns and organization of craniofacial skeletogenic and myogenic mesenchyme : A perspective. Prog. Clin. Biol. Res. **101**, 167-203.
Noden, D. M. (1983a) The embryonic origins of avian cephalic and cervical muscles and associated connective tissues. Am. J. Anat. **168**, 257-276.
Noden, D. M. (1983b) The role of the neural crest in patterning of avian cranial skeletal, connective, and muscle tissues. Dev. Biol. **96**, 144-165.
Noden, D. M. (1984) Craniofacial development : New views on old problems. Anat. Rec. **208**, 1-13.
Noden, D. M. (1986) Origins and patterning of craniofacial mesenchymal tissues. J. Craniofac. Genet. Dev. Biol. Suppl. **2**, 15-31.
Noden, D. M. (1988) Interactions and fates of avian craniofacial mesenchyme. Development **103** Suppl., 121-140.
Noden, D. M. (1992) Spatial integration among cells forming the cranial peripheral nervous system. J. Neurobiol. **24**, 248-261.
Noden, D. M. and Francis-West, P. (2006) The Differentiation and Morphogenesis of Craniofacial Muscles. Dev. Dyn. **235**, 1194-1218.
Noden, D. M. and Schneider, R. A. (2006) Neural crest cells and the community of plan for craniofacial development : Historical debates and current perspectives. Adv. Exp. Med. Biol. **589**, 1-23.
Noden, D. M. and van de Water, T. R. (1986) The developing ear : Tissue origins and interactions. In : R. J. Ruben and T. R. van de Water (eds.), The Biology of Change in Otolaryngology. Elsvier, pp. 15-46.
Noramly, S. and Morgan, B. A. (1998) BMPs mediate lateral inhibition at successive stages in feather tract development. Development **125**, 3775-3787.
Norris, H. W. (1924) Branchial nerve homologies. Z. Morph. Anthrop. **24**, 211-226.
Norris, H. W. (1925) Observations upon the peripheral distribution of the cranial nerves of certain ganoid fishes (*Amia*, *Lepidosteus*, *Polyodon*, *Scaphirhynchus* and *Acipencer*). J. Com. Neurol. **39**, 345-417.
Norris, H. W. and Hughes, S. P. (1920) The cranial, occipital, and anterior spinal nerves of the dogfish, *Squalus acanthias*. J. Comp. Neurol. **31**, 293-395.
Northcutt, R. G. (1990) Ontogeny and phylogeny : A re-evaluation of conceptual relationships and some applications. Brain Behav. Evol. **36**, 116-140.
Northcutt, R. G. (1992) Distribution and innervation of lateral line organs in the *Axolotl*. J. Comp. Neurol. **325**, 95-123.
Northcutt, R. G. (1993) A reassessment of Goodrich's model of cranial nerve phylogeny. Acta Anat. **148**, 71-80.
Northcutt, R. G. (1996a) The origin of craniates : Neural crest, neurogenic placodes, and homeobox genes. Israel J. Zool. **42**, 273-313.
Northcutt, R. G. (1996b) The agnathan ark : The origin of craniate brains. Brain Behav. Evol. **48**, 237-247.
Northcutt, R. G. and Bermis, W. E. (1993) Cranial nerves of the coelacanth, *Latimeria chalumnae* [Osteichthyes, Sarcopterygii, Actinistia], and comparisons with other Craniata. Brain Behav. Evol. **42**, 1-74.
Northcutt, R. G. and Brändle, K. (1995) Development of branchiomeric and lateral line nerves in the axolotl. J. Comp. Neurol. **355**, 427-454.
Northcutt, R. G. and Gans, C. (1983) The genesis of neural crest and epidermal placodes : A reinterpretation of vertebrate origins. Quart. Rev. Biol. **58**, 1-28.
Novacek, M. J. (1993) Patterns of diversity in the mammalian skull. In : J. Hanken and B. K. Hall (eds.), The Skull Vol. 2. Univ. Chicago Press, pp. 438-545.
Novacek, M. J., Rougier, G. W., Wible, J. R., McKenna, M. C., Dashzeveg, D. and Horovitz, I. (1997) Epipubic bones in eutherian mammals from the late Cretaceous of Mongolia. Nature **389**, 483-486.

Novak, A. and Dedhar, S. (1999) Signaling through β-catenin and Lef/Tcf. Cell Mol. Life Sci. **56**, 523-537.
Nowicki, J. L. and Burke, A. C. (2000) Hox genes and morphological identity : Axial versus lateral patterning in the vertebrate mesoderm. Development **127**, 4265-4275.
Nowicki, J. L., Takimoto, R. and Burke, A. C. (2003) The lateral somitic frontier : Dorso-ventral aspects of anterio-posterior regionalization in avian embryos. Mech. Dev. **120**, 227-240.
Nübler-Jung, K. and Arendt, J. D. (1994) Is ventral in insects dorsal in vertebrates? : A history of embryological arguments favoring axis inversion in chordate ancestors. Roux's Arch. Dev. Biol. **203**, 357-366.
Nugent, S. G., O'Sullivan, V. R., Fraher, J. P. and Rea, B. B. (1991) Central-peripheral transitional zone of the spinal accessory nerve in the rat. J. Anat. **175**, 19-25.
Nuño de la Rosa, L., Müller, G. B. and Metscher, B. D. (2014) The lateral mesodermal divide : An epigenetic model of the origin of paired fins. Evo. Dev. **16**, 38-48.
Nyhart, L. K. (1995) Biology Takes Form : Animal morphology and the German universities, 1800-1900. Univ. Chicago Press.
Oakley, R. A., Lasky, C. J., Erickson, C. A. and Tosney, K. W. (1994) Glycoconjugates mark a transient barrier to neural crest migration in the chick embryo. Development **120**, 103-114.
O'Connor, R. and Tessier-Lavigne, M. (1999) Identification of maxillary factor, a maxillary process-derived chemoattractant for developing trigeminal axons. Neuron **24**, 165-178.
Ogasawara, M. (2000) Overlapping expression of amphioxus homologues of the thyroid transcription factor-1 gene and thyroid peroxidase gene in the endostyle : Insight into evolution of the thyroid gland. Dev. Genes Evol. **210**, 231-242.
Ogasawara, M., Di Lauro, R. and Satoh, N. (1999a) Ascidian homologs of mammalian thyroid peroxidase genes are expressed in the thyroid-equivalent region of the endostyle. J. Exp. Zool. (Mol. Dev. Evol.) **285B**, 158-169.
Ogasawara, M., Wada, H., Peters, H. and Satoh, N. (1999b) Developmental expression of *Pax1/9* genes in urochordate and hemichordate gills : Insight into function and evolution of the pharyngeal epithelium. Development **126**, 2539-2550.
Ogasawara, M., Shigetani, Y., Hirano, S., Satoh, N. and Kuratani, S. (2000) *Pax1/Pax9*-related genes in an agnathan vertebrate, *Lampetra japonica* : Expression pattern of *LjPax9* implies sequential evolutionary events towards the gnathostome body plan. Dev. Biol. **223**, 399-410.
Ogasawara, M., Shigetani, Y., Suzuki, S., Kuratani, S. and Sato, N. (2001) Expression of *thyroid transcription factor-1* (*TTF-1*) gene in the ventral forebrain and endostyle of the agnathan vertebrate, *Lampetra japonica*. Genesis **30**, 51-58.
O'Gorman, S. (2005) Second branchial arch ineages of the middle ear of wild-type and *Hoxa2* mutant Mice. Dev. Dyn. **234**, 124-131.
Ogushi, K. (1911) Anatomische Studien an der japanischen dreikralligen Lippenschildkröte (*Trionyx japonicus*). Gegenbaurs Morphol. Jahrb. **43**, 1-106.
Ohno, S. (1970) Evolution by Gene Duplication. Springer.
Ohtsuka, M., Makino, S., Yoda, K., Wada, H., Naruse, K., Mitani, H., Shima, A., Ozato, K., Kimura, M. and Inoko, H. (1999) Construction of a linkage map of the medaka (*Oryzias latipes*) and mapping of the *Da* mutant locus defective in dorsoventral patterning. Genome Res. **9**, 1277-1287.
Ohya, Y. K., Kuraku, S. and Kuratani, S. (2005) Hox code in embryos of Chinese soft-shelled turtle *Pelodiscus sinensis* correlates with the evolutionary innovation in the turtle. J. Exp. Zool. (Mol. Dev. Evol.) **304B**, 107-118.
Oisi, Y., Ota, K. G., Fujimoto, S. and Kuratani, S. (2013a) Craniofacial development of hagfishes and the evolution of vertebrates. Nature **493**, 175-180.
Oisi, Y., Ota, K. G., Fujimoto, S. and Kuratani, S. (2013b) Development of the chondrocranium in hagfishes, with special reference to the early evolution of vertebrates. Zool. Sci. **30**, 944-961.
Oisi, Y., Fujimoto, S., Ota, K. G. and Kuratani, S. (2015) On the peculiar morphology and development of the hypoglossal, glossopharyngeal and vagus nerves and hypobranchial muscles in the hagfish. Zool. Lett. **1**, 6.
Oka, Y., Satou, M. and Ueda, K. (1987) Morphology and distribution of the motor neurons of the accessory nerve (nXI) in the Japanese toad : A cobaltic lysine study. Brain Res. **400**, 383-388.
O'Keefe, F. R., Street, H. P., Wilhelm, B. C., Richards, C. D. and Zhu, H. L. (2011) A new skeleton of the cryptoclidid plesiosaur *Tatenectes laramiensis* reveals a novel body shape among plesiosaurs. J. Vert. Paleontol. **31**, 330-339.
Oken, L. (1807) Über die Bedeutung der Schädelknochen. Göbhardt.
Olson, E. C. (1966) The middle ear-morphological types in amphibians and reptiles. Am. Zool. **6**, 399-419.

Olsson, L. (1983) Club-shaped gland and endostyle in larval *Branchiostoma lanceolatum* (Cephalochordata). Zoomorph. **103**, 1-13.
Olsson, L. and Hanken, J. (1996) Cranial neural-crest migration and chondrogenic fate in the oriental fire-bellied toad *Bombina orientalis*: Defining the ancestral pattern of head development in anuran amphibians. J. Morphol. **229**, 105-120.
Olsson, L., Falck, P., Lopez, K., Cobb, J. and Hanken, J. (2001) Cranial neural crest cells contribute to connective tissue in cranial muscles in the anuran amphibian, *Bombina orientalis*. Dev. Biol. **237**, 354-367.
Olsson, L., Ericsson, R. and Cerny, R. (2005) Vertebrate head development: Segmentation, novelties, and homology. Theory Biosci. **124**, 145-163.
Onai, T., Irie, N. and Kuratani, S. (2014) The evolutionary origin of the vertebrate body plan: The problem of head segmentation. Annu. Rev. Genomics. Hum. Genet. **15**, 443-459.
Oppel, A. (1890) Ueber Vorderkopf Somite und die Kopfhöhle bei *Anguis fragilis*. Arch. Mikr. Anat. **36**, 603-627.
Oppenheimer, J. M. (1959) Embryology and evolution: Nineteenth century hopes and twentieth century realities. Quart. Rev. Biol. **34**, 271-277.
O'Rahilly, R. and Gardner, E. (1975) The timing and sequence of events in the development of the limbs in the human embryo. Anat. Emb. **148**, 1-23.
O'Rahilly, R. and Müller, F. (1984) The early development of the hypoglossal nerve and occipital somites in staged human embryos. Am. J. Anat. **169**, 237-257.
O'Rahilly, R. and Tucker, J. A. (1973) The early development of the larynx in staged human embryos. Part 1: Embryos of the first five weeks (to stage 15). Ann. Publ. Co.
Ordahl, C. P. and Le Douarin, N. M. (1992) Two myogenic lineages within the developing somite. Development **114**, 339-353.
Organ, C. L. (2006) Thoracic epaxial muscles in living archosaurs and ornithopod dinosaurs. Anat. Rec. **288**A, 782-793.
Orr, H. (1887) Contribution to the embryology of the lizard. J. Morphol. **1**, 311-372.
Osorio, J., Mazan, S. and Rétaux, S. (2005) Organisation of the lamprey (*Lampetra fluviatilis*) embryonic brain: Insights from LIM-homeodomain, Pax and hedgehog genes. Dev. Biol. **288**, 100-112.
Osório, J., Megías, M., Pombal, M. A. and Rétaux, S. (2006) Dynamic expression of the LIM-homeodomain gene *Lhx15* through larval brain development of the sea lamprey (*Petromyzon marinus*). Gene Exp. Patt. **6**, 873-878.
Osório, J. and Rétaux, S. (2008) The lamprey in evolutionary studies. Dev. Genes Evol. **218**, 221-235.
大隅典子 (1997) レチノイン酸と哺乳類の胚発生──奇形学から発生生物学へ。細胞工学 **16**, 696-705。
Osumi, N., Hirota, A., Ohuchi, H., Nakafuku, M., Iimura, T., Kuratani, S., Fujiwara, M., Noji, S. and Eto, K. (1997) *Pax-6* is involved in the specification of hindbrain motor neuron subtype. Development **124**, 2961-2972.
Osumi-Yamashita, N., Ninomiya, Y., Doi, H. and Eto, K. (1994) The contribution of both forebrain and midbrain crest cells to the mesenchyme in the frontonasal mass of mouse embryos. Dev. Biol. **164**, 409-419.
Osumi-Yamashita, N., Kuratani, S., Ninomiya, Y., Aoki, K., Iseki, S., Chareonvit, S., Doi, H., Fujiwara, M., Watanabe, T. and Eto, K. (1997) Cranial anomaly of homozygous *rSey* rat is associated with the defect in migration pathway of midbrain crest cells. Dev. Growth Diff. **39**, 53-67.
Ota, K. G. and Kuratani, S. (2006) History of scientific endeavours towards the hagfish embryology. Zool. Sci. **23**, 403-418.
Ota, K. G. and Kuratani, S. (2007) Cyclostome embryology and early evolutionary history of vertebrates. Integ. Comp. Biol. **47**, 329-337.
Ota, K. G. and Kuratani, S. (2008) Developmental biology of hagfishes, with a report on newly obtained embryos of the Japanese inshore hagfish, *Eptatretus burgeri*. In: Special Issue: Advances in Cyclostostome Research: Body plan and developmental programs before jawed vertebrates. Zool. Sci. **25**, 999-1011.
Ota, G. K. and Kuratani, S. (2009) Evolutionary origin of bone and cartilage in vertebrates. In: Cold Spring Harbor Monograph Series 53, The Skeletal System (ed. Olivier Pourquié), pp. 1-18, Cold Spring Harbor Laboratory Press.
Ota, G. K. and Kuratani, S. (2010) Expression pattern of two collagen type 2 alpha1 genes in the Japanese inshore hagfish (*Eptatretus burgeri*) with special reference to the evolution of cartilaginous tissue. J. Exp. Zool. (Mol. Dev. Evol.) **314**B, 157-165.
Ota, K. G., Kuraku, S. and Kuratani, S. (2007) Hagfish embryology with reference to the evolution of the neural crest. Nature **446**, 672-675.

Ota, K. G., Fujimoto, S., Oisi, Y. and Kuratani, S. (2011) Identification of vertebra-like elements and their possible differentiation from sclerotomes in the hagfish. Nat. Commun. **2**, 373.
Ota, K. G., Fujimoto, S., Oisi, Y. and Kuratani, S. (2013) Late development of the hagfish vertebral elements. J. Exp. Zool. (Mol. Dev. Evol.) **320B**, 129-139.
Ota, K. G., Oisi, Y., Fujimoto, S. and Kuratani, S. (2014) The origin of developmental mechanisms underlying vertebral elements : Implications from hagfish EvoDevo. Zoology **117**, 77-80
Otani, H., Tanaka, O. and Yoshioka, T. (1992) Supra-neurectodermal cells and fibers on the primary nasal cavity and in the fourth ventricle of mouse and human embryos : Scanning and transmission electron microscopic studies. Anat. Rec. **233**, 270-280.
Otto, H. D. (1984) Der Irrtum der Reichert-Gauppschen Theorie. Ein Beitrag zur Onto-und Phylogenese des Kiefergelenks und der Gehöhrknöchelchen der Säugetiere. Anat. Anz. **155**, 223-238.
Owen, R. (1848) On the Archetype and Homologies of the Vertebrate Skeleton. Taylor & Francis.
Owen, R. (1853) Descriptive Catalogue of the Osteological Series contained in the Museum of the Royal College of Surgeons of England. 2 Vols. 1853.
Owen, R. (1866) On the Anatomy of Vertebrates. Vol. 1. Longmans, Green & Co.
Ozeki, H., Kurihara, Y., Tonami, K., Watatani, S. and Kurihara, H. (2004) Endothelin-1 regulates the dorsoventral branchial arch patterning in mice. Mech. Dev. **121**, 387-395.
Pabst, O., Rummelies, J., Winter, B. and Arnold, H. H. (2003) Targeted disruption of the homeobox gene *Nkx2.9* reveals a role in development of the spinal accessory nerve. Development **130**, 1193-1202.
Palmeirim, I., Henrique, D., Ish-Horowicz, D. and Pourquie, O. (1997) Avian *hairy* gene expression identifies a molecular clock linked to vertebrate segmentation and somitogenesis. Cell **91**, 639-648.
Palmer, W. R. (1913) Note on the lower jaw and ear ossicles of a foetal *Perameles*. Anat. Anz. **43**, 510-515.
Panchen, A. L. (1977) The origin and early evolution of tetrapod vertebrae. In : S. M. Andrews, R. S. Miles and A. D. Walker (eds.), Problems in Vertebrate Evolution. Acad. Press, pp. 289-318.
Panchen, A. L. (1980) The origin and relationships of the Antracosaur amphibia from late Palaeozoic. In : A. L. Panchen (ed.), The Terrestrial Environment and the Origin of Land Vertebrates. Acad. Press, pp. 319-350.
Panchen, A. L. (1994) Richard Owen and the concept of homology. In : B. K. Hall (ed.), Homology : The hierarchical basis of comparative biology. Acad. Press, pp. 21-62.
Pani, A. M., Mullarkey, E. E., Aronowicz, J., Assimacopoulos, S., Grove, E. A. and Jowe, C. J. (2012) Ancient deuterostome origins of vertebrate brain signalling centres. Nature **483**, 289-295.
Papaioannou, V. E. and Silver, L. M. (1998) The T-box gene family. Bioessays **20**, 9-19.
Papalopulu, N., Clarke, J. D. W., Bradley, L., Wilkinson, D., Krumlauf, R. and Holder, N. (1992) Retinoic acid causes abnormal development and segmental patterning of the anterior hindbrain in *Xenopus* embryos. Development **113**, 1145-1158.
Parker, W. K. and Bettany, G. T. (1877) The Morphology of the Vertebrate Skull. MacMillan.
Parker, K. W. (1883a) On the Skeleton of the Marsipobranch Fishes. Part I. The Myxinoids (*Myxine*, and *Bdellostoma*). Phil. Trans. R. Soc. Lond. **174**, 373-409.
Parker, K. W. (1883b) On the Skeleton of the Marsipobranch Fishes. Part II. *Petromyzon*. Phil. Trans. R. Soc. Lond. **174**, 411-457.
Parrington, F. R. (1979) The evolution of the mammalian middle and outer ears : A personal review. Biol. Rev. **54**, 369-387.
Parrington, F. R. and Westoll, T. S. (1940) On the evolution of the mammalian palate. Phil. Trans. R. Soc. Lond. Ser. B **230**, 305-355.
Pasqualetti, M. and Rijli, F. M. (2002) Developmental biology : The plastic face. Nature **416**, 493-449.
Pasqualetti, M., Ori, M., Nardi, I. and Rijli, F. M. (2000) Ectopic *Hoxa2* induction after neural crest migration results in homeosis of jaw elements in *Xenopus*. Development **127**, 5367-5378.
Patel, N. H., Martin-Blanco, E., Coleman, K. G., Poole, S. J., Ellis, M. C., Kornberg, T. B. and Goodman, C. S. (1989) Expression of *engrailed* protein in arthropods, annelids, and chordates. Cell **58**, 955-968.
Patten, W. (1890) On the origin of vertebrates from arachnids. Quart. J. Microsc. Sci. **31**, 317-378.
Patten, W. M. (1912) The Evolution of the Vertebrates and Their Kin. Blakiston.
Patten, B. M. (1947) The Embryology of the Pig. Blakiston.
Patterson, C. (1977) Cartilage bones, dermal bones and membrane bones, or the exoskeleton versus the endoskeleton. In : S. M. Andrews, R. S. Miles and A. D. Walker (eds.), Problems in Vertebrate Evolution. Acad. Press, pp. 77-121.
Patterson, C. (1982) Problems of phylogenetic reconstruction In : K. A. Joysey and A. E Friday

(eds.), Systematics Association Special Vol. 21. Acad. Press, pp. 21-74.
Patterson, C. (1988) Homology in classical and molecular biology. Mol. Biol. Evol. **5**, 603-625.
Payette, R. F., Bennett, G. S. and Gershon, M. D. (1984) Neurofilament expression in vagal neural crest-derived precursors of enteric neurons. Dev. Biol. **105**, 273-287.
Pearson, A. A. (1938) The spinal accessory nerve in human embryos. J. Comp. Neurol. **68**, 243-266.
Pearson, A. A. (1939) The hypoglossal nerve in human embryos. J. Comp. Neurol. **71**, 21-39.
Pearson, A. A. (1941a) The development of the nervus terminalis in man. J. Comp. Neurol. **75**, 39-66.
Pearson, A. A. (1941b) The development of the olfactory nerve in man. J. Comp. Neurol. **75**, 199-217.
Pearson, A. A. (1943) The trochlear nerve in human fetus. J. Comp. Neurol. **78**, 29-43.
Pearson, A. A. (1944) The oculomotor nucleus in the human fetus. J. Comp. Neurol. **80**, 47-63.
Pearson, A. A. (1946) The development of the motor nuclei of the facial nerve in man. J. Comp. Neurol. **85**, 461-476.
Pearson, A. A. (1949a) The development and connections of the mesencephalic root of the trigeminal nerve in man. J. Comp. Neurol. **90**, 1-46.
Pearson, A. A. (1949b) Further observations of the mesencephalic root of the trigeminal nerve. J. Comp. Neurol. **91**, 147-194.
Pearson, A. A. and Sauter, R. W. (1971) Observations on the phrenic nerve and the ductus venosus in human embryos and fetuses. Am. J. Obstet. Gynecol. **15**, 560-565.
Pearson, A. A., Sauter, R. W. and Oler, R. C. (1971) Relationships of the diaphragm to the inferior vena cava in human embryos and fetuses. Thorax **26**, 348-353.
Pendleton, J. W., Nagai, B. K., Murtha, M. T. and Ruddle, F. H. (1993) Expansion of the Hox gene family and the evolution of chordates. Proc. Nat. Acad. Sci. USA **90**, 6300-6304.
Pennisi, E. (2004) Neural beginnings for the turtle's shell. Science **303**, 951.
Pera, E. M. and Kessel, M. (1997) Patterning of the chick forebrain anlage by the prechordal plate. Development **124**, 4153-4162.
Perris, R. and Löfberg, J. (1986) Promotion of chromatophore differentiation in isolated premigratory neural crest cells by extracellular material explanted on microcarriers. Dev. Biol. **113**, 327-341.
Perris, R., von Boxberg, Y. and Löfberg, J. (1988) Local embryonic matrices determine region-specific phenotypes in neural crest cells. Science **241**, 86-89.
Perry, S. F. (1983) Reptilian lungs : Functional anatomy and evolution. In : F. Beck, W. Hild, J. van Limborgh, R. Ortmann, J. E. Pauly and T. H. Schiebler (eds.), Adv. Anat. Emb. Cell Biol. **79**. Springer.
Peterson, K. J. (1995) Dorsoventral axis inversion. Nature **373**, 111-112.
Pettway, Z., Guillory, G. and Bronner-Fraser, M. (1991) Absence of neural crest cells from the region surrounding implanted notochords *in situ*. Dev. Biol. **142**, 335-345.
Piatt, J. (1938) Morphogenesis of the cranial muscles of *Amblystoma punctatum*. J. Morphol. **63**, 531-587.
Piatt, J. (1945) Origin of the mesencephalic V root in *Amblystoma*. J. Comp. Neurol. **82**, 35-53.
Piekarski, N. and Olsson, L. (2007) Muscular derivatives of the cranialmost somites revealed by long-term fate mapping in the Mexican axolotl (*Ambystoma mexicanum*). Evol. Dev. **9**, 566-578.
Pierce, S. E., Ahlberg, P. E., Hutchinson, J. R., Molnar, J. L., Sanchez, S., Tafforeau, P. and Clack, J. A. (2013) Vertebral architecture in the earliest stem tetrapods. Nature **494**, 226-229.
Pigliucci, M. (2001) Phenotypic Plasticity : Beyond nature and nurture. Johns Hopkins Univ. Press.
Pinkus, F. (1894) Die Hirnnerven des *Protopterus annectens*. Morphol. Arb. **4**, 275-346.
Piotrowski, T. and Northcutt, R. G. (1996) The cranial nerves of the Senegal Bichir, *Polypterus senegalus* [Osteichthyes : Actinopterygii : Cladistia]. Brain Behav. Evol. **47**, 55-102.
Piotrowski, T. and Nüsslein-Volhard, C. (2000) The endoderm plays an important role in patterning the segmented pharyngeal region in zebrafish (*Danio rerio*). Dev. Biol. **225**, 339-356.
Platt, J. B. (1889) Studies on the primitive axial segmentation of the chick. Bull. Mus. Comp. Zool. Harvard. Coll. **17**, 171-190.
Platt, J. B. (1890) The anterior head-cavities of *Acanthias* (Preliminary Notice). Zool. Anz. **13**, 239.
Platt, J. B. (1891a) A contribution to the morphology of the vertebrate head, based on a study of *Acanthias vulgaris*. J. Morphol. **5**, 79-106.
Platt, J. B. (1891b) Further contribution to the morphology of the vertebrate head. Anat. Anz. **6**, 251-265.
Platt, J. B. (1893) Ectodermic origin of the cartilage of the head. Anat. Anz. **8**, 506-509.
Platt, J. B. (1894) Ontogenetische Differenzierung des Ectoderms in *Necturus*. Studie I. Arch. Mikr.

Anat. **43**, 911-966.
Pollock, R. A., Gilbert, J. and Bieberich, C. J. (1992) Altering the boundaries of *Hox3.1* expression : Evidence for antipodal gene regulation. Cell **71**, 911-923.
Pombal, M. A., Marín, O. and González, A. (2001) Distribution of choline acetyltransferase-immunoreactive structures in the lamprey brain. J. Comp. Neurol. **431**, 105-126.
Pombal, M. A., Alvarez-Otero, R., Perez-Fernandez, J., Solveira, C. and Megias, M. (2011) Development and organization of the lamprey telencephalon with special reference to the GABAergic system. Front. Neuroanat. **5**, 20.
Popperl, H. and Featherstone, M. S. (1993) Identification of a retinoic acid response element upstream of the murine *Hox-4.2* gene. Mol. Cell Biol. **13**, 257-265.
Portmann, A. (1960) Die Tiergestalt : Studien über die Bedeutung der tierischen Erscheinung. Basel. (邦訳) 動物の形態――動物の外観の意味について。島崎三郎訳、うぶすな書院 (1990)。
Portmann, A. (1969) Einführung in die vergleichende Morphologie der Wirbeltiere. Schwabe & Co. (邦訳) 脊椎動物比較形態学。島崎三郎訳、岩波書店 (1979)。
Portmann, A. (1976) Einführung in die vergleichende Morphologie der Wirbeltiere 5. Aufl. Schwabe & Co.
Postlethwait, J. H., Yan, Y.-L., Gates, M. A., Horne, S., Amores, A., Brownlie, A., Donovan, A., Egan, E. S., Force, A., Gong, Z., Goutel, C., Fritz, A., Kelsh, R., Knapik, E., Liao, E., Paw, B., Ransom, D., Singer, A., Thomson, M., Abduljabbar, T., Yalick, P., Beier, D., Joly, J.-S., Larhammar, D., Rosa, F., Westfield, M., Zon, L. I., Johnson, S. L. and Talbot, W. S. (1998) Vertebrate genome evolution and the zebrafish gene map. Nat. Genet. **18**, 345-349.
Pourquie, O. (2001) The vertebrate segmental clock. J. Anat. **199**, 169-175.
Pourquie, O. (2003) A biochemical oscillator linked to vertebrate segmentation. In : G. B. Müller and S. A. Newman (eds.), Origination of Organismal Form : Beyond the gene in developmental and evolutionary biology. MIT Press, pp. 184-194.
Powers, T. P., Hogan, J., Ke, Z., Dymbrowski, K., Wang, X., Collins, F. H. and Kaufman, T. C. (2000) Characterization of the Hox cluster from the mosquito *Anopheles gambiae* (Diptera : Culicidae). Evol. Dev. **2**, 311-325.
Pradel, A., Sansom, I. J., Gagnier, P. Y., Cespedes, R. and Janvier, P. (2007) The tail of the Ordovician fish *Sacabambaspis*. Biol. Lett. **3**, 72-75.
Pradel, A., Maisey, J. G., Tafforeau, P., Mapes, R. H. and Mallatt, J. (2014) A Palaeozoic shark with osteichthyan-like branchial arches. Nature **509**, 608-611.
Presley, R. (1981) Alisphenoid equivalents in placentals, marsupials, monotremes and fossils. Nature **294**, 668-670.
Presley, R. (1983) A shaky foundation in the structure of the skull? Nature **302**, 210-211.
Presley, R. (1984) Lizards, mammals and the primitive tetrapod tympanic membrane. Symp. Zool. Soc. Lond. **52**, 127-152.
Presley, R. (1993a) Development and the phylogenic features of the middle ear region. In : F. S. Szalay, M. J. Novacek and M. C. McKenna (eds.), Mammal Phylogeny. Springer, pp. 21-29.
Presley, R. (1993b) Preconception of adult structural pattern in the analysis of the developing skull. In : J. Hanken and B. K. Hall (eds.), The Skull Vol. 1. Univ. Chicago Press, pp. 347-377.
Presley, R. and Steel, F. L. D. (1976) On the homology of the alisphenoid. J. Anat. **121**, 441-459.
Presley, R. and Steel, F. L. D. (1978) The pterygoid and ectopterygoid in mammals. Anat. Emb. **154**, 95-110.
Presley, R., Horder, T. J. and Slipka, J. (1996) Lancelet development as evidence of ancestral chordate structure. Israel J. Zool. **42**, 97-116.
Price, G. C. (1896) Zur Ontogenie eines Myxinoiden (*Bdellostoma Stouti*) Lockington.
Prince, V. (2002) The *Hox* paradox : More complex (es) than imagined. Dev. Biol. **249**, 1-15.
Prince, V. and Lumsden, A. (1994) *Hoxa-1* expression in normal and transposed rhombomeres : Independent regulation in the neural tube and neural crest. Development **120**, 911-923.
Pryce, B. A., Brent, A. E., Murchison, N. D., Tabin, C. J. and Schweitzer, R. (2007) Generation of transgenic tendon reporters, ScxGFP and ScxAP, using regulatory elements of the scleraxis gene. Dev. Dyn. **236**, 1677-1682.
Puelles, L. (1995) A segmental morphological paradigm for understanding vertebrate forebrains. Brain Behav. Evol. **46**, 319-337.
Puelles, L. and Rubenstein, J. L. R. (1993) Expression patterns of homeobox and other putative regulatory genes in the embryonic mouse forebrain suggest a neuromeric organization. TINS **16**, 472-479.
Puelles, L., Amat, J. A. and Martinez-de-la-Torre, M. (1987) Segment-related, mosaic neurogenetic pattern in the forebrain and mesencephalon of early chick embryos : Ⅰ. Topography of AChE-

positive neuroblasts up to stage HH18. J. Comp. Neurol. **266**, 247-268.
Puelles, L., Kuwana, E., Puelles, E., Bulfone, A., Shimamura, K., Keleher, J., Smiga, S. and Rubenstein, J. L. R. (2000) Pallial and subpallial derivatives in the embryonic chick and mouse telencephalon, traced by the expression of the genes, *Dlx-2*, *Emx-2*, *Nkx-2.1*, *Pax-6*, and *Tbr-1*. J. Comp. Neurol. **424**, 409-438.
Purnell, M. A. (1995) Microwear on conodont elements and macrophagy in the first vertebrates. Nature **374**, 798-800.
Purnell, M. A. (2001a) Feeding in conodonts and other early vertebrates. In : D. E. G. Briggs and P. R. Crowther (eds.), Paleobiology II. Blackwell Science.
Purnell, M. A. (2001b) Scenarios, selection and the ecology of early vertebrates. In : P. E. Ahlberg (ed.), Major Events in Vertebrate Evolution : Paleontology, phylogeny, genetics, and development. Taylor & Francis.
Qiu, Y., Cooney, A., Kuratani, S., Tsai, S. Y. and Tsai, M. -J. (1994) Spatiotemporal expression patterns of chicken ovalbumin upstream promoter-transcription factors in the developing mouse central nervous system : Evidence for a role in segmental patterning of the diencephalon. Proc. Nat. Acad. Sci. USA **91**, 4451-4455.
Qiu, M., Bulfone, A., Martines, S., Meneses, J. J., Shimamura, K., Pedersen, R. A. and Rubenstein, J. L. R. (1995) Null mutation of *Dlx-2* results in abnormal morphogenesis of proximal first and second branchial arch derivatives and abnormal differentiation in the forebrain. Genes Dev. **9**, 2523-2538.
Qiu, M., Bulfone, A., Ghattas, I., Meneses, J. J., Christensen, L., Sharpe, P. T., Presley, R., Pedersen, R. A. and Rubenstein, J. L. R. (1997) Role of the *Dlx* homeobox genes in proximodistal patterning of the branchial arches : Mutations of *Dlx-1*, *Dlx-2*, and *Dlx-1* and *-2* alter morphogenesis of proximal skeletal and soft tissue structures derived from the first and second arches. Dev. Biol. **185**, 165-184.
Quinn, J. C., West, J. D. and Kaufman, M. H. (1997) Genetic background effects on dental and other craniofacial abnormalities in homozygous *small eye* (*Pax6Sey/Pax6Sey*) mice. Anat. Emb. **196**, 311-321.
Rabl, C. (1887) Über das Gebiet des Nervus facialis. Anat. Anz. **2**, 219-227.
Rabl, C. (1889) Theorie des Mesoderms. Morphol. Jb. **15**, 113-252.
Rabl, C. (1892) Über die Metamerie des Wirbelthierkopfes. Verh. Anat. Ges. **6**, 104-135.
Raff, R. A. (1996) The Shape of Life. Univ. Chicago Press.
Raff, R. A. and Raff, E. C. (1987) (eds.) Development as an Evolutionary Process (MBL lectures in biology 8). Alan R. Liss.
Ramirez-Solis, R., Rivera-Pérez, J., Wallace, J. D., Wims, M., Zheng, H. and Bradley, A. (1993) *Hoxb-4* (*Hox-2.6*) mutant mice show homeotic transformation of a cervical vertebra and defects in the closure of the sternal rudiments. Cell **73**, 279-294.
Rancourt, D. E., Tsuzuki, T. and Capecchi, M. R. (1995) Genetic interaction between *hoxb-5* and *hoxb-6* is revealed by nonallelic noncomplimentation. Genes Dev. **9**, 108-122.
Ranscht, B. and Bronner-Fraser, M. (1991) T-cadherin expression alternates with migrating neural crest cells in the trunk of the avian embryo. Development **111**, 15-22.
Rasnitsyn, A. P. and Quicke, D. L. J. (2002) History of Insects. Kluwer Acad. Publishers.
Rasola, A., Fassetta, M., De Bacco, F., D'Alessandro, L., Gramaglia, D., Di Renzo, M. F. and Comoglio, P. M. (2007) A positive feedback loop between hepatocyte growth factor receptor and β-catenin sustains colorectal cancer cell invasive growth. Oncogene **26**, 1078-1087.
Rathke, H. (1827) Bemerkungen über den innern Bau des Qerders (*Ammocoetes branchialis*) und des kleinen Neunauges (*Petromyzon planeri*). Neueste Schriften der Naturf. Ges. Danzog. Bd II.
Rathke, M. H. R. (1832) Anatomisch-phyisiologische Untersuchungen über den Kiemenapparat und das Zungenbein. Riga and Dorpat (cited in Valentin, Handbuch der Entwicklungsgeschichte des Menschen, 1835).
Rathke, H. (1848) Ueber die Entwickelung der Schildkröten. F. Vieweg.
Raven, C. P. (1931) Zur Entwicklungsgeschichte der Ganglienleiste. V. Die Kinematik der Ganglienleistenentwicklung bei den Urodelen. Roux. Arch. **125**, 210-292.
Raven, C. P. and Kloos, J. (1945) Induction by medial and lateral pieces of the archenteron roof with special reference to the determination of the neural crest. Act. Neerl. Morph. **5**, 348-362.
Raw, F. (1960) Outline of a theory of the origin of the Vertebrates. J. Palaeontol. **34**, 497-539 (cited in Gee, 1996).
Reichert, K. B. (1837) Über die Visceralbogen der Wirbelthiere im Allgemeinen und deren Metamorphosen bei den Vögeln und Säugethieren. Arch. Anat. Physiol. Wiss. Med. **1837**, 120-220.

Reichert, H. and Simeone, A. (2001) Developmental genetic evidence for a monophyletic origin of the bilateral brain. Phil. Trans. R. Soc. Lond. B **356**, 1533-1544.

Reif, W. E. (1982) Evolution of dermal skeleton and dentition in vertebrates: The odontode regulation theory. Evol. Biol. **15**, 287-368.

Reinartz, J., Bruyns, E., Lin, J. Z., Burcham, T., Brenner, S., Bowen, B., Kramer, M. and Woychik, R. (2002) Massively parallel signature sequencing (MPSS) as a tool for in-depth quantitative gene expression profiling in all organisms. Brief Funct. Genomic Proteomic. **1**, 95-104.

Reisz, R. R. (1997) The origin and early evolutionary history of amniotes. Trends Ecol. Evol. **12**, 218-222.

Reisz, R. R. (2007) The cranial anatomy of basal Diadectomorphs and the origin of amniotes. In: Anderson, J. S. and Sues, H. -D. (eds.), Major Transitions in Vertebrate Evolution. Indiana Univ. Press, pp. 228-252.

Reisz, R. R. and Head, J. J. (2008) Turtle origins out to sea. Nature **456**, 450-451.

Remak, R. (1855) Untersuchungen über die Entwicklung der Wirbeltiere. Reimer.

Remane, A. (1956) Der Homologiebegriff und Homologiekriterien. In: Die Grundlagen des Natürlichen Systems, der Vergleichenden Anatomie und der Phylogenetik-Theoretische Morphologie und Systematik. 2te Auflage. Academische Verlagsgesellschaft, Geest and Portig K. G., pp. 28-93.

Remane, A. (1963) Zur Metamerie, Metamerism und Metamerisation bei Wirbeltiere. Zool. Anz. **170**, 489-502.

Rendahl, H. (1924) Embryologische und morphologische Studien über das Zwischenhirn beim Huhn. Act. Zool. **5** (cited in Kuhlenbeck, 1935).

Retzius, G. (1881) Das Gehörorgan der Fische und Amphibien. Samson & Wallin.

Rex, H. (1897) Ueber das Mesoderm des Vorderkopfes der Ente. Arch. Mikr. Anat. **50**, 71-110.

Rhinn, M., Dietrich, A., Shawlot, W., Behringer, R. R., Le Meur, M. and Ang, S. -L. (1998) Sequential roles for *Otx2* in visceral endoderm and neuroectoderm for forebrain and midbrain induction and specification. Development **125**, 845-856.

Ribbing, L. (1931) Die Muskeln und Nerven der Extremitäten. In: L. Bolk, E. Göppert, E. Kallius and W. Lubosch (eds.), Handbuch der vergleichenden Anatomie der Wirbeltiere Vol. 5. Urban and Schwarzenberg, pp. 543-656.

Rich, T. H., Hopson, J. A., Musser, A. M., Flannery, T. F. and Vickers-Rich, P. (2005a) Independent origins of middle ear bones in monotremes and therians. Science **307**, 910-914.

Rich, T. H., Hopson, J. A., Musser, A. M., Flannery, T. F. and Vickers-Rich, P. (2005b) Response to comments on "Independent origins of middle ear bones in monotremes and therians." Science **309**, 1492.

Richards, R. J. (1992) The Meaning of Evolution: The morphological construction and ideological reconstruction of Darwin's theory. Univ. Chicago Press.

Richards, R. (2008) The Tragic Sense of Life: Ernst Haeckel and the struggle over evolutionary though. Univ. Chicago Press.

Richardson, E. S. (1966) Wormlike fossil from the Pennsylvanian of Illinois. Science **151**, 75-76.

Richardson, M. K. (1995) Heterochrony and the phyletic period. Dev. Biol. **172**, 412-421.

Richardson, M. K., Hanken, J., Gooneratne, M. L., Pieau, C., Raynaud, A., Selwood, L. and Wright, G. M. (1997) There is no highly conserved embryonic stage in the vertebrates: Implications for current theories of evolution and development. Anat. Emb. **196**, 91-106.

Richardson, M. K., Hanken, J., Selwood, L., Wright, G. M., Richards, R. J. and Pieau, C. (1998) Haeckel, embryos, and evolution. Science **280**, 983-984.

Richman, J. M., Herbert, M., Matovinovic, E. and Walin, J. (1997) Effect of fibroblast growth factors on outgrowth of facial mesenchyme. Dev. Biol. **189**, 135-147.

Rickman, M., Fawcett, J. and Keynes, R. J. (1985) The migration of neural crest cells and the growth of motor axons through the rostral half of the chick somite. J. Emb. Exp. Morphol. **90**, 437-455.

Riedl, R. (1978) Order in Living Organisms. Wiley.

Rieppel, O. (2001) Turtles as hopeful monsters. Bioessays **23**, 987-999.

Rieppel, O. (2009) Morphology and evolution of turtles: In Proc. Gaffney Turtle Symp. in Honor of E. S. Gaffney (eds. Brinkman, D. B., Holroyd, P. A. and Gardner, J. D.) pp. 51-62 (Springer, Dordrecht, 2012).

Rieppel, O. and deBraga, M. (1996) Turtles as diapsid reptiles. Nature **384**, 453-455.

Rijli, F. M., Mark, M., Lakkaraju, S., Dierich, A., Dollé, P. and Chambon, P. (1993) Homeotic transformation is generated in the rostral branchial region of the head by disruption of *Hoxa-2*, which acts as a selector gene. Cell **75**, 1333-1349.

Ritchie, A. (1985) *Ainiktozoon loganense* Scourfield, a protochordate? From the Silurian Scotland.

Alcheringa **9**, 117-142.
de Robertis, E. M. and Sasai, Y. (1996) A common plan for dorsoventral patterning in Bilateria. Nature **380**, 37-40.
de Robertis, E. M., Morita, E. A. and Cho, K. W. Y. (1991) Gradient fields and homeobox genes. Development **112**, 669-678.
Robinson, G. W., Wray, S. and Mahon, K. A. (1991) Spatially restricted expression of a member of a new family of murine *Distal-less* homeobox genes in the developing forebrain. New Biol. **3**, 1183-1194.
Robson, P., Wright, G. M., Sitarz, E., Maiti, A., Rawat, M., Youson, J. H. and Keeley, F. W. (1993) Characterization of lamprin, an unusual matrix protein from lamprey cartilage: Implications for evolution, structure, and assembly of elastin and other fibrillar proteins. J. Biol. Chem. **268**, 1440-1447.
Robson, P., Wright, G. M., Youson, J. H. and Keeley, F. W. (2000) The structure and organization of lamprin genes: Multiple-copy genes with alternative splicing and convergent evolution with insect structural proteins. Mol. Biol. Evol. **17**, 1739-1752.
Rogers, W. M. (1929) The development of the pharynx and the pharyngeal derivatives in the white rat (*Mus norvegicus albinus*). Am. J. Anat. **44**, 283-329.
Rogers, K. T. (1965) Development of the XIth or spinal accessory nerve in the chick with some notes on the hypoglossal and upper cervical nerves. J. Comp. Neurol. **125**, 273-286.
Rogers, S. L., Edson, K. J., Letourneau, P. C. and McLoon, S. C. (1986) Distribution of laminin in the developing peripheral nervous system of the chick. Dev. Biol. **113**, 429-435.
Rollo, C. D. (1994) Phenotypes: Their epigenetics, ecology and evolution. Chapman & Hall.
Romer, A. S. (1956) The Osteology of the Reptiles. Univ. Chicago Press.
Romer, A. S. (1966) Vertebrate Paleontology. Univ. Chicago Press.
Romer, A. S. (1972) The vertebrate as a dual animal-somatic and visceral. Evol. Biol. **6**, 121-156.
Romer, A. S. and Parsons, T. S. (1977) The Vertebrate Body. 5th ed. Saunders.
Ronan, M. (1988) The sensory trigeminal tract of Pacific hagfish: Primary afferent projections and neurons of the tract nucleus. Brain Behav. Evol. **32**, 169-180.
Roncali, L. (1970) The brachial plexus and the wing nerve pattern during early developmental phases in chicken embryos. Monit. Zoolog. Ital. **4**, 81-98.
Rose, C. S. and Reiss, J. O. (1993) Metamorphosis and the vertebrate skull: Ontogenetic patterns and developmental mechanisms. In: J. Hanken and B. K. Hall (eds.), The Skull Vol. 1. Univ. Chicago Press, pp. 289-339.
Rosenberg, E. (1884) Untersuchungen über die Occipitalregion des Cranium und den proximalen Theil der Wirbelsäule einiger Serlachier. Laakmann's Buch-und Steindruckerei.
Rosenberg, A. (2001) The character concept: Adaptationalism to molecular developments. In: G. P. Wagner (ed.), The Character Concept in Evolutionary Biology. Acad. Press, pp. 199-214.
Rosenquist, G. C. (1981) Epiblast origin and early migration of neural crest cells in the chick embryo. Dev. Biol. **87**, 201-211.
Rossiter, J. P. and Fraher, J. P. (1990) Intermingling of central and peripheral nervous tissues in rat dorsolateral vagal rootlet transitional zones. J. Neurocytol. **19**, 385-407.
Roth, V. L. (1988) The biological basis of homology. In: C. J. Humphries (ed.), Ontogeny and Systematics. Columbia Univ. Press, pp. 1-26.
Roth, G., Nishikawa, K., Dicke, U. and Wake, D. B. (1988) Topography and cytoarchitecture of the motor nuclei in the brainstem of salamanders. J. Comp. Neurol. **278**, 181-194.
Roth, G., Nishikawa, K. C., Naujoks-Manteuffel, C., Schmidt, A. and Wake, D. B. (1993) Paedomoirphosis and simplification in the nervous system of salamanders. Brain Behav. Evol. **42**, 137-170.
Rougier, G. W., Forasiepi, A. M. and Martineli, A. G. (2005) Comment on "Independent origins of middle ear bones in monotremes and therians" (II). Science **309**, 1492.
Rovainen, C. M. (1996) Feeding and breathing in lampreys. Brain Behav. Evol. **48**, 297-305.
Rubel, E. W. and Fritzsch, B. (2002) Auditory system development: Primary auditory neurons and their targets. Ann. Rev. Neurosci. **25**, 51-101.
Rubenstein, J. L. R., Martinez, S., Shimamura, K. and Puelles, L. (1994) The embryonic vertebrate forbrain: The prosomeric model. Science **266**, 578-580.
Ruckes, H. (1929) Studies in chelonian osteology part II. The morphological relationships between the girdles, ribs and carapace. Ann. N. Y. Acad. Sci. **31**, 81-120.
Rücklin, M., Giles, S., Janvier, P. and Donoghue, P. C. J. (2011) Teeth before jaws? Comparative analysis of the structure and development of the external and internal scales in the extinct jawless vertebrate *Loganellia scotica*. Evol. Dev. **13**, 523-532.
Rücklin, M., Donoghue, P. C. J., Johanson, Z., Trinajstic, K., Marone, F. and Stampanoni, M. (2012)

Development of teeth and jaws in the earliest jawed vertebrates. Nature **491**, 748-752.
Ruest, L. B., Xiang, X., Lim, K. C., Levi, G. and Clouthier, D. E. (2004) Endothelin-A receptor-dependent and -independent signaling pathways in establishing mandibular identity. Development **131**, 4413-4423.
Russel, E. S. (1982) Form and Fuction : A contribution of the history of animal morphology. Univ. Chicago Press. (邦訳) 動物の形態学と進化。坂井建雄訳、三省堂 (1993)。
Russell, M. K., Longoni, M., Wells, J., Maalouf, F. I., Tracy, A. A., Loscertales, M., Ackerman, K. G., Pober, B. R., Lage K., Bult, C. J. and Donahoe P. K. (2012) Congenital diaphragmatic hernia candidate genes derived from embryonic transcriptomes. Proc. Nat. Acad. Sci. USA **109**, 2978-2983.
Rutishauser, R. and Moline, P. (2008) Evo-devo and the search for homology ("sameness") in biological systems. Theory Biosci. **124**, 213-241.
Rutledge, J. J., Eisen, E. J. and Legates, J. E. (1974) Correlated response in skeletal traits and replicate variation in selected lines of mice. Theor. Appl. Genet. **45**, 26-31.
Ruvinski, I. and Gibson-Brown, J. J. (2000) Genetic and developmental bases of serial homology in vertebrate limb evolution. Development **127**, 5233-5244.
Rychel, A. L. and Swalla, B. J. (2007) Development and evolution of chordate cartilage. J. Exp. Zool. (Mol. Dev. Evol.) **308B**, 325-335
Sachs, M., Brohmann, H., Zechner, D., Müller, T., Hülsken, J., Walther, I., Schaeper, U., Birchmeier, C. and Birchmeier, W. (2000) Essential role of Gab1 for signaling by the c-Met receptor *in vivo*. J. Cell Biol. **150**, 1375-1384.
Sadaghiani, B. and Thiebaud, C. H. (1987) Neural crest development in the *Xenopus laevis* embryo studied by interspecific transplantation and scanning electron microscopy. Dev. Biol. **124**, 91-110.
Sadaghiani, B. and Vielkind, J. R. (1989) Neural crest development in *Xiphophorus* fishes : Scanning electron and light miscroscopic studies. Development **105**, 487-504.
Sadaghiani, B. and Vielkind, J. R. (1990) Distribution and migration pathways of HNK-1-immunoreactive neural crest cells in teleost fish embryos. Development **110**, 197-209.
相賀裕美子 (2002) 体節形成——脊椎動物の分節性をもたらすもの。シリーズ・バイオサイエンスの新世紀：上野直人・黒岩　厚編、生物のボディープラン。共立出版、pp.76-98。
Saga, Y. and Takeda, H. (2001) The making of the somite : Molecular events in vertebrate segmentation. Nature Rev. Genet. **2**, 835-845.
Sagemehl, M. (1885) Beiträge zur vergleichenden Anatomie der Fische. III. Das Cranium von *Amia calva* L. Morphol. Jb. **9**, 177-228.
Sagemehl, M. (1891) Beiträge zur vergleichenden Anatomie der Fische. IV. Das Cranium der Cyprinoden. Morphol. Jb. **17**, 489-595.
Saito, D., Yonei-Tamura, S., Kano, K., Ide, H. and Tamura, K. (2002) Specification and determination of limb identity : Evidence for inhibitory regulation of *Tbx* gene expression. Development **129**, 211-220.
Sakai, D., Suzuki, T., Osumi, N. and Wakamatsu, Y. (2006) Cooperative action of Sox9, Snail2 and PKA signaling in early neural crest development. Development **133**, 1323-1333.
Salazar-Ciudad, I. and Jernvall, J. (2002) A gene network model accounting for development and evolution of mammalian teeth. Proc. Nat. Acad. Sci. USA **99**, 8116-8120.
Saldivar, J. R., Krull, C. E., Krumlauf, R., Ariza-McNaughton, L. and Bronner-Fraser, M. (1996) Rhombomere of origin determines autonomous versus environmentally regulated expression of *Hoxa3* in the avian embryo. Development **122**, 895-904.
von Salvini-Plawen, L. (1999) On the phylogenetic significance of the neurenteric canal (Chordata). Zool. -Anal. Comp. Syst. **102**, 175-183.
Sambasivan, R., Gayraud-Morel, B., Dumas, G., Cimper, C., Paisant, S., Kelly, R. G. and Tajbakhsh, S. (2009) Distinct regulatory cascades govern extraocular and pharyngeal arch muscle progenitor cell fates. Dev. Cell **16**, 810-821.
Sambasivan, R., Kuratani, S. and Tajbakhsh, S. (2011) An eye on the head : The development and evolution of craniofacial muscles. Development **138**, 2401-2415.
Sánchez-Villagra, M. R. (2002) Comparative patterns of postcranial ontogeny in theiran mammals : An analysis of relative timing of ossification events. J. Exp. Zool. (Mol. Dev. Evol.) **294B**, 264-273.
Sánchez-Villagra, M. R. and Maier, W. (2006) Homologies of the mammalian shoulder girdle : A response to Matsuoka *et al.* (2005). Evol. Dev. **8**, 113-115.
Sánchez-Villagra, M. R., Narita, Y. and Kuratani, S. (2007) Thoracolumbar vertebral number : The first skeletal synapomorphy for afrotherian mammals. Syst. Biodiv. **5**, 1-7.
Sánchez-Villagra, M. R., Müller, H., Sheil, C. A., Scheyer, T. M., Nagashima, H. and Kuratani, S.

(2009) Skeletal development in the Chinese soft-shelled turtle *Pelodiscus sinensis* (Testudines : Trionychidae). J. Morphol. **270**, 1381-1399.
Sander, K. (1983) The evolution of patterning mechanisms : Gleanings from insect embryogenesis. In : B. C. Goodwin, N. Holder and C. C. Wilie (eds.), Development and Evolution. Cambridge Univ. Press, pp. 137-159.
Sansom, R. S., Gabott, S. E. and Purnell, M. A. (2010) Non-random decay of chordate characters causes bias in fossil interpretation. Nature **463**, 797-800.
Sansom, R. S., Gabbott, S. E. and Purell, M. A. (2011) Decay of vertebrate characters in hagfish and lamprey (Cyclostomata) and the implications for the vertebrate fossil record. Proc. R. Soc. B **278**, 1150-1157.
Sansom, R. S., Gabbott, S. E. and Purnell, M. A. (2013) Unusual anal fin in a Devonian jawless vertebrate reveals complex origins of paired appendages. Biol. Lett. **9**, 20130002.
Sarnat, H. B. and Netsky, M. G. (1981) Evolution of the Nervous System. 2nd ed. Oxford Univ. Press.
Sarnat, H. B., Campa, J. F. and Lloyd, L. M. (1975) Inverse prominence of ependyma and capillaries in the spinal cord of vertebrates : A comparative histochemical study. Am. J. Anat. **143**, 439-450.
Sasai, Y., Lu, B., Steinbeisser, H. and De Robertis, E. M. (1995) Regulation of neural induction by the *Chd* and *Bmp-4* antagonistic patterning signals in *Xenopus*. Nature **376**, 333-336.
Sato, T., Kurihara, Y., Asai, R., Kawamura, Y., Tonami, K., Uchijima, Y., Heude, E., Ekker, M., Levi, G. and Kurihara, H. (2008) An endothelin-1 switch specifies maxillomandibular identity. Proc. Nat. Acad. Sci. USA **105**, 18806-18811.
Satoh, N. (2008) An aboral-dorsalization hypothesis for chordate origin. Genesis **46**, 614-622.
Satoh, N. (2009) An advanced filter-feeder hypothesis for urochordate evolution. Zool. Sci. **26**, 97-111.
Satoh, N. and Jeffery, W. R. (1995) Chasing tails in ascidians : Developmental insights into the origin and evolution of chordates. TIG **11**, 354-359.
Satoh, G., Takeuchi, J. K., Yasui, K., Tagawa, K., Saiga, H., Zhang, P. and Satoh, N. (2002) *AmphiEomes/Tbr1* : An amphioxus cognate of vertebrate *Eomesodermin* and *T-Brain1* genes whose expression reveals evolutionarily distinct domain in amphioxus development. J. Exp. Zool. (Mol. Dev. Evol.) **294**B, 136-145.
Satoh, N., Rokhsar, D. and Nishikawa, T. (2014) Chordate evolution and the three-phylum system. Proc. Roy. Soc. B. **281**, 20141729.
Satokata, I., Benson, G. and Maas, R. (1995) Sexually dimorphic sterility phenotypes in *Hoxa10*-deficient mice. Nature **374**, 460-463.
Sauka-Spengler, T. and Bronner-Fraser, M. (2008) Evolution of the neural crest viewed from a gene regulatory perspective. Genesis **46**, 673-682.
Sauka-Spengler, T., Meulemans D., Jones M. and Bronner-Fraser, M. (2007) Ancient evolutionary origin of the neural crest gene regulatory network. Dev. Cell **13**, 405-420.
Scemana, J.-L., Hunter, M., McCallum, J., Prince, V. and Stellwag, E. (2002) Evolutionary divergence of vertebrate *Hoxb2* expression patterns and transcriptional regulatory loci. J. Exp. Zool. (Mol. Dev. Evol.) **294**B, 285-299.
Schaeffer, B. (1987) Deuterostome monophyly and phylogeny. Evol. Biol. **21**, 179-235 (cited in Gee, 1996).
Schaeffer, B. and Thomson, K. S. (1980) Reflections on agnathan-gnathostome relationships. In : L. L. Jacobs (ed.), Aspects of Vertebrate History : Essays in honor of Edwin Harris Colbert. Museum of Northern Arizona Press, pp. 19-33.
Schalk, A. (1913) Die Entwicklung des Cranial-und Visceralskeletts von *Petromyzon fluviatilis*. Arch. Mikr. Anat. **83**, 43-67.
Scheyer, T. M., Sander, P. M., Joyce, W. G., Boehme, W. and Witzel, U. (2007) A plywood structure in the shell of fossil and living soft-shelled turtles (Trionychidae) and its evolutionary implications. Org. Divers. Evol. **7**, 136-144.
Scheyer, T. M., Brüllmann, B. and Sánchez-Villagra, M. R. (2008) The ontogeny of the shell in side-necked turtles, with emphasis on the homologies of costal and neural bones. J. Morphol. **269**, 1008-1021.
Schier, A. F., Neuhauss, S. C., Helde, K. A., Talbot, W. S. and Driever, W. (1997) The *one-eyed pinhead* gene functions in mesoderm and endoderm formation in zebrafish and interacts with *no tail*. Development, **124**, 327-342.
Schlichting, C. D. (2003) Origins of differentiation via phenotypic plasticity. Evol. Dev. **5**, 98-105.
Schlichting, C. D. and Pigliucci, M. (1998) Phenotypic Evolution : A reaction norm perspective. Sinauer.
Schilling, T. (2003) Making jaws. Heredity **90**, 3-5.

Schilling, T. F. and Knight, R. D. (2001) Origins of anteroposterior patterning and Hox gene regulation during chordate evolution. Phil. Trans. R. Soc. Lond. B **356**, 1599-1613.
Schlosser, G. (2001) Using heterochrony plots to detect the dissociated coevolution of characters. J. Exp. Zool. (Mol. Dev. Evol.) **291**B, 282-304.
Schlosser, G. (2005) Evolutionary origins of vertebrate placodes : Insights from developmental studies and from comparisons with other deuterostomes. J. Exp. Zool. (Mol. Dev. Evol.) **304**B, 347-399.
Schlosser, G. and Roth, G. (1995) Distribution of cranial and rostral spinal nerves in tadpoles of the frog *Discoglossus pictus* (Discoglossidae). J. Morphol. **226**, 189-212.
Schlosser, G. and Roth, G. (1997a) Evolution of nerve development in frogs. I . The development of ther peripheral nervous system in *Discoglossus pictus* (Discoglossidae). Brain Behav. Evol. **50**, 61-93.
Schlosser, G. and Roth, G. (1997b) Evolution of nerve development in frogs. II. Modified development of the peripheral nervous system in the direct-developing frog *Eleutherodactylus coqui* (Leptodactylidae). Brain Behav. Evol. **50**, 94-128.
Schmalhausen, I. I. (1949) Factors of Evolution. Blakiston.
Schmalhausen, I. I. (1968) The Origin of Terrestrial Vertebrates. Acad. Press.
Schneider, R. A. (1999) Neural crest can form cartilages normally derived from mesoderm during development of the avian head skeleton. Dev. Biol. **208**, 441-455.
Schneider, R. A. and Helms, J. A. (2003) The cellular and molecular origins of beak morphology. Science **299**, 55-58.
Schneider-Maunoury, S., Topilko, P., Seitanidou, T., Levi, G., Cohen-Tannoudji, M., Pournin, S., Babinet, C. and Carney, P. (1993) Disruption of *Krox20* results in alteration of rhombomeres 3 and 5 in the developing hindbrain. Cell **75**, 1199-1214.
Schneider-Maunoury, S., Seitanidou, T., Charnay, P. and Lumsden, A. (1997) Segmental and neuronal architecture of the hindbrain of *Krox-20* mouse mutants. Development **124**, 1215-1226.
Schowing, J. (1968) Mise en évidence du rôle inducteur de l'encephale dans l'ostéogenèse du crâne embryonaire du poulet. J. Emb. Exp. Morphol. **75**, 165-188.
Schubert, F. R., Tremblay, P., Mansouri, A., Faisst, A. M., Kammandel, B., Lumsden, A., Gruss, P. and Dietrich, S. (2001) Early mesodermal phenotypes in splotch suggest a role for *Pax3* in the formation of epithelial somites. Dev. Dyn. **222**, 506-521.
Schwanzel-Fukuda, M. and Pfaff, D. M. (1989) Origin of luteinizing hormone-releasing hormone neurons. Nature **338**, 161-164.
Schwanzel-Fukuda, M. and Pfaff, D. W. (1990) The migration of leutenizing hormone-releasing hormone (LHRH) neurons from the medial olfactory placode into the medial basal forebrain. Experientia **46**, 956-961.
Schwanzel-Fukuda, M., Bick, D. and Pfaff, D. W. (1989) Lutenizing hormone-releasing hormone (LHRH)-expressing cells do not migrate normally in an inherited hypogonadal (Kallman) syndrome. Mol. Brain Res. **6**, 311-326.
Schweitzer, R., Chyung, J. H., Murtaugh, L. C., Brent, A. E., Rosen, V., Olson, E. N., ··· and Tabin, C. J. (2001) Analysis of the tendon cell fate using *Scleraxis*, a specific marker for tendons and ligaments. Development **128**, 3855-3866.
Schwenk, K. (2001) Functional units and their evolution. In : G. P. Wagner (ed.), The Character Concept in Evolutionary Biology. Acad. Press, pp. 165-198.
Schwenk, K. and Wagner, G. P. (2003) Constraint. In : B. K. Hall and W. M. Olson (eds.), Keywords and Concepts in Evolutionary Developmental Biology. Harvard Univ. Press, pp. 52-61.
Scotland, R. W. (2010) Deep homology : A view from systematics. Bioessays **32**, 438-449.
Scotland, R. and Pennington, R. T. (2000) (eds.) Homology and Systematics : Coding characters for phylogenetic analysis. Taylor & Francis.
Scott, W. B. (1833) On the development of the pituitary body in *Petromyzon*, and the significance of that organ in other types. Science **2**, 184-186.
Scully, K. M. and Rosenfeld, M. G. (2002) Pituitary development : Regulatory codes in mammalian organogenesis. Science **295**, 2231-2235.
Sechrist, J., Serbedzija, G. N., Sherson, T., Fraser, S. and Bronner-Fraser, M. (1993) Segmental migration of the hindbrain neural crest does not arise from segmental generation. Development **118**, 691-703.
Sedgwick, A. (1892) Notes on elasmobranch development. Quart. J. Microsc. Sci. **33**, 559-586.
Sedgwick, A. (1905) A Student Textbook of Zoology. Swan Sonnenschein. (cited in Gee, 1996).
Sefton, M., Sánchez, S. and Nieto, A. (1998) Conserved and divergent roles for members of the Snail family of transcription factors in the chick and mouse embryo. Development **125**, 3111-3121.

Segawa, H., Miyashita, T., Hirate, Y., Higashijima, S., Chino, N., Uyemura, K., Kikuchi, Y. and Okamoto, H. (2001) Functional repression of *Islet-2* by disruption of complex with *Ldb* impairs peripheral axonal outgrowth in embryonic zebrafish. Neuron **30**, 423-436.
Selleck, M. A. and Bronner-Fraser, M. (1995) Origins of the avian neural crest : The role of neural plate-epidermal interactions. Development **121**, 525-538.
Semper, C. (1874) Die Stammesverwandtschaft der Wirbelthiere und Wirbellosen. Arb. Zool. - Zootom. Inst. Würzburg **2**, 25-76.
Serafini, T., Colamarino, S. A., Leonardo, E. D., Wang, H., Beddington, R., Skarnes, W. C. and Tessier-Lavigne, M. (1996) Netrin-1 is required for commissural axon guidance in the developing vertebrate nervous system. Cell **87**, 1001-1014.
Serbedzija, G. N., Bronner-Fraser, M. and Fraser, S. E. (1989) A vital dye analysis of the timing and pathways of avian trunk neural crest cell migration. Development **106**, 809-816.
Sereno, P. C. (1999) The evolution of dinosaurs. Science **284**, 2137-2147.
Sewertzoff, A. N. (1895) Die Entwicklung der occipital Region der niederen Vertebraten im Zusammenhang mit der Frage über die Metamerie des Kopfes. Bull. Soc. Imp. Nat. Moscou, Annee **1895**, 186-284.
Sewertzoff, A. (1897) Beitrag zur Entwickelungsgeschichte des Wirbeltierschädels. Anat. Anz. **13**, 409-425.
Sewertzoff, A. N. (1899) Die Entwicklung des Selachierschaedels. Festschr. f. L. v. Kupffer, Jena, 1899.
Sewertzoff, A. N. (1900) Zur Entwicklungsgeschichte von *Ascalabotes fascicularis*. Anat. Anz. **18**, 33-40.
Sewertzoff, A. N. (1911) Die Kiemenbogennerven der Fische. Anat. Anz. **38**, 487-495.
Sewertzoff, A. N. (1913) Das Visceralskelet der Cyclostomen. Anat. Anz. **82**, 280-283.
Sewertzoff, A. N. (1916) Etudes sur l'évolution des Vertébrés inferieurs. I. Arch. Russ. Anat. Hisol. Embryol. I.
Sewertzoff, A. N. (1927) Ètudes sur l'evolution des vertébré inférius. Structure primitive de l'appareil viscéral des Elasmobranches. Pubbl. D. Statione Zool. D. Napoli **8**, 475-554.
Sewertzoff, A. N. (1928) The head skeleton and muscles of *Acipenser ruthenus*. Acta Zool. **9**, 193-319.
Sewertzoff, A. N. (1931) Morphologische Gesetzmässigkeiten der Evolution. Jena, Gustav Fischer.
Sharma, K., Sheng, H. Z., Lettieri, K., Li, H., Karavanov, A., Potter, S., Westphal, H. and Pfaff, S. L. (1998) LIM homeodomain factors Lhx3 and Lhx4 assign subtype identities for motor neurons. Cell **95**, 817-828.
Sharman, A. C. and Holland, P. W. (1998) Estimation of Hox gene cluster number in lampreys. Int. J. Dev. Biol. **42**, 617-620.
Shawlot, W. and Behringer, R. R. (1995) Requirement for *Lim1* in head-organizer function. Nature **374**, 425-430.
Shearman, R. M. and Burke, C. (2009) The lateral somitic frontier in ontogeny and phylogeny. J. Exp. Zool. (Mol. Dev. Evol.) **312**B, 603-612.
Shearman, R. M., Tulenko, F. J. and Burke, A. C. (2011) 3D reconstructions of quail-chick chimeras provide a new fate map of the avian scapula. Dev. Biol. **355**, 1-11.
Shelton, C. A. and Wasserman, S. A. (1993) *pelle* encodes a protein kinase required to establish dorsoventral polarity in the *Drosophila* embryo. Cell **72**, 515-525.
Sheng, H. Z., Moriyama, K., Yamashita, T., Li, H., Potter, S. S., Mahon, K. A. and Westphal, H. (1997) Multistep control of pituitary organogenesis. Science **278**, 1809-1812.
重谷安代・倉谷 滋（2002）脊椎動物の顎はどうやってできたのか。遺伝 **56**、20-21。
Shigetani, Y., Aizawa, S. and Kuratani, S. (1995) Overlapping origins of pharyngeal arch crest cells on the postotic hindbrain. Dev. Growth Diff. **37**, 733-746.
Shigetani, Y., Nobusada, Y. and Kuratani, S. (2000) Ectodermally-derived FGF8 defines the maxillomandibular region in the early chick embryo : Epithelial-mesenchymal interactions in the specification of the craniofacial ectomesenchyme. Dev. Biol. **228**, 73-85.
Shigetani, Y., Sugahara, F., Kawakami, Y., Murakami, Y., Hirano, S. and Kuratani, S. (2002) Heterotopic shift of epithelial-mesenchymal interactions for vertebrate jaw evolution. Science **296**, 1319-1321.
Shigetani, Y., Sugahara, F. and Kuratani, S. (2005) A new evolutionary scenario of the vertebrate jaw. Bioessays **27**, 331-333.
Shimada, A., Kawanishi, T., Kaneko, T., Yoshihara, H., Yano, T., Inohaya, K., Kinoshita, M., Kamei, Y., Tamura, K. and Takeda, H. (2013) Trunk exoskeleton in teleosts is mesodermal in origin. Nat. Commun. **4**, 1639.
Shimamura, K. and Rubenstein, J. L. (1997) Inductive interactions direct early regionalization of

the mouse forebrain. Development **124**, 2709-2718.
Shimamura, M., Yasue, H., Ohshima, K., Abe, H., Kato, H., Kishiro, T., Goto, M., Munechika, I. and Okada, N. (1997) Molecular evidence from retroposons that whales form a clade within even-toed ungulates. Nature **388**, 622-624.
Shimazaki, S. (1965) Kontribuo al la kompara anatomio de okulmuskoloj ce ciklostomoj kaj fisoj. Act. Anat. Jpn. **40**, 354-367 (in Japanese).
Shimeld, S. M. and Donoghue, P. C. J. (2012) Evolutionary crossroads in developmental biology: Cyclostomes (lamprey and hagfish). Development **139**, 2091-2099.
Shimomura, Y., Agalliu, D., Vonica, A., Luria, V., Wajid, M., Baumer, A., Belli, S., Petukhova, L., Schinzel, A., Brivanlou, A. H., Barres, B. A. and Christiano, A. M. (2010) APCDD1 is a novel Wnt inhibitor mutated in hereditary hypotrichosis simplex. Nature **464**, 1043-1047.
Shone, V., Oulion, S., Casane, D., Laurenti, P. and Graham, A. (2016) Mode of reduction in the number of pharyngeal segments within the sarcopterygians. Zool. Lett. **2**, 1.
Shu, D.-G., Zhang, X. and Chen, L. (1996a) Reinterpretation of *Yunnanozoon* as the earliest known hemichordate. Nature **380**, 428-430.
Shu, D.-G., Conway Morris, S. and Zhang, X. L. (1996b) A *Pikaia*-like chordate from the lower Cambrian of China. Nature **384**, 157-158.
Shu, D.-G., Luo, H.-L., Conway Morris, S., Zhang, X.-L., Hu, S.-X., Chen, L., Han, J., Zhu, M., Li, Y. and Chen, L.-Z. (1999) Lower Cambrian vertebrates from south China. Nature **402**, 42-46.
Shu, D.-G., Morris, S. C., Han, J., Zhang, Z. F., Yasui, K., Janvier, P., Chen, L., Zhang, X. L., Liu, J. N., Li, Y. and Liu, H. Q. (2003) Head and backbone of the Early Cambrian vertebrate *Haikouichthys*. Nature **421**, 526-529.
Shubin, N., Tabin, C. and Carroll, S. (1997) Fossils, genes and the evolution of animal limbs. Nature **388**, 639-648.
Shubin, N., Tabin, C. and Carroll, S. (2009) Deep homology and the origins of evolutionary novelty. Nature **457**, 818-823.
Shumway, W. (1932) The recapitulation theory. Quart. Rev. Biol. **7**, 93-99.
Shute, C. C. D. (1956) The evolution of the mammalian eardrum and tympanic cavity. J. Anat. **90**, 261-281.
Shute, C. C. D. (1972) The composition of vertebrae and the occipital region of the skull. In: K. A. Joysey and T. S. Kemp (eds.), Studies in Vertebrate Evolution. Oliver & Boyed, 21-34.
Sidow, A. (1996) Gen (om) e duplications in the evolution of early vertebrates. Curr. Opin. Genet. Dev. **6**, 715-722.
Sieber-Blum, M. (1989) Commitment of neural crest cells to the sensory neuron lineage. Science **243**, 1608-1611.
Sieber-Blum, M. (1990) Mechanisms of neural crest diversification. Comm. Dev. Neurobiol. **1**, 225-249.
Sieber-Blum, M. and Cohen, A. M. (1980) Clonal analysis of quail neural crest cells: They are pluripotent and differentiate *in vitro* in the absence of non-crest cells. Dev. Biol. **80**, 96-106.
Sillman, L. R. (1960) The origin of the vertebrates. J. Palaeontol. **34**, 540-544 (cited in Gee, 1996).
Simeone, A., Acampora, D., Arcioni, L., Andrews, P. W., Boncinelli, E. and Mavilio, F. (1990) Sequential activation of *Hox 2* homeobox genes by retinoic acid in human embryonal carcinoma cells. Nature **346**, 763-765.
Simeone, A., Acampora, D., Pennese, M., D'Esposito, M., Stornaiuolo, A., Gulisano, M., Mallamaci, A., Kastury, K., Druck, D., Huebner, K. and Boncinelli, E. (1994) Cloning and characterization of two members of the vertebrate Dlx gene family. Proc. Nat. Acad. Sci. USA **91**, 2250-2254.
Simpson, G. G. (1961) Principles of Taxonomy. Columbia Univ. Press. (邦訳) 動物分類学の基礎。白上謙一訳、岩波書店 (1974)。
Singer, C. (1989) A History of Biology to about the Year 1900. Iowa State Univ. Press.
Sire, J. Y., Donoghue P. C. J. and Vickaryous, M. K. (2009) Origin and evolution of the integumentary skeleton in non-tetrapod vertebrates. J. Anat. **214**, 409-440.
van Sittert, S. J., Skinner, J. D. and Mitchell, G. (2010) From fetus to adult-an allometric analysis of the giraffe vertebral column. J. Exp. Zool. (Mol. Dev. Evol.) **314B**, 469-479.
Sive, H. L. and Cheng, P. F. (1991) Retinoic acid perturbs the expression of *Xhox. lab* genes and alters mesodermal determination in *Xenopus laevis*. Genes Dev. **5**, 1321-1332.
Slack, J. M. (2003) Phylotype and zootype. In: B. K. Hall and W. M. Olson (eds.), Keywords and Concepts in Evolutionary Developmental Biology. Harvard Univ. Press, pp. 309-318.
Small, K. M. and Potter, S. S. (1993) Homeotic transformations and limb defects in *HoxA-11* mutant mice. Genes Dev. **7**, 2318-2328.
Smirnov, D. G. and Tsytsulina, K. (2003) The ontogeny of the baculum in *Nyctalus noctula* and *Vespertilio murinus* (Chiroptera: Vespertilionidae). Acta Chiropterol. **5**, 117-123.

Smith, H. M. (1947) Classification of bone. Turtox News **25**, 234-236.
Smith, H. M. (1960) Evolution of Chordate Structure : An introduction to comparative anatomy. Holt, Rinehart & Winston.
Smith, K. K. (2001) Early development of the nasal plate, neural crest and facial region of marsupials. J. Anat. **199**, 121-131.
Smith, M. R. and Caron, J. B. (2010) Primitive soft-bodied cephalopods from the Cambrian. Nature **465**, 469-472.
Smith, M. M. and Coates, M. I. (1998) Evolutionary origins of the vertebrate dentition : Phylogenetic patterns and developmental evolution. Eur. J. Oral Sci. **106**, 482-500.
Smith, M. M. and Hall, B. K. (1990) Development and evolutionary origins of vertebrate skeletogenic and odontogenic tissues. Biol. Rev. Camb. Philos. Soc. **65**, 277-373.
Smith, K. K. and Schneider, R. A. (1998) Have gene knockouts caused evolutionary reversals in the mammalian first arch? Bioessays **20**, 245-255.
Smith, A., Robinson, V., Patel, K. and Wilkinson, D. G. (1997) The EphA4 and EphB1 receptor tyrosine kinases and ephrin-B2 ligand regulate targeted migration of branchial neural crest cells. Curr. Biol. **7**, 561-570.
Smith, T. G., Sweetman, D., Patterson, M., Keyse, S. M. and Münsterberg, A. (2005) Feedback interactions between MKP3 and ERK MAP kinase control scleraxis expression and the specification of rib progenitors in the developing chick somite. Development **132**, 1305-1314.
Smith, J., Kuraku, S., Holt, C., Sauka-Spengler, T., Jiang, N., Campbell, M. S., Yandell, M. D., Manousaki, T., Meyer, A., Bloom, O. E., Morgan, J. R., Buxbaum, J. D., Sachidanandam, R., Sims, C., Garruss, A. S., Cook, M., Krumlauf, R., Wiedemann, L. M., Sower, S. A., Decatur, W. A., Hall, J. A., Amemiya, C. T., Saha, N. R., Buckley, K. M., Rast, J. P., Das, S., Hirano, M., McCurley, N., Go, P., Rohner, N., Tabin, C. J., Piccinelli, P., Elgar, G., Ruffier, M., Aken, B. L., Searle, S. M. J., Muffato, M., Pignatelli, M., Herrero, J., Jones, M., Brown, C. T., Chung-Davidson, Y. W., Nanlohy, K. G., Libants, S. V., Yeh, C. Y., McCauley, D. W., Langeland, J. A., Pancer, Z., Fritzsch, B., de Jong, P. J., Zhu, B., Fulton, L. L., Theising, B., Flicek, P., Bronner, M. E., Warren, W. C., Clifton, S. W., Wilson, R. K. and Li, W. (2013) Sequencing of the sea lamprey (*Petromyzon marinus*) genome provides insights into vertebrate evolution. Nat. Genet. **45**, 415-421.
Snodgrass, R. E. (1993) Principles of Insect Morphology. Cornell Univ. Press.
Sobotta, J. and Becher, H. (1972) Atlas der Anatomie des Menschen. Urban and Schwartzenberg.
Sollas, W. J. (1904) A method for the investigation of fossils by serial sections. Phil. Trans. R. Soc. Lond. Series B, Containing Papers of a Biological Character, 259-265.
Solounias, N. (1999) The remarkable anatomy of the giraffe's neck. J. Zool. **247**, 257-268.
Song, J. and Boord, R. L. (1993) Motor components of the trigeminal nerve and organization of the mandibular arch muscles in vertebrates. Acta Anat. **148**, 139-149.
Soukup, V., Horácek, I. and Cerny, R. (2013) Development and evolution of the vertebrate primary mouth. J. Anat. **222**, 79-99.
Sperry, D. G. and Boord, R. L. (1993) Organization of the vagus in elasmobranchs : Its bearing on a primitive gnathostome condition. Acta Anat. **148**, 150-159.
Spitz, F., Gonzalez, F., Peichel, C., Vogt, T. F., Duboule, D. and Zákány, J. (2001) Large scale transgenic and cluster deletion analysis of the HoxD complex separate an ancestral regulatory module from evolutionary innovations. Genes Dev. **15**, 2209-2214.
Spokony R. F., Aoki, Y., Saint-Germain, N., Magner-Fink, E. and Saint-Jeannet, J. P. (2002) The transcription factor Sox9 is required for cranial neural crest development in *Xenopus*. Development **129**, 421-432.
Spörle, R. (2001) Epaxial-adaxial-hypaxial regionalization of the vertebrate somite : Evidence for a somitic organizer and a mirror-image duplication. Dev. Genes Evol. **211**, 198-217.
Square, T., Jandzik, D., Cattell, M., Coe, A., Doherty, J. and Medeiros, D. M. (2015) A gene expression map of the larval *Xenopus laevis* head reveals developmental changes underlying the evolution of new skeletal elements. Dev. Biol. **397**, 293-304.
Starck, D. (1963) Die Metamerie des Kopfes der Wirbeltiere. Zool. Anz. **170**, 393-428.
Starck, D. (1979) Vergleichende Anatomie der Wirbeltiere. Bd. Ⅱ. Springer.
Stensiö, E. A. (1927) The Downtonian and Devonian vertebrates of Spitzbergen 1. Family Cephalaspidae. Skr. Svalbard Ishavet **12**, 1-391 (cited in Whiting, 1977).
Stensiö, E. A. (1964) Turiniida, turiniiformes, Thélodontes. Traité de paléontologie, l'origine des vertébrés, leur expansion dans les eaux douces et le milieu marin. Vertébrés.
Stensiö, E. A. (1968) Current problems of lower vertebrate phylogeny. In : Proceedings of the Fourth Nobel Symposium : Stockholm. Interscience, pp. 13-71.
Stephens, T. D. (1982) The Wolffian ridge : History of a misconception. ISIS **73**, 254-259.
Stephens, T. D., Sanders, D. D. and Yap, C. Y. F. (1992) Visual demonstration of the limb-forming

zone in the chick embryo lateral plate. J. Morphol. **213**, 305-316.
Stephenson-Jones, M., Samuelsson, E., Ericsson, J., Robertson, B. and Grillner, S. (2011) Evolutionary conservation of the basal ganglia as a common vertebrate mechanism for action selection. Curr. Biol. **21**, 1081-1091.
Stern, C. D. and Foley, A. C. (1998) Molecular dissection of Hox gene induction and maintenance in the hindbrain. Cell **94**, 143-145.
Stern, C. D. and Keynes, R. J. (1987) Interactions between somite cells: The formation and maintenance of segment boundaries in the chick embryo. Development **99**, 261-272.
Stern, C. D. and Vasiliauskas, D. (1998) Clocked gene expression in somite formation. Bioessays **20**, 528-531.
Stern, C. D. and Vasiliauskas, D. (2000) Segmentation: A view from the border. Curr. Top. Dev. Biol. **47**, 107-129.
Stern, C. D., Norris, W. E., Bronner-Fraser, M., Carlson, G. J., Faissner, A., Keynes, R. J. and Schachner, M. (1989) J1/tenascin-related molecules are not responsible for the segmented pattern of neural crest cells or motor axons in chick embryo. Development **107**, 309-320.
Stern, C. D., Jaques, K. F., Lim, T. M., Fraser, S. E. and Keynes, R. J. (1991a) Segmental lineage restrictions in the chick embryo spinal cord depend on the adjacent somites. Development **113**, 239-244.
Stern, C. D., Artinger, K. B. and Bronner-Fraser, M. (1991b) Tissue interactions affecting the migration and differentiation of neural crest cells in the chick embryos. Development **113**, 207-216.
Stock, D. W., Ellies, D. L., Zhao, Z., Ekker, M., Ruddle, F. H. and Weiss, K. M. (1996) The evolution of the vertebrate Dlx gene family. Proc. Nat. Acad. Sci. USA **93**, 10858-10863.
Stockard, C. R. (1906a) The development of the mouth and gills in *Bdellostoma stouti*. Am. J. Anat. **5**, 481-517.
Stockard, C. R. (1906b) The development of the thyroid gland in *Bdellostoma stouti*. Anat. Anz. **29**, 91-99.
Stockard, C. R. (1909) The embryonic history of the lens in *Bdellostoma stouti* in relation to recent experiments. Am. J. Anat. **6**, 511-515.
Stocker, K. M., Baizer, L., Coston, T., Sherman, L. and Ciment, G. (1995) Regulated expression of neurofibromin in migrating neural crest cells of avian embryos. J. Neurobiol. **27**, 535-552.
Stöhr, P. (1881) Zue Entwicklungsgeschichte des Annurenschädels. Z. Wiss. Zool. **36**, 68-103.
Stolfi, A., Ryan, K., Meinertzhagen, I. A. and Christiaen, L. (2015) Migratory neuronal progenitors arise from the neural plate borders in tunicates. Nature **527**, 371-374.
Stone, L. S. (1926) Further experiments on the extirpation and transplantation of mesectoderm in *Amblystoma punctatum*. J. Exp. Zool. **44**, 95-131.
Stottmann, R. W., Anderson, R. M. and Klingensmith, J. (2001) The BMP antagonists chordin and noggin have essential but redundant roles in mouse mandibular outgrowth. Dev. Biol. **240**, 457-473.
Strahan, R. (1958) The velum and the respiratory current of *Myxine*. Acta Zool. **39**, 1-14.
Strahan, R. (1960) Speculations on the evolution of the agnathan head. In: R. D. Purchon (ed.), Proceedings of the Centenary and Bicentenary Congress of Biology. Malaya Univ Press, pp. 83-94.
Straka, H., Baker, R. and Gilland, E. (2002) The frog as a unique vertebrate model for studying the rhombomeric organization of functionally identified hindbrain neurons. Brain Res. Bull. **57**, 301-305.
Strathmann, R and Bonar, D. (1976) Ciliary feeding of tornaria larvae of *Ptychodera flava* (Hemichordata: Enteropneusta). Marine Biology **34**, 317-324.
Straus, W. L. and Howell, A. B. (1936) The spinal accessory nerve and its musculature. Quart. Rev. Biol. **11**, 387-405.
Streeter, G. L. (1933) The development of the cranial and spinal nerves in the occipital region of the human embryo. Am. J. Anat. **4**, 83-116.
Strickland, E. M., Hanson, J. R. and Anson, B. (1962) Branchial sources of auditory ossicles in man. I. Literature. Arch. Otolaryng. **76**, 100-122.
Striedter, G. F. (1998) Stepping into the same river twice: Homologues as recurring attractors in epigenetic landscapes. Brain Behav. Evol. **52**, 218-231.
Striedter, G. F. (2003) Epigenesis and evolution of brains: From embryonic divisions to functional systems. In: G. B. Müller and S. A. Newman (eds.), Origination of Organismal Form: Beyond the gene in developmental and evolutionary biology. MIT Press, pp. 287-303.
Striedter, G. F. and Northcutt, R. G. (1991) Biological hierarchies and the concept of homology. Brain Behav. Evol. **38**, 177-189.

Ströer, W. F. H. (1956) Studies on the diencephalon. I. The embryology of the diencephalon of the rat. J. Comp. Neurol. **105**, 1-25.
Studer, M., Popperl, H., Marshall, H., Kuroiwa, A. and Krumlauf, R. (1994) Role of a conserved retinoic acid response element in rhombomere restriction of *Hoxb-1*. Science **265**, 1728-1732.
Studnička, F. K. (1896) Ueber die Histologie und Histogenese des Knorpels der Cyclostomen. Arch. Mikr. Anat. **48**, 606-643.
Stunkard, H. W. (1922) Primary neuromeres and head segmentation. J. Morphol. **36**, 331-356.
Subba, R. (1923) Observations on the development of the sympathetic nervous system and suprarenal bodies in the sparrow. Proc. Zool. Soc. **49**, 741-768.
Suda, Y., Matsuo, I., Kuratani, S. and Aizawa, S. (1996) *Otx1* function overlaps with *Otx2* in development of forebrain and midbrain. Genes to Cells **1**, 1031-1044.
Suda, Y., Kurokawa, D., Takeuchi, M., Kajikawa, E., Kuratani, S., Amemiya, C. and Aizawa, S. (2009) Evolution of Otx paralogue usages in early patterning of the vertebrate head. Dev. Biol. **325**, 282-295.
Suemori, H., Takahashi, N. and Noguchi, S. (1995) *Hoxc-9* mutant mice show anterior transformation of the vertebrae and malformation of the sternum and ribs. Mech. Dev. **51**, 265-273.
Sugahara, F., Aota, S., Kuraku, S., Murakami, Y., Takio-Ogawa, Y., Hirano, S. and Kuratani, S. (2011) Involvement of the hedgehog and FGF signalling in the lamprey telencephalon : Evolution of regionalization and dorsoventral patterning of the vertebrate forebrain. Development **138**, 1217-1226.
Sugahara, F., Pascual-Anaya, J., Oisi, Y., Kuraku, S., Aota, S., Adachi, N., Takagi, W., Hirai, T., Sato, N., Murakami, Y. and Kuratani, S. (2016) Evidence from cyclostomes for complex regionalization of the ancestral vertebrate brain. Nature **531**, 97-100.
Sugimoto, Y., Takimoto, A., Akiyama, H., Kist, R., Scherer, G., Nakamura, T., ⋯ and Shukunami, C. (2013) $Scx^+/Sox9^+$ progenitors contribute to the establishment of the junction between cartilage and tendon/ligament. Development **140**, 2280-2288.
Summers, A. P. and Koob, T. J. (2002) The evolution of tendon-morphology and material properties. Comp. Biochem. Physiol. Part A : Mol. Integ. Physiol. **133**, 1159-1170.
Sundin, O. H. and Eichele, G. (1990) A homeodomain protein reveals the metameric nature of the developing chick hindbrain. Genes Dev. **4**, 1267-1276.
Sundin, O. and Eichele, G. (1992) An early marker of axial pattern in the chick embryo and its respecification by retinoic acid. Development **114**, 841-852.
Sushkin, P. P. (1927) Permocynodon, a cynodont reptile from the Upper Permian of Russia. Xe Congrès International de Zoologie.
Sussel, L., Marin, O., Kimura, S. and Rubenstein, J. L. (1999) Loss of *Nkx2.1* homeobox gene function results in a ventral to dorsal molecular respecification within the basal telencephalon : Evidence for a transformation of the pallidum into the striatum. Development **126**, 3359-3370.
Suzuki, H. K. (1963) Studies on the osseus system of the slider turtle. Ann. N. Y. Acad. Sci. **109**, 351-410.
Suzuki, G. D., Fukumoto, Y., Kusakabe, R., Yamazaki, Y., Kosaka, J., Kuratani, S. and Wada, H. (2016) Morphology and development of extra-ocular muscles in the lamprey reveals the ancestral head structure and its developmental mechanism of vertebrates. Zool. Lett. **2** : 10.
Suzuki, T., Sakai, D., Osumi, N., Wada H. and Wakamatsu, Y. (2006) Sox genes regulate type 2 collagen expression in avian neural crest cells. Dev. Growth Diff. **48**, 477-486.
Swalla, B. J. (2001) Origin of the vertebrates from……… worms?. Am. Zool. **41**, 1600.
Swalla, B. J. (2006) Building divergent body plans with similar genetic pathways. Heredity **97**, 235-243.
Swalla, B. J. (2007) New insights into vertebrate origins. In : S. Moody (ed.), Principles of Developmental Genetics. Elsevier, pp. 114-128.
Swalla, B. J. and Jeffery, W. R. (1996) Requirement of the *Manx* gene for expression of chordate features in a tailless ascidian larva. Science **274**, 1205-1208.
Szekely, G. and Matesz, C. (1988) Topography and organization of cranial nerve nuclei in the sand lizard, *Lacerta agilis*. J. Comp. Neurol. **267**, 525-544.
Tada, M. and Kuratani, S. (2015) Evolutional and developmental understanding of the spinal accessory nerve. Zool. Lett. **1**, 4.
Tahara, Y. (1988) Normal stages of development in the lamprey, *Lampetra reissneri* (Dybowski). Zool. Sci. **5**, 109-118.
Takacs, C. M., Moy, V. N. and Peterson, K. J. (2002) Testing putative hemichordate homologues of the chordate dorsal nervous system and endostyle : Expression of *NK2.1* (*TTF-1*) in the acorn worm *Ptychodera flava* (Hemichordata, Ptychoderidae). Evol. Dev. **4**, 6, 405-417.

高橋義人（1988）形態と象徴——ゲーテと「緑の自然科学」．岩波書店．
Takahashi, M., Fujita, M., Furukawa, Y., Hamamoto, R., Shimokawa, T., Miwa, N., Ogawa, M. and Nakamura, Y. (2002) Isolation of a novel human gene, *APCDD1*, as a direct target of the β-catenin/T-cell factor 4 complex with probable involvement in colorectal carcinogenesis. Cancer Res. **62**, 5651-5656.
Takahashi, M., Nakamura, Y., Obama, K. and Furukawa, Y. (2005) Identification of *SP5* as a downstream gene of the β-catenin/Tcf pathway and its enhanced expression in human colon cancer. Int. J. Oncol. **27**, 1483-1487.
Takechi, M. and Kuratani, S. (2010) History of studies on mammalian middle ear evolution: A comparative morphological and developmental biology perspective. J. Exp. Zool. (Mol. Dev. Evol.) **314B**, 417-433.
Takechi, M., Adachi, N., Hirai, T., Kuratani, S. and Kuraku, K. (2013) The Dlx genes as clues for vertebrate genomics and craniofacial evolution. Sem. Cell Dev. Biol. **24**, 110-118.
Takeuchi, J. K., Koshiba-Takeuchi, K., Matsumoto, K., Vogel-Hopker, A., Naitoh-Matsuo, M., Ogura, K., Takahashi, N., Yasuda, K. and Ogura, T. (1999) *Tbx5* and *Tbx4* genes determine the wing/leg identity of limb buds. Nature **398**, 810-814.
Takezaki, N., Figueroa, F., Zaleska-Rutczynska, Z. and Klein, J. (2003) Molecular phylogeny of early vertebrates: Monophyly of the agnathans as revealed by sequences of 35 genes. Mol. Biol. Evol. **20**, 287-292.
Takio, Y., Pasqualetti, M., Kuraku, S., Hirano, S., Rijli, F. M. and Kuratani, S. (2004) Lamprey Hox genes and the evolution of jaws. Nature OnLine **429**, 1 p following 262.
Takio, Y., Kuraku, S., Kusakabe, R., Murakami, Y., Pasqualetti, M., Rijli, F. M., Narita, Y., Kuratani, S. and Kusakabe, R. (2007) Hox gene expression patterns in *Lethenteron japonicum* embryos insights into the evolution of the vertebrate Hox code. Dev. Biol. **308**, 606-620.
Tallafuss, A. and Bally-Cuif, L. (2002) Formation of the head-trunk boundary in the animal body plan: An evolutionary perspective. Gene **287**, 23-32.
Tam, P. P. and Trainor, P. A. (1994) Specification and segmentation of the paraxial mesoderm. Anat. Emb. **189**, 275-305.
Tamura, K., Yonei-Tamura, S. and Belmonte, J. C. (1999) Differential expression of *Tbx4* and *Tbx5* in Zebrafish fin buds. Mech. Dev. **87**, 181-184.
Tamura, K., Kuraishi, R., Saito, D., Masaki, H., Ide, H. and Yonei-Tamura, S. (2001) Evolutionary aspects of positioning and identification of vertebrate limbs. J. Anat. **199**, 195-204.
Tamura, K., Nomura, N., Seki, R., Yonei-Tamura, S. and Yokoyama, H. (2011) Embryological evidence identifies wing digits in birds as digits 1, 2, and 3. Science **331**, 753-757.
田村美和、団まりな、金子洋之（1995）イトマキヒトデ再構築胚における体腔嚢形成過程の観察．第28回日本発生生物学会．
Tan, S. S. and Morriss-Kay, G. M. (1985) The development and distribution of the cranial neural crest in the rat embryo. Cell Tiss. Res. **240**, 403-416.
Tan, S. S., Crossin, K. L., Hoffman, S. and Edelman, G. M. (1987) Asymmetric expression in somites of cytotactin and its proteoglycan ligand is correlated with neural crest cell distribution. Proc. Nat. Acad. Sci. USA **84**, 7977-7981.
田中克彦（1993）言語学とは何か．岩波新書．
Tanaka, S. (1976) Facial nerve of the shark (*Mustelus manazo*) and its comparison with the glossopharyngeal nerve. Acta Anat. Nippon **51**, 1-16.
Tanaka, S. (1979) Makroscopische Untersuchung des Nervus glossopharyngeus der Haifische (*Musterus manazo*). Anat. Anz. **146**, 456-469.
Tanaka, S. (1987) Morphological consideration of the branchial nerves. Brain and Nerve **39**, 403-415.
Tanaka, S. (1988) A macroscopical study of the trapezius muscle of sharks, with reference to the topographically related nerves and vein. Anat. Anz. **165**, 7-21.
Tanaka, S. and Nakao, T. (1979) A macroscopical study of the vagal nerve of sharks (*Musterus manazo*) with special reference to morphological features of its branchial branches. Acta Anat. Nippon **54**, 307-321.
Tanaka, S., Zukeran, C., Kuratani, S. and Ishikawa, Y. (1988) A case report of the anterior pericardial branch of the cervical ansa: A comparative anatomical and ontogenical consideration. Anat. Anz. **165**, 269-276.
Tanaka, M., Munsterberg, A., Anderson, W. G., Prescott, A. R., Hazon, N. and Tickle, C. (2002) Fin development in a cartilaginous fish and the origin of vertebrate limbs. Nature **416**, 527-531.
Tapanila, L., Pruitt, J., Pradel, A., Wilga, C. D., Ramsay, J. B., Schlader, R. and Didier, D. A. (2013) Jaws for a spiral-tooth whorl: CT images reveal novel adaptation and phylogeny in fossil *Helicoprion*. Biol. Lett. **9**, 20130057.

Tautz, D. (1998) Debatable homologies. Nature **395**, 17-19.
Tautz, D. and Schmidt, K. (1999) From genes to individuals: Developmental genes and the generation of the phenotyope. In: A. E. Magurran and R. M. May (eds.), Evolution of Biological Diversity. Oxford Univ. Press, pp. 184-201.
Teillet, A. M., Kalcheim, K. and LeDouarin, N. M. (1987) Formation of the dorsal root ganglia in the avian embryo: Segmental origin and migratory behavior of neural crest progenitor cells. Dev. Biol. **120**, 329-347.
Tello, J. F. (1923) Les différenciations neuronales dans l'embryon du poulet pendent les premiers jours de l'incubation. Trav. Lab. Invest. Biol. Univ. Madrid. **21**, 1-93.
Theis, S., Patel, K., Valasek, P., Otto, A., Pu, Q., Harel, I., Tzahor, E., Tajbakhsh, S., Christ, B. and Huang, R. (2010) The occipital lateral plate mesoderm is a novel source for vertebrate neck musculature. Development **137**, 2961-2971.
Theißen, G. (2006) The proper place of hopeful monsters in evolutionary biology. Theory Biosci. **124**, 349-369.
Theißen, G. (2009) Saltational evolution: Hopeful monsters are here to stay. Theory Biosci. **128**, 43-51.
Thesleff, I., Vaahtokari, A. and Partanen, A. M. (1995) Regulation of organogenesis: Common molecular mechanisms regulating the development of teeth and other organs. Int. J. Dev. Biol. **39**, 35-50.
Thomas, B. L., Tucker, A. S., Qui, M., Ferguson, C. A., Hardcastle, Z., Rubenstein, J. L. and Sharpe, P. T. (1997) Role of *Dlx-1* and *Dlx-2* genes in patterning of the murine dentition. Development **124**, 4811-4818.
Thomas, T., Kurihara, H., Yamagishi, H., Kurihara, Y., Yazaki, Y., Olson, E. N. and Srivastava, D. (1998) A signaling cascade involving *endothelin-1, dHAND* and *msx1* regulates development of neural-crest-derived branchial arch mesenchyme. Development **125**, 3005-3014.
Thompson, H. and Tucker, A. S. (2013) Dual origin of the epithelium of the mammalian middle ear. Science **339**, 1453-1456.
Thomson, K. S. (1966) The evolution of the tetrapod middle ear in the rhipidistian-amphibian transition. Am. Zool. **6**, 379-397.
Thomson, K. S. (1988) Morphogenesis and Evolution. Oxford Univ. Press.
Thomson, K. S. (1993) Segmentation, the adult skull, and the problem of homology. In: J. Hanken and B. K. Hall (eds.), The Skull Vol. 2. Univ. Chicago Press, pp. 36-68.
Thomson, K. S. and Campbell, K. S. W. (1971) The structure and relationships of the primitive Devonian lungfish-*Dipnorhynchus sussmilchi* (Etheridge). Bull. Peabody Mus. Nat. Hist. Yale, **38**.
Thomson, K. S., Sutton, M. and Thomas, B. (2003) A larval Devonian lungfish. Nature **426**, 833-834.
Thorogood, P. (1988) The developmental specification of vertebrate skull. Development Suppl. **103**, 141-153.
Thorogood, P. (1993) Differentiation and morphogenesis of cranial skeletal tissues. In: J. Hanken and B. K. Hall (eds.), The Skull Vol. 1. Univ. Chicago Press, pp. 112-152.
Thorogood, P., Bee, J. and von der Mark, K. (1986) Transient expression of collagen type II at epitheliomesenchymal interfaces during morphogenesis of the cartilagenous neurocranium. Dev. Biol. **116**, 497-509.
Tokioka, T. (1971) Phylogenetic speculation of the Tunicata. Publ. of the Seto Marine Biological Laboratory, Kyoto Univ. **19**, 43-63.
Tokita, M. and Kuratani, S. (2001) Normal embryonic stages of the Chinese softshelled turtle *Pelodiscus sinensis* (Trionychidae). Zool. Sci. **18**, 705-715.
徳田御稔（1957）改稿・進化論。岩波全書44。
徳田御稔（1970）進化・系統分類学Ⅰ・Ⅱ。共立全書179、180。
Tokumoto, M., Gong, Z., Tsubokawa, T., Hew, C. L., Uyemura, K., Hotta, Y. and Okamoto, H. (1995) Molecular heterogeneity among primary motoneurons and within myotomes revealed by the differential mRNA expression of novel *islet-1* homologs in embryonic zebrafish. Dev. Biol. **171**, 578-589.
徳永幸彦（2001）絵でわかる進化論。講談社サイエンティフィク。
Tomsa, J. M. and Langeland, J. A. (1999) *Otx* expression during lamprey embryogenesis provides insights into the evolution of the vertebrate head and jaw. Dev. Biol. **207**, 26-37.
Tonegawa, A. and Takahasi, Y. (1998) Somitognesis is controlled by *Noggin*. Dev. Biol. **202**, 172-182.
Tonegawa, A., Funayama, N., Ueno, N. and Takahashi, Y. (1997) Mesodermal subdivision along the mediolateral axis in chicken controlled by different concentrations of BMP-4. Development **124**, 1975-1984.
Torres, T. T., Metta, M., Ottenwälder, B. and Schlötterer, C. (2008) Gene expression profiling by

massively parallel sequencing. Genome Res. **18**, 172-177.
Tosney, K. W. (1978) The early migration of neural crest cells in the trunk region of the avian embryo: An electron microscopic study. Dev. Biol. **62**, 317-333.
Tosney, K. W. (1982) The segregation and early migration of cranial neural crest cells in the avian embryo. Dev. Biol. **89**, 13-24.
Tosney, K. W. (1988a) Proximal tissues ans patterned neurite outgrowth at the lumbosacral level of the chick embryo: Partial and complete deletion of the somites. Dev. Biol. **127**, 266-286.
Tosney, K. W. (1988b) Somites and axon guidance. Scann. Microsc. **2**, 427-442.
Trainor, P. A. and Tam, P. P. (1995) Cranial paraxial mesoderm and neural crest cells of the mouse embryo: Co-distribution in the craniofacial mesenchyme but distinct segregation in branchial arches. Development **121**, 2569-2582.
Trainor, P. A., Ariza-McNaughton, L. and Krumlauf, R. (2002) Role of the isthmus and FGFs in resolving the paradox of neural crest plasticity and prepatterning. Science **295**, 1288-1291.
Traquair, R. H. (1890) On the fossil fishes at Achanarras Quarry, Caithness. Annals and Magazines of Natural History, 6th Series **6**, 479-486.
Traquair, R. H. (1893a) Notes on the Devonian fishes of Campbelltown and Scaumenac Bay in Canada. Parts 1 and 2. Proc. Roy. Phys. Soc. Edinburgh **12**, 111-125.
Traquair, R. H. (1893b) A further description of *Palaeospondylus gunni* (Traquair). Proc. Roy. Phys. Soc. Edinburgh **12**, 87-94.
Traquair, R. H. (1893c) A still further contribution to our knowledge of *Palaeospondylus gunni*. Proc. Roy. Phys. Soc. Edinburgh **12**, 312-321.
Traquair, R. H. (1894a) *Palaeospondylus Gunni* (Traquair) from the Caithness Flagstones. Ann. Scot. Nat. Hist. **1894**, 94-99.
Traquair, R. H. (1894b) Achanarras revisited. Proc. Roy. Phys. Soc. Edinburgh **12**, 279-286.
Traquair, R. H. (1897) Note on the Affinities of *Palaeospondylus Gunni*, Traq: In Reply to Dr. Bashford Dean, of New York. Zoological Society of London, pp. 343-347.
Tremblay, P., Dietrich, S., Mericskay, M., Schubert, F. R., Li, Z. and Paulin, D. (1998) A crucial role for *Pax3* in the development of the hypaxial musculature and the long-range migration of muscle precursors. Dev. Biol. **203**, 49-61.
Tretjakoff, D. (1909) Nervus mesencephalicus bei Ammocoetes. Anat. Anz. **34**, 151-157.
Trevarrow, B., Karks, D. L. and Kimmel, C. B. (1990) Organization of hindbrain segments in the zebrafish embryo. Neuron **4**, 669-679.
Trinajstic, K., Marshall, C., Long, J. and Bifield, K. (2007) Exceptional preservation of nerve and muscle tissues in Late Devonian placoderm fish and their evolutionary implications. Biol. Lett. **3**, 197-200.
Trinajstic, K., Sanchez, S., Dupret, V., Tafforeau, P., Long, J., Young, G., ⋯ and Ahlberg, P. E. (2013) Fossil musculature of the most primitive jawed vertebrates. Science **341**, 160-164.
True, J. R. and Haag, E. S. (2001) Developmental system drift and flexibility in evolutionary trajectories. Evol. Dev. **3**, 109-119.
Trumpp, A., Depew, M. J., Rubenstein, J. L. R., Bishop, J. M. and Martin, G. R. (1999) *Cre*-mediated gene inactivation demonstrates that FGF8 is reuired for cell survival and patterning of the first branchial arch. Genes Dev. **13**, 3136-3148.
Tucker, G. C., Aoyama, H., Lipinski, M., Tursz, T. and Thiery, J.-P. (1984) Identical reactivity of monoclonal antibodies HNK-1 and NC-1: Conservation in vertebrates on cells derived from the neural primordium and on some leukocytes. Cell Differ. **14**, 223-230.
Tucker, A. S., Matthews, K. L. and Sharpe, P. T. (1998) Transformation of tooth type induced by inhibition of BMP signaling. Science **282**, 1136-1138.
Tucker, A. S., Watson, R. P., Lettice, L. A., Yamada, G. and Hill, R. E. (2004) *Bapx1* regulates patterning in the middle ear: Altered regulatory role in the transition from the proximal jaw during vertebrate evolution. Development **131**, 1235-1245.
Tuckett, F. and Morriss-Kay, G. M. (1985) The ontogenesis of cranial neuromeres in the rat embryo. II. A transmission electron microscope study. J. Emb. Exp. Morphol. **88**, 231-247.
Tuckett, F., Lim, L. and Morriss-Kay, G. M. (1985) The ontogenesis of cranial neuromeres in the rat embryo. I. A scanning electron microscopic and kinetic study. J. Emb. Exp. Morphol. **87**, 215-228.
Tulenko, F. J., McCauley, D. W., Mazan, S., Kuratani, S., Kusakabe, R., Sugahara, F. and Burke, A. C. (2013) The persistence of body wall somatopleure in gnathostomes and a new perspective on the origin of vertebrate paired fins. Proc. Nat. Acad. Sci. USA **110**, 11899-11904.
Tureckova, J., Sahlberg, C., Aberg, T., Ruch, J. V., Thesleff, I. and Peterkova, R. (1995) Comparison of expression of the *msx-1, msx-2, BMP-2* and *BMP-4* genes in the mouse upper diastemal and molar tooth primordia. Int. J. Dev. Biol. **39**, 459-468.

Tusch, U., Wicht, H. and Korf, H. W. (1995) Observations on the topology of the forebrain of the Pacific hagfish, *Eptatretus stoutii*. J. Anat. **187**, 227-228.

Tyler, M. S. and Hall, B. K. (1977) Epithelial influences on skeletogenesis in the mandible of the embryonic chick. Anat. Rec. **188**, 229-240.

Tzahor, E. (2009) Heart and craniofacial muscle development: A new developmental theme of distinct myogenic fields. Dev. Biol. **327**, 237-279.

Tzahor, E., Kempf, H., Mootoosamy, R. C., Poon, A. C., Abzhanov, A., Tabin, C. J., Dietrich, S. and Lassar, A. B. (2003) Antagonists of Wnt and BMP signaling promote the formation of vertebrate head muscle. Genes Dev. **17**, 3087-3099.

Uchida, K., Murakami, Y., Kuraku, S., Hirano, S. and Kuratani, S. (2003) Development of the adenohypophysis in the lamprey: Evolution of the epigenetic patterning programs in organogenesis. J. Exp. Zool. (Mol. Dev. Evol.) **300**B, 32-47.

Uchida, K., Moriyama, S., Chiba, H., Shimotani, T., Honda, K., Miki, M., Takahashi, A., Sower, S. A. and Nozaki, M. (2010) Evolutionary origin of a functional gonadotropin in the pituitary of the most primitive vertebrate, hagfish. Proc. Nat. Acad. Sci. USA **107**, 15832-15837.

Ueki, T., Kuratani, S., Hirano, S. and Aizawa, S. (1998) otd/Otx cognates in a lamprey, *Lampetra japonica*. Dev. Genes Evol. **208**, 223-228.

Ungar, P. S. (2010) Mammal Teeth: Origin, evolution, and diversity. JHU Press.

Vaage, S. (1969) The segmentation of the primitive neural tube in chick embryos (*Gallus domesticus*) Adv. Anat. Emb. Cell Biol. **41**, 1-88.

Valasek, P., Theis, S., DeLaurier, A., Hinits, Y., Luke, G. N., Otto, A. M., Minchin, J., He, L., Christ, B., Brooks, G., Sang, H., Evans, D. J., Logan, M., Huang, R. J. and Patel, K. (2011) Cellular and molecular investigations into the development of the pectoral girdle. Dev. Biol. **357**, 108-116.

Vallén, E. (1942) Beiträge zur Kenntnis der Ontogenie und der vergleichenden Anatomie des Schildkrötenpanzers. Acta Zool. Stockholm **23**, 1-127.

Varela-Echavarria, A., Pfaff, S. L. and Guthrie, S. (1996) Differential expression of LIM homeobox genes among motor neuron subpopulations in the developing chick brain stem. Mol. Cell Neurosci. **8**, 242-257.

Varela-Echavarrâ, A., Tucker, A., Püschel, A. W. and Guthrie, S. (1997) Motor axon subpopulations respond differentially to the chemorepellents Netrin-1 and Semaphorin D. Neuron **18**, 193-207.

Varela-Lasheras, I., Bakker, A. J., van der Mije, S. D., Metz, J. A. J., van Alphen, J. and Galis, F. (2011) Breaking evolutionary and pleiotropic constraints in mammals: On sloths, manatees and homeotic mutations. EvoDevo **2**, 11.

Varga, Z. M., Wegner, J. and Westerfield, M. (1999) Anterior movement of ventral diencephalic precursors separates the primordial eye field in the neural plate and requires *cyclops*. Development **126**, 5533-5546.

Vaschon, G., Cohen, B., Pfeifle, C., McGuffin, M. E., Botas, J. and Cohen, S. M. (1992) Homeotic genes of the Bithorax complex repress limb development in the abdomen of the *Drosophila* embryo through the target gene *Distal-less*. Cell **71**, 437-450.

Vasyutina, E. and Birchmeier, C. (2006) The development of migrating muscle precursor cells. Anat. Emb. **211**, S37-S41.

Veit, O. (1911) Beiträge zur Kenntnis des Kopfes der Wirbeltiere. I : Die Entwicklung des Primordialcraniums von *Lepisosteus osseus*. Anat. Heft. 1 abt. **44**, 93-225.

Veit, O. (1924) Beiträge zur Kenntnis des Kopfes der Wirbeltiere. II : Frühstadien der Entwicklung des Kopfes von *Lepisosteus osseus* und ihre prinzipielle Bedeutung für die Kephalogenese der Wirbeltiere. Morphol. Jb. **53**, 319-390.

Veit, O. (1939) Beiträge zur Kenntnis des Kopfes der Wirbeltiere. III : Beobachtungen zur Frühentwicklung des Kopfes von *Petromyzon planeri*. Morphol. Jb. **84**, 86-107.

Verbout, A. J. (1985) The development of the vertebral column. Adv. Anat. Emb. Cell Biol. **90**, Springer.

Verraes, W. (1981) Theoretical discussion on some functiona-morphological terms and some general reflections on explanations in biology. Acta Biotheor. **30**, 255-273.

Versluys, J. (1927) Das skelet. In: Ihre, J. E. W., Kampen, P. N., Nierstrasz, H. F. and Versluys, J. (eds.), Vergleichende Anatomie der Wirbeltiere. Verlag von Julius Springer, pp. 58-328.

Verwoerd, C. D. A. and Oostrom, C. G. (1979) Cephalic neural crest and placodes. Adv. Anat. Emb. Cell Biol. **58**, 1-75.

Vesque, C., Ellis, S., Lee, A., Szabo, M., Thomas, P., Beddington, R. and Placzek, M. (2000) Development of chick axial mesoderm: Specification of prechordal mesoderm by anterior endoderm-derived TGFβ family signalling. Development **127**, 2795-2809.

Vetter, B. (1874) Untersuchungen zur vergleichenden Anatomie der Kiefer-und Kiemenmuskulatur der Fische. Jena. Z. Naturwiss. **8**, 9.

Vickaryous, M. K. and Hall, B. K. (2006) Osteoderm morphology and development in the nine-banded armadillo, *Dasypus novemcinctus* (Mammalia, Xenarthra, Cingulata). J. Morphol. **267**, 1273-1283.
Vickaryous, M. K. and Hall, B. K. (2008) Development of the dermal skeleton in *Alligator mississippiensis* (Archosauria, Crocodylia) with comments on the homology of osteoderms. J. Morphol. **269**, 398-422.
Vickaryous, M. K. and Sire, J. Y. (2009) The integumentary skeleton of tetrapods: Origin, evolution, and development. J. Anat. **214**, 441-464.
Vicq-D'Azyr, F. (1779) Memoire sur la voix. See Memoires de l'Academie royale des sciences de Paris, pp. 178-206.
Vieux-Rochas, M., Coen, L., Sato, T., Kurihara, Y., Gitton, Y., Barbieri, O., Le Blay, K., Merlo, G., Ekker, M., Kurihara, H., Janvier, P. and Levi, G. (2007) Molecular dynamics of retinoic acid-induced craniofacial malformations: Implications for the origin of gnathostome jaws. PLoS ONE **6**, e510.
Vieux-Rochas, M., Mantero, S., Heude, E., Barbieri, O., Astigiano, S., Couly, G., Kurihara, H., Levi, G. and Merlo, G. R. (2010) Spatio-temporal dynamics of gene expression of the Edn1-Dlx5/6 pathway during development of the lower jaw. Genesis **48**, 362-373.
Vincent, M. and Thiery, J. P. (1984) A cell surface marker for neural crest and placodal cells: Further evolution of the peripheral and central nervous system. Dev. Biol. **103**, 468-481.
Vincent, C., Bontoux, M., Le Douarin, N. M., Pieau, C. and Monsoro-Burq, A. H. (2003) Msx genes are expressed in the carapacial ridge of turtle shell: A study of the European pond turtle, *Emys orbicularis*. Dev. Genes Evol. **213**, 464-469.
Voeltzkow, A. and Döderlein, L. (1901) Beiträge zur Entwicklungsgeschichte der Reptilien III : Zur Frage nach der Bildung der Bauchrippen. Abh. Senkenberg. Naturforsch. Ges. **26**, 313-336.
Vogt, C. (1842) Untersuchungen über die Entwicklungsgeschichte der Geburtshelferkröte (*Alytes obstericans*). Jent Gassmann.
Voit, M. (1909) Das Primordialcranium des Kaninchens unter Berücksichtung der deckknochen. Anat. Heft. **38**, 425-616.
Völker, H. (1913) Über das Stamm-, Gliedmaßen-, und Hautskelet von *Dermochelys coriacea* L. Zool. Jahrb. Anat. Ont. **33**, 431-552.
Wachtler, F. and Jacob, M. (1986) Origin and development of the cranial skeletal muscles. Biblthka Anat. **29**, 24-46.
Wachtler, F., Jacob, H. J., Jacob, M. and Christ, B. (1984) The extrinsic ocular muscles in birds are derived from the prechordal mesoderm. Naturewiss. **71**, 379-380.
Wada, H. (2001) Origin and evolution of the neural crest: A hypothetical reconstruction of its evolutionary history. Dev. Growth Diff. **43**, 509-520.
Wada, H. and Satoh, N. (1994) Details of the evolutionary history from invertebrates to vertebrates, as deduced from the sequences af 18S rDNA. Proc. Nat. Acad. Sci. USA **91**, 1801-1804.
Wada, H., Saiga, H., Satoh, N. and Holland, P. W. (1998) Tripartite organization of the ancestral chordate brain and the antiquity of placodes: Insights from ascidian Pax-2/5/8, Hox and Otx genes. Development **125**, 1113-1122.
Wada, H., Garcia-Fernandez, J. and Holland, P. W. H. (1999) Colinear and segmental expression of amphioxus *Hox* genes. Dev. Biol. **213**, 131-141.
Wada, H., Okuyana, M., Satoh, N. and Zhang, S. (2006) Molecular evolution of fibrillar collagen in chordates, with implications for the evolution of vertebrate skeletons and chordate phylogeny. Evol. Dev. **8**, 307-377.
Wada, H., Ghysen, A., Satou, C., Higashijima, S., Kawakami, K., Hamaguchi, S. and Sakaizumi, M. (2010) Dermal morphogenesis controls lateral line patterning during postembryonic development of teleost fish. Dev. Biol. **340**, 583-594.
Wada, N., Nokno, T. and Kuratani, S. (2011) Dual origins of the prechordal cranium in the chicken embryo. Dev. Biol. **356**, 529-540.
Waddington, C. H. (1939) An Introduction to Modern Genetics. Allen & Unwin.
Waddington, C. H. (1952) Selection of the genetic basis for an acquired character. Nature **169**, 278.
Waddington, C. H. (1956) Genetic assimilation of the *bithorax* phenotype. Evolution **10**, 1-13.
Waddington, C. H. (1975) The Evolution of an Evolutionist. Cornell Univ. Press.
Wagner, G. (1959) Untersuchungen an *Bombinator-Triton*-Chimaeren. Roux's Arch. Ent. Mech. Org. **151**, 36-158.
Wagner, G. (1989a) The origin of morphological characters and the biological basis of homology. Evolution **43**, 1157-1171.
Wagner, G. P. (1989b) The biological homology concept. Annu. Rev. Ecol. Syst. **20**, 51-60.
Wagner, G. P. (1994) Homology and the mechanisms of development. In : B. K. Hall (ed.),

Homology : The hierarchical basis of comparative biology. Acad. Press, pp. 273-299.
Wagner, G. P. (2001) (ed.) The Character Concept in Evolutionary Biology. Acad. Press.
Wagner, G. P. (2005) The developmental evolution of avian digit homology : An update. Theory Biosci. **124**, 165-183.
Wagner, G. P. (2007) The developmental genetics of homology. Nat. Rev. Genet. **8**, 473-479.
Wagner, G. P. and Gauthier, J. A. (1999) 1, 2, 3 = 2, 3, 4 : A solution to the problem of the homology of the digits in the avian hand. Proc. Nat. Acad. Sci. USA **96**, 5111-5116.
Wagner, G. P. and Müller, G. B. (2002) Evolutionary innovations overcome ancestral constraints : A re-examination of character evolution in male sepsid flies (Diptera : Sepsidae). Evol. Dev. **4**, 1-6.
Wahl, C. M., Noden, D. M. and Baker, R. (1994) Developmental relations between sixth nerve motor neurons and their targets in the chick embryo. Dev. Dyn. **201**, 191-202.
Wake, D. B. (1993) Brainstem organization and branchiomeric nerves. Acta Anat. **148**, 124-131.
Wake, D. B. (2003) Homology and homoplasy. In : B. K. Hall and W. M. Olson (eds.), Keywords and Concepts in Evolutionary Developmental Biology. Harvard Univ. Press, pp. 191-201.
Wake, D. B., Nishikawa, K. C., Dicke, U. and Roth, G. (1988) Organization of the motor nuclei in the cervical spinal cord of salamanders. J. Comp. Neurol. **278**, 195-208.
Walcott, C. D. (1911) Middle Cambrian annelids. Smithsonian Miscellaneous Collections **57**, 109-144.
Wang, N. Z., Donoghue, P. C. J., Smith, M. M. and Sansom, I. J. (2005) Histology of the galeaspid dermoskeleton and endoskeleton, and the origin and early evolution of the vertebrate cranial endoskeleton. J. Vert. Paleontol. **25**, 745-756.
Wang, S., Furmanek, T., Kryvi, H., Krossøy, C., Totland, G. K., Grotmol, S. and Wargelius, A. (2014) Transcriptome sequencing of Atlantic salmon (*Salmo salar* L.) notochord prior to development of the vertebrae provides clues to regulation of positional fate, chordoblast lineage and mineralisation. BMC Genomics **15**, 141.
Wang, Z., Pascual-Anaya, J., Zadissa, A., Li, W., Niimura, Y., Huang, Z., Li, C., White, S., Xiong, Z., Fang, D., Wang, B., Ming, Y., Chen, Y., Zheng, Y., Kuraku, S., Pignatelli, M., Herrero, J., Nozawa, M., Juan Wang, J., Zhang, H., Yu, L., Shigenobu, S., Wang, J., Liu, J., Flicek, P., Searle, S., Wang, J., Kuratani, S., Yin, Y., Aken, B., Zhang, G. and Irie, N. (2013) Development and evolution of turtle-specific body plan assessed by genome-wide analyses. Nat. Genet. **45**, 701-706.
Waskiewicz, A. J., Rikhof, H. A., Hernandez, R. E. and Moens, C. B. (2001) Zebrafish *Meis* functions to stabilize Pbx proteins and regulate hindbrain patterning. Development **128**, 4139-4151.
Waskiewicz, A. J., Rikhof, H. A. and Moens, C. B. (2002) Eliminating zebrafish pbx proteins reveals a hindbrain ground state. Dev. Cell **3**, 723-733.
Watanabe, T. (1964) Comparative and topographical anatomy of the fowl. XVII. Peripheral courses of the hypoglossal, accessory and glossopharyngeal nerves (in Japanese). Jpn. J. Vet. Sci. **26**, 249-248.
Waters, B. H. (1892) Primitive segmenattion of the vertebrate brain. Quart. J. Microsc. Sci. **33**, 457-475.
Watson, D. S. M. (1914) Eunotosaurus africanus Seeley and the ancestors of the Chelonia. Proceedings of the Zoological Society of London **11**, 1011-1020.
Watson, D. M. S. (1951) Paleontology and Modern Biology. Yale Univ. Press.
Watson, D. M. S. (1952) The evolution of the mammalian ear. Evolution **7**, 159-177.
Weaver, M., Dunn, N. R. and Hogan, B. L. (2000) *Bmp4* and *Fgf10* play opposing roles during lung bud morphogenesis. Development **127**, 2695-2704.
Wedin, B. (1949a) The development of the head cavities in *Alligator mississippiensis* Daud. Lunds Univ. Arssikr. NF avs. **2**, 1-32.
Wedin, B. (1949b) The Anterior Mesoblast in Some Lower Vertebrates-A Comparative Study of the Ontogenetic Development of the Anterior Mesoblast in *Petromyzon, Etmopterus, Torpedo, et al.* Hakan Ohlssons Boktryckeri.
Wedin, B. (1953a) The development of the head cavities in *Ardea cinerea* L. Acta Anat. **17**, 240-252.
Wedin, B. (1953b) The development of the eye muscles in *Ardea cinerea* L. Acta Anat. **18**, 30-48.
Wehrle-Haller, B. and Weston, J. A. (1997) Receptor tyrosine kinase-dependent neural crest migration in response to differentially localized growth factors. Bioessays **19**, 337-345.
Weidinger, G., Thorpe, C. J., Wuennenberg-Stapleton, K., Ngai, J. and Moon, R. T. (2005) The Sp1-related transcription factors sp5 and sp5-like act downstream of Wnt/β-catenin signaling in mesoderm and neuroectoderm patterning. Curr. Biol. **15**, 489-500.
Wells, L. V. (1954) Development of the human diaphragm and pleural sacs. Cont. Emb. **35**, 107-134.
Werneburg, I. and Sánchez-Villagra, M. R. (2009) Timing of organogenesis support basal position of turtles in the amniote tree of life. BMC Evol. Biol. **9**, 82.

Westoll, T. S. (1943) The hyomandibular of *Eustenopteron* and the tetrapod middle ear. Proc. Roy. Soc. B. **131**, 393-414.
Westoll, T. S. (1945) The mammalian middle ear. Nature **155**, 114-115.
Westoll, T. S. (1949) On the evolution of the Dipnoi. In : G. L. Jepson, G. G. Simpson and E. Mayr (eds.), Genetics, Paleontology and Evolution. Princeton Univ. Press, pp. 112-184.
White, E. I. (1966) Presidential address : A little on lungfishes. Proc. Linn. Soc. Lond. **177**, 1-10.
Whitear, M. (1957) Some remarks on the ascidian affinities of vertebrates. J. Nat. Hist. **10**, 338-348.
Whitfield, T. T. and Hammond, K. L. (2007) Axial patterning in the developing vertebrate inner ear. Int. J. Dev. Biol. **51**, 507-520.
Whiting, H. P. (1972) Cranial anatomy of the ostracoderms in relation to the organization of larval lampreys. In : K. A. Joysey and T. S. Kemp (eds.), Studies in Vertebrate Evolution. Oliver and Boyd, pp. 1-20.
Whiting, H. P. (1977) Cranial nerves in lampreys and cephalaspids. In : S. M. Andrews, R. S. Miles and A. D. Walker (eds.), Problems in Vertebrate Evolution. Acad. Press, pp. 1-23.
Whitkock, K. E. and Westerfield, M. (2000) The olfactory placodes of the zebrafish form by convergence of cellular fields at the edge of the neural plate. Development **127**, 3645-3653.
Wicht, H. (1996) The brains of lampreys and hagfishes : Characteristics, characters, and comparisons. Brain Behav. Evol. **48**, 248-261.
Wicht, H. and Northcutt, R. G. (1995) Ontogeny of the head of the Pacific hagfish (*Eptatretus stouti*, Myxinoidea) : Development of the lateral line system. Phil. Trans. Roy. Soc. Lond. B Biol. Sci. **349**, 119-134.
Wicht, H. and Tusch, U. (1998) Ontogeny of the head and nervous system of Myxinoids. In : M. Jorgensen *et al*. (eds.), The Biology of Hagfishes. Chapman & Hall, pp. 431-451.
Wiedersheim, R. (1909) Vergleichende Anatomie der Wirbeltiere : Für Studierende bearb. 7te Auflage. G. Fischer.
van Wijhe, J. W. (1882a) Über die Mesodermsegmente und die Entwicklung der Nerven des Selachierkopfes. Ver. Akad. Wiss.
van Wijhe, J. W. (1882b) Über das Visceralskelett und die Nerven des Kopfes der Ganoiden und der *Ceratodus*. Arch. Zool. **5**, 207-320.
van Wijhe, J. W. (1906) Die Homologisirung des Mundes des Amphioxus und die primitive Leibesgliederung der Wirbelthiere.
Wilkins, A. S. (2002) The Evolution of Developmental Pathways. Sinauer.
Willemse, J. J. (1958) The innervation of the muscles of the trapezius-complex in giraffe, okapi, camel and llama. Arch. Néerland. Zool. **2**, 532-536.
Willey, A. (1891) The later development of amphioxus. Quart. J. Microsc. Sci. **32**, 183-234.
Williams, N. A. and Holland, P. W. H. (2000) An amphioxus *Emx* homeobox gene reveals duplication during vertebrate evolution. Mol. Biol. Evol. **17**, 1520-1528.
Williams, P. L. (1995) (ed.) Gray's Anatomy : The anatomical basis of medicine and surgery 38th ed. Churchill Livingston.
Williams, T. A. and Nagy, L. M. (2001) Developmental modularity and the evolutionary diversification of arthropod limbs. J. Exp. Zool. (Mol. Dev. Evol.) **291**B, 241-257.
Williamson, D. (2012) The origins of chordate larvae. Cell Dev. Biol. **1**, 101.
Williston, S. W. (1914) Water Reptiles in the Past and Present. Univ. Chicago Press.
Willmer, E. N. (1975) The possible contribution of nemertines to the problem of the phylogeny of the protochordates. Symp. Zool. Soc. Lond. **36**, 319-345.
Willmer, P. G. (1990) Invertebrate Relationships : Patterns in animal evolution. Cambridge Univ. Press.
Willmer, P. (2003) Convergence and homoplasy in the evolution of organismal form. In : G. B. Müller and S. A. Newman (eds.), Origination of Organismal Form : Beyond the gene in developmental and evolutionary biology. MIT Press, pp. 33-49.
Wilson, S. W., Ross, L. S., Parret, T. and Easter, S. S. (1990) The development of a simple scaffold of axon tracts in the brain of the embryonic zebrafish, *Brachydanio rerio*. Development **108**, 121-145.
Wilson, S. W., Placzek, M. and Furley, A. J. (1993) Border disputes : Do boundaries play a role in growth-cone guidance? TINS **16**, 316-323.
Windle, W. (1970) Development of neural elements in human embryos of four to seven weeks gestation. Exp. Neurol. Suppl. **5**, 44-83.
Windle, W. F. and Austin, M. F. (1936) Neurofibrillar development in the central nervous system of chick embryos up to 5 days of incubation. J. Comp. Neurol. **63**, 431-463.
Windle, W. F. and Baxter, R. E. (1936) The first neurofibrillar development in albino rat embryos. J. Comp. Neurol. **63**, 173-187.

Wingate, R. J. T. and Lumsden, A. (1996) Persistence of rhombomeric organization in the postsegmental hindbrain. Development **122**, 2143-2152.
Witmer, L. M. (1995) The extant phylogenetic bracket and the importance of reconstructing soft tissue in fossils. In : J. J. Thomason (ed.), Functional Morphology in Vertebrate Paleontology. Cambridge Univ. Press, pp. 19-33.
Witzmann, F. (2009) Comparative histology of sculptured dermal bones in basal tetrapods, and the implications for the soft tissue dermis. Palaeodiv. **2**, 233-270.
Wold, B. and Myers, R. M. (2008) Sequence census methods for functional genomics. Nat. Methods **5**, 19.
Wolff, C. F. (1759) Theorie von der Generation. Georg Olms Verlagsbuchhandlung, Heldesheim.
Woodger, J. H. (1945) On biological transformations. In : W. E. Le Gros Clark and P. B. Medawar (eds.), Essays on Growth and Form Presented to D'Arcy Thompson. Cambridge Univ. Press, pp. 95-120.
Wright, S. (1931) Evolution in Mendelian populations. Genetics **16**, 97-159.
Wright, C. V. E., Cho, K. W. Y., Hardwicke, J., Collins, R. H. and De Robertis, E. M. (1989) Interference with function of a homeobox gene in *Xenopus* embryo produces malformations in the anterior spinal cord. Cell **59**, 81-93.
Wright G. M., Keeley, F. W. and Robson, P. (2001) The unusual cartilaginous tissues of jawless craniates, cephalochordates and invertebrates. Cell Tiss. Res. **304**, 165-174.
Wu, C. -t. and Morris, J. R. (2001) Genes, genetics, and epigenetics : A correspondence. Science **293**, 1103-1105.
Xian-guang, H., Aldridge, R. J., Siveter, D. J., Siveter, D. J. and Xiang-hong, F. (2002) New evidence on the anatomy and phylogeny of the earliest vertebrates. Proc. Roy. Soc. B. **269**, 1865-1869.
Xu, X. and Mackem, S. (2013) Tracing the evolution of avian wing digits. Curr. Biol. **23**, R538-R544.
Yalden, D. W. (1985) Feeding mechanisms as evidence for cyclostome monophyly. Zool. J. Linn. Soc. **84**, 291-300.
Yamada, G., Mansouri, M., Terres, M., Blum, M., Stuart, E. T., Schultz, M., De Robertis, E. M. and Gruss, P. (1995) Targeted mutation of the mouse *goosecoid* gene results in craniofacial defects and neonatal death. Development **121**, 2917-2922.
Yamamoto, Y. and Jeffery, W. R. (2000) Central role for the lens in cave fish eye degeneration. Science **289**, 631-633.
Yao, T., Ohtani, K., Kuratani, S. and Wada, H. (2011) Development of lamprey mucocartilage and its dorsal-ventral patterning by endothelin signaling, with insight into vertebrate jaw evolution. J. Exp. Zool. (Mol. Dev. Evol.) **316**B, 339-346.
八杉龍一 (1984) 生物学の歴史 (上)。NHK ブックス。
Yntema, C. L. (1944) Experiments on the origin of the sensory ganglia of the facial nerve in the chick. J. Comp. Neurol. **81**, 147-167.
Yntema, C. L. and Hammond, W. S. (1947) The development of the autonomic nervous system. Biol. Rev. **22**, 344-359.
Yntema, C. L. and Hammond W. S. (1954) The origin of intrinsic ganglia of trunk viscera from vagal neural crest in the chick embryo. J. Comp. Neurol. **101**, 515-541.
Yonei-Tamura, S., Abe, G., Tanaka, Y., Anno, H., Noro, M., Ide, H., ⋯ and Tamura, K. (2008) Competent stripes for diverse positions of limbs/fins in gnathostome embryos. Evol. Dev. **10**, 737-745.
Yoshida, T., Vivatbutsiri, P., Morriss-Kay, G., Saga, Y. and Iseki, S. (2008) Cell lineage in mammalian craniofacial mesenchyme. Mech. Dev. **125**, 797-808.
Young, J. Z. (1950) The Life of Vertebrates. Clarendon Press.
Young, J. Z. (1975) The Life of Mammals. Clarendon Press.
Young, J. Z. (1981) The Life of Vertebrates. 3rd ed. Clarendon Press.
Young, G. C. (1984) Reconstruction of the jaws and braincase in the Devonian placoderm fish *Bothriolepis*. Palaeontol. **27**, 635-661.
Young, G. C. (2008) Number and arrangement of extraocular muscles in primitive gnathostomes : Evidence from extinct placoderm fishes. Biol. Lett. **4**, 110-114.
Youson, J. H. (1997) Is lamprey metamorphosis regulated by thyroid hormones? Am. Zool. **37**, 441-460.
Youson, J. H. and Manzon, R. G. (2012) Lamprey metamorphosis, In : B. G. Kapoor (ed.), Metaporphosis in Fish. Science Publishers, pp. 12-75.
Yu, W., Wu, P., Widelitz, R. B. and Chuong, C. M. (2002) The morphogenesis of feathers. Nature **420**, 308-312.
Yu, J. K., Satou, Y., Holland, N. D., Sin-I, T., Kohara, Y., Satoh, N., Bronner-Fraser, M. and Holland, L. Z. (2007) Axial patterning in cephalochordates and the evolution of the organizer. Nature **445**,

613-617.
Yu, L., Wynn, J., Cheung Y. H., Shen, Y., Mychaliska, G. B., Crombleholme, T. M., Azarow, K. S., Lim, F. Y., Chung, D. H., Potoka, D., Warner, B. W., Bucher, B., Stolar, C., Aspelund, G., Arkovitz, M. S. and Chung, W. K. (2012) Variants in *GATA4* are a rare cause of familial and sporadic congenital diaphragmatic hernia. Hum. Genet. **132**, 285-292.
Zackson, S. L. and Steinberg, M. S. (1986) Cranial neural crest cells exhibit direct migration on the pronephric duct pathway : Further evidence for an *in vivo* adhesion gradient. Dev. Biol. **117**, 342-353.
Zákány, J., Kmita, M., Alarcon, P., de la Pompa, J.-L. and Duboule, D. (2001) Localized and transient transcription of Hox genes suggests a link between patterning and the segmentation clock. Cell **106**, 207-217.
Zangerl, R. (1939) The homology of the shell elements in turtles. J. Morphol. **65**, 383-406.
Zhang, G. and Cohn, M. J. (2006) Hagfish and lancelet fibrillar collagens reveal that type II collagen-based cartilage evolved in stem vertebrates. Proc. Nat. Acad. Soc. USA **103**, 16829-16833.
Zhang, X. G. and Hou, X. G. (2004) Evidence for a single median fin-fold and tail in the Lower Cambrian vertebrate, *Haikouichthys ercaicunensis*. J. Evol. Biol. **17**, 1162-1166.
Zhang, G., Miyamoto, M. M. and Cohn, M. J. (2006) Lamprey type II collagen and Sox9 reveal an ancient origin of the vertebrate collagenous skeleton. Proc. Nat. Acad. Sci. USA **103**, 3180-3185.
Zardoya, R. and Meyer, A. (1998) Complete mitochondrial genome suggests diapsid affinities of turtles. Proc. Nat. Acad. Sci. USA **95**, 14226-14231.
Zardoya, R. and Meyer, A. (2001) The evolutionary position of turtles revised. Naturwiss. **88**, 193-200.
Zeldich, M. L. (2001) Beyond Heterochrony : The evolution of development. Wiley-Liss.
Zeleny, C. (1901) The early development of the hypophysis in Chelonia. Biol. Bull. **2**, 267-281.
Zeller, U. (1988) The lamina cribrosa of *Ornithrhynchus* (Monotremata, Mammalia). Anat. Emb. **178**, 513-519.
Zheng, X., Bi, S., Wang, X. and Meng, J. (2013) A new arboreal haramiyid shows the diversity of crown mammals in the Jurassic period. Nature **500**, 199-202.
Zhou, C. F., Wo, S., Martin, T. and Luo, Z. X. (2013) A Jurassic mammaliaform and the earliest mammalian evolutionary adaptations. Nature **500**, 163-167.
Zhou, Z. G. and Martin, L. D. (2011) Distribution of the predentary bone in Mesozoic ornithurine birds. J. Syst. Palaeontol. **9**, 25-31.
Zhu, M. and Ahlberg, P. E. (2004) The origin of the internal nostril of tetrapods. Nature **432**, 94-97.
Zhu, M. and Gai, Z. (2007) Phylogenetic relationships of galeaspids (Agnatha). Front. Biol. China **2**, 1-19.
Zhu, M., Yu, X., Choo, B., Wang, J. and Jia, L. (2012) An antiarch placoderm shows that pelvic girdles arose at the root of jawed vertebrates. Biol. Lett. **8**, 453-456.
Zhu, M., Yu, X. B., Ahlberg, P. E., Choo, B., Lu, J., Qiao, T., Qu, Q. M., Zhao, W. J., Jia, L. T., Blom, H. and Zhu, Y. A. (2013) A Silurian placoderm with osteichthyan-like marginal jaw bones. Nature **502**, 188-193.
Ziegler, H. E. (1908) Die phylogenetische Entstehung des Kopfes der Wirbeltiere. Jena Z. Naturwiss. **43**, 653-684.
Zimmermann, S. (1891) Über die Metamerie des Wirbeltierkopfes. Ver. Anat. Ges. **5**, 107-114.

索　引

ア　行

アイソメトリー　618,639
アイデンティティ　225
アイニクトズーン　7
アウリクラリア幼生　4
顎　488
顎の懸架様式　424
アシナシイモリ　337
アシナシトカゲ類　344
足立　208
新しい神経頭蓋　331
新しい頭部　331,560
圧縮　58
アーティファクト　394
アーデルマン　397,399
アナロジー　420,613
アノマロカリス　447
アブミ骨　309,312,317,359,419,420
アフリカ獣類　275,284
アフリカツメガエル　313
アランダスピス類　530
アリクイ　368
アリス　361
アルシャラクシス論　55
アールボーン　406
アルマジロ　347,367
アレント　358
アロメトリー　617,639
アンチ胚葉的　116
安定化淘汰　455,619,634,654
アンモシーテス　3
アンモシーテス幼生　6,145,149,210,218,323,461,469,477,498,582
異形成　347

異形成的骨形成　347
異甲類　120,482,526,532
囲鰓堤細胞　209
囲鰓堤細胞集団　109
囲心腔　101,228,542
位置価　308,513
一次運動神経　132
一次顎関節　426,443
一次頭蓋底　292
一次頭蓋壁　290,292,334
一次胚葉　104
一次パターン　639
一半規管　548
逸脱　55
一般相同　625,626
イデア　30,32,41
イデア的動物　414
イデア論　415
遺伝子カセット　613
遺伝子制御ネットワーク　114,583,599,606
遺伝子重複　611
遺伝子ネットワーク　614
遺伝子破壊実験　173
遺伝子発現ネットワーク　358
遺伝子発現レパートリー　346
遺伝的同化　654
移動経路　220
移動性筋前駆細胞　207,226
移動領域　181
イトマキヒトデ　633
イノベーション　446
イモリ　317
イワダヌキ　275
因果連鎖　128,402
因果連鎖的プロセス　637
陰茎骨　345

咽頭　11,12,98
咽頭弓　38,73,92,98,100,147,456
咽頭弓神経堤細胞　363
咽頭弓の数　621
咽頭溝　442
咽頭鰓節　300
咽頭上体節　191,201,540
咽頭嚢　98,145,147,404,489
咽頭嚢派生器官　101
咽頭嚢派生体　404
咽頭嚢派生生物　110,622
咽頭裂　98,460,489
ヴァラセック　229
ヴァン=ヴァーレン　631
ヴァン=ヴィージェ　4,74,399,406,417
ヴィク・ダジール　352
ウェストール　436,437,441
ウェディン　399
ウェーベル氏器官　267
ウォディントン　97,624,654
ウォルフ稜　374,405
ウズラ　152
ウッジャー　14
ウツボ　489
羽毛　448
ウルクラフト　35,44
鱗　119
運命予定地図　329
エウスタキ管　436
枝分かれ　47,66
エディンガー=ウェストファル核　138
エピジェネシスの罠　614
エピジェネティックス　97
エピジェネティック制御機構　59
エピジェネティック相互作用

95
エピジェネティック誘導現象　95
エピジェネティック・ランドスケープ　654
円口類　121, 161, 209, 267, 461, 472, 475
円口類説　9, 10, 546
円口類軟骨頭蓋　584
縁骨板　367
エンハンサー　59, 609
縁辺骨　380
縁膜　466, 467, 500, 573
縁膜軟骨　493
縁膜の発生　503
オーウェン　29, 31, 32, 34, 42, 70, 176, 270, 335, 387, 607, 613, 625, 628
横隔膜　223, 226, 377
横隔膜ヘルニア　229
横中隔　12
太田　584
大宅　370
オーガナイザー領域　287
オーケン　27, 64
オステオダーム　343, 345, 347, 367
オーソローグ　376
オーソロジー　492
オタマジャクシ幼生　116, 186, 406, 416
オドントケリス　371, 378, 380
オフサイド　646
オルドビス紀　578
折れ込み説　375, 377, 381
音響伝達装置　440, 583

カ　行

外眼筋　75, 76, 79, 137, 197, 398, 501, 543
外眼筋群　487
外眼筋神経　75, 77, 137
外眼筋神経群　136, 140, 543
外群　3
外群比較　573
外後頭骨　327
外鼓骨　427, 428

外骨格　118, 119, 343, 358, 367
外在喉頭筋　222
外耳道　443
外生殖器　551
階層性　651
外側外套　185
外側中胚葉　95
外側鼻隆起　162, 505, 588, 596
外適応　612
外的な力　35
外転神経　134, 140, 543
概念的枠組み　606
外胚葉　90, 104
外胚葉頂堤　373
海馬交連　580
蓋板　142
外鼻孔　12, 527, 569, 574, 595
外部淘汰　623
外分泌腺　468
開放血管系　479, 548
乖離　248, 356, 443, 519, 651
下咽頭顎節　305, 361
ガウプ　426, 435, 441
下顎腔　436, 441
下顎腔仮説　441
下顎枝　161
下顎神経　158, 523
下顎突起　162
下顎軟骨　305, 596
鍵革新　21, 274, 365, 451, 495, 620
顎下制筋　428
顎顔面構造　490
顎懸架装置　440
顎口類　9, 120, 475
顎口類ステム　486
角骨　427, 428
顎骨弓　150
顎骨弓神経堤間葉　502
顎骨弓領域　516
顎骨腔　75
角鰓節　300
角質歯　469
顎前・顎骨弓境界　362
顎前間葉　354, 490
顎前弓　83, 496

顎前弓仮説　323
顎前腔　75, 395, 397, 398, 502
顎前鰓弓　323
顎前中胚葉　287, 501, 507
顎前領域　165, 497, 506, 516
顎二腹筋後腹　433
過形成　56, 582
下鰓節　300
下唇　500, 567
下神経節　153
下垂体　12, 333, 563
下垂体窩　293
下垂体孔　287, 289
下垂体後突起　569, 572, 595
下垂体後突起派生物　588
下垂体プラコード　105
ガスケル　84
ガースタング　389, 417, 643
ガストレア　53
ガストレア説　53
下制筋　363
化石無顎類　225
加速　56
型の一致　8
型の統一　34
滑車神経　134, 138, 543
合体節　254
甲冑　344, 351
カップリング　444, 649
ガドウ　245, 556
カナリゼーション　653
カナリゼーション説　624
カミツキガメ　369
カメのボディプラン　382
カメ胚のHoxコード　370
カメ類　272, 343, 365
カモノハシ　270
カルシウム代謝　119
ガレアスピス類　346, 487, 490
カワヤツメ　475
眼窩下筋　211
感覚器　92
感覚器官　11
感覚器プラコード　105
感覚器胞　238
眼窩上筋　211
眼窩側頭領域　239, 287, 290

眼窩中隔　323
眼窩蝶形骨　290, 337
眼窩軟骨　290, 362, 458, 510
冠グループ　23
関係性のシフト　578
環形動物　410
眼後神経堤間葉　596
眼後神経堤細胞　502, 505
間鎖骨　364, 380
間充織　348
眼神経　165, 523
眼神経節　158
ガンス　331, 560
関節窩　364
関節　423, 441
間接発生　469
眼前神経堤細胞　502
完全特殊相同　627, 628
完全特殊相同性　15
完全な分節性　402
肝臓　228
環椎　260
間頭頂骨　356, 357
観念論　32
間脳底部　397
間背　245
間腹　245, 557
カンブリア紀　4, 447
カンブリア爆発　531
顔面神経　134, 151, 433
顔面表皮外胚葉　333
間葉細胞　348
間葉のコンパートメント　429
岩様プラコード　153
間梁軟骨　505, 512, 596
冠輪（トロコフォア）動物　412
基幹グループ　23
器官発生期　531
擬鎖骨　364
キジ目　152
鰭条骨　351
拮抗作用　517, 608
基底板　142
キヌタ骨　312, 420
機能解析　263
機能獲得　263

機能決失　262
機能コラム　113, 142
機能シャッフル　611
機能のシャッフリング　605
機能分配　611
キノドン類　427
ギボシムシ　3, 633
基本領域　180
キメラ実験　241
キメラ法　153
キュヴィエ　35, 66, 352, 601
キュヴィエ管　227
臼歯　517
嗅神経　134
峡　315
境界溝　142, 182
胸郭　228
胸骨の消失　383
胸腺　101, 487
共時的　39
胸椎　259
鏡像対称　313, 442
胸椎　259
頬突起　505
胸腹膜壁　227
共有派生形質　1, 23, 50, 187, 440
恐竜　448
棘下窩　364
棘魚類　456, 546
棘上窩　364
極性　448, 516
極性化活性帯　607, 613
極軟骨　360
棘皮動物　3
キリアン　88
鰭竜類　382
ギルバート　599, 613
キールマイヤー　87
筋芽細胞　224, 377
ギンザメ　150, 596
筋節　11, 12, 18, 106
緊張部　436
筋膜骨　344
キンメル　521
キンモグラ　275
空間的コリニアリティ　256
偶奇性　170
偶骨　426

偶蹄類　17
偶発的軟骨　346
クジラの歯　648
口　11, 12
グッドリッチ　68, 79, 81, 107, 134, 165, 178, 243, 251, 387, 435, 442
クプファー　153, 565
グラウンドプラン　36
クラスター　256, 479, 609
クーリー　284, 316
繰り返し性　401
繰り返し単位　401
グリプトドン類　367
グールド　54
グレード　2, 22, 386
クローン解析　105
クローン集団　245
形式化　19
形質状態　8
頸神経ワナ　230
形態アイデンティティ　248, 261, 456
形態維持的拘束　338, 419, 438, 620, 638, 639, 644
形態学　29, 44
形態学的個性　150
形態学的相同性　47
形態学的テンプレート　442
形態学的同一性　441
形態形成の拘束　128, 192, 338, 385, 420, 438, 600, 639
形態的アイデンティティ　253, 254, 309
形態的位置関係　500
形態的カテゴリー　358
形態的相同性　241, 598, 613, 638
形態的表現型　637
形態パターニング　373
形態パターン　614
形態発生の拘束　402
頸椎　259
頸椎数　231, 270
系統樹　50
系統的入れ子関係　448
系統的拘束　284
系統的発生拘束　466

頸部筋 197, 226
頸部-胴部境界 226
系列相同 625, 626
系列相同説 495
ケインズ 125
ゲーゲンバウアー 69, 239, 490, 494, 613, 627
血管 107
結合 438, 465
結合一致の法則 421
結合組織性骨 118
欠甲類 484
血道弓 557
ゲーテ 27, 29, 32, 44, 64, 68, 176, 254
ゲーテ形態学 394
ゲノムの2R重複 476
ゲノム倍加 611
ケリカー 70
腱 202
懸架 597
原型 14, 25, 335, 457
原型思想 34
原型的形態 47, 66
原型論 26, 47, 68, 71, 237
肩甲下筋 226
肩甲下神経 230
肩甲挙筋 377
肩甲骨 309, 364
肩甲背神経 377
原索動物 2, 220, 331, 549, 562
原始形質 68, 79, 385
原始性 15
原始的後口動物 642
原始的脊索動物 642
原条 397
原植物 29
原脊椎動物 33
肩帯 13, 349, 363, 595
原動物 35
堅頭類 439
肩峰 364
口咽頭膜 489, 501, 565, 594
後烏口骨 364
口蓋帆張筋 436
口蓋方形軟骨 305, 361, 491, 596

口陥 488
交感神経幹 487
交感神経節細胞 127
後関節突起 431, 440
口器 11, 462
硬結軟骨 346
口腔 11
口腔外胚葉 362, 488, 564
後口動物 3, 642
後交連 580
項骨板 367
後肢 363
後耳咽頭弓 191, 492
後耳神経堤細胞群 109
後耳体節 536
後斜筋 545
甲状腺 12, 468, 569
甲状腺ホルモン 582
後耳領域 198
硬節 118, 247, 458
口前弓 497
口前腸 325, 362, 396, 567
構造的拘束 600, 603, 620, 638
構造的ネットワーク 601
構造論 30
拘束 126, 599
拘束されたパターン 637
後腸 11
後頭顆 285
行動学的相同性 624
後頭弓 486
後頭骨 238, 248, 349
後頭骨-椎骨関節 285
口板 526
甲皮類 498
後方優位の法則 263
コウモリの翼 449
肛門 11, 12
甲稜 373
交梁軟骨 323
コ・オプション 115, 117, 215, 376, 561, 562
呼吸孔 145
鼓索神経 433
鼓室上腔 436
個体発生アロメトリー 618
骨格系 341

骨格組織 118
骨甲類 5, 120, 164, 166, 225, 346, 347, 351, 467
骨鰾類 267
古典理論 500
コーネル 121
コノドント 7, 8, 120, 137, 150, 483
コープ 546
コファクター 376
鼓膜 420, 428, 435, 440
鼓膜張筋 426, 436
小藪 357
固有背筋群 194
固有派生形質 79
コラーゲン繊維 347
コラム 143
コリニアリティ 274
ゴルトシュミット 44
ゴルブマン 563
コワレフスキー 412, 547
コンセンサス形態 15
コンドロイチン硫酸 119
コンパートメント 111, 132, 169, 391

サ 行

鰓下筋 209, 230, 248, 539
鰓下筋系 99, 209, 216, 220, 460
鰓弓 12, 147
鰓弓筋 197
鰓弓骨格 12, 119, 297
鰓弓神経群 136, 151, 458, 540
鰓弓神経根 173
鰓弓神経堤細胞群 109
鰓弓頭蓋 238
鰓弓分節列 150
鰓弓由来説 13
鰓弓列 149
鰓孔 98, 493
鰓後体 101
サイズ 617, 639
鰓性器官 622
鰓嚢 484, 596
再分節化 247
細胞外基質 107, 584

細胞間相互作用　405, 520
細胞系譜　105, 334, 335, 358
細胞標識　350
細胞分化のレパートリー　348
鰓葉　145
鰓裂　12, 148
索状構造　124
索前・脊索境界　362
索前頭蓋　289, 321, 322, 334, 362, 505, 511, 594
索前板　287, 395, 396, 454, 501, 506, 507
鎖骨　364, 380
鎖骨下筋神経　230
サメ　208
左右相称性　18, 410
左右相称動物　642
三叉顔面腔　296, 545
三叉神経　134, 151, 158
三叉神経筋　425
三叉神経堤細胞　109, 309, 362, 501
三半規管　612
ジー　410
シェーファー　18
ジェフリー　16
耳殻　238
シカの枝角　346
耳管　436
時間的コリニアリティ　256
弛緩部　436
色素細胞　107, 348
自脚　203
軸下筋　193, 194, 201
軸索形成パターン　132
軸上筋　193, 194
軸上・軸下システム　225
軸前成分　287
軸椎　260
シグナリング　223, 608
シグナリングシステム　335
シグナル　97
軸部閉じ込め　375
重谷　516
視交差下翼　329
歯骨　426
篩骨　239

篩骨域　239
四肢　13
歯式　14
四肢筋　377
支持細胞　107, 153
四肢動物　2
視床下部　184, 290, 502, 564, 567
耳小骨　312, 420
耳小骨問題　71, 421
視床上部　184
耳小柱　313, 359, 424, 583
視床背側部　184
視神経　134
システムの相同性　615
沈み込んだ外骨格　344
耳石　477
耳切痕　439
耳前体節　75
自然淘汰説　64
支柱構造　290
膝プラコード　153
シフト　356
耳プラコード　387
耳胞　109
姉妹群　3
嶋田　351
ジャーヴィック　80, 157, 244, 429, 430, 499
斜角筋　380
斜筋　137
尺骨神経　231
ジャコブソン　390
シャリーン　180
獣脚類　598
獣弓類　446
終枝　152, 526
収縮筋　594
終神経　134
終脳　185, 333
終板　142
終末弓　165
終末付加　60
シュウユウ　532
シュウユウ-ガレアスピス類　531
ジュゴン　275
種子骨　345

主神経節　153
受動的　455
種の起源　49, 423
シュリヒティング　455
主竜類　269, 366, 382
シュワン細胞　155
瞬膜　140
盾鱗　119
上衣層　189
上咽頭顎節　361
上下顎神経　166
上下顎神経節　158
消化管　11, 18, 92, 98
上顎　491
上顎枝　161
上顎神経　158, 523, 526
上顎節　300, 361
上顎突起　162, 523
条鰭類　119
上下対称パターン　307
上後頭骨　327, 357
上鰓神経節　153
上鰓節　300
上鰓プラコード　102, 153, 155, 563
上肢筋　230
ショウジョウバエ　178, 221, 622
上唇　500, 535, 567
上神経節　157
上恥骨　345
床板　138, 142
上皮間葉相互作用　516, 517
上尾骨板　367
上皮性神経堤　353
静脈叢　241
静脈洞　241, 480
小翼　329
上翼状腔　296
上翼状骨　329
上梁軟骨　329
触鬚　571
触手冠動物説　415
食道　11, 12, 477
鋤骨　378
ジョネルズ　510
ジョフロワ　27, 30, 42, 334,

742　索　引

352,421,527,608,613
ジョリー　321
ジョンストン　162,176
シラー　32
自律神経　86,127
自律神経節　187
自律神経節細胞　107
進化的新規形質　30
進化的新規形態　419,623
進化的新機軸　448
進化的新規性　341,510,530
進化的表現型模写　612
進化的ポラリティ　577
進化発生学　415
新規形質　380
新規形態　364
新機軸　449
新機能獲得　611,612
新規パターンの創成　578
神経管　18,92
神経細胞　107
神経軸　182,183
新形成物　436
神経堤　18,289,380
神経堤間葉　108,117,459,594
神経堤細胞　101,102,121,124,172,453
神経堤性頭蓋　334
神経伝導路　185,580
神経頭蓋　118,238,287,358
神経頭蓋底　239
神経板　90
神経分節　453
神経網　416
神経ワナ　222
真骨魚類　96,241
新古典理論　500
心臓　12
心臓神経堤細胞　110
腎臓襞　228
靭帯　202
シンテニー　610
唇軟骨　497
真皮　118,239,346
人類創成史　50
髄内知覚細胞　188
水平筋中隔　221,460

髄膜　334
スズガエル　317
スターン　125,183
スッポン　374
ステゴザウルス　626
ステムグループ　120,486
ステンシェー　166,499
スナイダー　319,334,355
砂時計モデル　52,62
スナヤツメ　475
成体変異　56
正中鰭　12,13,593
正中神経　231
成長因子　221,517
静的アロメトリー　618
生物発生原則　49,70
制約する力　630
ゼヴェルツォッフ　55,239,300,497
脊索　1,12,18,92,556,557
脊索前端　567
脊索前板　362
脊索頭蓋　289,334,362
脊索動物　1,416
脊髄　458
脊髄後頭神経　230
脊髄神経　75,86,125,129,540
脊髄神経節　112,123,125,187
脊髄神経腹根　189
脊柱　1,548,556
脊椎動物　1
舌咽神経　134,152
舌顎骨　313,439
舌顎枝　433
舌顎軟骨　359,440,597
舌下神経　134,141,248,405,539
舌下神経核　212
舌器官　477,540
舌機構　466
舌筋　220,377,405
節頸類　210,596
舌骨　309
舌骨下筋群　222,377
舌骨弓　150
舌骨弓神経堤細胞　354

舌骨腔　75
舌骨神経堤細胞　109
舌装置　486,500,569,582
節足動物　410
節プラコード　153
セファラスピス類　480,490,533,544
ゼブラフィッシュ　96,132,313
セマフォリン　173
セロトニン作動性ニューロン　416
繊維芽細胞　202
繊維芽細胞成長因子　516
前烏口骨　364
前関節骨　426
前環椎　285
前駆細胞　128,344
先験論　26
穿口蓋類　473,572
前口動物　3
全骨類　395
潜在的相同性　345
潜在的発生反応規準　456
前肢　363
前歯骨　345
前上顎骨　352,596
線状体　185
腺性下垂体プラコード　505,511,532
前成頭蓋　243
前脊椎動物胚　455
前舌下小根　140
全体ヘテロクロニー　583
前蝶形骨　323,327
前腸嚢　400
仙椎　259
先天性横隔膜ヘルニア　228
前頭頭頂骨　353
前頭鼻隆起　503,588
全頭類　150
前脳　12,458
繊毛帯　416
ゾウ　275
総鰭魚類　13
双弓類　268,364,382
双弓類型の中耳　440
相互作用　42

索引　743

相似　32,34
臓性　75
臓性部　83
相対的（な）位置関係　146,578
相同　32
相同遺伝子　603
相同性　25,47,169,419,420,598
相同性の「深度」　14
相同的形質　598,624
総排泄孔　11,540
僧帽筋　204,209,487,595
僧帽筋群　198,364,463,543,582
側憩室　502
側線系　241,477
側線神経節　153
側頭骨鱗状部　439
側頭窓　365
側頭翼　305
側板中胚葉　75
組織移植　105
組織間相互関係　604
組織間相互作用　95,335,617,625
組織細胞間相互作用　333
ソミトメア　176,389
ソミトメリズム　405,409,453,457,458,629,639
ソミトメリックなパターン　642
存在の大いなる連鎖　45

タ　行

第1咽頭裂　145
第1鰓弓　147
第1内臓弓　147
第一肋骨　196
体幹　75
体幹型　107
体幹筋　193
体幹神経堤細胞　112,125,351
体幹の特殊化　192
体腔　4,98
退縮　55,57
体性運動ニューロン　125

体性筋　75
体性部　83
体節　75,95
体節間経路　130
体節性　629
体節中胚葉　92
第0咽頭嚢　159
体側襞　14
体側襞由来説　13
体壁　90
タイヤモデル　116
大翼　306,329
第4の胚葉　102
第6咽頭弓領域　149
ダーウィン　26,35,64
多横卵　565
多核性胞胚　622
多角形モデル　180
タクサの階層　15
タクサのヒエラルキー　321
脱上皮化　108,121,123,557
脱皮動物　3,412
タリー・モンスター　484
端黄卵　477
単孔類　275
淡蒼球　581
端体節　398
短突起　440
タンパク質の相互作用　608
単鼻性　464,487,529,574
遅延　56
澄江（チェンジャン）　6
知覚神経節　187
中間中胚葉　95
中軸骨格　14,118,119,343
中耳腔　378,440
中心管　580
中腸　11
中脳　12,458
中脳後脳境界　138,140
中胚葉　4,12,90,104
中胚葉性神経頭蓋　334,588
中胚葉性体腔　18
中胚葉分節　78
腸管　12,98
腸管自律神経系　107
腸管壁　98
長胸神経　377

調教的に誘導　309
蝶形骨　239,327
蝶形骨体　327
チョウザメ　248,301
チョウザメ崇拝　301
腸体腔　67
腸体腔性　395
直筋　137
直接発生　469
チロシンキナーゼレセプター　172
珍渦虫　3
対鰭　13
椎骨　1,12,245
椎骨原基　261
椎式　270
椎体　245
対鼻性　464,495,511,529,574
ツチ骨　312,420
ツールキット遺伝子群　61
底後頭骨　323,327
底蝶形骨　323,327
ティーデマン　45
底背　245
底腹　245,557
ディプリュールラ幼生　4,415,633
底翼状骨関節　378
ディーン　550
デヴォン紀　533
適応　449
適応を伴った変形　449
デトウィラー　125
デフォルト　225,304,446,488
デフォルト形態　300,318,319
デフォルト状態　150,311,489
デフォルト・パターニング　306
デュプレ　533
展開　646
テンレック　275
頭化　18
頭蓋　11,12
頭蓋冠　239,343,349

744　索　引

頭蓋腔外　296
頭蓋椎骨説　27-29
頭蓋の一次構築プラン　237, 349
頭蓋壁　239
動眼神経　134, 543
洞窟魚　602
同型　626
頭腔　67, 73, 77, 86, 395, 597
橈骨神経　231
頭索類　2
同称　627
同能　626
頭部　11, 454
頭部型　107
頭部顔面領域　109
頭部筋　193
頭部神経堤葉　308, 498, 595
頭部神経堤細胞　66, 108, 201
頭部神経堤細胞集団　353
頭部ソミトメア　67, 389, 409
頭部体幹境界　542
頭部中胚葉　287, 385, 409, 454, 459
動物種特異性　319
動物門　36
頭部と体幹の境界　192
頭部分節説　395
頭部分節問題　61
頭部分節理論　64, 81, 85, 494
頭部 Hox コード　311
頭部問題　61
ドゥプール　61
動脈弓　38
同名　627
特異的相対成長　618
特殊臓性運動　143
特殊臓性知覚　143
特殊相同　625, 626
特殊相同性　34
特殊体性知覚　143
ドナー　319
ド＝ビア　44, 55, 243, 251, 366, 499
ドブネズミ　276
ドミナントネガティヴ型　611

トランスクリプトーム解析　376
トランスジェニックマウス　186, 327, 348, 352
トランスジェニックマウス胚　241
トランスフォーム　225, 441, 516
トランスフォーメーション　264, 442, 491
トルナリア　415
ドールン　73
トレードオフ　276
トロコフォア動物　3
トロコフォア幼生　37
ドロマエオザウルス類　448
トンプソン　569

ナ　行

内群　20, 547
内骨格　118, 343, 358
内在咽頭筋　207
内耳　12, 387, 420
内耳神経　134
内耳神経節　152
内耳プラコード　157, 389
内臓弓　98, 588
内臓骨格　348, 597
内臓中胚葉　98
内臓頭蓋　358, 459, 594
内臓裂　98
内側外套　185
内側鼻隆起　162, 503, 526, 596
内柱　12, 18, 466, 468
内的行動　624
内的な力　35
内胚葉　12, 90, 92, 104
内胚葉起源説　563
内胚葉シグナル　318
内鼻孔　597
内皮細胞　549
内部淘汰　272, 614, 619, 623
内分泌器官　468
ナマケモノ　270
ナメクジウオ　2, 3, 70, 104, 111, 130, 186, 256, 385, 387, 409, 414, 454

ナメクジウオ神経管　615
軟骨魚類　119, 596
軟骨性骨　118, 343
軟骨性神経頭蓋　349
軟骨頭蓋　243, 458, 584
軟骨内骨化　345, 358
軟骨膜骨化　346
肉鰭　597
二元論　330
二次運動神経　132
二次顎関節　426
二次口咽頭膜　565
二次口蓋　572
二次心臓フィールド　220
二次軟骨　346
二次胚葉　104, 348
二重体制説　406, 415
二重分節　406
二次ルール　646
二半規管　549, 612
ニューロメリズム　167
ニューロメリズム拘束　642
ニール　137, 179, 408
ニワトリ　152
ヌタ　479
ヌタウナギ　6, 121, 131, 159, 161, 467, 473, 479, 546
ヌタウナギ脳原基　580
ネオテニー　55, 577
ネクトカリス　447
ネズミカンガルー　276
脳原基　580
脳室　580
脳室周囲器官　122
脳褶曲　183, 290
脳神経　133
脳神経叢　228
ノースカット　187, 331, 560
ノーデン　138, 207, 309, 330, 333, 350, 441

ハ　行

背外側経路　403
胚環境　107, 111, 220, 309, 314, 606
ハイギョ　285
ハイコエラ　6
背甲　343, 367

索引 745

背根 125
背側咽頭枝 152
背側外套 185
背側大動脈 559
背側プラコード 156
胚と祖先 55
背腹軸 3
背腹パターニング 608
背腹反転 410
胚葉説 8,47,94,335,348
ハインツ 569
ハウエル 231
バウプラン 2,14,17,19,26,35,90,221,268,386,405,431,638,651
バウプラン進化 454
バウプランの入れ子状態 50
バウプランの階層的構造 30,321
バウプランの構成要素 137
バウプラン放散 414
蠅取り紙モデル 333
パーカー 584
バーク 194,265,373
ハクスレー 29,35,65,352,429,457,490,498,629
バージェス頁岩 4
派生形質 21
パターソン 345
パターニング 97
ハチェック窩 564
発現サイクル 392
発現領域 610
発生運命予定地図 101
発生攪乱実験 442
発生原則 49
発生拘束 22,67,271,404,419,527,599,634,637,638
発生コンパートメント 174,178,184,308
発生システムの階層的構造 518
発生システム浮動 133,359,598
発生的拘束 625
発生的反応基準 455
発生的由来 241
発生のタイムテーブル 55,520,583
発生のリパターニング 465
発生負荷 97,133,273,414,438,530,620,623,624,634,639,644
発生モジュール 42,215,444,601
パッテン 533
ハーディスティ 470
ハーディ=ワインベルグの法則 54
鼻プラコード 333,462,503,505,511,527,532,578,624
ハーバード学派 365
ハラー 362
パラセグメント 178
腹鰭 13,363,595
パラローグ遺伝子 605
パラローググループ 264,310
パラローグの転座 605
バルフォー 65,72
パレオスポンディルス 483,590
汎円口類パターン 568
ハンケン 353
板鰓類 394
板鰓類崇拝 70,86
半索動物 3,415,562
板歯類 346,382
汎脊椎動物的バウプラン 453
パンダー 8
ハンテリアン・コレクション 270
反転板 427
板皮類 210,351,363,491,533,545,596
反復 15,53,645
反復効果 633
反復説 19,27,44,64,94,415,495,576,605
反復説論者 414
汎プラコード領域 105,563,593
盤竜類 446
鼻窩 503
ピカイア 4,5

鼻殻 239,505
比較の階層性 651
比較発生学 19
皮下骨 345
鼻下垂体管 480,482,529
鼻下垂体孔 529
鼻下垂体道 480
鼻下垂体板 470,505,511,594,595
皮筋節 106,403,458,559
鼻口蓋枝 162,524,525,526
皮骨 120,239,343
皮骨性甲冑 120
皮骨性神経頭蓋 239
皮骨性内臓頭蓋 239
皮骨成分 241
皮骨頭蓋 238,349,358
尾骨板 367
皮骨要素 439
尾索類 2,117
皮質 185
皮節 106
鼻前神経堤間葉 596
鼻前突起 569,588
脾臓 548
髪 13
ビタミンA 262
鼻中隔 323,512,530
尾椎 259
鼻道軟骨 590
鼻囊 574
非胚葉型の発生様式 561
ビビンナリア 415
非分節論 386
表現型模写 285,454,580
標的遺伝子 607
表皮外胚葉 12
鰭 13
非連続性 253
ファイロタイプ 36,40,42,54,59,90,102,531,577,600,614,619,621
ファイロタイプ期 36,628
ファイロティピック段階 15,40,66,359,495,643,653
フィグドー 183
フィールド 106
フォン=ベーア 8,45,47,52,

59, 65, 87, 358, 635, 643
負荷 600
付加的二次ルール 635
不完全特殊相同 627, 628
不完全特殊相同性 14, 150, 272
不完全な分節性 402
副核 138
腹甲 272, 367, 380
腹腔 228
複合仮説 373
副交感神経節 110
副甲状腺 101
複合糖質 403
腹骨 344, 380
腹根 125
副腎 228
副神経 134, 198, 204, 582, 595
腹膜腔 12, 542
フシュケ 69
不穿口蓋類 473, 482, 572
付属体節神経頭蓋 249
布置変換 30
部分ヘテロクロニー 583
フユークス 429
フュールブリンガー 226, 249, 265
プライオトロピー 602, 605
プラコード 18, 94, 453
プラコード分化 574
プラステア 53
プラット 79
プラットの小胞 78, 398
プラトン的イデア 42
ブランキオメリズム 405, 453, 458, 629, 639
ブランキオメリズム拘束 642
フリッチュ 187
プルキエ 392
プレコストムス 499
プレコミットメント説 314, 318
プレパターン 126, 174, 516
フレーム・シフト仮説 356
プロガノケリス 378
プロセス 132

プロセスの相同性 608, 638
プロソメア 168, 179, 183, 333
ブロッキング剤 442
フロリープ 88, 139, 388, 405
フロリープの神経節 218
吻 597
分化カスケード 606
分割 448
分節繰り返し性 402
分節性 401, 410, 626
分節的繰り返しパターン 40
分節的祖先動物 385
分節的領域化 313
分節番号 248
分節変化 253
分節論者 386
分泌因子 214
分離 438, 465
分類群 1
ペア・ルール遺伝子 392
平滑筋 75, 98
平行進化 187, 599
ベイトソン 253
ヘッケル 26, 48, 64, 87, 366, 412, 547, 574, 633, 635
ヘッケル的効果 54
ヘテロクロニー 40, 54, 358, 410, 520, 652
ヘテロクロマチン 152
ヘテロトピー 94, 358, 373, 465, 520, 652
ヘテロトピー説 367, 520
ヘビ 264
ベルグクイスト 180
変異 630
変形発生 55
変動する非対称性 630
方形骨 423
傍索軟骨 290, 327, 349, 458, 510, 556, 588
傍軸中胚葉 95
傍軸頭部中胚葉 588
ホスト 320
ボセンタン 442, 443
歩帯動物 3, 416
Hox 遺伝子 40, 176, 186, 195

Hox コード 30, 41, 61, 253, 262
ポッター 470
ボディプラン 3, 11, 221
ボディプラン構成要素 124
哺乳類型の中耳 440
哺乳類様爬虫類 268, 428
ホメオシス 253
ホメオティック 254
ホメオティックシフト 272
ホメオティックセレクター遺伝子 254, 262
ホメオティックセレクター遺伝子群 41, 255
ホメオティック重複 226
ホメオティック重複説 233
ホメオティック突然変異 253, 255
ホメオティックトランスフォーメーション 234, 307, 429
ホメオティックな特異化 231
ホメオドメイン 255
ホメオボックス遺伝子 176, 255, 456, 615
ホメオボックス遺伝子群 214, 516
ホモブラジー 8, 34, 530
ホヤ 2, 104, 414
ホヤの脊索 620, 621
ホヤ胚 561
ポラリティ 19, 34, 50, 316
ホランド 81, 560
ポルトマン 239
ホルムグレン 344, 361
本質的変異 253

マ 行

マイアー 389
マウトナーニューロン 460
マーカー（遺伝子） 381, 588
膜骨 344
膜性骨 118, 343, 344
膜内骨 346
膜内骨化 344, 345, 358
膜内骨化過程 346
マスターコントロール遺伝子

索引　747

61,255,602,607
マスターズ　254
マスターマン　4
松岡　205
末梢自律神経節　111
末梢神経　83,124,348
マッピング実験　391
マトファイエフ　360
マナティー　270,275
マラット　500
ミエロメア　179
ミックリザメ　491
ミユビナマケモノ　275
ミュラー　70,416,423,449,477,584,599
無顎類　13,210,461,475
無顎類的グレード　574
ムカシトカゲ　344
無弓類　366
ムコ軟骨　469,478
ムーディー　172
無頭動物　547
胸鰭　13,363,533
無尾両生類　353
眼　12
迷走神経　134,152
迷走神経堤　107
メイナード=スミス　22,599
メキシコサンショウウオ　206
メダカ　223
メタメア　401
メタメリズム　29,40,167,401
メタモルフィ　254
メタモルフォーゼ　29,30,254
メッケル　45,37
メッケル軟骨　309
メラノサイト　117
メリスティック　254
盲嚢　477
毛様体神経節　544
モササウルス　264
モジュラリティ　164,438,583,602,604,605,649
モジュール　164,203,588,602

モジュール性　8,164,383,465,604
モルフォゲン　622
モルフォジェネティック　316
モルフォタイプ　61,578
モルフォロギー　29
門歯　517

ヤ 行

軛脚　203
ヤツメウナギ　6,74,120,121,163,185,217,218,248,323,473
ヤツメウナギ胚　390
ヤモイチウス　484
遊走　108
有対化　624
有胎盤類　399
有袋類　399,426
誘導作用　94
誘導的シグナル　556
誘導的相互作用　102
有頭動物　9,547
有頭動物説　9,10,546,560,564
有鱗類　269
ユンナノズーン　5
腰帯　13
腰椎　259
羊膜類　2
翼状筋　189
翼状骨　329
翼蝶形骨　305,306,329
翼突筋　436
翼板　142
ヨーロッパイノシシ　276

ラ 行

ライヘルト　65,423
ライヘルト説　426
ライヘルト軟骨　313,317
ラカーリ　186
ラキトム型　448
ラトケ　65
ラトケ嚢　105,361,527,564,567,604
ラフ　42

ランケスター　34,401
リガンド　172
陸封型　477
リクルート　518
リジリ　311
リチャードソン　40
リペレント　139,173
竜盤目　448
領域的特異化　308,391
菱形筋　377
菱形筋-肩甲挙筋複合体　377
梁軟骨　322,360,462,486,496,505,526,588,596
梁軟骨板　353
梁軟骨複合体　505
菱脳　12,143,458
菱脳唇　580,581
菱脳分節　167
鱗状骨　439
リンパ洞　482
鱗板　347
鱗竜類　366
ルイ・アガシ　165
涙骨　378
涙鼻管　378
ル=ドワラン　284
ル=リエーブル　350
霊長類　275
レチノイン酸　229,262
レチノール　262
裂後枝　152
裂前枝　152,434
レトロウィルス　350
レトロポゾン　20
レマーネ　4
レンズ　548,563
レンズプラコード　563
連続性　253
漏斗　397
漏斗型モデル　52,62
肋板　345,367
露出した内骨格　343
ロゼット　389
肋骨　272,343
ローハン=ベアード細胞　188
ローマー　406
ロムンディーナ　512,533
ロンボメア　167,175,308,

453, 457

ワ　行

歪形尾　533

ワイヤーフレーム　493
ワーグナー　317, 402, 449
ワニ類　344
腕神経叢　226, 228, 231, 377

著者略歴

1958 年　豊中市に生まれる．
1981 年　京都大学理学部卒業．
1986 年　京都大学大学院理学研究科修了．
1998 年　岡山大学理学部教授．
2002 年　理化学研究所発生・再生科学総合研究センターチームリーダー．
2005 年　同上　グループディレクター．
現　在　理化学研究所主任研究員，理学博士．

主要著書

『神経堤細胞——脊椎動物のボディプランを支えるもの』
　（共著，1997 年，東京大学出版会）
『動物進化形態学』（2004 年，東京大学出版会）
『岩波生物学辞典　第 5 版』（共編，2013 年，岩波書店）
『形態学——形づくりにみる動物進化のシナリオ』（2015 年，丸善出版）
『分節幻想——動物のボディプランの起源をめぐる科学思想史』（2016 年，工作舎）ほか．

新版　動物進化形態学

2017 年 1 月 5 日　初　版
2020 年 9 月 25 日　第 2 刷

［検印廃止］

著　者　　倉谷　滋

発行所　　一般財団法人　東京大学出版会
代表者　　吉見俊哉

153-0041　東京都目黒区駒場 4-5-29
電話 03-6407-1069・振替 00160-6-59964

印刷所　　三美印刷株式会社
製本所　　牧製本印刷株式会社

Ⓒ 2017 Shigeru Kuratani
ISBN 978-4-13-060198-6　Printed in Japan

〈出版者著作権管理機構　委託出版物〉
本書の無断複写は著作権法上での例外を除き禁じられています．複写される場合は，そのつど事前に，出版者著作権管理機構（電話 03-5244-5088, FAX 03-5244-5089, e-mail: info@jcopy.or.jp）の許諾を得てください．

Natural History Series(全50巻完結)

日本の自然史博物館　糸魚川淳二著 ─── A5判・240頁/4000円(品切)
●理論と実際とを対比させながら自然史博物館の将来像をさぐる.

恐竜学　小畠郁生編 ─── A5判・368頁/4500円(品切)
犬塚則久・山崎信寿・杉本剛・瀬戸口烈司・木村達明・平野弘道著
●7人の日本の研究者がそれぞれ独特の研究視点からダイナミックに恐竜像を描く.

樹木社会学　渡邊定元著 ─── A5判・464頁/5600円(品切)
●永年にわたり森林をみつめてきた著者が描き上げた森林と樹木の壮大な自然史.

動物分類学の論理　馬渡峻輔著 ─── A5判・248頁/3800円
多様性を認識する方法
●誰もが知りたがっていた「分類することの論理」について気鋭の分類学者が明快に語る.

花の性　その進化を探る　矢原徹一著 ─── A5判・328頁/4800円
●魅力あふれる野生植物の世界を鮮やかに読み解く.発見と興奮に満ちた科学の物語.

民族動物学　周達生著 ─── A5判・240頁/3600円
アジアのフィールドから
●ヒトと動物たちをめぐるナチュラルヒストリー.

海洋民族学　秋道智彌著 ─── A5判・272頁/3800円(品切)
海のナチュラリストたち
●太平洋の島じまに海人と生きものたちの織りなす世界をさぐる.

両生類の進化　松井正文著 ─── A5判・312頁/4800円(品切)
●はじめて陸に上がった動物たちの自然史をダイナミックに描く.

シダ植物の自然史　岩槻邦男著 ─── A5判・272頁/3400円(品切)
●「生きているとはどういうことか」を解く鍵を求め続けてきたあるナチュラリストの軌跡.

太古の海の記憶　池谷仙之・阿部勝巳著 ─── A5判・248頁/3700円(品切)
オストラコーダの自然史
●新しい自然史科学へ向けて地球科学と生物科学の統合が始まる.

哺乳類の生態学　土肥昭夫・岩本俊孝・三浦慎悟・池田啓著 ─── A5判・272頁/3800円(品切)
●気鋭の生態学者たちが描く〈魅惑的〉な野生動物の世界.

高山植物の生態学　増沢武弘著　　A5判・232頁/3800円（品切）
●極限に生きる植物たちのたくみな生きざまをみる．

サメの自然史　谷内透著　　A5判・280頁/4200円（品切）
●「海の狩人たち」を追い続けた海洋生物学者がとらえたかれらの多様な世界．

生物系統学　三中信宏著　　A5判・480頁/5800円
●より精度の高い系統樹を求めて展開される現代の系統学．

テントウムシの自然史　佐々治寛之著　　A5判・264頁/4000円（品切）
●身近な生きものたちに自然史科学の広がりと深まりをみる．

鰭脚類［ききゃくるい］　和田一雄／伊藤徹魯著　　A5判・296頁/4800円（品切）
アシカ・アザラシの自然史
●水生生活に適応した哺乳類の進化・生態・ヒトとのかかわりをみる．

植物の進化形態学　加藤雅啓著　　A5判・256頁/4000円
●植物のかたちにどのように進化したのか．形態の多様性から種の多様性にせまる．

新しい自然史博物館　糸魚川淳二著　　A5判・240頁/3800円（品切）
●これからの自然史博物館に求められる新しいパラダイムとはなにか．

地形植生誌　菊池多賀夫著　　A5判・240頁/4400円
●精力的なフィールドワークと丹念な植生図の読解をもとに描く地形と植生の自然史．

日本コウモリ研究誌　前田喜四雄著　　A5判・216頁/3700円（品切）
翼手類の自然史
●北海道から南西諸島まで，精力的にコウモリを訪ね歩いた研究者の記録．

爬虫類の進化　疋田努著　　A5判・248頁/4400円
●トカゲ，ヘビ，カメ，ワニ……多様な爬虫類の自然史を気鋭のトカゲ学者が描写する．

生物体系学　直海俊一郎著　　A5判・360頁/5200円
●生物体系学の構造・論理・歴史を分類学はじめ5つの視座から丹念に読み解く．

生物学名概論　平嶋義宏著　　A5判・272頁/4600円（品切）
●身近な生物の学名をとおして基礎を学び，命名規約により理解を深める．

哺乳類の進化　遠藤秀紀著　A5判・400頁/5400円
●地球史を飾る動物たちの〈歴史性〉にナチュラルヒストリーが挑む．

動物進化形態学　倉谷滋著　A5判・632頁/7400円（品切）
●進化発生学の視点から脊椎動物のかたちの進化にせまる．

日本の植物園　岩槻邦男著　A5判・264頁/3800円（品切）
●植物園の歴史や現代的な意義を論じ，長期的な将来構想を提示する．

民族昆虫学　野中健一著　A5判・224頁/4200円（品切）
昆虫食の自然誌
●人間はなぜ昆虫を食べるのか――人類学や生物学などの枠組を越えた人間と自然の関係学．

シカの生態誌　高槻成紀著　A5判・496頁/7800円（品切）
●動物生態学と植物生態学の2つの座標軸から，シカの生態を鮮やかに描く．

ネズミの分類学　金子之史著　A5判・320頁/5000円
生物地理学の視点
●分類学的研究の集大成として，さらに自然史研究のモデルとして注目のモノグラフ．

化石の記憶　矢島道子著　A5判・240頁/3200円
古生物学の歴史をさかのぼる
●時代をさかのぼりながら，化石をめぐる物語を読み解こう．

ニホンカワウソ　安藤元一著　A5判・248頁/4400円
絶滅に学ぶ保全生物学
●身近な水辺の動物であったニホンカワウソ――かれらはなぜ絶滅しなくてはならなかったのか．

フィールド古生物学　大路樹生著　A5判・164頁/2800円
進化の足跡を化石から読み解く
●フィールドワークや研究史上のエピソードをまじえながら，古生物学の魅力を語る．

日本の動物園　石田戭著　A5判・272頁/3600円
●動物園学のすすめ――多様な視点からこれからの動物園を論じた決定版テキスト．

貝類学　佐々木猛智著　A5判・400頁/5400円
●化石種から現生種まで，軟体動物の多様な世界を体系化．著者撮影の精緻な写真を多数掲載．

リスの生態学　田村典子著　　A5判・224頁/3800円
●行動生態，進化生態，保全生態など生態学の主要なテーマにリスからアプローチ．

イルカの認知科学　村山司著　　A5判・224頁/3400円
異種間コミュニケーションへの挑戦
●イルカと話したい──「海の霊長類」の知能に認知科学の手法でせまる．

海の保全生態学　松田裕之著　　A5判・224頁/3600円
●マグロやクジラはどれだけ獲ってよいのか？　サンマやイワシはいつまで獲れるのか？

日本の水族館　内田詮三・荒井一利・西田清徳 著　　A5判・240頁/3600円
●日本の水族館を牽引する名物館長たちが熱く語るユニークな水族館論．

トンボの生態学　渡辺守著　　A5判・260頁/4200円
●身近な昆虫──トンボをとおして生態学の基礎から応用まで統合的に解説．

フィールドサイエンティスト　佐藤哲著　　A5判・252頁/3600円
地域環境学という発想
●世界のフィールドを駆け巡り「ひとり学際研究」をつくりあげ，学問と社会の境界を乗り越える．

ニホンカモシカ　落合啓二著　　A5判・290頁/5300円
行動と生態
●40年におよぶ野外研究の集大成．徹底的な行動観察と個体識別による野生動物研究の優れたモデル．

新版 動物進化形態学　倉谷滋著　　A5判・768頁/12000円
●ゲーテの形態学から最先端の進化発生学まで，時空を超えて壮大なスケールで展開される進化論．

ウサギ学　山田文雄著　　A5判・296頁/4500円
隠れることと逃げることの生物学
●ようこそ，ウサギの世界へ！　40年にわたりウサギとつきあってきた研究者による集大成．

湿原の植物誌　冨士田裕子著　　A5判・256頁/4400円
北海道のフィールドから
●日本の湿原王国──北海道のさまざまな湿原に生きる植物たちの不思議で魅力的な世界を描く．

化石の植物学　西田治文著　　A5判・308頁/4800円
時空を旅する自然史
●博物学の時代から遺伝子の時代まで──古植物学の歴史をたどりながら植物の進化と多様性にせまる．

哺乳類の生物地理学　増田隆一著　────A5判・200頁/3800円
●遺伝子やDNAの解析からヒグマやハクビシンなど哺乳類の生態や進化にせまる．

水辺の樹木誌　崎尾均著　────A5判・284頁/4400円
●失われゆく豊かな生態系──水辺林．そこに生きる樹木の生態学的な特徴から保全を考える．

有袋類学　遠藤秀紀著　────A5判・288頁/4200円
●〈ちょっと奇妙な獣たち〉の世界へ──日本初の有袋類の専門書．

ニホンヤマネ　湊秋作著　────A5判・288頁/4600円
野生動物の保全と環境教育
●永年にわたりヤマネたちと真摯に向き合ってきた「ヤマネ博士」の集大成！

ナチュラルヒストリー　岩槻邦男著　────A5判・384頁/4500円
●生物多様性，生命系などをキーワードにナチュラルヒストリーを問いなおす．

ここに表記された価格は本体価格です．ご購入の際には消費税が加算されますのでご了承下さい．